DELIUS KLASING

Herausgeber: R. Etzold

Peter T Gill

So wird's gemacht

pflegen – warten – reparieren

Übertragen und bearbeitet
von Udo Stünkel

Band 168

Audi TT

Benziner
1,8 l (1781 cm^3)

Delius Klasing Verlag

Die englische Originalausgabe mit dem Titel »Audi TT Owners Workshop Manual« erschien 2017 bei Haynes Publishing.

Autor: Peter T Gill

Bibliografische Information der Deutschen Nationalbibliothek
Die Deutsche Nationalbibliothek verzeichnet diese Publikation in der Deutschen Nationalbibliografie; detaillierte bibliografische Daten sind im Internet über http://dnb.dnb.de abrufbar.

1. Auflage
ISBN 978-3-667-12377-0
Die Rechte für die deutsche Ausgabe liegen beim Verlag Delius Klasing & Co. KG, Bielefeld.

Übertragen und bearbeitet von Udo Stünkel
Lektorat: Hanno Vienken
Umschlaggestaltung: Gabriele Engel
Satz: Mohn Media
Druck: Kunst- und Werbedruck, Bad Oeynhausen
Printed in Germany 2022

Delius Klasing Verlag, Siekerwall 21, D - 33602 Bielefeld
Tel.: 0521/559-0, Fax: 0521/559-115
E-Mail: info@delius-klasing.de
www.delius-klasing.de

Inhalt

Einleitung

Die in diesem Buch behandelten TT-Modelle wurden von Herbst 1998 bis Juni 2006 im ungarischen Audi-Werk Györ gebaut. Die 1,8 Liter-Volkswagen-Motoren vom Typ EA113 leisteten dank 5-Ventil-Zylinderköpfen, Abgasturboladern und Ladeluftkühlern zwischen 150 und 240 PS. Der 250 PS starke 3.2 Quattro mit VR6-Motor wird hier nicht behandelt.

Die als standfest geltenden Motoren sollten bei regelmäßiger Wartung keine Probleme bereiten.

Zunächst erschien der Audi TT als Sportcoupé, ein Jahr später auch als offener Roadster mit Verdeck – beide entweder mit Frontantrieb oder als »Quattro« mit Allradantrieb. TT-Modelle basieren auf der gleichen Plattform wie der Golf 4, der Audi A3, der Skoda Octavia und andere Fahrzeuge aus dem VW-Konzern.

Die Vorderräder werden mit Dreieckslenkern und MacPherson-Federbeinen und geführt. Bei Modellen mit Frontantrieb nehmen eine Verbundlenkerachse mit Drehstäben, Längslenkern und einem Stabilisator die Hinterräder auf; beim Quattro werden die Hinterräder mit einer Doppel-Querlenker-Achse (DLTA) und einem Stabilisator geführt.

Motoren bis 180 PS sind mit 5-Gang-Schaltgetrieben ausgerüstet, optional war ein 6-Gang-Schalt- oder ein Automatikgetriebe mit 6 Schaltstufen erhältlich. Das ebenfalls lieferbare 6-Gang-Doppelkupplungsgetriebe (DSG) wird in diesem Buch nicht behandelt.

Beim Quattro sitzt hinten am Schaltgetriebe ein Umlenk-Gehäuse, das die Kraft über eine Kardanwelle und eine Haldex-Lamellenkupplung an das Differenzial der Hinterachse weiterleitet.

Eine hydraulische Servolenkung und ABS sind serienmäßig. Eine Traktionskontrolle, eine elektronische Differenzialsperre und ESP waren je nach Ausstattung vorhanden.

Vorausgesetzt, das Fahrzeug wurde und wird entsprechend der Herstellervorgaben gewartet, gilt der Audi TT als zuverlässiges und wirtschaftliches Automobil. Für den Hobbyschrauber ist der TT ein unkompliziert zu wartendes Auto, bei dem die meisten der regelmäßig Aufmerksamkeit erfordernden Bauteile leicht zugänglich sind.

Über dieses Handbuch

Der Sinn dieses Buches ist es, Ihnen dabei zu helfen, mit Ihrem Fahrzeug viel Freude zu haben. Diese Hilfe kann auf verschiedenen Wegen geschehen: Sie können entscheiden, welche Arbeiten erledigt werden müssen und was Sie davon selbst ausführen können; Ihnen werden Informationen zur Instandhaltung und Pflege Ihres Autos gegeben; es werden Ihnen Diagnosen und Reparatur-Reihenfolgen angeboten, um Störungen zu beseitigen.

Wir wünschen uns, dass Sie mit diesem Handbuch viele Arbeiten selber erledigen können. Bei vielen simplen Arbeiten kann es einfacher sein, sie selber auszuführen, als einen Werkstatttermin auszumachen und das Auto zum Händler zu bringen und wieder abzuholen. Noch wichtiger ist, dass man schon viel Geld sparen kann, wenn man auch nur einige Vorarbeiten erledigt – noch mehr, wenn man alle Reparaturen selber durchführt. Ebenfalls ein wichtiger Punkt ist das gute Gefühl, das entsteht, wenn man eine Arbeit erfolgreich zu Ende gebracht hat.

Angaben für die rechte oder linke Seite beziehen sich – soweit nicht anders angegeben – auf die Fahrtrichtung. Im ursprünglich bei Haynes in England erschienenen Handbuch wurde ein Rechtslenker-Modell behandelt. Wir haben versucht, alle für Linkslenker relevanten Informationen zu berücksichtigen, dennoch kann es vorkommen, dass auf Fotos manche Bauteile auf der »falschen« Seite angeordnet sind.

Danksagung

Dank an Draper Tools, die uns einige der gezeigten Werkzeuge zur Verfügung gestellt haben. Wir möchten uns auch bei allen Menschen in Sparkford bedanken, die uns bei der Produktion dieses Handbuchs geholfen haben. Der Übersetzer dankt der Familie Renner für die freundliche Unterstützung.

Wir sind stets um die Richtigkeit der Informationen in allen unseren Büchern bemüht, doch es kommt immer wieder vor, dass Fahrzeughersteller während der Produktion technische Veränderungen vornehmen, von denen wir nichts wissen. Autor und Verlag können deshalb keine Verantwortung für fehlende oder falsche Informationen übernehmen, die dem Kunden Schaden oder Verletzungen zugefügt haben.

Audi TT Roadster

Audi TT Coupé

Sicherheit geht vor!

Professionelle Mechaniker haben während ihrer Ausbildung viel über Arbeitssicherheit gelernt. Doch auch der Enthusiast sollte sich bei seinen Tätigkeiten die Zeit nehmen, um sicherzustellen, dass er sich nicht unnötig in Gefahr begibt. Eine kurze Unachtsamkeit kann genauso zu einem Unfall führen wie die Nichtbeachtung simpler Vorsichtsmaßnahmen.

Es gibt unendlich viele Möglichkeiten, einen Unfall herbeizuführen – und es kann hier keine umfassende Liste aller Gefahren wiedergegeben werden; vielmehr soll auf das Risiko hingewiesen und auf eine sichere Herangehensweise an alle Arbeiten am Auto aufmerksam gemacht werden.

Asbest

• Verschiedene Reibmaterialien, Isolierungen und Dichtungen (z. B. Brems- und Kupplungsbeläge, Kopfdichtungen, Hitzeschilde usw.) können gefährliche Fasern wie Asbest enthalten. Absolute Vorsicht ist beim Einatmen des Staubs solcher Teile geboten, da dieser äußerst gesundheitsschädlich sein kann. Im Zweifelsfall sollte man immer davon ausgehen, dass Asbest enthalten ist.

Feuer

• Denken Sie immer daran, dass Benzin leicht entzündbar ist. Rauchen Sie niemals bei der Arbeit am Fahrzeug und lassen Sie keine offenen Flammen in die Nähe kommen. Hiermit ist das Feuerrisiko jedoch noch nicht gebannt, denn Funken durch einen elektrischen Kurzschluss, das Aneinanderschlagen zweier Metallteile, der unbedachte Einsatz von Werkzeugen oder die statische Aufladung des Körpers oder der Kleidung können in geschlossenen Räumen Benzindämpfe entzünden, die sich zu einem hochexplosiven Gemisch entwickelt haben. Verwenden Sie Benzin niemals als Reinigungsmittel, sondern benutzen Sie ungefährlichere Lösungsmittel.
• Trennen Sie vor jeder Arbeit am Kraftstoff- oder Zündsystem den Masseanschluss (–) von der Batterie. Lassen Sie niemals Kraftstoff auf den heißen Motor oder Auspuff tropfen.
• In der Garage oder der Werkstatt muss ein für brennende Flüssigkeiten geeigneter Feuerlöscher griffbereit gehalten werden. Löschen Sie niemals brennenden Kraftstoff oder unter Strom stehende Teile mit Wasser!

Dämpfe

• Manche Dämpfe sind hochgiftig und können schnell zur Bewusstlosigkeit oder gar zum Tod führen, wenn sie in einer bestimmten Konzentration eingeatmet werden. Benzindämpfe gehören genauso dazu wie Dämpfe von Lösungsmitteln wie Trichlorethylen. Sämtlicher Umgang mit solch flüchtigen Stoffen darf nur in gut belüfteten Bereichen geschehen.
• Bei der Verwendung von Reinigungs- oder Lösungsmitteln müssen stets sorgfältig die Anwendungshinweise durchgelesen werden. Benutzen Sie niemals Stoffe aus unbeschrifteten Behältern und mischen Sie niemals verschiedene an sich harmlose Lösungsmittel – sie können giftige Dämpfe freisetzen.
• Lassen Sie niemals einen Verbrennungsmotor in geschlossenen Räumen laufen. Auspuffgase können extrem giftiges Kohlenmonoxid enthalten. Wenn ein Motor gestartet werden muss, hat dies möglichst im Freien zu geschehen, zumindest ist das Fahrzeug so hinzustellen, dass der Auspuff nach draußen zeigt.

Batterie

• Setzen Sie die Batterie nie offenem Feuer oder Funken aus, da sie immer etwas Wasserstoff abgibt, der hochexplosiv ist.
• Trennen Sie vor der Arbeit am Kraftstoff- oder Zündsystem den Masse-Anschluss (–) von der Batterie – außer, die Stromzufuhr wird ausdrücklich verlangt.
• Lockern Sie beim Laden der Batterie die Einfüllstopfen. Laden Sie die Batterie nicht mit einer zu hohen Rate, da sie hierdurch beschädigt wird.
• Beim Auffüllen, Reinigen und Tragen der Batterie ist Vorsicht geboten. Die Batteriesäure ist auch im verdünnten Zustand stark ätzend. Haut- und Augenkontakt muss durch das Tragen von Gummihandschuhen und einer Schutzbrille mit Gesichtsschutz vermieden werden. Muss die Batteriesäure selber vorbereitet werden, darf nur die Säure langsam dem Wasser zugefügt werden – kippen Sie niemals das Wasser in die Säure!

Elektrizität

• Beim Einsatz von Elektrowerkzeugen, Lampen usw. muss immer ein korrekter Stromanschluss und ggf. Masseanschluss sichergestellt sein. Verwenden Sie keine Elektrogeräte in feuchter Umgebung oder in der Nähe von Benzin oder Benzindämpfen. Achten Sie darauf, dass alle Geräte und das Stromnetz den Sicherheitsstandards entsprechen.
• Einen starken Stromschlag kann man beim Berühren bestimmter Teile der elektrischen Anlage bekommen, so zum Beispiel beim Anfassen der Zündkabel bei laufendem oder durchgedrehtem Motor – und besonders, wenn Bauteile feucht sind oder eine defekte Isolierung haben. Bei elektronischen Zündanlagen kann die Zündspannung lebensgefährlich sein!

Airbags

• Ein versehentlich ausgelöster Airbag kann schwere Verletzungen hervorrufen. Beachten Sie vor Arbeiten am Lenkrad und an den Verkleidungen vor anderen Airbags die Warnhinweise in Kapitel 9.

Diesel-Einspritzung

• Diesel-Einspritzpumpen arbeiten mit extrem hohen Drücken. Beim Lösen eines unter Druck stehenden Anschlusses kann Kraftstoff durch die Haut ins Körpergewebe und Blutbahnen eindringen und zu lebensgefährlichen Vergiftungen führen!

Niemals ...

• den Motor starten, ohne geprüft zu haben, dass sich das Getriebe im Leerlauf befindet.
• plötzlich den Deckel eines heißen Kühlsystems entfernen – sondern ihn mit Lappen abdecken und langsam den Druck ablassen, um sich nicht durch austretendes Kühlmittel zu verbrühen.
• aus einem heißen Motor Öl ablassen, sondern ihn erst etwas abkühlen lassen, um sich nicht zu verbrennen.
• Teile eines heißen Motors oder Auspuffs anfassen, um sich nicht zu verbrennen.
• Bremsflüssigkeit oder Kühlmittel auf Lack oder Kunststoffteile gelangen lassen.
• giftige Flüssigkeiten wie Benzin, Bremsflüssigkeit oder Frostschutzmittel mit dem Mund ansaugen oder auf die Haut gelangen lassen.
• Staub einatmen, der gesundheitsschädlich sein kann (siehe oben unter Asbest).
• Öl oder Fett auf dem Boden belassen, sondern es aufwischen, bevor jemand darauf ausrutscht.
• verschlissene Werkzeuge benutzen, da man damit abrutschen und sich verletzen kann.
• schwere Bauteile allein heben, sondern einen Assistenten zu Hilfe holen.
• in Zeitnot arbeiten oder die Arbeit auf gefährlichen Wegen abkürzen.
• Kinder oder Tieren ermöglichen, sich in der Nähe eines unbeobachteten Fahrzeugs aufzuhalten.
• einen Reifen über den erlaubten Maximaldruck aufpumpen. Abgesehen von der Überlastung der Karkasse kann er in Extremfällen platzen.

Stets ...

• dafür sorgen, dass das Fahrzeug sicher steht. Besonders wichtig ist dies, wenn das Auto für den Ausbau eines Rades oder einer Radaufhängung aufgebockt wird.
• festsitzende Schrauben oder Muttern vorsichtig lockern. An einem Schlüssel zu ziehen, ist immer besser als ihn zu drücken, damit man beim Abrutschen nicht gegen das Bauteil stößt.
• beim Einsatz von Bohrern, Schleifern und anderen Maschinen eine Schutzbrille tragen.
• beim Arbeiten in schmutzigen Bereichen die Hände mit Schutzcreme versehen, die nicht nur vor Infektionen schützt, sondern auch das Reinigen erleichtert. Längerer Kontakt mit Motoröl kann ein Gesundheitsrisiko sein. Passen Sie auf, dass die Hände durch die Creme nicht rutschig werden.
• Kleidungsstücke wie Ärmel, Halstücher oder lange Haare außerhalb des Arbeitsbereichs beweglicher Teile halten.
• Schmuck und Uhren vor der Arbeit – besonders an elektrischen Bauteilen – ablegen.
• den Arbeitsbereich sauber und geordnet halten, um nicht über herumliegende Teile zu fallen.
• beim Zusammendrücken von Federn für den Aus- oder Einbau, Spannen und Entspannen vorsichtig sein.
• Federn nur mit geeigneten Werkzeugen greifen, die diese nicht plötzlich wegspringen lassen.
• aufpassen, dass Hebevorrichtungen genügend Tragkraft für die zu verrichtende Arbeit haben.
• jemanden regelmäßig die Arbeit kontrollieren lassen, wenn man allein am Fahrzeug arbeitet.
• die Arbeit in einer logischen Reihenfolge ausführen und anschließend prüfen, ob alles korrekt montiert und gesichert ist.
• daran denken, dass die Sicherheit des Fahrzeugs auch Ihre eigene Sicherheit und die anderer bedeutet. Bei jedem Zweifel muss professioneller Rat eingeholt werden.
• Da man sich trotz des Befolgens dieser Hinweise verletzen kann, muss dafür gesorgt werden, dass immer jemand (nötigenfalls per Telefon) erreichbar ist, der einem zu Hilfe kommen kann.

Straßenrand-Reparaturen

Auf den folgenden Seiten werden typische Pannen und Startprobleme behandelt. Detailliertere Fehlersuchen finden sich im Anhang dieses Buchs; Informationen zu Reparaturen sind in den entsprechenden Kapiteln aufgeführt.

Motor startet nicht und Anlasser dreht nicht

- ☐ Treten Sie bei einem Modell mit Schaltgetriebe die Kupplung vollständig durch.
- ☐ Prüfen Sie bei einem Automatikmodell zunächst, ob der Wählhebel auf P oder N steht; treten Sie auf das Bremspedal.
- ☐ Öffnen Sie die Motorhaube und prüfen Sie, ob die Batteriekabel sauber sind und fest sitzen.
- ☐ Schalten Sie das Fahrlicht ein und versuchen Sie, den Motor zu starten – wenn das Licht dabei sehr schwach wird, wird die Batterie wahrscheinlich stark entladen sein. Lassen Sie sich Starthilfe geben (siehe nächste Seite).

Motor startet nicht, obwohl der Anlasser normal dreht

- ☐ Befindet sich Kraftstoff im Tank?
- ☐ Sind elektrische Komponenten im Motorraum feucht? Schalten Sie die Zündung aus und wischen Sie Feuchtigkeit mit einem trockenen Lappen ab. Sprühen Sie Kontakte des Zündsystems und der Kraftstoffversorgung mit wasserverdrängendem Mittel (z. B. WD 40) ein – achten Sie dabei besonders auf die in den Bildern gezeigten Komponenten.

A Kontrollieren Sie die Festigkeit und den Zustand der Batterieanschlüsse.

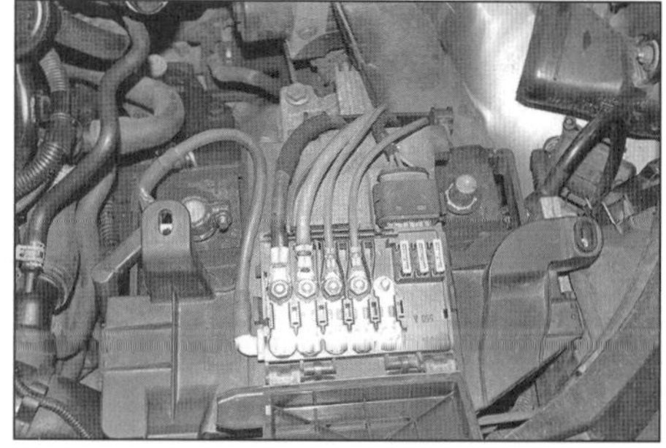

B Kontrollieren Sie alle Sicherungen und Schmelzbandleitungen in der Sicherungsbox (oben auf der Batterie).

C Kontrollieren Sie die Verkabelung des Kurbelwellensensors (unter dem oberen Zahnriemendeckel).

D Prüfen Sie den festen Sitz des Anlasserkabels (hier gezeigt bei demontierter vorderer rechter Radhausschale)

Bei ausgeschalteter Zündung muss geprüft werden, ob alle elektrischen Anschlüsse sicher verbunden sind. Sprühen Sie alle Kontakte mit wasserverdrängendem Mittel (z. B. WD 40) ein, falls Feuchtigkeit das Problem sein kann.

> **Praxis-Tipp**
>
> ***Starthilfe bringt den Wagen zwar erst einmal wieder in Fahrt, doch muss der Fehler umgehend behoben werden, der die Batterie zum Schwächeln brachte. Es gibt drei Möglichkeiten:***
>
> ***1 Die Batterie wurde durch wiederholte Startversuche oder Anlassen der Beleuchtung entleert.***
>
> ***2 Das Ladesystem funktioniert nicht richtig (Lichtmaschinen-Keilrippenriemen locker oder gerissen, Kabel mit Kontaktproblemen, Lichtmaschine selbst defekt).***
>
> ***3 Die Batterie ist defekt (Säurepegel niedrig oder physikalische Schäden).***

Beim Überbrücken eines Fahrzeugs mithilfe einer Fremdbatterie müssen die folgenden Vorsichtsmaßnahmen berücksichtigt werden:

Anmerkung: *Ziehen Sie den Zündschlüssel ab, falls die Zentralverriegelung beim Anschließen der Fremdbatterie das Fahrzeug verriegelt.*

Starthilfe

- ✓ Vor dem Anklemmen der Fremdbatterie muss die Zündung ausgeschaltet werden.
- ✓ Sämtliche elektrischen Verbraucher (Licht, Lüftung, Scheibenwischer etc.) müssen abgeschaltet sein.
- ✓ Alle auf der Batterie zu findenden Sicherheitshinweise müssen beachtet werden.
- ✓ Die Fremdbatterie muss die gleiche Spannung haben wie die Fahrzeugbatterie.
- ✓ Falls die Fremdbatterie in einem anderen Auto eingebaut ist, dürfen sich die beiden Autos keinesfalls berühren.
- ✓ Das Getriebe muss sich im Leerlauf befinden (Automatikgetriebe auf P)

> **Praxis-Tipp**
>
> ***Verwenden Sie ausreichend dimensionierte Überbrückungskabel. Die beträchtlichen Strommengen können dünne Kabel sehr heiß werden lassen.***

1 ***Verbinden Sie eine Klemme des roten Überbrückungskabels mit dem Pluspol (+) der leeren Batterie.***

2 ***Die andere Klemme des roten Überbrückungskabels wird mit dem Pluspol (+) der Starthilfebatterie verbunden.***

3 ***Eine Klemme des schwarzen Überbrückungskabels wird mit dem Minuspol (–) der Starthilfebatterie verbunden.***

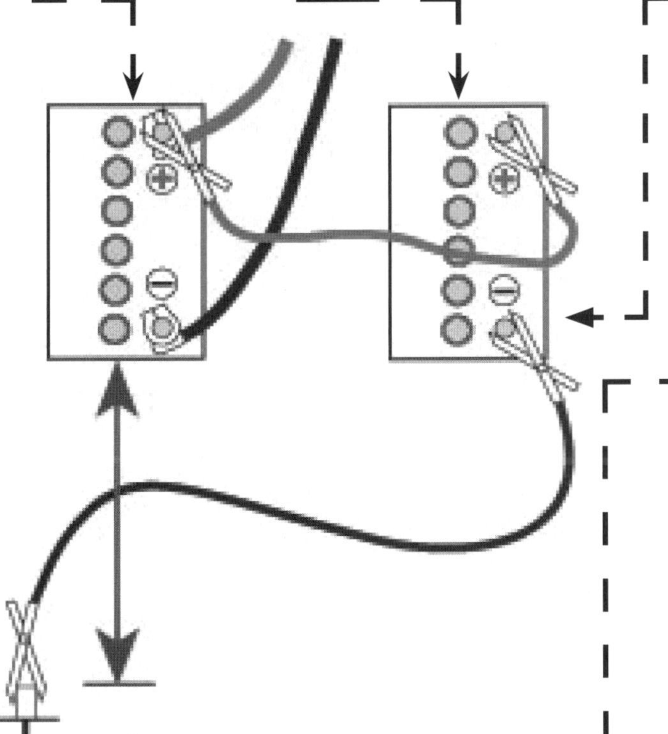

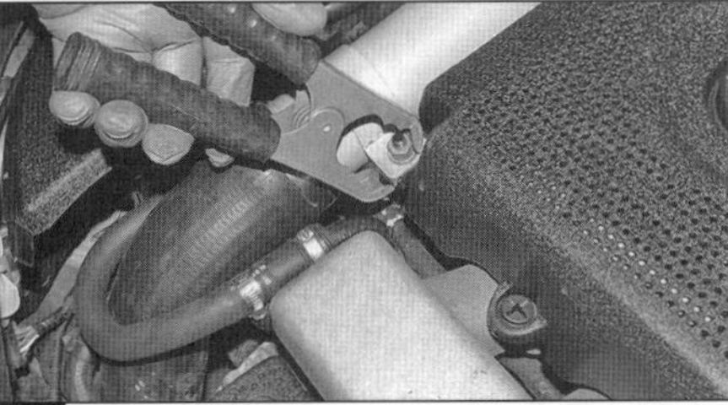

4 ***Die andere Klemme des schwarzen Überbrückungskabels wird entfernt von der Batterie mit einer Schraube oder einem blanken Halter des zu startenden Motors verbunden.***

5 ***Sorgen Sie dafür, dass kein Kabel mit dem Kühlerventilator, Antriebsriemen oder anderen beweglichen Teilen in Berührung kommt.***

6 ***Starten Sie den Motor mithilfe der Fremdbatterie und lassen Sie ihn im erhöhten Standgas laufen. Schalten Sie alle größeren Verbraucher (Scheinwerfer, Heckscheibenheizung, Gebläse usw.) ein und trennen Sie die Überbrückungskabel in exakt der umgekehrten Anschluss-Reihenfolge.***

Undichtigkeiten

Pfützen auf dem Garagenboden oder in der Einfahrt, Feuchtigkeit unter der Motorhaube oder eine komplett durchfeuchtete Fahrzeug-Unterseite weisen auf Lecks hin, die abgedichtet werden müssen. Manchmal ist es nicht einfach, die Quelle zu entdecken (vor allem, wenn der Motorraum und die Unterseite stark verschmutzt sind. Fahrtwind-Verwirbelungen tragen ebenfalls dazu bei, die Ursache zu verschleiern.

Warnung: Die meisten im Fahrzeug verwendeten Schmiermittel und Flüssigkeiten sind giftig! Falls man mit ihnen in Berührung kommt, muss kontaminierte Bekleidung unverzüglich ausgezogen und verunreinigte Haut abgewaschen werden.

Praxis-Tipp

Der Geruch der aus dem Auto tropfenden Flüssigkeit kann Hinweise auf deren Ursprung geben. Manche Flüssigkeiten haben auch eine spezielle Farbe. Um den Austrittspunkt zu bestimmen, kann hilfreich sein, den Motorraum und den Unterboden sorgfältig zu reinigen und über Nacht sauberes Papier unter das Auto zu legen.
Manche Flüssigkeiten treten allerdings nur aus, wenn der Motor läuft und/oder das Fahrzeug bewegt wird.

Ölwanne

Motoröl kann an der Ablassschraube ...

Ölfilter

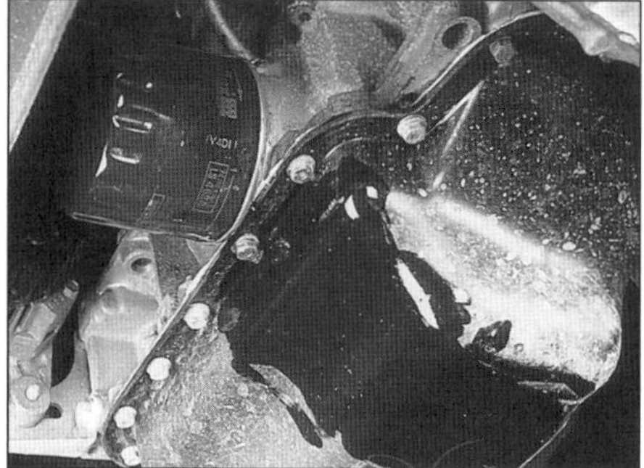

... oder am Ölfilter austreten.

Getriebeöl

Getriebeöl hat einen speziellen Geruch. Es kann durch die Dichtringe zur Kupplung oder an den Antriebswellen-Flanschen austreten.

Frostschutzmittel

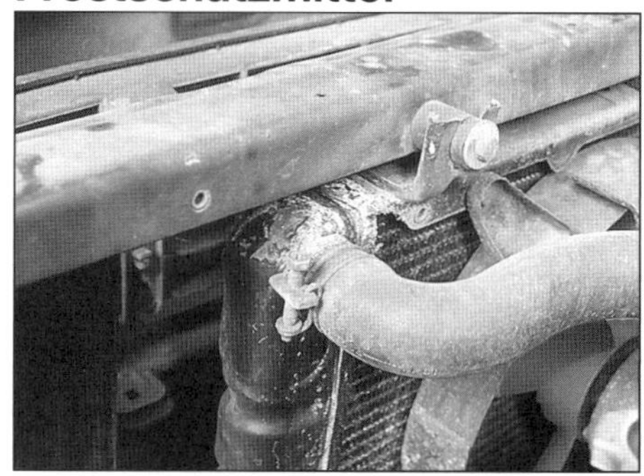

Ausgetretenes Kühlmittel hinterlässt oft kristalline Ablagerungen.

Bremsflüssigkeit

Flüssigkeit im Bereich der Radaufhängungen stammt mit großer Sicherheit aus der Bremse.

Servolenkung-Hydraulikflüssigkeit

Diese Flüssigkeit tritt zumeist an den Anschlüssen am Lenkgetriebe aus.

Radwechsel

Anmerkung: *Alle Modelle sind mit einem Notrad ausgerüstet – beachten Sie Hinweise auf der Felge und die vorgeschriebene Höchstgeschwindigkeit.*

Warnung: Ein Radwechsel darf niemals in Situationen durchgeführt werden, wo ein Gefährdungsrisiko durch andere Verkehrsteilnehmer besteht. An belebten Straßen muss versucht werden, in einer Parkbucht oder einer Einfahrt zu halten. Beim Radwechsel muss der Verkehr stets beobachtet werden – bei der Arbeit kann man leicht abgelenkt werden.

Vorbereitung

- ☐ Sobald ein Druckverlust bemerkt wird, muss angehalten werden, solange dies gefahrlos möglich ist.
- ☐ Gestoppt werden muss möglichst auf einem ebenen Untergrund und abseits des Verkehrs.
- ☐ Falls nötig, muss die Warnblinkanlage eingeschaltet werden.
- ☐ Falls das Fahrzeug am Straßenrand steht, müssen andere Verkehrsteilnehmer mithilfe des Warndreiecks gewarnt werden.
- ☐ Ziehen Sie die Handbremse an und legen Sie den ersten oder den Rückwärtsgang ein (Automatik auf P).
- ☐ Auf weichem Untergrund muss die Last unterhalb des Wagenhebers mit einem Stück Holz oder Ähnlichem verteilt werden.

Austausch der Räder

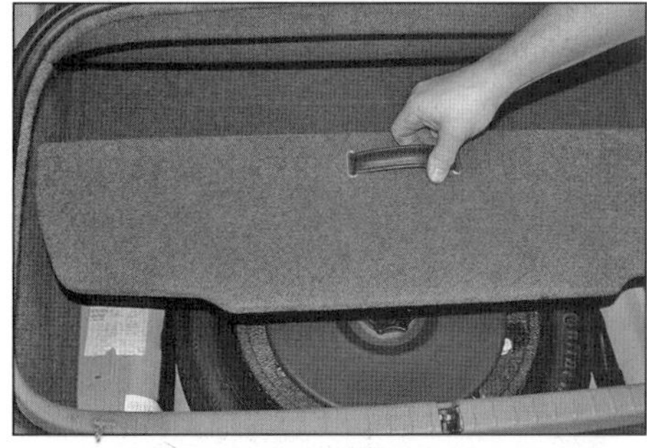

1 Das Notrad und das Bordwerkzeug befinden sich unter dem Teppich im Gepäckraumboden.

2 Lösen Sie die Befestigungsschraube, entnehmen Sie den Kunststoffdeckel und heben Sie den Wagenheber und das Werkzeug aus der Felge des Notrads.

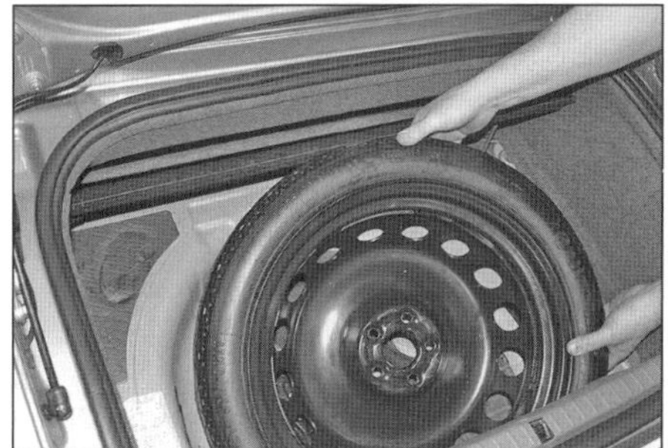

3 Heben Sie das Notrad aus der Gepäckraum-Mulde.

4 Blockieren Sie das dem Plattfuß diagonal gegenüberliegende Rad – ein paar größere Steine reichen aus.

5 Befreien Sie mit dem Drahthaken aus dem Bordwerkzeug die Radnaben-Kappe, um die Radbolzen freizulegen.

6 Lockern Sie bei noch auf dem Boden stehendem Rad die Bolzen um jeweils eine halbe Umdrehung.

7 Verwenden Sie zum Lockern des Diebstahlschutz-Bolzens den Adapter aus dem Bordwerkzeug.

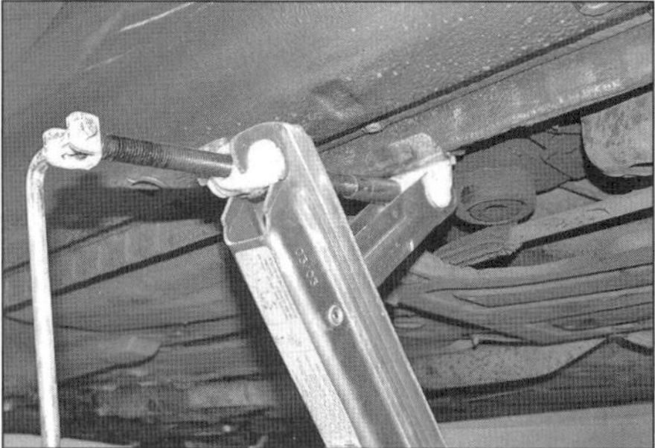

8 Positionieren Sie den Wagenheber unter der nächsten markierten Verstärkung des Schwellers (durch einen Pfeil angezeigt). Drehen Sie den Heber auseinander, bis er den Boden berührt, und prüfen Sie, ob er gerade steht. Heben Sie das Fahrzeug an, bis das Rad nicht mehr den Boden berührt. Bedenken Sie, dass ein aufgepumptes Rad etwas mehr Platz benötigt als eines mit plattem Reifen.

9 Lösen Sie die Radbolzen vollständig, entnehmen Sie das Rad, und legen Sie es zur Sicherheit unter den Schweller, um ein ggf. abrutschendes Fahrzeug abzufangen. Setzen Sie das Reserverad an der Radnabe an, installieren Sie die Muttern, und ziehen Sie sie etwas an.

10 Senken Sie das Fahrzeug ab. Ziehen Sie die Radbolzen in der gezeigten Reihenfolge – also »schräg über Kreuz« – fest an.

Zum Schluss ...

- ☐ ... wird der Keil entfernt.
- ☐ ... werden das Werkzeug und das defekte Rad im Gepäckraum verstaut.
- ☐ ... wird der Luftdruck des soeben montierten Rades geprüft. Falls er niedrig ist oder kein Messgerät zur Hand ist, muss langsam zur nächsten Werkstatt oder Tankstelle gefahren werden, um dort den Reifen aufzupumpen.
- ☐ ... werden die Radbolzen bei nächster Gelegenheit gelockert und mit dem korrekten Drehmoment (120 Nm) angezogen.
- ☐ ... wird der defekte Reifen möglichst bald professionell repariert oder ausgetauscht.

Abschleppen

Wenn nichts mehr geht, muss das Auto abgeschleppt werden. Lange Strecken sollten nur von einem professionellen Abschleppdienst bewältigt werden. Kurze Strecken können mithilfe eines anderen Autos erledigt werden – dabei sind folgende Hinweise zu beachten:

- ☐ Abschleppen darf nur mit einem speziellen Abschleppseil oder einer Abschleppstange erfolgen. Bei beiden Fahrzeuge müssen die Warnblinkanlagen eingeschaltet sein.
- ☐ Beim gezogenen Fahrzeug muss der Zündschlüssel so weit gedreht werden, bis das Lenkschloss entriegelt ist und die Bremsleuchten funktionieren.
- ☐ Die Abschleppöse ist zusammen mit dem Bordwerkzeug im Gepäckraum-Boden verstaut.
- ☐ Das Abschleppseil oder die Abschleppstange darf nur an der Abschleppöse befestigt werden.
- ☐ Vor dem Abschleppen muss die Handbremse gelöst und der Leerlauf eingelegt sein. Bei Automatikgetrieben ist besondere Vorsicht geboten, damit sie nicht beschädigt werden – lassen Sie das Fahrzeug nötigenfalls professionell abschleppen.
- ☐ Weil die Bremskraftverstärkung des Motors fehlt, muss mit erhöhtem Pedaldruck beim Bremsen gerechnet werden.
- ☐ Auch die Lenkung wird bei einer nicht funktionierenden Hydraulik-Servolenkung deutlich schwergängiger.
- ☐ Der Fahrer des gezogenen Fahrzeugs muss stets dafür sorgen, dass das Abschleppseil gespannt ist.
- ☐ Beide Fahrer müssen vor Abfahrt die Route besprechen.
- ☐ Das Tempo muss moderat sein, die abzuschleppende Distanz möglichst gering. Der Fahrer des Zugfahrzeugs darf nur sanft an Kreuzungen usw. heranfahren.

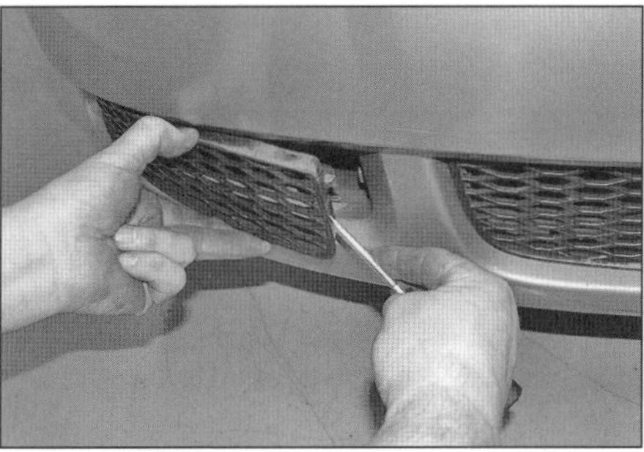

Entfernen Sie das Gitter rechts unten aus der Frontschürze, …

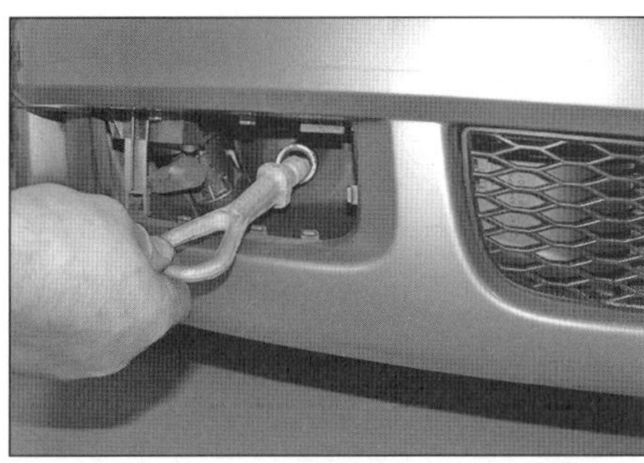

… um die Abschleppöse in ihre Aufnahme zu schrauben – ziehen Sie sie mit dem Radbolzenschlüssel an.

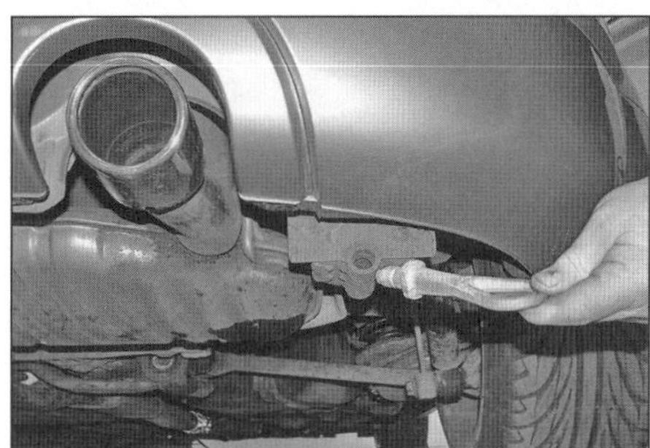

Um selbst abzuschleppen, wird die Öse rechts unter der Heckschürze in die Aufnahme gedreht …

… und mit dem Radbolzenschlüssel angezogen.

Einleitung

Es gibt einige sehr simple Checkpunkte, die in wenigen Minuten durchgeführt sind – aber vor reichlich Unannehmlichkeiten und hohen Kosten schützen können.
Diese »Wöchentlichen Kontrollen« erfordern keine großen Kenntnisse oder Spezialwerkzeuge; und das bisschen Zeit für ihre Ausführung kann eine sehr gute Investition sein. Zum Beispiel:

- ☐ Ein gelegentlicher Blick auf den Zustand und den Luftdruck der Reifen schützt nicht nur vor frühzeitigem Verschleiß und höherem Kraftstoffverbrauch, sondern kann tatsächlich Leben retten.
- ☐ Viele Pannen sind auf Elektrikprobleme zurückzuführen. Besonders häufig sind defekte Batterien die Ursache. Regelmäßige Schnell-Checks können die Mehrzahl dieser Pannen verhindern.
- ☐ Falls im Bremssystem eine Undichtigkeit auftritt, merkt man dies möglicherweise erst, wenn die Bremse nicht mehr korrekt funktioniert. Eine regelmäßige Kontrolle des Flüssigkeitspegels kann vorzeitig auf Probleme hinweisen.
- ☐ Falls Öl oder Kühlmittel austritt, ist eine Abdichtung des Lecks deutlich billiger als die Reparatur eines Motorschadens.

Motorraum-Checkpunkte

(abgebildet sind Rechtslenkermodelle – einige Bauteile sind bei Linkslenkern anders positioniert.)

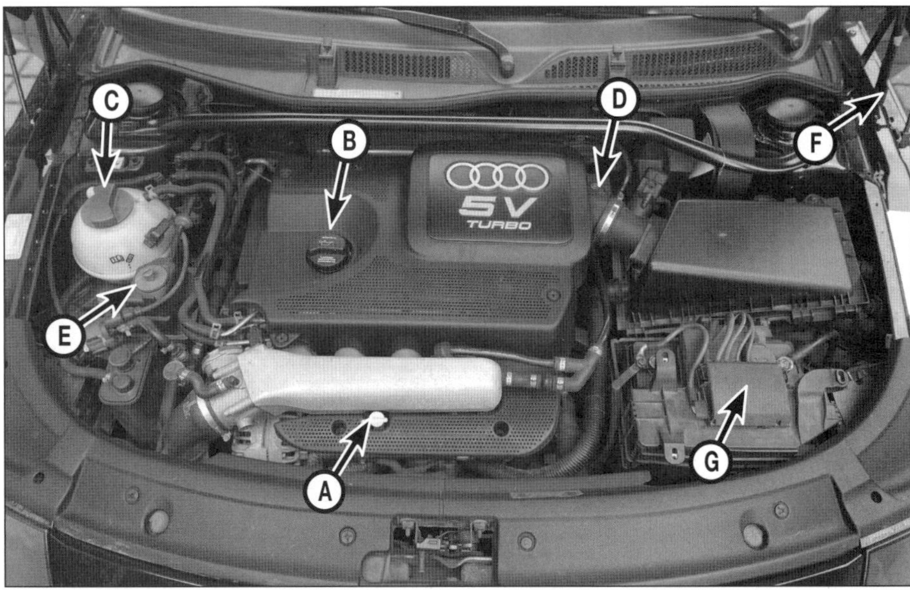

◄ 1,8 l-Motor bis 180 PS

A *Motoröl-Peilstab*

B *Motoröl-Einfülldeckel*

C *Kühlmittel-Ausgleichsbehälter*

D *Brems- und Kupplungsflüssigkeitsbehälter*

E *Servolenkungsöl-Behälter*

F *Wischwasserbehälter*

G *Batterie*

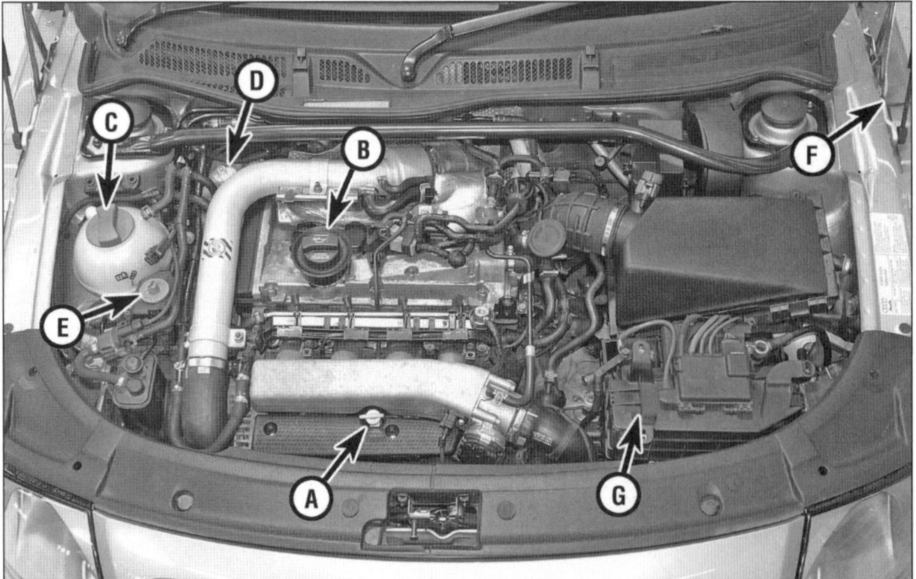

◄ 1,8 l-Motor mit 225 PS (Rechtslenker-Model)

A *Motoröl-Peilstab*

B *Motoröl-Einfülldeckel*

C *Kühlmittel-Ausgleichsbehälter*

D *Brems- und Kupplungsflüssigkeitsbehälter (bei Linkslenkern auf der anderen Seite)*

E *Servolenkungsöl-Behälter*

F *Wischwasserbehälter*

G *Batterie*

Motorölpegel

Vor Beginn:

✓ Das Fahrzeug muss auf einem ebenen Untergrund stehen.
✓ Der Ölpegel sollte bei kaltem Motor oder zumindest fünf Minuten nach dem Abschalten des Motors kontrolliert werden.

Praxis-Tipp ***Falls das Öl direkt nach dem Abschalten des Motors kontrolliert wird, sorgt das noch im oberen Bereich des Motors befindliche Öl dafür, dass am Peilstab möglicherweise ein niedriger Pegel festgestellt wird.***

Das richtige Öl

Moderne Motoren stellen hohe Ansprüche an ihr Öl. Die von Audi vorgeschriebenen Schmiermittel finden sich auf Seite 23.

Vorsichtsmaßnahmen:

- Ein geringer Ölverbrauch ist normal. Falls jedoch regelmäßig Öl nachgefüllt werden muss, sollten die Gründe des Ölverlustes gefunden werden (siehe Praxis-Tipp auf Seite 12). Sind keine Anzeichen von Lecks an Verbindungen und Dichtungen festzustellen, wird das Öl vom Motor verbrannt (siehe Fehlersuche).
- Der Ölpegel muss stets zwischen den beiden Markierungen am Peilstab stehen (Abb. 2). Bei zu niedrigem Pegel können schwere Motorschäden entstehen. Falls das Motoröl überfüllt wird, können Dichtringe und Dichtungen beschädigt werden.

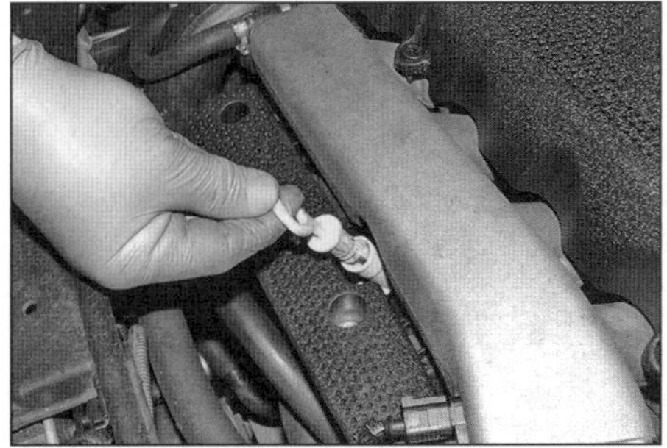

1 Der vorn am Motor sitzende Peilstab ist durch eine markante Farbgebung gut erkennbar – ziehen Sie ihn heraus, wischen Sie ihn mithilfe eines sauberen Lappens oder Papiertuchs ab, stecken Sie ihn wieder bis zum Anschlag in sein Rohr und ziehen Sie ihn erneut heraus.

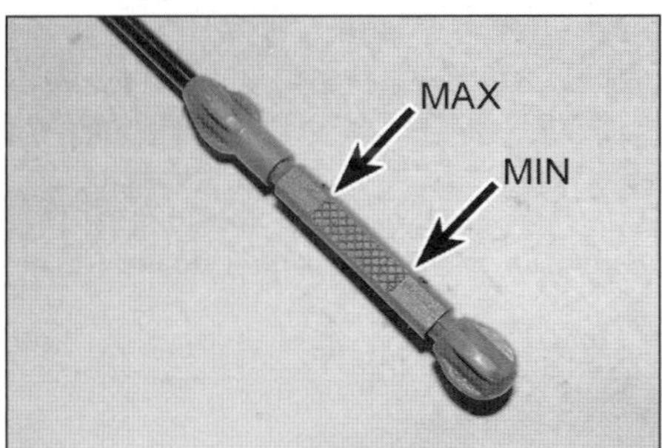

2 Am unteren Ende des wieder herausgezogenen Peilstabs wird kontrolliert, ob der Ölpegel innerhalb des geriffelten Bereichs zwischen MIN und MAX steht.

3 Falls Öl nachgefüllt werden muss, geschieht dies über den Einfülldeckel am Zylinderkopf – drehen Sie diesen ab.

4 Gießen Sie nötigenfalls mithilfe eines Trichters etwas Öl nach. Da das Öl erst durch den Motor laufen muss, sollte vor der erneuten Kontrolle einen Moment gewartet werden. Der Motor darf nicht überfüllt werden (siehe oben).

Kühlmittelpegel

Warnung: NIEMALS darf bei heißem Motor der Deckel des Ausgleichsbehälters entfernt werden, da eine hohe Verbrühungsgefahr besteht. Kühlmittel darf niemals in offenen Behältern gelagert werden – es ist giftig und kann durch seinen süßlichen Geruch Kindern und Tieren zum Verhängnis werden.

Vorsichtsmaßnahmen

• Bei einem abgedichteten Kühlsystem sollte nicht regelmäßig Kühlflüssigkeit nachgefüllt werden müssen. Falls der Pegel stetig abfällt, wird wahrscheinlich ein Leck entstanden sein. Überprüfen Sie den Kühler, alle Schläuche und Anschlüsse auf Flecken und Feuchtigkeit. Alle Schäden müssen umgehend behoben werden.
• Es ist wichtig, Frostschutz ganzjährig zu verwenden und nicht nur im Winter. Füllen Sie bei gesunkenem Pegel nicht nur Wasser auf, um die Flüssigkeit nicht zu verdünnen.

1 Der Kühlmittelpegel variiert mit der Motortemperatur. Bei kaltem Motor darf der Pegel nur knapp über der MIN-Markierung seitlich am Behälter stehen. Mit zunehmender Motortemperatur steigt der Pegel an.

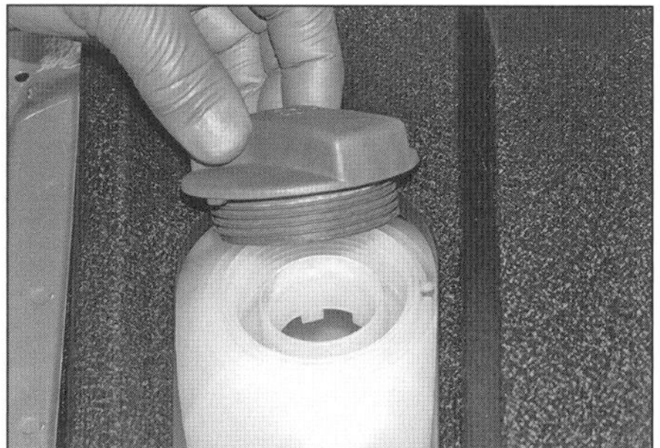

2 Falls Kühlmittel nachgefüllt werden muss, wird **bei abgekühltem Motor** der Deckel entfernt – drehen Sie ihn langsam ab, um möglichen Druck sicher entweichen zu lassen.

3 Füllen Sie das aus Wasser und Frostschutzmittel bestehende Kühlmittel (siehe Seite 23) bis knapp über die MIN-Markierung auf. Drehen Sie den Deckel fest zu.

Brems- und Kupplungsflüssigkeit*

** Bei Modellen mit Schaltgetriebe fungiert der Ausgleichsbehälter gleichzeitig für die Bremse als auch die Kupplungshydraulik.*

Warnung:
• Bremsflüssigkeit kann zu Augenverletzungen führen und Lackoberflächen angreifen, bewahren Sie deshalb beim Umgang hiermit größte Sorgfalt.
• Benutzen Sie keine Bremsflüssigkeit, die längere Zeit offen gestanden hat, da sie Feuchtigkeit aus der Luft absorbiert, was zu einem gefährlichen Verlust an Bremswirkung führen kann.

Vor Beginn:

✓ Das Fahrzeug muss auf ebenem Untergrund stehen.
✓ Sauberkeit ist bei Arbeiten am Bremssystem äußerst wichtig, sodass der Bereich um den Behälterdeckel zunächst sorgfältig gereinigt werden muss.

Praxis-Tipp

Der Pegel im Ausgleichsbehälter sinkt langsam ab, da die Bremsbeläge verschleißen und die Kolben dadurch weiter aus den Bremssätteln gedrückt werden. Lassen Sie den Pegel NIEMALS unter den MIN-Pegel sinken!

Sicherheit geht vor!

• Falls der Ausgleichsbehälter regelmäßig aufgefüllt werden muss, ist dies ein Hinweis auf ein Leck im Hydrauliksystem, das unverzüglich abgedichtet werden muss.
• Falls ein Leck vermutet wird, darf das Fahrzeug nicht gefahren werden, solange das Bremssystem nicht kontrolliert wurde. Schadhafte Bremsen stellen ein extrem hohes Sicherheitsrisiko dar.

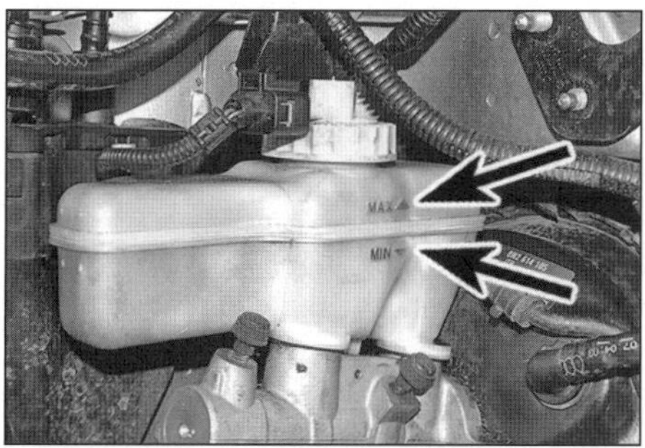

1 Die MIN- und MAX-Markierungen sind seitlich am Ausgleichsbehälter zu sehen, der sich hinten im Motorraum befindet – hier sitzt er an einem Rechtslenker; bei Linkslenker-Modellen befindet er sich weiter links. Der Bremsflüssigkeitspegel muss stets zwischen diesen beiden Markierungen stehen.

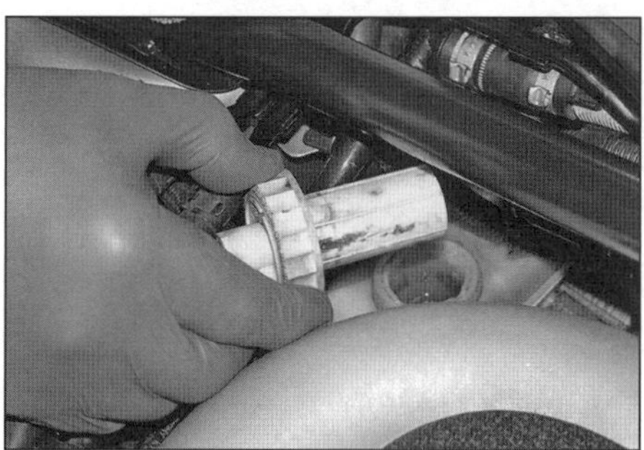

2 Falls Hydraulikflüssigkeit nachgefüllt werden muss, sollte zuerst der Bereich um den Einfülldeckel herum abgewischt werden, damit kein Schmutz ins Hydrauliksystem gerät. Schrauben Sie den Deckel ab.

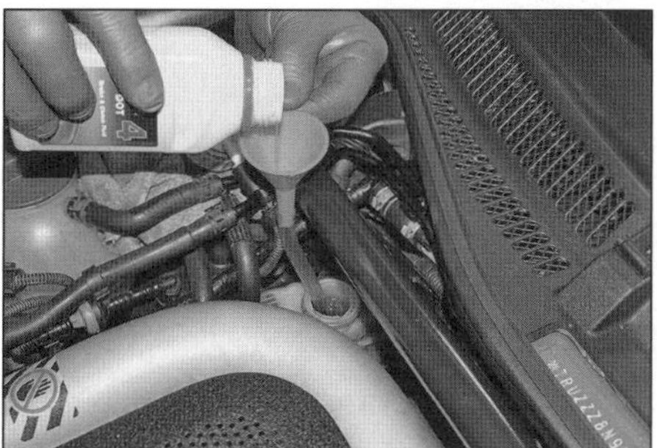

3 Füllen Sie vorsichtig frische Hydraulikflüssigkeit auf, ohne dass dabei Spritzer auf umliegende Bauteile gelangen (verwenden Sie nötigenfalls einen Trichter und/oder Schlauch. Verwenden Sie ausschließlich vorgeschriebene Bremsflüssigkeit (siehe Seite 23); – das Mischen unterschiedlicher Typen kann dem Bremssystem schaden! Nach dem Auffüllen werden der Deckel aufgeschraubt und mögliche Spritzer abgewischt.

Lampen und Sicherungen

✓ Kontrollieren Sie alle Leuchten außen am Fahrzeug sowie die Hupe. Falls Stromkreise nicht funktionieren, müssen die Hinweise in Kapitel 12, Sektion 2 beachtet werden.
✓ Begutachten Sie alle zugänglichen Kabelstecker sowie die Verkabelungen und ihre Befestigungen auf sichere Anschlüsse und Hinweise auf Scheuerstellen und Beschädigungen.

Praxis-Tipp

Um Bremslichter ohne fremde Hilfe kontrollieren zu können, wird das Fahrzeug rückwärts vor eine helle Wand oder ein Garagentor gefahren und die Bremse betätigt – durch die Reflexionen lässt sich erkennen, ob alle Bremsleuchten funktionieren.

1 Falls ein einzelner Blinker, ein Bremslicht, ein Standlicht, ein Rücklicht oder ein Scheinwerfer ausfällt, muss wahrscheinlich die Lampe ersetzt werden (siehe Kapitel 12, Sektion 5). Falls alle Bremsleuchten ausfallen, wird wahrscheinlich der Bremslichtschalter defekt sein (siehe Kapitel 9, Sektion 17).

2 Falls mehr als ein Blinker oder beide Rücklichter ausfallen, wird wahrscheinlich eine Sicherung durchgebrannt sein oder im Stromkreis ein Defekt vorliegen(siehe Kapitel 12, Sektion 2). Die Hauptsicherungen befinden sich hinter einer Abdeckung rechts am Armaturenbrett; hebeln Sie die Abdeckung mit einem kleinen Schraubendreher ab. Innerhalb des Deckels finden sich Infos über die abgesicherten Stromkreise. Weitere Sicherungen und Schmelzbandleitungen finden sich in der Sicherungsbox oben auf der Batterie (Abb. B auf Seite 10)

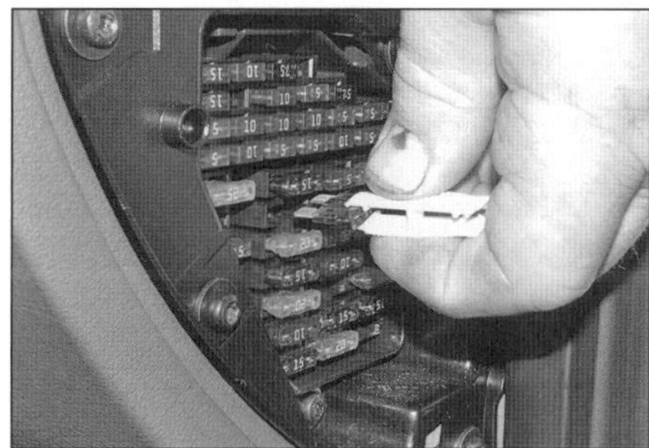

3 In der Sicherungsbox befinden sich mehrere Sicherungen sowie Ersatzsicherungen. Ziehen Sie mithilfe der beigefügten kleinen Zange die defekte Sicherung heraus und installieren Sie eine gleich starke Ersatzsicherung (siehe Kapitel 12, Sektion 3). Falls die neue Sicherung sofort wieder durchbrennt, muss vor dem Einbau der nächsten Sicherung die Ursache gefunden und beseitigt werden (siehe Kapitel 12, Sektion 2).

Batterie

Achtung: Bevor an der Fahrzeugbatterie gearbeitet wird, müssen die Hinweise in der Sektion »Sicherheit geht vor!« am Anfang dieses Kapitels durchgelesen werden. Vor dem Trennen der Batterie müssen die Hinweise in Kapitel 5A, Sektion 1 und 2 durchgelesen werden.

✓ Der Batteriehalter muss sich in einem guten Zustand befinden und die Klemmung muss fest sitzen. Korrosion am Halter, der Klemme und der Batterie selbst kann mithilfe von Sodalauge (Wasser mit Backpulver) entfernt werden, anschließend werden alle gereinigten Bereiche mit Wasser abgespült. Durch Korrosion beschädigte Metallteile sollten umgehend mit Zink-Grundierung behandelt und anschließend lackiert werden.

✓ Etwa vierteljährlich sollte der Ladezustand der Batterie überprüft werden (siehe Kapitel 5A, Sektion 2).

✓ Muss das Fahrzeug wegen einer entladenen Batterie überbrückt werden, sind die Hinweise auf Seite 11 zu beachten.

Korrosion der Batteriepole kann auf ein Minimum reduziert werden, wenn man sie nach dem Anschließen der Kabel mit Polfett oder Vaseline versieht. Für diesen Zweck sind auch Sprays erhältlich. Verwenden Sie kein Fett auf Mineralbasis.

1 Die Batterie ist links vorn im Motorraum unter einer Kunststoff-Abdeckung untergebracht – lösen Sie deren Befestigungen und entnehmen Sie die Abdeckung.

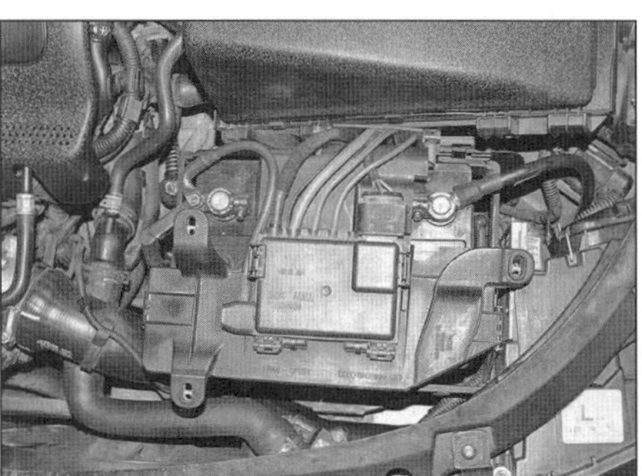

2 Kontrollieren Sie die Festigkeit und den Zustand der Batteriepole. Überprüfen Sie auch die Sicherungen und ihre Anschlüsse innerhalb der auf der Batterie sitzenden Sicherungsbox. Das Batteriegehäuse muss regelmäßig auf Beschädigungen inspiziert werden.

3 Falls Korrosion (weiße, flockige Ablagerungen) festgestellt wird, müssen die Kabelklemmen von den Batteriepolen befreit, die Pole mit einer kleinen Drahtbürste gereinigt und die Klemmen wieder gesichert werden. Im Autozubehörhandel sind Werkzeuge erhältlich, mit denen sich sowohl die Batteriepole ...

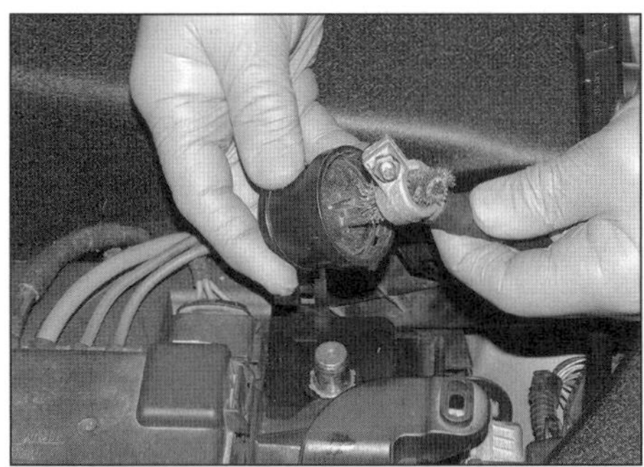

4 ... als auch die Kabelklemmen reinigen lassen.

Wischwasserpegel

• Wischwasserzusätze sorgen nicht nur für klare Sicht durch die Windschutzscheibe, sondern verhindern auch, dass das Wischwasser im Winter einfriert – eine Zeit, in der es am häufigsten gebraucht wird. Daher darf der Behälter niemals mit klarem Wasser nachgefüllt werden.

Auf keinen Fall darf Kühler-Frostschutzmittel für die Scheibenwaschanlage verwendet werden, da es den Lack des Fahrzeugs angreift!

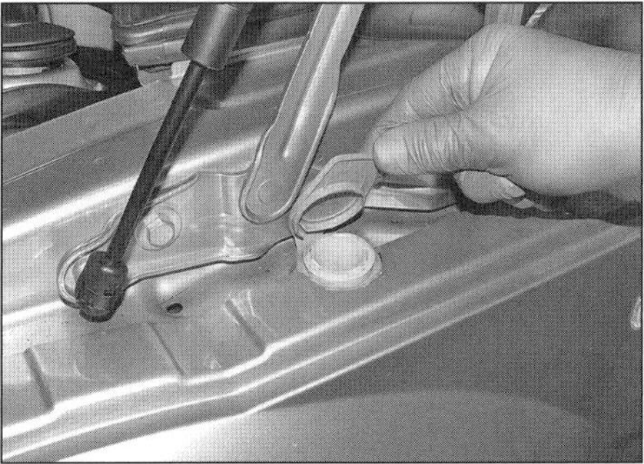

1 Der Wischwasserbehälter für die Windschutzscheibe sitzt hinten im linken Kotflügel. Für die Kontrolle des Pegels muss der Deckel geöffnet und hineingeschaut werden.

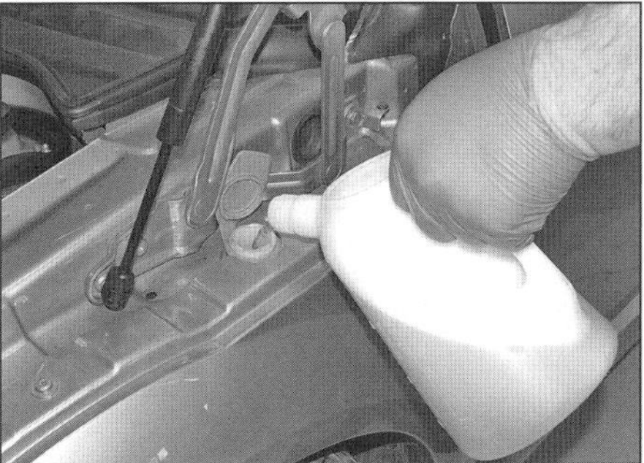

2 Zum Auffüllen des Behälters muss das korrekte Gemisch aus Wasser und Zusatzmittel verwendet werden.

Reifen - Zustand und Luftdruck

Die Reifen müssen sich stets in einem guten Zustand befinden und den korrekten Luftdruck aufweisen – ein Reifenschaden kann bei jeder Geschwindigkeit ein hohes Risiko darstellen. Der Reifenverschleiß hängt stark von der Fahrweise ab – starkes Beschleunigen und Bremsen sowie hohe Kurvengeschwindigkeiten beschleunigen den Verschleiß. Generell gilt, dass bei unterschiedlich abgefahrenen Reifen diejenigen mit der größeren Profiltiefe hinten montiert sein sollten – es wird jedoch empfohlen, alle vier Reifen gleichzeitig auszutauschen.
Entfernen Sie alle Nägel, scharfkantigen Steine und andere Fremdkörper aus dem Reifenprofil, bevor sie sich nach innen arbeiten können. Falls nach dem Entfernen eines Nagels Luft entweicht, muss er wieder hineingesteckt werden, um die Stelle für eine Reparatur zu markieren. Tauschen Sie das Rad gegen das Reserverad aus und lassen Sie den Reifen unverzüglich reparieren.
Die Seitenwände der Reifen müssen regelmäßig auf Risse oder Beulen überprüft werden. Demontieren Sie die Räder gelegentlich, um sie innen und außen zu reinigen. Kontrollieren Sie regelmäßig die Felgen auf Korrosion und Beschädigungen. Leichtmetallfelgen können leicht beim Überfahren von Bordsteinen beschädigt werden; auch Stahlfelgen können hier verbeult werden. Bei größeren Schäden hilft meistens nur der Austausch der Felge.

Neue Reifen müssen nach der Montage ausgewuchtet werden. Allerdings müssen sie manchmal bei einem gewissen Verschleiß neu gewuchtet werden; das Gleiche gilt, wenn Gewichte verloren gegangen sind. Nicht ausgewuchtete Reifen beeinträchtigen nicht nur den Fahrkomfort, sondern lassen auch Federelemente, die Lenkung und die Reifen selbst schneller verschleißen. Eine Unwucht zeigt sich üblicherweise durch Vibrationen – meistens bei Geschwindigkeiten um 80 km/h herum. Falls diese Vibrationen lediglich im Lenkrad fühlbar sind, sind wahrscheinlich nur die Vorderräder nicht ausgewuchtet. Sind die Vibrationen im gesamten Auto spürbar, werden die Hinterräder nicht ausgewuchtet sein. Räder können bei jedem Reifenhändler ausgewuchtet werden.

1 Profiltiefe - Sichtkontrolle
Die meisten Reifen besitzen Profiltiefen-Indikatoren (B), auf die an den Flanken mit Dreiecken oder der Bezeichnung TWI hingewiesen wird (A). Diese Indikatoren müssen nicht den vorgeschriebenen 1,6 mm entsprechen!

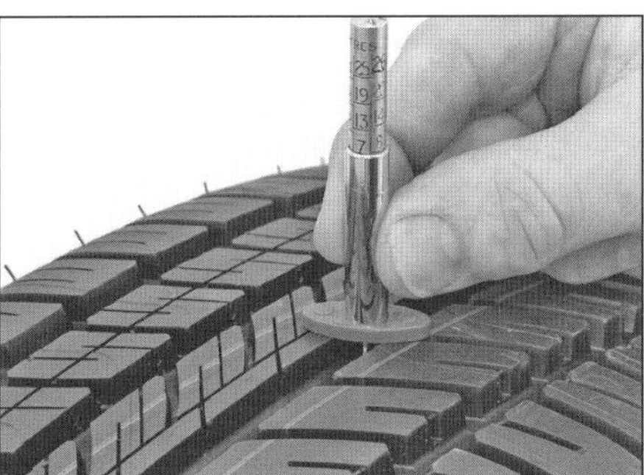

2 Profiltiefe - Messen
Mithilfe eines einfachen und preiswerten Profiltiefen-Messgeräts wird die Profiltiefe an der am stärksten verschlissenen Stelle des Reifens ermittelt – die Polizei wird es bei einer Kontrolle ebenso tun.

3 Luftdruck - Kontrolle
Der Luftdruck muss bei kaltem Reifen überprüft werden – also nicht direkt nach längerer Fahrt, denn hierbei wird der Reifen warm und der Luftdruck steigt.

Reifenverschleißmuster

Seitlicher Verschleiß

Zu niedriger Luftdruck (Verschleiß an beiden Rändern)

Geringer Luftdruck sorgt für starke Erwärmung des Reifens, da er während der Fahrt zu stark walkt. Überhitzung kann zum plötzlichen Ausfall des Reifens führen! Da die Lauffläche nicht korrekt auf der Fahrbahn aufliegt, wird die Traktion vermindert und der Verschleiß stark erhöht. *Der Luftdruck muss sofort auf den korrekten Wert gebracht werden!*

Unkorrekter Sturz

(Verschleiß an einer Seite)

Der Sturzwinkel des Fahrzeugs muss eingestellt werden. Beschädigte Teile des Fahrwerks müssen ersetzt werden.

Hohe Kurvengeschwindigkeiten

Der Reifen kann von der Felge springen! Langsam fahren und bei nächster Gelegenheit den Luftdruck erhöhen!

Mittiger Verschleiß

Zu hoher Luftdruck

Zu hoher Reifendruck erhöht den Verschleiß in der Laufflächenmitte, verringert die Traktion, verschlechtert den Fahrkomfort und erhöht die Gefahr eines plötzlichen Schadens an der Reifenstruktur.
Der Luftdruck muss sofort auf den korrekten Wert gebracht werden!

Falls die Reifen manchmal wegen hoher Reisegeschwindigkeiten stärker aufgepumpt werden müssen, darf nicht vergessen werden, den Druck anschließend wieder auf die normalen Werte abzusenken.

Ungleichmäßiger Verschleiß

Vorderreifen verschleißen manchmal aufgrund falscher Spureinstellungen ungleichmäßig. Viele Reifenhändler und Werkstätten sind in der Lage, die Spur zu kontrollieren und korrekt einzustellen.

Unkorrekter Sturz oder Nachlauf

Verschlissene oder beschädigte Teile des Fahrwerks müssen ersetzt werden.

Unausgewuchtete Räder

Die Räder müssen ausgewuchtet werden.

Unkorrekte Spureinstellung

Die Spur der Vorderräder muss eingestellt werden.
Anmerkung: *Ungleichmäßig verschlissene Profilblöcke, die auf eine unkorrekte Spureinstellung hinweisen, lassen sich am besten per Auge und Fingergefühl ermitteln.*

Scheibenwischer

Praxis-Tipp

Falls auch nach dem Einbau neuer Scheibenwischer auf der Windschutzscheibe Schlieren auftreten, sollte diese mit speziellem Scheibenwasch-Additiv oder Spiritus gereinigt werden.

✓ Der Batteriehalter muss sich in einem guten Zustand befinden und die Klemmung muss fest sitzen. Korrosion am Halter, der Klemme und der Batterie selbst kann mithilfe von Sodalauge (Wasser mit Backpulver) entfernt werden,

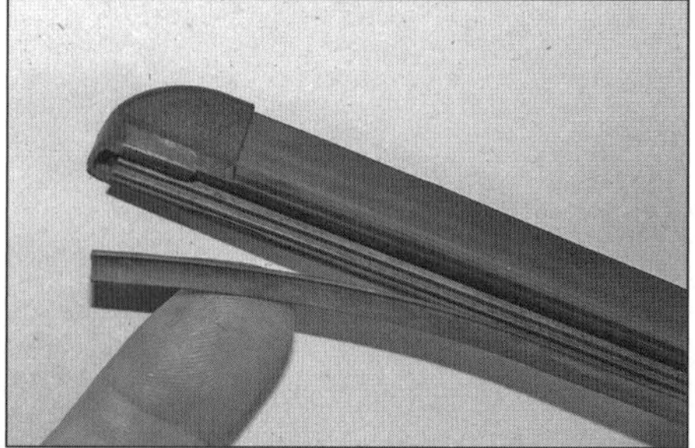

1 Kontrollieren Sie den Zustand der Wischerblätter. Ist ein Blatt eingerissen oder spröde oder erzeugt es auf der Windschutzscheibe Schlieren, muss es ersetzt werden. Wischerblätter sollten generell jährlich erneuert werden.

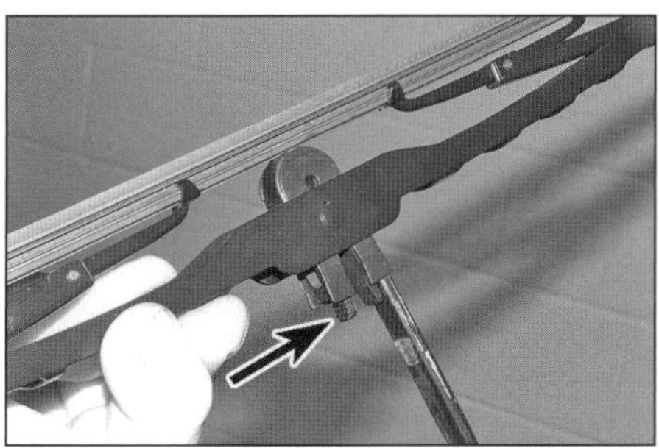

2 Um ein Windschutzscheiben-Wischerblatt zu demontieren, wird der Wischerarm von der Windschutzscheibe abgehoben, bis er einrastet. Schwenken Sie den Scheibenwischer um 90° zum Wischerarm und drücken Sie die Arretierlasche (Pfeil).

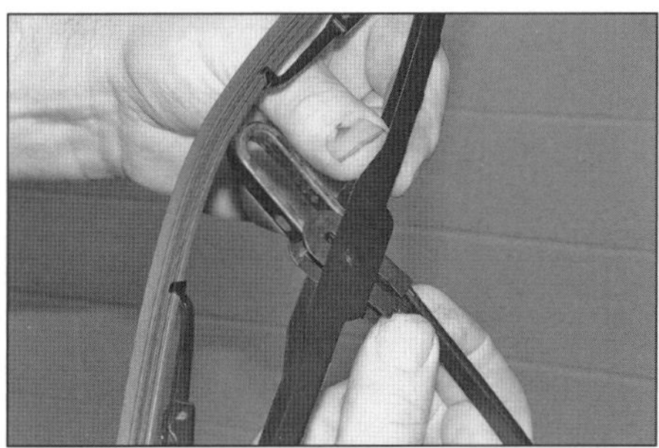

3 Schieben Sie das Wischerblatt herunter und befreien Sie es aus dem Haken.

Schmierstoffe und Flüssigkeiten

Motoröl
Standard Öl .... SAE 5W/40- bis 20W/50-Mehrbereichsöl (nach VW-Norm 504 00 oder besser)
Longlife-Öl (variable Wechselintervalle) .... Longlife-Motoröl (nach VW-Norm 504 00 oder besser)*
Kühlmittel .... Frost- und Korrosionsschutzmittel nach VW-Freigabe TL VW 774 F (oder besser)
Schaltgetriebeöl .... SAE 75W/90 Synthetik-Getriebeöl (VW G 50)
Automatikgetriebeöl
Haupt-Getriebe .... VW ATF-Öl
Endantrieb (01M) .... SAE 75W/90 Synthetik-Getriebeöl (VW G 50)
Haupt-Getriebe und Endantrieb (09AM) ...... VW ATF-Öl
Brems- und Kupplungsflüssigkeit .... Hydraulikflüssigkeit nach SAE J1703F oder DOT 4-Bremsflüssigkeit
Servolenkungs-Hydraulik .... VW/Audi-Hydrauliköl G 002 000

** Darf mit maximal 0,5 Liter Standard-Motoröl aufgefüllt werden, falls kein Longlife-Öl vorhanden ist.*

Reifen-Luftdruck

Anmerkung: *Die Luftdruck-Werte sind auf einem Aufkleber an der Innenseite der Tankklappe angegeben. Diese Werte gelten nur für die Originalbereifung; erkundigen Sie sich bei anderen Reifengrößen und Typen beim Händler oder Hersteller nach den Luftdruck-Vorgaben.*

Auswahl des Motoröls
Das Motoröl dient nicht nur der Schmierung beweglicher Teile, sondern es unterstützt auch die Kühlung, minimiert den Verschleiß, reinigt Bauteile, steigert die Motorleistung und sorgt für geringen Kraftstoffverbrauch.

Wie Motoröl funktioniert

- **Verschleißminderung**
  Ohne Öl würden die beweglichen Teile des Motor aneinander reiben, sich dabei stark erhitzen und schmelzen bzw. miteinander verschweißen – ein rascher Motorschaden wäre die Folge. Motoröl erzeugt zwischen beweglichen Teilen einen Film, der vor Verschleiß und Überhitzung schützt.

- **Hotspot-Kühlung**
  Im Motor können Temperaturen von über 1000 °C entstehen. Das zirkulierende Motoröl dient dabei als Kühlmittel, indem es die Hitze in die Ölwanne transferiert.

- **Motorreinigung**
  Hochwertiges Motoröl reinigt Motorbauteile und nimmt Verbrennungsrückstände auf, um sie im Ölfilter abzulagern. Spezielle Additive sorgen dafür, dass sich kleinste Schwebeteilchen nicht absetzen, sondern im Öl verbleiben und beim nächsten Ölwechsel herausgespült werden.

Achtung: Motoröl darf nicht mehr verwendet werden und muss in einen auslaufsicheren Behälter gefüllt werden. Jeder Händler, der technische Öle verkauft, ist auch dazu verpflichtet, entsprechende Mengen Altöl zurückzunehmen und zur fachgerechten Entsorgung oder zum Recycling zu bringen. Lassen Sie nie Altöl in die Kanalisation gelangen oder im Boden versickern!

Kapitel 1

Einstellungs- und Wartungsarbeiten

Inhalt — Sektion

Schwierigkeitsgrade

Leicht. Geeignet für Anfänger mit wenig Erfahrung. 	**Relativ leicht.** Geeignet faür Anfänger mit etwas Erfahrung. 	**Relativ schwierig.** Geeignet für geübte Selbstschrauber. 	**Schwer.** Geeignet für Selbstschrauber mit viel Erfahrung. 	**Sehr schwer.** Geeignet für Experten und Profis. 

Technische Daten

Schmiermittel und Flüssigkeiten .... **siehe Seite 23**

Füllmengen
Bei Öl- und Filterwechsel .... ca. 4,5 Liter
Kühlsystem .... ca. 5,0 Liter
Servolenkungsöl .... 0,7 bis 0,9 Liter

Getriebe
Schaltgetriebe
Typ 02M und 02Y
Frontantrieb... ca. 2,3 Liter
Quattro (Allrad) .... ca. 2,6 Liter
Typ 02J (Frontantrieb) .... ca. 2,0 Liter

Automatikgetriebe (Typ 09G)
inkl. Hinterradantrieb... ca. 5,9 Liter

Kraftstofftank .... ca. 55 Liter

Wischwasserbehälter
Modelle mit Scheinwerfer-Waschsystem... ca. 5,5 Liter
Modelle ohne Scheinwerfer-Waschsystem .... ca. 3,0 Liter

Kühlsystem
Frostschutzgemisch (Ethylenglykol)
40% Frostschutzmittel .... Frostsicher bis -25° C
50% Frostschutzmittel .... Frostsicher bis -35° C
Anmerkung: *Beachten Sie die Hinweise des Herstellers auf der Verpackung.*

Zündsystem
Zündkerzen .... Bosch FR 7 KPP 33+
Champion RC9YC Elektrodenabstand... Elektrodenabstand 0,8 mm
NGK PFR6Q .... Elektrodenabstand 0,8 mm
VAG 101000063AA .... Elektrodenabstand 0,8 mm

Bremsen
Bremsbelag-Verschleißgrenze (vorn/hinten) ....
ohne Grundplatte... 2,0 mm
mit Grundplatte... 7,0 mm

Anzugsdrehmomente .... **Nm**
Automatikgetriebe
Ablassschraube 39
Einfüllstopfen 39
Ölpegel-Kontrollrohr 27
Radbolzen 120

Schaltgetriebeöl-Einfüll/Kontrollschraube
mit Sechskant-Kopf... 30
mit Zwölfkant-Kopf 45
Motoröl-Ablassschraube... 30
Zündkerzen 30
Zündspulen 10

1.3 Wartungsplan

1 Die in diesem Handbuch angegebenen Wartungsintervalle beziehen sich darauf, dass der Fahrzeugbesitzer – und nicht die Werkstatt – die Arbeiten durchführt. Es sind die von uns empfohlenen Minimum-Wartungsintervalle für täglich bewegte Fahrzeuge. Wer sein Auto in einem hervorragenden Zustand erhalten will, muss einige dieser Punkte öfter ausführen. Wir empfehlen, alle Wartungen regelmäßig durchzuführen, da hierdurch die Wirtschaftlichkeit, die Leistungsfähigkeit und der Wiederverkaufswert des Fahrzeugs erhalten bleiben.

2 Alle Modelle sind mit einer Service-Intervall-Anzeige ausgerüstet, die nach dem Starten des Motors für ca. 20 Sekunden die nächsten Inspektion anzeigt. In der Standard-Version werden im Cockpit entsprechende Distanzen und Zeiten angegeben. Im Longlife-Display werden die Service-Intervalle anhand der Anzahl der Motor-Starts, der gefahrenen Stecken, der Geschwindigkeiten, des Bremsbelag-Verschleißes, der Anzahl der Motorhauben-Öffnungen, des Kraftstoffverbrauchs, des Ölpegels und der Öltemperatur angezeigt; allerdings muss spätestens nach zwei Jahren eine Inspektion durchgeführt werden. 3000 km vor der nächsten Inspektion erscheint unten im Tachometer eine entsprechende Anzeige, die nach jeweils 100 km reduziert wird. Beim Erreichen des Inspektions-Zeitpunkts beginnt »Service« zu blinken. Um das variable Longlife-Intervall verwenden zu können, muss der Motor mit Longlife-Motoröl betrieben werden.

3 Nach einer Inspektion richtet eine Audi-Werkstatt die Anzeige mit einer entsprechenden Ausrüstung für die nächste Inspektion ein und dem Wartungsheft wird ein entsprechender Ausdruck beigefügt. Die Rücksetzung der Anzeige ist in Sektion 5 beschrieben, doch auch bei Modellen mit Longlife-Intervall wird diese automatisch auf 15.000 km gesetzt. Um das Display auf den variablen Bereich umzuschalten, muss der Bordcomputer von einer entsprechend ausgerüsteten Audi-Werkstatt programmiert werden.

Modelle mit Distanz- und Zeit-Intervall

Alle 400 km oder wöchentlich

☐ Alle »Wöchentlichen Kontrollen«

Alle 7500 km oder spätestens nach 6 Monaten

☐ Wechsel des Motoröls und des Ölfilters (Sektion 5)*

* **Anmerkung:** *Weil sich der Austausch des Motoröls und des Ölfilters äußerst positiv auf den Motor auswirkt, empfehlen wir, diesen Wechsel mindestens zweimal jährlich durchzuführen – besonders wenn das Fahrzeug viel auf Kurzstrecke eingesetzt wird.*

Alle 15 000 km oder spätestens nach 12 Monaten – im Display wird »Oil« angezeigt

Zusätzlich zu den oben aufgeführten Punkten:
☐ *Kontrolle der Bremsbeläge (Sektion 4)*
☐ *Zurücksetzen der Inspektionsanzeige (Sektion 5)*

Alle 30 000 km oder spätestens nach 2 Jahren – im Display wird »01« angezeigt

Zusätzlich zu den oben aufgeführten Punkten:
☐ Kontrolle der Auspuffanlage und ihrer Aufnahmen (Sektion 6)
☐ Kontrolle des Motorraums, aller Leitungen und Schläuche auf Undichtigkeiten (Sektion 7)
☐ Kontrolle des Keilrippenriemens (Sektion 8)
☐ Kontrolle des Frostschutz-Konzentrats (Sektion 9)
☐ Kontrolle aller Bremsleitungen und -Schläuche (Sektion 10)
☐ Kontrolle der Leuchtweitenverstellung (Sektion 11)
☐ Austausch des Pollenfilters (Sektion 12)
☐ Kontrolle des Schaltgetriebe-Ölpegels (Sektion 13)
☐ Kontrolle der Karosserie und des Unterbodens auf Schäden und Korrosion, Kontrolle des Motor-Unterschutzes (Sektion 14)
☐ Kontrolle der Antriebswellenmanschetten (Sektion 15)
☐ Kontrolle der Radaufhängungen und der Lenkung (Sektion 16)
☐ Kontrolle der Batterie und ihres Säurepegels (Sektion 17)
☐ Schmieren aller Schlösser und Scharniere (Sektion 18)
☐ Kontrolle der Airbags (Sektion 19)
☐ Kontrolle des Scheiben- und ggf. Scheinwerfer-Waschsystems (Sektion 20)
☐ Auslesen des Motorsteuergerät-Fehlerspeichers (Sektion 21)
☐ Probefahrt und Emissionsprüfung (Sektion 22)

Alle 60 000 km oder spätestens nach 4 Jahren

☐ Austausch des Luftfilterelements (Sektion 23)
☐ Austausch der Zündkerzen (Sektion 24)
☐ Kontrolle des Keilrippenriemens (Sektion 25)
☐ Kontrolle des Servolenkungshydrauliköl-Pegels (Sektion 26)
☐ Kontrolle des Automatikgetriebe-Ölpegels (Sektion 27)
☐ Kontrolle des Automatikgetriebe-Endantrieb-Ölpegels (Sektion 27)

Alle 90 000 km oder spätestens nach 4 Jahren

☐ Austausch des Zahnriemens (Sektion 28)
Anmerkung: *Audi schreibt die Kontrolle des Zahnriemens nach 90 000 km und dann alle 30 000 km vor, bis er schließlich nach 180 000 km getauscht werden soll. Bei Fahrzeugen, die viel auf Kurzstrecke eingesetzt werden, empfiehlt sich der Tausch bereits nach 90 000 km – hierdurch wird sichergestellt, dass der Motor nicht durch einen reißenden Riemen beschädigt wird.*

Alle 2 Jahre (ungeachtet der Laufleistung)

☐ Austausch der Brems- und Kupplungsflüssigkeit (Sektion 29)
☐ Austausch des Kühlmittels (Sektion 30)*
** Der Wechsel des Kühlmittels ist nicht im Audi-Wartungsplan enthalten und muss bei Verwendung des G12-Longlife-Kühlmittels nicht durchgeführt werden.*

Modelle mit variablen »LongLife«-Intervallen

Die flexiblen Wartungsintervalle gelten nur für Fahrzeuge mit der PR-Nummer »QG1« (angezeigt im Wartungsheft oder dem Inspektions-Aufkleber an der Fahrertür-Säule. Diese Intervalle hängen von der Bedienung des Fahrzeugs ab (Anzahl der Motor-Starts, der gefahrenen Stecken, der Geschwindigkeiten, des Bremsbelag-Verschleißes, der Anzahl der Motorhauben-Öffnungen, des Kraftstoffverbrauchs, des Ölpegels und der Öltemperatur). Wurde ein Fahrzeug also unter Extrembedingungen gefahren, erscheint »Oil« bereits nach 15 000 km, bei moderater Fahrweise kann dies erst nach 30 000 km geschehen – das System ist also entsprechend der Beanspruchung sehr variabel. Die Wartung sollte daher auch erst dann durchgeführt werden, wenn im Display ein Ölwechsel (»Oil«) oder eine Inspektion (»01«) angezeigt wird. Die Durchführung entspricht den Vorgaben für die festen Service-Intervalle.

Alle 400 km oder wöchentlich

☐ Alle »Wöchentlichen Kontrollen«

Alle 7500 km oder spätestens nach 6 Monaten

☐ Wechsel des Motoröls und des Ölfilters (Sektion 5)*
* **Anmerkung:** *Weil sich der Austausch des Motoröls und des Ölfilters äußerst positiv auf den Motor auswirkt, empfehlen wir, diesen Wechsel mindestens zweimal jährlich durchzuführen – besonders wenn das Fahrzeug viel auf Kurzstrecke eingesetzt wird.*

Im Display wird »Oil« angezeigt

Zusätzlich zu den oben aufgeführten Punkten:

☐ *Kontrolle der Bremsbeläge (Sektion 4)*
☐ *Zurücksetzen der Inspektionsanzeige (Sektion 5)*

Im Display wird »01« angezeigt oder spätestens nach 2 Jahren

☐ *Zusätzlich zu den oben aufgeführten Punkten:*
☐ *Kontrolle der Auspuffanlage und ihrer Aufnahmen (Sektion 6)*
☐ *Kontrolle des Motorraums, aller Leitungen und Schläuche auf Undichtigkeiten (Sektion 7)*
☐ *Kontrolle des Keilrippenriemens (Sektion 8)*
☐ *Kontrolle des Frostschutz-Konzentrats (Sektion 9)*
☐ *Kontrolle aller Bremsleitungen und -Schläuche (Sektion 10)*
☐ *Kontrolle der Leuchtweitenverstellung (Sektion 11)*
☐ *Austausch des Pollenfilters (Sektion 12)*
☐ *Kontrolle des Schaltgetriebe-Ölpegels (Sektion 13)*
☐ *Kontrolle der Karosserie und des Unterbodens auf Schäden und Korrosion, Kontrolle des Motor-Unterschutzes (Sektion 14)*
☐ *Kontrolle der Antriebswellenmanschetten (Sektion 15)*
☐ *Kontrolle der Radaufhängungen und der Lenkung (Sektion 16)*
☐ *Kontrolle der Batterie und ihres Säurepegels (Sektion 17)*
☐ *Schmieren aller Schlösser und Scharniere (Sektion 18)*
☐ *Kontrolle der Airbags (Sektion 19)*
☐ *Kontrolle des Scheiben- und ggf. Scheinwerfer-Waschsystems (Sektion 20)*
☐ *Auslesen des Motorsteuergerät-Fehlerspeichers (Sektion 21)*
☐ *Probefahrt und Emissionsprüfung (Sektion 22)*

Alle 60 000 km oder spätestens nach 4 Jahren

- ☐ Austausch des Luftfilterelements (Sektion 23)
- ☐ Austausch der Zündkerzen (Sektion 24)
- ☐ Kontrolle des Keilrippenriemens (Sektion 25)
- ☐ Kontrolle des Servolenkungshydrauliköl-Pegels (Sektion 26)
- ☐ Kontrolle des Automatikgetriebe-Ölpegels (Sektion 27)
- ☐ Kontrolle des Automatikgetriebe-Endantrieb-Ölpegels (Sektion 27)

Alle 90 000 km oder spätestens nach 4 Jahren

- ☐ Austausch des Zahnriemens (Sektion 28)

Anmerkung: *Audi schreibt die Kontrolle des Zahnriemens nach 90 000 km und dann alle 30 000 km vor, bis er schließlich nach 180 000 km getauscht werden soll. Bei Fahrzeugen, die viel auf Kurzstrecke eingesetzt werden, empfiehlt sich der Tausch bereits nach 90 000 km – hierdurch wird sichergestellt, dass der Motor nicht durch einen reißenden Riemen beschädigt wird.*

Alle 2 Jahre (ungeachtet der Laufleistung)

- ☐ Austausch der Brems- und Kupplungsflüssigkeit (Sektion 29)
- ☐ Austausch des Kühlmittels (Sektion 30)*

** Der Wechsel des Kühlmittels ist nicht im Audi-Wartungsplan enthalten und muss bei Verwendung des G12-Longlife-Kühlmittels nicht durchgeführt werden.*

1.5 Baugruppen – Positionen

Motorraum – 1,8 l-Turbomotor mit 150 PS

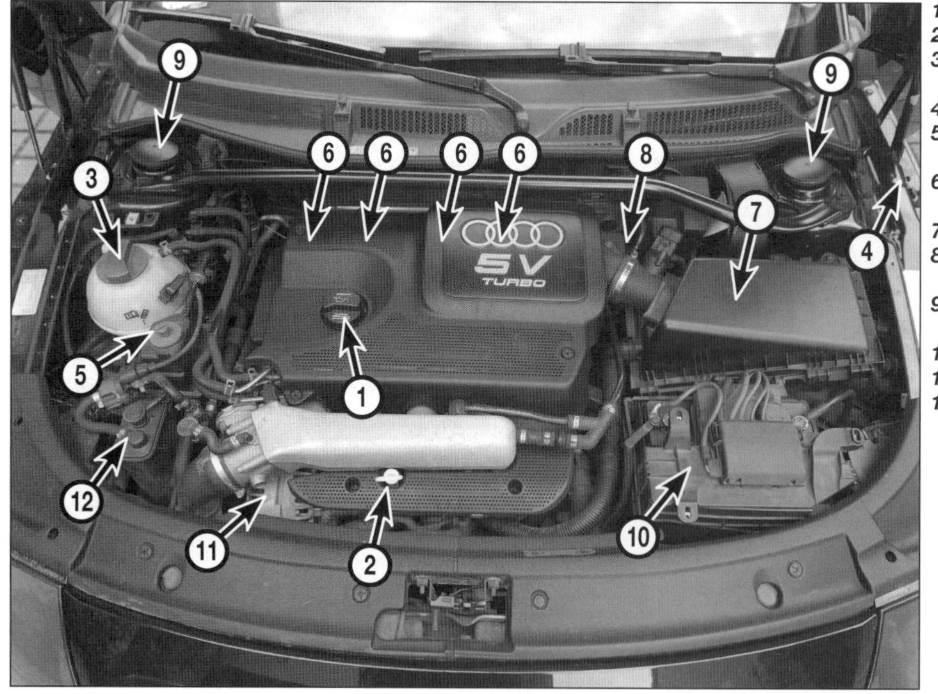

1 *Motoröl-Einfülldeckel*
2 *Motoröl-Peilstab*
3 *Kühlmittel-Ausgleichsbehälter*
4 *Wischwasserbehälter*
5 *Servolenkungs-Ausgleichsbehälter*
6 *Zündspulen und Zündkerzen (unter dem Motordeckel)*
7 *Luftfiltergehäuse*
8 *Brems-/Kupplungsflüssigkeitsbehälter*
9 *Obere Federbein-Aufnahme (»Domlager«)*
10 *Batterie*
11 *Lichtmaschine*
12 *Aktivkohlebehälter der Verdunstungsregelung*

1.6 Baugruppen – Positionen

Unterseite Frontbereich – Modell mit Frontantrieb

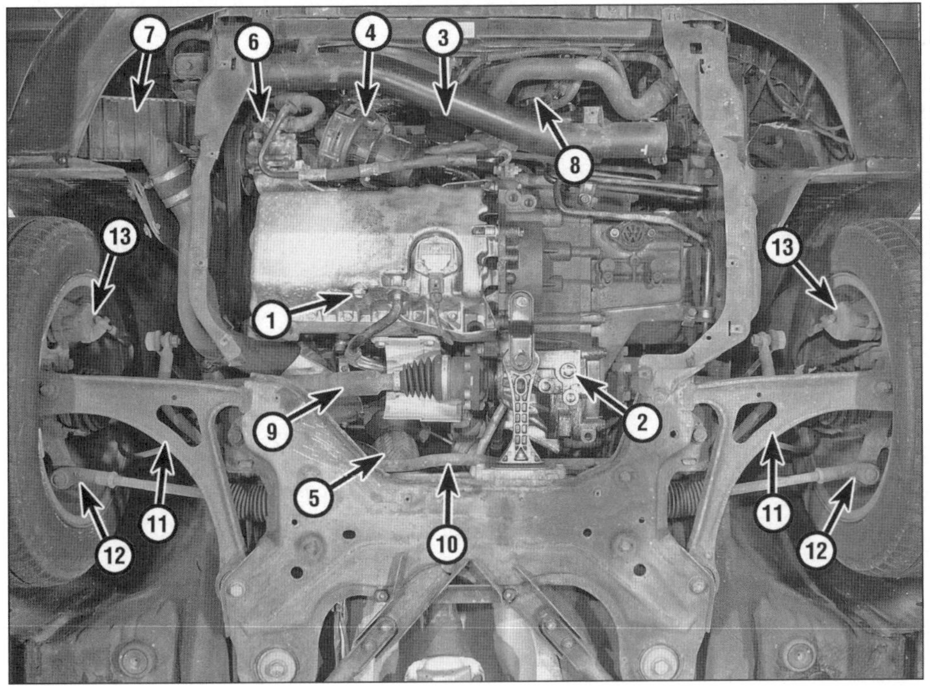

1 *Motoröl-Ablassschraube*
2 *Schaltgetriebe-Ölablassschraube*
3 *Ölfilter*
4 *Sekundärluft-Einspritzpumpe*
5 *Flexibles vorderes Auspuffrohr*
6 *Servolenkungs-Pumpe*
7 *Ladeluftkühler*
8 *Wasserkühler mit Ventilator*
9 *Rechte Antriebswelle*
10 *Stabilisator*
11 *Unterer Dreiecklenker*
12 *Spurstangenköpfe*
13 *Vorderradbremssättel*

Unterseite – Heckbereich – Modell mit Frontantrieb

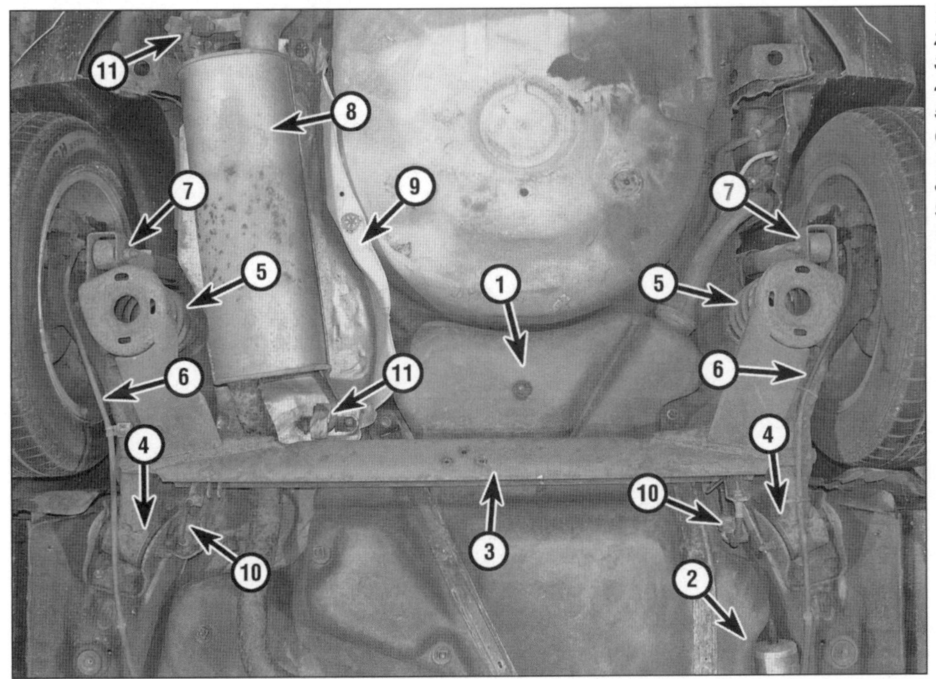

1 *Kraftstofftank*
2 *Kraftstofffilter*
3 *Verbundlenker-Hinterachse*
4 *Vordere Achsaufhängung*
5 *Spiralfeder*
6 *Handbremsen-Seilzug*
7 *Stoßdämpfer*
8 *Endschalldämpfer*
9 *Hitzeschild*
10 *Bremsschlauch*
11 *Auspuff-Haltegummis*

1 Einleitung

1 Dieses Kapitel soll dem Hobbyschrauber helfen, sein Fahrzeug in einem sicheren und technisch guten Zustand zu halten, sodass es immer voll leistungsfähig ist und eine lange Lebensdauer erreicht.
2 Dieses Kapitel beinhaltet einen Master-Wartungsplan und Sektionen, die sich im Einzelnen mit jeder Aufgabe in diesem Plan beschäftigt; darin finden sich Sichtkontrollen, Einstellungen, der Austausch von Komponenten und andere hilfreiche Dinge. Das Auffinden der diversen Komponenten wird mithilfe der Motorraum- und Unterseitenbilder auf den vorherigen Seiten erleichtert.
3 Werden die Arbeiten am Fahrzeug entsprechend des Wartungsplans (s. o.) und der folgenden Sektionen durchgeführt, sollte dies zu einem lange und zuverlässig funktionierendem Fahrzeug führen. Es handelt sich um einen sehr umfangreichen Plan – und das regelmäßige Warten einiger Komponenten, aber die Vernachlässigung anderer Baugruppen bringt nicht die gleichen Ergebnisse.
4 Während der Wartungsarbeiten wird auffallen, dass viele Prozeduren gemeinsam erledigt werden können – entweder wegen der speziellen Prozeduren oder der unmittelbaren Nähe zweier ansonsten nicht zusammenhängender Komponenten. Wird das Fahrzeug beispielsweise aus einem bestimmten Grund angehoben, kann neben einer Kontrolle der Lenkung und Radaufhängungen auch gleich eine Inspektion des Auspuffs durchgeführt werden.
5 Der erste Schritt dieses Wartungsprogramms ist, sich selbst vor der eigentlichen Arbeit korrekt vorzubereiten. Alle relevanten Sektionen müssen sorgfältig durchgelesen werden. Dann wird eine Liste erstellt und alle erforderlichen Teile und Werkzeuge müssen beschafft werden. Falls ein Problem auftritt, muss Rat bei einem Ersatzteilhändler oder einer Fachwerkstatt gesucht werden.

2 Inspektionsarbeiten

1 Wenn das Fahrzeug von Beginn an nach Wartungsplan inspiziert wurde und entsprechend der Hinweise in diesem Handbuch regelmäßig Flüssigkeitspegel und Verschleißteile überprüft worden sind, kann davon ausgegangen werden, dass sich der Motor in einem relativ guten Zustand befindet und kaum zusätzliche Arbeiten nötig sind.
2 Möglicherweise lief der Motor mangels regelmäßiger Wartung nicht korrekt. Dies kann bei Gebrauchtwagen, die nicht vorschriftsmäßig gewartet wurden, durchaus auftreten. In solchen Fällen können neben den üblichen Wartungsintervallen zusätzliche Arbeiten nötig werden.
3 Bei Verdacht auf erhöhten Motorverschleiß kann ein Kompressionstest (siehe Kapitel 2A, Sektion 2) wertvolle Informationen über die Gesamtperformance wichtiger Motorinnereien liefern. Solch ein Test kann als Grundlage genutzt werden, um zu entscheiden, wie umfangreich die Arbeit ausfallen wird. Falls ein Kompressionstest beispielsweise auf einen hochgradigen Verschleiß von Motorkomponenten hinweist, würde die in diesem Kapitel beschriebene konventionelle Wartung die Leistungsfähigkeit des Motors kaum verbessern und sich stattdessen als Zeit- und Geldverschwendung erweisen, solange nicht zuvor umfangreiche Überholungen stattgefunden haben.
4 Die folgenden Arbeitsabläufe sind oft nötig, um die Leistungsfähigkeit eines generell schlecht laufenden Motors zu verbessern:

Primär-Tätigkeiten

a) Reinigung, Kontrolle und Testen der Batterie (siehe Wöchentliche Kontrollen)
b) Kontrolle aller für den Motor wichtigen Betriebsflüssigkeiten (siehe Wöchentliche Kontrollen)
c) Kontrolle des Zustands und der Spannung aller Keilrippenriemen (Sektion 14)
d) Austausch der Zündkerzen (Sektion 24)
e) Kontrolle und ggf. Austausch des Luftfilterelements (Sektion 23).
f) Kontrolle aller Schläuche auf Undichtigkeit (Sektion 7)

5 Falls die oben beschriebenen Tätigkeiten nicht das gewünschte Ergebnis bringen, müssen zusätzlich die folgenden Arbeiten durchgeführt werden:

Sekundär-Tätigkeiten

6 Alle Punkte der Primär-Tätigkeiten plus die folgenden:

a) Kontrolle des Batterieladesystems (siehe Kapitel 5A)
b) Kontrolle des Zündsystems (siehe Kapitel 5B)
c) Kontrolle des Kraftstoffsystems, der Auspuffanlage und der Abgasreinigung (siehe Kapitel 4A und 4B)
d) Austausch der Zündspulen (siehe Kapitel 5A)

3 Motoröl und Ölfilter – Austausch

1 Ein regelmäßiger Öl- und Filterwechsel ist die wichtigste präventive Wartungsarbeit, die ein Hobbyschrauber zum Erhalt seines Fahrzeugs erledigen kann. Motoröl wird mit der Zeit schlecht und verunreinigt, sodass vorzeitiger Motorverschleiß einsetzt.
2 Bevor mit dieser Prozedur begonnen wird, müssen alle erforderlichen Werkzeuge beschafft sein. Um Spritzer aufzuwischen, werden Lappen oder Zeitungspapier benötigt. Motoröl sollte möglichst gewechselt werden, wenn der Motor nach einer Fahrt auf Betriebstemperatur ist; warmes Öl und Ölschlamm fließen so leichter ab. Bei Arbeiten unter dem Fahrzeug dürfen weder der Auspuff noch andere heiße Komponenten berührt werden. Um Verbrühungen vorzubeugen und sich selbst vor Hautreizungen und im Öl enthaltenen giftigen Stoffen zu schützen, sollten bei dieser Tätigkeit Handschuhe getragen werden. Der Zugang zur Unterseite des Autos wird deutlich besser, wenn es angehoben, auf Rampen gefahren oder mit Böcken abgestützt wird (siehe Seite 366). Bei allen Methoden muss sichergestellt sein, dass das Fahrzeug waagerecht steht, damit sämtliches Öl aus der Ablassbohrung fließen kann. Lösen Sie ggf. die Befestigungen des Motor-Unterschutzes und entnehmen Sie diesen. Entfernen Sie ggf. auch die obere Motorabdeckung. Öffnen Sie den Öleinfülldeckel (im Ventildeckel) – so wird der Motor belüftet und daran erinnert, dass sich kein Öl darin befindet.
3 Lockern Sie mit einem passenden Schlüssel die Ablassschraube etwa eine halbe Umdrehung (siehe Abbildung), stellen Sie einen geeigneten Sammelbehälter unter die Ölwanne, und drehen Sie die Schraube vollständig heraus (siehe Praxis-Tipp). Stellen Sie den Dichtring der Ablassschraube sicher.

3.3 Die Ölablassschraube sitzt an der tiefsten Stelle der Ölwanne.

Praxis-Tipp

Drücken Sie die Ölablassschraube beim Herausdrehen gegen die Ölwanne; sobald sie aus den letzten Gewindegängen befreit ist, muss sie rasch abgezogen werden – so gelangt das Motoröl in den Sammelbehälter und nicht auf den Ärmel.

4 Geben Sie dem Öl genug Zeit zum Ablaufen – nötigenfalls muss der Behälter umgesetzt werden, wenn es nur noch tröpfelt.

5 Wischen Sie die Ablassschraube mit einem Lappen sauber und rüsten Sie sie mit einer neuen Dichtscheibe aus. Reinigen Sie ihren Sitz an der Ölwanne, drehen Sie die Schraube ein und ziehen Sie sie mit 30 Nm an.

6 Positionieren Sie den Sammelbehälter unter dem links vorn am Motor sitzenden Ölfilter.

7 Lockern Sie den Ölfilter mit einem geeigneten Werkzeug und drehen Sie ihn von Hand ab. Gießen Sie darin vorhandenes Öl in den Sammelbehälter.

8 Reinigen Sie den Filter-Sitz am Motor (falls der Dichtring des alten Filters am Gehäuse klebt, muss er vorsichtig entfernt werden).

9 Schmieren Sie den Dichtring des neuen Ölfilters dünn mit Motoröl und drehen Sie den Filter von Hand auf seinen Stutzen – verwenden Sie hierfür kein Werkzeug!

10 Entfernen Sie den mit Altöl gefüllten Sammelbehälter und sämtliches unter dem Fahrzeug liegendes Werkzeug. Montieren Sie den Motor-Unterschutz und senken Sie den Wagen ab. Setzen Sie ggf. die obere Motorabdeckung auf.

11 Ziehen Sie den Peilstab heraus und entnehmen Sie den Öleinfülldeckel. Füllen Sie etwa die Hälfte (ca. 2,2 Liter) des vorgeschriebenen Motoröls (siehe Wöchentliche Kontrollen) durch die Öffnung im Ventildeckel ein – verwenden Sie nötigenfalls einen Trichter. Warten Sie ein paar Minuten, damit das Öl in die Ölwanne sickern kann. Füllen Sie dann Öl in kleinen Mengen nach, bis der Pegel an der oberen Markierung des Peilstabs erreicht ist. Installieren Sie den Einfülldeckel.

12 Starten Sie den Motor. Die Öldruck-Warnlampe wird noch einige Sekunden leuchten, bis der Ölfilter und alle Ölkanäle im Motor gefüllt sind. Die Drehzahl darf in diesem Zeitraum nicht erhöht werden! Lassen Sie den Motor einige Minuten laufen und kontrollieren Sie die Bereiche um den Ölfilter und die Ablassschraube auf Undichtigkeiten.

13 Schalten Sie den Motor ab und warten Sie einige Minuten, damit sich das Öl wieder in der Ölwanne gesammelt hat. Kontrollieren Sie erneut den Pegel und füllen Sie nötigenfalls etwas Öl nach.

14 Das alte Motoröl kann nicht mehr verwendet werden und muss in einen auslaufsicheren Behälter gefüllt werden. Jeder Händler, der technische Öle verkauft, ist auch dazu verpflichtet, entsprechende Mengen Altöl zurückzunehmen und zur fachgerechten Entsorgung oder zum Recycling zu bringen. Lassen Sie nie Altöl in die Kanalisation gelangen oder im Boden versickern!

4 Bremsbeläge – Kontrolle

1 Die äußeren Bremsbeläge können bei montierten Rädern durch die Radspeichen hindurch kontrolliert werden (siehe Abbildung) – entfernen Sie nötigenfalls die Radkappe. Die Belagstärke darf nicht unter 2 mm (7 mm mit Trägerplatte) liegen.

2 Falls die äußeren Bremsbeläge nahe oder unter der Verschleißgrenze liegen, müssen auch die inneren Beläge kontrolliert werden. Ziehen Sie die Handbremse an, heben Sie das Fahrzeug an, stützen Sie es sicher ab (siehe Seite 366) und demontieren Sie das entsprechende Rad.

3 Ermitteln Sie mithilfe eines Stahl-Lineals die Stärke der Bremsbeläge samt Trägerplatte – es müssen mindestens 7 mm festgestellt werden (siehe Abbildung).

4 Für eine umfangreiche Kontrolle müssen die Bremsbeläge ausgebaut und gereinigt werden (siehe Kapitel 9, Sektion 4) – hierbei können auch die Funktion der Bremssättel und die Bremsscheiben überprüft werden.

5 Falls auch nur ein Bremsbelag unter der Verschleißgrenze liegt, müssen alle vier Beläge dieser Achse durch Neuteile ersetzt werden.

6 Montieren Sie zum Schluss die Räder und senken Sie das Fahrzeug ab.

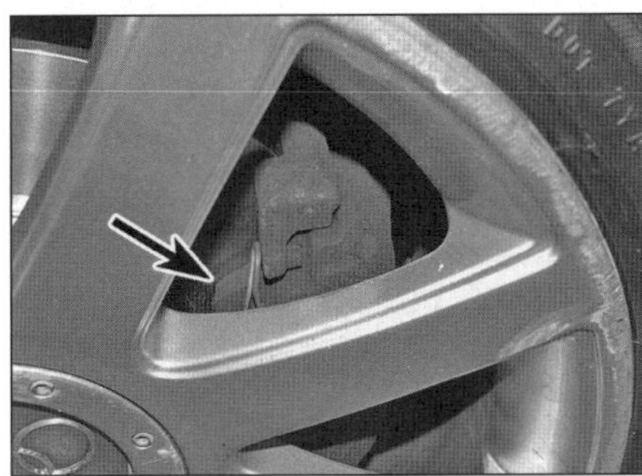

4.1 Die äußeren Bremsbeläge können bei montierten Rädern durch die Radspeichen hindurch kontrolliert werden.

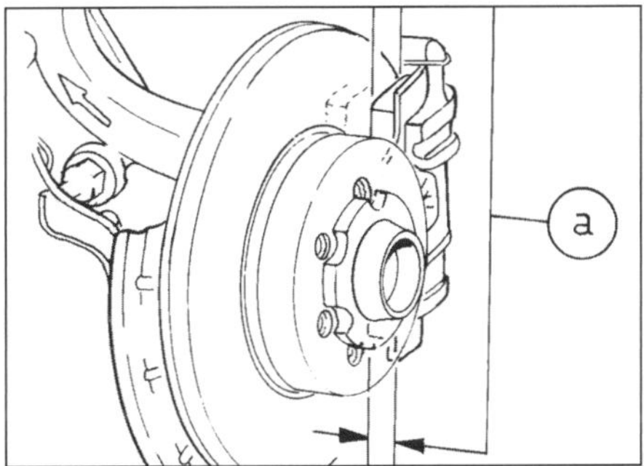

4.3 Die Stärke der Bremsbeläge samt Trägerplatte (a) darf nicht unter 7 mm liegen.

5 Serviceintervall-Anzeige – Zurücksetzen

1 Nachdem alle erforderlichen Wartungsarbeiten erledigt sind, muss die Service-Intervall-Anzeige zurückgesetzt werden. Eine Audi-Werkstatt richtet die Anzeige mit einer entsprechenden Ausrüstung für die nächste Inspektion ein und fügt dem Wartungsheft wird ein entsprechender Ausdruck bei. Der Hobbyschrauber kann die Anzeige ebenfalls zurücksetzen, allerdings nur auf das feste Distanz- und Zeit-Intervall von 15 000 km. Um mit flexiblen Wartungsintervallen weitermachen zu können, bei denen auch die Anzahl der Motor-Starts, die gefahrenen Stecken, der Geschwindigkeiten, der Bremsbelag-Verschleiß, die Anzahl der Motorhauben-Öffnungen, der Kraftstoffverbrauch, der Ölpegel und die Öltemperatur berücksichtigt wird, muss die Anzeige von einer Audi-Werkstatt zurückgesetzt werden.
2 Um manuell die Service-Intervall-Anzeige zurückzusetzen, wird die Zündung abgeschaltet und dann der Tageskilometer-Rückstellknopf unter dem Tachometer gedrückt und gehalten (siehe Abbildung). Schalten Sie die Zündung wieder ein und halten Sie den Knopf gedrückt – in der Cockpit-Anzeige erscheint ‚SERVICE!'. Lassen Sie den Tageskilometer-Rückstellknopf los und drücken Sie den Digitaluhr-Einstellknopf unter dem Drehzahlmesser – in der Anzeige erscheint das entsprechende Wartungsintervall. Lassen Sie den Digitaluhr-Einstellknopf los – im Display erscheint ‚OK'. Schalten Sie die Zündung ab, um die Zurücksetzungs-Prozedur zu beenden.

5.2 Tageskilometer-Rückstellknopf (A), Einstell- und Prüfknopf (Uhr, Service-Intervall) (B)

6 Auspuffanlage – Kontrolle

1 Kontrollieren Sie die (mindestens eine Stunde lang) abgekühlte Auspuffanlage vom Krümmerflansch bis zum Endrohr am Heck. Dies sollte möglichst beim vorn und hinten angehobenen und sicher abgestützten Fahrzeug geschehen (siehe Seite 366).
2 Überprüfen Sie alle Rohre und Anschlüsse auf Undichtigkeit, starke Korrosion und Beschädigungen. Alle Halterungen und Gummis müssen in Ordnung sein und zusammen mit allen fest angezogenen Schrauben und Muttern den Auspuff sicher halten. Falls eine der Halterungen ersetzt werden muss, ist sicherzustellen, dass baugleiche Ersatzteile beschafft werden. Undichtigkeiten an Anschlüssen oder anderen Bereichen des Auspuffsystems zeigen sich üblicherweise durch schwarze Ablagerungen.
3 Klappern und andere Geräusche weisen oft auf Defekte an der Auspuffanlage hin – meistens auf schadhafte Haltegummis (siehe Abbildung). Versuchen Sie, an den Schalldämpfern und am Rohr zu wackeln; falls dabei Auspuffteile gegen die Karosserie schlagen, müssen sie mit neuen Halterungen gesichert werden. Trennen Sie nötigenfalls – und falls möglich – die Auspuff-Komponenten und verdrehen Sie die Rohre, um den Abstand zur Karosserie zu vergrößern.

6.3 Auspuffanlagen-Haltegummis

7 Schläuche und Undichtigkeiten – Kontrolle

1 Unterziehen Sie alle Motor-Dichtflächen, Dichtungen und Dichtringe auf Spuren ausgetretenen Öls oder Kühlmittels – beachten Sie dabei besonders die Bereiche um die Zylinderkopf-, die Ventildeckel-, die Ölfilter- und die Ölwannendichtung. Kontrollieren Sie ebenfalls das Getriebe und den Klimaanlagen-Kompressor auf Undichtigkeiten. Mit der Zeit können Dichtungen zu »schwitzen« beginnen, was aber normal ist; an »echten« Undichtigkeiten tropft Flüssigkeit ab. Werden solche Lecks entdeckt, muss die entsprechende Dichtung oder der Dichtring erneuert werden – beachten Sie das entsprechende Kapitel in diesem Handbuch.
2 Kontrollieren Sie ebenfalls sorgfältig sämtliche mit dem Motor verbundenen Schläuche und Rohre; diese müssen korrekt (ggf. mit Schellen) an ihren Anschlüssen und in ihren Halterungen gesichert sein. Gerissene oder fehlende Halterungen können dazu führen, dass Rohre reißen und Schläuche scheuern – mit entsprechenden ernsthaften Folgen.
3 Überprüfen Sie sorgfältig alle Kühler- und Heizungsschläuche auf ihrer gesamten Länge. Alle Schläuche, die Risse aufweisen, angeschwollen oder spröde sind, müssen ersetzt werden. Risse zeigen sich besser, wenn man den Schlauch von Hand an mehreren Stellen quetscht. Achten Sie besonders auf die Schellen, mit denen die Schläuche an den Kühlsystem-Komponenten gesichert sind. Eine zu fest angezogene Schlauchschelle kann einen Schlauch abklemmen oder durchstechen, sodass Kühlmittel austritt. Ersetzen Sie ggf. vorhandene Einweg-Schellen durch wiederverwendbare Schraubschellen.
4 Kontrollieren Sie alle Kühlsystem-Komponenten (Schläuche, Anschlüsse, Verbindungsstücke) auf Undichtigkeit. Wo Probleme dieser Art entdeckt werden, müssen entsprechende Bauteile oder Dichtungen ersetzt werden (siehe Kapitel 3). Ein Leck im Kühlsystem hinterlässt üblicherweise rostbraune oder weiße Ablagerungen (siehe Praxis-Tipp).

Praxis-Tipp	***Ein Leck im Kühlsystem zeigt sich normalerweise als weiße oder rostbraune Ablagerung.***

5 Inspizieren Sie ggf. die Schläuche des Automatikgetriebe-Ölkühlers auf Undichtigkeiten und Alterungserscheinungen.
6 Kontrollieren Sie bei angehobenem Fahrzeug den Tank und den Einfüllstutzen auf Beulen, Risse und andere Beschädigungen (die Verbindung zwischen Stutzen und Tank ist besonders kritisch). Manchmal leckt ein Gummistutzen oder ein Verbindungsschlauch aufgrund lockerer Schellen oder Rissen im Gummi.
7 Überprüfen Sie sorgfältig alle vom Tank wegführenden Schläuche und Rohre. Achten Sie auf lockere Anschlüsse, spröde Schläuche, geknickte Rohre und andere Schäden. Begutachten Sie auch alle Ent- und Belüftungsleitungen, die oft am Einfüllstutzen entlang verlaufen und leicht verstopfen oder gequetscht werden können. Folgen Sie der Kraftstoffleitung und der Rücklaufleitung nach vorn in den Motorraum und achten Sie auf Schäden oder Korrosion. Ersetzen Sie nötigenfalls schadhafte Segmente.
8 Kontrollieren Sie im Motorraum alle Benzinschläuche und Benzinleitungsanschlüsse auf Alterungserscheinungen und Scheuerstellen. Prüfen Sie die Schläuche besonders in Biegungen und an Anschlüssen auf Risse. Kontrollieren Sie Rohrleitungen auf Knicke, Korrosion und Scheuerstellen.
9 Kontrollieren Sie alle Schläuche und Leitungen der Servolenkungs-Hydraulik.

8 Keilrippenriemen – Kontrolle

1 Ziehen Sie die Handbremse an, heben Sie das Fahrzeug an und stützen Sie es sicher ab (siehe Seite 366).
2 Drehen Sie mit einem an der Kurbelwellen-Riemenscheibe angesetzten Steckschlüssel den Riemen langsam im Uhrzeigersinn durch, um ihn auf glänzende Scheuerstellen, Risse, ablösendes oder ausgefranstes Gewebe und andere Schäden überprüfen zu können. Verwenden Sie einen kleinen Spiegel, um die Rückseite des Riemens zu kontrollieren (siehe Abbildung). Ein verschlissener oder beschädigter Riemen muss ersetzt werden (siehe Sektion 25) – dies gilt auch, falls der Riemen mit Fett oder Motoröl kontaminiert ist.

8.2 Kontrollieren Sie die Unterseite des Keilrippenriemens mithilfe eines Spiegels.

9 Frostschutzgehalt – Kontrolle

1 Das Kühlsystem muss mit dem von Audi empfohlenen Frost- und Korrosionsschutzmittel G12 plus befüllt sein – mischen Sie keine anderen Typen hinzu. Mit der Zeit kann sich das Mischungsverhältnis durch Nachfüllen von Wasser verringern (was sich durch die Verwendung von Kühlmittel verhindern lässt). Falls immer wieder frisches Kühlmittel nachgefüllt werden muss, sollte zunächst die Ursache für den Verlust ermittelt werden.
2 Für die Kontrolle muss der Motor vollständig abgekühlt sein. Entfernen Sie den Deckel des Ausgleichsbehälters (falls der Motor noch warm ist, muss der Deckel mit Lappen umwickelt und langsam gelöst werden, bis sämtlicher Druck abgelassen ist).
3 Saugen Sie mit einem (im Autozubehör-Handel erhältlichen) Frostschutzprüfer etwas Kühlmittel aus dem Ausgleichsbehälter und beobachten Sie das Gerät – beachten Sie die beigefügte Anleitung, um den Frostschutzgehalt festzustellen.
4 Bei einem unkorrekten Konzentrat kann eventuell etwas Kühlmittel abgepumpt und durch frisches Frostschutzmittel ersetzt werden; alternativ wird das gesamte Kühlmittel abgelassen (siehe Sektion 30) und durch frisches Mittel mit korrektem Konzentrat ersetzt.

10 Bremsleitungen und -Schläuche – Kontrolle

1 Die Bremshydraulik beinhaltet zahlreiche Metallrohre, die vom Hauptbremszylinder zum ABS-Hydraulikmodulator und zu den einzelnen Bremsen verlaufen. Zwischen den Rohren und an den Bremszylindern finden sich flexible Schläuche, um die Bewegung der Federung und der Lenkung zu ermöglichen. Auch der Unterdruckschlauch vom Einlassstutzen zum Bremskraftverstärker muss überprüft werden.
2 Heben Sie das Fahrzeug vorn und hinten an und stützen Sie es sicher ab (siehe Seite 366). Begutachten Sie sämtliche Metall-Bremsleitungen auf Korrosion und Beschädigungen. Leichter Rostbefall kann mit Schleifpapier entfernt werden, tiefe Rostlöcher und andere Schäden erfordern jedoch den Austausch der Bremsleitung.
3 Achten Sie bei der Kontrolle vor allem auf Undichtigkeiten an den Rohr- oder Schlauchanschlüssen. Begutachten Sie dann die Schläuche auf Risse, Scheuerstellen und Alterungserscheinungen. Biegen Sie die Schläuche zwischen den Fingern (aber knicken Sie sie nicht ab!) und kontrollieren Sie sie auf versteckte Risse (siehe Abbildung). Prüfen Sie, ob alle Rohre und Schläuche sicher unter dem Fahrzeug befestigt sind.
4 Senken Sie zum Schluss das Fahrzeug wieder ab.

11 Leuchtweiteneinstellung – Kontrolle

1 Eine akkurate Einstellung der Scheinwerfer-Ausrichtung ist nur mit speziellen Messgeräten möglich, sodass sie von einer entsprechend ausgerüsteten Fachwerkstatt durchgeführt werden sollte.
2 Notfalls keine eine Grundeinstellung vorgenommen werden – weitere Informationen finden sich in Kapitel 12, Sektion 9.

12 Pollenfilter – Ersetzen

1 Der Pollenfilter sitzt rechts vor der Windschutzscheibe.
2 Befreien Sie die Gummidichtung vom vorderen Rand der aus Kunststoff bestehenden Spritzwand-Abdeckung und ziehen Sie diese nach oben vom Pollenfiltergehäuse (siehe Abbildung).

12.2 Befreien Sie die Gummidichtung, heben Sie die Abdeckung ab …

3 Lösen Sie die Clips und ziehen Sie das Filterelement samt Rahmen heraus (siehe Abbildung). Befreien Sie den Filter aus dem Rahmen – merken Sie sich seine Einbauposition.

12.3 … und ziehen Sie das Filterelement samt Rahmen heraus.

4 Positionieren Sie das neue Filterelement im Rahmen und schieben Sie es oben ins Gehäuse – die Laschen müssen dabei korrekt ausgerichtet sein.
5 Setzen Sie die Kunststoffabdeckung auf und drücken Sie vorn an der Spritzwand die Gummidichtung herunter.

13 Schaltgetriebe – Ölpegel-Kontrolle

1 Stellen Sie das Fahrzeug auf eine ebene Fläche. Um den Zugang zur Einfüll- und Kontrollschraube zu verbessern, kann das Fahrzeug vorn und hinten angehoben und sicher abgestützt werden (siehe Seite 366) – für die Kontrolle muss es absolut waagerecht stehen. Bevor der Ölpegel kontrolliert wird, muss das Fahrzeug mindestens fünf Minuten mit abgeschaltetem Motor stehen, damit sich das Öl unten sammeln kann.
2 Lösen Sie die Schrauben des Motor-Unterschutzes und entnehmen Sie diesen. Wischen Sie den Bereich um die vorn am Getriebe sitzende Einfüll- und Kontrollschraube sauber (siehe Abbildung).

13.2 Einfüll- und Kontrollschraube am 02M/02Y-Getriebe

3 Der Ölpegel muss am unteren Rand der Gewindebohrung für die Einfüll- und Kontrollschraube stehen. Falls nach dem Lösen der Schraube kein Öl heraustropft, muss etwas Getriebeöl aufgefüllt und anschließend gewartet werden, bis das Abtropfen endet.
4 Falls eine größere Menge Öl austritt, muss zunächst geprüft werden, ob das Fahrzeug absolut waagerecht steht.
5 Wenn der Ölpegel korrekt ist, wird die Einfüll- und Kontrollschraube eingedreht und mit 30 Nm (Sechskant-Kopf) oder 45 Nm (Zwölfkant-Kopf) angezogen. Wischen Sie Ölreste ab und montieren Sie den Motor-Unterschutz. Senken Sie das Fahrzeug ab.

14 Karosserie und Unterboden – Kontrollee

Karosserieschäden und Korrosion – Kontrolle

1 Nachdem das Fahrzeug sorgfältig gereinigt und von Teerflecken und anderen Verunreinigungen befreit ist, wird die Lackierung sorgfältig auf Kratzer und Abplatzungen überprüft. Achten Sie besonders auf empfindliche Bereiche wie die Frontschürze, die Motorhaube und die Radkästen. Jeder Lackschaden muss unverzüglich repariert werden.
2 Falls eine frische Abplatzung oder ein kleiner Kratzer noch freie von Rost ist, kann dieser mit einem (beim Audi-Händler erhältlichen) Lackstift abgedeckt werden. Ernsthafte Schäden oder verrostete Steinschlag-Beschädigungen können wie in Kapitel 11, Sektion 4 beschrieben repariert werden. Ist der Schaden so stark, dass Bleche ausgetauscht werden müssen, muss möglichst bald professioneller Rat eingeholt werden.
3 Prüfen Sie stets, ob Ablaufbohrungen an Türen und in Belüftungskanälen frei sind, sodass eingedrungenes Wasser ablaufen kann.

Korrosionsschutz-Kontrolle

4 Einmal jährlich sollte der Unterbodenschutz überprüft werden – dies sollte möglichst vor dem Winter geschehen. Führen Sie eine Unterbodenwäsche durch, aber entfernen Sie dabei nicht das relativ weiche Wachs. Jeder Schaden an der Wachsschicht muss mit speziellem Dichtmittel auf Wachsbasis repariert werden. Falls Karosserieteile für Reparaturarbeiten demontiert werden müssen, darf nicht vergessen werden, sie anschließend wieder zu schützen. Auch die Hohlräume in Türen, Schwellern und Karosserieteilen müssen mit Wachs behandelt werden.

15 Antriebswellenmanschetten – Kontrolle

1 Lenken Sie die Vorderräder des vorn angehoben und sicher abgestützten Fahrzeugs (siehe Seite 366) nach links oder rechts bis zum Anschlag und drehen Sie dann langsam eines der Räder, um den Zustand der Manschette über dem äußeren Gleichlaufgelenk zu ermitteln – drücken Sie diese an verschiedenen Stellen von Hand, um die Bereiche in den Falten freizulegen (siehe Abbildung). Falls Risse oder andere Beschädigungen festgestellt werden, die Fett austreten lassen, kann hierdurch auch Wasser und Schmutz eindringen. Kontrollieren Sie ebenfalls die Schellen. Wiederholen Sie die Kontrolle an der inneren Manschette und am anderen Vorderrad. Falls irgendwelche Schäden oder Hinweise auf Alterung festgestellt werden, müssen die Manschetten ersetzt werden (siehe Kapitel 8A).

15.1a Kontrollieren Sie die äußeren …

15.1b … und inneren Antriebswellen-Manschetten.

2 Kontrollieren Sie bei Quattro-Modellen die Manschetten der Hinterrad-Antriebswellen auf die gleiche Weise.

3 Kontrollieren Sie gleichzeitig den Zustand des Gleichlaufgelenks selbst, indem Sie die Antriebswelle festhalten und versuchen, das Rad zu drehen. Wiederholen Sie die Kontrolle, indem Sie den inneren Flansch halten und versuchen, die Antriebswelle zu drehen. Jedes fühlbare Spiel weist auf Verschleiß im Gelenk oder in den Mitnehmerverzahnungen hin – oder auf eine lockere Antriebswellenmutter.

16 Radaufhängungen und Lenkung – Kontrolle

1 Heben Sie das Fahrzeug vorn und hinten an und stützen Sie es sicher ab (siehe Seite 366).

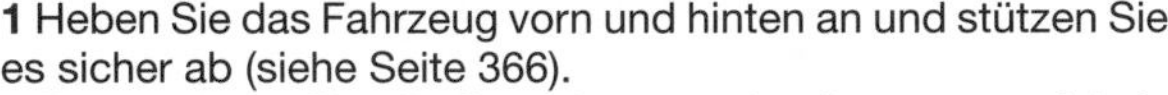

2 Begutachten Sie die Staubkappen der Spurstangenköpfe und die Lenkstangen-Manschetten auf Risse, Scheuerstellen und Alterungserscheinungen. Jeder Schaden an diesen Komponenten lässt Schmutz und Wasser eindringen und Schmiermittel austreten, sodass die Spurstangenköpfe und das Lenkgestänge rapide verschleißen.

3 Kontrollieren Sie die Hydraulikschläuche der Servolenkung auf Scheuerstellen und Alterungserscheinungen. Überprüfen Sie das Rohr und die Schlauchanschlüsse auf Undichtigkeiten. Prüfen Sie auch, ob aus den Manschetten des Lenkgetriebes unter Öl austritt – dies würde auf beschädigte Dichtringe innerhalb des Getriebes hinweisen.

4 Greifen Sie das Rad in der 12-Uhr- und der 6-Uhr-Position und versuchen Sie, daran zu wackeln (siehe Abbildung). Sehr geringes Spiel ist normal, doch wenn deutliche Bewegung spürbar ist, müssen weitere Untersuchungen die Ursache ermitteln. Wackeln Sie weiter am Rad, während ein Assistent das Bremspedal betätigt. Wenn die Bewegung jetzt verschwunden oder deutlich verringert ist, werden wahrscheinlich die Radlager defekt sein oder ggf. Einstellungen benötigen. Ist das Spiel auch bei betätigter Bremse vorhanden, wird der Verschleiß an den Radaufhängungen oder Federsystemen zu suchen sein.

16.4 Wackeln Sie so am angehobenen Rad, um mögliches Spiel der Radlager zu ermitteln.

5 Greifen Sie jetzt das Rad in der 9-Uhr- und der 3-Uhr-Position und versuchen Sie erneut, daran zu wackeln. Jede jetzt fühlbare Bewegung kann wieder auf defekte Radlager zurückzuführen sein – oder auf Verschleiß in den Spurstangenköpfen. Falls das innere oder äußere Lenkgestänge-Kugelgelenk verschlissen ist, wird seine Bewegung deutlich zu beobachten sein.

6 Mithilfe eines zwischen die Federelemente und ihren Befestigungspunkten eingesetzten großen Schraubendrehers oder einer flachen Stange kann durch Hebeln Verschleiß in den Lagerbuchsen ermittelt werden. Da die Buchsen aus Gummi bestehen, ist etwas Bewegung normal, doch übermäßiger Verschleiß sollte deutlich fühlbar sein. Kontrollieren Sie auch den Zustand aller sichtbaren Gummibuchsen; achten Sie auf Risse und sprödes Gummi.

7 Während das Fahrzeug wieder auf seinen Rädern steht, dreht ein Assistent das Lenkrad etwa eine achtel Umdrehung hin und her – die Räder müssen sich ein kleines Stück bewegen. Ist dies nicht der Fall, müssen alle zuvor beschriebenen Gelenke und Halterungen genau untersucht werden, zusätzlich müssen auch die Kreuzgelenke und das Zahnstangengetriebe auf Verschleiß überprüft werden.

8 Kontrollieren Sie vorn die Federbeine und hinten die Stoßdämpfer auf Undichtigkeiten – bei jeglichem Hinweis auf ausgetretenes Öl ist der Dämpfer defekt und beide Federbeine oder Stoßdämpfer der jeweiligen Achse müssen ersetzt werden. **Anmerkung**: *Tauschen Sie Dämpferelemente niemals einzeln, da das Fahrverhalten dadurch deutlich schlechter werden kann.*

9 Die Funktion der Federbeine und Stoßdämpfer kann geprüft werden, indem das Fahrzeug an jeder Ecke heruntergedrückt wird. Die Karosserie sollte in ihre normale Position zurückkehren und dort verbleiben; falls sie sich über die ursprüngliche Lage hinaus anhebt und wieder einsackt, wird das Federbein (vorn) oder der Stoßdämpfer (hinten) wahrscheinlich defekt sein. Kontrollieren Sie auch seine obere und untere Aufnahme auf Verschleiß.

17 Batterie – Kontrolle

1 Die Batterie sitzt links vorn im Motorraum. Lösen Sie die Schrauben der Abdeckung und heben Sie sie von der Batterie (siehe Abbildung).

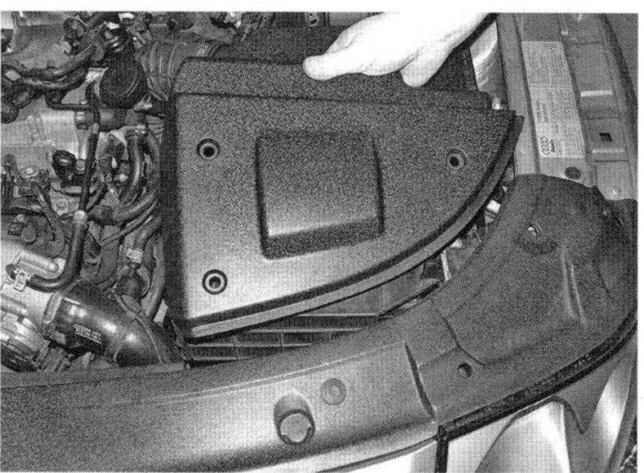

17.1 Entfernen Sie die Batterieabdeckung.

2 Prüfen Sie, ob beide Batterie-Anschlüsse und die Anschlüsse des Sicherungshalters korrekt verbunden und frei von Korrosion sind. **Anmerkung**: *Beachten Sie vor dem Trennen der Batterie die Hinweise auf Seite 366.*
3 Kontrollieren Sie das Batteriegehäuse auf Risse und andere Beschädigungen. Prüfen Sie den festen Sitz der Batterie-Halteklemme (siehe Abbildung). Falls am Batteriegehäuse ein Schaden festgestellt wird, muss die Batterie umgehend ersetzt werden (siehe Kapitel 5A).

17.3 Schraube der Batterieklemme

4 Falls das Fahrzeug nicht mit einer »wartungsfreien« (MF) und dauerhaft abgedichteten Batterie ausgerüstet ist, muss geprüft werden, ob die Säurepegel zwischen der MAX- und MIN-Markierung stehen. Falls ein Pegel zu niedrig ist, muss die Batterie ausgebaut (siehe Kapitel 5A) und der/die Deckel entsprechender Zellen entfernt werden. Füllen Sie ausschließlich destilliertes Wasser nach, um den Pegel wieder zwischen die MAX- und MIN-Markierung zu bringen – nicht zu voll! Bauen Sie die Batterie wieder ein (siehe Kapitel 5A).
5 Installieren Sie zum Schluss die Batterieabdeckung.

18 Scharniere und Schlösser – Schmieren

1 Schmieren Sie alle Tür-, Motorhauben- und Heckklappen-Scharniere mit Mehrzweck- oder Maschinenöl.
2 Schmieren Sie ebenfalls die Motorhaubenverriegelung samt Bowdenzug und alle Schließmechanismen.
3 Kontrollieren Sie sorgfältig die Sicherheit und Funktion aller Scharniere, Verriegelungen und Schlösser, und stellen Sie sie nötigenfalls ein (siehe Kapitel 11). Prüfen Sie ggf. die Funktion der Zentralverriegelung.

19 Airbag-System – Kontrolle

1 Inspizieren Sie alle Airbags äußerlich auf Beschädigungen – bei sichtbaren Schäden muss der Airbag ersetzt werden (siehe Kapitel 12, Sektion 25). Auf der Oberfläche von Airbags dürfen keine Aufkleber angebracht werden, da diese die Funktion beeinträchtigen können.

20 Scheiben- und Scheinwerfer-Waschsystem – Kontrolle

1 Prüfen Sie, ob alle Wischwasserdüsen sauber sind und einen kräftigen Strahl abgeben.
2 Die Windschutzscheiben-Düsen müssen etwas über der Mitte der Windschutzscheibe ausgerichtet sein – verstellen Sie nötigenfalls den Exzenter mit einem kleinen Schraubendreher (siehe Abbildung).

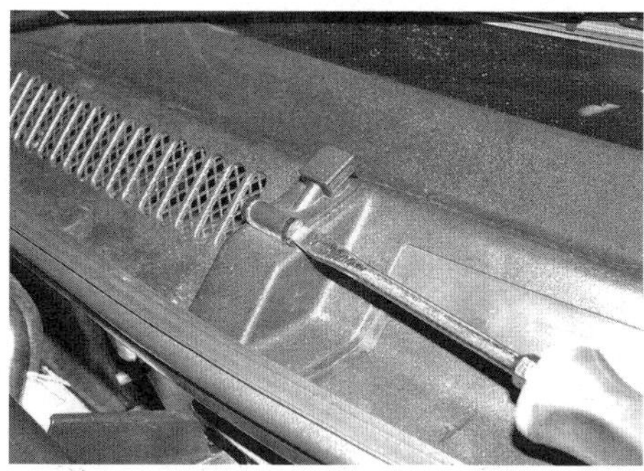

20.2 Einstellung der Windschutzscheiben-Düsen

3 Die innere Scheinwerfer-Düse muss leicht über der horizontalen Mittellinie des Scheinwerfers ausgerichtet sein und die äußere Düse leicht darunter. Audi-Werkstätten nutzen zur Einstellung ein Spezialwerkzeug, nachdem Sie die Düse aus ihrem Anschlag gezogen haben.
4 Vor allem während des Winters muss auf ein korrektes Frostschutz-Konzentrat im Wischwasser geachtet werden. **Achtung: Verwenden Sie hier NIEMALS Kühler-Frostschutzmittel, da dies den Lack angreift!**

21 Motorsteuergerät – Kontrolle des Fehlerspeichers

1 Der Fehlerspeicher kann nur mit einer speziellen Diagnoseausrüstung ausgelesen und gelöscht werden – lassen Sie dies von einer entsprechend ausgerüsteten Fachwerkstatt durchführen. Der Diagnosestecker befindet sich rechts neben dem Motorhauben-Öffnerhebel links unter dem Armaturenbrett (siehe Abbildung).

21.1 Diagnosestecker

22 Probefahrt

Instrumente und Elektrik

1 Kontrollieren Sie die Funktion aller Instrumente, aller Lampen und anderen elektrischen Bauteile.
2 Stellen Sie sicher, dass alle Instrumente korrekt anzeigen und sämtliche Schalter korrekt funktionieren.

Lenkung und Radaufhängungen

3 Vergewissern Sie sich, dass die Lenkung, die Federung, das Handling und die Straßenlage keine Auffälligkeiten aufweisen.
4 Kontrollieren Sie beim Fahren, ob keine ungewöhnlichen Vibrationen oder Geräusche auftreten.
5 Die Lenkung darf sich nicht schwammig oder rau anfühlen. Beim Durchfahren von Kurven oder auf schlechten Straßen dürfen die Federelemente keine Geräusche erzeugen.

Antrieb

6 Kontrollieren Sie die Leistungsfähigkeit des Motors, der Kupplung (falls vorhanden), des Getriebes und der Antriebswellen.
7 Aus dem Motor und dem Antrieb dürfen keine ungewöhnlichen Geräusche zu hören sein.
8 Der Motor muss sich warm und kalt problemlos starten lassen, im Standgas rund laufen und verzögerungsfrei beschleunigen.
9 Die Kupplung muss sanft und progressiv die Kraft übertragen und darf weder schleifen noch rutschen. Der Pedalweg darf nicht zu lang sein. Bei gedrücktem Kupplungspedal dürfen keine Geräusche auftreten. Details finden sich in Kapitel 6.
10 Alle Getriebegänge müssen sich sanft und geräuschfrei einlegen lassen. Im Schalthebel oder Wählhebel muss das Einrasten der Gänge deutlich fühlbar sein.
11 Bei langsamer Fahrt mit vollständig eingeschlagener Lenkung dürfen im Frontbereich keine klickenden Geräusche auftreten. Führen Sie diesen Test in beide Richtungen durch. Klicken würde auf einen Schmiermangel oder Verschleiß in den äußeren Gleichlaufgelenken der Antriebswellen hinweisen (siehe Kapitel 8, Sektion 6)

Bremsanlage

12 Prüfen Sie, ob das Fahrzeug beim Bremsen nicht zu einer Seite zieht und die Räder bei Vollbremsungen nicht frühzeitig blockieren.
13 Beim Bremsen dürfen in der Lenkung keine Vibrationen auftreten.

Anmerkung: *Durch das ABS können beim heftigen Bremsen im Bremspedal Vibrationen spürbar sein – dies ist normal und beeinträchtigt nicht die Funktion der Bremse.*

14 Prüfen Sie, ob die Handbremse korrekt funktioniert – sie muss das Fahrzeug problemlos an einem Gefälle halten können.
15 Prüfen Sie die Funktion der Servobremse bei ausgeschaltetem Motor wie folgt: Treten Sie vier- bis fünfmal auf die Bremse, um den Unterdruck abzubauen. Starten Sie dann den Motor – das Bremspedal muss sich unverzüglich durch den aufgebauten Unterdruck weiter herunterdrücken lassen. Lassen Sie den Motor mindestens zwei Minuten laufen und schalten Sie ihn wieder ab. Wird die Bremse nun erneut gedrückt, sollte dabei ein Zischen aus der Servopumpe zu hören sein. Nach vier bis fünf Tritten auf die Bremse sollte kein Zischen mehr hörbar sein und der Pedaldruck deutlich härter werden.

Abgasregelung

16 Obwohl nicht Bestandteil des Wartungsplans muss auch die Abgasregelung korrekt arbeiten. Bei der zweijährigen Hauptuntersuchung wird auch geprüft, ob die Abgaswerte den Vorschriften entsprechen (siehe Seite 375).

23 Luftfilterelement – Ersetzen

1 Lösen Sie hinten am Luftfilterdeckel die zwei Schrauben, heben Sie ihn an und befreien Sie die vorderen Laschen (siehe Abbildungen); falls der Deckel vollständig entfernt werden soll, müssen die Schelle zum Ansaugtrakt gelockert und der Stecker des Luftmassensensors getrennt werden.

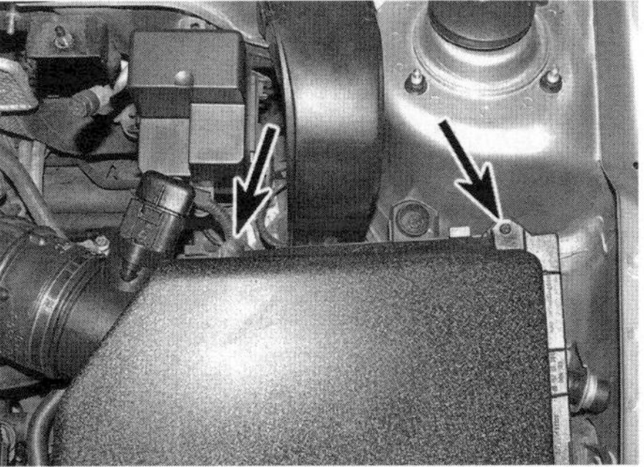

23.1a Lösen Sie die zwei Schrauben ...

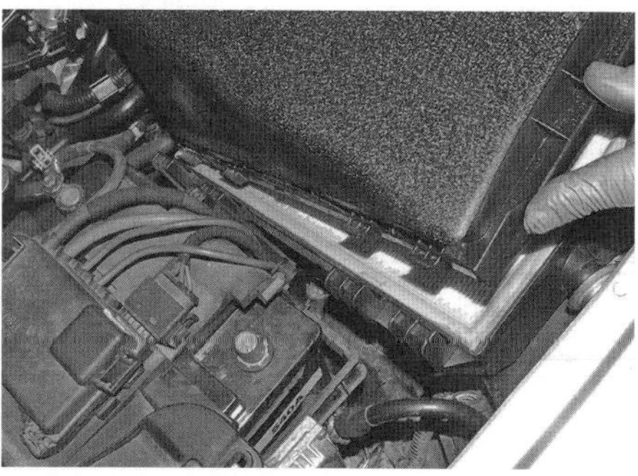

23.1b … und befreien Sie die vorderen Laschen des Luftfilterdeckels.

2 Beachten Sie die Einbaulage des Luftfilterelements und ziehen Sie es aus dem unteren Teil des Luftfiltergehäuses (siehe Abbildung).

23.2 Befreien Sie das Luftfilterelement.

3 Wischen Sie das Luftfiltergehäuse vor dem Einbau des neuen Filterelements aus.
4 Installieren Sie das neue Filterelement in das Gehäuse – richten Sie seine Ränder korrekt aus.
5 Hängen Sie vorn die Laschen des Deckels ein und sichern Sie ihn hinten mit den Schrauben (Abb. 23.1b und a).

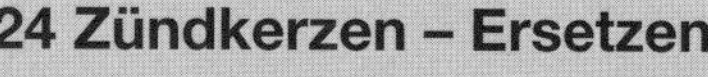

24 Zündkerzen - Ersetzen

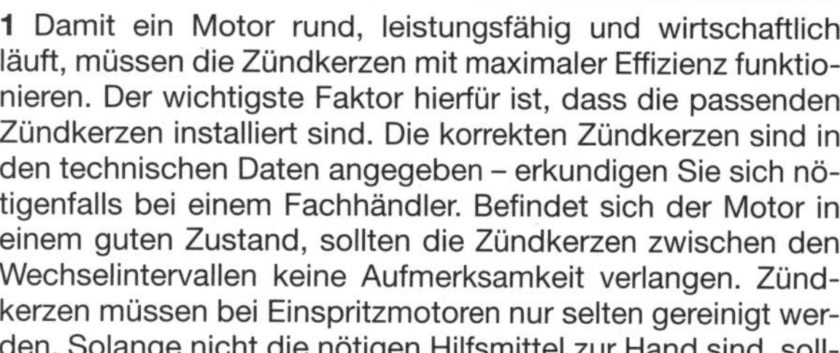

1 Damit ein Motor rund, leistungsfähig und wirtschaftlich läuft, müssen die Zündkerzen mit maximaler Effizienz funktionieren. Der wichtigste Faktor hierfür ist, dass die passenden Zündkerzen installiert sind. Die korrekten Zündkerzen sind in den technischen Daten angegeben – erkundigen Sie sich nötigenfalls bei einem Fachhändler. Befindet sich der Motor in einem guten Zustand, sollten die Zündkerzen zwischen den Wechselintervallen keine Aufmerksamkeit verlangen. Zündkerzen müssen bei Einspritzmotoren nur selten gereinigt werden. Solange nicht die nötigen Hilfsmittel zur Hand sind, sollten Reinigungsversuche auch unterbleiben, damit die Elektroden nicht beschädigt werden.

Alle Modelle (außer mit Motorcode AMU, APX und BAM)

2 Lösen Sie die Schrauben der oberen Motorabdeckung, heben Sie diese an und befreien Sie sie hinten von den Zapfen (siehe Abbildung).

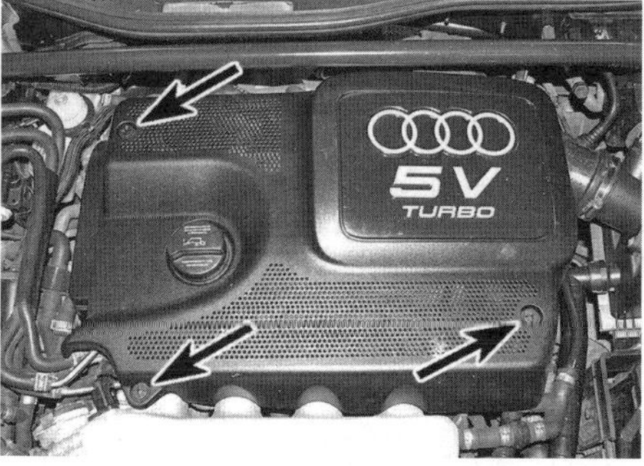

24.2 Schrauben der oberen Motorabdeckung

3 Lösen Sie die Mutter des Unterdruckspeichers und verlagern Sie diesen beiseite (siehe Abbildung). Lösen Sie die Schrauben der Halterung und entfernen Sie diese.

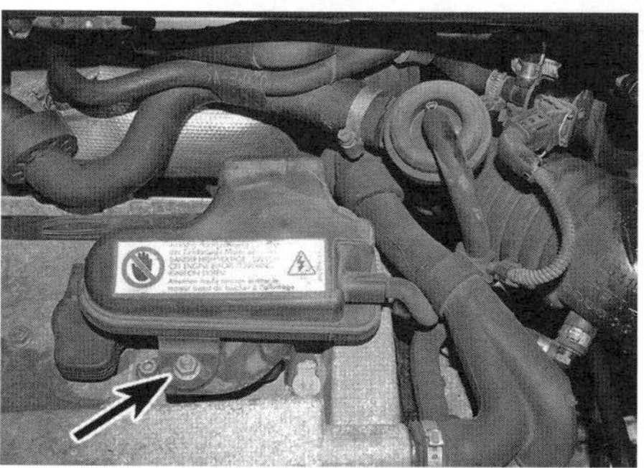

24.3 Mutter des Unterdruckspeichers

Modelle mit Motorcode AMU, APX und BAM

4 Lösen Sie die Schrauben der oberen Motorabdeckung, heben Sie diese an und befreien Sie sie hinten von den Zapfen (siehe Abbildung).

24.4 Schrauben der oberen Motorabdeckung

5 Befreien und entnehmen Sie die Hitzeschilde vom Turbolader-Ableitventil und dem Unterdruckspeicher (siehe Abbildung)

24.5 Befreien Sie die Hitzeschilde.

6 Trennen Sie den Stecker des Turbolader-Ableitventils, befreien Sie das Ventil aus dem Halter und verlagern Sie es beiseite (siehe Abbildungen) – hierfür müssen die Schläuche aus den Clips befreit werden.

24.6a Trennen Sie den Stecker des Turbolader-Ableitventils …
...

24.6b … und befreien Sie das Ventil aus dem Halter.

7 Lösen Sie die Mutter des Unterdruckspeichers und verlagern Sie diesen beiseite (siehe Abbildung).

24.7 Befreien Sie den Unterdruckspeicher von seinem Halter.

8 Lösen Sie die Schrauben des Unterdruckspeicher-Halters und befreien Sie ihn , um die Zündspulen 3 und 4 freizulegen (siehe Abbildung).

24.8 Befreien Sie den über den Zündspulen sitzenden Unterdruckspeicher-Halter.

Alle Modelle

9 Lösen Sie die Arretierungen der Zündspulen-Stecker und ziehen Sie sie von allen vier Zündspulen ab (siehe Abbildung)

24.9 Trennen Sie die Zündspulen-Stecker.

10 Ziehen Sie die Zündspulen senkrecht nach oben von den Zündkerzen ab (siehe Abbildung).

24.10 Ziehen Sie die Zündspulen senkrecht nach oben von den Zündkerzen ab.

11 Blasen Sie die Zündkerzenkanäle möglichst mit Druckluft aus oder saugen Sie sie aus, damit nach dem Ausbau der Zündkerzen keine Ablagerungen in die Brennräume fallen können.

12 Lösen Sie die Zündkerzen möglichst mit einem speziellen Kerzenschlüssel oder einem langen Steckschlüssel samt Verlängerung (siehe Abbildung). Der Schlüssel darf nicht verkanten, da hierbei die Gefahr besteht, den Keramik-Isolator zu beschädigen.

24.12 Lösen Sie die Zündkerzen mit einem speziellen Kerzenschlüssel oder einem langen Steckschlüssel samt Verlängerung.

13 Befreien Sie die Zündkerze aus ihrem Kanal – entweder mit dem Gummiring des Kerzenschlüssels, einem Magneten oder einem aufgeschobenen Gummischlauch (siehe Abbildungen). Nötigenfalls kann auch die Zündspule aufgesteckt werden, um die Zündkerze herauszuziehen.

24.13a Befreien Sie die Zündkerze mit einem Magneten ...

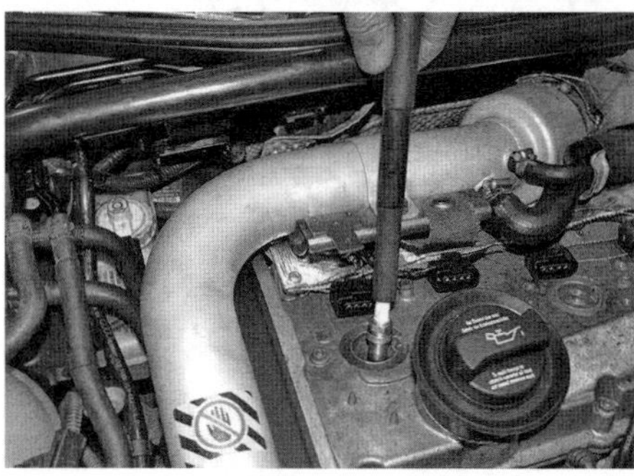

24.13b ... oder einem aufgeschobenen Gummischlauch.

14 Begutachten Sie die Zündkerzen, um gute Hinweise über den Zustand des Motors zu erhalten. Ein weißer Isolator ist ein Hinweis auf zu mageres Gemisch oder eine »zu heiße« Zündkerze (die wenig Wärme von der Elektrode ans Gehäuse überträgt).

15 Falls die Mittelelektrode und der Isolator mit harten schwarzen Ablagerungen bedeckt sind, weist dies auf zu fettes Gemisch oder eine »zu kalte« Zündkerze (die viel Wärme von der Elektrode ans Gehäuse überträgt); auch Motorverschleiß kann die Ursache sein.

16 Hellbraune oder graubraune Ablagerungen weisen darauf hin, dass das Gemisch korrekt ist und der Motor sich in einem guten Zustand befindet.

17 Der Elektrodenabstand bestimmt die Länge des Zündfunkens, die wiederum für eine korrekte Verbrennung sehr wichtig ist. Für einen optimalen Zündfunken muss der Abstand zwischen der Mittelelektrode und dem Masseelektroden-Bügel 0,8 mm betragen. Zündkerzen mit mehreren Masseelektroden müssen bei falschen Werten ersetzt werden, da der Abstand nicht eingestellt werden kann.

18 Messen Sie den Abstand möglichst mithilfe einer Drahtlehre – notfalls kann auch eine Fühlerlehre verwendet werden (siehe Abbildungen). Falls der Elektrodenabstand außerhalb der Vorgaben liegt, muss die Zündkerze ersetzt werden. Messen Sie auch bei neuen Zündkerzen den Abstand, um sicherzustellen, dass sie nicht während des Transports beschädigt wurden.

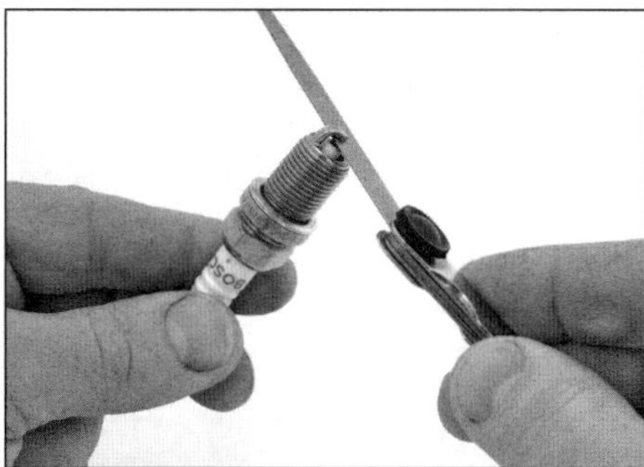

24.18a Der Elektrodenabstand kann bei Zündkerzen mit einer Masseelektrode mit einer Fühlerlehre ...

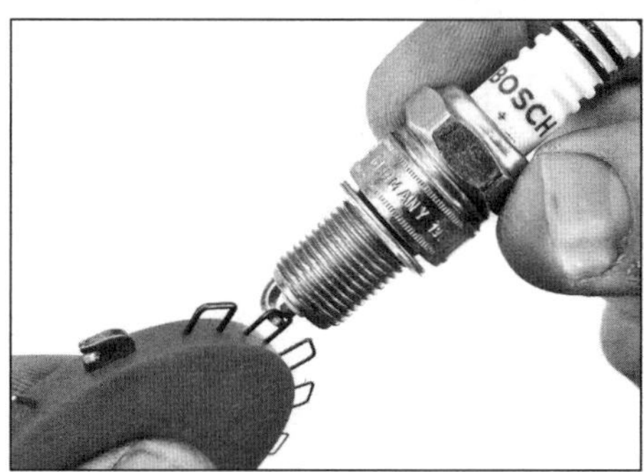

24.18b ... oder einer speziellen Drahtlehre ermittelt werden.

19 Im Fachhandel sind spezielle Werkzeuge zum Einstellen des Elektrodenabstands erhältlich.

24.19 Eine einzelne Masseelektrode kann nötigenfalls vorsichtig nachgebogen werden.

20 Vor dem Einbau der Zündkerze muss ggf. geprüft werden, ob die Hülse fest auf die Gewindespitze geschraubt ist. Die Zündkerze und ihr Gewinde müssen sauber sein. Versehen Sie das Zündkerzengewinde zum Schutz vor Korrosion dünn mit Kupferpaste und drehen Sie die Kerze möglichst weit per Hand in den Motor – so wird verhindert, dass die Zündkerze verkantet (siehe Praxis-Tipp).

Praxis-Tipp

Zündkerzen lassen sich oft nur schwer in den Motor schrauben. Damit sie auch in tiefere Kanäle von Hand geschraubt werden können (sodass sie nicht verkanten), wird ein Schlauch aufgeschoben, der flexibel genug ist, die Kerze senkrecht zu ihrem Gewinde aufzusetzen. Sollte die Zündkerze beim Einschrauben verkanten, wird der Schlauch überrutschen, und es muss ein neuer Versuch gestartet werden.

21 Sobald die Zündkerze handfest eingeschraubt ist, wird sie mithilfe des Drehmomentschlüssels mit 30 Nm angezogen (siehe Abbildung). Installieren Sie die anderen Zündkerzen auf die gleiche Weise.

24.21 Ziehen Sie die Zündkerzen mit 30 Nm an.

22 Stecken Sie die korrekt ausgerichteten Zündspulen auf die Zündkerzen (siehe Abbildung). Verbinden Sie die Zündspulenstecker, bis sie einrasten.

24.22 Der Vorsprung der Zündspule muss in die Aussparung des Ventildeckels greifen.

23 Montieren Sie den Unterdruckspeicher samt Halter in der umgekehrten Ausbaureihenfolge.
24 Installieren Sie bei Modellen mit Motorcode AMU, APX und BAM das Turbolader-Umleitventil in der umgekehrten Ausbaureihenfolge.
25 Montieren Sie zum Schluss die obere Motorabdeckung.

25 Keilrippenriemen - Ersetzen

Ausbau

Anmerkung: *Einige Fotos dieser Sektion wurden zur Verdeutlichung bei ausgebautem Motor aufgenommen.*

1 Öffnen Sie die Motorhaube und entfernen Sie die Abdeckungen vom Motor und vom Kühlmittel-Ausgleichsbehälter.
2 Heben Sie das Fahrzeug an und stützen Sie es sicher ab (siehe Seite 366). Demontieren Sie das rechte Vorderrad. Demontieren Sie vordere rechte Radhausschale.
3 Lösen Sie die Schrauben des Aktivkohlebehälters und des Servolenkungsöl-Behälters und verlagern Sie diese beiseite (siehe Abbildungen).

25.3a Verlagern Sie den Aktivkohlebehälter beiseite.

25.3b Schraube des Servolenkungsöl-Behälters

4 Entfernen Sie bei Modellen mit Motorcode AMU, APX und BAM das rechts über dem Motor verlaufende Ladeluftrohr (siehe Abbildung) (siehe Kapitel 4B, Sektion 7).

25.4 Befreien Sie das Ladeluftrohr.

5 Setzen Sie am Anguss des Spanners einen Maulschlüssel an, um ihn im Uhrzeigersinn zu Schwenken und den Riemen zu entspannen. Schieben Sie einen Inbusschlüssel in die ausgerichteten Bohrungen des Spanners und seines Gehäuses ein, um ihn zu arretieren (siehe Abbildungen).

25.5a Schwenken Sie den Spanner im Uhrzeigersinn ...

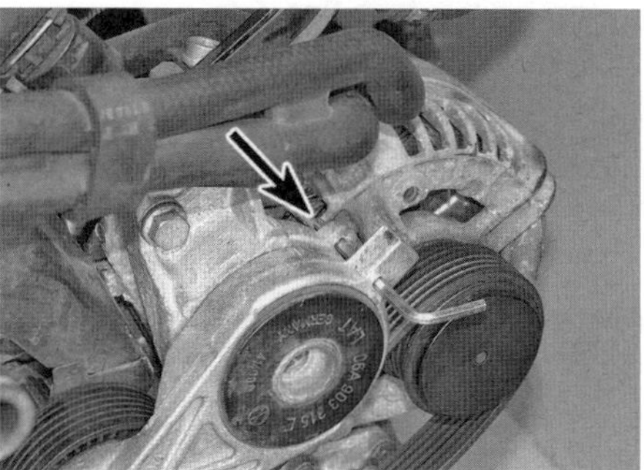

25.5b ... und arretieren Sie ihn mit einem Inbusschlüssel.

6 Befreien Sie den Keilrippenriemen von den Riemenscheiben der Servolenkungspumpe, der Kurbelwelle, der Lichtmaschine und des Klimaanlagen-Kompressors (siehe Abbildungen) – merken Sie sich seine Verlegung.

25.6a Befreien Sie den Keilrippenriemen von den Riemenscheiben

25.6b Verlegung des Keilrippenriemens bei Modellen mit Motorcode AMU, APX und BAM

7 Beachten Sie bei der Beschaffung eines neuen Keilrippenriemens die Anzahl seiner Rippen – je nach Modell kann er fünf oder sechs Rippen aufweisen.

8 Achten Sie beim Auflegen des neuen Riemens darauf, dass er korrekt in die Nuten aller Riemenräder greift und mittig darüber liegt. Halten Sie den Riemenspanner mit dem Maulschlüssel in Position, ziehen Sie den Inbusschlüssel heraus und entspannen Sie den Spanner langsam gegen den Riemen, damit dieser gespannt wird.

9 Montieren Sie die Radhausschale und das Vorderrad, senken Sie das Fahrzeug ab und ziehen Sie die Radbolzen mit 120 Nm an. Montieren Sie alle oberen Motorabdeckungen.

26 Servolenkungs-Hydraulik – Ölpegel-Kontrolle

1 Stellen Sie die Lenkung geradeaus, ohne dafür den Motor zu starten. Falls das Fahrzeug schon länger als eine Stunde steht, wird das Hydrauliköl abgekühlt sein und seine Temperatur unter 50 °C liegen, sodass die ‚Kalt'-Markierungen verwendet werden müssen. Falls der Motor gerade in Betrieb war und die Hydrauliköl-Temperatur über 50 °C liegt, müssen die ‚Heiß'-Markierungen verwendet werden.

2 Der Ausgleichsbehälter liegt neben dem Kühlmittel-Ausgleichsbehälter rechts im Motorraum. Der Pegel wird mit dem Peilstab am Einfülldeckel kontrolliert. Lösen Sie den Deckel mit einem Schraubendreher, befreien Sie ihn und wischen Sie den Peilstab mit einem sauberen Lappen ab (siehe Abbildung).

26.2 Schrauben Sie den Deckel aus dem Ausgleichsbehälter und wischen Sie den Peilstab mit einem sauberen Lappen ab.

3 Drehen Sie den Deckel handfest ein und wieder heraus, um den Pegel am Peilstab zu prüfen. Bei einer Hydrauliköl-Temperatur unter 50 °C muss der Pegel im geriffelten Bereich am Peilstab bzw. unter dessen MIN-Markierungen liegen. Liegt die Temperatur über 50 °C, muss sich der Pegel zwischen den Markierungen für MAX und MIN befinden (siehe Abbildung).

26.3 Nachdem der Peilstab eingedreht und wieder herausgeschraubt wurde, kann der Pegel kontrolliert werden.

4 Falls der Pegel über der MAX-Markierung liegt, muss überschüssige Hydraulikflüssigkeit abgesaugt werden; bei einem zu niedrigen Pegel (unter MIN) muss VW/Audi-Hydrauliköl G 002 000 nachgefüllt werden (kontrollieren Sie aber auch das System auf Undichtigkeiten!). Drehen Sie zum Schluss den Deckel ein und ziehen Sie ihn mit dem Schraubendreher an.

27 Automatikgetriebe – Ölpegel-Kontrolle

Anmerkung: *Eine akkurate Ölpegel-Kontrolle kann nur bei einer Getriebeöl-Temperatur von 35 bis 45 °C durchgeführt werden. Falls es nicht möglich ist, diese Temperatur zu erreichen, sollte die Kontrolle von einer Audi-Werkstatt durchgeführt werden, die auch Fehlercodes aus der Getriebe-Elektronik auslesen kann. Ein zu hoher Ölpegel wirkt sich genauso wie zu wenig Öl nachteilig auf die Funktion des Getriebes aus.*

1 Wärmen Sie das Getriebe auf einer kurzen Fahrt auf (siehe Anmerkung), parken Sie das Fahrzeug auf einer ebenen Fläche und schalten Sie den Wählhebel auf P. Heben Sie das Fahrzeug vorn und hinten an und stützen Sie es sicher ab (siehe Seite 366) – für die Kontrolle muss es absolut waagerecht stehen. Lösen Sie die Schrauben des Motor-Unterschutzes und entnehmen Sie diesen, um Zugang zur Getriebe-Unterseite zu erhalten.
2 Starten Sie den Motor und lassen Sie ihn im Standgas laufen, bis das Getriebe handwarm ist (die Öltemperatur also 35 °C erreicht). Schalten Sie den Motor ab.
3 Lösen Sie unten am Getriebe die Kontrollschraube (siehe Abbildung) – hierbei wird im Messrohr stehendes Öl austreten.

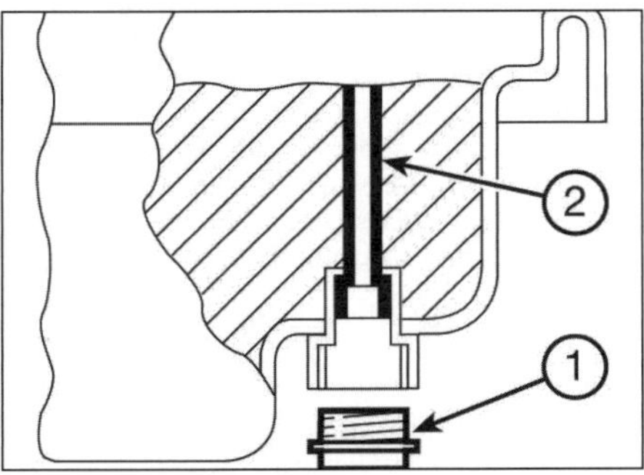

27.3 Kontrolle des Automatikgetriebe-Ölpegels
(1) Kontrollschraube, (2) Messrohr

4 Falls bei steigender Getriebeöl-Temperatur weiter Öl aus dem Rohr tropft, ist der Pegel korrekt und muss nicht aufgefüllt werden. Lassen Sie die Temperatur des Öls nicht über 45 °C steigen.
5 Falls nach dem Entfernen der Kontrollschraube kein weiteres Öl aus dem Rohr tropft (auch wenn die Öltemperatur 45 °C übersteigt), muss Getriebeöl nachgefüllt werden. Audi-Werkstätten verwenden hierfür einen Adapter, der in das Gewinde der Kontrollschraube gedreht wird, doch kann auch ein Schlauch durch das Messrohr geschoben werden, um Öl nachzufüllen. Das Getriebe sollte vor dem Auffüllen des Öls abgekühlt sein.
6 Kontrollieren Sie den Dichtring der Kontrollschraube und ersetzen Sie ihn nötigenfalls (schneiden Sie den alten auf, um ihn zu entfernen). Installieren Sie die Kontrollschraube und ziehen Sie sie mit 27 Nm an.
7 Montieren Sie den Motor-Unterschutz und senken Sie das Fahrzeug ab.
8 Falls regelmäßig Getriebeöl aufgefüllt werden muss, sollte umgehend die Ursache für den Ölverlust gefunden und repariert werden.

28 Zahnriemen – Ersetzen

Anmerkung: *Audi schreibt vor, die Spannrolle zusammen mit dem Zahnriemen zu erneuern.*

Kontrolle

1 Lösen Sie die Clips der oberen Zahnriemen-Abdeckung, um sie zu entfernen (siehe Kapitel 2A, Sektion 6).
2 Drehen Sie mithilfe eines an der Kurbelwellen-Riemenscheibe angesetzten Steckschlüssels die Kurbelwelle langsam vorwärts (im Uhrzeigersinn). Drehen Sie den Motor niemals mit der Nockenwellen-Schraube!
3 Kontrollieren Sie den Zahnriemen auf der gesamten Länge auf Risse, gebrochene Zähne, Ausfransungen, seitliche Scheuerstellen und Kontamination durch Öl oder Fett. Kontrollieren Sie die Unterseite des Riemens mithilfe eines Spiegels und einer Lampe.
4 Falls der Riemen in irgendeiner Weise beschädigt oder verschlissen ist, muss er umgehend erneuert werden – ein während der Fahrt reißender Zahnriemen kann schwere Motorschäden hervorrufen!
5 Montieren Sie nach der Kontrolle die obere Zahnriemen-Abdeckung und entnehmen Sie den Steckschlüssel von der Kurbelwellen-Riemenscheibe.

Erneuern

6 Beachten Sie hierfür die Hinweise in Kapitel 2A, Sektion 7.

29 Brems- (und Kupplungs-) Flüssigkeit – Austausch

Warnung: Hydraulikflüssigkeit kann zu Augenverletzungen führen und Lackoberflächen angreifen, bewahren Sie deshalb beim Umgang hiermit größte Sorgfalt. Benutzen Sie NIEMALS Bremsflüssigkeit, die längere Zeit offen gestanden hat, da sie Feuchtigkeit aus der Luft absorbiert, was zu einem gefährlichen Verlust an Bremswirkung führen kann.

1 Die Prozedur ähnelt dem Entlüften der Hydraulik, wie in Kapitel 9, Sektion 2 (Bremse) oder Kapitel 6, Sektion 2 (Kupplung) beschrieben. Nur wird hier der Ausgleichsbehälter zunächst entleert – möglichst durch Abpumpen – und dann beim Herauspumpen beobachtet, wann frische Bremsflüssigkeit austritt.
2 Gehen Sie wie in Kapitel 9, Sektion 2 beschrieben vor, öffnen Sie das erste Entlüftungsventil, und pumpen Sie sanft mit dem Bremspedal, bis fast die gesamte Bremsflüssigkeit aus dem Ausgleichsbehälter abgepumpt ist.

Praxis-Tipp ***Alte Hydraulikflüssigkeit ist deutlich dunkler als frische. Pumpen Sie so lange Hydraulikflüssigkeit heraus, bis helle Flüssigkeit austritt.***

3 Füllen Sie bis zur MAX-Markierung frische Hydraulikflüssigkeit in den Ausgleichsbehälter und pumpen Sie sie so lange durch, bis sämtliche alte Flüssigkeit aus dem System gepumpt ist. Füllen Sie dabei regelmäßig frische Hydraulikflüssigkeit nach. Ziehen Sie die Entlüftungsschraube anschließend sorgfältig an und stecken Sie die Kappe auf.
4 Gehen Sie bei den anderen Entlüftungsschrauben genauso vor. Achten Sie darauf, dass der Pegel im Ausgleichsbehälter nicht unter die MIN-Markierung fällt – falls Luft ins Hydrauliksystem eindringt, muss es zeitaufwendig entlüftet werden.
5 Prüfen Sie zum Schluss, ob alle Entlüftungsschrauben fest sitzen und mit den Gummikappen ausgerüstet sind. Waschen Sie Spritzer ab und kontrollieren Sie erneut den Pegel im Ausgleichsbehälter.
6 Entlüften Sie bei Modellen mit Schaltgetriebe die Kupplung wie in Kapitel 6, Sektion 2 beschrieben.
7 Prüfen Sie die Funktion der Bremse bzw. der Kupplung, bevor Sie das Fahrzeug im Straßenverkehr bewegen.
8 Entsorgen Sie die alte Hydraulikflüssigkeit (separat von Ölen!) im Fachhandel, wo sie auch verkauft wird – hier ist man verpflichtet, »handelsübliche« Mengen wieder zurückzunehmen.

30 Kühlflüssigkeit – Austausch

Anmerkung: *Audi schreibt keine Wechselintervalle für das Kühlmittel vor, da ab Werk G12 LongFilfe aufgefüllt wird, das für immer im System verbleiben kann. Wir empfehlen jedoch, das Kühlmittel zum Schutz vor Korrosion alle zwei Jahre zu erneuern – dies gilt besonders, wenn das Frostschutzmittel bereits irgendwann gegen ein anderes Mittel ausgetauscht wurde. Viele Mittel verlieren mit der Zeit ihre korrosionshemmenden Eigenschaften.*

Ablassen

Warnung: Diese Arbeit darf erst ausgeführt werden, wenn der Motor abgekühlt ist. Lassen Sie Frostschutzmittel nicht auf die Haut oder lackierte Teile des Fahrzeugs gelangen. Spülen Sie Spritzer umgehend mit reichlich Wasser ab. Kühlmittel darf niemals in offenen Behältern gelagert werden – es ist giftig und kann durch seinen süßlichen Geruch Kindern und Tieren zum Verhängnis werden.

1 Lösen Sie den Verschluss des Ausgleichsbehälters.
2 Ziehen Sie die Handbremse, heben Sie das Fahrzeug vorn an und stützen Sie es sicher ab (siehe Seite 366). Demontieren Sie den Motor-Unterschutz, um Zugang zur Unterseite des Motors zu erhalten.
3 Stellen Sie einen ausreichend großen Behälter unter den am unteren Kühlerschlauchstutzen sitzenden Ablauf des Kühlers (siehe Abbildung). Lockern Sie den Auslassstopfen (er muss nicht vollständig entfernt werden) und lassen Sie das Kühlmittel in den Sammelbehälter ablaufen – stecken Sie nötigenfalls einen Schlauch auf den Stutzen, um das Mittel direkt ablaufen zu lassen. Falls kein Auslassstutzen vorhanden ist, muss die Schelle des unteren Kühlerschlauchs gelockert und dieser abgezogen werden (siehe Kapitel 3, Sektion 2).

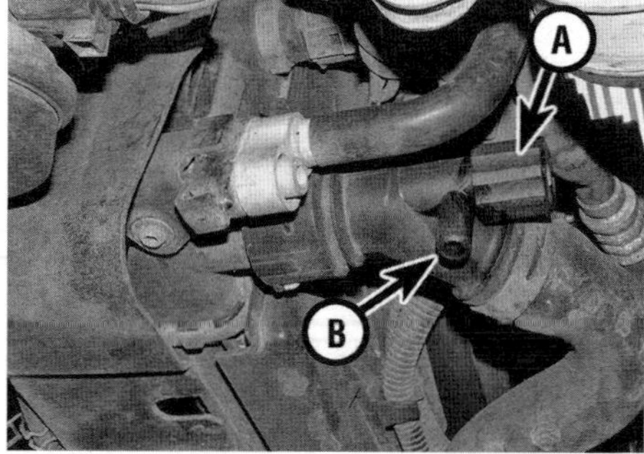

30.3 Auslassstopfen (A) und Kühlmittel-Auslass (B)

4 Um das Kühlmittel vollständig ablaufen zu lassen, sollte auch der untere Schlauch des Ölkühlers (oberhalb des Ölfilter vorn am Motor) abgezogen werden (siehe Abbildung).

30.4 Befreien Sie den unteren Kühlmittelschlauch vom Ölkühler.

5 Falls das Kühlmittel aufgrund einer Reparatur am Motor oder Kühlsystem abgelassen wurde und noch nicht sehr alt sowie sauber ist, darf es später wiederverwendet werden.
6 Sobald das Kühlmittel abgelassen wurde, wird der Auslassstopfen wieder angezogen oder der untere Kühlerschlauch aufgeschoben und gesichert. Verbinden Sie auch den unteren Schlauch des Ölkühlers und sichern Sie ihn mit seiner Schelle. Montieren Sie den Motor-Unterschutz.

Spülen

7 Falls nicht das korrekte Kühlmittel verwendet wurde oder der Wechsel des Kühlmittels vernachlässigt oder das Gemisch verdünnt wurde, verliert das Kühlsystem mit der Zeit seine Wirksamkeit, da sich die Kühlkanäle mit Rost, Ablagerungen und anderen Sedimenten zusetzen. Die Wirksamkeit kann durch das Spülen des Systems wiederhergestellt werden.
8 Der Kühler sollte unabhängig vom Motor gespült werden, damit er nicht unnötig kontaminiert wird.

Wasserkühler

9 Drehen Sie zum Spulen des Kühlers zuerst den Verschluss zu.
10 Ziehen Sie alle Schläuche vom Kühler ab (siehe Kapitel 3, Sektion 2).
11 Verbinden Sie einen Gartenschlauch mit dem oberen Kühlerstutzen und lassen Sie so lange Wasser durch den Kühler strömen, bis dies unten sauber wieder austritt.
12 Falls das austretende Wasser auch nach längerer Zeit nicht aufklart, kann der Kühler mit einem speziellen Kühler-Reinigungsmittel gespült werden – beachten Sie die beigefügten Hinweise. Spülen Sie den Kühler nötigenfalls in Gegenrichtung von unten nach oben durch.

Motor

13 Zum Spülen des Motors muss der Thermostat demontiert werden (siehe Kapitel 3, Sektion 4), da er ansonsten schließt und das Durchströmen des Motors verhindert. Achten Sie dabei darauf, dass keine Fremdkörper in den Motor gelangen.
14 Sobald der untere Kühlerschlauch getrennt ist, wird ein Gartenschlauch in das Kühlergehäuse eingeführt und der Motor mit Frischwasser durchspült, bis dies am Kühlerschlauch wieder klar austritt.
15 Montieren Sie anschließend den Thermostaten (siehe Kapitel 3, Sektion 4) und verbinden Sie alle Schläuche.

Auffüllen

16 Zunächst muss geprüft werden, ob alle Schläuche und Schellen in Ordnung und fest verbunden sind. Prüfen Sie auch den festen Sitz aller die Ablass- und Entlüftungsschrauben. Um Korrosion im Motor zu verhindern, muss das Kühlsystem ganzjährig mit Frostschutzmittel befüllt sein (siehe unten).
17 Entfernen Sie den Deckel des Ausgleichsbehälters und füllen Sie langsam Kühlmittel ein, bis keine Luftblasen mehr aufsteigen – drücken Sie mehrmals den unteren Kühlerschlauch, um Lufteinschlüsse zu verhindern.
18 Nachdem keine Luftblasen mehr aufsteigen, wird der Ausgleichsbehälter bis zur MAX-Markierung aufgefüllt und verschlossen.
19 Starten Sie den Motor und lassen Sie ihn mit erhöhter Standgasdrehzahl laufen, bis sich der Ventilator einschaltet. Warten Sie, bis sich der Ventilator wieder abschaltet und schalten Sie den Motor ab. Lassen Sie ihn abkühlen.
20 Kontrollieren Sie bei abgekühltem Motor den Kühlmittelpegel (siehe Wöchentliche Kontrollen) – füllen Sie nötigenfalls Kühlmittel auf.

Frostschutzgemisch

21 Falls nicht das von Audi empfohlene Kühlmittel G12 Long-Life verwendet wird, muss es alle zwei Jahre erneuert werden. Konventionelles Kühlmittel verliert mit der Zeit nicht nur seine Frostschutz-Eigenschaften, sondern auch seinen Korrosionsschutz.
22 Verwenden Sie ausschließlich Ethylen-Glykol-Kühlmittel für Kühlsysteme aus verschiedenen Metallen. Es werden ca. 5 Liter benötigt.
23 Bevor Frostschutzmittel zugefügt wird, muss das gesamte Kühlsystem entleert, möglichst gespült und auf Undichtigkeiten überprüft werden. Kontrollieren Sie alle Schläuche regelmäßig auf Risse und Alterungserscheinungen.
24 Nach dem Auffüllen frischen Kühlmittels muss am Ausgleichsbehälter ein Hinweis angebracht werden, auf dem der Typ, die Konzentration, das Datum und die Laufleistung vermerkt ist. Zum Nachfüllen darf nur das gleiche Mittel verwendet werden.

Achtung: Verwenden Sie NIEMALS Motor-Kühlmittel im Wischwasserbehälter, da es den Lack angreift! Hierfür gibt es spezielle Frostschutzmittel.

Kapitel 2, Teil A

Reparaturen am eingebauten Motor

Inhalt Sektion

Schwierigkeitsgrade

Leicht. Geeignet für Anfänger mit wenig Erfahrung. 	**Relativ leicht.** Geeignet faür Anfänger mit etwas Erfahrung. 	**Relativ schwierig.** Geeignet für geübte Selbstschrauber. 	**Schwer.** Geeignet für Selbstschrauber mit viel Erfahrung. 	**Sehr schwer.** Geeignet für Experten und Profis. 

Technische Daten

Motor

Motortyp	Wassergekühlter Vierzylinder-Reihenmotor, zwei per Zahnriemen angetriebene obenliegende Nockenwellen (DOHC), Hydrostößeln, 5 Ventile je Brennraum
Bohrung	81,0 mm
Hub	86,4 mm
Hubraum	1781 cm³
Motorleistung*	
Motorcode AUM	110 kW / 150 PS bei 5500 bis 6000/min
Motorcode BVP	120 kW / 163 PS bei 5700/min
Motorcodes AJQ, APP, ARY, ATC, AUQ, AWP	132 kW / 180 PS bei 5500 bis 6000/min
Motorcode BVR	140 kW / 190 PS bei 5700/min
Motorcodes AMU, APX, BAM	165 kW / 224 PS bei 5500 bis 6000/min
Maximales Drehmoment	
Motorcode AUM	210 Nm bei 1750 bis 4600/min
Motorcode BVP	225 Nm bei 1950 bis 4700/min
Motorcodes AJQ, APP, ATC	235 Nm bei 1950 bis 4700/min
Motorcodes ARY, AUQ, AWP	235 Nm bei 1950 bis 5000/min
Motorcode BVR	240 Nm bei 1980 bis 5400/min
Motorcodes AMU, APX, BAM	280 Nm bei 2200 bis 5500/min

***Anmerkung:** *Beachten Sie zur Identifizierung der Motorcode-Markierungen die Motornummer rechts am Zylinderkopf.*

Verdichtungsverhältnis	
Motorcodes AMU, APX, BAM	9,0 : 1
Motorcodes AJQ, APP, ARY, ATC, AUQ, AWP, BVP, BVR	9,5 : 1
Kompressionsdruck	
Minimaler Druck	ca. 7,0 bar
Maximale Differenz zwischen Zylindern	ca. 3 bar
Zündfolge	1-3-4-2
Zündfolge	
Position von Zylinder Nr. 1	rechts (an Zahnriemen-Seite)

Nockenwellen
Nockenwellen-Axialspiel (max.) .... 0,2 mm
Nockenwellenlager-Radialspiel (max.) .... 0,1 mm
Nockenwellen-Radialspiel (max.) .... 0,01 mm

Schmiersystem
Ölpumpen-Typ .... Zahnringpumpe, von der Kurbelwelle per Kette angetrieben
Öldruck bei 80° C
bei Standgas.................. 2,0 bar
bei 2000/min .... 3,0 bis 4,5 bar

Anzugsdrehmomente **Nm**
Auslassnockenwellenrad-Schraube 65
Auspuffrohr-Muttern an Auspuffstutzen 40
Auspuffstutzen-Muttern an Zylinderkopf 25
Einlassnockenwellen-Einstellventil-Schrauben 3
Einlassnockenwellensensor-Schrauben 10
Einlassnockenwellen-Sensorringschrauben 25
Keilrippenriemenspannrollen-Schrauben.................. 25
Kolben-Öldüsen/Öl-Überdruckventil-Schraube 27
Kurbelwellendichtringgehäuse-Schrauben 15
Kurbelwellenhauptlagerdeckel-Schrauben
Schritt 1 65
Schritt 2 .... um 90° weiter
Kurbelwellenrad-Schraube*
Schritt 1 90
Schritt 2 .... um 90° weiter
Kurbelwellenriemenscheiben-Schrauben 15
Kurbelwellensensorring an Kurbelwelle*
Schritt 1 10
Schritt 2 .... um 90° weiter
Motorentlüftungs/Ölabscheider-Schrauben 10
Motor/Getriebe-Verbindungsschrauben
Automatikgetriebe
M10-Schrauben Ölwanne an Getriebe.................. 25
M10-Schrauben Zylinderblick an Getriebe 60
M12-Schrauben 80
Schaltgetriebe
M10-Schrauben Ölwanne an Getriebe
02J-Getriebe.................. 45
02M-Getriebe 40
M12-Schrauben Zylinderblick an Getriebe 80
Motorhalterungen
Hintere Halterung an Hilfsrahmen*
Schritt 1 20
Schritt 2 .... um 90° weiter
Hintere Halterung an Getriebe*
Schritt 1 40
Schritt 2 .... um 90° weiter
Linke Halterung an Karosserie
Große Schrauben*
Schritt 1 40
Schritt 2 .... um 90° weiter
Kleine Schrauben.................. 25
Linke Halterung an Motorträger.................. 100
Rechte Halteplatten-Schrauben (kleine Schrauben 25
Rechte Halterung an Motorträger 100
Rechter Motorträger an Motor 45
Motoröl-Ablassschraube.................. 30
Nebenaggregate-Träger (Lichtmaschine usw 45
Ventildeckel-Muttern 10
Nockenwellen-Lagerdeckelschrauben.................. 10
Öldruckschalter 25
Ölfiltergehäuse-Schrauben an Motorgehäuse*
Schritt 1 15
Schritt 2 .... um 90° weiter
Ölkühler-Mutter..................25
Ölleitblech-Schrauben..................15
Ölpegel- und Temperatursensor-Schrauben an Ölwanne...10
Ölpumpenkettenspanner-Schraube 15

Ölpumpenritzel-Schraube 20
Ölpumpen-Schrauben 15
Öl-Überdruckventil-Stopfen 40
Ölwanne-Schrauben an Motorgehäuse 15
Pleuelfuß-Schrauben/Muttern*
  Schritt 1 30
  Schritt 2 .... um 90° weiter
Schwungscheiben-Schrauben*
  Schritt 1 60
  Schritt 2 .... um 90° weiter
Steuerkettenspanner/Nockenwelleneinstellmechanis-
  mus-Schrauben 10
Thermostatdeckel-Schrauben 15
Turbolader-Ölversorgungsrohr-Anschlussschraube an
Ölfiltergehäuse 30
Wasserpumpen-Schrauben 15
Zahnriemen-Außendeckelschrauben 10
Zahnriemenspanner
  Spannrollen-Schraube..27
  Spannergehäuse-Schrauben
    kleine Schraube 15
    große Schraube 20
Zahnriemenumlenkrollen-Schraube 20
Zylinderkopfschrauben*
  Schritt 1 40
  Schritt 2 .... um 90° weiter
  Schritt 3 .... um 90° weiter

** Stets durch Neuteile zu ersetzen*

1 Allgemeine Informationen

Der Zweck dieses Kapitels

1 Dieses Kapitel beinhaltet Reparaturen, die bei im Fahrzeug montiertem Motor durchgeführt werden können. Falls der Motor ausgebaut und entsprechend freigelegt ist, können nicht zutreffende Schritte ignoriert werden. Kapitel 2B beinhaltet den Ausbau des Motors samt Getriebe aus dem Fahrzeug und die dann mögliche Komplettüberholung.
2 In diesem Kapitel wird stets davon ausgegangen, dass der Motor samt aller Nebenaggregate im Fahrzeug installiert ist – bei ausgebautem Motor müssen entsprechende Schritte ignoriert werden.

Motor – Beschreibung

3 Die Motoren des Audi TT können sich in Details unterscheiden. In den technischen Daten am Anfang dieses Kapitels sind die verschiedenen Motorcodes aufgeführt.
4 Alle in diesem Buch behandelten Vierzylindermotoren werden mit zwei obenliegenden Nockenwellen (DOHC) und fünf Ventilen je Zylinder (drei für den Einlass, zwei für den Auslass) gesteuert. Der Motor ist quer eingebaut und das Getriebe ist links angeflanscht. Der Zylinderkopf ist aus einer Leichtmetalllegierung gefertigt, während das Haupt-Motorgehäuse aus Stahl besteht.
5 Die Kurbelwelle des komplett gleitgelagerten Motors läuft in fünf Hauptlagern (Gleitlagerschalen). Ihr Axialspiel wird durch Anlauf-Halbringe an Hauptlager Nr. 3 begrenzt.
6 Die hinten liegende Auslassnockenwelle wird rechts von der Kurbelwelle per Zahnriemen angetrieben. Links im Zylinderkopf treibt eine kurze Steuerkette von der Auslassnockenwelle die vorn liegende Einlassnockenwelle an.
7 Die Einlass-Steuerzeiten werden mithilfe eines auf die Steuerkette wirkenden elektronisch gesteuerten Spanners variabel an den Betriebszustand angepasst.
8 Alle Ventile arbeiten in Führungen, die in den Zylinderkopf gepresst sind. Die Nockenwellen wirken direkt auf Hydrostößel, die über den Ventilfedern sitzen.
9 Die von der Kurbelwelle per Kette angetriebene Zahnrad-Ölpumpe saugt das Öl aus der Ölwanne durch ein Sieb an und drückt es durch den außen am Motor in einem Gehäuse sitzenden Ölfilter. Von hier aus strömt es zum Zylinderkopf, wo es die Nockenwellenlager und die Hydrostößel versorgt. Durch weitere Ölkanäle werden die Kurbelwellen- und Pleuelfußlager, die Pleuelaugen und die Zylinderbohrungen geschmiert. Die meisten Motoren sind mit einem von Kühlwasser umspülten Ölkühler ausgerüstet.
10 Eine über den Zahnriemen angetriebene Wasserpumpe hält das Kühlmittel in Fluss – Details hierzu finden sich in Kapitel 3.

Reparaturen, die bei eingebautem Motor möglich sind

Die folgenden Arbeiten können erledigt werden, ohne dass der Motor dafür aus dem Fahrzeug ausgebaut werden muss:

a) Motorkompression – Test
b) Ventildeckel – Ausbau und Einbau
c) Kurbelwellen-Riemenscheibe – Ausbau und Einbau
d) Zahnriemendeckel – Ausbau und Einbau
e) Zahnriemen – Ausbau, Einbau und Einstellung
f) Zahnriemenspanner und Riemenräder – Ausbau und Einbau
g) Steuerkette, Ritzel und Einstellmechanismus – Ausbau und Einbau
h) Einlassnockenwellen-Verstellmechanismus – Ausbau und Einbau
i) Nockenwellendichtring(e) – Ersetzen
j) Nockenwelle(n) und Hydrostößel – Ausbau, Kontrolle und Einbau
k) Zylinderkopf – Ausbau und Einbau
l) Zylinderkopf und Kolben – Entfernen von Ablagerungen
m) Ölwanne – Ausbau und Einbau
n) Ölpumpe – Ausbau, Überholung und Einbau
o) Kurbelwellendichtringe – Ersetzen
p) Motor- und Getriebehalterungen – Kontrolle und Ersetzen
q) Schwungscheibe – Ausbau, Kontrolle und Einbau

Anmerkung: *Obwohl nach der Demontage des Zylinderkopfs theoretisch auch die Kolben und Pleuel bei eingebautem Motor demontiert werden können, wird aus Gründen der besseren Zugänglichkeit und Sauberkeit empfohlen, die Antriebs-Baugruppe dafür auszubauen – siehe Kapitel 2B.*

2 Kompressionsprüfung – Beschreibung und Auswertung

Anmerkung: *Für diesen Test wird ein passender Kompressionsprüfer benötigt.*

1 Falls die Motorleistung sinkt oder Fehlzündungen entstehen, die nicht auf das Zünd- oder Kraftstoffsystem zurückzuführen sind, kann eine Kompressionsprüfung Hinweise auf den Zustand des Motors liefern. Wenn dieser Test regelmäßig durchgeführt wird, kann er vor Problemen warnen, bevor andere Symptome offensichtlich werden.
2 Der Motor muss vollständig auf Betriebstemperatur gebracht werden, der Ölpegel muss stimmen und die Batterie muss komplett geladen sein. Die Zündkerzen müssen ausgebaut werden (siehe Kapitel 1, Sektion 24). Für den Test wird ein Assistent benötigt.

3 Trennen Sie die Stecker der Zündspulen, entfernen Sie diese und demontieren Sie die Zündkerzen (siehe Kapitel 1, Sektion 24).
4 Drehen Sie den passenden Adapter in das Zündkerzengewinde von Zylinder Nr. 1 und schließen Sie den Kompressionsprüfer an.
5 Lassen Sie den Assistenten auf dem Fahrersitz Platz nehmen und das Gaspedal durchdrücken. Gleichzeitig muss er den Motor mit dem Anlasser durchdrehen – nach ein bis zwei Umdrehungen sollte der Kompressionsdruck seinen maximalen Wert erreicht haben und sich dort stabilisieren.
Anmerkung: *Die elektronisch gesteuerte Drosselklappe wird sich erst nach dem Einschalten der Zündung öffnen. Notieren Sie den höchsten gemessenen Wert.*
6 Wiederholen Sie den Test an den anderen Zylindern und notieren Sie alle Messwerte.
7 Alle Zylinder sollten ähnliche Kompressionswerte erreichen (ca. 7 bar) – Unterschiede von mehr als 3 bar weisen auf einen Defekt hin. Beachten Sie, dass sich die Kompression in einem gesunden Motor sehr schnell aufbaut; niedrige Kompression im ersten Kolbenhub gefolgt von schrittweisen Anstiegen in den folgenden Hüben weist auf verschlissene Kolbenringe hin. Niedrige Kompression im ersten Kolbenhub, der auch in den folgenden Hüben keine höheren Werte folgen, weist auf verschlissene Ventile oder eine durchgebrannte Zylinderkopfdichtung hin (ein Riss im Zylinderkopf kann auch möglich sein). Ablagerungen an den Ventilen können ebenfalls zu niedriger Kompression führen.
8 Falls der Druck in einem Zylinder deutlich unter denen der anderen liegt, muss hier ein Teelöffel Motoröl durch das Zündkerzenloch eingefüllt und der Test wiederholt werden.
9 Wenn das zugegebene Öl den Kompressionsdruck zeitweise erhöht, werden der Kolben oder die Zylinderbohrung verschlissen sein. Keine Druckveränderung lässt auf undichte oder verbrannte Ventile oder auf eine schadhafte Zylinderkopfdichtung schließen.
10 Niedrige Drücke in zwei benachbarten Zylindern weisen fast immer darauf hin, dass die Kopfdichtung zwischen ihnen durchgebrannt ist – Kühlmittel im Motoröl bestätigt dies.
11 Wenn ein Zylinder um etwa 20 % unter den anderen liegt und der Motor im Standgas etwas unrund läuft, kann ein verschlissener Nocken die Ursache hierfür sein.
12 Falls die Kompression ungewöhnlich hoch ist, haben sich wahrscheinlich Kohleablagerungen in den Brennräumen gebildet. In diesem Fall muss der Zylinderkopf demontiert und samt Kolbenboden gereinigt werden.
13 Nach Beendigung des Tests werden die Zündkerzen wieder eingebaut (siehe Kapitel 1, Sektion 24).

3 Steuerzeitenmarkierungen – Allgemeine Informationen und Positionierung

Allgemeine Informationen

1 Der obere Totpunkt (OT) ist die höchste Position des oszillierenden Kolbens; er erreicht ihn in einem Arbeitstakt zweimal – im Gaswechsel-Takt und im Verdichtungstakt. Oft ist mit »OT« nur der Verdichtungs-OT gemeint. Im unteren Teil seines Arbeitstaktes steht der Kolben im UT. Weil die Kolben aller vier Zylinder bei verschiedenen Kurbelwellenpositionen im Verdichtungs-OT stehen, bezieht sich die OT-Arretierung generell auf den Kolben in Zylinder Nr. 1 – rechts neben dem Zahnriemen.
2 Die Positionierung des Kolbens von Zylinder Nr. 1 (rechts) im OT ist ein entscheidender Teil beim Einstellen der Steuerzeiten und der Montage der Nockenwellen sowie des Zahnriemens.
3 Die in diesem Buch beschriebenen Motoren sind keine »Freiläufer« – die geöffneten Ventile können sich also bei entferntem Zahnriemen die Kolben berühren. Es ist also wichtig, dass die Nockenwellen und die Kurbelwelle nicht unabhängig voneinander gedreht werden.
4 Eine Markierung am Zahnriemenrad der Kurbelwelle muss zu einer Markierung am hinteren Zahnriemendeckel fluchten, um anzuzeigen, dass die Kolben der Zylinder Nr. 1 und 4 im OT stehen (siehe Abbildung). Bei einigen Modellen befindet sich die Markierung am Außenflansch des Zahnriemenrads.

3.4 Die Markierungen des Kurbelwellen-Zahnriemenrads muss zu derjenigen am Riemendeckel fluchten.

5 Das vom Zahnriemen angetriebene Riemenrad der Auslassnockenwelle rotiert mir halber Kurbelwellen-Drehzahl – wenn dessen Markierung zu derjenigen am Ventildeckel fluchtet, steht Zylinder Nr. 1 im Verdichtungs-OT (siehe Abbildung).

3.5 Die fluchtenden Markierungen am Auslassnockenwellenrad und am Ventildeckel zeigen an, dass Zylinder Nr. 1 im Verdichtungs-OT steht.

6 Bei einigen Modellen sind abhängig vom Getriebe auch an der Schwungscheibe OT-Markierungen angebracht, die nach dem Entfernen des Plastikstopfens vorn aus der Getriebeglocke sichtbar sind (siehe Abbildungen) – aufgrund des beengten Zugangs sind diese jedoch nicht immer erkennbar.

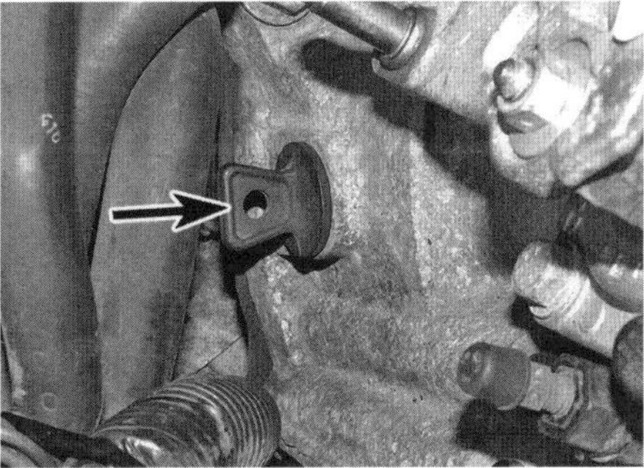

3.6a Entfernen Sie den Plastikstopfen, ...

3.6b … um die OT-Markierung an der Schwungscheibe erkennen zu können.

Positionieren von Zylinder Nr. 1 im Verdichtungs-OT

7 Stellen Sie zunächst sicher, dass die Zündung abgeschaltet ist – trennen Sie dazu möglichst den Masseanschluss (–) der Batterie (beachten Sie dazu die Hinweise auf Seite 366).
8 Demontieren Sie nötigenfalls die Zündkerzen (siehe Kapitel 1, Sektion 24), um den Motor leichter durchdrehen zu können.
9 Ziehen Sie die Handbremse, heben Sie das Fahrzeug vorn an und stützen Sie es sicher ab (siehe Seite 366). Demontieren Sie das rechte Vorderrad und die entsprechende Abdeckung aus der Radlaufabdeckung, um Zugang zur Riemenscheibe zu erhalten (siehe Abbildung).

Anmerkung: *Ein kleiner Spiegel kann helfen, die Steuerzeitenmarkierungen von unten zu erkennen.*

3.9 Befreien Sie die vor der Riemenscheibe sitzende Abdeckung.

10 Demontieren Sie die obere Zahnriemenabdeckung (siehe Sektion 6).
11 Setzen Sie einen Steckschlüssel samt Verlängerung an und drehen Sie die Kurbelwelle im Uhrzeigersinn, bis die Steuerzeitenmarkierungen des Kurbelwellen-Riemenrads (oder der Schwungscheibe) und des Auslassnockenwellenrads korrekt ausgerichtet sind (Abb. 3.4, 3.6b und 3.5) – der rechte Zylinder steht jetzt im Verdichtungs-OT.

4 Ventildeckel – Ausbau und Einbau

Anmerkung: *Beim Einbau wird geeignete Dichtmasse benötigt – Audi empfiehlt D 454 300 A2.*

Ausbau

1 Demontieren Sie die Zündspulen von den Zündkerzen (siehe Kapitel 5B, Sektion 3).
2 Befreien Sie bei Modellen mit Motorcode AMU, APX und BAM das rechts um den Motor verlaufende Ladeluftrohr (siehe Kapitel 4B, Sektion 7). Entfernen Sie auch den Ladeluftrohr-Halter hinten vom Ventildeckel (siehe Abbildung).

4.2 Halter des Ladeluftrohrs

3 Lösen Sie den Masseanschluss der Zündspulen oben vom Ventildeckel, befreien Sie die Zündspulenverkabelung aus den Clips am Ventildeckel und befreien Sie die Verkabelung (siehe Abbildungen).
Anmerkung: *Bei Modellen mit Motorcode AMU, APX und BAM müssen die vier Schrauben des Hitzeschilds gelöst werden, um die Verkabelung zu befreien.*

4.3a Hitzeschild-Schrauben – falls vorhanden

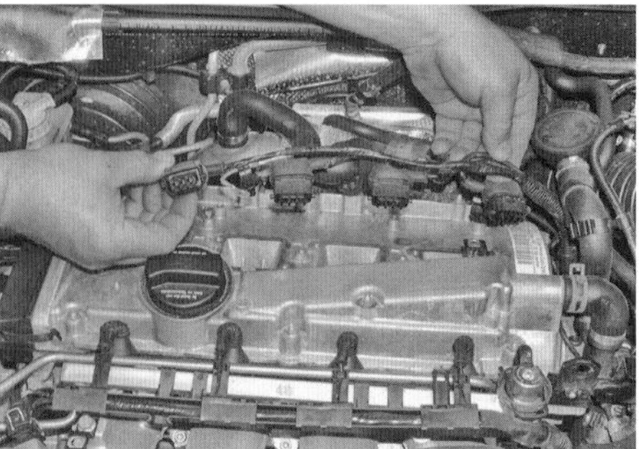

4.3c … und befreien Sie die Verkabelung der Zündspulen aus den Clips des Ventildeckels.

4.4 Stecker des Nockenwellensensors

4 Trennen Sie den Stecker des vorn im Zahnriemendeckel sitzenden Nockenwellensensors (siehe Abbildung).
5 Lösen Sie die Clips, um den oberen Zahnriemendeckel vom Ventildeckel zu befreien (siehe Abbildung).

4.5 Lösen Sie die Clips, um den oberen Zahnriemendeckel vom Ventildeckel zu befreien.

6 Lösen Sie ggf. die Schraube, die das Metallrohr hinten links am Ventildeckel sichert (siehe Abbildung).

4.6 Schraube, die das Metallrohr hinten links am Ventildeckel sichert

7 Lösen Sie bei allen Modellen außer denen mit Motorcode AMU, APX und BAM die drei Clips der Einlassstutzen-Kunststoffabdeckung vorn am Motor, um sie zu befreien (siehe Abbildung).

4.7 Entfernen Sie vorn am Motor die Kunststoffabdeckung.

8 Lockern Sie links am Ventildeckel die Schelle des Motorentlüftungs-Schlauchs und ziehen Sie diesen ab (siehe Abbildung).

4.8 Befreien Sie den Motorentlüftungs-Schlauch vom Ventildeckel.

9 Prüfen Sie, ob alle relevanten Rohre, Schläuche und Kabel getrennt und aus dem Arbeitsbereich befreit sind.
10 Lösen Sie alle Muttern (beachten Sie alle mit ihnen gesicherten Halter und Distanzstücke) des Ventildeckels und heben Sie diesen vom Zylinderkopf. Entnehmen Sie die äußere sowie die um die Zündkerzenkanäle liegenden Dichtungen.

Einbau

11 Erneuern Sie schadhafte oder spröde Zylinderkopfdichtungen.
12 Reinigen Sie sorgfältig die Dichtflächen des Ventildeckels und des Zylinderkopfs und legen Sie ggf. die Ölleitbleche über die Lagerdeckel.
13 Tragen Sie rechts am Zylinderkopf an den vier gezeigten Punkten, wo der kombinierte Nockenwellen-Lagerdeckel aufliegt, geeignete Dichtmasse auf (siehe Abbildung) – Audi empfiehlt D 454 300 A2.
14 Tragen Sie links am Zylinderkopf an den vier gezeigten Punkten, wo der Steuerkettenspanner/Nockenwellenversteller aufliegt, die gleiche Dichtmasse auf (siehe Abbildung).
15 Legen Sie die Ventildeckel-Dichtungen sorgfältig auf den Zylinderkopf und setzen Sie den Deckel über die Stehbolzen auf. Legen Sie alle entfernten Halter und Distanzstücke an ihre Positionen und drehen Sie die Muttern handfest auf. Beginnen Sie an den inneren Muttern und ziehen Sie sie nach außen hin mit 10 Nm an.
16 Installieren Sie die Zündspulen (siehe Kapitel 5B, Sektion 3).
17 Montieren Sie bei Modellen mit Motorcode AMU, APX und BMA das rechts um den Motor verlaufende Ladeluftrohr (siehe Kapitel 4B, Sektion 7).
18 Installieren Sie alle verbliebenen Komponenten in der umgekehrten Ausbaureihenfolge.

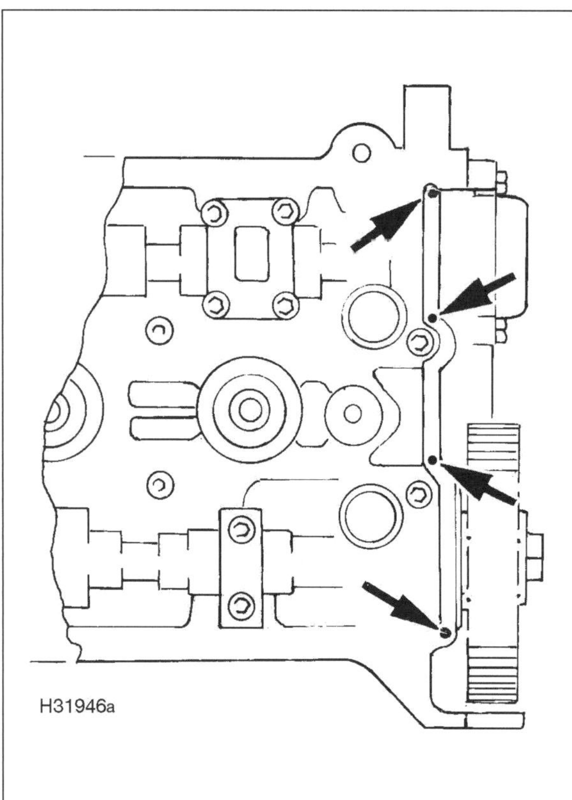

4.13 Dichtmasse-Punkte an der Zahnriemen-Seite des Zylinderkopfs

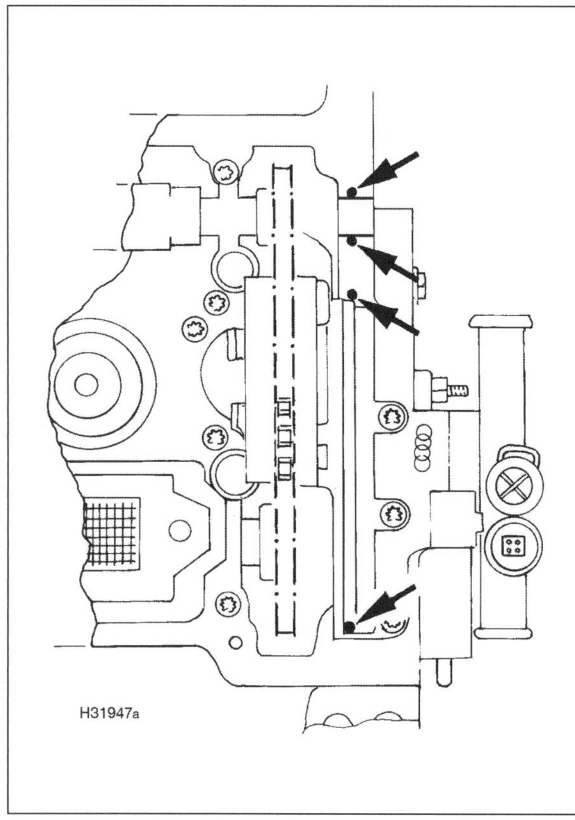

4.14 Dichtmasse-Punkte an der Steuerketten-Seite des Zylinderkopfs

5 Kurbelwellen-Riemenscheibe – Ausbau und Einbau

Anmerkung: *Für den Einbau wird eine neue Riemenscheiben-Schraube benötigt.*

Ausbau

1 Trennen Sie den Masseanschluss (–) der Batterie – beachten Sie dabei die Hinweise auf Seite 366.
2 Für einen besseren Zugang können die Radmuttern des rechten Vorderrads gelockert, die Handbremse angezogen, Sie das Fahrzeug vorn angehoben und sicher abgestützt werden (siehe Seite 366). Bauen Sie das rechte Vorderrad ab.
3 Demontieren Sie die entsprechende Motorverkleidung, um Zugang zur Kurbelwellen-Riemenscheibe zu erhalten.
4 Außer bei Modellen mit Motorcode AMU, APX und BAM muss bei allen Fahrzeugen der zum Ladeluftkühler führende Rohrstutzen demontiert werden, um Zugang zur Kurbelwellen-Riemenscheibe zu erhalten (siehe Abbildung) – beachten Sie für den Ausbau die Hinweise in Kapitel 4B, Sektion 7.

5.4 Entfernen Sie den Ladeluftrohr-Stutzen.

5 Um den Motor für weitere Arbeiten vorzubereiten, sollte die Kurbelwelle jetzt mithilfe eines am zentralen Bolzen angesetzten Steckschlüssels im Uhrzeigersinn gedreht werden, bis Zylinder Nr. 1 im Verdichtungs-OT steht (siehe Sektion 3).
6 Lockern Sie die Schrauben der Kurbelwellen-Riemenscheibe (siehe Abbildung) – kontern Sie dabei nötigenfalls den zentralen Bolzen mit einem angesetzten Steckschlüssel.

5.6 Schrauben der Kurbelwellen-Riemenscheibe

7 Befreien Sie den Keilrippenriemen (siehe Kapitel 1, Sektion 25).
8 Drehen Sie die Riemenscheiben-Schrauben vollständig heraus und ziehen Sie die Riemenscheibe von der Kurbelwelle.

Einbau

9 Setzen Sie die Riemenscheibe mit den zwei korrekt zur Kurbelwelle ausgerichteten Arretierbohrungen an (siehe Abbildung) und installieren Sie die vier Schrauben.

5.9 Arretierbohrungen der Riemenscheibe

10 Montieren und spannen Sie den Keilrippenriemen (siehe Kapitel 1, Sektion 25).
11 Kontern Sie die Kurbelwelle und ziehen Sie die Riemenscheiben-Schrauben schrittweise mit 25 Nm an.
12 Montieren Sie ggf. den zum Ladeluftkühler führende Rohrstutzen (Abb. 5.4).
13 Montieren Sie das rechte Vorderrad, senken Sie das Fahrzeug ab und ziehen Sie die Radbolzen mit 120 Nm an.

6 Zahnriemendeckel – Ausbau und Einbau

Oberer Deckel

1 Befreien Sie bei Modellen mit Motorcode AMU, APX und BAM das rechts um den Motor verlaufende Ladeluftrohr (siehe Kapitel 4B, Sektion 7).
2 Befreien Sie alle Abdeckungen oben vom Motor und vom Kühlmittel-Ausgleichsbehälter.
3 Lösen Sie die zwei Metallclips, um den Zahnriemendeckel vom Motor zu befreien (siehe Abbildungen).

6.3a Lösen Sie die Clips ...

6.3b ... und entnehmen Sie den oberen Zahnriemendeckel.

4 Der Einbau entspricht der umgekehrten Ausbaureihenfolge – der Deckel muss unten korrekt in den mittleren Deckel greifen (siehe Abbildung) und die Clips müssen sicher einrasten.

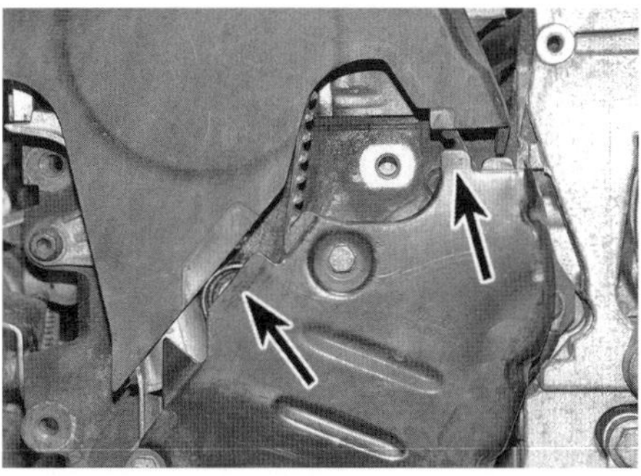

6.4 Richten Sie den oberen Zahnriemendeckel korrekt zum mittleren Deckel aus.

Mittlerer Deckel

5 Entfernen Sie den oberen Deckel (siehe oben).
6 Befreien Sie den Keilrippenriemen (siehe Kapitel 1, Sektion 25).
7 Lösen Sie die drei Befestigungsschrauben des mittleren Deckels und ziehen Sie ihn nach unten ab (siehe Abbildung) – die unteren zwei Schrauben sichern auch den unteren Zahnriemendeckel.

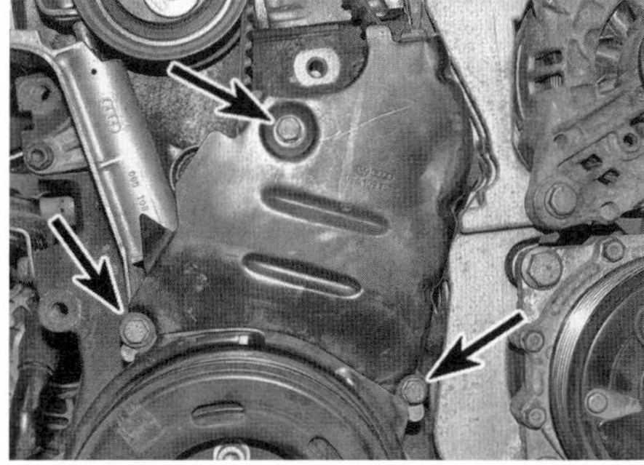

6.7 Schrauben des mittleren Zahnriemendeckels – gezeigt bei demontierter rechter Motorhalterung

8 Der Einbau entspricht der umgekehrten Ausbaureihenfolge.

Unterer Deckel

9 Demontieren Sie die Kurbelwellen-Riemenscheibe (siehe Sektion 5).
10 Falls der mittlere Zahnriemendeckel nicht demontiert wurde, müssen dessen zwei untere Schrauben gelöst werden (Abb. 6.7), da diese auch den unteren Deckel sichern.

11 Lösen Sie die zwei unteren Schrauben des Deckels und ziehen Sie diesen nach unten ab (siehe Abbildungen).

6.11a Lösen Sie die zwei unteren Schrauben ...

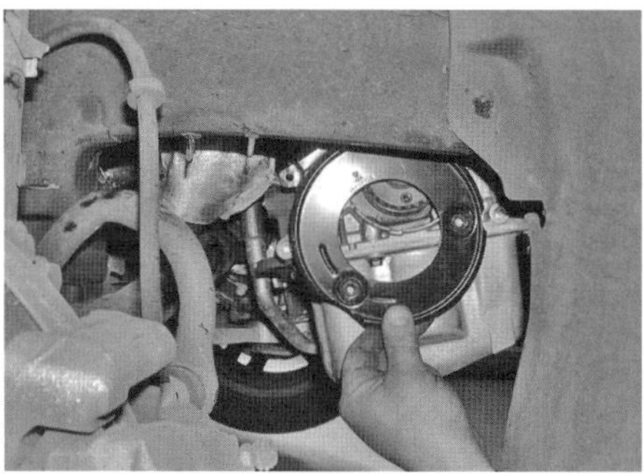

6.11b ... und ziehen Sie den unteren Deckel nach unten ab.

12 Der Einbau entspricht der umgekehrten Ausbaureihenfolge – beachten Sie für die Kurbelwelle-Riemenscheibe die Hinweise in Sektion 5.

7 Zahnriemen – Ausbau und Einbau

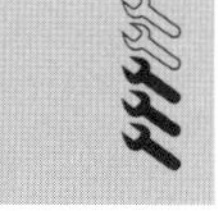

Anmerkung: *Bei dieser Arbeit wird eine ca. 55 mm lange M5-Schraube oder entsprechende Gewindestange samt Mutter und Scheibe benötigt, um den Kolben des Zahnriemenspanners einzudrücken.*

Ausbau

1 Die (hintere) Auslassnockenwelle wird rechts von der Kurbelwelle per Zahnriemen angetrieben. Links verbindet eine kurze Steuerkette beide Nockenwellen miteinander. Beachten Sie die Hinweise in Sektion 9, um Details zum Aus- und Einbau sowie der Kontrolle der Steuerkette zu erfahren.
2 Trennen Sie den Masseanschluss (–) der Batterie – beachten Sie dabei die Hinweise auf Seite 366.
3 Für einen besseren Zugang können die Radmuttern des rechten Vorderrads gelockert, die Handbremse angezogen, das Fahrzeug vorn angehoben und sicher abgestützt werden (siehe Seite 366). Bauen Sie das rechte Vorderrad ab.
4 Demontieren Sie die entsprechende Motorverkleidung, um Zugang zur Kurbelwellen-Riemenscheibe zu erhalten.
5 Außer bei Modellen mit Motorcode AMU, APX und BAM muss bei allen Fahrzeugen der zum Ladeluftkühler führende Rohrstutzen demontiert werden, um Zugang zur Kurbelwellen-Riemenscheibe zu erhalten (Abb. 5.4) – beachten Sie für den Ausbau die Hinweise in Kapitel 4B, Sektion 7.

6 Befreien Sie den Keilrippenriemen (siehe Kapitel 1, Sektion 25).

Anmerkung: *Zur Verdeutlichung einiger Abbildungen sind diese bei ausgebautem Motor aufgenommen worden.*

7 Lösen Sie die drei Schrauben des Zahnriemenspanners und entnehmen Sie diesen (siehe Abbildungen) – die zwei oberen Schrauben sichern ggf. auch einen Kabel- und Schlauchhalter.

7.7a Lösen Sie die drei Schrauben ...

7.7b ... und entnehmen Sie den Zahnriemenspanner.

8 Drehen Sie die Kurbelwelle mithilfe eines am zentralen Bolzen angesetzten Steckschlüssels im Uhrzeigersinn, bis Zylinder Nr. 1 im Verdichtungs-OT steht (siehe Sektion 3).
9 Lösen Sie die Schraube des Servolenkungs-Ausgleichsbehälters und verlagern Sie diesen mit angeschlossenen Schläuchen aus dem Arbeitsbereich (siehe Abbildungen) – befreien Sie alle seitlich am Behälter gesicherten Schläuche, um ihn bewegen zu können.

7.9a Lösen Sie die Schraube (Pfeil) ...

7.9b … und befreien Sie den Servolenkungs-Ausgleichsbehälter aus dem Arbeitsbereich.

10 Lösen Sie die zwei Schrauben des Kühlmittel-Ausgleichsbehälters und verlagern Sie auch diesen aus dem Arbeitsbereich (siehe Abbildung) – befreien Sie alle seitlich am Behälter gesicherten Schläuche, um ihn bewegen zu können.

7.10 Schrauben des Kühlmittel-Ausgleichsbehälters

11 Heben Sie mit einem Werkstattkran den Motor rechts gerade so weit an, dass die rechte Halterung entlastet ist.
12 Demontieren Sie die komplette rechte Motorhalterung (siehe Sektion 17).
13 Lösen Sie die drei Schrauben des Motorträgers und befreien Sie diesen vom Motor (siehe Abbildung) – eine Schraube ist von oben zugänglich, die beiden anderen von unten. Ggf. muss der Motor mithilfe des Krans etwas auf und ab bewegt werden, damit der Träger nach unten befreit werden kann.

7.13 Schrauben des Motorträgers

14 Demontieren Sie die Kurbelwellen-Riemenscheibe (siehe Sektion 5).
15 Demontieren Sie die mittlere und untere Zahnriemendeckel (siehe Sektion 6).
16 Falls der alte Zahnriemen wiederverwendet werden soll, muss seine Laufrichtung markiert werden.
Anmerkung: *Wir empfehlen, den Zahnriemen nach jedem Ausbau durch ein Neuteil zu ersetzen.*

17 Drehen Sie eine ca. 55 mm lange M5-Schraube samt großer Scheibe oder entsprechende Gewindestange samt Mutter und Scheibe in die Gewindebohrung des Zahnriemenspanners (siehe Abbildung).

7.17 Die in den Zahnriemenspanner gedrehte M5-Schraube samt große Scheibe

18 Als Nächstes muss der Spannerkolben mit einem Draht oder dünnen Metallstange (Bohrer) arretiert werden. Drehen Sie nötigenfalls den Kolben mit einer Spitzzange o.ä., bis seine Bohrung zu der des Gehäuses ausgerichtet ist (siehe Abbildung).

7.18 Richten Sie die Bohrungen des Spannerkolbens zu derjenigen im Gehäuse aus.

19 Drehen Sie die M5-Schraube oder Gewindestange, um den Kolben zu komprimieren, bis der Draht oder die Stange durch das Gehäuse in seine Bohrung eingeschoben werden kann (siehe Abbildung).

7.19 Arretieren Sie den Spannerkolben – hier mit einem Drahtbügel.

20 Der jetzt entspannte Zahnriemen kann von den Riemenrädern gehoben und entnommen werden.
21 Um nicht versehentlich durch Drehen der Nockenwellen die Ventile und Kolben kollidieren zu lassen, kann die Kurbelwelle jetzt eine Viertelumdrehung (90°) gegen den Uhrzeigersinn gedreht werden, sodass die Kolben in den Zylindern 1 und 4 nicht mehr im OT stehen.

Einbau

22 Prüfen Sie, ob die Steuerzeitenmarkierungen des Nockenwellenrads und des Ventildeckels fluchten (siehe Sektion 3).
23 Drehen Sie die Kurbelwelle ggf. um 90° im Uhrzeigersinn, bis Zylinder Nr. 1 wieder im Verdichtungs-OT steht – hierzu müssen übergangsweise der untere Zahnriemendeckel und die Riemenscheibe montiert werden, damit die daran angebrachten Markierungen fluchten; anschließend werden die Scheibe und der Deckel wieder entfernt.
24 Legen Sie den Zahnriemen um das Kurbelwellen-Riemenrad – beachten Sie ggf. beim alten Riemen die Laufrichtung.
25 Sichergehend, dass der Riemen korrekt um das Kurbelwellenrad liegt, wird er um die Wasserpumpe, die Spannerrolle und das Nockenwellenrad geführt.
26 Ziehen Sie zuerst die Spannerkolben-Arretierung heraus und drehen Sie dann die Schraube oder Gewindestange aus dem Spanner – der Riemen wird jetzt wieder gespannt.
27 Drehen Sie die Kurbelwelle zwei ganze Umdrehungen im Uhrzeigersinn und prüfen Sie (nach der erneuten Montage des untere Zahnriemendeckels und der Riemenscheibe, ob alle Steuerzeitenmarkierungen korrekt ausgerichtet sind (siehe Sektion 3) – falls dies nicht der Fall ist, wurde der Zahnriemen unkorrekt montiert und muss erneut aufgelegt werden, bis die Markierungen fluchten.

Achtung: Durch eine nur um einen Zahn versetzte Nockenwelle können schwere Motorschäden entstehen!

28 Installieren Sie den unteren Zahnriemendeckel und ziehen Sie seine Schrauben sorgfältig an.
29 Installieren Sie den mittleren Zahnriemendeckel und ziehen Sie seine Schrauben sorgfältig an.
30 Montieren Sie die Kurbelwellen-Riemenscheibe und ziehen Sie ihre Schrauben mit 25 Nm an (siehe Sektion 5).
31 Montieren Sie den rechten Motorträger – die zwei unteren Schrauben müssen bei dessen Ansetzen darin positioniert sein; ziehen Sie die Schrauben mit 45 Nm an.
32 Montieren Sie die rechte Motorhalterung (siehe Sektion 17).
33 Lösen Sie die Hebevorrichtung vom Motor.
34 Installieren Sie den oberen Zahnriemendeckel.
35 Montieren Sie den Keilrippenriemen-Spanner und den Riemen (siehe Kapitel 1, Sektion 25).
36 Positionieren und sichern Sie die Kühlmittel- und Servolenkungs-Ausgleichsbehälter und verbinden Sie alle befreiten Schläuche und Kabel damit.
37 Montieren Sie die Motorverkleidung und ggf. den zum Ladeluftkühler führende Rohrstutzen.
38 Montieren Sie das rechte Vorderrad, senken Sie das Fahrzeug ab und ziehen Sie die Radbolzen mit 120 Nm an.

8 Zahnriemenspanner, Riemenräder und Umlenkrolle – Ausbau und Einbau

Zahnriemenspanner

1 Entfernen Sie den Zahnriemen (siehe Sektion 7).
2 Belassen Sie die Spannerkolben-Arretierung in ihren Bohrungen und drehen Sie die Schraube oder Gewindestange aus dem Spannrollenhebel. Lösen Sie die Schraube der Spannrolle und befreien Sie diese vom Zylinderkopf (siehe Abbildungen) entnehmen Sie die dazwischenliegende Scheibe.

8.2a Entfernen Sie die zum Entspannen eingedrehte Schraube oder Gewindestange ...

8.2b ... und befreien Sie die Spannrolle samt Scheibe.

3 Um die Spannerkolben-Baugruppe vom Motorblock zu demontieren, muss zuerst die Umlenkrolle abgeschraubt werden. Lösen Sie dann die zwei Schrauben des Spannergehäuses und entnehmen Sie es (siehe Abbildungen) – entfernen Sie nicht die Kolben-Arretierung.

8.3a Demontieren Sie zuerst die Umlenkrolle ...

8.3b ... und dann die Spannerkolben-Baugruppe.

4 Der Einbau entspricht der umgekehrten Ausbaureihenfolge – positionieren Sie die Scheibe zwischen Motor und Umlenkrolle (Abb. 8.2b). Installieren Sie die M5-Schraube oder Gewindestange samt Mutter an den Spannerhebel und spannen Sie diesen vor, bevor Sie die Kolben-Arretierung entfernen. Installieren Sie den Zahnriemen (siehe Sektion 7).

Kurbelwellen-Riemenrad

Anmerkung: *Beim Einbau wird ein neuer Riemenrad-Bolzen benötigt.*

5 Für einen besseren Zugang können die Radmuttern des rechten Vorderrads gelockert, die Handbremse angezogen, das Fahrzeug vorn angehoben und sicher abgestützt werden (siehe Seite 366). Bauen Sie das rechte Vorderrad ab. Demontieren Sie die entsprechende Motorverkleidung, um Zugang zur Kurbelwellen-Riemenscheibe zu erhalten.
6 Um den sehr fest sitzenden Riemenrad-Bolzen lockern zu können, muss die Kurbelwelle mit einem geeigneten Werkzeug am Mitdrehen gehindert werden (siehe Abbildung). Belassen Sie den gelockerten Bolzen zunächst in der Kurbelwelle.

8.6 Hier wird die Riemenscheibe mit einem selbstgebauten Haltewerkzeug gekontert, um den Bolzen zu lösen.

7 Entfernen Sie den Zahnriemen (siehe Sektion 7).
8 Jetzt kann der Riemenrad-Bolzen herausgedreht und das Riemenrad entnommen werden – merken Sie sich seine Einbaurichtung.
9 Setzen Sie das Riemenrad mit dem erhabenen Bund nach außen an die Kurbelwelle (siehe Abbildung).

8.9 Das montierte Kurbelwellen-Riemenrad

10 Drehen Sie den neuen Riemenrad-Bolzen ein, kontern Sie die Kurbelwelle mit der beim Lösen praktizierten Methode und ziehen Sie den Bolzen zunächst mit 90 Nm an und dann um 90° (eine Viertelumdrehung) weiter.
11 Installieren Sie den Zahnriemen (siehe Sektion 7).

Auslassnockenwellen-Riemenrad

12 Entfernen Sie den Zahnriemen (siehe Sektion 7). Drehen Sie die Kurbelwelle eine Viertelumdrehung (90°) gegen den Uhrzeigersinn , sodass die Kolben in den Zylindern 1 und 4 nicht mehr im OT stehen und keine Gefahr mehr besteht, dass Ventile und Kolben in Kontakt geraten, falls bei entferntem Zahnriemen eine Nockenwelle gedreht wird.
13 Zum Lockern der Riemenrad-Schraube muss die Nockenwelle blockiert werden – hierfür eignet sich eventuell das beim Blockieren der Kurbelwellen-Riemenscheibe verwendete Werkzeug (siehe Abbildung und Abb. 8.6).

8.13 Das montierte Auslassnockenwellen-Riemenrad

14 Lösen Sie die Riemenrad-Schraube und ziehen Sie das Riemenrad von der Auslass-Nockenwelle – beachten Sie seine Einbaurichtung. Stellen Sie nötigenfalls den Keil aus dem Wellenzapfen sicher.
15 Drücken Sie zum Einbauen zunächst ggf. den Keil in die Nut des Wellenzapfens und schieben Sie das korrekt ausgerichtete Riemenrad darüber (Abb. 8.13).
16 Drehen Sie die Riemenrad-Schraube ein, kontern Sie das Riemenrad und ziehen Sie die Schraube mit 65 Nm an.
17 Installieren Sie den Zahnriemen (siehe Sektion 7).

Wasserpumpenrad

18 Das Pumpenrad ist in die Wasserpumpe integriert und kann nicht separat ersetzt werden. Der Aus- und Einbau der Wasserpumpe ist in Kapitel 3, Sektion 7 beschrieben.

Umlenkrolle

19 Entfernen Sie den Zahnriemen (siehe Sektion 7).
20 Die Umlenkrolle ist mit einer Schraube gesichert, die auch die Spannerkolben-Baugruppe sichert. Der Ausbau der gesamten Baugruppe ist in Schritt 3 beschrieben.
21 Der Einbau entspricht der umgekehrten Ausbaureihenfolge – ziehen Sie zuerst die Umlenkrollen-Schraube mit 20 Nm an. Installieren Sie den Zahnriemen (siehe Sektion 7).

9 Einlassnockenwellen-Verstellmechanismus

Der Aus- und Einbau der Steuerkette samt Spanner und Einstellmechanismus ist in Sektion 10 beschrieben. Die Steuerkettenritzel sind in die Nockenwellen integriert.

10 Nockenwellen und Hydrostößel – Ausbau, Kontrolle und Einbau

Anmerkung: *Zum Arretieren des Steuerkettenspanners wird ein geeignetes Werkzeug benötigt – siehe Schritt 10. Für den Einbau wird geeignete Dichtmasse benötigt – Audi empfiehlt D 454 300 A2.*

Ausbau

1 Trennen Sie den Masseanschluss (–) der Batterie – beachten Sie dabei die Hinweise auf Seite 366.
2 Entfernen Sie den oberen Zahnriemendeckel (siehe Sektion 6).
3 Drehen Sie die Kurbelwelle mithilfe eines am zentralen Bolzen angesetzten Steckschlüssels im Uhrzeigersinn, bis Zylinder Nr. 1 im Verdichtungs-OT steht (siehe Sektion 3).
4 Demontieren Sie den Ventildeckel (siehe Sektion 4).
5 Befreien Sie den Zahnriemen vom Riemenrad der Auslassnockenwelle – er muss nicht vollständig entfernt werden (siehe Sektion 7). Drehen Sie die Kurbelwelle eine Viertelumdrehung (90°) gegen den Uhrzeigersinn , sodass die Kolben in den Zylindern 1 und 4 nicht mehr im OT stehen und keine Gefahr mehr besteht, dass Ventile und Kolben in Kontakt geraten, falls bei entferntem Zahnriemen eine Nockenwelle gedreht wird.
6 Demontieren Sie das Riemenrad der Auslassnockenwelle (siehe Sektion 8).
7 Trennen Sie den Stecker des rechts an der Einlassnockenwelle sitzenden Nockenwellensensors, lösen Sie die Schrauben des Sensors und entfernen Sie diesen (siehe Abbildung).

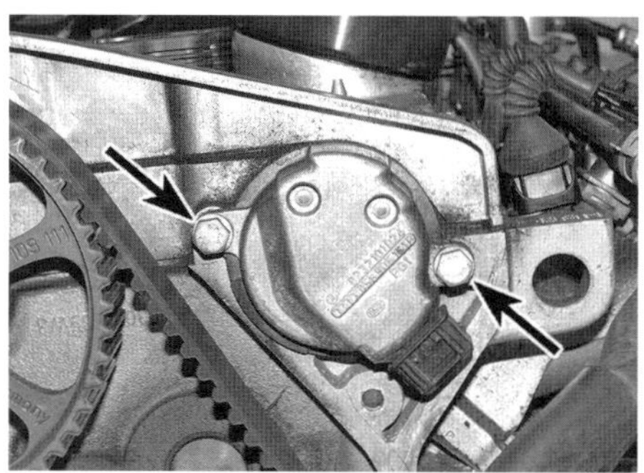

10.7 Schrauben des Nockenwellensensors

8 Lösen Sie die hinter dem Sensor sitzende Schraube und entnehmen Sie die angeschrägte Scheibe sowie den Sensorring von der Einlassnockenwelle.
9 Reinigen Sie die Steuerkette und ihre Ritzel und bringen Sie im Bereich der Pfeile an den linken Nockenwellen-Lagerdeckeln Farbmarkierungen an (siehe Abbildung) – keine Körnerschläge! Zwischen den zwei Markierungen müssen 16 Rollen liegen. Die Markierung an der Auslassnockenwelle kann leicht nach innen versetzt sein.

10.9 Markieren Sie die Steuerkette und ihre Ritzel im Bereich der Pfeile an den linken Nockenwellen-Lagerdeckel.

10 Der Steuerkettenspanner muss jetzt arretiert werden – entweder mit dem Audi-Spezialwerkzeug 3366 oder einer aus einer Gewindestange, Muttern und einem Blechstreifen selbst angefertigten Vorrichtung; das Eigenbau-Werkzeug sollte mit einem Kabelbinder am Spanner gesichert werden (siehe Abbildungen).

Warnung: Zu starkes Komprimieren des Steuerkettenspanners kann zu Beschädigungen führen!

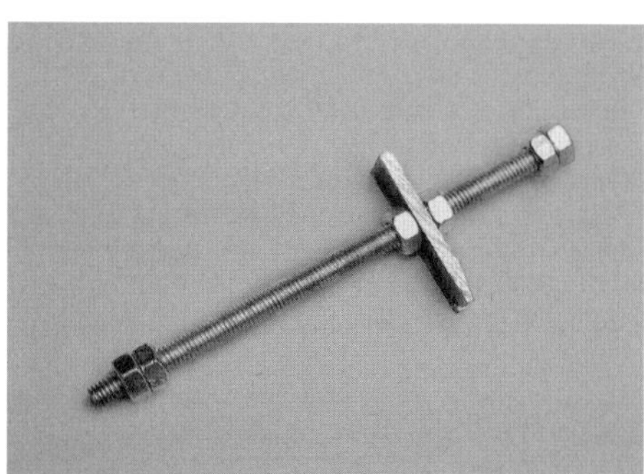

10.10a Das selbstgebaute Werkzeug zum Arretieren des Steuerkettenspanners ...

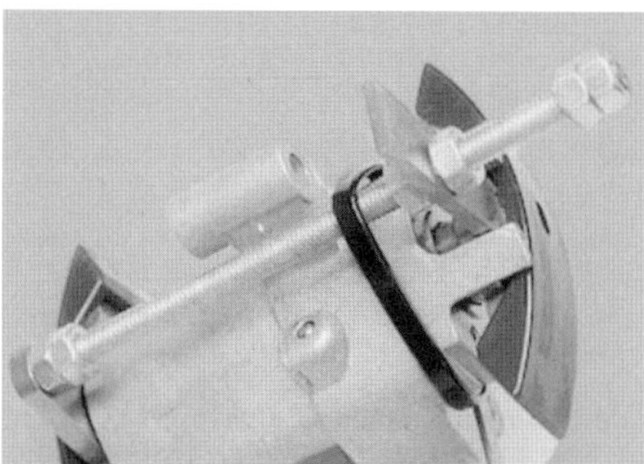

10.10b ... muss mit einem Kabelbinder daran gesichert werden – gezeigt am ausgebauten Spanner.

11 Falls an den Nockenwellen-Lagerdeckeln keine Markierungen zu finden sind, müssen selbst welche angebracht werden. Die Deckel sollten ab der Steuerkette jeweils von 1 bis 6 nummeriert sein, wobei Nr. 6 der kombinierte Deckel für beide Nockenwellen ist. Achten Sie auf die Ausrichtung der Deckel, um sie später wieder richtig herum montieren zu können (siehe Abbildung).
12 Lockern Sie schrittweise die Schrauben der Lagerdeckel Nr. 3 und 5 beider Nockenwellen, lockern Sie anschließend die Schrauben des Doppel-Lagerdeckens (Nr. 6) und der zwei linken Lagerdeckel (Nr. 1).
13 Lösen Sie die Schrauben des Kettenspanners und trennen Sie den Stecker von dessen Magnetventil.
14 Lockern Sie schrittweise die Schrauben der Lagerdeckel Nr. 2 und 4 beider Nockenwellen. Heben Sie alle Lagerdeckel ab und entnehmen Sie die Nockenwellen samt Steuerkette und Kettenspanner aus dem Zylinderkopf (siehe Abbildungen).

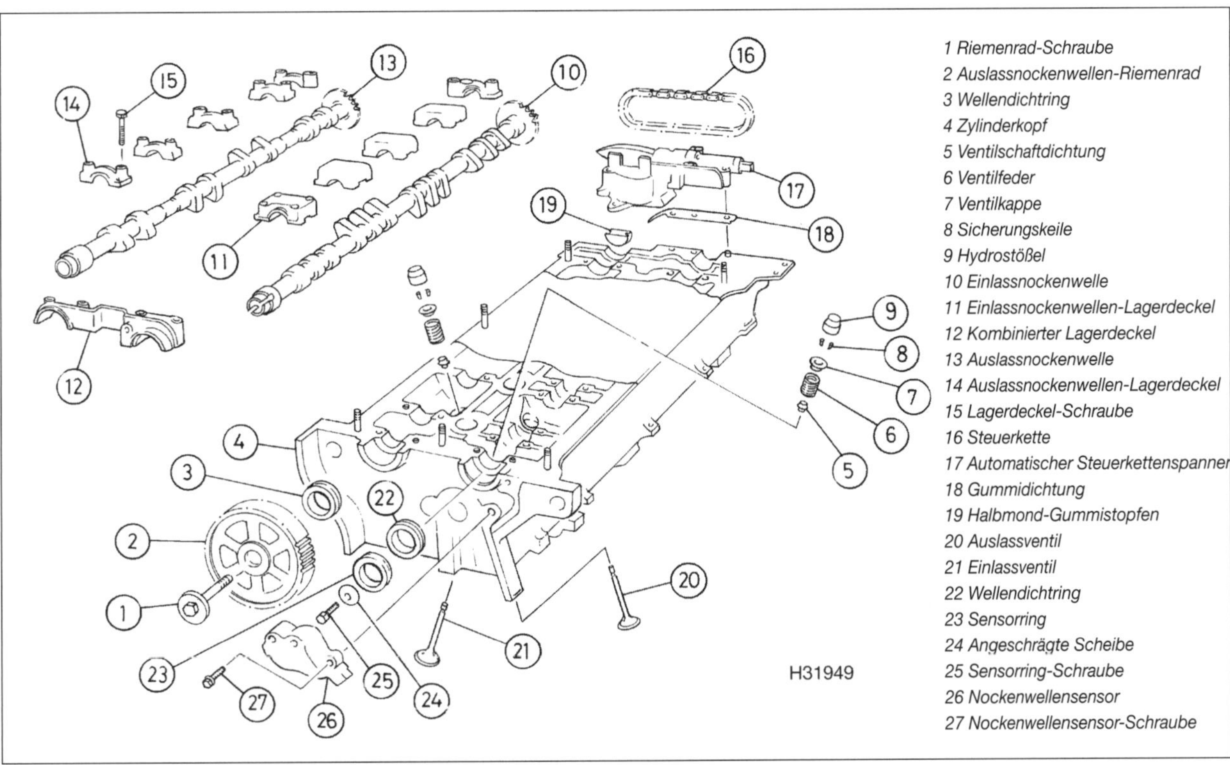

10.11 Zylinderkopf und Nockenwellen-Komponenten samt Verstellmechanismus

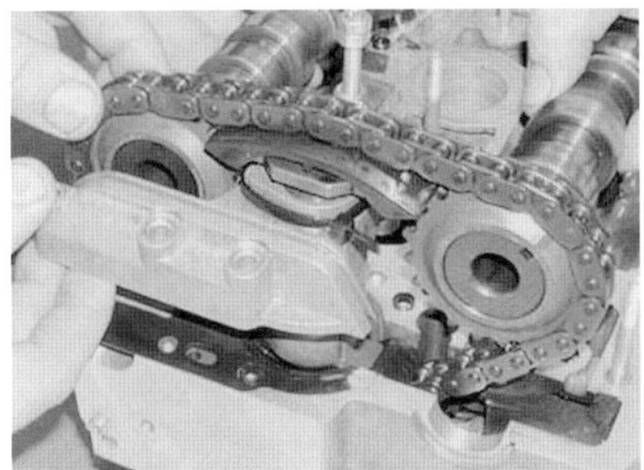

10.14a Heben Sie den Einstellmechanismus vom Zylinderkopf ...

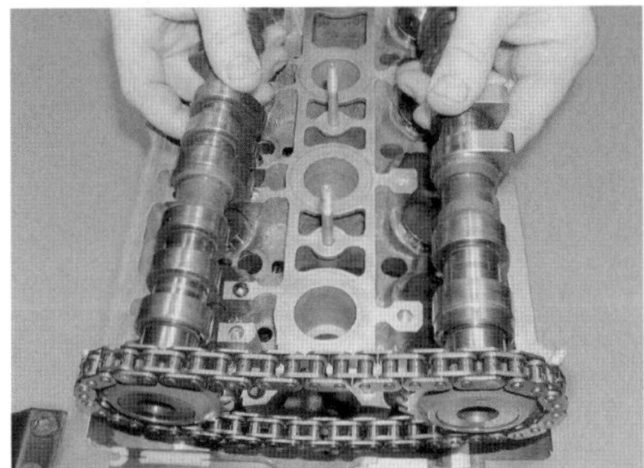

10.14b ... und entnehmen Sie beide Nockenwellen samt Steuerkette und Kettenspanner.

15 Befreien Sie den Spannermechanismus aus der Steuerkette und heben Sie diese von den Nockenwellen. Ziehen Sie rechts die Wellendichtringe von den Nockenwellen.
16 Heben Sie die Hydrostößel aus ihren Bohrungen im Zylinderkopf (siehe Abbildung) und lagern Sie sie entsprechend ihrer Einbaupositionen aufrecht und möglichst in einem Ölbad, damit ihr Öl nicht ausläuft. Falls die Stößel später nicht an ihre ursprüngliche Positionen gelangen, würde dies zu erhöhtem Motorverschleiß führen.

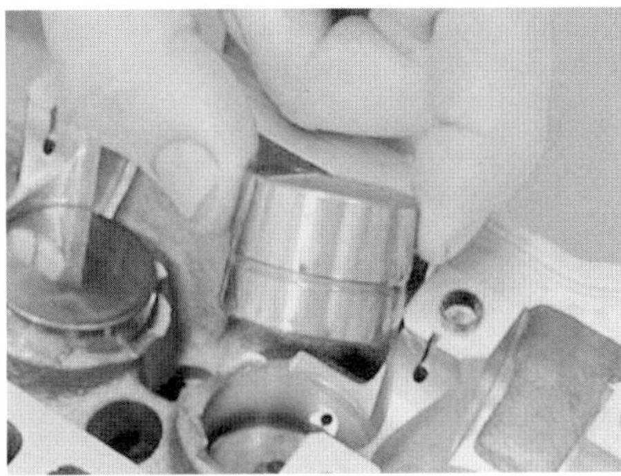

10.16 Heben Sie die Hydrostößel aus ihren Bohrungen.

Kontrolle

17 Begutachten Sie die Nocken und Lagerflächen der Nockenwellen auf Riefen und tiefe Kratzer sowie Ausbrüche. Auch auf Hochglanz polierte Bereiche weisen auf Verschleiß hin. Sobald die gehärtete Oberfläche beschädigt ist, nimmt der Verschleiß rapide zu. Schadhafte Teile müssen erneuert werden.
Anmerkung: *Falls die Nocken verschlissen sind, müssen auch die Gleitflächen der Hydrostößel genau untersucht werden.*
18 Falls die geschliffenen Bereiche einer Nockenwelle blau verfärbt sind, weist dies auf Überhitzung – wahrscheinlich durch Ölmangel – hin; möglicherweise ist die Welle dadurch verzogen, sodass sie auf möglichen Verzug überprüft werden sollte – hierzu werden Prismenblöcke und eine Messuhr benötigt. Bei einem Verzug von über 0,01 mm muss die Nockenwelle ersetzt werden.

19 Um das Axialspiel einer Nockenwelle zu messen, muss sie übergangsweise in den Zylinderkopf gelegt und mit den Lagerdeckeln 2 und 4 gesichert werden – ziehen Sie deren Schrauben mit 10 Nm an. Bringen Sie an der Zahnriemen-Seite des Zylinderkopfs eine Messuhr an und richten Sie den Messstift zum Wellenzapfen aus. Schieben Sie die Welle zu einer Seite, nullen Sie die Uhr und schieben Sie sie zurück, um das Spiel zu messen (siehe Abbildung). Wiederholen Sie die Messung mit der anderen Nockenwelle.
Anmerkung: *Bei dieser Messung sollten die Hydrostößel nicht installiert sein.*

10.19 Kontrollieren Sie das Axialspiel jeder Nockenwelle mit einer Messuhr.

20 Falls das Axialspiel 0,2 mm übersteigt, muss ermittelt werden, wo der Verschleiß (Nockenwelle, Lagerdeckel, Zylinderkopf vorliegt, und entsprechende Komponenten ersetzt werden.
21 Kontrollieren Sie die Hydrostößel an den Oberseiten (Kontaktfläche zur Nockenwelle) und den Gleitflächen zum Zylinderkopf auf übermäßigen Verschleiß und Riefen. Die Ölbohrungen der Stößel dürfen nicht verstopft sein. Inspizieren Sie auch die Stößelbohrungen im Zylinderkopf.

Einbau

22 Reinigen Sie zunächst sorgfältig die Dichtflächen des Steuerkettenspanners und seines Sitzes am Zylinderkopf.
23 Legen Sie eine neue Kettenspanner-Dichtung auf den Zylinderkopf und tragen Sie in den gezeigten Bereichen Dichtmasse auf (Audi empfiehlt D 454 300 A2) (siehe Abbildung).

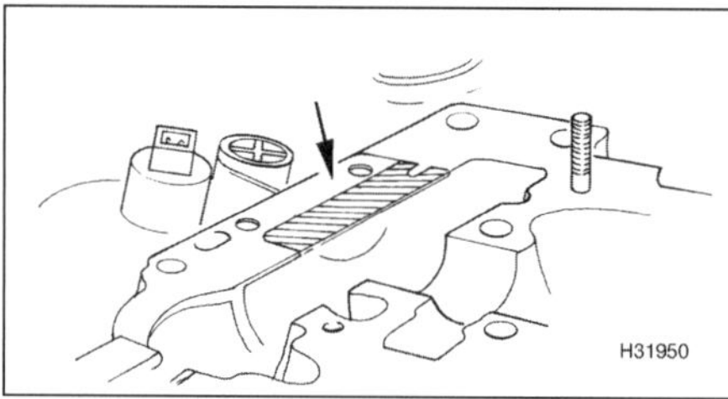

10.23 Tragen Sie die Dichtmasse im gezeigten Bereich der Steuerkettenspanner-Dichtung auf.

24 Ölen Sie die Hydrostößel und schieben Sie sie in ihre Bohrungen, bis sie auf den Ventilen aufliegen (siehe Abbildung). Ölen Sie ihre Kontaktbereiche zur Nockenwelle.

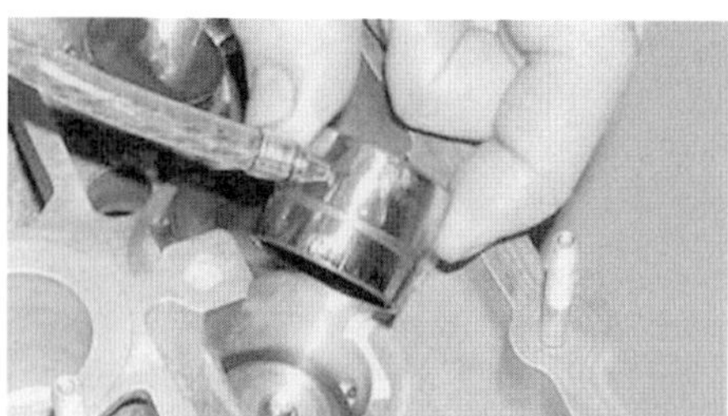

10.24 Ölen Sie die Hydrostößel vor dem Einbau.

25 Ölen Sie die Lagersitze im Zylinderkopf und die Lagerzapfen der Nockenwellen.
26 Legen Sie die Steuerkette so um die Nockenwellenritzel, dass die in Schritt 9 angebrachten Markierungen fluchten (der Abstand zwischen ihnen muss 16 Rollen betragen). Positionieren Sie den Kettenspanner zwischen den Nockenwellen und senken Sie die Baugruppe vorsichtig in den Zylinderkopf ab – halten Sie dabei die Enden der Wellen, damit die Nocken und Lagerzapfen nicht beschädigt werden.
27 Die Nockenwellen-Dichtringe können jetzt oder später installiert werden. Ölen Sie die Dichtringe ein und schieben Sie sie mit der geschlossenen Seite nach außen zeigend senkrecht auf die Wellen, ohne dass dabei die Dichtlippen umklappen. Drücken Sie die Dichtringe vollständig in ihre Sitze.
28 Installieren Sie die Kettenspanner-Schrauben und ziehen Sie sie mit 10 Nm an. Verbinden Sie den Stecker mit dem Magnetventil.
29 Setzen Sie an beiden Nockenwellen die Lagerdeckel Nr. 2 und 4 korrekt ausgerichtet auf, installieren Sie ihre Schrauben und ziehen Sie sie schrittweise sowie über Kreuz mit 10 Nm an.
30 Setzen Sie an beiden Nockenwellen die Lagerdeckel Nr. 1 korrekt ausgerichtet auf, installieren Sie ihre Schrauben und ziehen Sie sie schrittweise sowie über Kreuz mit 10 Nm an.
31 Entfernen Sie das Kettenspanner-Arretierwerkzeug.
32 Tragen Sie eine dünne Schicht Dichtmasse an den Kontaktflächen des kombinierten Lagerdeckels Nr. 6 auf (siehe Abbildung), setzen Sie ihn auf (die Wellendichtringe müssen – falls installiert – in ihren Sitzen liegen) und ziehen Sie seine Schrauben schrittweise sowie über Kreuz mit 10 Nm an.
33 Setzen Sie an beiden Nockenwellen die Lagerdeckel Nr. 3 und 5 korrekt ausgerichtet auf, installieren Sie ihre Schrauben und ziehen Sie sie schrittweise sowie über Kreuz mit 10 Nm an.
34 Prüfen Sie erneut, ob die Markierungen der Steuerkette, ihrer Ritzel und der Lagerdeckel wie in Abb. 10.9 gezeigt fluchten. Falls nicht, müssen die Komponenten erneut montiert werden.
35 Setzen Sie den Sensorring rechts an der Einlassnockenwelle an, schieben Sie die angeschrägte Scheibe auf und sichern Sie alles mit der mit 25 Nm angezogenen Schraube.
36 Installieren Sie den Nockenwellensensor vor den Sensorring, installieren Sie seine Schrauben und ziehen Sie sie mit 10 Nm an.
37 Montieren Sie das Auslassnockenwellen-Riemenrad (siehe Sektion 8) und den Zahnriemen (siehe Sektion 7).
38 Montieren Sie den Ventildeckel (siehe Sektion 4).
39 Montieren Sie den oberen Zahnriemendeckel (siehe Sektion 6).
40 Installieren Sie die obere Motorabdeckung und schließen Sie die Batterie an.

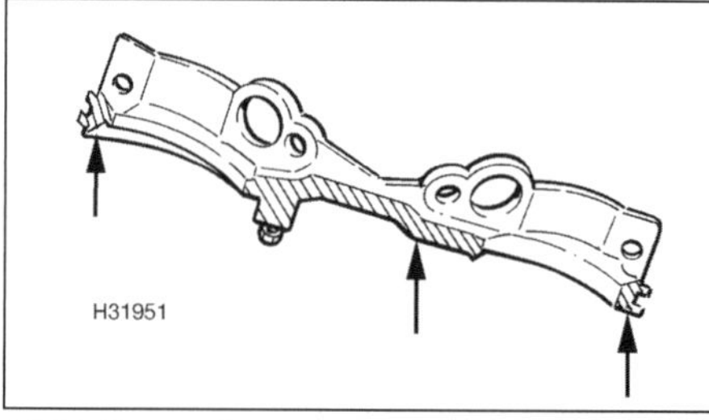

10.32 Tragen Sie eine dünne Schicht Dichtmasse an den Kontaktflächen des kombinierten Lagerdeckels Nr. 6 auf.

11 Nockenwellen-Dichtringe – Ersetzen

Auslassnockenwellen-Dichtring

1 Demontieren Sie den Zahnriemen (siehe Sektion 7).
2 Demontieren Sie das Nockenwellen-Riemenrad (siehe Sektion 8).
3 Schlagen oder bohren Sie vorsichtig zwei kleine sich gegenüberliegende Löcher in den Dichtring (aber nicht in den Zylinderkopf!), drehen Sie selbstschneidende Schrauben hinein und ziehen Sie den Dichtring mit einer Zange heraus.
4 Reinigen Sie den Dichtring-Sitz und entfernen Sie Grate oder scharfe Kanten, die dem neuen Dichtring gefährlich werden könnten.
5 Schmieren Sie die Dichtlippe und den Außenrand des neuen Dichtrings mit Motoröl und schieben Sie ihn über die Nockenwelle – die Dichtlippe darf dabei nicht umklappen oder anderweitig beschädigt werden; umwickeln Sie nötigenfalls das Ende der Nockenwelle mit einer Lage Klebeband.
6 Treiben Sie den Dichtring mit einem geeigneten Werkzeug, das nur seinen harten Außenbereich berührt, senkrecht in seinen Sitz.
7 Montieren Sie das Auslassnockenwellen-Riemenrad (siehe Sektion 8).
8 Installieren Sie den Zahnriemen (siehe Sektion 7).

Einlassnockenwellen-Dichtring

9 Demontieren Sie den oberen Zahnriemendeckel (siehe Sektion 6).
10 Trennen Sie den Stecker des rechts an der Einlassnockenwelle sitzenden Nockenwellensensors, lösen Sie die Schrauben des Sensors und entfernen Sie diesen (Abb. 10.7). Lösen Sie die hinter dem Sensor sitzende Schraube und entnehmen Sie die angeschrägte Scheibe sowie den Sensorring von der Einlassnockenwelle.
11 Ersetzen Sie den Dichtring, wie in den Schritten 3 bis 6 beschrieben.
12 Setzen Sie den Sensorring rechts an der Einlassnockenwelle an, schieben Sie die angeschrägte Scheibe auf und sichern Sie alles mit der mit 25 Nm angezogenen Schraube.
13 Installieren Sie den Nockenwellensensor vor den Sensorring, installieren Sie seine Schrauben und ziehen Sie sie mit 10 Nm an.
14 Montieren Sie den oberen Zahnriemendeckel (siehe Sektion 6).

12 Zylinderkopf – Ausbau, Kontrolle und Einbau

Anmerkung: *Der Motor muss vollständig abgekühlt sein, bevor mit der Arbeit begonnen werden darf.*

Anmerkung: *Für diese Arbeit werden eine neue Zylinderkopfdichtung und neue Zylinderkopfschrauben benötigt. Um den Zylinderkopf beim Einbau korrekt positionieren zu können, werden geeignete Stehbolzen benötigt (siehe Text).*

Ausbau

1 Trennen Sie den Masseanschluss (–) der Batterie – beachten Sie dabei die Hinweise auf Seite 366.
2 Entleeren Sie das Kühlsystem (siehe Kapitel 1, Sektion 30).
3 Falls alleine der Zylinderkopf demontiert werden soll und der Ansaugstutzen im Motorraum verbleiben kann, werden dessen Schrauben gelöst, um ihn sicher abgestützt dort zu belassen – hierbei dürfen keine Kabel, Seilzüge oder Schläuche unter Last gesetzt werden. Lockere Dichtungen müssen sichergestellt werden.
4 Falls der Zylinderkopf samt Ansaugstutzen demontiert werden soll, müssen um den Stutzen herum alle Rohre, Schläuche und Kabel getrennt werden; da das Kraftstoffsystem noch unter Druck stehen kann, müssen beim Trennen der Zulauf- und Rücklaufleitungen vom Druckspeicher Lappen um die Anschlüsse gelegt werden, bevor die Schlauchschellen gelockert und Schläuche abgezogen werden. Verstopfen Sie offene Anschlüsse, damit kein weiteres Benzin ausläuft und kein Schmutz eindringt.
5 Lockern Sie die Schellen der Kühlerschläuche, um sie vom Gehäuse an der Getriebeseite abzuziehen.
6 Trennen Sie rechts am Zylinderkopf den Stecker des Nockenwellensensors (Abb. 10.7).
7 Trennen Sie am Kühlmittelgehäuse (links am Zylinderkopf) den Stecker des Kühltemperatursensors.
8 Befreien Sie das vordere Auspuffrohr vom Auspuffstutzen oder Turbolader (siehe Kapitel 4B).
9 Demontieren Sie den Zahnriemen (siehe Sektion 7) und seinen Spanner (siehe Sektion 8).
10 Da der Motor aufgrund der entfernten rechten Motorhalterung zurzeit mit einer am Zylinderkopf angebrachten Vorrichtung gehalten wird, muss eine geeignete Halterung am Motorgehäuse montiert werden, damit er auch bei demontiertem Zylinderkopf sicher abgestützt werden kann.
11 Eine geeignete Halterung kann in Form eines in die Bohrung neben der Wasserpumpe eingedrehten langen Bolzens samt Distanzrohren angefertigt werden. Um die Aufhängungen wechseln zu können, muss entweder der Werkstattkran entsprechend ausgerüstet oder der Motor übergangsweise mit einem Rangierwagenheber samt Holzblock von unten abgestützt werden.
12 Entfernen Sie den Ventildeckel (siehe Sektion 4).
13 Trennen Sie alle relevanten Rohre, Schläuche und Kabel und merken Sie sich ihre Verlegung.
14 Lockern Sie die Zylinderkopfschrauben schrittweise in der gezeigten Reihenfolge (siehe Abbildung) und entnehmen Sie sie.

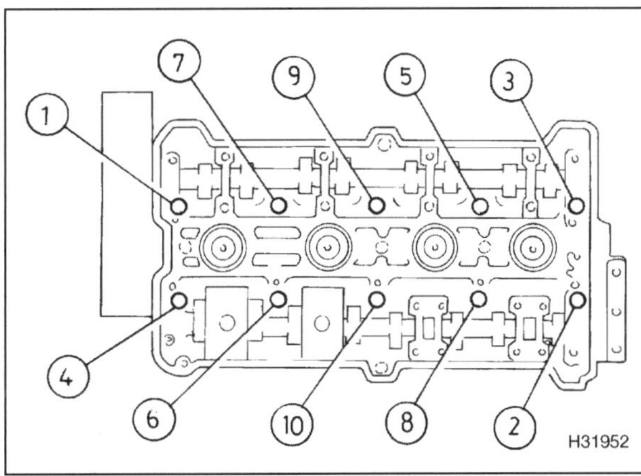

12.14 LOCKERUNGS-Reihenfolge der Zylinderkopfschrauben

15 Heben Sie den Zylinderkopf vom Motorblock – klopfen Sie ihn nötigenfalls rundherum mit einem weichen Hammer ab, um ihn von den zwei Passhülsen zu befreien. Niemals darf der Zylinderkopf abgehebelt werden!
16 Entnehmen Sie die Zylinderkopfdichtung.

Kontrolle

17 Das Zerlegen und die Kontrolle des Zylinderkopfs ist in Kapitel 2B beschrieben.

Einbau

18 Die Dichtflächen des Zylinderkopfes und des Zylinderblocks müssen absolut sauber sein. Entfernen Sie dazu Dichtungsreste und Kohleablagerungen mithilfe eines Hartplastik- oder Holzschabers; reinigen Sie auch die Kolbenböden. Die Ablagerungen dürfen keinesfalls in Öl- oder Wasserkanäle gelangen – bereits kleinste Partikel können Öldüsen verstopfen! Kleben Sie daher alle Bohrungen des Zylinderkopfs/Motorgehäuses mit Kreppband ab.
Damit keine Ablagerungen zwischen die Kolben und Zylinderwände gelangen, muss hier etwas Fett aufgetragen werden (anschließend kann es samt anhaftender Partikel mit einem sauberen Lappen abgewischt werden). Wischen Sie die Dichtflächen anschließend mit Verdünner oder Aceton ab.

Achtung: Achten Sie bei der Reinigung darauf, nicht das relativ weiche Aluminium abzutragen.

19 Kontrollieren Sie die Dichtflächen des Zylinderkopfes und des Zylinderblocks auf Riefen, tiefe Kratzer und andere Schäden. Kleine Unebenheiten können mit einer Feile geschlichtet werden; größere erfordern jedoch maschinelles Planen oder den Austausch.
20 Falls ein Verzug des Zylinderkopfes vermutet wird, muss dieser mit einem Richtwinkel geprüft werden (siehe Kapitel 2B, Sektion 7).
21 Reinigen Sie sorgfältig die Gewindebohrungen im Zylinderblock – die Schrauben müssen sich von Hand darin drehen lassen und es dürfen sich keine Öl- oder Wasserreste darin befinden.
22 Prüfen Sie, ob die Kurbelwelle so steht, dass die Kolben der Zylinder 1 und 4 etwas unterhalb des oberen Totpunkts stehen (damit sie nicht in Kontakt mit den Ventilen kommen können).
23 Um den Zylinderkopf korrekt positionieren zu können, müssen zwei lange Stehbolzen (oder alte Zylinderkopfschrauben mit abgesägtem Kopf und eingesägtem Schlitz zum Ansetzen eines Schraubendrehers) in die hinteren äußeren Bohrungen (Nr. 8 und 10 in Abb. 12.28) des Motorgehäuses gedreht werden.
24 Legen Sie die neue Zylinderkopfdichtung mit »OBEN/TOP« oder der Teilenummer nach oben zeigend über die Stehbolzen auf das Motorgehäuse. Audi empfiehlt, die Dichtung erst kurz vor der Montage aus der Verpackung zu nehmen.
25 Senken Sie den Zylinderkopf über die Stehbolzen auf die Dichtung ab.
26 Installieren Sie die neuen Zylinderkopfschrauben in die acht verbliebenen Bohrungen und drehen Sie sie handfest ein.
27 Drehen Sie die zwei Stehbolzen aus den Bohrungen 8 und 10 und drehen Sie die zwei verbliebenen neuen Zylinderkopfschrauben handfest ein.
28 Ziehen Sie die Zylinderkopfschrauben in der gezeigten Reihenfolge (siehe Abbildung) zunächst mit 40 Nm an.

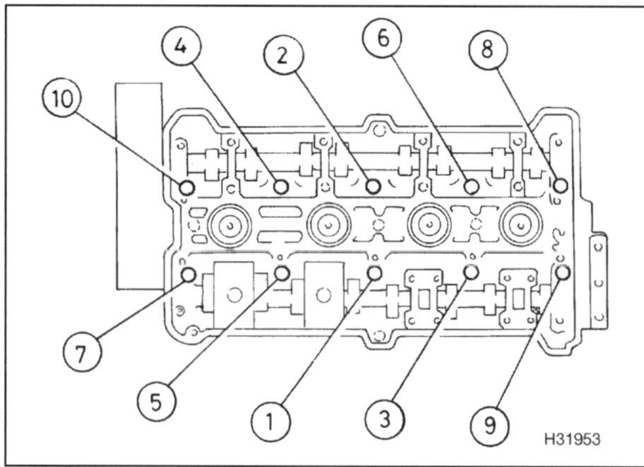

12.28 ANZUGS-Reihenfolge der Zylinderkopfschrauben

29 Ziehen Sie die Zylinderkopfschrauben in der gleichen Reihenfolge eine Viertelumdrehung (90°) weiter – benutzen Sie hierfür nötigenfalls eine Gradscheibe.
30 Ziehen Sie die Zylinderkopfschrauben in einem dritten Durchgang in gleichen Reihenfolge eine weitere Viertelumdrehung (90°) weiter.
31 Verbinden Sie die Hebevorrichtung wieder mit der Aufnahme rechts am Zylinderkopf und positionieren Sie den Motor in der vorgesehenen Höhe. Entfernen Sie die provisorische Abstützung.
32 Der Rest des Einbaus entspricht der umgekehrten Ausbaureihenfolge – beachten Sie dabei folgende Punkte:

a) Alle Rohre, Kabel und Schläuche müssen korrekt verlegt und angeschlossen werden.
b) Montieren Sie den Ventildeckel unter Beachtung der Hinweise in Sektion 4.
c) Montieren Sie den Zahnriemenspanner und den Zahnriemen unter Beachtung der Hinweise in Sektion 8 und 7.
d) Verbinden Sie die Auspuffanlage unter Beachtung der Hinweise in Kapitel 4B mit dem Auspuffstutzen oder Turbolader.
e) Verbinden Sie ggf. den Einlassstutzen unter Verwendung neuer Dichtungen mit dem Zylinderkopf.
f) Ziehen Sie alle Befestigungen mit den ggf. in den technischen Daten angegebenen Anzugsdrehmomenten an.
g) Füllen Sie zum Schluss das Kühlsystem auf (siehe Kapitel 1, Sektion 30).

13 Ölwanne – Ausbau und Einbau

Anmerkung: *Bei der Montage wird geeignete Dichtmasse benötigt (z. B. Audi D176404 A2).*

Ausbau

1 Ziehen Sie die Handbremse, heben Sie das Fahrzeug vorn an und stützen Sie es sicher ab (siehe Seite 366).
2 Demontieren Sie den Motor-Unterschutz.
3 Lassen Sie das Motoröl ab (siehe Kapitel 1, Sektion 3).
4 Lösen Sie hinten an der Ölwanne die zwei Schrauben des Turbolader-Rücklaufrohrs. Trennen Sie unten an der Ölwanne den Stecker des Ölpegel/Öltemperatur-Sensors (siehe Abbildung).

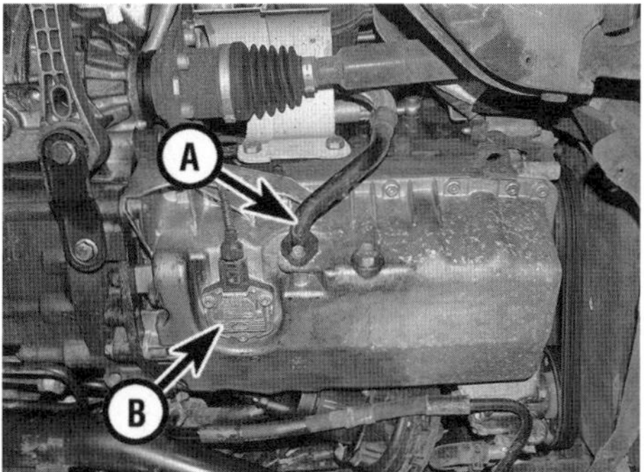

13.4 Anschluss des Turbolader-Rücklaufrohrs (A), Ölpegel/ Öltemperatur-Sensor (B)

5 Lösen Sie die drei Schrauben, mit denen die Ölwanne unten am Getriebegehäuse gesichert ist (siehe Abbildung) – diese Schrauben müssen beim Einbau durch Neuteile ersetzt werden.

13.5 Schrauben, die die Ölwanne am Getriebe sichern

6 Lösen Sie die insgesamt 20 Schrauben, mit denen die Ölwanne am Motorgehäuse gesichert ist – vier von ihnen sitzen an der Getriebe-Seite in Schlitzen der Ölwanne (siehe Abbildung). Manche Schrauben sind nur mit einer Steckschlüssel-Verlängerung erreichbar. Heben Sie die Ölwanne ab – klopfen Sie sie nötigenfalls rundherum vorsichtig mit einem weichen Hammer ab, damit sich die Dichtung löst.

13.6 Vier Schrauben befinden sich in Schlitzen der Ölwanne

7 Demontieren Sie nötigenfalls das Ölleitblech vom Motorgehäuse.

Einbau

8 Reinigen Sie die Ölwanne und das Ölleitblech. Befreien Sie die Dichtflächen des Motorgehäuses, des Getriebes und der Ölwanne von alten Dichtungsresten.

9 Installieren Sie ggf. das Ölleitblech und ziehen Sie seine Schrauben mit 15 Nm an.

10 Stellen Sie sicher, dass die Dichtflächen des Motorblocks, des Getriebes und der Ölwanne sauber und trocken sind. Tragen Sie eine 2 bis 3 mm starke Raupe geeigneter Dichtmasse (Audi empfiehlt D176404 A2) innerhalb der Schraubenbohrungen an der Ölwannen-Dichtfläche auf (siehe Abbildung). Die Ölwanne muss jetzt innerhalb von fünf Minuten montiert werden.

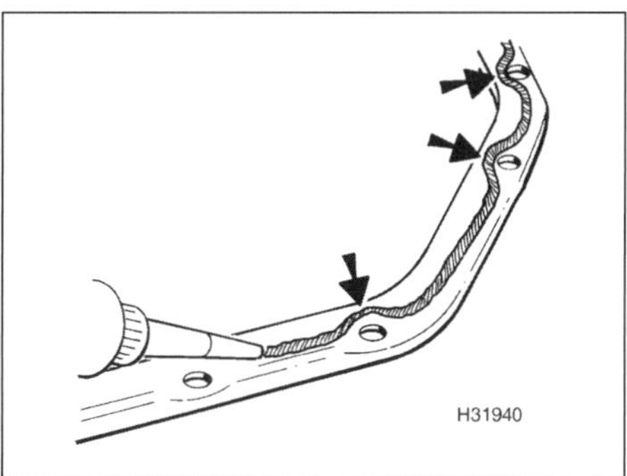

13.10 Tragen Sie die Dichtmasse innerhalb der Schraubenbohrungen auf.

11 Setzen Sie die Ölwanne an und drehen Sie zunächst an den Ecken die Schrauben handfest ein. Drehen Sie dann alle Schrauben handfest ein.

Anmerkung: *Falls die Ölwanne bei getrenntem Getriebe montiert wird, muss darauf geachtet werden, dass sie bündig zum Getriebeglocken-Flansch sitzt.*

12 Ziehen Sie die Ölwannenschrauben in einem ersten Durchgang über Kreuz mit ca. 5 Nm an.

13 Installieren Sie drei neue M10-Schrauben, um die Ölwanne mit dem Getriebe zu verbinden und ziehen Sie sie korrekt an (an Automatikgetriebe: 25 Nm; an 02J-Schaltgetriebe: 45 Nm; an 02M-Schaltgetriebe: 40 Nm).

14 Ziehen Sie die Ölwannenschrauben zum Motorgehäuse jetzt mit 15 Nm an.

15 Verbinden Sie das Turbolader-Rücklaufrohr mithilfe einer neuen Dichtung mit der Ölwanne (Abb. 13.4) und ziehen Sie die zwei Schrauben mit 10 Nm an.

16 Verbinden Sie den Stecker des Ölpegel/Öltemperatur-Sensors (Abb. 13.4).

17 Geben Sie der Dichtmasse mindestens eine halbe Stunde zum Abbinden und füllen Sie erst dann Motoröl auf (siehe Kapitel 1, Sektion 3).

14 Ölpumpe, Antriebskette und Ritzel – Ausbau, Kontrolle und Einbau

Ölpumpe

Ausbau

1 Demontieren Sie die Ölwanne (siehe Sektion 13).

2 Demontieren Sie das Ölleitblech vom Motorgehäuse.

3 Lösen Sie die drei Ölpumpen-Schrauben und trennen Sie die Pumpe vom Motorgehäuse. Heben Sie das Ölpumpenritzel aus der Antriebskette (halten Sie den Spanner dabei mit einem Schraubendreher zurück) und entnehmen Sie die Pumpe samt Ansaugrohr (siehe Abbildung) – stellen Sie lockere Passhülsen sicher.

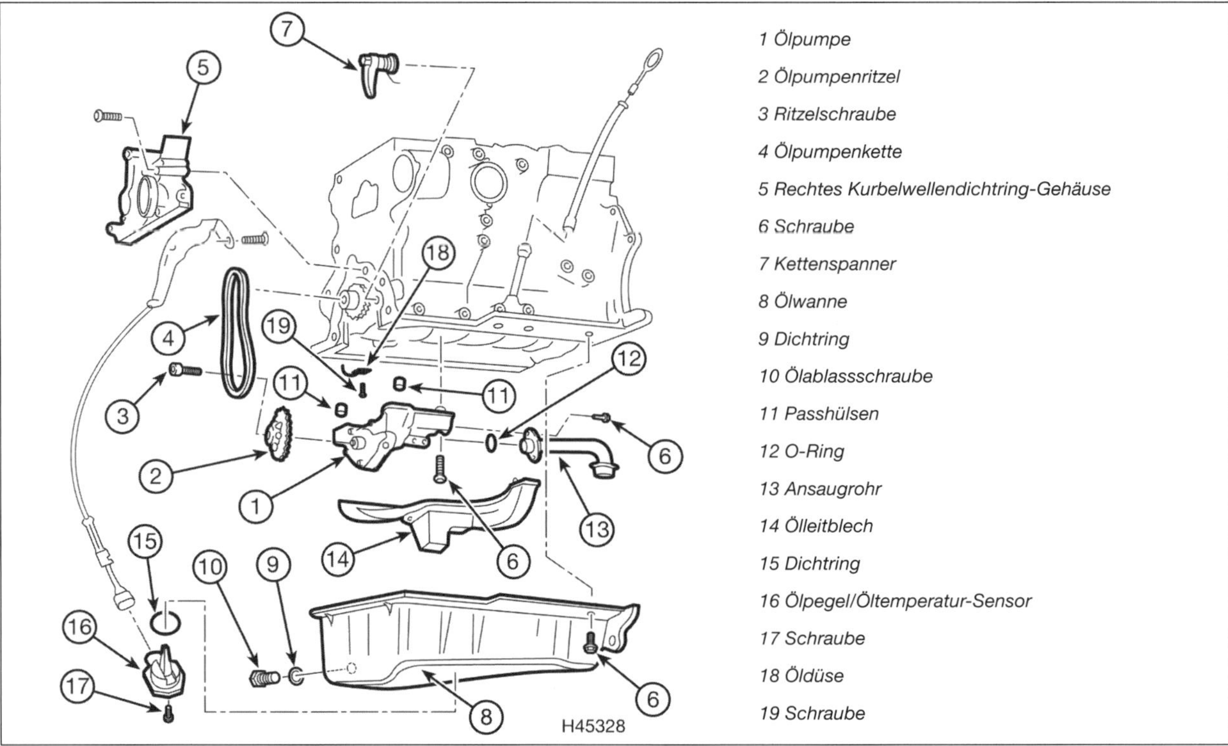

14.3 Komponenten der Ölwanne und der Ölpumpe

4 Lösen Sie ggf. die Schrauben des Ansaugrohr-Flanschs, um das Rohr von der Ölpumpe zu trennen. Stellen Sie den O-Ring sicher. Lösen Sie die Schrauben des Ölpumpendeckels und entnehmen Sie ihn.
Anmerkung: *Falls das Ansaugrohr von der Ölpumpe getrennt wurde, muss beim Einbau ein neuer O-Ring verwendet werden.*

Kontrolle

5 Reinigen Sie die gesamte Pumpe und kontrollieren Sie die Pumpenräder auf Beschädigungen und Verschleiß – ersetzen Sie nötigenfalls die gesamte Pumpe, da keine Einzelteile erhältlich sind.
6 Um das Pumpenritzel zu demontieren, muss dessen Schraube gelöst werden. Das Ritzel kann nur in einer Position auf die Pumpenwelle geschoben werden.

Einbau

7 Befüllen Sie die Pumpe durch den Ansaugrohr-Stutzen mit Motoröl und drehen Sie dabei die Pumpenwelle.
8 Setzen Sie den Pumpendeckel an und sichern Sie ihn mit den Schrauben. Setzen Sie ggf. das Ansaugrohr unter Verwendung eines neuen O-Rings an die Ölpumpe und sichern Sie es mit den Schrauben.
9 Falls die Kette, das Kurbelwellenritzel und der Kettenspanner demontiert worden sind, sollten sie erst nach dem Einbau der Ölpumpe wieder installiert werden. Drücken Sie ansonsten den montierten Kettenspanner mit einem Schraubendreher gegen seine Feder, um der Kette genügend Durchhang zur Montage der Ölpumpe zu geben.
10 Führen Sie das Ölpumpenritzel in die Kette ein und setzen Sie die Pumpe über die Passhülsen ans Motorgehäuse. Installieren Sie die Schrauben und ziehen Sie sie mit 15 Nm an.
11 Montieren Sie jetzt ggf. die Kette, den Kettenspanner und das Kurbelwellenritzel in der umgekehrten Ausbaureihenfolge.
12 Montieren Sie das Ölleitblech und ziehen Sie seine Schrauben mit 15 Nm an.
13 Montieren Sie die Ölwanne (siehe Sektion 13).

Ölpumpenkette und Ritzel

Anmerkung: *Bei der Montage des Kurbelwellen-Dichtringgehäuses wird geeignete Dichtmasse benötigt – Audi empfiehlt D176404 A2. Der Kurbelwellendichtring sollte nach jeder Demontage durch ein Neuteil ersetzt werden.*

Ausbau

14 Demontieren Sie die Ölwanne (siehe Sektion 13) und Sie das Ölleitblech vom Motorgehäuse.
15 Lösen Sie zur Demontage des Ölpumpenritzels dessen Schraube und ziehen Sie das Ritzel von der Welle, bevor Sie es aus der Kette befreien.
16 Für den Ausbau der Ölpumpenkette müssen zunächst der Zahnriemen (siehe Sektion 7) und das Kurbelwellen-Dichtringgehäuse demontiert werden (siehe Sektion 16). Lösen Sie den Kettenspanner vom Motorgehäuse und heben Sie dann die Kette vom Kurbelwellenritzel.
17 Das Kurbelwellenritzel ist auf der Welle verpresst und lässt sich nur schwierig abziehen. Lassen Sie nötigenfalls einen Fachbetrieb beurteilen, ob das Ritzel verschlissen oder beschädigt ist.

Kontrolle

18 Inspizieren Sie die Kette auf Verschleiß und Beschädigungen. Verschleiß zeigt sich durch seitliches Spiel der Kettenglieder und deutliche Laufgeräusche. Die Kette sollte bei einer Motorüberholung ungeachtet ihres Zustands erneuert werden. Die Rollen einer stark verschlissenen Kette sind leicht eingekerbt – erneuern Sie die Kette bei jedem Zweifel über ihren Zustand.
19 Inspizieren Sie die Zähne der Ritzel auf Verschleiß. Falls die Zähne nicht gleichmäßig V-förmig sind, sondern eine Sei-

te leicht konkav ist (hakenförmig), muss das Ritzel ersetzt werden – konsultieren Sie beim Kurbelwellenritzel einen Fachbetrieb.

Einbau

20 Montieren Sie ggf. zuerst die Ölpumpe (siehe oben).
21 Installieren Sie den Kettenspanner an das Motorgehäuse und ziehen Sie seine Schraube mit 15 Nm an. Achten Sie darauf, dass die Feder korrekt gegen den Spanner drückt.
22 Positionieren Sie das Ölpumpenritzel in der Kette und legen Sie diese dann über das Kurbelwellenritzel. Drücken Sie den Spanner mit einem Schraubendreher gegen die Feder, um genügend Kettendurchhang zu erhalten. Das Ölpumpenritzel lässt sich nur in einer Richtung auf die Welle schieben.
23 Installieren Sie die Schraube des Ölpumpenritzels und ziehen Sie sie mit 20 Nm an.
24 Rüsten Sie das Kurbelwellen-Dichtringgehäuse mit einem neuen Dichtring aus und installieren Sie es ans Motorgehäuse (siehe Sektion 16).
25 Montieren Sie das Ölleitblech und ziehen Sie seine Schrauben mit 15 Nm an.
26 Montieren Sie die Ölwanne (siehe Sektion 13).
27 Installieren Sie den Zahnriemen (siehe Sektion 7).

15 Schwungscheibe – Ausbau, Kontrolle und Einbau

Anmerkung: *Bei der Montage der Schwungscheibe werden neue Befestigungsschrauben benötigt.*

Ausbau

1 Demontieren Sie bei Modellen mit Schaltgetriebe das Getriebe (siehe Kapitel 7A, Sektion 3) und die Kupplung (siehe Kapitel 6, Sektion 6).
2 Demontieren Sie bei Modellen mit Automatikgetriebe das Getriebe (siehe Kapitel 7B, Sektion 2).
3 Die Schwungscheiben-Schrauben sind versetzt angeordnet, sodass die Schwungscheibe nur in einer Position montiert werden kann. Hindern Sie die Schwungscheibe am Mitdrehen, indem Sie den Anlasserzahnkranz mit einem geeigneten Werkzeug blockieren (siehe Abbildung). Lösen Sie die Schrauben und entfernen Sie sie.

15.3 Blockieren Sie den Anlasserzahnkranz der Schwungscheibe mit einem geeigneten Werkzeug.

4 Heben Sie die Schwungscheibe ab – sie ist sehr schwer. Achten Sie bei der Schwungscheibe von Automatikmodellen auf eine ggf. vorhandene Distanzscheibe zwischen ihr und der Kurbelwelle und Scheiben unter den Schrauben. Stellen Sie ggf. die Platte zwischen Motor und Getriebe sicher, falls sie locker ist.

Kontrolle

5 Begutachten Sie die Schwungscheibe auf Riefen auf der Kupplungs-Reibfläche – falls diese deutlich vorhanden sind, muss eine neue Schwungscheibe beschafft werden. Inspizieren Sie die Schwungscheibe auf Verschleiß oder ausgebrochene Zähne am Anlasserzahnkranz. Der Zahnkranz kann nur von einem Fachbetrieb demontiert werden. Falls bei Modellen mit Schaltgetriebe die Kupplungs-Reibfläche verfärbt oder stark riefig ist, kann sie möglicherweise von einem Fachbetrieb geschliffen werden.

Einbau

6 Der Einbau entspricht der umgekehrten Ausbaureihenfolge – beachten Sie dabei folgende Punkte:

a) Die Platte muss vor der Montage der Schwungscheibe korrekt positioniert sein.
b) Installieren Sie bei Automatikmodellen übergangsweise die Schwungscheibe mit den alten Schrauben und ziehen Sie diese mit 30 Nm an. Prüfen Sie, ob der Abstand zwischen dem Flansch des Motorgehäuses und der Kontaktfläche der Schwungscheibe zwischen 19,5 und 21,1 mm liegt – dies kann durch eine der Schwungscheiben-Bohrungen mit einem Messschieber ermittelt werden. Demontieren Sie die Schwungscheibe nötigenfalls, um den Abstand mit einer passenden Distanzscheibe zur Kurbelwelle auszugleichen.
c) Bei Automatikgetrieben müssen die Erhebungen am Distanzstück unter den Schrauben zum Drehmomentwandler zeigen.
d) Tragen Sie an den Gewinden der neuen Schwungscheiben-Schrauben mittelfeste Sicherungspaste auf und ziehen Sie sie über Kreuz zunächst mit 60 Nm an und in einem zweiten Durchgang um 90° weiter.

16 Kurbelwellen-Dichtringe – Ersetzen

Zahnriemendeckel-Dichtring (rechts)

Anmerkung: *Bei der Montage des Kurbelwellen-Dichtringgehäuses wird geeignete Dichtmasse benötigt – Audi empfiehlt D176 404 A2.*

1 Demontieren Sie den Zahnriemen (siehe Sektion 7) und das Kurbelwellenrad (siehe Sektion 8).
2 Um den Dichtring ohne die Demontage seines Gehäuses ausbauen zu können, müssen vorsichtig zwei kleine sich gegenüberliegende Löcher hineingebohrt und selbstschneidende Schrauben hineingedreht werden, um den Dichtring mit einer an deren Köpfen angesetzten Zange herausziehen zu können.
3 Alternativ kann der Dichtring samt Gehäuse wie folgt demontiert werden:

a) Demontieren Sie die Ölwanne (siehe Sektion 13) – dies ist nötig, um beim Einbau eine korrekte Abdichtung zwischen der Ölwanne und dem Dichtringgehäuse sicherzustellen.
b) Lösen Sie die Schrauben des Dichtringgehäuses und trennen Sie es vom Motorgehäuse – hebeln Sie es nötigenfalls an den dafür vorgesehenen Laschen vorsichtig ab.
c) Legen Sie das Gehäuse auf die Werkbank und hebeln Sie den Dichtring mit einem geeigneten Werkzeug heraus (siehe Abbildung) – beschädigen Sie dabei nicht den Dichtring-Sitz.

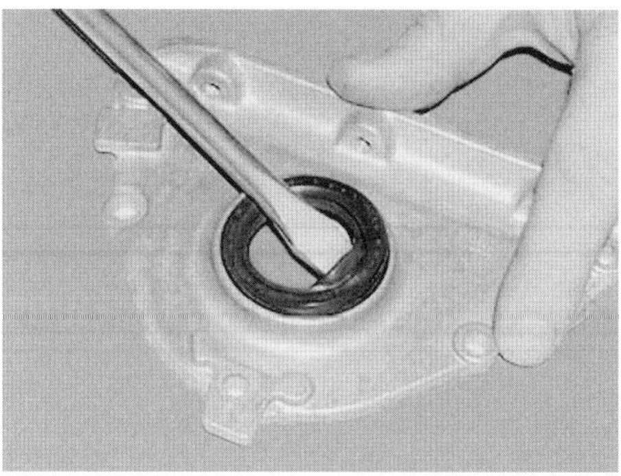

16.3 Hebeln Sie den Dichtring vorsichtig aus seinem Gehäuse.

4 Reinigen Sie den Dichtring-Sitz und beseitigen Sie Riefen oder scharfe Kanten, die den neuen Dichtring beschädigen könnten.
5 Umwickeln Sie den Kurbelwellenstumpf mit einer Lage Klebeband, damit die Dichtlippe beim Aufschieben nicht umklappt.
6 Drücken oder klopfen Sie den neuen Dichtring (Dichtlippe nach innen) mit einem Werkzeug, das nur seinen Außenrand berührt, senkrecht und bündig in seinen Sitz (siehe Abbildung) – beschädigen Sie nicht die Dichtlippe.

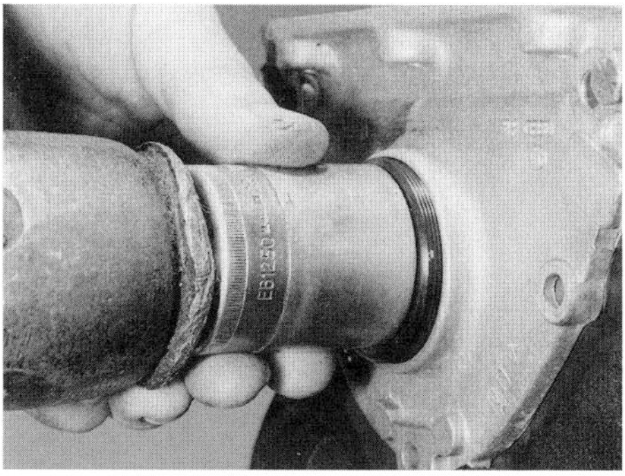

16.6 Einbau des Dichtrings mit einem Steckschlüssel

7 Falls das Dichtring-Gehäuse demontiert wurde, wird mit Schritt 8 fortgefahren, andernfalls geht es mit Schritt 11 weiter.
8 Beseitigen Sie sämtliche Dichtungsreste vom Dichtring-Gehäuse und dem Motorblock. Versehen Sie die Dichtfläche am Motorgehäuse anschließend innerhalb der Bohrungen mit einer 2 bis 3 mm starken Dichtmassen-Raupe (Audi empfiehlt D176 404 A2) (siehe Abbildung). Das Dichtring-Gehäuse muss jetzt innerhalb von fünf Minuten montiert werden.

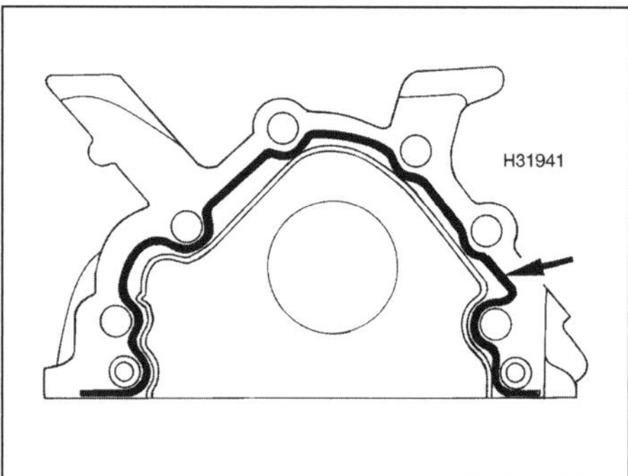

16.8 Tragen Sie wie gezeigt Dichtmasse am Motorgehäuse auf.

9 Setzen Sie das Dichtring-Gehäuse an und ziehen Sie seine Schrauben schrittweise und über Kreuz mit 15 Nm an.
10 Montieren Sie die Ölwanne (siehe Sektion 13).
11 Montieren Sie das Kurbelwellen-Riemenrad (siehe Sektion 8) und den Zahnriemen (siehe Sektion 7).

Getriebeseiten-Dichtring (links)

Anmerkung: *Falls das Kurbelwellen-Dichtringgehäuses mit Dichtmasse montiert war, muss auch beim Einbau geeignete Dichtmasse aufgetragen werden – Audi empfiehlt D176 404 A2.*

12 Entfernen Sie die Schwungscheibe (siehe Sektion 15).
13 Demontieren Sie die Ölwanne (siehe Sektion 13) – dies ist nötig, um beim Einbau eine korrekte Abdichtung zwischen der Ölwanne und dem Dichtringgehäuse sicherzustellen.
14 Demontieren Sie das Dichtring-Gehäuse samt Dichtring.
15 Der neue Dichtring wird zusammen mit seinem Gehäuse geliefert.
16 Reinigen Sie die Dichtfläche am Motorgehäuse.
17 Falls das alte Kurbelwellen-Dichtringgehäuses mit Dichtmasse montiert war, muss geeignete Dichtmasse am Motorgehäuse aufgetragen werden – Audi empfiehlt D176 404 A2. Das Dichtring-Gehäuse muss jetzt innerhalb von fünf Minuten montiert werden.
18 Die neue Dichtring/Gehäuse-Baugruppe wird mit einer Einbauhilfe geliefert, die über den Kurbelwellenstumpf geschoben werden muss, um den Dichtring beim Einbau zu schützen (siehe Abbildung).

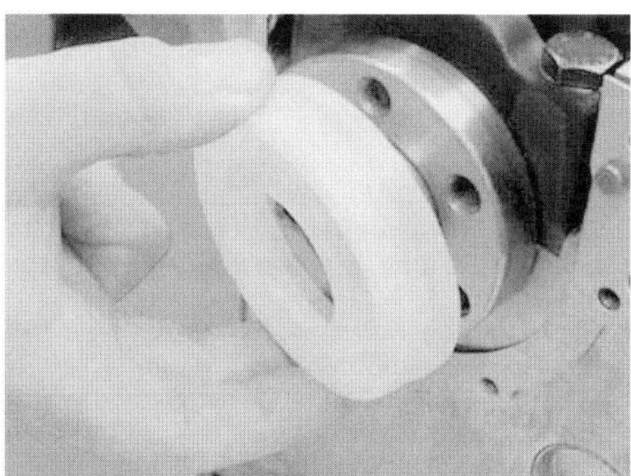

16.18 Setzen Sie die Einbauhilfe über den Kurbelwellenstumpf.

19 Schieben Sie die Dichtring/Gehäuse-Baugruppe über die Kurbelwelle gegen das Motorgehäuse (siehe Abbildung) und ziehen Sie seine Schrauben schrittweise und über Kreuz mit 15 Nm an.

16.19 Schieben Sie die Dichtring/Gehäuse-Baugruppe über die Kurbelwelle gegen das Motorgehäuse.

20 Entfernen Sie die Einbauhilfe vom Kurbelwellenstumpf.
21 Montieren Sie die Ölwanne (siehe Sektion 13).
22 Montieren Sie die Schwungscheibe (siehe Sektion 15).

17 Motorhalterungen – Kontrolle und Ersetzen

Anmerkung: *Motorhalterungen erfordern nur selten Aufmerksamkeit. Falls jedoch eine Halterung gebrochen oder anderweitig beschädigt ist, muss sie unverzüglich ersetzt werden, da die zusätzliche Belastung des Antriebsstrangs zu Schäden oder erhöhtem Verschleiß führen kann.*

Kontrolle

1 Zur Verbesserung des Zugangs sollte die Handbremse gezogen, das Fahrzeug vorn angehoben und sicher abgestützt werden (siehe Seite 366).
2 Inspizieren Sie die Gummiblöcke der Halterungen – wenn sie rissig, verhärtet oder irgendwo vom Metall getrennt sind, müssen die Halteblöcke ersetzt werden.
3 Prüfen Sie, ob alle Befestigungsmuttern und Schrauben sorgfältig angezogen sind – verwenden Sie hierfür möglichst einen Drehmomentschlüssel.
4 Kontrollieren Sie den Verschleiß der Halteblöcke, indem Sie mit einem großen Schraubendreher oder ähnlichem Werkzeug vorsichtig daran hebeln und mögliches Spiel ermitteln. Wo dies nicht möglich ist, sollte ein Assistent den Motorblock vor und zurück sowie zu beiden Seiten drücken, während die Halterungen beobachtet werden. Während geringes Spiel normal ist, dürfen keine übermäßigen Bewegungen festgestellt werden. Wenn die Befestigungen bei übermäßigem Spiel korrekt angezogen sind, müssen verschlissene Komponenten ausgetauscht werden (siehe unten).

Ersetzen

Anmerkung: *Einige der Motorhalterungs-Schrauben müssen beim Einbau erneuert werden – beachten Sie die Sternchen in den Anzugsdrehmoment-Angaben der technischen Daten.*

5 Verbinden Sie eine Hebevorrichtung mit den Aufnahmen des Zylinderkopfs und stützen Sie damit das Gewicht des Motors. Alternativ kann der Motor von unten mit einem Rangierwagenheber und einem Stück Holz abgestützt werden.
6 Lösen Sie die Schraube des Servolenkungs-Ausgleichsbehälters und verlagern Sie diesen mit angeschlossenen Schläuchen aus dem Arbeitsbereich (Abb. 7.9a und b) – befreien Sie alle seitlich am Behälter gesicherten Schläuche, um ihn bewegen zu können.
7 Lösen Sie die zwei Schrauben des Kühlmittel-Ausgleichsbehälters und verlagern Sie auch diesen aus dem Arbeitsbereich (Abb. 7.10) – befreien Sie alle seitlich am Behälter gesicherten Schläuche, um ihn bewegen zu können.
8 Verlagern Sie alle Kabel, Rohre und Schläuche zu einer Seite, um die Motorhalterung demontieren zu können – manche Kabel und Schläuche müssen ggf. getrennt werden.
9 Lösen Sie die zwei Schrauben der kleinen Aufnahme oben auf der Halterung (siehe Abbildung).

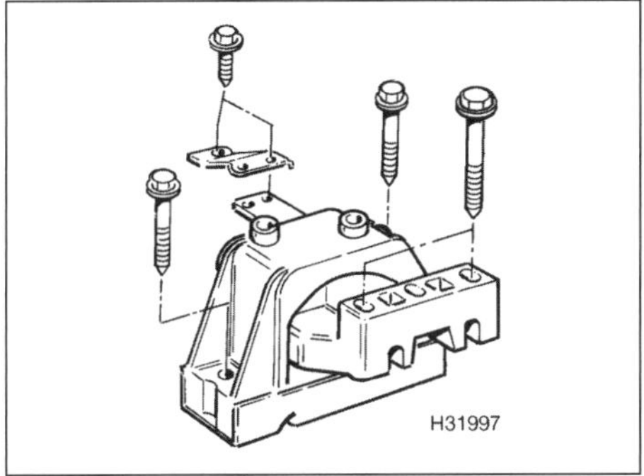

17.9 Bauteile der rechten Motorhalterung

10 Lösen Sie jeweils die zwei Schrauben, mit denen die Halterung am Träger des Motors und an der Karosserie gesichert ist, und heben Sie sie aus dem Motorraum (siehe Abbildung).

17.10 Die rechte Motorhalterung – drei der vier Befestigungsschrauben sind erkennbar

11 Der Einbau entspricht der umgekehrten Ausbaureihenfolge – beachten Sie dabei folgende Punkte:

a) Sichern Sie die Haupt-Halterung mit neue Schrauben an der Karosserie.
b) Prüfen Sie vor dem Anziehen der Halterungs-Schrauben, ob die Abstände zwischen der Halterung und dem Motorträger den Vorgaben entsprechen und die Schraubenköpfe bündig zur Halterung liegen (siehe Abbildung).
c) Ziehen Sie alle Schrauben mit den in den technischen Daten angegebenen Drehmomenten an.

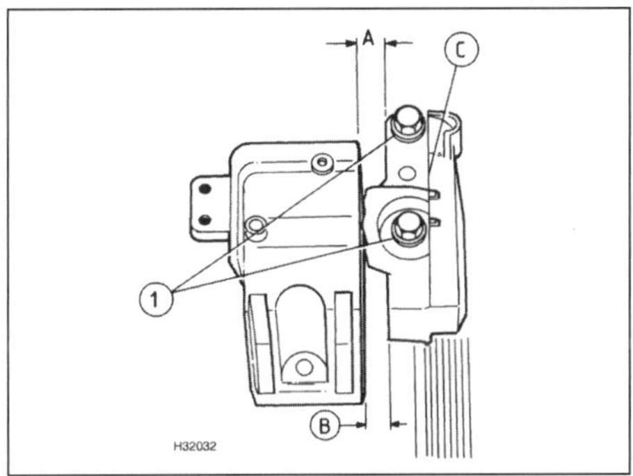

17.11 Ausrichtungs-Details der rechten Motorhalterung – die Schraubenköpfe (1) müssen bündig zum Rand der Halterung (C) liegen.
A = 13,0 mm, B = mindestens 10 mm

Linke Motor- und Getriebehalterung

Anmerkung: *Die großen Schrauben zur Befestigung der Halterung an der Karosserie müssen beim Einbau erneuert werden.*

12 Stützen Sie den Motor gut ab (siehe Schritt 5).
13 Demontieren Sie die Luftfilterbaugruppe (siehe Kapitel 4A, Sektion 2).
14 Demontieren Sie die Batterie (siehe Kapitel 5A, Sektion 3). Trennen Sie dann das Anlasser-Stromkabel von der Pluspol-Anschlussbox.
15 Befreien Sie alle relevanten Kabel und Schläuche aus den Clips des Batterieträgers, lösen Sie dann dessen Schrauben und entnehmen Sie den Träger (siehe Abbildung).

17.15 Entfernen Sie den Batterieträger.

16 Bei manchen Modellen müssen Kabel und Schläuche aus den Halterungen am linken Motor- und Getriebehalter befreit werden, um Zugang zum Halter selbst zu erhalten.
17 Heben Sie vorsichtig das Kabelbaum-Gehäuse aus dem Kabelkanal, um den Zugang zu den Halterungs-Schrauben zu verbessern. Der Zugang zu den kleineren Karosserie-Befestigungsschrauben wird nach dem Entfernen des Kabelbaum-Gehäusedeckels und dem Verlagern des Kabelbaums besser.
18 Lösen Sie die zwei Schrauben, die den Halter am Getriebe sichern, sowie die drei Schrauben, die ihn an der Karosserie halten. Heben Sie den Halter dann aus dem Motorraum – manövrieren Sie ihn unter dem Kabelbaumgehäuse heraus (siehe Abbildungen).

17.18a Die linke Motor- und Getriebehalterung

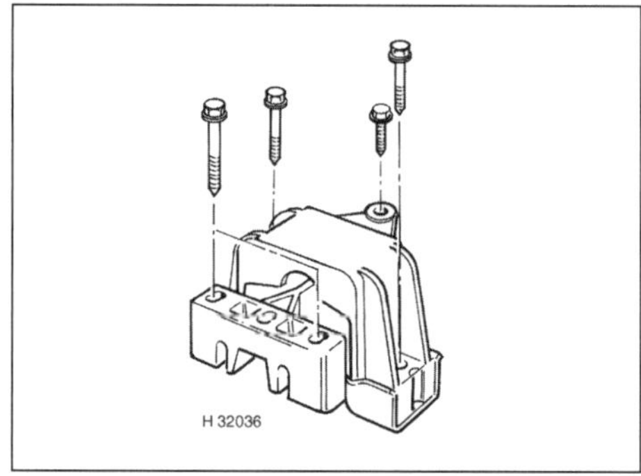

17.18b Bauteile der linken Motorhalterung

19 Der Einbau entspricht der umgekehrten Ausbaureihenfolge – beachten Sie dabei folgende Punkte:

a) Die Kante der Halterung muss parallel zur Karosserie liegen (siehe Abbildung).
b) Die großen Schrauben zur Befestigung der Halterung an der Karosserie müssen beim Einbau erneuert werden.
c) Ziehen Sie alle Schrauben mit den in den technischen Daten angegebenen Drehmomenten an.

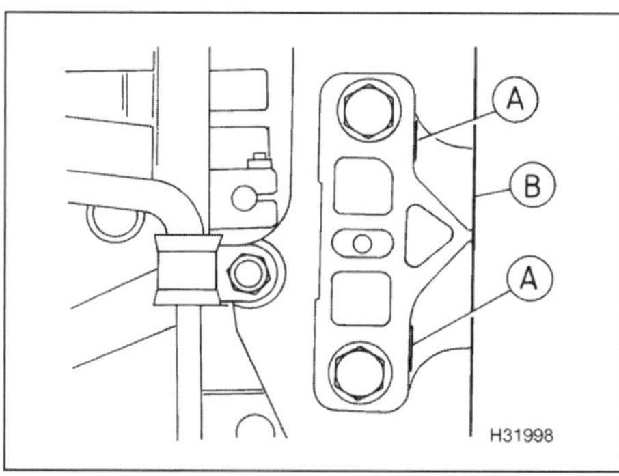

17.19 Ausrichtungs-Details der linken Motor/Getriebehalterung – die Kanten (A) und (B) müssen parallel liegen.

Hintere Halterung (Drehmomentstütze)

Anmerkung: *Alle Schrauben zur Befestigung der Halterung müssen beim Einbau erneuert werden.*

20 Ziehen Sie die Handbremse an, heben Sie das Fahrzeug vorn an und stützen Sie es sicher ab (siehe Seite 366). Entfernen Sie den Motor-Unterschutz, um Zugang zur hinteren Halterung zu erhalten
21 Stützen Sie den Motor gut ab (siehe Schritt 5).
22 Lösen Sie von unten die zwei Schrauben, die den Halter am Hilfsrahmen sichern (siehe Abbildung).

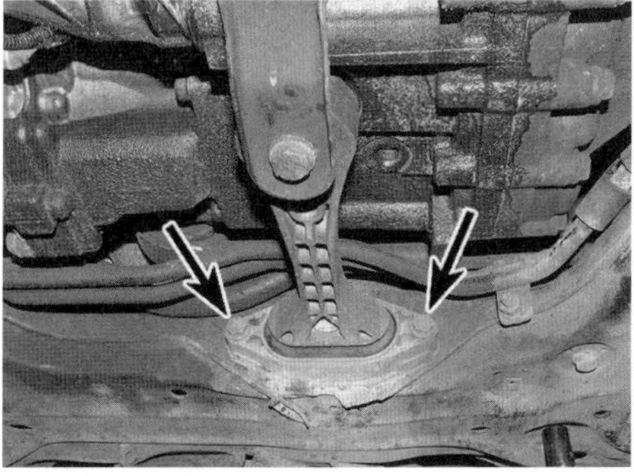

17.22 Befestigungsschrauben der hinteren Halterung am Hilfsrahmen

23 Lösen Sie die zwei Schrauben, mit denen die Halterung am Getriebe gesichert ist (siehe Abbildung) und befreien Sie sie unter dem Fahrzeug heraus.

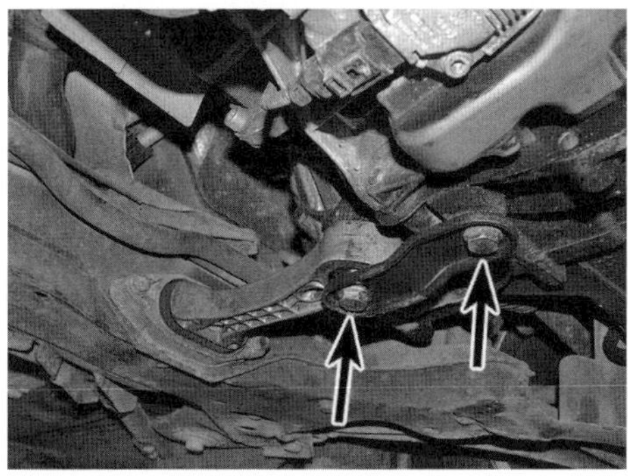

17.23 Die Halterung ist mit zwei Schrauben am Getriebe gesichert.

24 Der Einbau entspricht der umgekehrten Ausbaureihenfolge – erneuern Sie alle Schrauben und ziehen Sie sie mit den in den technischen Daten angegebenen Drehmomenten an.

18 Ölkühler – Ausbau und Einbau

Anmerkung: *Beim Einbau werden ein neuer Ölfilter und einer neuer Ölkühler-O-Ring benötigt.*

Ausbau

1 Der vom Kühlmittel durchspülte Ölkühler sitzt oberhalb des Ölfilters vorn am Motor (siehe Abbildungen).

18.1a Ölkühler

2 Stellen Sie einen Sammelbehälter unter den Ölfilter, um austretendes Motoröl und Kühlmittel aufzunehmen. Demon-

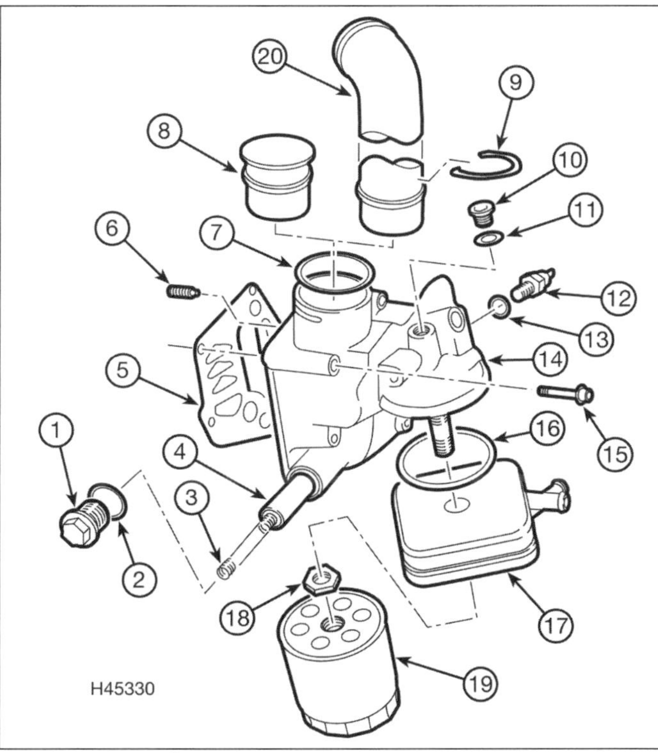

1 Verschlussstopfen
2 Dichtring
3 Öl-Überdruckventilfeder
4 Überdruckventil-Kolben
5 Dichtung
6 Rückschlagventil
7 Dichtring
8 Dichtkappe (nicht bei diesen Motoren)
9 Sicherungsclip
10 Verschlussstopfen
11 Dichtring
12 Öldruckschalter
13 Dichtring
14 Ölfiltergehäuse
15 Schraube
16 Dichtring
17 Ölkühler
18 Mutter
19 Ölfilter
20 Anschlussrohr

18.1b Details der Ölkühler-Baugruppe

tieren Sie dann den Ölfilter (siehe Kapitel 1, Sektion 3).
3 Klemmen Sie die Ölkühlerschläuche ab, um den Austritt von Kühlmittel zu minimieren. Lockern Sie dann die Schellen und befreien Sie die Schläuche vom Ölkühler – seien Sie auf austretendes Kühlmittel vorbereitet.
4 Befreien Sie die Ölkühlerrohre aus allen Halterungen oder Clips.
5 Lösen Sie unten am Ölkühler die Mutter vom Ölfilterstutzen und ziehen Sie den Kühler ab; entnehmen Sie den O-Ring zwischen ihm und dem Gehäuse.

Einbau

6 Der Einbau entspricht der umgekehrten Ausbaureihenfolge – beachten Sie dabei folgende Punkte:

a) Verwenden Sie einen neuen Ölkühler-O-Ring
b) Ziehen Sie die Ölkühler-Mutter mit 25 Nm an.
c) Installieren Sie einen neuen Ölfilter.
d) Kontrollieren Sie zum Schluss den Öl- und Kühlmittelpegel und füllen Sie nötigenfalls Öl und Kühlmittel nach.

19 Öl-Überdruckventil – Ausbau, Kontrolle und Einbau

Ausbau

1 Das Öl-Überdruckventil sitzt rechts am Ölfiltergehäuse (Abb. 18.1b – Nr. 3 und 4).
2 Wischen Sie den Bereich um den Verschlussstopfen sauber und drehen Sie ihn samt Dichtring aus dem Gehäuse. Ziehen Sie die Ventilfeder aus dem Kolben – beachten Sie ihre Einbaurichtung. Falls das Ventil längere Zeit demontiert bleiben soll, muss die Bohrung des Ölfiltergehäuses verstopft werden.

Kontrolle

3 Inspizieren Sie den Ventilkolben und die Feder auf Verschleiß und Beschädigungen – erkundigen Sie sich ggf. beim Audi-Händler, ob beide Teile separat erhältlich sind; andernfalls muss nötigenfalls das gesamte Ölfiltergehäuse erneuert werden.

Einbau

4 Schieben Sie den Kolben auf die Innenseite der Feder und installieren Sie die Baugruppe in das Ölfiltergehäuse. Rüsten Sie den Verschlussstopfen ggf. mit einem neuen Dichtring aus und ziehen Sie ihn mit 40 Nm an.
5 Kontrollieren Sie zum Schluss den Ölpegel und füllen Sie nötigenfalls Öl nach.

20 Öldruckschalter – Ausbau und Einbau

Ausbau

1 Der Öldruckschalter sitzt links am Ölfiltergehäuse (siehe Abbildung und Abb. 18.1b – Nr. 12).

20.1 Öldruckschalter

2 Trennen Sie den Kabelstecker und wischen Sie den Bereich um den Schalter sauber.
3 Drehen Sie den Schalter aus dem Ölfiltergehäuse und entnehmen Sie ihn samt Dichtring. Falls der Schalter längere Zeit demontiert bleiben soll, muss die Bohrung des Ölfiltergehäuses verstopft werden.

Einbau

4 Erneuern Sie ggf. den Dichtring, installieren Sie ihn an den Schalter, drehen Sie diesen ins Gehäuse und ziehen Sie ihn mit 25 Nm an.
5 Verbinden Sie den Kabelstecker. Kontrollieren Sie zum Schluss den Ölpegel und füllen Sie nötigenfalls Öl nach.

21 Motorölpegel- und Temperatursensor – Ausbau und Einbau

Ausbau

1 Der kombinierte Ölpegel- und Temperatursensor sitzt unten in der Ölwanne (siehe Abbildung).

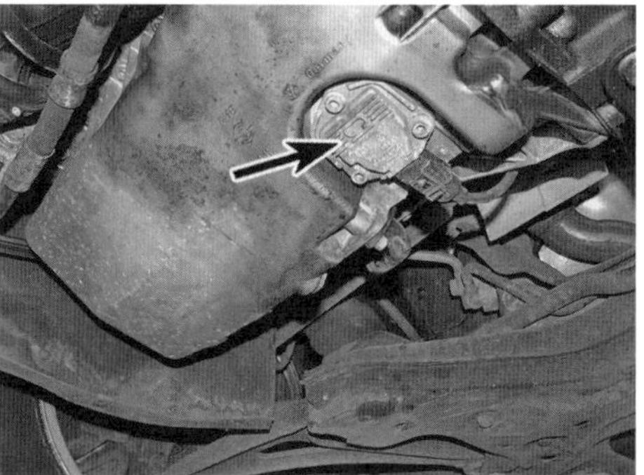

21.1 Motorölpegel- und Temperatursensor

2 Lassen Sie das Motoröl ab (siehe Kapitel 1, Sektion 3).
3 Trennen Sie den Sensorstecker und wischen Sie den Bereich um den Sensor sauber.
4 Lösen Sie die drei Befestigungsschrauben und entnehmen Sie den Sensor – seien Sie auf auslaufende Ölreste vorbereitet.

Einbau

5 Kontrollieren Sie die Dichtscheibe und erneuern Sie sie nötigenfalls.
6 Setzen Sie den Sensor an, drehen Sie die Schrauben ein und ziehen Sie sie mit 10 Nm an.
7 Verbinden Sie den Sensorstecker. Füllen Sie Motoröl auf (siehe Kapitel 1, Sektion 3).

Kapitel 2, Teil B

Motor – Ausbau und Überholarbeiten

Inhalt — Sektion

Schwierigkeitsgrade

Leicht. Geeignet für Anfänger mit wenig Erfahrung.	**Relativ leicht.** Geeignet faür Anfänger mit etwas Erfahrung.	**Relativ schwierig.** Geeignet für geübte Selbstschrauber.	**Schwer.** Geeignet für Selbstschrauber mit viel Erfahrung.	**Sehr schwer.** Geeignet für Experten und Profis.

Technische Daten

Zylinderkopf

Minimaler Höhenunterschied zwischen Ventilschaft-Oberseite und Zylinderkopf-Oberseite

Äußere Einlassventile	31,0 mm
Mittlere Einlassventile	32,2 mm
Auslassventile	31,9 mm
Zylinderkopf-Höhe (min.)	139,2 mm
Dichtflächen-Verzug (max.)	0,1 mm

Ventile	**Einlassventile**	**Auslassventile**
Ventilschaft-Durchmesser	5,963 mm	5,943 mm
Ventilteller-Durchmesser	26,9 mm	29,9 mm
Ventil-Länge	104,84 bis 105,34 mm	103,64 bis 104,14 mm
Ventilsitz-Winkel	45°	45°

Kurbelwelle		
Lagerzapfen-Durchmesser (Grundmaß)	54,0 mm (nominell)	
Hubzapfen-Durchmesser (Grundmaß)	47,8 mm (nominell)	
	Standard	**Verschleißgrenze**
Axialspiel	0,07 bis 0,23 mm	0,30 mm
Lager-Radialspiel		
Hauptlager	0,01 bis 0,04 mm	0,07 mm
Pleuelfußlager	0,01 bis 0,05 mm	0,09 mm
Pleuelfuß-Axialspiel auf Hubzapfen	0,10 bis 0,31 mm	0,40 mm

Kolbenringe		
Stoßspiel (eingebaut)		
Kompressionsringe	0,2 bis 0,4 mm	0,8 mm
Ölabstreifring	0,25 bis 0,5 mm	0,8 mm
Ringspiel in Kolbennut		
mit geschliffenen Pleuelfuß-Kontaktflächen		
Kompressionsringe	0,02 bis 0,07 mm	0,12 mm
Ölabstreifring	0,02 bis 0,06 mm	0,12 mm
mit gebrochenen Pleuelfuß-Kontaktflächen		
Kompressionsringe	0,06 bis 0,09 mm	0,20 mm
Ölabstreifring	0,03 bis 0,06 mm	0,15 mm

Kolben- und Zylinder-Durchmesser	**Kolben**	**Zylinderbohrung**
Standard	80,965 mm	81,010 mm
1. Übermaß	81,465 mm	81,510 mm

Anzugsdrehmomente .... siehe Kapitel 2A

1 Allgemeine Informationen

1 In diesem Teil von Kapitel 2 werden der Ausbau des Motors samt Getriebe sowie dessen allgemeine Überholung (Zylinderkopf, Zylinder, Kurbelwelle und alle anderen beteiligten Komponenten) detailliert beschrieben.
2 Die Informationen reichen von Hinweisen bezüglich der Vorbereitung einer Überholung über die Beschaffung von Ersatzteilen bis hin zu detaillierten Schritt-für-Schritt-Anleitungen zum Ausbau, Kontrollieren, Erneuern und Einbau interner Motorkomponenten.
3 Ab Sektion 5 basieren alle Anleitungen auf der Annahme, dass der Motor aus dem Fahrzeug ausgebaut ist. Informationen zu Reparaturen bei eingebautem Motor sowie den Aus- und Einbau externer Komponenten, die zu einer Komplettüberholung gehören, finden sich in Kapitel 2A sowie in Sektion 5 dieses Kapitels. Wenn der Motor bereits ausgebaut ist, müssen alle nicht zutreffenden Zerlegungsanweisungen in Kapitel 2A ignoriert werden.
4 Abgesehen von den in den technischen Daten der Kapitel 2A zu findenden Anzugsdrehmomenten finden sich alle zum Überholen benötigten Daten am Anfang dieses Kapitels.

2 Motorüberholung – Allgemeine Informationen

1 Es ist nicht immer einfach festzustellen, wann oder ob ein Motor vollständig überholt werden muss. Eine Vielzahl an Faktoren muss hierbei berücksichtigt werden.
2 Eine hohe Laufleistung ist nicht zwingend ein Hinweis auf eine erforderliche Überholung – genauso wie eine wenige gefahrene Kilometer eine Motorüberholung nicht ausschließt. Eine regelmäßige Wartung ist hierbei der wichtigste Punkt. Ein Motor, bei dem regelmäßig das Motoröl und der Filter gewechselt und auch andere Wartungspunkte durchgeführt wurden, wird wahrscheinlich mehrere hunderttausend Kilometer problemlos durchhalten. Umgekehrt wird ein vernachlässigter Motor wesentlich früher eine Überholung benötigen.
3 Übermäßiger Ölverbrauch weist darauf hin, dass Kolbenringe, Ventilschaftdichtungen und/oder Ventilführungen nach Aufmerksamkeit verlangen. Mithilfe eines in Kapitel 2A, Sektion 2 durchgeführten Kompressionstests kann herausgefunden werden, welche Gründe für den Ölverlust verantwortlich sind.
4 Ermitteln Sie den Öldruck mithilfe eines statt des Öldruckschalters in den Ölkanal geschraubten Messgeräts und vergleichen Sie das Ergebnis mit den technischen Daten von Kapitel 2A. Falls extrem geringer Druck festgestellt wird, werden die Haupt- und Pleuelfußlager und/oder die Ölpumpe verschlissen sein.
5 Leistungsmangel, rauer Motorlauf, klopfende oder metallisch klingende Motorgeräusche, ein klappernder Ventiltrieb und hoher Benzinverbrauch können ebenfalls auf eine Überholung hinweisen – besonders, wenn alles gleichzeitig auftritt. Falls eine große Inspektion die Probleme nicht behebt, können nur größere Überholmaßnahmen die Lösung sein.
6 Eine Motorüberholung beinhaltet die Wiederherstellung aller internen Motorkomponenten auf die Vorgaben für einen neuen Motor. Während einer Überholung werden Kolben und deren Ringe erneuert und die Zylinderbohrungen überholt. Neue Haupt- und Pleuellagerschalen werden generell eingebaut und die Kurbelwelle wird nötigenfalls geschliffen (oder ausgetauscht), um die Lagerzapfen zu restaurieren. Die Ventile werden ebenfalls behandelt, da sie zu diesem Zeitpunkt üblicherweise ebenfalls nicht mehr perfekt sind. Kontrollieren Sie unbedingt den Zustand der Ölpumpe und ersetzen Sie sie nötigenfalls. Das Endergebnis soll ein absolut neuwertiger Motor sein, der viele pannenfreie Kilometer garantiert.
Anmerkung: *Wichtige Komponenten des Kühlsystems (Schläuche, Antriebsriemen, Thermostat, Wasserpumpe) sollten bei einer Motorüberholung ebenfalls erneuert werden. Der Kühler selbst muss sorgfältig überprüft werden, um sicherstellen zu können, dass er weder blockiert noch undicht ist.*
7 Vor einer Motorüberholung muss die gesamte Prozedur durchgelesen werden, um sich mit dem Umfang und den Anforderungen vertraut zu machen. Prüfen Sie die Verfügbarkeit von Teilen und beschaffen Sie sämtliche Spezialwerkzeuge und andere Hilfsmittel im Voraus. Die meisten Arbeiten können mit typischen Hand-Werkzeugen verrichtet werden, doch viele Teile müssen präzise vermessen werden, um ihre Wiederverwendbarkeit bestimmen zu können.
8 Vor allem, wenn das Überholen von Wellen, Lagersitzen oder Zylinderbohrungen ansteht, kommt man um Motorinstandsetzungs-Fachbetriebe nicht herum. Abgesehen von der tatsächlichen Bearbeitung der Komponenten können diese Spezialisten auch Teile inspizieren sowie Ratschläge zum Thema Aufarbeiten oder Erneuern und der Beschaffung neuer Komponenten wie Kolben, Kolbenringe und Lagerschalen geben. Achten Sie darauf, dass der Fachbetrieb auf Audi- und VW-Motoren spezialisiert ist.
9 Warten Sie stets, bis der Motor komplett zerlegt und alle Komponenten (besonders Zylinderblock/Motorgehäuse und Kurbelwelle) begutachtet wurden, bevor entschieden wird, welche Wartungs- und Reparaturarbeiten durchgeführt werden müssen. Der Zustand dieser Baugruppen ist der wesentliche Faktor, wenn es darum geht, ob der ursprüngliche Motor überholt oder ein aufgearbeitetes Triebwerk gekauft werden soll. Beschaffen Sie daher noch keine Einzelteile und lassen sie noch nichts überholen, solange nicht alles sorgfältig inspiziert wurde. Generell bildet Zeit die größten Kosten einer Überholung, sodass es sich nicht lohnt, verschlissene oder grenzwertige Teile einzubauen.
10 Schließlich muss für ein möglichst langes Leben eines aufgearbeiteten Motors sichergestellt sein, dass alles mit größter Sorgfalt in einer lupenreinen Umgebung wieder zusammengebaut wird.
11 Während der Motor überholt wird, können auch andere Bauteile wie das Zündsystem, die Einspritzanlage, der Anlasser oder die Lichtmaschine kontrolliert und überarbeitet werden.

3 Motor/Getriebe – Ausbaumethoden und Vorsichtsmaßnahmen

1 Nachdem entschieden wurde, dass ein Motor für eine Überholung oder größere Reparatur ausgebaut werden soll, müssen einige einleitende Schritte durchgeführt werden.
2 Ein geeigneter Arbeitsplatz ist unerlässlich. Hier muss sowohl das Fahrzeug untergebracht werden können als auch genügend Platz zum Hantieren daran bestehen. Falls keine Werkstatt oder Garage bereitsteht, wird mindestens eine stabile, ebene und saubere Fläche benötigt.
3 Regale neben dem Arbeitsplatz erlaubt das Lagern ausgebauter und zerlegter Teile; so haben alle Komponenten eine größere Chance, sauber und unbeschädigt zu bleiben. Legen Sie Baugruppen samt aller Schrauben, Schellen usw. zusammen, um beim Zusammenbau und Einbau Zeit zu sparen.
4 Reinigen Sie vor Arbeitsbeginn den Motorraum und die Antriebseinheit, um Werkzeug sauber und gut organisiert zu halten.
5 Die Unterstützung eines Assistenten ist – besonders für Neulinge – unerlässlich. Abgesehen von Sicherheitsaspekten gibt es immer wieder Situationen, in denen eine Person nicht gleichzeitig alle erforderlichen Operationen durchführen kann. Generell sollte eine zweite Person für Notfälle bereitstehen.

6 Planen Sie alle Arbeiten weit voraus. Sorgen Sie vor Arbeitsbeginn dafür, dass alle erforderlichen Werkzeuge und Teile gekauft oder gemietet sind. Zu den Ausrüstungsgegenständen, die für einen sicheren und unkomplizierten Aus- und Einbau benötigt werden, gehören (neben einem Werkstattkran) ein ausreichend dimensionierter Rangierwagenheber, ein komplettes Set an Schraubenschlüsseln, ein Knarrenkasten, Holzblöcke, eine ausreichende Menge an Lappen und Lösungsmittel zum Aufwischen von Ölspritzern, Kühlmittel und Lösungsmittel. Falls der Kran gemietet wird, sollten alle Arbeiten, die ohne ihn möglich sind, bereits erledigt sein – das spart Zeit und Geld.
7 Planen Sie ein, dass das Auto längere Zeit nicht benutzt werden kann. Viele Arbeiten kann der Hobbyschrauber ohne Spezialausrüstungen nicht erledigen, sodass sie Fachwerkstätten überlassen werden müssen. Hier herrscht oft rege Betriebsamkeit, somit kann es hilfreich sein, sie vor dem Ausbau des Motors zu konsultieren, damit Arbeiten in den Terminplan aufgenommen werden können und ein entsprechender Zeitrahmen aufgestellt werden kann.
8 Während des Ausbaus ist es ratsam, die Positionen aller Halterungen, Kabelbinder, Massepunkte usw. zu notieren; zudem sollten die Anschlüsse und Verlegungen aller Kabelbäume und anderen Leitungen am und um den Motor herum festgehalten werden. Ein effektiver Weg hierzu liegt im Anfertigen von zahlreichen Fotos von den verschiedenen Komponenten, bevor sie getrennt und/oder demontiert werden – moderne Digitaltechnik ersetzt oder ergänzt beim Einbau das fotografische Gedächtnis.
9 Beim Aus- und Einbau eines Motors muss äußerst sorgfältig vorgegangen werden. Fahrlässiges Handeln kann zu schweren Verletzungen führen. Planen Sie gut voraus und nehmen Sie sich Zeit, dann werden Sie feststellen, dass auch eine solch umfangreiche Prozedur erfolgreich durchgeführt werden kann.

4 Motor/Getriebe-Baugruppe – Ausbau, Trennen und Einbau

Ausbau

1 Der Motor und das Getriebe können gemeinsam nach unten abgesenkt werden, um aus dem Fahrzeug befreit werden zu können. Es ist aber auch möglich, zunächst das Getriebe zu demontieren (siehe Kapitel 7A oder 7B) und den Motor separat auszubauen.
2 Trennen Sie den Masseanschluss (–) der Batterie – beachten Sie dabei die Hinweise auf Seite 366.
3 Um den Zugang für den Ausbau der Motor/Getriebe-Baugruppe zu verbessern, sollte der vordere Bereich der Karosserie demontiert werden – gehen Sie wie folgt vor:
a) Demontieren Sie die Frontschürze (siehe Sektion 11, Sektion 6).
b) Trennen Sie den Motorhauben-Öffnerzug aus der Entriegelung (siehe Kapitel 11, Sektion 9).
c) Lösen Sie an den beiden Trägern der Karosserie die jeweils zwei Schrauben der Frontschürzen-Halter und entnehmen Sie diese.
d) Trennen Sie den Stecker des Kühlventilator-Schalters.
e) Befreien Sie den Ventilator-Stecker aus den Clips hinten an der Lüfterhutze und trennen Sie die zwei Stecker-Hälften.
f) Trennen Sie links und rechts die Scheinwerfer-Stecker.
g) Lösen Sie die zwei oberen Schrauben, mit denen das vordere Karosserieteil an den Kotflügeln gesichert ist.
h) Prüfen Sie, ob alle Kabel,Schläuche und Rohre getrennt sind, und ziehen Sie das vordere Karosseriesegment nach vorn vom Fahrzeug ab.

4 Entfernen Sie den/die oberen Motor-Abdeckung(en) – befreien Sie alle Kunststoff-Befestigungen, um ihn/sie abzuheben (siehe Abbildungen). Lösen Sie auch die Befestigungen der Abdeckungen über der Batterie, dem Kühlmittel-Ausgleichsbehälter und der vorderen Querstrebe.

4.4a Befestigungen der Motorabdeckung (alle Motoren außer denen mit Motorcode AMU, APX und BAM)

4.4b Befestigungen der Motorabdeckung (Motoren mit Motorcode AMU, APX und BAM)

5 Demontieren Sie die Luftfilter-Baugruppe (siehe Kapitel 4A, Sektion 2).
6 Trennen Sie im Motorraum alle für den Motor-Ausbau relevanten Unterdruck- und Belüftungsschläuche – merken Sie sich ihre Verlegung.
7 Machen Sie das Kraftstoffsystem drucklos (siehe Kapitel 4A, Sektion 7). Legen Sie Lappen um die Anschlüsse der Zulauf- und Rücklaufleitung rechts im Motorraum, drücken Sie die Laschen der Schnellverschlüsse und trennen Sie diese (siehe Abbildung) – seien Sie auf etwas austretendes Benzin vorbereitet.

4.7 Anschlüsse der Zulauf- und Rücklaufleitung

8 Trennen Sie rechts im Motorraum den Unterdruckschlauch vom Ventil des Aktivkohlebehälters.
9 Entfernen Sie das Ansaugluftrohr, das den Luftmassen-Sensor mit dem Turbolader verbindet.
10 Entfernen Sie das Ansaugluftrohr, das den Ladeluftkühler mit dem Drosselklappengehäuse verbindet.

11 Demontieren Sie bei Modellen mit Schaltgetriebe den Kupplungs-Ausrückzylinder (siehe Kapitel 6, Sektion 5).
Anmerkung: *Betätigen Sie bei demontiertem Ausrückzylinder nicht das Kupplungspedal.*
12 Trennen Sie bei Modellen mit Schaltgetriebe den Schaltmechanismus vom Getriebe (siehe Kapitel 7A, Sektion 2).
13 Lockern Sie die Radbolzen der Vorderräder, heben Sie das Fahrzeug an und stützen Sie es sicher ab (siehe Seite 366) – die Höhe muss ausreichen, um den Motor samt Getriebe nach unten ausbauen zu können. Demontieren Sie die Vorderräder.
14 Lösen Sie die Clips und/oder Schrauben des Motor-Unterschutzes, um diese zu entfernen.
15 Trennen Sie bei Modellen mit Automatikgetriebe den Wählhebel-Seilzug vom Getriebe (siehe Kapitel 7B, Sektion 4).
16 Entleeren Sie das Kühlsystem (siehe Kapitel 1, Sektion 30).
17 Lockern Sie am Motor die Schellen des oberen und unteren Kühlerschlauchs, um diese zu trennen.
18 Demontieren Sie das Ladeluftrohr vorn aus dem Motorraum (siehe Kapitel 4B, Sektion 7).
19 Demontieren Sie die hintere Motorhalterung (Drehmomentstütze) (siehe Kapitel 2A, Sektion 17).
20 Trennen Sie alle Kabel vom Getriebe, der Lichtmaschine und dem Anlasser – merken Sie sich ihre Verlegung.
21 Demontieren Sie den vorderen Teil der Auspuffanlage (siehe Kapitel 4B, Sektion 9).
22 Entfernen Sie den Keilrippenriemen (siehe Kapitel 1, Sektion 25).
23 Lösen Sie die Klemmen des Servolenkungs-Druckrohrs – so kann die Pumpe vom Motor befreit werden, ohne die Hydraulikleitungen trennen zu müssen.
24 Demontieren Sie die Servolenkungspumpe (mit angeschlossen Hydraulikleitungen) vom Motor (siehe Kapitel 10, Sektion 24) und stützen Sie sie außerhalb des Arbeitsbereichs sicher ab.
25 Trennen Sie alle verbliebenen Schläuche, Rohre und Kabel, die den Ausbau der Motor/Getriebe-Baugruppe behindern – merken Sie sich ihre Verlegung.
26 Demontieren Sie die rechte Antriebswelle (siehe Kapitel 8A, Sektion 3) und trennen Sie die linke Antriebswelle vom Getriebe.
27 Demontieren Sie den Klimaanlagen-Kompressor (siehe Kapitel 3, Sektion 12).

Lassen Sie das Klimaanlagen-Kältemittel zunächst von einem Klimaanlagen-Fachbetrieb entfernen.

28 Falls noch nicht erledigt, muss eine Hebevorrichtung mit den Aufnahmen am Zylinderkopf verbunden werden, um damit die Motorhalterungen zu entlasten.

29 Demontieren Sie die rechte und linke Motorhalterung (siehe Kapitel 2A, Sektion 17).
30 Senken Sie die Motor/Getriebe-Baugruppe vorsichtig nach unten ab, um sie mit einer geeigneten Vorrichtung unter dem Fahrzeug herausziehen zu können.

Trennen des Schaltgetriebes vom Motor

31 Lösen Sie die zwei Schrauben des Anlassers und befreien Sie diesen.
32 Lösen Sie ggf. die Schraube, mit der die kleine Verbindungsplatte am Getriebe gesichert ist.
33 Sorgen Sie für eine sichere Abstützung des Motors und des Getriebes. Lösen Sie die verbliebenen Verbindungsschrauben – merken Sie sich ihre Positionen sowie diejenigen der mit den Schrauben gesicherten Halterungen.
34 Ziehen Sie das Getriebe vorsichtig vom Motor ab, bis die Eingangswelle aus der Kupplung befreit ist. Entnehmen Sie das zwischen dem Motor und dem Getriebe liegende Blech.

Trennen des Automatikgetriebes vom Motor

35 Lösen Sie die zwei Schrauben des Anlassers und befreien Sie diesen.
36 Hebeln Sie die hinter dem linken Antriebswellenflansch sitzende Abdeckung der Drehmomentwandler-Muttern aus dem Getriebegehäuse. Drehen Sie die Kurbelwelle, um eine der Muttern, die den Drehmomentwandler mit der Schwungscheibe verbinden, in der Zugangsöffnung zu positionieren. Blockieren Sie den Anlasser-Zahnkranz (siehe Kapitel 2A, Sektion 15), lösen Sie die Mutter und entfernen Sie sie.
37 Lösen Sie die zwei anderen Drehmomentwandler-Muttern auf die gleiche Weise, indem Sie die Kurbelwelle jeweils um eine drittel Umdrehung weiterdrehen.
38 Sorgen Sie für eine sichere Abstützung des Motors und des Getriebes. Lösen Sie die Verbindungsschrauben – merken Sie sich ihre Positionen sowie diejenigen der mit den Schrauben gesicherten Halterungen.
39 Ziehen Sie das Getriebe vorsichtig vom Motor ab – es ist sehr schwer! Der Drehmomentwandler muss beim Abziehen vollständig auf der Eingangswelle verbleiben; hebeln Sie ihn nötigenfalls von der Schwungscheibe ab. Entnehmen Sie das zwischen dem Motor und dem Getriebe liegende Blech.
40 Sobald das Getriebe vom Motor getrennt ist, muss der Drehmomentwandler mit geeigneten Hilfsmitteln in seiner Einbaulage gesichert werden.

Verbinden des Schaltgetriebes mit dem Motor und Einbau der Baugruppe

41 Das Verbinden und der Einbau entspricht der umgekehrten Ausbaureihenfolge – beachten Sie dabei folgende Punkte:

a) Schmieren *Sie die Keilnuten der Getriebeeingangswelle dünn mit Hochtemperaturfett (zu viel davon könnte in die Kupplung geraten).*
b) Alle mit den Verbindungsschrauben gesicherten Halter müssen an ihre alten Plätze gelangen.
c) Ziehen Sie die Verbindungsschrauben mit den in den technischen Daten angegebenen Drehmomenten an.
d) Montieren Sie die Motorhalterungen (siehe Kapitel 2A, Sektion 17).
e) Verbinden Sie die Antriebswellen mit dem Getriebe (siehe Kapitel 8A, Sektion 3).
f) Montieren Sie den Klimaanlagenkompressor (siehe Kapitel 3, Sektion 12) und lassen Sie den Fachbetrieb das Kältemittel wieder auffüllen.
g) Montieren Sie den Keilrippenriemen (siehe Kapitel 1, Sektion 25).
h) Montieren Sie den vorderen Teil der Auspuffanlage (siehe Kapitel 4B, Sektion 9).
i) Verlegen und verbinden Sie alle Kabel, Schläuche und Rohre wie beim Ausbau notiert.
j) Verlegen und verbinden Sie die Kraftstoffleitungen – diese sind weiß für den Zulauf und blau für den Rücklauf markiert.
k) Füllen Sie das Kühlsystem auf (siehe Kapitel 1, Sektion 30).

Verbinden des Automatikgetriebes mit dem Motor und Einbau der Baugruppe

42 Verfahren Sie wie in Schritt 41 beschrieben und beachten Sie die folgenden Zusatzpunkte:

a) Achten Sie bei der Montage des Drehmomentwandlers darauf, dass beide Mitnehmerzapfen in die Getriebeölpumpe greifen.
b) Verbinden Sie den Wählhebel-Seilzug mit dem Getriebe und stellen Sie ihn ein (siehe Kapitel 7B, Sektion 4).
c) Kontrollieren Sie den Getriebeölpegel und füllen Sie nötigenfalls Öl auf (siehe Kapitel 1, Sektion 27).

5 Motorüberholung – Zerlegungsreihenfolge

1 Das Zerlegen und die Arbeit am Motor wird deutlich einfacher, wenn dieser an einem transportablen Motorständer befestigt ist. Damit er daran befestigt werden kann, muss die Schwungscheibe entfernt werden.

Anmerkung: *Vermessen Sie nicht die Zylinderbohrungen, solange der Motor an einem solchen Ständer befestigt ist.*

2 Falls kein Motorständer zur Hand ist, kann der Motor auf einer ausreichend stabilen Werkbank oder dem Boden zerlegt werden – lassen Sie ihn dabei nicht umkippen oder gar herunterfallen.
3 Falls ein Austauschmotor beschafft werden soll, müssen zunächst – wie bei einer selbst durchgeführten Überholung – sämtliche externen Komponenten vom vorhandenen Motor demontiert werden, um sie mit dem ‚neuen' Triebwerk zu verbinden. Je nach Motortyp gehören hierzu:

a) Lichtmaschine (einschließlich Halterungen) und Anlasser (siehe Kapitel 5A)
b) Zündsystem-Komponenten einschließlich aller Sensoren, Zündspulen und Zündkerzen (siehe Kapitel 1 und 5B)
c) Einspritzanlagen-Komponenten (siehe Kapitel 4A)
d) Alle elektrischen Schalter und Sensoren sowie der Motor-Kabelbaum (siehe Kapitel 3, 4A und 5B)
e) Einlass- und Auspuffstutzen sowie Turbolader (siehe Kapitel 4B)
f) Motorhalterungen (siehe Kapitel 2A, Sektion 17)
g) Schwungscheibe und ggf. Kupplung (siehe Kapitel 2A, Sektion 15 und Kapitel 6)
h) Ölabscheider (falls vorhanden)

Anmerkung: *Bei der Demontage der externen Komponenten vom Motor müssen alle Details genau beachtet werden, die für den Einbau hilfreich und wichtig sein können. Achten Sie auf die Einbaupositionen von Dichtungen, Dichtringen, Distanzstücken, Stiften, Scheiben, Schrauben und anderer Kleinteile.*

4 Falls Sie als Ersatz einen Rumpfmotor (Motorgehäuse mit Zylindern, Kolben, Pleuel und Kurbelwelle) beschafft haben, müssen auch die Ölwanne, die Ölpumpe, der Zylinderkopf und der Zahnriemen umgebaut werden.
5 Falls eine Komplettüberholung geplant ist, kann der Motor zerlegt werden; dabei sind die noch vorhandenen Komponenten in der folgenden Reihenfolge auszubauen:

a) *Einlass- und Auspuffstutzen (Kapitel 4A und 4B)*
b) Zahnriemen, Riemenräder, Spanner und Umlenkrollen (siehe Kapitel 2A, Sektion 7 und 8)
c) Steuerkette samt Spanner/Verstellmechanismus (siehe Kapitel 2A, Sektion 9)
d) Zylinderkopf (siehe Kapitel 2A, Sektion 12)
e) Schwungscheibe (siehe Kapitel 2A, Sektion 15)
f) Ölwanne (siehe Kapitel 2A, Sektion 13)
g) Ölpumpe (siehe Kapitel 2A, Sektion 14)
h) Kolben samt Pleuelstangen (siehe Sektion 12)
i) Kurbelwelle (siehe Sektion 10)

6 Bevor mit dem Zerlegen und Überholen begonnen wird, muss dafür gesorgt werden, dass alle erforderlichen Werkzeuge vorhanden sind – beachten Sie hierzu die Hinweise auf den Seiten 367 bis 369.

6 Zylinderkopf – Zerlegen

Anmerkung: *Beim Audi-Händler oder von Fachbetrieben und -Händlern sind neue oder überholte Zylinderköpfe zu bekommen. Zum Zerlegen und Begutachten des vorhandenen Zylinderkopfes werden Spezialwerkzeuge und präzise Messinstrumente benötigt, zudem müssen diverse Einzelteile beschafft werden. Es kann daher für den Hobbymechaniker praktischer und wirtschaftlicher sein, einen überholten Zylinderkopf zu kaufen, als das Originalteil zu zerlegen, zu kontrollieren und zu vermessen und mit neuen Ersatzteilen auszurüsten. Zum Zerlegen des Zylinderkopfes wird eine Ventilfederpresse benötigt.*

1 Demontieren Sie den Zylinderkopf (siehe Kapitel 2A, Sektion 12) und reinigen Sie ihn äußerlich.
2 Falls noch nicht geschehen, müssen der Einlass- und Auspuffstutzen samt Turbolader demontiert werden (siehe Kapitel 4A und 4B).
3 Demontieren Sie die Nockenwellen und Hydrostößel (siehe Kapitel 2A, Sektion 10).
4 Demontieren Sie alle verbliebenen Halterungen und Hebeösen vom Zylinderkopf – merken Sie sich ihre Einbaupositionen.
5 Drehen Sie den Zylinderkopf auf eine Seite.
6 Setzen Sie die Ventilfederpresse senkrecht zwischen Federteller und Ventilteller an und komprimieren Sie die Ventilfeder, bis die Keile entnommen werden können (siehe Abbildung) – hierzu kann ein kleiner Schraubendreher, ein Magnet oder eine Spitzzange benutzt werden. Entspannen Sie die Ventilfeder langsam wieder und entfernen Sie die Ventilfederpresse. Entnehmen Sie den Federteller und die Ventilfeder (siehe Abbildungen). Falls der Federteller beim Komprimieren der Feder nicht die Keile freigeben will, helfen sanfte Hammerschläge auf das Werkzeug, um ihn zu befreien.

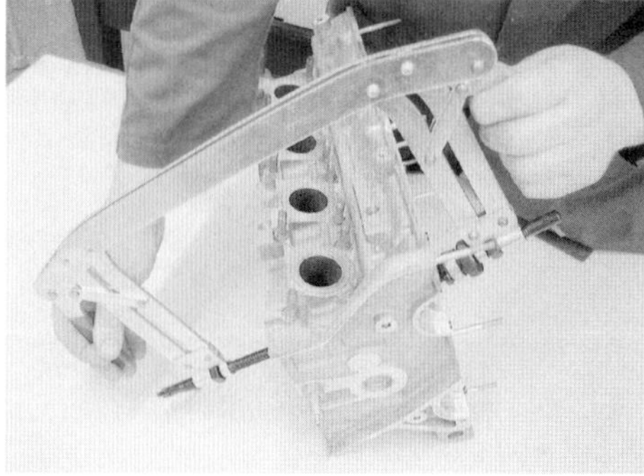

6.6a Die Ventilfederpresse muss senkrecht zum Ventil positioniert werden.

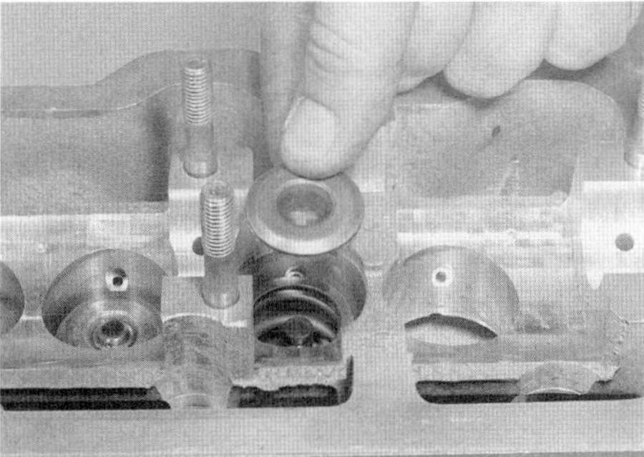

6.6b Entnehmen Sie den Federteller ...

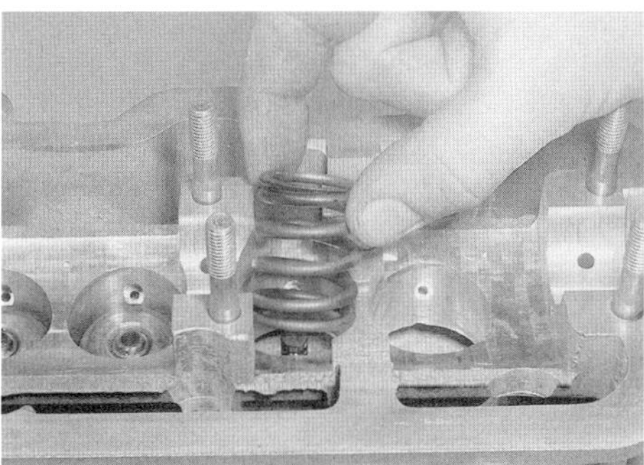

6.6c ... und die Ventilfeder.

Anmerkung: *In den folgenden Bildern wird das Zerlegen eines Zweiventil-Zylinderkopfs gezeigt – die Prozedur beim DOHC-Fünfventiler ist die Gleiche.*

7 Ziehen Sie mit einem Spezialwerkzeug oder einer Zange vorsichtig die Ventilschaftdichtung von der Ventilführung (siehe Abbildung).

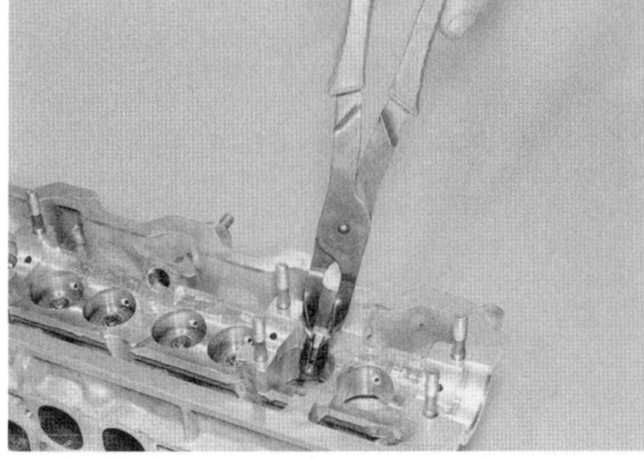

6.7a Hier wird mit einer Spezialzange ...

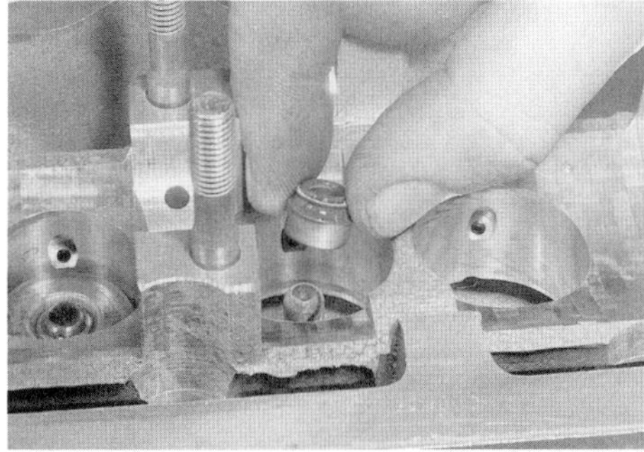

6.7b ... die Ventilschaftdichtung von der Ventilführung befreit.

8 Ziehen Sie das Ventil nach unten heraus (siehe Abbildung).

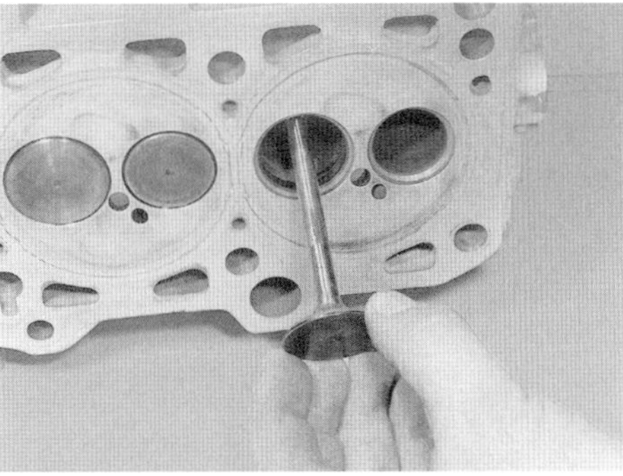

6.8 Ziehen Sie das Ventil durch den Brennraum heraus.

9 Wiederholen Sie die Prozedur mit den anderen Ventilen. Falls Teile wiederverwendet werden sollen, muss strikt drauf geachtet werden, dass nichts durcheinander gerät – die Schaftdichtungen müssen auf jeden Fall erneuert werden. Packen Sie die Teile dazu in markierte Tüten oder z. B. einen Eierkarton. Markieren Sie die Ventile entsprechend ihrer Positionen im Einlass- oder Auslassbereich.

7 Zylinderkopf und Ventile – Reinigung und Kontrolle

1 Reinigen Sie den Zylinderkopf und die Ventil-Komponenten sorgfältig, um anschließend eine detaillierte Inspektion durchzuführen. So können Entscheidungen getroffen werden, ob vor dem Zusammenbau der Komponenten weitere Arbeiten notwendig sind.
Anmerkung: *Falls der Motor stark überhitzt war, wird der Zylinderkopf sehr wahrscheinlich verzogen sein und muss entsprechend sorgfältig inspiziert werden.*

Reinigung

2 Schaben Sie altes Dichtungsmaterial vom Zylinderkopf – achten Sie darauf, nicht die relativ weiche Dichtfläche zu beschädigen
3 Schaben Sie Kohleablagerungen aus den Brennräumen und Kanälen, waschen Sie den Zylinderkopf dann mit Petroleum oder geeignetem Lösungsmittel.
4 Kratzen Sie alle Kohleablagerungen von den Ventilen. Reinigen Sie Ventilteller und Schaft anschließend mit einem Drahtbürstenaufsatz für die Bohrmaschine.

Kontrolle

Zylinderkopf

Anmerkung: *Falls die Ventilsitze nachgeschnitten werden müssen, ist darauf zu achten, dass der Abstand der Ventilschaft-Oberseiten zur Zylinderkopf-Oberseite (Ventildeckel-Dichtfläche) nicht unterschritten wird (siehe technische Daten). Es darf nur sehr wenig Material abgetragen werden, da ansonsten die Funktion der Hydrostößel nicht mehr sichergestellt werden kann. Beachten Sie Schritt 6 zur Berechnung des Abstands – falls er zu gering ist, muss der Zylinderkopf erneuert werden.*

5 Inspizieren Sie den Zylinderkopf sorgfältig auf Risse (ausgetretenes Kühlmittel) und andere Beschädigungen. Kontrollieren Sie auch die Bereiche zwischen den Ventilen und Zündkerzenbohrungen. Falls Risse festgestellt werden, muss der Zylinderkopf ausgetauscht werden.

6 Kleine Unebenheiten und Riefen in den Ventilsitzen können durch Läppen der Ventile beim Einbau geschlichtet werden (siehe Sektion 8). Stärker verschlissene oder beschädigte Ventilsitze können eventuell nachgeschnitten werden – allerdings darf dabei Abstand der Ventilschaft-Oberseiten zur Zylinderkopf-Oberseite (Ventildeckel-Dichtfläche) nicht unterschritten werden (siehe Anmerkung vor Schritt 5). Dieser Abstand wird wie folgt berechnet (siehe Abbildung):

a) Falls ein neues Ventil verwendet werden soll, muss auch dies für die Berechnung benutzt werden.
b) Führen Sie das Ventil von unten in die Führung ein und drücken Sie es fest in seinen Sitz.
c) Legen Sie ein Richtlineal über die Ventildeckel-Dichtfläche des Zylinderkopfs und messen Sie den Abstand zwischen dessen Unterseite und der Ventilschaft-Oberseite. Notieren Sie die Position des Ventils und den gemessenen Wert.
d) Vergleichen Sie die Messergebnisse mit den Vorgaben in den technischen Daten (beachten Sie die unterschiedlichen Werte für die jeweiligen Ventile!).
e) Die Differenz zwischen den Vorgaben und den gemessenen Abständen zeigen die maximale Nachschnitt-Tiefe der Ventilsitze an. Ein Beispiel: gemessener Abstand: 31,4 mm; Minimal-Abstand (äußeres Einlassventil): 31,0 mm = maximale Nachschnitt-Tiefe: 0,4 mm.

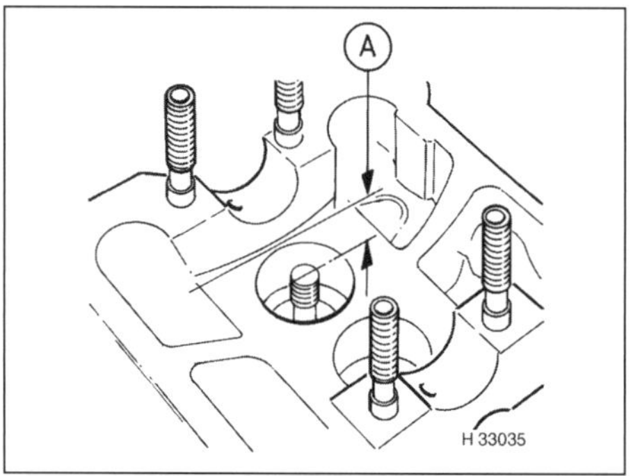

7.6 Messen Sie den Abstand (A) der Ventilschaft-Oberseiten zur Zylinderkopf-Oberseite (Ventildeckel-Dichtfläche).

7 Mithilfe eines Präzisions-Richtwinkels und einer Fühlerlehre wird geprüft, ob der Zylinderkopf verzogen ist (siehe Abbildung). Führen Sie mehrere Messungen in den Bereichen der Zylinderkopfdichtung und der Einlass- und Auspuffstutzen durch, um den Kopf auf mehreren Ebenen zu überprüfen; falls irgendwo mehr als 0,1 mm Verzug festgestellt wird, muss der Zylinderkopf erneuert werden.

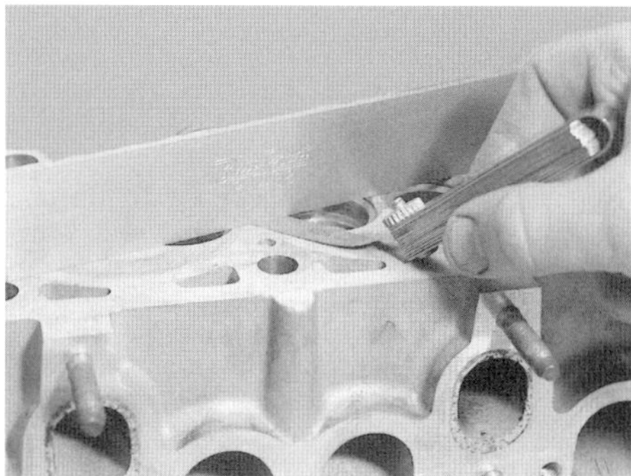

7.7 Kontrollieren Sie den Verzug des Zylinderkopfs.

8 Falls ein Verzug unter 0,1 mm festgestellt wird, kann oder die Dichtfläche eventuell geplant werden – konsultieren Sie hierzu einen Fachbetrieb und achten Sie darauf, dass die Gesamthöhe des Zylinderkopfs die Vorgabe von 139,2 mm nicht unterschreitet.

Nockenwellen

9 Die Kontrolle der Nockenwellen ist in Kapitel 2A, Sektion 10 beschrieben.

Ventile und Ventil-Komponenten

Anmerkung: *Die Ventilteller können nicht nachgeschnitten, aber geläppt werden (siehe Sektion 8). Falls neue Ventile eingebaut werden sollen, müssen die alten gesondert entsorgt werden, weil ihre Schäfte mit Natrium gefüllt sind – erkundigen Sie sich hierzu beim örtlichen Recyclinghof.*

10 Inspizieren Sie die Ventile sorgfältig auf Verschleiß. Die Ventilschäfte dürfen keine Verschleißkanten, Riefen oder unterschiedliche Durchmesser aufweisen – messen Sie sie an verschiedenen Stellen und vergleichen Sie die Ergebnisse mit den Vorgaben in den technischen Daten (siehe Abbildung).

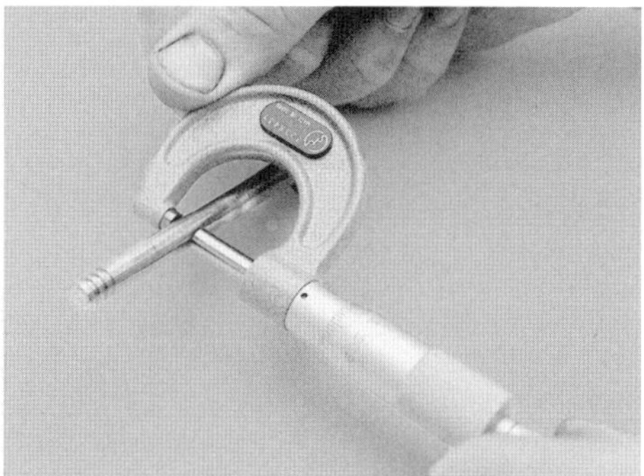

7.10 Ermitteln des Ventilschaft-Durchmessers mithilfe einer Mikrometerschraube an mehreren Stellen.

11 Die Ventilteller dürfen keine Risse, Löcher oder verbrannte Stellen aufweisen. Kleine Unebenheiten können beim Einbau durch Läppen geschlichtet werden (siehe Sektion 8).
12 Das Ende des Ventilschafts darf keine Vertiefungen oder Ausbrüche aufweisen – solche Schäden würden auf einen defekten Hydrostößel hinweisen.
13 Messen Sie die freie Länge aller Ventilfedern (siehe Abbildung) – da Audi keine Vorgaben macht, hilft nur der Vergleiche mit Neuteilen – eine Verkürzung von mehr als 2 mm weist generell auf eine verschlissene Feder hin.
Anmerkung: *Generell sollten Ventilfedern bei einer Zylinderkopf-Überholung durch Neuteile ersetzt werden.*

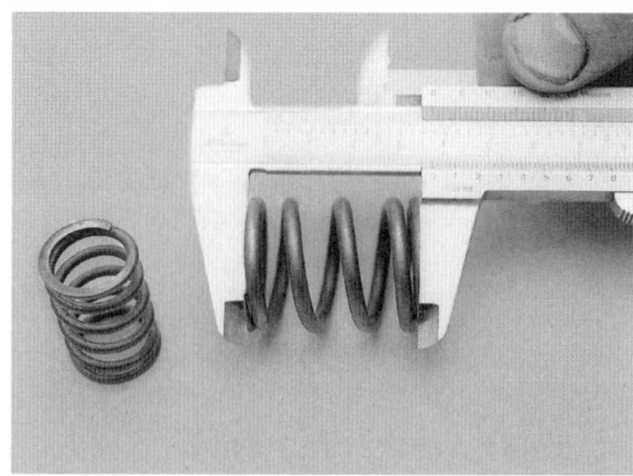

7.13 Messen Sie die freie Länge aller Ventilfedern.

14 Stellen Sie die Ventilfedern auf eine ebene Fläche und prüfen Sie sie auf Verzug (siehe Abbildung). Falls eine Feder deutlich kürzer ist oder schräg steht, müssen alle Federn als Set ausgetauscht werden. Federn ermüden mit der Zeit und es kann nicht schaden, sie nach einer hohen Laufleistung generell auszutauschen.

7.14 Kontrollieren Sie die Ventilfedern auf Verzug.

15 Einmal ausgebaute Ventilschaftdichtungen müssen generell durch Neuteile ersetzt werden.

8 Zylinderkopf – Zusammenbau

Anmerkung: *Für den Einbau der Ventile wird eine Ventilfederpresse benötigt.*

Anmerkung: *In den folgenden Bildern wird der Zusammenbau eines Zweiventil-Zylinderkopfs gezeigt – die Prozedur beim DOHC-Fünfventiler ist die Gleiche.*

1 Um die Ventile in ihren Sitzen perfekt abzudichten, müssen sie eingeschliffen (geläppt) werden. Zum Läppen werden feine Ventilschleifpaste und ein geeignetes Drehwerkzeug benötigt – hierfür eignet sich ein Saugnapf mit Griff bestens. Der Ventilschaft sollte bei dieser Arbeit mit Motoröl geschmiert werden.
2 Geben Sie etwas von der Schleifpaste auf die Ventildichtfläche sowie etwas Motoröl an den Ventilschaft. Stecken Sie das Ventil in die Führung und befestigen Sie einen Ventildreher am Teller, um ihn zwischen den Handflächen hin- und herzudrehen – dies ist dem Drehen in eine Richtung vorzuziehen. Heben Sie das Ventil gelegentlich an, um die Schleifpaste neu zu verteilen (siehe Abbildung).

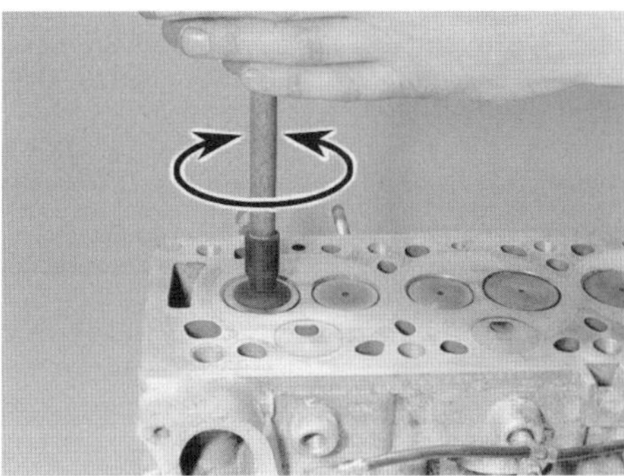

8.2 Läppen eines Ventils

3 Sobald ein gleichmäßiger und ununterbrochener matt hellgrauer Ring am Ventilsitz und am Ventil entstanden ist, wird das Läppen beendet. Wiederholen Sie das Läppen an allen anderen Ventilen.
4 Falls die Dichtflächen des Ventiltellers und/oder des Ventilsitzes stark verschlissen ist und der Einsatz feiner Schleifpaste nicht ausreicht, muss grobe Ventilschleifpaste zum Einsatz kommen, bevor erneut mit feiner Paste der endgültige Schliff ausgeführt wird – beachten Sie hierbei jedoch die Hinweise in Sektion 7, Schritt 6, um den Minimal-Abstand zwischen Ventilschaft-Oberseite und Zylinderkopf-Oberseite nicht zu unterschreiten.
5 Wenn beim Einsatz grober Schleifpaste am Ventilsitz und am Ventilteller eine trübe, matte und gleichmäßige Oberfläche entstanden ist, wird die Schleifpaste abgewischt und der Prozess mit der Feinschleifpaste wiederholt. Sobald ein gleichmäßiger und ununterbrochener matt hellgrauer Ring am Ventilsitz und am Ventil entstanden ist, wird das Läppen beendet – schleifen Sie die Ventile nicht weiter als nötig ein, da sonst der Sitz vorzeitig in den Zylinderkopf gedrückt werden kann.
6 Reinigen Sie anschließend das Ventil und seine Führung sorgfältig mit Lösungsmittel. Blasen Sie alle Kanäle mit Druckluft aus – vor der Montage müssen alle Schleifmittelreste entfernt sein.
7 Drehen Sie den Zylinderkopf auf eine Seite.
8 Schmieren Sie den Schaft des ersten Ventils mit Öl und schieben Sie es von unten in seine Führung. Setzen Sie oben eine der mit den neuen Ventilschaftdichtungen mitgelieferten Plastikhülsen auf, um die Dichtlippen zu schützen (siehe Abbildungen).

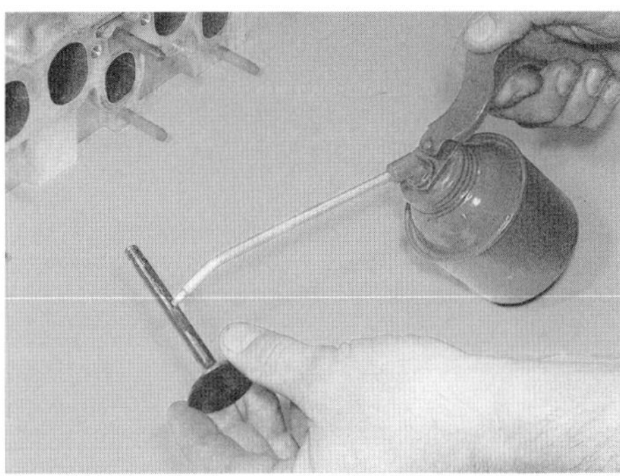

8.8a Schmieren Sie den Ventilschaft …

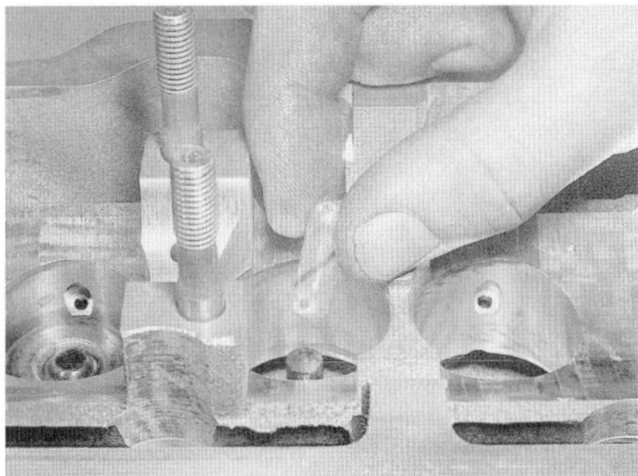

8.8b … und setzen Sie am eingebauten Ventil die Schutzhülse auf.

9 Tauchen Sie die neuen Ventilschaftdichtungen in Motoröl, setzen Sie sie über die Ventilführung und drücken Sie sie mit einem geeigneten Spezialwerkzeug (siehe Abbildung) oder einem langen Steckschlüssel fest auf, bis sie einrastet. Entfernen Sie die Schutzhülse vom Ventilschaft.

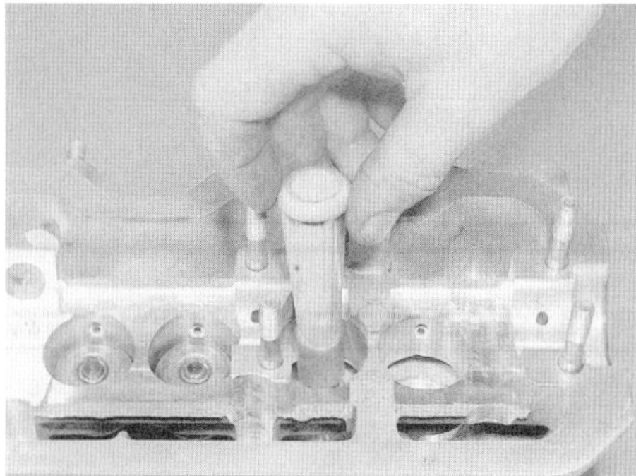

8.9 Drücken Sie die neue Ventilschaftdichtung über den Schaft auf die Ventilführung.

10 Installieren Sie die Ventilfeder in die Stößelbohrung über das Ventil (siehe Abbildung).

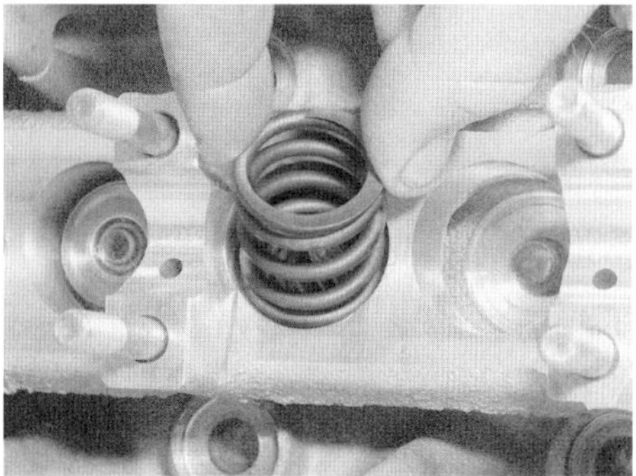

8.10 Installieren Sie die Ventilfeder.

11 Legen Sie den Federteller oben in die Feder (siehe Abbildung). Komprimieren Sie die Feder mit der Ventilfederpresse, bis der Federteller unter der Keilnut liegt. Installieren Sie die Keile mit der schmalen Seite nach unten in die Nuten des Ventilschafts und »kleben« Sie sie dort mit etwas Fett an (siehe Abbildung und Praxis-Tipp). Entlasten Sie die Presse vorsichtig und prüfen Sie, ob die Keile in der Nut verbleiben. Sobald die Ventilfederpresse vollständig gelöst ist, sollte der Ventilschaft einen sanften Schlag mit einem weichen Hammer erhalten, damit sich die Komponenten setzen.

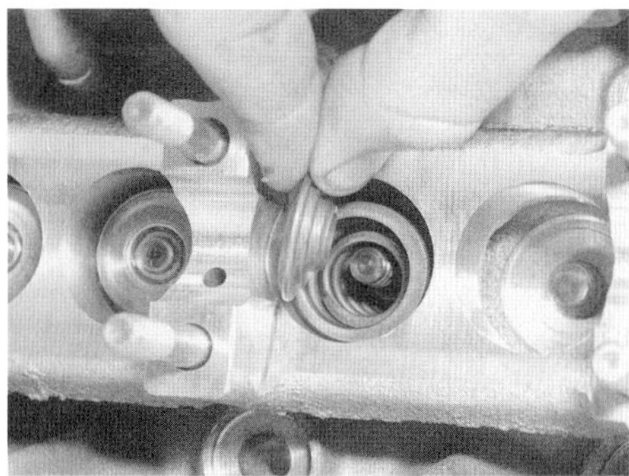

8.11a Legen Sie den Federteller in die Ventilfeder.

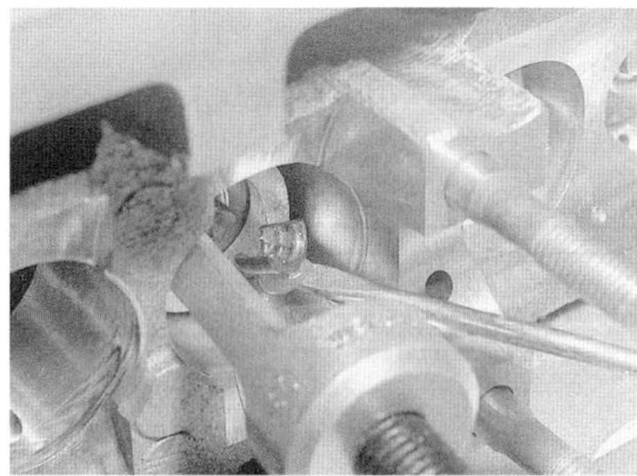

8.11b Komprimieren Sie die Ventilfeder, bis die Keile in die Nuten des Ventilschafts gesetzt werden können.

Praxis-Tipp

Versehen Sie die Keile mit etwas Fett, um sie in die Nut des Ventilschafts »kleben« zu können, damit sie bis zum Entlasten der Federpresse dort verbleiben.

12 Wiederholen Sie die Prozedur mit den anderen Ventilen – achten Sie auf ihre originalen Positionen. Prüfen Sie, ob alle Keile korrekt in den Ventilnuten und den Federtellern sitzen.
13 Montieren Sie alle entfernten Halterungen und Hebeösen an den Zylinderkopf.
14 Installieren Sie die Hydrostößel und Nockenwellen (siehe Kapitel 2A, Sektion 10).
15 Montieren Sie den Einlass- und Auspuffstutzen (siehe Kapitel 4A und 4B).

9 Kolben und Pleuel – Ausbau

1 Demontieren Sie den Zylinderkopf, die Ölwanne, das Ölleitblech und die Ölpumpe samt Ansaugrohr (siehe Kapitel 2A).
2 Falls in den Zylindern oberhalb des oberen Totpunkts der Kolbenringe Verschleißkanten fühlbar sind, müssen diese mit geeigneten Werkzeugen beseitigt werden, um die Kolben beim Ausbau nicht zu beschädigen. Solche Kanten weisen auf stark verschlissene Zylinderbohrungen hin.
3 Falls die Pleuel und Pleuelfußdeckel nicht entsprechend ihrer Einbauposition (Zylinder-Nummerierung) markiert sind, müssen mit schnell trocknender Farbe entsprechende Hinweise angebracht werden – notieren Sie auch, an welcher Seite des Pleuels die Markierungen angebracht sind, um sie später wieder richtig herum montieren zu können (siehe Abbildung).

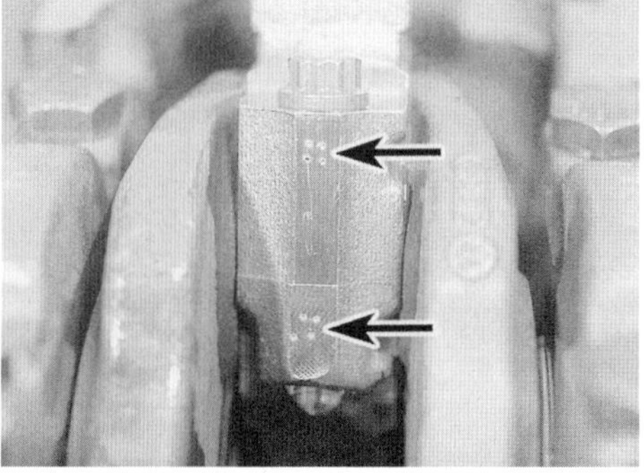

9.3 Die Markierungen am Pleuel und dessen Lagerdeckel weisen auf die Zylinder-Nummer hin.

4 Kontrollieren Sie die Kolbenböden auf Richtungspfeile, die zur Zahnriemenseite zeigen müssen. Diese Pfeile können unter Kohleablagerungen liegen, sodass der Kolbenboden gereinigt werden muss. Falls auch nach der Reinigung kein Pfeil erkennbar ist, muss mit Farbe einer angebracht werden – kratzen Sie keinen Pfeil in den Kolben!
5 Drehen Sie die Kurbelwelle so, dass die Kolben der Zylinder 1 und 4 um unteren Totpunkt stehen.
6 Lösen Sie unten am Pleuelfuß die Schrauben oder Muttern (je nach Motortyp) und heben Sie den Lagerdeckel samt Lagerschale ab (siehe Abbildungen) – falls Lagerschalen wiederverwendet werden sollen, müssen sie an ihre ursprüngliche Positionen gelangen.

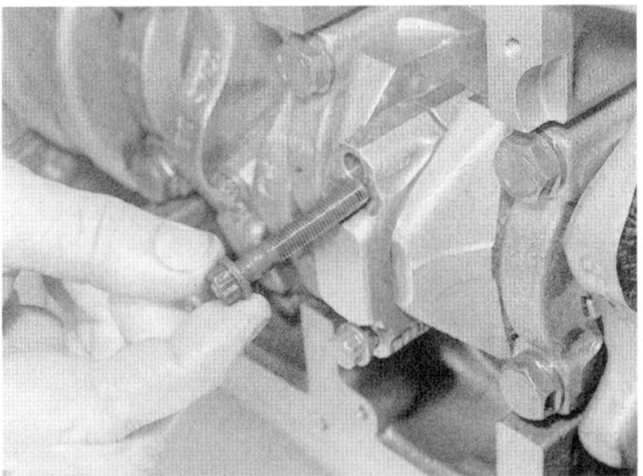

9.6a Lösen Sie die Pleuelfußschrauben (oder Muttern) ...

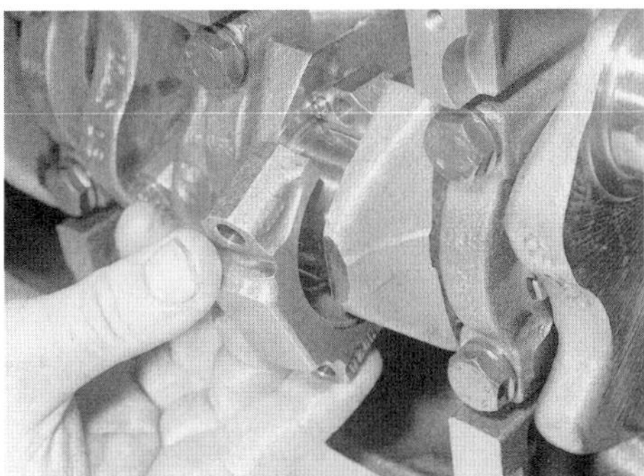

9.6b ... und entnehmen Sie den Lagerdeckel samt Lagerschale

7 Falls der Pleuelfuß mit Muttern zusammengehalten wurde, sollten die im Pleuel steckenden Stehbolzen mit Klebeband umwickelt werden, damit sie beim Ausbau nicht den Hubzapfen und die Zylinderbohrung zerkratzen (siehe Abbildung).

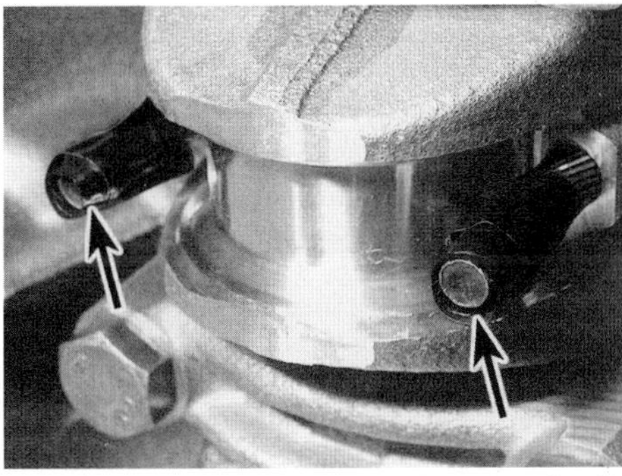

9.7 Umwickeln Sie die im Pleuel steckenden Stehbolzen mit Klebeband.

8 Drücken Sie den Kolben mithilfe eines Hammerstiels durch die Bohrung nach oben, um ihn samt Pleuel zu entfernen. Achten Sie darauf, nicht die im Motorgehäuse sitzenden Öldüsen zur Kolbenboden-Kühlung zu beschädigen. Stellen Sie auch die obere Lagerschale sicher und kleben Sie sie ans Pleuel.
9 Setzen Sie den Lagerdeckel locker ans Pleuel und sichern Sie ihn mit den Schrauben oder Muttern, damit nichts durcheinander gerät.
10 Demontieren Sie Kolben Nr. 4 auf die gleiche Weise.
11 Drehen Sie die Kurbelwelle eine halbe Umdrehung, sodass die inneren Kolben (Nr. 2 und 3) im unteren Totpunkt (UT) stehen, und demontieren Sie sie auf die gleiche Weise.
12 Lösen Sie von unten die Schrauben der Öldüsen und entnehmen Sie diese (siehe Abbildungen).

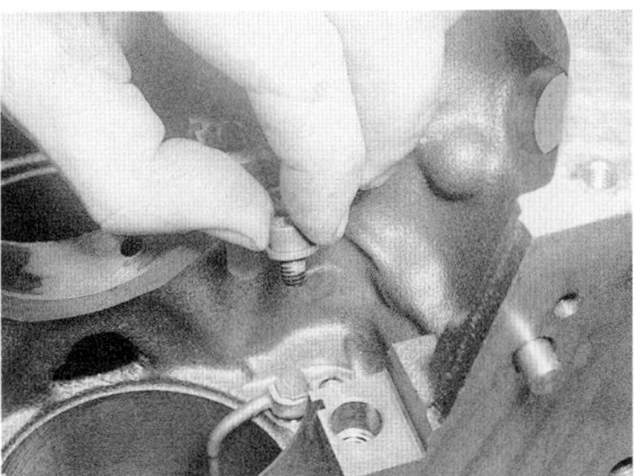

9.12a Lösen Sie die Schraube ...

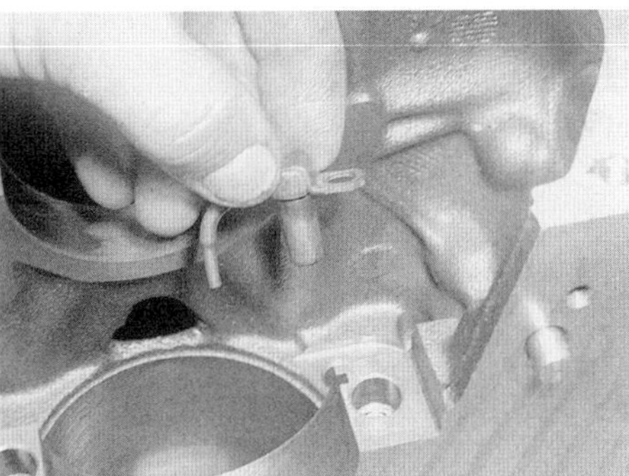

9.12b ... und ziehen Sie die Öldüse heraus.

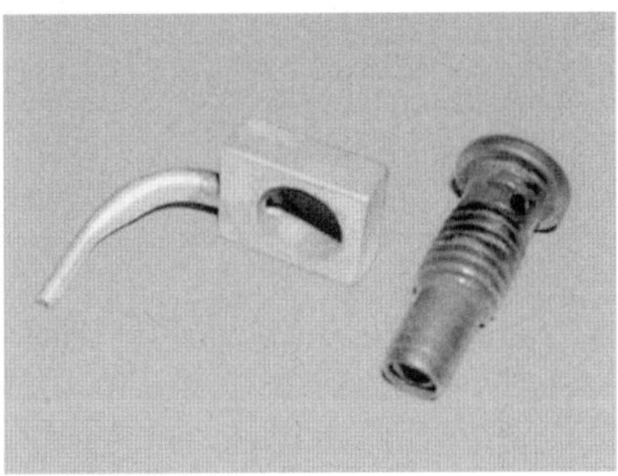

9.12c Kolbenkühlungs-Öldüsen samt Halterung

10 Kurbelwelle – Ausbau

Anmerkung: *Falls die Kolben und Pleuelstangen nicht ausgebaut werden müssen, können sie in den Zylinderbohrungen verbleiben – drücken Sie sie weit genug nach oben, um sie von den Hubzapfen zu befreien.*

1 Demontieren Sie den Zahnriemen samt Kurbelwelle-Riemenrad, die Ölwanne, das Ölleitblech, die Ölpumpe samt Ansaugrohr, die Schwungscheibe und die Gehäuse der Kurbelwellen-Dichtringe (siehe Kapitel 2A).
2 Demontieren Sie die Kolben samt Pleuel von der Kurbelwelle (siehe Sektion 9 und Anmerkung oben).
3 Bevor die Kurbelwelle ausgebaut wird, sollte ihr Axialspiel ermittelt werden (siehe Sektion 13).
4 Die Hauptlagerdeckel sollten von der Zahnriemenseite aus mit den Ziffern 1 bis 5 durchnummeriert sein – bringen Sie nötigenfalls selbst Markierungen an, damit beim Einbau alles wieder korrekt positioniert werden kann.
5 Lockern Sie schrittweise und über Kreuz die 10 Hauptlager-Schrauben um jeweils eine halbe Umdrehung. Sobald alle Schrauben locker sind, können sie entfernt werden (siehe Abbildung). Entfernen Sie vorsichtig die Lagerdeckel – die Lagerschalen sollten darin verbleiben; sichern Sie sie mit Klebeband.

10.5 Lockern und entfernen Sie die Hauptlagerschrauben.

6 Stellen Sie die an beiden Seiten des mittleren Hauptlagers (Nr. 3) liegenden unteren Axialspiel-Halbkreisscheiben sicher – merken Sie sich ihre Positionen.
7 Heben Sie vorsichtig die Kurbelwelle heraus – sie ist sehr schwer. An der Schwungscheiben-Seite ist die Kurbelwelle mit einem Sensorring ausgerüstet. Legen Sie die Welle auf Hölzern ab, um nicht den Ring zu beschädigen.
8 Die oberen Lagerschalen sollten im Motorgehäuse verbleiben – sichern Sie sie nötigenfalls mit Klebeband in den Lagersitzen. Stellen Sie ggf. die oberen Axialspiel-Halbkreisscheiben sicher – merken Sie sich ihre Positionen.
9 Lösen Sie die Schrauben des Sensorrings und befreien Sie ihn von der Kurbelwelle – merken Sie sich seine Ausrichtung. Die Schrauben müssen beim Einbau erneuert werden.

11 Zylinderblock/Motorgehäuse – Reinigung und Kontrolle

Reinigung

1 Demontieren Sie externe Komponenten und elektrische Schalter und Sensoren vom Motorblock. Demontieren Sie auch alle Halter, die Wasserpumpe, das Ölfiltergehäuse usw. Für eine vollständige Reinigung müssen auch alle Froststopfen entfernt werden – bohren Sie ein kleines Loch hinein, drehen Sie dort eine selbstschneidende Schraube hinein und ziehen Sie den Stopfen mithilfe einer dort angesetzten Zange oder eines Zughammers heraus.
2 Schaben Sie Dichtungsreste vom Motorgehäuse – beschädigen Sie dabei nicht die Dichtflächen.
3 Entfernen Sie ggf. vorhandene Ölkanalstopfen; weil sie oft sehr fest sitzen, müssen sie manchmal ausgebohrt werden, sodass ihre Bohrungen mit neuen Gewinden ausgerüstet werden müssen. Installieren Sie später auf jeden Fall neue Stopfen.
4 Falls Teile des Motorgehäuses extrem verschmutzt sind, sollte zunächst alles mit einem Dampfstrahler gesäubert werden. Nachdem das Motorgehäuse vom Dampfstrahlen zurückgekehrt ist, müssen alle Ölbohrungen und -kanäle gereinigt werden. Spülen Sie alle Kanäle mit warmen Wasser durch, bis es klar wieder austritt. Trocknen Sie anschließend alles sorgfältig und ölen Sie alle bearbeiteten Flächen – vor allem die Zylinderbohrungen – dünn ein, um sie vor Rost zu schützen. Falls Zugang zu Druckluft besteht, kann damit der Trocknungsprozess beschleunigt werden; außerdem sollten damit alle Ölbohrungen und -kanäle ausgeblasen werden.

Tragen Sie beim Einsatz von Druckluft stets eine Schutzbrille!

5 Falls das Motorgehäuse nicht allzu stark verschmutzt ist, kann es mit warmen Seifenwasser und einer harten Bürste gereinigt werden – nehmen Sie sich Zeit und arbeiten Sie sorgfältig. Unabhängig von der Reinigungsmethode müssen besonders Bohrungen und Kanäle äußerst penibel gesäubert und alle Komponenten gut getrocknet werden. Ölen Sie die Zylinderbohrungen in Gusseisen-Gehäusen sofort nach der Reinigung ein, um sie vor Korrosion zu schützen.
6 Kontrollieren Sie die Kolbenkühlungs-Öldüsen auf Beschädigungen (Abb. 9.12a bis c) und erneuern Sie sie nötigenfalls. Kontrollieren Sie ihre Bohrungen im Gehäuse auf Verstopfungen.
7 Um beim Zusammenbau korrekte Anzugswerte sicherstellen zu können, müssen die Gewindebohrungen gereinigt werden: drehen Sie dazu einen passenden Gewindebohrer hinein, und entfernen Sie damit Korrosion, Kleberreste und Schmutz; gleichzeitig werden dadurch Schäden am Gewinde beseitigt (siehe Abbildung). Reinigen Sie anschließend die Bohrungen möglichst mit Druckluft. Reinigen Sie auch die Gewinde der Schrauben und Muttern, die wiederverwendet werden sollen.
Anmerkung: *Achten Sie darauf, sämtliche Reinigungsflüssigkeiten aus Sackbohrungen zu befreien, da ansonsten der beim Anziehen der Schrauben entstehende hydraulische Druck im Gehäuse Risse erzeugen kann.*

11.7 Drehen Sie passende Gewindebohrer in alle Schraubenlöcher, um sie zu reinigen.

Praxis-Tipp ***Sprühen Sie wasserverdrängendes Sprühöl möglichst mit dem zumeist beigefügten Röhrchen von innen in Sackbohrungen, um Wasser, Schmutz und Ablagerungen herauszudrücken.***

8 Nachdem die Kontaktflächen der neuen Froststopfen mit Lösungsmittel gereinigt wurden, werden sie senkrecht in ihre Sitze geklopft.

Praxis-Tipp ***Zum Eintreiben von Froststopfen eignet sich ein großer Steckschlüssel, der gerade in dessen Vertiefung passt.***

9 Versehen Sie die neuen Ölkanalstopfen mit geeigneter Dichtmasse und drehen Sie sie sorgfältig in das Gehäuse.
10 Falls der Motor nicht gleich wieder zusammengebaut werden soll, muss er mit einer Abdeckplane vor Staub und Schmutz geschützt werden. Schützen Sie bearbeiteten Flächen mit Öl vor Korrosion.

Kontrolle

11 Inspizieren Sie das Gehäuse auf Risse und Korrosion. Achten Sie auf ausgerissene Gewindebohrungen. Falls irgendwann Wasser in den Motor eingedrungen war oder der Motor überhitzte, sollte das Gehäuse von einem Spezialbetrieb auf Haarrisse untersucht werden. Falls Schäden gefunden werden, können diese eventuell repariert werden, ansonsten muss ein Austauschmotor beschafft werden.
12 Kontrollieren Sie jede Zylinderbohrung auf Scheuerstellen und Riefen. Falls die Kolbenringe im oberen Totpunkt bereits eine Kante erzeugt haben, ist dies ein Hinweis auf eine verschlissene Bohrung.
13 Zum korrekten Vermessen der Zylinderbohrungen werden Spezialinstrumente benötigt. Wir empfehlen, den Motorblock von einer Fachwerkstatt vermessen und kontrollieren zu lassen; hier können auch Ratschläge zu möglicherweise benötigten neuen Kolben gegeben werden, falls die Zylinder auf Übermaß aufgebohrt werden können/müssen.
14 Wenn die Zylinderbohrungen und Kolben nicht übermäßig verschlissen sind, sich in einem brauchbaren Zustand befinden und das Kolbenspiel eingehalten wird, müssen nur die Kolbenringe erneuert werden. Dies erfordert das Honen der Bohrungen – und kann von einem Fachbetrieb zu moderaten Kosten durchgeführt werden.
15 Das Motorgehäuse muss nun vollständig gesäubert und getrocknet sein. Alle Komponenten wurden auf Verschleiß und Beschädigungen überprüft und alle notwendigen Reparaturen und Überholungen wurden durchgeführt.
16 Tragen Sie an den Dichtflächen und in den Zylinderbohrungen eine dünne Schicht Motoröl auf, um Korrosion zu verhindern.
17 Montieren Sie möglichst viele Teile an den Motor, um sie so sicherzustellen. Falls der Motor nicht gleich wieder zusammengebaut werden soll, muss er mit einer Abdeckplane vor Staub und Schmutz geschützt werden.

12 Kolben und Pleuel – Reinigung und Kontrolle

Reinigung

1 Zunächst müssen die aus dem Kolben und dem Pleuel bestehenden Baugruppen gereinigt werden, dann werden die alten Kolbenringe entfernt. Anmerkung: Generell empfiehlt es sich, bei jedem Zusammenbau des Motors neue Kolbenringe zu installieren.
2 Die Kolbenringe müssen glatte und polierte Außenbereiche aufweisen und dürfen weder matt noch mit Kohleablagerungen versehen sein (was auf eine schlechte Abdichtung gegen die Zylinderwandung hinweist, sodass Verbrennungsgase ins Motorgehäuse drücken können). Ihre Ober- und Unterseiten dürfen keinerlei Verschleiß aufweisen. Auch ihre Stoß-Öffnungen dürfen keine Ablagerungen aufweisen – polierte Bereiche würden hier allerdings auf zu geringes Stoßspiel hinweisen. Falls die Kolbenringe in Ordnung zu sein scheinen, können sie wiederverwendet werden (siehe Anmerkung oben), doch zuvor sollte ihr Stoßspiel kontrolliert werden (siehe Sektion 16).
3 Falls einer der Kolbenringe verschlissen oder beschädigt ist oder sein Stoßspiel deutlich von den Vorgaben abweicht, müssen alle Kolbenringe des Motors durch Neuteile ersetzt werden. Anmerkung: Falls die Kolbenringe wiederverwendet werden sollen, müssen sie unbedingt an ihre ursprüngliche Positionen gelangen – markieren Sie sie entsprechend.
4 Spannen Sie die alten Ringe vorsichtig auseinander, um sie aus ihren Nuten zu befreien und nach oben zu entfernen; mithilfe zwei oder drei alter Fühlerlehrenblätter können die Ringe daran gehindert werden, in leeren Nuten einzurasten (siehe Abbildung). Der Kolben darf nicht mit den Ring-Enden zerkratzt werden. Kolbenringe sind gehärtet und können leicht brechen, wenn sie zu sehr gespannt werden. Sie sind außerdem sehr scharfkantig, sodass Schutzhandschuhe getragen werden sollten. Beachten Sie den Expander des Ölabstreifrings.

12.4 Ausbau der Kolbenringe mithilfe alter Fühlerlehrenblätter

5 Schaben Sie die Ölkohle vom Kolbenboden. Eine weiche Drahtbürste oder feines Schmirgelleinen kann zur Nacharbeit verwendet werden. Benutzen Sie keinesfalls einen Drahtbürstenaufsatz auf einer Bohrmaschine, das Kolbenmaterial ist sehr weich und würde abgetragen werden.
6 Die Kolbenring-Nuten können mit einem Spezialwerkzeug, aber auch mit einem abgebrochenen Stück eines alten Kol-

benringes von Kohleresten befreit werden. Seien Sie vorsichtig, dass kein Kolben-Metall entfernt wird oder die Seiten der Nut gequetscht oder eingekerbt werden.
7 Nachdem die Kohleablagerungen entfernt sind, wird der Kolben mit Lösungsmittel gereinigt und anschließend getrocknet. Gehen Sie sicher, dass die Ölrücklaufbohrungen in der Nut des Ölabstreifrings sauber sind.

Kontrolle

8 Soweit die Kolben und Zylinder weder beschädigt noch übermäßig verschlissen sind, können die alten Kolben wiederverwendet werden.
9 Messen Sie mit einer Mikrometerschraube den Durchmesser aller Kolben 10 mm oberhalb des unteren Randes und um 90° zum Kolbenbolzen versetzt (siehe Abbildung). Vergleichen Sie die Ergebnisse mit den Angaben in den technischen Daten. Die Kolbengröße sollte auf dem Kolbenboden markiert sein.

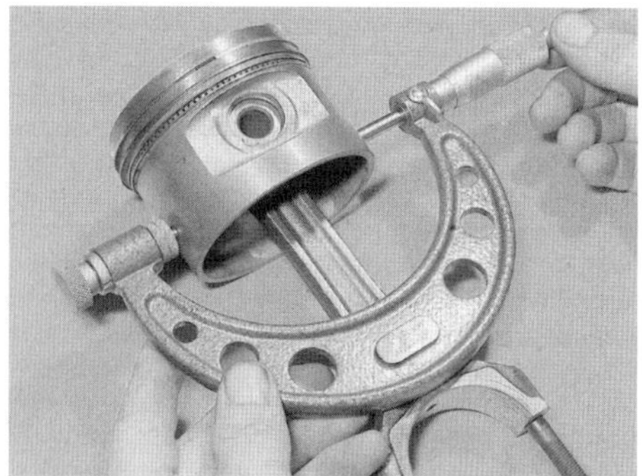

12.9 Messen Sie mit einer Mikrometerschraube den Durchmesser des Kolbens an den beschriebenen Stellen.

10 Falls ein Kolben nicht den Vorgaben entspricht, muss er erneuert werden. Anmerkung: Falls die Zylinder bei einer früheren Überholung bereits aufgebohrt wurden, werden die Kolben bereits das 1. Übermaß aufweisen.
11 Normaler Kolbenverschleiß sind leichte Laufspuren an den Kolbenhemden und ein mit leichtem Spiel in seiner Nut sitzender oberer Kolbenring. Nach jedem Zerlegen des Motors sollten ungeachtet ihres Zustands neue Kolbenringe installiert werden.
12 Begutachten Sie jeden Kolben sorgfältig auf Brüche am Hemd, an den Bolzenaugen und zwischen den Kolbenringnuten.
13 Achten Sie auf Riefen und Schleifspuren am Hemd, Löcher im Kolbenboden sowie Verbrennungen an dessen Rand. Wenn das Hemd Riefen oder Klemmspuren zeigt, kann der Motor an Überhitzung gelitten haben und/oder eine abnormale Verbrennung sorgte für extrem hohe Arbeitstemperatur. Kontrollieren Sie sorgfältig das Kühl- und das Schmiersystem. Brandspuren an den Seiten des Kolbens weisen auf Leckgas hin. Ein Loch im Kolbenboden oder verbrannte Stellen am Rand des Bodens weisen auf Klingeln oder Klopfen hin. Wenn eines dieser Probleme existiert, müssen die Gründe beseitigt werden, damit die Schäden sich nicht fortsetzen. Ursachen können Nebenluft, ein defekter Injektor oder ein Fehler in der Motorsteuerung sein.
14 Riefen an der Seite eines Kolbens weist auf ins Motorgehäuse drückende Verbrennungsgase hin.
15 Ein Loch im Kolben oder geschmolzene Bereiche am Rand des Kolbenbodens weisen auf eine anormale Verbrennung (Frühzündung, Klopfen, Klingeln) hin.
16 Falls eines der oben beschriebenen Probleme aufgetreten sind, müssen sie beseitigt werden, damit sie nicht sofort wieder auftreten. Gründe können falsche Zünd- oder Einspritz-Zeitpunkte, angesaugte Nebenluft oder ein unkorrektes Benzin/Luft-Gemisch sein.
17 Korrosion (in Form von Lochfraß) am Kolben weist darauf hin, dass Kühlmittel in den Brennraum und/oder das Kurbelgehäuse gelangt. Wieder muss das Problem beseitigt werden, bevor der Motor zusammengebaut wird.
18 Positionieren Sie einen neuen Kolbenring in der entsprechenden Nut des Kolbens und ermitteln Sie mit einer Fühlerlehre das Spiel (siehe Abbildung) – beachten Sie die unterschiedlichen Werte für die Kolbenringe und die unterschiedlichen Pleuel-Bauarten. Bei zu großem Spiel muss der Kolben erneuert werden.

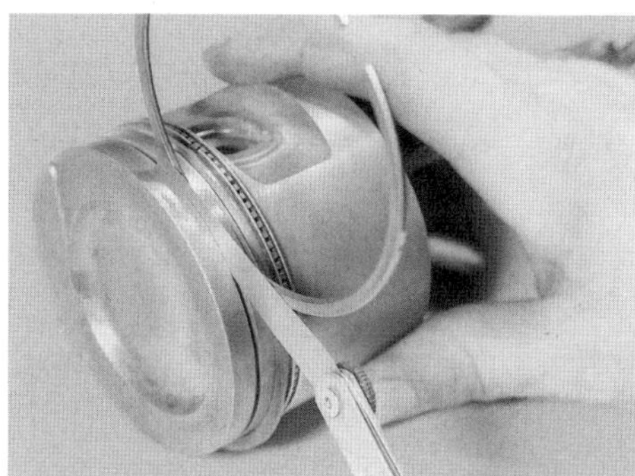

12.18 Messen Sie das Spiel der Kolbenringe in ihren jeweiligen Nuten.

19 Neue Kolben können beim Audi-Händler oder Motorenspezialisten beschafft werden.
20 Begutachten Sie sorgfältig das Pleuel auf Beschädigungen wir Risse im Bereich der oberen und unteren Pleuelaugen. Die Pleuelstange darf nicht verbogen oder verzogen sein. Solange der Motor nicht festgegangen oder überhitzt ist, sind Schäden unwahrscheinlich. Eine detaillierte Kontrolle des Pleuels kann nur eine Fachwerkstatt durchführen. Falls Neuteile benötigt werden, kann die Fachwerkstatt zueinander passende Teile beschaffen und ggf. die Zylinderbohrungen honen.
21 Die mit Sicherungsringen im Kolben gehaltenen Kolbenbolzen können ausgebaut werden, um den Kolben vom Pleuel zu trennen.
22 Hebeln Sie einen der Sicherungsringe mit einem kleinen Schraubendreher heraus, um den Kolbenbolzen herauszuschieben und das Pleuel trennen zu können (siehe Abbildungen). Befreien Sie anschließend den zweiten Sicherungsring – beide müssen beim Einbau durch Neuteile ersetzt werden. Falls sich der Kolbenbolzen nur schwierig herausdrücken lässt, kann der Kolben in etwa 60 °C warmes Wasser gehalten werden, damit er sich ausdehnt und der Bolzen leichter zu entfernen ist.

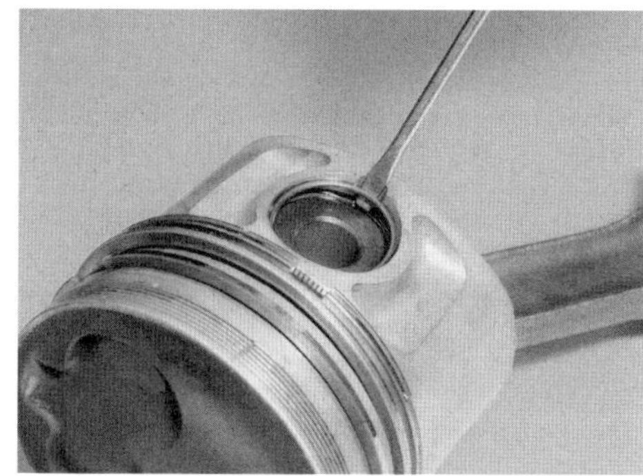

12.22a Hebeln Sie einen der Sicherungsringe mit einem kleinen Schraubendreher heraus …

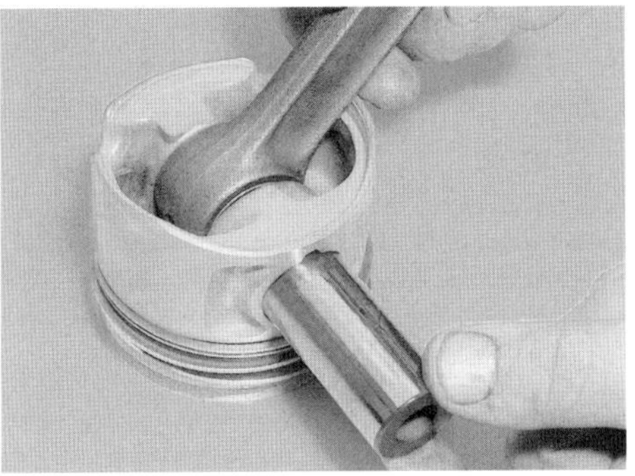

12.22b ... und schieben Sie den Kolbenbolzen heraus, um Kolben und Pleuel zu trennen.

23 Inspizieren Sie den Kolbenbolzen und das obere Pleuelauge auf Verschleiß und Beschädigungen. Der Kolbenbolzen muss sich sanft in der Lagerbuchse verschieben lassen, darf jedoch kein fühlbares Spiel aufweisen – andernfalls müssen der Bolzen und die Buchse des Pleuels erneuert werden – überlassen Sie letzteres einer Fachwerkstatt.
24 Beschaffen Sie alle erforderlichen Neuteile – neue Kolben sollten mit Kolbenbolzen und Sicherungsringen ausgerüstet sein; die Ringe sind aber auch separat erhältlich.
25 Kolben und Pleuel müssen korrekt zueinander ausgerichtet montiert werden. Der Pfeil auf dem Kolbenboden muss im eingebauten Zustand nach rechts (zum Zahnriemen) zeigen. Das Pleuel und sein Lagerdeckel sind an einer Seite des Fußes mit Vertiefungen versehen, die ebenfalls rechts (Zahnriemen-Seite) liegen müssen (siehe Abbildungen).

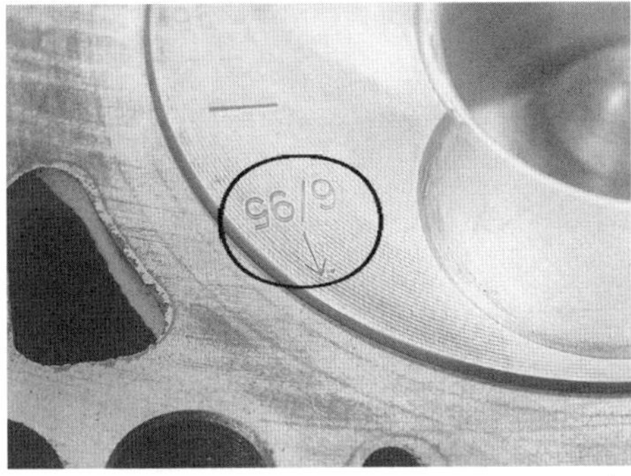

12.25a Der Pfeil auf dem Kolbenboden muss im eingebauten Zustand nach rechts (zum Zahnriemen) zeigen.

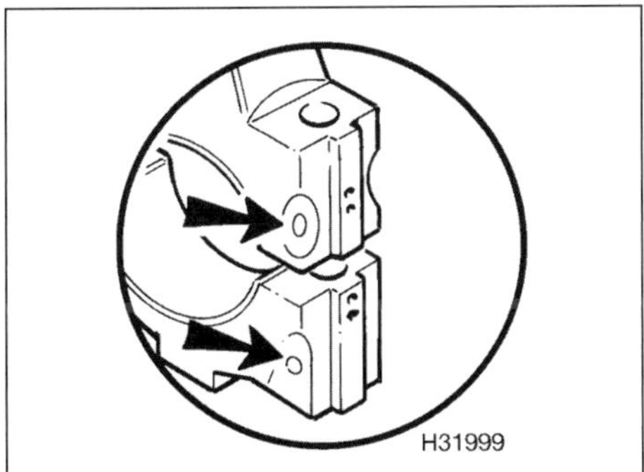

12.25b Die Vertiefungen im Pleuel und seinem Lagerdeckel müssen ebenfalls nach rechts zeigen.

26 Richten Sie den Kolben zum Pleuelauge aus und führen Sie den eingeölten Kolbenbolzen ein – der Kolben muss sich frei auf dem Pleuel schwenken lassen. Installieren Sie beide neuen Kolbenbolzen-Sicherungsringe rundherum in die Nuten des Kolbens – ihre Öffnungen dürfen nicht in der Ausbaunut liegen.
27 Wiederholen Sie die Reinigung, die Kontrolle und den Zusammenbau mit den anderen Kolben und Pleuel.

13 Kurbelwelle und Axialspiel – Kontrolle

Axialspiel-Prüfung

1 Das Axialspiel der Kurbelwelle muss im eingebauten Zustand überprüft werden, die Pleuel sollten aber von ihr getrennt sein (siehe Sektion 10).
2 Bringen Sie am Motorgehäuse eine Messuhr an und richten Sie den Messstift zum Wellenzapfen aus. Schieben Sie die Welle zu einer Seite, nullen Sie die Uhr und schieben Sie sie zurück, um das Spiel zu messen (siehe Abbildung). Falls nicht zwischen 0,07 und 0,23 mm festgestellt werden, müssen neue Anlauf-Halbringe installiert werden (alle vier müssen die gleiche Stärke aufweisen.

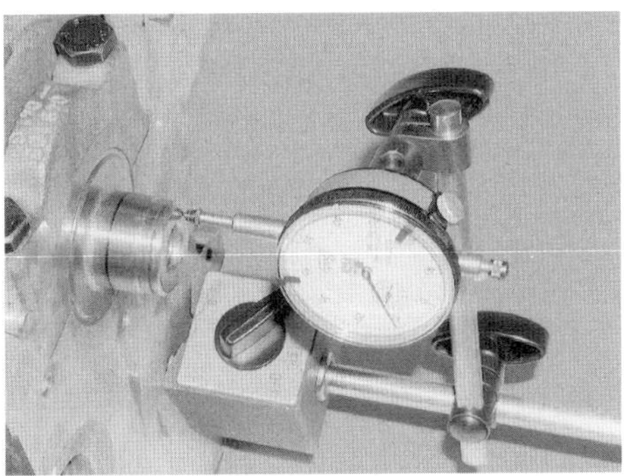

13.2 Ermitteln Sie das Axialspiel mit einer Messuhr ...

3 Falls keine Messuhr zur Hand ist, kann das Spiel auch mit einer Fühlerlehre ermittelt werden. Schieben Sie die Kurbelwelle vollständig nach links (Schwungscheiben-Seite) und ermitteln Sie das Spiel zwischen der Hubscheibe von Hubzapfen Nr. 3 und den Anlauf-Halbringen (siehe Abbildung).

13.3 ... oder mit einer Fühlerlehre.

Kontrolle

4 Reinigen Sie die Kurbelwelle mit Petroleum oder Lösungsmittel und trocknen Sie sie möglichst mit Druckluft. Reinigen Sie alle Ölbohrungen mit einem Pfeifenreiniger oder Ähnlichem, um sicherzugehen, dass sie nicht verstopft sind.
5 Kontrollieren Sie die Gleitlagerflächen der Haupt- und Pleuellager auf ungleichmäßigen Verschleiß, Riefen, Lochfraß und Risse.

6 Verschlissene Pleuelfußlager machen sich bei laufendem Motor durch metallisches Klopfen bemerkbar – besonders wenn der Motor bei geringen Drehzahlen unter Last gesetzt wird; zudem sinkt der Öldruck.
7 Verschlissene Hauptlager machen sich durch starke Motorvibrationen und rumpelnde Geräusche bemerkbar – je höher die Drehzahl, desto stärker; zudem sinkt auch hier der Öldruck.
8 Kontrollieren Sie die Lagerzapfen auf raue Oberflächen, indem Sie sanft mit einem Finger darüberstreichen. Raue Stellen weisen auf Lagerverschleiß hin, sodass die Kurbelwelle eventuell auf ein Untermaß geschliffen oder ersetzt werden muss.
9 Wenn die Welle geschliffen wurde, müssen die Ölbohrungen auf Grate überprüft werden (normalerweise sind sie angefast, sodass Grate kein Problem darstellen, solange nicht sorglos gearbeitet wurde. Entfernen Sie sämtliche Grate mit einer feinen Feile oder einem Schaber und reinigen Sie die Ölbohrungen wie oben beschrieben.
10 Ermitteln Sie mit einer Mikrometerschraube die Durchmesser der Hauptlager- und Hubzapfen (siehe Abbildung) – erledigen Sie dies an verschiedenen Stellen und unterschiedlichen Bereichen rundherum, um festzustellen, ob ein Zapfen unrund geworden oder anderweitig ungleichmäßig verschlissen ist. Vergleichen Sie die Ergebnisse mit den Angaben in den technischen Daten, um festzustellen, ob die Welle geschliffen werden muss und entsprechende Übermaß-Lagerschalen eingesetzt werden können.

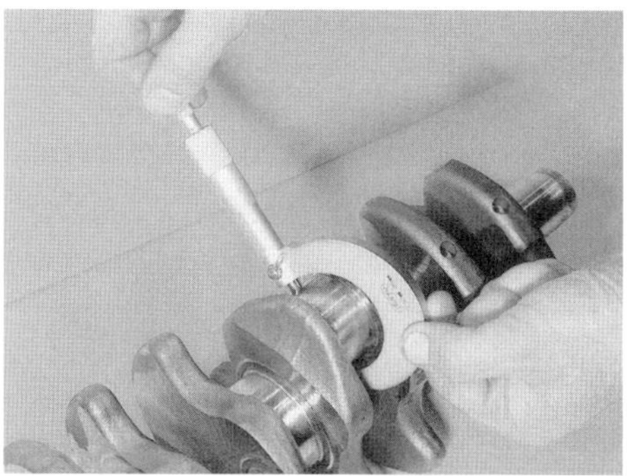

13.10 Messen Sie die Durchmesser der Lagerzapfen und Hubzapfen.

11 Kontrollieren Sie an beiden Enden der Kurbelwelle die Laufflächen des Dichtrings auf Verschleiß und Beschädigungen. Falls einer der Dichtringe eine tiefe Nut in die Welle geschliffen hat, muss eine Fachwerkstatt entscheiden, ob die Welle repariert oder ersetzt werden muss.

14 Hauptlager und Pleuelfußlager – Kontrolle

1 Auch wenn die Haupt- und Pleuelfuß-Lagerschalen bei einer Motorüberholung generell ausgetauscht werden, sollten die alten Bauteile für eine genaue Begutachtung aufbewahrt werden, um aus Ihnen wertvolle Informationen über den Zustand des Motors zu ziehen (siehe Abbildung).

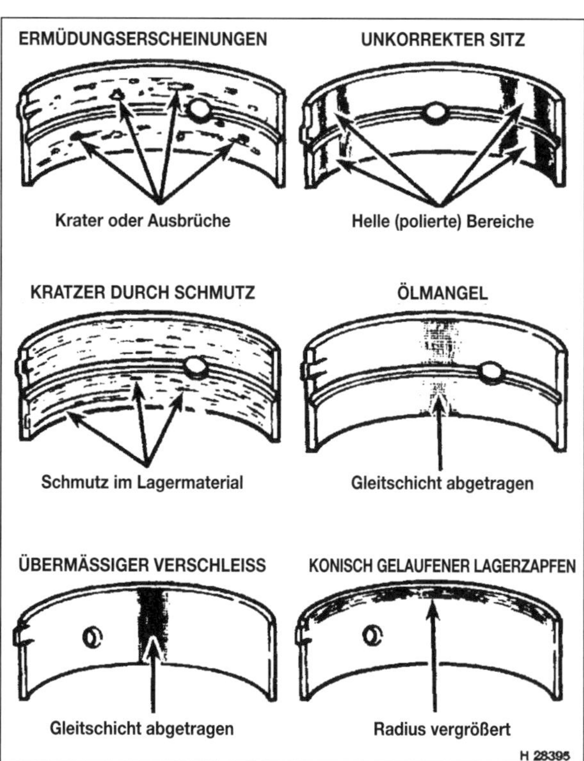

14.1 Typische Verschleißerscheinungen an Lagerschalen

2 Lagerschäden beruhen zumeist auf Ölmangel, Schmutz oder Fremdkörpern im Motor, Motorüberlastung und/oder Korrosion. Ungeachtet des Grundes für die Lagerschäden muss dieser vor der Motormontage korrigiert werden, um eine Wiederholung auszuschließen.
3 Zu einer Begutachtung der Lager werden alle Lagerschalen aus dem Motorblock, den Pleuel und allen Lagerdeckeln ausgebaut und entsprechend ihrer Positionen an der Kurbelwelle auf eine saubere Oberfläche gelegt. Dieses erlaubt Ihnen, ein erkanntes Lagerproblem dem entsprechenden Kurbelzapfen zuzuordnen. Die Lagerflächen der Gleitschalen dürfen nicht mit den Fingern berührt werden!
4 Schmutz und andere Fremdkörper können auf unterschiedliche Weise in den Motor gelangen. Sie können beim Zusammenbau zurückgelassen werden oder durch den Filter bzw. die Motorentlüftung eindringen. Die Partikel gelangen mit dem Öl in die Lager. Oftmals finden sich Metallsplitter als Bearbeitungsrückstände oder Verschleißspuren. Ablagerungen verbleiben auch nach Überholungen in Motorkomponenten, besonders wenn die Teile nicht sorgfältig gereinigt wurden. Solche Teilchen arbeiten sich auf jeden Fall in das weiche Lagermaterial ein und können leicht erkannt werden. Große Partikel werden jedoch nicht in das Lager eingebettet, sondern kerben und zerkratzen die Lager und Zapfen. Der beste

Schutz gegen diese Lager-Ausfälle ist sorgfältiges Reinigen und absolute Sauberkeit bei der Motormontage. Ebenso müssen natürlich regelmäßig das Öl und der Ölfilter gewechselt werden.

5 Ölmangel und eine Unterbrechung der Schmierung haben eine Reihe von zusammenhängenden Gründen: Extreme Hitze verdünnt das Öl, Überlastung drückt das Öl aus den Lagern und überhöhtes Lagerspiel oder eine verschlissene Ölpumpe lässt den nötigen Druck des Schmiersystems zusammenbrechen. Blockierte Ölleitungen lassen ein Lager trocken laufen und zerstören es schnell. Lagerschalen besitzen zwar sogenannte ‚Notlaufeigenschaften', aber nur für die jeweils ersten Sekunden nach dem Anlassen – wird jedoch bei hohen Drehzahlen einmal die Schmierung für Zehntelsekunden unterbrochen, können Schalen und Zapfen bereits schrottreif sein. Das Lagermaterial wird abgetragen und die durch die Reibung entstehende starke Hitze zerstört den Wellenzapfen.

6 Auch die Fahrweise hat einen direkten Einfluss auf die Laufzeiten von Lagern. Vollgas bei niedrigen Drehzahlen und hohe Belastung beanspruchen die Lager stark, da diese dazu neigen, den Ölfilm abzuquetschen. Diese Zustände belasten die Lager stark und erzeugen feine Ermüdungsbrüche in der Oberfläche. Eventuell kann das Lagermaterial ausbrechen und selbst weitere Schäden erzeugen.

7 Kurzstreckenbetrieb führt zu Korrosion der Lager, da der Motor keine ausreichende Betriebstemperatur erreicht, um Kondenswasser und aggressive Gase zu vertreiben. Diese Produkte sammeln sich im Motoröl und bilden Säure und Schlamm. Wenn dieses Öl in die Lager gelangt, greift die Säure die Lager an und lässt das Material korrodieren.

8 Eine nachlässige Lagermontage während des Motorzusammenbaus kann ebenso zu Problemen führen. Festsitzende Lager führen zu geringem Lagerspiel und einem unzureichenden Schmierfilm. Hinter einer Lagerschale verbleibender Schmutz oder Fremdteile verbiegen die Schale und sorgen für punktuellen Verschleiß.

9 Die Gleitflächen der Lagerschalen dürfen unter keinen Umständen mit den Fingern berührt werden, da die empfindliche Oberfläche beschädigt werden kann oder kleinste Schmutzpartikel daran haften bleiben.

10 Wie bereits erwähnt, ist es sehr empfehlenswert, die Lagerschalen bei jeder Motorüberholung durch Neuteile zu ersetzen; alles andere wäre falsche Sparsamkeit.

Auswahl der Haupt- und Pleuelfußlager

11 Die Kurbelwellen-Hauptlager und Pleuelfußlager für die in diesem Buch beschriebenen Motoren sind in Standardgrößen und verschiedenen Untermaßen erhältlich, um auch bei geschliffenen Kurbelwellen eingesetzt werden zu können.

12 Um die korrekten Lagerschalen für die Kurbelwelle zu finden, muss das erforderliche Radialspiel ermittelt werden – dies ist in den Sektionen 17 und 18 beschrieben.

15 Motorüberholung – Zusammenbaureihenfolge

1 Bevor der Zusammenbau beginnt, muss sichergestellt sein, dass alle neuen Teile und notwendigen Werkzeuge beschafft sind. Lesen Sie die gesamte Arbeitsprozedur durch, um sich mit der anstehenden Arbeit vertraut zu machen und sicher zu sein, dass alle für den Zusammenbau benötigten Dinge – einschließlich aller Dichtungen – vorhanden sind. Neben allen normalen Werkzeugen und Materialien werden in manchen Fällen Schrauben-Sicherungspaste (Loctite) und Dichtmasse benötigt. Generell müssen Dichtflächen absolut sauber und fettfrei sein, bevor Dichtungen aufgelegt werden dürfen.

2 Um Zeit zu sparen und Probleme zu vermeiden, sollte der Zusammenbau in der folgenden Reihenfolge durchgeführt werden. Verwenden Sie bei der Montage generell neue Dichtungen und Dichtringe.

a) Kurbelwelle (Sektion 17).
b) Kolben/Pleuel (Sektion 18)
d) Ölpumpe (Kapitel 2A, Sektion 14)
e) Ölwanne (Kapitel 2A, Sektion 13)
f) Zylinderkopf (Kapitel 2A, Sektion 12)
g) Zahnriemen und Riemenräder (Kapitel 2A, Sektion 7 und 8)
h) Externe Motorkomponenten

3 Zu diesem Zeitpunkt müssen alle Motorkomponenten absolut sauber und trocken und alle Schäden repariert sein. Alle Bauteile müssen auf einer absolut sauberen Arbeitsfläche ausgelegt oder in Behältern bereitgehalten werden.

16 Kolbenringe – Einbau

1 Es ist ratsam, die Kolbenringe bei jeder Motorüberholung zu erneuern. Vor der Montage neuer Ringe an die Kolben muss ihr Stoßspiel in den Zylinderbohrungen ermittelt werden.

2 Sortieren Sie zum Messen den Kolben samt Ringen dem korrekten Zylinder zu, sodass die Ringe später in die beim Messen verwendeten Zylinder installiert werden.

3 Installieren Sie den oberen Ring in die erste Bohrung und drücken Sie ihn mit der Oberseite des Kolbens herunter, bis er ca. 15 mm tief senkrecht im Zylinder sitzt. Ziehen Sie den Kolben wieder heraus. Beachten Sie die Unterschiede zwischen den beiden Kompressionsringen.

4 Messen Sie das Stoßspiel mit einer Fühlerlehre (siehe Abbildung). Vergleichen Sie die Ergebnisse mit den Angaben in den technischen Daten – falls sie von den Vorgaben abweichen, muss geprüft werden, ob der Kolbenring in der richtigen Zylinderbohrung sitzt.

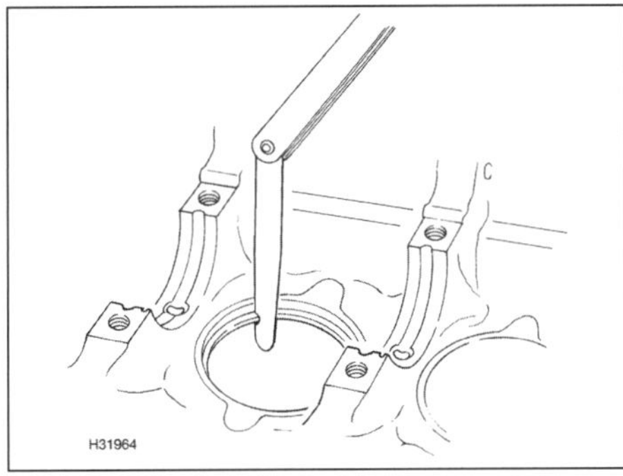

16.4 Messen Sie das Stoßspiel des eingebauten Kolbenrings mit einer Fühlerlehre.

5 Falls das Spiel zu gering ist (bei Markenartikeln eher unwahrscheinlich), können die Enden im Betrieb zusammenstoßen und schwere Motorschäden hervorrufen. Im Idealfall weisen neue Kolbenringe das korrekte Stoßspiel auf, notfalls kann das Spiel äußerst vorsichtig mit einer feinen Feile vergrößert werden: Klemmen Sie dazu die Feile in einen mit weichen Backen ausgerüsteten Schraubstock, schieben Sie den Kolbenring darüber, sodass seine Enden die Feile berühren, und schieben Sie ihn langsam hin und her, um Material abzutragen. Vorsicht: Kolbenringe sind scharfkantig und brechen leicht ab.

6 Bei neuen Kolbenringen ist zu viel Stoßspiel unwahrscheinlich – kontrollieren Sie ggf., ob die korrekten Kolbenringe für die Zylinderbohrung beschafft sind.
7 Wiederholen Sie die Kontrollen mit allen drei Kolbenringen des ersten Zylinders, dann mit den Ringen der anderen Zylinder – achten Sie stets darauf, Ringe, Kolben und Zylinder zusammenzuhalten.
8 Sobald die Ringe und Spaltmaße kontrolliert und ggf. korrigiert wurden, können die Ringe an die Kolben montiert werden.
9 Der (untere) Ölabstreifring kann aus zwei oder drei Teilen bestehen und wird als Erster installiert: beim zweiteiligen Ring zuerst den Expander, dann den Ölabstreifring; beim dreiteiligen Ring zuerst der untere Stahlring, dann der Expander und schließlich der obere Stahlring. Achten Sie darauf, dass alle Markierungen oben liegen (siehe Abbildung). Verdrehen Sie alle Ring-Öffnungen um 120° zueinander.
Anmerkung: *Folgen Sie stets den mit den Kolbenring-Sets gelieferten Hinweisen – verschiedene Hersteller können unterschiedliche Prozeduren vorschreiben. Vertauschen Sie nicht die beiden oberen Kolbenringe – sie haben unterschiedliche Querschnitte. Auf der Oberseite sollte er markiert sein. Spannen Sie Kolbenringe nicht zu weit auseinander, da sie leicht brechen, und verwenden Sie für die Montage die Fühlerlehrenblätter vom Ausbau.*

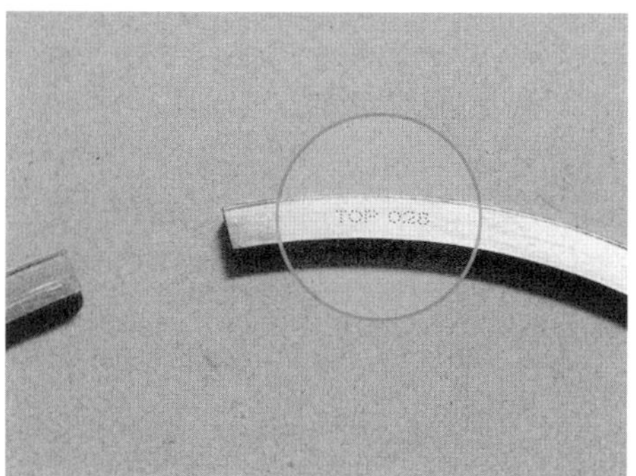

16.9 TOP-Markierung an einem Kompressionsring

17 Kurbelwelle – Einbau und Radialspiel-Prüfung

Radialspiel-Prüfung

1 Die Prüfung kann mit den originalen Lagerschalen vorgenommen werden. Es empfiehlt sich jedoch, neue Lagerschalen zu verwenden, da die Messergebnisse damit deutlicher werden. Neue Lagerschalen müssen mit Petroleum von Schutzbeschichtungen befreit werden.

2 Reinigen Sie die Rückseiten der Lagerschalen sowie deren Sitze im Motorblock und den Lagerschalen.

3 Stellen Sie das Motorgehäuse verkehrt herum auf die Werkbank. Drücken Sie die Lagerschalen in ihre Sitze – ihre Laschen müssen dabei in die Nuten greifen und die Ölbohrungen der Schalen und des Motorgehäuses zueinander fluchten (siehe Abbildung) – fassen Sie die Lagerflächen nicht an! Falls die alten Lagerschalen für die Kontrolle verwendet werden, müssen sie an ihre alten Positionen gelangen.

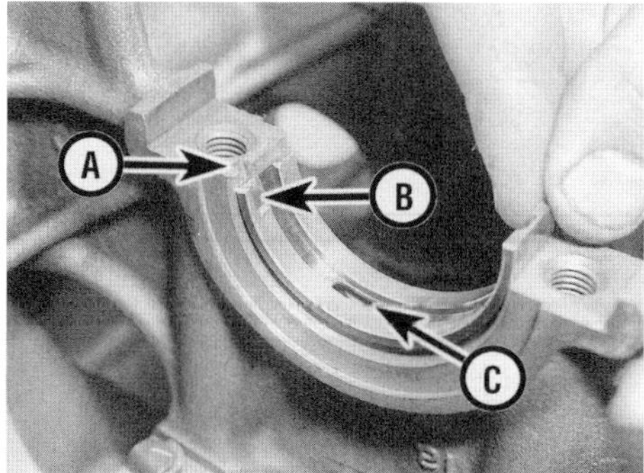

17.3 Eine korrekt sitzende Lagerschale
A Nut im Motorgehäuse
B Lasche an Lagerschale
C Ölbohrung

4 Legen Sie die Axialspiel-Halbringe an beide Seiten des (mittleren) Hauptlagers Nr. 3 und »kleben« Sie sie mit etwas Fett dort an; sie müssen mit den Ölnuten nach außen zeigend korrekt in den ausgedrehten Vertiefungen liegen.
5 Jetzt kann das Radialspiel kontrolliert werden, allerdings werden dafür geeignete Innenmessgeräte benötigt. Installieren Sie die Hauptlagerdeckel samt ihrer Lagerschalen ans Motorgehäuse und ziehen Sie ihre alten Schrauben zunächst mit 65 Nm an und dann um 90° weiter. Subtrahieren Sie jetzt die Lagerzapfen-Durchmesser von den jeweiligen Innendurchmessern der Lager, um das Radialspiel zu ermitteln – es muss zwischen 0,01 und 0,04 mm liegen.

Endgültiger Einbau der Kurbelwelle

6 Heben Sie die Kurbelwelle ggf. erneut aus dem Motorgehäuse und wischen Sie die Oberflächen der im Gehäuse und den Lagerdeckeln sitzenden Lagerschalen sauber.
7 Setzen Sie ggf. den Sensorring richtig herum an die Kurbelwelle und ziehen Sie seine neuen Schrauben zunächst mit 10 Nm an und dann um 90° weiter.
8 Schmieren Sie die Lagerschalen im Motorblock ausgiebig mit Motoröl und senken Sie die Kurbelwelle darin ab (siehe Abbildung).

17.8 Ölen Sie die Lagerschalen im Motorblock...

9 Legen Sie die Kurbelwelle so ins Motorgehäuse, dass die Hubzapfen der äußeren Zylinder (Nr. 1 und 4) im unteren Totpunkt stehen. Prüfen Sie, ob die unteren Axialspiel-Halbringe korrekt an beide Seiten des (mittleren) Hauptlagers Nr. 3 anliegen. Achten Sie darauf, den Sensorring nicht zu beschädigen.

10 Schmieren Sie die Lagerschalen in den Lagerdeckeln ausgiebig mit Motoröl. Prüfen Sie, ob die oberen Axialspiel-Halbringe korrekt an beide Seiten des (mittleren) Hauptlagerdeckels Nr. 3 anliegen (siehe Abbildungen).

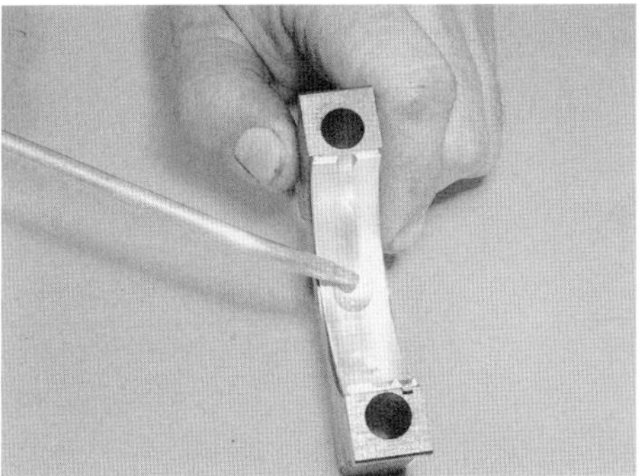

17.10a ... und die Lagerschalen der Lagerdeckel.

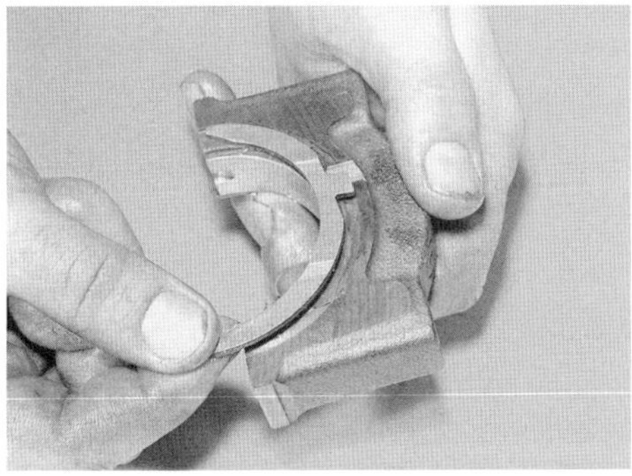

17.10b Die Anlauf-Halbringe müssen korrekt am Lagerdeckel Nr. 3 anliegen.

11 Setzen Sie die korrekt ausgerichteten Lagerdeckel über die jeweiligen Hauptlager – Lagerdeckel Nr. 1 kommt an die Zahnriemen-Seite und die Nuten für die Lagerschalen-Laschen müssen übereinanderliegen (siehe Abbildung). Installieren Sie (ggf. neue) Hauptlager-Schrauben zunächst handfest.

17.11 Einbau des Lagerdeckels Nr. 1

12 Ziehen Sie an Hauptlager Nr. 3 beginnend die Hauptlager-Schrauben zunächst schrittweise mit 65 Nm an und dann in einem zweiten Durchgang um 90° weiter (siehe Abbildungen).

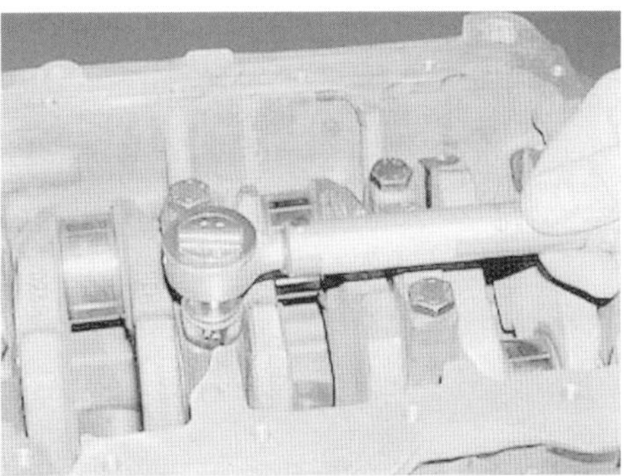

17.12a Ziehen Sie die Hauptlagerschrauben zunächst mit 65 Nm an ...

17.12b ... und dann um 90° weiter – verwenden Sie hierfür nötigenfalls eine Gradscheibe.

13 Prüfen Sie, ob sich die Kurbelwelle sanft von Hand drehen lässt. Klopfen Sie die Welle nötigenfalls an den Kurbelwangen mit einem weichen Hammer ab, damit sie sich korrekt setzt. Falls sie weiterhin schwergängig ist, muss erneut das Radialspiel kontrolliert werden (siehe oben).
14 Kontrollieren Sie das Axialspiel (siehe Sektion 13). Falls die Anlaufflächen der Kurbelwelle kontrolliert und neue Anlaufhalbringe installiert wurden, sollte das Axialspiel innerhalb der Vorgaben liegen (0,07 bis 0,23 mm).
15 Verbinden Sie die Pleuel mit der Kurbelwelle (siehe Sektion 18).
16 Installieren Sie die Dichtringgehäuse, montieren Sie die Schwungscheibe, die Ölpumpe samt Ansaugrohr und Ölpumpenritzel, das Ölleitblech und die Ölwanne, den Zylinderkopf und den Zahnriementrieb (siehe Kapitel 2A).

18 Kolben und Pleuel – Einbau und Pleuelfußlagerspiel-Prüfung

Anmerkung: *Beim Einbau der Kolben wird ein Kolbenring-Einbauwerkzeug benötigt.*

Pleuelfußlagerspiel-Prüfung

1 Die Prüfung kann mit den originalen Lagerschalen vorgenommen werden. Es empfiehlt sich jedoch, neue Lagerschalen zu verwenden, da die Messergebnisse damit deutlicher werden. Neue Lagerschalen müssen mit Petroleum von Schutzbeschichtungen befreit werden.
2 Reinigen Sie die Rückseiten der Lagerschalen sowie deren Sitze in beiden Pleuelfuß-Hälften.
3 Drücken Sie die Lagerschalen in ihre Sitze – ihre Laschen müssen dabei in die Nuten greifen – fassen Sie die Lagerflächen nicht an! Falls die alten Lagerschalen für die Kontrolle verwendet werden, müssen sie an ihre alten Positionen gelangen.
4 Jetzt kann das Radialspiel kontrolliert werden, allerdings werden dafür geeignete Innenmessgeräte benötigt. Installieren Sie den Pleuelfuß-Deckel samt seiner Lagerschalen korrekt ausgerichtet ans Pleuel und ziehen Sie ihre alten Schrauben oder Muttern zunächst mit 30 Nm an und dann um 90° weiter. Subtrahieren Sie jetzt den Hubzapfen-Durchmesser vom Innendurchmessern des Pleuels, um das Radialspiel zu ermitteln – es muss zwischen 0,01 und 0,05 mm liegen.

Einbau

5 Bei der folgenden Prozedur wird davon ausgegangen, dass die Hauptlagerdeckel montiert sind.
6 Installieren Sie ggf. die Öldüsen und ziehen Sie ihre Schrauben mit 27 Nm an.
7 Wo die Pleuelfüße mit Muttern zusammengehalten werden, müssen die alten Schrauben aus dem Pleuel geklopft und neue Schrauben eingeklopft werden – verwenden Sie hierfür einen weichen Hammer, um nicht versehentlich das Pleuel zu beschädigen.
8 Alle Lagerschalen müssen korrekt eingebaut sein (Schritt 3). Reinigen Sie die Lagerschalen und die Lagersitze in der Pleuelstange und im Pleuelfußdeckel. Falls neue Lagerschalen verwendet werden, müssen sämtliche Schutzfett-Reste mit Petroleum entfernt werden. Trocknen Sie alle Lagerschalen mit einem fusselfreien Lappen.
9 Schmieren Sie die Zylinderbohrungen, Kolben und Kolbenringe sowie die obere Lagerschale mit Motoröl (siehe Abbildungen). Legen Sie die Kolben/Pleuel-Baugruppen entsprechend ihrer Zylinder aus. Wo die Pleuelfüße mit Muttern zusammengehalten werden, sollten die im Pleuel steckenden Stehbolzen mit Klebeband umwickelt werden, damit sie beim Einbau nicht den Hubzapfen und die Zylinderbohrung zerkratzen (Abb. 9.7).

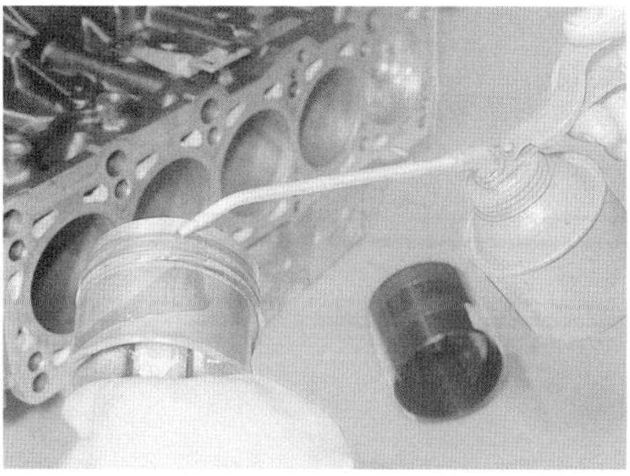

18.9a Schmieren Sie die Zylinderbohrungen, Kolben und Kolbenringe …

18.9b … sowie die obere Lagerschale mit Motoröl.

10 Beginnen Sie mit der Kolben/Pleuel-Baugruppe von Zylinder Nr. 1 und prüfen Sie die Ausrichtung der Ringstöße (siehe Sektion 16). Spannen Sie die Kolbenringe mit dem Einbauwerkzeug in den Kolben.
11 Führen Sie die Kolben/Pleuel-Baugruppe mit dem Pleuelfuß voran von oben in die Zylinderbohrung ein, führen Sie das Pleuel zum Hubzapfen, um die Zylinderwand nicht zu zerkratzen und die Öldüsen nicht zu verbiegen.
12 Stellen Sie die korrekte Ausrichtung der Kolben/Pleuel-Baugruppe sicher: am Kolbenboden, am Pleuel und am Pleuelfuß-Deckel angebrachte Markierungen müssen nach rechts zur Zahnriemen-Seite zeigen (Abb. 12.25a und b).
13 Klopfen Sie den Kolben vorsichtig mit einem Hammergriff in den Zylinder, bis er bündig sitzt.

18.13 Klopfen Sie den Kolben durch das Werkzeug in den Zylinder.

14 Schmieren Sie ausgiebig den Hubzapfen und die Pleuellagerschalen mit Motoröl.
15 Klopfen Sie den Kolben tiefer ein, führen Sie dabei das Pleuel über den Hubzapfen. Entfernen Sie ggf. das Klebeband von den Pleuel-Stehbolzen. Ölen Sie die Gewinde der Stehbolzen bzw. der Pleuelfußschrauben (außerdem deren Kopf-Unterseiten.
16 Setzen Sie den Lagerdeckel korrekt an (die Vertiefungen am Pleuel und Lagerdeckel müssen zur Zahnriemen-Seite des Motors zeigen – siehe Abb. 12.25b).
17 Drehen Sie die neuen Pleuelfußschrauben oder Muttern zunächst handfest ein oder auf. Ziehen Sie sie zunächst schrittweise mit 30 Nm an. Ziehen Sie in einem zweiten Durchgang die Schrauben oder Muttern eine viertel Umdrehung (90°) weiter – verwenden Sie hierfür nötigenfalls eine Gradscheibe (siehe Abbildungen).

18.17a Ziehen Sie die neuen Pleuelfußschrauben oder Muttern zunächst mit 30 Nm an ...

18.17b ... und dann um 90° weiter – verwenden Sie hierfür nötigenfalls eine Gradscheibe.

18 Verbinden Sie die drei verbliebenen Pleuel auf die gleiche Weise mit der Kurbelwelle – verdrehen Sie sie entsprechend, um den Hubzapfen nach unten zu bekommen.
19 Prüfen Sie, ob die Kurbelwelle frei drehbar ist; bei Neuteilen darf eine gewisse Steifigkeit erwartet werden, klemmen darf sie jedoch nicht.
20 Montieren Sie alle entfernten Baugruppen (siehe Kapitel 2A).

19 Motor – Erstinbetriebnahme nach Überholung

1 Nachdem der Motor ins Fahrzeug eingebaut ist, werden der Motoröl- und der Kühlmittelpegel kontrolliert. Überprüfen Sie erneut, ob alles angeschlossen ist und keine Werkzeuge oder Lappen im Motorraum zurückgelassen wurden.
2 Schließen Sie die Batterie an.
3 Bereiten Sie den Motor vor, um ihn mit dem Anlasser durchdrehen zu können, er dabei aber nicht anspringt:

Achtung: Um Schäden am Katalysator zu vermeiden, muss das Kraftstoffsystem stillgelegt werden.

4 Bauen Sie die Zündkerzen aus (siehe Kapitel 1, Sektion 24). Legen Sie die Kraftstoffpumpe still, indem Sie das Pumpenrelais aus der Relaistafel befreien (siehe Kapitel 12). Legen Sie das Zündsystem lahm, indem Sie den/die Stecker des Zündmoduls oder der Zündspulen trennen.
5 Drehen Sie den Motor mit dem Anlasser durch, bis die Öldruck-Kontrolllampe erlischt – falls sie nach einigen Sekunden immer noch leuchtet, müssen der Motorölpegel und der Ölfilter kontrolliert werden; überprüfen Sie anschließend die Verkabelung des Öldruckschalters. Solange kein ausreichender Öldruck sichergestellt ist, darf der Motor nicht gestartet werden!
6 Installieren Sie die Zündkerzen und aktivieren Sie das Kraftstoff- und Zündsystem.
7 Starten Sie den Motor – aufgrund der entleerten Kraftstoff-Komponenten kann es länger dauern, bis er anspringt.
8 Lassen Sie den Motor im Standgas laufen und kontrollieren Sie alles auf austretenden Kraftstoff, Motoröl oder Kühlmittel. Falls bei der Montage Öl oder Fett auf jetzt heiß werdende Teile gelangt sind, werden diese verdampfen, sodass eine gewisse Rauchentwicklung normal ist.
9 Lassen Sie den Motor im Standgas laufen, bis im oberen Kühlerschlauch heißes Kühlwasser erfühlt werden kann. Schalten Sie den Motor anschließend ab.
10 Kontrollieren Sie nach einigen Minuten erneut den Motoröl- und der Kühlmittelpegel und füllen Sie ggf. Flüssigkeiten nach (siehe Wöchentliche Kontrollen).
11 Soweit die Zylinderkopfschrauben während der Montage korrekt angezogen wurden, ist es bei diesen Motoren nicht erforderlich, sie noch einmal nachzuziehen.
12 Falls Neuteile wie Kolben, Kolbenringe und Lagerschalen installiert wurden, muss der Motor auf den ersten 1000 km eingefahren werden, als wäre er neu. Fahren Sie den Wagen nicht mit Vollgas und setzen Sie ihn bei niedrigen Drehzahlen unter große Last. Es ist ratsam, nach diesen 1000 km das Motoröl samt Filter zu wechseln (siehe Kapitel 1, Sektion 3).

Kapitel 3

Kühlsystem, Heizung und Klimaanlage

Inhalt Sektion

Schwierigkeitsgrade

Leicht. Geeignet für Anfänger mit wenig Erfahrung. 	**Relativ leicht.** Geeignet faür Anfänger mit etwas Erfahrung. 	**Relativ schwierig.** Geeignet für geübte Selbstschrauber. 	**Schwer.** Geeignet für Selbstschrauber mit viel Erfahrung. 	**Sehr schwer.** Geeignet für Experten und Profis. 

Technische Daten

Kühlsystem-Druckventil
Öffnungsdruck .... 1,4 bis 1,6 bar

Thermostat
Beginnt zu öffnen bei .... 87 °C
Vollständig geöffnet bei .... 102 °C
Öffnungsweg (min.) .... 8 mm

Kühlerventilator
Drehzahlstufen
Stufe 1 schaltet ein .... 92 bis 97 °C
Stufe 1 schaltet ab .... 84 bis 91 °C
Stufe 2 schaltet ein .... 99 bis 105 °C
Stufe 2 schaltet ab .... 91 bis 98 °C

Anzugsdrehmomente	**Nm**
Armaturenbrettquerträger-Befestigungsschrauben	25
Lüfterhutzen-Schrauben	10
Thermostatdeckel-Schrauben	10
Wasserkühler-Befestigungsschrauben	10
Wasserpumpen-Schrauben	15

1 Allgemeine Informationen und Warnhinweise

Allgemeine Informationen

1 Das unter Druck stehende Kühlsystem besteht aus der Wasserpumpe, einem aus Leichtmetall bestehenden Wasserkühler, einem Ausgleichsbehälter, einem elektrisch betriebenen Kühlventilator, einem Thermostat, einem Heizungs-Wärmetauscher sowie diversen Schläuchen und Schaltern. Das Kühlsystem funktioniert folgendermaßen: Kaltes Kühlmittel aus dem Kühler gelangt durch den unteren Kühlerschlauch zur durch den Zahnriemen angetriebenen Wasserpumpe, die es durch die Kühlkanäle des Motorblocks und des Zylinderkopfes fördert. Nachdem es die Zylinder, die Brennräume und die Ventilsitze abgekühlt hat, gelangt das Kühlmittel an die Unterseite des Thermostaten, der anfangs geschlossen ist und das Kühlmittel durch den Wärmetauscher der Heizung zur Wasserpumpe zurückleitet.
2 Bei kalten Motor strömt das Kühlmittel nur durch diesen »kleinen Kühlkreislauf« (Motor, Ausgleichsbehälter und Heizungs-Wärmetauscher). Sobald das Kühlmittel eine bestimmte Temperatur erreicht hat, öffnet der Thermostat, und das Kühlmittel fließt durch den oberen Schlauch in den Wasserkühler, wo es vom hindurchströmenden Fahrtwind abgekühlt wird – oder mithilfe des/der am Kühler sitzenden Ventilators/en. Hier beginnt der »große« Kühlkreis wieder von vorn.
3 Der/die Ventilator(en) wird/werden durch einen links unten an der Rückseite des Wasserkühlers (über dem unteren Kühlerschlauch) sitzenden Thermoschalter bei vorgegebenen Temperaturen ein- und ausgeschaltet.
4 Informationen über die Klimaanlage finden sich in Sektion 11.
5 Die Kühlmittel-Temperaturanzeige im Cockpit wird von einem am Kühlerschlauch-Anschluss (links am Zylinderkopf) sitzenden Temperatursensor aktiviert.

Warnhinweise

Solange der Motor heiß ist, darf weder der Ausgleichsbehälterdeckel noch irgendein anderes Teil des Kühlsystems entfernt oder getrennt werden – das unter Druck stehende Kühlmittel kann bei Druckverlust plötzlich aufkochen, sodass heißer Dampf austritt und ernsthafte Verbrennungen verursacht. Falls der Ausgleichsbehälterdeckel im Notfall vor dem Abkühlen des Motors und des Kühlers entfernt werden soll, muss zunächst vorsichtig der Druck abgelassen werden. Legen Sie dazu einen dicken Lappen oder ein Handtuch um den Deckel und entfernen Sie diesen durch vorsichtiges Drehen nach links bis zum Anschlag. Wenn ein zischendes Geräusch hörbar wird, muss gewartet werden, bis es aufhört. Jetzt wird der Deckel heruntergedrückt und weiter nach links gedreht, bis er abgenommen werden kann. Achtung: Siedendes Wasser kann auch mit etwas Verzögerung herausspritzen!

• Frostschutzmittel darf nicht mit der Haut oder Lackoberflächen in Berührung kommen. Wischen Sie Spritzer unverzüglich mit reichlich Wasser ab. Frostschutz kann giftige und explosive Gase produzieren, wenn er in offenen Behältern gelagert oder auf den Boden verschüttet wird. Kinder und Tiere können durch den süßen Geschmack irritiert werden und das Mittel trinken. Fragen Sie Ihren Fachhändler, wo Sie altes Frostschutzmittel entsorgen können.
• Bei heißem Motor kann ein elektrischer Ventilator auch nach dem Abschalten des Motors (und auch der Zündung) einschalten. Halten Sie bei Arbeiten im Motorraum stets Hände, Haare und Kleidung weit genug vom Ventilator weg.
• Beachten Sie vor der Arbeit an Klimaanlagen-Komponenten die Warnhinweise in Sektion 11.

2 Kühlsystem-Schläuche – Trennen und Verbinde

Anmerkung: *Beachten Sie vor Arbeitsbeginn die Warnhinweise in Sektion 1. Schläuche dürfen erst abgezogen werden, wenn der Motor ausreichend abgekühlt ist.*

1 Falls bei den Kontrollen in Kapitel 1, Sektion 7 ein defekter Schlauch entdeckt wurde, muss er wie folgt ersetzt werden:
2 Entleeren Sie zuerst das Kühlsystem (siehe Kapitel 1, Sektion 30) – falls das Frostschutzmittel nicht erneuert werden muss, kann es später wiederverwendet werden, wenn es in einem sauberen Behälter gelagert wird.
3 Um einen Schlauch zu trennen, muss zunächst seine Schelle gelockert werden. Ziehen Sie den Schlauch dann samt Schelle vorsichtig von seinem Stutzen.
4 Um die Haupt-Kühlerschläuche vom Wasserkühler zu trennen, muss der Schlauch zunächst mit etwas Druck auf seinem Stutzen gehalten und der Drahtbügel abgezogen werden (siehe Abbildungen). Beachten Sie, dass die beiden Haupt-Stutzen des Kühlers relativ empfindlich sind, sodass beim Abziehen der Schläuche keine übermäßige Kraft angewendet werden darf; falls ein Schlauch sich nicht lösen lässt, muss versucht werden, ihn drehend abzuziehen.

2.4a Kühlerschlauch mit angehobenem Drahtbügel in der gelösten Position

2.4b Kühlerschlauch mit herunter gedrücktem Drahtbügel in der gesicherten Position

Praxis-Tipp

Wenn sich ein Schlauch nicht abziehen lässt, muss mit einem scharfen Messer ein Längsschnitt über dem Flansch gezogen werden, sodass der Schlauch abgeschält werden kann. Es ist immer besser, nur einen neuen Schlauch zu beschaffen, als den ganzen Kühler zu ersetzen.

5 Vor der Montage empfiehlt es sich, den Stutzen mit etwas Spülmittel oder speziellem Gummi-Schmiermittel zu versehen, um den Schlauch leichter aufschieben zu können. Verwenden Sie auf keinen Fall Fett oder Motoröl, da dies den Schlauch angreifen kann. Auch das Eintauchen in warmes Wasser kann helfen.
6 Vor der Montage eines Schlauchs müssen die Schellen aufgeschoben sein. Falls ursprünglich Quetsch-Schellen verwendet wurden, empfiehlt es sich, sie durch Schraubschellen zu ersetzen. Richten Sie den Schlauch korrekt aus, bevor Sie die Schelle anziehen.
7 Prüfen Sie vor dem Verbinden der Haupt-Schläuche mit dem Kühler deren O-Ringe und ersetzen Sie sie nötigenfalls. Drücken Sie die Schläuche mit herausgezogenen Drahtbügeln auf ihre Stutzen und sichern Sie sie mit den herunter gedrückten Bügeln (Abb. 2.4a und b).
8 Füllen Sie das Kühlsystem auf (siehe Kapitel 1, Sektion 30) und kontrollieren Sie es auf Undichtigkeiten.
9 Prüfen Sie nach einigen Hundert Kilometern die Festigkeit aller auf neuen Schläuchen sitzenden Schellen.

3 Wasserkühler – Ausbau, Kontrolle und Einbaue

Versuchen Sie niemals, die Kältemittel-Leitungen der Klimaanlage zu trennen – beachten Sie die Warnhinweise in Sektion 11!

Ausbau

1 Öffnen Sie die Motorhaube und lösen Sie die Befestigungen der Abdeckungen über der Batterie, dem Kühlmittel-Ausgleichsbehälter und der vorderen Querstrebe, um sie zu entfernen
2 Trennen Sie den Masseanschluss (–) der Batterie – beachten Sie dabei die Hinweise auf Seite 366.
3 Demontieren Sie die Ventilator-Baugruppe (siehe Sektion 5) – hierfür muss das Kühlsystem abgelassen werden (siehe Kapitel 1, Sektion 30.
4 Entfernen Sie die Frontschürze (siehe Kapitel 11, Sektion 6).
5 Trennen Sie den Stecker des im Kühler sitzenden Ventilator-Thermoschalter (siehe Abbildung).

3.5 Der Stecker des im Kühler sitzenden Ventilator-Thermoschalters

6 Lösen Sie links unten am Kühler die Schraube des Klimaanlagen-Rohrs und trennen Sie dies (siehe Abbildung).

3.6 Schraube des Klimaanlagen-Rohrs links unten am Kühler

7 Ziehen Sie am Kühlerschlauch links oben am Kühler den Drahtbügel heraus und trennen Sie den Schlauch (siehe Abbildung).

3.7 Drahtbügel des Kühlerschlauchs

8 Lösen Sie bei Modellen mit Klimaanlage die vier Schrauben des Verflüssigers (siehe Abbildung) und sichern Sie ihn mit Kabelbindern an der vorderen Querstrebe.

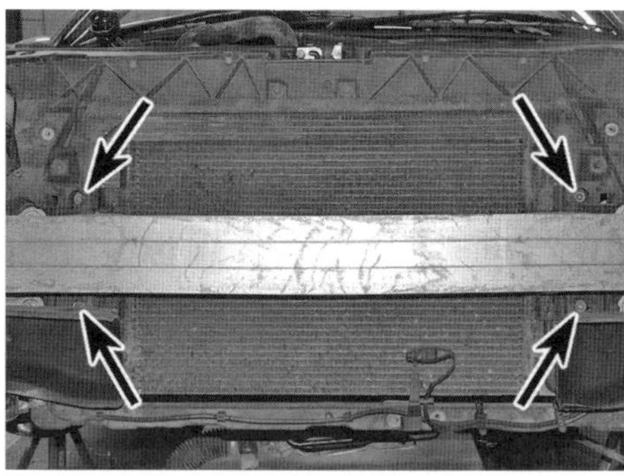

3.8 Schrauben des Klimaanlagen-Verflüssigers

9 Lösen Sie die vier Schrauben, die den Kühler an der Frontblende sichern, und ziehen Sie den Kühler nach unten aus dem Motorraum heraus (siehe Abbildungen) – beschädigen Sie dabei nicht seine Lamellen. Verlagern Sie den Klimaanlagen-Verflüssiger und die Druckleitungen zur Seite, damit der Kühler befreit werden kann.

3.9a Obere rechte Kühler-Schraube ...

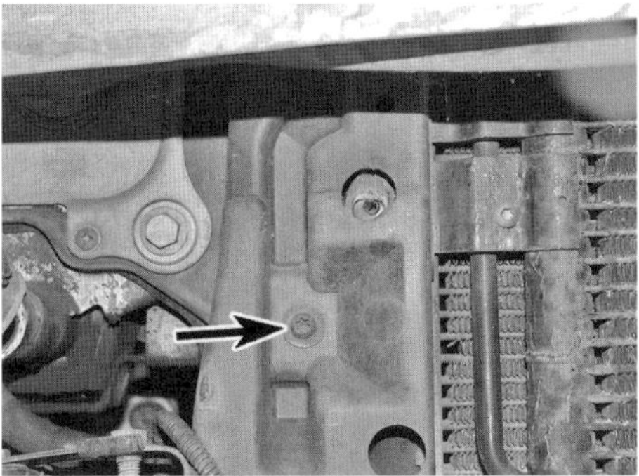

3.9b ... und untere rechte Kühler-Schraube – die linken Schrauben liegen entsprechend.

3.9c Ziehen Sie den Kühler vorsichtig nach unten aus dem Fahrzeug.

10 Beachten Sie an jeder Seite die zwei Haltegummis und kontrollieren Sie sie auf Beschädigungen (siehe Abbildungen).

3.10a Die zwei Haltegummis an jeder Seite des Kühlers ...

3.10b ... müssen auf Schäden und Alterungserscheinungen überprüft werden.

Kontrolle

11 Falls am Kühler eine Verstopfung vermutet wurde, muss er entgegen der normalen Strömungsrichtung gespült werden (siehe Kapitel 1, Sektion 30).
12 Befreien Sie mit Druckluft und einer weichen Bürste Schmutz und Insekten aus den Kühlerlamellen.

Achtung: Tragen Sie beim Einsatz von Druckluft stets eine Schutzbrille!

Achtung: Die Lamellen sind scharfkantig und sehr empfindlich!

13 Lassen Sie nötigenfalls einen »Strömungstest« von einem Kühler-Fachbetrieb durchführen, damit mögliche interne Verstopfungen erkannt werden.
14 Ein leckender Kühler muss von einem Fachbetrieb repariert werden. Versuchen Sie nicht, einen Kühler zu schweißen oder zu löten, da hierbei spezielle Techniken erforderlich sind.
15 Falls der Kühler erneuert oder für eine Reparatur eingeschickt werden soll, muss der Ventilator-Thermoschalter entfernt werden.

Einbau

16 Der Einbau entspricht der umgekehrten Ausbaureihenfolge – alle Schläuche müssen korrekt verbunden und mit ihren Schellen gesichert sein. Füllen Sie zum Schluss das Kühlsystem auf (siehe Kapitel 1, Sektion 30).

4 Thermostat – Ausbau, Test und Einbau

Ausbau

1 Der Thermostat sitzt neben der Lichtmaschine (vorn am Motor) hinter einem Anschlussflansch.
2 Trennen Sie den Masseanschluss (–) der Batterie – beachten Sie dabei die Hinweise auf Seite 366.
3 Öffnen Sie die Motorhaube und lösen Sie die Befestigungen der Abdeckungen über der Batterie, dem Kühlmittel-Ausgleichsbehälter und der vorderen Querstrebe, um sie zu entfernen (siehe Abbildungen).

4.3a Entfernen Sie die vordere Blende – Modelle mit Motorcode AMU, APX und BAM

4.3b Entfernen Sie die vordere Blende – alle Modelle, außer denen mit Motorcode AMU, APX und BAM

4 Trennen Sie bei Modellen mit Motorcode AMU, APX und BAM den Stecker des Abgastemperatursensors (siehe Abbildung).

4.4 Stecker des Abgastemperatursensors – Modelle mit Motorcode AMU, APX und BAM

5 Lösen Sie bei Modellen mit Sekundärluftsystem die Muttern der zwei Rohr-Halterungen, um das vorn quer über dem Einlassstutzen verlaufende Rohr zu trennen und beiseite zu verlagern (siehe Abbildung).

4.5 Muttern der Rohr-Halterungen

6 Lösen Sie die zwei Schrauben der vorn am Einlassstutzen sitzenden Halterung, um diese zu entnehmen (siehe Abbildung). Befreien Sie anschließend den oberen Bereich des Peilstabrohrs aus seinem Halter. Trennen Sie vom befreiten Halter die Stecker des unten an den Halter geschraubten Turbolader-Rezirkulationsventils und des Sekundärluft-Einlassventils (falls vorhanden).

4.6 Entfernen Sie die Halterung – gezeigt bei Modellen mit Motorcode AMU, APX und BAM

7 Entfernen Sie den Keilrippenriemen (siehe Kapitel 1, Sektion 25).
8 Lösen Sie die Lichtmaschinen-Befestigungsschrauben und befreien Sie die Lichtmaschine vorn aus dem Motorraum, um Zugang zum Thermostatgehäuse zu erhalten – die Lichtmaschinenstecker können angeschlossen bleiben. Sichern Sie die Lichtmaschine, sodass ihre Kabel und umgebende Komponenten nicht beschädigt werden. Weitere Informationen zur Lichtmaschine finden sich in Kapitel 5A, Sektion 5).
9 Entleeren Sie das Kühlsystem (siehe Kapitel 1, Sektion 30).
10 Lösen Sie die Schelle des am Thermostatgehäuse steckenden Schlauchs und ziehen Sie diesen ab (siehe Abbildung).

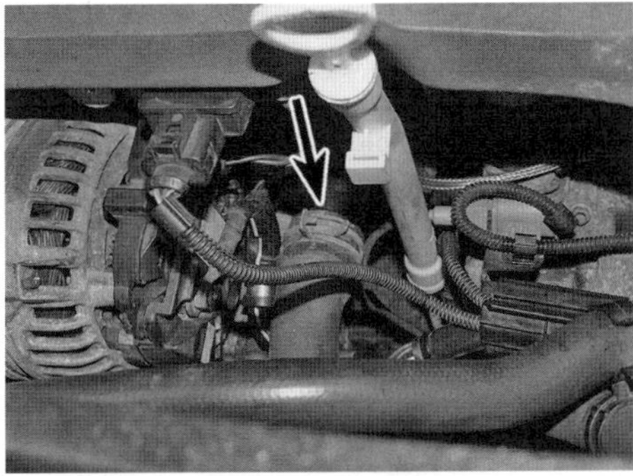

4.10 Thermostatgehäuse-Schlauch

11 Lösen Sie die Schrauben des Thermostatgehäuses und befreien Sie es vom Motorgehäuse. Entnehmen Sie dann den Thermostaten und seinen O-Ring aus dem Motor – merken Sie sich deren Einbaupositionen (siehe Abbildungen).

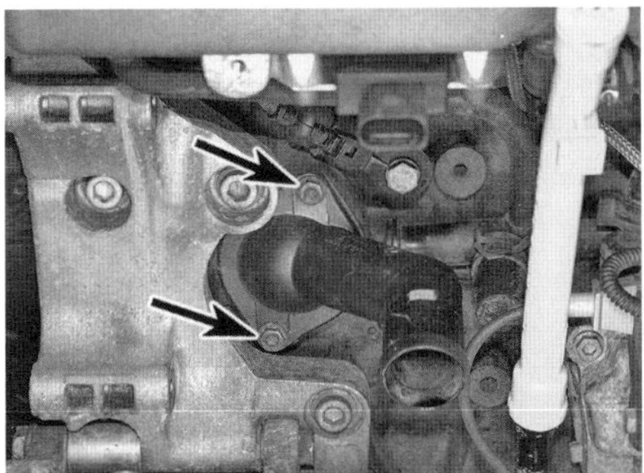

4.11a Lösen Sie die zwei Schrauben, entnehmen Sie das Gehäuse ...

4.11b ... und befreien Sie den Thermostaten und den O-Ring.

Test

12 Bei einem etwas ungenauen Test wird der Thermostat in einen mit Wasser gefüllten Topf gehängt und dieser erhitzt – sobald das Wasser kocht, muss der Thermostat öffnen.

Anmerkung: *Ein Thermostat sollte bei jedem Zweifel über seine Funktion ersetzt werden – Ersatz ist nicht teuer. Falls der Thermostat älter als fünf Jahre ist, hat er seine beste Zeit bereits hinter sich.*

13 Falls ein Thermometer zur Hand ist, kann die gemessene Öffnungstemperatur mit den Angaben in den technischen Daten verglichen werden. Die Öffnungstemperatur des Thermostaten sollte auf seinem Gehäuse angegeben sein.
14 Auch ein Thermostat, der sich bei abkühlendem Wasser nicht schließt, muss erneuert werden.

Einbau

15 Der Einbau entspricht der umgekehrten Ausbaureihenfolge – beachten Sie dabei folgende Punkte:

a) Ersetzen Sie den O-Ring (siehe Abbildung).
b) Die Strebe des Thermostaten muss möglichst senkrecht stehen.
c) Alle Halterungen müssen an der Thermostat-Abdeckung sitzen, bevor diese angeschraubt wird.
d) Füllen Sie zum Schluss das Kühlsystem auf (siehe Kapitel 1, Sektion 30).

4.15 Rüsten Sie den Thermostaten mit einem neuen O-Ring aus.

5 Kühlerventilator-Baugruppe – Test, Ausbau und Einbau

Test

1 Je nach Modell können ein oder zwei Kühlerventilatoren verbaut sein. Kühlerventilatoren werden über das Zündschloss, das Ventilator-Steuermodul, ein oder mehrere Relais und Sicherungen/Schmelzbandleitungen mit Strom versorgt (siehe Kapitel 12). Der Stromkreis wird durch den links unten im Kühler sitzenden Thermoschalter komplettiert. Ein Kühlerventilator kann mit zwei Drehzahlstufen arbeiten. Der folgende Test muss in beiden Stufen durchgeführt werden (beachten Sie die Schaltpläne am Ende von Kapitel 12).

2 Falls ein Ventilator nicht arbeitet, muss zunächst die Sicherung bzw. Schmelzbandleitung kontrolliert werden (siehe Kapitel 12, Sektion 3). Falls hier alles in Ordnung ist, wird der Motor gestartet und auf Betriebstemperatur gebracht, lassen Sie ihn dann im Standgas laufen – falls sich der Ventilator nicht nach einigen Minuten einschaltet, wird die Zündung abgeschaltet und der Stecker des Ventilatorschalters getrennt. Überbrücken Sie die zwei Kontakte des Kabelsteckers und schalten Sie die Zündung ein – arbeitet der Ventilator jetzt, ist wahrscheinlich der Schalter defekt und muss ersetzt werden.

3 Falls der Schalter zu funktionieren scheint, kann der Ventilatormotor geprüft werden, indem sein Stecker getrennt und direkt mit einer 12-Volt-Batterie verbunden wird – arbeitet er jetzt nicht, wird er defekt sein und muss ersetzt werden.

4 Falls der Ventilator immer noch nicht arbeitet, muss der Ventilator-Stromkreis kontrolliert werden (siehe Kapitel 12, Sektion 2). Überprüfen Sie alle Kabel auf Durchgang und stellen Sie sicher, dass alle Kontakte sauber und frei von Korrosion sind.

5 Werden an den Sicherungen/Schmelzbandleitungen, Kabeln, dem Ventilatorschalter oder seinem Motor keine Defekte festgestellt, wird das Problem wahrscheinlich im Ventilator-Steuermodul liegen (siehe Abbildung) – dies sollte von einer Fachwerkstatt getestet werden; bei einem Defekt muss es ausgetauscht werden.

5.5 Das Ventilator-Steuermodul

6 Am Kühlmittel-Auslass links am Zylinderkopf sitzt ein zweiter Schalter, der die Drehzahlstufe 3 des Kühlventilators steuert.

Ausbau

7 Öffnen Sie die Motorhaube und lösen Sie die Befestigungen der Abdeckungen über der Batterie, dem Kühlmittel-Ausgleichsbehälter und der vorderen Querstrebe, um sie zu entfernen (Abb. 4.3a und b).

8 Trennen Sie den Masseanschluss (–) der Batterie – beachten Sie dabei die Hinweise auf Seite 366.

9 Lockern Sie die Radbolzen der Vorderräder, heben Sie das Fahrzeug an und stützen Sie es sicher ab (siehe Seite 366). Demontieren Sie die Vorderräder. Entfernen Sie die Befestigungen des Motor-Unterschutzes und der Innenverkleidungen und entnehmen Sie diese (siehe Abbildungen). Um links die Innenverkleidung entfernen zu können, muss zunächst der Halter des Leuchtweiten-Steuersensors demontiert und beiseite verlagert werden.

5.9a Entfernen Sie die rechte Innenverkleidung.

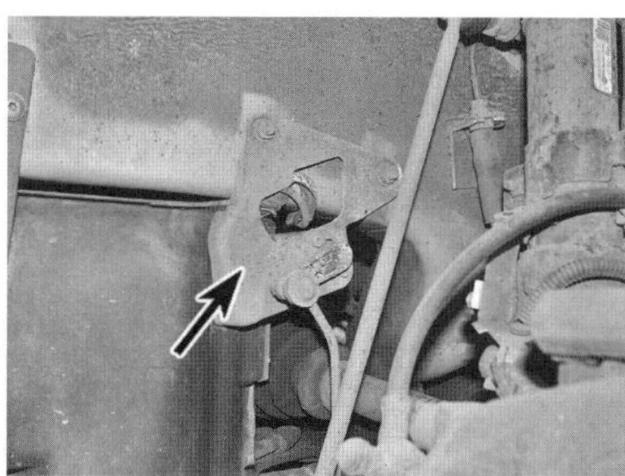

5.9b Demontieren Sie links zuerst den Leuchtweiten-Steuersensor …

5.9c … und dann die Innenverkleidung.

10 Demontieren Sie das vorn im unteren Motorraum verlaufende Ladeluftrohr (siehe Kapitel 4B, Sektion 7).

Anmerkung: *Bei allen Modellen, außer denen mit Motorcode AMU, APX und BAM (mit zwei Ladeluftkühlern) fungiert dieses Ladeluftrohr nur als Strebe zwischen den zwei Längsträgern der Karosserie und stützt auch das Rohr des Servolenkungs-Hydrauliköl-Kühlers. Es ist an keiner Seite mit einem Schlauch verbunden.*

11 Entleeren Sie das Kühlsystem (siehe Kapitel 1, Sektion 30).

12 Ziehen Sie unten am Kühler den Drahtbügel des Kühlerschlauchs heraus und trennen Sie den Schlauch (siehe Abbildung).

5.12 Trennen Sie den unteren Kühlerschlauch.

13 Trennen Sie die Kühlventilator-Stecker (siehe Abbildung) und befreien Sie deren Verkabelung von der Lüfterhutze.

5.13 Kühlventilator-Stecker

14 Bei Modellen mit Motorcode AMU, APX und BAM sitzt rechts oben an der Lüfterhutze eine elektrische Kühlmittelpumpe – trennen Sie deren Stecker, lösen Sie die Schrauben und verlagern Sie die Pumpe beiseite (siehe Abbildung) – ihre Schläuche müssen nicht getrennt werden.

5.14 Demontieren Sie die elektrische Kühlmittelpumpe.

15 Demontieren Sie bei Modellen mit Motorcode AMU, APX und BAM die linke Scheinwerfer-Baugruppe (siehe Kapitel 12, Sektion 7). Lösen Sie dann am Luftdrucksensor die Clips und die zwei Schrauben des Kabelsteckers und trennen Sie diesen. Ziehen Sie das Ladeluftrohr heraus, befreien Sie es von der Oberseite des linken Ladeluftkühlers und vom Schlauch des Einlassstutzens (siehe Abbildungen).

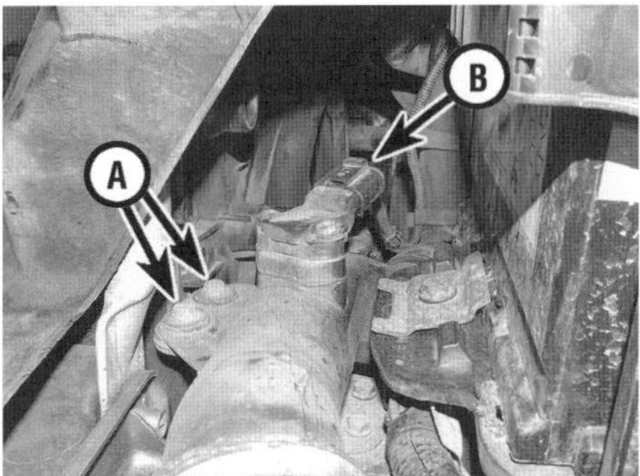

5.15a Schrauben (A) und Stecker (B) des Luftdrucksensors

5.15b Ziehen Sie das vor der Batterie sitzende Ladeluftrohr ab.

16 Lösen Sie die zwei Schrauben des vor der Batterie auf dem linken Karosserie-Längsträger sitzenden Halters und entfernen Sie diesen. Befreien Sie das Kühlventilator-Steuermodul und verlagern Sie es beiseite (siehe Abbildungen). **Anmerkung:** *Die zwei Schrauben des Halters sichern auch das Kühlventilator-Steuermodul.*

5.16a Lösen Sie die zwei Schrauben …

5.16b … und befreien Sie das Kühlventilator-Steuermodul.

17 Lösen Sie an beiden Seiten der Kühlerhutze die zwei Torxschrauben, die sie am Kühler sichern, und entfernen Sie die Ventilator-Baugruppe nach unten aus dem Motorraum heraus – beschädigen Sie dabei nicht die Kühlerlamellen (siehe Abbildung).

5.17 Befreien Sie die Ventilator-Baugruppe nach unten aus dem Motorraum.

18 Ein Ventilatormotor kann nötigenfalls nach dem Lösen der Schrauben vom Ventilator getrennt und sein Kabel aus der Führung befreit werden (siehe Abbildung).

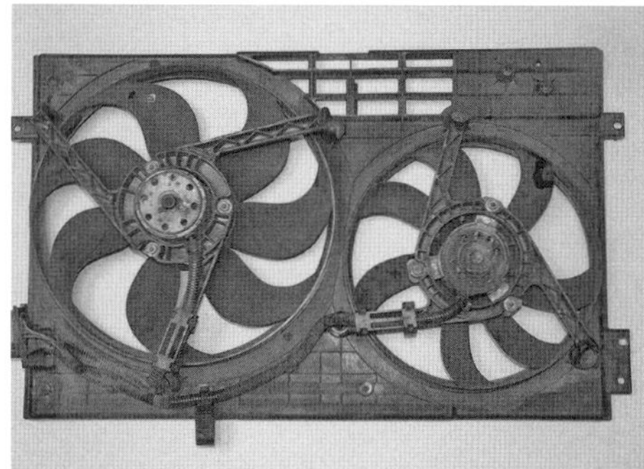

5.18 Eine mit zwei Ventilatoren bestückte Kühlerhutze

Einbau

19 Der Einbau entspricht der umgekehrten Ausbaureihenfolge – füllen Sie das Kühlsystem mit Kühlmittel auf (siehe Kapitel 1, Sektion 30) und prüfen Sie die Funktion aller Ventilatoren.

6 Kühltemperatursensor – Test, Ausbau und Einbau

Kühlventilator-Thermoschalter

Test

1 Testen Sie den Schalter wie in Sektion 5 beschrieben.

Ausbau und Einbau

2 Der Schalter sitzt oberhalb des unteren Kühlerschlauchs links am Wasserkühler (siehe Abbildung). Das Fahrzeug muss abgekühlt sein und im Kühlsystem darf sich kein Druck mehr befinden, bevor der Schalter demontiert wird.

6.2 Position des Kühlventilator-Thermoschalters

3 Trennen Sie den Masseanschluss (–) der Batterie – beachten Sie dabei die Hinweise auf Seite 366.
4 Lassen Sie das Kühlmittel entweder bis zur Höhe des Schalters ab (siehe Kapitel 1, Sektion 30) oder halten Sie einen geeigneten Stopfen bereit, der nach dem Entfernen des Schalters in dessen Öffnung gesteckt oder geschraubt wird – beschädigen Sie dabei nicht die Kühlerlamellen.
5 Lösen Sie die Lasche und trennen Sie den Stecker des Thermoschalters (siehe Abbildung).

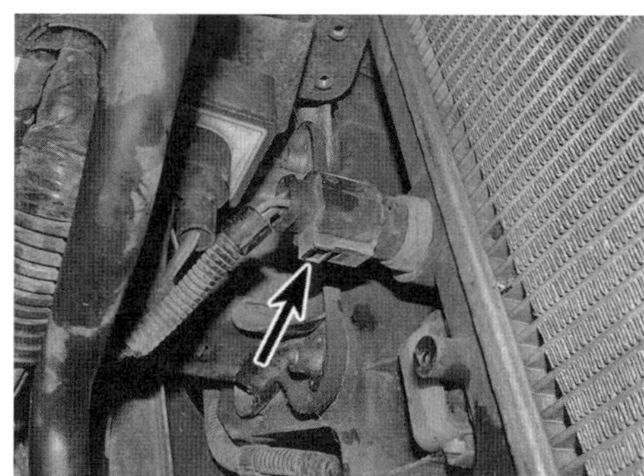

6.5 Lösen Sie die Lasche des Steckers

6 Schrauben Sie den Schalter vorsichtig aus dem Kühler – beschädigen Sie diesen dabei nicht.
7 Der Einbau entspricht der umgekehrten Ausbaureihenfolge – tragen Sie am Gewinde des Schalters etwas Fett auf und ziehen Sie ihn sorgfältig an. Füllen Sie zum Schluss das Kühlsystem mit Kühlmittel auf (siehe Kapitel 1, Sektion 30).
8 Starten Sie den Motor und bringen Sie ihn auf Betriebstemperatur. Lassen Sie ihn im Standgas laufen, bis der Ventilator zu arbeiten beginnt.

Kühltemperatursensor

Test

9 Der Sensor sitzt im Kühlerschlauch-Anschluss links am Zylinderkopf (siehe Abbildung).

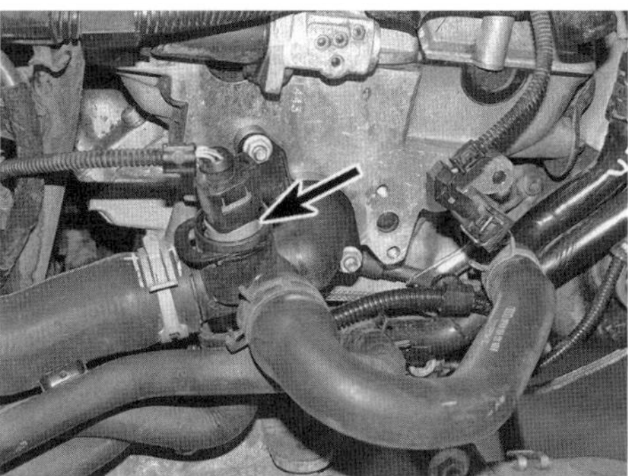

6.9 Position des Kühltemperatursensors

10 Der Sensor enthält einen Temperaturfühler, dessen elektrischer Widerstand mit steigenden Temperaturen sinkt. Bei niedriger Kühlmittel-Temperatur reduziert also hoher Widerstand den Stromfluss und die Nadel der Temperaturanzeige verbleibt am »kalten« Ende der Skala. Vorgaben über die Verhältnisse zwischen Widerstand und Temperatur sind nicht erhältlich, sodass der Sensor einzig mit einem speziellen Diagnosegerät getestet werden kann – überlassen Sie dies nötigenfalls einer Fachwerkstatt. Ein defekter Sensor muss ersetzt werden.

Ausbau und Einbau

11 Öffnen Sie die Motorhaube und lösen Sie die Befestigungen der Abdeckungen über dem Motor und der Batterie.
12 Trennen Sie den Masseanschluss (–) der Batterie – beachten Sie dabei die Hinweise auf Seite 366.
13 Trennen Sie den Stecker des Sensors (Abb. 6.9).
14 Lassen Sie das Kühlmittel bis zur Höhe des Sensors ab (siehe Kapitel 1, Sektion 30).
15 Ziehen Sie vorsichtig den Sicherungsbügel heraus und ziehen Sie den Sensor aus dem Gehäuse (siehe Abbildung) – der O-Ring muss beim Einbau erneuert werden.

6.15 Ziehen Sie den Sicherungsbügel des Kühltemperatursensors heraus.

16 Der Einbau entspricht der umgekehrten Ausbaureihenfolge – verwenden Sie für den Sensor einen neuen O-Ring und füllen Sie das Kühlsystem mit Kühlmittel auf (siehe Kapitel 1, Sektion 30).

7 Wasserpumpe – Ausbau und Einbaue

Ausbau

1 Entleeren Sie das Kühlsystem (siehe Kapitel 1, Sektion 30)
2 Befreien den oberen Bereich des Zahnriemens (siehe Kapitel 2A, Sektion 7) – beachten Sie dabei folgende Punkte:

a) Der untere Teil des Zahnriemen-Deckels muss nicht entfernt werden.
b) Der Zahnriemen kann auf dem Kurbelwellen-Riemenrad verbleiben.
d) Bedecken Sie den Zahnriemen mit Lappen, um ihn vor austretendem Kühlmittel zu schützen.

Anmerkung: *Obwohl für den Austausch der Wasserpumpe der Zahnriemen nicht vollständig entfernt werden muss, ist es ratsam, auch ihn bei jedem Ausbau der Wasserpumpe durch ein Neuteil zu ersetzen.*

3 Lösen Sie die Befestigungsschrauben der Wasserpumpe und ziehen Sie sie aus dem Motorgehäuse – merken Sie sich ihre Einbauposition. Die Wasserpumpe kann nicht überholt werden – bei einem Defekt muss sie durch Neuteil ersetzt werden.

7.3 Befestigungsschrauben der Wasserpumpe

Einbau

4 Der Einbau entspricht der umgekehrten Ausbaureihenfolge – beachten Sie dabei folgende Punkte:

a) Rüsten Sie die Wasserpumpe mit einem neuen O-Ring aus und schmieren Sie diesen mit Kühlmittel.
b) Installieren Sie die Pumpe in der beim Ausbau notierten Position (siehe Abbildung).
c) Füllen Sie das Kühlsystem auf (siehe Kapitel 1, Sektion 30).

7.4 Montage der Wasserpumpe

8 Heizung und Lüftung – Allgemeine Informatione

1 Das Heizungs- und Belüftungssystem besteht aus einem vierstufigen Gebläse, Lüftungsklappen im Armaturenbrett und an beiden Seiten sowie Lüftungstrakten zu den vorderen und hinteren Fußräumen.
2 Mithilfe der im Armaturenbrett sitzenden Heizungsregler werden Klappen betätigt, um die durch die verschiedenen Teile des Heizungs- und Belüftungssystems strömende Luft abzulenken und zu mischen. Die Luftklappen sitzen im zentralen Luftverteilergehäuse, das die Luft zu den verschiedenen Öffnungen verteilt.
3 Die zum Heizen verwendete Luft wird durch den Grill vor der Windschutzscheibe angesaugt. Im Lüftungs-Einlass befindet sich ein Pollenfilter, um Staub und andere Partikel aus der ins Fahrzeug strömenden Luft herauszufiltern.
4 Die nötigenfalls per Gebläse beschleunigte Luft wird von der Regelung zu den verschiedenen Lüftungsdüsen geleitet. Abluft gelangt unter der Heckscheibe wieder ins Freie. Falls Warmluft verlangt wird, leiten entsprechende Klappen die Frischluft durch einen vom Kühlmittel des Motors beheizten Wärmetauscher.
5 Ein Umlufthebel ermöglicht den Ausschluss der Außenluft, während im Fahrzeug die Luft zirkuliert. Diese Funktion kann kurzzeitig genutzt werden, um Gerüche nicht ins Fahrzeug dringen zu lassen, sollte aber nicht lange verwendet werden, da die Luft rasch verbraucht sein wird.

9 Heizungs- und Lüftungs-Komponenten – Ausbau und Einbaue

Heizungs/Lüftungs-Steuerung

1 Schalten Sie die Zündung und alle elektrischen Verbraucher ab.
2 Öffnen Sie den Aschenbecher, lösen Sie die Schraube und ziehen Sie die Aschenbecher-Baugruppe heraus, um dabei alle vorhandenen Stecker zu trennen (siehe Abbildungen).

9.2a Lösen Sie die Schraube, ...

9.2b ... ziehen Sie die Aschenbecher-Baugruppe heraus und trennen Sie alle Kabelstecker.

3 Lösen Sie an beiden Seiten der Mittelkonsole die Schrauben des Trägergestells und entnehmen Sie dies – beachten Sie die an den vorderen Befestigungen die Distanzhülsen (siehe Abbildungen).

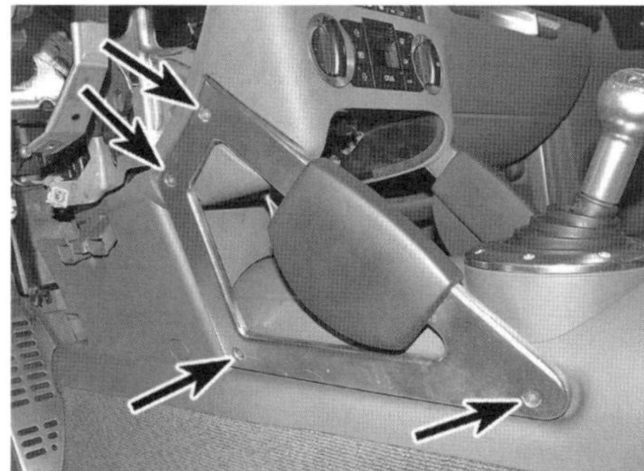

9.3a Lösen Sie die vier Schrauben jedes Trägergestells, ...

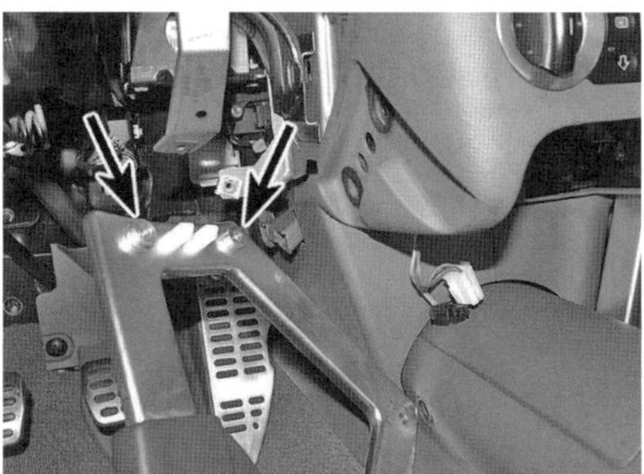

9.3b ... beachten Sie vorn die Distanzhülsen.

4 Lösen Sie in der Aschenbecher-Öffnung die Schraube der Heizungs/Lüftungsregler-Blende und entnehmen Sie diese vom Armaturenbrett (siehe Abbildungen).

9.4a Lösen Sie die Schraube …

9.4b … und entnehmen Sie die Heizungs/Lüftungsregler-Blende.

5 Lösen Sie die vier Torxschrauben, um die Regler-Einheit aus dem Armaturenbrett zu befreien – trennen Sie dabei ihre Stecker (siehe Abbildungen). Bei manchen Modellen müssen an den Steckern Sicherungs-Clips gelöst werden.

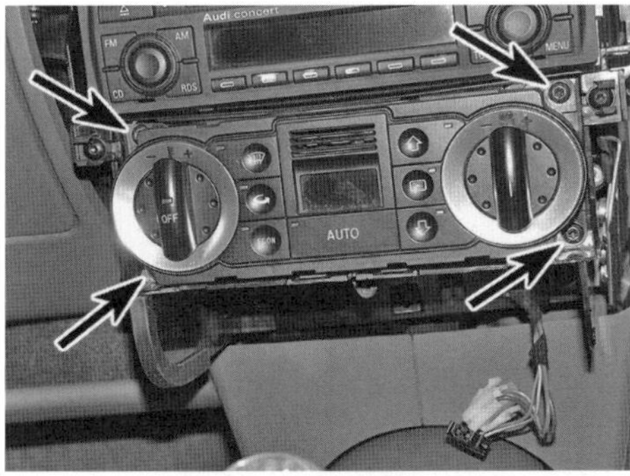

9.5a Lösen Sie die vier Torxschrauben, …

9.5b … um die Regler-Einheit aus dem Armaturenbrett zu befreien – trennen Sie dabei ihre Stecker.

6 Befreien Sie die Regler-Seilzüge aus der Reglereinheit – merken Sie sich ihre Positionen und Verlegung (markieren Sie die Züge, um sie später korrekt zuordnen zu können). Die Seilzughüllen werden durch Drücken der Arretierlaschen und Anheben der Sicherungs-Clips befreit (siehe Abbildung).

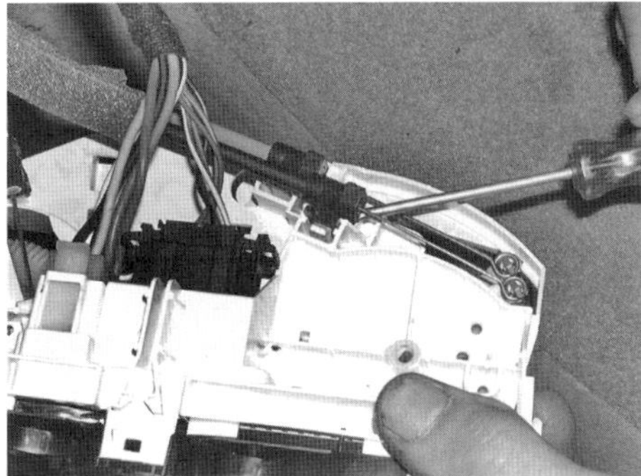
9.6 Drücken Sie die Lasche und heben Sie den Sicherungsclip an.

7 Der Einbau entspricht der umgekehrten Ausbaureihenfolge. Alle Seilzüge müssen korrekt verlegt und angeschlossen werden. Sichern Sie die Seilzughüllen und prüfen Sie die Funktion aller Regler, bevor Sie die Einheit im Armaturenbrett sichern und die Blende montieren.

Heizungs/Lüftungs-Seilzüge

8 Demontieren Sie die Heizungs/Lüftungs-Steuerung (siehe oben) und befreien Sie die Seilzüge von den Reglern.
9 Entfernen Sie rechts die untere Armaturenbrett-Verkleidung, um Zugang zu den Heizungsregler-Seilzuganschlüssen am Heizungs/Lüftungs-Verteilergehäuse zu erhalten.
10 Folgen Sie der Verlegung des Seilzugs hinter dem Armaturenbrett, merken Sie sich seine Verlegung und trennen Sie ihn vom Hebel am Verteilergehäuse. Die Befestigung entspricht derjenigen der Regler-Seilzüge.
11 Verlegen Sie den neuen Seilzug ohne ihn zu knicken. Die Hülsen an den Seilzughüllen sind farblich markiert, um korrekt angeschlossen werden zu können.

a) Zentrale Luftklappe zum Drehregler: gelb (Linkslenker) oder grau (Rechtslenker)
b) Fußraum/Enteisungs-Klappe zum Drehregler: grün (Linkslenker) oder schwarz (Rechtslenker)
c) Temperaturklappe zum Drehregler: braun (Linkslenker) oder weiß (Rechtslenker)

12 Verbinden Sie die Seilzüge mit der Regler-Einheit und dem Heizungs/Lüftungs-Verteilergehäuse – sichern Sie die Hüllen, indem Sie sie korrekt einrasten lassen.
13 Prüfen Sie die Funktion aller Regler, bevor Sie die Einheit im Armaturenbrett sichern und die Blende montieren.

Heizungs-Wärmetauscher

14 Entfernen Sie den Deckel des Kühlmittel-Ausgleichsbehälters (beachten Sie die Warnung in Sektion 1), um den Druck im Kühlsystem abzulassen. Installieren Sie den Deckel wieder.
15 Entfernen Sie die obere Motorabdeckung. Entleeren Sie das Kühlsystem (siehe Kapitel 1, Sektion 30) oder klemmen Sie beide Heizungsschläuche nahe der Spritzwand ab, um den Verlust an Kühlmittel zu minimieren (siehe Abbildung).

9.15 Hier werden die Heizungsschläuche durch die Spritzwand geführt (gezeigt an einem Rechtslenker-Modell).

16 Befreien Sie den Hitzeschutz von den Heizungsschläuchen und ziehen Sie die Drahtbügel bis zum Anschlag heraus, um dann die Schläuche von den Wärmetauscher-Stutzen zu ziehen (siehe Abbildungen). Notieren Sie sich die Anschlusspositionen der Schläuche.

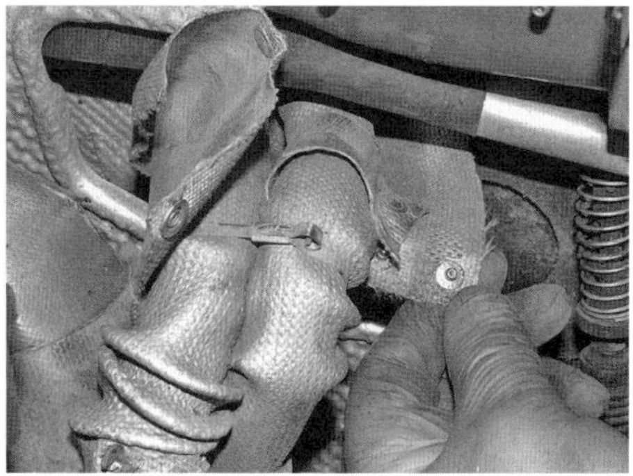

9.16a Der Hitzeschutz ist mit Druckknöpfen an den Heizungsschläuchen befestigt.

9.16b Die Drahtbügel in der gelösten Position

17 Ziehen Sie die Heizungsschläuche zurück und lösen Sie die zwei Muttern, die die Heizungs-Einheit an der Spritzwand sichern – für den Zugang zu den Muttern muss der U-förmige Ausschnitt im Hitzeschutz hinten an der Spritzwand angehoben werden (siehe Abbildungen).

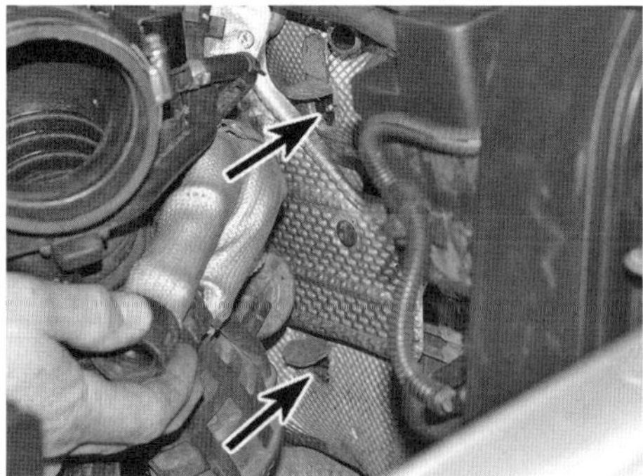

9.17a Lösen Sie die zwei Heizungseinheit-Befestigungsmuttern an der Spritzwand (Pfeile).

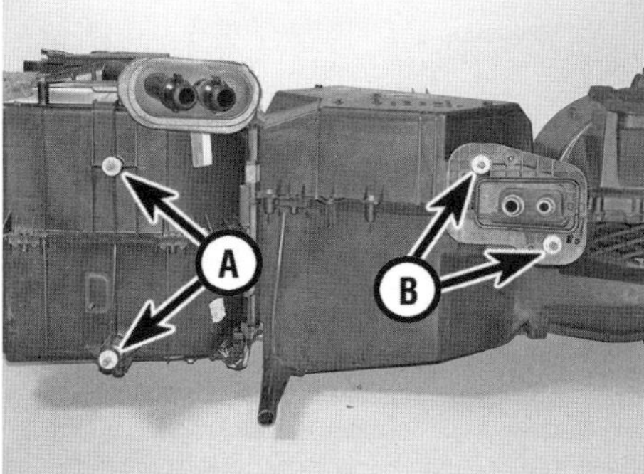

9.17b Positionen der Heizungseinheit-Befestigungspunkte an der Spritzwand

A Stehbolzen der Muttern aus Abb. 9.17a
B Klimaanlagen-Expansionsventil-Stehbolzen

18 Demontieren Sie an der Rückseite der Spritzwand das Expansionsventil der Klimaanlage (siehe Sektion 12) – beachten Sie zuvor die Warnhinweise in Sektion 11.

Versuchen Sie niemals, den Kältemittelkreis zu öffnen, bevor ein Fachbetrieb das Kältemittel abgelassen hat.

19 Demontieren Sie das Armaturenbrett (siehe Kapitel 11, Sektion 28).
20 Lösen Sie unten an der linken A-Säule die Schraube des Massekabels und trennen Sie dies (siehe Abbildung).

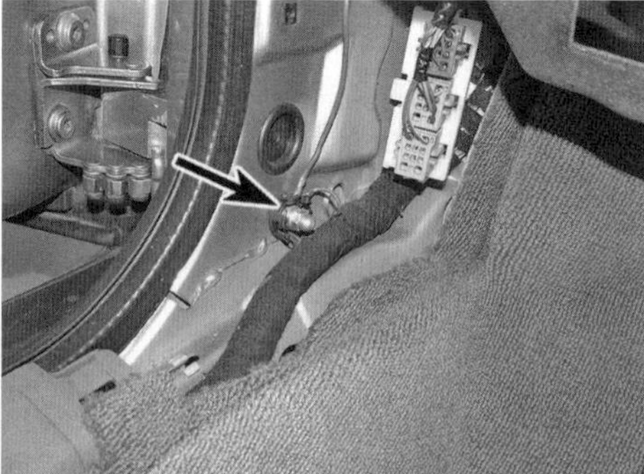

9.20 Massekabel-Mutter an der linken A-Säule

21 Befreien Sie oben am Heizungsgehäuse den Lüftungsschacht und lösen Sie im Fahrerfußraum die Schraube des dortigen Lüftungsschachts, um ihn zu entfernen (siehe Abbildungen).

9.21a Befreien Sie den oberen Lüftungsschacht …

9.21b … und den Fahrerfußraum-Lüftungsschacht.

22 Befreien Sie den um die Heizungseinheit geführten Kabelbinder, lösen Sie dann alle Befestigungen der Geräuschdämmung und befreien Sie sie unter der Heizungseinheit heraus (siehe Abbildungen).

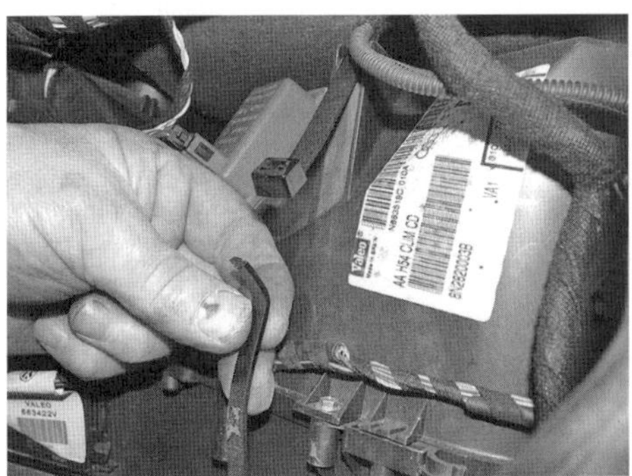

9.22a Öffnen Sie den Kabelbinder …

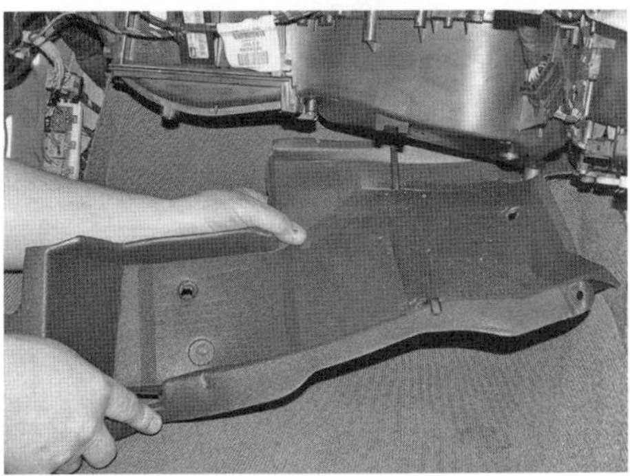

9.22b … und lösen Sie die Befestigungen der Geräuschdämmung, um sie zu befreien.

23 Öffnen Sie oben an der Heizungseinheit die Kabelbaumführung und befreien Sie die Verkabelung (siehe Abbildungen).

9.23a Öffnen Sie oben an der Heizungseinheit die Kabelbaumführung …

9.23b … und befreien Sie die Verkabelung.

24 Öffnen Sie links an der Heizungseinheit die Kabelbinder, um dort den Kabelbaum zu befreien (siehe Abbildung).

9.24 Öffnen Sie links an der Heizungseinheit die Kabelbinder des Kabelbaums.

25 Kontrollieren Sie rundherum an der Heizungseinheit, ob nichts mehr den Ausbau behindert. Ziehen Sie die Einheit vorsichtig aus der Spritzwand und befreien Sie den unten an der Klimaanlage angeschlossenen Ablaufschlauch – seien Sie auf etwas austretendes Kühlmittel vorbereitet. Befreien Sie die Heizungseinheit aus dem Fahrzeug (siehe Abbildung).

9.25 Befreien Sie die Heizungseinheit aus dem Fahrzeug.

26 Positionieren Sie die Heizungseinheit auf der Werkbank und lösen Sie die zwei Schrauben, um den Wärmetauscher vorsichtig aus der Baugruppe zu befreien (siehe Abbildungen).

9.26a Lösen Sie die Schrauben ...

9.26b ... und heben Sie den Wärmetauscher heraus.

27 Der Einbau entspricht der umgekehrten Ausbaureihenfolge – beachten Sie dabei folgende Punkte:

a) Kontrollieren Sie den Zustand der Schaumstoff-Dichtung zwischen den Wärmetauscher-Rohren und der Spritzwand und ersetzen Sie sie nötigenfalls.
b) Beschädigen Sie nicht die Lamellen des Wärmetauschers, wenn Sie ihn in das Gehäuse einschieben.
c) Der Kabelbaum muss oben an der Heizungseinheit korrekt in seiner Führung liegen.
d) Alle Kabel müssen korrekt verlegt und anschlossen werden.
e) Alle Luftschächte müssen korrekt positioniert und gesichert werden.
f) Achten Sie auf den unten korrekt angeschlossenen Klimaanlagen-Ablaufschlauch.
g) Füllen Sie das Kühlsystem auf (siehe Kapitel 1, Sektion 30).
h) Lassen Sie ggf. den Fachbetrieb das Kältemittel wieder auffüllen.

Heizgebläsemotor

28 Schalten Sie die Zündung und alle elektrischen Verbraucher ab.
29 Demontieren Sie das Handschuhfach (siehe Kapitel 11, Sektion 26).
30 Befreien Sie den um die Heizungseinheit geführten Kabelbinder, lösen Sie dann alle Befestigungen der Geräuschdämmung und befreien Sie sie unter der Heizungseinheit heraus (Abb. 9.22a und b).
31 Befreien Sie die Verkabelung aus den Befestigungen am Gehäuse und trennen Sie den Stecker vom Gebläsemotor (siehe Abbildungen).

9.31a Befreien Sie die Verkabelung vom Gehäuse ...

9.31b ... und trennen Sie den Stecker vom Gebläsemotor.

32 Lösen Sie unten am Gebläsemotor die zwei Schrauben der Abdeckung und entnehmen Sie diese (siehe Abbildungen).

9.32a Lösen Sie die zwei Schrauben ...

9.32b ... und entnehmen Sie die untere Gebläse-Abdeckung.

33 Ziehen Sie den Gebläsemotor nach unten aus dem Heizungsgehäuse (siehe Abbildung).

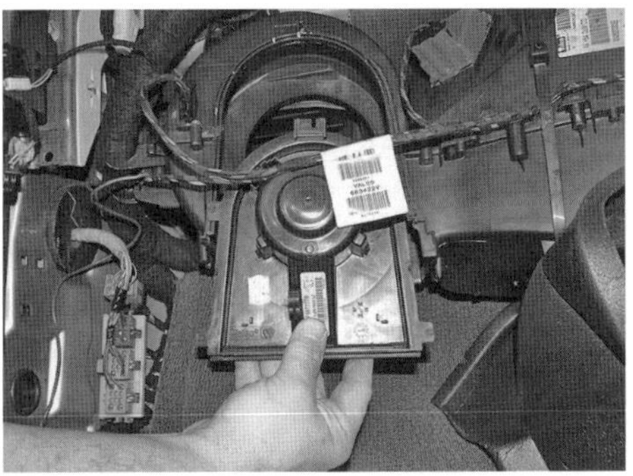

9.33 Ziehen Sie den Gebläsemotor nach unten heraus.

34 Der Einbau entspricht der umgekehrten Ausbaureihenfolge.

Gebläsemotor-Widerstand

35 Schalten Sie die Zündung und alle elektrischen Verbraucher ab.
36 Demontieren Sie das Handschuhfach (siehe Kapitel 11, Sektion 26).
37 Der Gebläsemotor-Widerstand sitzt rechts vom Gebläsemotor oben am Heizungsgehäuse (siehe Abbildung).

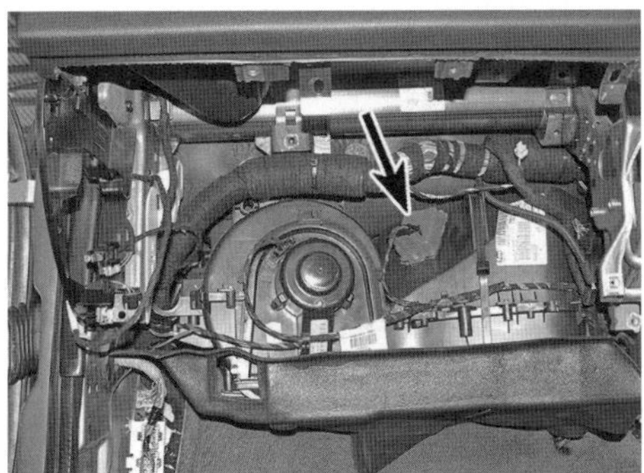

9.37 Position des Gebläsemotor-Widerstands

38 Trennen Sie den Stecker vom Widerstand, lösen Sie dessen Schraube und befreien Sie ihn aus dem Heizungsgehäuse (siehe Abbildungen).

9.38b ... lösen Sie die Schraube ...

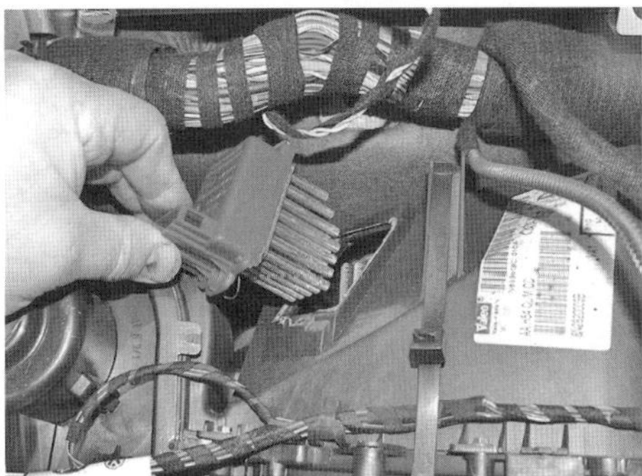

9.38c ... und ziehen Sie den Gebläsemotor-Widerstand heraus.

39 Der Einbau entspricht der umgekehrten Ausbaureihenfolge.

Luftklappen-Stellmotoren (Modelle ohne Heizungsregler-Seilzüge)

40 Modelle ohne Heizungsregler-Seilzüge verfügen in der Heizungsgehäuse-Baugruppe über vier Luftklappen-Stellmotoren:

a) Luftklappen-Stellmotor
b) Fußraum/Enteisungsklappen-Stellmotor
c) Temperaturklappen-Stellmotor
d) Zentraler Lüftungs-Stellmotor

41 Um Zugang zum Luftklappen-Stellmotor zu erhalten, muss das Handschuhfach demontiert werden (siehe Kapitel 11, Sektion 26).
42 Der Motor sitzt hinter dem Gebläsemotor links an der Heizungseinheit (siehe Abbildung).

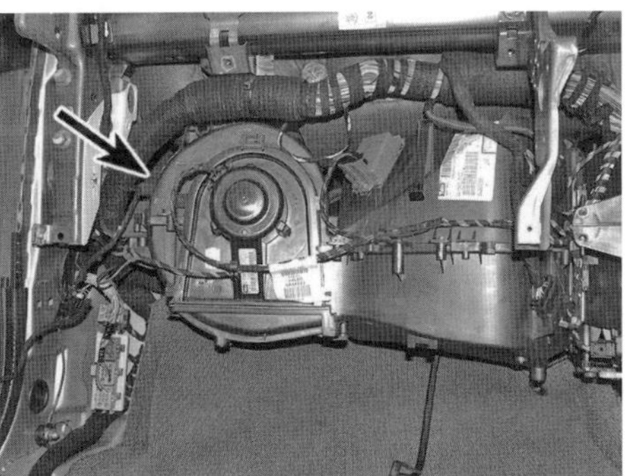

9.42 Der Luftklappen-Stellmotor sitzt hinter dem Gebläsemotor links an der Heizungseinheit

43 Befreien Sie den Kabelbaum und verlagern Sie ihn beiseite, um Zugang zum Motor zu erhalten. Trennen Sie den Kabelstecker und befreien Sie vorsichtig den Betätigungshebel vom Luftklappenhebel (siehe Abbildungen).

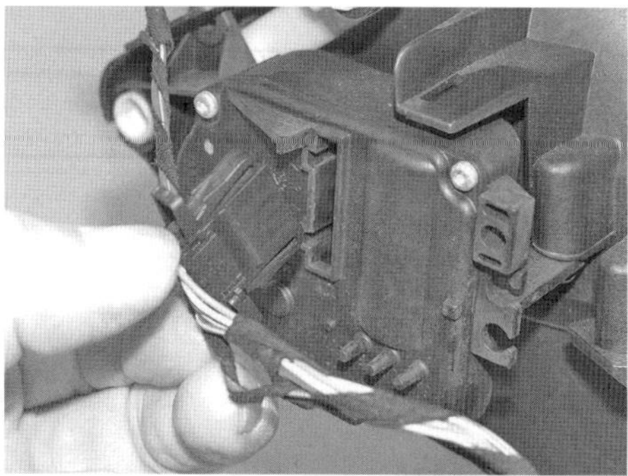

9.43a Trennen Sie den Stecker ...

9.43b ... und befreien Sie den Betätigungshebel.

44 Lösen Sie unten am Motor die Befestigungsschraube und drehen Sie den Motor herunter, um ihn von der Luftklappe zu befreien (siehe Abbildung).

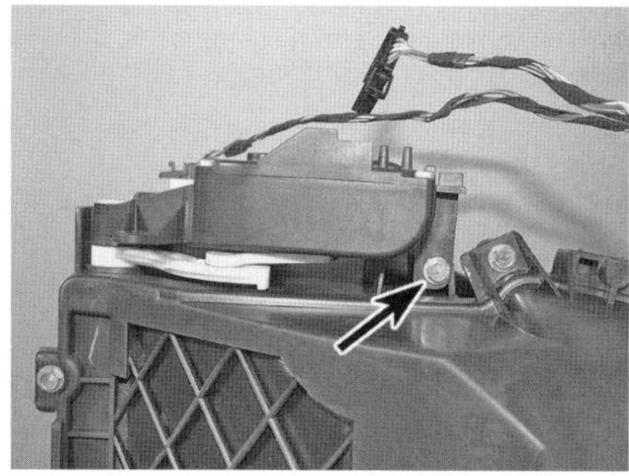

9.44 Befestigungsschraube des Luftklappen-Stellmotors

45 Der Einbau entspricht der umgekehrten Ausbaureihenfolge – alle Kabel müssen abseits beweglicher Teile gesichert und der Betätigungshebel fest verbunden sein.

Fußraum/Enteisungsklappen-Stellmotor

46 Um Zugang zum Fußraum/Enteisungsklappen-Stellmotor zu erhalten, muss die Verkleidung unterhalb des Lenkrads entfernt werden (siehe Kapitel 11, Sektion 28).
47 Der Motor sitzt rechts an der Heizungseinheit (siehe Abbildung).

9.47 Position des Fußraum/Enteisungsklappen-Stellmotors – gezeigt beim Rechtslenker-Modell

48 Trennen Sie den Kabelstecker, lösen Sie die Befestigungsschrauben, befreien Sie den Betätigungshebel und entnehmen Sie den Motor vom Gehäuse (siehe Abbildungen).

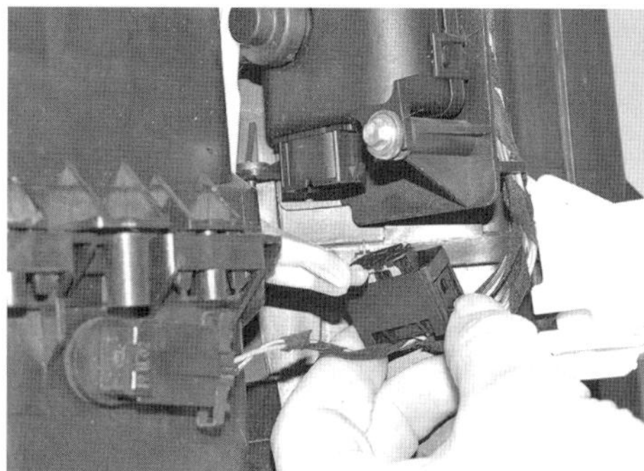

9.48a Trennen Sie den Kabelstecker, ...

9.48b ... lösen Sie die Befestigungsschrauben ...

9.48c ... und befreien Sie den Betätigungshebel.

49 Der Einbau entspricht der umgekehrten Ausbaureihenfolge – alle Kabel müssen abseits beweglicher Teile gesichert und der Betätigungshebel fest verbunden sein.

Temperaturklappen- und zentraler Lüftungs-Stellmotor

50 Um Zugang zu den Motoren zu erhalten, muss die linke Fußraum-Verkleidung vorn von der Mittelkonsole entfernt werden (siehe Kapitel 11, Sektion 27).
51 Die Motoren sitzen mittig unterhalb der Heizungseinheit über dem Mitteltunnel (siehe Abbildung).

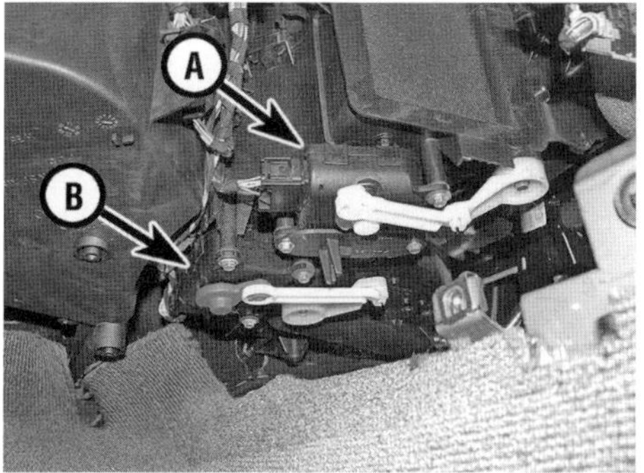

9.51 Temperaturklappen-Motor (A) und zentraler Lüftungs-Stellmotor (B)

52 Die beiden Motoren sind genauso wie der Fußraum/Enteisungsklappen-Stellmotor am Heizungsgehäuse gesichert. Trennen Sie den Stecker, lösen Sie die Schrauben und befreien Sie den Betätigungshebel, um den Motor vom Gehäuse zu trennen. Beim Temperaturklappenmotor sichern zwei der Schrauben auch Kabelhalterungen (siehe Abbildung).

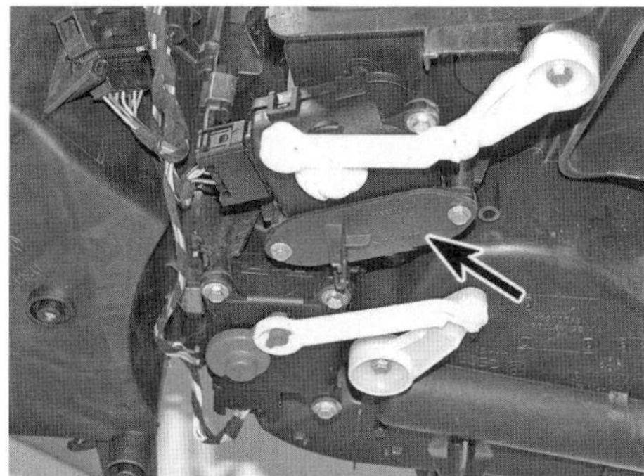

9.52 Position der Kabelhalterung

53 Der Einbau entspricht der umgekehrten Ausbaureihenfolge – alle Kabel müssen abseits beweglicher Teile gesichert und der Betätigungshebel fest verbunden sein.

10 Lüftungsdüsen – Ausbau und Einbaue

Runde seitliche und mittlere Lüftungsdüsen

1 Beim Ausbau der runden Lüftungsdüsen aus der Mitte und den äußeren Rändern des Armaturenbretts können diese leicht beschädigt werden. Um sie ohne Beschädigungen demontieren zu können, muss das Armaturenbrett aus dem Fahrzeug befreit werden (siehe Kapitel 11, Sektion 28).
2 Falls eine Luftdüse bereits beschädigt ist und durch ein Neuteil ersetzt werden muss, ist die folgende Prozedur zu befolgen: Beschaffen Sie zwei 3 mm starke Metallstangen und biegen Sie jeweils ein Ende auf einer Länge von 6 mm zu einem Haken um. Führen Sie die Stangen gegenüber voneinander in die Luftdüse ein und positionieren Sie die Haken um den unteren Rand der Lüftungsdüse, um diesen vorsichtig aus dem Armaturenbrett zu ziehen.
Anmerkung: *Die Luftdüsen können beim Ausbau beschädigt werden, sodass bei Einbau Neuteile beschafft werden müssen.*
3 Drücken Sie beim Einbau die Düse vorsichtig ins Armaturenbrett, bis seine Clips einrasten.

Obere mittige Armaturenbrett-Düsen

4 Oben im Armaturenbrett gibt es zwei Lüftungsdüsen-Typen:

a) Der erste Lüftungsdüsen-Typ kann ohne Beschädigung ausgebaut werden, wenn seine Laschen vorsichtig mit einem kleinen Schraubendreher herausgehebelt werden.
b) Der zweite (an dem von uns fotografierten Modell verwendete) Lüftungsdüsen-Typ ist hinten mit einem Zapfen ausgerüstet, der beim Abhebeln leicht abbricht (siehe Abbildungen). Hebeln Sie die Düse vorsichtig aus der oberen Armaturenbrett-Blende – falls der Zapfen abbricht, muss er mit einer Zange herausgezogen und die Lüftungsdüse durch ein Neuteil ersetzt werden.

10.4a Bei der oberen Lüftungsdüse des Typs b bricht leicht der Zapfen ab, …

10.4b … der mit einer Zange herausgezogen werden muss.

5 Drücken Sie die Lüftungsdüse vorsichtig oben ins Armaturenbrett, bis sie einrastet.

11 Klimaanlage – Allgemeine Informationen und Warnhinweise

Allgemeine Informationen

1 Alle Modelle sind mit einer Klimaanlage ausgerüstet. Zusammen mit der Heizung ermöglicht die Klimaanlage die Anpassung der Innenraumtemperatur. Sie reduziert auch die Luftfeuchtigkeit der einströmenden Frischluft und hindert so die Fenster am Beschlagen.
2 Die Kühlfunktion der Klimaanlage arbeitet ähnlich wie ein gewöhnlicher Kühlschrank. Der von der Kurbelwelle über den Keilrippenriemen angetriebene Kompressor presst gasförmiges Kühlmittel in den vorn am Wasserkühler sitzenden Verflüssiger, wo es Wärme abgibt und flüssig wird. Es durchströmt ein Expansionsventil und gelangt in den Verdampfer, wo es sich von unter hohem Druck stehender Flüssigkeit in Gas umwandelt, das unter niedrigem Druck steht. Diese Umwandlung wird von einer Temperaturabsenkung begleitet, sodass der Verdampfer abkühlt. Das Kühlmittel kehrt zum Kompressor zurück und der Kreislauf beginnt von vorn.
3 Durch den Verdampfer geblasene Luft passiert den Luft-Verteiler, wo sie mit heißer Luft aus dem Wärmetauscher gemischt wird, um im Innenraum die gewünschte Temperatur zu erreichen.
4 Die Heizungsseite des Systems arbeitet wie eine normale Fahrzeugheizung (siehe Sektion 8).
5 Die Funktion des Systems wird vom einem elektronischen Steuergerät überwacht. Bei irgendwelchen Problemen mit dem System muss Rat bei einer Fachwerkstatt gesucht werden.

Warnhinweise

8 Bei der Arbeit an der Klimaanlage oder damit verbundenen Komponenten müssen besondere Warnhinweise beachtet werden.

Das Kältemittel ist potenziell gefährlich, sodass nur qualifizierte Personen damit hantieren dürfen. Eine unkontrollierte Entleerung des Systems birgt Gefahren und ist aus den folgenden Gründen äußerst umweltschädlich:
a) Falls es auf die Haut gerät, kann es Erfrierungen verursachen.
b) Kältemittel ist schwerer als Luft und kann Sauerstoff verdrängen. In einem geschlossenen Raum, der nicht ausreichend belüftet wird, besteht daher Erstickungsgefahr. Das Gas ist farb- und geruchslos, sodass es unbemerkt austreten kann.

Versuchen Sie niemals, irgendeinen Schlauch- oder Rohranschluss der Klimaanlage zu öffnen, ohne dass das System zuvor von einem Klimaanlagen-Spezialisten entleert wurde. Nach Beendigung der Arbeit muss das System ebenfalls von einem Fachbetrieb wieder mit dem korrekten Kältemittel aufgefüllt werden.

Getrennte Rohr- und Schlauchanschlüsse müssen direkt nach dem Trennen abgedichtet werden. Falls Luft eindringen kann, wird der Trockner-Behälter mit Feuchtigkeit zugesetzt, sodass er ausgetauscht werden muss. Ersetzen Sie alle Anschluss-Dichtringe.

Achtung: Aktivieren Sie nicht die Klimaanlage, wenn bekannt ist, dass Kältemittel fehlt – hierdurch kann der Kompressor beschädigt werden!

12 Klimaanlagen-Komponenten – Ausbau und Einbae

Beachten Sie vor der Arbeit an Klimaanlagen-Komponenten die Warnhinweise in Sektion 11.

Achtung: Lassen Sie vor der Arbeit an Klimaanlagen-Komponenten das Kältemittel von einem Fachbetrieb entfernen.

Achtung: Starten Sie bei entleerter Klimaanlage möglichst nicht den Motor, da der Kompressor überhitzen und beschädigt werden kann.

Hinweis: *Falls der Kältemittelkreis nicht innerhalb von 10 Minuten nach dem Entfernen des Kältemittels geöffnet wird, kann sich durch das Verdampfen von Resten wieder leichter Druck aufbauen.*

Expansionsventil

1 Das Expansionsventil sitzt links im Motorraum (siehe Abbildung), wo die zwei Klimaanlagen-Rohre (Hochdruck und Niederdruck) durch die Spritzwand ins Heizungsgehäuse geführt werden.

12.1 Position des Expansionsventils

2 Entfernen Sie den um das Expansionsventil angebrachten Hitzeschutz.
Anmerkung: *Falls das Expansionsventil nicht oder nicht korrekt mit diesem Hitzeschutz ausgerüstet ist, kann dies negative Auswirkungen auf die Klimaanlage haben.*
3 Lösen Sie am Expansionsventil die Schraube des Kälterohr-Anschlusses und trennen Sie diesen (siehe Abbildungen) – entnehmen Sie die Dichtringe und verstopfen Sie die Leitungen, damit kein Schmutz oder Feuchtigkeit eindringen kann.

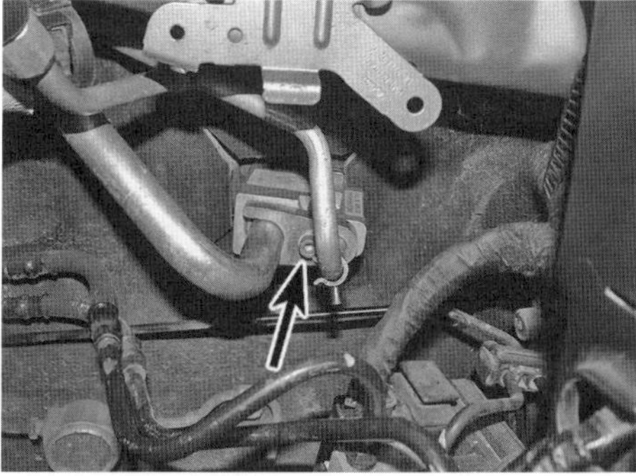
12.3a Lösen Sie die Schraube …

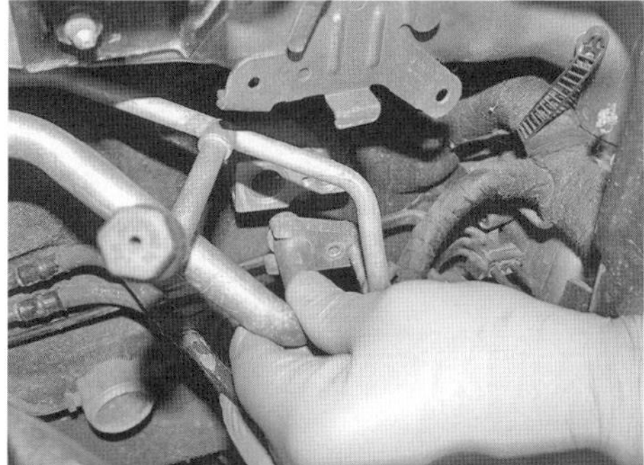
12.3b … und trennen Sie die Kältemittel-Rohre.

4 Lösen Sie die zwei Schrauben des Expansionsventils, befreien Sie es und entnehmen Sie die Distanzplatte von den Rohrstutzen (siehe Abbildungen). Entnehmen Sie die Dichtringe und verstopfen Sie die Leitungen, damit kein Schmutz oder Feuchtigkeit eindringen kann.

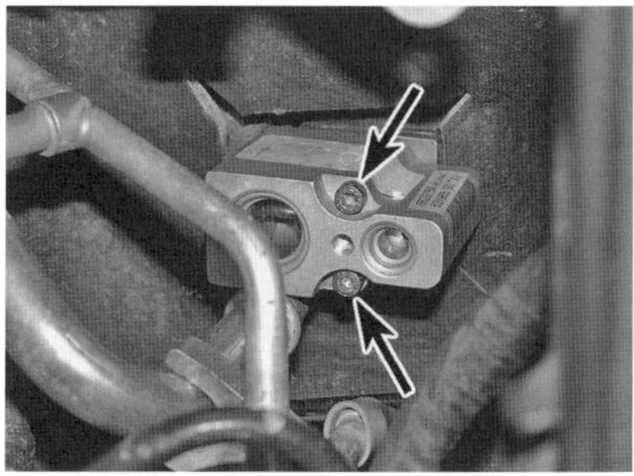
12.4a Lösen Sie die zwei Schrauben, …

12.4b … ziehen Sie das Expansionsventil ab …

12.4c … und stellen Sie die Distanzplatte sicher.

5 Falls das Expansionsventil demontiert wurde, um das Heizungsgehäuse ausbauen zu können, muss die um das Ventil liegende Geräuschdämmung entfernt werden, damit die zwei Befestigungsmuttern gelöst werden können – jetzt kann die Halteplatte von der Spritzwand entfernt werden (siehe Abbildungen).

12.5a Lösen Sie die Muttern …

12.5b … und entnehmen Sie die Expansionsventil-Halteplatte.

6 Der Einbau entspricht der umgekehrten Ausbaureihenfolge – ziehen Sie alle Schrauben sorgfältig an. Rüsten Sie die Kältemittelrohre mit neuen O-Ringen aus. Lassen Sie das Kältemittel von einem Fachbetrieb auffüllen.

Verdampfer

7 Demontieren Sie das Heizungsgehäuse (siehe Sektion 9).

8 Das Heizungsgehäuse besteht aus zwei Sektionen – in der einen sitzt der Wärmetauscher, in der anderen der Verdampfer, der Gebläsemotor und sein Widerstand.

9 Befreien Sie zuerst den Kabelbaum vom Heizungsgehäuse und lösen Sie dann die sechs Clips, die die Gehäusehälften rundherum zusammenhalten (siehe Abbildungen).

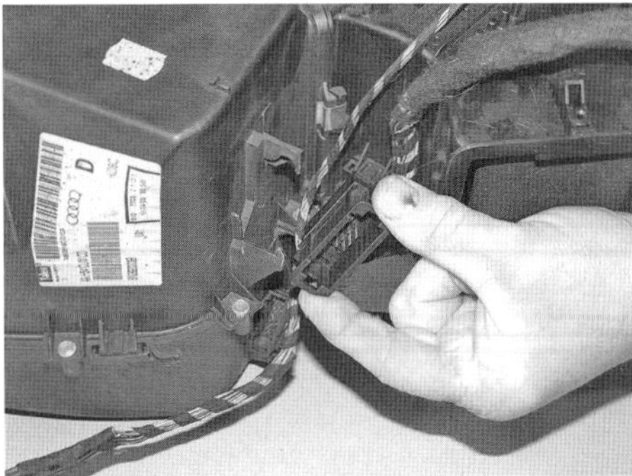

12.9a Befreien Sie den Kabelbaum vom Heizungsgehäuse.

12.9b Lösen Sie die sechs Clips, ...

12.9c ... um die Gehäusehälften zu trennen.

10 Entfernen Sie die Gummidichtung aus der Verbindung der Gehäusehälften (siehe Abbildung) und ersetzen Sie sie nötigenfalls.

12.10 Entfernen Sie die Gummidichtung aus der Verbindung der Gehäusehälften.

11 Lösen Sie rundherum die elf Gehäuseschrauben, um die obere Gehäusehälfte von der unteren zu trennen (siehe Abbildungen).

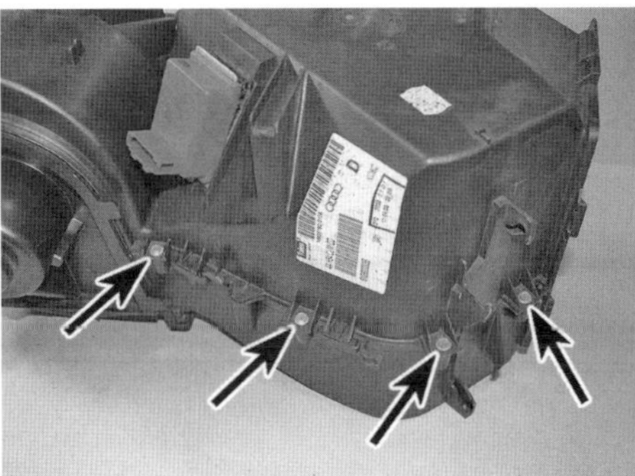

12.11a Lösen Sie die insgesamt 11 Schrauben (nur 4 sind gezeigt) ...

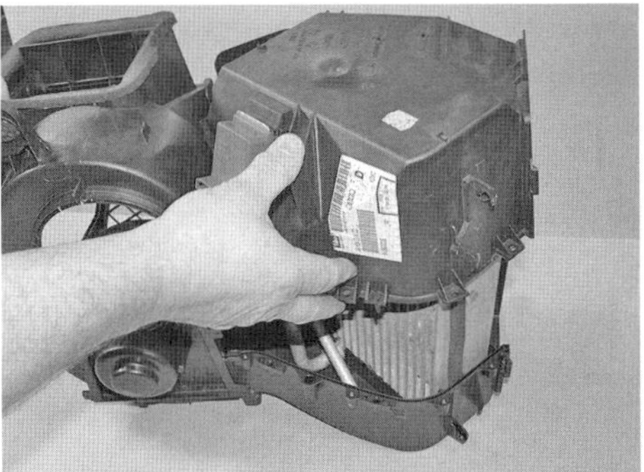

12.11b ... und trennen Sie die Gehäusehälften.

12.11c Clips, Schrauben und Dichtung des Heizungsgehäuses

12 Der Verdampfer kann jetzt samt der Kältemittelrohre aus dem Gehäuse gezogen werden (siehe Abbildung).

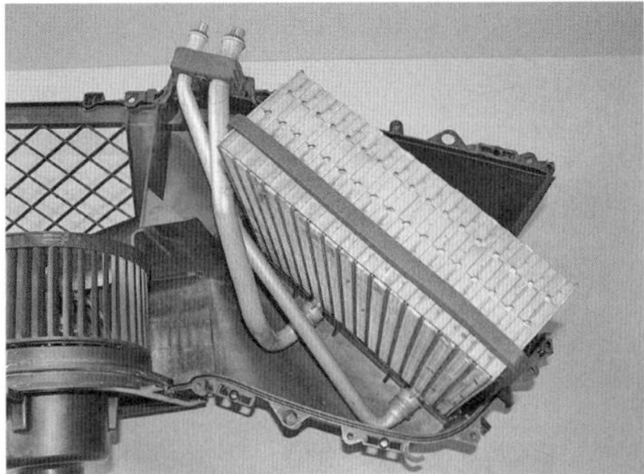

12.12 Entfernen Sie den Verdampfer aus dem Gehäuse.

13 Der Einbau entspricht der umgekehrten Ausbaureihenfolge – ziehen Sie alle Schrauben sorgfältig an. Rüsten Sie die Anschlüsse mit neuen O-Ringen aus. Lassen Sie das Kältemittel von einem Fachbetrieb auffüllen.

Verflüssiger

14 Lassen Sie einen Fachbetrieb das Kältemittel aus der Klimaanlage entfernen.
15 Demontieren Sie den Wasserkühler (siehe Sektion 3) – der Verflüssiger sitzt an seiner Vorderseite.
16 Trennen Sie die Kältemittelrohre oben und unten vom rechts vorn im Motorraum sitzenden Trockner/Filter, lösen Sie dann die Schraube und entfernen Sie diesen (siehe Abbildung).
Anmerkung: *Es wird empfohlen, die Trockner/Filter-Baugruppe nach jeder Arbeit an der Klimaanlage zu erneuern. Entnehmen Sie die Dichtringe und verstopfen Sie die Verflüssiger-Öffnungen, damit kein Schmutz oder Feuchtigkeit eindringen kann.*

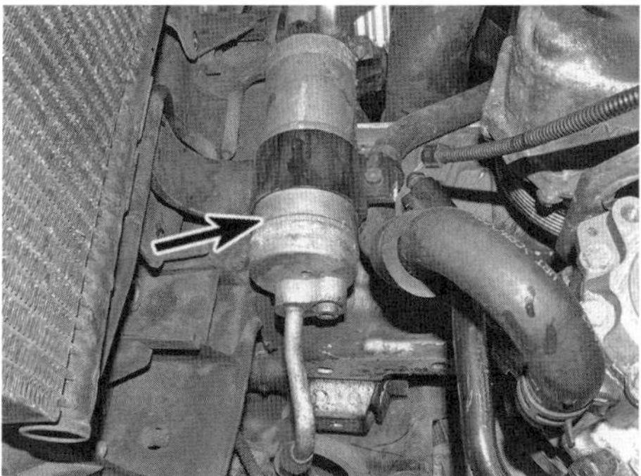

12.16 Trockner/Filter-Baugruppe – von unten betrachtet

17 Lösen Sie an der unteren linken Ecke des Verflüssigers die Schraube des Kältemittelrohr-Anschlusses, um diesen zu trennen (siehe Abbildung). Entnehmen Sie die Dichtringe und verstopfen Sie die Verflüssiger-Öffnungen, damit kein Schmutz oder Feuchtigkeit eindringen kann.

12.17 Kältemittelrohr-Anschluss am Verflüssiger

18 Entfernen Sie vorsichtig den Verflüssiger vorn aus dem Motorraum – beschädigen Sie dabei nicht seine Lamellen
19 Der Einbau entspricht der umgekehrten Ausbaureihenfolge – ziehen Sie alle Schrauben sorgfältig an. Rüsten Sie die Anschlüsse mit neuen O-Ringen aus. Lassen Sie das Kältemittel von einem Fachbetrieb auffüllen.

Kompressor

Anmerkung: *Bei der Arbeit am Motor kann der Kompressor nötigenfalls beiseite verlagert werden, ohne dafür seine Leitungen trennen zu müssen. Teile der Klimaanlagen-Leitungen bestehen aus Schläuchen, sodass der Kompressor nach dem Entfernen des Keilrippenriemens verlagert werden kann – beschädigen Sie dabei nicht die Leitungen.*

20 Lassen Sie einen Fachbetrieb das Kältemittel aus der Klimaanlage entfernen.
21 Entfernen Sie den Keilrippenriemen (siehe Kapitel 1, Sektion 25).
22 Demontieren Sie das vorn im unteren Motorraum verlaufende Ladeluftrohr (siehe Kapitel 4B, Sektion 7).
Anmerkung: *Bei allen Modellen, außer denen mit Motorcode AMU, APX und BAM (mit zwei Ladeluftkühlern) fungiert dieses Ladeluftrohr nur als Strebe zwischen den zwei Längsträgern der Karosserie und stützt auch das Rohr des Servolenkungs-Hydrauliköl-Kühlers. Es ist an keiner Seite mit einem Schlauch verbunden.*
23 Lösen Sie hinten am Kompressor die Schrauben der Kältemittel-Leitungen, um diese zu trennen (siehe Abbildung). Entnehmen Sie die Dichtringe und verstopfen Sie alle Anschlüsse, damit kein Schmutz oder Feuchtigkeit eindringen kann.

12.23 Anschlüsse der Kältemittel-Leitungen am Kompressor

24 Trennen Sie hinten am Kompressor den Kabelstecker (siehe Abbildung).

12.24 Kabelstecker des Kompressors

25 Lösen Sie die zwei Befestigungsschrauben, um den Kompressor von seinem Halter ziehen zu können (siehe Abbildung).

12.25 Kompressor-Befestigungsschrauben

26 Der Einbau entspricht der umgekehrten Ausbaureihenfolge – ziehen Sie alle Schrauben sorgfältig an. Rüsten Sie die Anschlüsse mit neuen O-Ringen aus. Lassen Sie das Kältemittel von einem Fachbetrieb auffüllen.

Trockner/Filter

27 Lassen Sie einen Fachbetrieb das Kältemittel aus der Klimaanlage entfernen.
28 Die Trockner/Filter-Baugruppe sitzt rechts vorn im Motorraum am inneren Längsträger (siehe Abbildung).

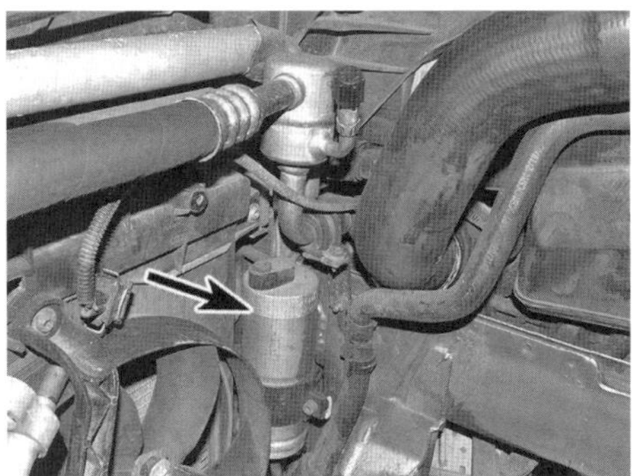

12.28 Position der Trockner/Filter-Baugruppe – von oben betrachtet

29 Trennen Sie die Kältemittelrohre oben und unten vom rechts vorn im Motorraum sitzenden Trockner/Filter, lösen Sie dann die Schraube und entfernen Sie diesen (siehe Abbildung).
Anmerkung: *Es wird empfohlen, die Trockner/Filter-Baugruppe nach jeder Arbeit an der Klimaanlage zu erneuern. Entnehmen Sie die Dichtringe und verstopfen Sie die Verflüssiger-Öffnungen, damit kein Schmutz oder Feuchtigkeit eindringen kann.*
30 Der Einbau entspricht der umgekehrten Ausbaureihenfolge – ziehen Sie alle Schrauben sorgfältig an. Rüsten Sie die Anschlüsse mit neuen O-Ringen aus. Lassen Sie das Kältemittel von einem Fachbetrieb auffüllen.

13 Climatronic-Komponenten – Ausbau und Einbae

Allgemeine Informationen

1 Die bei manchen Modellen vorhandene Climatronic arbeitet mit der Heizung und der Klimaanlage, um vollautomatisch eine ausgewählte Innentemperatur sicherzustellen. Die einzigen Komponenten, die ohne das Entleeren der Klimaanlage leicht demontiert werden können, sind die folgenden:

Sonnenlicht-Sensor

2 Schalten Sie die Zündung und alle elektrischen Verbraucher ab.
3 Demontieren Sie die linke Lüftungsdüse oben aus der Armaturenbrett-Blende (siehe Sektion 10).
4 Lösen Sie die Schraube und befreien Sie den Sensor nach oben aus dem Armaturenbrett (siehe Abbildung). Trennen Sie den Stecker und entnehmen Sie den Sensor.
Anmerkung: *Sichern Sie die Verkabelung mit Klebeband, damit sie nicht ins Armaturenbrett fällt.*

13.4 Befreien Sie den Sonnenlichtsensor oben aus dem Armaturenbrett.

5 Der Einbau entspricht der umgekehrten Ausbaureihenfolge.

Fußraumdüsen-Temperatursensor

6 Schalten Sie die Zündung und alle elektrischen Verbraucher ab.
7 Für den Zugang zum Sensor muss die Verkleidung unterhalb des Handschuhfachs entfernt werden (siehe Kapitel 11, Sektion 26).
8 Der Sensor sitzt rechts am Heizungsgehäuse – trennen Sie seinen Stecker, drehen Sie ihn 90° im Uhrzeigersinn und ziehen Sie ihn heraus (siehe Abbildungen).

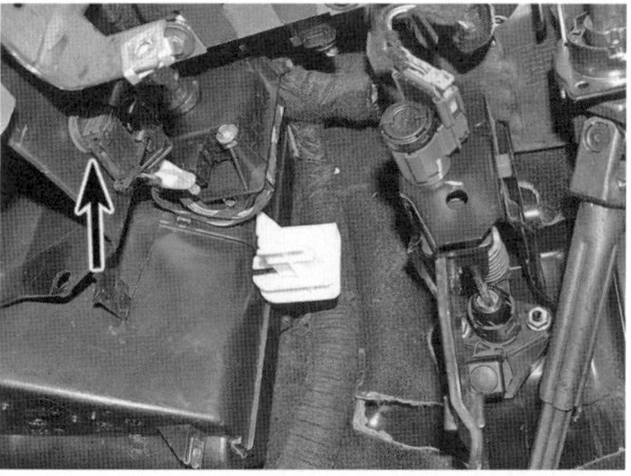
13.8a Position des Fußraumdüsen-Temperatursensors

13.8b Trennen Sie den Sensorstecker, ...

13.8c ... drehen Sie den Sensor eine Viertelumdrehung nach unten und ziehen Sie ihn aus dem Gehäuse.

9 Der Einbau entspricht der umgekehrten Ausbaureihenfolge.

Frischlufteinlass-Temperatursensor

10 Schalten Sie die Zündung und alle elektrischen Verbraucher ab.
11 Für den Zugang zum Sensor muss die Verkleidung unterhalb des Lenkrads entfernt werden (siehe Kapitel 11, Sektion 26).
12 Der Sensor sitzt oberhalb des Luftklappen-Stellmotors links am Heizungsgehäuse – trennen Sie seinen Stecker, drehen Sie ihn 90° im Uhrzeigersinn und ziehen Sie ihn heraus (siehe Abbildungen).

13.12a Trennen Sie den Sensorstecker, ...

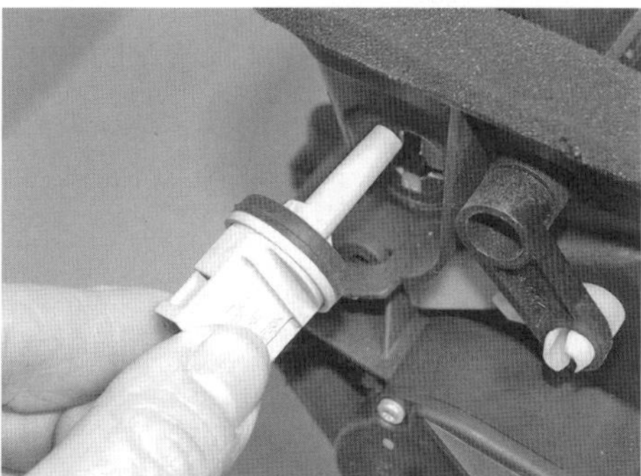
13.12b ... drehen Sie den Sensor eine Viertelumdrehung nach rechts und ziehen Sie ihn aus dem Gehäuse.

13 Der Zugang zum Ansaugluftsensor ist begrenzt – entfernen Sie nötigenfalls den Pollenfilter (siehe Kapitel 1, Sektion 12). Greifen Sie von oben in den Einlasstrakt und drehen Sie darin den Sensor, um ihn zu entfernen. Es ist hilfreich, einen Assistenten im Fahrzeug den Sensor aufzufangen, damit der nicht ins Heizungsgehäuse zurückfällt.
14 Der Einbau entspricht der umgekehrten Ausbaureihenfolge.

Temperatursensor-Gebläse und Hochdrucksensor

15 Diese beiden Sensoren sitzen in der Heizungs-Regeleinheit mittig im Armaturenbrett (siehe Abbildung) – sie können nicht separat entfernt werden, sondern sind in die Regler-Baugruppe integriert. Ihr Lüftungsgitter darf nicht verdeckt werden. Erneuern Sie nötigenfalls die Regler-Baugruppe (siehe Sektion 9).

13.15 Das Temperatursensor-Gebläse und der Hochdrucksensor sitzen hinter diesem Gitter in der Regler-Baugruppe.

Kapitel 4, Teil A

Kraftstoffsystem

Inhalt — Sektion

Schwierigkeitsgrade

Leicht. Geeignet für Anfänger mit wenig Erfahrung. 	**Relativ leicht.** Geeignet faür Anfänger mit etwas Erfahrung. 	**Relativ schwierig.** Geeignet für geübte Selbstschrauber. 	**Schwer.** Geeignet für Selbstschrauber mit viel Erfahrung. 	**Sehr schwer.** Geeignet für Experten und Profis. 

Technische Daten

System-Typ .... Sequentielle Einspritzanlage Bosch Motronic ME 7.5

Kraftstoff-Art (empfohlen)

Modelle mit Motorcode AUM und BVP .... Bleifreier Otto-Kraftstoff mit mindestens 95 Oktan (»Super«), E10-Kraftstoff ist erlaubt; notfalls »Normal«-Benzin mit 91 Oktan (Leistungseinbuße)

Modelle mit allen anderen Motorcodes .... Bleifreier Otto-Kraftstoff mit mindestens 98 Oktan (»Super Plus«), E10-Kraftstoff ist erlaubt; notfalls »Super«-Benzin mit 95 Oktan (Leistungseinbuße)

Einspritzsystem-Daten

Kraftstoffpumpen-Typ .... Elektrisch, im Tank
Kraftstoffpumpen-Förderrate .... 400 ml/min (bei 12,5 V Batteriespannung)
Systemdruck .... 2,5 bar
Standgasdrehzahl (vom Steuergerät geregelt, nicht einstellbar)
  Modelle mit Schaltgetriebe und Frontantrieb .... 800 bis 920/min
  Modelle mit Schaltgetriebe und Allradantrieb .... 700 bis 850/min
  Modelle mit Automatikgetriebe .... 640 bis 760/min
Standgasgemisch – CO-Gehalt (vom Steuergerät geregelt, nicht einstellbar) ...... 0,5% (max.)
Einspritzdüsen
  Elektrischer Widerstand .... 12 bis 13 Ohm
  Sprühbild .... Zweiloch-Düse
  Einspritzmenge (über 30 Sekunden)
    132 kw (180 PS) .... 145 ± 12 ml
    165 kw (225 PS) .... 179 ± 14 ml

Anzugsdrehmomente	**Nm**
Drosselklappengehäuse-Schrauben	10
Druckspeicher-Schrauben	10
Einlassstutzen an Zylinderkopf (Schrauben, Muttern)	10
Einlassstutzen-Träger	
an Einlassstutzen	20
an Motorgehäuse	45
Einlasstemperatursensor-Schraube	10
Klopfsensor(en)	20
Lambdasonde(n)	50
Luftfiltergehäuse-Schrauben	10
Nockenwellensensor – Innenelement-Schraube	25
Tankband-Schrauben	25

1 Allgemeine Informationen und Warnhinweise

1 Die in diesem Kapitel beschriebenen Systeme gehören zum »Motor-Management«, das sowohl die Einspritzung wie auch die Zündung überwacht. In diesem Kapitel werden ausschließlich die der Kraftstoffversorgung dienenden Baugruppen beschrieben; Informationen zum Turbolader, der Auspuffanlage und der Emissionsregelung finden sich in Kapitel 4B und in Kapitel 5B sind die Bauteile der Zündanlage beschrieben.
2 Das Kraftstoffsystem besteht aus einem unter den Rücksitzen angebrachten Tank, einer darin sitzenden elektrischen Benzinpumpe mit Tankuhr-Geber, einem Kraftstofffilter, Kraftstoffleitungen (Zulauf und Rücklauf), einem Drosselklappengehäuse, einem Druckspeicher, einem Druckregler, vier Einspritzdüsen und einem Motorsteuergerät (ECU) samt Sensoren und Stellmotoren. Die Kraftstoffsysteme aller Modelle ähneln sich grundlegend, doch bei den Sensoren und im Aufbau des Einlassstutzens gibt es deutliche Unterschiede.
3 Die Kraftstoffpumpe fördert dauerhaft Benzin durch den Filter zum Druckspeicher; der Druck der Pumpe liegt geringfügig über dem Systemdruck. Der Druckregler stellt einen konstanten Druck vor dem Einspritzdüsen sicher und leitet überschüssiges Benzin zum Tank zurück. Dieser konstante Strom kühlt das Benzin und verhindert Dampfblasenbildung. Bei Modellen mit Allradantrieb (Quattro) ist der Tank über die Kardanwelle geführt und eine zweiter in der linken Tankhälfte sitzende Pumpe fördert Kraftstoff zur Haupt-Pumpe rechts im Tank, damit dieser vollständig entleert werden kann.
4 Die von den Einspritzdüsen abgegebene Kraftstoffmenge wird von der »Elektronische Steuereinheit« (ECU) genannten Steuergerät präzise berechnet und durch die Einspritzdauer festgelegt. Dazu nutzt es die Signale des Nockenwellen- und Kurbelwellensensors (Kolben-Stellung, Drehzahl), des Drosselklappensensors, diverser Druck- und Temperatursensoren, des Geschwindigkeitssensors und der Lambdasonde.
5 Einige Modelle sind mit einem Sekundärluftsystem ausgerüstet, das den Abgasen Frischluft zuführt, damit in der Aufwärmphase des Motors unverbrannter Kraftstoff nachverbrannt wird – dies hilft auch, den Katalysator schneller aufzuwärmen und auf optimale Betriebstemperatur zu kommen. Mehr Informationen hierzu finden sich in Kapitel 4B.
6 Die für die Verbrennung benötigte Luft wird durch ein aus Papier bestehendes Luftfilterelement gesaugt. Ihre Temperatur und ihr Druck im Einlassstutzen wird von einem Sensor hinter dem Ladeluftkühler oder dem am Luftfiltergehäuse sitzenden Luftmassen-Messer ermittelt und vom Motorsteuergerät zur Feineinstellung der Einspritzung genutzt.
7 Die Standgasdrehzahl wird sowohl vom Drosselklappen-Steuermodul (samt Stellmotor) als auch vom Zündsystem überwacht. Eine manuelle Einstellung der Standgasdrehzahl ist weder möglich noch nötig.
8 Eine vorn im Abgasrohr sitzende Lambdasonde überwacht ständig den Sauerstoffgehalt der Abgase und das Steuergerät passt entsprechend die Einspritzung und die Zündung an. Bei allen Modellen, außer denen mit Motorcode AJQ, AMU und APX, sitzt eine weitere Lambdasonde hinter dem Katalysator, damit dessen Funktion ebenfalls überwacht werden kann. Aufgrund dieser Systeme ist eine manuelle Einstellung des CO-Gehalts im Abgas nicht möglich. Mehr Informationen hierzu finden sich in Kapitel 4B.
9 Falls vorhanden, überwacht das Motorsteuergerät auch die Funktion der Verdunstungsregelung (siehe Kapitel 4B).
10 Eine Fehlerdiagnose aller in diesem Kapitel beschriebenen Motorsteuerungs-Systeme ist mit einer speziellen Diagnoseausrüstung möglich, über die VW- und Audi-Werkstätten verfügen. Sobald ein Fehler gefunden wurde, können entsprechende Komponenten anhand der Informationen in den folgenden Sektionen ausgetauscht werden.

Achtung: Benzin ist leicht entzündlich! Bei Arbeiten am Kraftstoffsystem ist extreme Vorsicht geboten.
• Im Arbeitsbereich darf niemals geraucht oder mit Feuer hantiert werden. Auch ungeschützte Glühlampen, Gasheizungen und sämtliche Geräte mit Elektromotoren dürfen nicht in die Nähe kommen. Arbeiten Sie stets in gut gelüfteten Bereichen und halten Sie einen geeigneten Feuerlöscher bereit, über dessen Bedienung Sie sich zuvor informiert haben. Tragen Sie bei der Arbeit eine Schutzbrille und waschen Sie auf die Haut gelangte Benzinspritzer umgehend mit Seifenwasser ab. Benzindämpfe sind nicht nur ungesund (vielleicht noch ungesünder als flüssiges Benzin), sondern auch hochexplosiv!
• Viele der in diesem Kapitel beschriebenen Arbeiten erfordern das Trennen von Kraftstoffleitungen – und dabei entstehen Spritzer. Beachten Sie zunächst die Sicherheits-Hinweise auf Seite 8.
• Noch lange nach dem Abschalten des Motors verbleibt im Kraftstoffsystem ein Restdruck, der vor dem Trennen irgendwelcher Leitungen abgelassen werden muss (siehe Sektion 7).
• Bei Arbeiten am Kraftstoffsystem ist absolute Sauberkeit unerlässlich, damit keine Fremdkörper ins System eindringen.
• Zum Schutz der eigenen Gesundheit und elektronischer Komponenten muss stets der Masseanschluss der Batterie getrennt werden. Hierdurch werden zuerst versehentlich ausgelöste Kurzschlüsse unterbunden, zum anderen werden elektronische Komponenten (Steuergerät, Sensoren, Stellmotoren) geschützt, die beim Trennen und Anschließen unter Spannung stehender Leitungen sensibel reagieren. Beachten Sie beim Trennen der Batterie die Hinweise auf Seite 366.

2 Luftfilter-Baugruppe und Ansaugstutzen – Ausbau und Einbau

1 Entfernen Sie die oberen Abdeckungen vom Motor und der Batterie.
2 Lösen Sie am Stecker des Luftmassensensors die Lasche und trennen Sie ihn (siehe Abbildung)

2.2 Trennen Sie den Stecker des Luftmassensensors.

3 Bei allen Modellen, außer denen mit Motorcode AMU, APX und BAM, muss vorn am oberen Teil des Luftfilterdeckels die Schelle des Belüftungsschlauchs gelockert und der Schlauch abgezogen werden (siehe Abbildung).

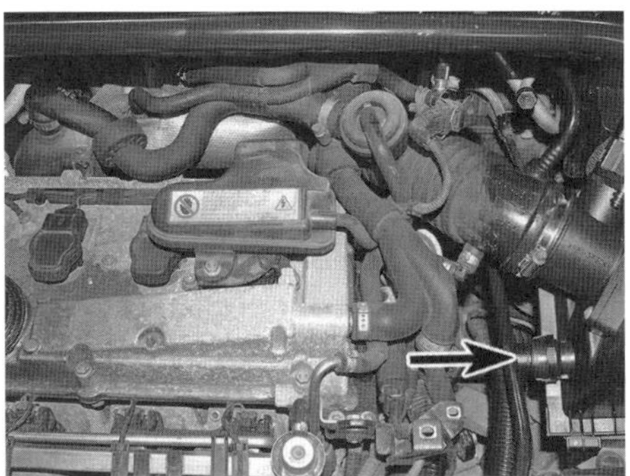

2.3 Trennen Sie den Belüftungsschlauch (falls vorhanden).

4 Lockern Sie die Schelle, die den Luftmassensensor am Ansaugtrakt sichert (siehe Abbildung).

2.4 Schelle des Luftmassensensors

5 Lösen Sie die zwei Schrauben, mit denen die Luftfilter-Basis am Innenkotflügel gesichert ist, und heben Sie die Luftfilter-Baugruppe ab (siehe Abbildungen) – beachten Sie den Zapfen, der die Baugruppe zusätzlich in Position hält.

2.5a Lösen Sie die Schrauben der Luftfilter-Basis ...

2.5b ... heben Sie die Luftfilter-Baugruppe ab.

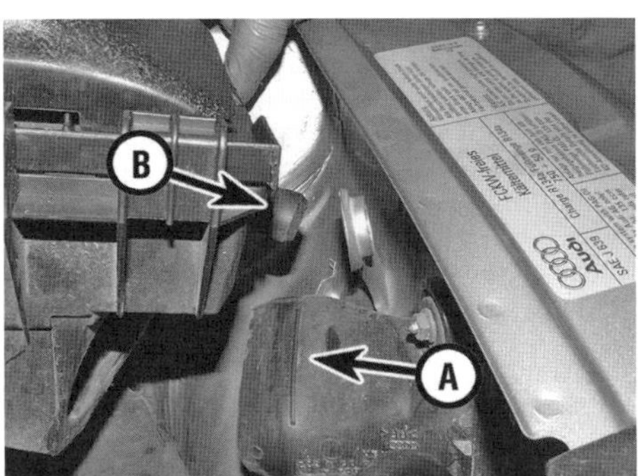

2.5c Luft-Stutzen (A), Positionierungs-Zapfen (B)

6 Der Rest des Ansaugbereichs kann nötigenfalls nach dem Lockern der Schellen und Trennen aller Kabel demontiert werden – notieren Sie zuvor die Positionen aller Schläuche und markieren Sie sie nötigenfalls.
7 Der Einbau entspricht der umgekehrten Ausbaureihenfolge – beachten Sie dabei folgende Punkte:

a) Installieren Sie das Luftfilterelement ggf. korrekt in das Gehäuse (siehe Kapitel 1, Sektion 23).
b) Der Zapfen und der Luft-Stutzen des Gehäuses müssen korrekt positioniert werden.
c) Der Luftmassensensor muss absolut luftdicht am Ansaugtrakt sitzen – kontrollieren Sie die Dichtung (siehe Sektion 7) und ziehen Sie die Schelle sorgfältig an.

3 Kraftstoffsystem-Komponenten – Ausbau und Einbaue

Anmerkung: *Beachten Sie vor jeder Arbeit am Kraftstoffsystem die Warnhinweise in Sektion 1. Informationen zu Motorsteuerungs-Sensoren, die sich eher auf das Zündsystem beziehen, finden sich in Kapitel 5B.*

Drosselklappen-Steuermodul

1 Bei allen Modellen, außer denen mit Motorcode AMU, APX und BAM, findet sich das Drosselklappen-Steuermodul rechts am Einlassstutzen; bei Modellen mit Motorcode AMU, APX und BAM sitzt es links (siehe Abbildungen).

3.1a Drosselklappen-Steuermodul bei allen Modellen, außer denen mit Motorcode AMU, APX und BAM

3.1b Drosselklappen-Steuermodul bei Modellen mit Motorcode AMU, APX und BAM

2 Trennen Sie den Masseanschluss der Batterie und positionieren Sie ihn mit ausreichendem Sicherheitsabstand (beachten Sie dazu die Hinweise auf Seite 366).

3 Lockern Sie am Drosselklappen-Steuermodul die Schellen des Luft-Einlassschlauchs und des Unterdruckschlauchs und ziehen Sie die Schläuche ab. Trennen Sie den unten am Modul den Kabelstecker (siehe Abbildungen).

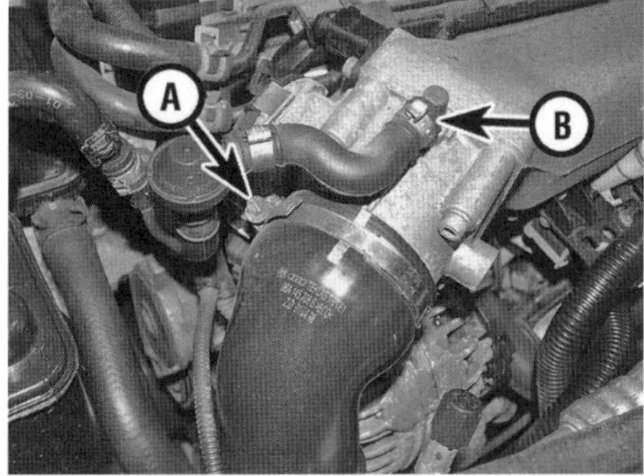

3.3a Schellen des Luft-Einlassschlauchs (A) und des Unterdruckschlauchs (B) – alle Modelle, außer jene mit Motorcode AMU, APX und BAM

3.3b Kabelstecker am Drosselklappen-Steuermodul

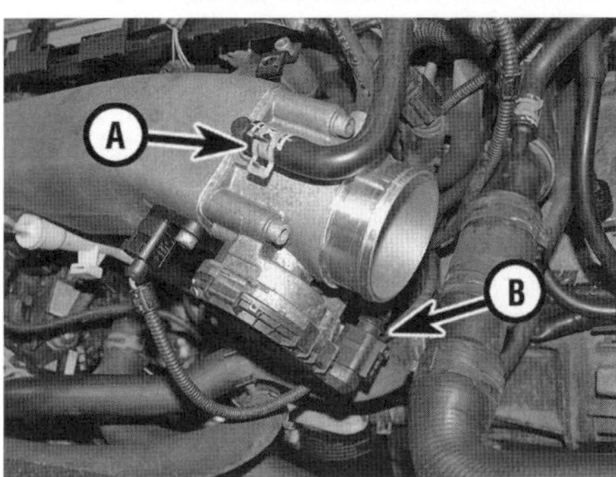

3.3c Unterdruckschlauch (A) und Kabelstecker am Drosselklappen-Steuermodul von Modellen mit Motorcode AMU, APX und BAM

4 Lösen Sie die vier Inbusschrauben (siehe Abbildung) und ziehen Sie das Drosselklappen-Steuermodul vom Einlassstutzen ab – stellen Sie die Dichtung oder den O-Ring sicher.

3.4 Befestigungsschrauben des Drosselklappen-Steuermoduls

5 Der Einbau entspricht der umgekehrten Ausbaureihenfolge – beachten Sie dabei folgende Punkte:

a) Sichern Sie das Drosselklappen-Steuermodul mit einer neuen Dichtung am Einlassstutzen.
b) Ziehen Sie die Schrauben schrittweise mit 10 Nm an.
c) Achten Sie darauf, alle Schläuche und Kabelstecker korrekt anzuschließen.

Einspritzdüsen und Druckspeicher

Anmerkung: *Beachten Sie vor jeder Arbeit am Kraftstoffsystem die Warnhinweise in Sektion 1. Falls an einer Einspritzdüse ein Defekt vermutet wird, sollte vor dem Ausbau versucht werden, sie mit speziellem Einspritzdüsen-Reinigungsmittel zu behandeln, das dem Benzin im Tank zugeführt werden kann.*

6 Trennen Sie den Masseanschluss der Batterie und positionieren Sie ihn mit ausreichendem Sicherheitsabstand (beachten Sie dazu die Hinweise auf Seite 366).
7 Entfernen Sie die obere Motorabdeckung (siehe Abbildungen).

3.7a Befestigungen der Motorabdeckung (alle Motoren außer denen mit Motorcode AMU, APX und BAM)

3.7b Befestigungen der Motorabdeckung (Motoren mit Motorcode AMU, APX und BAM)

8 Lösen Sie bei allen Modellen außer denen mit Motorcode AMU, APX und BAM die drei Clips der Einlassstutzen-Kunststoffabdeckung vorn am Motor, um sie zu befreien (siehe Abbildung).

3.8 Entfernen Sie vorn am Motor die Kunststoffabdeckung.

9 Lösen Sie an den oben auf den Einspritzdüsen sitzenden Steckern die Laschen und ziehen Sie die Stecker ab. Befreien Sie die Verkabelung vom Druckspeicher und verlagern Sie den Kabelbaum nach hinten (siehe Abbildungen).

3.9a Trennen Sie die Einspritzdüsen-Stecker ...

3.9b ... und befreien Sie die Verkabelung vom Druckspeicher, ...

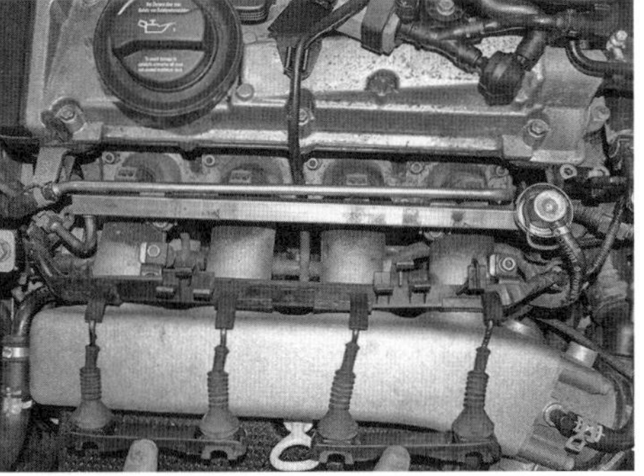

3.9c ... um sie über dem Einlassstutzen abzulegen.

10 Machen Sie das Kraftstoffsystem drucklos (siehe Sektion 7). Lösen Sie dann an den Schlauchanschlüssen der Einspritzdüsen die Federschellen (siehe Abbildung). Umwickeln

Sie den Anschluss mit Lappen, um austretendes Benzin aufzunehmen, und ziehen Sie die Schläuche ab – beachten Sie ihre Positionen (der Zulaufschlauch ist mit einem weiße Pfeil markiert, der Rücklaufschlauch mit einem blauen.

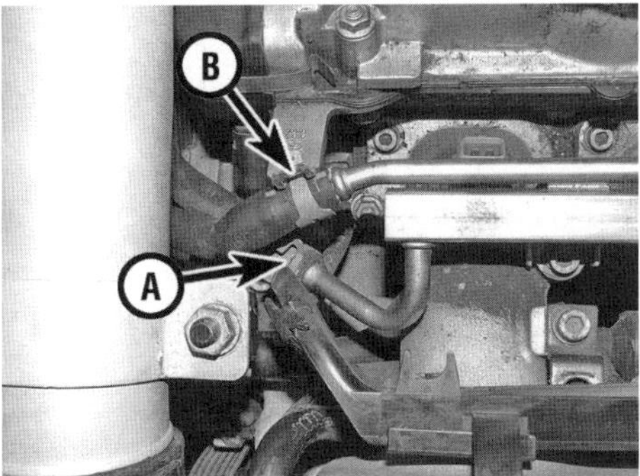

3.10 Befreien Sie den Zulaufschlauch (A) und den Rücklaufschlauch (B).

11 Trennen Sie oben am Kraftstoffdruckregler den Unterdruckschlauch (siehe Abbildung).

3.11 Ziehen Sie hier den Unterdruckschlauch ab.

12 Lösen Sie die Schrauben des Druckspeichers (siehe Abbildung) und ziehen Sie diesen samt der Einspritzdüsen vorsichtig vom Einlassstutzen ab – stellen Sie die O-Ringe unten an den Einspritzdüsen sicher.

3.12 Schrauben des Druckspeichers

13 Die Einspritzdüsen können jetzt nach Lösen des jeweiligen Metall-Clips aus dem Druckspeicher gezogen werden – stellen Sie dabei ihren oberen O-Ring sicher.
14 Demontieren Sie nötigenfalls den Kraftstoff-Druckregler (siehe unten).
15 Kontrollieren Sie mit einem Multimeter den Widerstand zwischen den Einspritzdüsen-Kontakten – es müssen 12 bis 13 Ohm festgestellt werden.

16 Installieren Sie die Einspritzdüsen und den Druckspeicher in der umgekehrten Ausbaureihenfolge – beachten Sie dabei folgende Punkte:

a) Erneuern Sie gealterte oder beschädigte O-Ringe.
b) Achten Sie auf gut gesicherte Einspritzdüsen-Clips.
c) Schließen Sie die Kraftstoff-Zulauf- und Rücklaufleitungen korrekt an.
d) Alle Unterdruckschläuche und Stecker müssen korrekt angeschlossen werden.
e) Kontrollieren Sie das Kraftstoffsystem nach dem ersten Motorstart penibel auf Undichtigkeiten.

Kraftstoff-Druckregler

Anmerkung: *Beachten Sie vor jeder Arbeit am Kraftstoffsystem die Warnhinweise in Sektion 1.*

17 Trennen Sie den Masseanschluss der Batterie und positionieren Sie ihn mit ausreichendem Sicherheitsabstand (beachten Sie dazu die Hinweise auf Seite 366).
18 Machen Sie das Kraftstoffsystem drucklos (siehe Sektion 7).
19 Entfernen Sie die obere Motorabdeckung (Abb. 3.7a oder b).
20 Trennen Sie oben am Kraftstoffdruckregler den Unterdruckschlauch (Abb. 3.11).
21 Lösen Sie am Schlauchanschluss des Druckreglers die Federschelle, um den Zulaufschlauch übergangsweise abzuziehen (Abb. 3.10) – hierbei wird ein Großteil des Kraftstoffs aus dem Druckregler fließen – nehmen Sie es mit einem Behälter oder mehreren Lappen auf. Verbinden Sie den Schlauch anschließend wieder.
Anmerkung: *Der Zulauf-Schlauch ist mit einem schwarzen oder weißen Pfeil markiert.*
22 Ziehen Sie oben am Reglergehäuse die Federklemme ab und heben Sie das Reglergehäuse aus dem Druckspeicher. Stellen Sie alle Dichtringe sicher und ersetzen Sie sie nötigenfalls.
23 Installieren Sie den Druckregler in der umgekehrten Ausbaureihenfolge – beachten Sie dabei folgende Punkte:

a) Erneuern Sie gealterte oder beschädigte O-Ringe.
b) Der Regler muss fest im Druckspeicher sitzen und korrekt mit dem Clip gesichert sein.
c) Schließen Sie die Kraftstoff-Zulaufleitung und den Unterdruckschlauch korrekt an.

Drosselklappen-Potentiometer/ Stellmotor

24 Das Potentiometer (ggf. samt Stellmotor) ist in das Drosselklappen-Steuermodul integriert – bei einem Defekt muss das gesamte Modul ersetzt werden (siehe oben).
Anmerkung: *Auch wenn es so aussieht, als könne das Potentiometer nach dem Lösen der Schrauben demontiert werden, würde hierbei die Dichtung beschädigt werden, die allerdings nicht als Ersatzteil erhältlich ist – erkundigen Sie sich nötigenfalls im Fachhandel.*

Drosselklappensensor

25 Trennen Sie den Masseanschluss der Batterie und positionieren Sie ihn mit ausreichendem Sicherheitsabstand (beachten Sie dazu die Hinweise auf Seite 366).
26 Der Sensor ist in das Gaspedal integriert, das nach dem Entfernen der unteren Armaturenbrettverkleidung (siehe Kapitel 11, Sektion 26) ausgebaut werden kann.

27 Zur Verbesserung des Zugangs können die zwei Schrauben der unteren Relais-Sektion gelöst und diese beiseite genommen werden (siehe Abbildung).

3.27 Befreien Sie für den Zugang zur Gaspedal-Baugruppe die untere Relais-Sektion.

28 Lösen Sie die Muttern, die das Pedal an seinem Halter sichern, ziehen es ab und trennen Sie oben den Kabelstecker (siehe Abbildung).

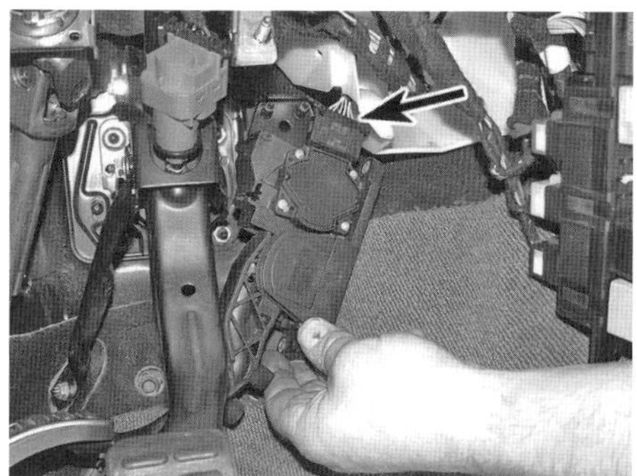

3.28 Stecker des Drosselklappensensors

Einlass-Lufttemperatur- und Luftdrucksensor

29 Ein Lufttemperatur-Sensor ist in den Luftmassensensor integriert und kann nicht separat ersetzt werden. Ein weiterer Sensor sitzt im Einlassstutzen und kann wie folgt erneuert werden:
30 Bei allen Modellen, außer denen mit Motorcode AMU, APX und BAM, befindet sich der Sensor neben dem Drosselklappen-Steuermodul rechts am Einlassstutzen (siehe Abbildung).

3.30 Einlassstutzen-Lufttemperatursensor – alle Modelle, außer jene mit Motorcode AMU, APX und BAM

31 Bei Modellen mit Motorcode AMU, APX und BAM befindet sich der Sensor neben dem Drosselklappen-Steuermodul links am Einlassstutzen (siehe Abbildung).

3.31 Einlassstutzen-Lufttemperatursensor – Modelle mit Motorcode AMU, APX und BAM

32 Schalten Sie die Zündung und alle elektrischen Verbraucher ab.
33 Trennen Sie den Kabelstecker, lösen Sie die Schraube und ziehen Sie den Sensor aus dem Einlassstutzen (siehe Abbildungen) – kontrollieren Sie den Dichtring.

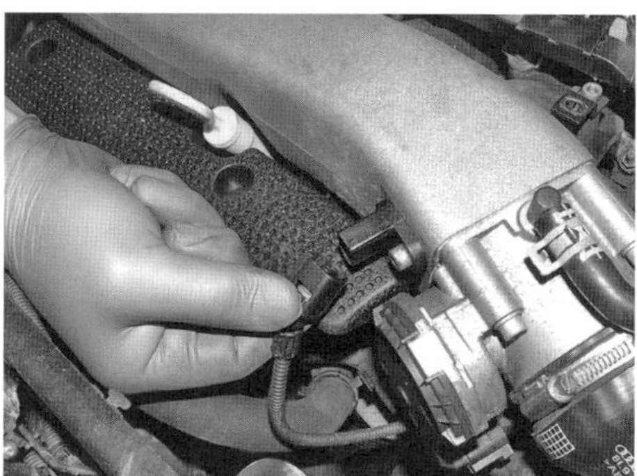

3.33a Trennen Sie den Stecker des Einlassstutzen-Lufttemperatursensors ...

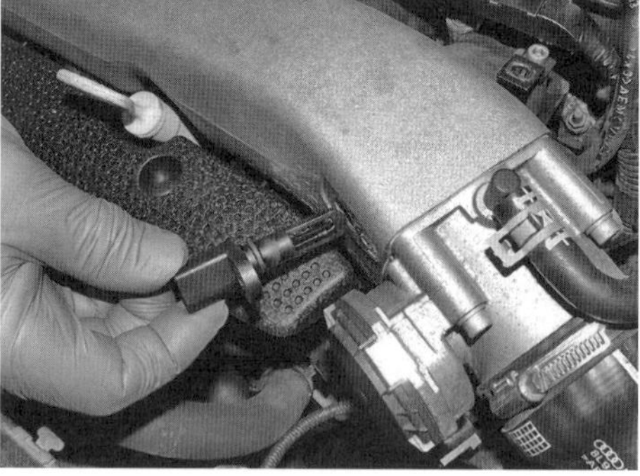

3.33b Lösen Sie die Schraube und ziehen Sie den Sensor heraus.

34 Der Einbau entspricht der umgekehrten Ausbaureihenfolge – verwenden Sie nötigenfalls einen neuen Dichtring und ziehen Sie die Schraube sorgfältig an.

Geschwindigkeitssensor

35 Der Geschwindigkeitssensor sitzt hinten am Differenzialgehäuse des Getriebes (siehe Kapitel 7A) – verwechseln Sie ihn nicht mit dem vorn am Getriebe sitzenden Rückfahrlicht-Schalter.

36 Trennen Sie den Stecker, lösen Sie die Schraube und ziehen Sie den Sensor aus dem Gehäuse (siehe Abbildung) – kontrollieren Sie den Dichtring.

3.36 Der Geschwindigkeitssensor sitzt hinten am Getriebe.

37 Der Einbau entspricht der umgekehrten Ausbaureihenfolge – verwenden Sie nötigenfalls einen neuen Dichtring und ziehen Sie die Schraube sorgfältig an.

Kühltemperatursensor

38 Beachten Sie die Hinweise in Kapitel 3, Sektion 6.

Lambdasonde(n)

39 Bei allen Modellen sitzt vorn im Abgasrohr eine Lambdasonde. Außer bei Modellen mit Motorcode AJQ, AMU und APX sitzt eine weitere Lambdasonde hinter dem Katalysator. Mehr Informationen hierzu finden sich in Kapitel 4B.
40 Trennen Sie den Masseanschluss der Batterie und positionieren Sie ihn mit ausreichendem Sicherheitsabstand (beachten Sie dazu die Hinweise auf Seite 366).

Eine Lambdasonde wird im Betrieb sehr heiß, sodass ihr genug Zeit zum Abkühlen gegeben werden muss! Das Gleiche gilt für den Katalysator.

41 Lösen Sie bei allen Modellen unterhalb des Beifahrer-Fußraums die zwei Muttern der Kunststoffabdeckung und entnehmen Sie diese. Trennen Sie den/die in der Abdeckung sitzenden Stecker (siehe Abbildung). Bei Modellen mit Motorcode AJQ, AMU, APX und BAM gibt es nur einen Stecker, alle anderen Modellen haben zwei.
Anmerkung: *Bei Modellen mit zwei Steckern innerhalb der Kunststoffabdeckung müssen beim Zusammenstecken die Farben beachtet werden; üblicherweise ist der Stecker der vorderen Lambdasonde schwarz und derjenige der hinteren Sonde braun.*

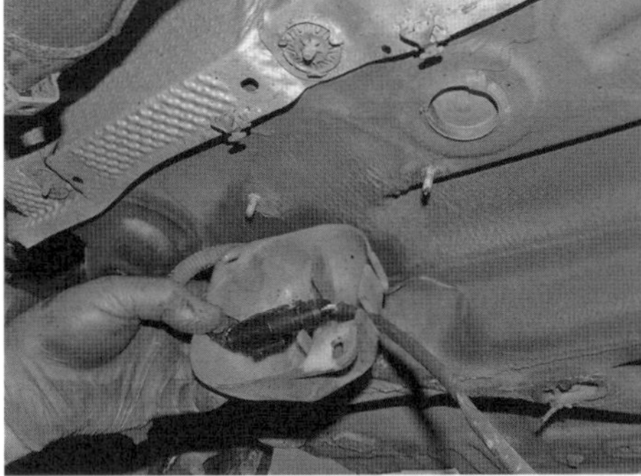

3.41 Trennen Sie den Stecker des Lambdasonden-Kabels – gezeigt beim BMA-Motor.

42 Bei Modellen mit Motorcode AMU, APX und BAM ist der Stecker der vorn im Abgasrohr (vor dem Katalysator) sitzenden Lambdasonde hinten im Motorraum (an der Spritzwand) zugänglich (siehe Abbildung).

3.42 Position des Lambdasonden-Steckers

43 Entfernen Sie bei Modellen mit Motorcode AMU, APX und BAM das oben rechts vom Motor verlaufende Ladeluftrohr (siehe Kapitel 4B, Sektion 7), um Zugang zur Lambdasonde oben im vorderen Auspuffrohr zu erhalten.
44 Verfolgen Sie die Verkabelung vom Stecker zur Lambdasonde und befreien Sie sie dabei aus allen Befestigungen – merken Sie sich ihre Verlegung.
45 Nur bei Modellen mit Motorcode AMU, APX und BAM ist der Zugang zur vorderen Lambdasonde von oben möglich. Alle anderen Lambdasonden (soweit vorhanden) sind von unten zugänglich (siehe Abbildungen).

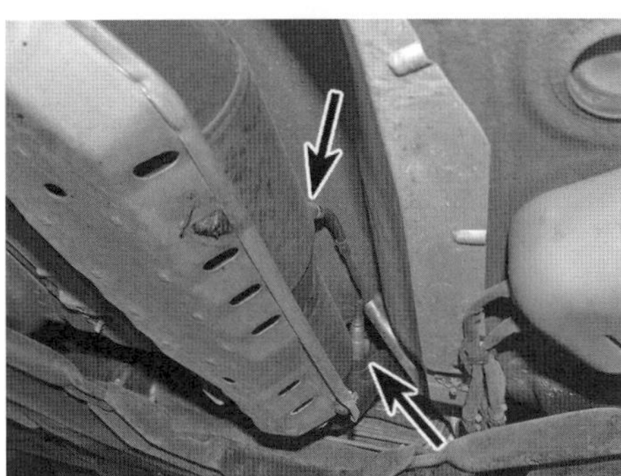

3.45a Vordere und hintere Lambdasonde bei allen Modellen, außer denen mit Motorcode AJQ, AMU, APX und BAM

3.45b Position der hinteren Lambdasonde – gezeigt beim Modell mit Motorcode BAM

46 Lockern Sie die Lambdasonde und ziehen Sie sie heraus – beschädigen Sie dabei nicht die Sensorspitze.
Anmerkung: *Hierfür sollte ein Ring- oder Steckschlüssel mit einer Durchführung für das Kabel verwendet werden.*

47 Tragen Sie am Gewinde der Lambdasonde etwas Hochtemperaturfett auf – dies darf nicht an die Sensorspitze geraten.
48 Installieren Sie die Lambdasonde, ziehen Sie sie mit dem Spezial-Steckschlüssel mit 50 Nm an. Verlegen Sie die Verkabelung wie notiert, sichern Sie sie und verbunden Sie den Stecker.

Drehzahlsensor

49 Der Drehzahlsensor sitzt rechts vom Ölfilter nahe der Getriebeglocke links vorn am Motorgehäuse.
50 Verfolgen Sie das vom Sensor kommende Kabel und trennen Sie seinen Stecker (siehe Abbildung).

3.50 Der Drehzahlsensor (A) und sein Kabelstecker (B)

51 Lösen Sie die Schraube und ziehen Sie den Sensor heraus (siehe Abbildung).

3.51 Schraube des Drehzahlsensors

52 Der Einbau entspricht der umgekehrten Ausbaureihenfolge.

Nockenwellensensor

53 Entfernen Sie den äußeren Zahnriemendeckel (siehe Kapitel 2A, Sektion 6).
54 Lösen Sie die Lasche des Sensorsteckers und trennen Sie ihn (siehe Abbildung).

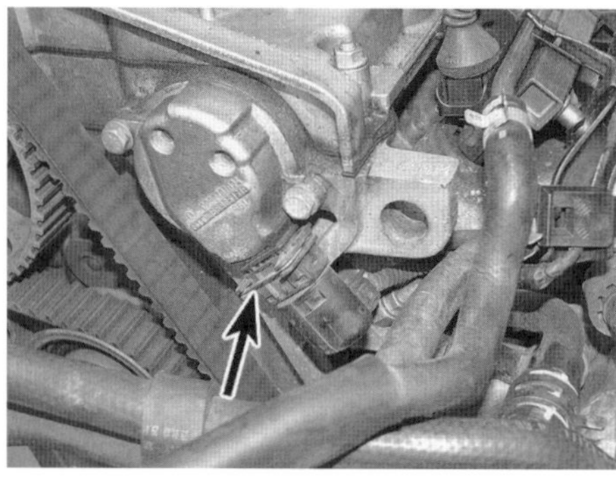

3.54 Lasche des Nockenwellensensor-Steckers

55 Lösen Sie die Schrauben des Sensors und ziehen Sie ihn aus dem Zylinderkopf (siehe Abbildung). Lösen Sie nötigenfalls die zentrale Schraube, um das Innen-Element und die Kappe vom Ende der Nockenwelle zu befreien – merken Sie sich ihre Einbaupositionen.

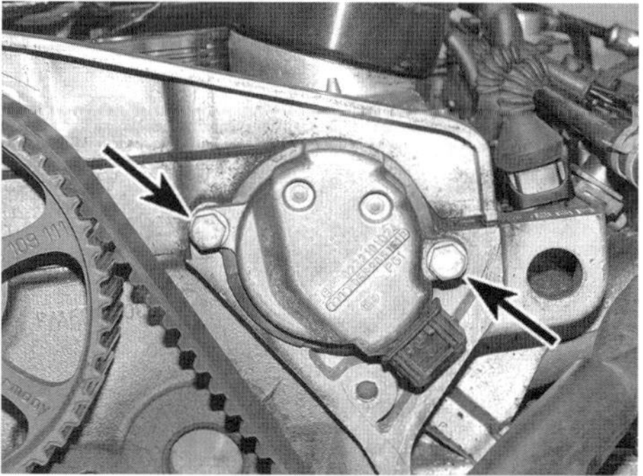

3.55 Schrauben des Nockenwellensensors

56 Der Einbau entspricht der umgekehrten Ausbaureihenfolge – ziehen Sie die Schraube des Nockenwellensensor-Innenelements mit 25 Nm an.

Kupplungspedalschalter

57 Der am Kupplungspedal sitzende Schalter sendet beim Durchtreten der Kupplung ein Signal an das Motorsteuergerät, damit dies die Drehzahl schneller abfallen lässt, als dies beim Entlasten des Gaspedals üblich ist. Der Schalter deaktiviert außerdem den Tempomaten (falls vorhanden).
58 Entfernen Sie für den Zugang zum Kupplungspedalschalter zunächst die untere Armaturenbrettverkleidung (siehe Kapitel 11, Sektion 28).
59 Der Schalter sitzt oben am Kupplungspedal (siehe Abbildung). Trennen Sie den Stecker, drehen Sie den Schalter eine Viertelumdrehung gegen den Uhrzeigersinn und ziehen Sie ihn aus dem Pedalträger.

3.59 Der Kupplungspedalschalter sitzt oben am Pedalträger.

60 Ziehen Sie vor dem Einbau des Schalters dessen Kolben vollständig heraus und halten Sie das Kupplungspedal eingedrückt, während der Schalter eingeführt wird. Drehen Sie ihn eine Viertelumdrehung im Uhrzeigersinn und lösen Sie das Pedal – hierdurch wird der Schalter eingestellt. Verbinden Sie den Kabelstecker und montieren Sie die untere Armaturenbrettverkleidung (siehe Kapitel 11, Sektion 28).

Servolenkungs-Druckschalter

61 Bei vollständig eingeschlagener Lenkung wird die Servolenkungs-Hydraulikpumpe stärker unter Druck gesetzt. Da diese Pumpe vom Motor angetrieben wird, kann dies zu einem Drehzahl-Abfall bis hin zum Absterben des Motors führen. Der an der Pumpe sitzende Druckschalter erkennt einen

Anstieg des Systemdrucks und sendet ein Signal an das Motorsteuergerät, das die Motordrehzahl zum Kompensieren dieser erhöhten Last anhebt.
62 Der Druckschalter ist oben in den Hydraulikschlauch-Anschluss der Servolenkungspumpe geschraubt (siehe Abbildung) und am besten von unten zugänglich.

3.62 Position des Servolenkungs-Druckschalters

63 Trennen Sie oben am Schalter den Kabelstecker.
64 Kontern Sie die (schmale) Anschlussmutter der Hydraulikleitung und drehen Sie mit einem anderen Schlüssel den Schalter heraus – seien Sie auf etwas austretende Hydraulikflüssigkeit vorbereitet. Stellen Sie alle Dichtscheiben sicher und bedecken Sie die Öffnung, damit kein Schmutz eindringt.
65 Der Einbau entspricht der umgekehrten Ausbaureihenfolge – beachten Sie dabei folgende Punkte:

a) Verwenden Sie neue Dichtscheiben. Kontern Sie die Hydraulikschlauch-Anschlussmutter und ziehen Sie den Schalter sorgfältig an.
b) Füllen Sie die Servolenkungs-Hydraulik auf (siehe Kapitel 1, Sektion 26). Falls größere Mengen Hydrauliköl verloren gegangen sind, muss das System entlüftet werden (siehe Kapitel 10, Sektion 23).
c) Lassen Sie zum Schluss einen Assistenten den Motor starten und die Lenkung von Anschlag zu Anschlag drehen, während Sie den Bereich um den Druckschalter auf Undichtigkeiten kontrollieren.

Motorsteuergerät

Achtung: *Warten Sie nach dem Abschalten des Motors mindestens 30 Sekunden, bevor Sie einen Stecker des Motorsteuergeräts trennen. Nach dem Lösen des Steckers werden alle erlernten Werte gelöscht, während der Inhalt des Fehlerspeichers erhalten bleibt. Nach dem Verbinden des Steckers müssen die Grundeinstellungen mithilfe einer speziellen Diagnoseeinrichtung wieder installiert werden. Auch nach dem Einbau eines neuen Motorsteuergeräts müssen deren Identifikationsdaten auf diese Weise zum Wegfahrsperren-Steuergerät übertragen werden.*

66 Das Motorsteuergerät sitzt neben dem Pollenfilter links unter der Windschutzscheibe hinter der Spritzwand. Demontieren Sie wie für den Zugang zum Scheibenwischermotor (siehe Kapitel 12, Sektion 18) die Scheibenwischerarme und das Lüftungsgitter.
67 Ziehen Sie den Arretierclip an der Seite des Steckers heraus und trennen Sie diesen vom Motorsteuergerät (siehe Abbildung).
Anmerkung: *Bei den meisten Motorsteuergeräten müssen zwei Stecker getrennt werden – derjenige an der linken Seite kann erst nach dem Entfernen der um das Steuergerät angebrachten Sicherungsplatte getrennt werden.*

3.67 Trennen Sie den rechten Steuergerät-Stecker.

68 Lösen Sie die Lasche und ziehen Sie das Steuergerät aus der Lüftungsblech-Blende (siehe Abbildung).

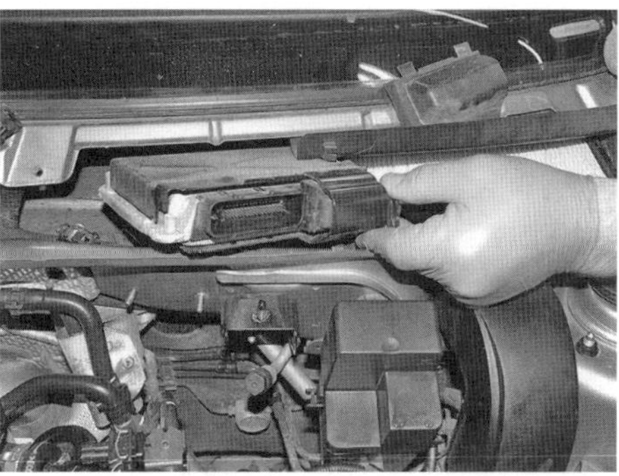

3.68 Befreien Sie das Motorsteuergerät aus seinem Sitz.

69 Um die Sicherungsplatte vom Steuergerät zu entfernen, müssen die zwei Spezialschrauben mit Abscherköpfen ausgebohrt werden (siehe Abbildung) – beim Einbau werden neue Schrauben benötigt.

3.69 Spezialschrauben mit Abscherköpfen zur Sicherung der Motorsteuergerät-Platte

70 Nachdem die Sicherungsplatte entfernt ist, kann der zweite Stecker des Steuergeräts getrennt werden.
71 Der Einbau entspricht der umgekehrten Ausbaureihenfolge – beachten Sie dabei folgende Punkte:

a) Befestigen Sie die Sicherungsplatte mit neuen Spezialschrauben und ziehen Sie diese an, bis ihre Köpfe abscheren.
b) Das Steuergerät muss korrekt in der Lüftungsblech-Blende sitzen.
c) Beachten Sie die oben beschriebenen Warnhinweise: Das Motorsteuergerät muss elektronisch kodiert und angelernt werden.

Steuerkettenspanner-Magnetventil

72 Das Magnetventil ist in den Steuerkettenspanner integriert – erkundigen Sie sich beim Audi-Händler, ob es separat erhältlich ist. Der Steuerkettenspanner wird zusammen mit den Nockenwellen ausgebaut (siehe Kapitel 2A, Sektion 10).

4 Kraftstofffilter – Ersetzenn

Anmerkung: *Beachten Sie vor jeder Arbeit am Kraftstoffsystem die Warnhinweise in Sektion 1.*

1 Machen Sie das Kraftstoffsystem drucklos (siehe Sektion 7).
Anmerkung: *Hierdurch wird zwar der Druck abgebaut, sodass beim Trennen von Anschlüssen kein Benzin mehr herausspritzt, doch beim Austausch des Filters wird Benzin auslaufen, sodass entsprechende Vorkehrungen getroffen werden müssen.*
2 Der Kraftstofffilter sitzt unter der Karosserie rechts vorn am Tank (siehe Abbildung).

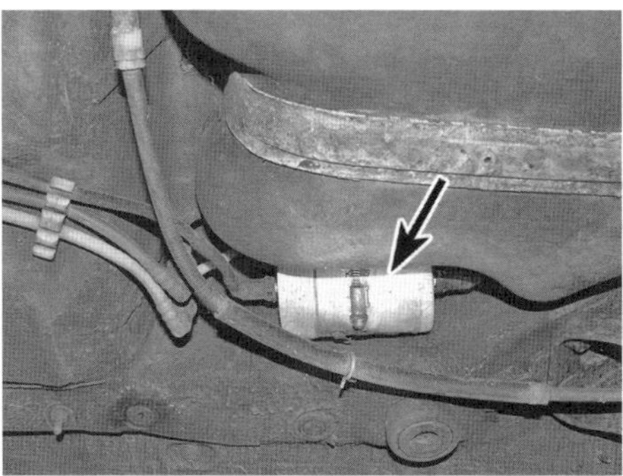

4.2 Position des Kraftstofffilters

3 Heben Sie das Fahrzeug rechts hinten an und stützen Sie es sicher ab (siehe Seite 366) – achten Sie darauf, nicht den Zugang zum Filter zu behindern.
4 Um den Zugang weiter zu verbessern, kann der Handbremsen-Seilzug aus der benachbarten Halterung befreit werden.
5 Befreien Sie an beiden Seiten des Filters die mit Schnellverschlüssen gesicherten Kraftstoffschläuche – drücken Sie deren Laschen zusammen, um sie zu trennen (siehe Abbildung). Merken Sie sich ihre Positionen (beide Schläuche sind schwarz). Nötigenfalls müssen die Schläuche aus den Clips des Unterbodens befreit werden.

4.5 Ziehen Sie die Schläuche vom Filter ab (hier der vordere).

6 Der Filter wird von einer großen Schraubschelle gehalten. Beachten Sie einen möglichen Pfeil auf dem Filter, der die Strömungsrichtung des Benzins anzeigt (in diesem Fall zur Fahrzeug-Front).
7 Lockern Sie die Schelle und ziehen Sie den Filter heraus (siehe Abbildung). Versuchen Sie, ihn so waagerecht wie möglich zu halten, damit kein weiteres Benzin ausläuft. Beachten Sie, dass auch nach dem Ausgießen des restlichen Benzins größere Reste im Filterelement verbleiben, sodass der alte Filter entsprechend sorgfältig entsorgt werden muss.

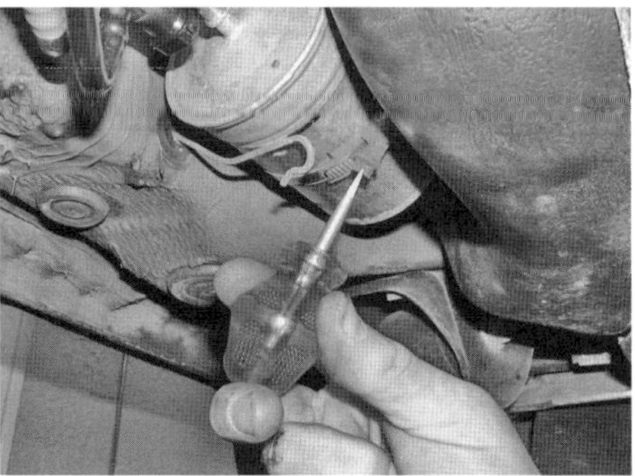

4.7 Lockern Sie die Schelle des Kraftstofffilters

8 Führen Sie den neuen Filter korrekt ausgerichtet (Pfeil nach vorn) in die Schelle ein und ziehen Sie diese sorgfältig an (ohne dabei den Filter zu quetschen).
9 Verbinden Sie die Kraftstoffschläuche mit dem Filter und lassen Sie die Anschlüsse einrasten. Sichern Sie ggf. die Schläuche und das Handbremsseil in den jeweiligen Clips.
10 Senken Sie das Fahrzeug ab, starten Sie den Motor und kontrollieren Sie beide Anschlüsse des Filters auf Undichtigkeiten.

5 Kraftstoffpumpe/Tankuhr-Geber – Ausbau und Einbaue

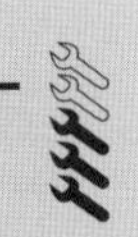

Anmerkung: *Beachten Sie vor jeder Arbeit am Kraftstoffsystem die Warnhinweise in Sektion 1.*

Vermeiden Sie direkten Hautkontakt zu Benzin – tragen Sie bei der Arbeit Schutzkleidung und Handschuhe. Der Arbeitsplatz muss gut belüftet sein, damit sich keine Benzindämpfe ansammeln.

Allgemeine Informationen

1 Die Kraftstoffpumpe und der Tankuhr-Geber bilden eine gemeinsame Baugruppe, die von oben in den Tank gesetzt ist. Der Zugang erfolgt über einen Deckel im Gepäckraumboden. Der Ausbau der Baugruppe sorgt dafür, dass der Inhalt des Tanks durch eine große Öffnung in die Atmosphäre gelangen kann.

Ausbau

2 Machen Sie das Kraftstoffsystem drucklos (siehe Sektion 7).
3 Stellen Sie das Fahrzeug auf eine ebene Fläche. Trennen Sie den Masseanschluss der Batterie und positionieren Sie ihn mit ausreichendem Sicherheitsabstand (beachten Sie dazu die Hinweise auf Seite 366).
4 Entfernen Sie die Gepäckraum-Verkleidungen (Roadster) und den Rücksitz-Sockel (Coupé) (siehe Kapitel 11).
5 Lösen Sie die Schrauben des Zugangsdeckels und heben Sie diesen vom Boden des Gepäckraums ab (siehe Abbildung).

5.5 Entfernen Sie den Zugangsdeckel.

6 Trennen Sie den Stecker der Kraftstoffpumpen/Tankuhrgeber-Baugruppe (siehe Abbildung).

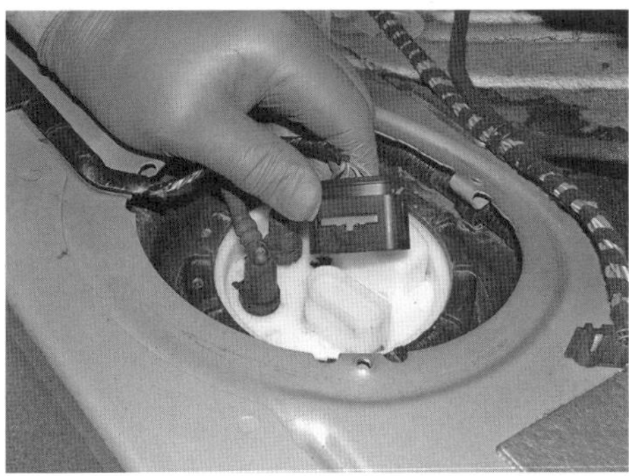

5.6 Trennen Sie den Stecker der Kraftstoffpumpen/Tankuhrgeber-Baugruppe.

7 Legen Sie Lappen um die Anschlüsse der Zulauf- und Rücklauf-Anschlüsse, drücken Sie die Laschen der Schnellverschlüsse und ziehen Sie sie ab (siehe Abbildung). Beachten Sie die Pfeile an den Anschlüssen und markieren Sie die Schläuche entsprechend, um sie später wieder korrekt aufsetzen zu können (der Zulaufschlauch ist schwarz, eventuell mit weißen Markierungen, wogegen der Rücklaufschlauch blau ist oder blaue Markierungen aufweist.

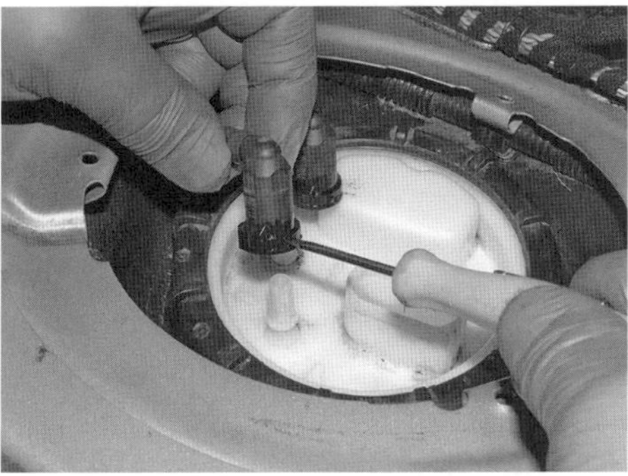

5.7 Lösen Sie mit einem kleinen Schraubendreher die Laschen der Anschlüsse.

8 Beachten Sie die Ausrichtmarkierungen am Tank, dem Sicherungsring und der Platte der Kraftstoffpumpen/Tankuhrgeber-Baugruppe. Lösen Sie mit einem geeigneten Werkzeug den Sicherungsring (siehe Abbildungen) und entnehmen Sie die Dichtung.

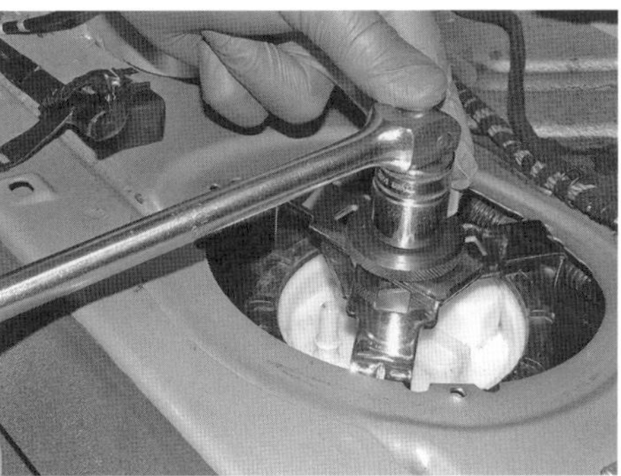

5.8a Setzen Sie das Spezialwerkzeug an ...

5.8b ... und lösen Sie den Sicherungsring.

9 Heben Sie bei Modellen mit Frontantrieb die Kraftstoffpumpen/Tankuhrgeber-Baugruppe heraus und lassen Sie sie über der Öffnung abtropfen (siehe Abbildung). Legen Sie die Baugruppe anschließend auf Lappen oder Pappe. Kontrollieren Sie den Schwimmer am Ende des Tankuhrgeber-Hebels auf Löcher und darin befindliches Benzin – ersetzen Sie die Baugruppe nötigenfalls.

5.9 Heben Sie die Kraftstoffpumpen/Tankuhrgeber-Baugruppe heraus und lassen Sie sie über der Öffnung abtropfen.

10 Weil bei Quattro-Modellen der Tank über der zur Hinterachse führenden Kardanwelle eine Einwölbung hat, muss eine zweite Pumpe (Absaugpumpe) den Inhalt der linken Tankhälfte in die rechte Hälfte fördern. Nachdem die Kraftstoffpumpen/Tankuhrgeber-Baugruppe aus dem Tank gezogen ist, muss in den Tank gegriffen werden, um den Kabelstecker und die zwei Schläuche zu trennen (siehe Abbildungen). Legen Sie die Baugruppe anschließend auf Lappen oder Pappe. Kontrollieren Sie den Schwimmer am Ende des Tankuhrgeber-Hebels auf Löcher und darin befindliches Benzin – ersetzen Sie die Baugruppe nötigenfalls.

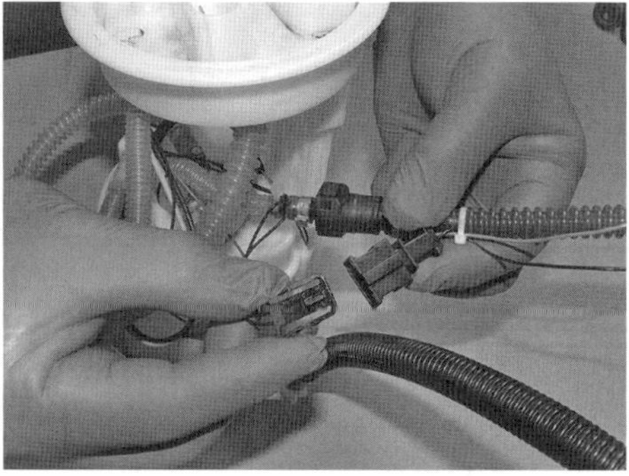

5.10a Trennen Sie den Stecker der Absaugpumpe, …

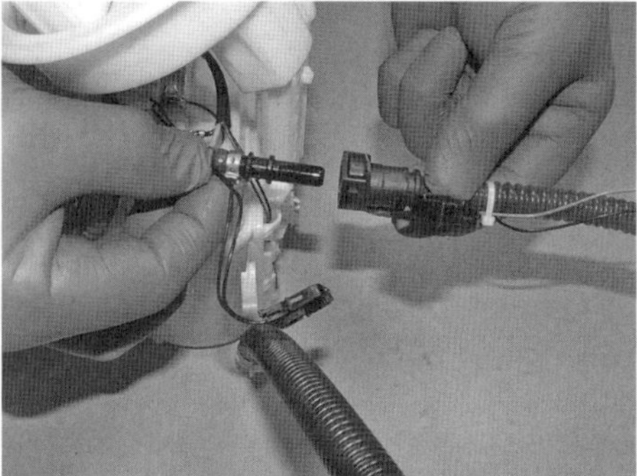

5.10b … lösen Sie den Schlauch-Clip …

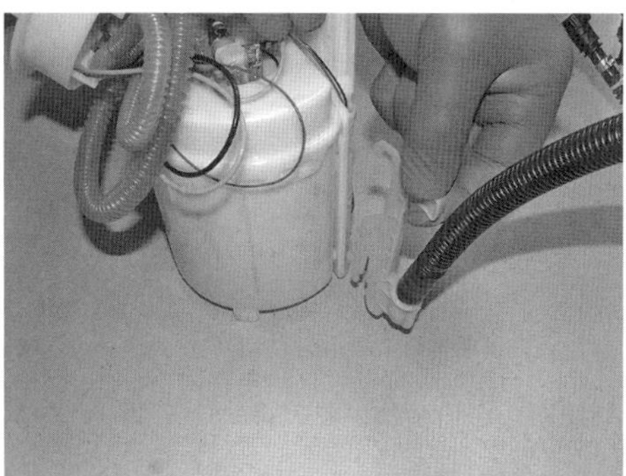

5.10c … und hängen Sie den unteren Schlauch aus – alles gezeigt bei demontierter Pumpe.

11 Der in die Baugruppe integrierte Kraftstoff-Ansaugstutzen wird mit einer Feder nach unten gedrückt, damit er stets an der tiefsten Stelle des Tanks ansaugt. Prüfen Sie, ob sich der Stutzen unter der Federspannung frei zum Baugruppen-Gehäuse bewegen kann.
12 Kontrollieren Sie die Gummidichtung der Tank-Öffnung auf Beschädigungen oder Alterungserscheinungen und ersetzen Sie sie nötigenfalls (siehe Abbildung).

5.12 Kontrollieren Sie die Gummidichtung der Tank-Öffnung.

13 Kontrollieren Sie den Schwimmerarm und die Gebereinheit. Beseitigen Sie Schmutz und Ablagerungen und achten Sie auf Brüche am Potentiometer (siehe Abbildung).

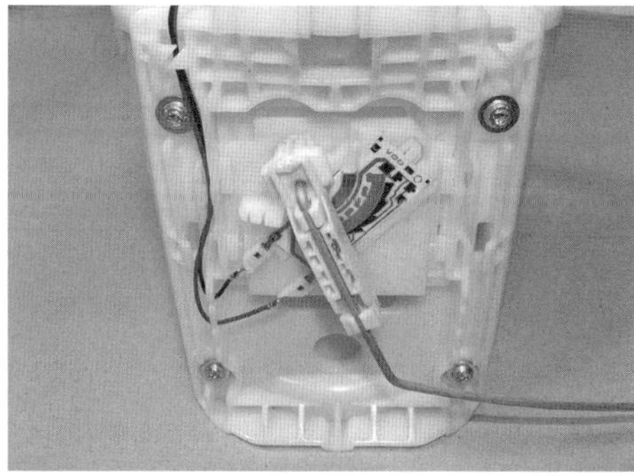

5.13 Kontrollieren Sie die Kontaktflächen der Gebereinheit.

14 Der Geber kann nötigenfalls von der Baugruppe demontiert werden: Trennen Sie die zwei dünnen Kabel (merken Sie sich ihre Positionen), lösen Sie die Clips und ziehen Sie den Geber nach unten ab (siehe Abbildung).

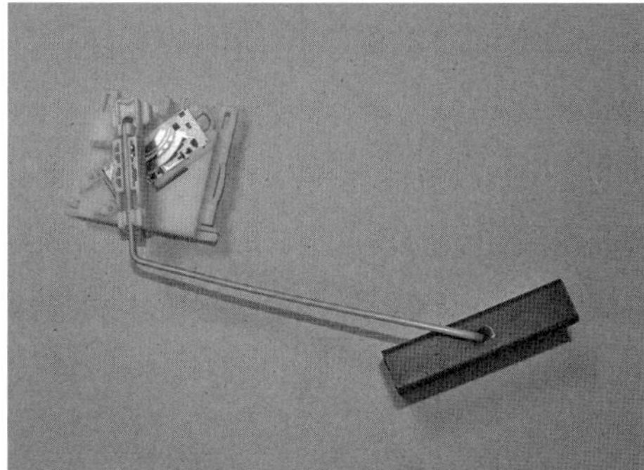

5.14 Der von der Pumpenbaugruppe demontierte Tankuhr-Geber

15 Das Potentiometer auf der Leiterplatte kann getestet werden, indem ein Ohmmeter mit den zwei Kabel-Kontakten verbunden wird. Der Widerstand muss sich ändern, während der Schwimmerarm auf und ab bewegt wird – dies kann auch bei montiertem Geber überprüft werden (siehe Abbildungen).

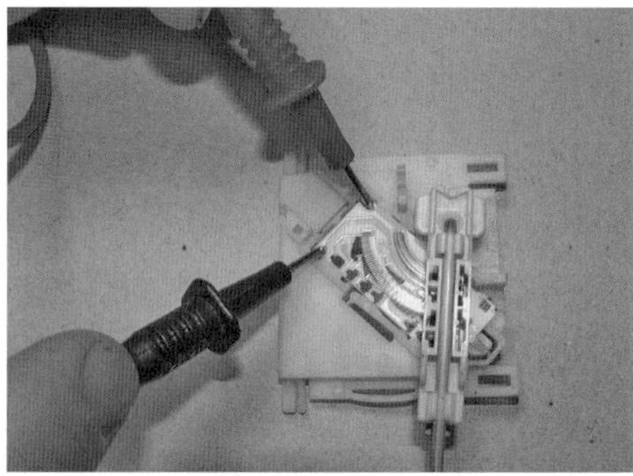

5.15a Kontrolle des Potentiometers bei demontiertem Geber …

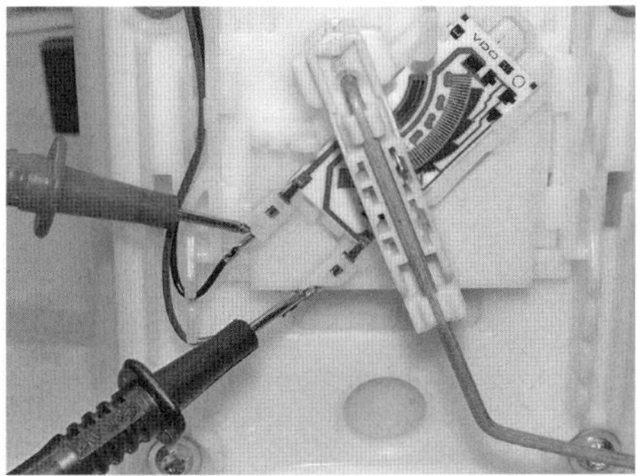

5.15b … und bei an der Pumpe sitzendem Geber.

16 Die bei Quattro-Modellen links im Tank sitzende Absaugpumpe kann (nach dem Ausbau der Haupt-Pumpe samt Tankuhr-Geber) ebenfalls demontiert werden. Entfernen Sie den Zugangsdeckel und beachten Sie die Ausrichtmarkierungen des Gebers. Lösen Sie mit einem geeigneten Werkzeug den Sicherungsring und heben Sie die Absaugpumpe heraus – der Ausbau wird nach dem Entfernen des Schwimmerarms einfacher. Ziehen Sie die Pumpe samt ihrer Kabel und Schläuche aus dem Tank (siehe Abbildungen) und entnehmen Sie die Dichtung.

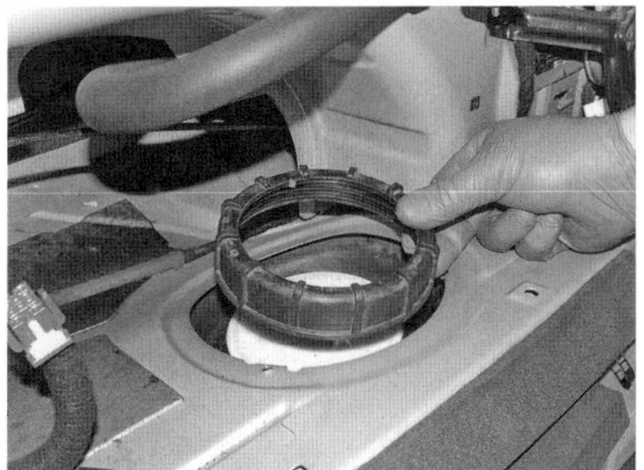

5.16a Entfernen Sie den Sicherungsring, …

5.16b … heben Sie die Absaugpumpe an, …

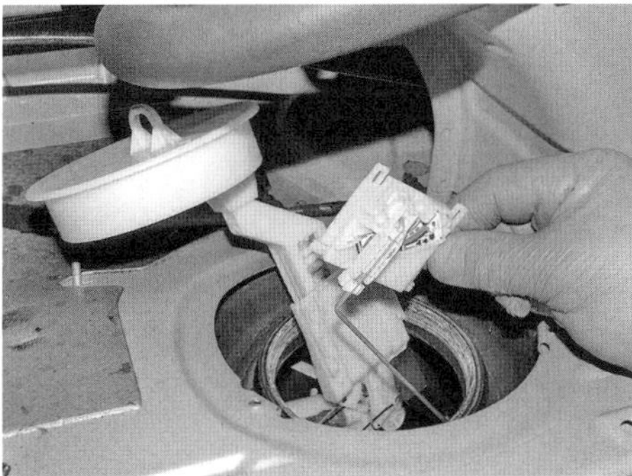

5.16c … befreien Sie die Geber-Baugruppe …

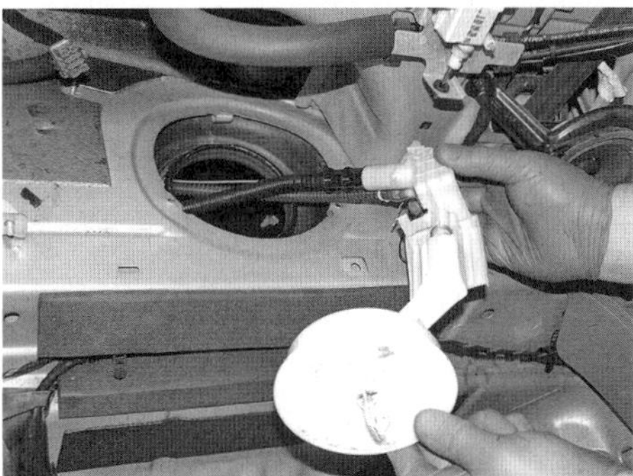

5.16d … und ziehen Sie die Pumpe samt aller Kabel und Schläuche heraus.

17 Der Einbau entspricht der umgekehrten Ausbaureihenfolge – beachten Sie dabei folgende Punkte:

a) Verbiegen Sie nicht den Schwimmerarm.
b) Verbinden Sie bei Quattro-Modellen den Kabelstecker und die zwei Schläuche mit der Absaugpumpe, bevor diese korrekt ausgerichtet wird.
c) Schmieren Sie die Außenseite der Tanköffnung-Dichtung mit Kraftstoff oder Sprühöl. Solange keine neue Dichtung verwendet wird, sollte diese vor dem Einbau mit der Pumpen-Baugruppe verbunden werden. Wenn die Baugruppe fast in Position gebracht ist, wird die Dichtung auf den Bund der Tanköffnung heruntergedrückt und dann die Pumpe vollständig eingeschoben.
d) Die Pfeile auf dem Tankuhr-Geber und der Tanköffnung müssen zueinander ausgerichtet sein.
e) Verbinden Sie die Kraftstoffschläuche mit den richtigen Anschlüssen (siehe Schritt 7) und lassen Sie sie korrekt einrasten.
f) Kontrollieren Sie zum Schluss, ob alle Leitungen korrekt mit dem Tank verbunden sind.
g) Bevor der Zugangsdeckel und die Rückbank montiert wird, sollte der Motor gestartet und der Bereich um die Pumpe auf Undichtigkeiten kontrolliert werden.

6 Kraftstofftank – Ausbau und Einbau

Anmerkung: *Beachten Sie zunächst die Warnhinweise in Sektion 1.*

1 Da der Tank nicht mit einer Ablassschraube ausgerüstet ist, sollte er möglichst ausgebaut werden, nachdem er fast leer gefahren wurde.
2 Trennen Sie den Masseanschluss (–) der Batterie – beachten Sie dabei die Hinweise auf Seite 366.
3 Öffnen Sie die Tankklappe und drehen Sie den Tankdeckel ab. Saugen Sie nötigenfalls im Tank befindliche Kraftstoffreste mit einer Handpumpe ab.
4 Blockieren Sie die Vorderräder, heben Sie das Fahrzeug hinten an und stützen Sie es sicher ab (siehe Seite 366) – behindern Sie dabei nicht den Zugang zum Tank.
Anmerkung: *Das Einfüllrohr ist fest mit dem Tank verbunden und kann nicht getrennt werden – sorgen Sie daher für eine ausreichende Arbeitshöhe, damit es mit dem Tank befreit werden kann.*
5 Demontieren Sie das rechte Hinterrad und die Radhausschale, um Zugang zum Einfüllrohr zu erhalten.
6 Lösen Sie oben im Radhaus die Mutter des Massekabel-Anschlusses und trennen Sie das Kabel vom Innenkotflügel. Lösen Sie dann die zwei Schrauben des Einfüllstutzens (siehe Abbildung).

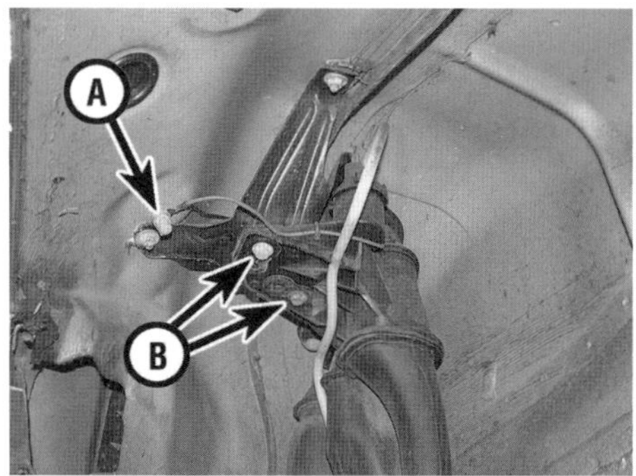

6.6 Massekabel (A) und Einfüllstutzen-Schrauben (B)

7 Verschaffen Sie sich Zugang zur Kraftstoffpumpen/Tankuhrgeber-Baugruppe (siehe Sektion 5) und trennen Sie deren Stecker (Abb. 5.6).
8 Demontieren Sie beim Quattro-Modell die Kardanwelle (siehe Kapitel 8B).
9 Lösen Sie den hinteren Teil der Auspuffanlage (siehe Kapitel 4B, Sektion 9) – weil die Hinterradaufhängung für den Ausbau des Tanks demontiert oder zumindest abgesenkt werden müssen, sollte die hintere Auspuffsektion komplett entfernt werden.
10 Lösen Sie ggf. die Muttern oder Sicherungsscheiben der Hitzeschilde zwischen dem Tank und dem Auspuff, um diese zu entfernen.
11 Trennen Sie rechts vorn am Tank die drei Kraftstoffschläuche (schwarz: Zulaufschlauch; blau: Rücklaufschlauch; weiß: Belüftungsschlauch) vom Filter zum Motor – merken Sie sich ihre Anschlusspositionen. Bei den Anschlüssen handelt es sich um Schnellverschlüsse, deren Laschen zum Trennen eingedrückt werden müssen (siehe Abbildung).

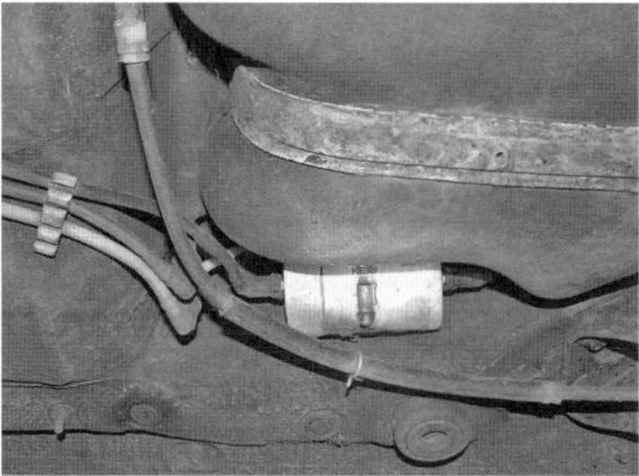

6.11 Trennen Sie rechts am Tank die drei Kraftstoffschläuche.

12 Demontieren Sie die Hinterachse (siehe Kapitel 10) – für den Ausbau des Tanks recht es aus, die Achse ausreichend abzusenken.
13 Positionieren Sie einen Rangierwagenheber mittig unter den Tank und stützen Sie ihn ab – legen Sie ein Holz dazwischen, um die Oberfläche des Tanks nicht zu beschäftigen.
14 Lösen Sie die Schraube neben dem Einfüllstutzen rechts hinten am Tank (siehe Abbildung).

6.14 Hintere rechte Tank-Schraube

15 Lösen Sie vorn und hinten die Schrauben der Tank-Haltebänder aus der Karosserie (siehe Abbildungen). Die Bänder sind verschieden lang und dürfen daher nicht vertauscht werden.

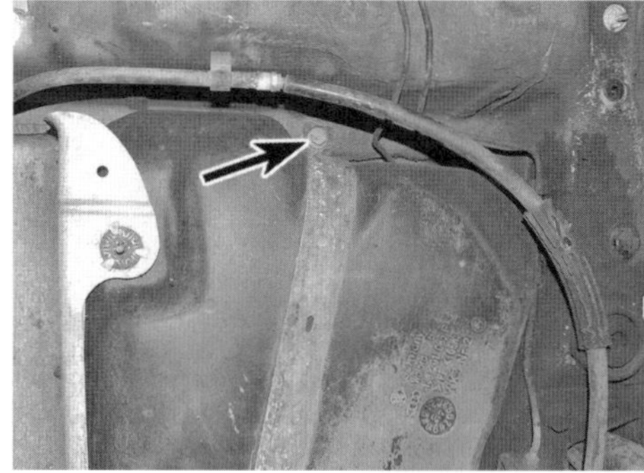

6.15a Eine der zwei vorderen Halteband-Schrauben

6.15b Eine der zwei hinteren Halteband-Schrauben

16 Senken Sie den Tank vorsichtig ab – prüfen Sie dabei, ob nichts mehr angeschlossen ist. Trennen Sie nötigenfalls die Aktivkohlebehälter-Entlüftungsleitung vom Stutzen am Einfüllstutzen.

17 Falls der Tank Ablagerungen oder Wasser enthält, kann er mit zwei oder drei Durchgängen ausgespült werden. Demontieren Sie die Kraftstoffpumpe samt Tankuhr-Geber (siehe Sektion 5), füllen Sie etwas frisches Benzin ein und schütteln Sie ihn ausgiebig, um sämtliche Ablagerungen damit zu beseitigen. Der aus Kunststoff bestehende Tank kann nicht repariert werden – bei Beschädigungen ist er durch einen neuen Tank zu ersetzen.

Diese Arbeit muss in einer gut belüfteten Umgebung durchgeführt werden – treffen Sie zuvor geeignete Brandschutzmaßnahmen! Entsorgen Sie verschmutzten Kraftstoff beim Sondermüll.

18 Der Einbau entspricht der umgekehrten Ausbaureihenfolge – beachten Sie dabei folgende Punkte:

a) Achten Sie beim Anheben des Tanks darauf, dass die Haltegummis korrekt positioniert sind und keine Schläuche zwischen ihm und der Karosserie eingeklemmt werden.

b) Alle Schläuche, Leitungen und Kabelstecker müssen korrekt verlegt und sicher angeschlossen werden.

c) Sichern Sie das Massekabel mit der Mutter am Innenkotflügel.

d) Ziehen Sie die Halteband-Schrauben mit 25 Nm an.

e) Füllen Sie zum Schluss den Tank auf und kontrollieren Sie alles auf Undichtigkeiten. Falls ein Leck auftritt, muss das Problem vor der ersten Fahrt behoben werden.

7 Kraftstoffsystem – Druckabsenkung

Anmerkung: *Beachten Sie zunächst die Warnhinweise in Sektion 1.*

Das Kraftstoffsystem steht nach dem Einschalten der Zündung ständig unter Druck; dieser bleibt auch nach dem Abschalten bestehen. Daher ist es wichtig, das System vor dem Trennen von Kraftstoffleitungen oder anderen Arbeiten am System drucklos zu machen. Wird dies unterlassen, kann bei einem plötzlichen Druckabfall Benzinnebel austreten, der sowohl ein Gesundheits- als auch ein Brandrisiko darstellt. Beachten Sie, dass auch bei einem drucklos gemachten System in einzelnen Leitungen und Komponenten weiterhin Benzin vorhanden ist, das beim Trennen aufgefangen werden muss.

1 Beim in dieser Sektion behandeltem Kraftstoffsystem handelt es sich um die im Tank sitzende Benzinpumpe samt Filter, den Druckspeicher (»Common Rail«), die Einspritzdüsen, den Druckregler und die Kraftstoffleitungen (Rohre oder Schläuche) zwischen diesen Komponenten. Alle diese Dinge enthalten Kraftstoff, der bei laufendem Motor oder bereits bei eingeschalteter Zündung unter Druck steht. Der Druck bleibt auch nach dem Abschalten der Zündung für längere Zeit bestehen, sodass er vor dem Öffnen von Anschlüssen oder der Demontage von Komponenten auf kontrollierte Weise abgelassen werden muss. Der Motor sollte vor Arbeitsbeginn möglichst komplett abgekühlt sein.

2 Entfernen Sie die Abdeckung unter dem Armaturenbrett (siehe Kapitel 11, Sektion 28), um Zugang zum Kraftstoffpumpenrelais zu erhalten (siehe Abbildung). Entfernen Sie entweder das Relais oder ziehen Sie dessen Sicherung heraus (siehe Kapitel 12).

7.2 Position des Kraftstoffpumpenrelais

3 Drehen Sie bei deaktivierter Kraftstoffpumpe den Motor mithilfe des Anlassers ca. 10 sec. durch – der Motor kann dabei zünden und eine Weile laufen, wird aber bald ausgehen. Hierbei wird den Einspritzdüsen genügend Zeit gegeben, den im System aufgebauten Druck abzulassen, sodass beim Trennen vom Leitungen kein Benzin mehr herausspritzt.

4 Trennen Sie den Masseanschluss der Batterie und positionieren Sie ihn mit ausreichendem Sicherheitsabstand (beachten Sie dazu die Hinweise auf Seite 366).

5 Stellen Sie einen geeigneten Behälter unter den zu trennenden Anschluss und halten Sie ausreichend Lappen bereit, um Kraftstoffreste aufzusaugen, die nicht in den Behälter gelangen.

6 Öffnen Sie den Anschluss langsam, um möglichen Restdruck behutsam abzulassen, und legen Sie Lappen darum, damit Spritzer aufgefangen werden. Nachdem der Druck abgebaut ist, kann der Anschluss getrennt werden. Verstopfen Sie getrennte Leitungen, um den Kraftstoff-Verlust zu minimieren und keinen Schmutz eindringen zu lassen.

8 Einlassstutzen und zugehörige Komponenten – Ausbau und Einbau

Anmerkung: *Beachten Sie zunächst die Warnhinweise in Sektion 1.*

1 Trennen Sie den Masseanschluss der Batterie und positionieren Sie ihn mit ausreichendem Sicherheitsabstand (beachten Sie dazu die Hinweise auf Seite 366).

2 Entfernen Sie bei Modellen mit Motorcode AMU, APX und BAM das oben rechts vom Motor verlaufende Ladeluftrohr (siehe Kapitel 4B, Sektion 7).

3 Demontieren Sie das Drosselklappengehäuse vom Einlassstutzen (siehe Sektion 3) – nötigenfalls kann es auch verbunden bleiben, um die Baugruppe gemeinsam zu entfernen, trennen Sie dennoch alle Stecker und Schläuche.
4 Entfernen Sie den Druckspeicher und die Einspritzdüsen (siehe Sektion 3) – falls der Einlassstutzen nur für den Zugang zu anderen Komponenten (z. B. den Zylinderkopf) demontiert und beiseite genommen werden soll, kann der Druckspeicher montiert bleiben.
5 Trennen Sie die Stecker des Einlassluft-Temperatursensors und des Einlassluft-Drucksensors (siehe Sektion 3) (Abb. 3.30a und b).
6 Trennen Sie den Unterdruckschlauch vom Einlassstutzen – bei Modellen mit Motorcode AMU, APX und BAM rechts am Stutzen und bei allen anderen Modellen links (siehe Abbildungen).

8.6a Unterdruckschlauch – Modelle mit Motorcode AMU, APX und BAM

8.6b Unterdruckschlauch – Modelle mit allen anderen Motorcodes

7 Falls noch nicht geschehen, müssen die Befestigungen der vorderen Einlassstutzen-Blende gelöst und diese entfernt werden (siehe Abbildung).

8.7 Demontage der vorderen Einlassstutzen-Blende – gezeigt bei Modelle mit Motorcode AMU, APX und BAM

8 Lösen Sie bei Modellen mit Sekundärluftsystem die Muttern der zwei Rohr-Halterungen, um das vorn quer über dem Einlassstutzen verlaufende Rohr zu trennen und beiseite zu verlagern (siehe Abbildung).

8.8 Muttern der Rohr-Halterungen

9 Trennen Sie bei Modellen mit Motorcode AMU, APX und BAM den Stecker des Abgastemperatursensors (siehe Abbildung).

8.9 Stecker des Abgastemperatursensors – Modellen mit Motorcode AMU, APX und BAM

10 Lösen Sie die zwei Schrauben der vorn am Einlassstutzen sitzenden Halterung, um diese vom Zapfen des Peilstabrohrs zu befreien (siehe Abbildungen). Trennen Sie ggf. des unten an den Halter geschraubten Turbolader-Rezirkulationsventils und des Sekundärluft-Einlassventils (falls vorhanden).

8.10a Entfernen Sie die Halterung …

8.10b ... und trennen Sie ggf. den Stecker.

11 Lösen Sie bei Modellen mit Motorcode AMU, APX und BAM die Schrauben des Abgastemperatursensors und befreien Sie diesen vorn aus dem Stutzen (siehe Abbildung).

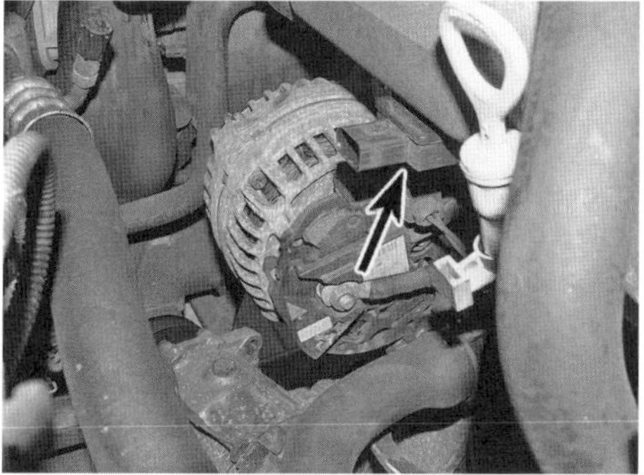

8.11 Abgastemperatursensor

12 Lösen Sie bei allen Modellen, außer jenen mit Motorcode AMU, APX und BAM, die Schrauben des unten am Einlassstutzen sitzenden Halters und entnehmen Sie diesen.
13 Prüfen Sie, ob alle Schläuche und Kabel vom Einlassstutzen getrennt sind. Lockern Sie schrittweise die zehn Einlassstutzen-Schrauben und ziehen Sie den Stutzen vom Zylinderkopf ab – die Dichtung muss beim Einbau erneuert werden.
14 Der Einbau entspricht der umgekehrten Ausbaureihenfolge – verwenden Sie eine neue Einlassstutzen-Dichtung und ziehen Sie seine Schrauben zum Zylinderkopf schrittweise mit 10 Nm an – falls der Stutzen verzieht, kann der Motor Nebenluft ziehen und dadurch beschädigt werden. Ziehen Sie die Schrauben des Halters am Einlassstutzen mit 20 Nm und am Motorgehäuse mit 45 Nm an.

9 Einspritzanlage – Testsn

1 Falls an der Motorsteuerung ein Problem auftritt, muss zuerst geprüft werden, ob alle Kabelstecker sicher verbunden und frei von Korrosion sind. Prüfen Sie, ob der Fehler nicht aufgrund mangelnder Wartung auftritt: Das Luftfilterelement muss sauber sein; die Zündkerzen müssen in Ordnung sein und den korrekten Kontaktabstand aufweisen; Die Zylinderkompression muss korrekt sein und alle Schläuche der Motorentlüftung müssen frei und in unbeschädigt sein – beachten Sie für weitere Informationen entsprechende Hinweise in den Kapiteln 1, 2A und 5B.
2 Lässt sich das Problem mit diesen Kontrollen nicht beseitigen, muss das Fahrzeug zu einer mit geeigneten Diagnosegeräten ausgerüsteten Fachwerkstatt gebracht werden. Hier kann der Fehler ausgelesen werden. Aus den verschiedenen Sensoren und Aktuatoren können Betriebsparameter erfasst werden, die ihre Funktion anzeigen. So lassen sich Fehler rasch und einfach verfolgen und es müssen nicht alle Systemkomponenten einzeln getestet werden (was eine zeitaufwändige Arbeit wäre, die zudem das Risiko birgt, das Motorsteuergerät zu beschädigen). Der Diagnosestecker befindet sich an der Fahrerseite unter dem Armaturenbrett (siehe Abbildung).

9.2 Lage des Diagnosesteckers – gezeigt beim Rechtslenker-Modell

11 Tempomat – Allgemeine Informationee

1 Manche Modelle sind mit einem Tempomaten ausgerüstet, bei dem der Fahrer eine gewünschte Geschwindigkeit einstellt und die Motorsteuerung versucht, dies ungeachtet von Steigungen oder Gefälle zu halten.
2 Sobald das gewünschte Tempo eingestellt ist, steht das Kraftstoffsystem – vor allem die Drosselklappe – vollständig unter Kontrolle des Motorsteuergeräts.
3 Das System empfängt dazu Signale vom Kurbelwellensensor und dem Geschwindigkeitssensor am Getriebe.
4 Der Tempomat wird deaktiviert, indem das Kupplungs- oder das Bremspedal getreten wird – die daran angebrachten Schalter senden entsprechende Signale an das Steuergerät (siehe Sektion 3, Schritte 57 bis 60 und Kapitel 9, Sektion 17)
5 Der Tempomat-Schalter ist Bestandteil der Lenksäulenschalter-Baugruppe – deren Ausbau ist in Kapitel 12, Sektion 4 beschrieben.
6 Alle Probleme mit dem Tempomaten, die nicht auf defekte Kabel oder Schäden an den oben beschriebenen Komponenten zurückzuführen sind, weisen auf einen Defekt in der Motorsteuerung hin – lassen Sie eine Fachwerkstatt den Fehlerspeicher auslesen (siehe Sektion 9).

Kapitel 4, Teil B

Auspuffanlage und Schadstoff-Begrenzungssysteme

Inhalt Sektion

Schwierigkeitsgrade

Leicht. Geeignet für Anfänger mit wenig Erfahrung. 	**Relativ leicht.** Geeignet faür Anfänger mit etwas Erfahrung. 	**Relativ schwierig.** Geeignet für geübte Selbstschrauber. 	**Schwer.** Geeignet für Selbstschrauber mit viel Erfahrung. 	**Sehr schwer.** Geeignet für Experten und Profis. 

Anzugsdrehmomente	**Nm**
Auspuffhalterungen – Muttern und Schrauben	25
Auspuffstutzen-Halter an Motor	25
Auspuffstutzen-Muttern an Krümmerrohr*	40
Auspuffstutzen-Muttern an Zylinderkopf*	25
Auspuff-Klemmmuttern	40
Kühlerrohr-Anschlussschraube	35
Ladeluftkühler-Schrauben	10
Lambdasonde	50
Ölrohr-Anschlussschrauben	30
Sekundärluft-Adapterplatten-Schrauben	10
Sekundärluft-Kombiventil-Schrauben	10
Sekundärluft-Rohranschlussmuttern	25
Turbolader-Halterung an Motor	25
Turbolader an Auspuffstutzen – Schrauben*	30
Turbolader an Halterung – Schraube und Muttern*	30
Turbolader an Krümmer – Muttern**	40

** Durch Neuteile zu ersetzen*
*** Sicherungspaste (Loctite) verwenden*

1 Allgemeine Informationen

Abgasreinigungs-Systeme

1 Die Motoren dürfen nur mit bleifreiem Benzin betrieben werden. Ihre Motorsteuerung ist so programmiert, dass sie den besten Kompromiss aus Leistungsentfaltung, Verbrauch und Abgas-Emissionen erzielt. Mehrere Systeme sollen dabei helfen, ungesunde und umweltschädliche Gase zu minimieren: Die durch die Motorentlüftung entweichenden Gase sollen möglichst wenig Giftstoffe aus dem Schmiersystem enthalten und ein im Auspuff sitzender Katalysator soll die Giftigkeit der Abgase verringern. Eine Verdunstungsregelung sorgt dafür, dass im Tank verdampfendes Benzin nicht in die Umwelt gelangt.

Kurbelgehäuse-Entlüftungsregelung

2 Um die Emission unverbrannter Kohlenwasserstoffe aus dem Kurbelgehäuse in die Umgebung zu reduzieren, kommt eine Kurbelgehäuse-Entlüftungsregelung zum Einsatz, bei der das Motorgehäuse abgedichtet ist und Leckgase sowie Ölnebel aus dem Ventildeckel in den Einlasstrakt geleitet werden, um vom Motor im normalen Betrieb mitverbrannt zu werden.
3 Die Gase werden durch den relativ höheren Druck im Motorgehäuse herausgedrückt. Bei einem verschlissenen Motor können Verbrennungsgase sowohl zwischen den Kolben und Zylindern in den Motor drücken oder durch undichte Ventile in den Einlass- oder Auspuffstutzen entweichen, sodass die Regelung nicht korrekt funktioniert.

Abgasreinigung

4 Zur Minimierung der in die Umgebung geleiteten Schadstoffe sind alle Modelle mit einem geregelten Katalysator im Auspuff ausgerüstet. Eine Lambdasonde im Auspuffstutzen versorgen das Motorsteuergerät stets mit Informationen über den Sauerstoffgehalt im Abgas, damit das korrekte Luft-Benzin-Gemisch für eine optimale Verbrennung erzeugt werden kann.
5 Eine Lambdasonde sitzt vor dem Katalysator im Auspuffstutzen oder dem vorderen Auspuffrohr, ein vom Steuergerät überwachtes Heizelement sorgt dafür, dass die Sonde rasch auf Betriebstemperatur kommt. Die Spitze der Lambdasonde reagiert auf Sauerstoff und sendet je nach Sauerstoffgehalt im Abgas unterschiedliche Spannungswerte an das Steuergerät. Falls das Luft-Kraftstoff-Gemisch zu »fett« ist, enthalten die Abgase wenig bis gar keinen Sauerstoff, sodass die Sonde ein geringes Spannungssignal ans Steuergerät sendet. Die Spannung steigt bei magerer werdendem Gemisch (weil im Abgas mehr unverbrannter Sauerstoff enthalten ist). Die besten Abgaswerte entstehen bei einem im korrekten Mischungsverhältnis aus 14,7 Teilen Luft und einem Teil Kraftstoff (nach Gewicht) – stöchiometrisches Kraftstoffverhältnis genannt. Die Sensorspannung ändert sich an diesem Punkt in einem großen Schritt, sodass das Steuergerät diese Signaländerung als Referenzpunkt nutzt, und mit einer entsprechend langen Einspritzdauer das Gemisch anpasst.
6 Die meisten späteren Modellen sind mit einer zweiten Lambdasonde hinter dem Katalysator ausgerüstet, die diesen überwachen soll und bei einem Defekt eine Warnleuchte im Cockpit aufleuchten lässt. Der Aus- und Einbau aller Lambdasonden ist in Kapitel 4A, Sektion 3 beschrieben.
7 Manche Motoren verfügen über ein Sekundärluftsystem, das nach dem Kaltstart die Emissionen verbessern soll, solange der Katalysator noch nicht auf Betriebstemperatur ist. Das System besteht aus einer mit Frischluft aus dem Luftfilter versorgten elektrischen Luftpumpe und mehreren Ventilen. Bei kaltem Motor wird Frischluft in den Auspuffstutzen gefördert, damit sie sich mit den Abgasen vermischt und diese nachverbrennt. Die dabei entstehende zusätzliche Wärme hilft außerdem, den Katalysator schneller auf Betriebstemperatur zu bringen. Sobald die Motortemperatur hoch genug ist und der Katalysator normal arbeitet, wird das Sekundärluftsystem vom Motorsteuergerät abgeschaltet.

Verdunstungs-Rückhaltesystem

8 Um möglichst wenig unverbrannte Kohlenwasserstoffe in die Atmosphäre gelangen zu lassen, sorgt dieses System dafür, dass Benzindämpfe nicht aus dem Tank entweichen. Der Tankdeckel ist abgedichtet und unter dem rechten Kotflügel sitzt ein mit Aktivkohle gefüllter Behälter, der die bei abgeschaltetem Motor entstehenden Benzindämpfe aufnimmt. Bei laufendem Motor öffnet ein vom Motorsteuergerät überwachtes Ventil und die Dämpfe werden in den Einlassstutzen entlassen.
9 Damit der Motor beim Kaltstart oder im Standgas korrekt läuft und der Katalysator vor einem durch die Benzindämpfe angereicherten Gemisch geschützt wird, öffnet das vom Motorsteuergerät überwachte Ventil erst, wenn der Motor auf Betriebstemperatur ist und unter Last arbeitet, sodass die gesammelten Dämpfe vom Motor angesaugt werden.

Auspuffanlage

10 Die Abgasanlage besteht aus dem Auspuffstutzen, dem daran sitzenden Turbolader, dem vorderen Abgasrohr (samt Lambdasonde), dem Katalysator (ggf. mit der zweiten Lambdasonde), dem Zwischenrohr und dem Endschalldämpfer. Je nach Motorcode können sich Details der Auspuffanlage unterscheiden.
11 Die Auspuffanlage wird von Gummielementen gehalten, die an Aufnahmen am Unterboden eingehängt sind (siehe Abbildung).

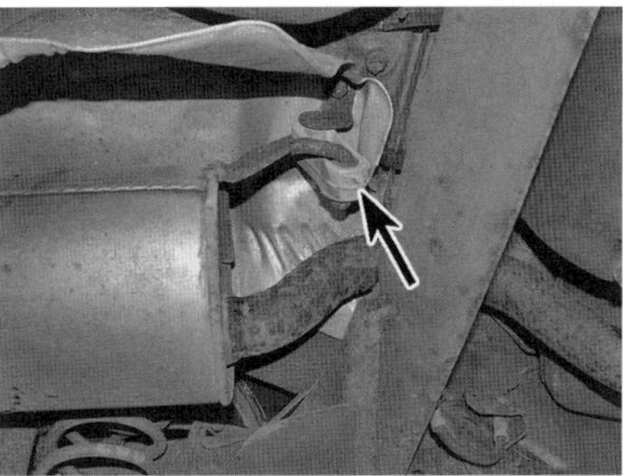

1.11 Eine der Gummihalterungen des Endschalldämpfers

2 Verdunstungsregelung – Informationen und Austausch der Komponenten

1 Das Verdunstungs-Rückhaltesystem besteht aus einem Magnet-Absaugventil, einem Aktivkohlebehälter und mehreren Unterdruckschläuchen.
2 Das Absaugventil und der Behälter sitzen vor dem Kühlmittel-Ausgleichsbehälter rechts vorn im Motorraum (siehe Abbildung).

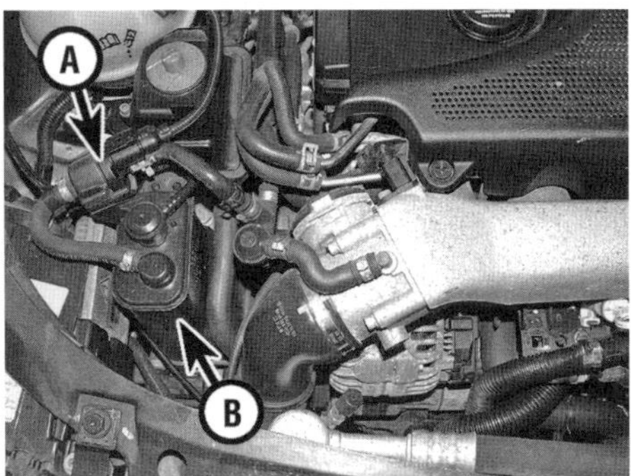

2.2 Magnet-Absaugventil (A) und Aktivkohlebehälter (B)

3 Um das Magnetventil demontieren zu können, muss es aus seinem Halter oben am Aktivkohlebehälter befreit und beiseite genommen werden (siehe Abbildung). Trennen Sie nötigenfalls (bei abgeschalteter Zündung) den Kabelstecker und die Schlauchanschlüsse vom Ventil.

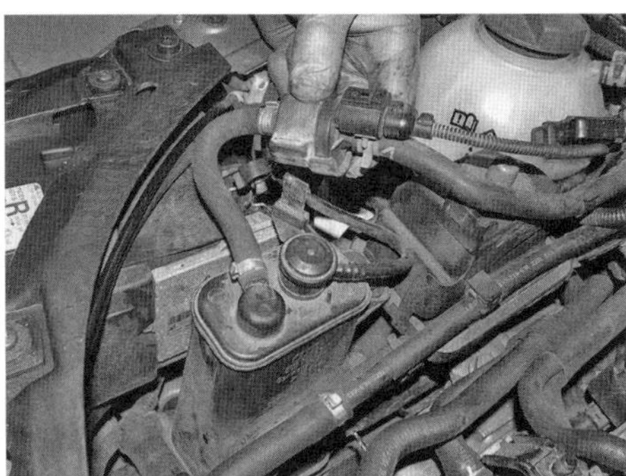

2.3 Hängen Sie das Magnetventil am Aktivkohlebehälter aus.

4 Lockern Sie oben am Aktivkohlebehälter die Schellen des zum Absaugventil führenden Schlauchs. Hebeln Sie dann das runde Endstück heraus, an dem der dünnere Tankentlüftungs-Schlauch gesichert ist.

5 Lösen Sie vorn unten am Aktivkohlebehälter die Schraube und heben Sie ihn aus seiner unteren Aufnahme – beachten Sie seine Einbaulage (siehe Abbildungen).

2.5a Lösen Sie die Schraube …

2.5b … und heben Sie den Aktivkohlebehälter heraus.

6 Der Einbau entspricht der umgekehrten Ausbaureihenfolge.

3 Motorentlüftung – Allgemeine Informationen

1 Die Motorentlüftung besteht aus Schläuchen, die das Motorgehäuse mit dem Luftfilter oder Einlassstutzen verbinden. Ein zwischengeschalteter Ölabscheider verhindert das Eindringen größerer Ölmengen in den Ansaugtrakt.
2 Das System erfordert außer regelmäßiger Kontrollen der Schläuche und Ventile sowie des Ölabscheiders auf Verstopfung und Undichtigkeiten keinerlei Aufmerksamkeit.

4 Sekundärluftsystem – Informationen und Austausch der Komponenten

1 Das System besteht aus einer mit Frischluft aus dem Luftfilter versorgten elektrischen Luftpumpe, einem Pumpenrelais, einem per Unterdruck gesteuertem Kombiventil für die Luftversorgung, einem Magnetventil zur Regelung des Unterdrucks und einem Rohrsystem, um die Luft in den Auspuffstutzen zu leiten (siehe Abbildung). Weitere Informationen finden sich in Sektion 1, Schritt 8.

Sekundärluft-Pumpe

2 Die Sekundärluft-Pumpe sitzt unterhalb des Einlassstutzens und hinter der Servolenkungspumpe an einem Halter (siehe Abbildung).

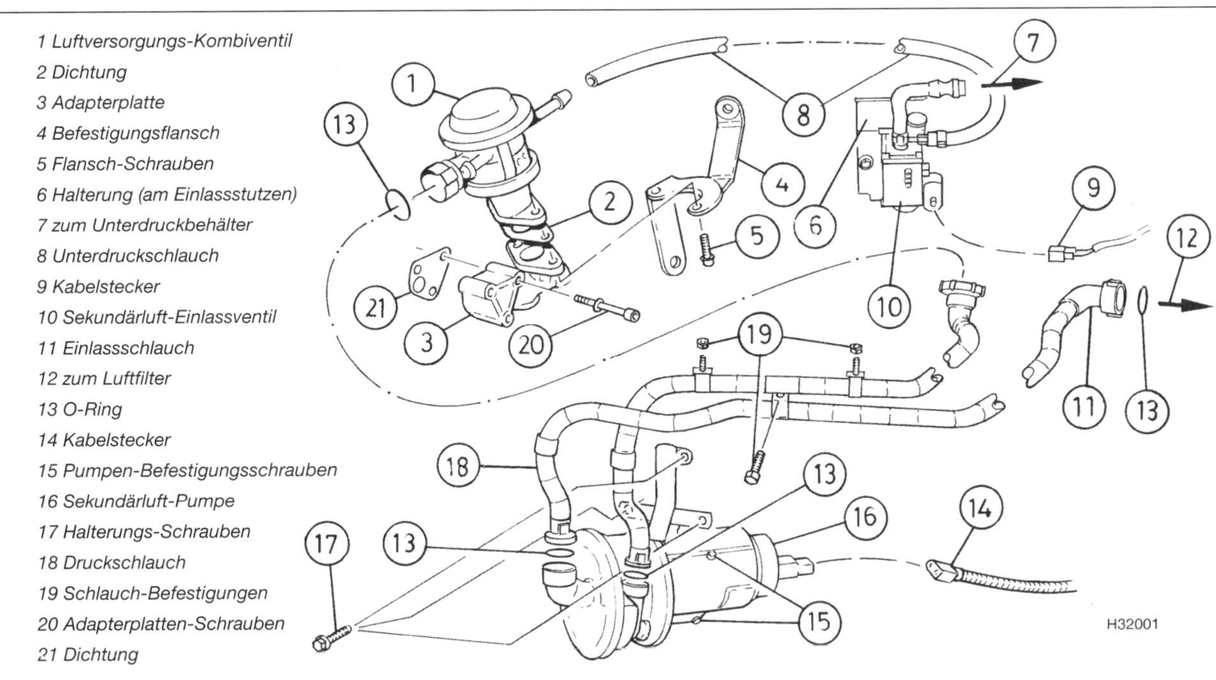

4.1 Bauteile des Sekundärtluftsystems

4.2 Position der Sekundärluft-Pumpe

3 Zur Verbesserung des Zugangs kann das vor dem Motor verlaufende Ladeluftrohr entfernt werden (siehe Sektion 7).

4 Trennen Sie die Luftschläuche oben an der Pumpe, indem Sie die Laschen ihrer Anschlüsse zusammendrücken und die Schläuche nach oben abziehen (siehe Abbildung) – die O-Ringe der Anschlüsse müssen später durch Neuteile ersetzt werden. Da die Schläuche verschieden Durchmesser aufweisen, können sie beim Anschließen nicht vertauscht werden.

4.4 Einer der Luftschläuche an der Sekundärluft-Pumpe

5 Ziehen Sie hinten an der Pumpe den Kabelstecker ab (siehe Abbildung).

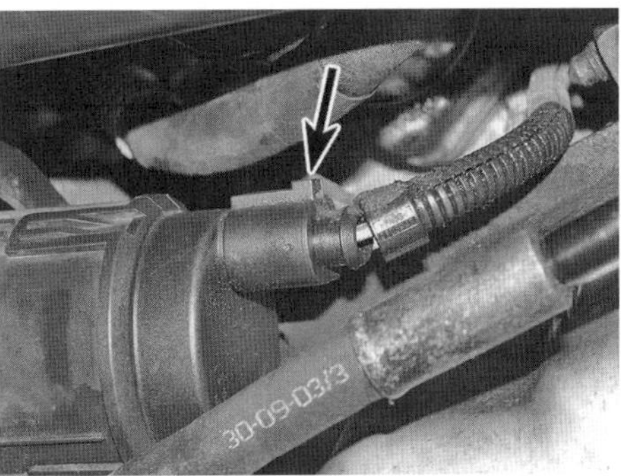

4.5 Kabelstecker an der Sekundärluft-Pumpe

6 Lösen Sie die Befestigungsmuttern und ziehen Sie die Pumpe aus dem Halter (siehe Abbildung) – kontrollieren Sie die kleinen Haltegummis und ersetzen Sie sie nötigenfalls.

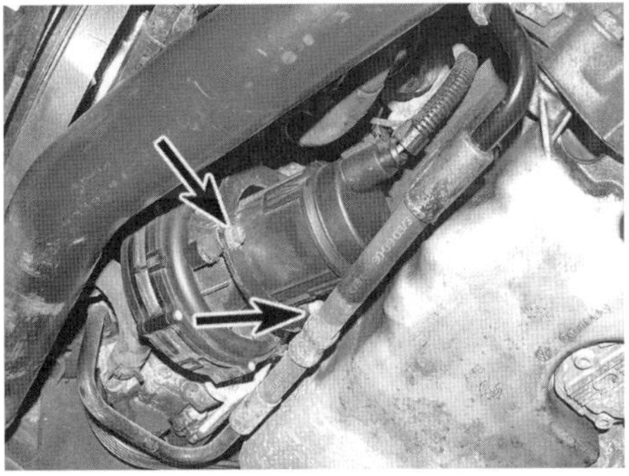

4.6 Zwei der Sekundärluftpumpen-Befestigungsmuttern – andere sitzen an der Rückseite

7 Der Halter der Sekundärluftpumpe kann nötigenfalls vom Motorgehäuse entfernt werden – je nach Modell ist er mit drei (unterschiedlich langen) Schrauben oder zwei Schrauben und einer Mutter gesichert.
8 Der Einbau entspricht der umgekehrten Ausbaureihenfolge.

Sekundärluftpumpen-Relais

9 Das Relais befindet sich in der Relaisbox links hinten im Motorraum (siehe Abbildung) – Details finden sich in Kapitel 12, Sektion 3.

4.9 Position des Sekundärluftpumpen-Relais

Luftversorgungs-Kombiventil

10 Das Kombiventil sitzt oben auf dem Auspuffstutzen. Zur Verbesserung des Zugangs sollte die obere Motorabdeckung entfernt werden.
11 Trennen Sie den Unterdruckschlauch und den dickeren Luftschlauch vom Ventil, indem Sie die Laschen ihrer Anschlüsse zusammendrücken und die Schläuche abziehen.
12 Lösen Sie die unter dem Ventil sitzenden Befestigungsschrauben und heben Sie das Ventil aus seinem Flansch – die Dichtung muss später erneuert werden.
13 Der Einbau entspricht der umgekehrten Ausbaureihenfolge – verwenden Sie eine neue Dichtung und ziehen Sie die Schrauben mit 10 Nm an.

Unterdruck-Magnetventil

14 Das Unterdruck-Magnetventil des Sekundärluftsystems sitzt vorn im Motorraum unter einem Halter am Einlassstutzen (siehe Abbildung).

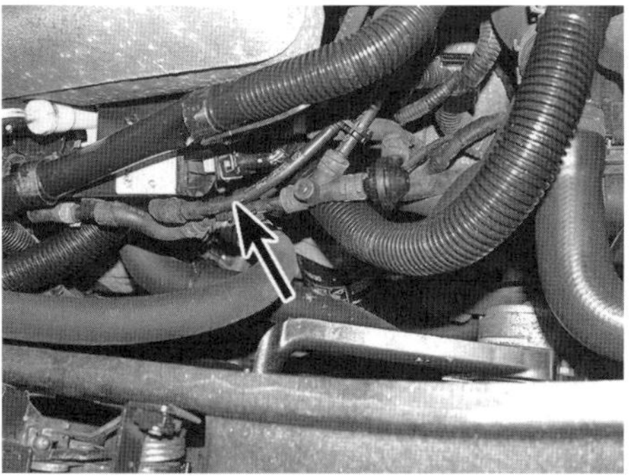

4.14 Position des Unterdruck-Magnetventils

15 Befreien Sie die über Einlassstutzen sitzende Blende (siehe Abbildung).

4.15 Entfernen Sie die Einlassstutzen-Blende.

16 Trennen Sie den Kabelstecker und die Unterdruckleitungen vom Ventil – markieren Sie die Anschlüsse, um sie später nicht zu verwechseln.
17 Lösen Sie die Schrauben oder befreien Sie das Ventil aus seinem Sitz und entnehmen Sie es aus seinem Halter.
18 Der Einbau entspricht der umgekehrten Ausbaureihenfolge.

5 Turbolader – Allgemeine Informationen, Warnhinweise, Ausbau und Einbau

1 Der Turbolader sitzt direkt am Auspuffstutzen (siehe Abbildungen). Eine Ölleitung vom Ölfilter-Flansch zur Oberseite des Turboladers sorgt für dessen Schmierung; eine von der Unterseite des Turboladers zur Ölwanne verlaufende Ölleitung stellt den Rücklauf sicher. Zur Kontrolle des Ladedrucks ist der Turbolader mit einem per Unterdruckmembran kontrollierten Bypass-Ventil (Wastegate) ausgerüstet.
2 Von der Rückseite des Motorgehäuses zur Unterseite des Turbolader verläuft ein Kühlmittelrohr, das Kühlmittel gelangt von der Oberseite des Turboladers zurück zum Motor.
3 Weil das Turbinenrad mit sehr hohen Drehzahlen arbeitet, können bereits kleinste Partikel große Schäden an den Flügelrädern anrichten.

Warnhinweise

4 Der Turbolader arbeitet mit extrem hohen Drehzahlen und Temperaturen. Um Verletzungen und einen vorzeitigen Ausfall des Turboladers zu verhindern, müssen einige Vorkehrungen getroffen werden:
5 Der Turbolader darf niemals mit freiliegenden Bauteilen oder entfernten Schläuchen oder Leitungen betrieben werden. Falls auch nur kleine Fremdkörper in die rotierenden Flügelräder fallen, können große Schäden entstehen und herausgeschleuderte Teile schwere Verletzungen hervorrufen.
6 Bedecken Sie alle zum Turbolader führenden Öffnungen mit sauberen und fusselfreien Lappen, damit keine Fremdkörper eindringen können.
7 Der Motor darf – vor allem im kalten Zustand – niemals direkt nach dem Start hochgedreht werden. Lassen Sie dem Öl einige Sekunden Zeit, im Lager der Turbolader-Welle Druck aufzubauen.
8 Lassen Sie den Motor vor dem Abschalten einige Sekunden im Standgas laufen – durch Abschalten direkt nach höheren Drehzahlen würde die Turboladerwelle ohne Öldruck weiterdrehen, sodass ihr Lager beschädigt werden kann.
9 Lassen Sie den Motor nach längeren Hochgeschwindigkeitsfahrten einige Minuten im Standgas laufen, damit der Turbolader die darin entwickelte Hitze abgeben kann.

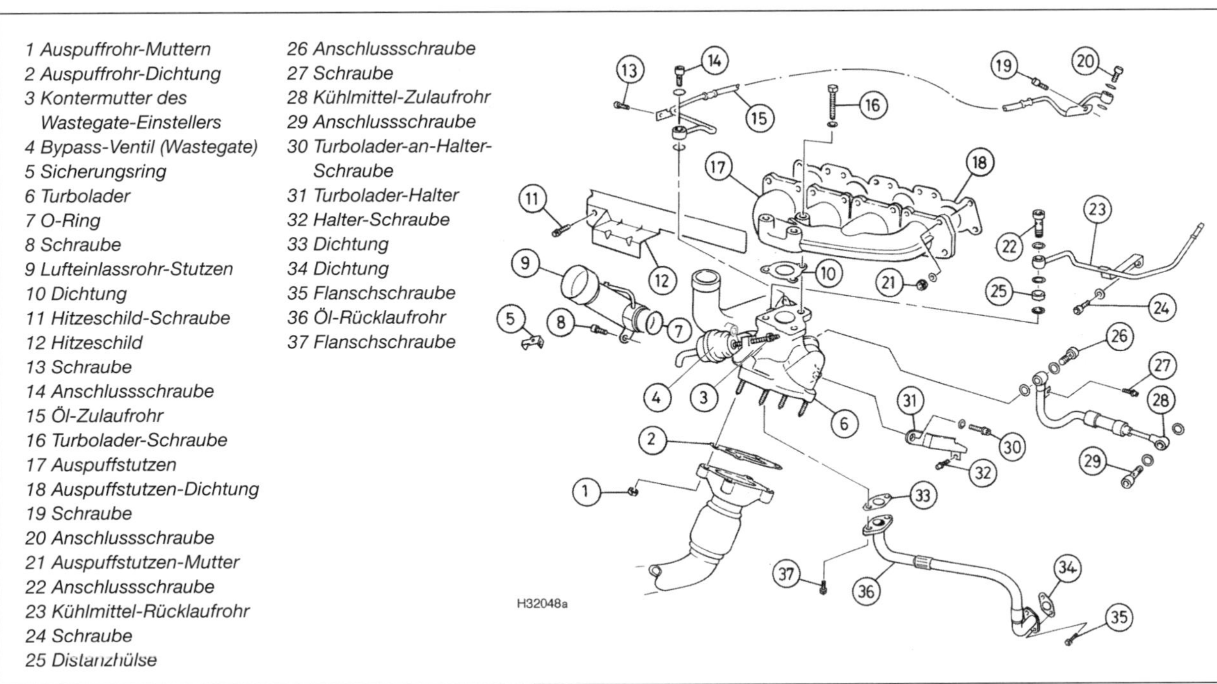

5.1a Turbolader-Komponenten – alle Modelle, außer jenen mit Motorcode AMU, APX und BAM

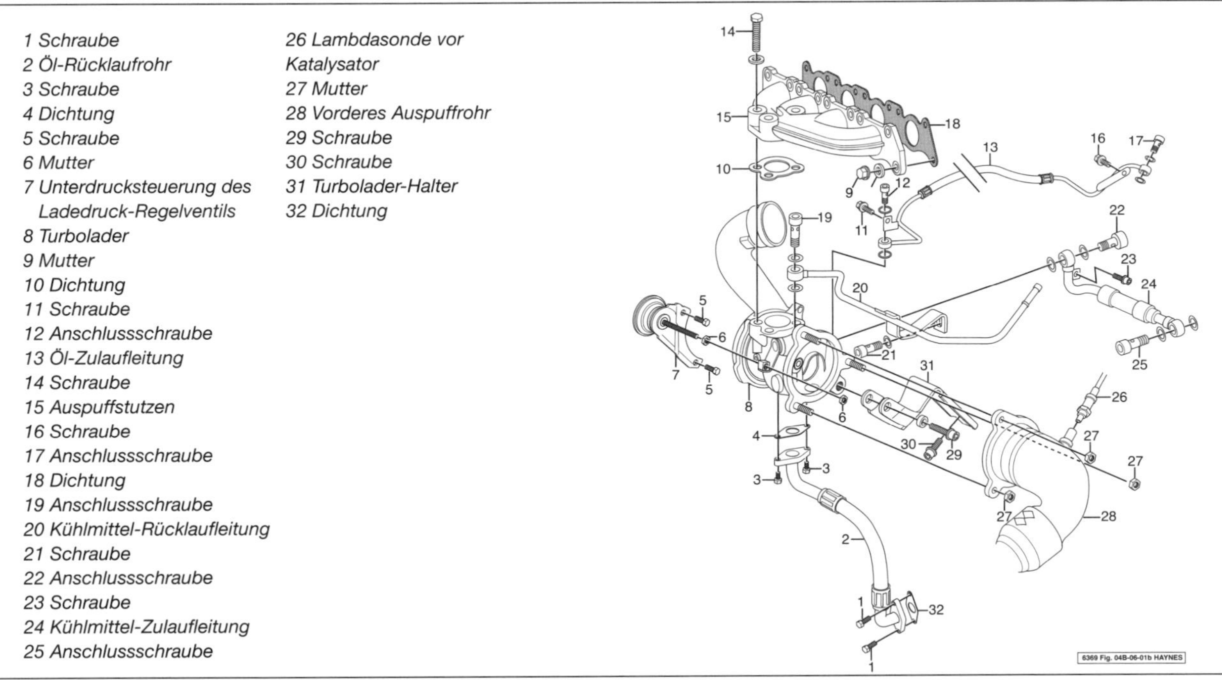

5.1b Turbolader-Komponenten – Modelle mit Motorcode AMU, APX und BAM

10 Beachten Sie die empfohlenen Öl- und Filterwechsel-Intervalle und verwenden Sie das vom Hersteller empfohlene Öl. Vernachlässigte Wechselintervalle oder minderwertige Öle können an der Turboladerwelle Kohleablagerungen hinterlassen, die zu vorzeitigen Schäden führen können.

11 Reinigen Sie sorgfältig alle Ölleitungs-Anschlüsse, damit beim Verbinden kein Schmutz eindringt. Lagern Sie ausgebaute Komponenten in abgedichteten Behältern, damit kein Schmutz oder Staub eindringt.

Ausbau

Achtung: *Damit kein Schmutz in empfindliche Komponenten eindringt, müssen folgende Hinweise beachtet werden: Reinigen Sie sorgfältig die Bereiche um die Ölleitungs-Anschlüsse. Lagern Sie ausgebaute Komponenten in abgedichteten Behältern. Bedecken Sie alle zum Turbolader führenden Öffnungen mit sauberen und fusselfreien Lappen.*

11 Ziehen Sie die Handbremse an, heben Sie das Fahrzeug vorn an, stützen Sie es sicher ab (siehe Seite 366) und demontieren Sie den Motorunterschutz und die obere Motorabdeckung.
12 Da der Turbolader mit Kühlmittel gekühlt wird, sollte dies zunächst abgelassen werden (siehe Kapitel 1, Sektion 30) – beachten Sie zunächst die Hinweise in Schritt 22.
13 Entfernen Sie bei Modellen mit Motorcode AMU, APX und BAM das obere rechts um den Motor verlaufende Ladeluftrohr (siehe Sektion 7).
14 Lockern Sie bei allen Modellen, außer denen mit Motorcode AMU, APX und BAM die Schlauchschelle des Lufteinlassrohrs am Turbolader, lösen Sie die Schrauben des Halters und entnehmen Sie das Rohr (siehe Abbildung).

5.14 Das Lufteinlassrohr aller Modellen, außer denen mit Motorcode AMU, APX und BAM

15 Lockern Sie die Schellen der vom Luftfiltergehäuse zum Turbolader verlaufenden Unterdruckschläuche (siehe Abbildung) – zur Verbesserung des Zugangs kann das Luftfiltergehäuse demontiert werden (siehe Kapitel 4A, Sektion 2).

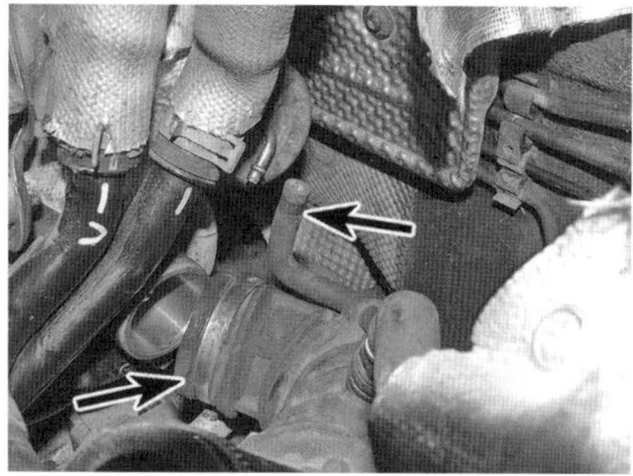
5.15 Trennen Sie die Unterdruckschläuche.

16 Lösen Sie bei Modellen, außer jenen mit Motorcode AMU, APX und BAM, die zwei Schrauben des über dem Turbolader sitzenden Hitzeschilds und entnehmen Sie dies.
17 Entfernen Sie bei Modellen mit Motorcode AMU, APX und BAM den Hitzeschutz des oben am Turbolader angeschlossenen Schlauchs, lockern Sie die Schelle und ziehen Sie den Schlauch ab (siehe Abbildung).

5.17 Lockern Sie diese Schlauchschelle.

18 Demontieren Sie bei Modellen mit Frontantrieb die rechte Antriebswelle (siehe Kapitel 8A, Sektion 3). Lösen Sie dann die Schrauben der um den inneren Wellenflansch liegenden Abdeckung und entnehmen Sie diese (siehe Abbildung).

5.18 Schrauben der um den inneren Antriebswellenflansch liegenden Abdeckung

19 Demontieren Sie bei Quattro-Modellen das Umlenkgehäuse zur Kardanwelle (siehe Kapitel 8B).
20 Lösen Sie die Befestigungen des vorderen Auspuffrohrs und trennen Sie es vom Turbolader (siehe Sektion 9).
21 Lösen Sie oben am Turbolader die Anschlussschraube des Ölzulaufrohrs – seien Sie auf etwas austretendes Öl vorbereitet. Stellen Sie an beiden Seiten des Anschlussauges die Dichtscheiben sicher. Verstopfen Sie alle Öffnungen oder umwickeln Sie sie mit Frischhaltefolie, damit kein Staub oder Schmutz eindringt. Lösen Sie die kleine Schraube des Ölrohr-Halters (siehe Abbildung) und verlagern Sie das Rohr beiseite.

5.21 Schraube des Ölrohr-Halters

22 Auch wenn das Kühlsystem entleert wurde, wird in den Leitungen zum Turbolader Kühlmittel verblieben sein, sodass entsprechende Vorbereitungen getroffen werden müssen. Lösen Sie die Anschlüsse und verstopfen Sie sie umgehend, damit kein weiteres Kühlmittel austritt.

23 Der Zugang zum Anschluss des Kühlmittel-Zulaufs ist sehr begrenzt, sodass es einfacher ist, die Anschlussschraube am Motor zu lösen und den Turbolader samt Rohr zu befreien (siehe Abbildung).

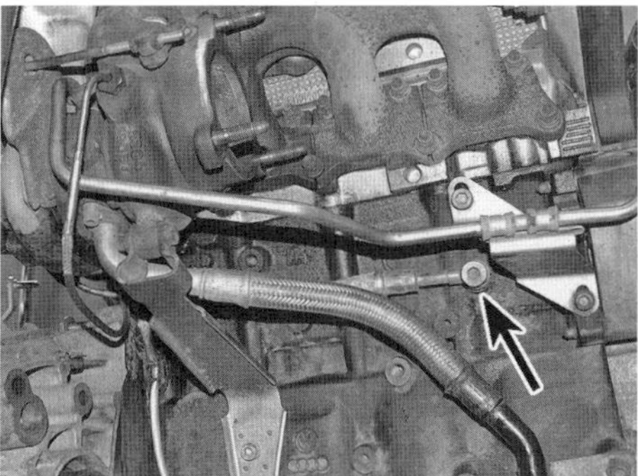

5.23 Anschlussschraube des Kühlmittel-Zulaufs am Motorgehäuse

24 Lösen Sie oben am Turbolader die Anschlussschraube des Kühlmittel-Rücklaufs und an der Unterseite den Anschluss des Öl-Rücklaufs (siehe Abbildung) – seien Sie auf etwas austretendes Kühlmittel bzw. Motoröls vorbereitet. Die Dichtungen müssen beim Einbau durch Neuteile ersetzt werden.

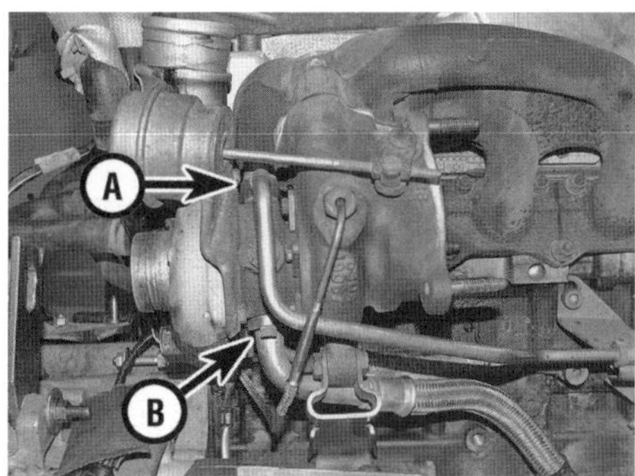

5.24 Kühlmittel-Rücklauf (A) und Öl-Rücklauf (B)

25 Lösen Sie unten am Turbolader die Befestigungen seines Halters und befreien Sie diesen vom Turbolader und dem Motorgehäuse (siehe Abbildung).

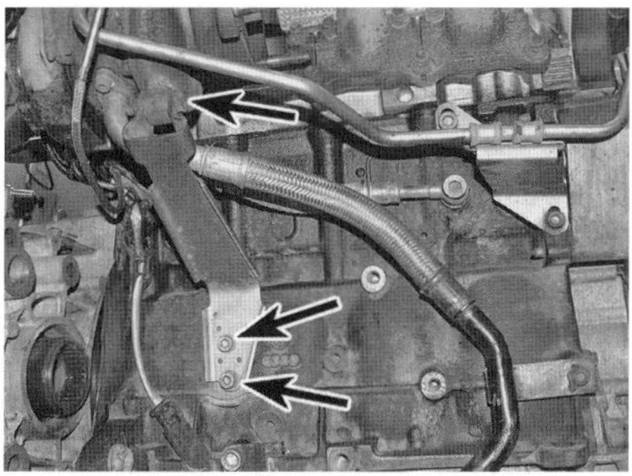

5.25 Befestigungen des Turbolader-Halters

26 Der Turbolader ist mit drei von oben eingesetzten Schrauben am Auspuffstutzen gesichert (siehe Abbildung). Stützen Sie den (recht schweren) Turbolader gut ab und lösen Sie die Schrauben – beim Einbau werden Neuteile benötigt. Befreien Sie den Turbolader samt Wastegate-Ventil und ggf. des Kühlmittel-Zulaufrohrs aus dem Motorraum – die Dichtung zum Auspuffstutzen muss beim Einbau durch ein Neuteil ersetzt werden.

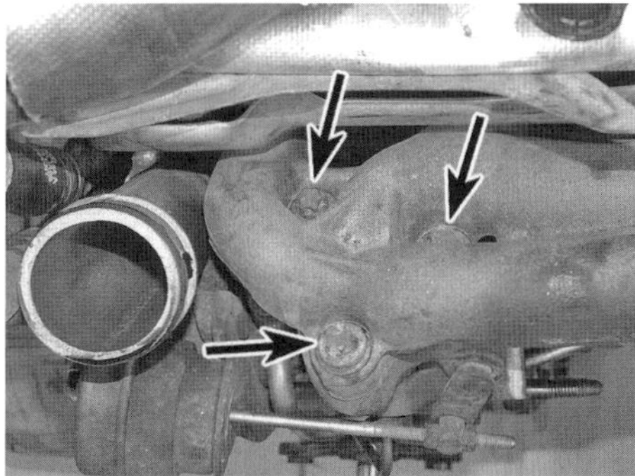

5.26 Turbolader-Befestigungsschrauben am Auspuffstutzen

27 Der Hobbyschrauber sollte nicht das Wastegate-Ventil vom Turbolader trennen, da dabei seine Einstellung verloren geht – konsultieren Sie nötigenfalls eine Fachwerkstatt.

Achtung: *Ein falsch eingestelltes Wastegate-Ventil kann entweder zu geringer Motorleistung oder aber zu schweren Motorschäden führen!*

28 Der Einbau entspricht der umgekehrten Ausbaureihenfolge – beachten Sie dabei folgende Punkte:

a) Erneuern Sie alle Dichtungen, Dichtscheiben und O-Ringe.
b) Erneuern Sie die drei Turbolader-Befestigungsschrauben zum Auspuffstutzen sowie selbstsichernde Muttern.
c) Bevor die Öl-Zufuhrleitung angeschlossen wird, muss ihr Stutzen am Turbolader mit frischem Motoröl aufgefüllt werden.
e) Alle Schlauchschellen müssen korrekt gesichert sein, damit der Motor keine Nebenluft ansaugt.
f) Kontrollieren Sie den Kühlmittel-Pegel und füllen Sie das System nötigenfalls auf (siehe Kapitel 1, Sektion 30).
g) Kontrollieren Sie den Motorölpegel (siehe Wöchentliche Kontrollen).
h) Lassen Sie den Motor nach dem ersten Start ca. eine Minute im Standgas laufen, damit sich im Turbolader Öldruck aufbauen kann. Kontrollieren Sie die Öl- und Kühlmittel-Anschlüsse auf Undichtigkeiten.

6 Ladeluftkühler und Schläuche/ Rohre – Informationen, Ausbau und Einbau

1 Dieses auch als »Intercooler« bekannte Bauteil kühlt die durch den Turbolader erwärmte Luft ab, bevor sie in den Motor gelangt. Ein Ladeluftkühler ist wie ein Wasserkühler mit Lamellen ausgerüstet, durch die der Fahrtwind streicht. Die meisten Modelle sind mit einem Ladeluftkühler ausgerüstet, der rechts hinter der Frontschürze montiert ist. Modelle mit Motorcode AMU, APX und BAM sind mit zwei Ladeluftkühlern ausgerüstet – der zweite sitzt links hinter der Frontschürze.
2 Weil sich die im Turbolader komprimierte Luft erwärmt, dehnt sie sich auch aus. Wenn die Luft vor dem Eintritt in den Motor abgekühlt wird, kann das gleiche Volumen eine größere Luftmasse enthalten, die mehr Motorleistung entstehen lässt.
3 Die vom Turbolader komprimierte Luft wird zunächst um den Motor herum zum Ladeluftkühler rechts hinter der Frontschürze geleitet. Bei Modellen mit Motorcode AMU, APX und BAM geht es weiter über den links sitzenden Ladeluftkühler,

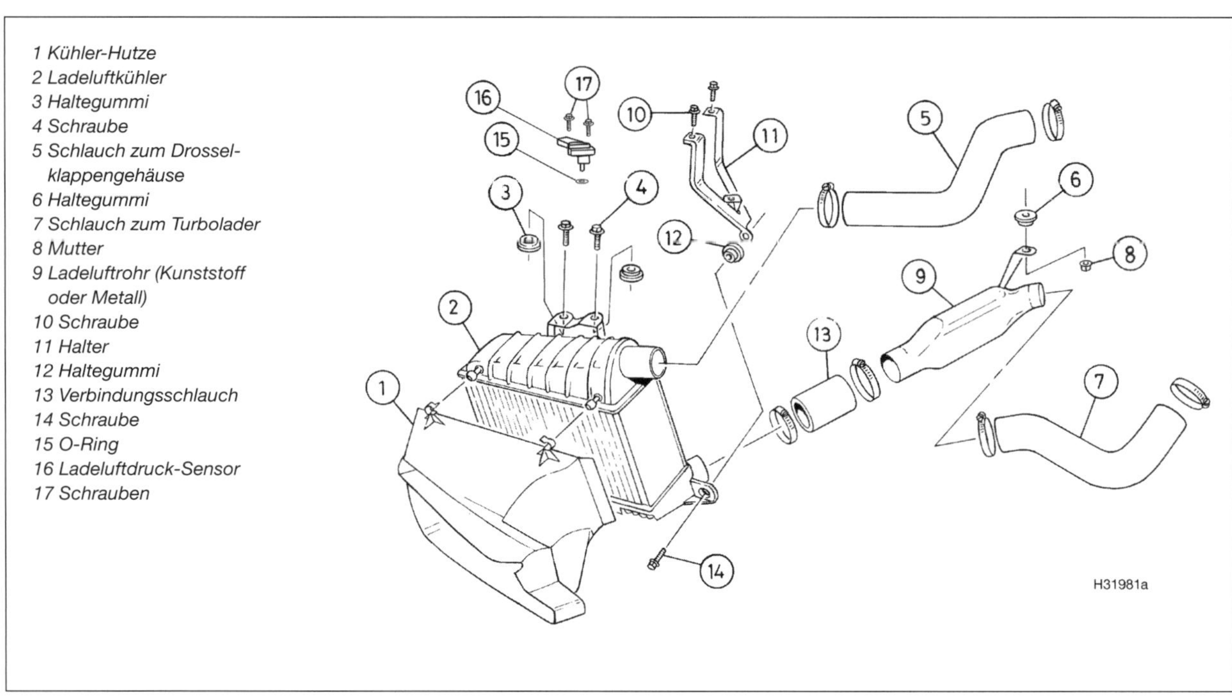

6.3a Ladeluftkühler-Komponenten – Modelle mit einem Ladeluftkühler

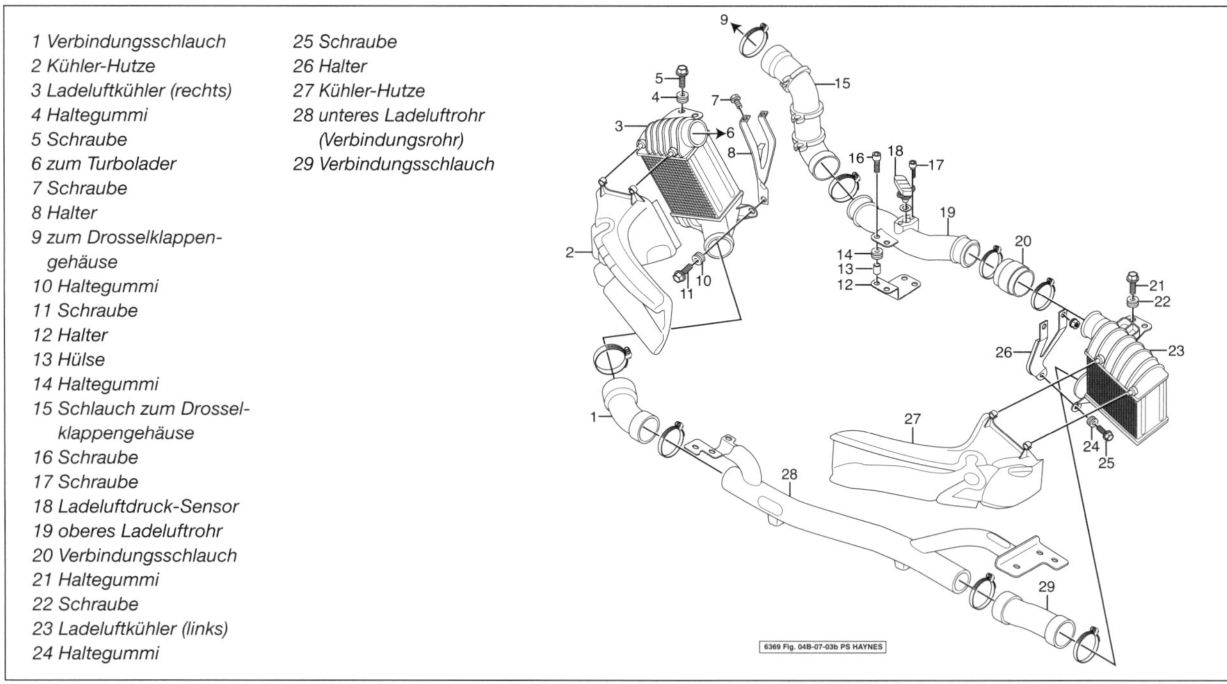

6.3b Ladeluftkühler-Komponenten – Modelle mit zwei Ladeluftkühlern (Motorcode AMU, APX und BAM)

bei allen anderen direkt in das Drosselklappengehäuse (siehe Abbildungen).

Ausbau

4 Demontieren Sie für den Zugang zum (jeweiligen) Ladeluftkühler die Frontschürze (siehe Kapitel 11, Sektion 6) und den entsprechenden Scheinwerfer (siehe Kapitel 12, Sektion 7).

Modelle mit einem Ladeluftkühler

5 Lockern Sie durch die Scheinwerfer-Öffnung am Ladeluftkühler die Schelle des oben zum Drosselklappengehäuse führenden Schlauchs und lösen Sie die zwei oberen Befestigungsschrauben (siehe Abbildung). Trennen Sie ggf. oben am Ladeluftkühler den Stecker des Ladedrucksensors.

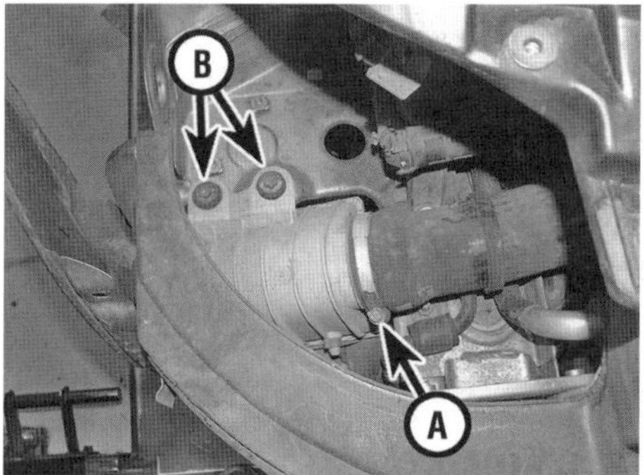

6.5 Schelle des oberen Schlauchs (A) und Befestigungsschrauben (B)

6 Befreien Sie die Hutze vorn am Ladeluftkühler (siehe Abbildung).

6.6 Hängen Sie die Hutze am Ladeluftkühler aus.

7 Lockern Sie unten am Ladeluftkühler die Schlauchschelle (siehe Abbildung) und lösen Sie die Ladeluftkühler-Befestigungsschraube aus dem Halter.

6.7 Schelle des zum Turbolader führenden Schlauchanschlusses

8 Der Ladeluftkühler kann jetzt aus den Schläuchen befreit und nach unten herausmanövriert werden – beschädigen Sie dabei nicht seine Lamellen. Stellen Sie die drei Haltegummis von den Schrauben sicher.

Ladeluftrohr/Schläuche

9 Nötigenfalls kann der Ladeluft-Stutzen nach dem Lösen der Mutter (hinten) und der Scheiben-Befestigung (weiter vorn) vom rechten Karosserie-Längsträger befreit werden, dann wird es unter dem Radhaus herausmanövriert (siehe Abbildungen).

Anmerkung: *Bei allen Modellen sitzt ein Rohr als Strebe zwischen den zwei Längsträgern der Karosserie – dies dient bei Modellen mit zwei Ladeluftkühlern als Verbindungsrohr (Nr. 28 in Abb. 6.3b) – sein Ausbau ist in Schritt 15 beschrieben.*

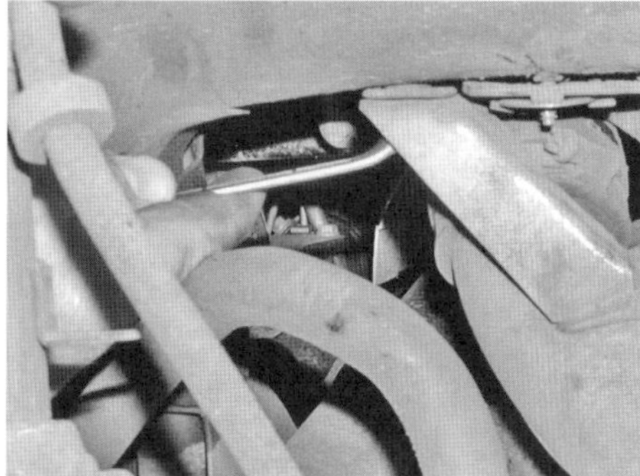
6.9a Lösen Sie die hintere Mutter, ...

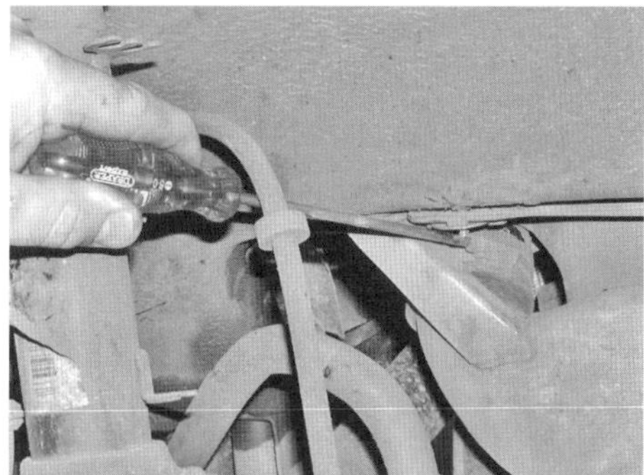
6.9b ... sowie die Scheiben-Befestigung weiter vorn ...

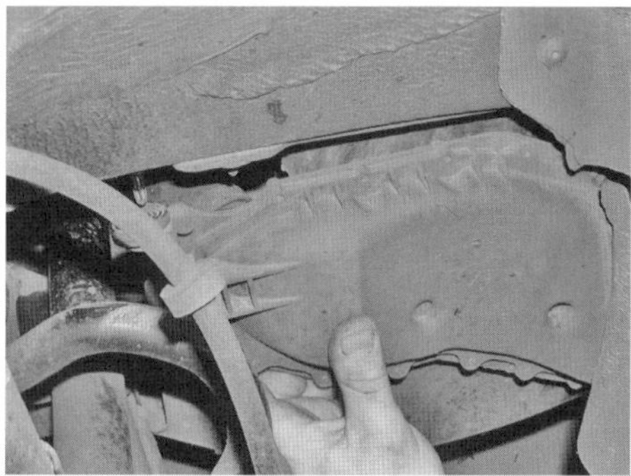
6.9c ... und manövrieren Sie den Ladeluftkühler ...

6.9d ... nach unten heraus.

Modelle mit zwei Ladeluftkühlern (Motorcode AMU, APX und BAM

10 Lockern Sie durch die jeweilige Scheinwerfer-Öffnung am Ladeluftkühler die Schellen der oberen Schläuche und lösen Sie die zwei oberen Befestigungsschrauben (siehe Abbildung sowie Abb. 6.5). Trennen Sie ggf. oben am Ladeluftkühler den Stecker des Ladedrucksensors.

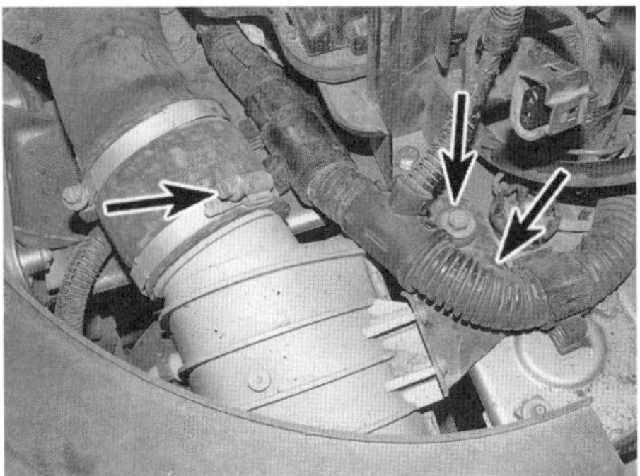

6.10 Schelle des zum Turbolader führenden Schlauchs (A) und Befestigungsschrauben (B) des rechten Ladeluftkühler

11 Befreien Sie die Hutzen vorn von den Zapfen (Pfeile) der Ladeluftkühler (siehe Abbildung).

6.11 Befreien Sie die Hutzen von den Ladeluftkühlern.

12 Lockern Sie die Schellen des unteren Ladeluft-Schlauchs und lösen Sie die unteren Schrauben des Ladeluftkühlers aus den Halterungen (siehe Abbildungen).

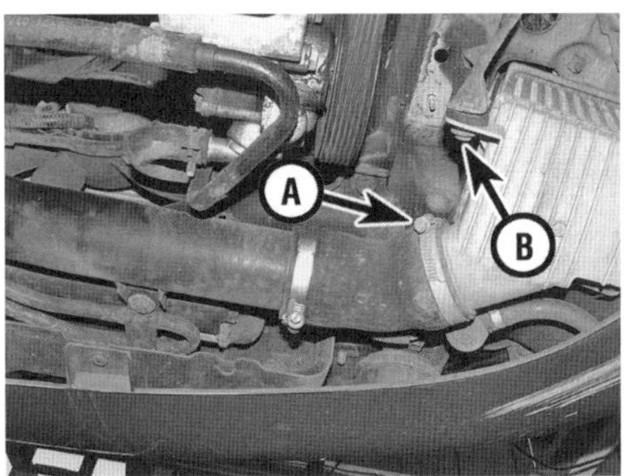

6.12a Schelle (A) und Befestigungsschraube (B) – rechter Ladeluftkühler

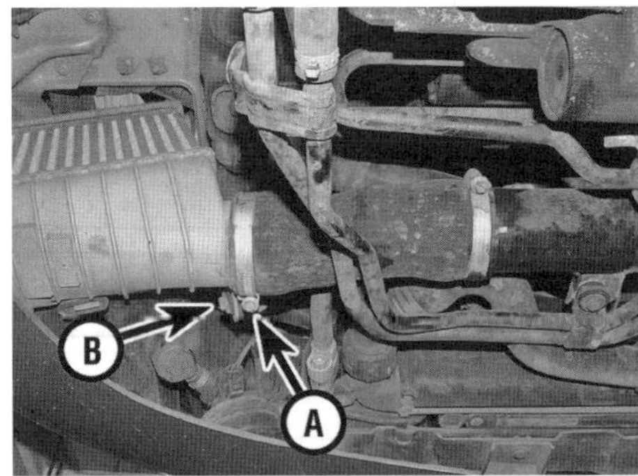

6.12b Schelle (A) und Befestigungsschraube (B) – linker Ladeluftkühler

13 Die Ladeluftkühler können jetzt aus den Schläuchen befreit und nach unten herausmanövriert werden – beschädigen Sie dabei nicht ihre Lamellen. Stellen Sie die drei Haltegummis von den Schrauben sicher.

Ladeluftrohr/Schläuche

14 Nötigenfalls können die Ladeluft-Stutzen wie folgt aus dem Fahrzeug befreit werden:
15 Um das untere Ladeluftrohr vorn aus dem Motorraum zu befreien, müssen zunächst der Motor-Unterschutz und die zwei Radhausverkleidungen entfernt werden. Lockern Sie an beiden Enden des Rohrs die Schellen der Schläuche und ziehen Sie sie ab. Lösen Sie dann die zwei Schrauben des Ölkühler-Rohrs für die Servolenkungs-Hydraulikflüssigkeit, um dies vom Ladeluftrohr zu befreien. Lösen Sie schließlich an beiden Enden des Ladeluftrohrs die drei Schrauben und befreien Sie das Rohr nach unten aus dem Fahrzeug – beschädigen sie dabei nicht den Wasserkühler, den Klimaanlagen-Verflüssiger oder den/die Ladeluftkühler (siehe Abbildungen).
Anmerkung: *Das Ladeluftrohr dient bei allen Modellen als Strebe zwischen den zwei Längsträgern der Karosserie – bei Modellen mit einem Ladeluftkühler sind keine Schläuche angeschlossen.*

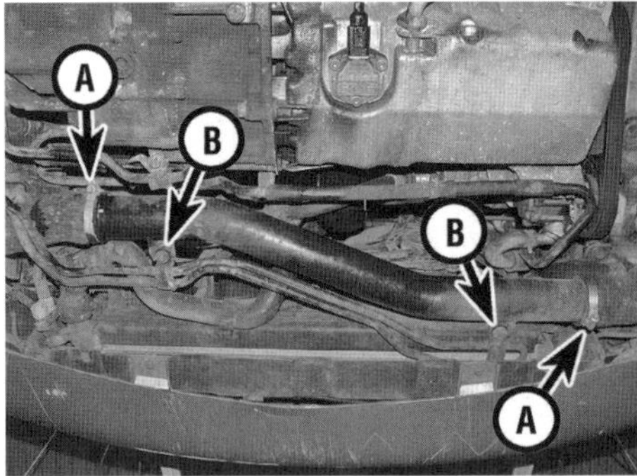

6.15a Schellen der Schlauchanschlüsse (A), Schrauben des Ölkühler-Rohrs für die Servolenkungs-Hydraulikflüssigkeit (B)

6.15b Befestigungsschrauben an der linken Seite des Ladeluftrohrs

16 Um das Ladeluftrohr rechts oben im Motorraum zu entfernen, müssen zunächst die Kunststoffabdeckungen vom Motor und dem Kühlmittel-Ausgleichsbehälter demontiert werden. Ziehen Sie hinten am Motor den Hitzeschutz ab, lockern Sie die Schelle und entfernen Sie die zwei Schläuche, um die Mutter des hinteren Halters zu lösen. Lockern Sie vorn am Ladeluftrohr die Schelle und lösen Sie die Mutter des vorderen Halters. Befreien Sie die Halterungen und ziehen Sie das Ladeluftrohr aus beiden Schläuchen, um es zu entnehmen (siehe Abbildungen).

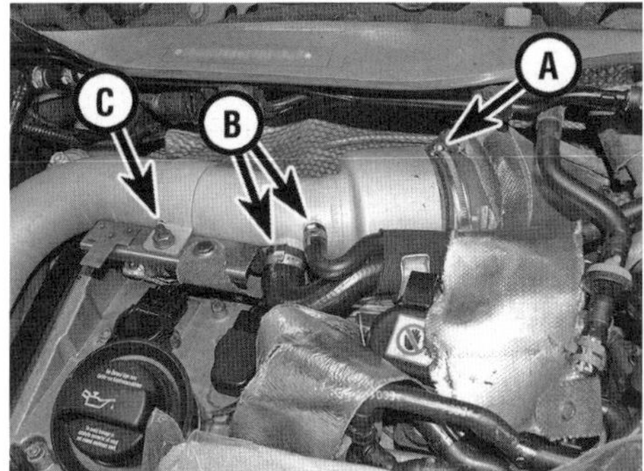

6.16a Lockern Sie die Schelle (A), trennen Sie die Schläuche (B) und lösen Sie die Mutter (C).

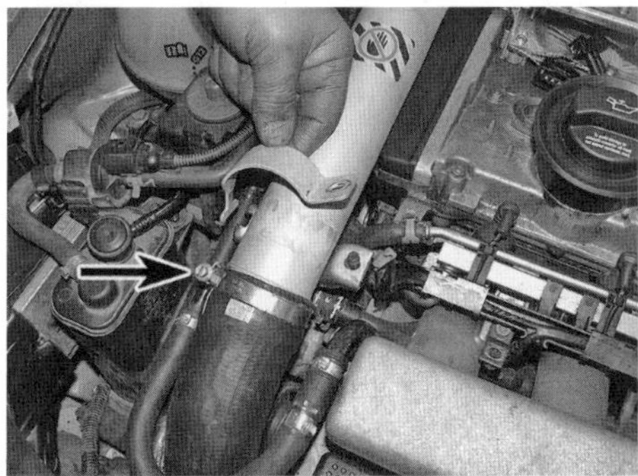

6.16b Lockern Sie die Schelle (Pfeil) und entnehmen Sie den Halter.

6.16c Befreien Sie das Ladeluftrohr …

6.16d … und stellen Sie den unteren Teil des Halters sicher.

17 Um das obere linke Ladeluftrohr vom linken Ladeluftkühler zu befreien, muss zunächst die Batterie ausgebaut werden (siehe Kapitel 5A, Sektion 3). Trennen Sie oben am Ladeluftrohr den Stecker des Ladedrucksensors. Lockern Sie an beiden Seiten des Rohrs die Schellen, lösen Sie die Halter-Schrauben und ziehen Sie das Rohr an beiden Seiten aus den Schläuchen, um es zu entnehmen (siehe Abbildungen).

6.17a Stecker des Ladedrucksensors

6.17b Lösen Sie die Befestigungsschrauben …

6.17c … und ziehen Sie das linke Ladeluftrohr heraus.

Einbau

18 Kontrollieren Sie den/die Ladeluftkühler und alle Schläuche und Rohre auf Beschädigungen, Risse und Alterungserscheinungen.
19 Der Einbau entspricht der umgekehrten Ausbaureihenfolge – alle Schellen müssen korrekt sitzen und angezogen sein, damit der Motor keine Nebenluft zieht. Alle getrennten Kabelstecker müssen korrekt angeschlossen sein.

7 Auspuffstutzen – Ausbau und Einbae

1 Demontieren Sie den Turbolader vom Auspuffstutzen (siehe Sektion 5) – er muss nicht aus dem Motorraum genommen, sondern nur abgesenkt werden – achten Sie darauf, keine Öl- oder Kühlmittelleitungen unter Last zu setzen. Die drei Schrauben müssen beim Einbau erneuert werden.
2 Trennen Sie ggf. den Sekundärluftschlauch und den Unterdruckschlauch vom oberhalb des Auspuffstutzen-Hitzeschilds sitzenden Ventil. Beim größeren Schlauchanschluss müssen die Laschen zusammengedrückt werden, um ihn zu trennen – der O-Ring muss beim Einbau erneuert werden. Lösen Sie unten am Sekundärluft-Ventil die zwei Schrauben, um es vom Halter am Auspuffstutzen zu befreien, und heben Sie es ab – seine Dichtung muss später erneuert werden.
3 Lösen Sie die 16 Befestigungsmuttern des Auspuffstutzens (siehe Abbildung) – sprühen Sie sie nötigenfalls zuvor mit Kriechöl ein und geben Sie diesem ausreichend Zeit zum Einwirken. Eine schwergängige Mutter darf nicht mit Gewalt gelöst werden; drehen Sie sie stattdessen um eine halbe Umdrehung zurück und sprühen Sie den Stehbolzen erneut mit Kriechöl ein, bevor Sie sie erneut lockern – wiederholen Sie dies, bis die Mutter gelöst ist. Alle Muttern müssen beim Einbau erneuert werden

7.3 Lösen Sie die 16 Auspuffstutzen-Muttern

4 Es kann passieren, dass beim Lösen der Muttern ein Stehbolzen herausgedreht wird – soweit dieser in Ordnung ist, kann er wieder in den Zylinderkopf geschraubt werden. Falls die Muttern und Stehbolzen stark korrodiert sind, sollte Neuteile beschafft werden.
5 Entnehmen Sie die Scheiben und ziehen Sie den Auspuffstutzen vom Zylinderkopf – die Dichtung muss genauso wie die zum Turbolader auf jeden Fall erneuert werden.
6 Der Einbau entspricht der umgekehrten Ausbaureihenfolge – beachten Sie dabei folgende Punkte:

a) Alle Dichtungen und O-Ringe müssen beim Einbau erneuert werden.
b) Falls Stehbolzen beim Lösen der Muttern abgebrochen sind, müssen sie ausgebohrt werden.
c)Neben den Muttern sollten auch die Stehbolzen des Auspuffstutzens nach einigen Jahren generell erneuert werden, damit der Ausbau auch in Zukunft ohne große Schwierigkeiten ablaufen kann.
d) Falls ein ausgedrehter Stehbolzen wiederverwendet werden soll, muss er zuvor vollständig entrostet werden.
e)Ziehen Sie die neuen Auspuffstutzen-Muttern mit 25 Nm an.
f) Beachten Sie bei der Montage des Turboladers die Hinweise in Sektion 5.

8 Auspuffanlage – Austausch der Komponente

Achtung: Lassen Sie die Auspuffanlage zunächst gut abkühlen – dies kann im Falle des Auspuffstutzens und des Katalysators mehrere Stunden dauern. Achten Sie bei der Demontage der vorderen Auspuff-Sektion darauf, nicht die ggf. noch darin sitzende(n) Lambdasonde(n) zu beschädigen.

Ausbau

1 Die Original-Auspuffanlage kann je nach Modell aus zwei, drei oder vier Sektionen bestehen: dem vorderen Auspuffrohr samt Flexrohr und Katalysator (bei Modellen mit Frontantrieb, aber nicht mit Motorcode AMU, APX und BAM); der mittleren Sektion (mit Katalysator oder Vorschalldämpfer) und dem Endrohr samt Schalldämpfer.
2 Um Teile der Auspuffanlage demontieren zu können, muss das Fahrzeug vorn oder hinten angehoben und sicher abgestützt werden (siehe Seite 366). Alternativ kann das Fahrzeug auf Rampen oder über eine Grube gefahren werden.
3 Finden Sie vor dem Ausbau der vorderen Sektion heraus, ob eine oder zwei Lambdasonden darin sitzen (bei den meisten Modellen sind es zwei). Verfolgen Sie deren Kabel und trennen Sie den/die Stecker; befreien Sie die Verkabelung aus allen Befestigungen und führen Sie sie zur Sonde zurück. Falls ein neues vorderes Auspuffrohr oder ein neuer Katalysator montiert werden soll, muss die entsprechende Lambdasonde aus dem Altteil demontiert und ins Neuteil installiert werden – verwechseln Sie Lambdasonden nicht. Weitere Details zu Lambdasonden finden sich in Kapitel 4A, Sektion 3.

Vorderes Flexrohr und Katalysator

Anmerkung: *Behandeln Sie den geflochtenen Teil des Auspuffrohrs vorsichtig und verbiegen Sie ihn nicht mehr als 10°, um ihn nicht zu beschädigen.*

4 Trennen Sie bei Quattro-Modellen die Kardanwelle vom Umlenkgehäuse (siehe Kapitel 8B) und verlagern Sie sie vom Auspuffrohr weg.

Anmerkung: *Markieren Sie vor dem Trennen die Ausrichtung der Kardanwelle zum Flansch. Beschädigen Sie nicht den Dichtring in der Kupplung.*

5 Demontieren Sie bei Modellen mit Motorcode AMU, APX und BAM die rechte Antriebswelle (siehe Kapitel 8A, Sektion 3). Entfernen Sie den über dem inneren Antriebswellenflansch liegenden Hitzeschutz (siehe Abbildung).

8.5 Entfernen Sie den über dem inneren Antriebswellenflansch liegenden Hitzeschutz.

6 Lösen Sie am Hilfsrahmen die zwei Schrauben der hinteren Motorhalterung (Drehmomentstütze) (siehe Abbildung), um die Motor/Getriebe-Baugruppe etwas nach vorn zu bewegen und so den Zugang zu den Schrauben der vorderen Auspuffsektion zu verbessern.

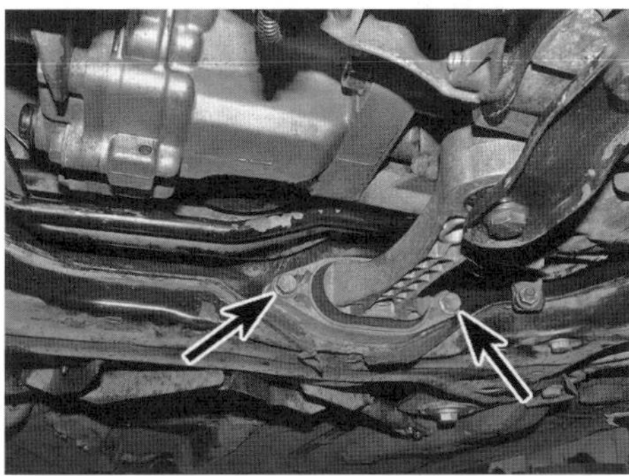

8.6 Schrauben der hinteren Motorhalterung (Drehmomentstütze) am Hilfsrahmen

7 Lösen Sie am vorderen Flansch die Muttern, um ihn vom Turbolader zu trennen (siehe Abbildung). Bei manchen Modellen muss die Abdeckung über dem rechten inneren Antriebswellengelenk demontiert werden, um den Zugang zu verbessern. Schwenken Sie den Flansch herunter, um ihn von den Stehbolzen zu befreien.

8.7 Vordere Auspuffrohr-Flanschmuttern bei allen Modellen, außer jenen mit Motorcode AMU, APX und BAM

8 Stützen Sie das Rohr vorn ab und lösen Sie die zwei Klemmstück-Schrauben hinter dem Katalysator, um das Klemmstück nach vorn oder hinten zu verschieben (siehe Abbildung). Ziehen Sie das vordere Rohr drehend nach vorn ab, senken Sie es ab und entnehmen Sie es.

Anmerkung: *Die Schrauben und Muttern der Klemme werden möglicherweise verrostet sein, sodass sie ersetzt werden müssen.*

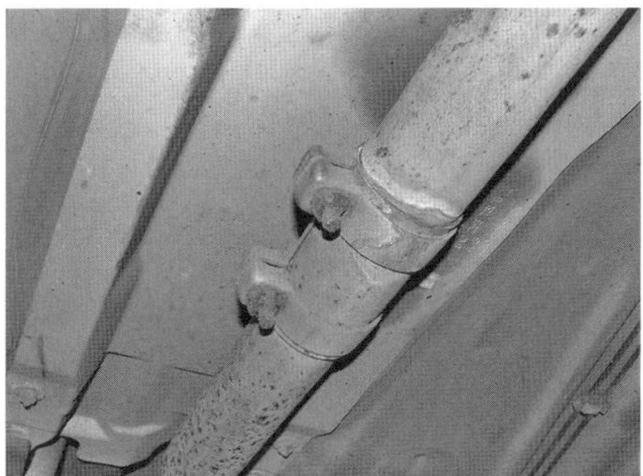

8.8 Lockern Sie die Klemmstück-Schrauben.

9 Lösen Sie nötigenfalls die sechs Muttern des vorderen Flexrohrs, um es vom Katalysator zu trennen.

Anmerkung: *Die Muttern des Flexrohrs werden möglicherweise verrostet sein, sodass sie ersetzt werden müssen. Neue Dichtungen werden ebenfalls benötigt.*

Endrohr und Schalldämpfer – Modelle mit Frontantrieb

Anmerkung: *Um die Original-Auspuffanlage bei Modellen mit Frontantrieb ausbauen zu können, muss sie entweder zersägt werden oder die Hinterachse muss ausgebaut werden, um sie im Stück zu demontieren.*

10 Beachten Sie bei der Original-Auspuffanlage am Rohr zwischen den Schalldämpfern die drei paarweise liegenden Körnermarkierungen oder drei Linien – diese weisen auf die Schnittstelle und die Positionierung des Klemmstücks hin (siehe Abbildung). Sägen Sie das Rohr an der mittleren Markierung durch – möglichst senkrecht, falls ein Teil der Auspuffanlagen wiederverwendet werden soll.

Anmerkung: *Falls die Markierungen aufgrund starker Korrosion nicht mehr sichtbar sind, muss zunächst der neue Auspuff beschafft werden, um anhand seiner Maße festzulegen, wo der alte durchgeschnitten werden soll.*

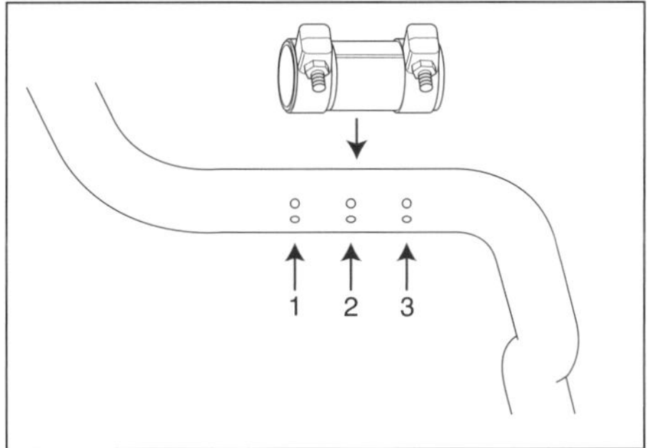

8.10 Schneiden Sie das Auspuffrohr an der mittleren Markierung (2) durch und richten Sie die Klemmschelle zwischen den äußeren Markierungen (1 und 3) aus.

11 Falls bereits ein Nachrüst-Auspuff montiert ist, muss dessen Klemmung vor dem Endschalldämpfer gelockert werden, damit das Rohr auseinandergezogen werden kann.

Endrohr und Schalldämpfer – Quattro-Modelle

Anmerkung: *Bei Allrad-Modellen muss der Auspuff nicht getrennt werden, da er unter der Hinterachse entlang geführt ist.*

12 Beachten Sie am Rohr der Original-Auspuffanlage die Vertiefung kurz vor dem Endschalldämpfer, wo es möglichst senkrecht durchtrennt werden soll, falls ein Teil der Auspuffanlagen wiederverwendet werden soll.
Anmerkung: *Falls die Markierungen aufgrund starker Korrosion nicht mehr sichtbar sind, muss zunächst der neue Auspuff beschafft werden, um anhand seiner Maße festzulegen, wo der alte durchgeschnitten werden soll.*
13 Falls bereits ein Nachrüst-Auspuff montiert ist, muss dessen Klemmung vor dem Endschalldämpfer gelockert werden, damit das Rohr auseinandergezogen werden kann.

Katalysator – Quattro-Modelle

14 Lösen Sie hinter dem Katalysator die zwei Klemmschrauben und schieben Sie das Klemmstück nach vorn oder hinten (Abb. 8.8). Ziehen Sie das vordere Rohr drehend nach vorn ab, senken Sie es ab und entnehmen Sie es.
Anmerkung: *Die Schrauben und Muttern der Klemme werden möglicherweise verrostet sein, sodass sie ersetzt werden müssen.*
15 Lösen Sie die sechs Muttern des Flexrohrs und trennen Sie es vom Katalysator (siehe Abbildung). Senken Sie den Katalysator ab und befreien Sie unter dem Fahrzeug heraus.
Anmerkung: *Die Muttern des Flexrohrs werden möglicherweise verrostet sein, sodass sie ersetzt werden müssen. Neue Dichtungen werden ebenfalls benötigt.*

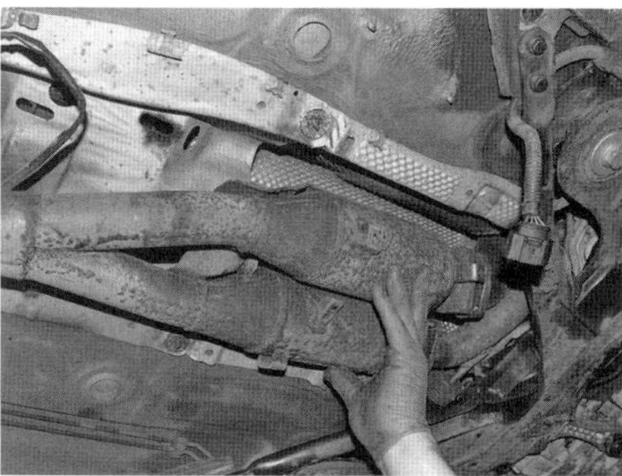

8.15 Befreien Sie das vordere Auspuffrohr vom Katalysator.

Endschalldämpfer

16 Je nach Modell kann der Endschalldämpfer ganz hinten oder, vorn und hinten mit einem oder mehreren Haltegummis am Unterboden gesichert sein (siehe Abbildung). Ein Metallzapfen am Schalldämpfer ist in das jeweilige Haltegummi gesteckt.

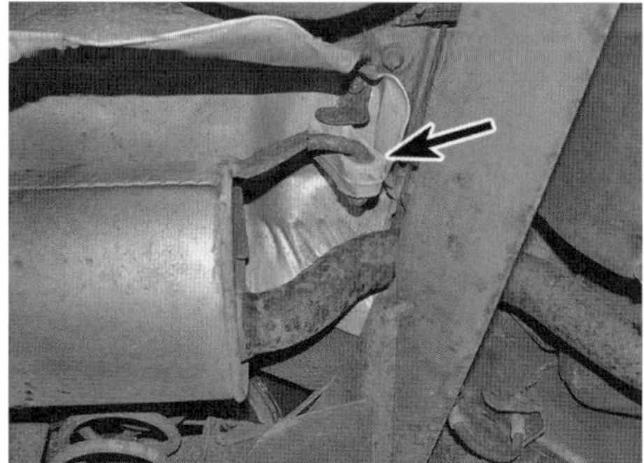

8.16 Endschalldämpfer-Aufnahme – gezeigt beim Modell mit Frontantrieb

17 Lösen Sie die Schrauben der jeweiligen Haltegummi-Aufnahme und befreien Sie diese vom Unterboden. Bei Modellen mit zwei Schalldämpfer-Aufnahmen kann es reichen, nur eine Haltegummi-Aufnahme zu lösen und den Schalldämpfer aus der zweiten Aufnahme herauszuhebeln.
18 Schneiden Sie entweder das Rohr vor dem Schalldämpfer durch oder lockern Sie die Klemme, um den Schalldämpfer zu befreien.

Einbau

19 Jeder Sektion wird in der umgekehrten Ausbaureihenfolge installiert – beachten Sie dabei folgende Punkte:

a) Alle Rohr-Enden und Flansche müssen von sämtlicher Korrosion befreit und ggf. mit neuen Dichtungen ausgerüstet werden (siehe Abbildungen).
b) Die Klemmstücke zwischen den Auspuff-Sektionen haben auch die Aufgabe, die Anlage gasdicht zu halten – ersetzen Sie zweifelhafte Klemmen durch Neuteile.
c) Richten Sie die Klemmstücke zu den Markierungen an den Auspuff-Sektionen aus (Abb. 8.10), bevor Sie ihre Schrauben anziehen.
d) Kontrollieren Sie alle Haltegummis auf Beschädigungen und Alterungserscheinungen und erneuern Sie sie nötigenfalls.
e) Achten Sie bei der Verwendung von Auspuff-Montagepaste darauf, diese nur an Verbindungen hinter dem Katalysator zu verwenden.
f) Bevor alle Auspuff-Befestigungen und Klemmschrauben angezogen werden, muss sichergestellt sein, dass alle Haltegummis korrekt sitzen und der Auspuff überall genug Abstand zur Karosserie hat. Auspuff-Sektionen dürfen nicht unter Spannung montiert werden.

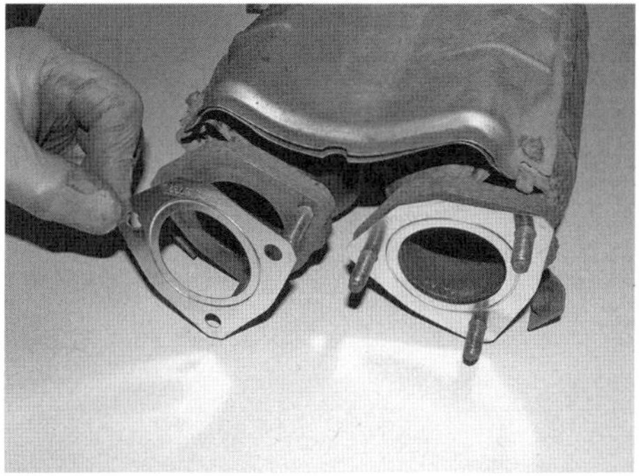

8.19a Rüsten Sie die Verbindung zwischen Katalysator und vorderem Auspuffrohr mit neuen Dichtungen aus.

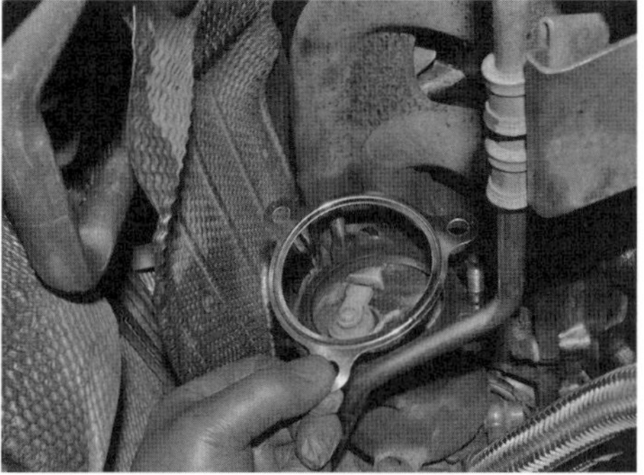

8.19b Rüsten Sie den Flansch zwischen dem vorderen Auspuffrohr und dem Turbolader mit einer neuen Dichtung aus.

8.19c Verbinden Sie die vordere und hintere Auspuff-Sektion mit einem neuen Klemmstück.

9 Katalysator – Allgemeine Informationen und Warnhinweise

Allgemeine Informationen

1 Der Katalysator wandelt gesundheitsschädliche Abgase in relativ harmlosere Gase um. Bei der dazu erforderlichen chemische Reaktion wird Sauerstoff zugesetzt, um eine Oxidation zu erzeugen.
2 Innerhalb des Katalysators befindet sich eine keramische Wabenstruktur, die mit den Edelmetallen Palladium, Platin und Rhodium beschichtet ist, die die chemische Reaktion fördern. Diese Reaktion erzeugt Hitze, die ebenfalls die Reaktion unterstützt. Aus diesem Grund wird der Katalysator während der Fahrt sehr heiß.
3 Die keramische Struktur ist äußerst empfindlich und verträgt keine grobe Behandlung. So sollte vermieden werden, mit dem heißen Katalysator durch tiefes Wasser zu fahren, da die plötzliche Abkühlung zu Rissen und Brüchen in der Keramik führen kann, was zur »Verstopfung« des Katalysators führen kann. Ein auf diese Weise beschädigter Katalysator kann nach dessen Ausbau durch Schütteln kontrolliert werden: Falls rasselnde Geräusche festgestellt werden, ist der Katalysator defekt und muss ersetzt werden.

Warnhinweise

4 Der Katalysator arbeitet automatisch und erfordert praktisch keine Wartung. Trotzdem sollten folgende Hinweise beachtet werden, um ihn lange Zeit funktionsfähig zu halten:

a) Tanken Sie IMMER bleifreien Kraftstoff und verwenden Sie keine entsprechenden Zusätze – bereits kleine Mengen verbleiten Benzins zerstören den Katalysator.
b) Halten Sie das Kraftstoff- und Zündsystem entsprechend des Wartungsplans in Kapitel 1 STETS in einem guten Zustand.
c) Falls der Motor Fehlzündungen produziert, MUSS dies unverzüglich behoben werden, da der Katalysator dadurch zerstört wird.
d) Versuchen Sie NICHT, ein schlecht anspringendes Fahrzeug durch Anschieben oder Anschleppen zu starten – der Katalysator saugt sich mit unverbranntem Kraftstoff voll und überhitzt, sobald der Motor anspringt.
e) Schalten Sie NICHT bei hohen Drehzahlen die Zündung aus. Geben Sie keinen kurzen Gasstoß, bevor Sie die Zündung abschalten.
f) Benutzen Sie KEINE Kraftstoff- oder Öl-Zusätze (Additive) – diese können Substanzen enthalten, die den Katalysator beschädigen.
g) Falls der Motor Öl verbrennt und blaue Abgaswolken produziert, MUSS er unverzüglich repariert werden, da der Katalysator dadurch zerstört wird.
h) Der Katalysator arbeitet mit sehr hohen Temperaturen. Parken Sie daher nach einer längeren Fahrt NICHT über trockenem Gras oder Laub.
i) Behandeln Sie die ausgebaute Auspuffanlage VORSICHTIG – der Katalysator und die Lambdasonde vertragen keine Schläge oder Stürze.
j) Manchmal riechen die Abgase nach Schwefel (verrottete Eier). Nach einigen Tausend Kilometern mit einem neuen Katalysator sollte dies verschwunden sein.
k) Der Katalysator eines gut gewarteten und sorgsam gefahrenen Autos sollte mindestens 80- bis 160.000 km halten – ein nicht mehr wirksamer Katalysator muss ersetzt werden.

Kapitel 5, Teil A

Anlasser- und Ladesysteme

Inhalt — Sektion

Schwierigkeitsgrade

Leicht. Geeignet für Anfänger mit wenig Erfahrung. 	**Relativ leicht.** Geeignet faür Anfänger mit etwas Erfahrung. 	**Relativ schwierig.** Geeignet für geübte Selbstschrauber. 	**Schwer.** Geeignet für Selbstschrauber mit viel Erfahrung. 	**Sehr schwer.** Geeignet für Experten und Profis. 

Technische Daten

System .... 12 Volt, Minus an Masse

Anlasser
Nennleistung .... 12 Volt, 1,1 kW

Batterie
Kapazität .... 36 bis 72 Ah (je nach Modell und Auslieferungsland)

Lichtmaschine
Leistung .... 55, 60, 70 oder 90 Ampere
Minimale Bürstenlänge .... 5 mm

Anzugsdrehmomente — **Nm**
Anlasser-Schrauben 65
Batterie-Klemmplatten-Schrauben 22
Lichtmaschinen-Schrauben 25
Lichtmaschinenhalter 45

1 Allgemeine Informationen und Warnhinweise

1 Die Motor-Elektrik besteht vor allem aus dem Ladesystem und dem Anlassersystem. Aufgrund ihrer motorbezogenen Funktionen werden diese Komponenten separat von der in Kapitel 12 zu findenden Karosserie-Elektrik (Beleuchtung, Instrumente usw.) behandelt. Details zur Zündanlage werden in Kapitel 5B behandelt.
2 Die Fahrzeugelektrik arbeitet mit 12 Volt Spannung und Minus ist Masse.
3 Die Batterie kann »wartungsarm« oder »wartungsfreie« (abgedichtet) sein und wird von der Lichtmaschine geladen, die vom der Kurbelwelle mithilfe des Keilrippenriemens angetrieben wird.
4 Der als Schubtriebstarter ausgebildete Anlasser ist mit einem integrierten Magnetschalter ausgerüstet, der beim Starten das Antriebsrad zunächst in den Zahnkranz der Schwungscheibe bzw. des Antriebsflanschs (zwischen Motor und Getriebe) schiebt, bevor der Anlassermotor aktiviert wird. Sobald der Motor läuft, sorgt eine Freilaufkupplung dafür, dass bis zum Ausrücken des Antriebsrades nicht der Motor den Anlasser dreht.
5 Weitere Details zu den verschiedenen Systemen finden sich in den entsprechenden Sektionen dieses Kapitels – manchmal werden Reparaturhinweise gegeben, doch oft hilft nur der Austausch der Komponente.

Warnhinweise

Warnung: Bei der Arbeit an elektrischen Systemen ist besondere Vorsicht geboten, um keine Halbleiter (Dioden und Transistoren) zu beschädigen und sich nicht selbst zu verletzen. Neben den Hinweisen in der Sektion »Sicherheit geht vor!« am Anfang dieses Handbuchs müssen die folgenden Vorsichtsmaßnahmen beachtet werden:

• Legen Sie stets Schmuck, Armbanduhren usw. ab, bevor Sie an Elektrik-Systemen arbeiten. Auch bei abgeklemmter Batterie kann eine kapazitive Entladung entstehen, sobald der Anschluss einer Komponente durch ein Metallteil mit Masse verbunden wird, und einen Schock oder eine Verbrennung auslösen.
• Vertauschen Sie nicht die Batteriepole. Bauteile wie die Lichtmaschine enthalten Halbleiter-Stromkreise, die irreparabel beschädigt werden können.
• Bei laufendem Motor dürfen niemals die Batterie, die Lichtmaschine oder andere elektrische Verbindungen getrennt werden – das gilt auch für Prüfinstrumente.
• Lassen Sie niemals den Motor die Lichtmaschine drehen, wenn diese nicht angeschlossen ist.
• Die Lichtmaschinen-Leistung darf niemals »getestet« werden, indem das Ausgangskabel gegen Masse gehalten wird, um Funken zu erzeugen.
• Verwenden Sie für Stromkreis- oder Durchgangsprüfungen niemals ein Ohmmeter mit einem Handkurbel-Generator.
• Der Masseanschluss (–) der Batterie muss stets getrennt sein, bevor an elektrischen Komponenten gearbeitet wird.
• Falls der Motor mit einer Fremdbatterie gestartet werden soll, müssen stets Plus an Plus und Minus an Minus geklemmt werden (siehe Seite 11); dies trifft auch beim Anschließen eines Batterie-Ladegeräts zu.
• Bevor am Fahrzeug Schweißarbeiten durchgeführt werden, müssen die Batterie und die Lichtmaschine abgeklemmt werden, um Schäden daran zu vermeiden.

Achtung: *Serienmäßige Audiosysteme sind zum Schutz vor Diebstahl mit Sicherheitscodes ausgerüstet. Sobald das Gerät von der Stromversorgung getrennt ist, wird der Diebstahlschutz aktiviert. Nachdem wieder Spannung anliegt, lässt sich das System erst nach der Eingabe des korrekten Codes aktivieren. Falls der Code nicht bekannt ist, sollte daher nicht die Batterie getrennt oder die Audio-Einheit demontiert werden. Erkundigen Sie sich im Zweifelsfall beim Audi-Händler nach dem Code. Beachten Sie vor dem Trennen der Batterie die Hinweise auf Seite 366.*

2 Batterie – Testen und Lade

Testen

Standard- und wartungsarme Batterie

1 Falls das Fahrzeug nur wenig bewegt wird, sollte etwa vierteljährlich ihr Ladezustand kontrolliert werden – hierzu wird die Säuredichte gemessen. Bauen Sie die Batterie zunächst aus, entfernen Sie die Abdeckungen der sechs Zellen und ermitteln Sie mit einem Hydrometer die Dichte der Säure, um den gemessenen Wert mit der Tabelle zu vergleichen. Beachten Sie, dass die Messergebnisse temperaturabhängig sind und der Basiswert bei 15 °C festgelegt ist – für jeweils 10 °C unter diesem Wert muss 0,007 subtrahiert werden; für jeweils 10 °C über 15 °C sind entsprechend 0,007 zu addieren. Falls der Säurepegel in einer Zelle unter der MIN-Markierung liegt, muss destilliertes Wasser bis zur MAX-Markierung aufgefüllt werden.

Ladezustand	Säuredichte über 25 °C	Säuredichte unter 25 °C
Vollständig geladen	*1,21 bis 1,23*	*1,27 bis 1,29*
70% geladen	*1,17 bis 1,19*	*1,23 bis 1,25*
entladen	*1,05 bis 1,07*	*1,11 bis 1,13*

2 Falls an der Batterie ein Problem vermutet wird, muss zunächst die Säuredichte in jeder Zelle ermittelt werden. Eine Abweichung von 0,04 oder mehr zwischen den Zellen weist auf einen Verlust an Säure oder Schäden an den Bleiplatten hin.
3 Bei einer Dichte-Abweichung von 0,04 oder mehr muss die Batterie durch ein Neuteil ersetzt werden. Falls die Abweichung bei einer entladenen Batterie geringer ist, kann sie aufgeladen werden (siehe unten).

»Wartungsfreie« Batterie

4 Manche Modelle sind mit sogenannten »Wartungsfreien« oder MF-Batterien ausgerüstet, die abgedichtet sind, sodass ein Auffüllen der Zellen und ein Ermitteln der Dichte nicht möglich ist. Der Zustand der Batterie kann daher nur mit einem Batterieprüfer oder einem Spannungsmessgerät (»Voltmeter«) getestet werden.

5 Manche Modelle sind mit einer wartungsfreien Batterie ausgerüstet, die über eine eingebaute Ladestand-Anzeige verfügt. Die Anzeige oben im Batteriegehäuse zeigt mit verschiedenen Farben den Zustand der Batterie an (siehe Abbildung). Bei grün ist die Batterieladung in Ordnung, bei schwarz muss sie geladen werden. Bei einer weißen oder gelben Anzeige ist der Säurepegel zu niedrig und die Batterie muss erneuert werden. Versuchen Sie niemals die Batterie zu laden oder zu überbrücken, wenn die Anzeige weiß oder gelb ist.

6 Beim Test mit einem Voltmeter muss dieses Gerät mit den Batteriepolen verbunden werden. Dieser Test ist nur exakt, wenn die Batterie nicht in den letzten sechs Stunden in irgendeiner Weise geladen wurde. Ist dies nicht der Fall, müssen die Scheinwerfer für 30 Sekunden eingeschaltet werden, dann wird nach etwa fünf Minuten Wartezeit die Spannung gemessen. Alle anderen Verbraucher müssen abgeschaltet sein. Während des Tests müssen daher alle Türen geschlossen sein.

7 Falls die Spannung unter 12,2 Volt liegt, ist die Batterie entladen. 12,2 bis 12,4 Volt weisen darauf hin, dass die Batterie weitgehend entladen ist.

8 Falls die Batterie geladen werden muss (siehe unten), sollte sie dafür ausgebaut werden (siehe Sektion 3). Die meisten modernen »intelligenten« Batterieladegeräte können aber auch bei angeschlossener Batterie eingesetzt werden – lesen Sie die Bedienungsanleitung des Ladegeräts genau durch.

Laden

Anmerkung: *Die folgenden Hinweise sind nur grobe Richtlinien. Beachten Sie stets die Hinweise des Herstellers (oft auf Aufklebern an der Batterie zu erkennen), bevor Sie die Batterie laden.*

9 Zum Nachladen der Batterie empfehlen wir ein sogenanntes »intelligentes« Batterieladegerät. Diese Geräte erlauben das Laden der Batterie im eingebauten Zustand – trennen Sie im Zweifel über die Fähigkeiten des Ladegeräts die Batterie vom Bordnetz. Beachten Sie nach dem Trennen der Batterie, dass einige »erlernte« Werte aus dem Steuergerät-Speicher gelöscht werden können, die erst nach einer kurzen Fahrt wieder erlernt werden; auch die Warnlampen für ESP und die elektromechanische Lenkung können aufleuchten, bis sie durch eine kurze Fahrt mit 15 bis 20 km/h auf einer geraden Strecke erlöschen.

Standard- und wartungsarme Batterie

10 Laden Sie die Batterie möglichst mit einer Laderate, die 10% ihrer Kapazität entspricht (eine 60 Ah-Batterie sollte also möglichst mit 6 Ampere geladen werden) und beenden Sie die Ladung, sobald die Säuredichte innerhalb von 4 Stunden nicht weiter zunimmt.

11 Alternativ kann ein sogenanntes Erhaltungs-Ladegerät mit einer Laderate von 1,5 A über Nacht angeschlossen werden.

12 Ein schnelleres Laden (»Boost-Ladung«) sollte unterbleiben, da die Bleiplatten hierbei leicht überhitzen und die Batterie dadurch irreparabel zerstört werden kann.

13 Beim Laden der Batterie darf die Temperatur der Säure niemals 37,8 °C übersteigen – das Gehäuse darf also maximal Körpertemperatur erreichen.

»Wartungsfreie« Batterie

14 Das Laden dieser sogenannte MF-Batterien (MF = Maintenance-Free – Wartungsfrei) kann deutlich länger dauern als bei Standard-Bleibatterien – je nach Ladezustand bis zu drei Tagen, um die Batterie vollständig zu laden.

15 Das Ladegerät muss mit konstanter Spannung (13,9 bis 14,9 V) und einer Stromstärke von unter 25 A arbeiten. Bei dieser Methode sollte eine teilweise entladene Batterie nach etwa drei Stunden eine Spannung von 12,5 Volt aufweisen – eine vollständige Aufladung kann deutlich länger dauern.

16 Eine vollständig entladene MF-Batterie (Spannung unter 12,2 V) sollte mithilfe eines speziellen Ladegeräts aktiviert werden, über das zumeist nur Fachbetriebe verfügen.

3 Batterie und Batterieträger – Ausbau und Einbau

Anmerkung: *Serienmäßige Audiosysteme sind zum Schutz vor Diebstahl mit Sicherheitscodes ausgerüstet, der benötigt wird, um sie nach dem Anschließen der Batterie wieder aktivieren zu können. Nötigenfalls können der Radio-Code und andere relevante Speicher-Werte mithilfe einer speziellen Notstromversorgung geschützt werden, während die Batterie getrennt wird (beachten Sie dazu die Hinweise auf Seite 366).*

Ausbau

1 Die Batterie sitzt links vorn im Motorraum. Falls eine Abdeckung vorhanden ist, müssen deren Befestigungen gelöst werden, um sie zu entnehmen (siehe Abbildung).

3.1 Entfernen Sie die Batterieabdeckung.

2 Lockern Sie zuerst am Minuspol (–) die Anschlussklemme und ziehen Sie sie vom Batteriepol (siehe Abbildung).

3.2 Trennen Sie zuerst das Massekabel vom Minuspol.

3 Lockern Sie dann am Pluspol (+) die Anschlussklemme und ziehen Sie sie vom Batteriepol (siehe Abbildung).

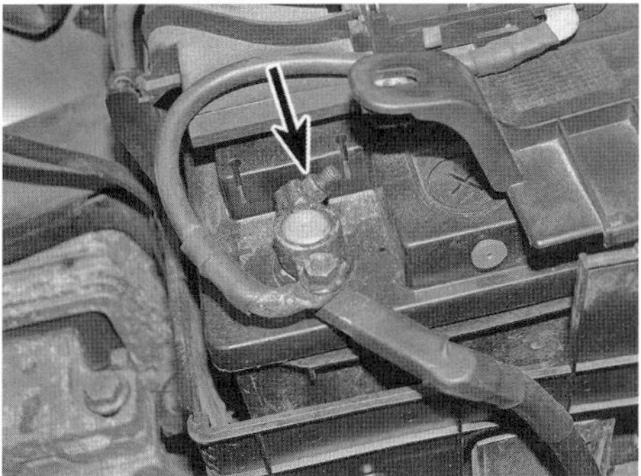

3.3 Mutter der Pluspol-Klemme

4 Heben Sie die Abdeckung samt Sicherungshalter von der Batterie, nachdem Sie an beiden Seiten ihre Laschen gelöst haben (siehe Abbildung). Schwenken Sie die Baugruppe anschließend nach hinten.
Anmerkung: *Bei manchen Modellen kann die Sicherungslasche der Abdeckung vorn an der Batterie sitzen.*

3.4 Lösen Sie die Laschen der mit dem Sicherungshalter bestückten Abdeckung.

5 Lösen Sie vorn an der Batterie die Schraube der Klemmhalterung und heben Sie die Batterie aus ihrem Träger (siehe Abbildungen).

3.5a Lösen Sie die Klemmen-Schraube …

3.5b … und heben Sie die Batterie heraus.

6 Um den Batterieträger entfernen zu können, müssen an beiden Seiten die jeweils zwei Schrauben gelöst und der Kunststoff-Rahmen abgenommen werden (siehe Abbildungen).

3.6a Lösen Sie an jeder Seite die zwei Schrauben …

3.6b … und heben Sie den Kunststoff-Rahmen ab.

7 Lösen Sie die fünf Schrauben des Batterieträgers und entnehmen Sie diesen (siehe Abbildungen).

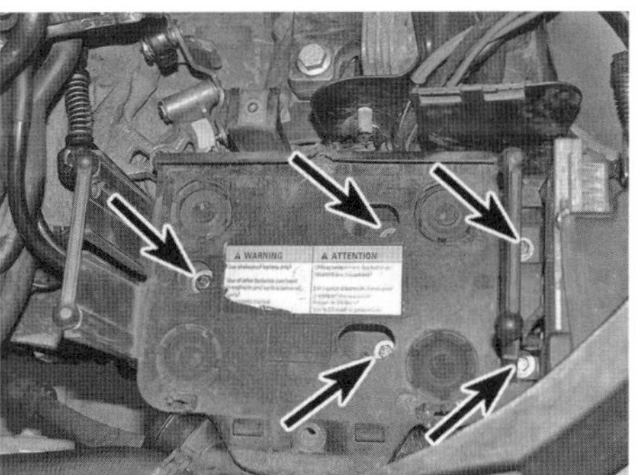

3.7a Lösen Sie die fünf Schrauben …

3.7b ... und entnehmen Sie den Batterieträger.

Einbau

8 Der Einbau entspricht der umgekehrten Ausbaureihenfolge. Ziehen Sie die Batterieklemmen-Schraube sorgfältig an. Verbinden Sie zuerst das Pluskabel und dann das Minuskabel mit dem jeweiligen Batteriepol und ziehen Sie die Klemmmuttern sorgfältig an.

4 Lichtmaschine/Ladesystem – Testenu

Anmerkung: *Beachten Sie vor Arbeitsbeginn die Warnhinweise in »Sicherheit geht vor!« und in Sektion 1 dieses Kapitels.*

1 Falls die Ladekontrollleuchte beim Einschalten der Zündung nicht aufleuchtet, müssen zuerst die Lichtmaschinenkabel auf guten Kontakt überprüft werden. Wenn hier alles in Ordnung ist, muss kontrolliert werden, ob alle beteiligten Sicherungen, Kabelanschlüsse und Massepunkte in Ordnung sind. Lässt sich das Problem nicht entdecken oder beseitigen, muss das Fahrzeug mithilfe spezieller Diagnoseausrüstung überprüft werden – wenden Sie sich hierfür ggf. an eine Fachwerkstatt.
2 Falls die Ladekontrollleuchte beim Einschalten der Zündung aufleuchtet, aber nach dem Starten des Motors nur langsam erlischt, kann dies ein Hinweis auf ein bevorstehendes Lichtmaschinen-Problem sein. Kontrollieren Sie alle in Schritt 1 beschriebenen Komponenten und lassen Sie die Lichtmaschine nötigenfalls in einer Fachwerkstatt überprüfen.
3 Falls die Ladekontrollleuchte bei laufendem Motor aufleuchtet, muss dieser abgeschaltet und geprüft werden, ob der Keilrippenriemen korrekt gespannt und nicht mit Öl kontaminiert ist (siehe Kapitel 1, Sektion 25) und die Lichtmaschinenkabel sicher verbunden sind. Ist hier alles in Ordnung, kann die Lichtmaschine defekt sein und sollte von einer Fachwerkstatt getestet und ggf. repariert werden.
4 Wird trotz funktionierender Warnleuchte vermutet, dass die Lichtmaschinenleistung nicht korrekt ist, muss die geregelte Spannung wie folgt überprüft werden:
5 Verbinden Sie ein Voltmeter mit den Batteriepolen und starten Sie den Motor.
6 Erhöhen Sie die Motordrehzahl, bis eine konstante Spannung erreicht wird – es müssen zwischen 12 und 13 Volt abgelesen werden (aber nicht mehr als 14 Volt!)
7 Schalten Sie möglichst viele Verbraucher (Scheinwerfer, Heckscheibenheizung, Heizgebläse) ein, erhöhen Sie die Drehzahl auf 2500/min und kontrollieren Sie, ob die geregelte Spannung zwischen 13 und 14 Volt liegt.
8 Falls die geregelte Spannung nicht wie beschrieben ist, können verschlissene Kohlebürsten, ermüdete Bürstenfedern, ein defekter Spannungsregler, eine schadhafte Diode, eine durchtrennte Phasenwicklung oder verschlissene bzw. beschädigte Schleifringe die Ursache sein. Die Bürsten und Gleitringe können kontrolliert werden (siehe Sektion 6), andernfalls muss die Lichtmaschine ggf. erneuert oder von einer Fachwerkstatt getestet und ggf. repariert werden.

5 Lichtmaschine – Ausbau und Einbaue

1 Trennen Sie den Masseanschluss (–) der Batterie – beachten Sie zunächst die Hinweise auf Seite 366).
2 Entfernen Sie den Keilrippenriemen von der Kurbelwellen-Riemenscheibe (siehe Kapitel 1, Sektion 25). Falls der Riemen komplett entfernt wird, muss seine Laufrichtung markiert werden.
3 Demontieren Sie die Abdeckung des Einlassstutzens (siehe Abbildung).

5.3 Demontieren Sie die Einlassstutzen-Abdeckung.

4 Trennen Sie bei Modellen mit Motorcode AMU, APX und BAM den Stecker des Abgastemperatursensors (siehe Abbildung).

5.4 Trennen Sie den Stecker des Abgastemperatursensors

5 Lösen Sie bei Modellen mit Sekundärluftsystem am vorn über den Einlassstutzen die Muttern der zwei Halterungen und trennen Sie das Rohr, um es beiseite zu verlagern (siehe Abbildung).

5.5 Klemmen-Muttern des Sekundärluft-Rohrs

6 Lösen Sie vorn am Einlassstutzen die zwei Schrauben des Halters und entfernen Sie ihn (siehe Abbildung) – lösen Sie beim Abziehen des Halters den oberen Bereich des Ölpeilstab-Rohrs aus dem Halter. Trennen Sie beim Abziehen des Halters ggf. auch die Stecker des Turbolader-Rezirkulationsventils und des Sekundärluft-Einlassventils – beide Teile sind ggf. unten an den Halter geschraubt.

5.6 Demontieren Sie den Halter.

7 Lösen Sie hinten an der Lichtmaschine die Lasche des Zweistift-Steckers und ziehen Sie ihn ab (siehe Abbildung).

5.7 Trennen Sie den Stecker von der Lichtmaschine.

8 Entfernen Sie die Schutzkappe (falls vorhanden) lösen Sie am Pluskabel-Anschluss die Mutter, entnehmen Sie die Scheibe und befreien Sie das Kabel. Lösen Sie ggf. die Mutter der Kabelführung, um diese zu befreien (siehe Abbildung).

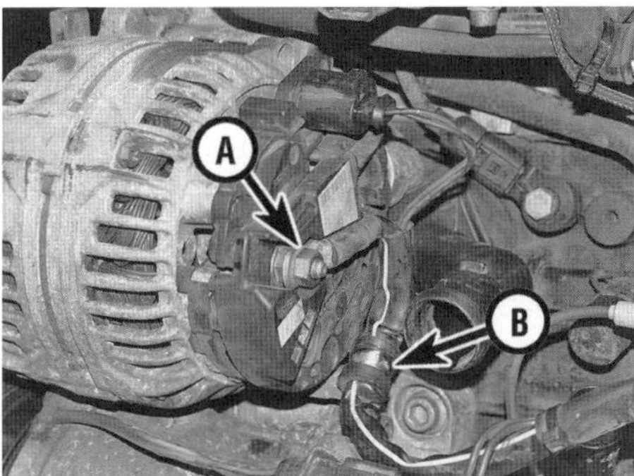

5.8 Muttern am Pluskabel-Anschluss (A), Kabelführung (B)

9 Lösen Sie die obere und untere Lichtmaschinen-Befestigungsschraube aus dem Halter und heben Sie die Lichtmaschine ab (siehe Abbildung). Die untere Schraube ist nur zugänglich, wenn sich der Keilrippenriemenspanner in der arretierten Position befindet.

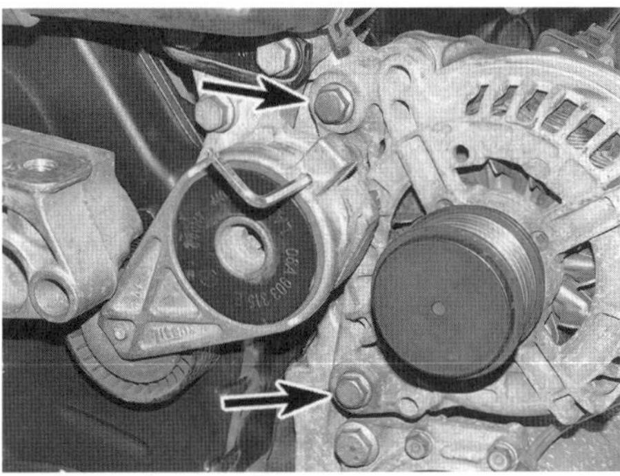

5.9 Befestigungsschrauben der Lichtmaschine

10 Der Einbau entspricht der umgekehrten Ausbaureihenfolge – beachten Sie dabei folgende Punkte:

a) Drücken Sie die Distanzhülsen in die hintere Halterung, um die Montage zu erleichtern.
b) Beachten Sie für die Montage des Keilrippenriemens die Hinweise in Kapitel 1, Sektion 25.
c) Ziehen Sie die Lichtmaschinen-Befestigungsschrauben mit 25 Nm an.

6 Lichtmaschine – Austausch des Bürstenträger/Regler-Modul

1 Demontieren Sie die Lichtmaschine (siehe Sektion 5).
2 Legen Sie die Lichtmaschine mit der Riemenscheibe nach unten auf eine saubere Arbeitsfläche.
3 Lösen Sie ggf. die Schraube und die zwei Muttern der Kunststoffabdeckung und entnehmen Sie diese (siehe Abbildung).

6.3 Entfernen Sie die Lichtmaschinenabdeckung.

4 Lösen Sie die drei Schrauben des Bürstenträger/Regler-Moduls und entnehmen Sie dies (siehe Abbildungen).

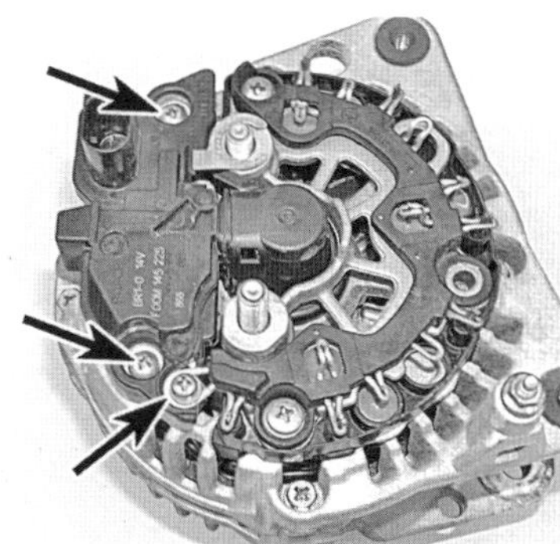

6.4a Lösen Sie die drei Schrauben …

6.4b … und entnehmen Sie das Bürstenträger/Regler-Modul.

5 Messen Sie die freie Länge der Schleifkohlen (siehe Abbildung) – falls sie kürzer als 5 mm oder verschlissen sind, muss das gesamte Modul ersetzt werden.

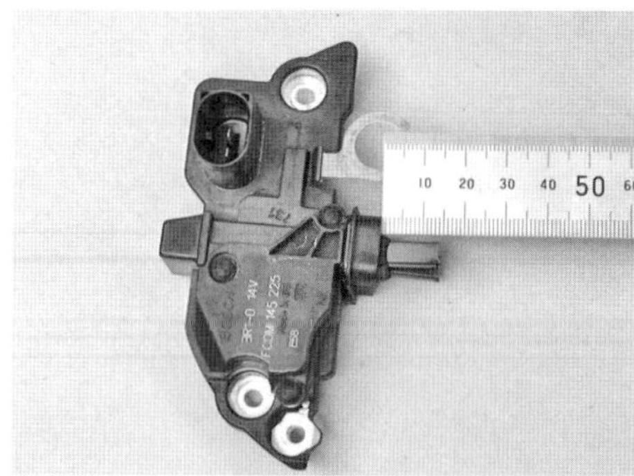

6.5 Messen Sie die freie Länge der Schleifkohlen.

6 Reinigen und inspizieren Sie die Oberflächen der auf der Lichtmaschinenwelle sitzenden Schleifringe – falls sie stark verschlissen oder beschädigt sind, muss die gesamte Lichtmaschine ersetzt werden.
7 Montieren Sie das Bürstenträger/Regler-Modul – die Schleifkohlen müssen korrekt gegen die Schleifringe drücken. Installieren Sie die Lichtmaschine (siehe Sektion 5).

7 Anlassersystem – Testen

Anmerkung: *Beachten Sie zunächst die Warnhinweise in »Sicherheit geht vor!« und in Sektion 1 dieses Kapitels.*

1 Falls der Anlasser beim Drehen des Zündschlüssels in die entsprechende Position nicht arbeitet, kann dies folgende Ursachen haben:

a) Die Batterie ist defekt oder entladen.
b) Die elektrischen Verbindungen zwischen dem Zündschloss, dem Magnetschalter, der Batterie und dem Anlasser sind irgendwo unterbrochen oder beschädigt, sodass der nötige Strom nicht von der Batterie zum Anlasser und über Masse wieder zurückfließen kann.
c) Der Magnetschalter ist defekt.
d) Der Anlasser selbst hat einen mechanischen oder elektrischen Defekt.

2 Zur Kontrolle der Batterie werden die Scheinwerfer eingeschaltet. Falls sie nach wenigen Sekunden dunkler werden, weist dies auf eine entladene Batterie hin, sodass sie geladen (siehe Sektion 2) oder ersetzt werden muss. Wenn die Scheinwerfer hell leuchten, wird wieder versucht, den Motor zu starten – werden sie hierbei dunkel, weist dies darauf hin, dass der Strom den Anlasser erreicht, sodass der Defekt hier liegen muss. Leuchten die Scheinwerfer weiter (und aus dem Magnetschalter des Anlassers ist kein Klicken zu hören), weist dies darauf hin, dass der Fehler in der Verkabelung oder dem Magnetschalter liegt (siehe folgende Schritte). Falls der Anlasser beim Starten nur langsam dreht, obwohl die Batterie geladen ist, ist entweder der Anlasser selbst defekt oder im Stromkreis ist ein beträchtlicher Widerstand vorhanden.
3 Falls im Stromkreis ein Defekt vermutet wird, müssen die Batteriekabel (einschließlich der Masseanschlüsse zur Karosserie), das Anlasser-/Magnetschalter-Kabel und das Masseband der Motor-Getriebe-Einheit getrennt werden.
Anmerkung: *Beachten Sie vor dem Trennen der Batterie die Hinweise auf Seite 366). Reinigen Sie alle Kontakte sorgfältig und verbinden Sie alle Anschlüsse wieder. Prüfen Sie mit einem Voltmeter, ob am Plus-Anschluss des Magnetschalters Batteriespannung anliegt und Masse gut verbunden ist. Versehen Sie die Batteriepole mit Polfett oder Vaseline, um sie*

vor Korrosion zu schützen – korrodierte Anschlüsse sind die häufigsten Gründe für Elektrikfehler.

4 Wenn die Batterie und alle Anschlüsse in Ordnung sind, muss der Stromkreis durch Trennen des Magnetschalter-Anschlusses kontrolliert werden. Verbinden Sie ein Voltmeter oder eine Prüflampe zwischen das Pluskabel und Masse (z. B. dem Minuspol der Batterie) und prüfen Sie, ob beim Drehen des Zündschlüssels in die Startposition Spannung anliegt – ist dies nicht der Fall, müssen die Stromkreiskabel wie in Kapitel 12, Sektion 2 beschrieben kontrolliert werden.

5 Die Magnetschalter-Kontakte können getestet werden, indem ein Voltmeter oder eine Prüflampe zwischen den Plus-Anschluss an der Anlasserseite des Magnetschalters und Masse geklemmt wird. Beim Drehen des Zündschlüssels in die Startposition muss Spannung festgestellt werden – andernfalls ist der Magnetschalter defekt und muss ersetzt werden.

6 Wenn sich sowohl der Magnetschalter als auch der Stromkreis als funktionsfähig erwiesen haben, muss der Defekt im Anlasser liegen. Dieser kann von einem Spezialisten überholt werden. Kohlebürsten können oft relativ günstig ausgetauscht werden. Holen Sie auf jeden Fall einen Kostenvoranschlag ein und erkundigen Sie sich, was ein Neuteil oder ein Austausch-Anlasser kostet.

8 Anlasser – Ausbau und Einbaue

1 Bauen Sie die Batterie samt Träger aus (siehe Sektion 3).

2 Trennen Sie oben am Anlasser den Stecker (siehe Abbildung).

8.2 Trennen Sie oben am Anlasser den Stecker.

3 Trennen Sie hinten am Magnetventil den Kabelstecker und befreien Sie das Pluskabel (siehe Abbildungen).

8.3a Trennen Sie den Magnetschalter-Stecker.

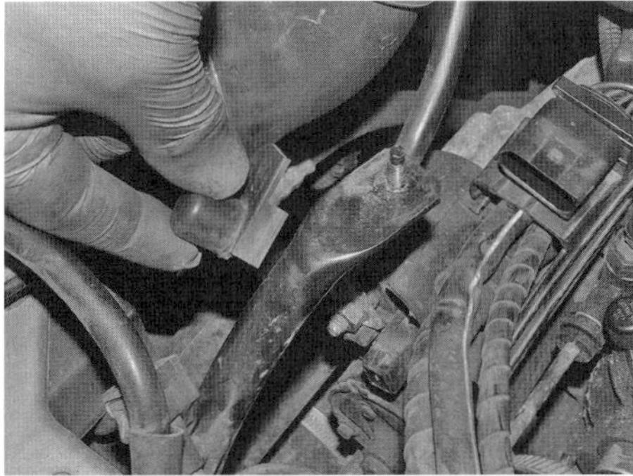

8.3b Ziehen Sie am Pluskabel-Anschluss die Abdeckung ab,

8.3c … lösen Sie die Mutter …

8.3d … und befreien Sie das Kabel.

4 Lösen Sie an der oberen Anlasserschraube die Mutter, ziehen Sie die Kabelführung ab und verlagern Sie sie beiseite (siehe Abbildung).

8.4 Mutter der Kabelführung

5 Lösen Sie ggf. die Schraube des Ölkühler-Rohrs für die Servolenkungs-Hydraulikflüssigkeit und befreien Sie diesen vom Getriebe. Lösen Sie dann die Mutter der unteren Anlasser-Halterung und ziehen Sie diese vom Anlasser ab (siehe Abbildungen).

8.5a Schraube des Ölkühler-Rohrs

8.5b Entfernen Sie die untere Anlasser-Halterung.

6 Lösen Sie die obere und untere Schraube, mit denen der Anlasser an der Getriebeglocke gesichert ist, und ziehen Sie den Anlasser samt Magnetschalter aus seinem Sitz (siehe Abbildungen).

8.6a Lösen Sie die obere …

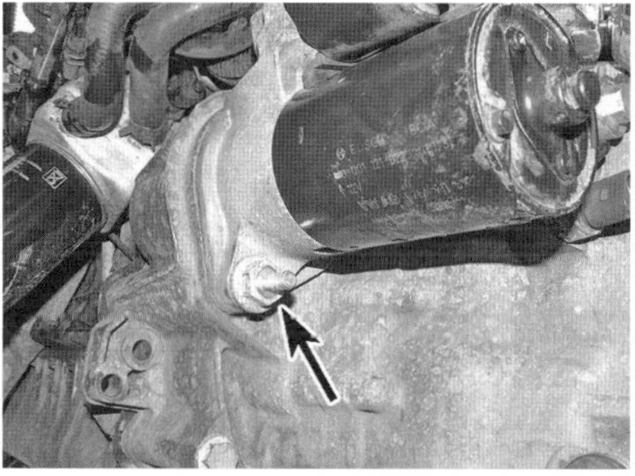

8.6b … und die untere Anlasser-Schraube …

8.6c … und ziehen Sie den Anlasser samt Magnetschalter aus seinem Sitz.

9 Der Einbau entspricht der umgekehrten Ausbaureihenfolge – ziehen Sie die Anlasser-Schrauben mit 65 Nm an.

9 Anlasser – Test und Überholunge

Falls am Anlasser ein Defekt vermutet wird, sollte er ausgebaut und zu einer Fachwerkstatt gebracht werden, um dort getestet und ggf. repariert zu werden. Kohlebürsten können oft relativ günstig ausgetauscht werden. Holen Sie auf jeden Fall einen Kostenvoranschlag ein und erkundigen Sie sich, was ein Neuteil oder ein Austausch-Anlasser kostet.

Kapitel 5, Teil B

Zündsystem

Inhalt Sektion

Schwierigkeitsgrade

Leicht. Geeignet für Anfänger mit wenig Erfahrung. 	**Relativ leicht.** Geeignet faür Anfänger mit etwas Erfahrung. 	**Relativ schwierig.** Geeignet für geübte Selbstschrauber. 	**Schwer.** Geeignet für Selbstschrauber mit viel Erfahrung. 	**Sehr schwer.** Geeignet für Experten und Profis. 

Technische Daten

Zündsystem .... Bosch Motronic ME 75

Zündspulen .... Eine Spule je Zylinder

Zündkerzen .... Bosch FR 7 KPP 33+; NGK PFR6Q; Champion RC9YC oder VAG 101000063AA
Elektrodenabstand .... 0,8 mm

Anzugsdrehmomente **Nm**
Klopfsensor-Schraube 20
Zündkerzen 30

1 Allgemeine Informationen und Warnhinweise

1 Die in diesem Kapitel beschriebenen Systeme gehören zum »Motor-Management« (Bosch Motronic ME 7.5), das sowohl die Einspritzung wie auch die Zündung überwacht. In diesem Kapitel werden ausschließlich die der Zündung dienenden Baugruppen beschrieben; in Kapitel 4A sind die Bauteile der Kraftstoffversorgung beschrieben.
2 Die Zündungsseite des Systems ist statisch (verteilerlos) und kommt daher ohne bewegliche Teile aus. Weil es keinen Verteilerdeckel oder Verteilerfinger und noch nicht einmal Zündkabel samt konventioneller Kerzenstecker gibt, erfordert das Zündsystem kaum Wartung.
3 Der Zündzeitpunkt wird ausschließlich vom Motorsteuergerät festgelegt – eine manuelle Einstellung ist nicht möglich.
4 Das Zündsystem besteht aus den direkt auf den Zündkerzen sitzenden Zündspulen, verschiedenen Sensoren und deren Verkabelung.
5 Das Motorsteuergerät versorgt die Eingangsseite der Zündspulen mit Spannung, die zu einem bestimmten Zeitpunkt unterbrochen wird. Hierbei bricht das Primär-Magnetfeld zusammen und in den Sekundärwicklungen entsteht eine deutlich höhere Spannung – diese Zündspannung wird direkt in die Zündkerze geleitet, wo zwischen den Elektroden ein Funke überspringt, der letztendlich das Kraftstoff/Luft-Gemisch entzündet. Die exakte Festlegung dieses Zündzeitpunkts ist Aufgabe des Steuergeräts.
6 Das Motorsteuergerät berechnet und überwacht den Zündzeitpunkt mithilfe diverser Sensoren vor allem anhand der Motordrehzahl, der Positionen der Kurbelwelle und Nockenwellen sowie der Luftmenge. Weitere Parameter zur Anpassung der Zündung sind die Position und die Öffnungsrate der Drosselklappe, die Einlassluft-Temperatur, die Motortemperatur und die Klopfneigung. Die meisten der hierfür zuständigen Sensoren dienen auch der Kraftstoffversorgung, sodass einige von ihnen in Kapitel 4A beschrieben sind.
7 Das Steuergerät berechnet die Motordrehzahl und die Position der Kurbelwelle mithilfe eines an der Schwungscheibe sitzenden Impuls-Rotors (Sensorring) und eines davor sitzenden Sensors. Bei sich drehender Kurbelwelle passie-

ren die Zähne auf dem Rotor den Sensor, der bei jedem Zahn einen Impuls an das Steuergerät sendet. Im oberen Totpunkt (OT) von Zylinder Nr. 1 weist der Ring eine größere Lücke auf, sodass in den Sensor-Signalen eine längere Pause entsteht, anhand der das Steuergerät die Position der Kurbelwelle erkennt. Die Zeitintervalle zwischen den Impulsen und die Position der Pause erlauben dem Steuergerät eine exakte Bestimmung der Drehzahl und der Kurbelwellen-Stellung. Informationen des Nockenwellensensors lassen das Steuergerät erkennen, ob sich der Zylinder Nr. 1 im OT des Verdichtungstakts oder des Gaswechseltakts befindet.

8 Informationen des Luftmassensensors oder des Einlassstutzen-Drucksensors (je nach Modell) sowie des Drosselklappensensors lassen das Steuergerät den Lastzustand des Motors erkennen. Weitere Informationen hierzu liefern ein oder mehrere Klopfsensoren, die auf ungewöhnliche Vibrationen reagieren und dadurch Fehlzündungen (Frühzündung, Klingeln, Klopfen) erkennen, sodass das Steuergerät den Zündzeitpunkt (ggf. jedes einzelnen Zylinders) zurücknehmen kann, bis die Verbrennung wieder normal stattfindet.

9 Weitere Sensoren zur Beobachtung der Kühlmittel-Temperatur, der Drosselklappenstellung, der gefahrenen Geschwindigkeit, des eingelegten Gangs (nur im Automatikgetriebe) und der Funktion der Klimaanlage liefern weitere Informationen an das Steuergerät. Aus all diesen sich ständig verändernden Daten und einem gespeicherten Zündungs-Kennfeld errechnet das Steuergerät stets den perfekten Zündzeitpunkt.

10 Das Steuergerät setzt den Zündzeitpunkt auch als Feinjustierung für die Standgasdrehzahl, als Antwort auf Signale des Servolenkungs-Schalters oder des Klimaanlagen-Schalters (um das Absterben des Motors zu verhindern), oder auch, falls die Lichtmaschinenspannung abfällt.

11 Falls im Zündsystem aufgrund des Ausfalls eines Sensors ein Fehler auftritt, schaltet das Steuergerät auf ein Notprogramm um, damit das Fahrzeug mit begrenzter Motorleistung nach Hause oder in eine Werkstatt gefahren werden kann. Falls der Fehler zu einer Verschlechterung der Abgase führt, wird im Armaturenbrett eine Warnlampe aufleuchten.

12 Eine umfangreiche Fehlerdiagnose aller in diesem Kapitel beschriebenen Motorsteuerungssysteme ist nur mithilfe einer speziellen Prüfausrüstung möglich. Falls ein Sensor ausfällt oder ein anderer Fehler auftritt, speichert das Steuergerät einen Fehlercode, der nur mit einem speziellen Gerät ausgelesen werden kann. Der On-Board-Diagnose-Anschluss (OBD) sitzt neben dem Motorhauben-Öffnerhebel links unten im Armaturenbrett (Abb. 2.2). Audi-Händler und Fachwerkstätten verfügen über solche Auslesegeräte, der Kauf für den Hobbyschrauber lohnt sich hingegen kaum. Sobald der Fehler identifiziert ist, können anhand der Informationen in den folgenden Sektionen und anderen Kapiteln die Komponenten ausgebaut werden.

Zündspule(n)

13 Jede Zündkerze wird direkt von einer auf ihr sitzenden Zündspule angesteuert, sodass keine Hochspannungs-Zündkerzen oder konventionelle Zündkerzenstecker erforderlich sind.

2 Zündsystem - Testn

Die Zündung erzeugt eine sehr hohe Zündspannung, die schmerzhaft sein kann, wenn bei eingeschalteter Zündung irgendwelche Komponenten oder Anschlüsse berührt werden. Personen mit Herzschrittmachern müssen sich generell von Zündungskomponenten fernhalten. Achten Sie vor Arbeiten an der Zündanlage immer darauf, dass die Zündung ausgeschaltet ist, trennen Sie dann das Massek

1 Die Komponenten des Zündsystems sind normalerweise sehr zuverlässig. Die meisten Ausfälle sind eher auf lockere oder verschmutzte Anschlüsse, die Ableitung der Hochspannung durch Schmutz und feuchte oder beschädigte Isolierungen als auf den tatsächlichen Ausfall von Bauteilen zurückzuführen. Kontrollieren Sie immer alle Kabel äußerst sorgfältig, bevor Elektrik-Komponenten als defekt verurteilt werden. Arbeiten Sie sich methodisch vor, um alle anderen Möglichkeiten auszuschließen, bevor ein Bauteil ausgetauscht wird. Prüfen Sie zunächst, ob der Luftfilter sauber ist, die Zündkerzen vom korrekten Typ sind und den vorgegebenen Elektrodenabstand aufweisen, die Zylinderkompression in Ordnung ist und alle Motorentlüftungsschläuche sauber und unbeschädigt sind – beachten Sie dazu die Hinweise in den Kapiteln 1, 2A und 4A

2 Lässt sich das Problem mit diesen Kontrollen nicht beseitigen, muss das Fahrzeug zu einer mit geeigneten Diagnosegeräten ausgerüsteten Fachwerkstatt gebracht werden. Hier kann der Fehler ausgelesen werden, indem das Prüfgerät mit dem Diagnosestecker verbunden wird (siehe Abbildung). Aus den verschiedenen Sensoren und Aktuatoren können Betriebsparameter erfasst werden, die ihre Funktion anzeigen. So lassen sich Fehler rasch und einfach verfolgen und es müssen nicht alle Systemkomponenten einzeln getestet werden (was eine zeitaufwändige Arbeit wäre, die zudem das Risiko birgt, das Motorsteuergerät zu beschädigen).

2.2 Der Diagnose-Anschluss befindet sich unterhalb des Armaturenbretts im Fahrerfußraum.

3 Die einzigen vom Hobbymechaniker durchführbare Kontrolle am Zündsystem ist die in Kapitel 1, Sektion 24 beschriebene Zündkerzen-Überprüfung. Die Verkabelung kann mithilfe der in Kapitel 12 gegebenen Informationen überprüft werden – die Steuergerät-Stecker müssen dabei stets als Erste getrennt werden.

3 Zündspulen – Ausbau und Einbau

Ausbau

1 Demontieren Sie die obere Motorabdeckung – lösen Sie alle Schrauben und befreien Sie sie hinten von den Zapfen.

Alle Modelle (außer mit Motorcode AMU, APX und BAM)

2 Lösen Sie die Mutter des Unterdruckspeichers und verlagern Sie diesen beiseite (siehe Abbildung). Lösen Sie die Schrauben der Halterung und entfernen Sie diese.

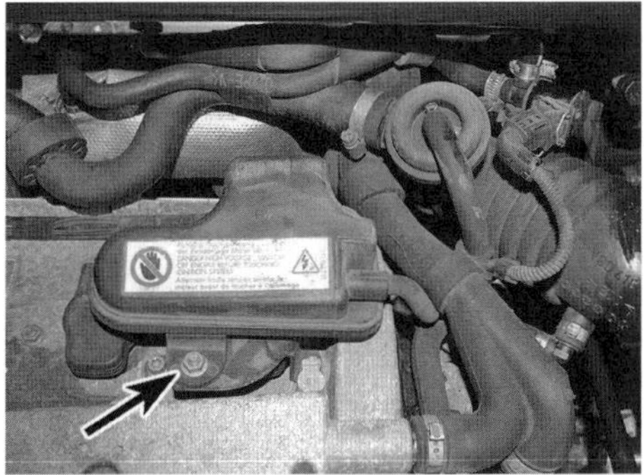

3.2 Mutter des Unterdruckspeichers

Modelle mit Motorcode AMU, APX und BAM

3 Befreien und entnehmen Sie die Hitzeschilde vom Turbolader-Umleitventil und dem Unterdruckspeicher (siehe Abbildung)

3.3 Befreien Sie die Hitzeschilde.

4 Trennen Sie den Stecker des Turbolader-Umleitventils, befreien Sie das Ventil aus dem Halter und verlagern Sie es beiseite (siehe Abbildungen) – hierfür müssen die Schläuche aus den Clips befreit werden.

3.4a Trennen Sie den Stecker des Turbolader-Umleitventils …

3.4b … und befreien Sie das Ventil aus dem Halter.

5 Lösen Sie die Mutter des Unterdruckspeichers und verlagern Sie diesen beiseite (siehe Abbildung).

3.5 Befreien Sie den Unterdruckspeicher von seinem Halter.

6 Lösen Sie die Schrauben des Unterdruckspeicher-Halters und befreien Sie ihn , um die Zündspulen 3 und 4 freizulegen (siehe Abbildung).

3.6 Befreien Sie den über den Zündspulen sitzenden Unterdruckspeicher-Halter.

Alle Modelle

7 Lösen Sie die Arretierungen der Zündspulen-Stecker und ziehen Sie sie von allen vier Zündspulen ab (siehe Abbildung).

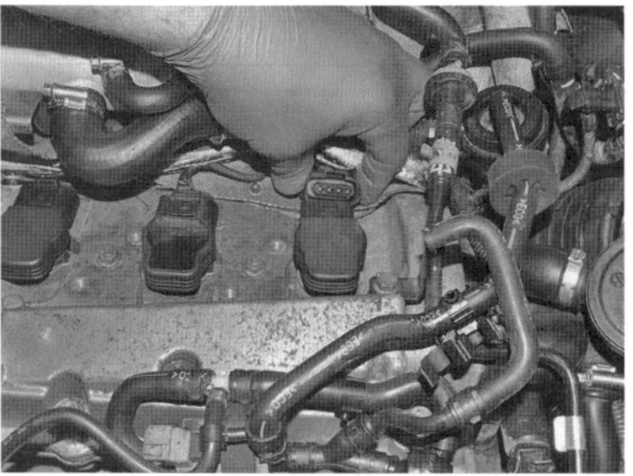

3.7 Trennen Sie die Zündspulen-Stecker.

8 Ziehen Sie die Zündspulen senkrecht nach oben von den Zündkerzen ab (siehe Abbildung).

3.8 Ziehen Sie die Zündspulen senkrecht nach oben von den Zündkerzen ab.

Einbau

9 Stecken Sie die korrekt ausgerichteten Zündspulen auf die Zündkerzen (siehe Abbildung). Verbinden Sie die Zündspulenstecker, bis sie einrasten.

3.9 Der Vorsprung der Zündspule muss in die Aussparung des Ventildeckels greifen.

10 Montieren Sie den Unterdruckspeicher samt Halter in der umgekehrten Ausbaureihenfolge.
11 Installieren Sie bei Modellen mit Motorcode AMU, APX und BAM das Turbolader-Umleitventil in der umgekehrten Ausbaureihenfolge.
12 Montieren Sie zum Schluss die obere Motorabdeckung.

4 Zündzeitpunkt – Kontrolle und Einstellunge

1 Der Zündzeitpunkt wird permanent vom Motorsteuergerät an die Last- und Betriebszustände angepasst und ändert sich bei laufendem Motor ständig.
2 Der Zündzeitpunkt lässt sich nur mit einer speziellen Diagnoseausrüstung kontrollieren. Eine Einstellung ist nicht möglich, sodass bei einem offensichtlich falschen Zündzeitpunkt im Steuergerät ein Defekt vorliegen wird.

5 Klopfsensor – Ausbau und Einbau

1 Der Klopfsensor sitzt unterhalb des Einlassstutzens neben der Lichtmaschine vorn am Motorblock (siehe Abbildung).

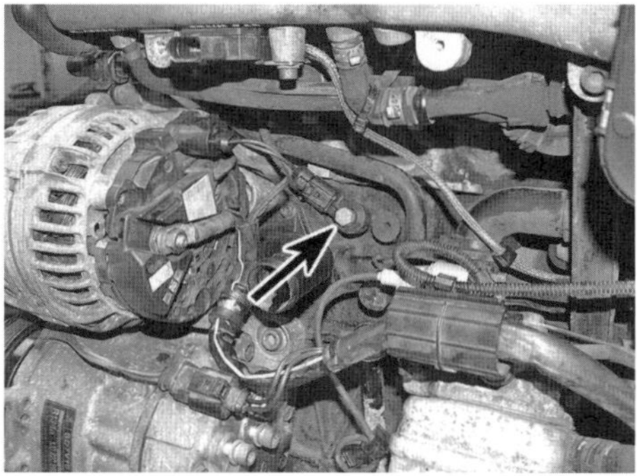

5.1 Position des Klopfsensors

2 Trennen Sie den Masseanschluss (–) der Batterie – beachten Sie zunächst die Hinweise auf Seite 366).

3 Demontieren Sie die Abdeckung über dem Einlassstutzen (siehe Abbildungen).

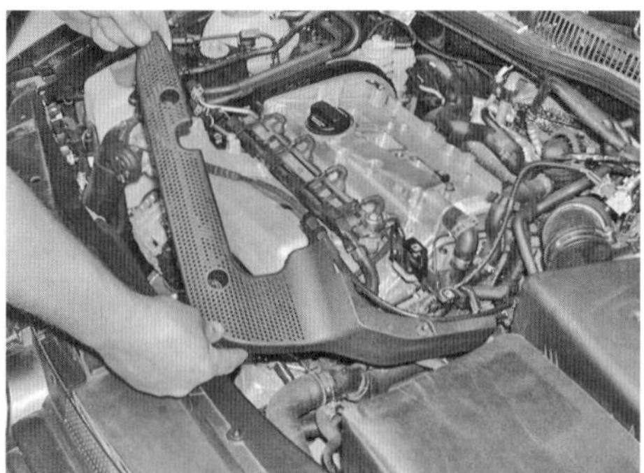

5.3a Entfernen Sie die Motorabdeckung (alle Motoren außer denen mit Motorcode AMU, APX und BAM)

5.3b Entfernen Sie die Motorabdeckung (Motoren mit Motorcode AMU, APX und BAM)

4 Trennen Sie bei Motoren mit Motorcode AMU, APX und BAM den Stecker des Abgastemperatursensors (siehe Abbildung).

5.4 Trennen Sie den Stecker des Abgastemperatursensors (Motoren mit Motorcode AMU, APX und BAM).

5 Lösen Sie bei Modellen mit Sekundärluftsystem die Muttern der zwei Rohr-Halterungen, um das vorn quer über dem Einlassstutzen verlaufende Rohr zu trennen und beiseite zu verlagern (siehe Abbildung).

5.5 Muttern der Rohr-Halterungen

6 Lösen Sie die zwei Schrauben der vorn am Einlassstutzen sitzenden Halterung, um diese zu entnehmen (siehe Abbildung). Befreien Sie anschließend den oberen Bereich des Peilstabrohrs aus seinem Halter. Trennen Sie vom befreiten Halter die Stecker des unten an den Halter geschraubten Turbolader-Rezirkulationsventils und des Sekundärluft-Einlassventils (falls vorhanden).

5.6 Entfernen Sie die Halterung – gezeigt bei Modellen mit Motorcode AMU, APX und BAM

7 Trennen Sie den Stecker des Sensors oder verfolgen Sie sein Kabel und trennen Sie den Kabelstecker. Lösen Sie die Befestigungsschraube und befreien Sie den Sensor aus dem Motorblock (siehe Abbildung) – beachten Sie seine Einbaulage.

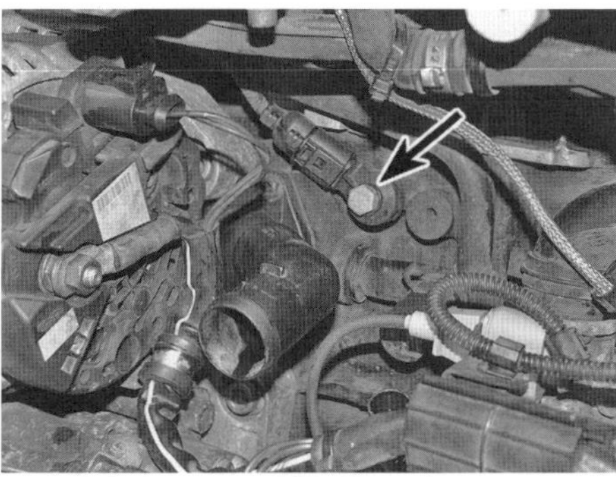

5.7 Klopfsensor-Befestigungsschraube

8 Der Einbau entspricht der umgekehrten Ausbaureihenfolge – die Dichtflächen des Motorblocks und des Sensors müssen absolut sauber und trocken sein. Richten Sie den Sensor wie beim Ausbau notiert aus und ziehen Sie seine Schraube mit 30 Nm an – dieser Anzug muss exakt ausgeführt werden, damit der Sensor korrekt funktioniert.

Kapitel 6

Kupplung

Inhalt — Sektion

Schwierigkeitsgrade

Leicht. Geeignet für Anfänger mit wenig Erfahrung. 	**Relativ leicht.** Geeignet faür Anfänger mit etwas Erfahrung. 	**Relativ schwierig.** Geeignet für geübte Selbstschrauber. 	**Schwer.** Geeignet für Selbstschrauber mit viel Erfahrung. 	**Sehr schwer.** Geeignet für Experten und Profis. 

Technische Daten

Allgemein

Kupplungstyp	Einscheiben-Trockenkupplung mit Tellerfeder
Betätigung	hydraulisch mit Geber- und Ausrückzylinder
Verwendung	
Modelle mit Frontantrieb	Getriebetyp 02M und 02J
Quattro-Modelle	Getriebetyp 02M und 02Y
Reibscheiben-Durchmesser	
Getriebetyp 02J	228 mm
Getriebetyp 02M und 02Y	240 mm

Anzugsdrehmomente	**Nm**
Ausrücklager-Führungshülse an Getriebe (02J-Getriebe)	20
Ausrücklager/Ausrückzylinder-Befestigungsschrauben (Getriebetypen 02M, 02Y)	12
Ausrückzylinder-Befestigungsschrauben (Getriebetyp 02J)	25
Druckplatten-Befestigungsschrauben an Schwungscheibe	
02J-Getriebe mit konventioneller Schwungscheibe	20
02J-Getriebe mit Zweimassen-Schwungrad	13
02M- und 02Y-Getriebe	22
Geberzylinder-Befestigungsmuttern*	25
Kupplungspedal-Gelenkbolzen-Mutter*	25
Kupplungspedalträger-Muttern*	25

** Stets durch Neuteile zu ersetzen*

1 Allgemeine Informationen

1 Die bei Modellen mit Schaltgetriebe verwendete Einscheiben-Trockenkupplung wird hydraulisch betätigt.
2 Die Reibscheibe sitzt zwischen der Schwungscheibe und der an dieser geschraubten Druckplatte. Ihre Innenverzahnung gleitet auf der Getriebeeingangswelle. An beiden Seiten einer Metallscheibe ist Reibmaterial vernietet und die Scheibe ist mit Federn an der Nabe gelagert, die Drehmomentspitzen und Vibrationen aufnehmen.
3 Wenn die Kupplung bei Modellen mit 02J-Getriebe betätigt wird, drückt die Geberzylinder-Druckstange den Ausrückhebel nach vorn. Bei Modellen mit 02M- und 02Y-Getriebe ist der Ausrückzylinder in das Ausrücklager integriert, sodass beide Teile eine Baugruppe bilden (Abb. 4.1a). Das Ausrücklager wird gegen die Finger der Druckplatten-Tellerfeder gedrückt und während der mittlere Teil der Tellerfeder eingedrückt wird, beweg sich der äußere Teile nach außen und entlastet die gegen die Schwungscheibe drückende Druckplatte – der Kraftschluss zum Getriebe wird unterbrochen.
4 Beim Lösen des Kupplungspedals presst die Tellerfeder die Druckplatte gegen das Reibmaterial der Reibscheibe, sodass diese auf der Getriebeeingangswelle etwas nach vorn geschoben wird und gegen die Schwungscheibe drückt. Die Reibscheibe sitzt jetzt fest zwischen der Druckplatte und der Schwungscheibe, sodass der Kraftschluss zwischen Motor und Getriebe wieder hergestellt ist.
5 Mit zunehmendem Verschleiß des Reibmaterials verlagert sich die Grundposition der Druckplatte immer weiter zur Schwungscheibe und die Tellerfeder wird weniger entlastet.
6 Die Kupplungshydraulik benötigt keinerlei Wartung oder Einstellung, da die Menge der Hydraulikflüssigkeit bei jeder Betätigung des Pedals automatisch den Verschleiß kompensiert.

2 Kupplungshydraulik – Entlüften

Hydraulikflüssigkeit ist giftig! Waschen Sie Spritzer bei Hautkontakt unverzüglich ab und suchen Sie medizinischen Rat, falls etwas in die Augen gelangt. Hydraulikflüssigkeit kann brennbar sein und sich beim Kontakt mit heißen Bauteilen entzünden. Bei der Arbeit an der Kupplungshydraulik muss daher genauso vorgegangen werden wie beim Kraftstoffsystem. Hydraulikflüssigkeit ist ein wirksamer Lackentferner und greift Kunststoff an; Spritzer müssen unverzüglich mit reichlich klarem Wasser abgewaschen werden. Hydraulikflüssigkeit ist zudem hygroskopisch, absorbiert also Wasser aus der Luft, sodass Korrosion gefördert wird. Daher darf nur frische Bremsflüssigkeit des vorgeschriebenen Typs verwendet werden

Anmerkung: *Für diese Arbeit wird ein geeignetes Druckentlüftungs-Kit benötigt.*

1 Wenn irgendein Teil der Kupplungshydraulik demontiert wurde oder versehentlich Luft ins System eingedrungen ist, muss die Hydraulik entlüftet werden. Luft im System äußert sich in einem schwammigen Gefühl im Pedal und schwierige Gangwechsel.
2 Der Aufbau der Kupplungshydraulik erlaubt kein konventionelles Entlüften durch Pumpen per Pedal, sondern erfordert ein geeignetes Druckentlüftungs-Kit (siehe Abbildung), wie es relativ preiswert im Fachhandel erhältlich ist.

2.2 Einsatz eines Druckentlüftungs-Kits

3 Das Druckentlüftungs-Kit muss entsprechend der beigefügten Anleitung mit dem gemeinsamen Ausgleichsbehälter für Bremse und Kupplung verbunden werden. Das System wird über die oben am Getriebe sitzende Entlüftungsschraube des Ausrückzylinder entlüftet (siehe Abbildungen) – der Zugang ist zwar bei montierter Batterie möglich, doch zu seiner Verbesserung sollte die Batterie samt Träger demontiert werden (siehe Kapitel 5A, Sektion 3).

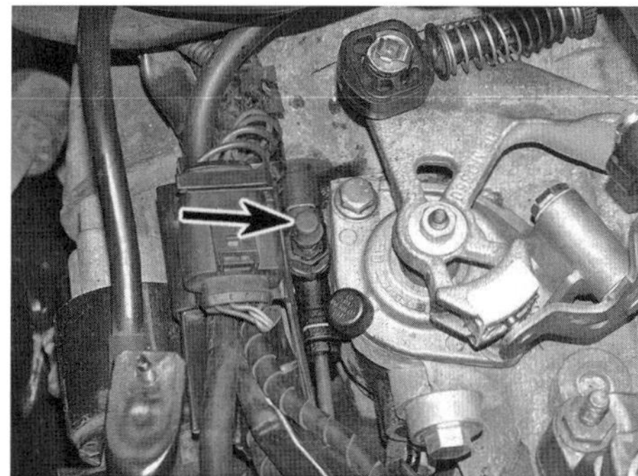

2.3a Die Entlüftungsschraube ...

2.3b ... ist bei montierter Batterie erreichbar – gezeigt am 02M-Getriebe.

4 Entlüften Sie das System, bis blasenfreie Bremsflüssigkeit austritt. Verschließen Sie die Entlüftungsschraube und trennen Sie das Druckentlüftungs-Kit.
5 Prüfen Sie die Funktion der Kupplung – falls sie sich immer noch schwammig anfühlt, muss die Prozedur wiederholt werden.

3 Kupplungspedal – Ausbau und Einbau

1 Demontieren Sie die seitliche Fußraumverkleidung (siehe Kapitel 11, Sektion 28).
2 Beschaffen Sie sich ein geeignetes Werkzeug, das über die Übertotpunktfeder geschoben werden kann, um diese komprimiert zu halten (siehe Abbildung).

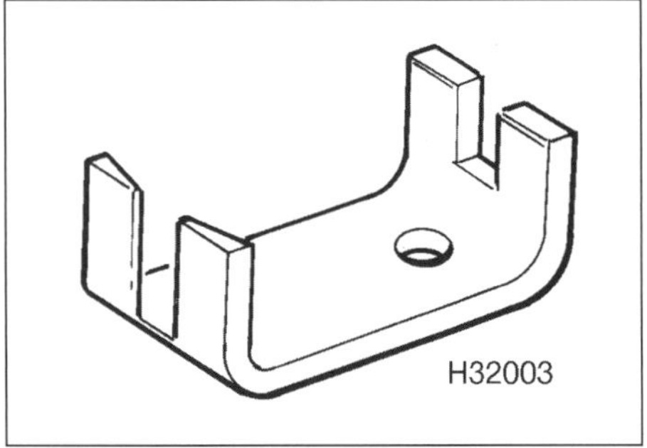

3.2 Werkzeug zum Komprimieren der Übertotpunktfeder

3 Betätigen Sie das Kupplungspedal, bis das Werkzeug über die Feder geschoben werden kann (siehe Abbildung).

3.3 Übertotpunktfeder

4 Entlasten Sie das Kupplungspedal, sodass es in seine Grundstellung zurückkehrt, und entnehmen Sie die komprimierte Übertotpunktfeder samt Werkzeug.
5 Befreien Sie Kupplungsschalter oben vom Kupplungspedalträger (siehe Kapitel 4A, Sektion 3).
6 Drücken Sie die Laschen der Druckstangen-Arretierung zusammen und trennen Sie das Pedal von der Druckstange (siehe Abbildung).

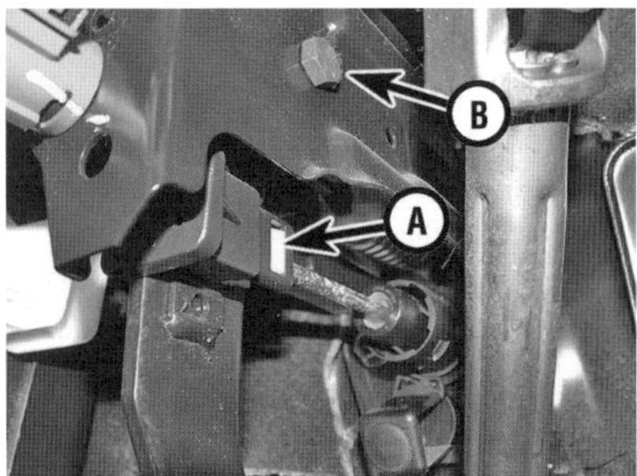

3.6 Druckstangenhalterung (A), Kupplungspedal-Gelenkbolzen (B)

7 Lösen Sie oben am Halter die Mutter des Gelenkbolzens (Abb. 3.6) und ziehen Sie diesen so weit heraus, bis das Pedal entnommen werden kann.
8 Der Einbau entspricht der umgekehrten Ausbaureihenfolge – beachten Sie dabei folgende Punkte:

a) Prüfen Sie zunächst, ob die weiße Arretierung an der Druckstange sitzt.
b) Sichern Sie das Pedal mit dem Gelenkbolzen, drehen Sie eine neue Mutter auf und ziehen Sie sie mit 25 Nm an.
c) Drücken Sie das Pedal auf die Druckstange, um die Arretierung einrasten zu lassen – prüfen Sie, ob es korrekt sitzt.
d) Kontrollieren Sie zum Schluss den Pegel im gemeinsamen Ausgleichsbehälter der Bremse und der Kupplung und füllen Sie ihn nötigenfalls frische Bremsflüssigkeit auf.

4 Geberzylinder – Ausbau, Überholung und Einbau

Anmerkung: *Beachten Sie die Warnhinweise in Sektion 2, bevor Sie mit Bremsflüssigkeit hantieren.*

Ausbau

1 Der Kupplungs-Geberzylinder sitzt am Kupplungs- und Bremspedalträger. Seinen Ausgleichsbehälter teilt er sich mit dem Bremssystem (siehe Abbildungen).
2 Legen Sie zunächst Lappen in den Fußraum, um mögliche Bremsflüssigkeits-Spritzer aufzunehmen.

1 Geberzylinder
2 Druckstangen-Arretierung
3 Kupplungspedal
4 Stoppmutter
5 O-Ring
6 Sicherungsbügel
7 Bremsflüssigkeits-Ausgleichsbehälter
8 Hydraulikrohr-Befestigung
9 T-Anschluss
10 Entlüftungsventil
11 Staubkappe
12 Ausrückzylinder-Anschluss

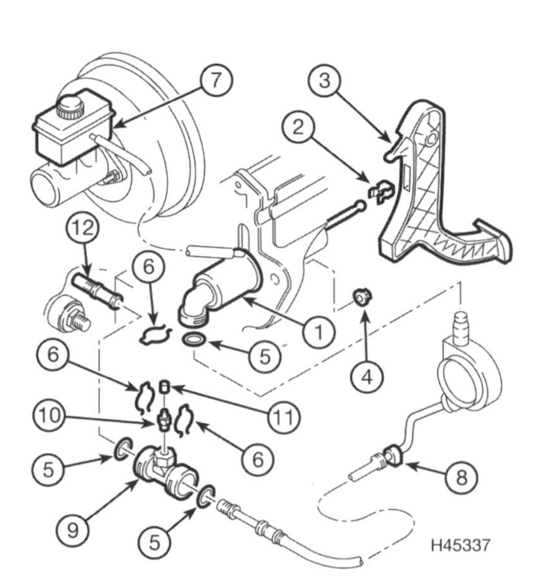

4.1a Kupplungshydraulik – Aufbau an Modellen mit 02M-02Y-Getriebe

1 Bremsflüssigkeits-Ausgleichsbehälter
2 Ausgleichsbehälter-Schlauch
3 Geberzylinder
4 Druckstangen-Arretierung
5 Kupplungspedal
6 Stoppmutter
7 O-Ring
8 Hydraulikschlauch
9 Hydraulikschlauch-Befestigung
10 Staubkappe
11 Entlüftungsventil
12 Ausrückzylinder
13 Schraube
14 Getriebegehäuse
15 Sicherungsbügel
16 O-Ring
17 Halterung
18 Schlauchhalter
19 Sicherungsbügel

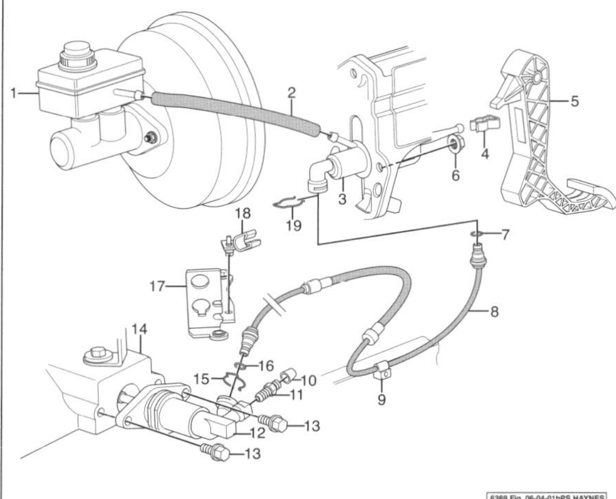

4.1b Kupplungshydraulik – Aufbau an Modellen mit 02J-Getriebe

3 Trennen Sie im Motorraum den seitlich am Hydraulik-Ausgleichsbehälter angeschlossenen Schlauch (siehe Abbildung). Verstopfen Sie alle Enden, um den Verlust an Flüssigkeit zu minimieren.

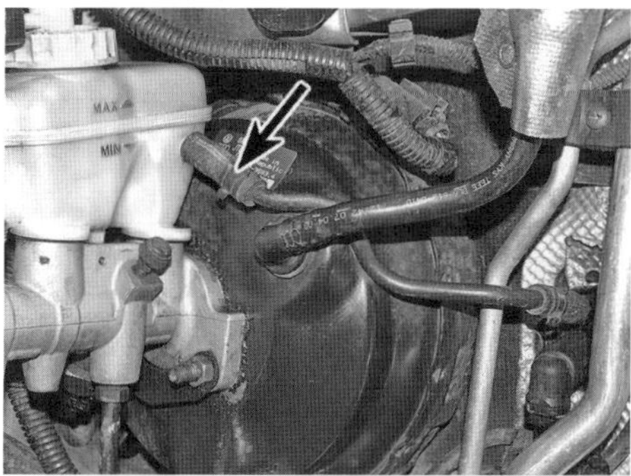

4.3 Ausgleichsbehälterschlauch-Anschluss der Kupplung

4 Ziehen Sie am Ausgleichsbehälterschlauch-Anschluss an der Spritzwand den Sicherungsbügel heraus und trennen Sie den Schlauch (siehe Abbildung) – seien Sie mit einem Behälter auf austretende Flüssigkeit vorbereitet.

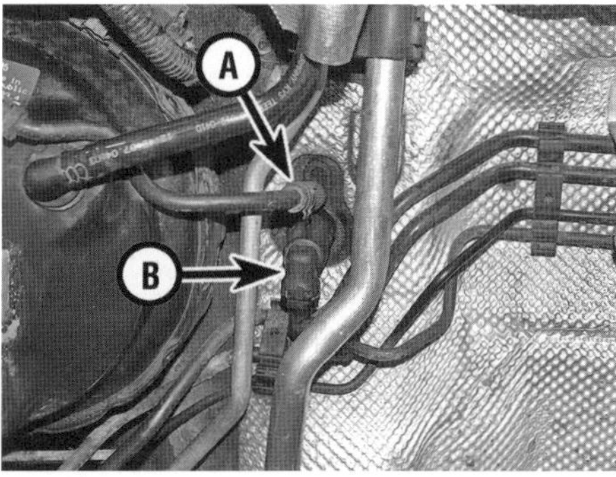

4.4 Kupplungszylinder-Anschlüsse: Schlauch zum Ausgleichsbehälter (A), Hydraulikschlauch zur Ausrückzylinder (B)

5 Ziehen Sie am Hydraulikschlauch-Anschluss des Geberzylinders den Sicherungsbügel heraus und trennen Sie den Schlauch (Abb. 4.4) – seien Sie wieder auf austretende Flüssigkeit vorbereitet.
6 Demontieren Sie die seitliche Fußraumverkleidung (siehe Kapitel 11, Sektion 28).
7 Lösen Sie ggf. die Schrauben der Platte, die den Kupplungspedal-Halter mit dem Bremspedalträger verbindet und befreien Sie die Platte.
8 Lösen Sie die drei Muttern, die den Kupplungspedalträger an der Spritzwand sichern, und befreien Sie ihn (siehe Abbildung).

4.8 Muttern des Kupplungspedalträgers

9 Trennen Sie jetzt das Kupplungspedal von der Druckstange, indem Sie die Laschen der Druckstangen-Arretierung zusammendrücken und das Pedal abziehen (Abb. 3.6).
10 Drehen Sie den Kupplungspedal-Anschlag im Uhrzeigersinn und entfernen Sie ihn aus der Spritzwand.
11 Drücken Sie den Geberzylinder herunter, bis er die Pedalanschlag-Befestigung bedeckt. Achten Sie darauf, dass das obere Ende des Geberzylinder-Flanschs nicht von der Aufnahme der Übertotpunktfeder bedeckt wird.
12 Schwenken Sie das Ende der Geberzylinder-Druckstange herunter und befreien Sie den Geberzylinder aus dem Pedalträger. Heben Sie den Geberzylinder so aus dem Fußraum, dass der Flüssigkeitsverlust minimal gehalten wird.

Überholung

13 Audi bietet für den Geberzylinder keine Einzelteile oder Reparatursets an, sodass bei einem Defekt oder Verschleiß die gesamte Baugruppe ersetzt werden muss.

Einbau

14 Der Einbau entspricht der umgekehrten Ausbaureihenfolge – beachten Sie dabei folgende Punkte:

a) Prüfen Sie zunächst, ob die weiße Arretierung an der Druckstange sitzt.
b) Drücken Sie das Pedal auf die Druckstange, um die Arretierung einrasten zu lassen – prüfen Sie, ob es korrekt sitzt.
c) Achten Sie beim Einbau des Pedal-Anschlags darauf, dass dieser mit der Lasche zum Geberzylinder zeigend positioniert ist (siehe Abbildung).
d) Entlüften Sie zum Schluss die Kupplungshydraulik (siehe Sektion 2).

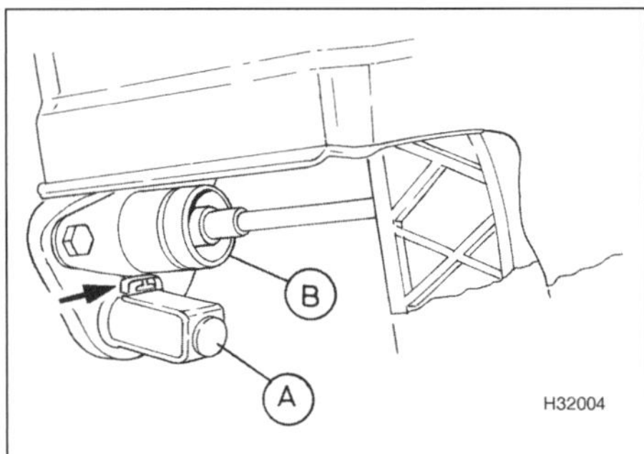

4.14 Der Pedal-Anschlag (A) muss mit der Lasche (Pfeil) zum Geberzylinder (B) zeigend positioniert sein.

5 Ausrückzylinder – Ausbau, Überholung und Einbau

Anmerkung: *Beachten Sie die Warnhinweise in Sektion 2, bevor Sie mit Bremsflüssigkeit hantieren.*

02J-Getriebe

1 Der Ausrückzylinder sitzt oben auf dem Getriebegehäuse (siehe Abbildung).

5.1 Position des Ausrückzylinders beim 02J-Getriebe

2 Entfernen Sie die Luftfilter-Baugruppe (siehe Kapitel 4A, Sektion 2).

3 Trennen Sie den Schaltseilzug vom Getriebehebel (siehe Kapitel 7A, Sektion 2).
4 Legen Sie Lappen unter den Hydraulikschlauch-Anschluss am Ausrückzylinder, um austretende Flüssigkeit aufzunehmen.
5 Ziehen Sie am Hydraulikschlauch-Anschluss des Ausrückzylinders den Sicherungsbügel heraus, trennen Sie den Schlauch und befreien Sie ihn aus dem Halter – seien Sie wieder auf austretende Flüssigkeit vorbereitet.
6 Lösen Sie die zwei Schrauben, die den Ausrückzylinder am Getriebegehäuse sichern und ziehen Sie ihn ab.
7 Audi bietet für den Ausrückzylinder keine Einzelteile oder Reparatursets an, sodass bei einem Defekt oder Verschleiß die gesamte Baugruppe ersetzt werden muss.
8 Der Einbau entspricht der umgekehrten Ausbaureihenfolge – beachten Sie dabei folgende Punkte:

a) Ziehen Sie die Ausrückzylinder-Schrauben mit 25 Nm an.
b) Beachten Sie beim Verbinden der Schaltzüge die Hinweise in Kapitel 7A, Sektion 2
c) Entlüften Sie zum Schluss die Kupplungshydraulik (siehe Sektion 2).

02M- und 02Y-Getriebe

9 Der Ausrückzylinder ist Bestandteil des innerhalb der Getriebeglocke sitzenden Ausrücklagers – beachten Sie hierzu die Hinweise in Sektion 7.

6 Kupplungs-Reibscheibe und Druckplatte – Ausbau, Kontrolle und Einbau

Der durch den Abrieb in der Kupplung entstehende Staub kann hochgradig gesundheitsschädlich sein. Blasen Sie die Kupplung KEINESFALLS mit Druckluft aus und inhalieren Sie diesen Staub nicht. Entfernen Sie den Staub KEINESFALLS mit Benzin oder Lösungsmittel auf Petroleumbasis. Verwenden Sie Bremsenreiniger oder Spiritus, um den Staub in einen geeigneten Behälter zu spülen. Nachdem alle Kupplungs-Komponenten mit Lappen sauber gewischt sind, müssen diese sowie der Behälter mit dem ausgewaschenen Staub bei einer Sondermüll-Annahmestelle entsorgt werden.
Anmerkung: Für die Montage der Druckplatte werden neue Schrauben benötigt. Für die Montage der Reibscheibe empfiehlt sich die Verwendung eines Zentrierwerkzeugs

Ausbau

1 Die Kupplung ist nach dem Trennen des Getriebes vom Motor zugänglich (siehe Kapitel 7A, Sektion 3).
2 Vor der Demontage der Kupplung muss die Ausrichtung der Druckplatte zur Schwungscheibe mit Kreide oder Farbe markiert werden.
3 Halten Sie die Schwungscheibe und lockern Sie die sechs Druckplatten-Schrauben schrittweise um eine Viertelumdrehung – arbeiten Sie sich im Uhrzeigersinn voran (siehe Abbildung). Nachdem die Schrauben zwei bis drei Umdrehungen gelockert sind, muss geprüft werden, ob die Druckplatte

nicht auf den Passstiften verklemmt ist – hebeln Sie sie nötigenfalls mit einem Schraubendreher ab. Bei Modellen mit Sachs-Kupplung muss sich beim Lösen der Schrauben der Anschlagstift lockern – falls nicht, muss er zur Schwungscheibe gedrückt werden (siehe Abbildung).

6.3a Druckplatten-Schrauben

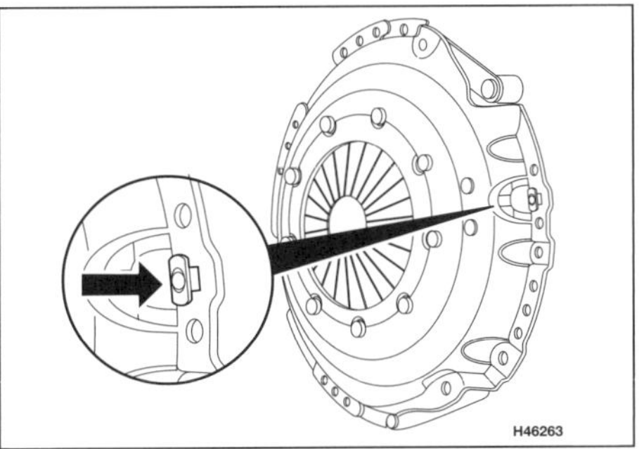

6.3b Bei der Sachs-Kupplung muss der Anschlagstift frei beweglich sein.

4 Entfernen Sie alle Schrauben und heben Sie die Druckplatte samt Reibscheibe von der Schwungscheibe.

Kontrolle

Anmerkung: *Aufgrund der beträchtlichen Arbeit beim Aus- und Einbau der Kupplungs-Komponenten ist es empfehlenswert, die Reibscheibe, die Druckplatten-Baugruppe und das Ausrücklager als Set auszutauschen – auch wenn nur eines dieser Teile übermäßig verschlissen ist. Auch sollten die Kupplungs-Komponenten als Präventionsmaßnahme ausgetauscht werden, wenn das Getriebe aus anderen Gründen ausgebaut wurden.*

5 Reinigen Sie die Reibflächen der Druckplatte, der Reibscheibe und der Schwungscheibe – beachten Sie den Warnhinweis oben.

6 Kontrollieren Sie die Finger der Tellerfeder auf Verschleiß und Riefen – falls Riefen die halbe Stärke der Finger erreichen, muss die Druckplatten-Baugruppe erneuert werden.

7 Inspizieren Sie die Druckplatte auf Riefen, Risse, Verzug und Verfärbung. Leichte Schleifspuren sind akzeptabel, doch Riefen, die tiefer als 1 mm sind, erfordern den Austausch der Baugruppe.

8 Begutachten Sie das Belagmaterial der Reibscheibe auf Verschleiß und Ausbrüche sowie Kontaminierung mit Öl oder Fett. Falls das Belagmaterial bis in die Höhe der Nieten verschlissen ist, ist dies ein deutlicher Hinweis für den Austausch. Kontrollieren Sie die Reibscheiben-Nabe und die Verzahnung auf Verschleiß, indem Sie sie auf die Getriebewelle schieben – falls deutliches Spiel fühlbar ist, muss die Reibscheibe erneuert werden.

9 Begutachten Sie die geschliffenen Reibfläche der Schwungscheibe – sie muss sauber, absolut eben und frei von Riefen oder Kerben sein. Falls sie durch übermäßige Hitze verfärbt ist oder Rissbildung zeigt, muss sie von einem Fachbetrieb geplant oder ersetzt werden (kleinere Fehler können allerdings auch mit Schmirgelpapier beseitigt werden).

10 Alle Teile müssen sauber und vollständig entfettet sein. Lediglich die Verzahnung der Reibscheiben-Nabe muss mit etwas Lithiumfett geschmiert werden – verwenden Sie keine Kupferpaste! Neue Druckplatten können mit einer Schicht Schutzfett überzogen sein – dies darf nicht auf die Reibbeläge gelangen.

Einbau

11 Positionieren Sie die Reibscheibe mit der Erhebung an der Nabe nach außen zeigend (zumeist mit ‚Getriebeseite' oder ‚Gearbox Side' markiert) (siehe Abbildung). Halten Sie die Scheibe möglichst mit dem Zentrierwerkzeug (siehe Schritt 19) in Position.

6.11 Die Einbaurichtung der Reibscheibe sollte darauf markiert sein.

Modelle mit selbsteinstellender Kupplung

12 Falls bei Modellen mit selbsteinstellender Kupplung eine neue Reibscheibe installiert werden soll, die Druckplatte aber wiederverwendet werden soll, muss deren Einstellring wie folgt zurückgesetzt werden.

13 Installieren Sie von der Schwungscheiben-Seite drei M8-Schrauben gut verteilt in die Druckplatte und sichern Sie sie mit Muttern (siehe Abbildung).

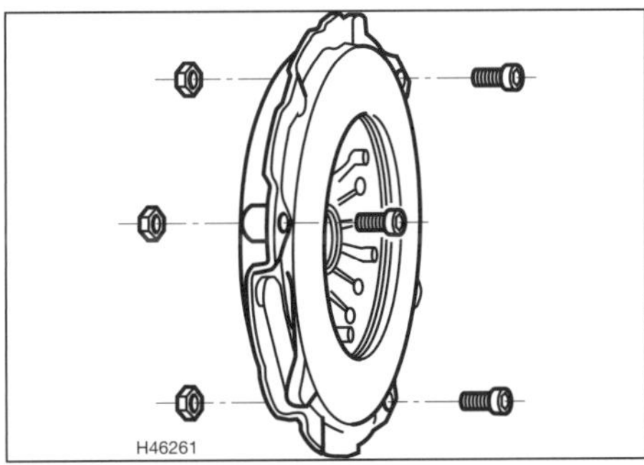

6.13 Vorbereitung der Druckplatte mit Schrauben und Muttern

14 Legen Sie die Druckplatte mit den Schraubenköpfen voran auf das Bett einer Hydraulikpresse und legen Sie einen geeigneten Distanzring über die Enden der Tellerfeder-Finger.

15 Setzen Sie die Druckplatte unter leichten Druck und versuchen Sie mit zwei Schraubendrehern, den Einstellring im Uhrzeigersinn zu drehen – der hydraulische Druck darf nur so hoch sein, dass der Einstellring gerade noch bewegt werden kann (siehe Abbildung).

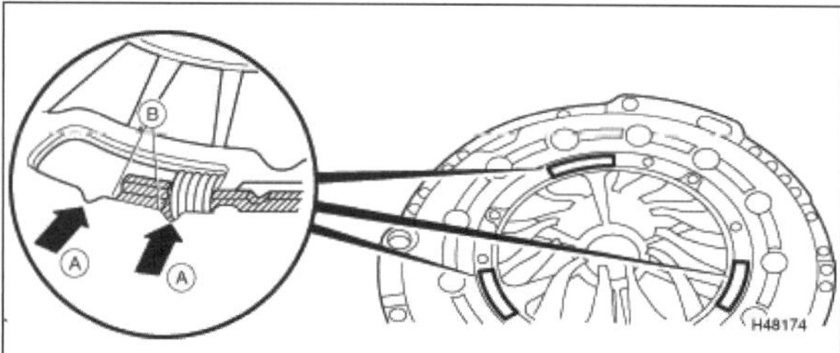

6.15 Die Kanten des Einstellrings (B) müssen zwischen den Kerben (A) liegen.

16 Sobald die Kanten des Einstellrings zwischen den Kerben liegen, wird die Hydraulikpresse gelöst – der Ring ist jetzt zurückgesetzt.
Anmerkung: *Neue Druckplatten werden in dieser Position ausgeliefert.*

Alle Modelle

17 Setzen Sie die Druckplatte über den Passstiften der Schwungscheibe an (siehe Abbildung) – richten Sie die alte Platte zu den zuvor angebrachten Markierungen aus.

6.17 Setzen Sie die Druckplatte über den Passstiften der Schwungscheibe an.

18 Drehen Sie die Schrauben handfest ein, um die Druckplatte in Position zu halten.
19 Die innerhalb der Druckplatte sitzende Reibscheibe muss jetzt zentriert werden, damit die Getriebewelle korrekt eingeschoben werden kann – hierzu wird ein spezielles Zentrierwerkzeug oder ein aus Holz gedrechselter Dorn benötigt, das/der durch die Reibscheibe in die Bohrung der Kurbelwelle eingeführt werden kann (siehe Abbildung).

6.19 Zentrieren Sie die Reibscheibe mit einem geeigneten Werkzeug in der Druckplatte.

20 Halten Sie die Schwungscheibe fest und ziehen Sie die sechs Druckplatten-Schrauben schrittweise um eine Viertelumdrehung an – arbeiten Sie sich im Uhrzeigersinn voran – bis das in den technischen Daten angegebene Drehmoment erreicht ist (Abb. 6.3). Entfernen Sie das Zentrierwerkzeug.
21 Kontrollieren Sie das Ausrücklager in der Getriebeglocke und erneuern Sie es nötigenfalls (siehe Sektion 7).
22 Verbinden Sie das Getriebe mit dem Motor (siehe Kapitel 7A, Sektion 3).

7 Ausrücklager und Hebel – Ausbau, Kontrolle und Einbau

02J-Getriebe

Ausbau

1 Trennen Sie das Getriebe vom Motor (siehe Kapitel 7A, Sektion 3).
2 Hebeln Sie mit einem Schraubendreher den Ausrückhebel vom Kugelkopf des Getriebegehäuses – drücken Sie nötigenfalls zunächst den Federdraht aus dem Hebel heraus (siehe Abbildung). Entfernen Sie ggf. die Kunststoffkappe vom Kugelkopf.

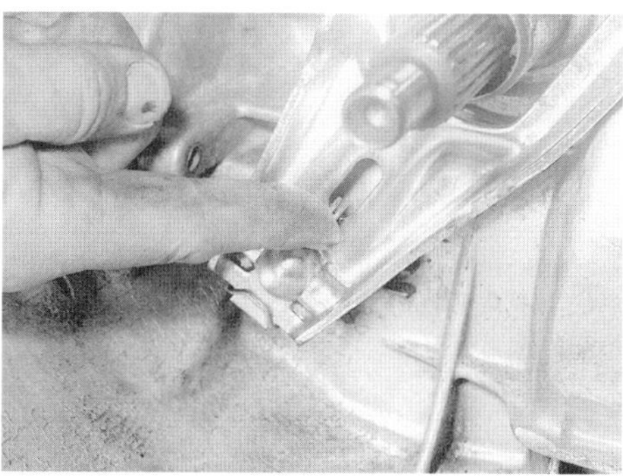

7.2 Drücken Sie den Federclip vom Ausrückhebel, um ihn vom Kugelkopf zu befreien.

3 Ziehen Sie das Ausrücklager samt Hebel aus der Führungshülse und über die Getriebeeingangswelle ab.
4 Trennen Sie das Ausrücklager vom Hebel (siehe Abbildungen).

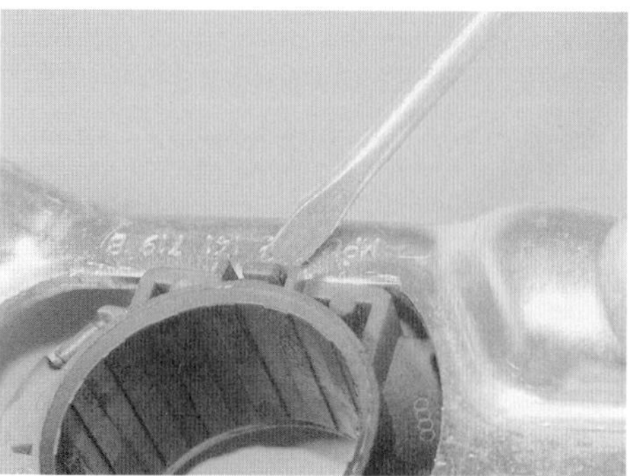

7.4a Drücken Sie mit einem Schraubendreher die Laschen ein …

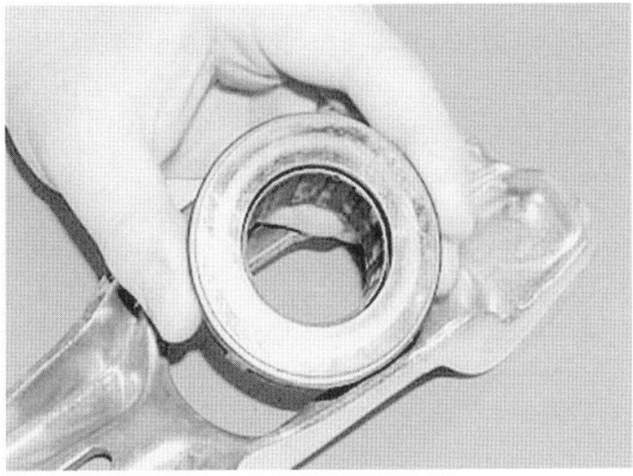
7.4b ... und befreien Sie das Ausrücklager aus dem Hebel.

5 Falls die Führungshülse stark verschlissen oder außen verölt ist, muss sie abgeschraubt werden, um sie ggf. samt O-Ring zu erneuern (siehe Abbildung).

7.5 Führungshülse des Ausrücklagers

Kontrolle

6 Drehen Sie das Ausrücklager von Hand – falls es rau läuft oder klemmt, muss es ersetzt werden. Soweit das Lager wiederverwendet werden soll, muss es mit Lappen abgewischt werden – waschen Sie es nicht mit Lösungsmittel, da hierbei die Fettfüllung verdünnt oder beseitigt wird.
7 Reinigen Sie den Ausrückhebel, den Kugelkopf und die Führungshülse.

Einbau

8 Falls die Führungshülse entfernt wurde, muss sie mit einem neuen O-Ring über die Getriebeeingangswelle geschoben werden. Ziehen Sie ihre Schrauben mit 20 Nm an.
9 Schmieren Sie den Kugelkopf in der Getriebeglocke mit etwas MoS2-Fett (siehe Abbildung). Tragen Sie auch auf der Kontaktfläche des Ausrücklagers zu den Tellerfeder-Fingern in der Druckplatte etwas Fett auf.

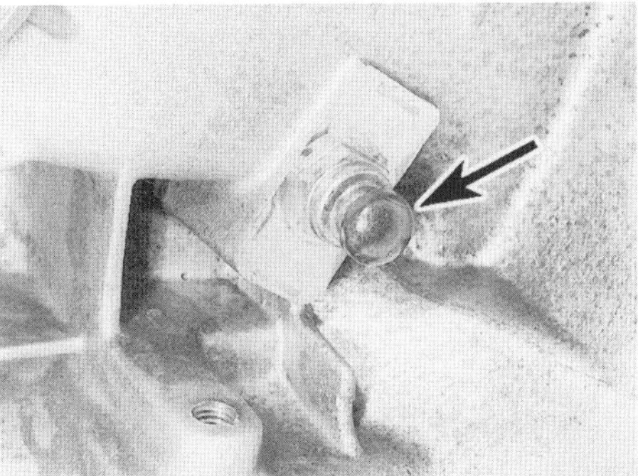
7.9 Schmieren Sie den Kugelkopf in der Getriebeglocke mit etwas MoS2-Fett.

10 Drücken Sie das Ausrücklager in den Ausrückhebel.
11 Rüsten Sie den Ausrückhebel ggf. mit dem Federdraht aus und drücken Sie ihn auf den Kugelkopf, bis der Federdraht einrastet (siehe Abbildungen).

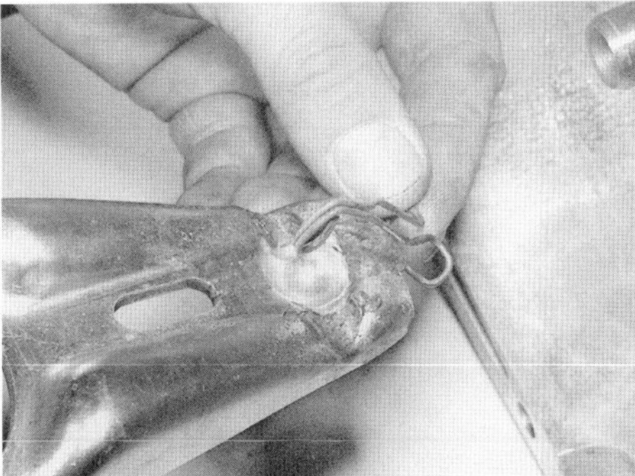
7.11a Hängen Sie den Federdraht am Ausrückhebel ein, ...

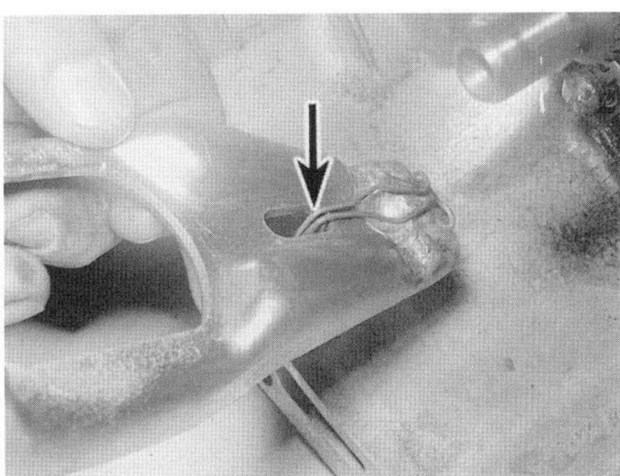
7.11b ... drücken Sie sie in die Bohrung ...

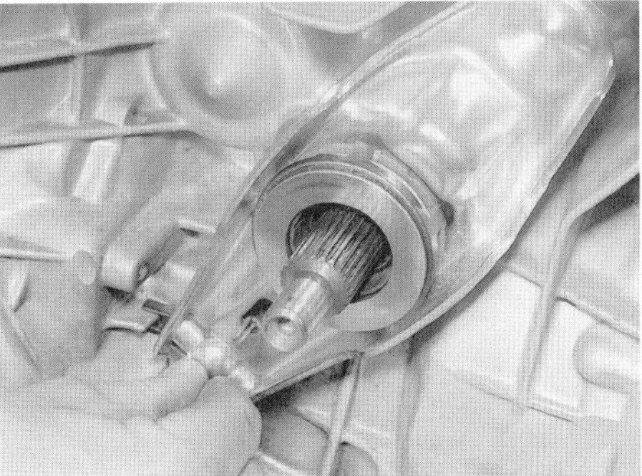
7.11c ... und pressen Sie den Ausrückhebel auf den Kugelkopf, bis der Federdraht einrastet.

12 Verbinden Sie das Getriebe mit dem Motor (siehe Kapitel 7A, Sektion 3).

02M- und 02Y-Getriebe

Anmerkung: *Das Ausrücklager und der Ausrückzylinder bilden eine Baugruppe, die nur komplett erneuert werden kann.*

Ausbau

13 Trennen Sie das Getriebe vom Motor (siehe Kapitel 7A, Sektion 3).
14 Ziehen Sie am Entlüftungsstutzen (außen am Getriebe) den Sicherungsdraht hoch und ziehen Sie den Stutzen ab (siehe Abbildung).

7.14 Entlüftungsstutzen-Sicherungsdraht (Pfeil)

15 Lösen Sie innerhalb der Getriebeglocke die drei Schrauben der aus dem Ausrücklager und dem Ausrückzylinder bestehenden Baugruppe (siehe Abbildung)

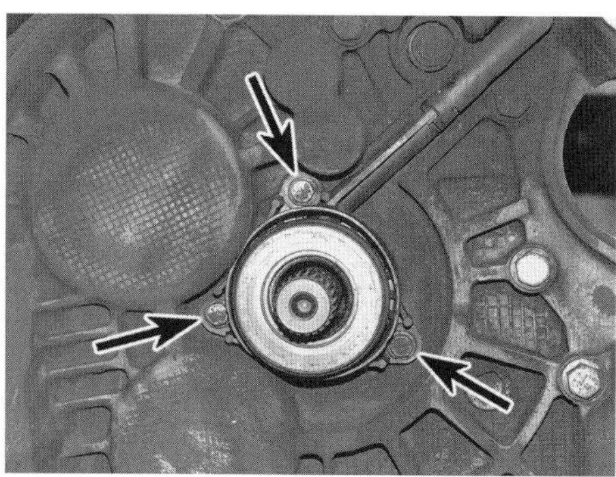

7.15 Schrauben der Ausrücklager/Ausrückzylinder-Baugruppe

16 Ziehen Sie die Ausrücklager/Ausrückzylinder-Baugruppe aus dem Getriebegehäuse und über die Eingangswelle ab (siehe Abbildung).

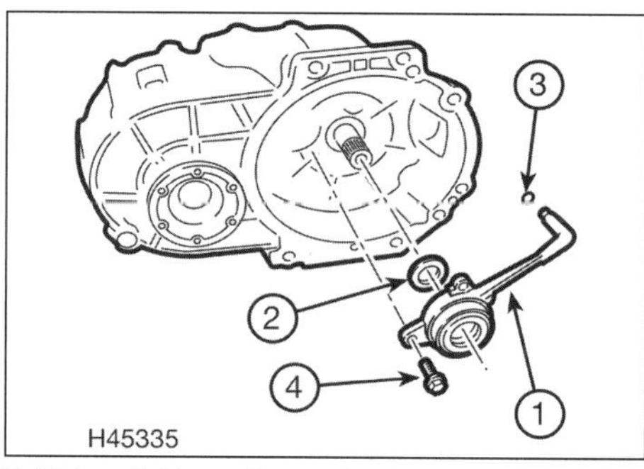

7.16 Ausrücklager/Ausrückzylinder-Baugruppe der 02M- und 02Y-Getriebe

1 Ausrücklager/Ausrückzylinder
2 Eingangswellen-Dichtring
3 O-Ring
4 Schraube

17 Entfernen Sie den O-Ring und den Eingangswellen-Dichtring – beide Teile müssen beim Einbau durch Neuteile ersetzt werden.

Kontrolle

18 Drehen Sie das Ausrücklager von Hand – falls es rau läuft oder klemmt, muss es ersetzt werden. Soweit das Lager wiederverwendet werden soll, muss es mit Lappen abgewischt werden – waschen Sie es nicht mit Lösungsmittel, da hierbei die Fettfüllung verdünnt oder beseitigt wird.
19 Kontrollieren Sie den Ausrückzylinder und den Schlauchanschluss auf Undichtigkeiten.

Einbau

20 Schmieren Sie den neuen O-Ring des Hydraulikanschlusses mit frischer Bremsflüssigkeit.
21 Drücken Sie den neuen Wellendichtring über der Eingangswelle senkrecht in das Getriebegehäuse.
22 Positionieren Sie die Ausrücklager/Ausrückzylinder-Baugruppe korrekt ausgerichtet über der Eingangswelle und ziehen Sie die Schrauben mit 12 Nm an.
23 Verbinden Sie das Getriebe mit dem Motor (siehe Kapitel 7A, Sektion 3).

Kapitel 7, Teil A

Schaltgetriebe

Inhalt Sektion

Schwierigkeitsgrade

Leicht. Geeignet für Anfänger mit wenig Erfahrung. 	**Relativ leicht.** Geeignet faür Anfänger mit etwas Erfahrung. 	**Relativ schwierig.** Geeignet für geübte Selbstschrauber. 	**Schwer.** Geeignet für Selbstschrauber mit viel Erfahrung. 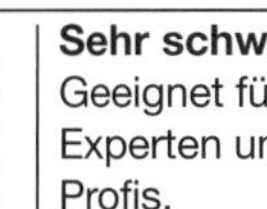	**Sehr schwer.** Geeignet für Experten und Profis. 

Technische Daten

Allgemein

Typ	Fünf- oder Sechsganggetriebe mit Rückwärtsgang, alle Gänge synchronisiert, integriertes Differenzial
Verwendung	
Modelle mit Frontantrieb	Getriebetyp 02M oder 02J
Quattro-Modelle	Getriebetyp 02M oder 02Y

Anzugsdrehmomente	**Nm**
Ausrücklager-Führung an Getriebe (02J-Getriebe)	20
Getriebe/Motor-Verbindungsschrauben	
M7-Schrauben	10
M10-Schrauben	40
M12-Schrauben	80
Motor/Getriebehalterungen	siehe Kapitel 2A
Radbolzen	120
Rückfahrlicht-Schalter	20

1 Allgemeine Informationen

1 Das Schaltgetriebe befindet sich in einem links an den Motor geschraubten Aluminiumgehäuse. Das Differenzial für den Antrieb der Vorderräder ist in das Gehäuse integriert.
2 Bei Quattro-Modellen erfolgt der Antrieb der Hinterräder über ein rechts am Getriebe und hinten am Motor verschraubtes Umlenk-Gehäuse (siehe Abbildung). In diesem Gehäuse leiten Kegelräder die Kraft auf die zu den Hinterrädern führende Kardanwelle um.

1.2 Position des Umlenkgehäuses

1 Schalthebel
2 Dämpfer
3 Schalthebel-Gehäuse
4 Lagerbuchse
5 Schraube
6 Gelenkzapfen
7 Führungsbuchse
8 Feder
9 Schalthebelführung
10 Schraube
11 Gehäusedichtung
12 Sicherungsring
13 Buchse
14 Feder
15 Abdeckplatte
16 Dämpferhülse
17 Lager
18 Schalthebel-Kugel/ Führung
19 Dämpferscheibe
20 Schaltzug
21 Grundplatte
22 Sicherungsmutter

H45336

1.4 Aufbau des Schaltmechanismus

3 Die Kraft wird vom Motor über die Kupplungs-Reibscheibe auf die Verzahnung der Getriebeeingangswelle übertragen.
4 Alle Vorwärtsgänge sind synchronisiert. Der auf dem Fahrzeugboden befestigte Schalthebel ist über Seilzüge mit dem Getriebe verbunden (siehe Abbildung). Diese aktivieren über Schaltgabeln die auf den Getriebewellen verschiebbaren Synchronringe, die wiederum in Kontakt zu den jeweiligen Getrieberädern stehen und durch ihre konische Form wie eine Reibkupplung wirken und dadurch die Drehzahl anpassen, bevor der Kraftschluss tatsächlich geschlossen wird. Hierdurch wird sichergestellt, dass sich die Gänge sanft wechseln lassen.
5 Am Ende der Ausgangswelle wird die Kraft auf das Tellerrad des Differenzials übertragen, das sie über die Planetenräder auf die Sonnenräder der Antriebswellen weiterleitet. Die Rotation der Planetenräder erlaubt unterschiedliche Drehzahlen an den Antriebswellen, um durch Kurven fahren zu können.

2 Schaltzüge – Einstellun

Anmerkung: *Bevor an den Schaltzügen irgendeine Einstellung vorgenommen wird, muss sichergestellt werden, dass sich die Seilzüge und der Schaltmechanismus in einem guten Zustand befinden.*

1 Demontieren Sie die Luftfilter-Baugruppe (siehe Kapitel 4A, Sektion 2).
2 Zur Verbesserung des Zugangs können auch die Batterie und ihr Träger entfernt werden (siehe Kapitel 5A, Sektion 3) – beachten Sie zunächst die Hinweise auf Seite 366).
3 Bei im Leerlauf stehendem Getriebe werden die zwei Arretierhülsen (eine an jedem Seilzug) gegen die Feder nach vorn geschoben und dann (in Fahrtrichtung betrachtet) im Uhrzeigersinn verdreht, um sie zu arretieren (siehe Abbildung).

2.3 Drücken Sie die Hülsen herunter und arretieren Sie sie.

4 Drücken Sie die oben am Getriebe sitzende Schaltwelle herunter und schieben Sie den Arretierstift in das Getriebe, bis er einrastet und die Schaltwelle nicht mehr bewegt werden kann (siehe Abbildungen).
Anmerkung: *Bei ab April 2003 gebauten Getrieben ist der Arretierstift am Ende um 90° umgebogen. Auch dieser Stift muss im Uhrzeigersinn verdreht und gleichzeitig heruntergedrückt werden, um einzurasten.*

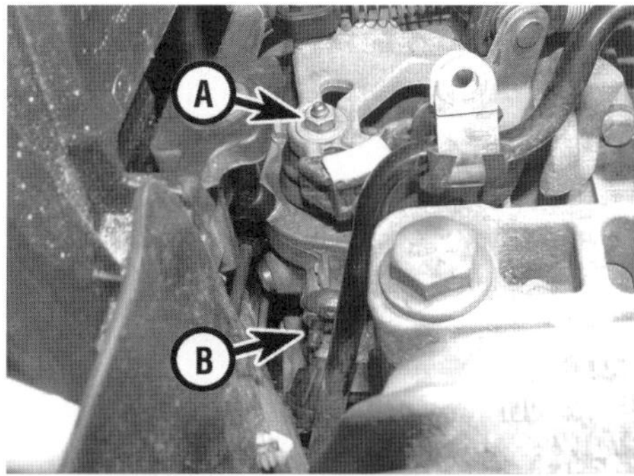

2.4a Drücken Sie die Schaltwelle (A) herunter und schieben Sie dann den Arretierstift (B) hinein – Modelle bis 03/2003.

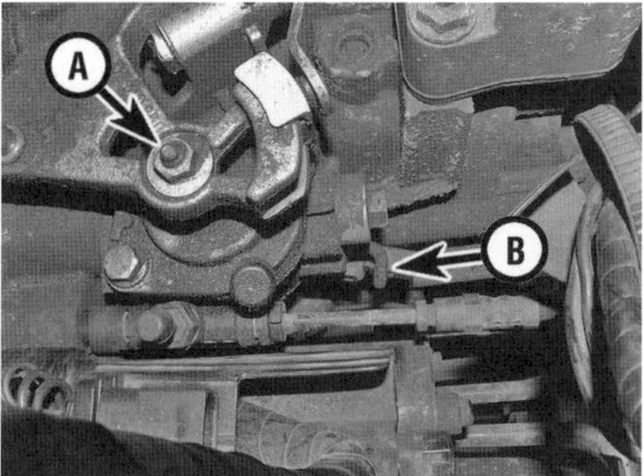

2.4b Drücken Sie die Schaltwelle (A) herunter, schieben Sie den Arretierstift (B) hinein und verdrehen Sie ihn dabei – Modelle ab 04/2003.

5 Schrauben Sie den Schalthebel ab, lösen Sie die Schrauben des Schaltmanschetten-Rings und befreien Sie die Manschette. Installieren Sie den Schalthebel wieder in seine Führung, drücken Sie ihn im Leerlauf nach links und stecken Sie eine Stange oder einen Bohrer durch die Bohrung der Führung in das Loch des Gehäuses (siehe Abbildung).

2.5 Sichern Sie den Schalthebel links im Leerlauf – z. B. mit einem Bohrer.

6 Drehen Sie jetzt am Getriebe die zwei Arretierhülsen der Schaltzüge gegen den Uhrzeigersinn, sodass die Federn sie wieder in Position schieben und die Züge arretiert sind (siehe Abbildung).

2.6 Bringen Sie die Arretierhülsen (Pfeile) wieder in ihre ursprüngliche Positionen.

7 Der Arretierstift kann jetzt aus dem Getriebe in seine normale Position gezogen werden.
Anmerkung: *Bei ab April 2003 gebauten Getrieben muss der Arretierstift dabei gleichzeitig gegen den Uhrzeigersinn verdreht werden.*
8 Ziehen Sie die Schalthebel-Arretierung heraus und prüfen Sie die Funktion des Schaltmechanismus. In seiner Leerlauf-Grundstellung muss der Schalthebel zwischen dem 3. und 4. Gang stehen. Montieren Sie die Schalthebel-Manschette.
9 Montieren Sie die Luftfilter-Baugruppe (siehe Kapitel 4A, Sektion 2) und ggf. die Batterie samt Träger (siehe Kapitel 5A, Sektion 3).

3 Getriebe – Ausbau und Einbaue

Ausbau

1 Stellen Sie das Fahrzeug auf einer ebenen Fläche ab. Betätigen Sie die Handbremse, heben Sie das Fahrzeug vorn an, und stützen Sie es sicher ab (siehe Seite 366). Sorgen Sie für genügend Platz, um das Getriebe nach unten aus dem Motorraum zu befreien.
2 Demontieren Sie den Unterfahrschutz des Motors und des Getriebes. Stellen Sie einen geeigneten Sammelbehälter unter das Getriebe, lösen Sie die Ölablassschraube und lassen Sie das Getriebeöl ab.
3 Demontieren Sie ggf. die obere Motorabdeckung.
4 Demontieren Sie die Batterie und ihren Träger (siehe Kapitel 5A, Sektion 3) – beachten Sie zunächst die Hinweise auf Seite 366).
5 Demontieren Sie die Luftfilter-Baugruppe samt aller Ansaugschläuche (siehe Kapitel 4A, Sektion 2).
6 Notieren Sie die Positionen der Schaltzug-Enden und trennen Sie sie vom Getriebehebel, indem Sie die Arretierclips entfernen (siehe Abbildungen). Frühe Modelle sind nicht mit Arretierclips ausgerüstet – hier müssen die Enden vorsichtig von den Kugelköpfen des Getriebehebels gehebelt werden.

3.6a Entfernen Sie am Getriebe die Arretierclips …

3.6b … von beiden Schaltzug-Enden.

7 Lösen Sie die Schrauben und die Mutter des Schaltzug-Halters (siehe Abbildung) und heben Sie die Züge samt Halter vom Getriebe. Die innere Mutter sitzt auf einer der Motor/Getriebe-Verbindungsschrauben.

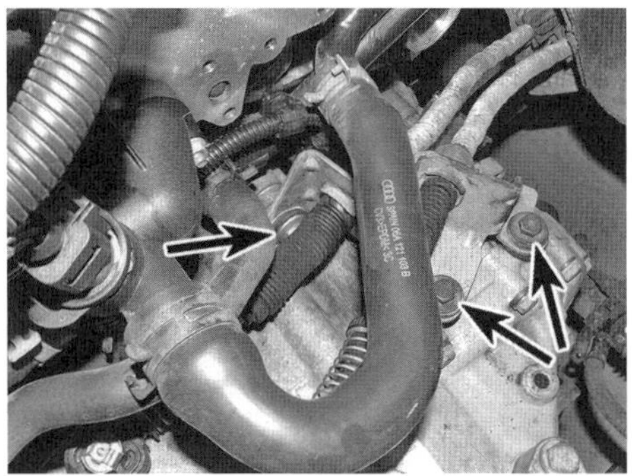

3.7 Schrauben und die Mutter des Schaltzug-Halters

8 Lösen Sie beim 02J-Getriebe die zwei Schrauben des Ausrückzylinders und ziehen Sie diesen heraus, um ihn beiseite abzulegen (siehe Kapitel 6, Sektion 5) – die Hydraulikleitung muss dafür nicht getrennt werden.
9 Ziehen Sie beim 02M- und 02Y-Getriebe den Drahtbügel des oben an der Getriebeglocke sitzenden Entlüftungsschrauben-Gehäuses heraus, um den Hydraulikschlauch zu trennen (siehe Abbildung) – verstopfen Sie offene Anschlüsse und legen Sie Lappen unter den Anschluss, um austretende Bremsflüssigkeit aufzunehmen.

3.9 Ziehen Sie beim 02M- und 02Y-Getriebe den Drahtbügel des Hydraulikschlauch-Anschlusses heraus.

10 Trennen Sie den Stecker des Rückfahrlichtschalters (siehe Sektion 5).
11 Trennen Sie hinten am Getriebe den Stecker des Geschwindigkeitssensors (Abb. 6.5).
12 Demontieren Sie den Anlasser (siehe Kapitel 5A, Sektion 8).
13 Lösen Sie an der Verbindung zwischen Motor und Getriebe die Schraube des Massekabels und trennen Sie dies (siehe Abbildungen).

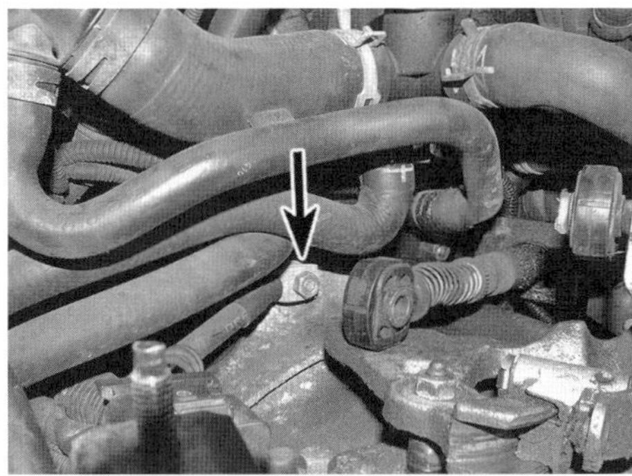

3.13a Lösen Sie die Mutter …

3.13b … und befreien Sie das Massekabel.

14 Demontieren Sie die vorderen Antriebswellen vom Getriebe (siehe Kapitel 8A, Sektion 3) – ihre äußeren Gleichlaufgelenke können mit den Rädern verbunden bleiben.
15 Demontieren Sie das untere Ladeluftrohr (siehe Kapitel 4B, Sektion 7).
16 Lösen Sie die vier Schrauben der unteren Getriebehalterung (siehe Abbildung) und entnehmen Sie diese.

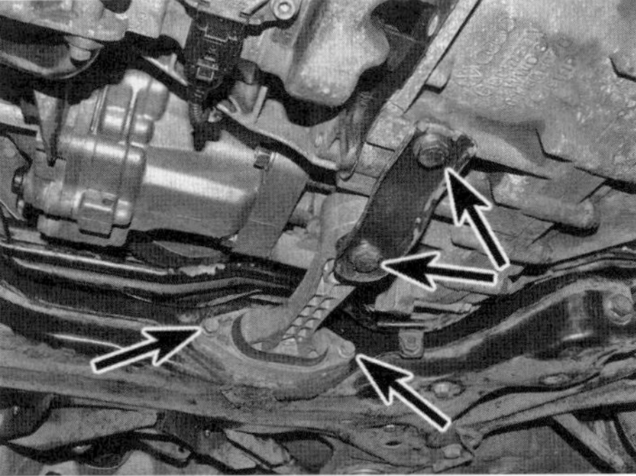
3.16 Schrauben der unteren Getriebehalterung

17 Lockern Sie die Klemme, die das mittlere Auspuffrohr mit dem Endrohr verbindet (siehe Kapitel 4B, Sektion 9) – hierdurch kann der Motor beim Ausbau und Ausrichten des Getriebes etwas vor- und zurückbewegt werden; die Auspuff-Segmente müssen dafür nicht getrennt werden.
18 Demontieren Sie bei Quattro-Modellen das Umlenkgehäuse (siehe Kapitel 8B).
19 Bei Modellen mit Frontantrieb kann es nötig sein, den rechten Antriebswellenflansch vom Getriebe zu demontieren (siehe Abbildungen), damit dies besser um die Schwungscheibe geführt werden kann.

3.19a Halten Sie den Antriebswellenflansch, ...

3.19b ... lösen Sie die mittlere Schraube ...

3.19c ... und ziehen Sie den Flansch aus dem Getriebe.

20 Demontieren Sie nötigenfalls die kleine Platte, die hinten am Motorblock den Rand der Schwungscheibe abdeckt (siehe Abbildung).

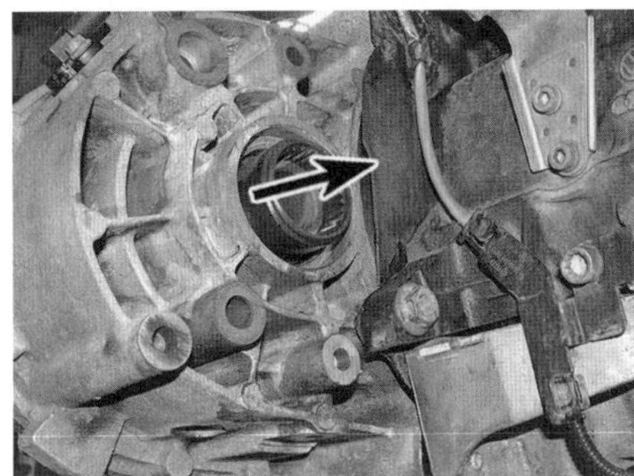
3.20 Position der kleinen Platte (nicht bei jedem Modell vorhanden)

21 Lösen Sie die Schrauben der Ölkühler-Rohrhalterungen für die Servolenkungs-Hydraulikflüssigkeit und befreien Sie diesen vorn vom Getriebe (siehe Abbildungen).
Anmerkung: *Der obere Halter wird mit der unteren Anlasser-Schraube gesichert und kann bereits mit diesem entfernt worden sein.*

3.21a Lösen Sie die zwei vorderen Schrauben ...

3.21b … und die Schraube am Ende des Rohrs.

22 Stützen Sie mit einer geeigneten Vorrichtung das Gewicht des Motors.
23 Lösen Sie die oberen Verbindungsschrauben zum Motor, beachten Sie die zwei Schrauben mit den Gewindestutzen am Kopf, an denen der Schaltzug-Halter und das Massekabel gesichert ist (siehe Abbildung).

3.23 Eine der Schrauben mit den Gewindestutzen am Kopf

24 Entfernen Sie die linke Motor/Getriebehalterung (siehe Kapitel 2A, Sektion 17). Lösen Sie bei Modellen mit 02J-Getriebe die Schrauben des linken Halterungs-Trägers und entnehmen Sie diesen (siehe Abbildung).

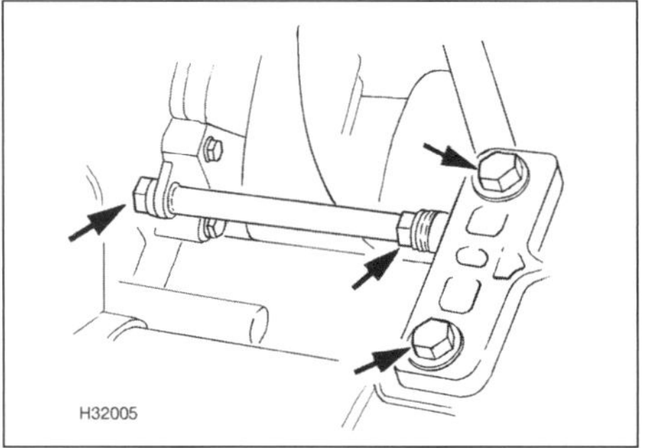

3.24 Schrauben des linken Halterungs-Trägers beim 02J-Getriebe

25 Senken Sie die Motor/Getriebe-Baugruppe leicht ab und stützen Sie das Getriebe mit einem Rangierwagenheber – dieser muss so positioniert sein, dass er nach links unter dem Fahrzeug herausgezogen werden kann.
26 Lösen Sie die verbliebenen unteren Verbindungsschrauben zum Motor.
27 Ziehen Sie das Getriebe mithilfe eines Assistenten vorsichtig nach links ab, sodass seine Eingangswelle aus der Kupplungs-Reibscheibe befreit wird, ohne diese zu belasten.

Stützen Sie das Getriebe weiterhin mit dem Rangierwagenheber und halten Sie es waagerecht, bis die Eingangswelle vollständig aus der Reibscheibe befreit ist!

28 Sobald das Getriebe vollständig aus und von der Kupplung befreit ist, kann es auf den Boden abgesenkt und unter dem Fahrzeug herausgezogen werden.

Einbau

29 Der Einbau entspricht der umgekehrten Ausbaureihenfolge – beachten Sie dabei folgende Punkte:

a) Führen Sie beim 02J-Getriebe vor dem Einbau bei zum Getriebegehäuse gedrücktem Ausrückhebel eine M8 x 35-Schraube in die Bohrung oberhalb der Ausrückzylinder-Öffnung ein, um den Hebel zu arretieren. Entfernen Sie die Schraube, nachdem das Getriebe montiert ist.
b) Schmieren Sie die Verzahnung der Reibscheiben-Nabe mit etwas Lithiumfett – verwenden Sie keine Kupferpaste!
c) Um das Getriebe zur Schwungscheibe auszurichten, muss der Motor etwas nach vorn gedrückt werden.
d) Ziehen Sie die Verbindungsschrauben zum Motor mit 10 Nm (M7-Schrauben), 40 Nm (M10-Schrauben) bzw. 80 Nm (M12-Schrauben) an.
e) Montieren Sie die Motor/Getriebe-Halterungen entsprechend der Hinweise in Kapitel 2A, Sektion 17.
f) Montieren Sie die Antriebswellen entsprechend der Hinweise in Kapitel 8A, Sektion 2.
g) Montieren Sie beim 02J-Getriebe den Ausrückzylinder entsprechend der Hinweise in Kapitel 6, Sektion 5.
h) Montieren Sie bei Quattro-Modellen das Umlenkgehäuse entsprechend der Hinweise in Kapitel 8B, Sektion 3.
i) Befüllen Sie das Getriebe mit der vorgeschriebenen Menge Getriebeöl (beachten Sie hierzu Schmierstoffe und Flüssigkeiten am Ende der Wöchentlichen Kontrollen, die technischen Daten von Kapitel 1 und die Sektion 13 in Kapitel 1).
j) Kontrollieren Sie die Einstellung der Schaltzüge (siehe Sektion 2).

4 Getriebeüberholung – Allgemeine Informationene

1 Das Überholen eines Schaltgetriebes ist für den Hobbyschrauber eine sehr schwierige Arbeit. Es beinhaltet das Zerlegen und Zusammenbauen vieler Einzelteile. Es müssen zahlreiche Maße ermittelt und Spiel nötigenfalls mit ausgewählten Distanzscheiben und Sicherungsringen ausgeglichen werden. Daher kann ein kompetenter Fahrzeugbesitzer zwar das Getriebe aus- und einbauen, doch sollte er die Überholung einer Fachwerkstatt überlassen. Es sind auch fertig überholte Austauschgetriebe erhältlich – fragen Sie beim Audi-Händler oder einem Getriebespezialisten nach. Der in die Überholung des eigenen Getriebes gesteckte Zeitaufwand und das Geld für Ersatzteile übersteigen fast immer die Kosten für ein Austauschgetriebe.
2 Dennoch ist es auch für einen wenig erfahrenen Schrauber nicht unmöglich, ein Getriebe zu reparieren – vorausgesetzt, alle Spezialwerkzeuge sind vorhanden und die Arbeit wird wohlüberlegt Schritt für Schritt durchgeführt, damit nichts übersehen wird.
3 Zu den für eine Überholung benötigten Werkzeugen gehören: Innen- und Außen-Seegerringzangen, ein Lagerabzieher, ein Zughammer, ein Set Treibdorne, eine Messuhr mit Halterungen und möglichst eine Hydraulikpresse. Zusätzlich wer-

den eine große und solide Werkbank mit einem Schraubstock und ein Getriebeständer benötigt.
4 Beim Zerlegen des Getriebes muss sorgfältig notiert werden, wie und wo alles montiert ist und wie alle Teile in Position gehalten werden.
5 Bevor das Getriebe zum Reparieren zerlegt wird, sollte man wissen, wo die Fehlfunktion auftritt. Manche Probleme können eng mit bestimmten Bereichen im Getriebe in Verbindung gesetzt werden, sodass die Begutachtung und Reparatur einfacher wird. Beachten Sie die »Fehlersuche«-Sektion hinten in diesem Buch, um Informationen über mögliche Fehlerursachen zu erhalten.

5 Rückfahrlichtschalter – Testen, Ausbau und Einbau

1 Die Zündung muss vollständig abgeschaltet sein.
2 Trennen Sie den Stecker des Rückfahrlichtschalters – dieser sitzt beim 02J-Getriebe oben am Schaltmechanismus-Gehäuse und bei 02M sowie 02Y-Getrieben vorn am Getriebe (siehe Abbildungen).

5.2a Position des Rückfahrlichtschalters am 02J-Getriebe

5.2b Position des Rückfahrlichtschalters am 02M- und 02Y-Getriebe

Testen

3 Verbinden Sie die Klemmen eines auf den Ohm-Bereich geschaltetes Messgerät oder eine Prüflampe samt Stromversorgung mit den Kontakten des Rückfahrlichtschalters.
4 Die Schalterkontakte dürfen nur bei eingelegtem Rückwärtsgang Verbindung haben, sodass Strom fließt; in allen anderen Gängen und im Leerlauf darf kein Durchgang festgestellt werden.
5 Falls der Schalter nicht korrekt arbeitet, muss erneuert werden.

Ausbau und Einbau

6 Die Zündung muss vollständig abgeschaltet sein.
7 Trennen Sie den Stecker des Rückfahrlichtschalters (Abb. 5.2a oder b).
8 Schrauben Sie den Schalter aus dem Getriebe oder Schaltmechanismus-Gehäuse, stellen Sie dabei den Dichtring sicher und ersetzen Sie ihn nötigenfalls.
9 Der Einbau entspricht der umgekehrten Ausbaureihenfolge. Rüsten Sie den Schalter ggf. mit einer neuen Dichtscheibe aus und ziehen Sie ihn mit 20 Nm an.

6 Geschwindigkeitssensor – Ausbau und Einbau

Beschreibung

1 Alle Getriebe sind mit einem elektronischen Geschwindigkeitssensor ausgerüstet, der die Drehzahl der Getriebeausgangswelle in ein Signal umwandelt und dies an das Tachometer-Modul des Cockpits überträgt. Bei manchen Modellen wird das Signal auch vom Motorsteuergerät genutzt.

Ausbau und Einbau

2 Die Zündung muss vollständig abgeschaltet sein.
3 Trennen Sie den Stecker des hinten am Getriebe sitzenden Sensors.
4 Beim 02J-Getriebe sitzt der Sensor oberhalb des Getriebeausgangs. Schrauben Sie den Sensor aus dem Gehäuse, stellen Sie dabei den Dichtring sicher und ersetzen Sie ihn nötigenfalls.
5 Bei 02M- und 02Y-Getrieben sitzt der Sensor hinten am Getriebe (siehe Abbildung).

6.5 Position des Geschwindigkeitssensors bei 02M- und 02Y-Getrieben

6 Der Einbau entspricht der umgekehrten Ausbaureihenfolge. Rüsten Sie den Sensor ggf. mit einer neuen Dichtscheibe aus und ziehen Sie ihn sorgfältig an.

Kapitel 7, Teil B

Automatikgetriebe

Inhalt — Sektion

Schwierigkeitsgrade

Leicht. Geeignet für Anfänger mit wenig Erfahrung. 	**Relativ leicht.** Geeignet faür Anfänger mit etwas Erfahrung. 	**Relativ schwierig.** Geeignet für geübte Selbstschrauber. 	**Schwer.** Geeignet für Selbstschrauber mit viel Erfahrung. 	**Sehr schwer.** Geeignet für Experten und Profis. 

Technische Daten

Allgemein

Getriebetyp	Elektrohydraulisch gesteuertes Planetengetriebe mit sechs Vorwärtsgängen und Rückwärtsgang. Hydrokinetischer Drehmomentwandler mit Überbrückungs kupplung bei allen Vorwärtsgängen. Schaltpunkte vom Motorsteuergerät per ‚Fuzzy-Logik' überwacht.
Bezeichnung	09G

Anzugsdrehmomente	**Nm**
Drehmomentwandler an Antriebsplatte (Muttern)	60
Getriebehalterung-Distanzstück an Gehäuse	
Schritt 1	40
Schritt 2	um 90° weiter
Getriebe/Motor-Verbindungsschrauben	
M10-Schrauben	60
M12-Schrauben	80
Getriebe/Ölwannen-Verbindungsschrauben (M10)	25
Motor/Getriebehalterungen	siehe Kapitel 2A
Multifunktionsschalter	
äußere Spindelmutter	13
Sicherungsmutter	7
Befestigungsschraube	6
Wählhebel-Seilzug-Sicherungsschraube	8

1 Allgemeine Informationen

1 Das aus dem Volkswagen-Konzern stammende Sechsstufen-Automatikgetriebe (Typ 09G) war als Option für viele Modelle erhältlich. Der Gangwechsel wird vom Motorsteuergerät anhand von Daten der Motordrehzahl, der Drosselklappenstellung, der Gaspedal-Stellung (‚Kickdown') des Zündzeitpunkts und des Tempomaten kontrolliert, es leitet dabei Informationen an das Getriebe-Steuermodul weiter und tauscht Signale mit anderen Steuergeräten aus. Mögliche Fehler werden im Steuergerät gespeichert und nötigenfalls kann das Getriebe in den Notlaufmodus geschaltet werden. Falls ein Problem auftritt, muss eine Fachwerkstatt den/die Fehler auslesen und alle elektronischen Komponenten testen.
2 Das Motorsteuergerät wendet beim Schalten einen ‚Unschärfe-Modus' (Fuzzy-Logik) an. Statt präzise festgelegter Schaltpunkte haben diverse Faktoren einen Einfluss auf die Gangwechsel – hierzu gehören neben der Motordrehzahl auch die Motorlast, die Bremspedal-Stellung, die Drosselklappenstellung und deren Verstell-Geschwindigkeit. Daraus ergeben sich nahezu unendliche viele Schaltpunkte, die das Steuergerät an einen sportlichen oder ökonomischen Fahrstil anpassen kann. Beim Kickdown (Vollgas) schaltet das Getriebe automatisch einen oder mehrere Gänge zurück, um das Fahrzeug besser zu beschleunigen.
3 Das Getriebe besteht hauptsächlich aus einem direkt mit dem Motor gekoppelten Drehmomentwandler, einem Planetengetriebe samt Mehrscheiben-Kupplungen und Bremsen sowie dem Endantrieb samt Differenzial. Das Getriebe wird mit ATF-Öl (Automatic Transmission Fluid) geschmiert, das lebenslang darin verbleiben soll und nicht gewechselt werden muss (allerdings muss regelmäßig eine Ölpegel-Kontrolle durchgeführt werden (siehe Kapitel 1, Sektion 27).
4 Der Drehmomentwandler ist mit einer Überbrückungskupplung ausgerüstet, die ein Durchrutschen verhindert und dadurch die Leistungsfähigkeit und Wirtschaftlichkeit verbessert.
5 Ein Sicherheits-Relais sorgt dafür, dass der Motor nur gestartet werden kann, wenn das Getriebe auf P oder N geschaltet ist. Dieses Relais (Nr. 175) sitzt oberhalb der Haupt-Sicherungs- und Relais-Tafel (siehe Kapitel 12).
6 Das Steuergerät ist zwar mit einem Fehlerdiagnosesystem ausgerüstet, doch eine Analyse ist nur mit Spezialausrüstung möglich. Jeder Fehler im Getriebe muss möglichst rasch identifiziert und behoben werden. Mit der Diagnose-Ausrüstung kann der Fehlerspeicher ausgelesen und gelöscht werden. Nachdem der Defekt behoben wurde, arbeitet das Getriebe wieder normal.
7 Aufgrund der Komplexität des Automatikgetriebes sollten einige Reparaturen oder Überholarbeiten einer Fachwerkstatt mit der entsprechenden Spezialausrüstung zur Fehlerdiagnose und Reparatur überlassen werden. Die folgenden Sektionen beinhalten daher vorwiegend allgemeine Informationen sowie Arbeiten, die vom Hobbyschrauber erledigt werden können.
8 Falls am Getriebe ein Problem auftritt, sollte eine Fachwerkstatt konsultiert werden, bevor das Getriebe ausgebaut wird – die meisten Fehlerdiagnosen müssen bei eingebautem Getriebe vorgenommen werden.

2 Getriebe – Ausbau und Einba

Ausbau

1 Stellen Sie das Fahrzeug auf einer ebenen Fläche ab. Betätigen Sie die Handbremse und blockieren Sie die Hinterräder. Stellen Sie den Wählhebel auf P.
2 Lockern Sie die Vorderradbolzen und die Schraube der linken Antriebswellen-Nabe, heben Sie das Fahrzeug vorn an, und stützen Sie es sicher ab (siehe Seite 366). Demontieren Sie die Vorderräder. Sorgen Sie für genügend Platz, um das Getriebe nach unten aus dem Motorraum zu befreien.
3 Bauen Sie die Batterie und ihren Träger aus (siehe Kapitel 5A, Sektion 3) – beachten Sie zunächst die Hinweise auf Seite 366).
4 Demontieren Sie die Luftfilter-Baugruppe samt aller Ansaugschläuche (siehe Kapitel 4A, Sektion 2).
5 Heben Sie mit einem Schraubendreher das Ende des Wählhebel-Seilzugs vom Getriebe-Hebel. Drücken Sie dann den Clip der Seilzughülle zusammen, um sie aus dem Halter zu befreien und den Seilzug beiseite zu verlagern (Abb. 4.4).
6 Klemmen Sie die Getriebeölkühler-Schläuche mit Bremsleitungsklemmen ab. Lockern Sie die Schellen und ziehen Sie die Schläuche vom oben am Getriebe sitzenden Ölkühler.
7 Demontieren Sie den Anlasser (siehe Kapitel 5A, Sektion 8).
8 Stützen Sie den Motor mit einer geeigneten Vorrichtung, um seine Aufnahmen zu entlasten.
9 Lösen Sie die oberen Verbindungsschrauben zum Motor.
10 Demontieren Sie die vordere rechte Antriebswelle vom Getriebe (siehe Kapitel 8A, Sektion 3) – ihr äußeres Gleichlaufgelenk kann mit dem Rad verbunden bleiben. Die linke vordere Antriebswelle muss komplett demontiert werden. Um die inneren Gleichlaufgelenke aus dem Getriebe befreien zu können, müssen die Querlenker vom Radnabenträger getrennt werden. Sichern Sie die rechte Antriebswelle am Unterboden.
11 Merken Sie sich die Positionen aller mit dem Getriebe verbundenen Kabel und trennen Sie ihre Stecker.
12 Schrauben Sie unten am Getriebe die hintere Motorhalterung (Drehmomentstütze) ab.
13 Befreien Sie den neben dem rechten Getriebeflansch liegenden Stopfen und drehen Sie den Motor durch, bis eine der Befestigungsmuttern des Drehmomentwandlers zugänglich ist und gelöst werden kann – blockieren Sie dabei den Anlasserzahnkranz mit einem durch die Anlasseröffnung eingeführten großen Schraubendreher. Drehen Sie die Kurbelwelle um jeweils 120° weiter, um die beiden anderen Muttern auf die gleiche Weise zu lösen.
14 Trennen Sie das vordere Auspuffrohr vom mittleren Segment (siehe Kapitel 4B, Sektion 9).
15 Positionieren Sie einen Rangierwagenheber unter dem Getriebe, um seine Aufnahmen zu entlasten.
16 Lösen Sie die zwei Schrauben, mit denen die linke Getriebeaufnahme am dreieckigen Distanzstück gesichert ist. Senken Sie mithilfe der Motor-Abstützung und des Rangierwagenhebers das Getriebe um ca. 6 cm ab. Lösen Sie die zwei verbliebenen Schrauben und die eine Mutter und entnehmen Sie das Distanzstück der Getriebeaufnahme.
17 Lösen Sie die verbliebenen unteren Verbindungsschrauben zum Motor – achten Sie auf die unterschiedlichen Größen und Längen.
18 Prüfen Sie, ob alle Befestigungen und Anschlüsse vom Getriebe getrennt sind. Lassen Sie sich von einem Assistenten helfen, das Getriebe beim Ausbau zu führen und abzustützen.
19 Das Getriebe sitzt auf Passhülsen am Motorgehäuse – falls es verkantet, muss es abgeklopft oder nötigenfalls abgehebelt werden, um befreit zu werden. Sobald das Getriebe

frei ist, kann es herausgeschwenkt und unter dem Fahrzeug herausgezogen werden.

Stützen Sie das Getriebe weiterhin mit dem Rangierwagenheber und halten Sie es waagerecht; der Drehmomentwandler muss auf seiner Welle verbleiben.

20 Sobald das Getriebe befreit ist, sollte eine geeignete Stange samt Distanzstück vor die Glocke geschraubt werden, damit der Drehmomentwandler in seinem Gehäuse verbleibt.

Einbau

21 Der Einbau entspricht der umgekehrten Ausbaureihenfolge – beachten Sie dabei folgende Punkte:

a) Achten Sie darauf, dass die Passhülsen im Motorgehäuse stecken. Richten Sie das Getriebe korrekt zu den Hülsen aus, bevor Sie es vollständig gegen den Motor drücken.
b) Falls der Drehmomentwandler mit dem Getriebe verbunden werden muss, müssen die Stifte in seiner Nabe zu den Vertiefungen im Innenrad der Getriebeölpumpe ausgerichtet werden.
c) Ziehen Sie alle Schrauben mit den ggf. in den technischen Daten angegebenen Drehmomenten an.
d) Verbinden Sie den Wählhebel-Seilzug entsprechend der Hinweise in Sektion 4 mit dem Getriebe.
e) Kontrollieren Sie den Getriebeölpegel (siehe Kapitel 1, Sektion 27).
f) Falls ein neues Automatikgetriebe montiert wurde, muss es beim Motorsteuergerät ‚angemeldet' werden – hierzu wird geeignete Diagnoseausrüstung benötigt.

3 Getriebeüberholung – Allgemeine Informationen

1 Bei einem Defekt am Automatikgetriebe muss zunächst bestimmt werden, ob dieser elektrischer, mechanischer oder hydraulischer Natur ist – und hierfür ist eine spezielle Prüfausrüstung nötig, wie sie nur eine Fachwerkstatt vorhält.
2 Das Getriebe darf nicht ausgebaut werden, bevor eine professionelle Fehlerdiagnose durchgeführt wurde – die meisten Tests können nur bei eingebautem Getriebe durchgeführt werden.
3 Beachten Sie die »Fehlersuche«-Sektion hinten in diesem Buch, um Informationen über mögliche Fehlerursachen zu erhalten.

4 Wählhebel-Seilzug – Ausbau, Einbau und Einstellungen

Ausbau

1 Trennen Sie den Masseanschluss (–) der Batterie – beachten Sie dabei die Hinweise auf Seite 366.
2 Ziehen Sie die Handbremse, heben Sie das Fahrzeug vorn an und stützen Sie es sicher ab (siehe Seite 366).
3 Stellen Sie den Wählhebel auf die Position S (‚Sport').
4 Heben Sie mit einem Schraubendreher das Ende des Wählhebel-Seilzugs vom Getriebe-Hebel. Drücken Sie dann den Clip der Seilzughülle zusammen, um sie aus dem Halter zu befreien und den Seilzug beiseite zu verlagern (siehe Abbildung).
5 Trennen Sie das vordere Auspuffrohr vom mittleren Segment (siehe Kapitel 4B, Sektion 9).
6 Demontieren Sie von unten den Mitteltunnel-Hitzeschutz, um Zugang zum Wählhebel-Gehäuse zu erhalten.
7 Befreien Sie die Abdeckung vom Wählhebel-Gehäuse.
8 Führen Sie einen Schraubendreher ins Gehäuse ein und drücken Sie den Stift des Seilzug-Anschlusses heraus.
9 Entfernen Sie den Clip, der die Bügel am Wählhebel-Gehäuse sichert, und ziehen Sie den Seilzug heraus.

Einbau

10 Der Einbau entspricht der umgekehrten Ausbaureihenfolge – beachten Sie dabei folgende Punkte:

a) Laut Audi dürfen die Seilzug-Anschlüsse nicht geschmiert werden.
b) Der Seilzug muss korrekt verlegt und mit seinen Befestigungen gesichert werden.
c) Der Seilzug darf nicht geknickt oder gequetscht werden.
d) Stellen Sie den Seilzug ein (siehe unten), bevor Sie ihn mit dem Getriebe verbinden.
e) Verwenden Sie beim Anschließen der äußeren Seilzughülle am Wählhebel-Gehäuse und der Halter neue Clips.

Einstellung

11 Stellen Sie den Wählhebel auf die Position P.
12 Lockern Sie am Kugelanschluss des Getriebes die Seil-

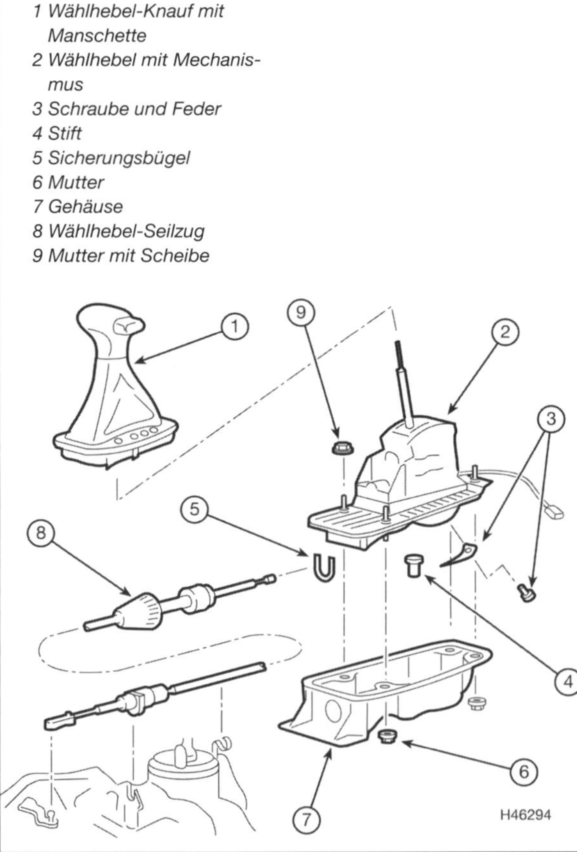

4.4 Wählhebel-Komponenten

zug-Sicherungsschraube. Prüfen Sie, ob sowohl der Wählhebel als auch der Getriebehebel in der P-Position stehen, nachdem sie leicht vor- und zurück gewackelt wurden, damit sich der Seilzug setzt. Bewegen Sie keinen der Hebel aus der P-Position heraus.

13 Ziehen Sie die Seilzug-Sicherungsschraube mit 8 Nm an.

14 Prüfen Sie die Funktion des Wählhebels, indem Sie ihn bei einer Probefahrt durch alle Gänge bewegen und testen, ob diese sich sanft und ohne Verzug einlegen lassen.

5 Multifunktionsschalter – Ausbau und Einbau

1 Der oben auf dem Getriebe sitzende Multifunktionsschalter soll verhindern, dass bei bestimmten Fahr-Situationen die falschen Gänge eingelegt werden (z. B. der Rückwärtsgang, während das Fahrzeug vorwärtsfährt). Schalten Sie zunächst die Zündung ab und stellen Sie den Wählhebel auf N.

2 Heben Sie mit einem Schraubendreher das Ende des Wählhebel-Seilzugs vom Getriebe-Hebel. Drücken Sie dann den Clip der Seilzughülle zusammen, um sie aus dem Halter zu befreien.

3 Trennen Sie den Stecker des Multifunktionsschalters.

4 Lösen Sie die Mutter, die den Schalter an der Spindel sichert, und ziehen Sie ihn ab.

5 Biegen Sie die Laschen der Sicherungsscheibe zurück und lösen Sie die Spindelmutter (siehe Abbildung).

6 Markieren Sie exakt die Position des Schalters zum Getriebegehäuse.

7 Lösen Sie die Befestigungsschrauben und ziehen Sie den Schalter samt aller Scheiben von der Schaltwelle

8 Der Einbau entspricht der umgekehrten Ausbaureihenfolge – ziehen Sie die Sicherungsmutter des Schalters mit 7 Nm, die Spindelmutter mit 13 Nm und die Befestigungsschraube mit 6 Nm an. Beachten Sie, dass Audi-Werkstätten spezielle Vorrichtungen verwenden, um den Multifunktionsschalter korrekt auszurichten.

1 Spindelmutter
2 Sicherungsscheibe
3 Unterlegscheibe
4 Multifunktionsschalter
5 Befestigungsschrauben
6 Spindel

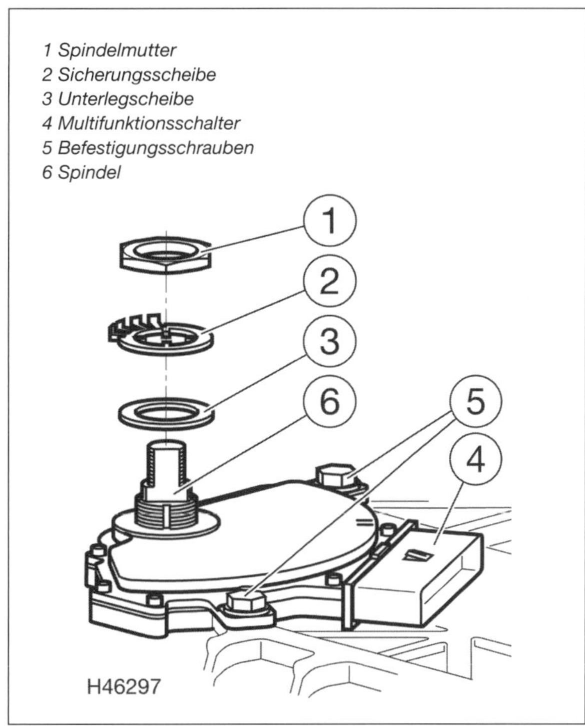

5.5 Bauteile des Multifunktionsschalters

Kapitel 8, Teil A

Antriebswellen

Inhalt Sektion

Schwierigkeitsgrade

Leicht. Geeignet für Anfänger mit wenig Erfahrung. 	**Relativ leicht.** Geeignet faür Anfänger mit etwas Erfahrung. 	**Relativ schwierig.** Geeignet für geübte Selbstschrauber. 	**Schwer.** Geeignet für Selbstschrauber mit viel Erfahrung. 	**Sehr schwer.** Geeignet für Experten und Profis. 

Technische Daten

Schmierstoffe

Schmierstoff-Typ

Gleichlaufgelenke (innen und außen)	VAG G 000 603
Tripode-Gelenke (innen)	VAG G 000 605
Schmierstoff-Menge pro Gelenk	
Äußere Gleichlaufgelenke	
Gelenk-Durchmesser 88 und 90 mm	100 g
Gelenk-Durchmesser 98 mm	120 g
Innere Gleichlaufgelenke (ø 100 und 108 mm)	120 g
Innere Tripodegelenke (ø 72 mm)	110 g

Anzugsdrehmomente	**Nm**
Antriebswelle-Getriebe-Flanschschrauben	
M8	40
M10	70
Radnaben-Schraube (glatte Kopf-Unterseite)*	
Schritt 1	240
Schritt 2	um 90° weiter
Schritt 3	um 90° lockern
Schritt 4	Fahrzeug anheben, um weitere 90° lockern
Schritt 5	240
Schritt 6	Fahrzeug absenken, um 90° anziehen
Radnaben-Schraube (verrippte Kopf-Unterseite)*	
Schritt 1	200
Schritt 2	um 180° weiter
Radmutter*	
Schritt 1	200
Schritt 2	um 180° lockern
Schritt 3	Rad um 180 drehen
Schritt 4	50
Schritt 5	um 60° weiter (entspricht 2 Ecken der Zwölfkantmutter)

** Stets durch Neuteile zu ersetzen*

1 Allgemeine Informationen

1 Der Antrieb vom Differenzial auf die Räder erfolgt über massive oder hohle Stahlwellen (je nach Modell und Fahrzeugseite). Diese Antriebswellen sitzen mit ihren verzahnten äußeren Enden in den entsprechend geformten Radnaben und sind dort mit großen Muttern oder Schrauben gesichert. Innen sind die Wellen mit den Antriebsflanschen des Getriebes verschraubt.
2 An den äußeren Enden der Antriebswellen sitzen Kugel-Gleichlaufgelenke, um die Kraft bei allen durch Lenkung und Federung vorgegebenen Winkeln sanft und wirkungsvoll auf die Räder übertragen zu können. Innen sind die Wellen je nach Modell ebenfalls mit Kugel-Gleichlaufgelenken oder mit Tripodegelenken ausgerüstet.
3 Die Antriebswellengelenke sind mit Manschetten aus Gummi oder thermoplastischem Polymer sowie Stahl-Schellen vor Umwelteinflüssen geschützt. Die Manschetten sorgen auch dafür, dass die Fettfüllungen in den Gelenken verbleiben.

2 Vorderrad-Antriebswellen – Ausbau und Einbau

Anmerkung: *Beim Einbau wird eine neue Radnaben-Mutter oder -Schraube benötigt. Radnaben-Schrauben gibt es in zwei Varianten (siehe Abbildungen), bei denen die unterschiedlichen Anzugswerte und -Methoden beachtet werden müssen.*

2.0a Radnaben-Schraube mit verrippter Kopfunterseite

2.0b Radnaben-Schraube mit glatter Kopfunterseite

Ausbau

1 Entfernen Sie je nach Modell die Radkappe oder Radnaben-Kappe, ziehen Sie die Handbremse an und lockern Sie bei noch auf dem Boden stehendem Fahrzeug die entsprechende Radnaben-Mutter oder -Schraube um maximal 90° – weil sie sehr fest sitzt, muss wahrscheinlich mit einer Verlängerung gearbeitet werden. Lockern Sie ebenfalls die Radbolzen um etwa eine halbe Umdrehung.
Anmerkung: *Lockern Sie bei belastetem Rad die Radnaben-Mutter oder -Schraube nicht mehr als um 90°, da ansonsten das Radlager beschädigt werden kann.*
2 Heben Sie das Fahrzeug bei gezogener Handbremse vorn an und stützen Sie es sicher ab (siehe Seite 366). Demontieren Sie das entsprechende Vorderrad.
3 Demontieren Sie den Motor-Unterschutz, um Zugang zu den Antriebswellen zu erhalten. Lösen Sie bei Modellen mit Frontantrieb die Schrauben des hinten am Motorblock sitzenden Hitzeschutzes und entnehmen Sie diesen, um den Zugang zu den inneren Antriebswellen-Gelenken zu verbessern (siehe Abbildung).

2.3 Hitzeschild-Schrauben

4 Lösen und entfernen Sie die Radnaben-Mutter oder -Schraube (siehe Abbildungen) – beim Einbau müssen Neuteile verwendet werden (beachten Sie die unterschiedlichen Schrauben-Varianten (Abb. 2.0a und b).

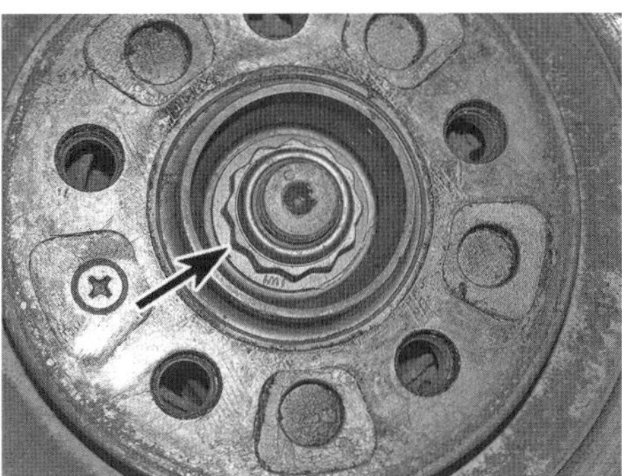

2.4a Lösen und entfernen Sie die Radnaben/Antriebswellen-Mutter ...

2.4b ... oder -Schraube.

5 Lösen Sie die Mutter des Spurstangengelenks und trennen Sie dies (siehe Abbildung) – (siehe Kapitel 10, Sektion 22). Beim Einbau wird eine neue Mutter benötigt.

2.5 Lösen Sie die Mutter des Spurstangengelenks und trennen Sie dies

6 Lösen Sie die Mutter des Querlenkers und trennen Sie diesen (siehe Abbildung) – (siehe Kapitel 10, Sektion 6). Beim Einbau wird eine neue Mutter benötigt.

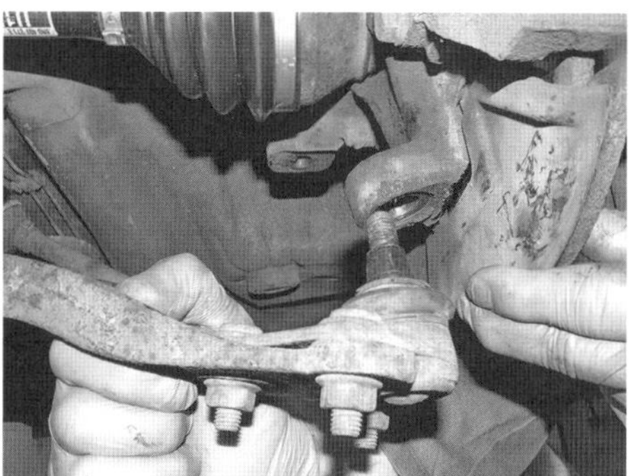

2.6 Lösen Sie die Mutter des Querlenkers und trennen Sie diesen.

7 Hebeln Sie den Querlenker herunter, um sein Kugelgelenk zu befreien. Ziehen Sie dann den Radnabenträger nach außen, um dabei das äußere Gleichlaufgelenk aus der Nabe zu befreien (siehe Abbildung) – falls dessen Verzahnung fest in der Nabe steckt, muss sie mithilfe eines weichen Hammers und eines Dorns ausgetrieben werden; nötigenfalls muss eine geeignete Presse angesetzt werden.

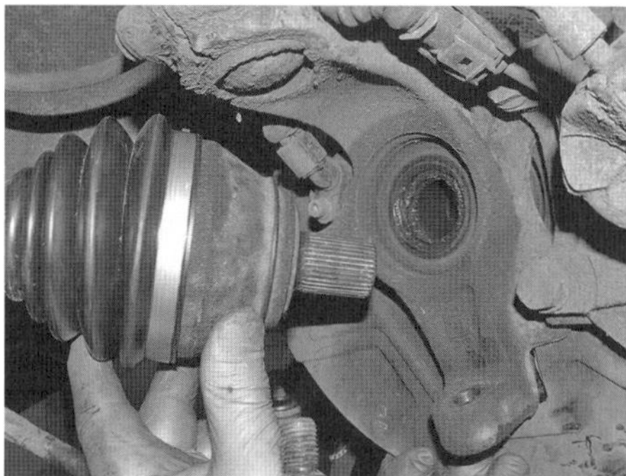

2.7 Befreien Sie die Antriebswelle aus dem Radnabenträger.

8 Um bei manchen Modellen genügend Platz zum Befreien der linken Antriebswelle schaffen zu können, muss die hintere Motorhalterung (Drehmomentstütze) vom Hilfsrahmen gelöst (siehe Abbildung) und der Motor leicht nach vorn verlagert werden.

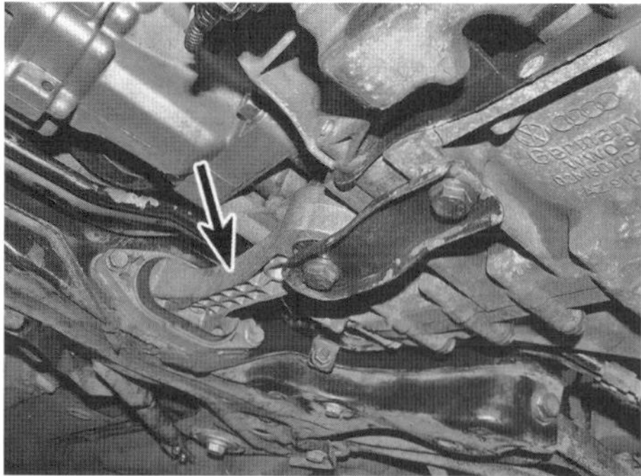

2.8 Hintere Motorhalterung (Drehmomentstütze)

9 Fahren Sie je nach Antriebswellen-Typ wie folgt fort:

Achtung: Sichern Sie die Antriebswelle mit Draht oder Seil unter dem Fahrzeug, damit sie nicht durch ihr Eigengewicht das innere Gelenk beschädigt.

Inneres Antriebswellengelenk mit verschraubtem Flansch

10 Markieren Sie die Ausrichtung des inneren Gelenks zum Flansch. Lösen sie die sechs Antriebsflansch-Schrauben und entnehmen Sie die Sicherungsbleche (siehe Abbildungen).

2.10a Lösen sie alle Antriebsflansch-Schrauben ...

2.10b ... und entnehmen Sie die Sicherungsbleche.

Innere Gelenkverzahnung in Differenzialwelle

11 Stellen Sie einen geeigneten Behälter unter das Getriebe, um austretendes Öl aufzunehmen. Ziehen Sie die Antriebswelle aus der Verzahnung – der Sicherungsring kann fest im Getrieberad sitzen, sodass die Welle vorsichtig vom Getriebe

abgehebelt werden muss – schützen Sie ggf. das Gehäuse und den Dichtring mit Hölzern.
Anmerkung: *Ziehen Sie ausschließlich am Gehäuse des inneren Gelenks und nicht an der Antriebswelle selbst – andernfalls kann die Manschette beschädigt werden.*

Alle Typen

12 Manövrieren Sie die Antriebswelle nach unten heraus (siehe Abbildungen).
Anmerkung: *Stellen Sie ggf. die Dichtung des inneren Gleichlaufgelenks sicher (Abb. 2.16) – sie muss beim Einbau erneuert werden.*

Achtung: Lassen Sie das Fahrzeug nicht bei ausgebauten Antriebswellen auf den Rädern stehen, da hierbei die Radlager beschädigt werden können.

2.12a Ausbau der linken Antriebswelle

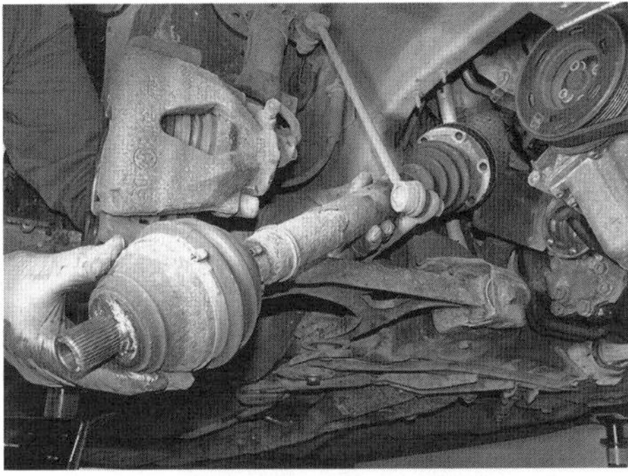

2.12b Ausbau der rechten Antriebswelle

13 Falls das Fahrzeug gerollt werden muss, müssen alle befreiten Antriebswellen übergangsweise in die Radnabe(n) gesteckt und mit den Muttern oder Schrauben gesichert werden – in diesem Fall muss das innere Ende der Antriebswelle mit Draht oder einem Seil unter dem Fahrzeug gesichert werden, um die äußeren Gelenke nicht zu beschädigen.

Einbau

14 Kontrollieren Sie bei Antriebswellen mit einer inneren Gelenkverzahnung im Differenzial den Sicherungsring und ersetzen Sie ihn nötigenfalls.
15 Reinigen Sie alle inneren und äußeren Wellenverzahnungen und ölen Sie sie leicht ein. Säubern Sie auch den Dichtring im Getriebe und ersetzen Sie ihn nötigenfalls. Ölen Sie die Dichtlippe leicht ein.

Inneres Antriebswellengelenk mit verschraubtem Flansch

16 Die Kontaktflächen des Getriebeflanschs und des inneren Antriebswellengelenks müssen sauber und trocken sein. Rüsten Sie ggf. das innere Gelenk mit einer neuen Dichtung aus – ziehen Sie die Schutzfolie ab und kleben Sie es an (siehe Abbildung).

2.16 Position der neuen Dichtung am inneren Gelenk

17 Positionieren Sie die Antriebswelle am Flansch – richten Sie ggf. die zuvor angebrachten Markierungen aus. Installieren Sie die neuen Schrauben und Sicherungsbleche und ziehen Sie die Schrauben je nach Durchmesser mit 40 Nm (M8) oder 70 Nm (M10) an.

Innere Gelenkverzahnung in Differenzialwelle

18 Schieben Sie die Antriebswelle ins Getriebe – drehen Sie sie nötigenfalls, um die Verzahnungen auszurichten. Drücken Sie die Welle hinein, bis der innere Sicherungsring in seiner Nut einrastet (sodass die Welle nicht mehr leicht wieder herausgezogen werden kann).

Alle Modelle

19 Führen Sie bei abgesenktem Querlenker das äußere Gelenk in die Radnabe ein und ziehen Sie es mit der neuen Radnaben-Mutter oder -Schraube vollständig ein.
20 Sichern Sie ggf. den hinteren Motorträger am Hilfsrahmen und ziehen Sie die neuen Schrauben zunächst mit 20 Nm an und dann um 90° weiter.
21 Führen Sie den Stehbolzen des Querträger-Kugelgelenks in die Bohrung unten am Achsgelenkgehäuse ein (Abb. 2.6). Drehen Sie eine neue Mutter auf und ziehen Sie sie mit 75 Nm an.
22 Sichern Sie den Spurstangenkopf mit einer neuen Mutter am Achsgelenkgehäuse und ziehen Sie die Mutter mit 45 Nm an.
23 Ziehen Sie die neue Radnaben-Mutter oder -Schraube mit dem in Schritt 1 der technischen Daten beschriebenen Wert an.
Anmerkung: *Die Schraube oder Muttern muss angezogen werden, während das Rad nicht den Boden berührt – beachten Sie bei den Schrauben die verschiedenen Varianten.*
24 Fahren Sie entsprechend der Ausführung und der Vorgaben in den Anzugsdrehmomenten mit dem Anziehen der Schraube oder Mutter fort.
25 Ziehen Sie zum Schluss die Radbolzen mit 120 Nm an.

3 Hinterrad-Antriebswellen (Quattro) – Ausbau und Einbauen

Anmerkung: *Beim Einbau wird eine neue Radnabenmutter benötigt.*

Ausbau

1 Entfernen Sie je nach Modell die Radkappe oder Radnaben-Kappe, ziehen Sie die Handbremse an und lockern Sie bei noch auf dem Boden stehendem Fahrzeug die entsprechende Radnaben-Mutter um maximal 90° – weil sie sehr fest sitzt, muss wahrscheinlich mit einer Verlängerung gearbeitet werden. Lockern Sie ebenfalls die Radbolzen um etwa eine halbe Umdrehung.

Anmerkung: *Lockern Sie bei belastetem Rad die Radnaben-Mutter nicht mehr als um 90°, da ansonsten das Radlager beschädigt werden kann.*

2 Heben Sie das Fahrzeug bei blockierten Vorderrädern hinten an und stützen Sie es sicher ab (siehe Seite 366). Demontieren Sie das entsprechende Hinterrad.

3 Lösen und entfernen Sie die Radnaben-Mutter (siehe Abbildung) – beim Einbau wird ein Neuteil benötigt.

3.3 Lösen und entfernen Sie die Radnaben-Mutter ...

4 Lösen sie die sechs Antriebsflansch-Schrauben und entnehmen Sie die Sicherungsbleche. Befreien Sie die Antriebswelle vom Differenzial-Flansch und sichern Sie sie am Fahrzeug (siehe Abbildungen).

Achtung: Sichern Sie die Antriebswelle mit Draht oder Seil unter dem Fahrzeug, damit sie nicht durch ihr Eigengewicht das äußere Gelenk beschädigt.

3.4a Lösen Sie die Antriebsflanschschrauben, ...

3.4b ... befreien Sie die Antriebswelle vom Differenzial ...

3.4c ... und sichern Sie sie am Unterboden.

5 Bei der Demontage der linken Antriebswelle muss eventuell der Auspuff verlagert werden, damit das innere Gleichlaufgelenk vom Flansch des Differenzials abgezogen werden kann (siehe Abbildung).

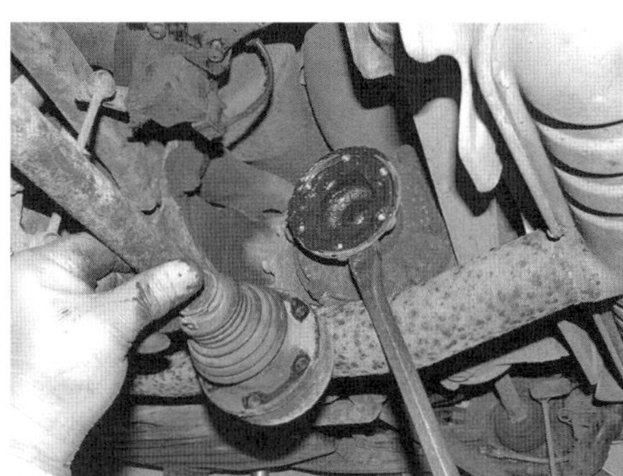

3.5 Hebeln Sie ggf. den Auspuff beiseite, um die linke Antriebswelle befreien zu können.

6 Das äußere Ende der Antriebswelle kann jetzt aus der Radnabe gezogen und die gesamte Welle unter dem Fahrzeug heraus befreit werden. Falls das Gelenk fest in der Nabe steckt, muss es mithilfe eines weichen Hammers und eines Dorns ausgetrieben werden (drehen Sie zum Schutz des Gewindes die alte Mutter auf; nötigenfalls muss eine geeignete Presse angesetzt werden (siehe Abbildungen).

Achtung: Lassen Sie das Fahrzeug nicht bei ausgebauten Antriebswellen auf den Rädern stehen, da hierbei die Radlager beschädigt werden können.

3.6a Heben Sie die hintere Antriebswelle heraus.

3.6b Pressen Sie nötigenfalls die Antriebswelle aus der Radnabe – hier bei demontierter Bremsscheibe.

7 Falls das Fahrzeug gerollt werden muss, müssen alle befreiten Antriebswellen übergangsweise in die Radnabe(n) gesteckt und mit den Muttern oder Schrauben gesichert werden – in diesem Fall muss das innere Ende der Antriebswelle mit Draht oder einem Seil unter dem Fahrzeug gesichert werden, um die äußeren Gelenke nicht zu beschädigen.

Einbau

8 Die Kontaktflächen des Getriebeflanschs und des inneren Antriebswellengelenks müssen sauber und trocken sein.
9 Reinigen Sie alle inneren und äußeren Wellenverzahnungen und ölen Sie sie leicht ein. Ölen Sie auch das Gewinde am äußeren Wellen-Ende und die Kontaktfläche der Mutter leicht ein.
10 Bringen Sie die Antriebswelle in Position und schieben Sie ihr äußeres Ende in die Radnabe. Installieren Sie die neue Mutter und ziehen Sie die Welle damit vollständig ein.
11 Richten Sie das innere Gelenk zum Differenzial-Flansch aus und installieren Sie ggf. die Sicherungsbleche sowie die Schrauben – ziehen Sie diese je nach Durchmesser mit 40 Nm (M8) oder 70 Nm (M10) an.
12 Soweit das äußere Ende der Antriebswelle vollständig in die Nabe gezogen ist, wird das Hinterrad montiert und das Fahrzeug abgesenkt.
13 Ziehen Sie die Radnabenmutter in fünf Durchgängen korrekt an (siehe Technische Daten).
14 Ziehen Sie zum Schluss die Radbolzen mit 120 Nm an.

4 Antriebswellenmanschetten – Ersetzen

1 Demontieren Sie die Antriebswelle (siehe Sektion 2 oder 3). Die Flansche von Antriebswellen mit einem Tripodegelenk an der Innenseite unterscheiden sich durch ihre sechseckige Form von den runden Flanschen der Gleichlauf-Kugelgelenke (siehe Abbildungen).

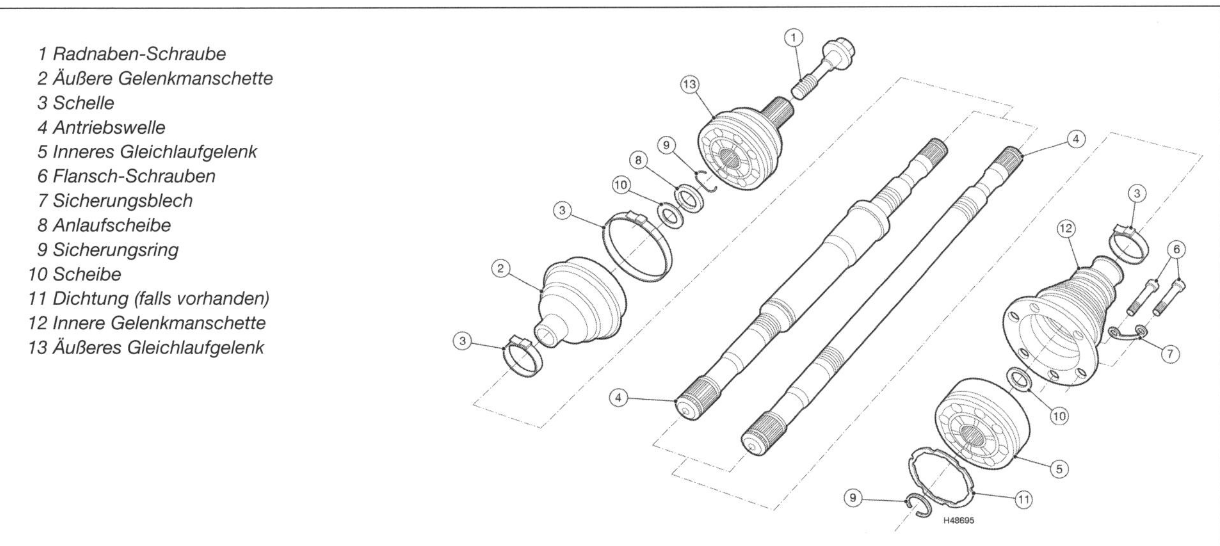

4.1a Komponenten von Antriebswellen mit Gleichlaufgelenken der Typen VL 90 oder VL 100

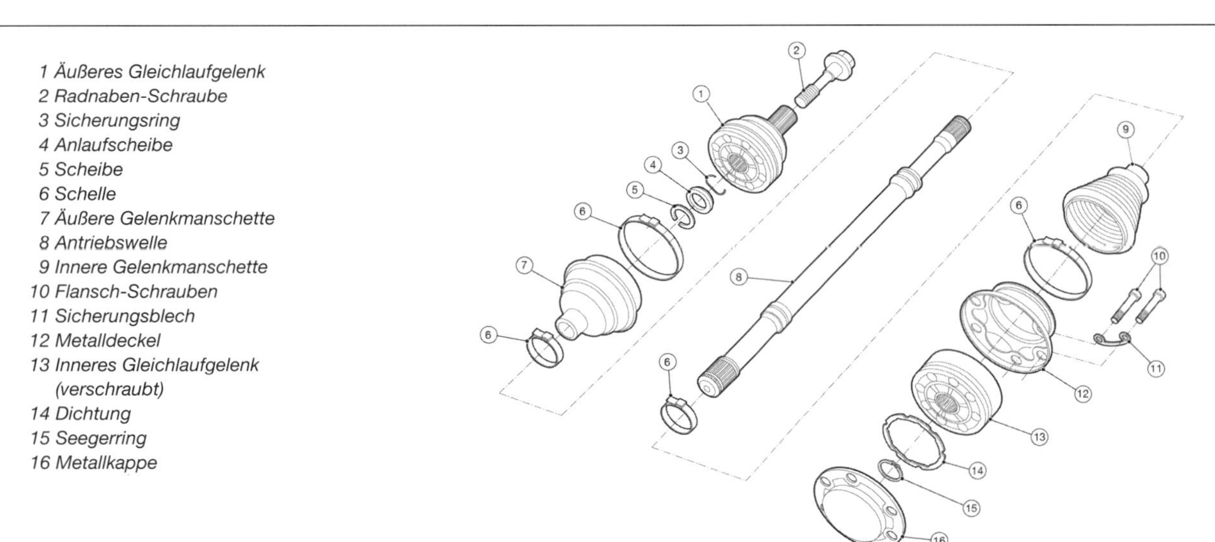

4.1b Komponenten von Antriebswellen mit Gleichlaufgelenken der Typen VL 107 (verschraubt)

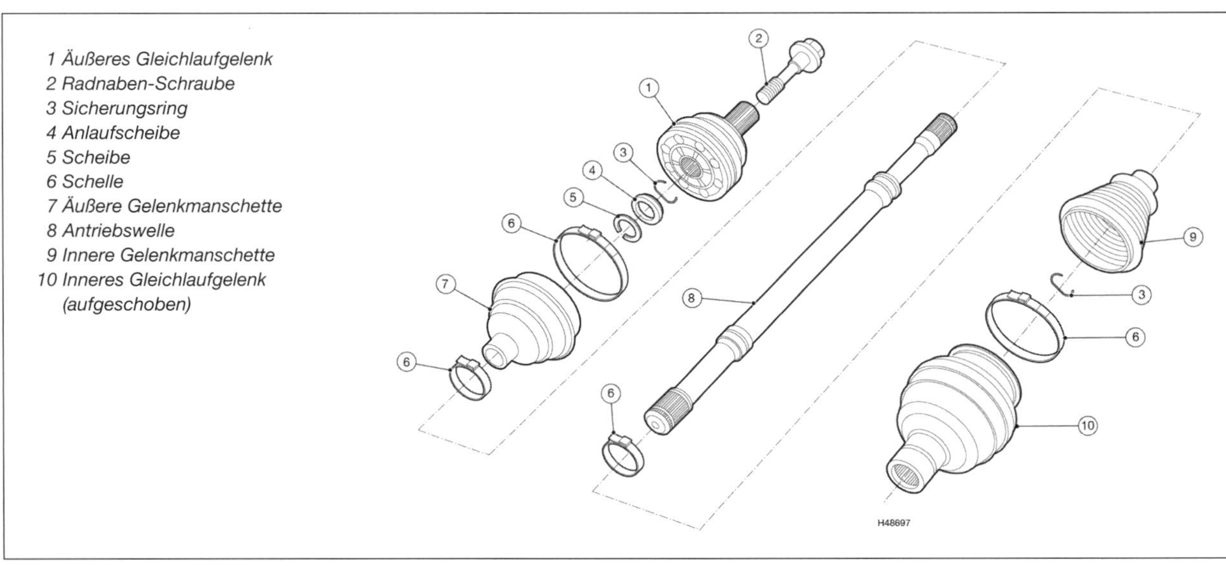

4.1c Komponenten von Antriebswellen mit Gleichlaufgelenken der Typen VL 107 (aufgeschoben)

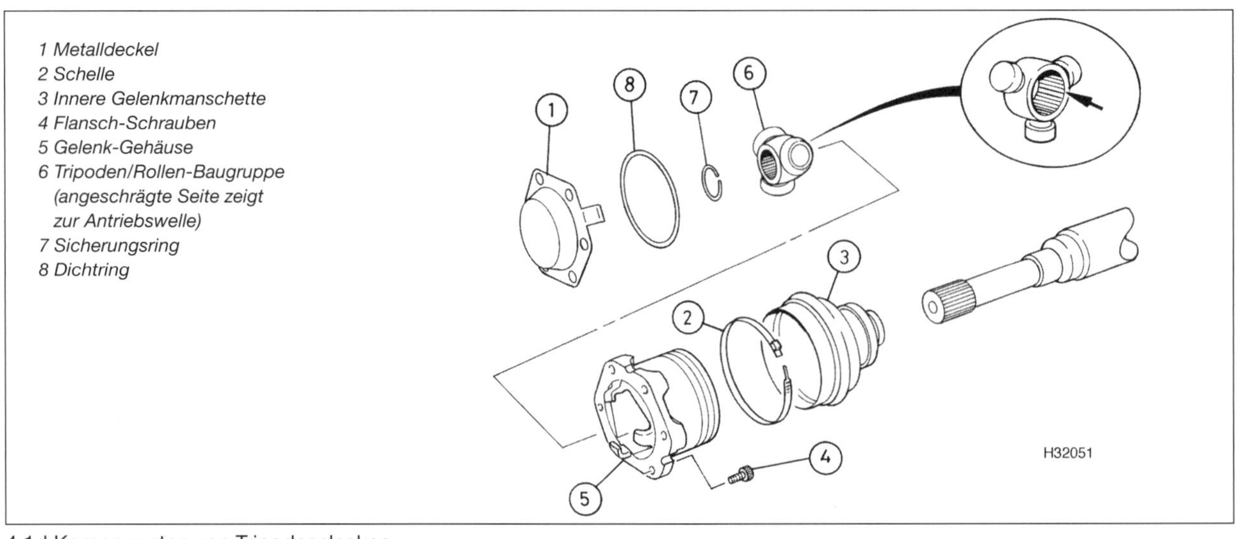

4.1d Komponenten von Tripodegelenken

Äußere Gleichlaufgelenk-Manschette

2 Prüfen Sie, ob das Gelenkmanschetten-Set neben der Manschette alle Schellen, Scheiben, den Sicherungsring und Fettfüllungen enthält (siehe Abbildung). Für die Montage der Antriebswelle wird auch eine neue Radnaben-Mutter oder -Schraube benötigt.

4.2 Ein typisches Gelenkmanschetten-Set – einschließlich neuer Radnaben-Schraube

3 Öffnen Sie die beiden Schellen der Manschette (siehe Abbildungen) – nötigenfalls müssen sie aufgeschnitten werden.

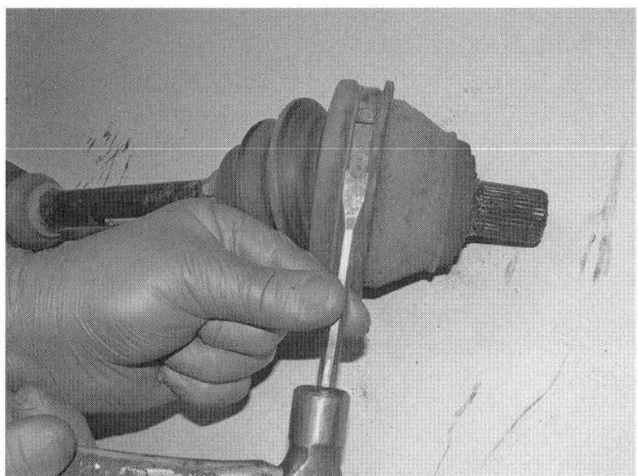

4.3a Öffnen Sie die große …

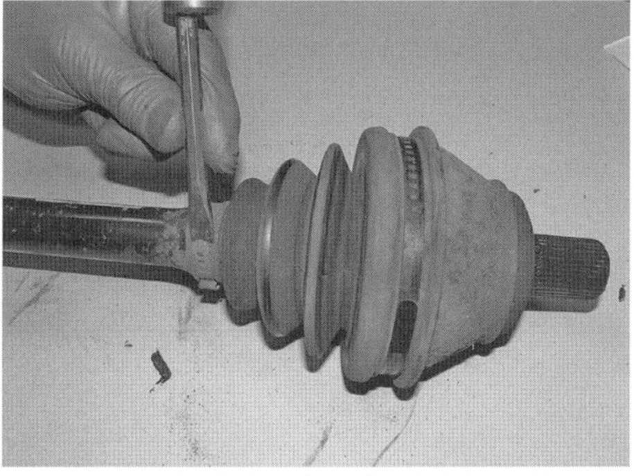

4.3b … und die kleine Schelle der Manschette.

4 Schieben Sie die Manschette über die Welle, um das Gelenk freizulegen; alternativ kann sie aufgeschnitten werden (siehe Abbildung). Wischen Sie noch vorhandenes Fett aus dem Gleichlaufgelenk.

4.4 Schieben Sie die Manschette über die Welle, um das Gelenk freizulegen.

5 Klemmen Sie die Antriebswelle in einen Schraubstock, aber beschädigen Sie sie dabei nicht. Treiben Sie mit einem Messingdorn und einem Hammer das innere Gleichlaufgelenk über den Sicherungsring von der Welle (siehe Abbildungen).

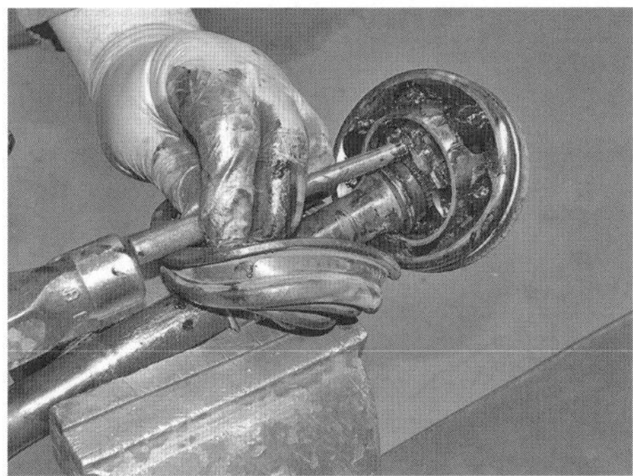

4.5a Klopfen Sie auf das innere Gleichlaufgelenk, …

4.5b … um es über den Sicherungsring (Pfeil) von der Verzahnung der Antriebswelle zu befreien.

6 Ziehen Sie die Kunststoff-Anlauf/Distanzscheibe und die gewölbte Scheibe ab – merken Sie sich ihre Einbaurichtung (siehe Abbildungen).

4.6a Ziehen Sie die Kunststoff-Anlauf/Distanzscheibe ...

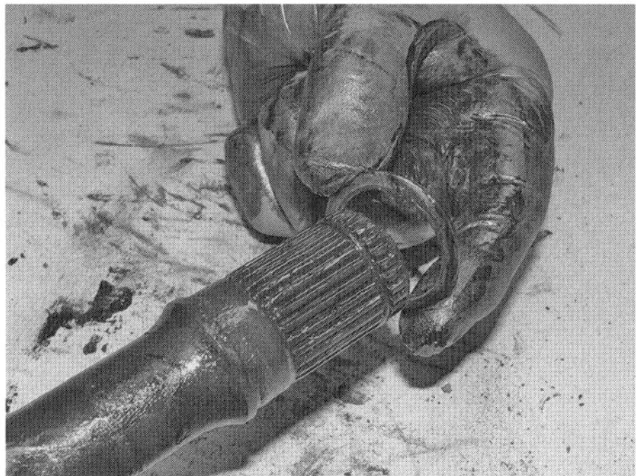

4.6b ... und die gewölbte Scheibe ab – merken Sie sich ihre Einbaurichtung.

7 Ziehen Sie die Manschette von der Antriebswelle und befreien Sie den Sicherungsring aus der Nut der Verzahnung (siehe Abbildungen).

4.7a Ziehen Sie die Manschette von der Antriebswelle ...

4.7b ... und befreien Sie den Sicherungsring aus der Nut der Verzahnung.

8 Reinigen Sie das Gelenk sorgfältig mit Paraffin oder geeignetem Lösungsmittel und trocknen Sie es anschließend. Führen Sie eine Sichtprüfung durch:

9 Bewegen Sie das auf der Verzahnung sitzende innere Führungssegment von einer Seite zur anderen, um nacheinander die Kugeln nach oben zu schieben. Kontrollieren Sie die Kugeln auf Risse, flache Stellen oder Ausbrüche (siehe Abbildung).

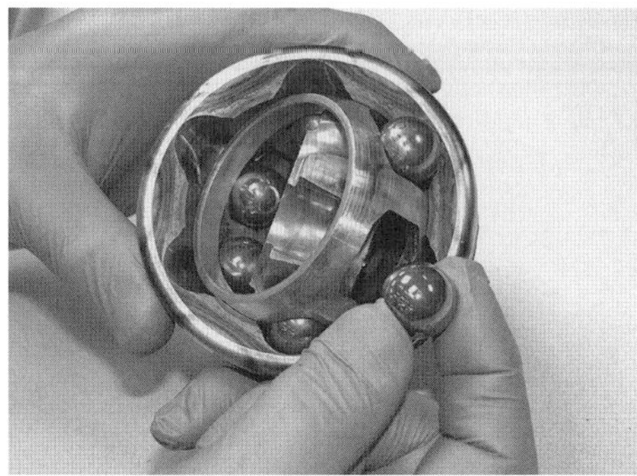

4.9 Kontrollieren Sie die Gleichlaufgelenk-Kugeln auf Beschädigungen.

10 Inspizieren Sie die Kugel-Laufbahnen im inneren und äußeren Gelenk-Segment. Falls sie sich geweitet haben, werden die Kugeln nicht mehr korrekt geführt und das Gelenk hat Spiel. Kontrollieren Sie dabei auch die Öffnungen im Kugel-Käfig auf Verschleiß oder Risse.

11 Falls irgendeine Komponente des Gleichlaufgelenks verschlissen oder beschädigt ist, muss das gesamte Gelenk erneuert werden. Auf jeden Fall wird ein Gelenkmanschetten-Set samt Schellen, Scheiben, Sicherungsring und Fett benötigt (Abb. 4.2) – falls kein Fett dabei ist, kann auch hochwertiges MoS2-Fett verwendet werden.

12 Schieben Sie die neue kleine Schelle gefolgt von der Manschette auf das Ende der Antriebswelle.

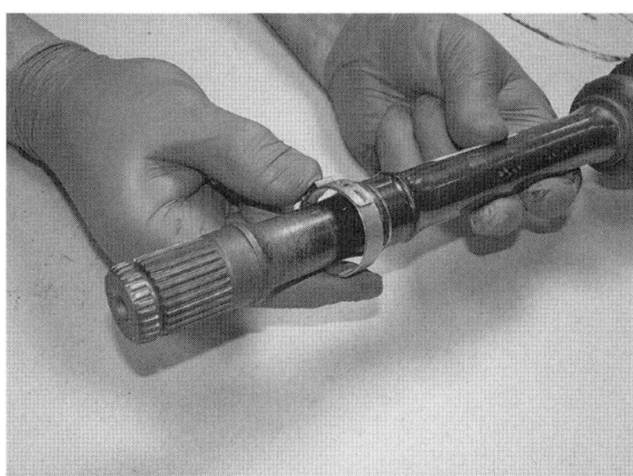

4.12a Schieben Sie die neue kleine Schelle ...

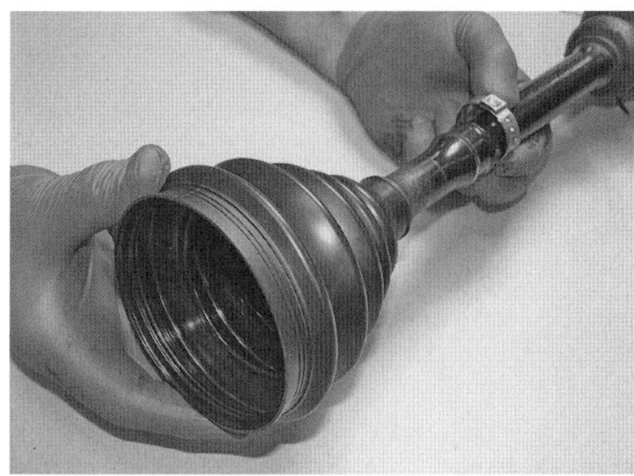

4.12b ... gefolgt von der Manschette auf das Ende der Antriebswelle.

13 Schieben Sie die neue gewölbte Scheibe mit der konvexen Seite voran und die neue Kunststoff-Anlaufscheibe auf die Welle (siehe Abbildungen)

4.13a Schieben Sie die gewölbte Scheibe mit der konvexen Seite voran ...

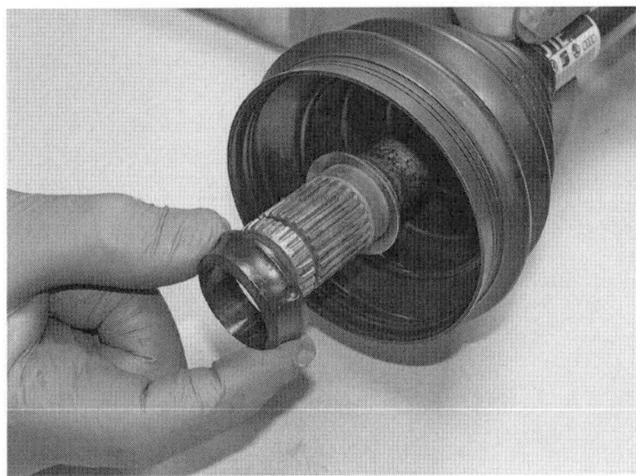

4.13b ... und die Kunststoff-Anlaufscheibe auf die Welle.

14 Installieren Sie den neuen Sicherungsring in die Nut der Welle (siehe Abbildungen).

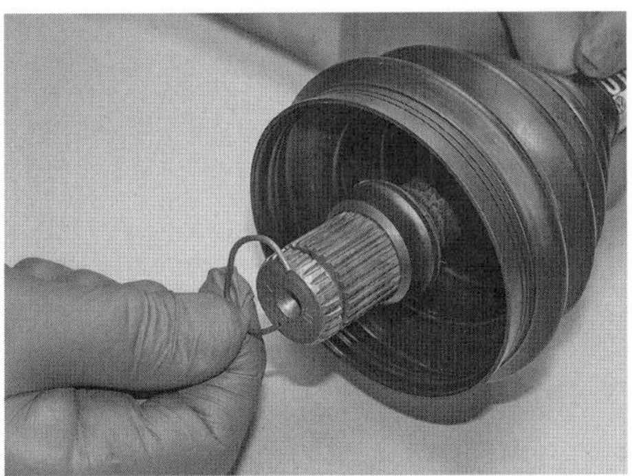

4.14a Installieren Sie den neuen Sicherungsring, ...

4.14b ... sodass er korrekt in die Nut der Welle liegt.

15 Füllen Sie das Gelenk mit etwa zwei Dritteln der beigefügten oder in den technischen Daten angegebenen Fettmenge – schwenken Sie dabei das Gelenk und arbeiten Sie das Fett gut in die Laufbahnen ein. Befüllen Sie mit dem restlichen Fett die Manschette (siehe Abbildungen).

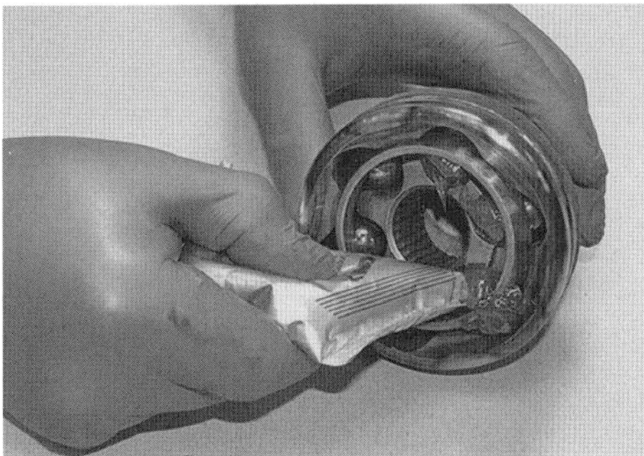

4.15a Arbeiten Sie das Fett gut in das Gleichlaufgelenk ein ...

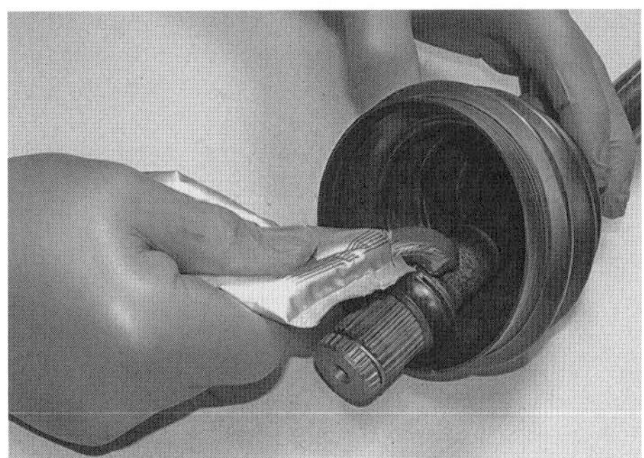

4.15b ... und befüllen Sie die Manschette.

16 Richten Sie das Gelenk zur Verzahnung der Welle aus und klopfen Sie es auf, bis der Sicherungsring in seiner Nut einrastet (siehe Abbildungen) – das Gelenk darf sich jetzt nicht mehr leicht abziehen lassen.

4.16a Richten Sie das Gelenk zur Verzahnung der Welle aus ...

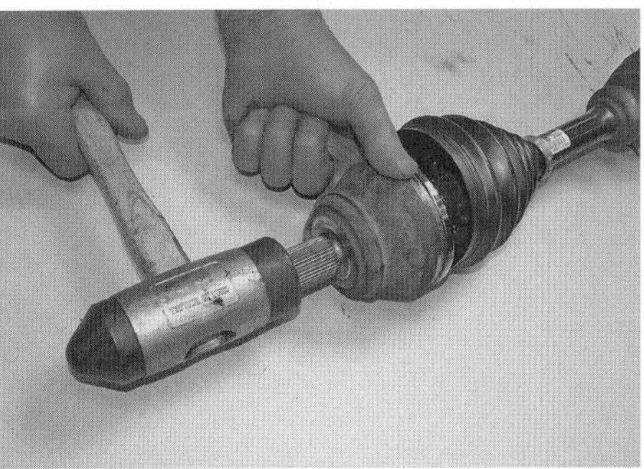

4.16b ... und klopfen Sie es auf, bis der Sicherungsring einrastet.

17 Führen Sie die Manschette über das Gelenk – ihre Lippen müssen korrekt auf der Antriebswelle und dem Gelenk aufliegen. Heben Sie die äußere Dichtlippe kurz an, um den Luftdruck entweichen zu lassen.

4.17 Führen Sie die Manschette über das Gelenk.

18 Positionieren Sie die Schellen über der Manschette und komprimieren Sie sie – falls keine Spezialzange vorhanden ist, kann auch vorsichtig mit einem Seitenschneider gearbeitet werden (siehe Abbildungen).
Anmerkung: *Je nach Hersteller können dem Manschetten-Set unterschiedliche Schellen beigefügt sein.*

4.18a Positionieren Sie die Schellen über der Manschette …

4.18b … und komprimieren Sie sie – hier mit einer Spezialzange, …

4.18c … sodass die Manschette gut gesichert ist.

19 Prüfen Sie, ob sich das Gleichlaufgelenk frei und sanft in alle Richtungen schwenken lässt, und montieren Sie die Antriebswelle (siehe Sektion 2 oder 3).

Innere Gleichlaufgelenk-Manschette

20 Prüfen Sie, ob das Gelenkmanschetten-Set neben der Manschette alle Schellen, Scheiben, den Sicherungsring und Fettfüllungen enthält (siehe Abbildung). Für die Montage der Antriebswelle wird auch eine neue Radnaben-Mutter oder -Schraube benötigt.

4.20 Ein typisches Gelenkmanschetten-Set – einschließlich neuer Radnaben-Schraube

21 Öffnen Sie die Schelle der Manschette (siehe Abbildungen) – nötigenfalls muss sie aufgeschnitten werden. Es kann hilfreich sein, die Antriebswelle hierfür in einem mit weichen Backen bestückten Schraubstock zu klemmen.

4.21a Lockern Sie die Schelle …

4.21b … und ziehen Sie die Manschette ab.

22 Treiben Sie mit einem kleinen Dorn vorsichtig die Metallkappe vom Ende des inneren Gleichlaufgelenks (siehe Abbildungen).

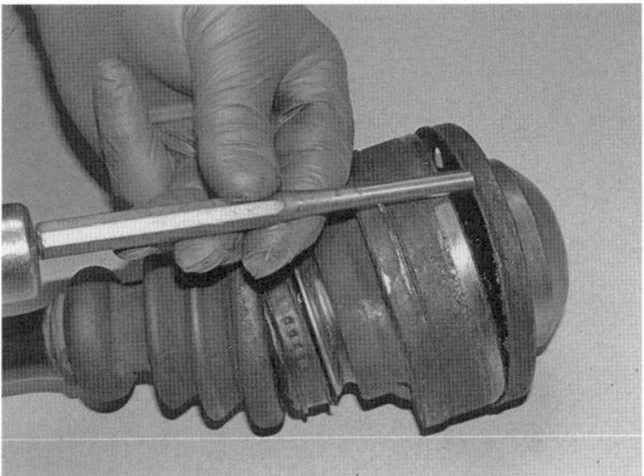

4.22a Verwenden Sie einen Dorn, …

4.22b … um die Kappe vom Gelenk zu lösen.

23 Wischen Sie das Fett ab und entfernen Sie den Seegerring vom Ende der Welle (siehe Abbildung).

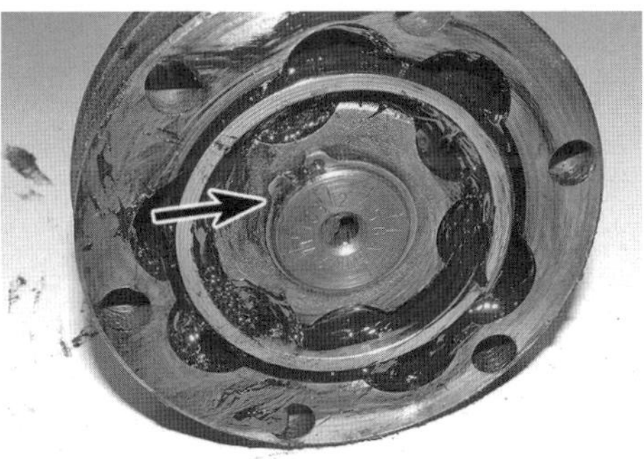

4.23 Entfernen Sie den Seegerring.

24 Ziehen Sie das innere Gleichlaufgelenk von der Verzahnung der Welle und ziehen Sie die Manschette ab (siehe Abbildungen).

4.24a Ziehen das innere Gleichlaufgelenk …

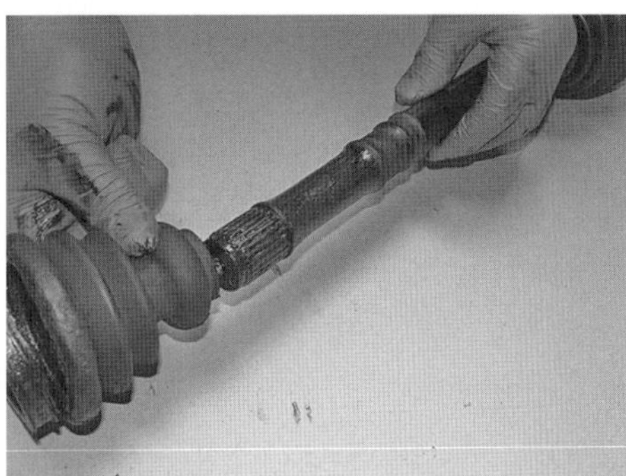

4.24b … und die Manschette ab.

25 Reinigen Sie das Gelenk sorgfältig mit Paraffin oder geeignetem Lösungsmittel und trocknen Sie es anschließend. Führen Sie eine Sichtprüfung durch:

26 Bewegen Sie das auf der Verzahnung sitzende innere Führungssegment von einer Seite zur anderen, um nacheinander die Kugeln nach oben zu schieben. Kontrollieren Sie die Kugeln auf Risse, flache Stellen oder Ausbrüche (siehe Abbildung).

4.26 Kontrollieren Sie die Gleichlaufgelenk-Kugeln auf Beschädigungen.

27 Inspizieren Sie die Kugel-Laufbahnen im inneren und äußeren Gelenk-Segment. Falls sie sich geweitet haben, werden die Kugeln nicht mehr korrekt geführt und das Gelenk hat Spiel. Kontrollieren Sie dabei auch die Öffnungen im Kugel-Käfig auf Verschleiß oder Risse.

28 Falls irgendeine Komponente des Gleichlaufgelenks verschlissen oder beschädigt ist, muss das gesamte Gelenk erneuert werden. Auf jeden Fall wird ein Gelenkmanschetten-Set samt Schellen, Scheiben, Sicherungsring und Fett benötigt (Abb. 4.20) – falls kein Fett dabei ist, kann auch hochwertiges MoS2-Fett verwendet werden.

29 Schieben Sie die neue Manschette auf die Welle und positionieren Sie die Schelle darüber (siehe Abbildungen).

4.29a Schieben Sie die neue Manschette auf die Welle …

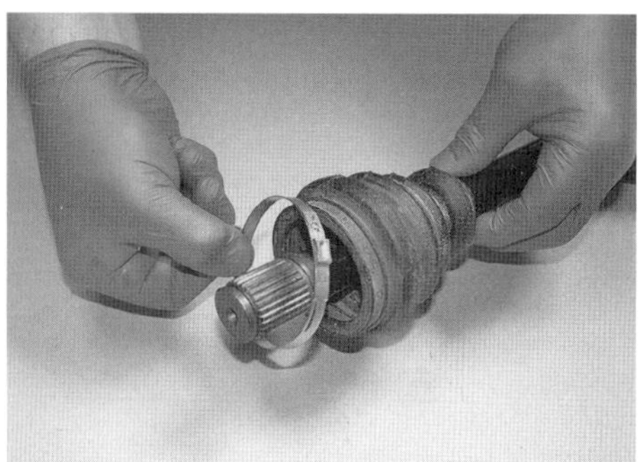

4.29b … und positionieren Sie die Schelle darüber.

30 Füllen Sie das Gelenk mit etwa zwei Dritteln der beigefügten oder in den technischen Daten angegebenen Fettmenge – schwenken Sie dabei das Gelenk und arbeiten Sie das Fett gut in die Laufbahnen ein. Befüllen Sie mit dem restlichen Fett die Manschette (siehe Abbildungen).

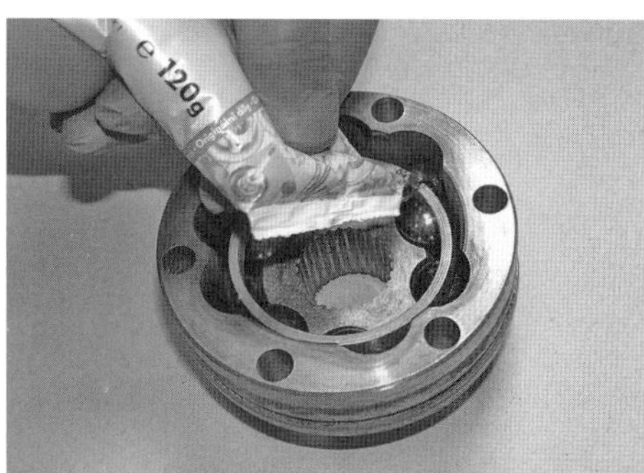

4.30a Arbeiten Sie das Fett gut in das Gleichlaufgelenk ein …

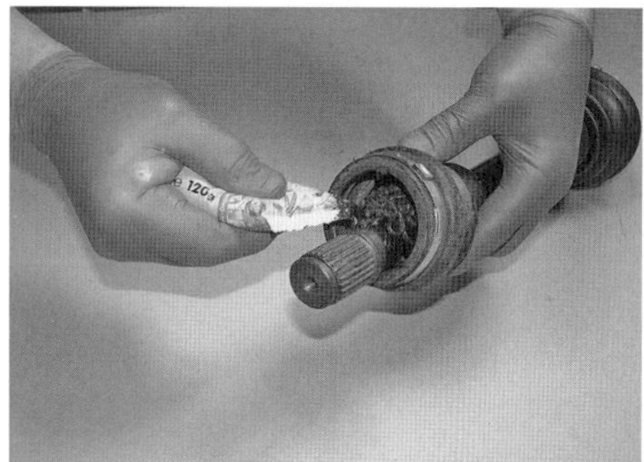

4.30b … und befüllen Sie die Manschette.

31 Schieben Sie das innere Gleichlaufgelenk auf die Wellenverzahnung und sichern Sie es mit dem Seegerring (siehe Abbildungen) – dieser muss rundherum in seiner Nut liegen. (usw.)

4.31a Schieben Sie das innere Gleichlaufgelenk auf die Wellenverzahnung …

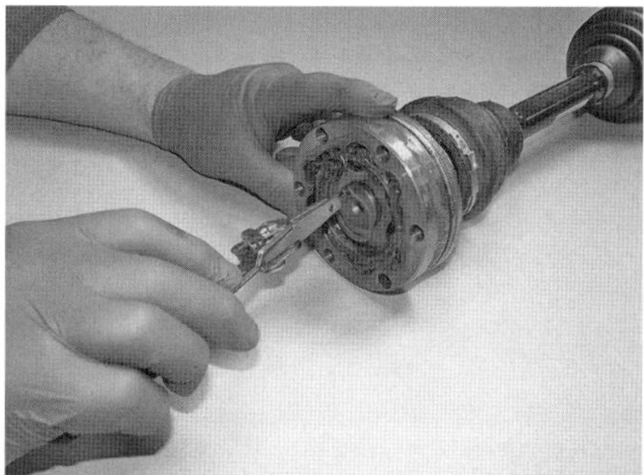

4.31b ... und sichern Sie es mit dem Seegerring.

32 Schieben Sie die Manschette über das Gelenk und sichern Sie sie mit der Schelle (siehe Abbildungen).

4.32a Schieben Sie die Manschette über das Gelenk …

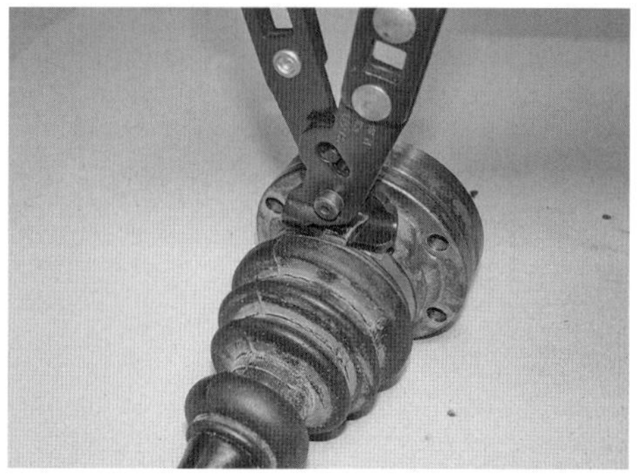

4.32b ... und sichern Sie sie mit der Schelle.

33 Setzen Sie den neuen Metalldeckel am Gelenk an – wir haben ihn mit Schrauben und Muttern senkrecht auf das Gelenk gezogen (siehe Abbildungen).

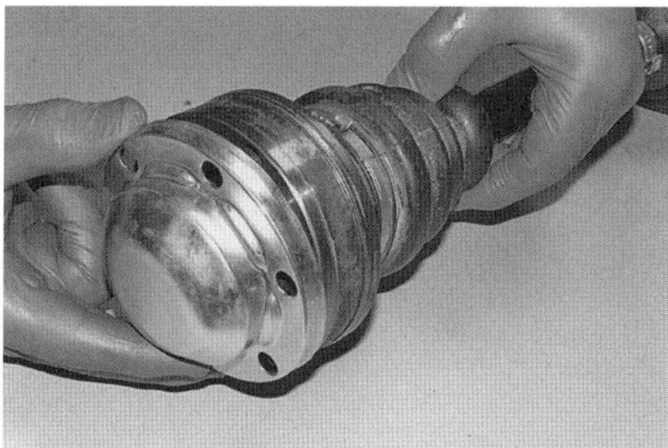

4.33a Setzen Sie den neuen Metalldeckel am Gelenk an …

4.33b … und ziehen Sie nötigenfalls mit Schrauben und Muttern senkrecht auf seinen Sitz.

34 Prüfen Sie, ob sich das Gleichlaufgelenk frei und sanft in alle Richtungen schwenken lässt, und montieren Sie die Antriebswelle (siehe Sektion 2 oder 3).

Tripodengelenk-Manschette

35 Dieser Gelenk-Typ lässt sich am speziell geformten Metalldeckel identifizieren (Abb. 4.1d). Der Deckel sitzt auf dem Flansch des äußeren Gelenk-Segments und die Flansch-Schrauben sind durch ihn hindurch geführt. Der Deckel ist mit drei Laschen am Gelenk-Flansch gesichert.
36 Öffnen Sie die beiden Schellen der Manschette – nötigenfalls müssen sie aufgeschnitten werden. Schieben Sie die Manschette über die Welle, um das Gelenk freizulegen.
37 Klemmen Sie das äußere Gelenksegment in einem mit weichen Backen bestückten Schraubstock.
38 Hebeln Sie mit einem Schraubendreher die Laschen des Metalldeckels über den Rand des äußeren Gelenksegments, um ihn zu entfernen.
39 Wischen Sie das Fett aus dem Gelenk und entfernen Sie den O-Ring aus der Nut des äußeren Gelenksegments.
40 Markieren Sie die Ausrichtung der Antriebswelle, der Tripoden/Rollen-Baugruppe und dem äußeren Gelenksegment – das Segment und die Rollen müssen exakt in dieser Position wieder zusammengesetzt werden.
41 Stützen Sie die Antriebswelle und das innere Tripoden-Gelenk, um das äußere Gelenksegment nach unten vom Tripodengelenk abzuziehen.
42 Entfernen Sie den Sicherungsring vom äußeren Ende der Antriebswelle.
43 Pressen oder treiben Sie die Antriebswelle aus dem Tripoden-Gelenk – beschädigen Sie dabei nicht die Rollen.
44 Ziehen Sie das äußere Gelenksegment und die Manschette von der Antriebswelle.
45 Reinigen Sie das Gelenk sorgfältig mit Paraffin oder geeignetem Lösungsmittel und trocknen Sie es anschließend. Führen Sie eine Sichtprüfung durch:
46 Inspizieren Sie die Tripoden-Rollen und das äußere Gelenksegment auf Verschleiß, Ausbrüche oder Riefen auf den Kontaktflächen. Die Rollen müssen sich sanft und frei drehen lassen.
47 Falls die Rollen oder das äußere Gelenksegment verschlissen oder beschädigt sind, muss die gesamte Antriebswelle durch ein Neuteil ersetzt werden (Einzelteile sind nicht erhältlich). Soweit das Gelenk in Ordnung ist, muss ein Gelenkmanschetten-Set beschafft werden, das neben der Manschette alle Schellen, den Deckel, den Seegerring und Fettfüllungen enthält.
48 Kleben Sie die Verzahnung der Antriebswelle ab, um die neue Manschette beim Aufschieben zu schützen. Schieben Sie die Manschette und die Schellen sowie das äußere Gelenksegment auf die Antriebswelle. Entfernen Sie das Klebeband.
49 Pressen oder treiben Sie den entsprechend der Markierungen ausgerichteten Tripoden mit dem angeschrägten Rand der Verzahnung bis zum Anschlag auf die Antriebswelle.
50 Sichern Sie den Tripoden mit dem neuen Seegerring auf der Welle.
51 Arbeiten Sie etwa die Hälfte des dem Set beigefügten Fetts in das äußere Gelenksegment ein und schieben Sie dies entsprechend der Markierungen ausgerichtet über den Tripoden. Klemmen Sie das Segment in einen Schraubstock.
52 Arbeiten Sie die zweite Hälfte des Fetts hinten in das äußere Gelenksegment ein.
53 Schieben Sie die Manschette über die Antriebswelle auf das äußere Gelenksegment, sodass ihr Ende in deren äußerer Nut liegt. Sichern Sie die Manschette mit der großen Schelle (siehe Schritt 32).
54 Heben Sie den äußeren Rand der Manschette an, um den Luftdruck abzulassen, und sichern Sie ihn mit der zweiten Schelle.
55 Prüfen Sie, ob das Fett im äußeren Gelenksegment gleichmäßig um die Tripoden-Rollen verteilt ist.
56 Wischen Sie überschüssiges Fett aus dem äußeren Gelenksegment und legen Sie den neuen O-Ring in dessen Nut.
57 Setzen Sie den im Set enthaltenen Deckel korrekt zu den Schraubenbohrungen ausgerichtet am äußeren Gelenksegment an und biegen Sie seine Laschen um den Rand des Gehäuseflanschs.
58 Prüfen Sie, ob sich das Tripodengelenk frei und sanft in alle Richtungen schwenken lässt, und montieren Sie die Antriebswelle (siehe Sektion 2).

5 Antriebswellen-Überholung – Allgemeine Informationene

1 Falls eine der in Kapitel 1, Sektion 15 beschriebenen Kontrollen auf möglichen Verschleiß in den Antriebswellengelenken hinweisen, muss nach dem Entfernen der Radkappe geprüft werden, ob die Radnaben-Mutter oder -Schraube fest angezogen ist; falls sie locker ist, muss ein Neuteil beschafft und entsprechend der Vorgaben in den technischen Daten angezogen werden (siehe Sektion 3). Wenn die Mutter oder Schraube fest sitzt, muss die Kontrolle an der anderen Mutter oder Schraube wiederholt werden.
2 Unternehmen Sie eine Probefahrt und achten Sie bei einer langsam mit eingeschlagener Lenkung gefahrenen Kurve auf metallisches Klickern aus dem Frontbereich – dies weist auf Verschleiß im äußeren Gleichlaufgelenk hin.
3 Bei mit steigender Geschwindigkeit zunehmenden Vibrationen kann Verschleiß an den inneren Antriebswellengelenken vorliegen.
4 Um die Gelenke auf Verschleiß kontrollieren zu können, müssen die Antriebswellen demontiert und zerlegt werden (siehe Sektion 4) – falls Verschleiß festgestellt wird, muss es entsprechende Gelenk oder im Falle des inneren Tripodegelenks die gesamte Welle ersetzt werden – erkundigen Sie sich beim Audi-Händler nach der möglichen Verfügbarkeit von Einzelteilen.

Kapitel 8, Teil B

Umlenkgetriebe, Kardanwelle, Hinterachsantrieb (Quattro)

Inhalt   Sektion

Schwierigkeitsgrade

Leicht. Geeignet für Anfänger mit wenig Erfahrung. 	**Relativ leicht.** Geeignet faür Anfänger mit etwas Erfahrung. 	**Relativ schwierig.** Geeignet für geübte Selbstschrauber. 	**Schwer.** Geeignet für Selbstschrauber mit viel Erfahrung. 	**Sehr schwer.** Geeignet für Experten und Profis. 

Technische Daten

Schmierstoffe

Umlenkgetriebe
- Getriebeöl .... G51 SAE 70W90 (Synthetiköl)
- Füllmenge (zusammen mit Schaltgetriebe) .... 2,6 Liter

Hinterachs-Differenzial
- Getriebeöl .... G50 SAE 70W90 (Synthetiköl)
- Füllmenge .... 1,0 Liter

Haldex-Kupplung
- Getriebeöl .... G 052 175 A1 Haldexkupplung-Spezialöl
- Füllmenge (bei Ölwechsel) .... 0,25 Liter
- Füllmenge (bei trockenem Gehäuse) .... 0,42 Liter

Anzugsdrehmomente	**Nm**
Differenzialgehäuse-Befestigungen	
Halter-Schrauben an Hilfsrahmen	60
Hintere Halter-Schrauben an Gehäuse	60
Vordere Halter-Schrauben an Gehäuse*	
Schritt 1	40
Schritt 2	um 45° weiter
Differenzialgehäuse-Ölablassschraube	30
Differenzialgehäuse-Öleinfüll/Kontrollschraube	25
Haldexkupplung-Kontrollschraube	30
Haldexkupplung-Ölablassschraube	15
Hardyscheiben-Schrauben	60
Hitzeschild über rechtem Antriebswellenflansch	25
Kardanwellen-Mittellager an Karosserie	25
Kardanwellensegment-Verbindung	40
Motorhalterung hinten an Hilfsrahmen*	
Schritt 1	20
Schritt 2	um 90° weiter
Umlenkgetriebe an Getriebe*	
Schritt 1	40
Schritt 2	um 45° weiter
Umlenkgetriebe-Halterung	
Gussmetall-Halter	
Schritt 1 – Schrauben an Umlenkgetriebe (Erstanzug)	5
Schritt 2 – Schrauben an Motorblock	35
Schritt 3 – Schrauben an Umlenkgetriebe (Endanzug)	45
Pressblech-Halter	
Schritt 1 – Schrauben an Umlenkgetriebe (Erstanzug)	5
Schritt 2 – obere und untere Schrauben an Motorblock	35
Schritt 3 – mittlere Schraube an Motorblock	22
Schritt 4 – Schrauben an Umlenkgetriebe (Endanzug)	45
Umlenkgetriebe – zentrale rechte Flanschschraube	25

** Stets durch Neuteile zu ersetzen*

1 Allgemeine Informationen

1 Bei Quattro-Modellen wird das linke Vorderrad wie beim Fronttrieb-Modell angetrieben. Das hinten am Motor sitzende Umlenkgetriebe lenkt einen Teil der auf das rechte Vorderrad wirkende Kraft auf die Kardanwelle zur Hinterachse um. Die zweiteilige Kardanwelle besteht aus Stahlrohren mit Mittellager und Kreuzgelenken an beiden Enden.
2 Die Haldexkupplung wirkt wie ein Mittel-Differenzial, um die Motorkraft entsprechend der Anforderungen (vor allem in Kurven) optimal auf die Hinterräder weiterzuleiten. Sie wird zur Anpassung an Fahrdynamik-Regelungen (ESP) elektronisch gesteuert und kann den Antrieb der Hinterräder nötigenfalls komplett unterbrechen.
3 Im Hinterachsantrieb befindet sich ein weiteres Achs-Differenzial, das die Kraft erneut um 90° umlenkt auf beide Hinterräder verteilt. Die Gleichlaufgelenke der Hinterrad-Antriebswellen sind an den Flanschen des Hinterachsantriebs verschraubt.

2 Kardanwelle – Ausbau und Einbau

Anmerkung: *Bevor die Kardanwelle demontiert wird, müssen die Ausrichtung der vorderen Kupplung, der mittleren Verbindung und der hinteren Kupplung zu den Flanschen am Umlenkgetriebe und dem Endantrieb markiert werden, da die Komponenten nur so ausgewuchtet sind. Eine nicht korrekt gewuchtete Kardanwelle verursacht rumpelnde Geräusche und kann das Mittellager sowie Aufnahmen schädigen.*

Ausbau

1 Heben Sie das Fahrzeug an und stützen Sie es sorgfältig ab (siehe Seite 366). Entfernen Sie den Motor-Unterschutz sowie die Abdeckung unterhalb des Tanks (falls vorhanden).
2 Demontieren Sie die mittlere Auspuff-Sektion (siehe Kapitel 4B, Sektion 9). Je nach Modell kann die Demontage der vorderen Kardanwellen-Sektion durch das Entfernen des vorderen Auspuffrohrs erleichtert werden.
3 Lösen Sie die Muttern des über der Kardanwelle liegenden Hitzeschutzes und entnehmen Sie ihn.

Vordere Sektion

4 Lösen Sie die hintere Motorhalterung (Drehmomentstütze) vom Hilfsrahmen (siehe Abbildung), damit der Motor leicht nach vorn verlagert werden kann.

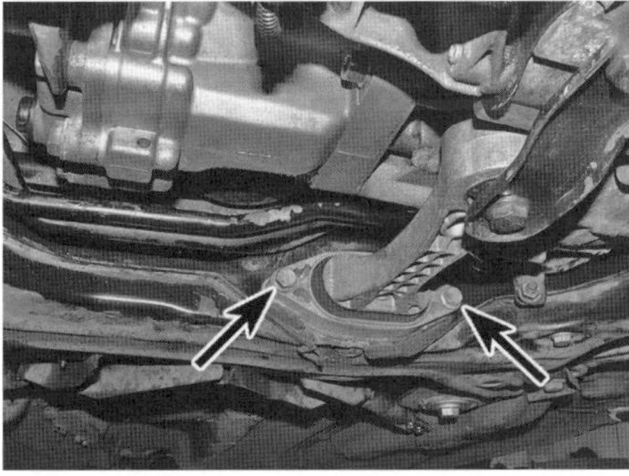

2.4 Schrauben der hinteren Motorhalterung (Drehmomentstütze)

5 Lösen Sie vorn an der Kardanwelle die drei Schrauben aus der Hardyscheibe und befreien Sie den Flansch vom Umlenkgetriebe (siehe Abbildungen) – markieren Sie die Position der Hardyscheibe zum Flansch (siehe Anmerkung oben).

2.5a Schrauben der vorderen Hardyscheibe – hier bei montiertem Auspuff

2.5b Schrauben der vorderen Hardyscheibe – bei demontiertem Auspuff

6 Lösen Sie in der Mitte der Kardanwelle die sechs Schrauben und entfernen Sie die drei Haltebleche, um das vordere Segment der Kardanwelle vom hinteren zu trennen (siehe Abbildung). Markieren Sie die Ausrichtung der Kupplung, um sie später wieder korrekt montieren zu können (siehe Anmerkung am Anfang dieser Sektion).

2.6 Entfernen Sie die sechs Schrauben und drei Bleche aus dem Verbindungsteil.

7 Ziehen Sie die vorn und hinten befreite vordere Kardanwelle nach vorn aus der Verbindungsteil – dies muss absolut waagerecht geschehen, damit der Zentrierstift nicht beschädigt wird.
8 Senken Sie die Kardanwelle vorn etwas ab und ziehen Sie die Hardyscheibe vom Flansch des Umlenkgetriebes ab – achten Sie darauf, nicht den Dichtring des Zentrierstifts zu beschädigen (siehe Abbildung).

2.8 Dichtring des Zentrierstifts in der Hardyscheibe

9 Lösen Sie nötigenfalls die drei Schrauben der Hardyscheibe, um sie vorn von der Kardanwelle zu befreien (Abb. 2.8).

Hintere Sektion

Achtung: Sichern Sie die vordere Sektion der Kardanwelle ggf. mit Draht unter dem Fahrzeug – lassen Sie sie nicht herunterhängen, da hierbei die Hardyscheibe oder der Dichtring des Zentrierstifts beschädigt werden kann.

10 Lösen Sie in der Mitte der Kardanwelle die sechs Schrauben und entfernen Sie die drei Haltebleche, um das vordere Segment der Kardanwelle vom hinteren zu trennen (Abb. 2.6). Stützen Sie die vordere Sektion der Kardanwelle möglichst waagerecht ab, damit die vordere Hardyscheibe nicht beschädigt wird. Ziehen Sie die Kardanwellen-Segmente waagerecht auseinander, damit nicht der Dichtring des Zentrierstifts beschädigt wird.
11 Lösen Sie an der hinteren Hardyscheibe die drei Schrauben, um sie vom Flansch des Hinterachsantriebs zu befreien (siehe Abbildung). Markieren Sie die Ausrichtung der Kupplung, um sie später wieder korrekt montieren zu können (siehe Anmerkung am Anfang dieser Sektion).

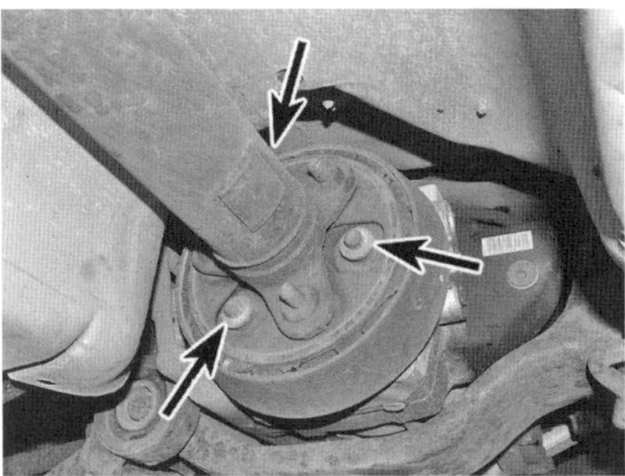

2.11 Schrauben der hinteren Hardyscheibe

12 Lösen Sie in der Mitte der Kardanwelle die zwei Schrauben der Mittellager-Halterung (siehe Abbildung). Nachdem die Kardanwellen-Hälften getrennt sind, wird die hintere Sektion unter dem Fahrzeug heraus befreit. Markieren Sie die Position der Mittellager-Halterung, um sie später wieder korrekt montieren zu können (siehe Anmerkung am Anfang dieser Sektion).

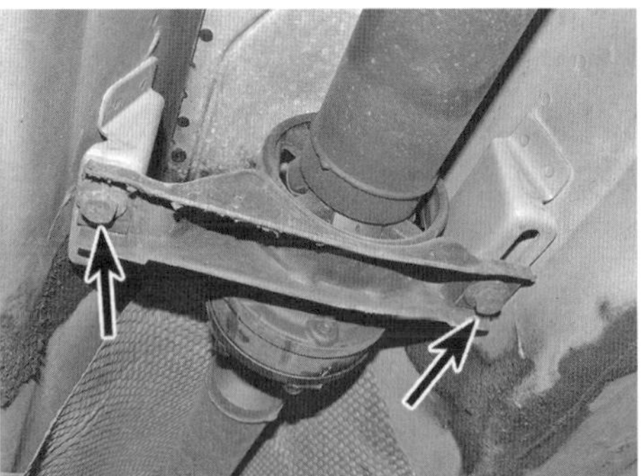

2.12 Schrauben der Mittellager-Halterung

Einbau

13 Kontrollieren Sie die Hardyscheiben und die Mittellager-Halterung auf irgendwelche Beschädigungen.
14 Als dieses Buch 2017 verfasst wurde, waren der mittig in der Hardyscheibe sitzende Dichtring nicht separat erhältlich und Audi empfahl, bei einem schadhaften Dichtring die gesamte Kardanwelle zu erneuern – erkundigen Sie sich nach aktuellen Informationen.
15 Bringen Sie die Kardanwellen-Segmente in Position und richten Sie die zuvor angebrachten Markierungen korrekt zueinander aus (siehe Anmerkung am Anfang dieser Sektion) – halten Sie die Wellen dabei möglichst waagerecht, um den Zentrierstift-Dichtring nicht zu beschädigen.
16 Ziehen Sie die Hardyscheiben-Schraube mit 60 Nm an – kontern Sie dabei die Welle mit einem Bandschlüssel (siehe Abbildung).

2.16 Kontern Sie die Hardyscheibe, während ihre Schrauben mit 60 Nm angezogen werden.

17 Bevor die Schrauben der Mittellager-Halterung mit 25 Nm angezogen werden, muss geprüft werden, ob weder die Kardanwelle noch das Mittellager unter Spannung steht.
18 Montieren Sie den Hitzeschild so an den Unterboden, dass er keine beweglichen Teile berührt.
19 Sichern Sie den hinteren Motorträger am Hilfsrahmen und ziehen Sie die neuen Schrauben zunächst mit 20 Nm an und dann um 90° weiter.
20 Montieren Sie die Auspuffanlage (siehe Kapitel 4B, Sektion 9).
21 Montieren Sie alle unter dem Fahrzeug sitzenden Verkleidungen und senken Sie das Fahrzeug ab.

3 Umlenkgetriebe – Ausbau und Einbau

Anmerkung: *Um die zentrale Schraube im rechten Antriebswellenflansch erreichen zu können, wird ein mindestens 20 cm langer 6-mm-Inbus-Einsatz benötigt (Audi bietet ihn als VAG-Werkzeug 1669 an). Beim Einbau werden neue Schrauben und Dichtungen benötigt.*

1 Demontieren Sie die vordere Kardanwellen-Sektion (siehe Sektion 2) – die Welle muss nicht komplett entfernt werden, sondern muss nur vom hinteren Flansch des Umlenkgetriebes befreit werden. Beschädigen Sie beim Aus- und Einbau der Kardanwelle nicht den Zentrierstift-Dichtring.
2 Demontieren Sie die rechte vordere Antriebswelle (siehe Kapitel 8A, Sektion 2) (siehe Abbildung).

3.2 Entfernen Sie die rechte vordere Antriebswelle.

3 Lösen Sie die Muttern des über dem rechten Antriebswellenflansch sitzenden Hitzeschutz und entnehmen Sie diesen (siehe Abbildung).

3.3 Entfernen Sie den Hitzeschutz.

4 Lockern Sie mit einem passenden Inbusschlüssel die Ölablassschraube um etwa eine halbe Umdrehung (siehe Abbildung). Stellen Sie einen Sammelbehälter unter die Ablassschraube und drehen Sie diese vollständig heraus, um das Öl ablaufen zu lassen. Stellen Sie den Dichtring der Ablassschraube sicher.
Anmerkung: *Das Umlenkgetriebe und das Schaltgetriebe werden gemeinsam geschmiert – seien Sie also auf ca. 2,6 Liter auslaufendes Öl vorbereitet.*

3.4 Ölablassschraube am Umlenkgetriebe

5 Lösen Sie die Schrauben der hinteren Motorhalterung (Drehmomentstütze) und entfernen Sie diese (siehe Abbildung).

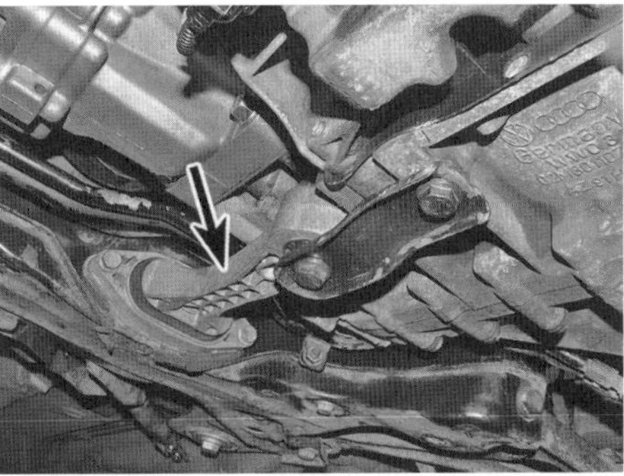

3.5 Hintere Motorhalterung (Drehmomentstütze)

6 Um den Motor nach vorn bewegen zu können, muss das untere Ladeluftrohr aus dem Motorraum befreit werden (siehe Kapitel 4B, Sektion 7).
7 Lösen Sie die Schrauben des am Getriebe und dem Motorgehäuse sitzenden Halters (siehe Abbildungen) – dieser kann aus Pressblech oder Gussmetall bestehen.
Anmerkung: *Bei dem von uns fotografierten Fahrzeug kam ein Halter aus Pressblech zum Einsatz.*

3.7a Lösen Sie die Schrauben …

3.7b … und entnehmen Sie den Halter.

8 Lösen Sie die zentrale Schraube im rechten Antriebswellenflansch (siehe Abbildungen) – hindern Sie den Flansch mit eingedrehten Schrauben und einem dort angesetzten Hebel am Mitdrehen.
Anmerkung: *Hierfür wird ein mindestens 20 cm langer 6-mm-Inbus-Einsatz benötigt (Audi bietet ihn als VAG-Werkzeug 1669 an).*

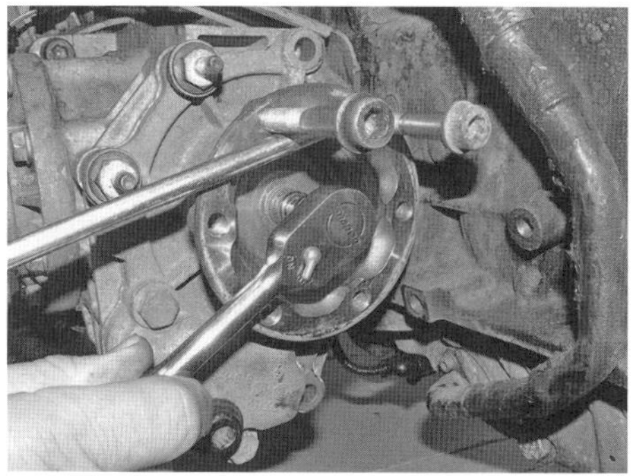

3.8a Hindern Sie den Antriebswellenflansch am Mitdrehen …

3.8b … und lösen Sie die sehr tief sitzende zentrale Schraube.

9 Lösen Sie die vier Befestigungsschrauben und ziehen Sie das Umlenkgetriebe aus dem Getriebe (siehe Abbildungen) – die Schrauben müssen später durch Neuteile ersetzt werden.

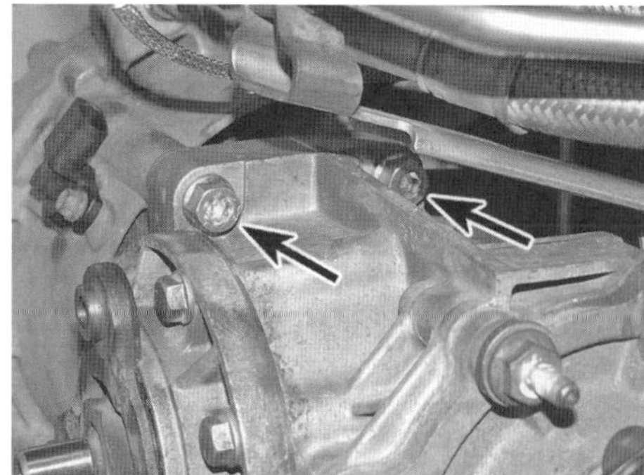

3.9a Lösen Sie die zwei oberen …

3.9b ... und die zwei unteren Schrauben

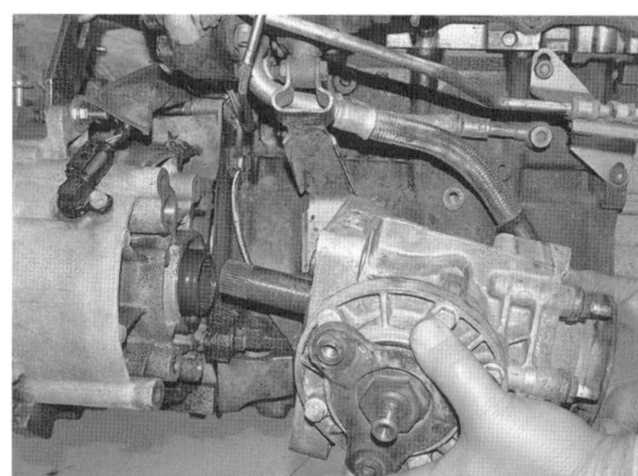

3.9c … und ziehen Sie das Umlenkgetriebe aus dem Getriebe.

10 Legen Sie das Umlenkgetriebe auf die Werkbank und entfernen Sie die drei O-Ringe (siehe Abbildungen).

3.10a Entfernen Sie die drei O-Ringe …

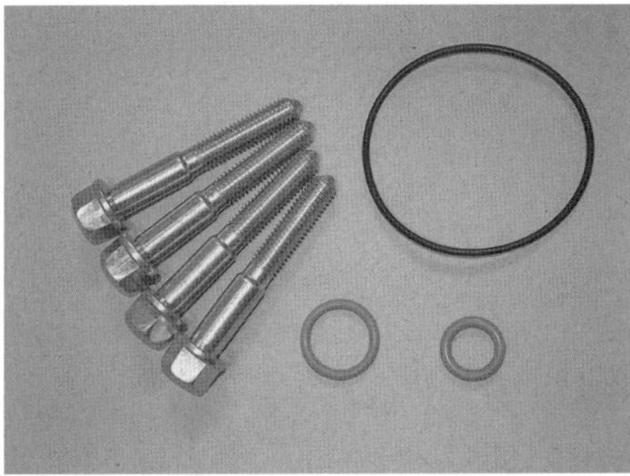
3.10b … und ersetzen Sie diese sowie die Befestigungsschrauben durch Neuteile.

11 Installieren Sie die eingeölten neuen O-Ringe über die Passhülsen und den Bund des Flanschs (siehe Abbildungen).

3.11a Schmieren Sie die neuen O-Ringe …

3.11b … und installieren Sie sie über die Passhülsen …

3.11c … sowie in die Nut am Flansch-Bund.

12 Der Einbau entspricht der umgekehrten Ausbaureihenfolge – beachten Sie dabei folgende Punkte:

a) Die Befestigungsschrauben und O-Ringe des Umlenkgetriebes müssen durch Neuteile ersetzt werden.
b) Drehen Sie beim Ansetzen des Umlenkgetriebes den Flansch, damit die Wellenverzahnungen ineinandergreifen.
c) Sobald das Umlenkgetriebe vollständig am Getriebe anliegt, werden die neuen Schrauben eingedreht und zunächst mit 40 Nm angezogen und dann eine achtel Umdrehung (45°) weitergedreht – verwenden Sie nötigenfalls eine Gradscheibe. NIEMALS darf versucht werden, das Umlenkgetriebe mit den Schrauben ans Getriebe zu ziehen!
d) Beachten Sie bei der Montage des Halters rechts am Umlenkgetriebe und Motorgehäuse die unterschiedlichen Anzugschritte für Halter aus Pressblech oder Gussmetall (siehe Anzugsdrehmomente in den technischen Daten).
e) Ziehen Sie die zentrale Schraube im rechten Antriebswellenflansch mit 25 Nm an.
f) Rüsten Sie die Ölablassschraube mit einer neuen Dichtscheibe aus und füllen Sie das gesamte Getriebe mit Öl auf (siehe Kapitel 1, Sektion 13).

4 Hinterachs-Differenzial und Haldex-Kupplung – Ausbau und Einbau

Anmerkung: *In dieser Sektion wird der Ausbau des Hinterachs-Differenzial und der Haldex-Kupplung als gemeinsame Baugruppe gezeigt.*

1 Demontieren Sie den hinteren Teil der Auspuffanlage (siehe Kapitel 4B, Sektion 9)
2 Demontieren Sie die hintere Kardanwellen-Sektion (siehe Sektion 2) – beschädigen Sie dabei nicht den Zentrierstift-Dichtring.
3 Lockern Sie mit einem passenden Inbusschlüssel die Ölablassschraube um etwa eine halbe Umdrehung (siehe Abbildung). Stellen Sie einen Sammelbehälter unter die Ablassschraube und drehen Sie diese vollständig heraus, um das Öl ablaufen zu lassen. Stellen Sie den Dichtring der Ablassschraube sicher.
Anmerkung: *Das Hinterachs-Differenzial und die Haldex-Kupplung werden getrennt geschmiert (siehe Abbildungen).*

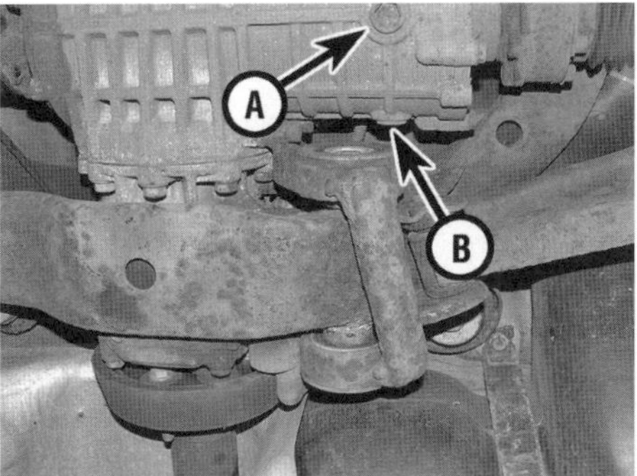

4.3a Ölablassschraube (A) und Einfüll/Kontrollschraube (B) am Hinterachs-Differenzial

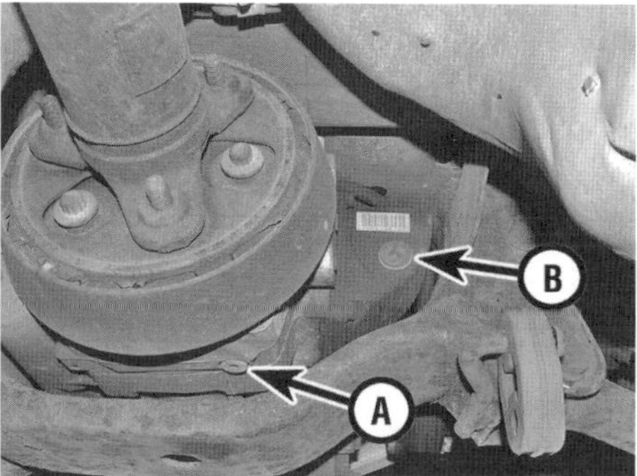

4.3b Ölablassschraube (A) und Kontrollschraube (B) an der Haldex-Kupplung

4 Trennen Sie beide Hinterrad-Antriebswellen von den Flanschen des Differenzials (siehe Kapitel 8A, Sektion 3) – sie können am Rad angeschlossen bleiben, müssen dann aber unter dem Fahrzeug gesichert werden, damit sie nicht herunterhängen (siehe Abbildung).

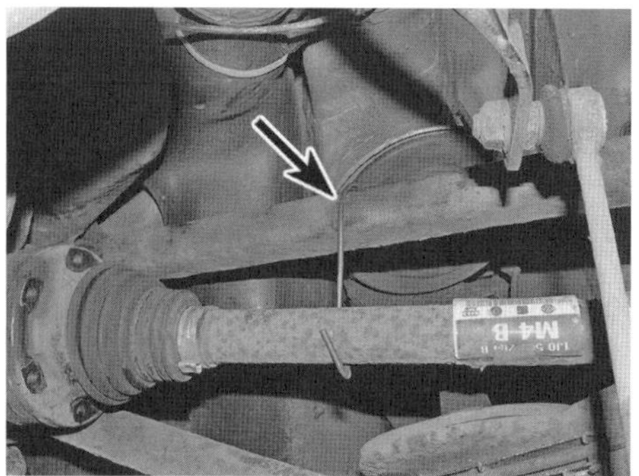

4.4 Sichern Sie die am Rad angeschlossenen Antriebswellen unter dem Fahrzeug.

5 Lösen Sie die drei Befestigungsschrauben der Halterung aus dem Differenzialgehäuse und die zwei Schrauben aus dem Hilfsrahmen, um den Halter zu befreien (siehe Abbildung).

4.5 Demontieren Sie den Differenzialgehäuse-Halter.

6 Lösen Sie hinten am Differenzialgehäuse den Clip des Kabelsteckers und trennen Sie diesen (siehe Abbildung).

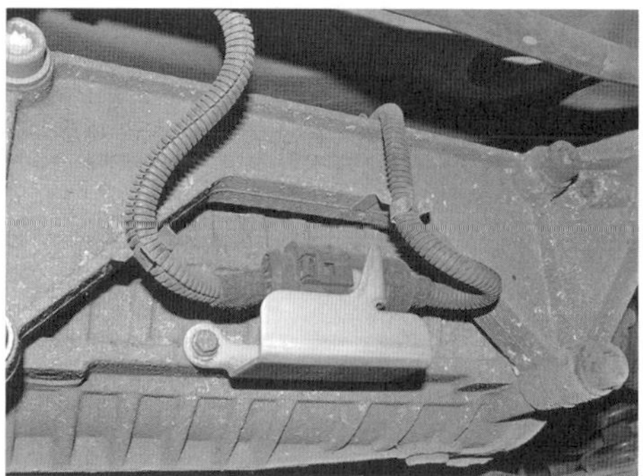

4.6 Kabelstecker am Differenzialgehäuse

7 Stützen Sie mit einem Rangierwagenheber die aus dem Hinterachs-Differenzial und der Haldex-Kupplung bestehende Baugruppe und lockern Sie die Schrauben an beiden Seiten des Differenzials (siehe Abbildungen).

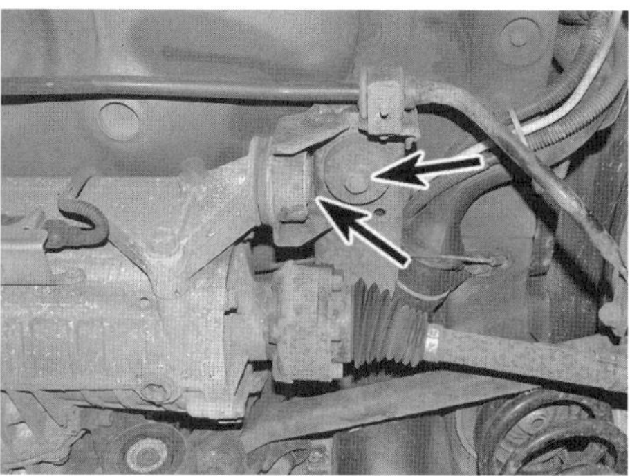

4.7a Entfernen Sie die Schrauben der rechten …

4.7b … und der linken Differenzialgehäuse-Aufnahme.

8 Senken Sie die Baugruppe ab und trennen Sie dabei die Belüftungsleitungen vom Unterboden.
9 Senken Sie die gut abgestützte Baugruppe vollständig ab und befreien Sie sie mithilfe eines Assistenten unter dem Fahrzeug heraus.
10 Lösen Sie nötigenfalls die vier Schrauben des Differenzialgehäuse-Halters und befreien Sie ihn vom Gehäuse (siehe Abbildung).

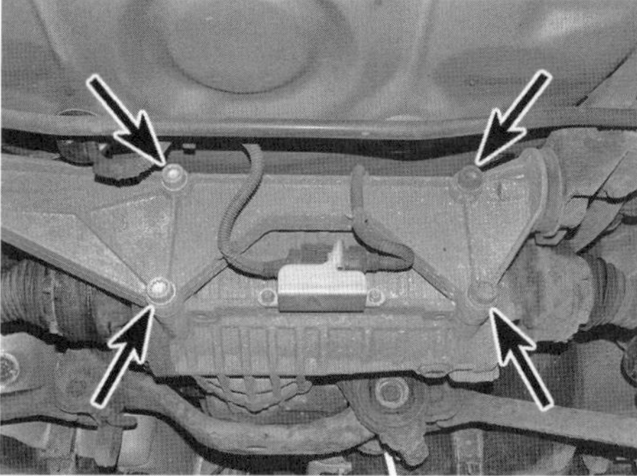

4.10 Schrauben des Differenzialgehäuse-Halters

11 Der Einbau entspricht der umgekehrten Ausbaureihenfolge – beachten Sie dabei folgende Punkte:

a) Ziehen Sie alle Schrauben mit den in den technischen Daten angegebenen Anzugsdrehmomenten an.
b) Die Ölpegel im Differenzial und der Haldex-Kupplung müssen bei waagerecht stehendem Fahrzeug bis zum unteren Rand der Einfüll/Kontrollschrauben-Bohrung reichen. Füllen Sie nötigenfalls das in den technischen Daten angegebene Öl nach und warten Sie, bis überschüssiges Öl abgetropft ist.
c) Montieren Sie die Antriebswellen, die Kardanwelle und die Auspuffanlage entsprechend der Vorgaben in Kapitel 8A, Sektion 3, Kapitel 4B, Sektion 9 und Sektion 2 in diesem Kapitel.

5 Haldex-Kupplung – Öl- und Filterwechsel

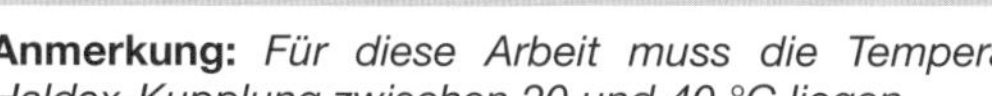

Anmerkung: *Für diese Arbeit muss die Temperatur der Haldex-Kupplung zwischen 20 und 40 °C liegen.*

1 Heben Sie das Fahrzeug an und stützen Sie es sorgfältig ab (siehe Seite 366) – Es muss für die Kontrolle des Ölpegels waagerecht stehen.
2 Lockern Sie mit einem passenden Inbusschlüssel die Ölablassschraube der Haldex-Kupplung um etwa eine halbe Umdrehung. Stellen Sie einen Sammelbehälter unter die Ablassschraube und drehen Sie diese vollständig heraus, um das Öl ablaufen zu lassen (siehe Abbildungen). Stellen Sie die Dichtscheibe der Ablassschraube sicher.

5.2a Lösen Sie die Ölablassschraube der Haldex-Kupplung …

5.2b … und lassen Sie das Öl vollständig ablaufen.

3 Lösen Sie rechts an der Haldex-Kupplung den Ölfilter – dieser ist am besten mit einem abgewinkelten Ringschlüssel zugänglich, sie ihn Audi unter der Teilenummer T10066 anbietet (siehe Abbildungen).

5.3a Verwenden Sie möglichst einen solchen Spezial-Ringschlüssel, …

5.3b … um den Ölfilter aus der Haldex-Kupplung zu schrauben.

4 Reinigen Sie in der Haldex-Kupplung den Filter-Bereich. Ölen Sie den O-Ring des neuen Filters leicht ein, setzen Sie ihn an und ziehen Sie ihn mit dem Spezial-Ringschlüssel an (siehe Abbildung).

5.4 Tragen Sie am O-Ring des neuen Filters etwas Öl auf.

5 Rüsten Sie die Ablassschraube mit einer neuen Dichtscheibe aus (siehe Abbildung).

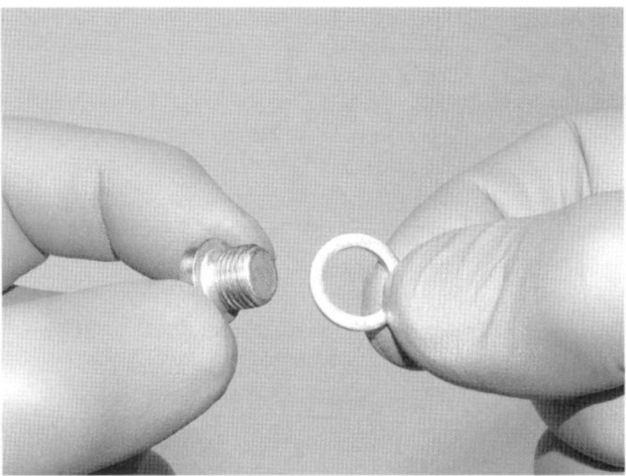

5.5 Rüsten Sie die Ablassschraube mit einem neuen Dichtring aus.

6 Das Öl für die Haldex-Kupplung ist in einer Kartusche mit 0,25 l Inhalt erhältlich. Diese kann an der Ablaufbohrung angesetzt und das Öl in die Kupplung gepumpt werden. Halten Sie die Ablassschraube (mit neue Dichtscheibe) bereit, um sie direkt nach dem Entfernen der Kartusche einzudrehen (siehe Abbildungen). Ziehen Sie die Schraube mit 15 Nm an.

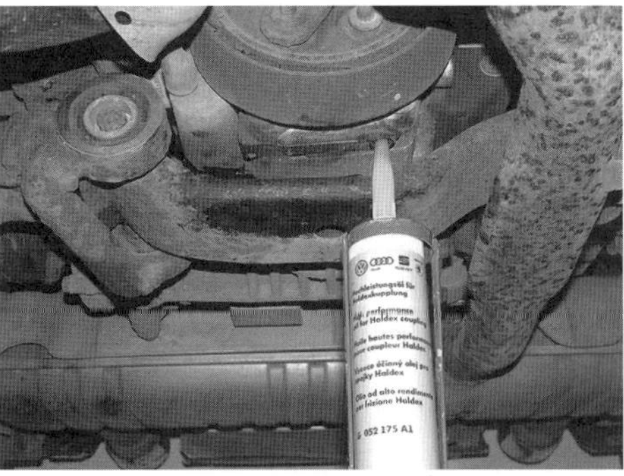

5.6a Pumpen Sie 0,25 Liter Spezialöl in die Kupplung ...

5.6b ... und installieren Sie die Ablassschraube – sie muss mit 25 Nm angezogen werden.

7 Zur Kontrolle des Ölpegels in der Haldex-Kupplung muss diese eine Temperatur zwischen 20 und 40 °C aufweisen und das Fahrzeug absolut waagerecht stehen. Entfernen Sie die Ölpegel-Kontrollschraube (Abb. 4.3b) – der Pegel muss am unteren Rand (oder maximal 2 mm unter) der Bohrung stehen. Füllen Sie ggf. Öl nach und ziehen Sie die Kontrollschraube mit 30 Nm an.

Kapitel 9

Bremsanlage

Inhalt **Sektion**

Schwierigkeitsgrade

Leicht. Geeignet für Anfänger mit wenig Erfahrung. 	**Relativ leicht.** Geeignet faür Anfänger mit etwas Erfahrung. 	**Relativ schwierig.** Geeignet für geübte Selbstschrauber. 	**Schwer.** Geeignet für Selbstschrauber mit viel Erfahrung. 	**Sehr schwer.** Geeignet für Experten und Profis. 

Technische Daten

Vorderradbremsen		
Bremssattel-Typ	FN3	
Bremssattel-Kolbendurchmesser	54 mm	
Bremsscheiben-Durchmesser	312 mm	
	Standard	**Verschleißgrenze**
Bremsscheiben-Stärke (innenbelüftet)	25 mm	23 mm
Bremsscheiben-Verzug		0,1 mm
Bremsbelag (nur Belagmaterial)	14 mm	2 mm
Hinterradbremsen		
Bremssattel-Typ	C38	
Bremssattel-Kolbendurchmesser	38 mm	
Bremsscheiben-Durchmesser	312 mm	
Bremsscheiben-Stärke	**Standard**	**Verschleißgrenze**
Massive Bremsscheibe	9 mm	7 mm
Innenbelüftete Bremsscheibe	22 mm	20 mm
Bremsscheiben-Verzug		0,1 mm
Bremsbelag (nur Belagmaterial)	12 mm	2 mm

Anzugsdrehmomente	**Nm**
ABS-Hydraulikmodulatorträger-Schrauben	20
ABS-Hydraulikmodulator an Träger	8
ABS-Radsensor-Befestigungsschrauben	8
Bremsdruck-Sensor	14
Bremskraftverstärker-Schrauben	28
Bremsleitungs-Anschlussmuttern	14
Bremspedalgelenk-Mutter*	25
Bremsscheiben-Spritzschutz-Schrauben	12
Bremsschlauch-Anschlussschrauben	25
Handbremshebel-Schrauben	18
Hauptbremszylinder-Befestigungsmuttern*	5
Radbolzen	120
Vorderradbremssattel	
Führungszapfen-Schrauben*	35
Bremssattelträger-Schrauben	65
Vorderradbremssattel	
Führungszapfen-Schrauben*	28
Bremssattelträger-Schrauben	125

** Stets durch Neuteile zu ersetzen*

1 Allgemeine Informationen

1 Das von einem Bremskraftverstärker (»Servobremse«) unterstützte Bremssystem arbeitet mit einem Zweikreissystem, bei dem jeder Bremskreis des Tandem-Hauptbremszylinders auf ein Vorderrad und ein Hinterrad wirkt. Unter normalen Umständen arbeiten beide Bremskreise gemeinsam. Falls jedoch ein Bremskreis ausfällt, kann immer noch bei zwei Rädern die volle Bremskraft angewendet werden. Der für den Bremskraftverstärker erforderliche Unterdruck wird am Ansaugstutzen erzeugt.
2 Alle Modelle sind mit einem Antiblockiersystem (ABS) samt elektronischer Bremskraftverteilung (EBV) ausgerüstet (weitere Informationen hierzu finden sich in Sektion 19). Je nach Modell können auch eine elektronische Differenzialsperre (EDS), eine Antischlupfregelung (ASR) und ein elektronisches Stabilisierungs-Programm (ESP) an Bord sein.
3 Vorn und hinten werden Bremsscheiben mit Einkolben-Schwimmsätteln verzögern. In die hinteren Bremssättel ist ein unabhängiger mechanischer Handbremsenmechanismus integriert.

Arbeiten an der Bremsanlage müssen sorgfältig und methodisch ausgeführt werden, beim Überholen von Hydraulik-Bauteilen muss auf absolute Sauberkeit geachtet werden. Ersetzen Sie Bauteile bei jedem Zweifel über ihren Zustand (ggf. an beiden Seiten der Achse) und benutzen Sie ausschließlich originale Audi-Ersatzteile oder hochwertige Markenprodukte. Beachten Sie bezüglich der Gefahren durch Asbeststaub und Hydraulikflüssigkeit die Warnhinweise in der Sektion »Sicherheit geht vor!« am Anfang dieses Buchs und in den entsprechenden Sektionen dieses Kapitels.

2 Hydrauliksystem – Entlüftenn

Hydraulikflüssigkeit ist giftig! Waschen Sie Spritzer bei Hautkontakt unverzüglich ab und suchen Sie medizinischen Rat, falls etwas in die Augen gelangt. Hydraulikflüssigkeit kann brennbar sein und sich beim Kontakt mit heißen Bauteilen entzünden. Bei der Arbeit an der Bremshydraulik muss daher genauso vorgegangen werden wie beim Kraftstoffsystem. Hydraulikflüssigkeit ist ein wirksamer Lackentferner und greift Kunststoff an; Spritzer müssen unverzüglich mit reichlich klarem Wasser abgewaschen werden. Hydraulikflüssigkeit ist zudem hygroskopisch, absorbiert also Wasser aus der Luft. Je mehr Luftfeuchtigkeit aufgenommen wird, desto niedriger sinkt der Siedepunkt, sodass in einer heiß werdenden Bremse rasch Dampfblasen entstehen können und kein Bremsdruck mehr aufgebaut werden kann. Daher darf nur frische Bremsflüssigkeit des vorgeschriebenen Typs verwendet werden.

Anmerkung: *Audi schreibt vor, beim Entlüften der Bremse aus jedem Bremssattel mindestens 0,25 Liter Bremsflüssigkeit herauszuspülen.*

Allgemeines

1 Die korrekte Funktion der Bremshydraulik ist nur möglich, wenn sämtliche Luft aus dem System entfernt ist; dies wird durch Entlüften gewährleistet. Da die Kupplungshydraulik den gleichen Ausgleichsbehälter nutzt wie die Bremse, sollte sie zum gleichen Zeitpunkt entlüftet werden (siehe Kapitel 6, Sektion 2).
2 Während des Entlüftens darf nur frische Bremsflüssigkeit des vorgeschriebenen Typs (DOT 4) verwendet werden – niemals bereits durch das System gespülte Flüssigkeit. Vor Arbeitsbeginn muss sichergestellt sein, dass genügend Bremsflüssigkeit vorhanden ist.
3 Falls im Bremssystem nicht dafür vorgesehene Flüssigkeit vorhanden ist, muss diese vollständig mit frischer Bremsflüssigkeit herausgespült werden, zudem sind neue Dichtungen zu verwenden.
4 Falls durch ein Leck im Bremssystem der Pegel im Ausgleichsbehälter stetig absinkt, muss zunächst dieses Problem behoben werden.
5 Stellen Sie das Fahrzeug auf eine ebene Fläche, blockieren Sie die Räder und lösen Sie die Handbremse.
6 Prüfen Sie, ob alle Schläuche und Rohre in Ordnung, alle Anschlüsse verbunden und alle Entlüftungsschrauben verschlossen sind. Reinigen Sie die Bereiche um die Entlüftungsschrauben.
7 Öffnen Sie den Deckel des Ausgleichsbehälters und füllen Sie ihn bis zur MAX-Markierung auf. Legen Sie den Deckel locker auf und achten Sie darauf, dass der Pegel während der gesamten Prozedur immer über der MIN-Markierung steht – andernfalls kann Luft ins System eindringen und die Prozedur muss wiederholt werden.
8 Auf dem Markt sind zahlreiche Entlüftungs-Hilfsmittel erhältlich, von denen möglichst eines beschafft werden sollte, da der Entlüftungsprozess deutlich vereinfacht werden kann und das Risiko, bereits ausgetretene Luft wieder anzusaugen, minimiert wird. Falls ein solches Kit nicht erhältlich ist, muss mithilfe eines Assistenten die unten beschriebene Methode durchgeführt werden.
9 Falls ein Entlüftungs-Kit verwendet wird, muss das Fahrzeug wie oben beschrieben vorbereitet und dann den beigefügten Hinweisen gefolgt werden – die Prozeduren können sich je nach Vorrichtung leicht voneinander unterscheiden, doch die allgemeinen Schritte sind unter den entsprechenden Überschriften beschrieben (siehe unten).
10 Ungeachtet der angewendeten Methode muss die korrekte Reihenfolge (Schritt 12) eingehalten werden, um sämtliche Luft aus dem System zu entfernen.

Entlüftungs-Reihenfolge

11 Falls die Bremshydraulik nur teilweise getrennt und die Hinweise zur Minimierung von Flüssigkeitsverlusten beachtet wurden, reicht es, diesen Teil zu entlüften (d. h. den Primär- oder den Sekundär-Bremskreis).
12 Falls aufgrund einer getrennten Haupt-Bremsleitung die gesamte Bremshydraulik entlüftet werden muss, ist die folgende Reihenfolge einzuhalten:

Bremse mit ABS-Hydraulikeinheit
Typ 20 IE (siehe Sektion 19)
a) rechts hinten
b) links hinten
c) rechts vorn
d) links vorn

Bremse mit ABS-Hydraulikeinheit
Typ 60 (siehe Sektion 19)
a) links vorn
b) rechts vorn
c) links hinten
d) rechts hinten

13 Falls eine Kammer des Ausgleichsbehälters trocken gefallen ist, muss das System vor der oben beschriebenen Reihenfolge wie folgt vor-entlüftet werden:

a) Entlüften Sie die Vorderradbremsen gleichzeitig.
b) Entlüften Sie die Hinterradbremsen gleichzeitig.

Entlüftungs-Grundmethode (Zwei-Personen-Methode)

14 Beschaffen Sie ein sauberes Glasgefäß und einen ausreichend langen transparenten Schlauch, der fest über den Nippel der Entlüftungsschraube geschoben werden kann. Die Schraube selbst sollte mit einem passenden Ringschlüssel betätigt werden. Für die Arbeit wird ein Assistent benötigt.
15 Falls noch nicht geschehen, werden an der entlüftenden Bremse alle Entlüftungsschrauben-Kappen abgezogen (siehe Abbildung) und der Schlauch auf die erste Schraube gesteckt. Halten Sie das andere Schlauch-Ende in den mit etwas Bremsflüssigkeit gefüllten Behälter, sodass keine Luft angesaugt werden kann.

2.15 Staubkappe einer Bremssattel-Entlüftungsschraube

16 Achten Sie stets darauf, dass der Ausgleichsbehälter mindestens bis zur MIN-Markierung mit Bremsflüssigkeit gefüllt ist.
17 Lassen Sie den Assistenten durch mehrfaches kräftiges Betätigen der Bremse Druck aufbauen und das Pedal gedrückt halten.
18 Lockern Sie bei gedrücktem Pedal die erste Entlüftungsschraube um etwa eine Umdrehung und lassen Sie die Flüssigkeit durch den Schlauch strömen. Der Assistent tritt hierbei das Pedal bis zum Boden durch und lässt es erst auf Anweisung wieder los. Wenn keine Flüssigkeit mehr austritt, wird die Entlüftungsschraube wieder angezogen, und der Assistent löst langsam das Bremspedal. Kontrollieren Sie den Pegel im Ausgleichsbehälter.
19 Wiederholen Sie die Schritte 17 und 18 so lange, bis frische Hydraulikflüssigkeit blasenfrei aus der Schraube austritt. Falls der Hauptbremszylinder entleert und wieder aufgefüllt wurde und die erste Bremse der Reihenfolge entlüftet wird, müssen zwischen den Entlüftungsschritten etwa 5 Sekunden Pause eingehalten werden, damit sich die Bremszylinder-Passage wieder füllen kann.
20 Sobald keine Luftblasen mehr austreten, wird die Entlüftungsschraube sorgfältig angezogen, der Schlauch abgezogen und die Staubkappe aufgesteckt. Ziehen Sie die Entlüftungsschraube nicht zu fest!
21 Wiederholen Sie die Prozedur an den anderen Bremsen in der in Schritt 12 aufgeführten Reihenfolge, bis sämtliche Luft aus dem Hydrauliksystem entfernt ist. Zum Schluss muss die Bremse einen festen Druckpunkt haben.

Alte Bremsflüssigkeit ist deutlich dunkler als frische. Pumpen Sie so lange Bremsflüssigkeit heraus, bis helle Flüssigkeit austritt.

Mit Rückschlagventil-Kit

22 Wie der Name bereits andeutet, bestehen diese Kits im Wesentlichen aus einem Schlauch mit integriertem Rückschlagventil, um einmal herausgedrückte Luft und Bremsflüssigkeit nicht wieder ins Bremssystem zu saugen. Manche Kits beinhalten einen transparenten Behälter, der so positioniert werden kann, dass die austretenden Luftblasen besser beobachtet werden können (siehe Abbildung).

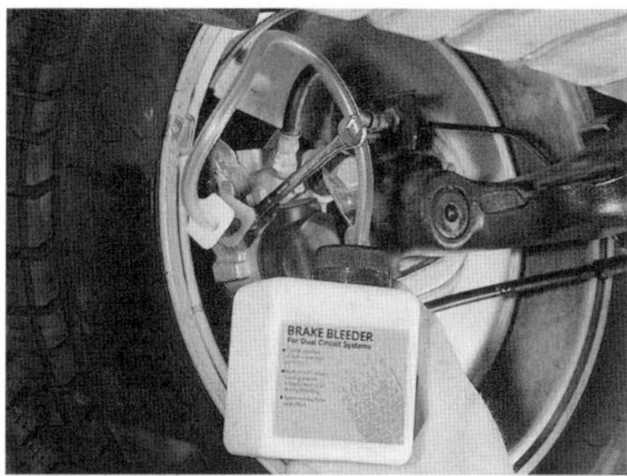

2.22 Entlüften einer Bremse per Rückschlagventil-Set

23 Verbinden Sie das Kit wird mit der Entlüftungsschraube und öffnen Sie diese dann. Setzen Sie sich ins Auto und drücken Sie mit sanftem Druck die Bremse vollständig durch, um sie dann langsam wieder zu lösen. Wiederholen Sie dies, bis frische Hydraulikflüssigkeit blasenfrei aus der Schraube austritt.
24 Diese Kits funktionieren so gut, dass man leicht den Pegel im Ausgleichsbehälter vergessen kann – achten Sie also stets darauf, dass sich in ihm stets genug Flüssigkeit befindet.

Mit Druckentlüftungs-Kit

25 Diese Geräte arbeiten oft mit dem im Reserverad gespeicherten Luftdruck; oft muss dieser jedoch zuvor auf einen niedrigeren Wert als üblich abgesenkt werden (üblicherweise unter 1,0 bar) – beachten Sie die beigefügte Anleitung.
26 Indem ein unter Druck stehender und mit Bremsflüssigkeit gefüllter Behälter an den Ausgleichsbehälter angeschlossen wird, kann das Entlüften einfach durch das Öffnen der Entlüftungsschrauben (in der oben angegebenen Reihenfolge) erledigt werden – lassen Sie die Flüssigkeit austreten, bis keine Blasen mehr enthalten sind.
27 Diese Methode hat den Vorteil, dass der große Flüssigkeitsbehälter zusätzliche Sicherheit vor in das System gesaugte Luft bietet.
28 Druckentlüften ist besonders bei ‚schwierigen' Systemen zu empfehlen oder wenn das gesamte System bei einem Austausch der Bremsflüssigkeit gespült werden soll (siehe Praxis-Tipp oben).

Alle Methoden

29 Wenn das Entlüften beendet ist und wieder ein fester Pedaldruck besteht, werden alle Bremsflüssigkeits-Spritzer abgewaschen, die Entlüftungsschrauben sorgfältig angezogen und die Staubkappen aufgesteckt.
30 Prüfen Sie nach dem Entlüften den Pegel im Ausgleichsbehälter (siehe Wöchentliche Kontrollen) und füllen Sie ihn ggf. auf.

31 Betätigen Sie bei laufendem Motor die Bremse – falls das Pedal ein schwammiges Gefühl vermittelt oder sogar ‚gepumpt' werden muss, bis ein Druckpunkt entsteht, befindet sich noch Luft im Bremssystem, und es muss erneut entlüftet werden. Bringt auch eine Wiederholung keine zufriedenstellenden Ergebnisse, können defekte Dichtungen im Hauptbremszylinder die Ursache sein.

32 Die aus dem Bremssystem gespülte Bremsflüssigkeit muss fachgerecht entsorgt werden – keinesfalls darf sie wiederverwendet werden.

3 Bremsleitungen und Schläuche – Ersetzen

Anmerkung: *Beachten Sie vor Arbeitsbeginn die Warnhinweise zum Thema Hydraulikflüssigkeit in Sektion 2.*

1 Der Verlust an Bremsflüssigkeit kann minimiert werden, indem der Deckel des Ausgleichsbehälters geöffnet, ein Stück Plastikfolie über die Öffnung gelegt und der Deckel wieder aufgeschraubt wird – so ist der Behälter nicht belüftet, und bei einer getrennten Leitung läuft keine Flüssigkeit nach. Alternativ können Schläuche mit einer speziellen Bremsschlauchklemme abgedichtet werden. Anschlüsse von Metallrohren können direkt nach dem Trennen mit Kappen versehen werden – allerdings darf dabei kein Schmutz ins Bremssystem gelangen. Legen Sie reichlich Lappen unter zu trennende Leitungen, um austretende Bremsflüssigkeit aufzunehmen.

2 Wenn ein Bremsschlauch getrennt werden soll, muss zuerst die Anschlussmutter des Rohrs gelöst werden, bevor der Federclip entfernt wird, der den Schlauch an seiner Halterung sichert.

3 Zum Lösen von Anschlussmuttern sollten spezielle Ringschlüssel mit Öffnung verwendet werden, die im gut sortierten Werkzeughandel erhältlich sind. Auch ein gut sitzender Maulschlüssel sollte nur im Notfall benutzt werden, da die nicht besonders harten Muttern oft korrodiert sind und durch den abrutschenden Schlüssel abgerundet werden. In solchen Fällen hilft oft nur eine Gripzange oder ein selbstsichernder Schlüssel und das Rohr muss samt Mutter ersetzt werden. Reinigen Sie einen Anschluss und seine Umgebung, bevor er getrennt wird. Falls eine Komponente mit mehr als einem Anschluss getrennt werden muss, sollten die Positionen der Anschlüsse vorher notiert werden.

4 Wenn ein Hydraulikrohr ersetzt werden muss, kann es in der richtigen Länge und mit allen Anschlüssen beim Audi-Händler erworben werden; es muss dann nur noch entsprechend der Vorgaben durch das Originalteil gebogen und am Fahrzeug montiert werden. Alternativ kann man sich Bremsleitungen anfertigen lassen; dies erfordert jedoch eine exakte Vermessung der Originalleitung – bringen Sie diese möglichst mit zur ausführenden Werkstatt.

5 Die Anschlussmuttern werden beim Verbinden mit 14 Nm angezogen – für eine korrekte Abdichtung müssen sie nicht brutal angezogen werden.

6 Rüsten Sie die Anschlussaugen von Schläuchen an beiden Seiten mit neuen Kupferscheiben aus und ziehen Sie die Anschlussschrauben mit 35 Nm an. Verbinden Sie die Schläuche so mit den Bremssätteln, dass sie weder die Karosserie noch die Räder berühren.

7 Alle Rohre und Schläuche müssen korrekt verlegt sein. Sie dürfen nicht geknickt werden und müssen mit allen vorhandenen Halterungen und Clips gesichert werden (siehe Abbildung).

3.7 Bremsschlauch-Sicherungsclip

8 Entfernen Sie nach dem Einbau die Folie vom Hauptbremszylinder und entlüften Sie das Bremssystem (siehe Sektion 2). Waschen Sie alle Bremsflüssigkeits-Spritzer ab und kontrollieren Sie alles genau auf Undichtigkeit.

4 Vorderrad-Bremsbeläge – Ausbau, Kontrolle und Einbau

Ersetzen Sie stets alle Bremsbeläge BEIDER Vorderradbremsen; der Austausch der Beläge nur an einer Seite würde zu einer ungleichmäßigen Bremswirkung führen.

Der beim Verschleiß der Bremsbeläge entstehende Staub kann krebserregende Fasern enthalten und darf daher nicht mit Druckluft ausgeblasen und eingeatmet werden. Entfernen Sie den Staub KEINESFALLS mit Benzin oder Lösungsmittel auf Petroleumbasis. Verwenden Sie Bremsenreiniger oder Spiritus, um Bremsenteile zu reinigen. Lassen Sie weder Bremsflüssigkeit noch Öle oder Fette mit den Bremsbelägen oder der Bremsscheibe in Kontakt kommen. Beachten Sie die Warnhinweise in Sektion 2, um weitere Informationen zu Bremsflüssigkeit zu erhalten.

1 Betätigen Sie die Handbremse, lockern Sie die Radbolzen der Vorderräder, heben Sie das Fahrzeug vorn an und stützen Sie es sicher ab (siehe Seite 366). Demontieren Sie die Räder.

2 Verfolgen Sie – falls vorhanden – das Kabel des Bremsbelag-Verschleißsensors und trennen Sie es am Stecker. Merken Sie sich die Verlegung des Kabels und befreien Sie es aus allen Befestigungen.

3 Hebeln Sie mit einem Schraubendreher die Bremsbelagfeder aus dem Bremssattel (siehe Abbildungen).

4.3a Hebeln Sie mit einem Schraubendreher …

4.3b … die Bremsbelagfeder aus dem Bremssattel.

4 Ziehen Sie an der Innenseite des Bremssattels die zwei Kappen aus den Führungszapfen (siehe Abbildungen).

4.4a Entfernen Sie die obere …

4.4b … und die untere Kappe aus den Bremsbelag-Führungszapfen.

5 Schrauben Sie an der Innenseite des Bremssattels die zwei Führungszapfen heraus (siehe Abbildungen).

4.5a Setzen Sie einen passenden Inbusschlüssel an, …

4.5b … um den unteren …

4.5c … und den oberen Bremsbelag-Führungszapfen aus dem Bremssattel zu schrauben.

6 Heben Sie den Bremssattel vom äußeren Bremsbelag und der Bremsscheibe ab und befreien Sie den inneren Bremsbelag aus dem Bremssattel-Kolben. Hängen Sie den Bremssattel mit einem Draht oder Kabelbinder ans Federbein, um die Bremsleitung nicht unter Last zu setzen (siehe Abbildungen).

4.6a Ziehen Sie den Bremssattel ab, …

4.6b … befreien Sie den inneren Bremsbelag aus dem Kolben …

4.6c … und sichern Sie den Bremssattel am Federbein.

7 Befreien Sie den äußeren Bremsbelag aus dem Bremssattel-Träger (siehe Abbildung). Falls die originalen Bremsbeläge wiederverwendet werden sollen, müssen sie wieder an ihre ursprüngliche Positionen gelangen. Trennen Sie ggf. den Stecker des Bremsbelag-Verschleißsensors.

4.7 Befreien Sie den äußeren Bremsbelag aus dem Bremssattel-Träger.

Kontrolle

8 Messen Sie zunächst die Stärke der vorhandenen Bremsbeläge – falls auch nur an einem von ihnen an irgendeiner Stelle das Belagmaterial unter 2 mm Stärke aufweist, müssen alle vier Beläge der Vorderräder ersetzt werden. Die Bremsbeläge müssen auf jeden Fall ersetzt werden, falls sie mit Öl oder Fett kontaminiert sind, da eine Entfettung nicht möglich ist. Falls Beläge ungleichmäßig verschlissen oder verölt sind, muss auf jeden Fall die Ursache beseitigt werden.
9 Falls die alten Beläge wiederverwendet werden können, müssen sie sorgfältig mit einer sauberen feinen Drahtbürste gereinigt werden – beachten sie besonders die Seiten und Rückseiten Bereiche der Belagplatte. Reinigen Sie die Nuten im Belagmaterial und entfernen Sie größere Fremdkörper. Reinigen Sie sorgfältig die Sitze der Beläge im Bremssattel und dessen Halter.
10 Prüfen Sie vor dem Einbau der Bremsbeläge, ob sich die Führungszapfen sanft aber spielfrei in den Buchsen des Bremssattels verschieben lassen. Beseitigen Sie Staub und Schmutz aus dem Bremssattel und vom Kolben – beachten Sie dabei mögliche Gesundheitsgefahren. Kontrollieren Sie die Staubdichtung am Kolben und den Kolben selbst auf Undichtigkeiten, Korrosion oder Beschädigungen. Beachten Sie für den Austausch dieser Teile die Hinweise in Sektion 5.
11 Tragen Sie an den Rändern der Bremsbelag-Trägerplatten, die mit dem Träger in Kontakt kommen, eine kleine Menge Hochtemperaturfett oder Kupferpaste auf. Versehen Sie auch die Führungszapfen mit Bremsenfett, damit sie gut im Bremssattel gleiten können (siehe Abbildungen).

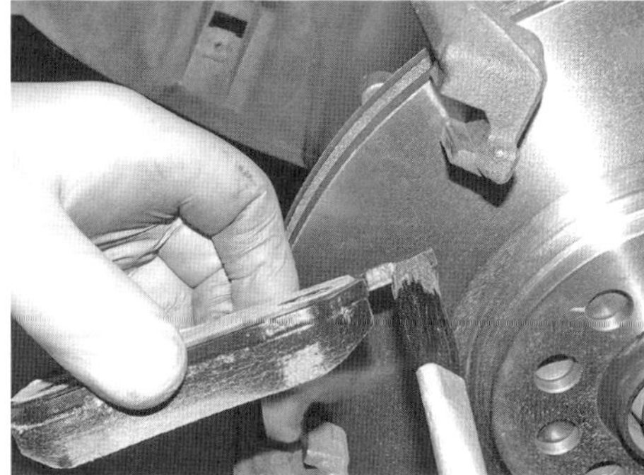

4.11a Schmieren Sie die Ränder der Bremsbelag-Trägerplatten …

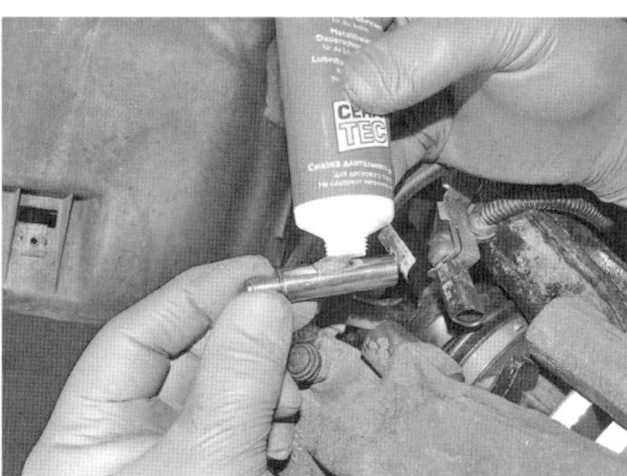

4.11b … und die Führungszapfen dünn mit Spezialfett ein.

Einbau

12 Falls neue Bremsbeläge installiert werden sollen, muss der Bremssattelkolben vollständig in seine Bohrung gedrückt werden, um Platz dafür zu schaffen – verwenden Sie dazu eine Schraubzwinge, ein passendes Stück Holz als Hebel oder ein spezielles Bremskolben-Werkzeug (siehe Abbildung). Um Probleme mit dem Hauptbremszylinder oder in die ABS-Magnetventile eindringenden Schmutz zu vermeiden, sollte ein Schlauch mit der Entlüftungsschraube verbunden und diese beim Eindrücken des Kolbens geöffnet werden, damit die verdrängte Bremsflüssigkeit in einen Sammelbehälter abgeführt werden kann (siehe Sektion 2).

4.12 Einsatz eines Bremskolben-Eindrückwerkzeugs

13 Entfernen Sie ggf. die Schutzfolie von der Rückseite der Bremsbelag-Träger. Installieren Sie den äußeren Bremsbelag in den Bremssattel-Träger, sodass das Belagmaterial gegen die Bremsscheibe drückt (siehe Abbildungen). Schmieren Sie die Ränder der Trägerplatte wie in Schritt 11 beschrieben.

4.13a Entfernen Sie die Schutzfolie ...

4.13b ... und installieren Sie den äußeren Bremsbelag wie gezeigt in den Bremssattel-Träger.

14 Installieren Sie den inneren Belag in den Bremssattel – er ist mit einem Federblech ausgerüstet, das in den Kolben greifen muss (siehe Abbildung). Ggf. ist dieser Bremsbelag auch mit dem Verschleißsensor ausgerüstet. Soweit die neuen Bremsbeläge an den Rückseiten mit Richtungspfeilen ausgerüstet sind, müssen diese in die normale Drehrichtung der Räder zeigen. Schmieren Sie die Ränder der Trägerplatte wie in Schritt 11 beschrieben.

4.14 Installieren Sie den mit einem Federblech ausgerüsteten inneren Belag in den Bremssattel-Kolben.

15 Schieben Sie den Bremssattel über der Bremsscheibe und dem äußeren Bremsbelag in Position, installieren Sie die beiden eingefetteten Führungszapfen (siehe Schritt 11) und ziehen Sie sie mit 28 Nm an. Installieren Sie dann die Kappen (siehe Abbildungen).

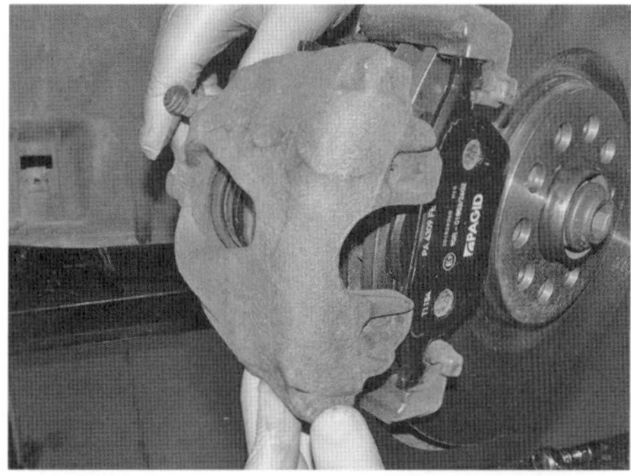
4.15a Bringen Sie den Bremssattel in Position, ...

4.15b ... installieren Sie die Führungszapfen, ziehen Sie sie mit 28 Nm an ...

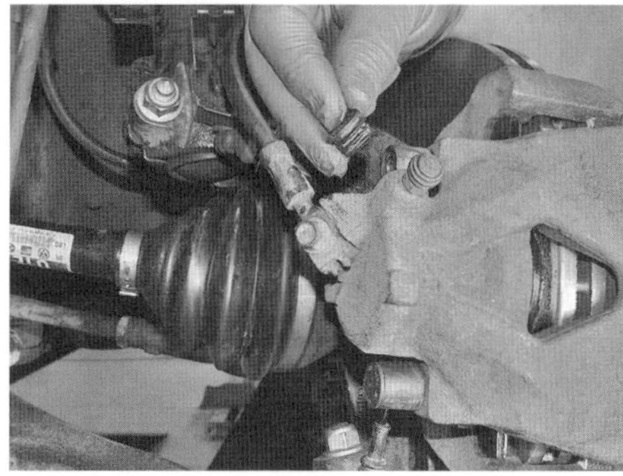
4.15c ... und stecken Sie die Kappen hinein.

16 Installieren Sie die Bremsbelagfeder an den Bremssattel – sie muss korrekt ausgerichtet sein (siehe Abbildungen).

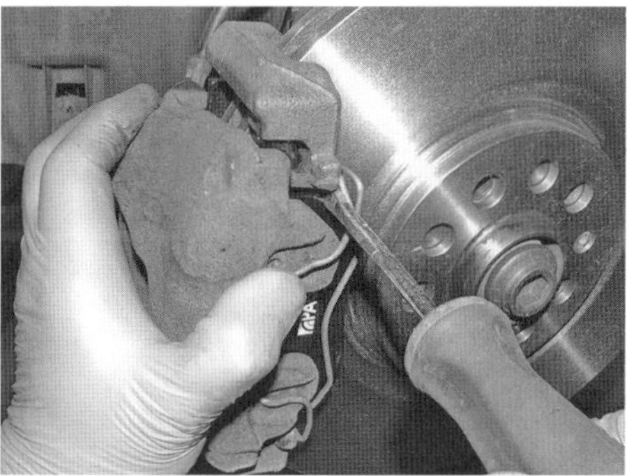
4.16a Installieren Sie die Bremsbelagfeder an den Bremssattel, ...

4.16b ... sodass sie wie gezeigt sitzt.

17 Verbinden Sie ggf. den Stecker des korrekt verlegten Verschleißsensor-Kabels (siehe Abbildung).

4.17 Stecker des Verschleißsensors (falls vorhanden)

18 Treten Sie nach dem Einbau der Beläge mehrmals das Bremspedal durch, um die Beläge an die Bremsscheiben zu drücken und anschließend einen normalen Druckpunkt (ohne Servo-Unterstützung) herzustellen.
19 Wiederholen Sie die Prozedur mit der anderen Vorderradbremse.
20 Montieren Sie die Räder, senken Sie das Fahrzeug ab, und ziehen Sie die Radbolzen mit 120 Nm an.
21 Prüfen Sie den Bremsflüssigkeitspegel und füllen Sie ggf. nach – siehe Wöchentliche Kontrollen.
Achtung: Wenn neue Bremsbeläge installiert wurden, sollten diese zunächst möglichst lange OHNE Vollbremsungen »eingebremst« werden, damit sie sich den Bremsscheiben anpassen können.

5 Vorderrad-Bremssattel – Ausbau, Überholung und Einbau

Anmerkung: *Beim Einbau werden neue Kupferscheiben für den Bremsschlauch-Anschluss benötigt. Beachten Sie vor Arbeitsbeginn die Warnhinweise am Anfang der Sektionen 2 und 4.*

Ausbau

1 Aktivieren Sie die Handbremse, lockern Sie die Radbolzen des entsprechenden Vorderrades, heben Sie das Fahrzeug vorn an und stützen Sie es sicher ab (siehe Seite 366). Demontieren Sie das Vorderrad.
2 Der Verlust an Bremsflüssigkeit kann minimiert werden, indem der Deckel des Ausgleichsbehälters geöffnet, ein Stück Plastikfolie über die Öffnung gelegt und der Deckel wieder aufgeschraubt wird – so ist der Behälter nicht belüftet, und bei einer getrennten Leitung läuft keine Flüssigkeit nach. Alternativ können Schläuche mit einer speziellen Bremsschlauchklemme abgedichtet werden.
3 Reinigen Sie den Bremssattel im Bereich des Bremsleitungs-Anschlusses, lösen Sie die Anschlussschraube und entnehmen Sie an beiden Seiten des Anschlussauges die Kupfer-Dichtscheibe – sie müssen später durch Neuteile ersetzt werden (siehe Abbildung). Bedecken oder verstopfen Sie alle offenen Anschlüsse, um den Austritt von Bremsflüssigkeit zu minimieren und das Eindringen von Schmutz zu verhindern.

5.3 Bremsleitungs-Anschlussschraube am Bremssattel

4 Befreien Sie den Bremssattel von der Bremsscheibe (siehe Sektion 4) und entnehmen Sie ihn.

Überholung

Anmerkung: *Erkundigen Sie sich vor Arbeitsbeginn nach der Verfügbarkeit von Ersatzteilen zum Überholen des Bremssattels.*

5 Reinigen Sie den auf der Werkbank liegenden Bremssattel – achten Sie darauf, keinen Staub einzuatmen.
6 Ziehen Sie den teilweise aus der Bohrung ragenden Kolben aus dem Bremssattelgehäuse und entfernen Sie die Staubdichtung.
Anmerkung: *Falls der Kolben nicht von Hand herausgezogen werden kann, muss er mit am Bremsleitungsanschluss angesetzter Druckluft herausgepresst werden – verwenden Sie dabei nur geringen Luftdruck, schützen Sie den Kolben mit einem Stück Holz und passen Sie auf, sich nicht die Finger einzuklemmen.*
7 Befreien Sie mithilfe eines kleinen Schraubendrehers den Kolben-Dichtring aus der Nut der Bremssattelbohrung – beschädigen Sie diese dabei nicht (siehe Abbildung).

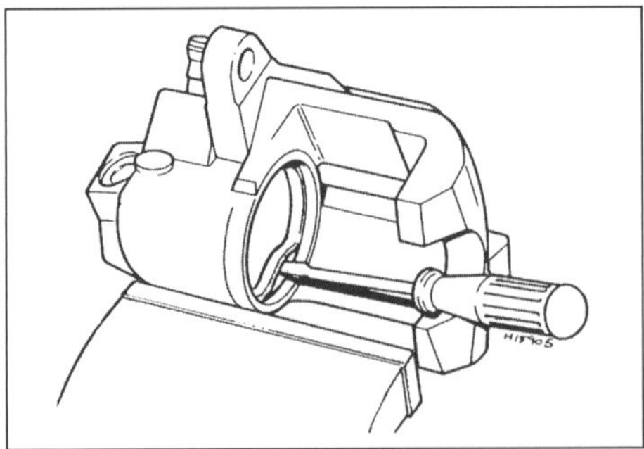

5.7 Entfernen Sie den Kolben-Dichtring aus der Nut der Bremssattelbohrung.

8 Reinigen Sie sorgfältig alle Komponenten mit Spiritus oder sauberer Bremsflüssigkeit – verwenden Sie niemals Lösungsmittel auf Mineralölbasis (Benzin oder Petroleum), da diese die Gummiteile der Hydraulik angreifen! Trocknen Sie die Teile unverzüglich mit einem sauberen und fusselfreien Lappen und blasen Sie alle Kanäle möglichst mit Druckluft aus.

Achtung: Tragen Sie bei der Arbeit mit Druckluft stets eine Schutzbrille!

9 Kontrollieren Sie alle Bauteile. Falls der Kolben und/oder seine Bohrung verschlissen, beschädigt oder stark korrodiert ist, muss der gesamte Bremssattel erneuert werden ersetzen Sie verschlissenen. Begutachten Sie auch die Führungszapfen und ihre Buchsen – die (gereinigten) Zapfen müssen spielfrei im Bremssattel-Halter gleiten können. Bei jedem Zweifel über ihren Zustand müssen die Teile erneuert werden.
10 Soweit der Bremssattel weiterverwendet werden kann, muss ein entsprechender Reparatur-Kit beschafft werden – die benötigten Teile sind beim Audi-Händler in unterschiedlichen Kombinationen erhältlich.
11 Alle Gummiteile sollten ungeachtet ihres Zustands ersetzt werden.
12 Achten Sie beim Zusammenbau darauf, dass alle Teile sauber und trocken sind.
13 Benetzen Sie den Kolben, seine Bohrung und den neuen Dichtring mit Bremsen-Montagepaste (VAG-Teilenummer G 052 150 A2 – diese sollte auch Reparatursets beigefügt sein).
14 Installieren Sie den neuen Kolben-Dichtring von Hand in die Nut der Bohrung – verwenden Sie hierfür keine Werkzeuge. Rüsten Sie den Kolben mit der neuen Staubdichtung aus und schieben Sie den Kolben senkrecht bis zum Boden ein – drehende Bewegungen helfen dabei. Drücken Sie die Staubdichtung dabei vollständig ins Gehäuse.

Einbau

15 Installieren Sie den Bremssattel samt der Bremsbeläge (siehe Sektion 4).
16 Rüsten Sie das Anschlussauge des Bremsschlauchs an beiden Seiten mit neuen Kupferscheiben aus, positionieren Sie es korrekt ausgerichtet am Sattel, installieren Sie die Schraube und ziehen Sie sie mit 35 Nm an.
17 Entfernen Sie die Bremsleitungs-Klemme oder die Folie aus dem Ausgleichsbehälter. Entlüften Sie die Bremse (siehe Sektion 2) – vorausgesetzt der Flüssigkeitsverlust wurde minimiert, müssen nur die Vorderradbremsen entlüftet werden.
18 Montieren Sie das Rad, senken Sie das Fahrzeug ab, und ziehen Sie die Radbolzen mit 120 Nm an.
19 Betätigen Sie mehrmals das Bremspedal, um die Beläge an die Bremsscheibe anzulegen und einen normalen Druckpunkt zu erzeugen.
20 Kontrollieren Sie den Pegel im Hauptbremszylinder und füllen Sie nötigenfalls frische Bremsflüssigkeit nach (siehe Wöchentliche Kontrollen).

6 Bremsscheiben (vorn/hinten) – Kontrolle, Ausbau und Einbau

Anmerkung: *Beachten Sie vor Arbeitsbeginn die den Bremsenstaub betreffenden Warnhinweise am Anfang von Sektion 4.*

Anmerkung: *Falls eine Bremsscheibe ersetzt werden muss, sind immer beide Bremsscheiben einer Achse auszutauschen, um eine gleichmäßige Bremswirkung sicherzustellen. Beim Austausch von Bremsscheiben müssen auch die Bremsbeläge erneuert werden.*

Vorderradbremse

Kontrolle

1 Aktivieren Sie die Handbremse, lockern Sie die Radbolzen der Vorderräder, heben Sie das Fahrzeug vorn an und stützen Sie es sicher ab (siehe Seite 366). Demontieren Sie das entsprechende Vorderrad.
2 Drehen Sie die Bremsscheibe langsam durch, um beide Seiten kontrollieren zu können. Eine leichte Riefenbildung ist unter den Bremsbelägen normal, doch falls tiefe Rillen oder Brüche entdeckt werden, muss die Bremsscheibe erneuert werden.
3 Die sich am Außenrand der Bremsscheibe bildende Kante aus Rost und Abrieb ist normal und kann einfach abgekratzt werden. Falls sich jedoch durch erhöhten Verschleiß eine deutliche Kante gebildet hat, muss die Bremsscheibe im Bereich der Bremsbeläge und außerhalb davon an mehreren Stellen vermessen werden, um ihre Stärke zu ermitteln. Falls die innenbelüftete Bremsscheibe bis auf oder unter 23 mm verschlissen ist, muss sie ersetzt werden.
4 Falls an einer Bremsscheibe Verzug vermutet wird, muss dies mit einer Messuhr an der langsam gedrehten Scheibe kontrolliert werden (siehe Abbildung) – bei mehr als 0,1 mm Verzug muss sie ersetzt werden (ermitteln Sie zunächst, ob die Messung nicht auf schadhafte Radlager zurückführen ist).

6.4 Ermitteln Sie mit einer Messuhr einen möglichen Verzug der Bremsscheibe.

5 Kontrollieren Sie die Bremsscheibe vor allem an den Radbolzen-Bohrungen auf Risse sowie anderweitige Beschädigungen und ersetzen Sie sie nötigenfalls.

Ausbau

6 Entfernen Sie den Bremssattel und die Bremsbeläge (siehe Sektion 4).
7 Lösen Sie die zwei Schrauben, die den Bremssattelträger am Radnabenträger sichern, und ziehen Sie ihn über der Bremsscheibe ab (siehe Abbildungen).

6.7a Lösen Sie die Schrauben …

6.7b … und befreien Sie den Bremssattelträger.

8 Lösen Sie die Bremsscheiben-Sicherungsschraube (siehe Abbildung) – lockern Sie sie nötigenfalls mit Kriechöl und sanften Schlägen von der Rückseite; der Einsatz roher Gewalt kann die Bremsscheibe beschädigen. Heben Sie die Bremsscheibe ab.

6.8 Lösen Sie die Bremsscheiben-Sicherungsschraube.

Einbau

9 Der Einbau entspricht der umgekehrten Ausbaureihenfolge – beachten Sie dabei die folgenden Punkte:

a) Die Kontaktflächen der Bremsscheibe und der Radnabe müssen absolut sauber und frei von Korrosion sein.
b) Sichern Sie die Bremsscheibe nötigenfalls mit einer neuen Schraube an der Radnabe.
c) Befreien Sie eine neue Bremsscheibe mit geeignetem Lösungsmittel von möglichen Schutzschichten, bevor der Bremssattel montiert wird.
d) Ziehen Sie die Schrauben des Bremssattelträgers mit 125 Nm an.
e) Installieren Sie den Bremssattel samt der Bremsbeläge (siehe Sektion 4).
f) Montieren Sie das Rad, senken Sie das Fahrzeug ab, und ziehen Sie die Radbolzen mit 120 Nm an.
g) Betätigen Sie mehrmals das Bremspedal, um die Beläge an die Bremsscheibe anzulegen und einen normalen Druckpunkt zu erzeugen.

Hinterradbremse

Kontrolle

10 Blockieren Sie die Vorderräder, lockern Sie die Radbolzen des entsprechenden Hinterrads, heben Sie das Fahrzeug hinten an und stützen Sie es sicher ab (siehe Seite 366). Demontieren Sie das Hinterrad.
11 Kontrollieren Sie die Bremsscheibe wie in den Schritten 2 bis 5 beschrieben.

Ausbau

12 Befreien Sie die Bremsbeläge (siehe Sektion 7).
13 Lösen Sie die zwei Schrauben, die den Bremssattelträger am Radnabenträger sichern, und ziehen Sie ihn über der Bremsscheibe ab (siehe Abbildung).

6.13 Schrauben des Bremssattelträgers

14 Lösen Sie die Bremsscheiben-Sicherungsschraube (siehe Abbildung) – lockern Sie sie nötigenfalls mit Kriechöl und sanften Schlägen von der Rückseite; der Einsatz roher Gewalt kann die Bremsscheibe beschädigen. Heben Sie die Bremsscheibe ab.

6.14 Hinterradbremsscheiben-Sicherungsschraube.

Einbau

15 Der Einbau entspricht der umgekehrten Ausbaureihenfolge – beachten Sie dabei die folgenden Punkte:

a) Die Kontaktflächen der Bremsscheibe und der Radnabe müssen absolut sauber und frei von Korrosion sein.
b) Sichern Sie die Bremsscheibe nötigenfalls mit einer neuen Schraube an der Radnabe.
c) Befreien Sie eine neue Bremsscheibe mit geeignetem Lösungsmittel von möglichen Schutzschichten, bevor der Bremssattel montiert wird.
d) Ziehen Sie die Schrauben des Bremssattelträgers mit 65 Nm an.
e) Installieren Sie den Bremssattel samt der Bremsbeläge (siehe Sektion 7).
f) Montieren Sie das Rad, senken Sie das Fahrzeug ab, und ziehen Sie die Radbolzen mit 120 Nm an.
g) Betätigen Sie mehrmals das Bremspedal, um die Beläge an die Bremsscheibe anzulegen und einen normalen Druckpunkt zu erzeugen.

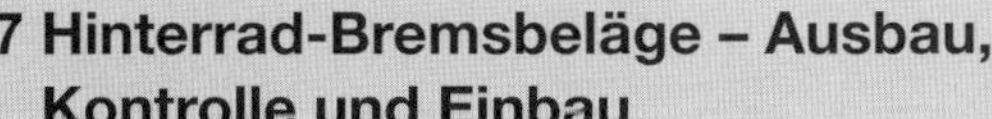

7 Hinterrad-Bremsbeläge – Ausbau, Kontrolle und Einbau

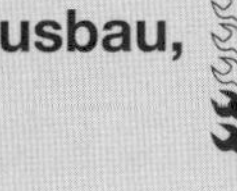

Anmerkung: *Beachten Sie vor Arbeitsbeginn die den Bremsenstaub betreffenden Warnhinweise am Anfang von Sektion 4.*

Anmerkung: *Beim Einbau des Bremssattels werden neue Führungszapfen-Schrauben benötigt.*

Ausbau

1 Blockieren Sie die Vorderräder, lockern Sie die Radbolzen der Hinterräder, heben Sie das Fahrzeug hinten an und stützen Sie es sicher ab (siehe Seite 366). Demontieren Sie das entsprechende Hinterrad.
2 Lockern Sie den Handbremsen-Seilzug und befreien Sie ihn vom Bremssattel (siehe Sektion 15).
3 Lösen Sie die Führungszapfen-Schrauben – kontern Sie dabei die Zapfen mit einem schmalen Maulschlüssel (siehe Abbildung). Die Schrauben müssen beim Einbau erneuert werden.

7.3 Kontern Sie den Führungszapfen und lösen Sie seine Schraube.

4 Heben Sie den Bremssattel von der Bremsscheibe und den Belägen ab und sichern Sie ihn mit festem Draht oder einem Kabelbinder unter der Karosserie, damit die Bremsleitung nicht unter Last gesetzt wird (siehe Abbildungen).

7.4a Befreien Sie den Bremssattel …

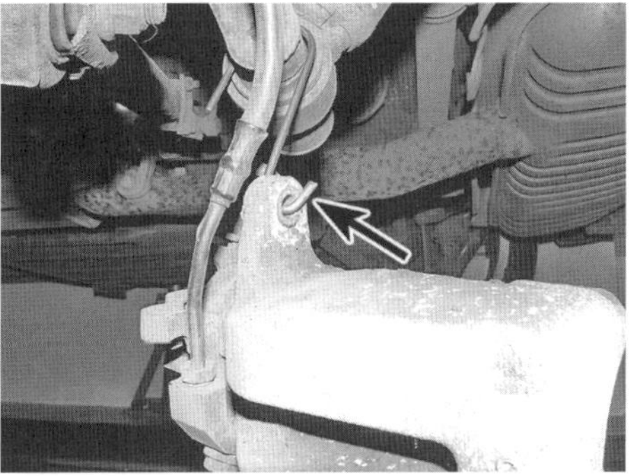

7.4b … und hängen Sie ihn unter dem Fahrzeug auf.

5 Ziehen Sie die zwei Bremsbeläge aus dem Bremssattelträger (siehe Abbildungen). Entnehmen Sie die Geräuschdämm-Federn.

7.5a Entfernen Sie den inneren Bremsbelag …

7.5b … und den äußeren Belag.

Kontrolle

6 Messen Sie zunächst die Stärke der vorhandenen Bremsbeläge – falls auch nur an einem von ihnen an irgendeiner Stelle das Belagmaterial unter 2 mm Stärke aufweist, müssen alle vier Beläge der Hinterräder ersetzt werden. Die Bremsbeläge müssen auf jeden Fall ersetzt werden, falls sie mit Öl oder Fett kontaminiert sind, da eine Entfettung nicht möglich ist. Falls Beläge ungleichmäßig verschlissen oder verölt sind, muss auf jeden Fall die Ursache beseitigt werden.
7 Falls die alten Beläge wiederverwendet werden können, müssen sie sorgfältig mit einer sauberen feinen Drahtbürste gereinigt werden – beachten sie besonders die Seiten und Rückseiten Bereiche der Belagplatte. Reinigen Sie die Nuten im Belagmaterial und entfernen Sie größere Fremdkörper. Reinigen Sie sorgfältig die Sitze der Beläge im Bremssattelhalter.
8 Prüfen Sie vor dem Einbau der Bremsbeläge, ob sich die Führungszapfen sanft aber spielfrei in den Buchsen des Bremssattels verschieben lassen. Die Führungszapfen-Manschetten dürfen keine Beschädigungen aufweisen. Beseitigen Sie Staub und Schmutz aus dem Bremssattel und vom Kolben – beachten Sie dabei mögliche Gesundheitsgefahren. Kontrollieren Sie die Staubdichtung am Kolben und den Kolben selbst auf Undichtigkeiten, Korrosion oder Beschädigungen. Beachten Sie für den Austausch dieser Teile die Hinweise in Sektion 8.
9 Tragen Sie an den Rändern der Bremsbelag-Trägerplatten, die mit dem Träger in Kontakt kommen, eine kleine Menge Hochtemperaturfett auf. Versehen Sie auch die Führungszapfen mit Bremsenfett, damit sie gut im Bremssattel gleiten können (siehe Abbildungen).

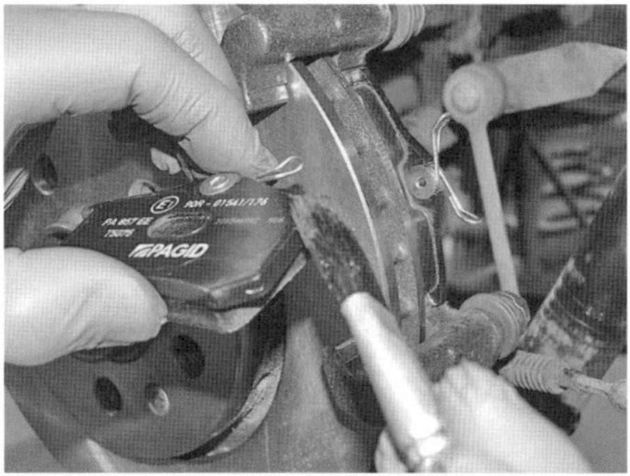

7.9a Schmieren Sie die Ränder der Bremsbelag-Trägerplatten …

7.9b … und die Führungszapfen dünn mit Spezialfett ein.

Einbau

10 Falls neue Bremsbeläge installiert werden sollen, muss der Bremssattelkolben vollständig in seine Bohrung gedrückt werden, um Platz dafür zu schaffen – verwenden Sie dazu eine Schraubzwinge, ein passendes Stück Holz als Hebel oder ein spezielles Bremskolben-Werkzeug (siehe Abbildung). Um Probleme mit dem Hauptbremszylinder oder in die ABS-Magnetventile eindringenden Schmutz zu vermeiden, sollte ein Schlauch mit der Entlüftungsschraube verbunden und diese beim Eindrücken des Kolbens geöffnet werden, damit die verdrängte Bremsflüssigkeit in einen Sammelbehälter abgeführt werden kann (siehe Sektion 2).

7.10 Einsatz eines Bremskolben-Eindrückwerkzeugs

Praxis-Tipp
Falls kein Bremskolben-Werkzeug zur Hand ist, kann der Kolben auch mithilfe einer Seegerringzange in den Bremssattel gedreht werden.

11 Entfernen Sie ggf. die Schutzfolie von der Rückseite der Bremsbelag-Träger. Installieren Sie den äußeren Bremsbelag in den Bremssattel-Träger, sodass das Belagmaterial gegen die Bremsscheibe drückt (siehe Abbildungen).

7.11a Entfernen Sie die Schutzfolien …

7.11b … und installieren Sie die Bremsbeläge.

12 Die Nuten im Bremssattel-Kolben müssen senkrecht stehen (siehe Abbildung). Schieben Sie dann den Bremssattel über die Beläge (siehe Abbildung).

Anmerkung: *Bei manchen Modellen ist die Trägerplatte des innere Bremsbelags an der Rückseite mit einem Vorsprung versehen, der in die Nut des Kolbens greifen muss.*

7.12a Richten Sie die Nuten des Kolbens senkrecht aus ...

7.12b ... und schieben Sie den Bremssattel über die Bremsbeläge auf.

13 Drücken Sie den Bremssattel gegen die Geräuschdämm-Federn herunter und installieren Sie die neuen Führungszapfen-Schrauben (siehe Abbildung). Kontern Sie den Zapfen wie beim Ausbau und ziehen Sie die Schrauben mit 35 Nm an.

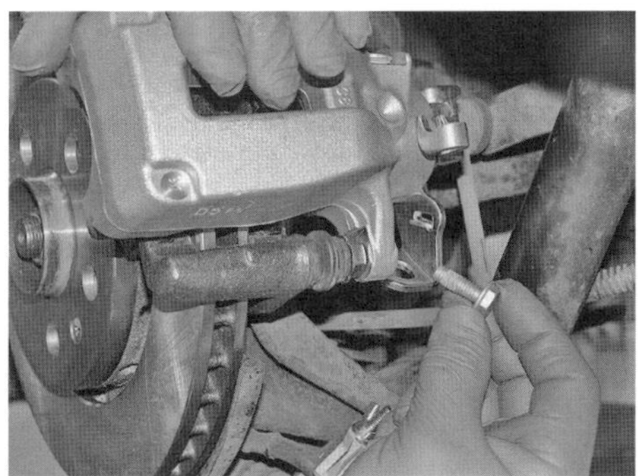

7.13 Installieren Sie neue Führungszapfen-Schrauben.

14 Treten Sie nach dem Einbau der Beläge mehrmals das Bremspedal durch, um die Beläge an die Bremsscheiben zu drücken und anschließend einen normalen Druckpunkt (ohne Servo-Unterstützung) herzustellen.
15 Wiederholen Sie die Prozedur mit der anderen Vorderradbremse.
16 Verbinden Sie das Handbremsseil und stellen Sie die Handbremse ein (siehe Sektion 13).
17 Montieren Sie die Räder, senken Sie das Fahrzeug ab, und ziehen Sie die Radbolzen mit 120 Nm an.
18 Prüfen Sie den Bremsflüssigkeitspegel und füllen Sie ggf. nach – siehe Wöchentliche Kontrollen.

Achtung: Wenn neue Bremsbeläge installiert wurden, sollten diese zunächst möglichst lange OHNE Vollbremsungen »eingebremst« werden, damit sie sich den Bremsscheiben anpassen können.

8 Hinterrad-Bremssattel – Ausbau, Überholung und Einbau

Anmerkung: *Beim Einbau werden neue Führungszapfen-Schrauben benötigt. Beachten Sie vor Arbeitsbeginn die Warnhinweise am Anfang der Sektionen 2 und 4.*

Ausbau

1 Blockieren Sie die Vorderräder, lockern Sie die Radbolzen der Hinterräder, heben Sie das Fahrzeug hinten an und stützen Sie es sicher ab (siehe Seite 366). Demontieren Sie das entsprechende Hinterrad.
2 Der Verlust an Bremsflüssigkeit kann minimiert werden, indem der Deckel des Ausgleichsbehälters geöffnet, ein Stück Plastikfolie über die Öffnung gelegt und der Deckel wieder aufgeschraubt wird – so ist der Behälter nicht belüftet, und bei einer getrennten Leitung läuft keine Flüssigkeit nach. Alternativ können Schläuche mit einer speziellen Bremsschlauchklemme abgedichtet werden (siehe Abbildung).

8.2 Einsatz einer Bremsschlauch-Klemme

3 Reinigen Sie den Bremssattel im Bereich des Bremsleitungs-Anschlusses, lösen Sie die Anschlussschraube und entnehmen Sie an beiden Seiten des Anschlussauges die Kupfer-Dichtscheibe – sie müssen später durch Neuteile ersetzt werden (siehe Abbildung). Bedecken oder verstopfen Sie alle offenen Anschlüsse, um den Austritt von Bremsflüssigkeit zu minimieren und das Eindringen von Schmutz zu verhindern.

8.3 Bremsleitungs-Anschlussschraube am Bremssattel

4 Befreien Sie den Bremssattel von der Bremsscheibe (siehe Sektion 7) und entnehmen Sie ihn (siehe Abbildung).

8.4 Befreien Sie den Bremssattel.

Überholung

Anmerkung: *Der Handbremsmechanismus am Bremssattel kann nicht überholt werden – falls er defekt ist oder sein Dichtring leckt, muss der gesamte Bremssattel erneuert werden. Erkundigen Sie sich vor Arbeitsbeginn nach der Verfügbarkeit von Ersatzteilen zum Überholen des Bremssattels.*

5 Reinigen Sie den auf der Werkbank liegenden Bremssattel – achten Sie darauf, keinen Staub einzuatmen.
6 Hebeln Sie mit einem kleinen Schraubendreher vorsichtig die um den Kolben liegende Staubdichtung heraus – beschädigen Sie diesen dabei nicht.
7 Ziehen Sie den teilweise aus der Bohrung ragenden Kolben aus dem Bremssattelgehäuse – drehen Sie ihn dabei nötigenfalls mit einer in den Nuten angesetzten Seegerringzange.
Anmerkung: *Falls der Kolben nicht von Hand herausgezogen werden kann, muss er mit am Bremsleitungsanschluss angesetzter Druckluft herausgepresst werden – verwenden Sie dabei nur geringen Luftdruck, schützen Sie den Kolben mit einem Stück Holz und passen Sie auf, sich nicht die Finger einzuklemmen.*
8 Befreien Sie mithilfe eines kleinen Schraubendrehers den Kolben-Dichtring aus der Nut der Bremssattelbohrung – beschädigen Sie diese dabei nicht (siehe Abbildung).
9 Ziehen Sie die Führungszapfen aus dem Bremssattel und befreien Sie die Manschetten ihrer Hülsen.
10 Reinigen Sie sorgfältig alle Komponenten mit Spiritus oder sauberer Bremsflüssigkeit – verwenden Sie niemals Lösungsmittel auf Mineralölbasis (Benzin oder Petroleum), da diese die Gummiteile der Hydraulik angreifen! Trocknen Sie die Teile unverzüglich mit einem sauberen und fusselfreien Lappen und blasen Sie alle Kanäle möglichst mit Druckluft aus.

Achtung: Tragen Sie bei der Arbeit mit Druckluft stets eine Schutzbrille!

11 Kontrollieren Sie alle Bauteile. Falls der Kolben und/oder seine Bohrung verschlissen, beschädigt oder stark korrodiert ist, muss der gesamte Bremssattel erneuert werden ersetzen Sie verschlissenen. Begutachten Sie auch die Führungszapfen und ihre Buchsen – die (gereinigten) Zapfen müssen spielfrei im Bremssattel-Halter gleiten können. Bei jedem Zweifel über ihren Zustand müssen die Teile erneuert werden.

12 Soweit der Bremssattel weiterverwendet werden kann, muss ein entsprechender Reparatur-Kit beschafft werden – die benötigten Teile sind beim Audi-Händler in unterschiedlichen Kombinationen erhältlich.
13 Alle Gummiteile sollten ungeachtet ihres Zustands ersetzt werden.
14 Achten Sie beim Zusammenbau darauf, dass alle Teile sauber und trocken sind.
15 Benetzen Sie den Kolben, seine Bohrung und den neuen Dichtring mit Bremsen-Montagepaste (VAG-Teilenummer G 052 150 A2 – diese sollte auch Reparatursets beigefügt sein). Installieren Sie den neuen Kolben-Dichtring von Hand in die Nut der Bohrung – verwenden Sie hierfür keine Werkzeuge.
16 Rüsten Sie den Kolben mit der neuen Staubdichtung aus und installieren Sie ihn im Uhrzeigersinn drehend in den Bremssattel (siehe Ausbau), bis er bündig darin sitzt.
17 Drücken die Staubdichtung vollständig ins Gehäuse.
18 Tragen Sie an den Führungszapfen das dem Reparaturset beigefügte Fett oder ein anderes geeignetes Schmiermittel wie Kupferpaste auf. Rüsten Sie die Zapfen mit den neuen Manschetten aus und installieren Sie sie in den Bremssattel – die Manschette muss dabei in den Nuten des Zapfens und des Bremssattels positioniert sein.
19 Lockern Sie vor der Montage des Bremssattels die Entlüftungsschraube und pumpen Sie frische Bremsflüssigkeit in den Bremssattel, bis sie blasenfrei aus der Anschlussbohrung wieder austritt.

Einbau

20 Installieren Sie den Bremssattel samt der Bremsbeläge (siehe Sektion 7).
21 Rüsten Sie das Anschlussauge des Bremsschlauchs an beiden Seiten mit neuen Kupferscheiben aus, positionieren Sie es korrekt ausgerichtet am Sattel, installieren Sie die Schraube und ziehen Sie sie mit 35 Nm an.
22 Entfernen Sie die Bremsleitungs-Klemme oder die Folie aus dem Ausgleichsbehälter. Entlüften Sie die Bremse (siehe Sektion 2) – vorausgesetzt der Flüssigkeitsverlust wurde minimiert, muss nur die entsprechende Hinterradbremse entlüftet werden.
23 Verbinden Sie das Handbremsseil und stellen Sie die Handbremse ein (siehe Sektion 13).
24 Montieren Sie das Rad, senken Sie das Fahrzeug ab, und ziehen Sie die Radbolzen mit 120 Nm an.
25 Betätigen Sie mehrmals das Bremspedal, um die Beläge an die Bremsscheibe anzulegen und einen normalen Druckpunkt zu erzeugen.
26 Kontrollieren Sie den Pegel im Hauptbremszylinder und füllen Sie nötigenfalls frische Bremsflüssigkeit nach (siehe Wöchentliche Kontrollen).

9 Bremspedal – Ausbau und Einbau

Ausbau

1 Trennen Sie den Masseanschluss (–) der Batterie – beachten Sie dabei die Hinweise auf Seite 366.
2 Entfernen Sie die über den Pedalen sitzende Armaturenbrettverkleidung (siehe Kapitel 11, Sektion 28).
3 Befreien Sie die hinter den Pedalen sitzende Fußraumverkleidung (siehe Abbildung).

9.3 Entfernen Sie die Fußraumverkleidung – gezeigt beim Rechtslenker-Modell.

4 Lösen Sie die Muttern der Pedalträger-Strebe und entnehmen Sie diese (siehe Abbildung) – beim Einbau wird eine neue Mutter benötigt.

9.4 Muttern der Pedalträger-Strebe – gezeigt beim Rechtslenker-Modell

5 Demontieren Sie oben am Bremspedalträger den Bremslichtschalter (siehe Sektion 17).
6 Um jetzt das Bremspedal vom Kugelkopf der Bremskraftverstärker-Druckstange zu befreien, kann ein entsprechendes Audi-Spezialwerkzeug beschafft oder mit einer selbstgebauten Alternative gearbeitet werden. Die Kunststofflaschen am Pedal sind sehr stabil, sodass sie sich kaum von Hand lösen lassen. Drücken Sie das Pedal herunter und lösen Sie dabei mit dem Werkzeug die Laschen, ziehen Sie das Pedal dann von der Druckstange ab (siehe Abbildungen).

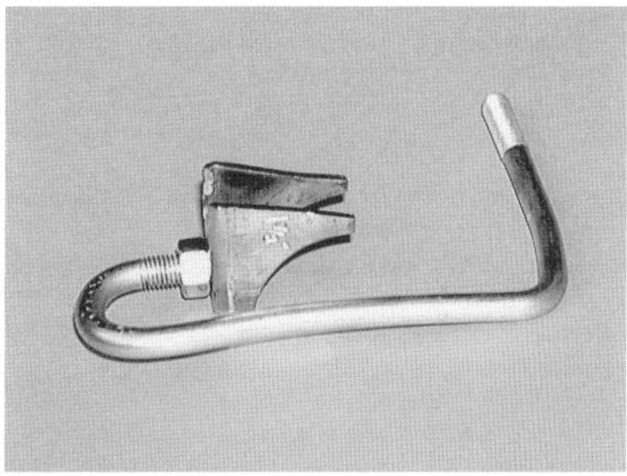

9.6a Dies aus einer modifizierten Auspuffschelle angefertigte Werkzeug ...

9.6b ... eignet sich zum Befreien des Bremspedals vom Kugelkopf der Bremskraftverstärker-Druckstange.

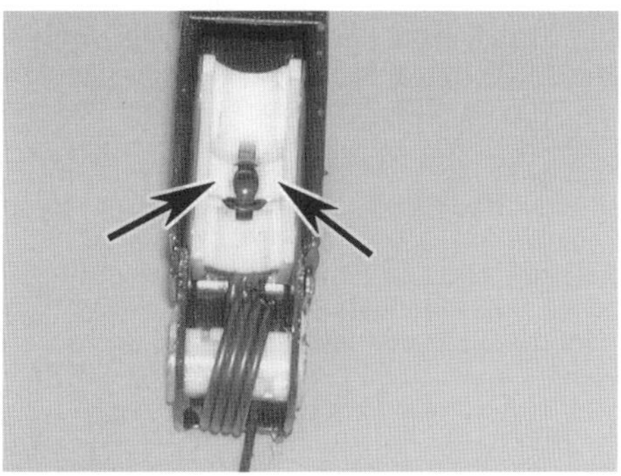

9.6c Diese Laschen an der Rückseite des Bremspedals sichern es am Kugelkopf der Druckstange.

7 Lösen Sie oben am Bremspedalträger die Gelenkbolzen-Mutter (siehe Abbildung). Ziehen Sie den Bolzen heraus, bis das Pedal befreit ist und entnommen werden kann.

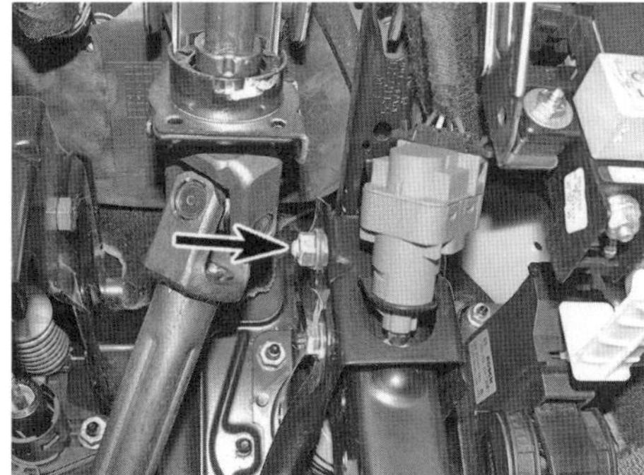

9.7 Mutter des Bremspedal-Gelenkbolzens – gezeigt beim Rechtslenker-Modell

8 Reinigen Sie alle Komponenten und erneuern Sie verschlissene oder beschädigte Teile.

Einbau

9 Schmieren Sie zunächst den Gelenkbolzen und die Gleitfläche des Pedals mit Mehrzweckfett.
10 Ziehen Sie die Bremskraftverstärker-Druckstange herunter und manövrieren Sie gleichzeitig das Pedal in Position, sodass die Gelenkbuchse korrekt zum Pedalträger ausgerichtet ist.
11 Halten Sie die Bremskraftverstärker-Druckstange und drücken Sie das Pedal auf deren Kugelkopf, bis es einrastet.
12 Führen Sie den Gelenkbolzen ein und ziehen Sie die neue Mutter mit 25 Nm an.
13 Der Rest des Einbaus entspricht der umgekehrten Ausbaureihenfolge – beachten Sie die Hinweise in den entsprechenden Kapiteln.

10 Bremskraftverstärker – Test, Ausbau und Einbau

Test

1 Betätigen Sie bei abgeschaltetem Motor mehrmals die Bremse, bis der Unterdruck im Bremskraftverstärker abgebaut ist. Halten Sie das Pedal gedrückt und starten Sie den Motor – sobald er läuft, muss sich das Pedal durch den aufbauenden Unterdruck merklich weiter eindrücken lassen. Lassen Sie den Motor mindestens zwei Minuten laufen und schalten Sie ihn wieder ab. Beim erneuten Betätigen der Bremse muss sie sich normal anfühlen, nach einigen Aktivierungen muss sie sich deutlich fester anfühlen und weniger weit eindrücken lassen.
2 Falls sich die Bremse nicht wie beschrieben verhält, muss zunächst das Bremskraftverstärker-Regelventil überprüft werden (siehe Sektion 11).
3 Wenn sich das Regelventil als funktionsfähig erwiesen hat, wird der Defekt im Bremskraftverstärker selbst liegen – da Reparaturen nicht möglich sind, muss er ausgetauscht werden.

Ausbau

4 Demontieren Sie den Hauptbremszylinder (siehe Sektion 12).
5 Entfernen Sie ggf. den Hitzeschutz vom Bremskraftverstärker und befreien Sie vorsichtig den Unterdruckschlauch aus dem Dichtstopfen vorn am Bremskraftverstärker. Trennen Sie ggf. auch den Stecker des Unterdrucksensors, lösen Sie mit einem Schraubendreher den Clip und befreien Sie den Sensor aus dem Bremskraftverstärker.
6 Entfernen Sie die über den Pedalen sitzende Armaturenbrettverkleidungen (siehe Kapitel 11, Sektion 28).
7 Lösen Sie ggf. die zwei Schrauben der zwischen dem Kupplungs- und dem Bremspedal sitzenden Halteplatte und entnehmen Sie diese. Befreien Sie im Motorraum ggf. auch den Ansaugstutzen und die Abdeckung, um Zugang zu den Muttern des Bremskraftverstärker-Trägers zu erhalten.
8 Befreien Sie jetzt das Bremspedal vom Kugelkopf der Bremskraftverstärker-Druckstange (siehe Sektion 9).
9 Lösen Sie im Fußraum die Muttern, mit denen die Bremskraftverstärker-Baugruppe an der Spritzwand gesichert ist (siehe Abbildung), manövrieren Sie dann den Bremskraftverstärker aus dem Motorraum heraus und stellen Sie ggf. die Dichtung sicher.

10.9 Muttern der Bremskraftverstärker-Baugruppe

Einbau

10 Kontrollieren Sie den Dichtstopfen des Unterdruckschlauchs auf Alterungserscheinungen oder andere Beschädigungen und ersetzen Sie ihn nötigenfalls.
11 Rüsten Sie den Bremskraftverstärker an der Rückseite ggf. mit einer neuen Dichtung aus und positionieren Sie die korrekt ausgerichtete Bautruppe an der Spritzwand.
12 Kontrollieren Sie im Fußraum, ob die Bremskraftverstärker-Druckstange korrekt zum Bremspedal ausgerichtet ist und drücken Sie dies auf den Kugelkopf, bis es einrastet. Installieren Sie die vier Befestigungsmuttern auf die Stehbolzen des Bremskraftverstärkers und ziehen Sie sie mit 28 Nm an.
13 Montieren Sie ggf. die Pedal-Halteplatte, den Ansaugstutzen und die Abdeckung.
14 Montieren Sie alle entfernten Armaturenbrettverkleidungen (siehe Kapitel 11, Sektion 28).
15 Führen Sie vorsichtig den Unterdruckschlauch durch den Dichtstopfen vorn am Bremskraftverstärker – verschieben Sie diesen dabei nicht. Montieren Sie ggf. den Unterdrucksensor und verbinden Sie seinen Stecker. Montieren Sie ggf. den Hitzeschutz an den Bremskraftverstärker.
16 Montieren Sie den Hauptbremszylinder (siehe Sektion 12).
17 Starten Sie zum Schluss den Motor und kontrollieren Sie die Anschlüsse des Unterdruckschlauchs auf Undichtigkeiten. Prüfen Sie die Funktion des Bremskraftverstärkers (siehe oben).

11 Bremskraftverstärker-Regelventil – Ausbau, Test und Einbau

1 Das Regelventil sitzt im Schlauch zwischen dem Einlassstutzen und dem Bremskraftverstärker (siehe Abbildung). Befreien Sie für den Zugang die obere Motorabdeckung.

11.1 Das im Schlauch zwischen dem Einlassstutzen und dem Bremskraftverstärker sitzende Regelventil

Ausbau

2 Lockern Sie die Schellen beider Schläuche und ziehen Sie diese vom Ventil ab (siehe Abbildung). Befreien Sie das Ventil unter Beachtung seiner Einbaurichtung.

11.2 Ziehen Sie beide Schläuche vom Bremskraftverstärker-Regelventil.

Test

3 Begutachten Sie das Regelventil und den Schlauch auf Beschädigungen und ersetzen Sie die Baugruppe nötigenfalls.
4 Für eine Kontrolle wird von beiden Seiten ins Ventil geblasen – Luft darf aber nur vom Bremskraftverstärker aus hindurchgelangen. Bei anderen Ergebnissen muss das Ventil ersetzt werden.

Einbau

5 Das Ventil muss richtig herum installiert werden. Die Schläuche müssen korrekt verlegt und mit den Schellen am Ventil gesichert sein.
6 Montieren Sie die obere Motorabdeckung.
7 Starten Sie anschließend den Motor und prüfen Sie die Verbindung des Ventils zum Bremskraftverstärker auf Undichtigkeiten.

12 Hauptbremszylinder – Ausbau, Überholung und Einbau

Anmerkung: *Beachten Sie vor Arbeitsbeginn die Warnhinweise am Anfang von Sektion 2.*

Anmerkung: *Beim Einbau wird ein neuer Hauptbremszylinder-O-Ring benötigt.*

Ausbau

1 Trennen Sie den Masseanschluss (–) der Batterie – beachten Sie dabei die Hinweise auf Seite 366. Befreien Sie für den Zugang die obere Motorabdeckung und den Ansaugstutzen.
2 Entfernen Sie bei Modellen mit Motorcode AMU, APX und BAM das rechts über dem Motor verlaufende Ladeluftrohr (siehe Kapitel 4B, Sektion 7).
3 Entfernen Sie den Deckel des Ausgleichsbehälters und trennen Sie den Stecker des Bremsflüssigkeitspegel-Sensors (siehe Abbildung). Saugen Sie mit einer Spritze oder Pipette möglichst viel Bremsflüssigkeit ab. Warnung: Saugen Sie Bremsflüssigkeit nicht mit dem Mund an – sie ist giftig!

Anmerkung: *Alternativ kann eine gut zugängliche Entlüftungsschraube des Bremssystems geöffnet und mit Schläuchen versehen werden, um die Bremsflüssigkeit bei sanfter Betätigung der Bremse herauszudrücken (siehe Sektion 2).*

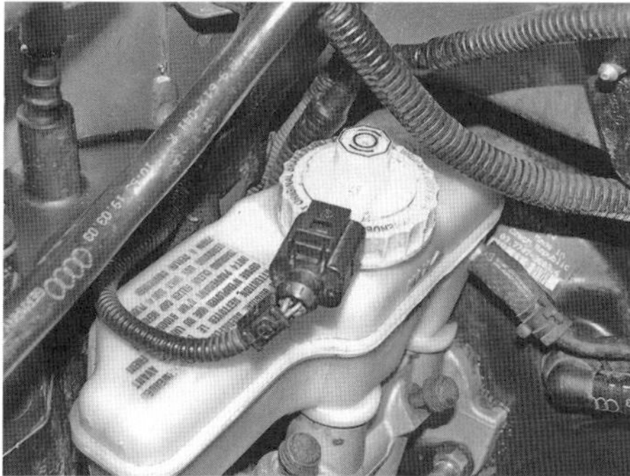

12.3 Kabelstecker des Bremsflüssigkeitspegel-Sensors

4 Lösen Sie am Hitzeschutz die zwei Schrauben und die untere Mutter, um dessen unteren Teil vom Hauptbremszylinder zu entfernen (siehe Abbildung).

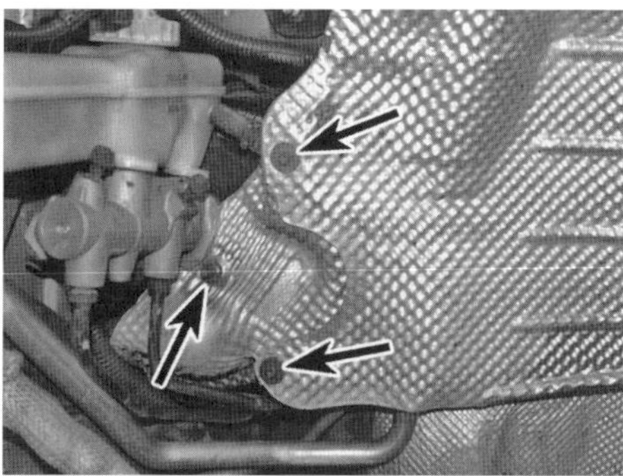

12.4 Befestigungen des unteren Hauptbremszylinder-Hitzeschutzes – gezeigt beim Rechtslenker-Modell

5 Trennen Sie bei Modellen mit Schaltgetriebe den seitlich am Ausgleichsbehälter sitzenden Schlauch der Kupplungshydraulik und verstopfen Sie ihn (siehe Abbildung).

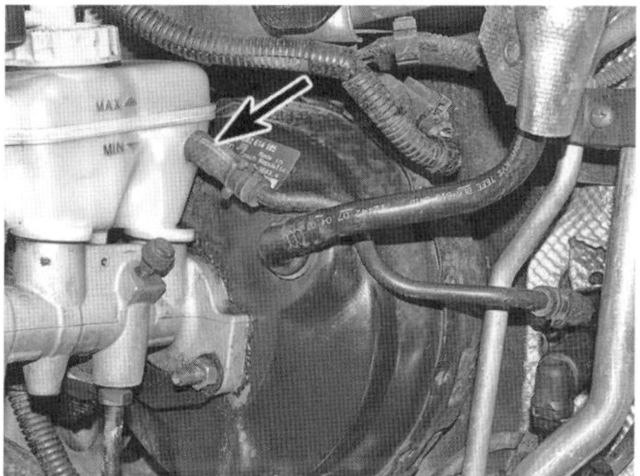

12.5 Schlauch der Kupplungshydraulik – gezeigt beim Rechtslenker-Modell

6 Trennen Sie unten am Hauptbremszylinder die Stecker der Bremsdruck-Sensoren (siehe Abbildung).

12.6 Stecker der Bremsdruck-Sensoren – gezeigt beim Rechtslenker-Modell

7 Wischen Sie seitlich am Hauptbremszylinder den Bereich um die Bremsleitungsanschlüsse sauber und unterlegen Sie die Anschlüsse mit saugfähigen Lappen (siehe Abbildung). Notieren Sie die Positionen der Anschlüsse, lösen Sie ihre Muttern und ziehen Sie die Leitungen ab. Verstopfen Sie die Anschlussrohre und Öffnungen im Hauptbremszylinder, um den Flüssigkeitsverlust zu minieren und keinen Schmutz eindringen zu lassen. Wischen Sie Bremsflüssigkeitsspritzer unverzüglich auf.

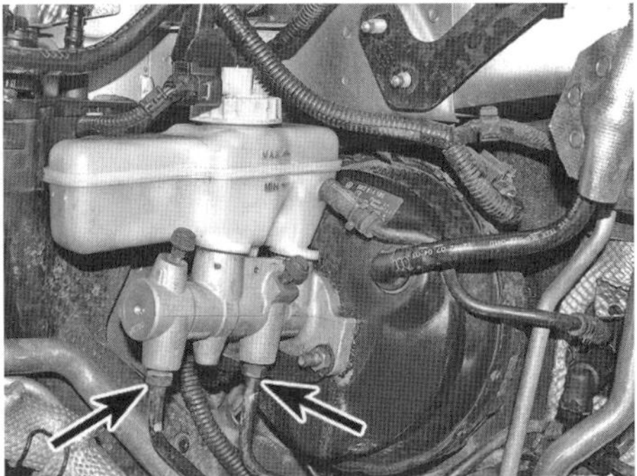

12.7 Bremsleitungsanschlüsse am Hauptbremszylinder – gezeigt beim Rechtslenker-Modell

8 Lösen Sie die zwei Muttern, die den Hauptbremszylinder am Bremskraftverstärker sichern (siehe Abbildung), und heben Sie die Baugruppe aus dem Motorraum. Entfernen Sie den zwischen dem Hauptbremszylinder und dem Bremskraftverstärker sitzenden O-Ring – falls er beschädigt ist, muss er beim Einbau erneuert werden.

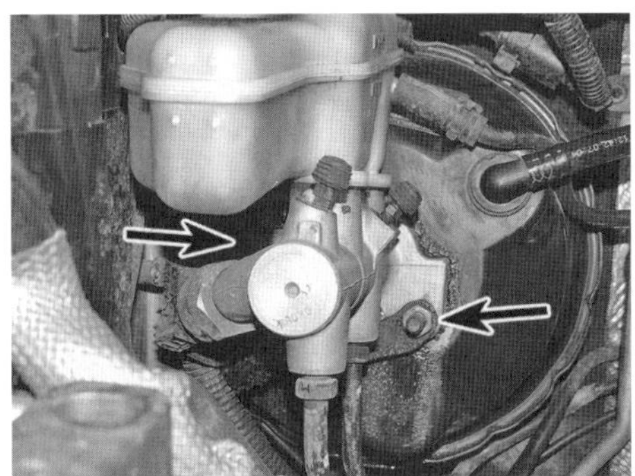

12.8 Befestigungsmuttern des Hauptbremszylinders am Bremskraftverstärker – gezeigt beim Rechtslenker-Modell

Überholung

9 Beim Verfassen des Buchs (2017) waren bis auf die Anschlussdichtungen des Ausgleichsbehälters keine Ersatzteile zum Überholen des Hauptbremszylinders erhältlich – erkundigen Sie sich beim Audi-Händler nach ihrer Verfügbarkeit.
10 Falls die Anschlussdichtungen des Ausgleichsbehälters Alterungserscheinungen aufweisen, muss die Schraube gelöst und der Behälter aus dem Hauptbremszylinder gehebelt werden; jetzt können die Dichtungen mit einem kleinen Schraubendreher herausgehebelt werden. Schmieren Sie die neuen Dichtungen mit frischer Bremsflüssigkeit und drücken Sie sie in ihre Sitze im Hauptbremszylinder.

Einbau

11 Entfernen Sie sämtlichen Schmutz von den Kontaktflächen des Hauptbremszylinders und des Bremskraftverstärkers. Rüsten Sie den Hauptbremszylinder an der Rückseite mit einem neuen O-Ring aus.
12 Drücken Sie ggf. den Ausgleichsbehälter in die Dichtungen im Hauptbremszylinder und sichern Sie ihn mit der sorgfältig angezogenen Schraube.
13 Setzen Sie den Hauptbremszylinder so an den Bremskraftverstärker, dass die Druckstange mittig in seine Bohrung greift. Installieren Sie die neuen Befestigungsmuttern und ziehen Sie sie mit 5 Nm an (Abb. 12.8)
14 Wischen Sie die Bremsleitungsanschlüsse sauber, setzen Sie sie an und ziehen Sie die Anschlussmuttern möglichst mit 14 Nm an.
15 Verbinden Sie bei Modellen mit Schaltgetriebe den Schlauch der Kupplungshydraulik mit dem Ausgleichsbehälter (Abb. 12.5)
16 Verbinden Sie die Stecker der Bremsdruck-Sensoren und des Bremsflüssigkeitspegel-Sensors (Abb. 12.6 und 12.3).
17 Füllen Sie den Ausgleichsbehälter mit frischer Bremsflüssigkeit auf und entlüften Sie die komplette Bremshydraulik (siehe Sektion 2) und ggf. die Kupplungshydraulik (siehe Kapitel 6, Sektion 2).
18 Montieren Sie bei Modellen mit Motorcode AMU, APX und BAM das rechts über dem Motor verlaufende Ladeluftrohr (siehe Kapitel 4B, Sektion 7).
19 Montieren Sie alle Abdeckungen und prüfen Sie vor der ersten Fahrt die Funktion der Bremsen und ggf. der Kupplung.

13 Handbremse – Einstellung

1 Um die Handbremsen-Einstellung zu kontrollieren, muss mehrmals fest die Bremse getreten werden, damit der korrekte Abstand zwischen den Bremsbelägen und den Bremsscheiben sichergestellt ist. Betätigen und lösen Sie dann mehrmals die Handbremse.
2 Bei gelöster Handbremse darf der Abstand zwischen der Lasche am Handbremsen-Hebel und dem Anschlag am hinteren Bremssattel nicht mehr als 3 mm betragen (siehe Abbildung). Falls eine Einstellung nötig ist, muss sie wie folgt durchgeführt werden:

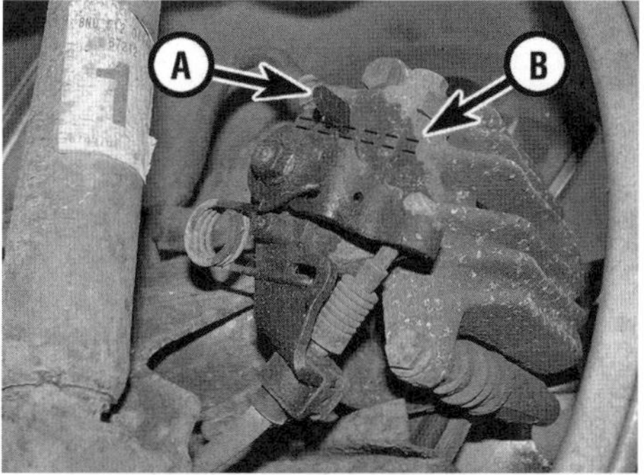

13.2 Zwischen der Lasche am Handbremsen-Hebel (A) und dem Anschlag darf maximal 3 mm Abstand bestehen.

3 Entfernen Sie hinten in der Mittelkonsole die Abdeckung und ggf. den Becherhalter – für diesen müssen zunächst die Gummimatten entfernt und die Schrauben gelöst werden (siehe Abbildungen).

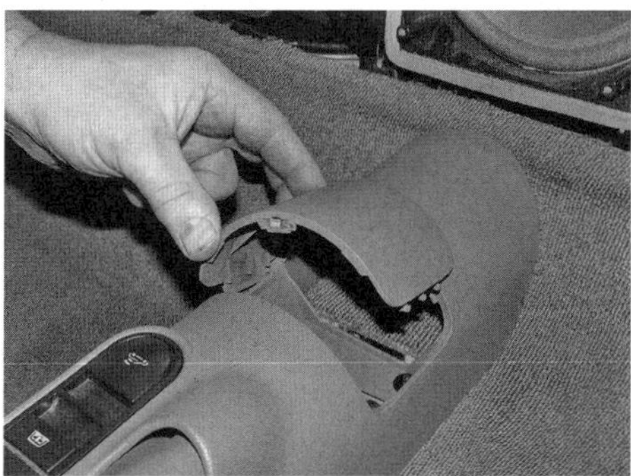

13.3a Befreien Sie die Abdeckung aus dem hinteren Teil der Mittelkonsole.

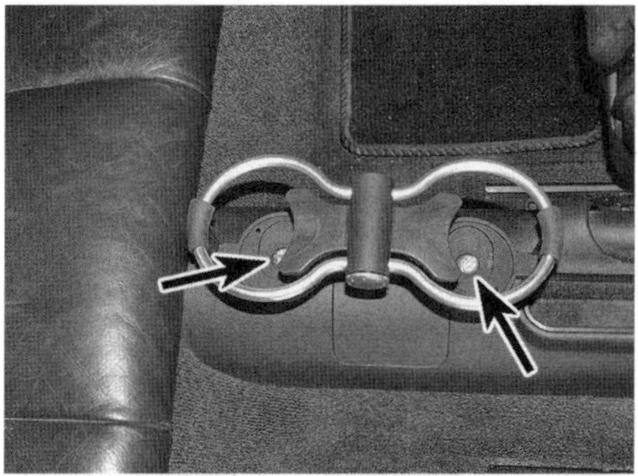

13.3b Lösen Sie ggf. die Schrauben des Becherhalters …

13.3c … und entfernen Sie diesen zusammen mit der Abdeckung.

4 Lockern Sie bei vollständig gelöster Handbremse innerhalb der Mittelkonsole die Einstellmutter des vorderen Handbremsen-Seilzugs (siehe Abbildung), bis an beiden Hinterrad-Bremssätteln die Laschen der Handbremsen-Hebel an ihren Anschlägen anliegen. Kontrollieren Sie den Zustand und die Bewegungsfreiheit der Seilzüge.

13.4 Einstellmutter des vorderen Handbremsen-Seilzugs

5 Blockieren Sie die Vorderräder, heben Sie das Fahrzeug hinten an und stützen Sie es sicher ab (siehe Seite 366).
6 Ziehen Sie jetzt die Einstellmutter an, bis sich beide Hebel-Laschen von den Anschlägen abheben und einen Abstand von 1 bis 3 mm erreicht haben (Abb. 13.2).
7 Ziehen Sie die Handbremse dreimal fest an und lösen Sie sie wieder, bevor geprüft wird, ob sich beide Hinterräder frei drehen lassen.
8 Sobald die Einstellung korrekt ist, werden die Abdeckung und ggf. der Becherhalter installiert. Senken Sie das Fahrzeug ab.

14 Handbremshebel – Ausbau und Einbau

1 Demontieren Sie die Mittelkonsole (siehe Kapitel 11, Sektion 27). Entfernen Sie ggf. die Abdeckhülse des Handbremshebels, indem Sie ihre Lasche mit einem Schraubendreher eindrücken und die Hülse vom Hebel abziehen.
2 Trennen Sie den Stecker des Handbremsen-Warnleuchtenschalters (siehe Abbildung).

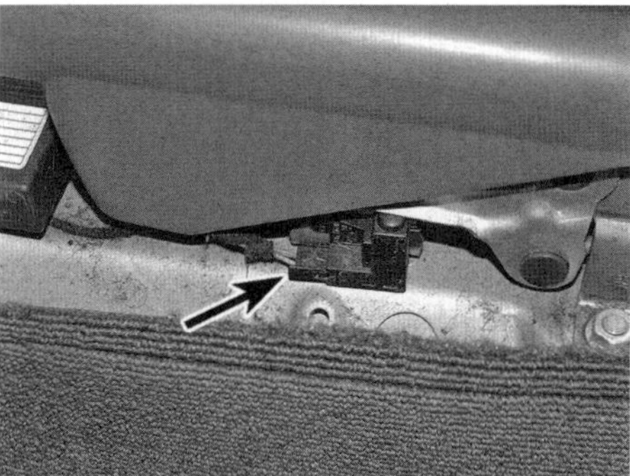

14.2 Handbremsen-Warnleuchtenschalter

3 Lockern Sie die Einstellmutter des vorderen Handbremsen-Seilzugs (Abb. 13.4), bis die Nippel der hinteren Seilzüge am Waagebalken ausgehängt werden können (siehe Abbildung).

14.3 Hängen Sie die Nippel der hinteren Seilzüge am Waagebalken aus.

4 Lösen Sie die Muttern des Handbremshebel-Halters und befreien Sie diesen vom Fahrzeugboden (siehe Abbildung).

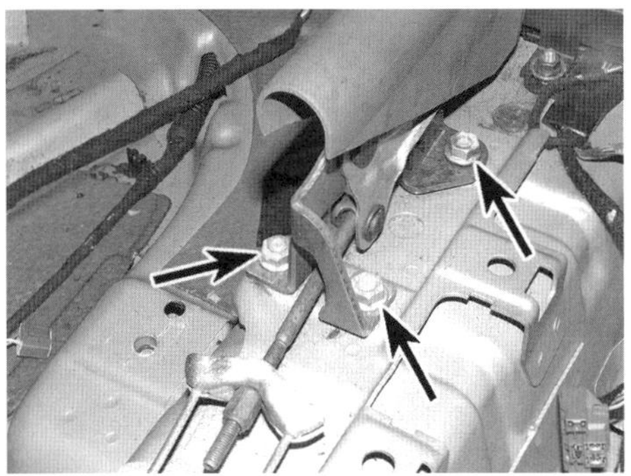

14.4 Muttern des Handbremshebel-Halters

5 Der Einbau entspricht der umgekehrten Ausbaureihenfolge – beachten Sie dabei folgende Punkte:

a) Stellen Sie die Handbremse ein (siehe Sektion 13), bevor Sie die Abdeckung installieren.
b) Prüfen Sie vor der Montage der Mittelkonsole die Funktion des Handbremsen-Warnleuchtenschalters.

15 Handbremsen-Seilzüge – Ausbau und Einbau

1 Demontieren Sie die Mittelkonsole (siehe Kapitel 11, Sektion 27). Ein vom Handbremshebel kommender Seilzug ist über einen Waagebalken mit den zwei zu den Hinterradbremsen führenden Seilzügen verbunden. Jedes Bremsseil kann separat demontiert werden.
2 Lockern Sie die Einstellmutter des vorderen Handbremsen-Seilzugs (Abb. 13.4), bis die Nippel der hinteren Seilzüge am Waagebalken ausgehängt werden können (Abb. 14.3).
3 Blockieren Sie die Vorderräder, heben Sie das Fahrzeug hinten an und stützen Sie es sicher ab (siehe Seite 366). Entfernen Sie unter dem Fahrzeug alle Abdeckungen und Hitzeschilde, die den Zugang zum jeweiligen Bremsseil behindern.
4 Befreien Sie das Bremsseil aus allen Befestigungen und merken Sie sich seine Verlegung (siehe Abbildung) – bei Quattro-Modellen sind sie durch die Längslenker geführt; bei Modellen mit Frontantrieb sind sie unten an den Längslenkern befestigt.

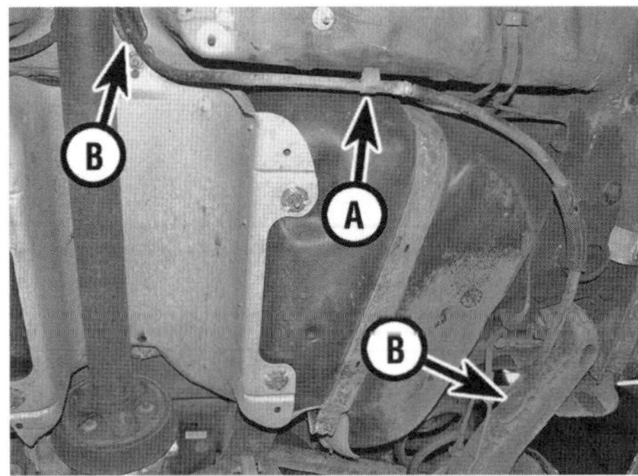

15.4 Verlegung des linken Handbremsseils beim Quattro-Modell
A Befestigungslasche
B Gummistopfen

5 Entfernen Sie das Sicherungsblech der Seilzughülle, hängen Sie den Seilzugnippel am Hebel des Bremssattels aus und befreien Sie den Seilzug vom Bremssattel (siehe Abbildungen).

15.5a Entfernen Sie das Sicherungsblech der Seilzughülle, …

15.5b … hängen Sie den Seilzugnippel am Hebel des Bremssattels aus …

15.5c ... und befreien Sie den Seilzug vom Bremssattel.

6 Ziehen Sie das Bremsseil unter dem Fahrzeug heraus und befreien Sie es aus den Gummistopfen des Unterbodens (siehe Abbildung).

15.6 Bremsseil-Gummistopfen im Unterboden

7 Der Einbau entspricht der umgekehrten Ausbaureihenfolge – beachten Sie dabei folgende Punkte:

a) Die Gummistopfen müssen korrekt im Unterboden stecken und das Bremsseil muss korrekt gesichert sein.
b) Stellen Sie die Handbremse ein (siehe Sektion 13), bevor Sie die Abdeckung installieren.
c) Montieren Sie alle Abdeckungen und Hitzeschilde und senken Sie das Fahrzeug ab.

16 Handbremsen-Warnleuchtenschalter – Ausbau und Einbau

1 Trennen Sie den Masseanschluss (–) der Batterie – beachten Sie dabei die Hinweise auf Seite 366.
2 Demontieren Sie die Mittelkonsole (siehe Kapitel 11, Sektion 27).
3 Trennen Sie den Stecker des am Handbremshebelhalter sitzenden Schalters (Abb. 14.2)
4 Lösen Sie die Laschen und entfernen Sie den Schalter vom Handbremshebel-Halter.
5 Der Einbau entspricht der umgekehrten Ausbaureihenfolge.

17 Bremslichtschalter – Ausbau und Einbau

Anmerkung: *Die Bremslichtschalter dieser Fahrzeuge gibt es in zwei Ausführungen – mit rundem oder eckigem Gehäuse. Beachten Sie die jeweiligen Schritte.*

Anmerkung: *Die Laschen des Bremslichtschalters bestehen aus Kunststoff und Audi empfiehlt, den Schalter nach jeder Demontage durch ein Neuteil zu ersetzen.*

1 Der Bremslichtschalter sitzt oben auf der Bremspedal-Aufnahme (siehe Abbildung).

17.1 Bremslichtschalter – gezeigt beim Rechtslenker-Modell

2 Entfernen Sie im Fahrerfußraum die Abdeckung unter dem Armaturenbrett (siehe Kapitel 11, Sektion 28).

Schalter mit rundem Gehäuse

3 Trennen Sie den Stecker des Bremslichtschalters, drehen Sie den Schalter 45° gegen den Uhrzeigersinn und ziehen Sie ihn aus dem Pedalträger.
4 Bevor der Schalter installiert wird, muss sein Kolben vollständig herausgezogen werden. Setzen Sie den Schalter am Pedalträger an, richten Sie die zwei Laschen aus und verdrehen Sie ihn 45° im Uhrzeigersinn, um ihn zu sichern. Das Bremspedal muss hierfür nicht gedrückt werden, da sich der Kolben beim Einbau automatisch einstellt. Verbinden Sie den Stecker und montieren Sie alle entfernten Verkleidungsteile.

Schalter mit eckig Gehäuse

5 Trennen Sie den Stecker des Bremslichtschalters, drehen Sie den Schalter 90° gegen den Uhrzeigersinn und ziehen Sie ihn aus dem Pedalträger.
6 Bevor der Schalter installiert wird, muss sein Kolben vollständig herausgezogen werden. Halten Sie das Bremspedal gedrückt, setzen Sie den Schalter am Pedalträger an, richten Sie die zwei Laschen aus und verdrehen Sie ihn 90° im Uhrzeigersinn, um ihn zu sichern. Lösen Sie jetzt das Bremspedal – der Schalter stellt sich selbst ein. Verbinden Sie den Stecker und montieren Sie alle entfernten Verkleidungsteile.

18 Bremsdrucksensor(en) – Ausbau und Einbau

1 Der oder die Bremsdrucksensor(en) sitzen unten am Hauptbremszylinder (siehe Abbildung).

18.1 Bremsdruck-Sensoren – gezeigt beim Rechtslenker-Modell

2 Entfernen Sie die obere Motorabdeckung und entfernen Sie bei Modellen mit Motorcode AMU, APX und BAM das rechts über dem Motor verlaufende Ladeluftrohr (siehe Kapitel 4B, Sektion 7).
3 Entfernen Sie den Deckel des Ausgleichsbehälters und trennen Sie den Stecker des Bremsflüssigkeitspegel-Sensors (siehe Abbildung). Saugen Sie mit einer Spritze oder Pipette möglichst viel Bremsflüssigkeit ab. Warnung: Saugen Sie Bremsflüssigkeit nicht mit dem Mund an – sie ist giftig!
4 Trennen Sie den/die Sensorstecker.
5 Schrauben Sie den Sensor aus dem Hauptbremszylinder – seien Sie mit Lappen auf austretende Bremsflüssigkeit vorbereitet.
6 Der Einbau entspricht der umgekehrten Ausbaureihenfolge – ziehen Sie den/die Sensor(en) mit 14 Nm an. Füllen Sie das Bremssystem auf und entlüften Sie es (siehe Sektion 2).

19 Antiblockiersystem (ABS) – Allgemeine Informationen

Anmerkung: *Bei Modellen mit Antischlupfregelung (ASR) regelt das ABS auch die elektronische Differenzialsperre (EDS).*

1 Das serienmäßig vorhandene Antiblockiersystem regelt auch die elektronische Bremskraftverteilung (EBV) – verteilt also die Bremskräfte je nach Belastung auf die Vorder- und Hinterräder. Je nach Modell kann die ABS-Hydraulikeinheit des Typs 20 IE oder des Typs 60 vorhanden sein (siehe Abbildungen). Die Hydraulikeinheit besteht aus Hydraulik-Magnetventilen mit Druckspeichern. Dazu kommen eine elektrische Rücklaufpumpe, vier Radsensoren und ein ABS-Steuermodul. Wenn ein Rad plötzlich deutlich langsamer wird (und damit zu blockieren droht), wird an dieser Bremse der Hydraulikdruck reduziert oder kurzzeitig unterbrochen. Die Überwachung und das Regulieren findet mehrmals pro Sekunde statt und erzeugt im Bremspedal eine »pulsierende« Wirkung, wenn der Druck geändert wird.
2 Die Magnetventile werden vom Steuermodul überwacht, das wiederum Informationen von den Sensoren an den Rädern über deren Drehzahl erhält. Indem es diese Signale vergleicht, kann das Steuermodul die derzeit gefahrene Geschwindigkeit berechnen und so erkennen, wenn ein Rad deutlich langsamer als die anderen wird und zum Blockieren neigt. Im normalen Fahrbetrieb funktioniert die Bremse genauso wie ein System ohne ABS.
3 Sobald das Steuergerät erkennt, dass ein oder mehrere Räder zum Blockieren neigen, werden die entsprechenden Auslass-Magnetventile geschlossen, um den Druck in den Bremsen zu verringern.
4 Falls die Drehzahl des Rades weiterhin zu stark abnimmt ist, öffnet es die Einlass-Magnetventile und aktiviert die elektrisch betriebene Rücklaufpumpe, um die Bremsflüssigkeit wieder in den Hauptbremszylinder zu fördern und so die Bremse zu lösen. Sobald die Drehzahl des Rades wieder einen normalen Wert erreicht, stoppt die Pumpe und das Auslass-Magnetventil öffnet wieder, um den Druck aus dem Hauptbremszylinder wieder an die Bremse weiterzuleiten und diese zu aktivieren.
5 Die Überwachung und das Regulieren findet mehrmals pro Sekunde statt und erzeugt im Bremspedal eine »pulsierende« Wirkung, wenn der Druck geändert wird.
6 Die Funktionen des ABS und aller Zusatzsysteme hängen vollkommen von elektrischen Signalen ab. Und damit es nicht auf falsche Signale reagiert, überwacht eine integrierte Sicherheitsschaltung alle ins Steuergerät eingehenden Signale. Falls solche auftreten oder geringe Batteriespannung festgestellt wird, wird das ABS automatisch abgeschaltet und im Cockpit leuchtet eine entsprechende Warnlampe auf. Jetzt kann immer noch normal gebremst werden.

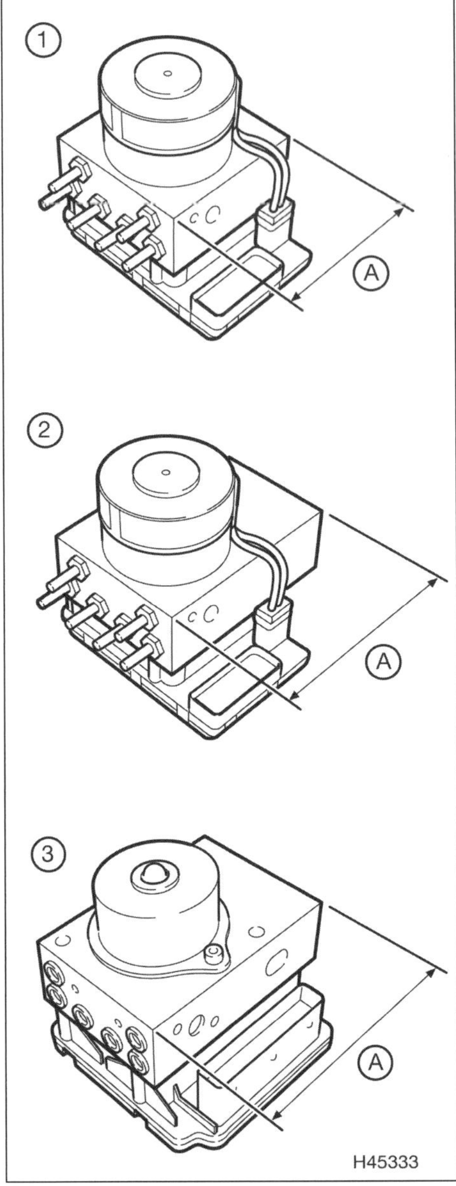

19.1a Erkennungsmerkmale der 20 IE-Hydraulikeinheiten
1 Version mit ABS (A = 100 mm)
2 Version mit ABS und EBV (und ggf. ASR) (A = 130 mm)
3 Version mit ABS, EBV, ASR und ESP (A = 135 mm)

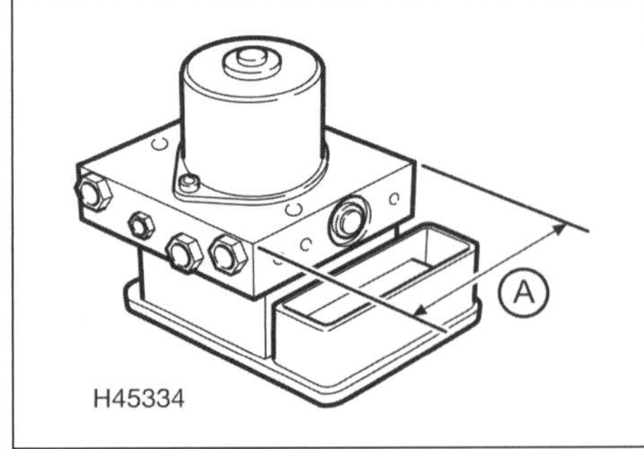

19.1b Erkennungsmerkmale der Hydraulikeinheit vom *Typ 60 Version mit ABS, EBV, ASR und ESP (A = 100 mm)*

7 Falls in irgendeinem dieser Systeme ein Defekt festgestellt wird, leuchtet im Cockpit eine entsprechende Warnleuchte auf. Manche Fehler können vom bordeigenen Diagnosesystem behoben werden; halten Sie an, schalten Sie den Motor und die Zündung ab. Falls nach die Warnleuchte nach erneutem Fahrtantritt weiter leuchtet, muss das Fahrzeug zu einer entsprechend ausgerüsteten Fachwerkstatt gebracht werden, wo der Fehler mithilfe eines Diagnosegeräts ausgelesen und repariert werden kann.

20 Antiblockiersystem (ABS) – Austausch der Komponenten

ABS-Hydraulikeinheit

1 Der Ausbau und Einbau der Hydraulikeinheit sollte einer Fachwerkstatt überlassen werden. Die Baugruppe sitzt hinter der Batterie hinten links im Motorraum (siehe Abbildung). Falls Undichtigkeiten festgestellt werden, kann die Hydraulikeinheit nicht mit Sicherheit korrekt befüllt und belüftet werden. Eine Fachwerkstatt kann auch eine Fehlerdiagnose durchführen.

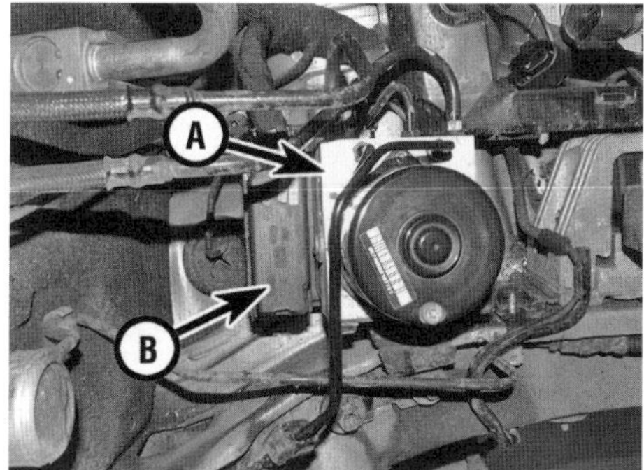

20.1 ABS-Hydraulikeinheit (A) und Steuermodul (B)

ABS-Steuermodul

2 Das hinter der Hydraulikeinheit sitzende Steuermodul ist mit drei Torxschrauben gesichert. Obwohl das Modul von der Hydraulikeinheit getrennt werden kann, sollte diese Arbeit aufgrund der Komplexität und der benötigten absoluten Sauberkeit von einer Fachwerkstatt erledigt werden.

Vorderradsensor

Ausbau

3 Aktivieren Sie die Handbremse, lockern Sie die Radbolzen des entsprechenden Vorderrads, heben Sie das Fahrzeug vorn an und stützen Sie es sicher ab (siehe Seite 366). Demontieren Sie das Rad.
4 Trennen Sie den Stecker des Sensors, indem Sie vorsichtig seine Lasche anheben und ihn abziehen (siehe Abbildung).

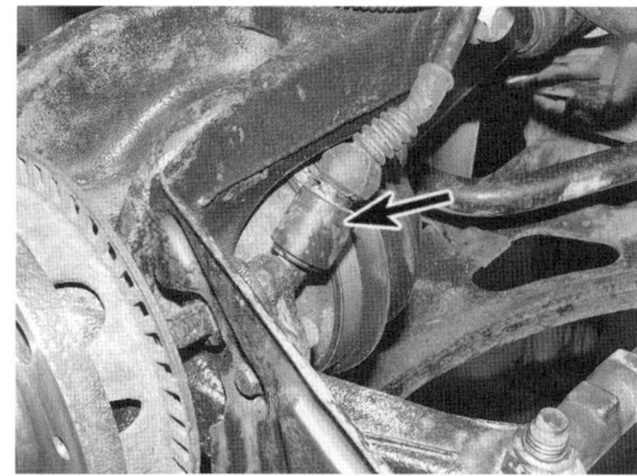

20.4 Stecker des Vorderradsensors

5 Lösen Sie die Sensorschraube und befreien Sie den Sensor aus dem Radnabenträger.

Einbau

6 Die Kontaktflächen des Sensors und des Radnabenträgers müssen sauber sein.
7 Tragen Sie am Innenrand der Bohrung eine kleine Menge Schmierpaste (z. B. Audi G 000 650) auf und installieren Sie den Sensor in den Radnabenträger. Installieren Sie die Schraube und ziehen Sie sie mit 8 Nm an. Drehen Sie die Radnabe – der Abstand zwischen dem Sensor und dem Sensorring muss rundherum 0,3 mm betragen (siehe Abbildung).

20.7 Der Abstand zwischen dem Sensor und dem Sensorring muss rundherum 0,3 mm betragen.

8 Verbinden Sie den Sensorstecker – sein Kabel muss korrekt verlegt und gesichert sein; es darf in keiner Lenkposition irgendwo scheuern oder gespannt werden.
9 Montieren Sie das Rad, senken Sie das Fahrzeug ab und ziehen Sie die Radbolzen mit 120 Nm an.

Hinterradsensor

10 Blockieren Sie die Vorderräder, lockern Sie die Radbolzen des entsprechenden Hinterrads, heben Sie das Fahrzeug hinten an und stützen Sie es sicher ab (siehe Seite 366). Demontieren Sie das Rad.
11 Demontieren Sie den Hinterradsensor (siehe Abbildung) auf die gleiche Weise wie den Vorderradsensor (Schritte 4 und 5).

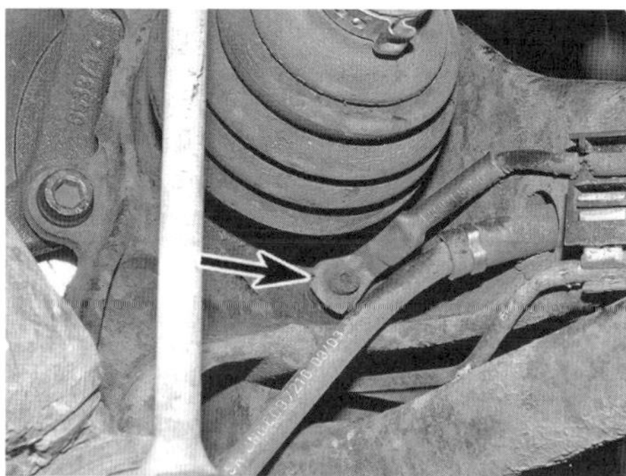

20.11 Hinterradsensor

12 Befolgen Sie beim Einbau die Hinweise in den Schritten 6 bis 9.

Sensor-Ring

13 Die ABS-Sensorringe sind bei allen Modellen in die Radnaben der Vorderräder integriert – sie können erst nach der Demontage der Bremsscheibe kontrolliert werden (siehe Sektion 6).
14 Bei Quattro-Modellen sind die ABS-Sensorringe auch in die Radnaben der Hinterräder integriert (siehe Abbildung) – auch hier ist für eine Kontrolle die Demontage der Bremsscheibe nötig.

20.14 Der ABS-Sensorring ist beim Quattro-Modell auch hinten in die Radnabe integriert.

15 Bei Modellen mit Frontantrieb sind die Hinterrad-Sensorringe in die Radlager-Baugruppen integriert – diese müssen für eine Kontrolle demontiert werden.
16 Falls ein Sensorring defekt ist, müssen die Radnaben oder Radlager-Baugruppen durch Neuteile ersetzt werden (siehe Kapitel 10, Sektion 3 oder 9).

Kapitel 10

Radaufhängung und Lenkung

Inhalt Sektion

Schwierigkeitsgrade

Leicht. Geeignet für Anfänger mit wenig Erfahrung. 	**Relativ leicht.** Geeignet faür Anfänger mit etwas Erfahrung. 	**Relativ schwierig.** Geeignet für geübte Selbstschrauber. 	**Schwer.** Geeignet für Selbstschrauber mit viel Erfahrung. 	**Sehr schwer.** Geeignet für Experten und Profis. 

Technische Daten

Vorderradaufhängung .... Einzelradaufhängung, MacPherson-Federbeine und Stabilisator

Hinterradaufhängung

Modelle mit Frontantrieb .... Torsionskurbelachse mit Schraubenfedern, Stoßdämpfern und Stabilisator

Quattro-Modelle .... Längs-Doppelquerlenkerachse, verbunden mit hinterem Hilfsrahmen, der auch den Hinterachsantrieb trägt Separate Gasdruck-Stoßdämpfer und Schraubenfedern, Stabilisator

Lenkung .... Zahnstangenlenkung mit hydraulischer Servo-Unterstützung

Ausrichtung der Räder

Vorderräder

Spur-Einstellung je Rad .... +4’ ± 3,5’
Gesamt-Spur .... +8’ ± 7’
Nach-Spur bei 20° Lenkwinkel .... +1° 31’ ± 20’
Sturzwinkel
Standard-Fahrwerk .... -45’ ± 20’
Sportfahrwerk .... -58’ ± 20’
Nachlaufwinkel (nicht einstellbar)
Standard-Radaufhängung .... +7° 58’
Sport-Radaufhängung........ +8° 15’
maximale Abweichung zw links und rechts........ 30’

Hinterräder bei Modellen mit Frontantrieb

Spur-Einstellung je Rad
Standard-Fahrwerk .... +14’ ± 5’
Sportfahrwerk .... +19,5’ ± 5’

Gesamtspur
Standard-Fahrwerk .... +28' ± 10'
Sportfahrwerk .... +39' ± 10'
maximale Abweichung zw links und rechts .... 15'
Sturzwinkel .... -2° ± 20'
maximale Abweichung zw links und rechts .... 30'

Hinterräder bei Quattro-Modellen
Spur-Einstellung je Rad .... +7,5' ± 5'
Gesamtspur .... +15' ± 10'
maximale Abweichung zw links und rechts .... 20'
Sturzwinkel (± 20' Toleranz)
Fahrwerk-Höhe (Standard-Fahrwerk)*
352 mm .... -2° 20'
355 mm .... -2° 04'
360 mm .... -1° 54'
365 mm .... -1° 44'
370 mm .... -1° 34'
372 mm .... -1° 30'
375 mm .... -1° 24'
380 mm .... -1° 14'
382 mm .... -1° 10'
Fahrwerk-Höhe (Sportfahrwerk)*
332 mm .... -2° 48'
335 mm .... -2° 42'
340 mm .... -2° 32'
345 mm .... -2° 22'
350 mm .... -2° 12'
352 mm .... -2° 08'
355 mm .... -2° 02'
360 mm .... -1° 52'
362 mm .... -1° 48'
** gemessen vom Rad-Mittelpunkt zum oberen inneren Rand des Kotflügels*

Räder
Felgen........ Leichtmetall
Reifen
Größen .... 205/55 R 16 und 225/45 R 17
Luftdruck .... angegeben auf einem Aufkleber an der Innenseite der Tankklappe

Anzugsdrehmomente **Nm**
Vorderradaufhängung
Fahrzeug-Niveausensor
Niet-Schrauben an Unterboden 8
Sensor-Anlenkung an Querlenker 6
Federbein
Federsitz-Mutter 60
Obere Mutter* 60
Untere Klemmschrauben-Mutter*
Schritt 1 60
Schritt 2 .... um 90° weiter
Hilfsrahmen-Schrauben an Unterboden*
Schritt 1 100
Schritt 2 .... um 90° weiter
Radnaben-Mutter oder -Schraube* .... siehe Kapitel 8A
Querlenker
Gelenk/Aufnahme-Bolzen
Schritt 1 70
Schritt 2 .... um 90° weiter
Kugelkopf-Muttern* 75
Spritzschutz an Radkasten........ 10
Stabilisator
Anlenkung-Muttern 90
Klemme an Hilfsrahmen 25

Hinterradaufhängung (Modelle mit Frontantrieb)
Achsträger-Schrauben*
Schritt 1 30
Schritt 2 .... um 90° weiter

Achsträgerbuchse – Mutter und Schraube*	
Schritt 1	45
Schritt 2	um 90° weiter
Achszapfen-Schrauben*	
Schritt 1	50
Schritt 2	um 90° weiter
Fahrzeug-Niveausensor an Längsträger	20
Radnaben-Mutter (Zwölfkant)*	220
Stoßdämpfer	
Obere Schrauben*	
Schritt 1	30
Schritt 2	um 90° weiter
Unterer Bolzen und Mutter*	
Schritt 1	40
Schritt 2	um 90° weiter
Vibrationsdämpfer-Schrauben an Achse*	
Schritt 1	20
Schritt 2	um 45° weiter

Hinterradaufhängung (Quattro-Modelle)

Achsträger-Schrauben*	75
Achsträgerbuchse – Mutter und Schraube*	90
Hilfsrahmen-Befestigungsschrauben*	
Schritt 1	110
Schritt 2	um 90° weiter
Hilfsrahmenaufnahme an Hinterachsantrieb	
Schritt 1	40
Schritt 2	um 45° weiter
Hilfsrahmenaufnahmebuchsen-Schraube	60
Hilfsrahmenbuchse an Hinterachsantrieb	60
Hilfsrahmen an Alurahmen	60
Querlenkerarm-Schrauben (oben und unten)*	
Schritt 1	70
Schritt 2	um 90° weiter
Radnaben-Mutter oder -Schraube*	siehe Kapitel 8A
Stabilisator-Klemmschraube	
Schritt 1	5
Schritt 2	20
Stabilisator-Mutter an Anlenkung*	25
Stoßdämpfer	
Obere Schraube*	60
Untere Schraube	110

Lenkung

Lenkgetriebe-Befestigungsschrauben*	
Schritt 1	20
Schritt 2	um 90° weiter
Lenkgetriebe-Hydraulikrohr-Anschluss	
M14-Anschlussschraube	40
M16-Anschlussschraube	45
Lenkradschraube	50
Lenksäule	
Obere Befestigungsschraube	22
Obere Befestigungsschrauben-Mutter	10
Lenkwellen-Kreuzgelenk-Klemmschraube*	30
Servolenkungspumpen-Befestigungsschrauben	25
Servolenkungs-Schlauchanschlussschraube	30
Spurstange – innerer Kugelkopf an Zahnstange	75
Spurstangenkopf-Kontermutter	50
Spurstangenkopf-Mutter*	45

Räder

Radbolzen	120

1 Allgemeine Informationen

1 Die einzeln aufgehängten Vorderräder werden mit MacPherson-Federbeinen geführt, die aus einer Schraubenfeder mit integriertem Stoßdämpfer bestehen. Die Federbeine sind unten in Querlenkern aufgehängt, die innen mit Gummibuchsen und außen mit einem Kugelgelenk versehen sind. Die Achsgelenke, an denen die Radlager-Baugruppen, die Bremssättel und Bremsscheiben sitzen, sind mit den Federbeinen verschraubt und über Kugelköpfe mit den Querlenkern verbunden. Ein Stabilisator ist über kurze Anlenkungen mit beiden Federbeinen verbunden.
2 Die Hinterradaufhängung bei Modellen mit Frontantrieb besteht aus einer Torsions-Starrachse mit Stoßdämpfern und Schraubenfedern. Ein Stabilisator ist in die Achse integriert.
3 Die Hinterradaufhängung bei Quattro-Modellen besteht aus einer Längs-Doppelquerlenkerachse, die mit hinterem Hilfsrahmen verschraubt ist, der auch den Hinterachsantrieb trägt. Separate Gasdruck-Stoßdämpfer und Schraubenfedern übernehmen die Federung, ein Stabilisator ist hinten am Hilfsrahmen verschraubt.
4 Die Sicherheits-Lenksäule ist unten mit einer Zwischenwelle ausgerüstet, die an ihr und am Lenkgetriebe mit Kreuzgelenken verbunden ist. Die äußere Lenkwelle ist mit einer Längenverstellung ausgerüstet, damit die Position des Lenkrads nicht nur in der Höhe, sondern auch in der Tiefe verändert werden kann.
5 Das am vorderen Hilfsrahmen verschraubte Zahnstangen-Lenkgetriebe ist mit zwei Spurstangen (mit Kugelköpfen innen und außen) mit den hinten an den Achsgelenken sitzenden Auslegern verbunden. Zum Einstellen der Spur sind beide Spurstangenköpfe mit Gewinden ausgerüstet.
6 Alle Modelle sind mit einer hydraulischen Servolenkung ausgerüstet. Die Servopumpe wird per Keilrippenriemen von der Kurbelwelle angetrieben.
7 Das serienmäßig vorhandene Antiblockiersystem (ABS) kann je nach Modell auch eine elektronische Differenzialsperre (EDS), eine Antischlupfregelung (ASR) und ein elektronisches Stabilisierungs-Programm (ESP) steuern.
8 Die Antischlupfregelung (ASR) sorgt dafür, dass die Räder beim Anfahren nicht durchdrehen und reduziert entsprechend die Motorleistung. Das System schaltet sich nach dem Starten des Motors automatisch ein und nutzt die Informationen der Radsensoren.
9 Das Elektronische Stabilisierungs-Programm (ESP) erweitert die Funktionen des ABS, des ASR und der EDS, um das Durchdrehen der Räder in kritischen Situationen zu reduzieren. Hierzu werden die Informationen hochsensibler Sensoren genutzt, die das Tempo des Fahrzeugs, seine seitliche Bewegung, den Bremsdruck und den Lenkwinkel der Vorderräder überwachen. Falls das Fahrzeug beispielsweise in einer Kurve zu übersteuern droht (hinten ausbrechen könnte), wird das äußere Vorderrad abgebremst, um die Situation zu korrigieren. Beim Untersteuern (Vorderräder schieben in der Kurve nach außen) wird das innere Hinterrad abgebremst. Der Lenkwinkel wird mithilfe eines oben an der Lenksäule sitzenden Sensors überwacht.
10 ASR und ESP sollten stets aktiviert sein. Nur beim Fahren auf Schnee (auch mit Schneeketten) oder lockerem Untergrund, wo etwas Schlupf gewisse Vorteile bringt, darf das System mit dem ESP-Schalter in der Mitte des Armaturenbretts abgeschaltet werden.
11 Manche Modelle sind mit einer elektronischen Differenzialsperre (EDS) ausgerüstet, die eine ungleichmäßige Traktion der Vorderräder reduziert. Falls eines der Vorderräder mit 100/min oder mehr als das andere dreht, wird es entsprechend abgebremst – das System arbeitet also völlig anders als eine traditionelle mechanische Differenzialsperre. Weil das System die Vorderräder abbremst, schaltet es bei überhitzten Bremsen ab, aktiviert dabei aber keine Kontrolllampe. Wie die ASR und das ESP nutzt auch die EDS die Informationen der Radsensoren.

2 Achsgelenkgehäuse vorn – Ausbau und Einbau

Anmerkung: *Alle beim Ausbau gelösten selbstsichernden Muttern und Schrauben müssen beim Einbau erneuert werden.*

Anmerkung: *Beim Einbau wird eine neue Radnaben-Mutter oder -Schraube benötigt. Radnaben-Schrauben gibt es in zwei Varianten, bei denen die unterschiedlichen Anzugswerte und -Methoden beachtet werden müssen – siehe Anzugsdrehmomente sowie Sektion 2 in Kapitel 8A.*

Ausbau

1 Entfernen Sie je nach Modell die Radkappe oder Radnaben-Kappe, ziehen Sie die Handbremse an und lockern Sie bei noch auf dem Boden stehendem Fahrzeug die entsprechende Radnaben-Mutter oder -Schraube um maximal 90° – weil sie sehr fest sitzt, muss wahrscheinlich mit einer Verlängerung gearbeitet werden. Lockern Sie ebenfalls die Radbolzen um etwa eine halbe Umdrehung.
Anmerkung: *Lockern Sie bei belastetem Rad die Radnaben-Mutter oder -Schraube nicht mehr als um 90°, da ansonsten das Radlager beschädigt werden kann.*
2 Heben Sie das Fahrzeug bei gezogener Handbremse vorn an und stützen Sie es sicher ab (siehe Seite 366). Demontieren Sie das entsprechende Vorderrad.
3 Lösen und entfernen Sie die Radnaben/Antriebswellen-Mutter oder -Schraube (siehe Abbildung).

2.3 Demontage einer Antriebswellenmutter

4 Trennen Sie den Stecker des Radsensors (siehe Kapitel 9, Sektion 20).
5 Demontieren Sie die Bremsscheibe (siehe Kapitel 9, Sektion 6) – hierfür müssen auch die Bremsbeläge und der Bremssattel entfernt werden (siehe Kapitel 9, Sektion 4). Sichern Sie den Bremssattel mit stabilem Draht oder einem Kabelbinder am Federbein, um die Bremsleitung nicht unter Last zu setzen (siehe Abbildung).

2.5 Sichern Sie den Bremssattel mit stabilem Draht oder einem Kabelbinder am Federbein

6 Lösen Sie am Hebel des Achsgelenkgehäuses die Mutter des Spurstangenkopfs (siehe Abbildung) – setzen Sie hierfür an der Mutter einen Ringschlüssel an und kontern Sie den Kugelkopf mit einem Torx- oder Inbusschlüssel. Nach dem Entfernen der Mutter sollte der Spurstangenkopf aus dem Hebel befreit werden können; andernfalls wird die Mutter zum Schutz des Gewindes einige Umdrehungen aufgeschraubt und ein Kugelkopf-Abzieher angesetzt, um ihn zu befreien (drehen Sie die Mutter wieder ab, sobald der Kugelkopf gelockert wurde). Weitere Details finden sich in Sektion 22.

2.6 Befreien Sie den Spurstangenkopf.

7 Lockern Sie die Mutter, die den Querlenker unten am Achsgelenkgehäuse verbindet (siehe Abbildung) – setzen Sie hierfür an der Mutter einen Ringschlüssel an und kontern Sie den Kugelkopf mit einem Torx- oder Inbusschlüssel. Nach dem Entfernen der Mutter sollte der Konus des Kugelkopfs aus dem Achsgelenkgehäuse befreit werden können; andernfalls wird die Mutter zum Schutz des Gewindes einige Umdrehungen aufgeschraubt und ein Kugelkopf-Abzieher angesetzt, um ihn zu befreien (drehen Sie die Mutter wieder ab, sobald der Kugelkopf gelockert wurde). Weitere Details finden sich in Sektion 5.

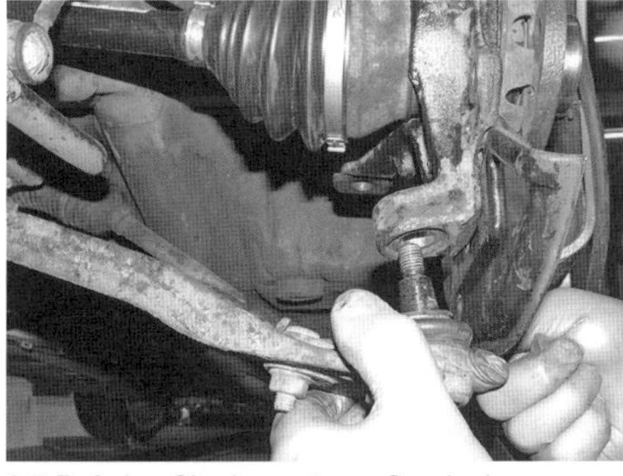

2.7 Befreien Sie den unteren Querlenker.

8 Lösen Sie die Mutter der Klemmschraube, die oben das Achsgelenkgehäuse an der Unterseite des Federbeins sichert, und entfernen Sie diese (siehe Abbildung).

2.8 Klemmschraube des Achsgelenkgehäuses am Federbein

9 Das Achsgelenk muss jetzt vom Federbein befreit werden. Audi-Werkstätten führen hierzu ein Spezialwerkzeug in den Spalt hinten am Federbein-Sitz ein und verdrehen es um 90°, um die Klemmung zu weiten. Alternativ kann ein alter großer Schraubendreher oder Meißel verwendet werden. Drücken Sie das Achsgelenkgehäuse oben leicht nach innen und ziehen Sie es nach unten ab (siehe Abbildungen).

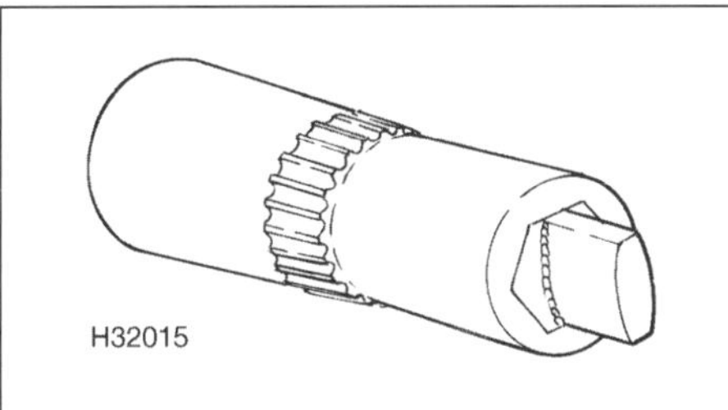

2.9a Das Audi-Spezialwerkzeug …

2.9b … zum Weiten des Spalts am Achsgelenkgehäuse

2.9c Ziehen Sie das Achsgelenkgehäuse vom Federbein.

10 Lösen Sie die drei Schrauben des Spritzschutz-Blechs, um es vom Achsgelenkgehäuse zu befreien (siehe Abbildung).

2.10 Demontieren Sie den Spritzschutz vom Achsgelenkgehäuse.

Einbau

11 Alle selbstsichernden Muttern und Schrauben müssen beim Einbau erneuert werden.
12 Reinigen Sie die Verzahnung außen an der Antriebswelle und schmieren Sie sie mit Motoröl. Schmieren Sie auch die Gewinde und Kontaktflächen der Radnaben-Mutter oder -Schraube.
13 Heben Sie das Achsgelenkgehäuse in Position und führen Sie die Nabe über die Antriebswellenverzahnung. Drehen Sie die neue Radnaben-Mutter oder -Schraube zunächst handfest auf/ein.
14 Richten Sie das Achsgelenkgehäuse mit gespreizter Klemmung zum Federbein aus, sodass die Bohrung in der seitlichen Platte zum Klemmgehäuse ausgerichtet ist. Entnehmen Sie das Spreizwerkzeug.
15 Führen Sie die neue Klemmschraube von hinten ein, drehen Sie vorn die neue Mutter auf und ziehen Sie sie zunächst mit 60 Nm an und dann um 90° weiter.
16 Verbinden Sie den Querlenker-Kugelkopf mit dem Achsgelenkgehäuse und ziehen Sie die neue Mutter mit 75 Nm an – kontern Sie nötigenfalls den Kugelkopf mit einem Torx- oder Inbusschlüssel.
17 Montieren Sie den Spurstangenkopf mit dem Achsgelenkgehäuse und ziehen Sie die neue Mutter mit 45 Nm an – kontern Sie nötigenfalls den Kugelkopf mit einem Torx- oder Inbusschlüssel.
18 Montieren Sie den Spritzschutz und ziehen Sie seine Schrauben mit 10 Nm an.
19 Montieren Sie die Bremsscheibe und den Bremssattel (siehe Kapitel 9, Sektion 6).
20 Verbinden Sie den Stecker mit dem Radsensor.
21 Sichergehend, dass die Antriebswelle vollständig in die Radnabe gezogen ist, werden das Rad montiert, das Fahrzeug abgesenkt und die Radbolzen mit 120 Nm angezogen.
22 Ziehen Sie die neue Radnaben-Mutter oder -Schraube mit dem in Schritt 1 der technischen Daten von Kapitel 8A beschriebenen Wert an.
Anmerkung: *Die Schraube oder Muttern muss angezogen werden, während das Rad nicht den Boden berührt – beachten Sie bei den Schrauben die verschiedenen Varianten.*

3 Radlager vorn – Ersetzen

Anmerkung: *Die als abgedichtete, voreingestellte und geschmierte Doppelreihen-Kugellager ausgeführten Vorderradlager erfordern keinerlei Wartung (siehe Abbildung). Zum Austausch der Lager wird eine geeignete Presse benötigt – alternativ können ein großer Schraubstock mit Distanzstücken (große Steckschlüssel) verwendet werden. Diverse Hersteller bieten entsprechende Werkzeug-Sets an (siehe Abbildung). Die Innenlagerringe der Lager sind auf die Nabe gepresst und falls der Innenring beim Auspressen des Lagers auf der Nabe verbleibt, wird ein geeigneter Abzieher benötigt, um ihn zu entfernen. Ein einmal demontiertes Lager darf niemals wiederverwendet werden!*

3.0a Radlager mit Seegerring und Kontermuttern

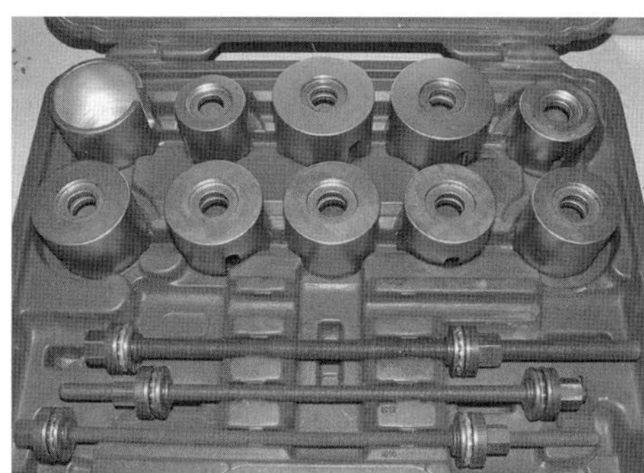

3.0b Ein Lager-Ausbau- und Einzieh-Werkzeugset

1 Demontieren Sie das Achsgelenkgehäuse (siehe Sektion 2).
2 Stützen Sie das Achsgelenkgehäuse auf Hölzern oder in einem Schraubstock. Setzen Sie an der Nabe einen passenden Steckschlüssel an und drücken oder treiben Sie dies aus dem Lager (siehe Abbildungen). Falls der äußere Lager-Innenring auf der Nabe verbleibt, muss er mit einem Abzieher entfernt werden – beschädigen Sie nicht den an der Nabe verschweißten ABS-Sensorring.

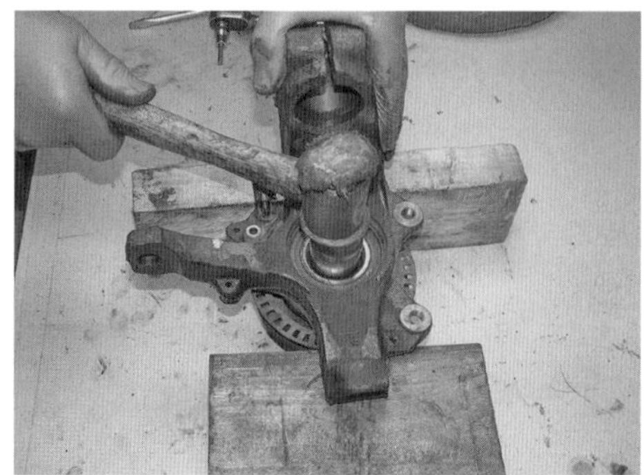

3.2a Treiben Sie die Nabe ...

3.2b … aus dem Lager.

3 Befreien Sie außen am Achsgelenkgehäuse den Seegerring, um den Dichtring und die Kugellager aus dem Lager zu befreien (siehe Abbildungen).

3.3a Entfernen Sie den Seegerring, …

3.3b … den Dichtring und die Kugellager.

4 Pressen oder treiben Sie mit einem geeigneten Rohr oder Steckschlüssel das komplette Lager aus dem Radlagergehäuse. Um das Lager zu lockern, kann man damit auf einer ebenen Fläche beginnen und das Gehäuse dann auf Hölzer abstützen, um das Lager komplett herauszutreiben (siehe Abbildungen).

3.4a Lockern Sie das Lager zunächst auf einer ebenen Fläche …

3.4b … und stützen Sie das Gehäuse dann ab, um es auszutreiben.

5 Der Innenring des alten Lagers wird immer noch auf der Nabe sitzen – entfernen Sie den alten Dichtring und treiben Sie das Lager mit einem speziellen Abzieher herunter (siehe Abbildungen) – beschädigen Sie dabei nicht die Nabe und den ABS-Sensorring.

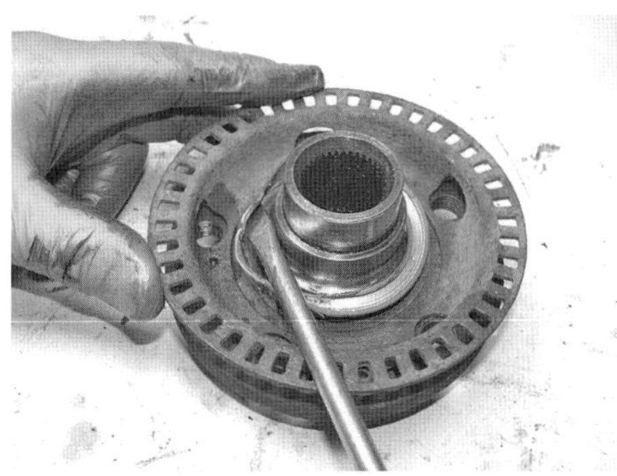

3.5a Entfernen Sie den alten Dichtring, …

3.5b … setzen Sie den Abzieher wie gezeigt an …

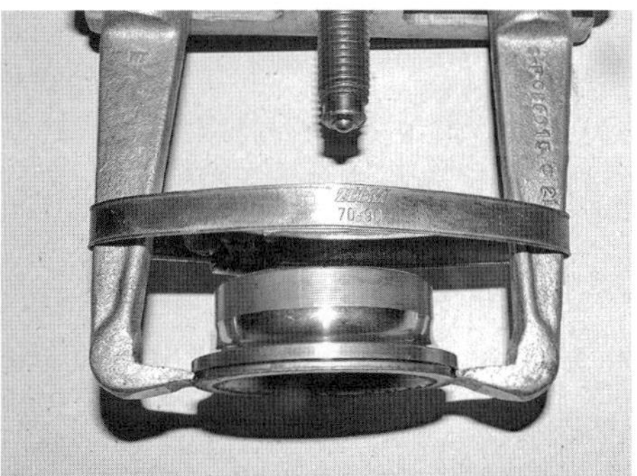

3.5c … und ziehen Sie den Innenring ab.

6 Reinigen Sie die Nabe und das Radlagergehäuse und polieren Sie Grate oder erhabene Kanten weg, die den Einbau erschweren könnten. Die Nut für den Seegerring muss rundherum frei sein. Kontrollieren Sie alle Teile einschließlich des ABS-Sensorrings auf Risse und andere Hinweise auf Verschleiß oder Schäden und ersetzen Sie sie nötigenfalls. Der Seegerring muss auf jeden Fall erneuert werden (ein Neuteil sollte einem Radlager-Set beigefügt sein).
7 Schmieren Sie den Lager-Außenring und seinen Sitz im Gehäuse mit etwas MoS2-Fett (Audi empfiehlt Molykote).
8 Stützen Sie das Radlagergehäuse sicher ab, setzen Sie das Lager darin an und pressen Sie es vollständig senkrecht ein – verwenden Sie hierfür passende Adapter oder Steckschlüssel sowie eine Gewindestange (siehe Abbildungen) – niemals darf ein neues Lager mit einem Hammer eingetrieben werden, da es hierbei beschädigt werden kann.

3.8a Setzen Sie das Lager am Gehäuse an, ...

3.8b ... montieren Sie eine Einzieh-Vorrichtung ...

3.8c ... und pressen Sie es ein.

9 Sobald das Lager korrekt sitzt, wird es mit dem neuen Seegerring gesichert, der rundherum korrekt in der Nut des Lagergehäuses sitzen muss (siehe Abbildungen).

3.9a Installieren Sie den neuen Seegerring ...

3.9b ... korrekt in die Nut des Lagergehäuses.

10 Richten Sie die Radnabe zum Innenring des Lagers aus und pressen Sie das Lager auf – verwenden Sie dazu einen Steckschlüssel oder ein Rohr, das nur den Lagerinnenring berührt (siehe Abbildungen). Das Lager muss am Bund der Radnabe anliegen.

3.10a Positionieren Sie die Nabe im Lager ...

3.10b ... und ziehen Sie es mit passenden Rohren ein.

11 Prüfen Sie, ob sich die Radnabe frei drehen lässt, und wischen Sie überschüssiges Öl oder Fett ab. Der Sensorring darf nicht am im Radlagergehäuse sitzenden Sensor scheuern; rundherum müssen 0,3 mm Abstand ermittelt werden (siehe Kapitel 9, Sektion 20). Montieren Sie das Radlagergehäuse ans Fahrzeug (siehe Sektion 2).

4 Federbein vorn – Ausbau, Überholung und Einbau

Anmerkung: *Alle beim Ausbau gelösten selbstsichernden Muttern und Schrauben müssen beim Einbau erneuert werden.*

Anmerkung: *Um die Fahreigenschaften nicht zu beeinträchtigen, sollten immer beide Federbeine gleichzeitig ausgetauscht werden.*

Ausbau

1 Aktivieren Sie die Handbremse, heben Sie das Fahrzeug vorn an, und stützen Sie es sicher ab (siehe Seite 366). Demontieren Sie das entsprechende Vorderrad.
2 Demontieren Sie den Bremssattel (siehe Kapitel 9, Sektion 4) und sichern Sie ihn so, dass die Bremsleitung nicht unter Last gesetzt wird.
3 Lösen Sie an der Aufnahme der Bremsleitung am Federbein den Clip und befreien Sie die Leitung (siehe Abbildungen).

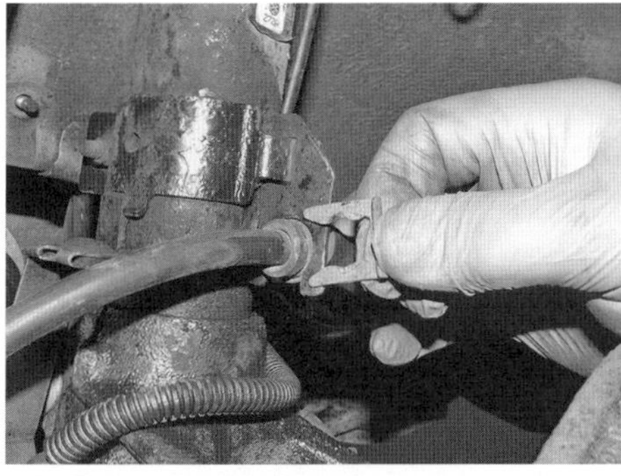

4.3a Ziehen Sie den Clip ab …

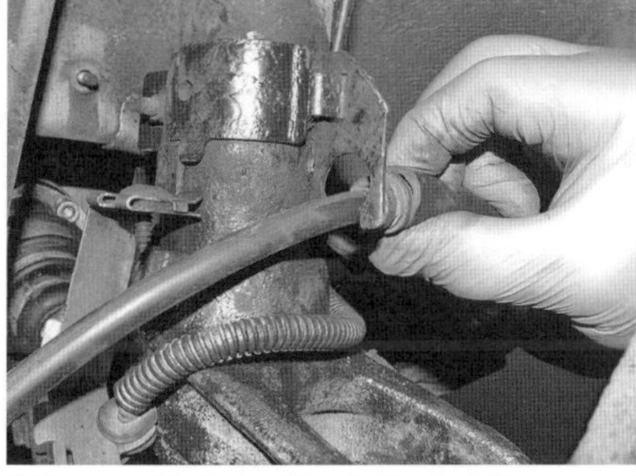

4.3b … und befreien Sie die Bremsleitung aus der Aufnahme am Federbein.

4 Befreien Sie das Kabel des Radsensors aus den Aufnahmen unten und oben am Federbein (siehe Abbildungen).

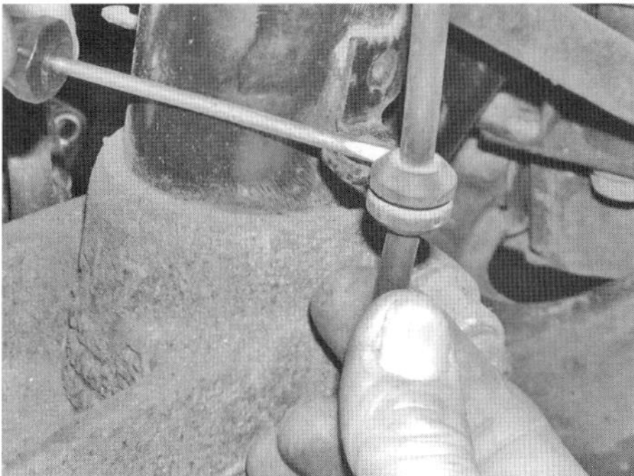

4.4a Befreien Sie das Kabel des Radsensors aus den Aufnahmen unten …

4.4b … und oben am Federbein.

5 Befreien Sie ggf. das Kabel des Bremsbelagverschleiß-Sensors aus dem Halter unten am Federbein (siehe Abbildung).

4.5 Kabel des Bremsbelagverschleiß-Sensors

6 Lösen Sie am Längsträger der Karosserie die Muttern des (für die Leuchtweiten-Regulierung zuständigen) Fahrzeug-Niveausensors und entnehmen Sie diesen (siehe Abbildung). Entfernen Sie dann die innere Kunststoff-Radhausschale. Bei manchen Modellen findet am Halter des Querlenkers ein Langloch (zur Einstellung des Sensors) – markieren Sie hier zuvor die Position der Mutter.

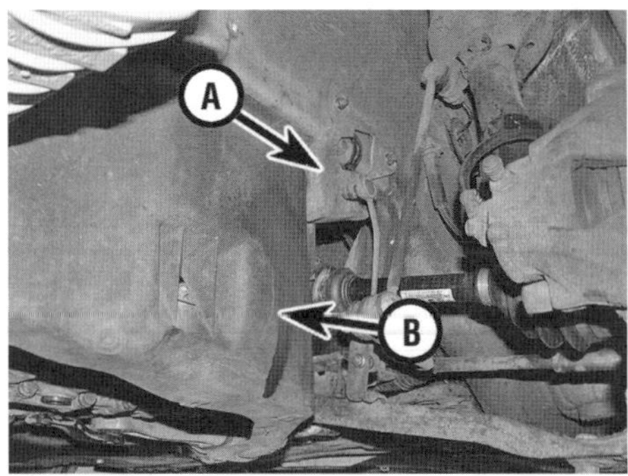

4.6 Fahrzeug-Niveausensor (A), innere Kunststoff-Radhausschale (B)

7 Lösen Sie oben an der Stabilisator-Anlenkung die Mutter und befreien Sie den Kugelkopf vom Federbein (siehe Abbildung).

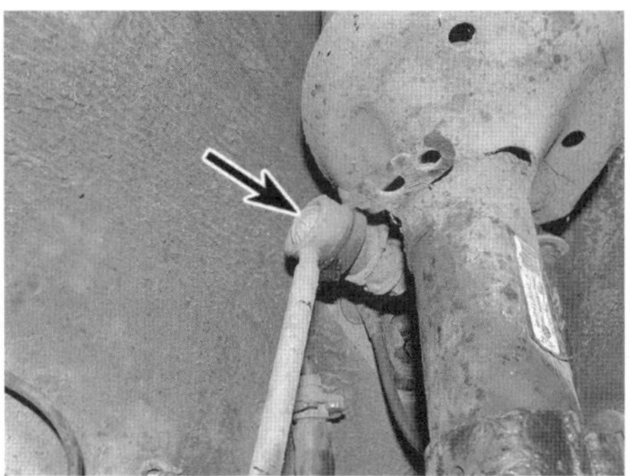
4.7 Kugelkopf der Stabilisator-Anlenkung

8 Lösen Sie am inneren Flansch der Antriebswelle die Schrauben (siehe Abbildung) – hierdurch kann der Radnabenträger besser bewegt werden, ohne die Antriebswelle zu beschädigen. Stützen Sie die Welle mit Draht oder ähnlichem unter dem Fahrzeug, damit nicht die innere Manschette beschädigt wird.

4.8 Lösen Sie die sechs Schrauben des inneren Antriebswellenflanschs

9 Lösen Sie die Mutter der Klemmschraube, die oben das Achsgelenkgehäuse an der Unterseite des Federbeins sichert, und entfernen Sie diese (Abb. 2.8).
10 Befreien Sie das Achsgelenkgehäuse vom Federbein (siehe Sektion 2, Schritt 9). Stützen Sie das befreite Gehäuse mit Draht unter dem Fahrzeug ab – beachten Sie die Position der Antriebswelle, sodass nicht ihre innere Manschette beschädigt wird.
11 Befreien Sie hinten im Motorraum die Kunststoffkappe aus dem Federbein-Dom. Lassen Sie einen Assistenten das Federbein von unten abstützen und lösen Sie oben die Mutter – kontern Sie nötigenfalls die Kolbenstange mit einem Torx- oder Inbusschlüssel (siehe Abbildungen). Stellen Sie die Halteplatte sicher und befreien Sie das Federbein nach unten aus dem Radkasten.

4.11a Entfernen Sie die Kunststoffkappe ...

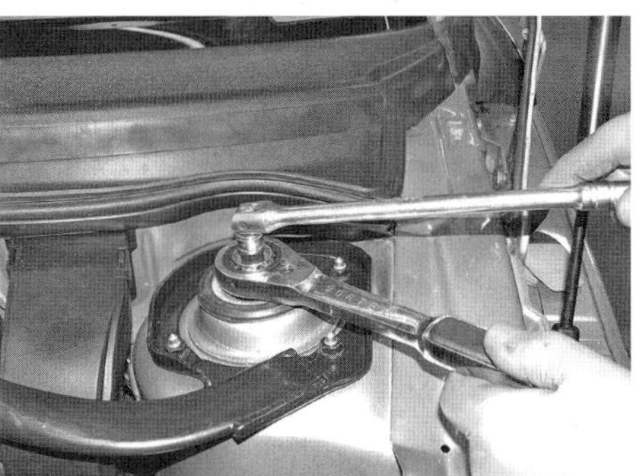
4.11b ... kontern Sie die Kolbenstange und lösen Sie die obere Federbein-Mutter.

Überholung

Anmerkung: *Zum Zerlegen eines Federbeins werden geeignete Werkzeuge zum Komprimieren der Feder benötigt. Markieren Sie zuvor die Ausrichtung aller Komponenten zueinander.*

Versuche, ein Federbein ohne einen Schraubenfeder-Spanner zu zerlegen, stellen ein großes gesundheitliches Risiko dar!

12 Reinigen Sie das ausgebaute Federbein und klemmen Sie es nötigenfalls aufrecht in einen Schraubstock.
13 Verbinden Sie die Schraubenfeder-Spanner entsprechend der Anleitung mit der Feder des auf der Werkbank liegenden oder in einen Schraubstock gespannten Federbeins und ziehen Sie diese so weit zusammen, bis sie keinen Druck mehr auf die Federsitze ausübt (siehe Abbildung).

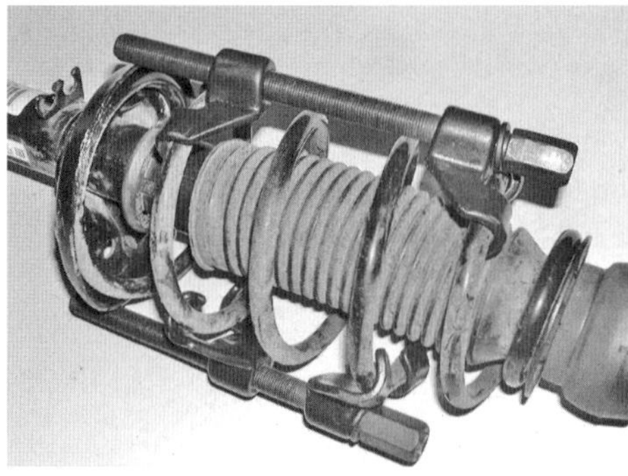
4.13 Komprimieren Sie die Feder mit einem geeigneten Spannwerkzeug.

14 Lösen Sie die Federsitz-Mutter – kontern Sie nötigenfalls die Kolbenstange mit einem Torx- oder Inbusschlüssel. Entfernen Sie dann das Domlager samt Gummi und den oberen Federsitz (siehe Abbildungen). Falls vorhanden, muss auch die Distanzbuchse entfernt werden.

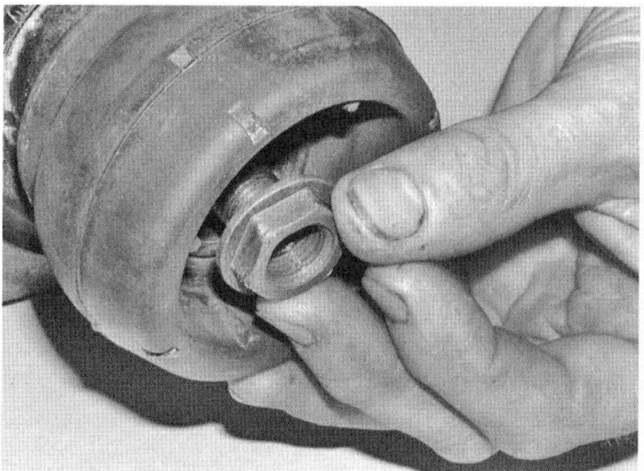

4.14a Lösen Sie die Federsitz-Mutter, ...

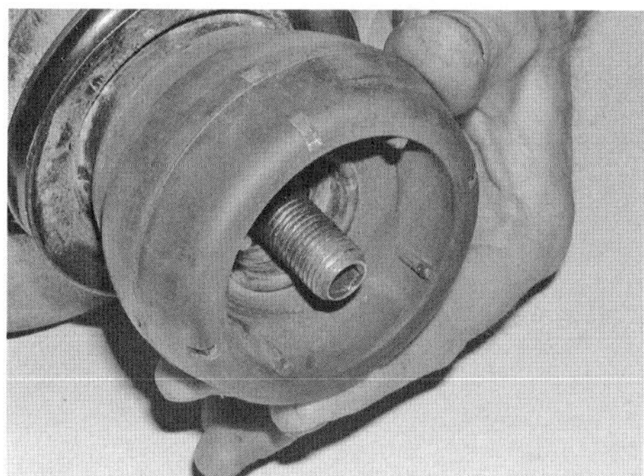

4.14b ... entnehmen Sie dann das Domlager samt Gummi ...

4.14c ... und den oberen Federsitz.

15 Befreien Sie die weiterhin komprimierte Feder vom Federbein und ziehen Sie die Manschette sowie das Anschlaggummi ab (siehe Abbildungen).

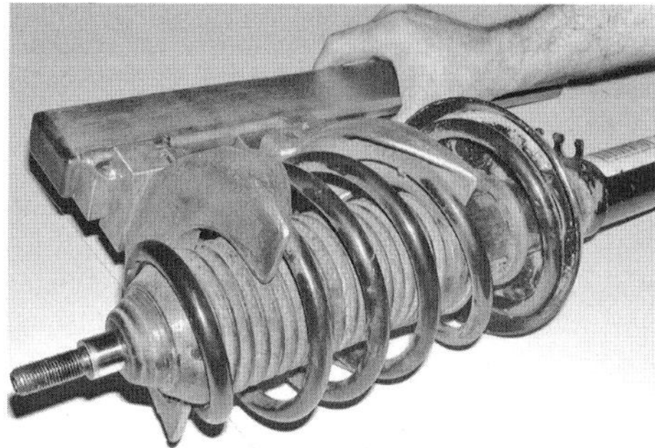

4.15a Befreien Sie die weiterhin komprimierte Feder ...

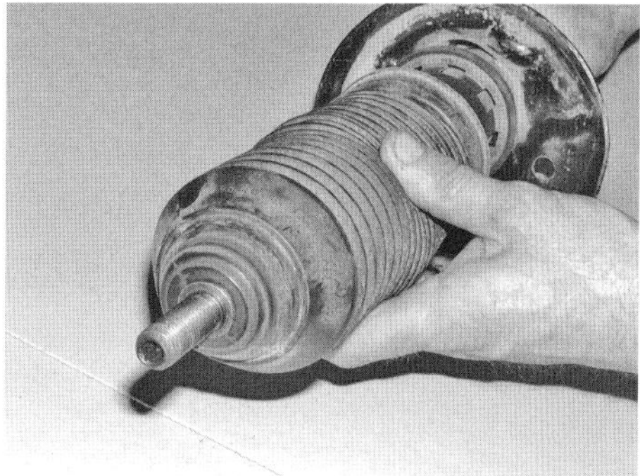

4.15b ... und ziehen Sie die Manschette ...

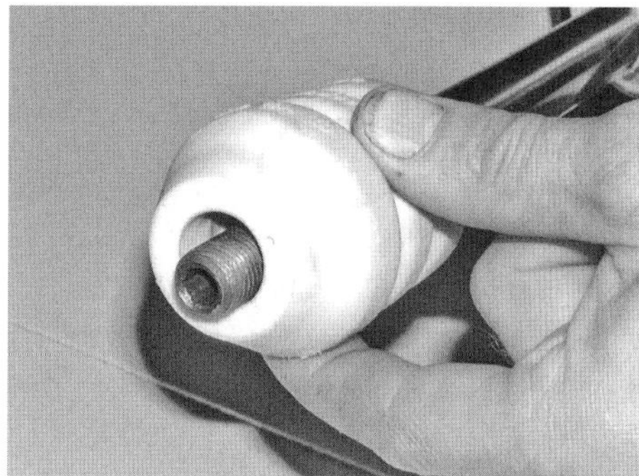

4.15c ... sowie das Anschlaggummi ab.

16 Sobald das Federbein so weit zerlegt ist (siehe Abbildung), werden alle Komponenten auf Verschleiß, Beschädigungen und Verformung überprüft. Kontrollieren Sie das Domlager auf sanfte Funktion. Erneuern Sie schadhafte Komponenten.

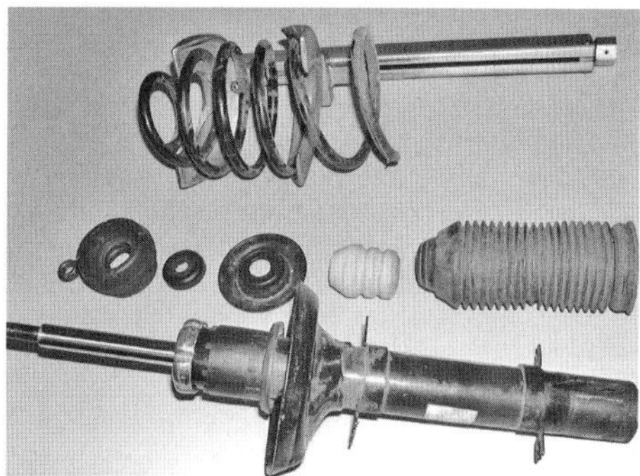

4.16 Das komplett zerlegte Federbein

17 Begutachten Sie den Dämpfer auf Undichtigkeiten. Kontrollieren Sie die Dämpferstange auf der gesamten Länge auf Ausbrüche. Überprüfen Sie das Dämpfergehäuse auf Beschädigungen. Halten Sie es aufrecht und prüfen Sie seine Funktion, indem Sie die Dämpferstange zunächst vollständig hineinschieben und wieder herausziehen. Bewegen Sie sie dann in kürzeren Hüben von 5 bis 10 cm hin und her. In beiden Fällen muss ein gleichmäßiger Widerstand fühlbar sein. Falls sich die Stange ruckartig oder ungleichmäßig bewegt oder sichtbare Schäden oder Verschleißspuren festgestellt werden oder Öl austritt, muss der Stoßdämpfer ausgetauscht werden – die Feder und anderen Bauteile müssen dann auf das Neuteil übernommen werden.

18 Falls Zweifel über den Zustand der Feder bestehen, muss das Spannwerkzeug vorsichtig gelockert und entfernt werden. Kontrollieren Sie die Feder auf Risse, Ausbrüche und starke Korrosion und ersetzen Sie sie nötigenfalls.

19 Inspizieren Sie alle anderen Komponenten auf Schäden und Verschleiß und ersetzen Sie sie nötigenfalls.

20 Beginnen Sie den Zusammenbau, indem Sie das Anschlaggummi und die Manschette aufschieben (Abb. 4.15c und b).
21 Schieben Sie die mit dem Werkzeug komprimierte Feder auf, sodass ihr untere Ende gegen die Erhebung des unteren Federsitzes anliegt (siehe Abbildung).

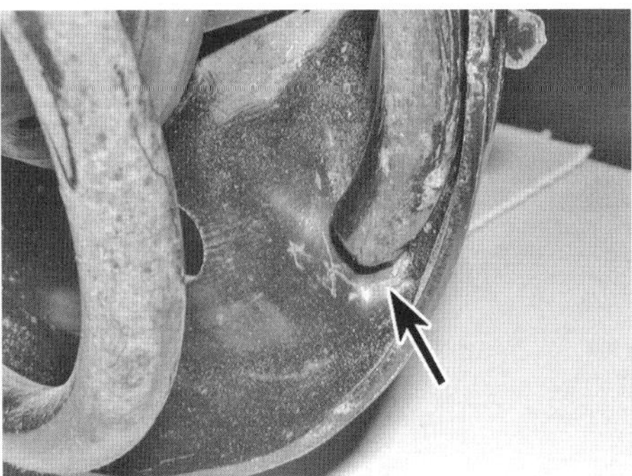

4.21 Das untere Ende der Feder muss gegen die Erhebung des unteren Federsitzes anliegen.

22 Installieren Sie den oberen Federsitz, ggf. die Distanzbuchse sowie das Domlager samt Gummi (Abb. 4.14c und b). Drehen Sie die neue Mutter auf (Abb. 4.14a), kontern Sie die Kolbenstange und ziehen Sie die Mutter mit 60 Nm an.

Einbau

23 Manövrieren Sie das Federbein unter die obere Aufnahme, legen Sie von oben die Platte auf, drehen Sie die neue Mutter auf und ziehen Sie sie mit 60 Nm an. Drücken Sie die Kappe auf.
24 Richten Sie das Achsgelenkgehäuse mit gespreizter Klemmung zum Federbein aus, sodass die Bohrung in der seitlichen Platte zum Klemmgehäuse ausgerichtet ist. Entnehmen Sie das Spreizwerkzeug.
25 Führen Sie die neue Klemmschraube von hinten ein, drehen Sie vorn die neue Mutter auf und ziehen Sie sie zunächst mit 60 Nm an und dann um 90° weiter.
26 Installieren Sie die inneren Antriebswellenflansch-Schrauben und ziehen Sie sie je nach Größe mit 40 Nm (M8) oder 70 Nm (M10) an. Montieren Sie die innere Kunststoff-Radhausschale und den Fahrzeug-Niveausensor (Abb. 4.6) – ziehen Sie dessen Befestigungen am Unterboden mit 8 Nm und am Querlenker mit 6 Nm an.
27 Positionieren Sie die Stabilisator-Anlenkung am Federbein und ziehen Sie die neue Mutter mit 90 Nm an (Abb. 4.7).
28 Sichern Sie die Kabel des Radsensors und des Bremsbelagverschleiß-Sensors am Federbein (Abb. 4.4a und b sowie 4.5).
29 Sichern Sie die Bremsleitung am Federbein (Abb. 4.3b und a) und montieren Sie den Bremssattel (siehe Kapitel 9, Sektion 4).
30 Bauen Sie das Vorderrad an, senken Sie das Fahrzeug ab und ziehen Sie die Radbolzen mit 120 Nm an.

5 Querlenker vorn – Ausbau, Überholung und Einbau

Anmerkung: *Alle beim Ausbau gelösten selbstsichernden Muttern und Schrauben müssen beim Einbau erneuert werden.*

Ausbau

1 Aktivieren Sie die Handbremse, heben Sie das Fahrzeug vorn an, und stützen Sie es sicher ab (siehe Seite 366). Demontieren Sie das entsprechende Vorderrad.
2 Falls beim Automatik-Modell der linke Querlenker demontiert werden soll, müssen am Hilfsrahmen die Befestigungen der hinteren Motor/Getriebehalterung gelöst werden (siehe Abbildung) – die Schrauben müssen später durch Neuteile ersetzt werden. Hierdurch kann die Antriebseinheit etwas nach vorn bewegt und die vordere Querlenker-Schraube gelöst werden.

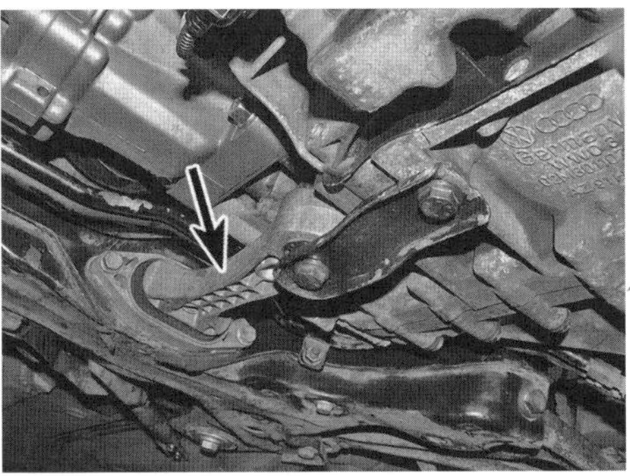

5.2 Hintere Motor/Getriebehalterung

3 Falls beim Modell mit automatischer Leuchtweitenverstellung der linke Querlenker demontiert werden soll, muss die Mutter des Fahrzeug-Niveausensor-Hebels gelöst werden (siehe Abbildung). Bei manchen Modellen findet am Halter des Querlenkers ein Langloch (zur Einstellung des Sensors) – markieren Sie hier zuvor die Position der Mutter.

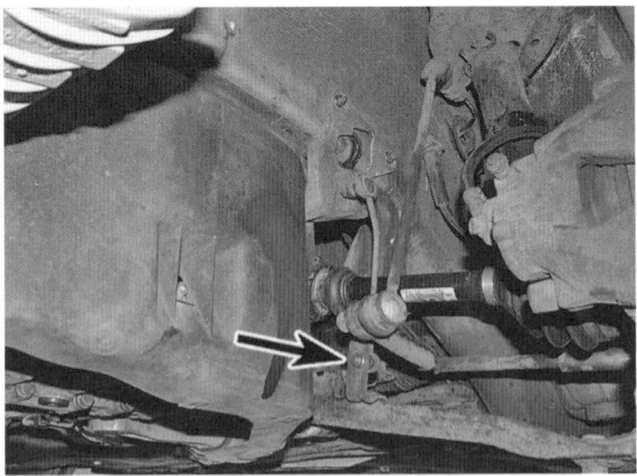

5.3 Mutter des Fahrzeug-Niveausensor-Hebels

4 Markieren Sie am Querlenker die Positionen der drei Kugelkopfträger-Muttern und lösen Sie sie.
5 Lösen Sie vorn am Querlenker die Gelenkschraube und hinten die Befestigungsschraube (siehe Abbildungen) – beim Automatik-Modell muss die Antriebseinheit etwas nach vorn bewegt werden, um Zugang zur vordere Schraube zu erhalten.

5.5a Vordere Gelenkschraube ...

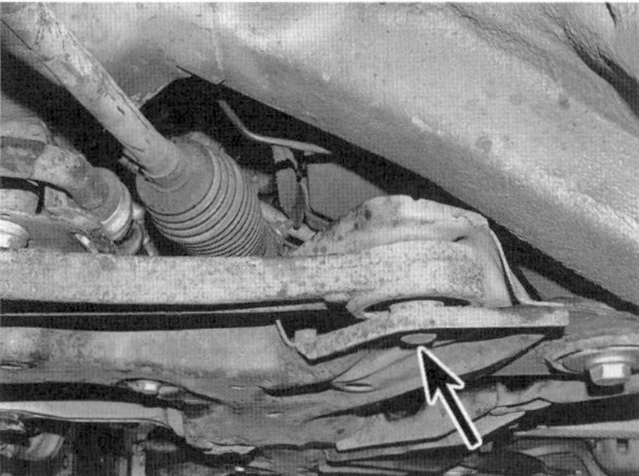

5.5b ... und hintere Befestigungsschraube des Querlenkers

6 Befreien Sie den Querlenker vom Hilfsrahmen und entfernen Sie ihn. Um den Zugang zu verbessern, kann der innere Antriebswellenflansch vom Getriebeflansch gelöst (siehe Kapitel 8A, Sektion 2) und das Achsgelenkgehäuse etwas herausgezogen werden.

Überholung

Anmerkung: *Verschiedene Hersteller bieten Werkzeuge zum Ausbau und Einbau von Lagern und Buchsen an (Abb. 3.0b).*

7 Reinigen Sie den Querlenker und seine Aufnahmen; entfernen Sie sämtlichen Schmutz und Unterbodenschutz. Kontrollieren Sie alles sorgfältig auf Risse, Verformung, Verschleiß oder andere Schäden, achten Sie dabei besonders auf die hinteren Lagerbuchsen – falls eine von ihnen erneuert werden muss, sollte dies von einer Fachwerkstatt mit einer hydraulischen Presse erledigt werden, die die neue Buchse auch wieder einpressen kann. Notieren Sie die Einbautiefe der Buchsen, damit die Neuteile korrekt positioniert werden können (die hintere Buchse muss mit der größeren Vertiefung im Gummi nach vorn [in Fahrtrichtung] zeigend sitzen).

Einbau

8 Richten Sie den Querlenker zum Hilfsrahmen aus und installieren Sie den neuen vorderen Gelenkbolzen sowie die neue hintere Befestigungsschraube – ziehen Sie diese zunächst mit 70 Nm an und dann um eine viertel Umdrehung (90°) weiter. Der Gelenkbolzen wird zunächst nur handfest eingedreht.

10 Schieben Sie den Zapfen des Kugelkopfs korrekt ausgerichtet ins Achsgelenk, installieren Sie die neue Mutter und ziehen Sie sie mit 75 Nm an.

11 Montieren Sie beim Modell mit automatischer Leuchtweitenverstellung dessen Hebel in der zuvor notierten Position an die Platte des linken Querlenkers und ziehen Sie die Mutter mit 6 Nm an.

12 Nachdem beim Automatik-Modell der linke Querlenker montiert ist, wird die hintere Motor/Getriebe-Halterung mit neuen Schrauben an den Hilfsrahmen montiert und diese zunächst mit 20 Nm angezogen und dann um 90° weitergedreht.

13 Montieren Sie die Radhausschale und das Vorderrad, senken Sie das Fahrzeug ab und ziehen Sie nun den vorderen Gelenkbolzen des Querlenkers zunächst mit 70 Nm an und dann um 90° weiter.

6 Querlenker-Kugelkopf vorn – Ausbau, Kontrolle und Einbau

Anmerkung: *Alle beim Ausbau gelösten selbstsichernden Muttern und Schrauben müssen beim Einbau erneuert werden.*

Ausbau

1 Ziehen Sie die Handbremse, heben Sie das Fahrzeug vorn an, und stützen Sie es sicher ab (siehe Seite 366). Demontieren Sie das entsprechende Vorderrad.

2 Lösen Sie die Kugelkopf-Mutter und ziehen Sie den Kugelkopf mit einem entsprechenden Abzieher aus dem Achsgelenkgehäuse (siehe Abbildungen); kontern Sie ggf. den Kugelkopf mit einem Torx- oder Inbusschlüssel.

6.2a Kontern Sie den Kugelkopf einem Torx- oder Inbusschlüssel.

6.2b Verwenden Sie einen Kugelkopf-Abzieher, um den Querlenker vom Achsgelenkgehäuse zu trennen ...

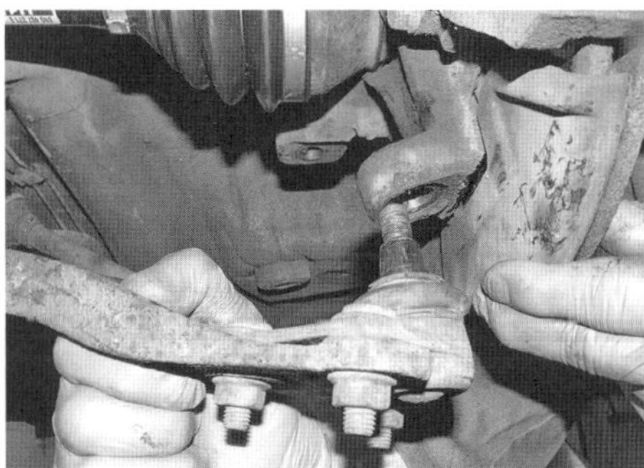

6.2c ... und ziehen Sie ihn herunter, um den Kugelkopf zu befreien.

3 Markieren Sie am Querlenker die Positionen der drei Kugelkopf-Muttern und lösen Sie sie.
4 Verlagern Sie das Achsgelenkgehäuse beiseite und entfernen Sie den Kugelkopf vom Querträger.

Kontrolle

5 Prüfen Sie, ob sich der Kugelkopf sanft und frei bewegen lässt. Die Kugelkopf-Manschette darf keine Risse oder Alterungserscheinungen aufweisen, andernfalls muss sie erneuert werden.

Einbau

6 Positionieren Sie den Kugelkopf am Achsgelenkgehäuse und drehen Sie die neue Mutter auf. Kontern Sie ggf. den Kugelkopf mit einem Torx- oder Inbusschlüssel (Abb. 6.2a) und ziehen Sie die Mutter mit 75 Nm an.
7 Positionieren Sie das Achsgelenkgehäuse über dem Querlenker, sichern Sie den Kugelkopf in den markierten Positionen, drehen Sie die neuen Muttern auf und ziehen Sie sie mit 75 Nm an.
8 Montieren Sie das Rad, senken Sie das Fahrzeug ab und ziehen Sie die Radbolzen mit 120 Nm an.

7 Stabilisator vorn – Ausbau und Einbau

Anmerkung: *Es empfiehlt sich, beim Einbau alle selbstsichernden Muttern und Schrauben durch Neuteile zu ersetzen.*

Ausbau

1 Ziehen Sie die Handbremse, heben Sie das Fahrzeug vorn an, und stützen Sie es sicher ab (siehe Seite 366). Demontieren Sie beide Vorderräder.
2 Demontieren Sie beide Stabilisator-Anlenkungen (siehe Sektion 8).
3 Senken Sie den vorderen Hilfsrahmen ab (siehe Sektion 21).
4 Markieren Sie die Position des Stabilisators, um seine Ausrichtung und die Lage der Gummibuchsen anzuzeigen. Lösen Sie die Gummibuchsen-Klemmschrauben aus dem Hilfsrahmen (siehe Abbildung) und befreien Sie die Klemmen aus den unteren Schlitzen.

7.4 Stabilisator-Gummibuchse und Klemme

5 Befreien Sie den Stabilisator oben aus dem Hilfsrahmen und ziehen Sie die Gummibuchsen ab.
6 Inspizieren Sie die Stabilisator-Komponenten sorgfältig auf Verschleiß, Beschädigungen oder Alterungserscheinungen – dies gilt vor allem für die Gummibuchsen. Ersetzen Sie schadhafte Teile.

Einbau

7 Schieben Sie die Gummibuchsen auf den Stabilisator und richten Sie sie entsprechend der zuvor angebrachten Markierungen aus.
8 Manövrieren Sie den Stabilisator in Position. Setzen Sie die Klemmen so an, dass ihre Enden in den Schlitzen des Hilfsrahmens liegen, und installieren Sie die Schrauben. Sichergehend, dass die Buchsen korrekt sitzen, werden die Schrauben mit 25 Nm angezogen.
9 Installieren Sie die Hilfsrahmen-Schrauben, ziehen Sie sie zunächst mit 70 Nm an und dann um 90° weiter.
10 Montieren Sie beide Stabilisator-Anlenkungen (siehe Sektion 8).
11 Montieren Sie die Räder, senken Sie das Fahrzeug ab und ziehen Sie die Radbolzen mit 120 Nm an.

8 Stabilisator-Anlenkung vorn – Ausbau und Einbau

Anmerkung: *Es empfiehlt sich, beim Einbau alle selbstsichernden Muttern und Schrauben durch Neuteile zu ersetzen.*

1 Ziehen Sie die Handbremse, heben Sie das Fahrzeug vorn an, und stützen Sie es sicher ab (siehe Seite 366). Demontieren Sie das entsprechende Vorderrad.
2 Lösen Sie die Mutter, die den unteren Kugelkopf der Anlenkung am Stabilisator sichert – kontern Sie dabei den Kugelkopf mit einem Maulschlüssel. Ziehen Sie den Kugelkopf vom Stabilisator ab (siehe Abbildungen). Die Mutter muss beim Einbau erneuert werden.

8.2a Kontern Sie den Kugelkopf und lösen Sie seine Mutter.

8.2b Befreien Sie den Kugelkopf vom Stabilisator.

3 Lösen Sie hinten am Federbein die Mutter des oberen Kugelkopfs (siehe Abbildung) – kontern Sie ihn nötigenfalls mit einem Maulschlüssel

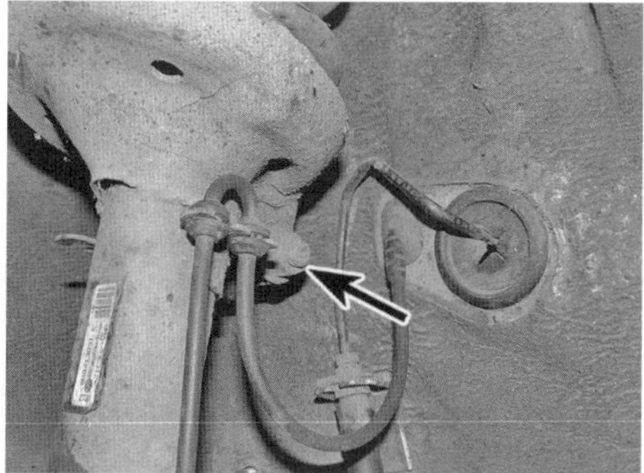

8.3 Mutter des oberen Anlenkungs-Kugelkopfs am Federbein

4 Befreien Sie die Anlenkung und kontrollieren Sie die Gummis und Kugelköpfe auf Schäden und Alterungserscheinungen – nötigenfalls muss die gesamte Anlenkung erneuert werden.
5 Der Einbau entspricht der umgekehrten Ausbaureihenfolge – ziehen Sie die Kugelkopfmuttern mit 90 Nm an.

9 Radlager-Baugruppe hinten – Ausbau und Einbau

Modelle mit Frontantrieb

Anmerkung: *Die Radlager von Modellen mit Frontantrieb können nicht unabhängig von den Radnaben erneuert werden, da sie in die Naben integriert sind und somit ggf. die gesamte Hinterradnabe ausgetauscht werden muss. Die Radnabenmutter muss nach jeder Demontage durch ein Neuteil ersetzt werden.*

1 Blockieren Sie die Vorderräder, lockern Sie die Radbolzen des entsprechenden Hinterrads, heben Sie das Fahrzeug hinten an und stützen Sie es sicher ab (siehe Seite 366). Demontieren Sie das Hinterrad.
2 Demontieren Sie den Bremssattel und seinen Träger (siehe Sektion 9, Sektion 7). Die Bremsleitung muss nicht getrennt werden, solange der Bremssattel vorsichtig verlagert und gut gesichert wird.
3 Lösen Sie die Bremsscheiben-Sicherungsschraube und ziehen Sie die Bremsscheibe von der Radnabe (siehe Abbildung).

9.3 Bremsscheiben-Sicherungsschraube

4 Hebeln Sie die Kappe von der Radnabenmutter (siehe Abbildung) – falls sie beschädigt ist, muss ein Neuteil beschafft werden.

9.4 Entfernen Sie die Radnaben-Kappe.

5 Lösen Sie die Radnabenmutter (siehe Abbildungen) – diese sitzt sehr fest, sodass eine Verlängerung benötigt wird.

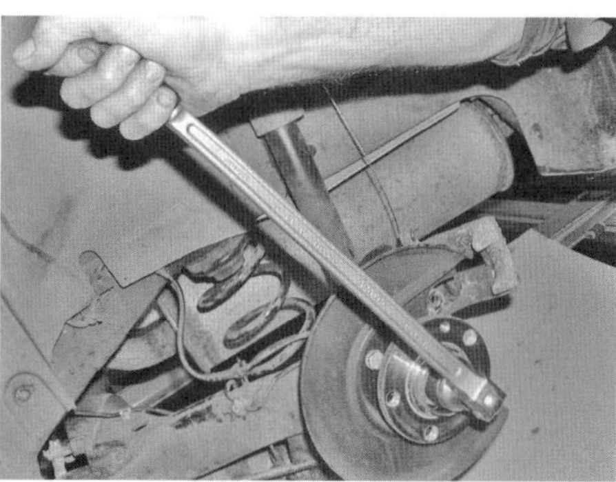

9.5a Lockern Sie die Radnabenmutter mit einem ausreichend langen Werkzeug …

9.5b … und drehen Sie sie ab.

6 Ziehen Sie mit einem geeigneten Abzieher die Radnabe vom Hinterachs-Zapfen – drehen Sie die Mutter einige Umdrehungen auf, um sein Gewinde zu schützen. Der Lager-Innenring wird auf dem Zapfen verbleiben, sodass er separat abgezogen werden muss, nachdem mithilfe eines Meißels etwas Abstand zwischen ihn und dem Zapfen-Stumpf gebracht wurde. Der Rotor des ABS-Sensors wird entweder mit der Radnabe abgezogen oder verbleibt am Lager-Innenring – befreien Sie ihn vor dessen Demontage (siehe Abbildungen).

9.6a Ziehen Sie mit einem geeigneten Abzieher die Radnabe vom Hinterachs-Zapfen.

9.6b Befreien Sie ggf. den Rotor des ABS-Sensors vom Lager-Innenring.

9.6c Ziehen Sie den Lager-Innenring vom Zapfen.

7 Inspizieren Sie die Nabe und das Lager auf Verschleiß, Ausbrüche und andere Schäden. Sehr wahrscheinlich werden die Lagerflächen durch den Verbleib des Innenrings auf dem Hinterachszapfen beschädigt, doch falls alle Oberflächen und die Lagerkugeln keinen Verschleiß aufweisen, kann die Radnabe wiederverwendet werden.

8 Wischen Sie den Hinterachszapfen sauber und prüfen Sie, ob die Lagerringe ausreichend mit Fett geschmiert sind. Der Lager-Innenring muss korrekt in der Radnabe sitzen. Auch der Rotor des ABS-Sensors muss innen an der Radnabe fest verpresst sein.

9 Schieben Sie die Radnabe auf den Hinterachszapfen. Audi-Werkstätten nutzen eine verlängerte Radnabenmutter, um die Nabe auf den Zapfen zu ziehen; falls diese nicht vorhanden ist, muss die Nabe vorsichtig mit einem Steckschlüssel, der nur den Lagerinnenring berührt, aufgetrieben werden (siehe Abbildungen).

9.9a Schieben Sie die Radnabe auf den Hinterachszapfen …

9.9b … und treiben Sie sie vorsichtig mit einem Steckschlüssel, der nur den Lagerinnenring berührt, auf.

10 Drehen Sie die neue Radnabenmutter auf und ziehen Sie sie mit 220 Nm an (siehe Abbildung).

9.10 Die Radnabenmutter muss mit 220 Nm angezogen werden!

11 Klopfen Sie vorsichtig die (ggf. neue) Kappe in die Radnabe (siehe Abbildung).
Anmerkung: *Durch eine schlecht sitzende Kappe kann Feuchtigkeit in das Radlager eindringen, die seine Lebensdauer deutlich verkürzt.*

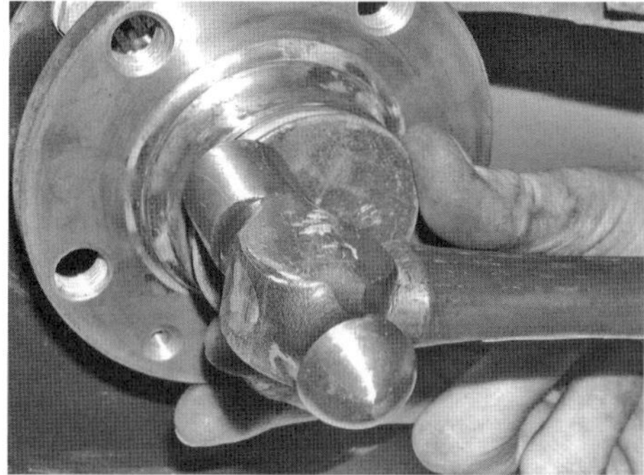
9.11 Klopfen Sie vorsichtig die Kappe in die Radnabe.

12 Montieren Sie die Bremsscheibe und ziehen Sie ihre Sicherungsschraube sorgfältig an.
13 Montieren Sie den Bremssattel und seinen Träger (siehe Sektion 9, Sektion 7).
14 Montieren Sie das Hinterrad, senken Sie das Fahrzeug ab und ziehen Sie die Radbolzen mit 120 Nm an.

Quattro-Modelle

Anmerkung: *Um das Radlager aus dem Radnabenträger befreien zu können, wird ein geeignetes Werkzeug-Set benötigt (Abb. 3.0b).*

15 Demontieren Sie die Antriebswelle (siehe Kapitel 8A, Sektion 3).
16 Demontieren Sie den Bremssattel und die Bremsbeläge (siehe Kapitel 9, Sektion 7 und 8).
17 Lösen Sie die am Radnabenträger zwei Schrauben des Bremssattel-Trägers und entnehmen Sie diesen.
18 Entfernen Sie die Bremsscheibe (siehe Kapitel 9, Sektion 6).
19 Ziehen Sie die Radnabe und den Sensorring vom Radnabenträger (siehe Abbildung).

9.19 Verwenden Sie einen Zughammer, um die Radnabe abzuziehen.

20 Achten Sie beim Ausbau des Radlagers darauf, den im Radnabenträger sitzenden Radsensor nicht zu beschädigen – entfernen Sie ihn nötigenfalls (siehe Kapitel 9, Sektion 20).

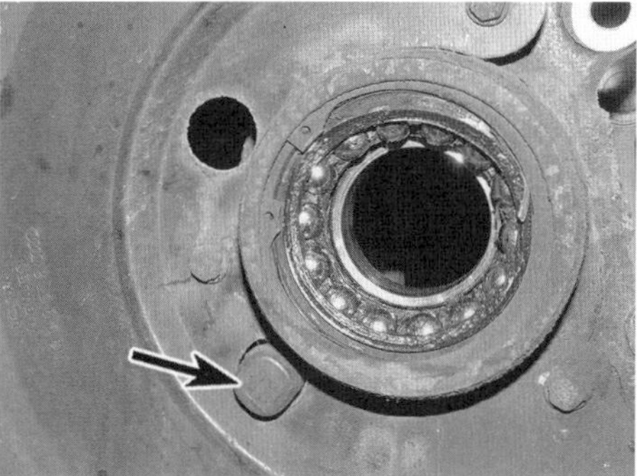
9.20 Der Radsensor im Radnabenträger

21 Befreien Sie den äußeren Kugellager-Käfig aus dem Lager und entfernen Sie den Seegerring (siehe Abbildungen).

9.21a Befreien Sie den äußeren Kugellager-Käfig ...

9.21b ... und entfernen Sie den Seegerring.

22 Lösen Sie am Radnabenträger die Schrauben des Bremsscheiben-Spritzschutzes und entfernen Sie diesen (siehe Abbildung).

9.22 Entfernen Sie den Bremsscheiben-Spritzschutz.

23 Pressen Sie mit einem geeigneten Werkzeug das Radlager aus dem Radnabenträger – entweder mit einem geeigneten Werkzeug-Set benötigt (Abb. 3.0b) oder passenden Rohren oder Steckschlüsseln, die außen am Träger und innen am Lager anliegen, sowie einer Gewindestange samt Scheiben und Muttern (siehe Abbildungen).

9.23a Einsatz eines Spezialwerkzeugs ...

9.23b ... zum Auspressen des Radlagers

24 Der Innenring des alten Lagers wird immer noch auf der Nabe sitzen – entfernen Sie den alten Dichtring und treiben Sie das Lager mit einem speziellen Abzieher herunter (Abb. 3.5a, b und c) – beschädigen Sie dabei nicht die Nabe und den ABS-Sensorring.

25 Reinigen Sie die Nabe und den Radnabenträger und polieren Sie Grate oder erhabene Kanten weg, die den Einbau erschweren könnten. Die Nut für den Seegerring muss rundherum frei sein (siehe Abbildung). Kontrollieren Sie alle Teile einschließlich des ABS-Sensorrings auf Risse und andere Hinweise auf Verschleiß oder Schäden und ersetzen Sie sie nötigenfalls. Der Seegerring muss auf jeden Fall erneuert werden (ein Neuteil sollte einem Radlager-Set beigefügt sein).

9.25 Reinigen Sie die Seegerring-Nut.

26 Schmieren Sie den Lager-Außenring und seinen Sitz im Gehäuse mit etwas MoS2-Fett (Audi empfiehlt Molykote).

27 Setzen Sie das neue Lager an der Nabe an und pressen Sie es vollständig senkrecht ein – verwenden Sie hierfür passende Adapter oder Steckschlüssel sowie eine Gewindestange (siehe Abbildung) – niemals darf ein neues Lager mit einem Hammer eingetrieben werden, da es hierbei beschädigt werden kann.

9.27 Pressen Sie das neue Lager in den Radnabenträger.

28 Sobald das Lager korrekt sitzt, wird es mit dem neuen Seegerring gesichert, der rundherum korrekt in der Nut des Lagergehäuses sitzen muss (siehe Abbildung).

9.28 Der neue Seegerring muss korrekt in die Nut des Radnabenträgers sitzen.

29 Richten Sie die Radnabe samt Sensorring zum Innenring des Lagers aus und pressen Sie das Lager auf – verwenden Sie dazu einen Steckschlüssel oder ein Rohr, das nur den Lagerinnenring berührt (siehe Abbildungen). Das Lager muss am Bund der Radnabe anliegen.

9.29a Positionieren Sie die Nabe im Lager ...

9.29b ... und ziehen Sie es mit passenden Rohren ein.

30 Prüfen Sie, ob sich die Radnabe frei drehen lässt, und wischen Sie überschüssiges Öl oder Fett ab. Der Sensorring darf nicht am im Radlagergehäuse sitzenden Sensor scheuern; rundherum müssen 0,3 mm Abstand ermittelt werden (siehe Kapitel 9, Sektion 20).
31 Montieren Sie die Bremsscheibe und ziehen Sie ihre Sicherungsschraube sorgfältig an.
32 Montieren Sie die Bremsbeläge und den Bremssattel (siehe Sektion 9, Sektion 7 und 8).
33 Montieren Sie die Antriebswelle (siehe Kapitel 8A, Sektion 3)
34 Montieren Sie das Hinterrad, senken Sie das Fahrzeug ab und ziehen Sie die Radbolzen mit 120 Nm an.

10 Hinterachs-Zapfen (Modelle mit Frontantrieb) – Ausbau und Einbau

Anmerkung: *Alle beim Ausbau gelösten selbstsichernden Muttern und Schrauben müssen beim Einbau erneuert werden.*

Ausbau

1 Blockieren Sie die Vorderräder, lockern Sie die Radbolzen des entsprechenden Hinterrads, heben Sie das Fahrzeug hinten an und stützen Sie es sicher ab (siehe Seite 366). Demontieren Sie das Hinterrad.
2 Demontieren Sie die Radnabe (siehe Sektion 9).
3 Trennen Sie den Stecker des Radsensors, lösen Sie seine Schraube und entfernen Sie den Sensor aus dem Radnabenträger (siehe Kapitel 9, Sektion 20).
4 Lösen Sie die Schrauben, die den Achszapfen und seine Trägerplatte am Längslenker sichern (siehe Abbildung), und ziehen Sie beide Teile ab.

10.4 Schrauben des Hinterachs-Zapfens

5 Inspizieren Sie den Zapfen und seine Platte auf Beschädigungen und erneuern Sie schadhafte Teile – versuchen Sie nicht, den Zapfen zu richten.

Einbau

6 Die Kontaktflächen des Längslenkers, der Trägerplatte und des Achszapfens müssen sauber und trocken sein.
7 Setzen Sie den Achszapfen samt Trägerplatte an, installieren Sie die neuen Schrauben und ziehen Sie sie zunächst mit 50 Nm an und dann um 90° weiter.
8 Montieren Sie den Radsensor, ziehen Sie seine Schraube mit 8 Nm an und verbinden Sie den Stecker.
9 Montieren Sie die Radnabe (siehe Sektion 9).
10 Montieren Sie das Hinterrad, senken Sie das Fahrzeug ab und ziehen Sie die Radbolzen mit 120 Nm an.

11 Stoßdämpfer und Feder hinten – Ausbau und Einbau

Anmerkung: *Alle beim Ausbau gelösten selbstsichernden Muttern und Schrauben müssen beim Einbau erneuert werden.*

1 Drücken Sie für einen Test der Stoßdämpfer das Fahrzeugheck herunter und lassen Sie es wieder los – es muss wieder ausfedern und in seine Ruheposition zurückkehren. Falls es nachwippt, ist der Stoßdämpfer defekt; dieser Zustand kann zu gefährlichem Fahrverhalten führen.

Anmerkung: *Stoßdämpfer sollten nötigenfalls stets paarweise ausgetauscht werden.*

2 Blockieren Sie die Vorderräder, lockern Sie die Radbolzen des entsprechenden Hinterrads, heben Sie das Fahrzeug hinten an und stützen Sie es sicher ab (siehe Seite 366). Demontieren Sie das Hinterrad.

Stoßdämpfer

Ausbau

Modelle mit Frontantrieb

3 Stellen Sie einen Rangierwagenheber unterhalb der Feder unter den Längslenker und heben Sie diesen an, bis der Stoßdämpfer etwas komprimiert ist (siehe Abbildung) – bei manchen Modellen muss zunächst der Steinschlag-Schutz unter dem Längslenker entfernt werden.

11.3 Positionieren Sieden Rangierwagenheber unterhalb der Feder unter dem Längslenker.

4 Lösen Sie die untere Stoßdämpfermutter, ziehen Sie den Bolzen heraus und hebeln Sie den Stoßdämpfer aus seiner Aufnahme im Längslenker (siehe Abbildungen).

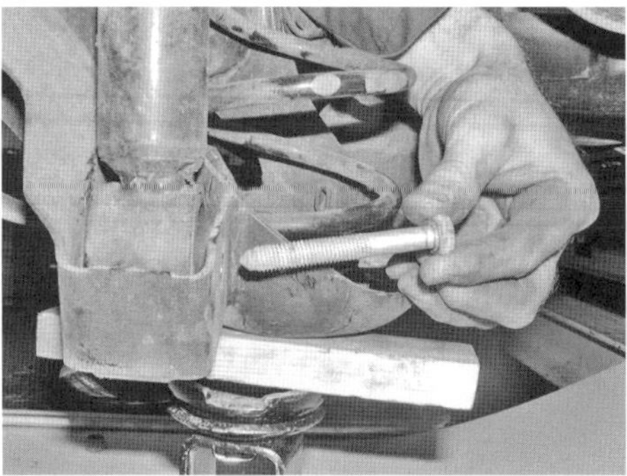

11.4a Entfernen Sie die untere Stoßdämpferbefestigung …

11.4b … und befreien Sie den Dämpfer aus dem Längslenker.

5 Stützen Sie den Stoßdämpfer und lösen Sie seine oberen Befestigungsschrauben aus dem Radkasten. Senken Sie den Stoßdämpfer ab und entnehmen Sie ihn (siehe Abbildungen).

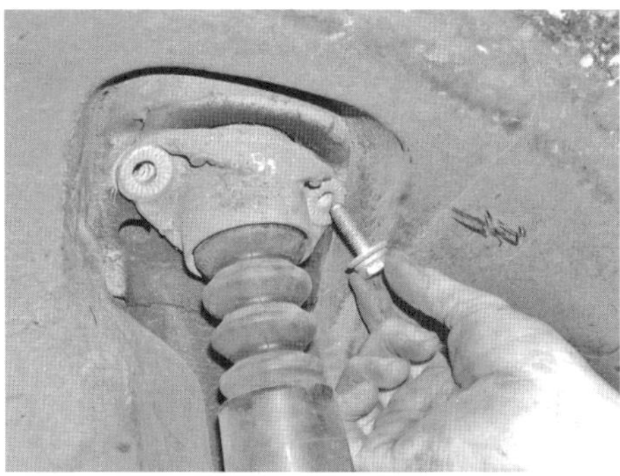

11.5a Lösen Sie die oberen Stoßdämpfer-Schrauben …

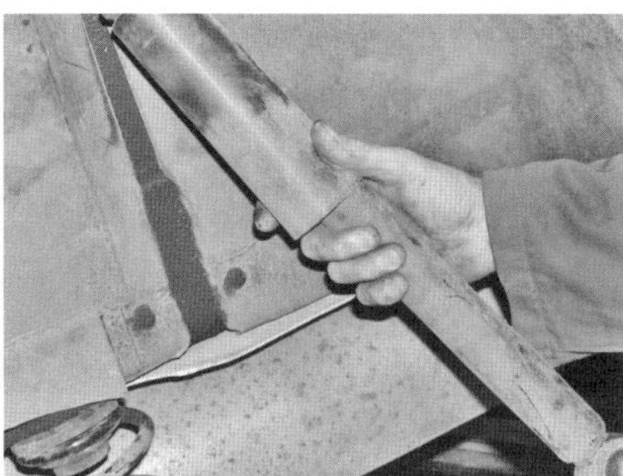

11.5b … und befreien Sie den Dämpfer aus dem Radkasten.

6 Lösen Sie bei auf der Werkbank liegendem Stoßdämpfer die Mutter oben an der Kolbenstange und entfernen Sie die obere Aufnahme. Kontern Sie die Kolbenstange nötigenfalls oben am Zapfen. Ziehen Sie die Manschette und das Anschlaggummi ab.

7 Prüfen Sie nötigenfalls die Funktion des Dämpfers, indem Sie ihn über Kopf im Schraubstock einklemmen. Schieben Sie den Dämpfer vollständig zusammen und ziehen Sie ihn wieder komplett auseinander – diese Bewegung muss im gesamten Bereich sanft und mit gleichmäßigem Widerstand ablaufen.

Quattro-Modelle

8 Stellen Sie einen Rangierwagenheber unter den Längslenker und heben Sie diesen an, bis der Stoßdämpfer etwas komprimiert ist (siehe Abbildung) – bei manchen Modellen muss zunächst der Steinschlag-Schutz unter dem Längslenker entfernt werden.

11.8 Positionieren Sie den Rangierwagenheber unter dem Längslenker.

9 Lösen Sie den unteren Stoßdämpferbolzen und befreien Sie den Stoßdämpfer aus seiner Aufnahme im Längslenker (siehe Abbildung) – beachten Sie, dass der Bolzen auch den unteren Teil der Stabilisatoranlenkung trägt.

11.9 Ziehen Sie den Bolzen aus dem Stoßdämpfer und der Stabilisatoranlenkung.

10 Lösen Sie die Befestigungen der Radhausschale und befreien Sie sie aus dem Radkasten.11

11 Stützen Sie den Stoßdämpfer und lösen Sie seine obere Befestigungsschraube aus der Aufnahme im Radkasten. Senken Sie den Stoßdämpfer ab und entnehmen Sie ihn (siehe Abbildung).

11.11 Obere Stoßdämpfer-Schraube

12 Prüfen Sie nötigenfalls die Funktion des Dämpfers, indem Sie ihn über Kopf im Schraubstock einklemmen. Schieben Sie den Dämpfer vollständig zusammen und ziehen Sie ihn wieder komplett auseinander – diese Bewegung muss im gesamten Bereich sanft und mit gleichmäßigem Widerstand ablaufen.

Einbau

13 Schieben Sie bei Modellen mit Frontantrieb das Anschlaggummi und die Manschette gefolgt von der oberen Aufnahme auf die Kolbenstange. Installieren Sie eine neue Mutter und ziehen Sie sie mit 60 Nm an – kontern Sie die Kolbenstange dabei wie beim Ausbau.
14 Positionieren Sie den Stoßdämpfer an seiner oberen Aufnahme, installieren Sie die neue(n) Schraube(n) und ziehen Sie sie beim Modell mit Frontantrieb zunächst mit 30 Nm an und dann um 90° weiter; beim Quattro-Modell wird die einzelne Schraube mit 60 Nm angezogen.
15 Positionieren Sie bei Modellen mit Frontantrieb die untere Aufnahme des Stoßdämpfers im Längslenker. Führen Sie den neuen Bolzen von außen ein und drehen Sie die neue Mutter auf. Heben Sie den Längslenker mit dem Rangierwagenheber an, um die Radaufhängung abzustützen, und ziehen Sie die Mutter zunächst mit 40 Nm an und dann um 90° weiter.
16 Positionieren Sie bei Quattro-Modellen die untere Aufnahme des Stoßdämpfers im Längslenker. Drehen Sie den Bolzen ein. Heben Sie den Längslenker mit dem Rangierwagenheber an, um die Radaufhängung abzustützen, und ziehen Sie den Bolzen mit 110 Nm an.
17 Senken Sie den Rangierwagenheber ab und entfernen Sie ihn. Montieren Sie ggf. den Steinschlag-Schutz unter dem Längslenker.
18 Montieren Sie das Hinterrad, senken Sie das Fahrzeug ab und ziehen Sie die Radbolzen mit 120 Nm an.

Feder

Ausbau

19 Blockieren Sie die Vorderräder, lockern Sie die Radbolzen des entsprechenden Hinterrads, heben Sie das Fahrzeug hinten an und stützen Sie es sicher ab (siehe Seite 366). Demontieren Sie das Hinterrad.
20 Stellen Sie einen Rangierwagenheber unterhalb der Feder unter den Längslenker und heben Sie diesen an, bis der Stoßdämpfer etwas komprimiert ist (Abb. 11.3) – bei manchen Modellen muss zunächst der Steinschlag-Schutz unter dem Längslenker entfernt werden.
21 Lösen Sie die untere Stoßdämpfermutter, ziehen Sie den Bolzen heraus und hebeln Sie den Stoßdämpfer aus seiner Aufnahme im Längslenker (Abb. 11.4a und b).

Modelle mit Frontantrieb

22 Befreien Sie den Handbremsen-Seilzug aus dem Halter des Längslenkers (siehe Abbildung).

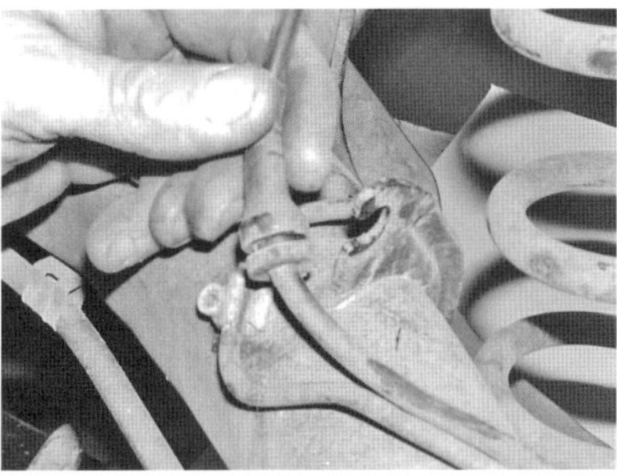

11.22 Befreien Sie den Handbremsen-Seilzug aus dem Halter des Längslenkers.

23 Senken Sie den Rangierwagenheber ab und entfernen Sie ihn. Hebeln Sie den Längslenker vorsichtig herunter, bis die Feder entnommen werden kann (siehe Abbildungen).
Anmerkung: *Achten Sie darauf, dass das Fahrzeug sicher abgestützt ist. Stützen Sie den Hebel gegen ein unter der Karosserie positioniertes Stück Holz ab, um nicht den Unterboden zu beschädigen.*

11.23a Hebeln Sie den Längslenker herunter …

11.23b … und befreien Sie die Feder aus ihrem unteren Sitz

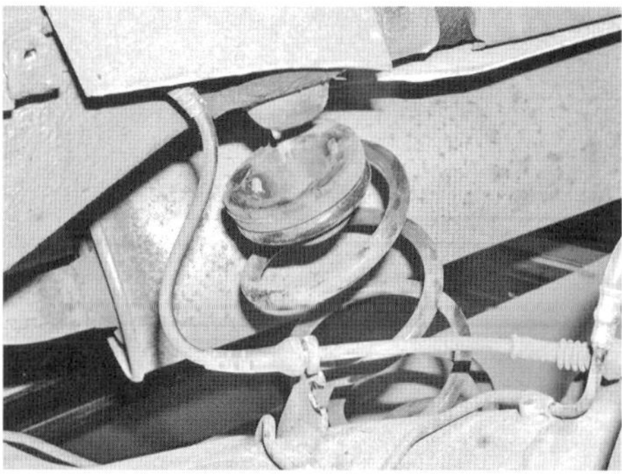

11.23c … sowie der Aufnahme der Karosserie.

24 Stellen Sie die Federsitze aus der Feder sicher (siehe Abbildung), kontrollieren Sie sie auf Beschädigungen und ersetzen Sie sie nötigenfalls durch Neuteile. Reinigen Sie die Feder-Aufnahmen der Karosserie und des Längslenkers.

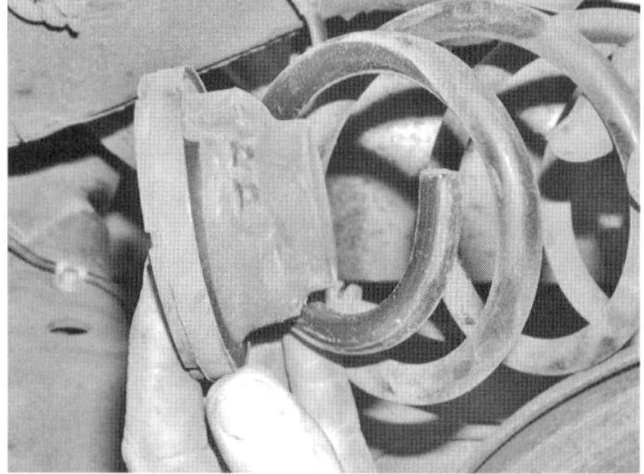

11.24 Entfernen Sie den oberen Federsitz.

Quattro-Modelle

25 Befreien Sie das Radsensor-Kabel vom Halter des Längslenkers (siehe Abbildung).

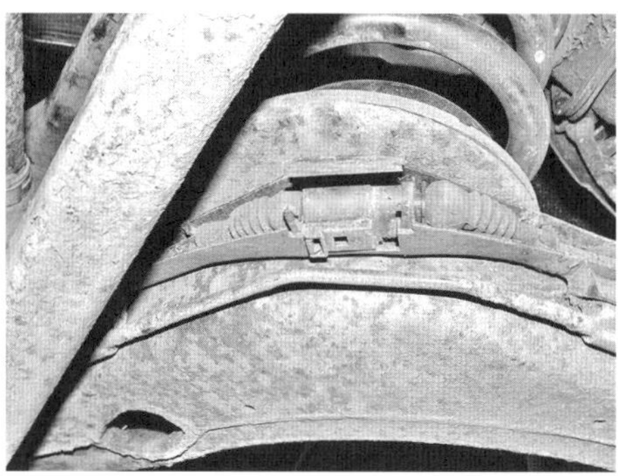

11.25 Befreien Sie das Radsensor-Kabel vom Halter des Längslenkers.

26 Falls an der linken Radaufhängung gearbeitet wird, müssen am Querlenker die Muttern des Fahrzeug-Niveausensor-Hebels gelöst und dieser befreit werden (siehe Abbildung) (siehe Sektion 17).

11.26 Muttern des Fahrzeug-Niveausensor-Hebels

27 Lösen sie die sechs Antriebsflansch-Schrauben und entnehmen Sie die Sicherungsbleche. Befreien Sie die Antriebswelle vom Differenzial-Flansch und sichern Sie sie am Fahrzeug (siehe Kapitel 8A, Sektion 3).

Anmerkung: *Sichern Sie die Antriebswelle mit Draht oder Seil unter dem Fahrzeug, damit sie nicht durch ihr Eigengewicht das äußere Gelenk beschädigt (siehe Abbildung).*

11.27 Sichern Sie die vom Differenzial befreite Antriebswelle mit Draht am Unterboden.

28 Senken Sie den Rangierwagenheber ab und entfernen Sie ihn. Hebeln Sie den Längslenker vorsichtig herunter, bis die Feder entnommen werden kann (siehe Abbildung).
Anmerkung: *Achten Sie darauf, dass das Fahrzeug sicher abgestützt ist. Stützen Sie den Hebel gegen ein unter der Karosserie positioniertes Stück Holz ab, um nicht den Unterboden zu beschädigen.*

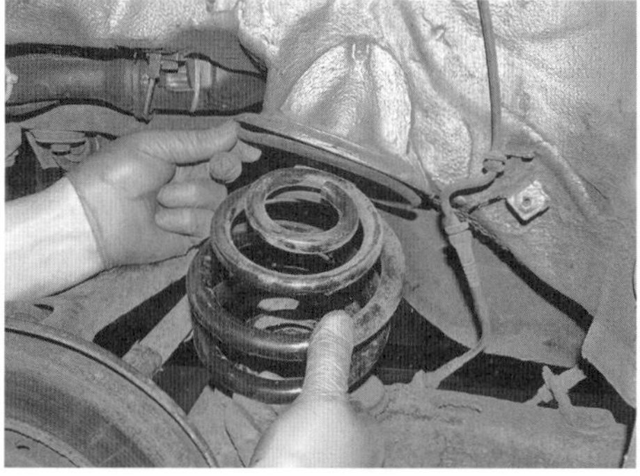

11.28 Befreien Sie die Feder aus der Radaufhängung.

29 Stellen Sie die oberen und unteren Federsitze sicher – beachten Sie den Aufbau des unteren Sitzes, der mit zwei Stiften im Längslenker positioniert ist. Das Oberteil des unteren Sitzes ist mit einem Anschlag für die Feder versehen (siehe

Abbildung). Kontrollieren Sie alle auf Beschädigungen und ersetzen Sie sie nötigenfalls durch Neuteile. Reinigen Sie die Feder-Aufnahmen der Karosserie und des Längslenkers.

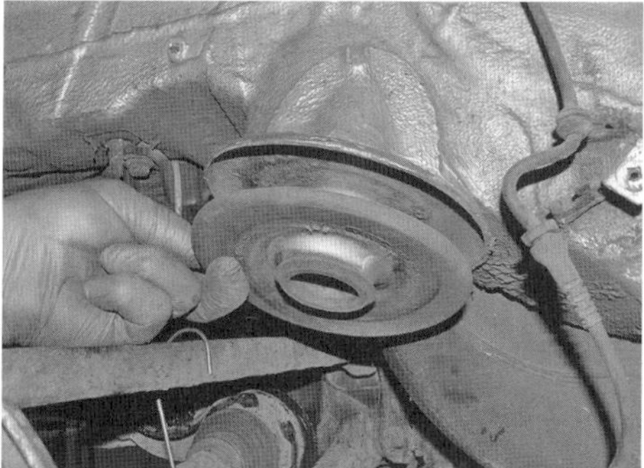

11.29a Entfernen Sie den oberen Federsitz.

11.29b Der untere Federsitz besteht aus zwei Teilen.

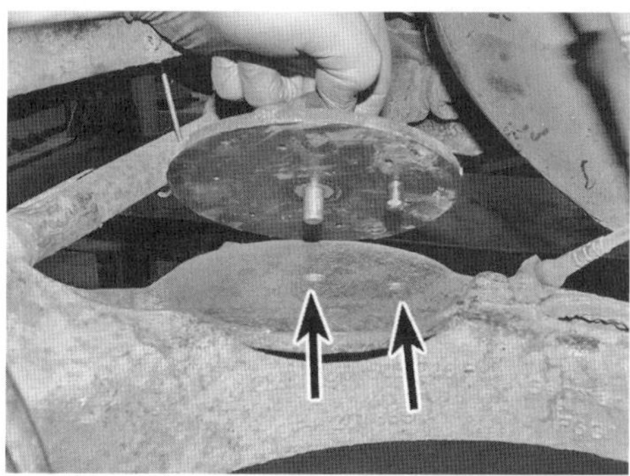

11.29c Die Stifte müssen in den Längslenker greifen.

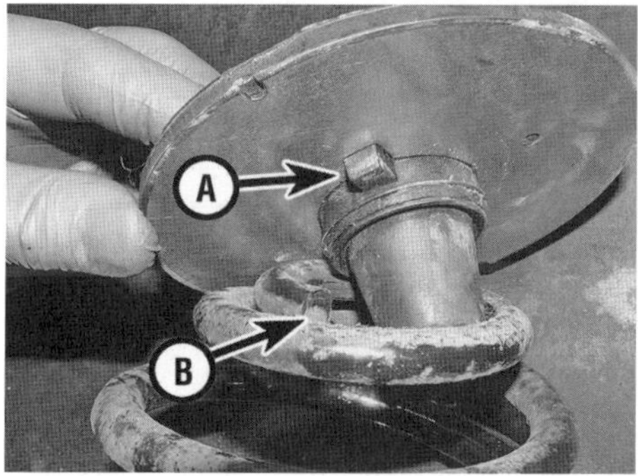

11.29d Der Anschlag am Federsitz (A) muss am Ende der Feder (B) anliegen.

Einbau

30 Bei Modellen mit Frontantrieb entspricht der Einbau der umgekehrten Ausbaureihenfolge – der obere Federsitz muss mit dem Bund korrekt zur Feder ausgerichtet sein. Der runde untere Federsitz muss mittig in der Feder sitzen. Bevor die untere Stoßdämpferbefestigung angezogen wird, muss der Längslenker mit dem Rangierwagenheber entlastet werden.
31 Bei Quattro-Modellen entspricht der Einbau der umgekehrten Ausbaureihenfolge – der untere Federsitz muss korrekt positioniert sein (Abb. 11.29b, c und d), der runde obere Federsitz muss mittig in der Feder liegen (siehe Abbildung). Bevor die untere Stoßdämpferbefestigung angezogen wird, muss der Längslenker mit dem Rangierwagenheber entlastet werden.

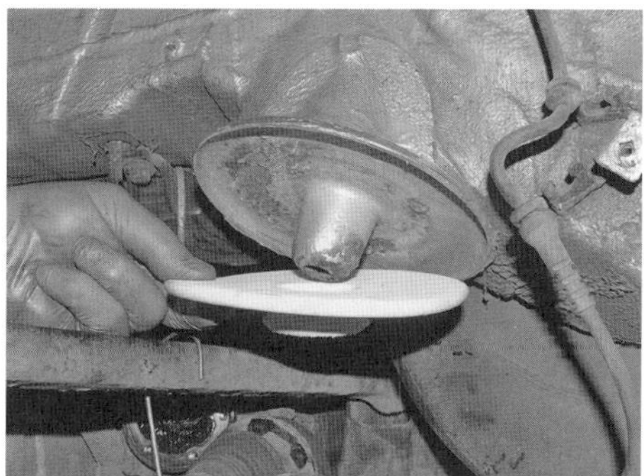

11.31 Setzen Sie den oberen Federsitz an der Aufnahme der Karosserie an.

12 Hinterrad-Stabilisator – Ausbau und Einbau

Modelle mit Frontantrieb

1 Der Stabilisator ist in die Hinterachse integriert und kann nicht aus ihr demontiert werden. Eine Beschädigung des Stabilisators ist unwahrscheinlich.

Quattro-Modelle

2 Der Stabilisator sitzt hinten am hinteren Hilfsrahmen. Zur Verbesserung des Zugangs kann die hintere Auspuff-Sektion demontiert werden (siehe Kapitel 4B, Sektion 9).
3 Blockieren Sie die Vorderräder, lockern Sie die Radbolzen der Hinterräder, heben Sie das Fahrzeug hinten an und stützen Sie es sicher ab (siehe Seite 366). Demontieren Sie die Räder.
4 Stellen Sie einen Rangierwagenheber unter den Längslenker und heben Sie diesen an, bis der Stoßdämpfer etwas komprimiert ist (Abb. 11.8) – bei manchen Modellen muss zunächst der Steinschlag-Schutz unter dem Längslenker entfernt werden.
5 Lösen Sie den unteren Stoßdämpferbolzen und befreien Sie den Stoßdämpfer aus seiner Aufnahme im Längslenker (Abb. 11.9) – beachten Sie, dass der Bolzen auch den unteren Teil der Stabilisatoranlenkung trägt.
6 Trennen Sie nötigenfalls die Anlenkungen vom Stabilisator, indem Sie die Muttern der Kugelköpfe lösen (siehe Abbildung).

12.6 Die Anlenkung ist mit einer Mutter am Stabilisator gesichert.

7 Lösen Sie die Schrauben der zwei Stabilisator-Aufnahmen (siehe Abbildung) und befreien Sie den Stabilisator vom hinteren Hilfsrahmen.

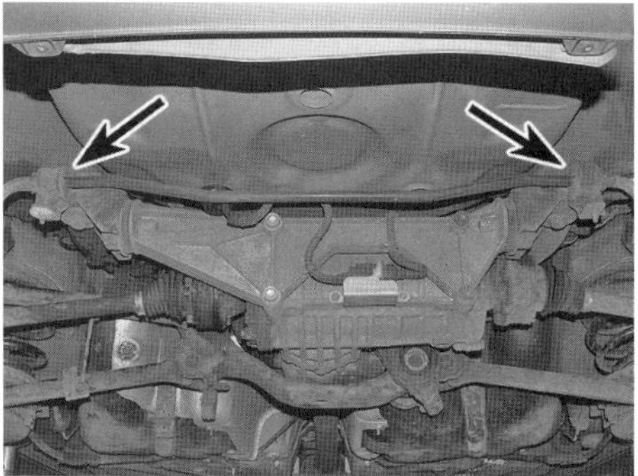

12.7 Stabilisator-Aufnahmen am hinteren Hilfsrahmen

8 Der Einbau entspricht der umgekehrten Ausbaureihenfolge – ziehen Sie alle Schrauben und Muttern mit den in den technischen Daten angegebenen Drehmomenten an.

13 Hinterachse (Modelle mit Frontantrieb) – Ausbau und Einbau

Anmerkung: *Alle beim Ausbau gelösten selbstsichernden Muttern und Schrauben müssen beim Einbau erneuert werden.*

1 Blockieren Sie die Vorderräder, lockern Sie die Radbolzen der Hinterräder, heben Sie das Fahrzeug hinten an und stützen Sie es sicher ab (siehe Seite 366). Demontieren Sie die Räder.
2 Lösen Sie ggf. die Muttern des Fahrzeug-Niveausensor-Hebels vom linken Längslenker.
3 Entfernen Sie die Stoßdämpfer und Federn (siehe Sektion 11).
4 Befreien Sie die Handbremsen-Seilzüge aus den Befestigungen am Unterboden und an der Hinterachse.
5 Ziehen Sie an beiden Seiten die Clips der Bremsschläuche heraus und trennen Sie diese aus den Befestigungen am Unterboden und an der Hinterachse (siehe Abbildung) – die Schläuche müssen nicht von den Bremsleitungsrohren getrennt werden, sondern müssen nur vorsichtig beiseite verlagert werden.

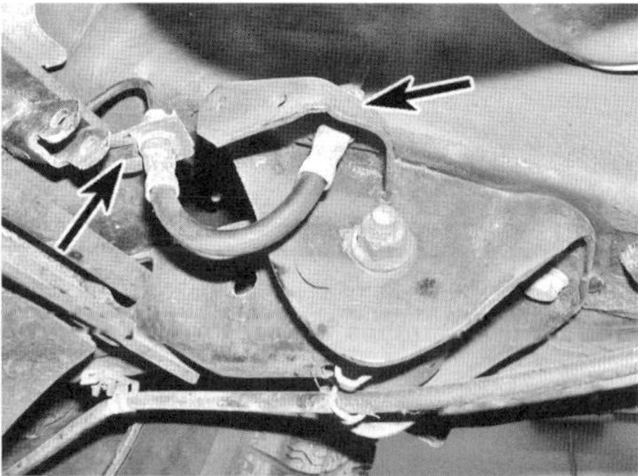

13.5 Bremsschlauch-Aufnahmen

6 Trennen Sie beide Bremssättel von den Längslenkern (siehe Kapitel 9, Sektion 7). Befreien Sie die Bremsleitungsrohre aus ihren Aufnahmen und verlagern Sie die Bremssättel samt der Handbremszüge beiseite.
7 Trennen Sie an beiden Längslenkern die Stecker der Radsensoren (siehe Kapitel 9, Sektion 20) und befreien Sie die Verkabelung aus allen Befestigungen.
8 Demontieren Sie die Bremsscheiben (siehe Kapitel 9, Sektion 6) sowie die Radnaben und die Achszapfen samt Trägerplatten (siehe Sektion 9 und 10).
9 Stützen Sie die Hinterachse mit einem Rangierwagenheber ab und lösen Sie ihre vorderen Befestigungsschrauben aus den Halterungen am Unterboden.
10 Manövrieren Sie mithilfe eines Assistenten die Hinterachse aus den vorderen Halterungen heraus und ziehen Sie sie unter dem Fahrzeug heraus.
11 Inspizieren Sie die Hinterachsen-Aufnahmen auf Alterungserscheinungen und andere Beschädigungen (siehe Sektion 14). Schrauben Sie oben an der Achse nötigenfalls den Vibrationsdämpfer ab.

Einbau

12 Schmieren Sie die nierenförmigen Vertiefungen in den vorderen Gummiaufnahmen mit Bremsenfett oder Seitenwasser. Manövrieren Sie die Hinterachse an den Halterungen in Position und drehen Sie von außen die Schrauben zunächst handfest ein.
13 Montieren Sie die Achszapfen samt Trägerplatten und die Radnabe (siehe Sektion 10 und 9). Installieren Sie die Bremsscheibe und ziehen Sie ihre Sicherungsscheibe sorgfältig an (siehe Kapitel 9, Sektion 6).
14 Verbinden Sie den Stecker des Radsensors und sichern Sie sein Kabel.
15 Montieren Sie die Bremssättel und sichern Sie die Bremsleitungen in ihren Befestigungen (siehe Kapitel 9, Sektion 7).
16 Sichern Sie die Bremsschläuche in ihren Aufnahmen und sichern Sie sie mit den Clips (Abb. 13.5).
17 Sichern Sie die Handbremsen-Seilzüge in den Befestigungen am Unterboden und an der Hinterachse.
18 Montieren Sie die Federn und Stoßdämpfer (siehe Sektion 11).
19 Montieren Sie ggf. die Steinschlag-Schutze unter die Längsträger.
20 Prüfen Sie die Funktion der Handbremse und stellen Sie sie nötigenfalls ein (siehe Kapitel 9, Sektion 13).
21 Montieren Sie beim Modell mit automatischer Leuchtweitenverstellung dessen Hebel an den linken Längslenkers und ziehen Sie die Schrauben mit 20 Nm an.
22 Montieren Sie die Räder, senken Sie das Fahrzeug ab und ziehen Sie die Radbolzen mit 120 Nm an.

14 Hinterachsen-Gummilager (Modelle mit Frontantrieb) – Ersetzen

Anmerkung: *Die Gummilager sollten stets zugleich an beiden Seiten erneuert werden, um die korrekte Ausrichtung der Hinterräder sicherzustellen.*

1 Blockieren Sie die Vorderräder, lockern Sie die Radbolzen der Hinterräder, heben Sie das Fahrzeug hinten an und stützen Sie es sicher ab (siehe Seite 366). Demontieren Sie die Räder.
2 Befreien Sie die Handbremsen-Seilzüge aus den Befestigungen am Unterboden und an der Hinterachse.
3 Ziehen Sie an beiden Seiten die Clips der Bremsschläuche heraus und trennen Sie diese aus den Befestigungen am Unterboden und an der Hinterachse (Abb. 13.5) – die Schläuche müssen nicht von den Bremsleitungsrohren getrennt werden, sondern müssen nur vorsichtig beiseite verlagert werden.
4 Lösen Sie ihre vorderen Befestigungsschrauben der Achse aus den Halterungen am Unterboden.
5 Zurzeit an einer Seite arbeitend wird das vordere Ende des Längslenkers aus der Unterboden-Halterung heruntergezogen und ein Holz zwischen beide Teile platziert, um ihn in dieser Position zu halten.
6 Notieren Sie die Position des Gummilagers, um den Einbau zu erleichtern.
7 Um das Gummilager aus der Hinterachse zu befreien, nutzen Audi-Werkstätten einen Zughammer, alternativ können auch eine Gewindestange samt Mutter, Scheiben und Rohren eingesetzt werden, um das Lager auszuziehen.
8 Das neue Gummilager muss korrekt zur Hinterachse positioniert sein (siehe Abbildung), dann wird es eingezogen, bis es wie notiert sitzt.

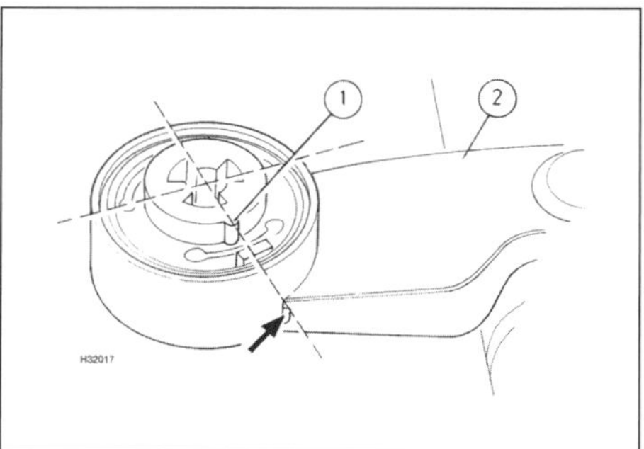

14.8 Einbauposition des Hinterachsen-Gummilagers
Der Ausschnitt (1) muss zum vom Pfeil angezeigten Punkt am Längslenker (2) ausgerichtet werden.

9 Erneuern Sie das Gummilager der anderen Seite auf die gleiche Weise.
10 Schmieren Sie die nierenförmigen Vertiefungen in den vorderen Gummiaufnahmen mit Bremsenfett oder Seitenwasser. Manövrieren Sie die Hinterachse an den Halterungen in Position und drehen Sie von außen die Schrauben zunächst handfest ein.
11 Verbinden Sie die Bremsschläuche und Handbremsseile mit ihren Halterungen.
12 Zurzeit an einer Seite arbeitend wird der Längslenker mit einem Rangierwagenheber angehoben, bis die Feder das Gewicht des Fahrzeugs aufnimmt. Jetzt wird die vordere Schraube zunächst mit 30 Nm angezogen und dann um 90° weitergedreht.
13 Montieren Sie die Räder, senken Sie das Fahrzeug ab und ziehen Sie die Radbolzen mit 120 Nm an.

15 Längslenker und Träger hinten (Quattro-Modelle) – Ausbau, Überholung und Einbau

Ausbau

1 Blockieren Sie die Vorderräder, lockern Sie die Radbolzen des entsprechenden Hinterrads, heben Sie das Fahrzeug hinten an und stützen Sie es sicher ab (siehe Seite 366). Demontieren Sie das Rad.
2 Trennen Sie beide Bremssättel von den Längslenkern (siehe Kapitel 9, Sektion 7). Befreien Sie die Bremsleitungsrohre aus ihren Aufnahmen und verlagern Sie die Bremssättel samt der Handbremszüge beiseite.
3 Trennen Sie die Handbremsseile und befreien Sie sie von den Längslenkern (siehe Kapitel 9, Sektion 15).
4 Demontieren Sie die Antriebswelle (siehe Kapitel 8A, Sektion 3).
5 Entfernen Sie den Stoßdämpfer und Feder (siehe Sektion 11).
6 Lösen Sie am Längslenker die Schrauben des oberen und unteren Querlenkers.
7 Ziehen Sie an beiden Seiten die Clips der Bremsschläuche heraus und trennen Sie diese aus den Befestigungen am Unterboden und am Längslenker (siehe Abbildung) – die Schläuche müssen nicht von den Bremsleitungsrohren getrennt werden, sondern müssen nur vorsichtig beiseite verlagert werden.

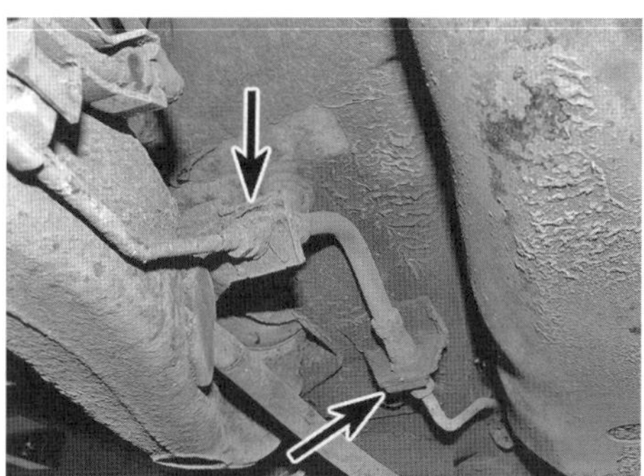

15.7 Bremsschlauch-Aufnahmen

8 Markieren Sie die Position des vorderen Längslenker-Trägers am Unterboden (siehe Abbildung) – die Langlöcher im Träger erlauben eine Einstellung.

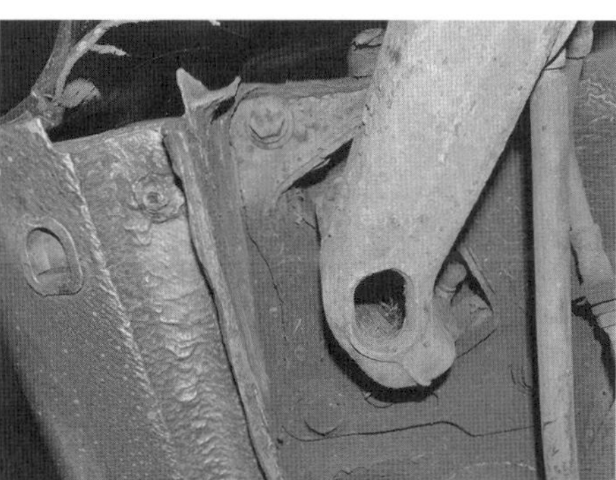

15.8 Längslenker-Träger

9 Stützen Sie den vorderen Längslenker-Träger mit einem Rangierwagenheber ab. Lösen Sie die Schrauben und senken Sie die Baugruppe ab, bis sie unter dem Fahrzeug entfernt werden kann.

Überholung

10 Reinigen Sie sorgfältig den Längslenker und seinen Träger, lösen Sie den Gelenkbolzen und trennen Sie die Teile. Kontrollieren Sie alles auf Risse und andere Schäden – beachten Sie besonders die Gummibuchse.
11 Falls die Buchse erneuert werden muss, kann sie mit einer Presse und geeigneten Hülsen ausgepresst und durch ein Neuteil ersetzt werden; nötigenfalls sollte diese Arbeit einer Fachwerkstatt überlassen werden.
12 Richten Sie den mit der neuen Buchse ausgerüsteten Längslenker wie gezeigt zum Träger aus (siehe Abbildung) und ziehen Sie den neuen Gelenkbolzen mit 90 Nm an.

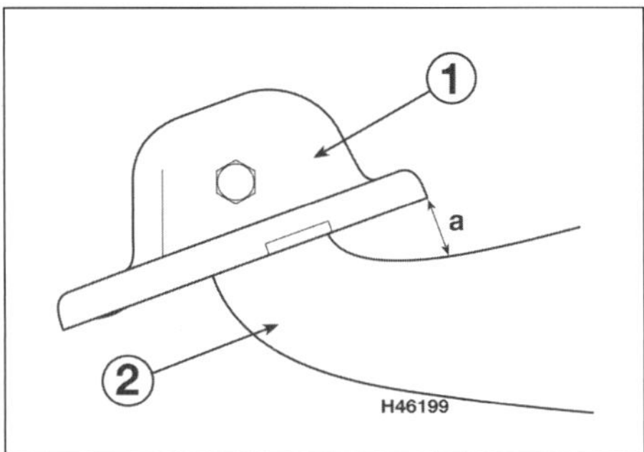

15.12 Ausrichtung des Längslenkers zum Träger
1 Träger
2 Längslenker
a = 53,5 mm

Einbau

13 Heben Sie den vorderen Längslenker-Träger in die markierte Position an, installieren Sie neue Schrauben und ziehen Sie sie 75 Nm an.
14 Verbinden Sie den hinteren Teil des Längslenkers mit dem oberen und unteren Querlenker und drehen Sie die Schrauben nur locker ein – sie werden erst angezogen, wenn das Fahrzeug die Radaufhängung belastet.
15 Installieren Sie den Stoßdämpfer und Feder (siehe Sektion 11).
16 Montieren Sie die Antriebswelle (siehe Kapitel 8A, Sektion 3).
17 Installieren Sie die Bremsbeläge und den Bremssattel (siehe Kapitel 9, Sektion 7).
18 Verbinden Sie das Handbremsseil mit den Aufnahmen und dem Bremssattel. Stellen Sie die Handbremse ein (siehe Kapitel 9, Sektion 13).
19 Montieren Sie die Bremsleitung an die Halterungen des Längslenkers und des Unterbodens und sichern Sie sie mit den Clips.
20 Montieren Sie die Räder, senken Sie das Fahrzeug ab und ziehen Sie die Schrauben des oberen und unteren Querlenkers mit 70 Nm an und dann um 90° weiter. Ziehen Sie auch die Radbolzen mit 120 Nm an.
21 Lassen Sie die Ausrichtung der Hinterräder vermessen und nötigenfalls einstellen (siehe Sektion 26).

16 Hinterrad-Aufhängung (Quattro-Modelle) – Ausbau und Einbau

Oberer Querlenker

Ausbau

1 Blockieren Sie die Vorderräder, lockern Sie die Radbolzen des entsprechenden Hinterrads, heben Sie das Fahrzeug hinten an und stützen Sie es sicher ab (siehe Seite 366). Demontieren Sie das Rad.
2 Stützen Sie den Längslenker mit einem Rangierwagenheber ab und entfernen Sie am Radnabengehäuse die äußere Schraube des Querlenkers (siehe Abbildung) – beim Einbau wird eine neue Schraube benötigt.

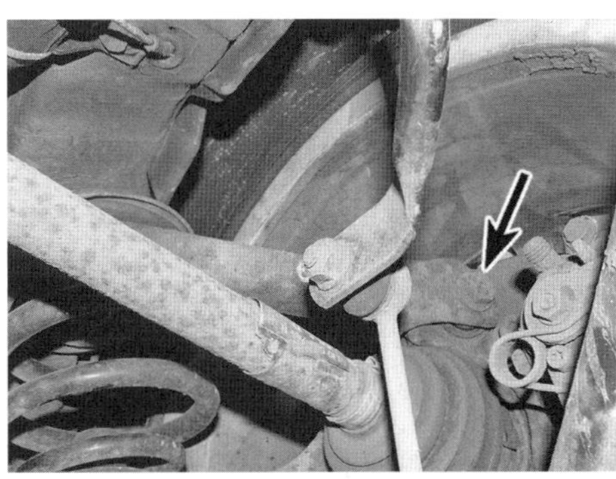

16.2 Äußere Schraube oberen des Querlenkers

3 Lösen Sie am hinteren Hilfsrahmen die innere Schraube des Querlenkers (siehe Abbildung). Um die Schraube entfernen zu können, muss die Schraube des Hilfsrahmenträgers gelöst werden.

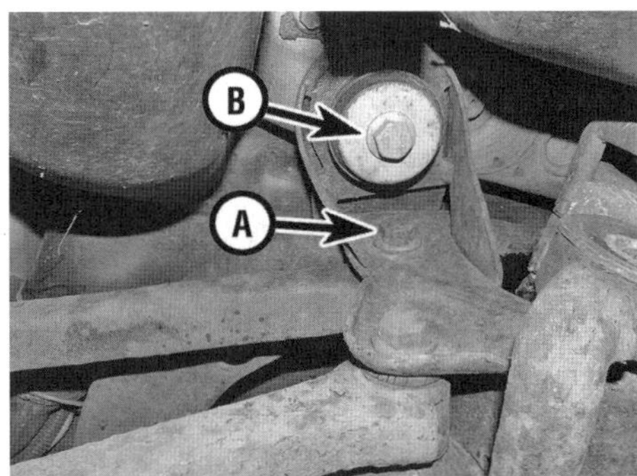

16.3 Innere Schraube oberen des Querlenkers (A), Schraube des Hilfsrahmenträgers (B)

4 Der obere Querlenker kann jetzt nach unten befreit werden – möglicherweise muss der Längslenker etwas nach außen gezogen werden, um den Querlenker entnehmen zu können; beschädigen Sie hierbei keine Bremsleitungen oder Kabel.

Einbau

5 Der Einbau entspricht der umgekehrten Ausbaureihenfolge – beschaffen Sie neue Querlenker-Schrauben und ziehen Sie sie erst vollständig (70 Nm + 90°) an, nachdem die Radaufhängung vom Gewicht des Fahrzeug belastet ist. Zie-

hen Sie die Hilfsrahmenträger-Schraube mit 110 Nm an und dann um 90° weiter. Ziehen Sie die Radbolzen mit 120 Nm an.
6 Lassen Sie die Ausrichtung der Hinterräder vermessen und nötigenfalls einstellen (siehe Sektion 26).

Unterer Querlenker

Ausbau

7 Blockieren Sie die Vorderräder, lockern Sie die Radbolzen des entsprechenden Hinterrads, heben Sie das Fahrzeug hinten an und stützen Sie es sicher ab (siehe Seite 366). Demontieren Sie das Rad.
8 Falls an der linken Radaufhängung gearbeitet wird, müssen am Querlenker die Muttern des Fahrzeug-Niveausensor-Hebels gelöst und dieser befreit werden (siehe Sektion 17). Markieren Sie die Position des Halters, sodass er beim Einbau korrekt positioniert werden kann.
9 Stützen Sie den Längslenker mit einem Rangierwagenheber ab und entfernen Sie am Radnabengehäuse die äußere Schraube des Querlenkers (siehe Abbildung) – beim Einbau wird eine neue Schraube benötigt.

16.9 Äußere Schraube unteren des Querlenkers

10 Lösen Sie an der Aufnahme des hinteren Hilfsrahmens die innere Schraube des Querlenkers (siehe Abbildung) – beim Einbau wird eine neue Schraube benötigt.

16.10 Innere Schraube unteren des Querlenkers

11 Der untere Querlenker kann jetzt nach unten befreit werden – möglicherweise muss der Längslenker etwas nach außen gezogen werden, um den Querlenker entnehmen zu können; beschädigen Sie hierbei keine Bremsleitungen oder Kabel.

Einbau

12 Der Einbau entspricht der umgekehrten Ausbaureihenfolge – beschaffen Sie neue Querlenker-Schrauben und ziehen Sie sie erst vollständig (70 Nm + 90°) an, nachdem die Radaufhängung vom Gewicht des Fahrzeug belastet ist.
13 Montieren Sie am linken Längslenker den korrekt ausgerichteten Hebel des Fahrzeug-Niveausensors und ziehen Sie seine Schrauben mit 20 Nm an
14 Montieren Sie das Rad, senken Sie das Fahrzeug ab und ziehen Sie die Radbolzen mit 120 Nm an.
15 Lassen Sie die Ausrichtung der Hinterräder vermessen und nötigenfalls einstellen (siehe Sektion 26).

17 Fahrzeug-Niveausensor – Ausbau und Einbau

1 Der vordere Niveausensor sitzt links unter dem Unterboden und ist über einen Hebel mit dem linken Querlenker verbunden (siehe Abbildung).

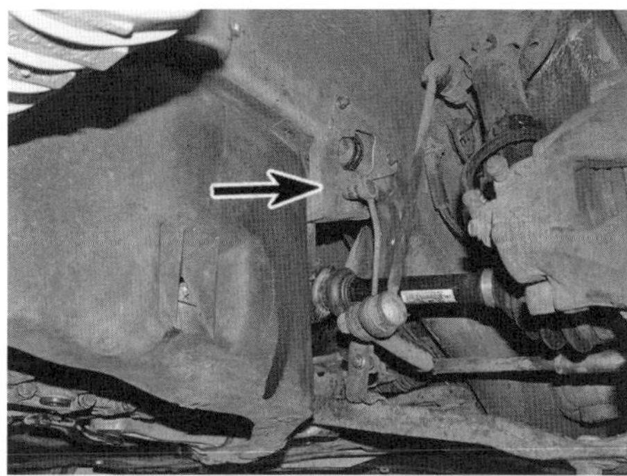
17.1 Vorderer Fahrzeug-Niveausensor

2 Der hintere Niveausensor sitzt links unter dem Unterboden und ist über einen Hebel mit einem Halter am linken Längslenker verbunden (siehe Abbildung).

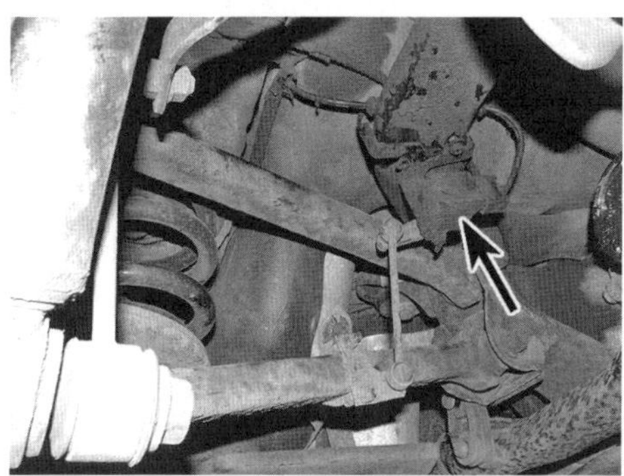
17.2 Hinterer Fahrzeug-Niveausensor – gezeigt am Quattro-Modell

3 Um den vorderen Niveausensor auszubauen, werden die Bolzen des linken Vorderrad gelockert, dann die Handbremse gezogen, das Fahrzeug vorn angehoben und sicher abgestützt (siehe Seite 366). Demontieren Sie das Rad. Markieren Sie die Position des Sensor-Hebels an der Platte des Längslenkers, um ihn später wieder korrekt verbinden zu können. Lösen Sie die Mutter und trennen Sie den Hebel; bei manchen Modellen weist die Platte Langlöcher auf, sodass die Position markiert werden muss. Trennen Sie den Kabelstecker, lösen Sie die Muttern des Sensors und befreien Sie ihn vom Unterboden.
4 Um den hinteren Niveausensor auszubauen, werden die Vorderräder blockiert, das Fahrzeug hinten angehoben und sicher abgestützt (siehe Seite 366). Lösen Sie die Muttern des Sensor-Hebels, um ihn von der Hinterachse oder dem

Längslenker zu befreien. Trennen Sie den Kabelstecker, lösen Sie die Muttern des Sensors und befreien Sie ihn vom Unterboden.

5 Der Einbau entspricht der umgekehrten Ausbaureihenfolge – ziehen Sie alle Befestigungen mit den in den technischen Daten angegebenen Drehmomenten an. Lassen Sie nötigenfalls den vorderen Niveausensor von einer Fachwerkstatt einstellen.

18 Lenkrad – Ausbau und Einbau

Beachten Sie die Sicherheitshinweise in Kapitel 12, Sektion 24, um keine Verletzungen durch den auslösenden Airbag davonzutragen.

Ausbau

1 Stecken Sie den Zündschlüssel ins Zündschloss, um ggf. das Lenkschloss zu öffnen, und stellen Sie die Lenkung geradeaus.

2 Trennen Sie den Masseanschluss (–) der Batterie – beachten Sie dabei die Hinweise auf Seite 366. Verlagern Sie das Massekabel weit genug weg vom Minuspol.

3 Lockern Sie den Einstellhebel und stellen Sie das Lenkrad in die niedrigste Position, ziehen Sie es vollständig heraus und sichern Sie es in dieser Position.

4 Lösen Sie an der Rückseite der senkrecht stehenden Lenkradspeiche die Torxschrauben des Airbags; drehen Sie das Lenkrad eine halbe Umdrehung, sodass die andere Lenkradspeiche senkrecht steht und auch hier die Schraube gelöst werden kann (siehe Abbildung) – die Schrauben verbleiben im Lenkrad und müssen nicht vollständig entfernt werden.

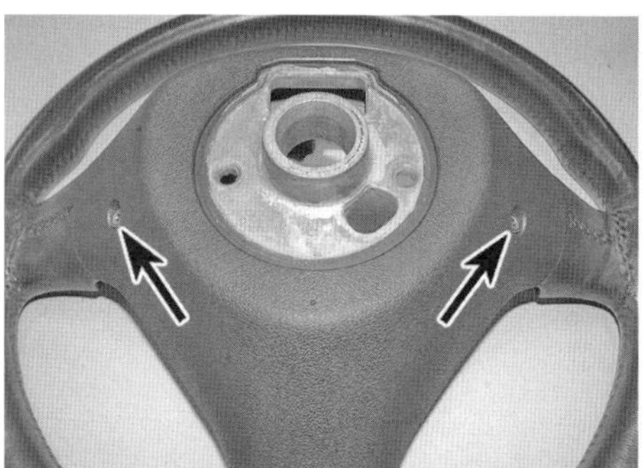

18.4 Der Airbag ist an der Rückseite des Lenkrads mit zwei Torx-Schrauben gesichert.

5 Ziehen Sie den Airbag vorsichtig aus dem Lenkrad, lösen Sie die Lasche des Steckers und trennen Sie ihn (siehe Abbildungen).

18.5a Ziehen Sie den Airbag vorsichtig aus dem Lenkrad, …

18.5b … lösen Sie die Lasche des Steckers und trennen Sie ihn …

18.5c … und entnehmen Sie das Airbag-Modul.

6 Lösen Sie am Stecker der zentralen Kontakteinheit die Laschen und trennen Sie ihn (siehe Abbildung). Der Lenkwinkelsensor, der Schleifring und die Rückholfeder sind in die Kontakteinheit integriert.

18.6 Trennen Sie den Stecker der zentralen Kontakteinheit.

7 Lösen Sie mit einem Innenvielzahn-Schlüssel die zentrale Lenkradschraube (siehe Abbildung) – halten Sie dabei das Lenkrad gut fest.

18.7 Entfernen Sie die zentrale Lenkradschraube.

8 Kontrollieren Sie, ob die Ausrichtung des Lenkrads zur Lenkwelle markiert ist (siehe Abbildung) – bringen Sie nötigenfalls selbst eine Markierung an. Greifen Sie das Lenkrad mit beiden Händen und wackeln Sie es vorsichtig von der Verzahnung der Lenkwelle ab.

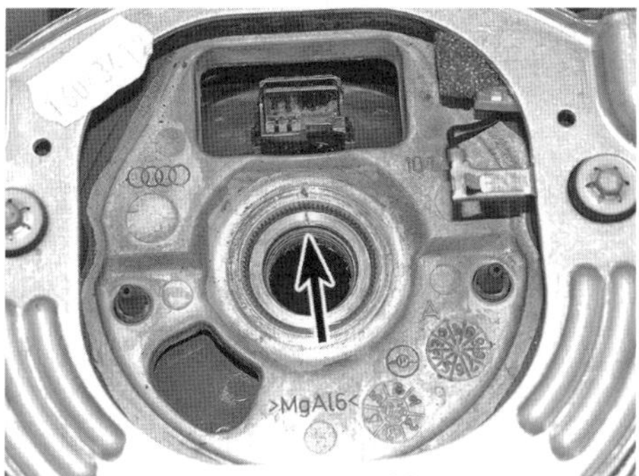

18.8 Ausricht-Markierungen an der Lenkwelle und am Lenkrad

Einbau

9 Setzen Sie das entsprechend der Markierungen ausgerichtete Lenkrad an der Lenkwelle an und drücken Sie es auf.
10 Installieren Sie die am Gewinde mit Sicherungspaste versehene Lenkradschraube und ziehen Sie sie mit 50 Nm an – halten Sie dabei das Lenkrad gut fest.
11 Verbinden Sie die Stecker mit der zentralen Kontakteinheit und der Rückseite des Airbags. Halten Sie den Airbag vorsichtig in Position und ziehen Sie die zwei Schrauben an der Rückseite des Lenkrads sorgfältig an.
Anmerkung: *Die Grundeinstellung des Schalters muss nach jeder Montage der Lenksäule oder des Lenkrads von einer Audi-Werkstatt überprüft werden.*
12 Verbinden Sie das Massekabel mit der Batterie – hierbei darf sich niemand im Fahrzeug befinden!

19 Lenksäule – Ausbau, Kontrolle und Einbau

Beachten Sie die Sicherheitshinweise in Kapitel 12, Sektion 24, um keine Verletzungen durch den auslösenden Airbag davonzutragen.

1 Trennen Sie den Masseanschluss (–) der Batterie – beachten Sie dabei die Hinweise auf Seite 366. Verlagern Sie das Massekabel weit genug weg vom Minuspol.
2 Demontieren Sie den Fahrer-Airbag (siehe Sektion 18) und lenken Sie das Lenkrad wieder geradeaus.
3 Entfernen Sie im Fahrerfußraum die untere Armaturenbrettverkleidung (siehe Kapitel 11, Sektion 28).
4 Lösen Sie unten an der Lenksäulenverkleidung die zwei Schrauben und befreien Sie die obere Verkleidungshälfte (siehe Abbildungen).

19.4a Lösen Sie die zwei Schrauben …

19.4b … und befreien Sie die obere Lenksäulenverkleidung.

5 Lösen Sie die Schrauben des Lenkradverstellungs-Griffs und entfernen Sie diesen (siehe Abbildungen).

19.5a Lösen Sie die zwei Schrauben …

19.5b … und entfernen Sie den Griff der Lenkradverstellung.

6 Lösen Sie die drei Schrauben der unteren Lenksäulenverkleidung und entfernen Sie diese von der Lenksäule (siehe Abbildungen) – befreien Sie sie dabei aus der Lenkradverstellungs-Betätigung.

19.6a Lösen Sie die untere ...

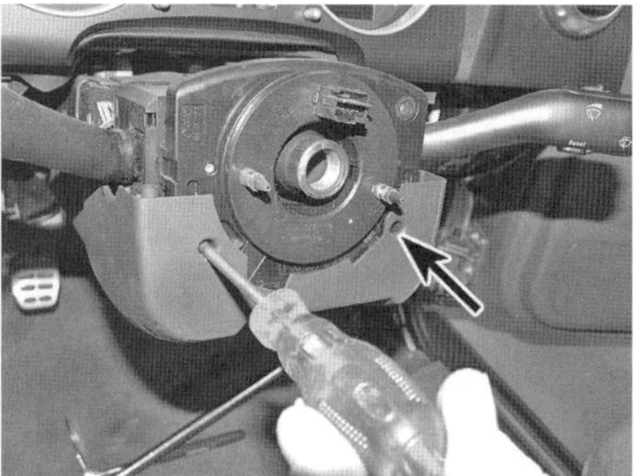

19.6b ... und die zwei oberen Schrauben ...

19.6c ... und befreien Sie die untere Lenksäulenverkleidung.

7 Entfernen Sie die aus dem Lenksäulen-Kombischalter und dem zentralen Steuermodul bestehenden Baugruppe oben von der Lenksäule (siehe Kapitel 12, Sektion 4).
8 Lösen Sie die Befestigungen der Fußstütze und befreien Sie diese vom unteren Ende der Lenksäule (siehe Abbildung).

19.8 Entfernen Sie die Fußstütze – gezeigt beim Rechtslenker-Modell

9 Trennen Sie an der Rückseite des Zündschlosses und an der Wegfahrsperre die Kabelstecker. Lösen Sie am Lenkschlossgehäuse die Schraube des Massekabels und befreien Sie dies (siehe Abbildung).

19.9 Trennen Sie am Zündschloss und an der Wegfahrsperre die Stecker.

10 Stellen Sie beim Automatikgetriebe den Wählhebel auf P und schalten Sie die Zündung ein. Trennen Sie den Seilzug der Lenkschloss-Arretierung, indem Sie (je nach Typ) den Sicherungsdraht herunterdrücken oder hochziehen.
11 Lockern Sie am Eingang zum Lenkgetriebe die Klemmschraube des Kreuzgelenks (siehe Abbildung) und befreien Sie dies (die Teleskop-Lenkwelle erlaubt einfaches Abziehen) – die Klemmschraube muss beim Einbau erneuert werden. Beachten Sie den Ausschnitt für die Klemmschraube an der Lenkgetriebe-Welle und die teilweise fehlende Kerbverzahnung, die das Aufschieben des Kreuzgelenks in nur einer Position erlauben.

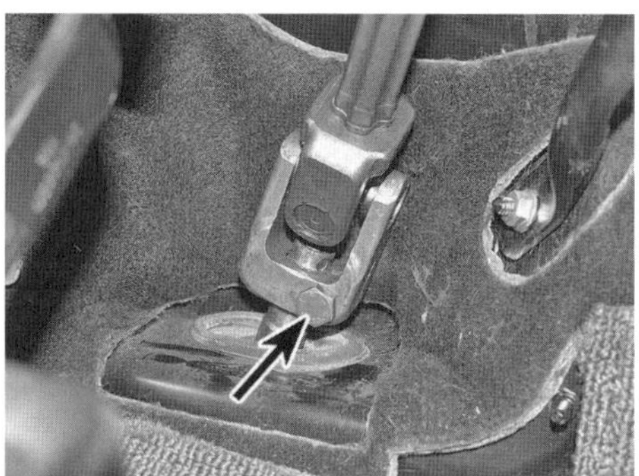

19.11 Klemmschraube des unteren Kreuzgelenks

12 Die innere und äußere Lenkwelle sowie die Zwischenwelle lassen sich ineinander verschieben, damit das Lenkrad auch in der Tiefe verstellt werden kann. Die Kerbverzahnung der inneren Lenkwelle muss bei ausgebauter Lenksäule stets in die anderen Segmente greifen. Falls die Verzahnung durch das Entfernen der äußeren Lenkwellen-Sektionen getrennt werden, kann dies nach dem Zusammenbau vor allem bei Fahrzeugen mit hoher Laufleistung zur Klapper-Geräuschen führen. Audi-Werkstätten halten die Lenkwellen-Sektionen mit speziellen Kunststoff-Clips zusammen – alternativ kann ein kegelförmiger Holzdübel oder der Stopfen eines Kugelschreibers diese Funktion erfüllen. Lösen Sie zuerst die Lenkradverstellung und positionieren Sie die äußeren Lenkwellen so, dass die Bohrungen zueinander ausgerichtet sind und der Dübel oder der Stopfen eingeführt werden kann (siehe Abbildungen).

19.12a Führen Sie den Dübel oder Stopfen in die ausgerichteten Bohrungen ein (frühe Modelle) …

19.12b … oder in die Bohrung oben in die Lenksäule ein, um die Lenkwelle zusammenzuhalten (spätere Modelle).

13 Lösen Sie die untere Befestigungsschraube, stützen Sie die Lenksäule und lösen Sie die vier oberen Schrauben, um die Bautruppe aus dem Fahrzeug zu befreien (siehe Abbildungen).

19.13a Untere Lenksäulen-Schraube

19.13b Obere Lenksäulen-Schrauben

14 Demontieren Sie nötigenfalls die Zündschloss/Lenkschloss-Baugruppe von der Lenksäule (siehe Sektion 20).

Kontrolle

15 Die Lenksäule soll sich bei einem Frontalaufprall zusammendrücken, damit das Lenkrad nicht den Fahrer verletzt. Kontrollieren Sie alle Teile der Lenksäule und ihre Aufnahmen auf Beschädigungen und Verformung. Audi hat während der Produktionszeit des Fahrzeugs die Lenksäule geändert.
16 Messen Sie bei früheren Modellen an der oberen Halteplatte den Abstand zwischen der Schraubenbohrung (mit eingesetzter Schraube) und dem Anschlagzapfen (siehe Abbildung) – werden weniger als 23 mm festgestellt, ist die Lenksäule beschädigt und muss ersetzt werden.

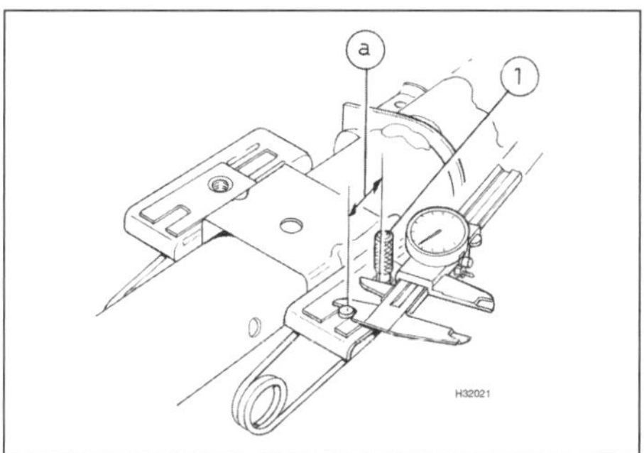

19.16 Messen Sie den Abstand zwischen der Schraubenbohrung und dem Anschlagzapfen – frühe Modelle
1 Befestigungsschraube
a = 23,0 mm

17 Wenn bei späteren Modellen das Gleitstück am oberen Trägergehäuse anschlägt, darf zwischen ihm und dem Träger nicht mehr als 0,5 mm Abstand bestehen.
18 Prüfen Sie, ob die Sektionen der inneren Lenkwelle kein Spiel in den Lenksäulen-Buchsen aufweisen. Bei Verschleiß oder Beschädigungen an den Buchsen muss die gesamte Lenksäule erneuert werden.
19 Die Zwischenwelle kann nicht von der Innenwelle getrennt werden (siehe Abbildung). Inspizieren Sie die Kreuzgelenke auf Verschleiß – nötigenfalls muss die gesamte Lenksäule erneuert werden.

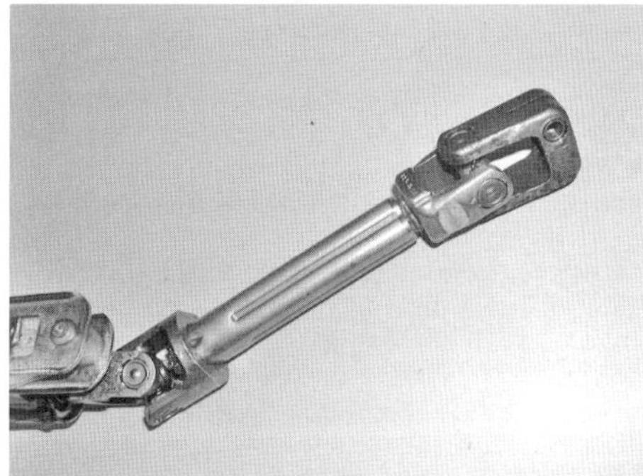
19.19 Die Zwischenwelle kann nicht von der Innenwelle getrennt werden – gezeigt am frühen Modell

Einbau

20 Falls bei frühen Modellen eine neue Lenksäule eingebaut werden soll, muss der Rollenträger aus der alten Lenksäule auf die neue übertragen werden – hierfür wird eine neue Abreißkopf-Schraube benötigt (siehe Abbildung). Bohren Sie den alten Schraubenkopf aus, um den Träger zu entnehmen, und drehen Sie den Rest der Schraube heraus. Setzen Sie ihn an der neuen Lenksäule an und ziehen Sie die neue Schraube an, bis ihr Kopf abreißt.

19.20 Der Rollenträger ist mit einer Abreißschraube an der Lenksäule gesichert.

21 Montieren Sie ggf. die Zündschloss/Lenkschloss-Baugruppe an die Lenksäule (siehe Sektion 20).
22 Tragen Sie an den Gewinden der Befestigungsschrauben etwas Sicherungspaste auf. Setzen Sie die Lenksäule an ihrer Aufnahme an und drehen Sie alle Schrauben locker ein. Ziehen Sie zuerst die Mutter der unteren Schraube mit 10 Nm und dann die vier oberen Schrauben mit 22 Nm an.
23 Entfernen Sie ggf. den Dübel oder Stopfen aus der Außenwellen-Bohrung (Abb. 19.12a oder b).
24 Setzen Sie das untere Kreuzgelenk so am Lenkgetriebe an, dass der Ausschnitt an dessen Welle zur Schraubenbohrung ausgerichtet ist. Installieren Sie die neue Klemmschraube und ziehen Sie sie mit 30 Nm an.
25 Montieren Sie die Fußstütze (Abb. 19.8).
26 Schieben Sie beim Automatikgetriebe (mit Wählhebel auf P und eingeschalteter Zündung den Seilzug der Lenkschloss-Arretierung in das Lenkschlossgehäuse, bis der Sicherungsdraht einrastet. Prüfen Sie, ob der Wählhebel aus der P-Position heraus bewegt werden kann – falls dies nicht möglich ist, muss der Seilzug eingestellt werden (siehe Kapitel 7B). Prüfen Sie auch, ob sich der Zündschlüssel nur bei auf P stehendem Wählhebel abziehen lässt. Bei auf OFF stehendem Zündschlüssel darf sich der Wählhebel nicht aus Position P heraus bewegen lassen.
27 Setzen Sie den Kombischalter an der Lenksäule an (siehe Kapitel 12, Sektion 4), richten Sie ihn entsprechend der Markierungen aus und ziehen Sie die Klemmschraube sorgfältig an.
Anmerkung: *Die Grundeinstellung des Schalters muss nach jeder Montage der Lenksäule oder des Lenkrads von einer Audi-Werkstatt überprüft werden.*
28 Verbinden Sie die Stecker des Zündschlosses, der Wegfahrsperre und des Kombischalters.
29 Setzen Sie übergangsweise das Lenkrad auf die Lenkwelle und prüfen Sie, ob der Abstand zwischen ihm und dem Spiralfeder-Gehäuses ca. 3 mm beträgt – falls nicht, muss die Klemmschraube des Kombischalters gelockert und dieser umgesetzt werden, bevor die Schrauben wieder angezogen wird. Entfernen Sie das Lenkrad.
30 Montieren Sie die oberen und unteren Lenksäulenverkleidungen und sichern Sie sie mit den Schrauben.
31 Montieren Sie den Lenkradverstell-Hebel und sichern Sie ihn mit den Schrauben.
32 Montieren Sie die untere Armaturenbrettverkleidung (siehe Kapitel 11, Sektion 28).
33 Montieren Sie das Lenkrad und den Fahrer-Airbag (siehe Sektion 18).
34 Verbinden Sie den Masseanschluss (–) mit dem Minuspol der Batterie.

20 Zündschloss/Lenkschloss – Ausbau und Einbau

Zündschloss-Schalter

Ausbau

1 Trennen Sie den Masseanschluss (–) der Batterie – beachten Sie dabei die Hinweise auf Seite 366. Verlagern Sie das Massekabel weit genug weg vom Minuspol.
2 Demontieren Sie das Lenkrad und den Airbag (siehe Sektion 18).
3 Demontieren Sie die oberen Lenksäulen-Verkleidungen (Abb. 19.4a und b).
4 Lösen Sie am Zündschloss-Stecker die Lasche und ziehen Sie ihn ab (siehe Abbildung).

20.4 Zündschloss-Stecker

5 Ziehen Sie an der Rückseite des Zündschlosses den Aufkleber ab und hebeln Sie mit einem kleinen Schraubendreher die Kunststoffkappe ab. Stecken Sie dann zwei kleine Schraubendreher in die Vertiefungen des äußeren Gehäuses, um die zwei Laschen zu lösen und den Zündschloss-Schalter abzuziehen (siehe Abbildungen).
Anmerkung: *Dies ist nicht bei allen Modellen möglich – erkundigen Sie sich beim Audi-Händler nach der Verfügbarkeit von Ersatzteilen.*

20.5a Stecken Sie zwei kleine Schraubendreher in die Vertiefungen des äußeren Gehäuses, …

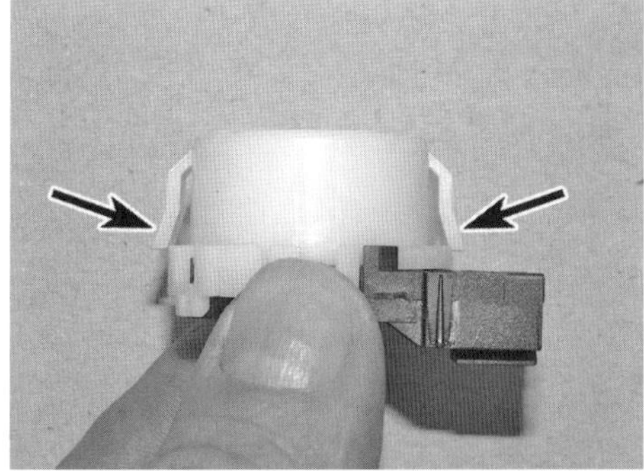
20.5b ... um die zwei Laschen zu lösen ...

20.5c ... und den Zündschloss-Schalter abzuziehen.

Einbau

6 Führen Sie den korrekt ausgerichteten Zündschloss-Schalter ins Gehäuse ein und drücken Sie ihn hinein, bis er einrastet.
7 Setzen Sie die Kappe an der Rückseite des Zündschlosses und sichern Sie sie mit dem Aufkleber.
8 Verbinden Sie den Zünschloss-Stecker.
9 Montieren Sie die oberen Lenksäulen-Verkleidungen.
10 Installieren Sie das Lenkrad und den Airbag (siehe Sektion 18).
11 Verbinden Sie den Masseanschluss (–) mit dem Minuspol der Batterie.

Schließzylinder

Ausbau

12 Führen Sie die Schritte 1 bis 3 durch.
13 Lösen Sie am Stecker des Wegfahrsperren-Empfängers die Lasche und ziehen Sie ihn ab (siehe Abbildung).

20.13 Stecker des Wegfahrsperren-Empfängers

14 Stecken Sie den Zündschlüssel ins Zünd/Lenkschloss und drehen Sie den Schließzylinder um ca. 90° in die Zündung-Position.
15 Führen Sie einen 1,2 mm starken Draht in die Bohrung neben dem Zündschlüssel ein, um den Arretierhebel zu lösen, ziehen Sie dann den Schließzylinder aus dem Gehäuse (siehe Abbildungen). Um den Draht leichter im Arretierhebel positionieren zu können, sollte sein Ende schräg abgeschnitten sein.

20.15a Führen Sie den Draht in die Bohrung neben dem Zündschlüssel ein, ...

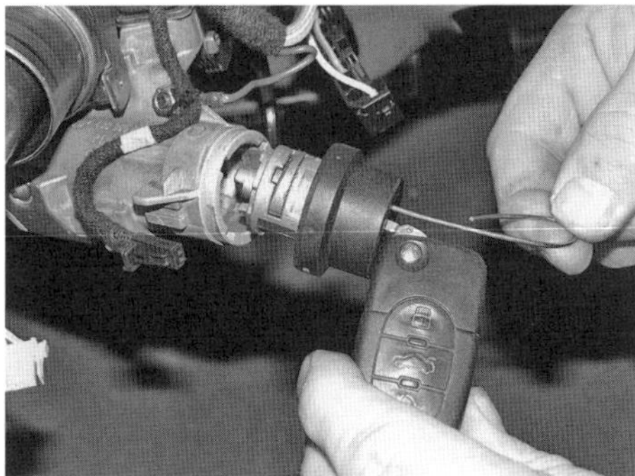
20.15b ... um den Schließzylinder aus dem Gehäuse ziehen

Einbau

16 Installieren Sie den Schließzylinder mit dem in der Zündung-Position stehendem Zündschlüssel in das Gehäuse und ziehen Sie den Draht heraus.
17 Verbinden Sie den Stecker des Wegfahrsperren-Empfängers.
18 Montieren Sie die oberen Lenksäulen-Verkleidungen.
19 Installieren Sie das Lenkrad und den Airbag (siehe Sektion 18).
20 Verbinden Sie den Masseanschluss (–) mit dem Minuspol der Batterie.

Zündschloss/Schließzylinder-Gehäuse

21 Das Zündschloss/Schließzylinder-Gehäuse ist in den Schalter-Träger integriert, der mit Abreißkopf-Schrauben an der Lenksäule gesichert ist (siehe Abbildung).

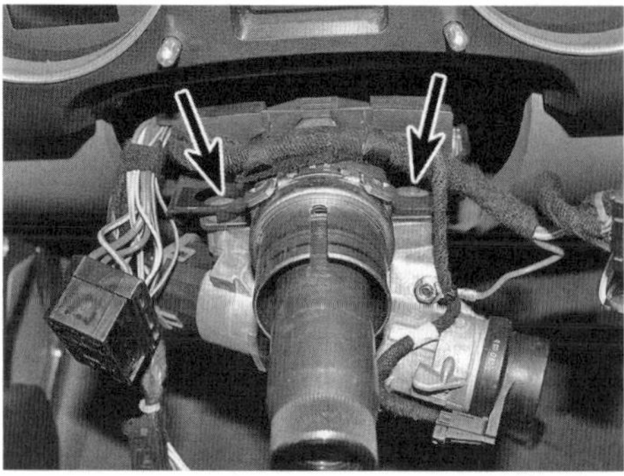

20.21 Abreißkopf-Schrauben des Schalter-Trägers

22 Bevor das Gehäuse demontiert werden kann, muss die Lenksäule ausgebaut werden (siehe Sektion 19).
23 Bohren Sie die alten Schraubenköpfe aus, um den Träger zu entnehmen, und drehen Sie den Rest der Schrauben heraus.
24 Setzen Sie das Zündschloss/Schließzylinder-Gehäuse an der Lenksäule an und ziehen Sie die neue Schrauben an, bis ihre Köpfe abreißen.
25 Der Rest des Einbaus entspricht der umgekehrten Ausbaureihenfolge.

21 Lenkgetriebe – Ausbau, Kontrolle und Einbau

Anmerkung: *Beim Einbau werden neue Hilfsrahmen-Schrauben, Kugelkopf-Muttern, Lenkgetriebe-Schrauben und eine neue Klemmschraube für das Lenkwellen-Kreuzgelenk benötigt.*

Ausbau

1 Ziehen Sie die Handbremse, heben Sie das Fahrzeug vorn an, und stützen Sie es sicher ab (siehe Seite 366) – der vordere Hilfsrahmen muss dabei frei bleiben. Stellen Sie die Lenkung geradeaus und demontieren Sie beide Vorderräder. Entfernen Sie den Motor-Unterschutz.
2 Lösen Sie die Befestigungen der Fußstütze und befreien Sie diese vom unteren Ende der Lenksäule (Abb. 19.8).
Lockern Sie am Eingang zum Lenkgetriebe die Klemmschraube des Kreuzgelenks (Abb. 19.11) und befreien Sie dies (die Teleskop-Lenkwelle erlaubt einfaches Abziehen) – die Klemmschraube muss beim Einbau erneuert werden. Beachten Sie den Ausschnitt für die Klemmschraube an der Lenkgetriebe-Welle und die teilweise fehlende Kerbverzahnung, die das Aufschieben des Kreuzgelenks in nur einer Position erlauben.
3 Klemmen Sie den vom Lenkgetriebe zum Servolenkungs-Ausgleichsbehälter führenden Schlauch und den Servolenkungspumpen-Einlassschlauch ab.
4 Lösen Sie an beiden Seiten des Fahrzeugs die Muttern der Spurstangenköpfe und trennen Sie diese mit einem Kugelkopfabzieher von den Hebeln der Achsgelenkträger (siehe Sektion 25).
5 Lösen Sie die zwei Schrauben, die den hinteren Motor/Getriebehalter unter dem Getriebe sichern (siehe Abbildung) – beim Einbau werden neue Schrauben benötigt. Belassen Sie die Halterung am Hilfsrahmen.

21.5 Getriebehalter-Befestigungsschrauben am Getriebe

6 Lösen Sie am Hilfsrahmen die Mutter des Servolenkungsrohr-Halters (siehe Abbildung).

21.6 Mutter des Servolenkungsrohr-Halters am Hilfsrahmen

7 Lösen Sie beim Modell mit automatischer Leuchtweitenverstellung am linken Querlenker muss die Mutter des Fahrzeug-Niveausensor-Hebels (siehe Abbildung). Bei manchen Modellen findet am Halter des Querlenkers ein Langloch (zur Einstellung des Sensors) – markieren Sie hier zuvor die Position der Mutter.

21.7 Mutter des Fahrzeug-Niveausensor-Hebels

8 Stützen Sie mit einem Rangierwagenheber den vorderen Hilfsrahmen ab und lösen Sie die vier Schrauben, die ihn am Unterboden sichern; lösen Sie außerdem die vier Schrauben, die das Lenkgetriebe am Hilfsrahmen sichern (siehe Abbildung).

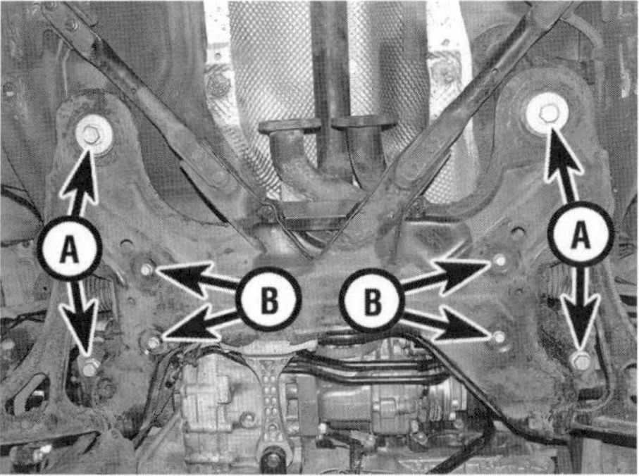

21.8 Hilfsrahmen-Schrauben (A), Lenkgetriebe-Schrauben (B)

9 Senken Sie den Hilfsrahmen etwas ab, um Zugang zu den Hydraulikanschlüssen des Lenkgetriebes zu erhalten; führen Sie gleichzeitig den Lenkwellen-Zapfen aus dem Gummistopfen des Unterbodens heraus.
10 Stellen Sie einen Sammelbehälter unter das Lenkgetriebe, um Ölspritzer aufzufangen. Lösen Sie die Anschlussmuttern, trennen Sie die Leitungen und stellen Sie die Kupferscheiben sicher (siehe Abbildung) Verstopfen Sie die Öffnungen der Leitungen und des Lenkgetriebes, damit kein Schmutz eindringt. Die Leitungen können mit Frischhaltefolie umwickelt werden.

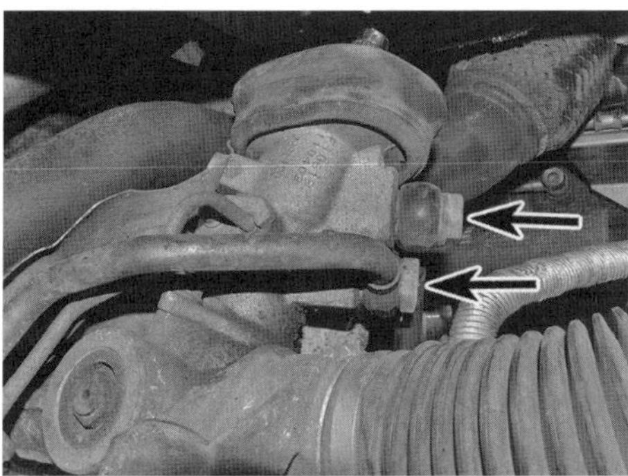
21.10 Servolenkungshydraulik-Anschlussschrauben

11 Sobald die Befestigungsschrauben entfernt sind, kann das Lenkgetriebe vorsichtig oben aus dem Hilfsrahmen gehebelt werden – beachten Sie die Passhülse (siehe Abbildung). Befreien Sie das Lenkgetriebe nach hinten aus dem Hilfsrahmen.

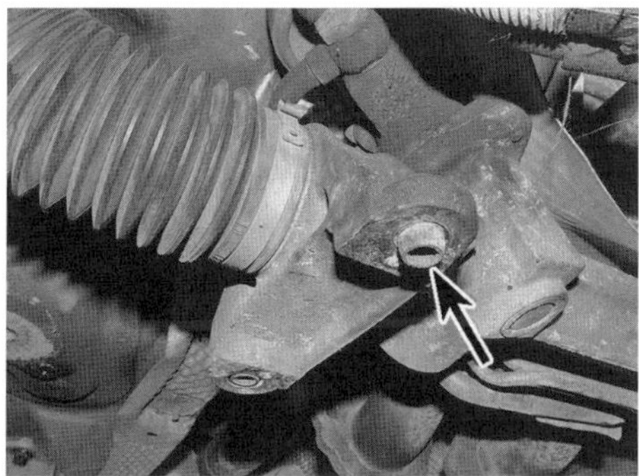
21.11 Passhülse der Lenkgetriebe-Aufnahme

12 Die Lenkgetriebe-Aufnahme der Fahrerseite besteht aus einem Klemmstück samt Gummi (siehe Abbildung) – kontrollieren Sie dies auf Verschleiß und Beschädigungen und ersetzen Sie es nötigenfalls. Alle Lenkgetriebe-Befestigungsschrauben müssen beim Einbau durch Neuteile ersetzt werden.

21.12 Gummi des Lenkgetriebe-Klemmstücks.

Kontrolle

13 Begutachten Sie die Baugruppe auf sichtbare Schäden oder Verschleiß. Prüfen Sie, ob sich die Zahnstange auf dem gesamten Arbeitsweg sanft bewegen lässt und weder klemmt noch Spiel aufweist. Eine Überholung des Lenkgetriebes ist nicht möglich, sodass es bei einem Defekt ausgetauscht werden muss. Lediglich die Lenkgetriebe-Manschetten, die Spurstangen und ihre Köpfe können ersetzt werden – beachten Sie dazu die Sektionen 22 und 25.

Einbau

14 Richten Sie das Lenkgetriebe am Hilfsrahmen aus – achten Sie auf den korrekten Sitz der Passhülse – und installieren Sie die neuen Schrauben. Ziehen Sie alle Schrauben zunächst mit 20 Nm an und dann um 90° weiter.
15 Verbinden Sie die Rücklaufleitung mit dem Hilfsrahmen und dem Lenkgetriebe und ziehen Sie die Schrauben/Muttern sorgfältig an. Der Abstand zwischen den Hydraulikleitungen muss etwa 1 cm betragen.
16 Schließen Sie die Zulauf- und die Rücklaufleitung mit neuen Kupferscheiben an beiden Seiten am Lenkgetriebe an. Ziehen Sie die Anschlussschrauben mit 40 Nm (M14-Schraube) bzw. 45 Nm (M16-Schraube) an.
17 Heben Sie den Hilfsrahmen an und führen Sie dabei den Lenkwellen-Zapfen durch den Gummistopfen des Unterbodens. Installieren Sie die neuen Hilfsrahmen-Schrauben und ziehen Sie sie zunächst mit 100 Nm und dann um 90° weiter.
18 Richten Sie die hintere Motor/Getriebehalterung zum Getriebe aus, installieren Sie die neuen Schrauben und ziehen Sie sie zunächst mit 40 Nm an und dann um 90° weiter.
19 Montieren Sie die Spurstangenköpfe an die Spurstangen, drehen Sie die neuen Muttern auf und ziehen Sie sie mit 45 Nm an.
20 Entfernen Sie die Klemmen von den Zulauf- und Rücklaufschläuchen.
21 Setzen Sie das untere Kreuzgelenk so am Lenkgetriebe an, dass der Ausschnitt an dessen Welle zur Schraubenbohrung ausgerichtet ist. Installieren Sie die neue Klemmschraube und ziehen Sie sie mit 30 Nm an.
22 Prüfen Sie, ob der Gummistopfen korrekt im Unterboden steckt, und montieren Sie die Fußstütze (Abb. 19.8).
23 Montieren Sie den Unterschutz und die Räder, senken Sie das Fahrzeug ab und ziehen Sie die Radbolzen mit 120 Nm an.
24 Lassen Sie die Ausrichtung der Vorderräder vermessen und nötigenfalls einstellen (siehe Sektion 26).

22 Spurstangenmanschetten und Spurstangen – Ersetzen

Manschetten

1 Demontieren Sie die Spurstangenköpfe (siehe Sektion 25).
2 Markieren Sie die Position der Manschette auf der Spurstange und lösen Sie die Schellen. Ziehen Sie die Manschette vom Schaltgetriebe-Gehäuse und der Spurstange (siehe Abbildung).

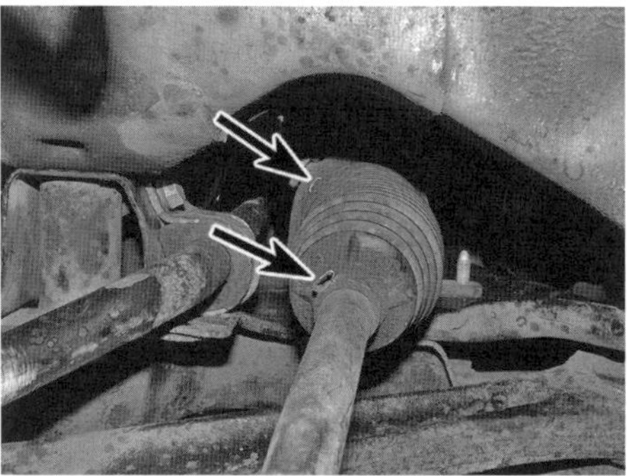

22.2 Schellen der Spurstangenmanschette

3 Reinigen Sie sorgfältig die Spurstange und das Lenkgetriebegehäuse und entfernen Sie mit Schleifpapier Korrosion, Riefen und scharfe Kanten, die beim Einbau neuer Manschetten deren Dichtlippen beschädigen könnten. Fetten Sie die Oberfläche der Stange ein – drehen Sie hierfür nötigenfalls das Lenkrad bis zum Anschlag, um die Stange vollständig aus dem Getriebe zu befreien; positionieren Sie es anschließend wieder in der Geradeaus-Position.
4 Schieben Sie die neue Manschette vorsichtig über die Spurstange aufs Lenkgetriebegehäuse. Richten Sie den äußeren Rand der Manschette zur beim Ausbau angebrachten Markierung aus und achten Sie darauf, sie nicht zu verdrehen. Heben Sie die äußere Dichtlippe kurz an, um den Luftdruck auszugleichen.
5 Sichern Sie die Manschette mit den neuen Schellen.
6 Montieren Sie die Spurstangenköpfe (siehe Sektion 25).

Spurstangen

7 Entfernen Sie die entsprechende Manschette (siehe oben). Falls bei eingebautem Lenkgetriebe nicht genügend Platz besteht, muss es ausgebaut (siehe Sektion 21) und in einen Schraubstock geklemmt werden.
8 Halten Sie die Zahnstange mit einem an den Abflachungen angesetzten Schlüssel und lockern Sie die Kugelkopfmutter. Drehen Sie die Mutter ab und befreien Sie die Spurstange von der Zahnstange.
9 Positionieren Sie die neue Spurstange an der Zahnstange und drehen Sie die Mutter auf. Halten Sie die Zahnstange mit einem an den Abflachungen angesetzten Schlüssel und ziehen Sie die Mutter mit 75 Nm an – weil der Zugang mit einem Steckschlüssel nicht möglich ist, muss für den korrekten Anzug ein Krähenfuß-Adapter beschafft werden.
10 Montieren Sie ggf. das Lenkgetriebe (siehe Sektion 21). Installieren Sie die Spurstangenmanschette (siehe oben).
11 Lassen Sie die Ausrichtung der Vorderräder vermessen und nötigenfalls einstellen (siehe Sektion 26).

23 Servolenkungs-Hydrauliksystem – Entlüften

1 Drehen Sie bei abgeschaltetem Motor mit einem Schraubendreher den Deckel des Servolenkungsöl-Behälters (rechts im Motorraum) ab. Wischen Sie den Peilstab sauber, drehen Sie den Deckel wieder vollständig ein und wieder heraus, um den Pegel zu kontrollieren (siehe Abbildungen). Füllen Sie den Behälter nötigenfalls mit VW/Audi-Hydrauliköl G 002 000 bis zur MAX-Markierung auf.

23.1a Lösen Sie den Deckel des Servolenkungsöl-Behälters, ...

23.1b ... um mit dessen Peilstab den Ölpegel zu kontrollieren.

2 Drehen Sie das Lenkrad mehrmals langsam von Anschlag zu Anschlag, um mögliche Luftblasen aufsteigen zu lassen, und füllen Sie ggf. erneut Öl nach.
3 Lassen Sie einen Assistenten den Motor starten und beobachten Sie dabei den Ölpegel – dieser kann rasch sinken, sodass rasch Öl nachgefüllt werden muss. Der Pegel muss stets über der MIN-Markierung stehen.
4 Drehen Sie das Lenkrad bei laufendem Motor zehnmal langsam von Anschlag zu Anschlag, aber halten Sie es dort nicht lange, da hier hoher Druck auf die Hydraulik ausgeübt wird. Wiederholen Sie dies, bis im Behälter keine Luftblasen mehr aufsteigen.
5 Falls beim Drehen des Lenkrads aus den Hydraulikleitungen ungewöhnliche Geräusche zu hören sind, befindet sich noch Luft im System. Prüfen Sie dies, indem Sie die Räder in die Geradeaus-Position stellen und den Motor abschalten. Falls der Pegel im Behälter ansteigt, befindet sich noch Luft im System und es muss weiter entlüftet werden.
6 Sobald sämtliche Luft aus der Servolenkungs-Hydraulik entfernt ist, wird der Motor abgeschaltet und dem System

Zeit zum Abkühlen gegeben. Kontrollieren Sie anschließend den Ölpegel und füllen Sie ihn ggf. bis zur MAX-Markierung auf. Drehen Sie zum Schluss den Deckel sorgfältig auf.

24 Servolenkungspumpe – Ausbau und Einbau

Anmerkung: *Beim Einbau werden neue Kupfer-Dichtscheiben für die Hydraulikanschlüsse benötigt.*

Ausbau

1 Ziehen Sie die Handbremse, heben Sie das Fahrzeug vorn an, und stützen Sie es sicher ab (siehe Seite 366). Demontieren Sie das rechte Vorderrad und die rechte Motor-Unterverkleidung (siehe Abbildung).

24.1 Entfernen Sie die rechte Motor-Unterverkleidung.

2 Lockern Sie die Schrauben der Servolenkungspumpen-Riemenscheibe (siehe Abbildung) – drehen Sie sie noch nicht heraus.

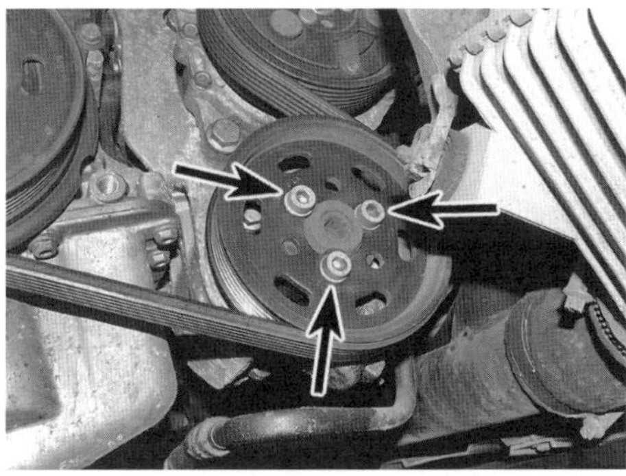

24.2 Schrauben der Servolenkungspumpen-Riemenscheibe

3 Markieren Sie am Keilrippenriemen dessen Drehrichtung und entnehmen Sie ihn (siehe Kapitel 1, Sektion 25).
4 Die Schrauben der Servolenkungspumpen-Riemenscheibe können jetzt entfernt und die Riemenscheibe vom Flansch der Pumpe abgezogen werden (siehe Abbildung).

24.4 Entfernen Sie die Servolenkungspumpen-Riemenscheibe vom Pumpenflansch.

5 Entfernen Sie bei Modellen mit Sekundärluftsystem dessen hinten an der Servolenkungspumpe sitzende Luftpumpe (siehe Abbildung) (siehe Kapitel 4B, Sektion 5).

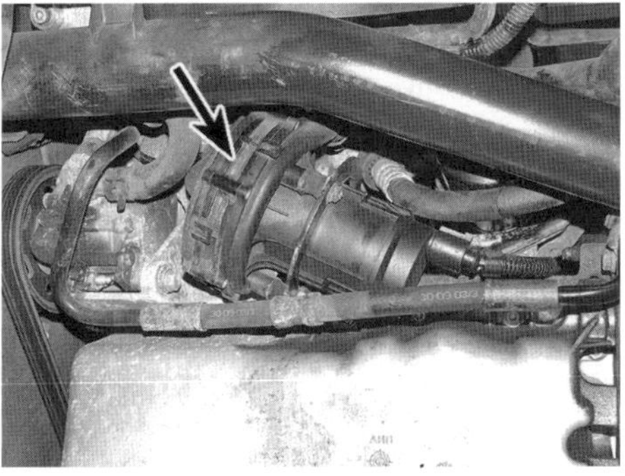

24.5 Sekundärluftsystem-Luftpumpe

6 Trennen Sie den Stecker des am Hochdruckrohr-Anschluss sitzenden Drucksensors (siehe Abbildung).

24.6 Stecker des Servohydraulik-Drucksensors

7 Klemmen Sie die zur Rückseite der Servolenkungspumpe führenden Schläuche ab (siehe Abbildung); bei der aus Metallrohren und Gummischläuchen bestehenden Hochdruckleitung muss die Klemme natürlich an einer Schlauch-Sektion angesetzt werden.

24.7 Klemmen Sie die zur Rückseite der Servolenkungspumpe führenden Schläuche ab.

8 Bevor Leitungen getrennt werden, muss ein Sammelbehälter unter die Pumpe gestellt werden, um austretende Hydraulikflüssigkeit aufzunehmen.
9 Lösen Sie bei getrenntem Stecker den Drucksensor aus der Anschlussschraube (siehe Abbildung). Lösen Sie die Anschlussschraube und drehen Sie den Druckschlauch von der Pumpe – stellen Sie dabei die Kupferscheiben sicher (beim Anschließen werden Neuteile benötigt). Verstopfen Sie die Öffnungen der Leitung und der Pumpe, damit kein Schmutz eindringt. Die Leitung kann mit Frischhaltefolie umwickelt werden.

24.9 Lösen Sie zuerst den Drucksensor und dann die Anschlussschraube.

10 Lockern oder öffnen Sie die Schelle und trennen Sie den Zulaufschlauch – der Schlauch und sein Stutzen sind mit Markierungen ausgerüstet, die zueinander ausgerichtet sein müssen (siehe Abbildung).

24.10 Ausrichtmarkierungen am Stutzen und Zulaufschlauch

11 Lösen Sie rechts die drei Befestigungsschrauben der Pumpe und links die einzelne Schraube (siehe Abbildungen) und befreien Sie die Pumpe aus der Aufnahme am Motor.

24.11a Lösen Sie die drei Schrauben um den Riemenscheiben-Flansch ...

24.11b ... und die einzelne Schraube an der Rückseite der Pumpe.

Einbau

12 Befüllen Sie die Pumpe (vor allem eine neue Pumpe) vor dem Einbau wie folgt mit Hydrauliköl: Platzieren Sie die Pumpe mit dem Zulaufschlauch-Stutzen nach oben zeigend in einem Behälter. Füllen Sie Hydrauliköl ein und drehen Sie dabei den Riemenscheiben-Flansch von Hand im Uhrzeigersinn, bis Öl am Druckschlauch-Anschluss austritt.
13 Halten Sie die Pumpe so, dass das Öl nicht ausläuft, positionieren Sie sie im Motorraum und stecken Sie den korrekt ausgerichteten Zulaufschlauch samt Schelle auf.
14 Setzen Sie die Pumpe an ihre Aufnahme, drehen Sie die Schrauben ein und ziehen Sie sie mit 25 Nm an.
15 Verbinden Sie den Druckleitungs-Anschluss mit neuen Kupferscheiben und ziehen Sie die Anschlussschraube mit 30 Nm an. Montieren Sie den Druckschalter und verbinden Sie seinen Stecker.
16 Entfernen Sie die Schlauchklemmen.
17 Setzen Sie die Riemenscheibe an, drehen Sie die Schrauben ein und ziehen Sie sie sorgfältig an – kontern Sie dabei den Pumpenflansch mit einem Inbusschlüssel.
18 Legen Sie den Keilrippenriemen auf (siehe Kapitel 1, Sektion 25).
19 Montieren Sie die Motor-Unterverkleidung und das rechte Vorderrad. Senken Sie das Fahrzeug ab und ziehen Sie die Radbolzen mit 120 Nm an.
20 Entlüften Sie die Servolenkungs-Hydraulik (siehe Sektion 23).

25 Spurstangenkopf – Ausbau und Einbau

Anmerkung: *Beim Einbau müssen die Spurstangenköpfe mit neuen Muttern an den Achsgelenken gesichert werden.*

Ausbau

1 Ziehen Sie die Handbremse an, heben Sie das Fahrzeug vorn an, und stützen Sie es sicher ab (siehe Seite REF 5). Demontieren Sie das entsprechende Vorderrad.
2 Falls der Kugelkopf wiederverwendet werden soll, muss seine Ausrichtung zur Spurstange markiert werden.
3 Halten Sie die Spurstange und lockern Sie die Kontermutter des Kugelkopfs um eine Viertelumdrehung (siehe Abbildung) – belassen Sie die Mutter in dieser Position, um beim Einbau eine Ausricht-Markierung zu haben.

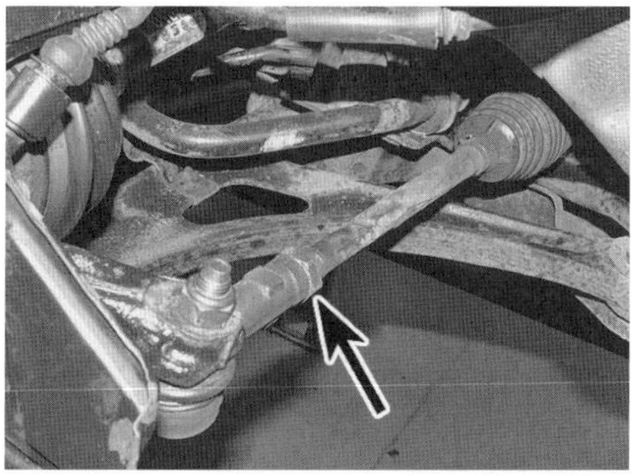

25.3 Kontermutter des Spurstangen-Kugelkopfs

4 Lösen Sie die Mutter, die den Spurstangenkopf am Hebel des Achsgelenks sichert, und befreien Sie ihn mit einem Kugelkopfabzieher. Der Kugelkopf-Zapfen ist mit einem Innensechskant ausgerüstet, um ihn beim Lösen der Mutter mit einem Inbusschlüssel zu kontern (siehe Abbildung).

25.4a Kontern Sie den Kugelkopf-Zapfen mit einem Inbusschlüssel.

25.4b Verwenden Sie einen Kugelkopfabzieher, …

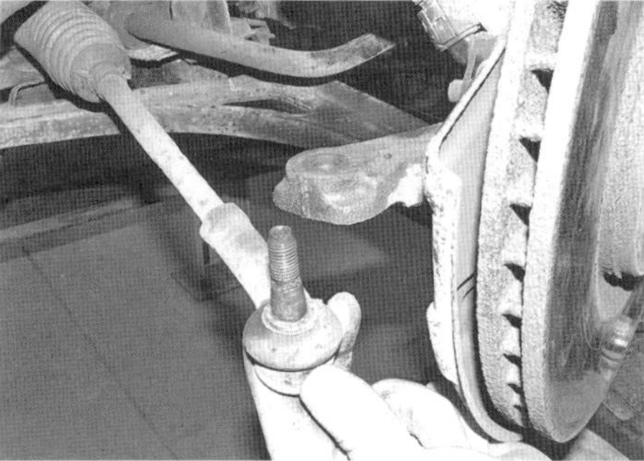

25.4c … um den Spurstangenkopf abzuziehen.

5 Drehen Sie den Spurstangenkopf von der Stange – zählen Sie dabei genau die Umdrehungen mit, um ihn später wieder korrekt positionieren zu können (siehe Abbildung).

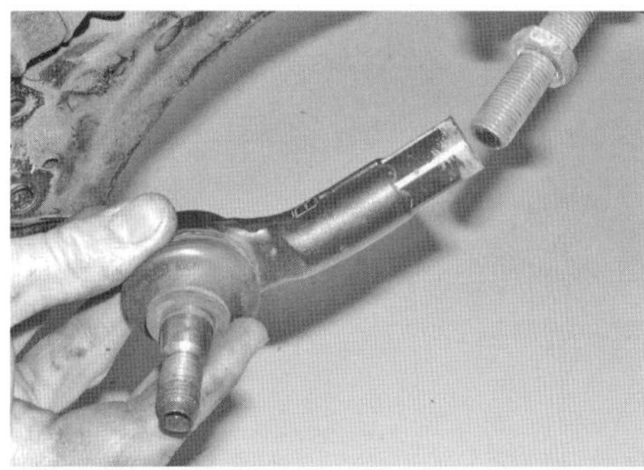

25.5 Drehen Sie den Spurstangenkopf von der Stange.

6 Reinigen Sie sorgfältig den Spurstangenkopf und das Gewinde der Spurstange. Ersetzen Sie den Spurstangenkopf, falls er locker oder schwergängig ist. Auch falls seine Gummikappe spröde, gerissen oder anderweitig beschädigt ist, muss der Spurstangenkopf ersetzt werden.

Einbau

7 Drehen Sie den Spurstangenkopf mit der Anzahl der beim Ausbau notierten Umdrehungen auf die Spurstange – hierbei sollte die Kontermutter etwa eine Viertelumdrehung entfernt sitzen. Ziehen Sie die Mutter gegen den Spurstangenkopf.
8 Führen Sie den Kugelkopf-Zapfen in den Hebel des Achsgelenks ein, drehen Sie eine neue Mutter auf und ziehen Sie sie mit 45 Nm an. Falls der Zapfen sich dabei mitdreht, muss er mit einem Inbusschlüssel gekontert werden (Abb. 25.4a).
9 Montieren Sie das Rad, senken Sie das Fahrzeug ab und ziehen Sie die Radbolzen mit 120 Nm an.
10 Lassen Sie bei nächster Gelegenheit die Ausrichtung der Vorderräder überprüfen und nötigenfalls justieren (siehe Sektion 26).

26 Ausrichtung der Räder und Lenkwinkel – Allgemeine Informationen

Definitionen

1 Die Lenk- und Fahrwerksgeometrie eines Automobils wird durch vier Grundeinstellungen definiert (siehe Abbildung). Alle Winkel werden in Grad ausgedrückt, nur die Spur-Einstellungen werden auch als Längenmaß angegeben. Die Lenkachse ist definiert als imaginäre Linie, die durch die Achse des Federbeins gezogen ist und an einem vorgegebenen Punkt den Boden berührt.

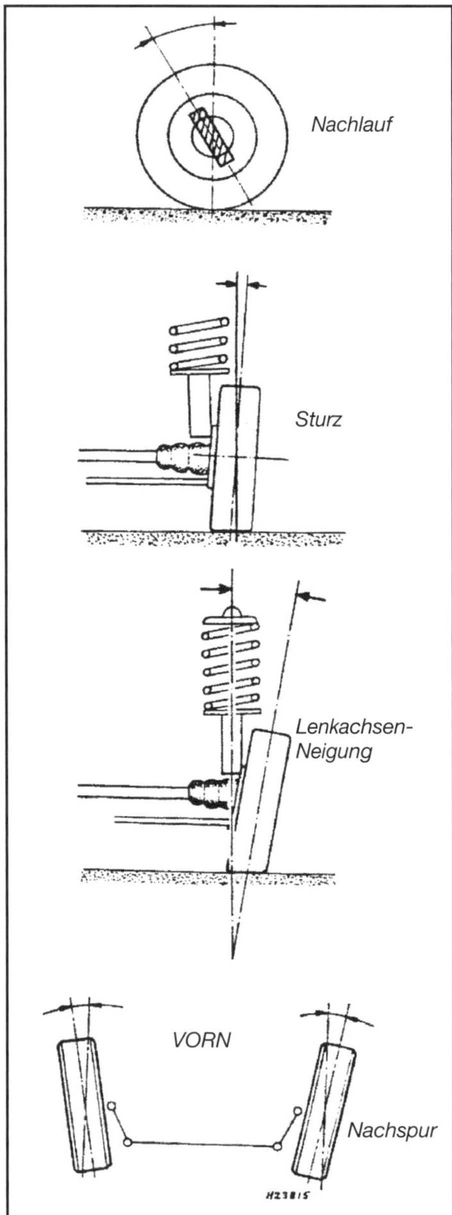

26.1 Details zur Lenk- und Fahrwerksgeometrie

2 Sturz bezeichnet den von vorn oder hinten betrachteten Winkel zwischen dem Rad und einer senkrechten Linie, die durch seine Mitte und der Reifenaufstandsfläche gezogen wird. Bei positivem Sturz sind die Räder oben nach außen gekippt; bei negativem Sturz sind sie nach innen gekippt.
3 Sturz-Einstellungen können durch Positionsveränderungen des vorderen Hilfsrahmens vorgenommen werden – lockern Sie dazu seine Schrauben und verschieben Sie ihn. Dies ändert jedoch auch den Nachlauf. Der Sturz-Winkel kann mit speziellen Messgeräten ermittelt werden.
4 Nachlauf beschreibt den von der Seite betrachteten Winkel zwischen der Lenkachse und einer senkrechten Linie, die durch seine Mitte und der Reifenaufstandsfläche gezogen wird. Üblicherweise trifft eine Linie durch die Lenkachse vor der senkrechten Linie auf den Untergrund, sodass ein positiver Nachlaufwinkel entsteht. Der Nachlaufwinkel ist durch Verschieben des Hilfsrahmens einstellbar und verändert auch den Sturz.
5 Eine Einstellung des Nachlaufs ist schwierig, da er nur als Referenzwert angegeben wird. Falls eine Messung eine deutliche Abweichung von diesen Vorgaben ergibt, muss das Fahrzeug von einer Fachwerkstatt penibel auf Verschleiß oder Beschädigungen an den Radaufhängungen kontrolliert werden.
6 Spur bezeichnet den Verlauf der von oben betrachteten imaginären Linien durch die Räder im Verhältnis zur Mittellinie des Fahrzeugs. Bei Vorspur laufen die Räder nach innen, bei Nachspur laufen sie nach außen.
7 Die Spur der Vorderräder ist einstellbar, indem die Spurstangen aus ihren Köpfen heraus- oder hineingedreht werden, um ihre effektive Länge zu verändern.
8 An den Hinterrädern ist die Spur nicht einstellbar, aber als Referenzwert vorhanden. Falls eine Messung eine deutliche Abweichung von diesen Vorgaben ergibt, muss das Fahrzeug von einer Fachwerkstatt penibel auf Verschleiß oder Beschädigungen an den Radaufhängungen kontrolliert werden.

Kontrolle und Einstellung

Spur der Vorderräder

9 Aufgrund spezieller Messausrüstungen und Erfahrung, die für eine akkurate Kontrolle der Rad-Einstellung benötigt wird, sollte die Kontrolle und Einstellung besser einer Fachwerkstatt überlassen werden. Heute bieten auch viele Reifenhändler einen solchen Service an.
10 Die Spureinstellung an den Vorderrädern wird durch das Ermitteln des Abstands zwischen den vorderen und hinteren Rändern der Felgen ermittelt – entsprechende Messgeräte sind im Fachhandel erhältlich. Einstellungen erfolgen durch Verdrehen der Spurstangenköpfe auf den Spurstangen, um die effektive Länge dieser Baugruppen zu verändern.
11 Für eine akkurate Kontrolle muss das Fahrzeug vollgetankt, aber ansonsten unbeladen sein.
12 Prüfen Sie zunächst, ob die Reifen und Reifengrößen den Vorgaben entsprechen, der Reifendruck in Ordnung ist, die Reifen nicht verschlissen sind, die Felgen nicht verzogen sind, die Radlager und das Lenkrad-Spiel in Ordnung sind und alle Fahrwerks-Komponenten der Vorderachse in einem guten Zustand sind (siehe Kapitel 1 und »Wöchentliche Kontrollen«). Beheben Sie sämtlichen Verschleiß und alle Schäden.
13 Parken Sie das Fahrzeug auf einer absolut ebenen Fläche, stellen Sie die Lenkung geradeaus und wackeln Sie vorne und hinten am Auto, damit sich alle Fahrwerkselemente setzen. Lösen Sie die Handbremse und rollen Sie das Fahrzeug einen Meter nach hinten und wieder nach vorne, um sämtliche Spannungen aus der Lenkung und den Fahrwerkskomponenten zu befreien.
14 Falls eine Einstellung nötig ist, wird die Handbremse angezogen und das Fahrzeug vorne angehoben und sicher abgestützt (siehe Seite 366). Drehen Sie das Lenkrad bis zum Anschlag nach links und notieren Sie die Anzahl der sichtbaren Gewindegänge an der rechten Spurstange. Drehen Sie jetzt das Lenkrad bis zum Anschlag nach rechts und notieren

Sie die Anzahl der sichtbaren Gewindegänge an der linken Spurstange. Falls an beiden Seiten die gleiche Anzahl sichtbar ist, müssen die folgenden Einstellungen an beiden Seiten durchgeführt werden. Sind an einer Seite mehr Gewindegänge zu sehen als an der anderen, muss dieser Unterschied bei den folgenden Einstellungen angeglichen werden.

Anmerkung: *Es ist sehr wichtig, dass nach der Einstellung an beiden Spurstangen die gleiche Anzahl an Gewindegängen sichtbar ist.*

15 Reinigen Sie zuerst die Spurstangen-Gewinde; falls sie korrodiert sind, müssen sie vor der Einstellung mit Kriechöl behandelt werden. Lösen Sie die äußeren Schellen der Lenkmanschetten und ziehen Sie diese zurück, um sie innen zu fetten; so sind die Manschetten frei und klemmen oder verdrehen nicht, während die entsprechenden Spurstangen gedreht werden.

16 Markieren Sie dann mithilfe eines Lineals und einer Reißnadel die Ausrichtung der jeweiligen Spurstange zu ihrem Spurstangenkopf. Halten Sie die Spurstangen und lösen Sie ihre Kontermuttern.

17 Ändern Sie die Länge der Spurstangen (beachten Sie die Hinweise in Schritt 14); drehen Sie die Spurstange mithilfe entsprechender Werkzeuge aus dem Kopf heraus oder hinein. Durch Verkürzen der Spurstange – Drehen in den Spurstangenkopf – wird der Vorspur-Wert vergrößert.

18 Wenn die Einstellung korrekt ist, werden die Spurstangen gehalten und die Kontermuttern angezogen. Zählen Sie die sichtbaren Gewindegänge, um die Länge beider Spurstangen zu kontrollieren. Falls sie nicht gleich lang sind, war die Einstellung nicht gleichmäßig und es werden unter anderem Probleme mit in Kurven rubbelnden Reifen und einem nicht korrekt ausgerichteten Lenkrad auftreten.

19 Wenn die Spurstangen die gleiche Länge haben, wird das Fahrzeug abgesenkt und erneut die Spur kontrolliert; stellen Sie nötigenfalls erneut nach. Wenn die Einstellungen korrekt sind, werden die Spurstangenkopf-Kontermuttern mit 45 Nm angezogen. Die Lenkmanschetten müssen korrekt sitzen und dürfen nicht verdreht sein – sichern Sie sie mit den Schellen (siehe Sektion 22).

Spur der Hinterräder

20 Die Spur-Kontrolle der Hinterräder erfolgt auf die gleiche Weise wie an den Vorderrädern in Schritt 10. Eine Einstellung ist jedoch nicht möglich (siehe Schritt 8).

Sturz- und Nachlauf-Winkel der Vorderräder

21 Die Kontrolle und Einstellung dieser Werte sollte einer Fachwerkstatt überlassen werden.

Kapitel 11

Karosserie und Innenausstattung

Inhalt — Sektion

Schwierigkeitsgrade

Leicht. Geeignet für Anfänger mit wenig Erfahrung. 	**Relativ leicht.** Geeignet faür Anfänger mit etwas Erfahrung. 	**Relativ schwierig.** Geeignet für geübte Selbstschrauber. 	**Schwer.** Geeignet für Selbstschrauber mit viel Erfahrung. 	**Sehr schwer.** Geeignet für Experten und Profis. 

Technische Daten

Anzugsdrehmomente	**Nm**
Dreieckfenster-Klemmschrauben	8
Fensterheber-Hilfsrahmen – obere und mittlere Muttern	30
Fensterheber-Hilfsrahmen – untere Schrauben	25
Heckklappenzapfen-Schrauben	12
Heckklappenscharnier-Schrauben	21
Motorhaubenscharnier-Schrauben	21
Motorhaubenschloss-Schrauben	10
Sicherheitsgurt-Verankerung	40
Türfenster-Klemmschrauben	7
Türscharnier-Schrauben	30
Tür-Schließbügel-Schrauben	20
Vordersitz-Befestigungsschrauben	23

1 Allgemeine Informationen

1 Die Karosserie besteht samt Unterboden aus gepressten Stahlblechsektionen unterschiedlicher Stärken, die per Laser miteinander verschweißt sind. So entsteht eine steifere Struktur mit stabilen Aufnahmepunkten und gutem Aufprallschutz. Die vorderen Kotflügel sind angeschraubt, um bei Blechschäden leicht ausgetauscht werden zu können.
2 Viele gefährdeten Blechteile sind verzinkt und vor dem Lackieren mit Steinschlagschutz behandelt worden.
3 Viele Kunststoff-Komponenten finden sich im Innenraum, aber auch außen an der Karosserie. Die Frontschürzen bestehen aus einem sehr stabilen, aber dennoch leichten synthetischen Spritzgussmaterial. Plastik-Komponenten wie die Innenkotflügel sind an der Unterseite des Fahrzeugs angebracht, um den Korrosionsschutz zu verbessern.

2 Karosserie und Fahrgestell – Wartung und Pflege

1 Der Allgemeinzustand der Karosserie eines Fahrzeugs ist der entscheidende Punkt bei der Bestimmung seines Werts. Wartung ist einfach, muss aber regelmäßig durchgeführt werden. Vernachlässigungen können besonders nach kleinen Beschädigungen rasch zu weiterem Verfall und entsprechend hohen Reparaturkosten führen. Wichtig ist, auch auf Fahrzeugteile zu achten, die nicht auf den ersten Blick erkennbar sind – also die Unterseite, die Radkästen und den unteren Bereich des Motorraums.
2 Die grundlegende Wartungstätigkeit im Bereich der Karosserie ist eine perfekte Wäsche mit reichlich Wasser aus dem Schlauch. Hierdurch werden alle lockeren Festkörper entfernt, die am Fahrzeug haften geblieben sind; durch Abwaschen besteht wenig Risiko, dass dabei der Lack zerkratzt wird. Die Radkästen und der Unterboden müssen auf die gleiche Weise gewaschen werden, damit Schlamm und Dreck entfernt werden, die sonst Feuchtigkeit speichern und so die Rostbildung beschleunigen. Paradoxerweise ist schlechtes Wetter die beste Zeit zum Reinigen des Unterbodens und der Radkästen, da der Matsch und Schlamm gut durchfeuchtet und weich sind. Bei Regenfahrten reinigt sich der Unterboden üblicherweise automatisch, sodass anschließend ein guter Zeitpunkt für eine Inspektion ist.
3 Außer bei mit Unterbodenschutz auf Wachsbasis behandelten Modellen ist es eine gute Idee, regelmäßig das gesamte Fahrgestell und den Motorraum mit einem Dampfstrahler zu reinigen, damit bei einer Inspektion auch kleine Schäden entdeckt werden, die repariert oder restauriert werden müssen. Viele Tankstellen halten Dampf- oder Hochdruckreiniger bereit, um damit auch verölte Ablagerungen entfernen zu können, die in manchen Bereichen sehr dick werden können. Falls kein Dampfreiniger zur Hand ist, können hervorragende Lösungsmittel und Entfetter mit Bürsten und Pinseln eingesetzt werden; anschließend kann der Schmutz mit dem Wasserschlauch beseitigt werden. Falls der Unterboden mit Wachs geschützt ist, darf diese Methode nicht angewendet werden, da die Schutzschicht dabei ebenfalls entfernt wird; solche Fahrzeuge sollten einmal jährlich – möglichst vor dem Winter – genau überprüft werden. Dabei wird der Unterboden gewaschen und beschädigter oder fehlender Unterbodenschutz ausgebessert. Im Idealfall wird eine komplette neue Wachsschicht aufgetragen. Auch Hohlraumversiegelungen für Türen, Schweller, Kastenprofile und andere Bereiche sind sehr empfehlenswert, da der Hersteller hier keine zusätzlichen Schutzmaßnahmen gegen Rostschäden eingeleitet hat.
4 Nachdem Lackflächen gewaschen sind, werden sie mit einem Fensterleder abgerieben, um fleckenfreien Glanz zu erzeugen. Eine Schicht Schutzwachspolitur schützt den Lack zusätzlich vor Umweltbelastungen. Falls die Lackschicht stumpf und oxidiert ist, kann eine Kombination aus Reiniger und Politur den alten Glanz wieder herstellen. Diese Arbeit ist zwar mühsam, doch der trübe Lack hat sich nur gebildet, weil das Fahrzeug nicht regelmäßig gewaschen wurde. Vorsicht ist bei Metallic-Lackierungen geboten: Spezielle Reinigungs- und Poliermittel greifen nicht den oberen Klarlack an. Kontrollieren Sie stets, ob die Ablaufbohrungen der Türen und der Belüftungsöffnungen frei sind, damit Wasser abtropfen kann. Verzierungen müssen genauso behandelt werden wie lackierte Flächen. Windschutzscheiben und Fenster müssen von Schmierfilmen freigehalten werden, wie sie oft durch normalen Fensterreiniger hervorgerufen werden. Verwenden Sie auf Glas niemals Wachs, Lack- oder Chrompolitur.

3 Polster und Teppiche – Wartung und Pflege

1 Matten und Teppiche sollten regelmäßig abgebürstet oder gesaugt werden, damit sich kein Sand und Dreck darin ansammeln. Wenn sie stark verschmutzt sind, müssen sie ausgebaut und ausgeklopft oder abgewaschen werden; vor dem Einbau müssen sie unbedingt trocken sein. Sitze und Verkleidungen können durch Abwischen mit einem feuchten Tuch sauber gehalten werden. Falls sie stärker verschmutzt sind (bei hellen Oberflächen besser sichtbar), müssen etwas Flüssigreinigungsmittel und eine weiche Nagelbürste eingesetzt werden, um den Dreck aus dem Gewebe zu bekommen. Bei der Verwendung von Flüssigreinigern im Innenraum dürfen die behandelten Flächen nicht zu nass werden. Feuchtigkeit zieht durch Nähte ein und kann Flecken, starke Gerüche und sogar Fäulnis verursachen.
2 Falls der Innenraum des Fahrzeugs versehentlich nass wird, sollte er gut getrocknet werden – besonders wenn Teppiche betroffen sind. Belassen Sie hierfür jedoch keine mit Strom oder gar Kraftstoff betriebenen Heizgeräte im Fahrzeug.

4 Karosserie – Kleinere Reparaturen

Kratzer

1 Wenn der Kratzer nur oberflächlich ist und nicht bis zum Blech reicht, ist die Reparatur sehr einfach: Reiben Sie den Bereich um den Kratzer mit Lackreiniger oder sehr feiner Schneidpaste ab, um lockere Lackpartikel aus dem Kratzer zu entfernen und die Umgebung von Wachspolitur zu befreien. Spülen Sie alles mit klarem Wasser ab.
2 Tragen Sie mithilfe eines feinen Pinsels Tupflack auf dem Kratzer auf – dies muss so lange in dünnen Schichten geschehen, bis die Höhe des umgebenden Lacks erreicht ist. Lassen Sie der neuen Farbe mindestens zwei Wochen Zeit zum Aushärten, dann wird sie mit Lackreiniger oder sehr feiner Schneidpaste in die umgebende Lackschicht eingearbeitet. Tragen Sie zum Schluss Wachspolitur auf.
3 Wo ein Kratzer bis aufs Karosserieblech geht und das Blech zu rosten beginnt, muss eine andere Reparaturmethode angewendet werden. Entfernen Sie mit einer spitzen Klinge sämtlichen Rost aus dem Kratzer und tragen Sie Rostschutzfarbe auf. Füllen Sie anschließend den Kratzer mithilfe eines

Gummi- oder Kunststoffspachtels mit Glasfaser-Spachtelmasse. Diese Paste kann nötigenfalls mit Nitroverdünner gemischt werden, um auch in kleine Kratzer einzudringen. Bevor die Spachtelmasse aushärtet, wird ein weiches Baumwolltuch um eine Fingerspitze gewickelt, in den Verdünner getunkt und dann rasch über die Spachtelmasse im Kratzer gewischt, um die Oberfläche leicht auszuhöhlen. Jetzt kann der Kratzer wie oben beschrieben mit Lack betupft werden.

Beulen

4 Beulen im Blech müssen zunächst so weit herausgezogen werden, bis die ursprüngliche Form möglichst wieder erreicht ist. Versuche, die Originalform komplett zu restaurieren, bringen nicht viel, da das Metall im beschädigten Bereich gestreckt oder gestaucht ist und nicht mehr in seine ursprüngliche Kontur zurückgeführt werden kann. Es ist besser, die Oberfläche der Beule bis ca. 3 mm unterhalb der umliegenden Fläche herauszuziehen. Sehr flache Beulen sollten möglichst von der Rückseite (soweit zugänglich) mit einem weichen Hammer herausgeklopft werden; halten Sie dabei von außen ein Stück Holz davor, um die Schläge aufzufangen und Ausbeulungen zu verhindern. (Ein nicht unerheblicher Faktor hierbei ist die Zeit: direkt nach dem Einbeulen lässt sich Stahlblech oft deutlich besser wieder in seine ursprüngliche Form bringen als nach einigen Tagen.)
5 Falls die Beule in einem Karosseriebereich sitzt, wo Doppelbleche vorhanden sind oder andere Gründe vorliegen, warum sie nicht von hinten zugänglich ist, muss eine andere Technik eingesetzt werden: Bohren Sie einige kleine Löcher in die Beulen – möglichst in den tiefsten Stellen. Drehen Sie dann lange selbstschneidende Schrauben so weit ein, dass sie gerade fest genug sitzen. Jetzt wird der Schraubenkopf mit einer Zange gegriffen und die Beule herausgezogen.
6 Als Nächstes wird im beschädigten Bereich und einem Umkreis von 2 bis 3 cm der Lack entfernt – entweder mit einer Drahtbürste oder Schleifpapier, gern mit einer entsprechend ausgerüsteten Maschine. Zur Vollendung der Vorbereitung werden mit einer Feile oder anderen Werkzeugen Riefen ins Blech gekratzt oder kleine Löcher gebohrt, damit die Spachtelmasse wirklich guten Halt bekommt.
7 Weiter geht es mit der Sektion »Füllen und Lackieren«.

Rostlöcher

8 Entfernen Sie mit einer Drahtbürste oder Schleifpapier (oder einer entsprechend ausgerüsteten Maschine) den Lack im beschädigten Bereich und einem Umkreis von 2 bis 3 cm. Jetzt lässt sich auch der Umfang der Korrosion besser erkennen – und entscheiden, ob das gesamte Blech ersetzt (falls möglich) oder der schadhafte Bereich repariert wird. Reparaturbleche sind nicht sehr teuer und ihre Montage ist oft schneller und zufriedenstellender als das Reparieren größerer korrodierter Flächen.
9 Entfernen Sie sämtliche Befestigungen vom betroffenen Bereich (außer solchen, die als Hinweis auf die Originalform gelten (z. B. Scheinwerfergehäuse). Entfernen Sie dann mit einer kleinen Blechschere oder einem Sägeblatt sämtliches lockeres sowie stark korrodiertes Metall. Klopfen Sie mit einem Hammer die Räder der Löcher nach innen, um eine leichte Vertiefung für die Spachtelmasse zu erhalten.
10 Reinigen Sie den betroffenen Bereich mit einer Drahtbürste, um vom verbliebenen Metall sämtlichen Flugrost zu entfernen, und tragen Sie Rostumwandler auf – falls die Rückseite des verrosteten Bereichs zugänglich ist, sollte dies auch hier geschehen.
11 Bevor Spachtelmasse aufgetragen wird, muss das Loch irgendwie verstopft werden – beispielsweise mit einem Aluminium- oder Kunststoffgitter oder Aluminiumband.
12 Alu- oder Plastikgitter oder Glasfasermatten sind wahrscheinlich das beste Material für größere Löcher. Schneiden Sie ein entsprechendes Teil zurecht und positionieren Sie es so im Loch, dass seine Ränder unterhalb der umgebenden Karosserie liegen. Mit einigen Klecksen Spachtelmasse kann es rundherum in Position gehalten werden.
13 Aluminiumband kann bei kleineren oder sehr schmalen Löchern verwendet werden. Ziehen Sie ein Stück von der Rolle, bringen Sie es auf die gewünschte Größe und in Form, ziehen Sie dann ggf. die Schutzfolie ab, und kleben Sie das Band über das Loch – es darf überlappen, falls eine Lage nicht ausreicht. Drücken Sie die Ränder des Bands z. B. mit einem Schraubendrehergriff herunter, um sicherzugehen, dass es fest auf dem Untergrund klebt.

Füllen und Lackieren

14 Sie sind mit den Reparaturen aus den vorherigen Sektionen so weit fertig? Dann geht es hier weiter.
15 Auf dem Markt sind zahlreiche Spachtelmassen erhältlich, doch generell eignen sich für solche Reparaturen noch immer Zweikomponenten-Kits mit Füllspachtel und einer Tube Härter am besten. Um eine glatte und korrekt geformte Oberfläche zu erzeugen, wird ein breiter Spachtel aus Plastik oder Nylon benötigt.
16 Mischen Sie eine kleine Menge Spachtelmasse auf einem sauberen Stück Pappe oder einem Brett an – beachten Sie genau das vorgeschriebene Mischungsverhältnis, damit die Masse nicht zu schnell oder zu langsam aushärtet. Tragen Sie die Masse mit dem Spachtel auf der vorbereiteten Fläche auf; ziehen Sie den Spachtel über die Masse, um die korrekte Kontur und Höhe zu erreichen. Sobald die Form in etwa dem Original entspricht, wird aufgehört, da die Masse bei zu langer Arbeit klebrig wird und am Spachtel haften bleibt. Tragen Sie in zwanzigminütigen Intervallen weitere dünne Schichten Spachtelmasse auf, bis die Höhe knapp über der umgebenden Karosserie liegt.
17 Sobald die Spachtelmasse ausgehärtet ist, kann überschüssiges Material mit einem Metallhobel oder einer Feile entfernt werden. Von da an wird immer feineres Sandpapier verwendet – beginnend mit 40er-Körnung und endend mit 400er-Nassschleifpapier. Legen Sie das Schleifpapier stets um einen Gummi-, Kork- oder Holzblock, da ansonsten die Oberfläche der Spachtelmasse nicht komplett eben wird. Während des Glättens der Oberfläche mit dem Nass-Schleifpapier sollte der Bereich regelmäßig mit Wasser abgespült werden, um sicherzugehen, dass die Fläche ein besonders glattes Finish erhält.
18 Eine Beule sollte jetzt von einem Ring aus blankem Metall umgeben sein, der wiederum von einem feinen »gefiederten« Rand aus gutem Lack umrandet ist. Spülen Sie den Bereich mit klarem Wasser ab, bis sämtlicher Schleifstaub verschwunden ist.
19 Sprühen Sie den gesamten Bereich dünn mit Grundierung ein – dies zeigt alle Mängel in der Oberfläche der Spachtelmasse. Reparieren Sie diese Fehler mit frischer Spachtelmasse und glätten Sie die Oberfläche erneut mit Schleifpapier. Falls Glasfaser-Spachtelmasse verwendet wird, kann diese nötigenfalls mit Nitroverdünner gemischt werden, um auch in kleine Löcher einzudringen. Wiederholen Sie den Grundierungsauftrag und die Reparatur, bis eine perfekte Oberfläche entstanden ist und auch der »gefiederte« Rand gut aussieht. Waschen Sie erneut alles mit klarem Wasser ab und lassen Sie es komplett abtrocknen.
20 Der reparierte Bereich ist jetzt bereit für die Endlackierung. Sprühlacke müssen in einer warmen, trockenen, staubfreien und windsicheren Umgebung aufgetragen werden. Dieser Zustand kann künstlich erzeugt werden, wenn Zugang zu einer ausreichend dimensionierten Halle besteht; »Outdoor«-Lackierungen müssen dagegen sorgfältig mit dem

Wetterbericht abgestimmt werden. In einer Halle hilft das Befeuchten des Bodens gegen aufgewirbelten Staub. Falls sich die Reparatur auf ein Karosserieteil beschränkt, müssen die umliegenden Bereiche abgeklebt werden; dies hilft bei der Minimierung der Wirkung einer leichten Farbdiskrepanz. Auch Anbauteile wie Zierleisten, Türgriffe usw. müssen abgedeckt werden; verwenden Sie hierzu Kreppband und mehrere Schichten Zeitungspapier.
21 Vor dem Lackieren muss die Sprühdose gut geschüttelt werden, dann werden Probestücke – z. B. alte Bleche – besprüht, bis die Technik beherrscht wird. Sprühen Sie den zu reparierenden Bereich zunächst dick mit Grundierung ein; die Stärke der Grundierung muss sich dabei aus mehreren dünnen Schichten zusammensetzen. Glätten Sie die Oberfläche mit 400er-Nassschleifpapier und spülen Sie dabei immer wieder die Fläche mit klarem Wasser ab. Lassen Sie alles trocknen, bevor weitere Farbschichten aufgetragen werden.
22 Sprühen Sie den eigentlichen Lack ebenfalls in dünnen Schichten auf; beginnen Sie dabei stets in der Mitte und schwenken Sie die Sprühdose im konstanten Abstand etwa 5 cm über den Originallack hinaus. Entfernen Sie die Abdeckungen 10 bis 15 Minuten nach dem Auftragen der letzten Farbschicht.
23 Lassen Sie den neuen Lack mindestens zwei Wochen aushärten, dann wird mit Lackreiniger oder sehr feiner Schneidpaste ein weicher Übergang in die umgebende Lackschicht hergestellt. Tragen Sie schließlich Wachspolitur auf.

Kunststoff-Komponenten

24 Mit der Verwendung von immer mehr Karosserieteilen aus Plastik durch die Hersteller (Frontschürzen, Spoiler und manchmal sogar größere Karosserieteile) muss die Reparatur ernsthafter Schäden an solchen Dingen entweder einer Fachwerkstatt überlassen werden oder die Teile werden einfach ausgetauscht. Angesichts der Kosten für die Ausrüstung und erforderliche Materialien sind solche Reparaturen für den Hobbyschrauber nicht wirklich praktikabel. Die Grundtechnik besteht bei Thermoplasten darin, mit einer entsprechenden Maschine entlang des Risses im Kunststoff eine Kerbe herzustellen, um dann mithilfe eines Heißluftgebläses und einer Kunststoffstange die beiden Hälften zu »verschweißen«. Überschüssiges Plastik wird dann abgeschliffen, bis eine glatte Oberfläche entsteht. Wichtig ist dabei, dass die »Schweißstange« aus exakt dem gleichen Kunststoff besteht wie das zu reparierende Teil (dies kann aus Polycarbonat, ABS oder Polypropylen bestehen).
25 Kleinere Schäden (Scheuerstellen, kleine Risse usw.) können relativ leicht mit Zweikomponenten-Epoxidspachtelmasse repariert werden. Wenn diese Masse aus zwei gleichen Teilen vermischt ist, kann sie genauso verwendet werden wie Glasfaser-Spachtelmasse auf Blechen. Der Füllspachtel härtet normalerweise in 20 bis 30 Minuten aus, um dann geschliffen und lackiert werden zu können.
26 Wer eine komplette Komponente selbst ersetzen will oder eine Reparatur mit Epoxid-Spachtel durchgeführt hat, hat das Problem, einen geeigneten Lack zu finden, der auf diesem Kunststoff hält. Irgendwann war die Verwendung normaler Lacke dank der verschiedenen Kunststoffe bei Karosserie-Komponenten nicht mehr möglich, da Standardlacke nicht gut darauf halten. Heute gibt es jedoch Kunststoff-Präpariersets, die aus einer Vorgrundierung, einer Grundierung und einer Farb-Endschicht bestehen. Die Vorgrundierung wird zuerst aufgetragen und darf etwa eine halbe Stunde trocknen, dann kommt die Grundierung, der etwa eine Stunde Zeit gegeben wird, bevor schließlich die eigentliche Lackschicht aufgebracht wird. Das Resultat ist eine korrekt lackierte Komponente, bei der die Farbschicht elastisch genug ist, um nicht bald wieder abzublättern – eine Eigenschaft, die normaler Lack nicht aufweist.

5 Karosserie – Größere Reparaturen

1 Falls größere Schäden aufgetreten sind oder größere Teile der Karosserie aufgrund Vernachlässigung ersetzt werden müssen, müssen komplett neue Sektionen oder Reparaturbleche eingeschweißt werden – was besser einer Fachwerkstatt überlassen werden sollte. Falls die Schäden durch einen Unfall entstanden sind, muss die Ausrichtung der gesamten Karosseriestruktur überprüft werden. Bei selbsttragenden Karosserien kann die Stabilität und Form der gesamten Konstruktion durch einen Schaden in einem bestimmten Bereich beeinträchtigt werden. In solchen Fällen ist der Besuch einer mit speziellen Prüfgeräten ausgerüsteten Fachwerkstatt unerlässlich. Falls mit einer verzogenen Karosserie weitergefahren wird, besteht die größte Gefahr darin, dass sich das Fahrverhalten ändert. Aber auch die höhere Belastung der Lenkung, des Motors und des Antriebs sorgen für erhöhten Verschleiß oder den kompletten Ausfall einzelner Komponenten. Der Reifenverschleiß wird deutlich ansteigen.

6 Frontschürze – Ausbau und Einbau

Anmerkung: *Aufgrund technischer Änderungen während der Produktion können Aus- und Einbau-Schritte leicht abweichen.*

1 Ziehen Sie die Handbremse an, heben Sie das Fahrzeug vorn an, und stützen Sie es sicher ab (siehe Seite REF 5). Demontieren Sie beide Vorderräder, um den Zugang zu den unteren Befestigungsschrauben und der einzelnen Schraube im Radkasten zu erhalten.
2 Öffnen Sie die Motorhaube, lösen Sie die sechs Schrauben am oberen Rand der Frontschürze und entnehmen Sie den Metallstreifen (siehe Abbildungen).

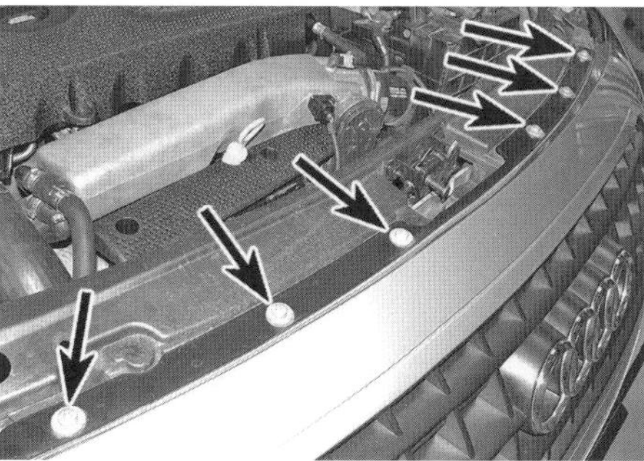

6.2a Lösen Sie die sechs Schrauben …

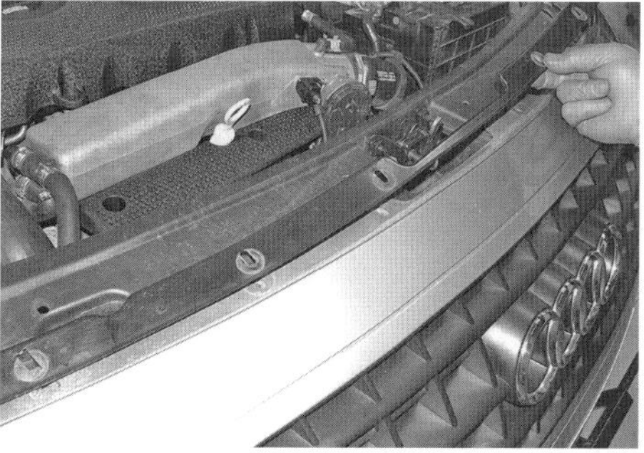

6.2b … und entnehmen Sie den Metallstreifen.

3 Lösen Sie die Befestigungen vorn in den Radkästen und ziehen Sie diese von der Frontschürze ab.
4 Befreien Sie links unten innerhalb der Frontschürze die Schelle des Scheinwerferwaschanlagen-Schlauchs und trennen Sie diesen vom Wischwasserbehälter (siehe Abbildung) – seien Sie auf austretendes Wischwasser vorbereitet und verstopfen Sie alle Öffnungen.

6.4 Trennen Sie den Scheinwerferwaschanlagen-Schlauch.

5 Lösen Sie an beiden inneren Enden der Frontschürze die zwei Muttern und die einzelne Schraube (siehe Abbildung).

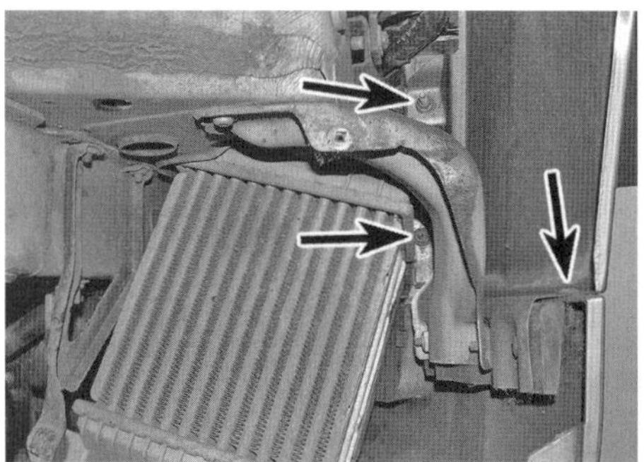

6.5 Lösen Sie die zwei Muttern und die Schraube – gezeigt an der rechten Innenseite der Frontschürze.

6 Lösen Sie die zwei Schrauben an der Unterseite der Frontschürze (siehe Abbildung).

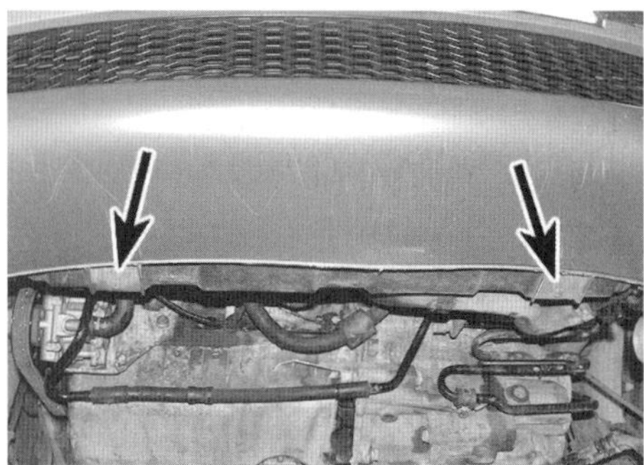

6.6 Schrauben an der Frontschürzen-Unterseite

7 Befreien Sie mithilfe eines Assistenten vorsichtig die hinteren Ränder der Frontschürze von den Kotflügeln und ziehen Sie sie nach vorn ab (siehe Abbildung).

6.7 Befreien Sie die Frontschürze vom Kotflügel.

8 Entfernen Sie ggf. die Scheinwerferwaschanlagen-Düsen (siehe Kapitel 12, Sektion 19).
9 Der Einbau entspricht der umgekehrten Ausbaureihenfolge – die Ränder der Frontschürze müssen bei der Montage korrekt in die Führungen ihrer Aufnahmen greifen.

7 Heckschürze – Ausbau und Einbau

Anmerkung: *Aufgrund technischer Änderungen während der Produktion können Aus- und Einbau-Schritte leicht abweichen.*

1 Blockieren Sie die Vorderräder, heben Sie das Fahrzeug hinten an, und stützen Sie es sicher ab (siehe Seite REF 5). Demontieren Sie beide Hinterräder, um den Zugang zu den unteren Befestigungsschrauben und der einzelnen Schraube im Radkasten zu erhalten.
2 Lösen Sie die Befestigungen hinten in den Radkästen und ziehen Sie diese von den Rändern der Heckschürze ab.
3 Öffnen Sie den Gepäckraum und entfernen Sie die zwei Abdeckungen von den oberen Ecken der Heckschürze, um die jeweils zwei darunter liegenden Schrauben zu lösen (siehe Abbildungen).

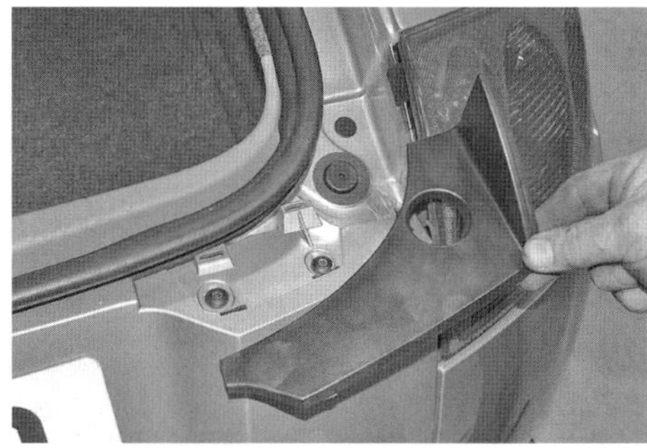

7.3a Befreien Sie die Abdeckungen …

7.3b … und lösen Sie die Schrauben.

4 Lösen Sie die zwei Schrauben an der Unterseite der Heckschürze (siehe Abbildung).

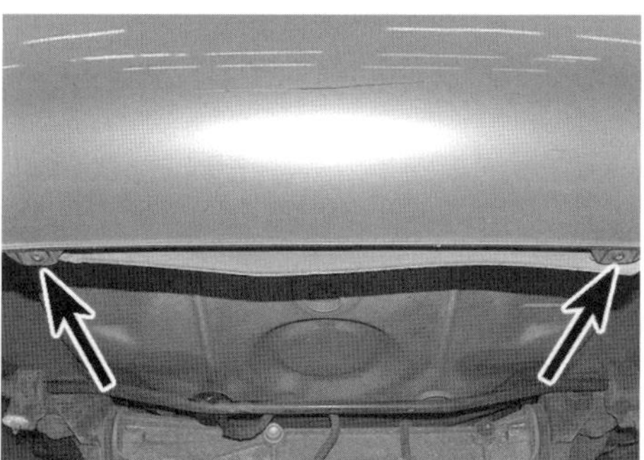

7.4 Schrauben an der Heckschürzen-Unterseite

5 Lösen Sie an beiden Innenseiten der Heckschürze die zwei Schrauben (siehe Abbildung).

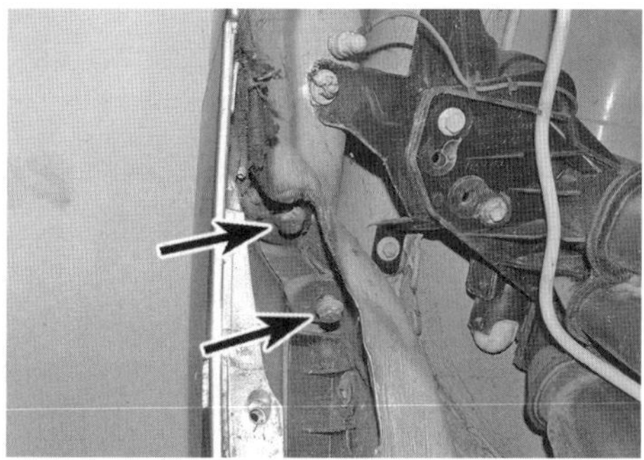

7.5 Schrauben an der Heckschürzen-Innenseite

6 Befreien Sie mithilfe eines Assistenten vorsichtig die vorderen Ränder der Heckschürze von den Kotflügeln und ziehen Sie sie nach hinten ab (siehe Abbildung).

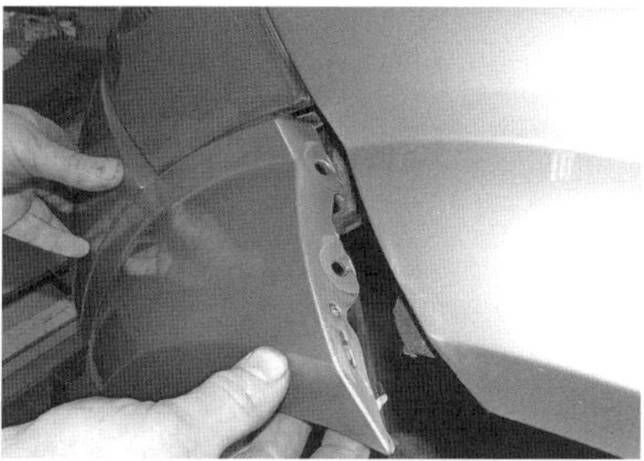

7.6 Befreien Sie die Heckschürze vom Kotflügel.

7 Der Einbau entspricht der umgekehrten Ausbaureihenfolge – die Ränder der Heckschürze müssen bei der Montage korrekt in die Führungen ihrer Aufnahmen greifen. Stellen Sie vor der Montage der Heckschürze die Mittelstifte der Kunststoffniete in den Gleitstücken sicher – erneuern Sie sie nötigenfalls.

8 Motorhaube – Ausbau, Einbau und Einstellung

Ausbau

1 Öffnen Sie die Motorhaube und markieren Sie mit Farbe oder einem geeigneten Stift die Ausrichtung der Scharniere zur Haube.
2 Lassen Sie einen Assistenten die Motorhaube stützen und lösen Sie an jeder Seite die zwei Schrauben (siehe Abbildung). Heben Sie die Haube vorsichtig ab – beschädigen Sie dabei nicht den Lack des Fahrzeugs –, um sie an einem sicheren Ort abzustellen.

8.2 Motorhauben-Schrauben

3 Kontrollieren Sie die Scharniere auf Verschleiß und Spiel und ersetzen Sie sie nötigenfalls. Prüfen Sie die Funktion der Gasdruckfedern und deren Kugelkopf-Anschlüssen. Die Scharniere sind mit drei Schrauben an der Karosserie gesichert (siehe Abbildung) – markieren Sie ihre Ausrichtungen, lösen Sie die Schrauben und entnehmen Sie die Scharniere. Richten Sie die neuen Scharniere zu den zuvor angebrachten Markierungen aus und ziehen Sie ihre Schrauben mit 21 Nm an.

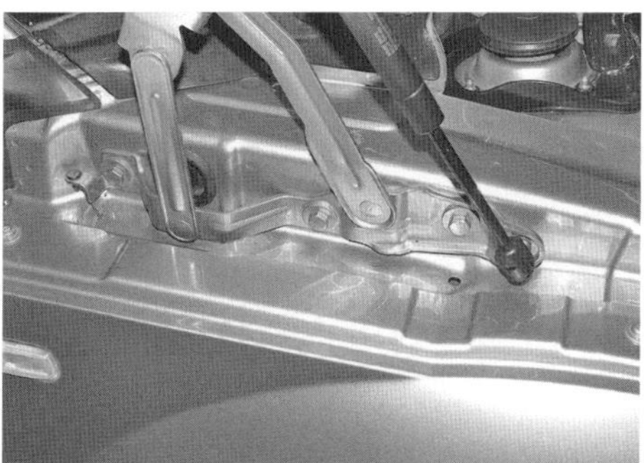

8.3 Scharnier-Befestigungsschrauben an der Karosserie

Einbau und Einstellung

4 Heben Sie die Motorhaube mit einem Assistenten in Position und drehen Sie die Schrauben zunächst locker ein. Richten Sie die Haube zu den zuvor angebrachten Markierungen aus und ziehen Sie ihre Schrauben mit 21 Nm an.
5 Schließen Sie die Haube und kontrollieren Sie ihre Ausrichtung zu den Kotflügeln und der Frontschürze. Lockern Sie nötigenfalls die Schrauben, verschieben Sie die Haube entsprechend und ziehen Sie die Schrauben wieder an. Prüfen Sie, ob sich die Haube korrekt öffnen und schließen lässt.

9 Motorhauben-Verriegelung und Öffnerzug – Ausbau und Einbau

1 Öffnen Sie mit dem Hebel unter dem Armaturenbrett die Motorhaube. Lösen Sie dann die zwei Schrauben, um die Aufnahme des Hebels von der Karosserie zu lösen. Ziehen Sie die Seilzughülle aus der Aufnahme und befreien den Nippel aus dem Hebel (siehe Abbildungen).

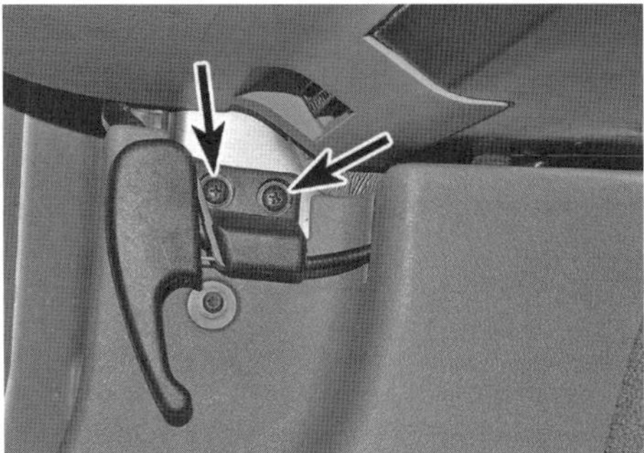

9.1a Lösen Sie die zwei Schrauben …

9.1b … und befreien Sie den Öffnerzug vom Hebel.

2 Lösen Sie die Schraube der seitlichen Fußraum-Blende und ziehen Sie diese hoch, um deren unteren Zapfen aus der Schwellerverkleidung zu befreien, und entnehmen Sie sie (siehe Abbildung).

9.2 Entfernen Sie die seitliche Fußraum-Blende

3 Befreien Sie den Öffnerzug-Gummistopfen aus der Spritzwand. Entfernen Sie nötigenfalls die untere Armaturenbrett-Verkleidung (siehe Sektion 28).

4 Öffnen Sie die Motorhaube, lösen Sie die vier Schrauben der Verriegelung und ziehen Sie sie aus der vorderen Querstrebe (siehe Abbildung). Ziehen Sie die Seilzughülle aus der Aufnahme und befreien den Nippel aus dem Schließmechanismus.

9.4 Schließmechanismus

5 Befreien Sie den Öffnerzug aus allen Clips und Halterungen im Motorraum und ziehen Sie ihn durch den Gummistopfen in den Fußraum.

Anmerkung: *Als Einbauhilfe sollte an seinem Ende ein Seil angebunden werden, um damit den neuen Zug einzuziehen.*

6 Der Einbau entspricht der umgekehrten Ausbaureihenfolge. Binden Sie das in den Fußraum gezogene Seil an den neuen Öffnerzug und ziehen Sie ihn in den Motorraum. Sichern Sie den Zug an allen Clips und Halterungen und achten Sie auf den korrekten Sitz des Gummistopfens in die Spritzwand. Ziehen Sie die Schließmechanismus-Schrauben mit 10 Nm an. Prüfen Sie die Funktion der Entriegelung, bevor Sie die Motorhaube schließen!

10 Türen – Ausbau, Einbau und Einstellung

Anmerkung: *Die Türscharnier-Schrauben müssen nach jedem Lösen erneuert werden.*

Ausbau

1 Trennen Sie den Masseanschluss (–) der Batterie – beachten Sie dabei die Hinweise auf Seite 366.

2 Öffnen Sie die Tür. Entfernen Sie die seitliche Fußraum-Blende (Abb. 9.2) – bei der Fahrertür muss hierfür der Motorhauben-Öffnerhebel demontiert werden (Abb. 9.1a und b).

3 Trennen Sie den jetzt freiliegenden Türkabel-Stecker.

4 Befreien Sie die Gummimanschette aus der A-Säule (siehe Abbildung) und ziehen Sie die Verkabelung heraus.

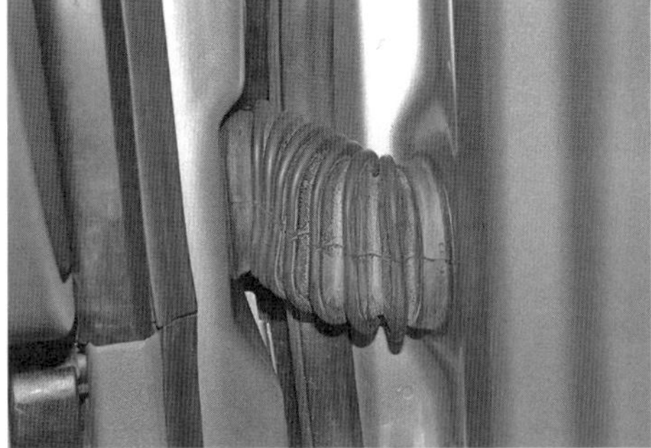

10.4 Die zwischen der A-Säule und der Tür sitzende Kabel-Gummimanschette

5 Markieren Sie die Ausrichtung der Scharniere zur Tür. Lassen Sie einen Assistenten die Tür halten und lösen Sie die Scharnierschrauben aus der Tür (siehe Abbildungen), um dann die Tür vorsichtig gemeinsam abzuheben.

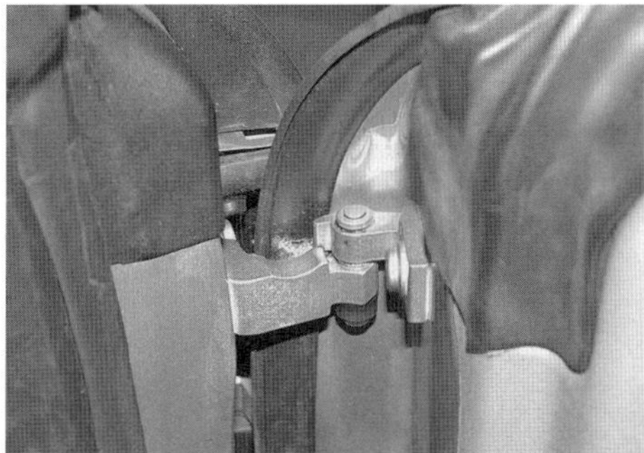

10.5a Oberes Türscharnier

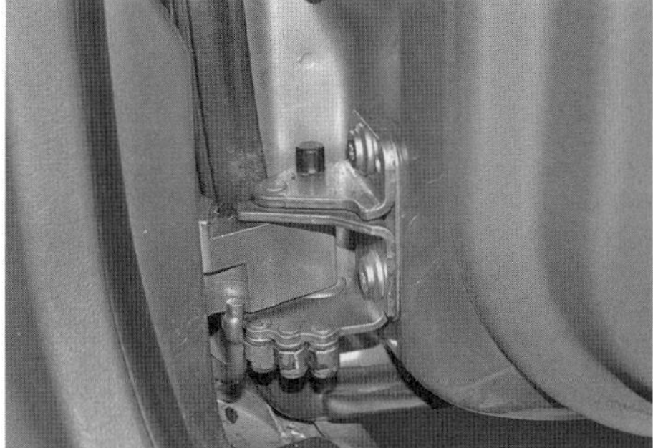

10.5b Unteres Türscharnier

6 Kontrollieren Sie die Scharniere auf Verschleiß oder Beschädigungen Markieren Sie nötigenfalls die Ausrichtung des schadhaften Scharniers zur A-Säule (für den Zugang zum oberen Scharnier muss die Armaturenbrettverkleidung entfernt werden – siehe Sektion 28). Setzen Sie das neue Scharnier korrekt positioniert an, drehen Sie die neuen Schrauben ein und ziehen Sie sie mit 30 Nm an.

Einbau

7 Heben Sie die Tür mithilfe eines Assistenten in Position und drehen Sie die neuen Scharnierschauben ein. Richten Sie die Tür entsprechend der angebrachten Markierungen aus und ziehen Sie die Schrauben mit 30 Nm an.
8 Führen Sie die Verkabelung durch das Loch in der A-Säule und verbinden Sie den Stecker. Verbinden Sie die Gummimanschette mit der A-Säule.
9 Montieren Sie die Fußraum-Blende und ggf. den Motorhauben-Öffnerhebel.
10 Kontrollieren Sie die Ausrichtung der Tür und stellen Sie sie nötigenfalls ein (siehe unten). Falls beim Einbau der Tür Lack beschädigt wurde, muss hier zum Schutz vor Korrosion unverzüglich Farbe aufgetragen werden. Schließen Sie die Batterie wieder an.

Einstellung

Anmerkung: *Die Türscharnier-Schrauben müssen nach jedem Lösen erneuert werden.*

11 Schließen Sie die Tür und prüfen Sie, ob sie korrekt in ihrer Öffnung sitzt und rundherum ein gleichmäßigerer Spalt besteht. Falls die Tür eingestellt werden muss, werden zuerst die Schrauben des Schließbügels gelockert und dieser etwas verschoben (siehe Abbildung) – beachten Sie seine Ausrichtmarkierungen zur B-Säule. Nötigenfalls müssen die Türscharnier-Schrauben gelockert und das Scharnier etwas verschoben werden. Sobald die Tür korrekt positioniert ist, werden die neuen Scharnierschrauben mit 30 Nm und die Schließbügel-Schrauben mit 20 Nm angezogen. Falls bei der Ausrichtung Lackschäden entstanden sind, muss hier zum Schutz vor Korrosion unverzüglich Farbe aufgetragen werden.

10.11 Ausrichtmarkierungen am Schließbügel

11 Türverkleidungen – Ausbau und Einbau

Ausbau

1 Achten Sie darauf, dass sich der Zündschlüssel nicht im Fahrzeug befindet. Trennen Sie den Masseanschluss (–) der Batterie – beachten Sie dabei die Hinweise auf Seite 366.
2 Öffnen Sie die Tür. Hebeln Sie vorsichtig die runde Kappe aus der unteren Türgriff-Aufnahme und lösen Sie die dahinterliegende Torxschraube. (siehe Abbildungen).

11.2a Hebeln Sie vorsichtig die Kappe ab ...

11.2b ... und lösen Sie die Torxschraube.

3 Ziehen Sie vorn und hinten an der Türverkleidung die Gummiabdeckung ab (siehe Abbildungen).

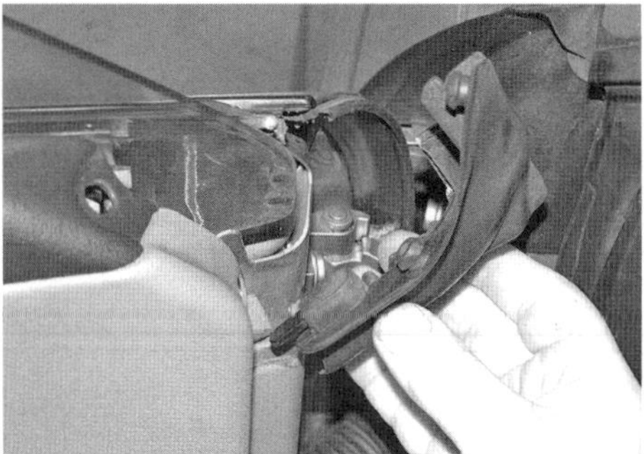

11.3a Befreien Sie die vordere ...

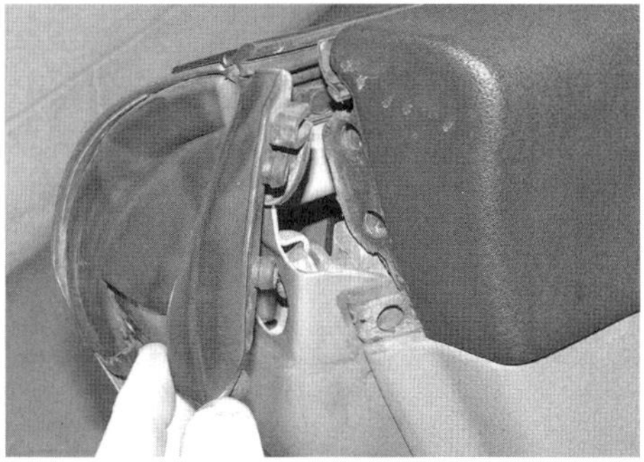

11.3b ... und die hintere Gummiabdeckung.

4 Hebeln Sie mit einem geeigneten Werkzeug rundherum die Zapfen der Türverkleidung vorsichtig aus der Tür und heben Sie sie anschließend aus der Fensternut (siehe Abbildung).

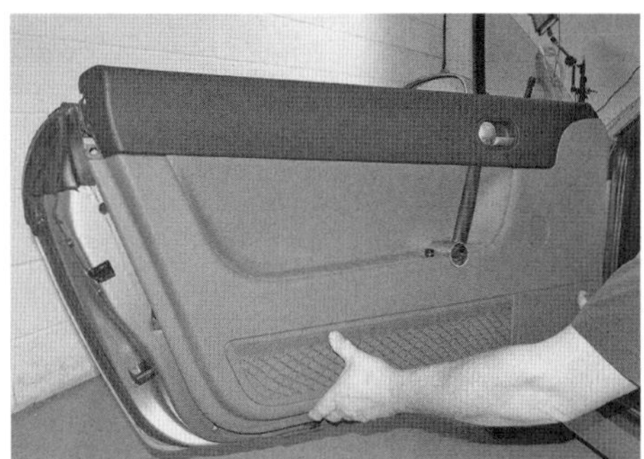

11.4 Befreien Sie die Türverkleidung aus der Tür.

5 Sobald der Türöffner-Seilzug zugänglich ist, wird dessen Hülle aus dem Türgriffgehäuse und der Nippel aus dem Hebel befreit (siehe Abbildung).

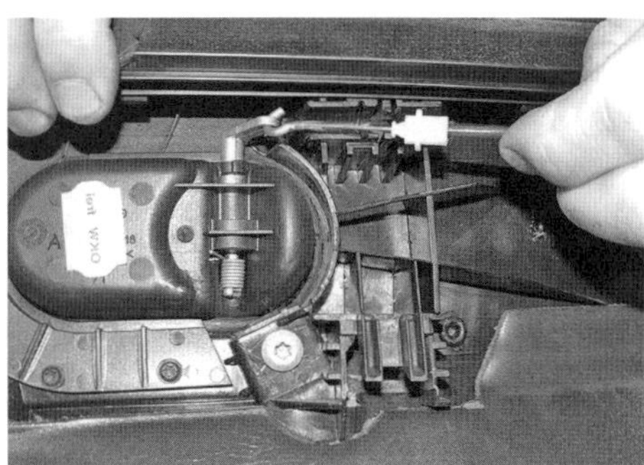

11.5 Befreien Sie die Seilzughülle und hängen Sie den Nippel aus.

6 Trennen Sie alle Kabelstecker, sobald sie zugänglich sind (siehe Abbildung).

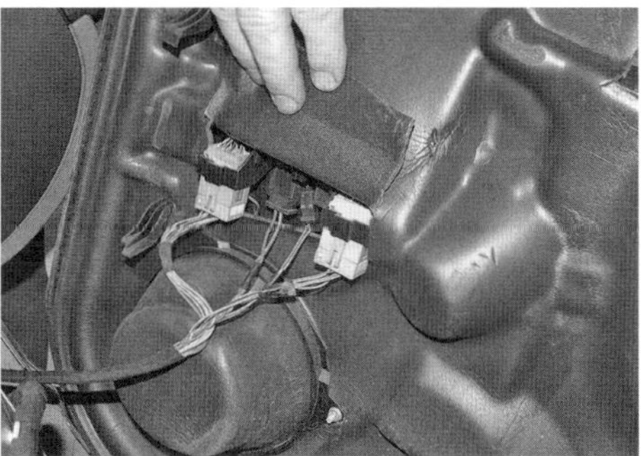

11.6 Trennen Sie die Stecker der Tür-Elektrik.

Einbau

7 Prüfen Sie zunächst, ob Befestigungszapfen der Türverkleidung beschädigt sind, und ersetzen Sie sie nötigenfalls. Der Einbau der Türverkleidung entspricht der umgekehrten Ausbaureihenfolge. Schließen Sie die Batterie an und prüfen Sie die elektrischen Komponenten der Tür.

12 Türöffner und Schließmechanismus – Ausbau und Einbau

Ausbau

Türöffner innen

1 Demontieren Sie die Türverkleidung (siehe Sektion 11).
2 Lösen Sie innen an der Türverkleidung die Schraube des Türöffners sowie dessen Lasche, um ihn zu entnehmen (siehe Abbildung).

12.2 Schraube des Türöffners innerhalb der Türverkleidung

Schließzylinder

3 Der Schließzylinder kann bei eingebauter Türverkleidung entfernt werden.
4 Öffnen Sie die Tür und ziehen Sie hinten die Gummidichtung ab, um Zugang zur Schließzylinder-Schraube zu erhalten (siehe Abbildung).

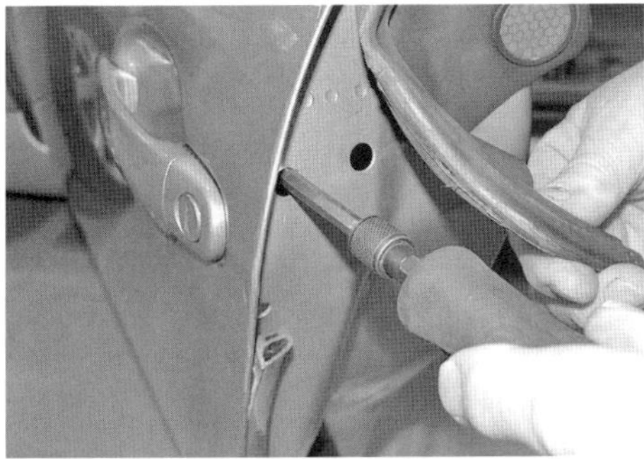

12.4 Ziehen Sie die Gummidichtung zurück und führen Sie einen Torx-Steckschlüssel ein.

5 Ziehen Sie den äußeren Türöffner heraus und halten Sie ihn in dieser Position, während Sie die Torxschraube lockern und bis zum Anschlag herausdrehen (siehe Abbildung) – nicht weiter, weil dann der Konterring in die Tür fallen kann.

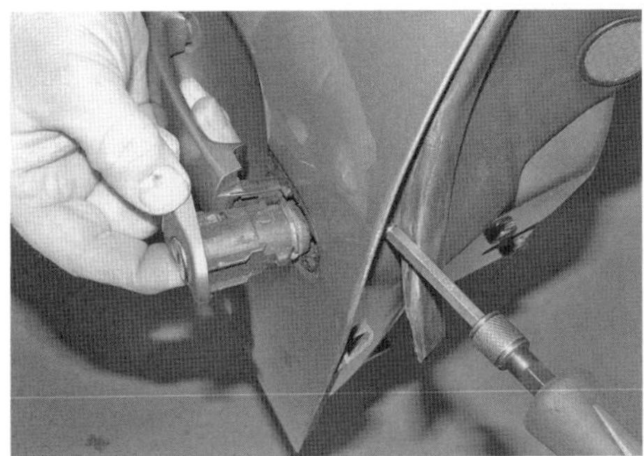

12.5 Ziehen Sie den Türöffner heraus und lockern Sie die Torxschraube.

6 Ziehen Sie das Schließzylindergehäuse aus dem Türgriff und lassen Sie diesen wieder in seine Ruheposition zurückschnappen (siehe Abbildung).

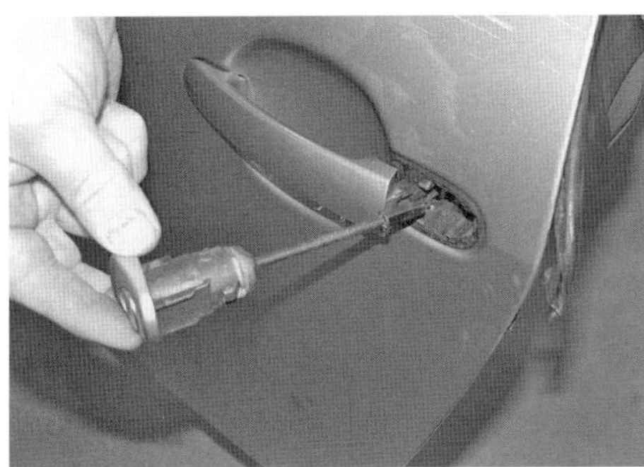

12.6 Ziehen Sie das Schließzylindergehäuse aus dem Türgriff.

Türöffner außen

7 Entfernen Sie das Schließzylindergehäuse (Schritte 3 bis 5). Trennen Sie innerhalb der Schließzylinder-Öffnung den Entriegelungs-Seilzug vom Türöffner und manövrieren Sie diesen aus der Tür heraus. Stellen Sie die Dichtung sicher (siehe Abbildungen).

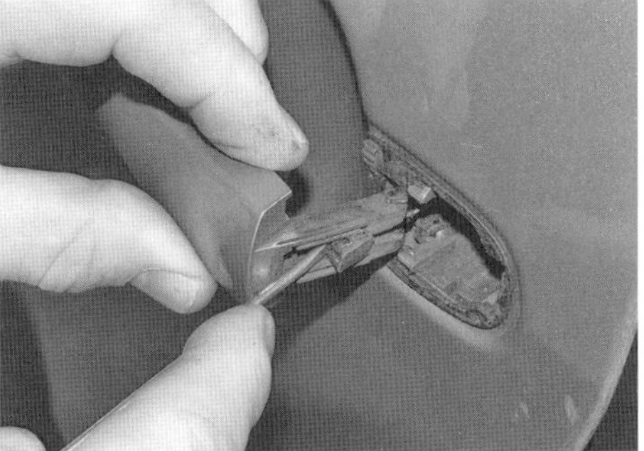

12.7a Befreien Sie Entriegelungs-Seilzug vom Türöffner ...

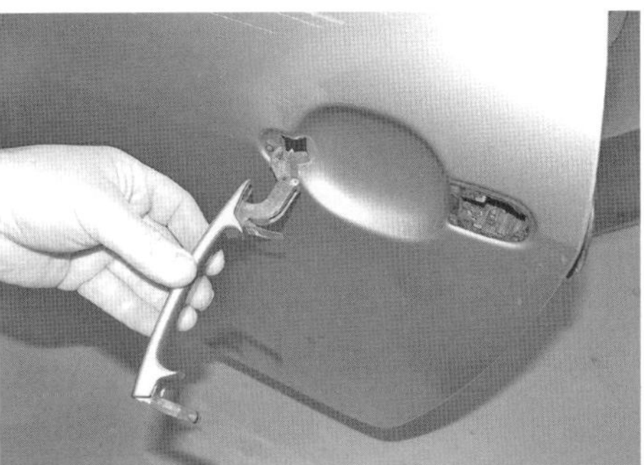

12.7b ... und manövrieren Sie diesen aus der Tür heraus.

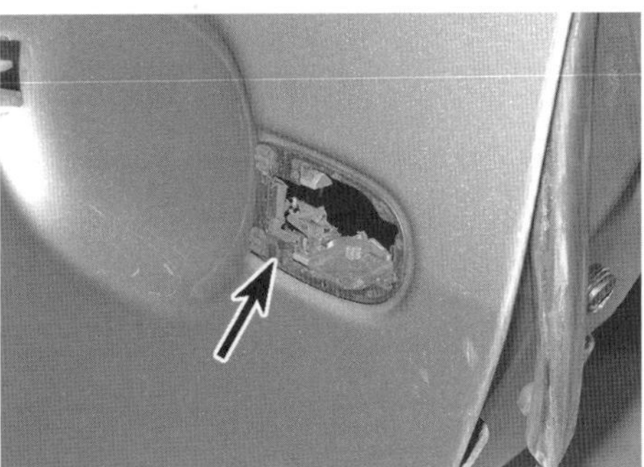

12.7c Stellen Sie die Dichtung sicher.

Türschloss

8 Demontieren Sie die Türverkleidung (siehe Sektion 11) und den Schließzylinder (siehe oben).
9 Lösen Sie den Clip der Türschloss-Abdeckung und entfernen Sie diese (siehe Abbildungen).

12.9a Lösen Sie den Clip ...

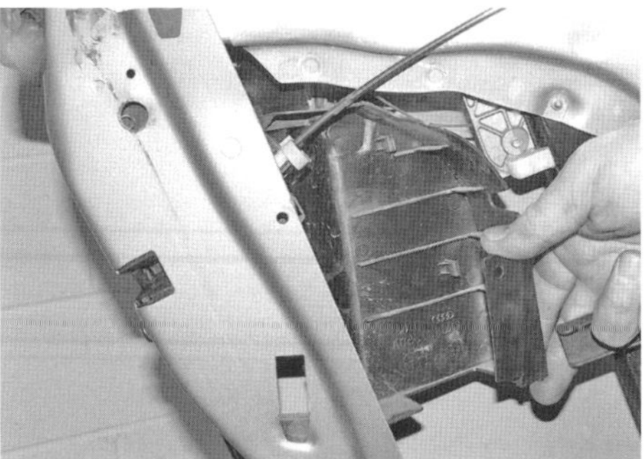

12.9b … und entfernen Sie die Türschloss-Abdeckung.

10 Trennen Sie unten am Türschloss den Kabelstecker (siehe Abbildung).

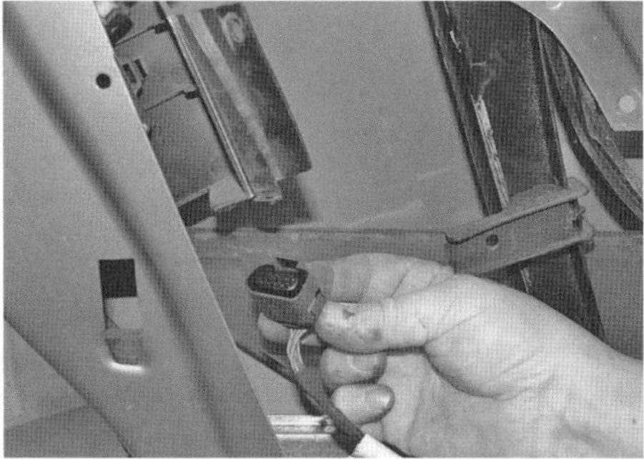

12.10 Trennen Sie unten am Türschloss den Kabelstecker.

11 Lösen Sie hinten an der Tür die zwei Schrauben des Türschlosses und manövrieren Sie dies durch die innere Öffnung heraus (siehe Abbildungen). Befreien Sie den Seilzug des inneren Türöffners durch den Türrahmen und entnehmen Sie das Schloss.

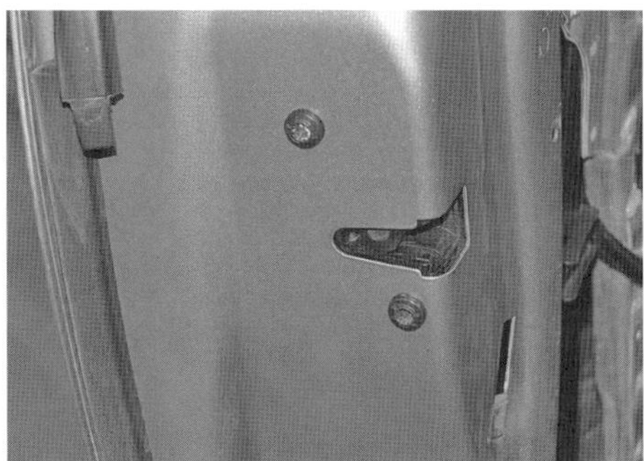

12.11a Lösen Sie die zwei Schrauben …

12.11b … und befreien Sie das Türschloss.

12 Der Öffnerzug kann jetzt vom Türschloss befreit werden, indem dessen Hülle aus dem Widerlager befreit und der Nippel aus dem Hebel getrennt wird (siehe Abbildungen).

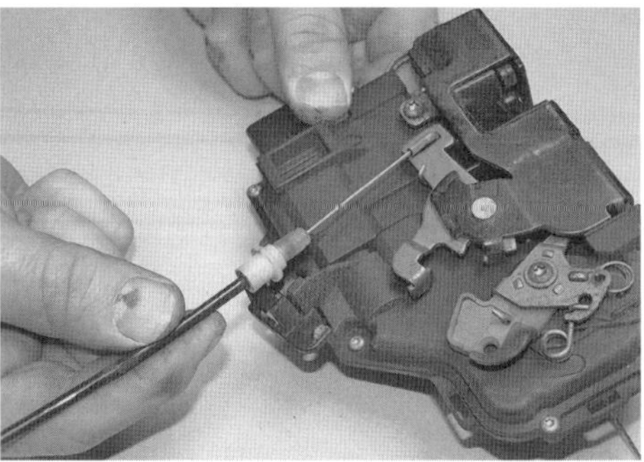

12.12a Befreien Sie das Öffnerzug-Widerlager …

12.12b … und den Öffnerzug-Nippel.

Einbau

Türöffner innen

13 Drücken Sie den Türöffner in die Türverkleidung, bis er einrastet, und sichern Sie ihn mit der Schraube (Abb. 12.2). Montieren Sie die Türverkleidung (siehe Sektion 11).

Türöffner außen

14 Legen Sie die Dichtung auf (Abb. 12.7c). Setzen Sie den Türöffner vorn an und schwenken Sie ihn in Position (Abb. 12.7b). Hängen Sie hinten am Griff den Seilzugnippel ein und lassen Sie ihn einrasten (siehe Abbildung). Installieren Sie das Schließzylindergehäuse (Fahrertür) oder Gehäuse samt Kappe (Beifahrertür) und sichern Sie es mit der Schraube. Installieren Sie die Gummidichtung über die Schraubenbohrung.

12.14 Hängen Sie hinten am Griff den Seilzugnippel ein und lassen Sie ihn einrasten.

Schließzylinder

15 Installieren Sie den Schließzylinder in das Türöffner-Gehäuse und ziehen Sie die Schraube hinten in der Tür an, um ihn zu sichern. Installieren Sie die Gummidichtung über die Schraubenbohrung.

Türschloss

16 Der Einbau entspricht der umgekehrten Ausbaureihenfolge (Schritte 8 bis 11). Achten Sie bei der Montage der Türschloss-Abdeckung darauf, dass ihr oberer Clip korrekt in den Türrahmen greift (siehe Abbildung).

12.16 Der Clip der Türschloss-Abdeckung muss in die Öffnung des Türrahmens greifen.

13 Türfenster und Fensterheber – Ausbau und Einbau

1 Das Türfenster und sein Heber sitzen an einem Hilfsrahmen in der Tür und können nur als Baugruppe ausgebaut werden (siehe Abbildung).

13.1 Die Fenster/Heber/Hilfsrahmen-Baugruppe

Ausbau

Hilfsrahmen-Baugruppe

2 Entfernen Sie die Türverkleidung (siehe Sektion 11). Lösen Sie den Clip des Türöffner-Seilzugs aus dem Hilfsrahmen (siehe Abbildung).

13.2 Lösen Sie den Clip des Türöffner-Seilzugs aus dem Hilfsrahmen.

3 Trennen Sie den Stecker des Fensterheber-Motors und befreien Sie die Verkabelung vom Hilfsrahmen (siehe Abbildungen).

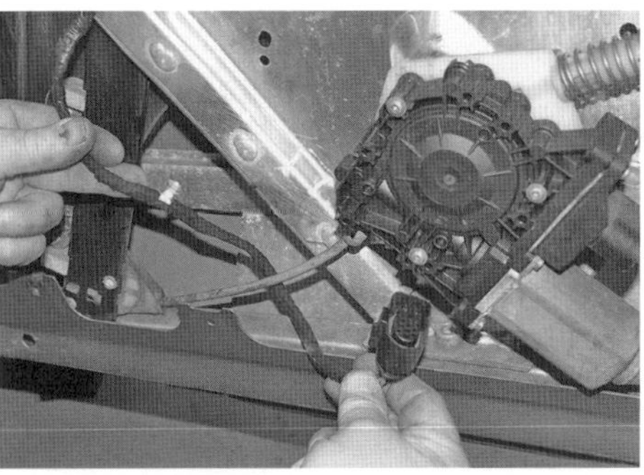

13.3a Trennen Sie den Stecker des Fensterheber-Motors …

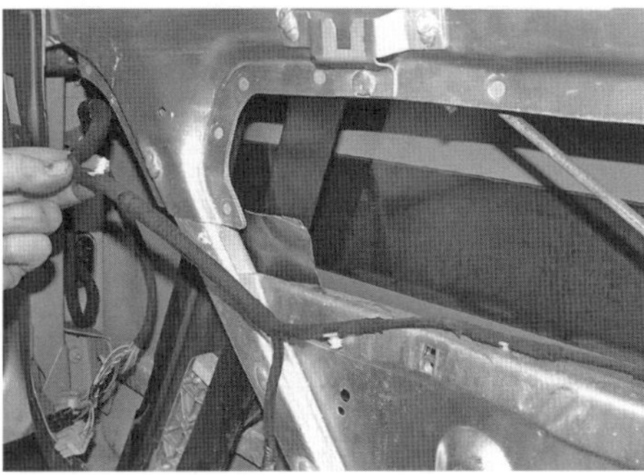

13.3b … und befreien Sie die Verkabelung vom Hilfsrahmen.

4 Markieren Sie die Position des Hilfsrahmens vorn und hinten in der Tür (siehe Abbildung), um ihn beim Einbau wieder korrekt ausrichten zu können.

13.4 Markieren Sie die Position des Hilfsrahmens in der Tür.

5 Ziehen Sie hinten an der Tür die Gummiabdeckung ab und lösen Sie vorn und hinten die Befestigungs/Einstellungs-Muttern (siehe Abbildungen) – falls oberhalb der Mutter ein Schlitz in der Tür ist, reicht es, die Mutter zu lockern.

13.5a Ziehen Sie die Gummikappe ab ...

13.5b ... und lösen Sie die hintere ...

13.5c ... sowie die vordere Befestigungs/Einstellungs-Mutter.

6 Entfernen Sie unten an der Tür die Abdeckungen der unteren Befestigungsschrauben (siehe Abbildungen).

13.6a Entfernen Sie die äußeren Schrauben-Abdeckungen ...

13.6b ... und die mittlere Muttern-Abdeckung.

7 Lösen Sie die Schrauben, die den Hilfsrahmen unten in der Tür sichern, sowie die mittlere Befestigungs/Einstellungs-Mutter (siehe Abbildungen).

13.7a Lösen Sie die vier unteren Schrauben ...

13.7b sowie die mittlere Befestigungs/Einstellungs-Mutter.

8 Heben Sie jetzt den Hilfsrahmen aus der Tür; falls er oben fest darin sitzt, müssen die Einstellschrauben vorn und hinten einige Umdrehungen eingedreht werden (siehe Abbildungen) – notieren Sie die Anzahl der Umdrehungen.

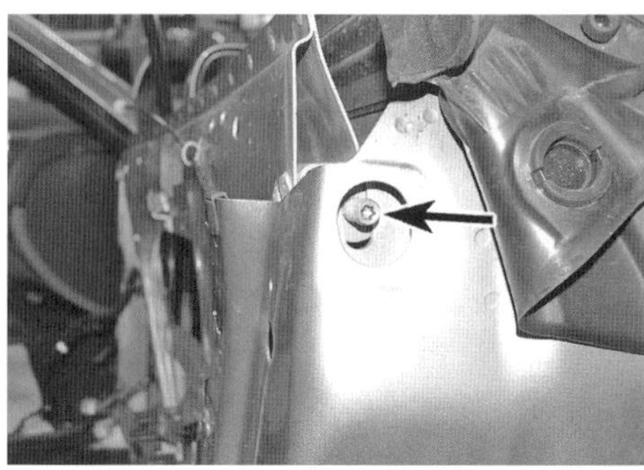

13.8a Einstellschraube – merken Sie sich die Anzahl der Umdrehungen.

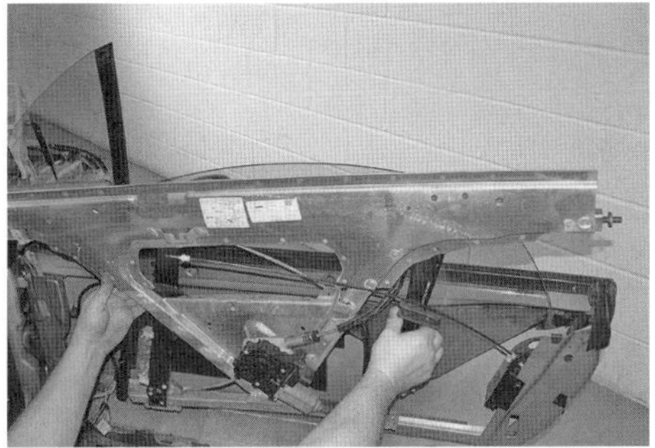

13.8b Heben Sie jetzt den Hilfsrahmen aus der Tür.

Türfenster

9 Bauen Sie den Hilfsrahmen aus der Tür (Schritte 2 bis 8).
10 Das Fensterglas kann jetzt nach dem Lösen der Torxschrauben und dem Entnehmen der Scheiben und Distanzstücke entnommen werden – merken Sie sich deren Positionen (siehe Abbildungen). Falls das alte Fenster wiederverwendet werden soll, muss seine Ausrichtung zu den Schrauben und Scheiben markiert werden, um den Einbau zu erleichtern.

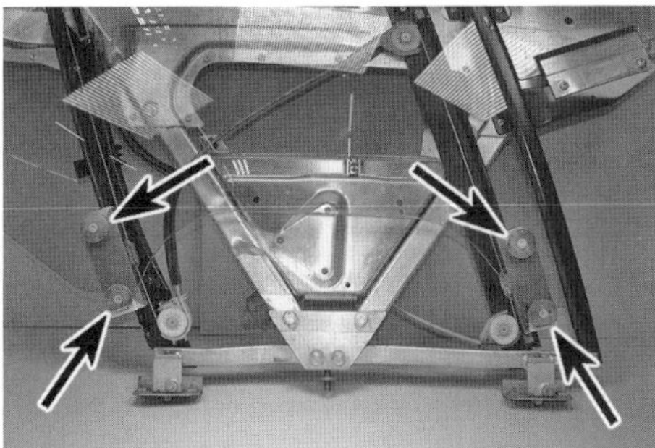

13.10a Türfenster-Befestigungen

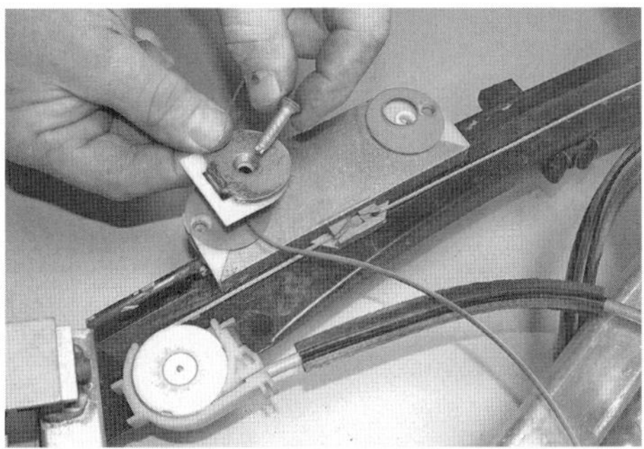

13.10b Entfernen Sie die Schrauben und Scheiben …

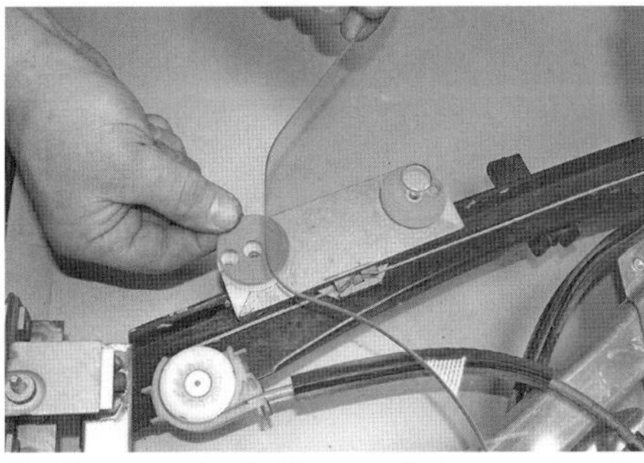

13.10c … sowie die Distanzstücke – merken Sie sich ihre Einbaupositionen.

Dreieckfenster

11 Bauen Sie den Hilfsrahmen aus der Tür (Schritte 2 bis 8).
12 Lösen Sie die Torxschrauben, um das Dreieckfenster vom Hilfsrahmen zu befreien (siehe Abbildung). Falls das alte Dreieckfenster wiederverwendet werden soll, muss seine Ausrichtung zum Halter markiert werden, um den Einbau zu erleichtern.

13.12 Klemmschrauben des Dreieckfensters

Fensterheber-Mechanismus

Anmerkung: *Der Fensterheber-Mechanismus ist am Hilfsrahmen vernietet – bohren Sie die Niete aus und beschaffen Sie für den Einbau Neuteile sowie ein Vernietwerkzeug.*

13 Bauen Sie den Hilfsrahmen aus der Tür und demontieren Sie das Türfenster (Schritte 2 bis 10).
14 Lösen Sie die drei Schrauben des Fensterheber-Motors und befreien Sie ihn aus dem Hilfsrahmen (siehe Abbildung).

13.14 Schrauben des Fensterheber-Motors

15 Legen Sie den Hilfsrahmen auf die Werkbank und bohren Sie die drei Nietköpfe des Fensterheber-Mechanismus aus (siehe Abbildungen), um diesen vom Hilfsrahmen zu trennen.

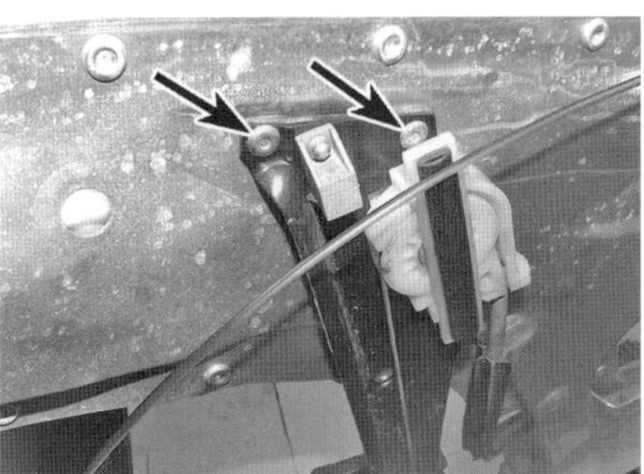

13.15a obere Niete des Fensterheber-Mechanismus…

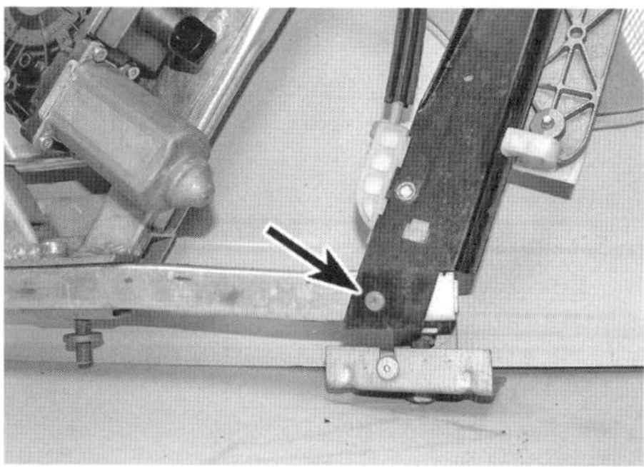

13.15b … und unterer Niet

Einbau

Fensterheber-Mechanismus

16 Der Einbau entspricht der umgekehrten Ausbaureihenfolge. Sichern Sie den Mechanismus mit neuen Nieten am Hilfsrahmen. Montieren Sie den Fensterheber-Motor und ziehen Sie seine drei Schrauben sorgfältig an.
17 Montieren Sie den Hilfsrahmen in die Tür (Schritte 22 bis 26).

Dreieckfenster

18 Positionieren Sie das Fenster korrekt ausgerichtet in seiner Klemmung und ziehen Sie die Schrauben mit 8 Nm an.
19 Montieren Sie den Hilfsrahmen in die Tür (Schritte 22 bis 26).

Türfenster

20 Manövrieren Sie das Fenster in der Führung des Fensterheber-Mechanismus in Position und legen Sie die Distanzstücke unter das Glas. Richten Sie das Glas ggf. zu den zuvor angebrachten Markierungen aus, legen Sie die Scheiben auf und ziehen Sie die Schrauben mit 7 Nm an.
21 Montieren Sie den Hilfsrahmen in die Tür (Schritte 22 bis 26).

Hilfsrahmen-Baugruppe

22 Manövrieren Sie den Hilfsrahmen in der Tür in Position und richten Sie ihn zu den zuvor angebrachten Markierungen aus (siehe Abbildung). Installieren Sie alle Schrauben und Muttern locker und richten Sie den Hilfsrahmen erneut korrekt aus, bevor die Schrauben mit 25 Nm und die Muttern mit 30 Nm angezogen werden. Montieren Sie die Türverkleidung (siehe Sektion 11).

13.22 Eine vor der Demontage angebrachte Ausrichtmarkierung

23 Falls nach der kompletten Montage das Türfenster beim Schließen der Tür nicht korrekt in seiner Öffnung sitzt, kann es mithilfe der vorderen, hinteren und unteren Einstellmuttern und -Schrauben justiert werden. Lockern Sie ggf. die Einstellmuttern vorn und hinten an der Tür sowie die Einstellmutter unten an der Tür. Bringen Sie das Fenster in Position und ziehen Sie die Muttern mit 30 Nm an.
24 Drehen Sie die Einsteller vorn und hinten an der Tür, um den Hilfsrahmen mittig in der Tür zu platzieren (siehe Abbildungen).

13.24a Justieren Sie den Hilfsrahmen mit der vorderen …

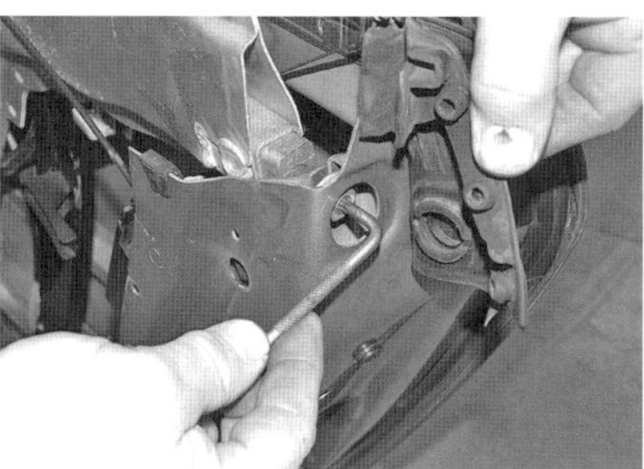

13.24b … und hinteren Einstellschraube.

25 Drehen Sie die Einstellmutter unten in der Tür, um den Hilfsrahmen auf und ab zu bewegen (Abb. 13.7b).
26 Drehen Sie die Einsteller unterhalb der Türverkleidung, um die Hilfsrahmen-Baugruppe oben nach innen oder außen zu bewegen (siehe Abbildungen).

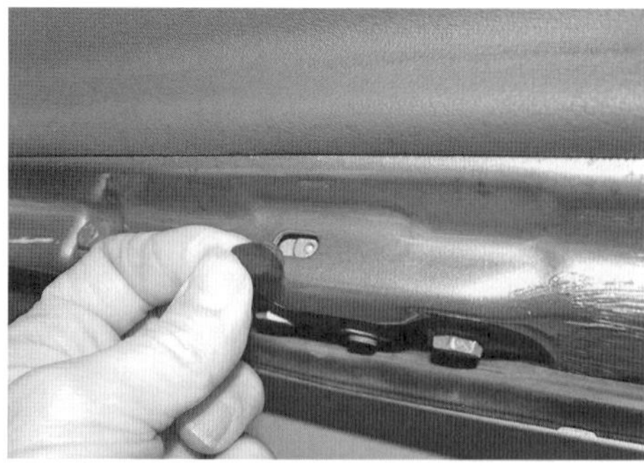

13.26a Entfernen Sie die Kappen unterhalb der Türverkleidung …

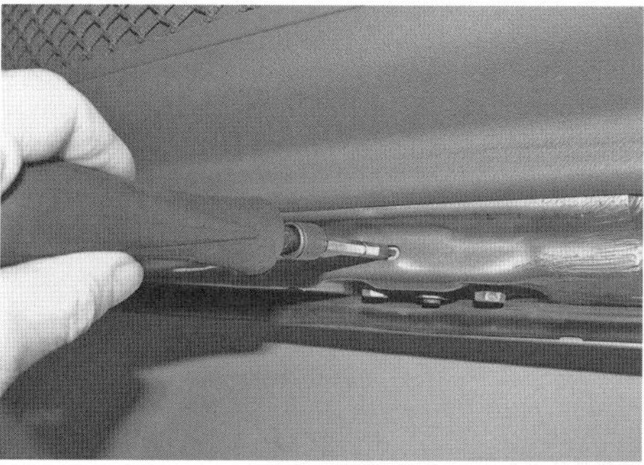

13.26b … und verdrehen Sie die Einstellschraube, um die Oberkante des Fensters korrekt auszurichten.

14 Heckklappe und Gasdruckfedern (Coupé) – Ausbau und Einbau

Ausbau

Heckklappe

1 Öffnen Sie die Heckklappe. Trennen Sie den Masseanschluss (–) der Batterie – beachten Sie dabei die Hinweise auf Seite 366.

2 Lösen Sie – falls vorhanden – die Verschlüsse an beiden Seiten der Gepäckraumabdeckung und befreien Sie sie aus der Heckklappe (siehe Abbildungen).

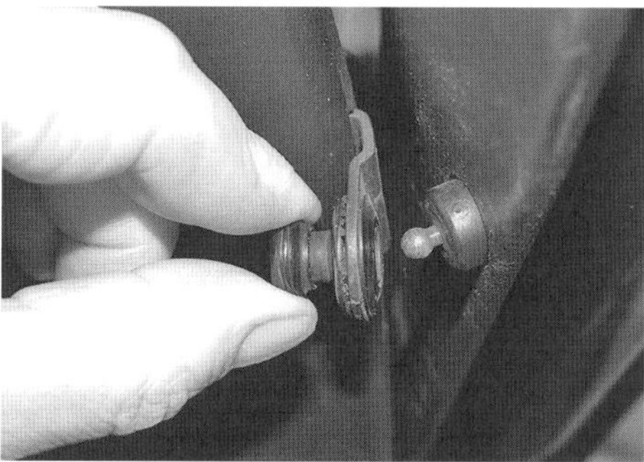

14.2a Öffnen Sie die Verschlüsse …

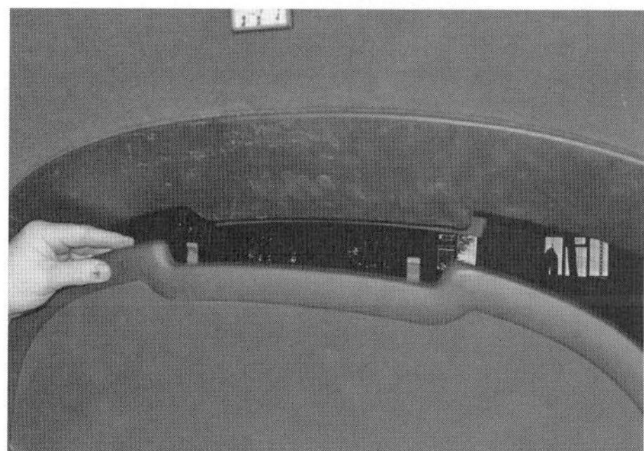

14.2b … und entfernen Sie die Gepäckraumabdeckung.

3 Befreien Sie die Kunststoffabdeckung des Heckklappen-Schließbügels (siehe Abbildung).

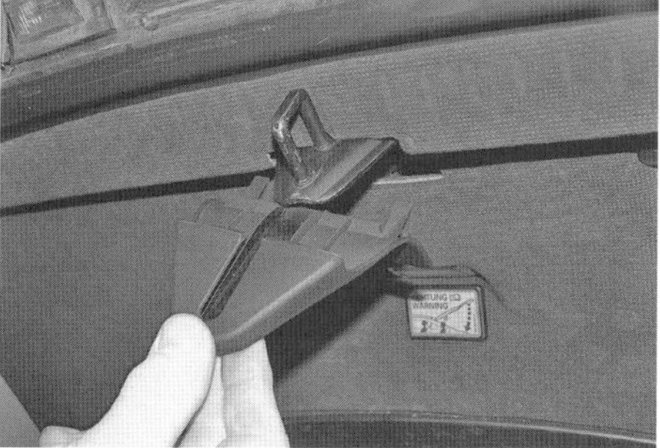

14.3 Entfernen Sie die Abdeckung des Schließbügels.

4 Befreien Sie die über dem Schließbügel sitzende Innenbeleuchtung und trennen Sie ihren Stecker (siehe Abbildung).

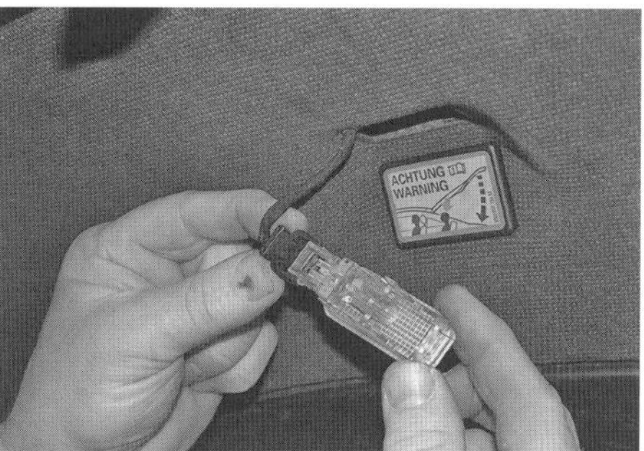

14.4 Entfernen Sie die Heckklappen-Innenbeleuchtung.

5 Die aus zwei Teilen bestehende Heckklappen-Innenverkleidung kann als Baugruppe entfernt werden. Lösen Sie vorsichtig rundherum die Halteclips und entnehmen Sie die Verkleidung aus der Heckklappe (siehe Abbildung).

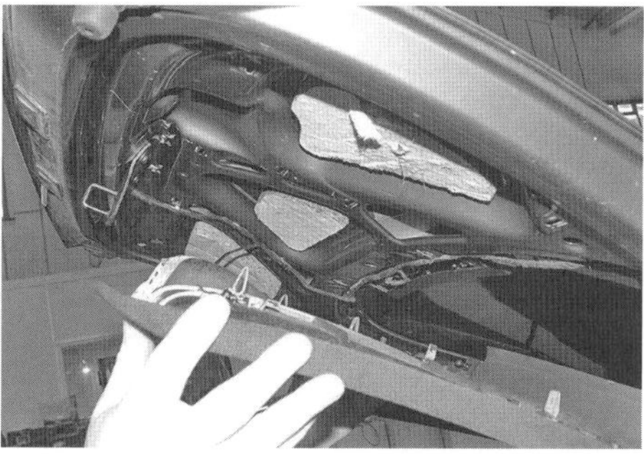

14.5 Befreien Sie die Verkleidung aus der Heckklappe.

6 Trennen Sie alle hinter der Verkleidung angeschlossenen Stecker sowie die Anschlüsse der Heckscheibenheizung und befreien Sie die Gummistopfen aus der Heckklappe (siehe Abbildungen).

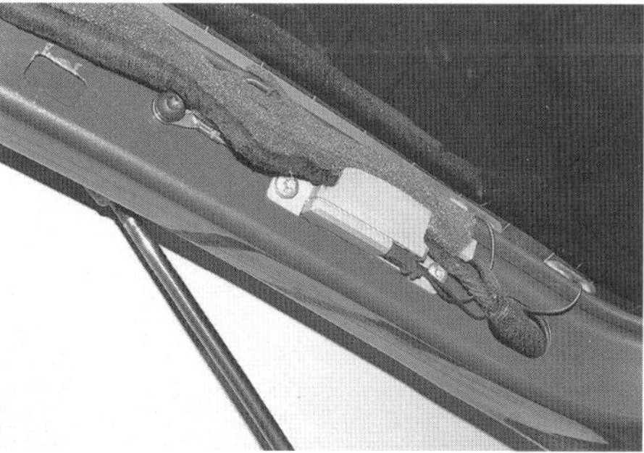

14.6a Trennen Sie alle Kabelstecker …

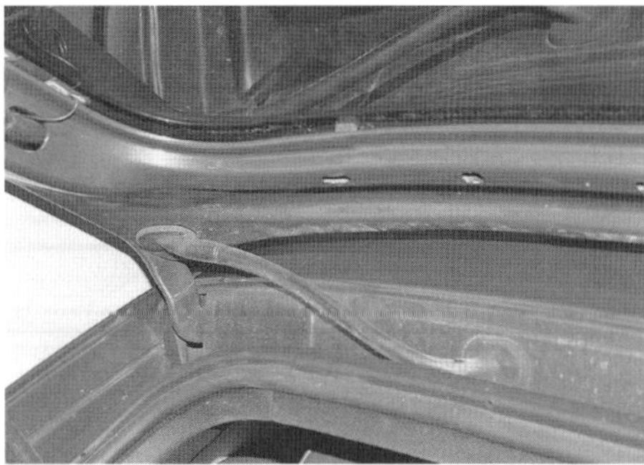

14.6b … und ziehen Sie die Gummistopfen aus der Heckklappe, um die Kabel zu befreien.

7 Binden Sie Fäden an alle Kabelstecker, um diese durch den Heckklappen-Rahmen zu ziehen und dann wieder zu lösen. Beim Einbau können so die Kabel wieder durch den Rahmen zurückgezogen werden.
8 Markieren Sie die Ausrichtung der Heckklappe zu den Scharnieren, um sie wieder korrekt ausgerichtet montieren zu können.
9 Lassen Sie einen Assistenten die geöffnete Heckklappe halten und demontieren Sie die Gasdruckfedern (siehe unten).
10 Lösen Sie die Schrauben, mit denen die Scharniere an der Heckklappe gesichert sind (siehe Abbildung). Entfernen Sie nötigenfalls die zwischen den Scharnieren und der Karosserie sitzenden Dichtungen.

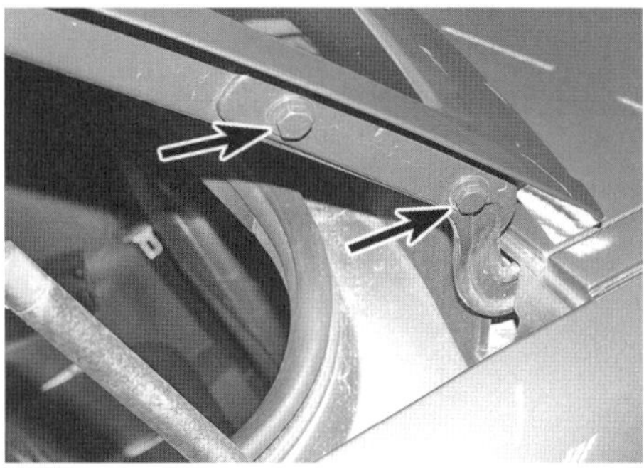

14.10 Lösen Sie an beiden Seiten die Scharnier-Schrauben.

11 Inspizieren Sie die Scharniere auf Verschleiß oder Beschädigungen und ersetzen Sie sie nötigenfalls. Die Scharniere sind je nach Ausführung mit Schrauben oder Muttern an der Karosserie gesichert, die nach dem Entfernen der hinteren Dachhimmel-Abdeckleiste zugänglich sind.

Gasdruckfedern

12 Lassen Sie einen Assistenten die geöffnete Heckklappe halten.
13 Heben Sie an der Heckklappe mit einem kleinen Schraubendreher den Arretierclip an (er muss nicht vollständig entfernt werden) und ziehen Sie die Gasdruckfeder vom Kugelkopf ab (siehe Abbildungen). Wiederholen Sie dies an der unteren Aufnahme und entnehmen Sie die Gasdruckfeder.
Anmerkung: *Falls die Gasdruckfeder wiederverwendet werden, darf der Arretierclip nicht vollständig herausgezogen werden, da er hierbei beschädigt wird.*

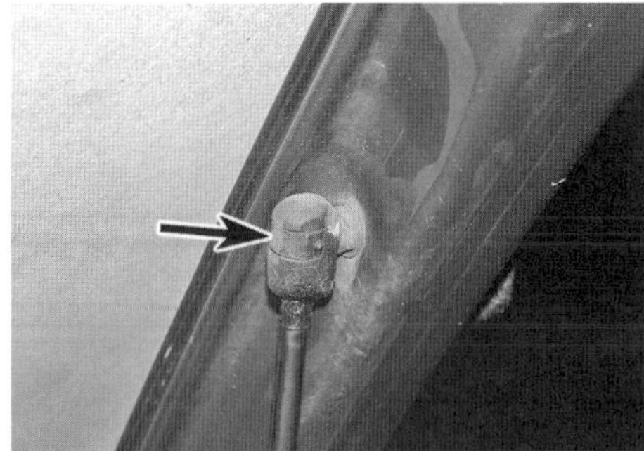

14.13a Oberer Arretierclip

14.13b Unterer Arretierclip

Einbau

Heckklappe

14 Der Einbau entspricht der umgekehrten Ausbaureihenfolge – richten Sie die Scharniere zu den zuvor angebrachten Markierungen aus. Ziehen Sie die Scharnierschrauben mit 21 Nm an.
15 Schließen Sie zum Schluss die Heckklappe und prüfen Sie ihre Ausrichtung zu den Kotflügeln und der Heckschürze. Kleinere Einstellungen können nach dem Lockern der Scharnierschrauben und dem Verschieben der Heckklappe vorgenommen werden. Falls die Anschlaggummis nicht an der hinteren Querstrebe anliegen, müssen weitere Einstellungen vorgenommen werden.
16 Führen Sie in die Bohrung des Anschlaggummis einen Inbusschlüssel ein und lockern Sie die Schraube, bis sich das innere Schiebestück frei bewegen lässt. Ziehen Sie das Anschlaggummi heraus und schließen Sie vorsichtig die Heckklappe, um so seinen inneren Teil in die korrekte Position zu verschieben. Sobald das Gummi in der richtigen Position sitzt, wird die Schraube angezogen (siehe Abbildung).

14.16 Lockern Sie die Anschlaggummi-Schraube, um das Gummi verschieben zu können.

Gasdruckfedern

17 Der Einbau entspricht der umgekehrten Ausbaureihenfolge – sichern Sie die Verbindungen zu den Kugelköpfen oben und unten mit den Arretierclips.

15 Heckklappe und Gasdruckfedern (Roadster) – Ausbau und Einbau

Ausbau

Heckklappe

1 Öffnen Sie den Gepäckraum. Trennen Sie den Masseanschluss (–) der Batterie – beachten Sie dabei die Hinweise auf Seite 366.
2 Trennen Sie die Stecker der Kennzeichenbeleuchtungen. Befreien Sie die Kabel-Gummistopfen aus der Heckklappe (siehe Abbildung). Binden Sie Fäden an alle Kabelstecker, um diese durch den Heckklappen-Rahmen zu ziehen und dann wieder zu lösen. Beim Einbau können so die Kabel wieder durch den Rahmen zurückgezogen werden.

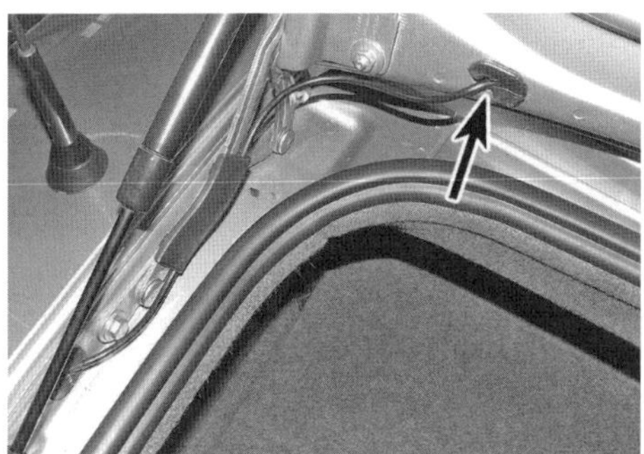

15.2 Ziehen Sie die Gummistopfen aus der Heckklappe, um die Kabel zu befreien.

3 Markieren Sie die Ausrichtung der Heckklappe zu den Scharnieren, um sie wieder korrekt ausgerichtet montieren zu können (siehe Abbildung). Lassen Sie einen Assistenten die geöffnete Heckklappe halten und lösen Sie die Muttern, mit denen die Scharniere an der Heckklappe gesichert sind.

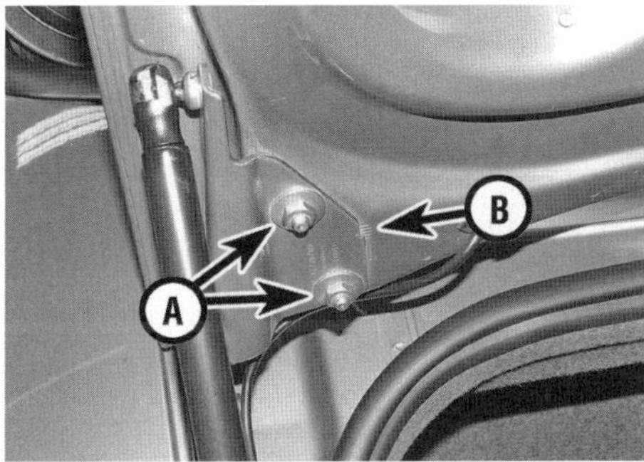

15.3 Heckklappen-Muttern (A), Ausrichtmarkierungen (B)

4 Inspizieren Sie die Scharniere auf Verschleiß oder Beschädigungen und ersetzen Sie sie nötigenfalls. Die Scharniere sind mit Schrauben an der Karosserie gesichert (siehe Abbildung).

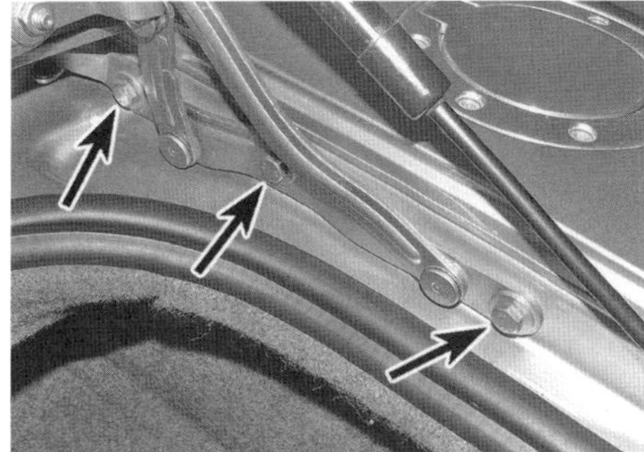

15.4 Scharnier-Befestigungsschrauben an der Karosserie

Gasdruckfedern

5 Lassen Sie einen Assistenten die geöffnete Heckklappe halten.
6 Heben Sie an der Heckklappe mit einem kleinen Schraubendreher den Arretierclip an (er muss nicht vollständig entfernt werden) und ziehen Sie die Gasdruckfeder vom Kugelkopf ab. Wiederholen Sie dies an der unteren Aufnahme und entnehmen Sie die Gasdruckfeder (siehe Abbildungen).
Anmerkung: *Falls die Gasdruckfeder wiederverwendet werden, darf der Arretierclip nicht vollständig herausgezogen werden, da er hierbei beschädigt wird.*

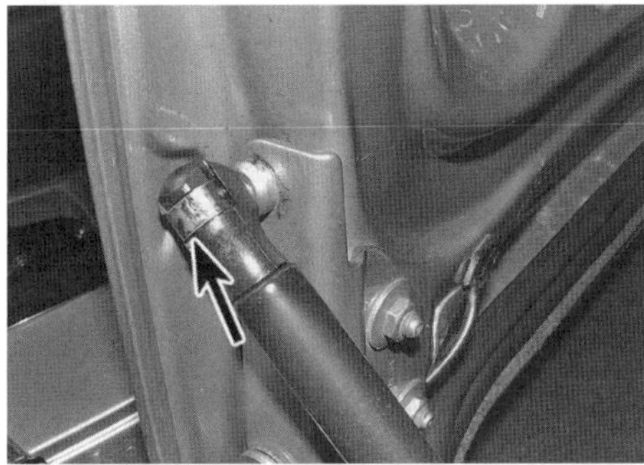

15.6a Oberer Arretierclip

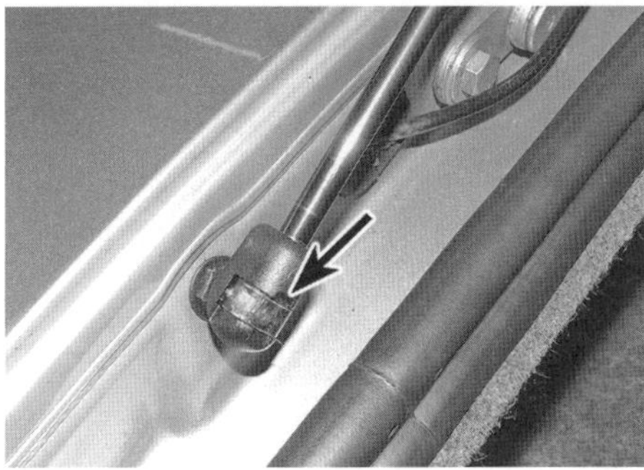

15.6b Unterer Arretierclip

Einbau

Heckklappe

7 Der Einbau entspricht der umgekehrten Ausbaureihenfolge – richten Sie die Scharniere zu den zuvor angebrachten Markierungen aus. Ziehen Sie die Scharnierschrauben mit 21 Nm an.

8 Schließen Sie zum Schluss die Heckklappe und prüfen Sie ihre Ausrichtung zu den Kotflügeln und der Heckschürze. Kleinere Einstellungen können nach dem Lockern der Scharnierschrauben und dem Verschieben der Heckklappe vorgenommen werden. Falls die Anschlaggummis nicht an der hinteren Querstrebe anliegen, müssen weitere Einstellungen vorgenommen werden (siehe Sektion 14, Schritt 16).

Gasdruckfedern

9 Der Einbau entspricht der umgekehrten Ausbaureihenfolge – sichern Sie die Verbindungen zu den Kugelköpfen oben und unten mit den Arretierclips.

16 Gepäckraumschloss-Komponenten – Ausbau und Einbau

Ausbau

Schloss

1 Öffnen Sie den Gepäckraum und entfernen Sie die hintere Verkleidung (siehe Sektion 26).
2 Trennen Sie am Schloss und am Aktuator die Kabelstecker (siehe Abbildungen).

16.2a Trennen Sie die Stecker vom Schloss ...

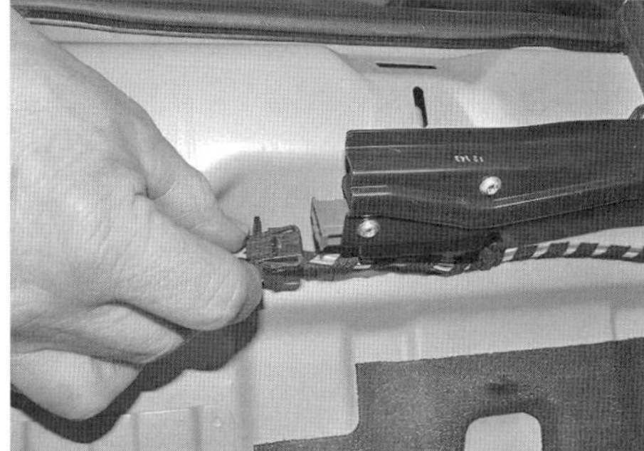

16.2b ... und vom Aktuator.

3 Lösen Sie die zwei Schrauben der Schloss-Halterung und entfernen Sie diese vom Abschlussblech. Befreien Sie die Öffnerzughülle aus dem Gehäuse und trennen Sie den Nippel vom Hebel des Schlosses (siehe Abbildungen).

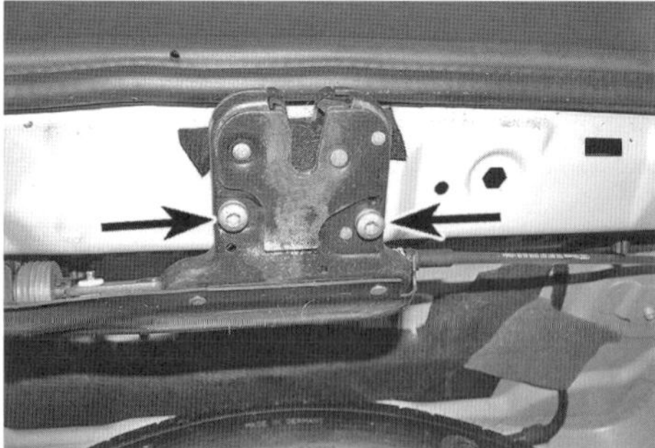

16.3a Lösen Sie die zwei Schrauben.

16.3b Befreien Sie den Bowdenzug vom Schloss.

Schließbügel

4 Öffnen Sie den Gepäckraum und entfernen Sie die Abdeckung der Schließbügel-Platte (siehe Abbildungen).

16.4a Entfernen Sie die Abdeckung der Schließbügel-Platte – Roadster.

16.4b Entfernen Sie die Abdeckung der Schließbügel-Platte – Coupé.

5 Markieren Sie die Position der Schließbügel-Platte, lösen Sie die zwei Schrauben und entnehmen Sie den Schließbügel (siehe Abbildungen).
Anmerkung: *Die Schrauben stecken in Langlöchern, damit die Platte verschoben werden kann.*

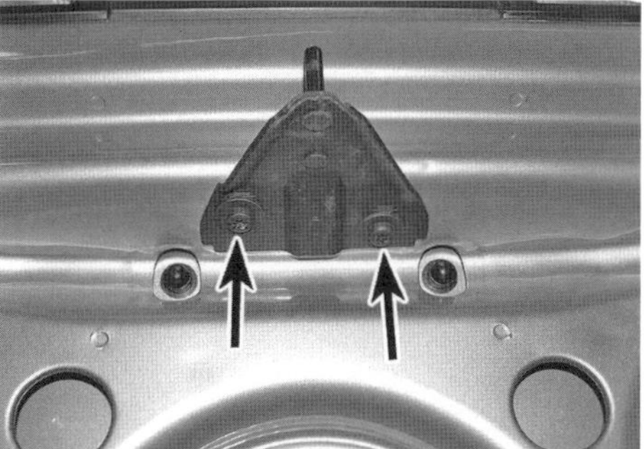

16.5a Schrauben der Schließbügel-Platte – Roadster

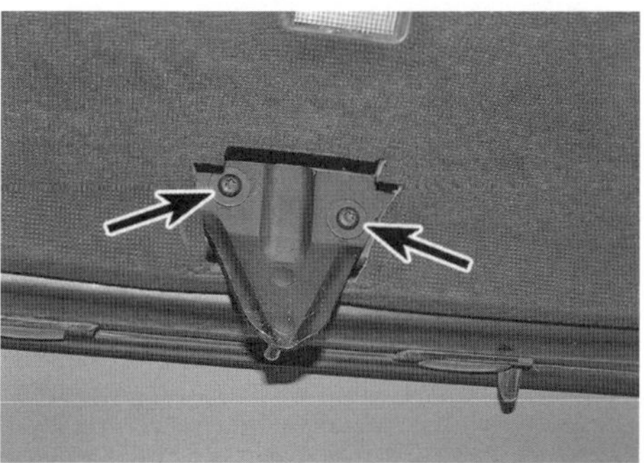

16.5b Schrauben der Schließbügel-Platte – Coupé

Gepäckraum-Öffnerzug

6 Der Gepäckraum kann bei Stromausfall von innen per Seilzug geöffnet werden. Hierfür muss beim Roadster die Abdeckung hinter dem Fahrersitz geöffnet werden und beim Coupé die Abdeckung hinten in der Mittelkonsole (siehe Abbildungen).

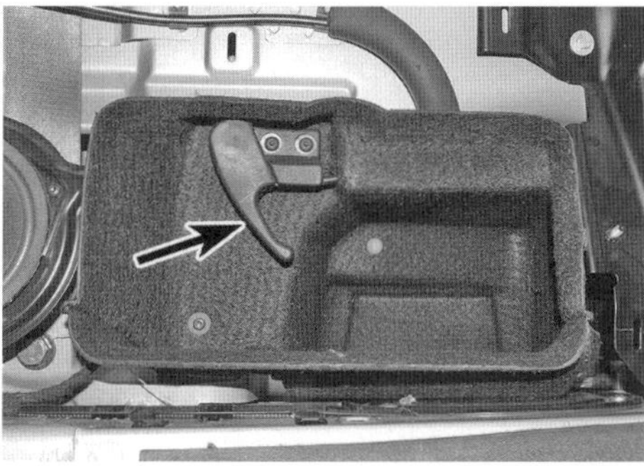

16.6a Gepäckraum-Öffnerhebel beim Roadster

16.6b Gepäckraum-Öffnerzugschlaufe beim Coupé

7 Demontieren Sie das Gepäckraum-Schloss und befreien Sie den Öffnerzug (Schritte 1 bis 3).
8 Der Öffnerzug ist unter verschiedenen Verkleidungen und beim Coupé unter der Rückbank verlegt. Nachdem diese demontiert sind (siehe Sektion 26 und ggf. Sektion 23), wird der Seilzug aus allen Befestigungen befreit.
9 Lösen Sie beim Roadster die Schrauben des Öffnerhebels und befreien Sie diesen aus dem Fach hinter dem Fahrersitz. Lösen Sie die Seilzughülle aus dem Hebelhalter und befreien Sie den Nippel aus dem Hebel (siehe Abbildung).

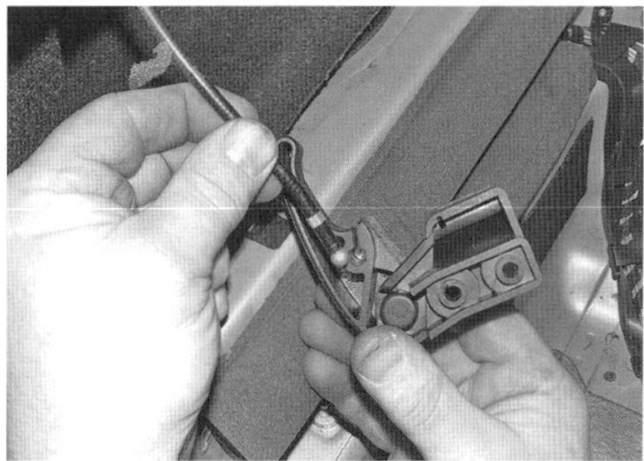

16.9 Befreien Sie den Öffnerzug vom Hebel – Roadster

Einbau

Schloss

10 Verbinden Sie den Öffnerzug mit dem Schloss, installieren Sie dessen Halter an das Abschlussblech und ziehen Sie die Schrauben sorgfältig an. Verbinden Sie die Kabelstecker und montieren Sie die Verkleidung.

Schließbügel

11 Der Einbau entspricht der umgekehrten Ausbaureihenfolge. Prüfen Sie die Ausrichtung der Heckklappe und stellen Sie die Schließbügel-Platte nötigenfalls ein. Ziehen Sie die Schrauben mit 12 Nm an.

Gepäckraum-Öffnerzug

12 Der Einbau entspricht der umgekehrten Ausbaureihenfolge – beachten Sie die Hinweise in Schritt 10 sowie den Sektionen 26 und 23.

17 Zentralverriegelungs-Komponenten – Ausbau und Einbau

1 Trennen Sie zunächst den Masseanschluss (–) der Batterie – beachten Sie dabei die Hinweise auf Seite 366.

Ausbau

Interner Zentralverriegelungs-Schalter

2 Entfernen Sie hinten in der Mittelkonsole die Abdeckung und ggf. den Becherhalter – für diesen müssen zunächst die Gummimatten entfernt und die Schrauben gelöst werden (siehe Abbildungen).

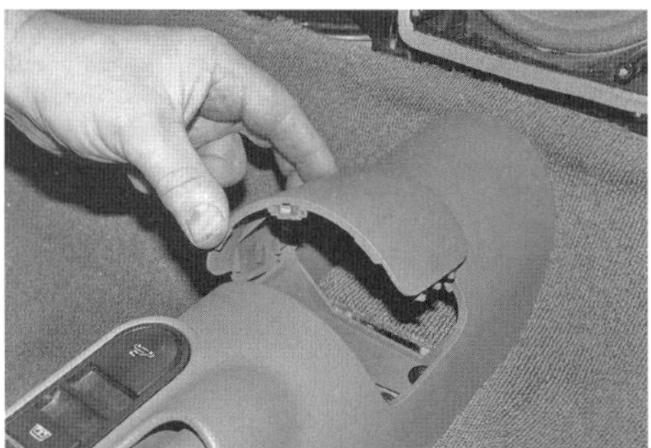

17.2 Befreien Sie die Abdeckung aus dem hinteren Teil der Mittelkonsole.

3 Greifen Sie in die Mittelkonsole und drücken Sie die Schalterblende hoch, um sie zu befreien – trennen Sie dabei die Stecker (siehe Abbildungen).

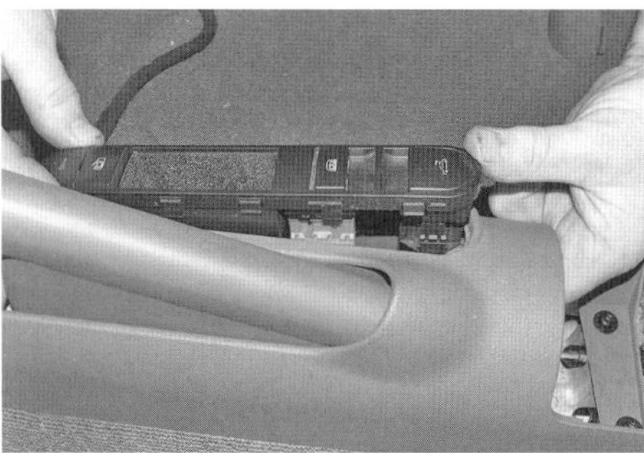

17.3a Befreien Sie die Schalterblende ...

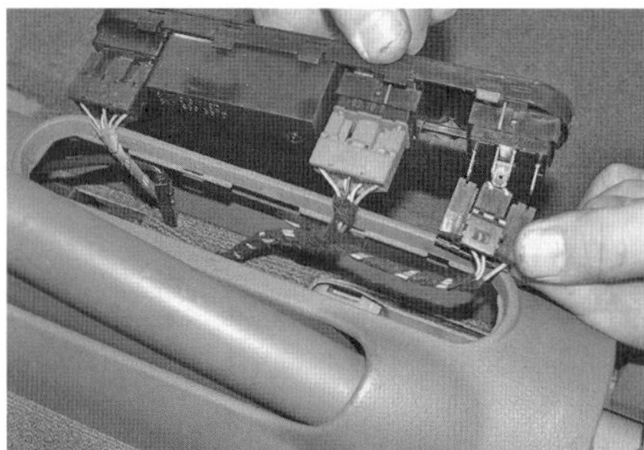

17.3b ... und trennen Sie ihre Stecker.

4 Lösen Sie die Laschen und befreien Sie den Zentralverriegelungs-Schalter aus der Blende.

Zentralverriegelungs-Steuermodul

Anmerkung: *Bei Modellen mit ‚Komfort-System' steuert das Zentralverriegelungs-Steuermodul auch die Alarmanlage, die Fensterheber und die Außenspiegel-Verstellung (über separate Steuermodule in den Türen).*

Coupé

5 Das Zentralverriegelungs-Steuermodul sitzt hinter der linken hinteren Innenverkleidung – entfernen Sie diese (siehe Sektion 26).

6 Trennen Sie die Stecker, lösen Sie die Schrauben und befreien Sie das Zentralverriegelungs-Steuermodul vom Halter (siehe Abbildung).

17.6 Zentralverriegelungs-Steuermodul – Coupé

Roadster

7 Das Zentralverriegelungs-Steuermodul sitzt hinter dem Windschott-Glas links im Stauraum – öffnen Sie für den Zugang die Wartungsklappe (siehe Abbildung).

17.7 Öffnen Sie im Stauraum die linke Wartungsklappe, ...

8 Trennen Sie die Stecker, lösen Sie die Schrauben und befreien Sie das Zentralverriegelungs-Steuermodul vom Halter (siehe Abbildung).

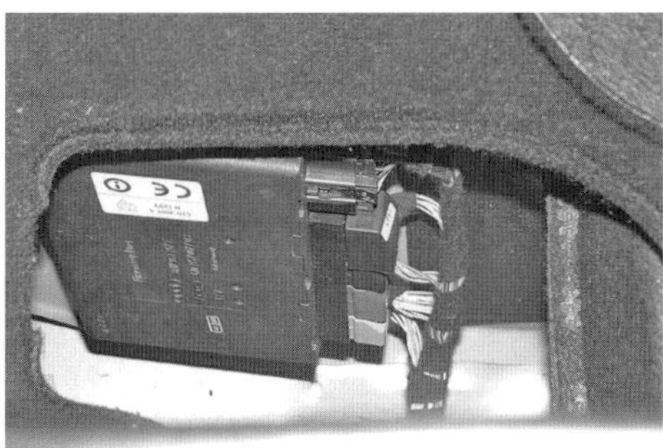

17.8 ... um Zugang zum Zentralverriegelungs-Steuermodul zu erhalten – Roadster

Türschloss-Aktuator

9 Demontieren Sie das Türschloss (siehe Sektion 12).
10 Der Aktuator ist in das Türschloss integriert und kann nicht separat ersetzt werden.

Gepäckraumschloss-Aktuator

11 Demontieren Sie das Gepäckraumschloss (siehe Sektion 16).
12 Trennen Sie die Anlenkstange vom Aktuator (siehe Abbildung).

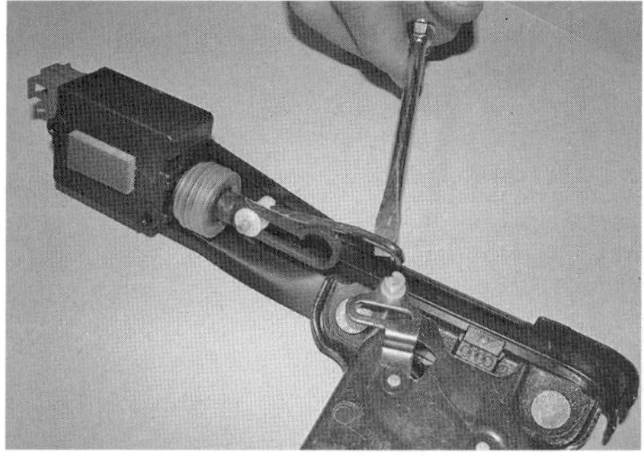

17.12 Trennen Sie die Anlenkstange vom Aktuator.

13 Lösen Sie die Schrauben des Aktuators und trennen Sie ihn von der Halterung (siehe Abbildung).

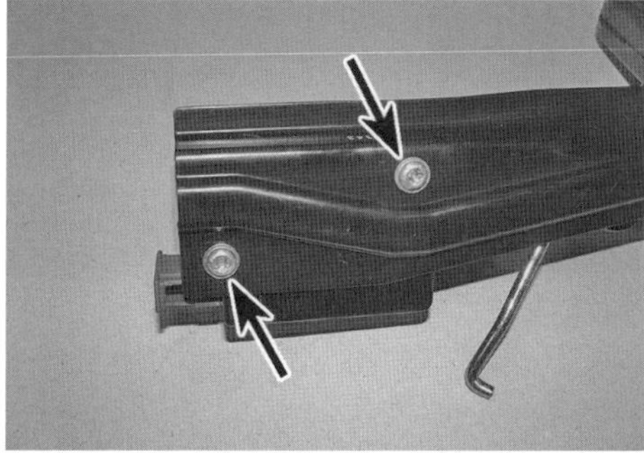

17.13 Aktuator-Schrauben

Tankklappen-Aktuator

14 Öffnen Sie den Gepäckraum und darin die rechte Wartungsklappe (siehe Abbildung).

17.14 Öffnen Sie im Gepäckraum die rechte Wartungsklappe.

15 Lösen Sie die zwei Muttern und manövrieren Sie den Tankklappen-Aktuator samt Halter heraus (siehe Abbildung). Trennen Sie den Stecker und den Öffnerzug vom Aktuator. Lockern Sie nötigenfalls die Schrauben, um den Aktuator aus den Langlöchern des Halters zu befreien.

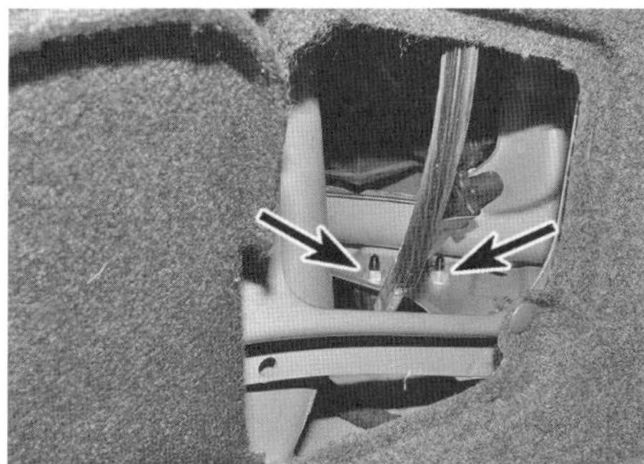

17.15 Befestigungsmuttern des Tankklappen-Aktuators

Stauraum-Aktuatoren – Roadster

16 Die Stauraum-Abdeckung hinter den Sitzen ist mit zwei Aktuatoren ausgerüstet – einem für das obere mittige Fach und einem für das linke untere Fach (siehe Abbildung).

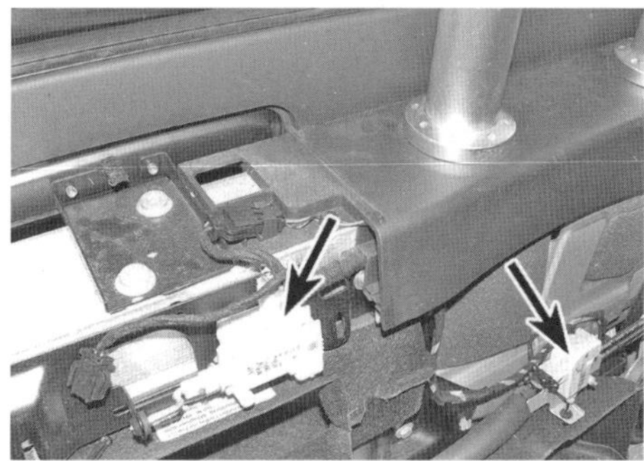

17.16 Positionen der Stauraum-Aktuatoren beim Roadster

17 Schwenken Sie die Rückenlehne nach vorn und entfernen Sie die dahinter liegenden Abdeckungen des Windschotts (siehe Abbildung) (siehe Sektion 26).

17.17 Entfernen Sie die Abdeckungen hinter den Sitzen.

18 Trennen Sie den Stecker, lockern Sie die Schrauben und entfernen Sie den Aktuator aus den Langlöchern des Halters (siehe Abbildungen).

17.18a Trennen Sie den Stecker ...

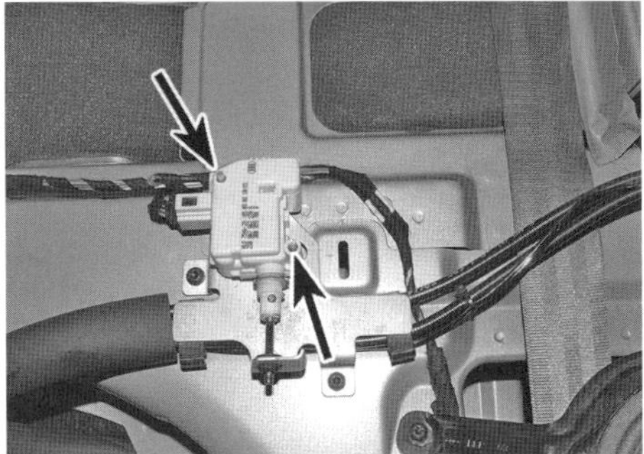

17.18b ... und lockern Sie die Aktuator-Schrauben.

Einbau

19 Der Einbau entspricht der umgekehrten Ausbaureihenfolge. Alle Anschlüsse müssen sicher verbunden sein. Prüfen Sie zum Schluss die Funktionen aller Zentralverriegelungs-Komponenten.

18 Fensterheber-Komponenten – Ausbau und Einbau

Fensterheber-Schalter

1 Entfernen Sie die Türverkleidung (siehe Sektion 11).
2 Ziehen Sie den Türgriff zurück und entfernen Sie die Abdeckung der Schalter (siehe Abbildung).

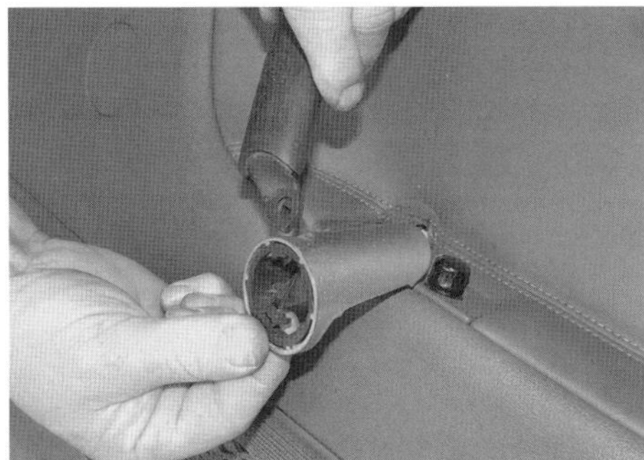

18.2 Entfernen Sie die Schalter-Abdeckung.

3 Befreien Sie an der Rückseite der Türverkleidung den Wetterschutz (siehe Abbildung).

18.3 Lösen Sie den Wetterschutz von der Türverkleidung.

4 Ziehen Sie an der Rückseite der Türverkleidung die Haltehülse heraus und entfernen Sie den Schalter. Lösen Sie die Laschen der Schalter-Stecker und trennen Sie diese (siehe Abbildungen).

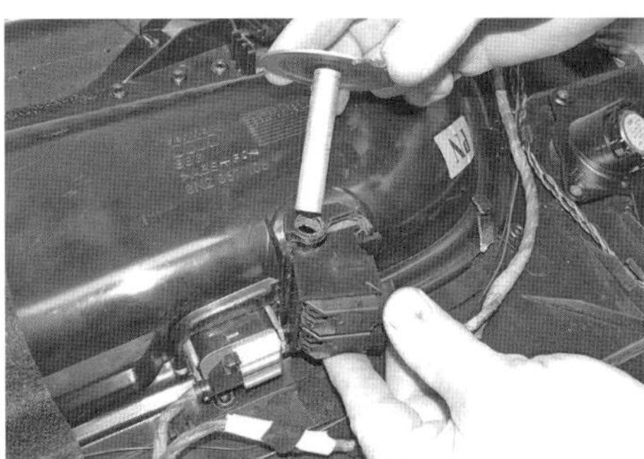

18.4a Befreien Sie den Schalter ...

18.4b ... und trennen Sie die Stecker.

5 Der Einbau entspricht der umgekehrten Ausbaureihenfolge.

Fensterheber-Motor

6 Entfernen Sie die Türverkleidung (siehe Sektion 11).
7 Lösen Sie die drei Schrauben des Motor, trennen Sie seinen Stecker und befreien Sie den Motor vom Fensterheber-Hilfsrahmen (siehe Abbildung).

18.7 Lösen Sie die Schrauben des Fensterheber-Motors (Pfeile) und trennen Sie den Stecker.

8 Falls ein neuer Motor eingebaut werden soll, muss die Abdeckung von den Zahnrädern entfernt werden.
9 Die Antriebskomponenten müssen sauber sein, dann werden sie mit speziellem Fett (Audi empfiehlt G 000 450 02) geschmiert.
10 Richten Sie den Motor sorgfältig zum Antrieb aus.
11 Drehen Sie die Schrauben zunächst locker ein; nachdem die Antriebsräder korrekt ineinander gegriffen haben, werden sie sorgfältig angeschlossen. Verbinden Sie den Stecker.
12 Montieren Sie die Türverkleidung (siehe Sektion 11).

19 Außenspiegel-Komponenten – Ausbau und Einbau

Spiegelglas

1 Schieben Sie vorsichtig ein flaches und breites Werkzeug unten zwischen Rahmen und Spiegelglas ein, drücken Sie den Spiegel oben nach innen und hebeln Sie das Glas vom Motor ab. Trennen Sie den Stecker des Heizelements (siehe Abbildungen).

Achtung: Das Spiegelglas ist empfindlich und zerbricht leicht.

19.1a Hebeln Sie das Spiegelglas vorsichtig ab …

19.1b … und trennen Sie den Stecker des Heizelements.

2 Drücken Sie das korrekt ausgerichtete Spiegelglas in der Mitte fest gegen den Motor, bis es einrastet – tragen Sie dabei Handschuhe oder schützen Sie ihre Hand mit Lappen.

Spiegel-Motor und Gehäuse

3 Entfernen Sie das Spiegelglas (siehe oben).
4 Lösen Sie innerhalb des Gehäuses mit einer langen Spitzzange den Drahtbügel aus dem Halter (siehe Abbildung). Schwenken Sie den Bügel hoch, um ihn vom Halter zu befreien.

19.4 Lösen Sie den Drahtbügel.

5 Drehen Sie eine Schraube in das Gewinde der Halteklemme, um diese vom Halter abzuziehen (siehe Abbildungen).

19.5a Drehen Sie die Schraube ein, …

19.5b ... um die Halteklemme abzudrücken.

6 Trennen Sie die Kabelstecker im Gehäuse und befreien Sie dies von der Aufnahme (siehe Abbildungen).

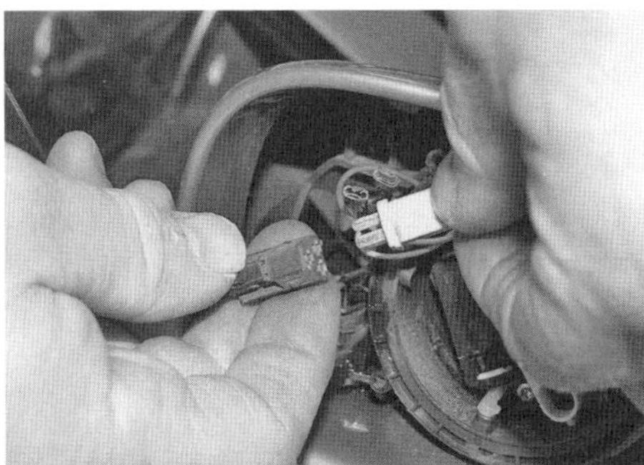

19.6a Trennen Sie die Kabelstecker im Gehäuse ...

19.6b ... und befreien Sie dies von der Aufnahme.

7 Um die Aufnahme von der Tür zu befreien, müssen die zwei Schrauben gelöst werden (siehe Abbildung). Entfernen Sie dann die Türverkleidung (siehe Sektion 11) und trennen Sie darin die Spiegel-Stecker.

19.7 Die Aufnahme ist mit zwei Schrauben an der Tür gesichert.

8 Der Einbau entspricht der umgekehrten Ausbaureihenfolge – der Drahtbügel muss korrekt an der Halteklemme und der Aufnahme sitzen (siehe Abbildung).

19.8 Der Drahtbügel muss korrekt sitzen.

Spiegel-Schalter

9 Entfernen Sie die Türverkleidung (siehe Sektion 11). Befreien Sie an der Rückseite der Türverkleidung den Wetterschutz (Abb. 18.3).
10 Lösen Sie die Laschen an der Rückseite des Schalters und drücken Sie diesen durch die Türverkleidung heraus, trennen Sie dann den Stecker (siehe Abbildungen).

19.10a Befreien Sie den Schalter ...

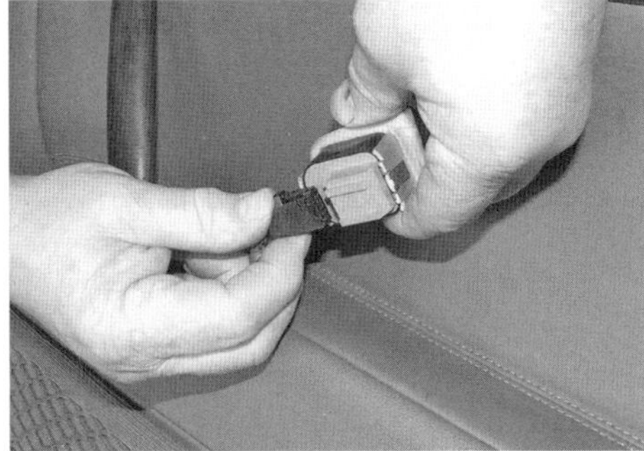

19.10b ... und trennen Sie den Stecker.

11 Der Einbau entspricht der umgekehrten Ausbaureihenfolge

20 Windschutzscheibe und andere feste Fenster – Allgemeine Informationen

1 Diese Glasflächen sind mit Spezialklebstoff gesichert und mit einer stabilen Dichtung abgedichtet. Der Austausch des Fensters ist eine schwierige, schmutzige und zeitaufwendige Aufgabe, die die Fähigkeiten der meisten Hobbyschrauber übersteigt. Beim Einkleben eine perfekte Abdichtung zu erreichen, ist nur mit reichlich Praxis möglich. Zudem besteht besonders bei der Verbundglas-Windschutzscheibe eine große Bruchgefahr. Aus all diesen Gründen wird sehr empfohlen, Arbeiten an allen fest montierten Fenstern einer Fachwerkstatt oder einem Autoglaser zu überlassen.

21 Verdeck-Komponenten (Roadster) – Ausbau und Einbau

Verdeck-Baugruppe

1 Trennen Sie zunächst den Masseanschluss (–) der Batterie – beachten Sie dabei die Hinweise auf Seite 366.
2 Schwenken Sie die Rückenlehne nach vorn und entfernen Sie die dahinter liegenden Abdeckungen des Windschotts (Abb. 17.17) (siehe Sektion 26).
3 Greifen Sie bei geschlossenem Verdeck hinter die Windschott-Baugruppe und lösen Sie den unteren Teil der Verkleidung vorn im Verdeckkasten. Öffnen Sie dann das Verdeck und ziehen Sie die Verkleidung hinter dem Windschott hervor (siehe Abbildungen).

21.3a Befreien Sie die Verkleidung bei geschlossenem Verdeck, ...

21.3b ... öffnen Sie das Verdeck und entnehmen Sie die Verkleidung.

4 Schließen Sie das Verdeck, lösen Sie die Clips oben an den zwei Gasdruckdämpfern (links und rechts), um sie vom Verdeckrahmen zu trennen (siehe Abbildungen).

21.4a Hebeln Sie mit einem kleinen Schraubendreher ...

21.4b ... den Clip der oberen Gasdruckdämpfer-Aufnahme ab ...

21.4c ... und trennen Sie den Dämpfer vom Kugelkopf des Verdeckrahmens.

5 Lösen Sie hinten im Verdeckkasten die innere Abdeckung vom Verdeck (siehe Abbildung).

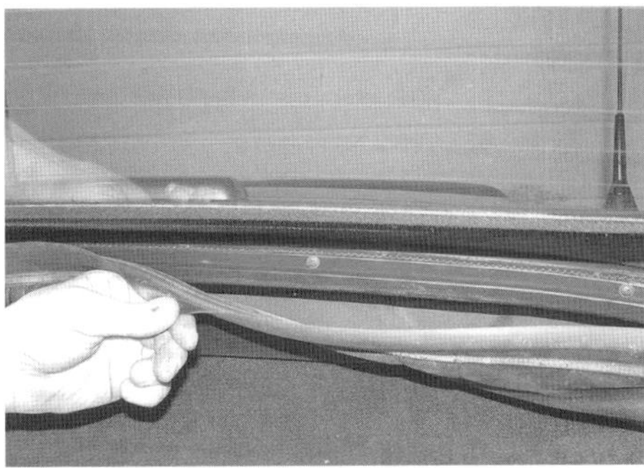

21.5 Lösen Sie die Abdeckung vom Verdeck.

6 Senken Sie das Verdeck ab und lösen Sie hinten im Verdeck-Stauraum die Schrauben der inneren Laschen. Lösen Sie auch die zwei Schrauben, um das Halteband zu entfernen (siehe Abbildungen). Markieren Sie die Positionen der Laschen, um den Einbau zu erleichtern.

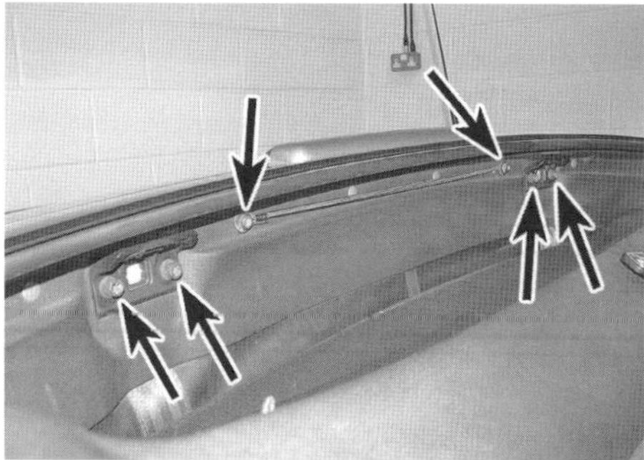

21.6a Schrauben der Laschen und des Haltebands

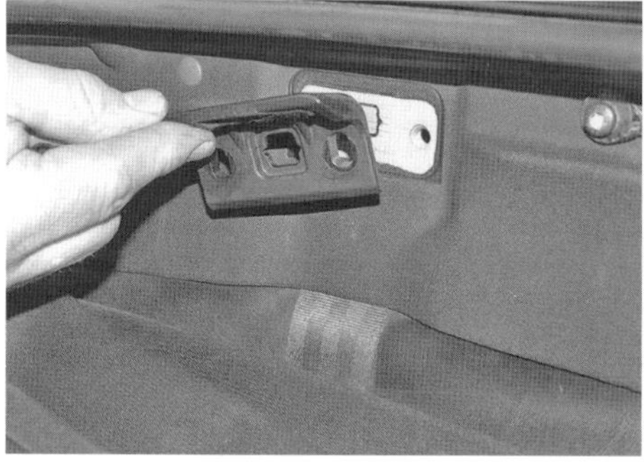

21.6b Markieren Sie die Positionen der Laschen.

7 Lösen Sie hinten im Verdeckkasten die Clips der Verkleidung, um diese zu befreien (siehe Abbildungen).

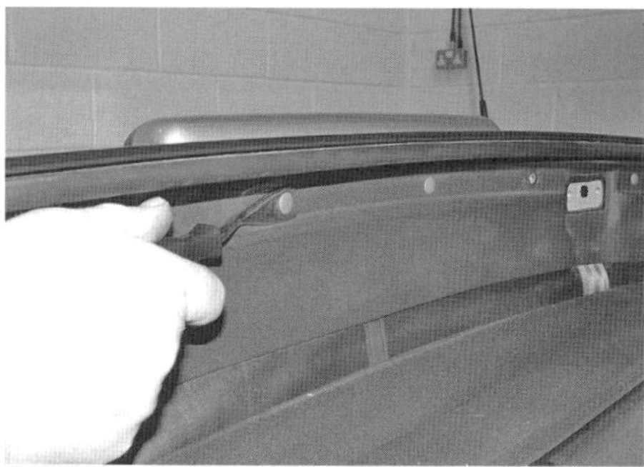

21.7a Lösen Sie die Clips ...

21.7b ... und entnehmen Sie die Staufach-Verkleidung.

8 Lösen Sie an beiden Seiten die drei Schrauben des Verdeckrahmens (siehe Abbildung).

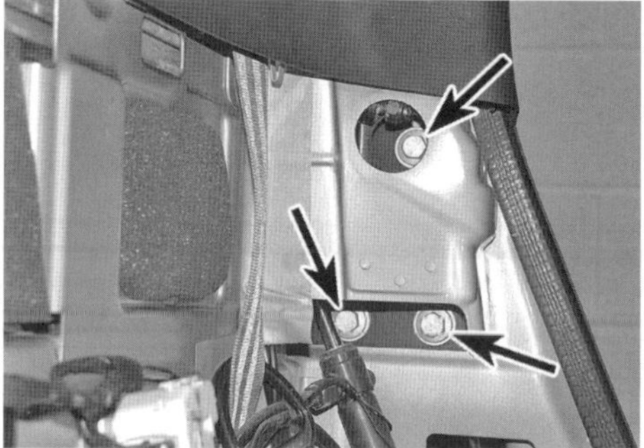

21.8 Schrauben des Verdeckrahmens

9 Entfernen Sie innerhalb des Verdeckrahmen-Fachs links und rechts die Gummiabdeckungen und lösen Sie die jeweils zwei Schrauben aus dem Verdeckrahmen-Mechanismus (siehe Abbildungen).

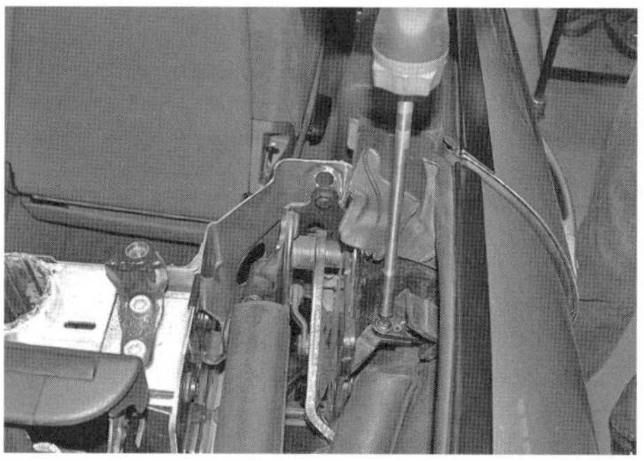

21.9a Lösen Sie rechts ...

21.9b ... und links die zwei Schrauben aus dem Verdeckrahmen-Mechanismus.

10 Befreien Sie die Rahmen-Aufnahmepunkte und entfernen Sie die Gummiabdeckungen vom Verdeckrahmen-Mechanismus (siehe Abbildungen).

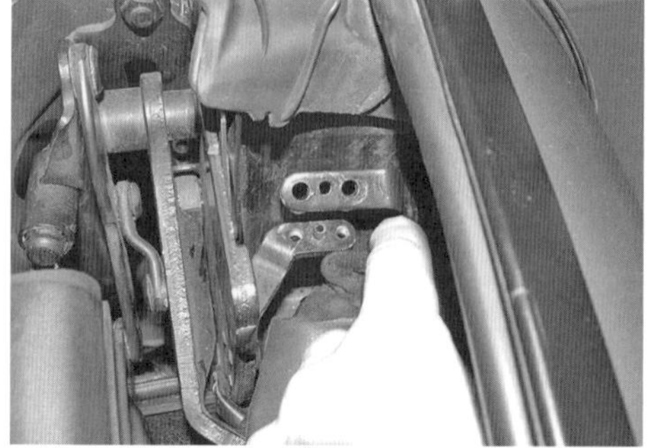

21.10a Befreien Sie die Rahmen-Aufnahmepunkte ...

21.10b ... und entfernen Sie die Gummiabdeckungen.

11 Trennen Sie links und rechts hinter den Türöffnungen des die Kabelstecker (siehe Abbildung).

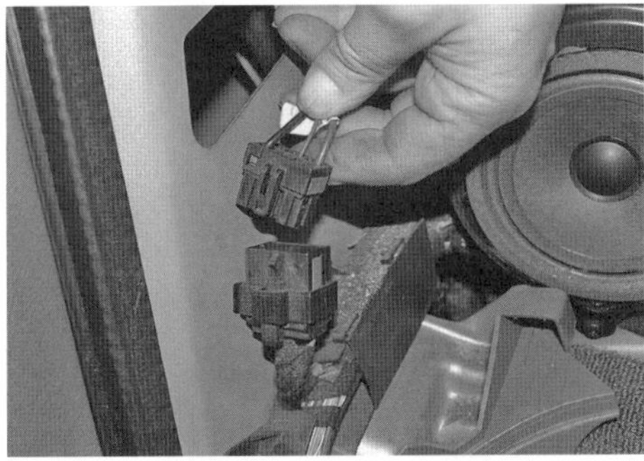

21.11 Trennen Sie an beiden Seiten die Stecker.

12 Heben Sie zusammen mit einem Assistenten die Verdeck-Baugruppe nach hinten vom Fahrzeug ab (siehe Abbildung) – eine Seite davon muss dabei möglichst weit in das Staufach heruntergedrückt werden, damit die andere Seite befreit werden kann, anschließend kann das komplette Verdeck herausgezogen werden.

Achtung: Beschädigen Sie beim Entnehmen des Verdecks keine lackierten Oberflächen des Fahrzeugs!

21.12 Heben Sie zusammen mit einem Assistenten die Verdeck-Baugruppe nach hinten ab.

13 Der Einbau entspricht der umgekehrten Ausbaureihenfolge – alle zuvor angebrachten Ausrichtmarkierungen müssen fluchten. Prüfen Sie die Funktion des Verdecks und stellen Sie es mithilfe der Madenschrauben ein (siehe Abbildungen).

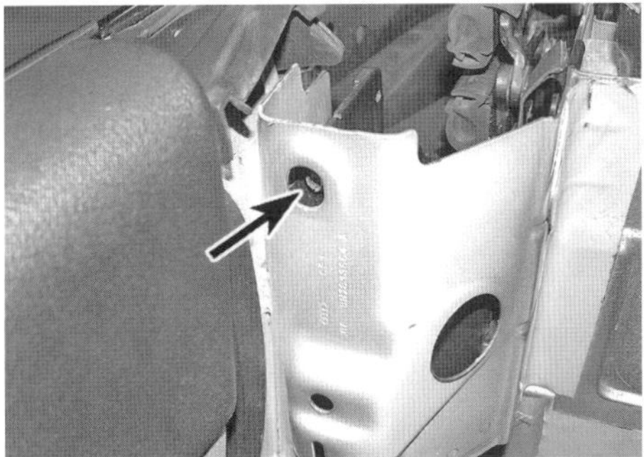

21.13a Obere Einstell-Madenschraube

21.13b Eine der unteren Einstell-Madenschrauben

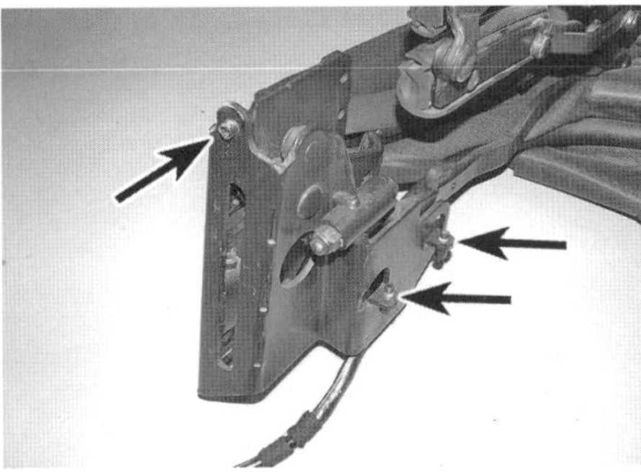

21.13c Einstell-Madenschrauben – gezeigt bei demontiertem Verdeckrahmen

Windschott-Baugruppe

14 Demontieren Sie die Verdeck-Baugruppe (siehe oben).
15 Lösen Sie im Verdeckkasten die Clips der mit Teppichboden überzogenen Verkleidung und befreien Sie diese unter den Wasser-Auffangschalen heraus, um sie zu entnehmen (siehe Abbildungen).

21.15a Lösen Sie die Clips der mit Teppichboden überzogenen Verkleidung ...

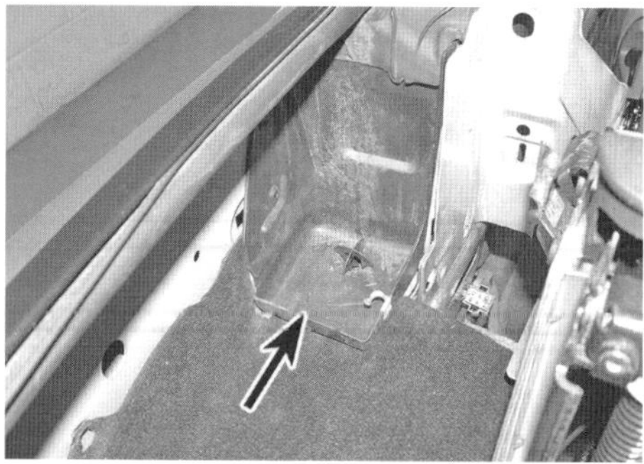

21.15b ... und befreien Sie diese unter den Wasser-Auffang-schalen heraus, ...

21.15c ... um sie zu entnehmen.

16 Trennen Sie den Stecker des Windschott-Motors (siehe Abbildung).

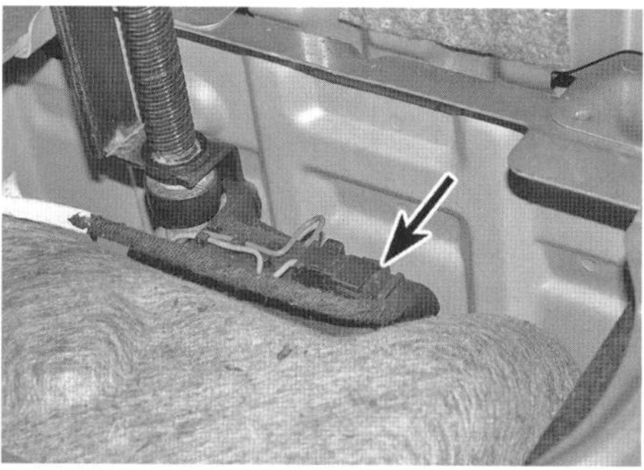

21.16 Stecker des Windschott-Motors

17 Fahren Sie das Windschott-Glas hoch, indem Sie am Antriebsriemen (unter dem oberen Rand der Baugruppe) ziehen (siehe Abbildung).

21.17 Ziehen Sie das Windschott-Glas mit dem Riemen hoch.

18 Lösen Sie die sechs Befestigungsschrauben: zwei am vorderen oberen Rand, zwei rechts hinten und zwei links hinten (siehe Abbildungen). Heben Sie dann die Windschott-Baugruppe mithilfe eines Assistenten aus dem Fahrzeug.

21.18a Windschott-Baugruppen-Befestigungsschrauben am oberen vorderen Rand

21.18b Rechte Windschott-Schrauben

21.18c Linke Windschott-Schrauben

19 Der Einbau entspricht der umgekehrten Ausbaureihenfolge – prüfen Sie die Funktion des Windschotts und reinigen Sie in beiden hinteren Ecken des Staufachs die Abläufe der Wasser-Auffangschalen (siehe Abbildung).

21.19 Reinigen Sie mit einem Draht die Ablaufschläuche der Wasser-Auffangschalen.

22 Karosserie-Außenteile – Ausbau und Einbau

Radhausschalen und Unterbodenverkleidungen

1 Die aus Kunststoff bestehenden Verkleidungsteile sind mit diversen Schrauben, Muttern und Kunststoffnieten im Kotflügel und am Unterboden gesichert, die leicht zu erkennen sind. Arbeiten Sie sich rundherum methodisch vor, lösen Sie die Schrauben und Stifte, bis die Verkleidung entnommen werden kann. Die meisten Clips müssen einfach herausgehebelt werden. Demontieren Sie die Räder, um die Radhausschalen ausbauen zu können.
2 Der Einbau entspricht der umgekehrten Ausbaureihenfolge – beim Ausbau beschädigte Stifte müssen beim Einbau durch Neuteile ersetzt werden.

Schutzleisten und Plaketten

3 Die verschiedenen Leisten und Plaketten sind mit Spezialkleber befestigt, der für den Ausbau erwärmt werden muss, um weich zu werden und abgeschnitten werden zu können. Aufgrund des hohen Risikos, den Lack der Karosserie zu beschädigen, sollte diese Arbeit einer Fachwerkstatt überlassen werden.

23 Sitze – Ausbau und Einbau

Anmerkung: *Beachten Sie zum Thema Seiten-Airbags die Warnhinweise in Kapitel 12, Sektion 24.*

Ausbau

Vordersitze

Anmerkung: *Die Anzahl der Kabelstecker unter dem Sitz hängt von der Ausstattung des Fahrzeugs ab.*

1 Trennen Sie zunächst den Masseanschluss (–) der Batterie – beachten Sie dabei die Hinweise auf Seite 366.
2 Schieben Sie den Sitz nach vorn und lösen Sie die zwei Schrauben hinten an den Sitzschienen (siehe Abbildung).

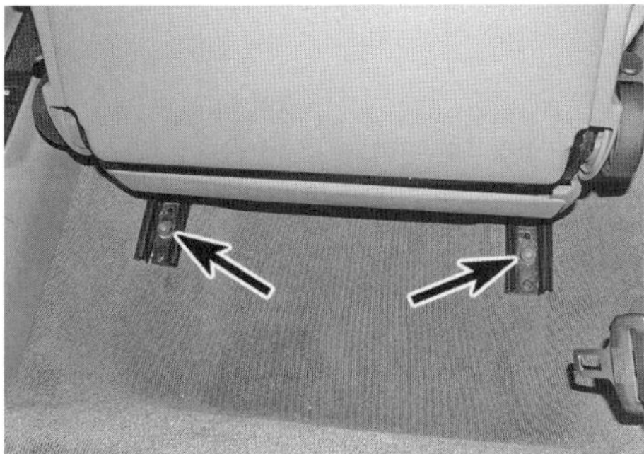

23.2 Hintere Sitzschienen-Schrauben

3 Schieben Sie den Sitz nach hinten, ziehen Sie die Abdeckungen von den Sitzschienen und lösen Sie die zwei Schrauben der Schienen (siehe Abbildungen).

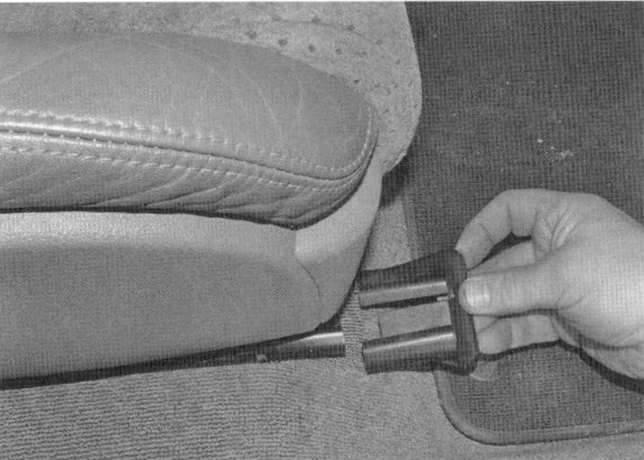

23.3a Ziehen Sie vorn die Abdeckungen von den Sitzschienen ...

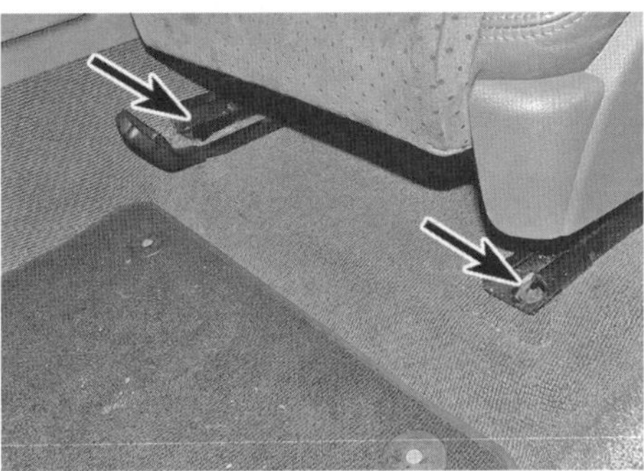

23.3b ... und lösen Sie vorderen Sitzschienen-Schrauben.

4 Klappen Sie den Sitz nach hinten und trennen Sie die Stecker vorn unter dem Sitz (siehe Abbildungen). Befreien Sie die Verkabelung aus allen Befestigungen am Sitz und heben Sie diesen vorsichtig aus dem Fahrzeug – beschädigen Sie bei nicht den Lack in der Türöffnung.

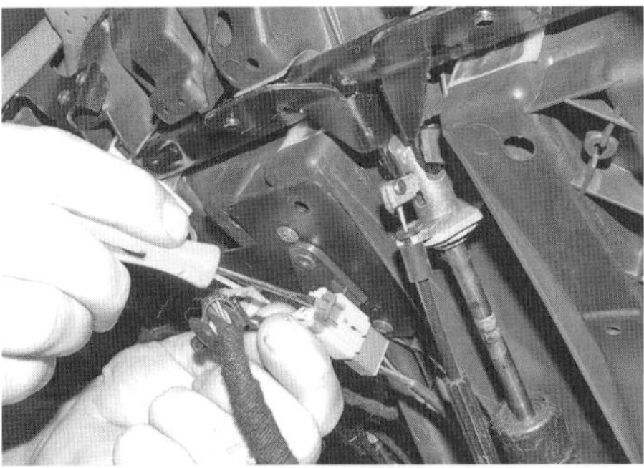

23.4a Lösen Sie die Laschen ...

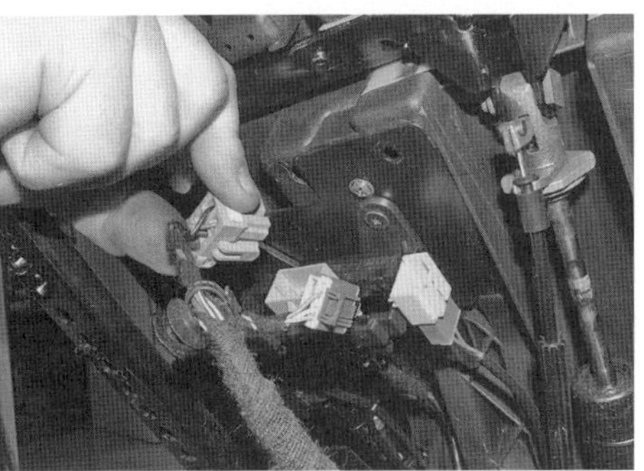

23.4b ... und trennen Sie die Stecker.

Rücksitze – Coupé

5 Ziehen Sie das Sitzpolster vorn an beiden Seiten hoch, um die Draht-Clips an der Unterseite vom Zapfen am Unterboden zu befreien. Schieben Sie das Sitzpolster nach vorn und befreien Sie dabei die Gurtschlösser (siehe Abbildungen).

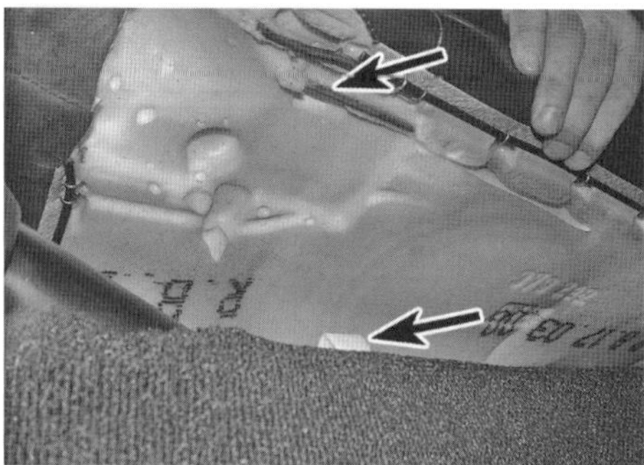

23.5a Lösen Sie die Rücksitz-Clips.

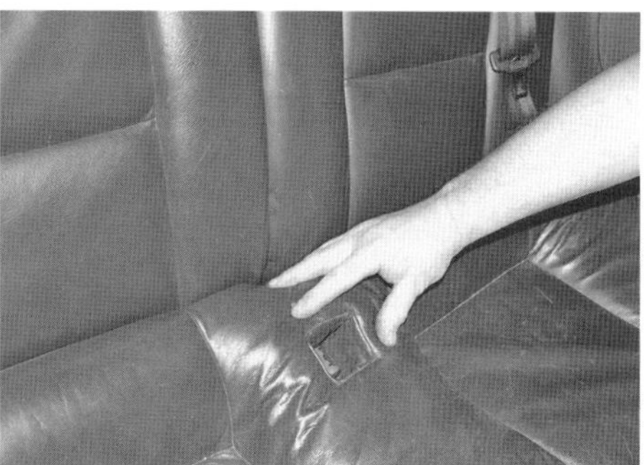

23.5b Befreien Sie die Gurtschlösser durch das Sitzpolster.

6 Lösen Sie die Schrauben der Gurtschloss-Halter und befreien Sie diese von den Rücksitz-Haltern (siehe Abbildungen).

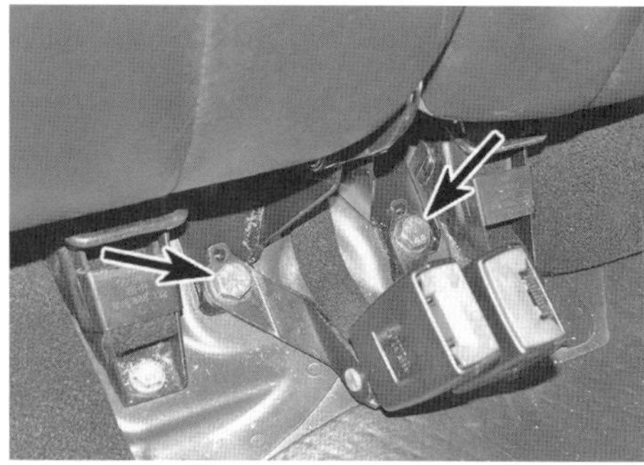

23.6a Lösen Sie die Schrauben …

23.6b … und entfernen Sie die Gurtschlösser.

7 Lösen Sie an den äußeren Rücksitz-Haltern die Schrauben der Gurtverankerungen (siehe Abbildung).

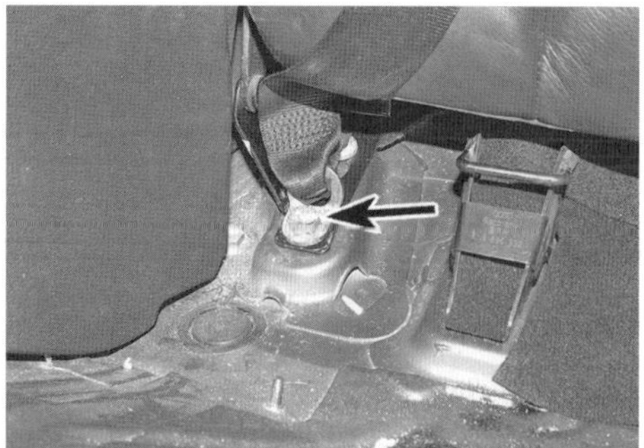

23.7 Schraube der Gurtverankerung

8 Jetzt können die hinteren Schrauben der Rücksitz-Halter gelockert und die mit Langlöchern versehenen Halter verschoben werden, um entfernt werden zu können.

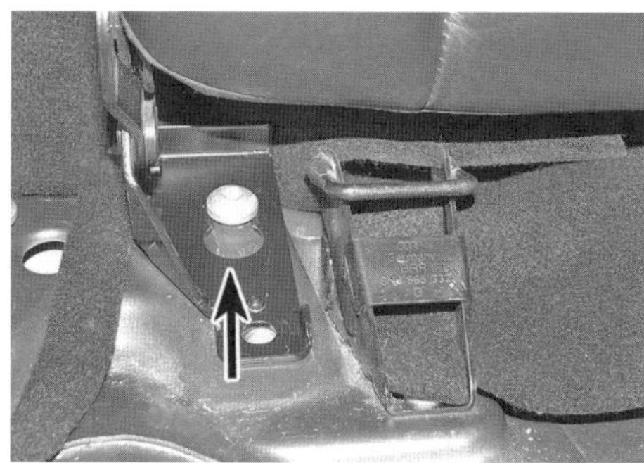

23.8 Die hinteren Schrauben der Rücksitz-Halter müssen nur gelockert werden, um den Halter zu befreien.

9 Lösen Sie die obere Rücksitz-Lasche und verschieben Sie die unteren Halter nach hinten, um sie von den hinteren Schrauben zu befreien (Abb. 23.8). Die Rücksitzlehne kann jetzt vorsichtig aus dem Fahrzeug gehoben werden – beschädigen Sie bei nicht den Lack in der Türöffnung.

Einbau

Vordersitze

10 Kontrollieren Sie zunächst die Sitzschienen auf Verschleiß und Beschädigungen und ersetzen Sie sie nötigenfalls. Der Einbau entspricht der umgekehrten Ausbaureihenfolge – der Verstellhebel muss korrekt zur Sitzschiene ausgerichtet sein. Die Sitzschienen-Schrauben müssen mit 23 Nm angezogen werden.

Rücksitze – Coupé

11 Der Einbau entspricht der umgekehrten Ausbaureihenfolge – die Rückenlehne muss korrekt einrasten. Ziehen Sie die Schrauben der Gurtverankerungen und der Gurtschloss-Halter mit 40 Nm an; ziehen Sie die hinteren Schrauben der Rücksitz-Halter sorgfältig an.

24 Gurtstraffer – Allgemeine Informationen

1 Die vorderen Gurte sind mit einem pyrotechnischen Vorspannsystem ausgerüstet, das die Gurte bei einem Aufprall anzieht, um sie straffer am Körper anliegen zu lassen. Jeder Vordersitz hat sein eigenes System. Die Gurtstraffer sitzen hinter den Schweller-Verkleidungen.
2 Der Gurtstraffer wird ausgelöst, wenn bei einem Frontalaufprall die Gravitationskraft um einen vorgegebenen Faktor stärker als die normale Schwerkraft auftritt. Bei einem leichten Aufprall von vorn oder einem Heckaufprall wird der Gurtstraffer nicht ausgelöst.
3 Beim Auslösen des Systems explodiert das Gas im Straffer-Mechanismus, sodass dieser über einen Seilzug die Gurtrolle spannt und blockiert. Hierdurch wird der Passagier fest in den Sitz gedrückt. Nachdem der Gurtspanner ausgelöst hat, ist der Gurt dauerhaft blockiert und die gesamte Baugruppe muss erneuert werden.
4 Falls das System bei der Arbeit am Fahrzeug versehentlich ausgelöst wird, besteht Verletzungsrisiko, sodass es sehr empfehlenswert ist, Arbeiten am Gurtstraffer-System einer Fachwerkstatt zu überlassen. Beachten Sie vor Arbeiten an den Vordersitzen die folgenden Warnhinweise:

Warnung: Setzen Sie den Gurtstraffer-Mechanismus keinen Temperaturen über 100 °C aus!
• Falls der ausgebaute Gurtstraffer-Mechanismus herunterfällt, muss er auch ohne sichtbare Beschädigungen erneuert werden.
• Lassen Sie keine Lösungsmittel in Kontakt mit dem Gurtstraffer-Mechanismus kommen!
• Versuchen Sie nicht, den Gurtstraffer-Mechanismus zu öffnen – er enthält explosive Gase!
• Lassen Sie einen noch nicht ausgelösten Gurtstraffer-Mechanismus von einer Fachwerkstatt entsorgen!
• Trennen Sie vor jeder Arbeit am Gurtstraffer-Mechanismus den Masseanschluss (–) der Batterie – beachten Sie dabei die Hinweise auf Seite 366.

25 Sicherheitsgurt-Komponenten – Ausbau und Einbau

Die Vordersitze sind mit Gurtstraffern ausgerüstet, die über die Airbag-Steuerung ausgelöst werden und bei der Arbeit daran schwere Verletzungen hervorrufen können, falls sie auslösen (siehe Warnhinweise in Sektion 24). Versuchen Sie niemals, den Gurtstraffer-Mechanismus von der Gurtrolle zu trennen!

Ausbau

Vordersitz-Gurte

Roadster

1 Trennen Sie zunächst den Masseanschluss (–) der Batterie – beachten Sie dabei die Hinweise auf Seite 366. Klappen Sie die Sitzlehne nach vorn und entfernen Sie die dahinter liegende Verkleidung (siehe Abbildung) (siehe Sektion 26).

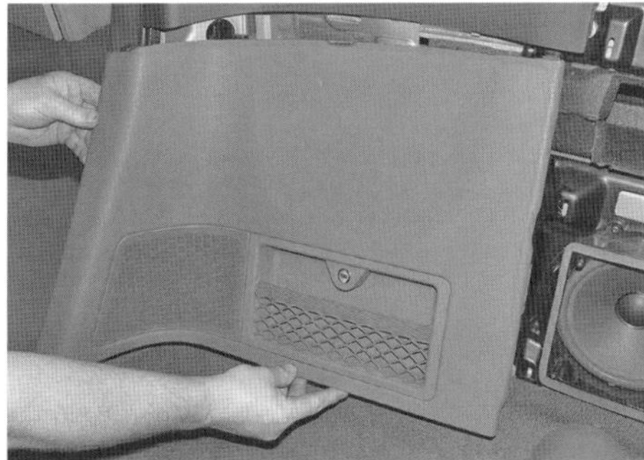

25.1 Entfernen Sie die Verkleidung – hier diejenige hinter dem Beifahrersitz

2 Entfernen Sie die Kunststoffkappe von der unteren Gurtverankerung, lösen Sie deren Schraube und befreien Sie den Gurt (siehe Abbildungen).

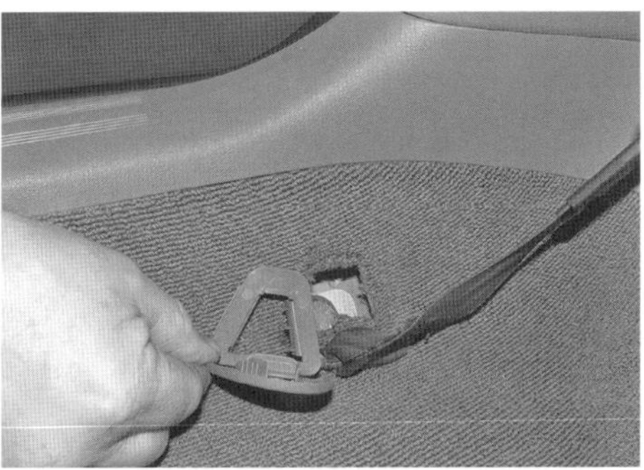

25.2a Entfernen Sie die Kunststoffkappe von der unteren Gurtverankerung, ...

25.2b ... lösen Sie deren Schraube und befreien Sie den Gurt

3 Lösen Sie die Schrauben des vor der Gurtrolle sitzenden Lautsprechers und entnehmen Sie ihn (siehe Abbildung).

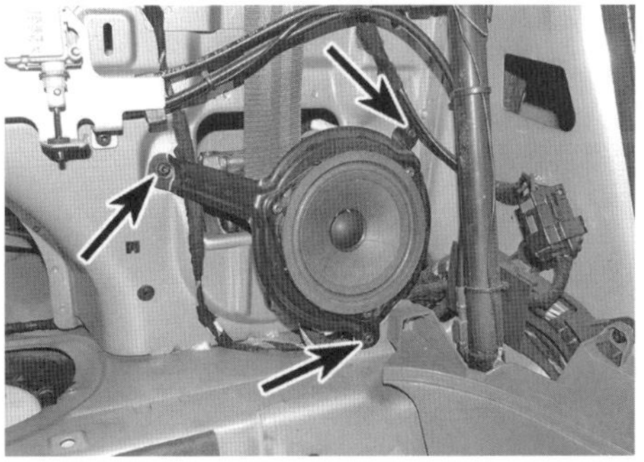

25.3 Schrauben des vor der Gurtrolle sitzenden Lautsprechers

4 Entfernen Sie die Kappe von der oberen Gurtführung und lösen Sie deren Schraube (siehe Abbildungen).

25.4a Entfernen Sie die Kappe von der Gurtführung ...

25.4b ... und lösen Sie deren Schraube.

5 Schieben Sie die Hülsen des Überrollbügels hoch, heben Sie die obere Kunststoffblende an und ziehen Sie den Gurt nach innen durch (siehe Abbildungen).

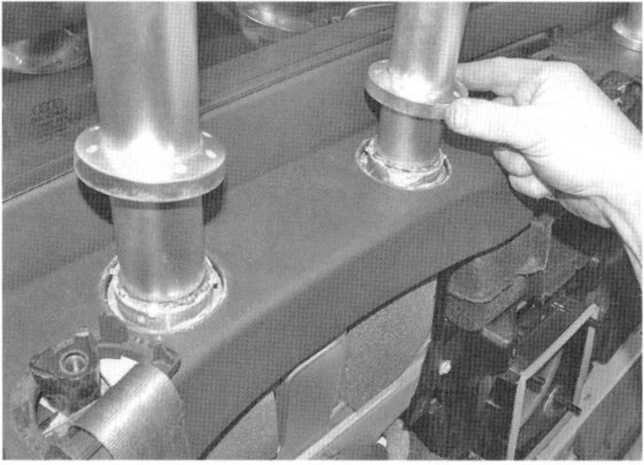

25.5a Schieben Sie die Hülsen des Überrollbügels hoch ...

25.5b ... und ziehen Sie den Gurt nach innen durch die angehobene obere Kunststoffblende (gezeigt bei demontiertem Überrollbügel).

6 Trennen Sie bei Modellen mit Seiten-Airbags den Stecker von der Gurtrolle (siehe Abbildung).

25.6 Stecker des Seiten-Airbags an der Gurtrolle

7 Lösen Sie die Gurtrollen-Schraube (siehe Abbildung), heben Sie die Gurtrolle etwas an und verlagern Sie sie nach hinten, um den über der Schraube liegenden Zapfen zu befreien, und entfernen Sie die Gurt-Baugruppe aus dem Fahrzeug.

25.7 Gurtrollen-Schraube

Coupé

8 Entfernen Sie den Rücksitz samt Rückenlehne (siehe Sektion 23).
9 Lösen Sie den Rückenlehnen-Arretierzapfen und befreien Sie die hintere Seitenverkleidung (siehe Abbildungen).

25.9a Lösen Sie den Rückenlehnen-Arretierzapfen ...

25.9b ... und befreien Sie die hintere Seitenverkleidung.

10 Lösen Sie die vier Schrauben und zwei Muttern der über der Gurtrolle sitzenden B-Säulen-Strebe, um sie zu entfernen (siehe Abbildungen).

25.10a Lösen Sie oben an der Strebe die drei Schrauben …

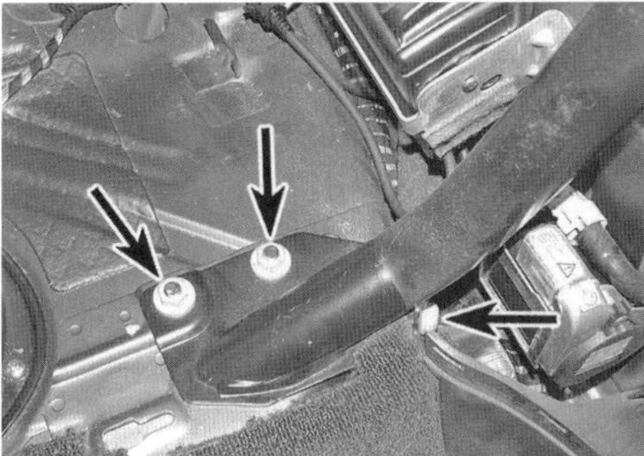

25.10b … und unten die zwei Muttern und einzelne Schraube.

11 Entfernen Sie die Kunststoffkappe von der unteren Gurtverankerung, lösen Sie deren Schraube und befreien Sie den Gurt (Abb. 25.2a und b).
12 Lösen Sie die zwei Schrauben der oberen Gurtführung, um sie von der Karosserie zu befreien (siehe Abbildung).

25.12 Obere Gurtführung

13 Trennen Sie ggf. den Stecker des Seiten-Airbags von der Gurtrolle (siehe Abbildung).

25.13 Stecker des Seiten-Airbags an der Gurtrolle

14 Lösen Sie die Gurtrollen-Schraube (siehe Abbildung) und entfernen Sie die Gurt-Baugruppe aus dem Fahrzeug.

25.14 Gurtrollen-Schraube

Vordersitz-Gurtschloss

15 Demontieren Sie den Sitz (siehe Sektion 23) und lösen Sie ggf. die seitliche Verkleidung.
16 Lösen Sie die Schraube, die das Gurtschloss am Sitz sichert, und entnehmen Sie es.

Rücksitz-Gurte – Coupé

17 Demontieren Sie die Rücksitz-Baugruppe (siehe Sektion 23).
18 Die Rücksitz-Gurtrollen können vom Rückenlehnen-Rahmen demontiert werden, nachdem das Sitzpolster entfernt ist.

Rücksitz-Gurtschloss – Coupé

19 Demontieren Sie das Rücksitz-Polster (siehe Sektion 23).
20 Lösen Sie die Schrauben der Gurtschloss-Halter und befreien Sie diese von den Rücksitz-Haltern (Abb. 23.6a und b).

Einbau

21 Der Einbau entspricht der umgekehrten Ausbaureihenfolge – die Gurt-Baugruppen müssen korrekt positioniert und ihre Schrauben mit 40 Nm angezogen werden.

26 Innenverkleidung – Ausbau und Einbau

Allgemeines

1 Innenverkleidungen können mit Schrauben, Zapfen oder Clips gesichert sein.
2 Prüfen Sie, ob das zu entfernende Bauteil nicht von anderen Komponenten überlappt werden. Üblicherweise lässt sich die Ausbaureihenfolge bei genauer Betrachtung deutlich erkennen.
3 Entfernen Sie alle sichtbaren Befestigungen wie Schrauben. Falls sich ein Verkleidungsteil nicht lösen lässt, wird es von versteckten Clips oder Laschen gesichert; diese befinden sich zumeist außen an der Verkleidung und können herausgehebelt werden – seien Sie dabei vorsichtig, damit nichts abbricht. Zum Abhebeln eignet sich ein breiter Kunststoff-Spachtel oder nötigenfalls ein großer Schlitzschraubendreher. Oft muss ein benachbarter Dichtstreifen zurückgehebelt werden, um ein Verkleidungsteil befreien zu können.

4 Setzen Sie beim Ausbau von Verkleidungsteilen niemals Gewalt ein, da es hiermit leicht beschädigt werden kann. Prüfen Sie sorgfältig, ob alle Befestigungen oder anderen relevanten Komponenten entfernt oder gelöst wurden.
5 Der Einbau entspricht der umgekehrten Ausbaureihenfolge – drücken Sie Clips ein, bis sie einrasten und ziehen Sie Schrauben sorgfältig – aber nicht zu fest – an.

Handschuhfach

6 Hebeln Sie rechts am Armaturenbrett die Abdeckung ab und lösen Sie die drei Schrauben aus dem Handschuhfach (siehe Abbildungen).

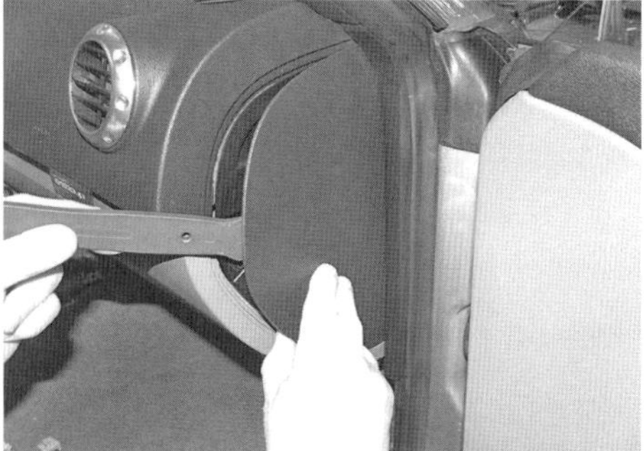

26.6a Hebeln Sie die Abdeckung ab …

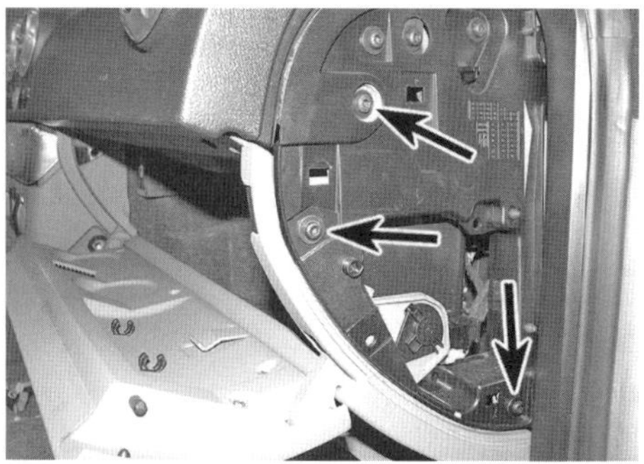

26.6b … und lösen Sie die drei Schrauben.

7 Trennen Sie innerhalb des Armaturenbretts den Stecker der Handschuhfachleuchte (siehe Abbildung).

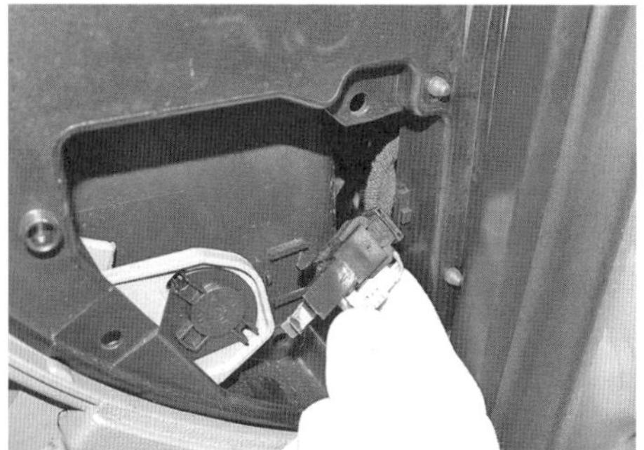

26.7 Stecker der Handschuhfachleuchte

8 Öffnen Sie das Handschuhfach, lösen Sie die drei oberen Schrauben sowie die einzelne Schraube links unten (siehe Abbildung).

26.8 Handschuhfach-Schrauben

9 Ziehen Sie das Handschuhfach heraus und trennen Sie die Stecker der Lampe und des Beifahrer-Airbags, sobald sie zugänglich sind (siehe Abbildungen).

26.9a Trennen Sie die Stecker der Handschuhfachleuchte …

26.9b … und des Beifahrer-Airbags.

10 Das Handschuhfach-Schloss kann nötigenfalls aus dem Deckel herausgehebelt werden – stellen Sie dabei die Feder sicher. Stecken Sie den Schlüssel ins Schloss, lösen Sie an der Rückseite die Laschen und ziehen Sie das Schloss aus seinem Gehäuse. Sobald der Schlüssel herausgezogen wird, können Kleinteile und Federn aus dem Schloss herausfallen (siehe Abbildungen).

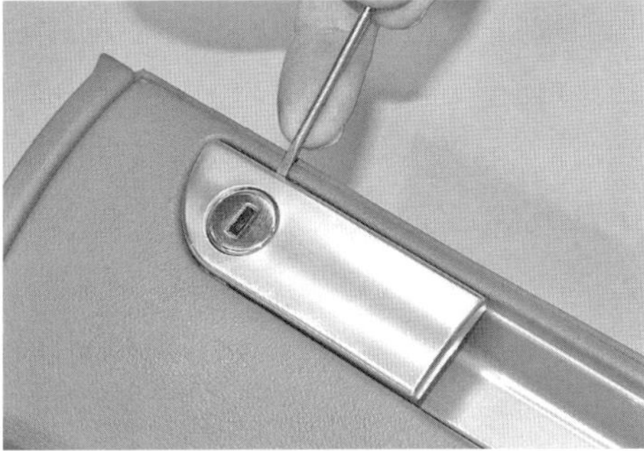

26.10a Hebeln Sie vorsichtig …

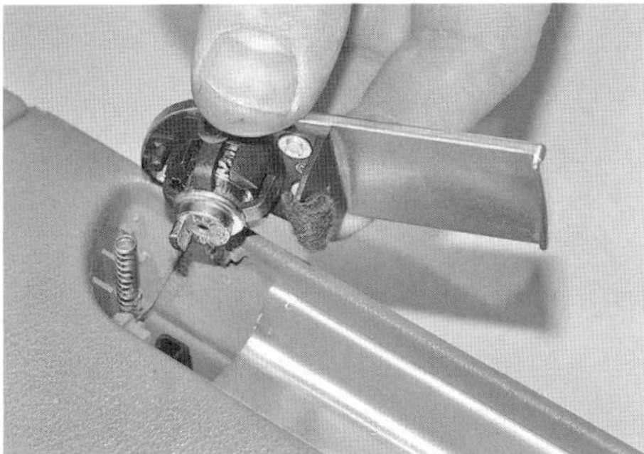

26.10b … das Schloss aus dem Handschuhfach-Deckel.

26.10c Stellen Sie die Feder sicher.

26.10d Lösen Sie die Laschen …

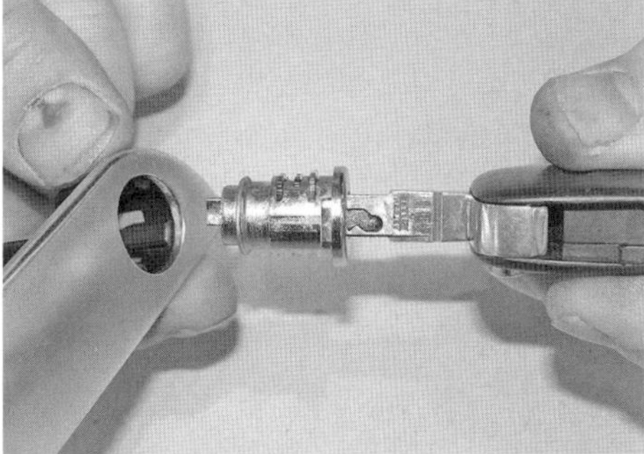

26.10e … und ziehen Sie das Schloss mithilfe des Schlüssels heraus.

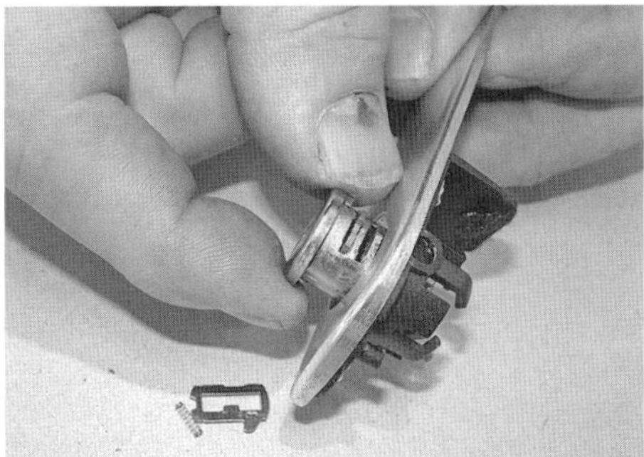

26.10f Nach dem Abziehen des Schlüssels können Kleinteile und Federn aus dem Schloss herausfallen.

11 Der Einbau entspricht der umgekehrten Ausbaureihenfolge.

Teppiche

12 Der im Fußraum liegende Teppich besteht aus einem Stück und ist mit Schrauben oder Clips befestigt.
13 Der Ausbau und Einbau des Teppichs ist relativ einfach, aber sehr zeitaufwändig, da zunächst alle benachbarten Verkleidungsteile entfernt werden müssen; außerdem müssen die Sitze, die Mittelkonsole und die unteren Gurtverankerungen demontiert werden.

Dachhimmel

14 Der Dachhimmel kann befreit werden, nachdem alle Griffe, Sonnenblenden, Dichtleisten und andere Bauteile demontiert wurden. Für den Zugang zu den Schrauben der Sonnenblenden und Handgriffe müssen die davor sitzenden Plastikkappen entfernt werden.
15 Beachten Sie, dass der Ausbau und vor allem der Einbau des Dachhimmels Kenntnisse und Erfahrungen erfordert, sodass diese Arbeit besser einem Fachbetrieb überlassen werden sollte.

Innenspiegel

16 Verdrehen Sie den Spiegel um ca. 90° nach links, um aus der Befestigung an der Windschutzscheibe zu befreien. Setzen Sie ihn genauso wieder an und drehen Sie ihn nach rechts, bis er einrastet. Bei Modellen mit Regensensor muss die Blende um den Spiegel-Schaft befreit und der Sensorstecker getrennt werden.

Hintere Verkleidungen – Roadster

17 Schieben Sie beide Sitze ganz nach vorn und klappen Sie die Lehnen nach vorn.

18 Befreien Sie in der Mitte der Verkleidung das Gitter vom Lautsprecher und lösen Sie die vier dahinter liegenden Schrauben (siehe Abbildungen).

26.18a Befreien Sie das Gitter vom mittleren Lautsprecher ...

26.18b ... und lösen Sie die vier dahinter liegenden Schrauben.

19 Öffnen Sie die Klappe des Staufachs und befreien Sie vorsichtig hier Scharnier aus der Mittelverkleidung (siehe Abbildung).

26.19 Ziehen Sie die Staufach-Klappe heraus, um ihr Scharnier zu befreien.

20 Hebeln Sie vorsichtig die Befestigungen der Mittelverkleidung aus der hinteren Verkleidung (siehe Abbildungen).

26.20a Hebeln Sie vorsichtig die Befestigungen der Mittelverkleidung ...

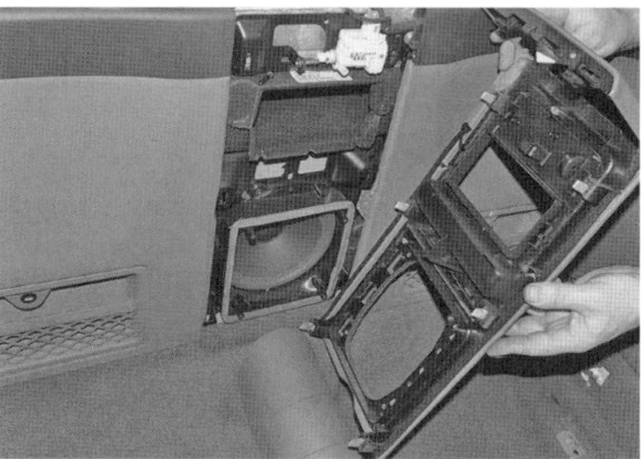

26.20b ... aus der hinteren Verkleidung.

21 Entfernen Sie die Zugangsklappe aus dem linken Verkleidungsteil und befreien Sie dies vorsichtig aus ihren Aufnahmen (siehe Abbildungen).

26.21a Entfernen Sie links die Zugangsklappe ...

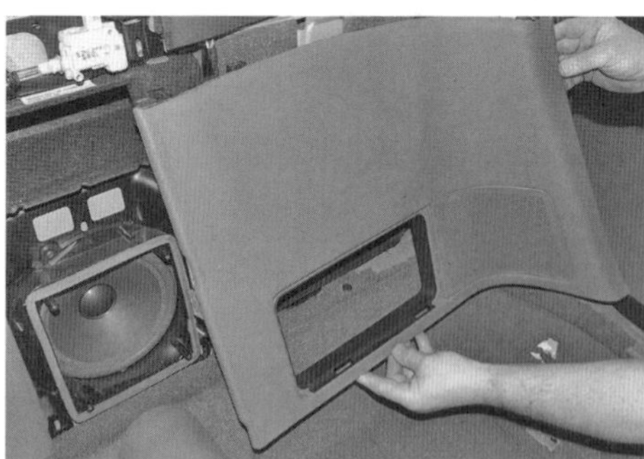

26.21b ... und befreien Sie vorsichtig das Verkleidungsteil.

22 Befreien Sie das rechte Verkleidungsteil vorsichtig aus ihren Aufnahmen (siehe Abbildung).

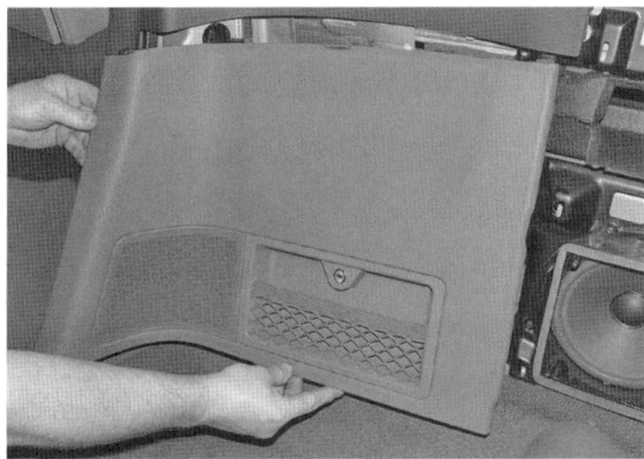

26.22 Befreien Sie das rechte Verkleidungsteil.

23 Um die vor dem Windschott liegenden Verkleidungsteile entfernen zu können, muss zuerst die Kappe von der oberen Gurtführung befreit und Sie deren Schraube gelöst werden (Abb. 25.4a und b).
24 Lösen Sie die Schrauben der Überrollbügel und ziehen Sie diese heraus (siehe Abbildungen).
Anmerkung: *Hierfür muss das Verdeck geöffnet sein.*

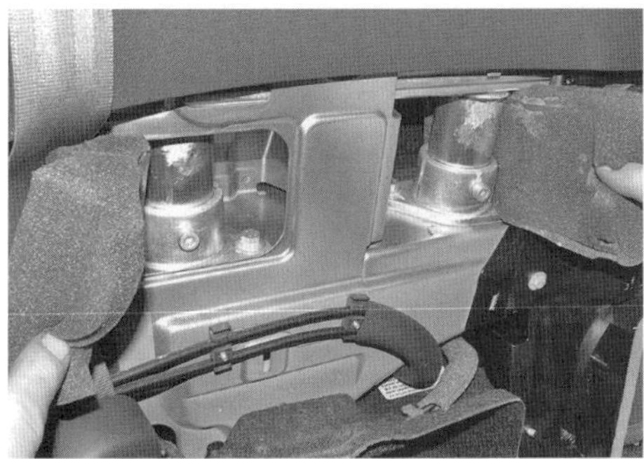

26.24a Ziehen Sie die Schaumstoff-Stücke heraus, ...

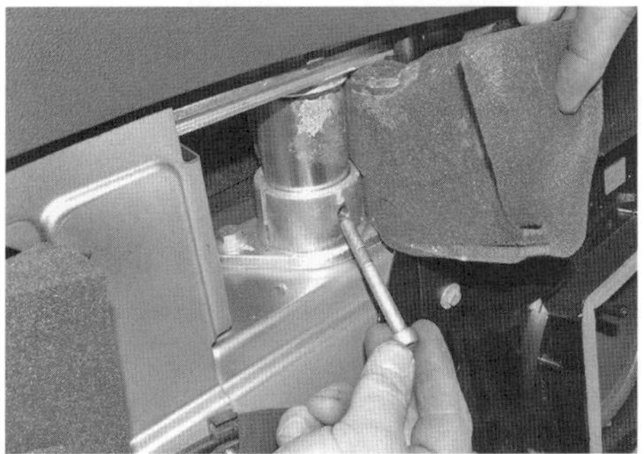

26.24b ... lösen Sie die Schrauben ...

26.24c ... und ziehen Sie den Überrollbügel aus seiner Aufnahme.

25 Trennen Sie oben in der Verkleidung die Stecker, lösen Sie ihre Befestigungen und heben Sie sie ab (siehe Abbildungen). Um Verkleidung vollständig entfernen zu können, muss die untere Gurtverankerung gelöst und der Gurt durch die Verkleidung gezogen werden.

26.25a Trennen Sie den Stecker ...

26.25b ... und heben Sie die Verkleidung ab.

Untere Armaturenbrett-Verkleidungen

26 Beachten Sie hierfür die Hinweise in Sektion 28).

27 Mittelkonsole – Ausbau und Einbau

1 Entfernen Sie hinten in der Mittelkonsole die Abdeckung und ggf. den Becherhalter – für diesen müssen zunächst die Gummimatten entfernt und die Schrauben gelöst werden. Lösen Sie dann die hinteren Befestigungsschrauben (siehe Abbildungen).

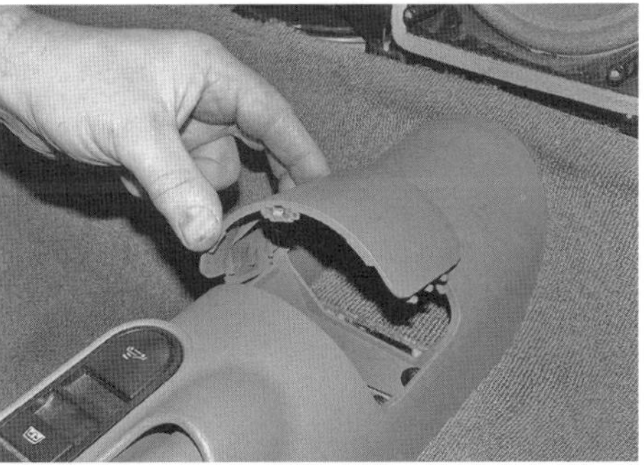

27.1a Befreien Sie die Abdeckung aus dem hinteren Teil der Mittelkonsole.

27.1b Lösen Sie ggf. die Schrauben des Becherhalters …

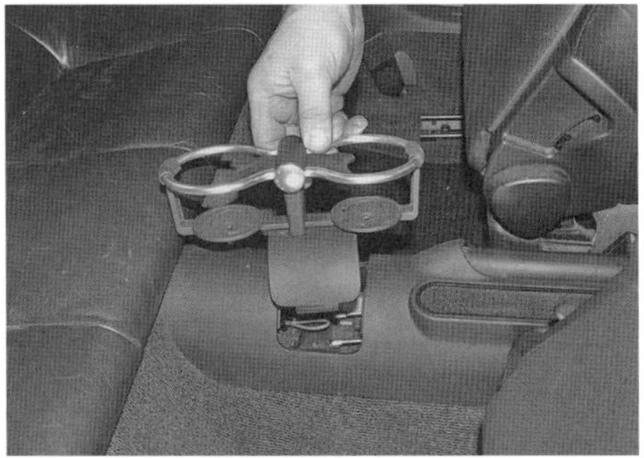

27.1c … und entfernen Sie diesen zusammen mit der Abdeckung.

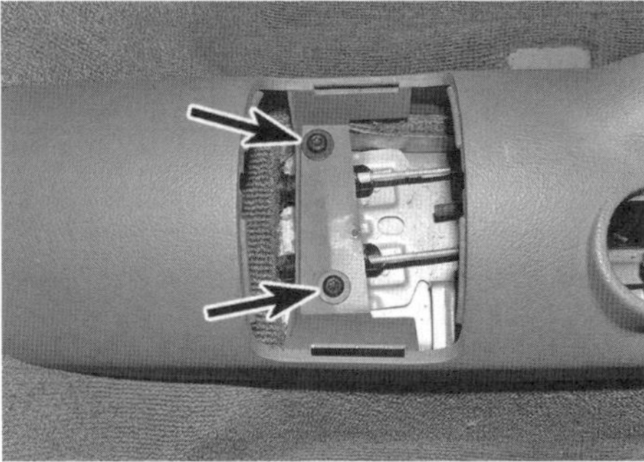

27.1d Hintere Befestigungsschrauben der Mittelkonsole

2 Lösen Sie an beiden Seiten der Mittelkonsole die Schrauben des Trägergestells und entnehmen Sie dies – beachten Sie die an den vorderen Befestigungen die Distanzhülsen (siehe Abbildungen).

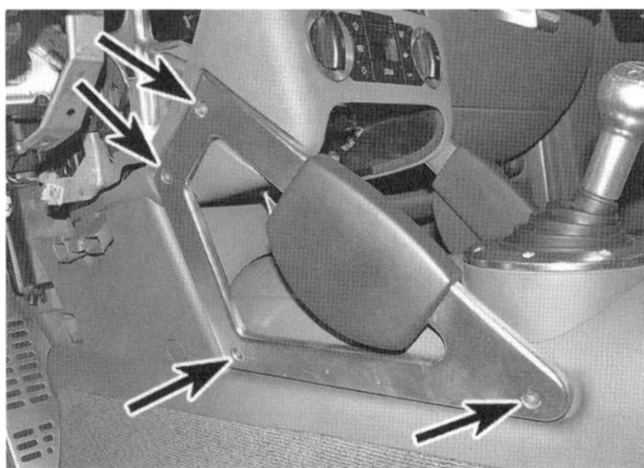

27.2a Lösen Sie die vier Schrauben jedes Trägergestells, …

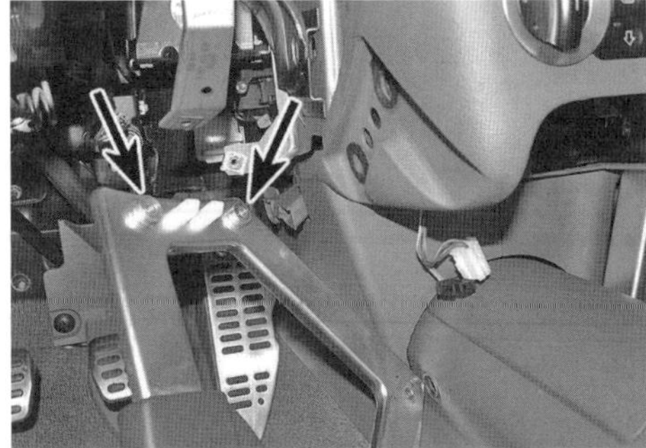

27.2b … beachten Sie vorn die Distanzhülsen.

3 Entfernen Sie die Kappen aus den vorderen Belüftungs-Verkleidungen und lösen Sie die Schrauben (eine an jeder Seite), um die Verkleidungen unter dem Armaturenbrett heraus von der Mittelkonsole zu befreien (siehe Abbildungen).

27.3a Lösen Sie rechts …

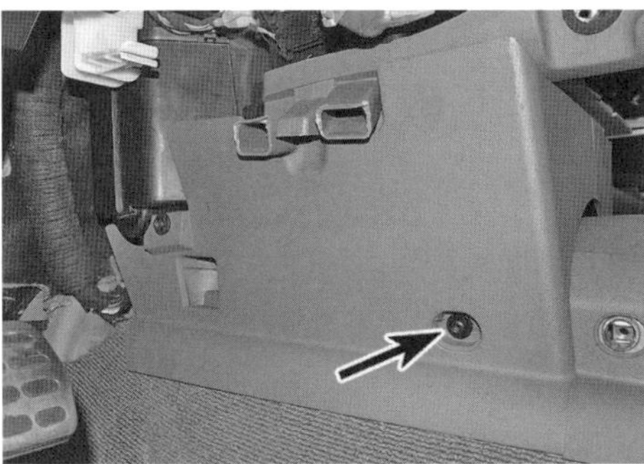

27.3b … und links die Schrauben …

27.3c … und befreien Sie die vorderen Belüftungs-Verkleidungen.

4 Hebeln Sie bei gezogener Handbremse die unter dem Griff liegende Abdeckung ab (siehe Abbildung).

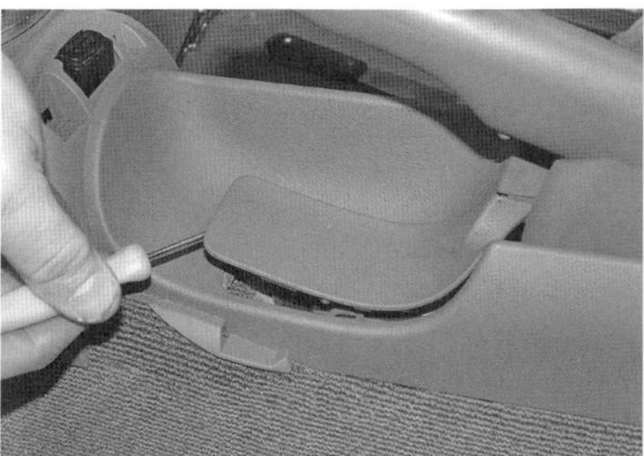

27.4 Hebeln Sie die Abdeckung aus der Handbremsen-Mulde.

5 Greifen Sie von hinten in die Mittelkonsole und drücken Sie die Schalterblende nach oben heraus (siehe Abbildung) – trennen Sie die Stecker, sobald sie zugänglich sind.

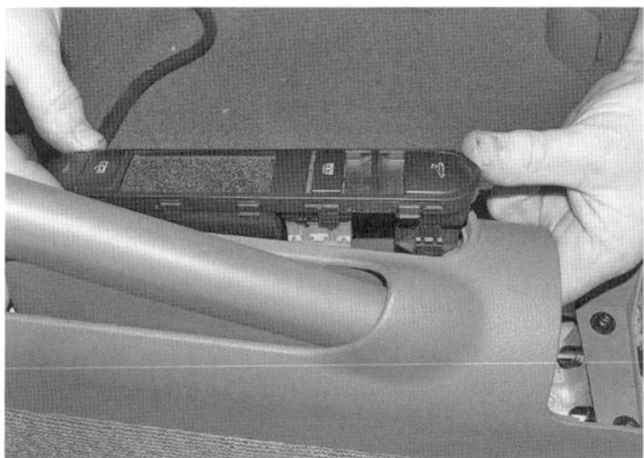

27.5 Entfernen Sie die Schalterblende.

6 Hebeln Sie vorn an der Mittelkonsole vorsichtig den Rahmen ab und befreien Sie daraus die Airbag-Warnleuchte (siehe Abbildungen).

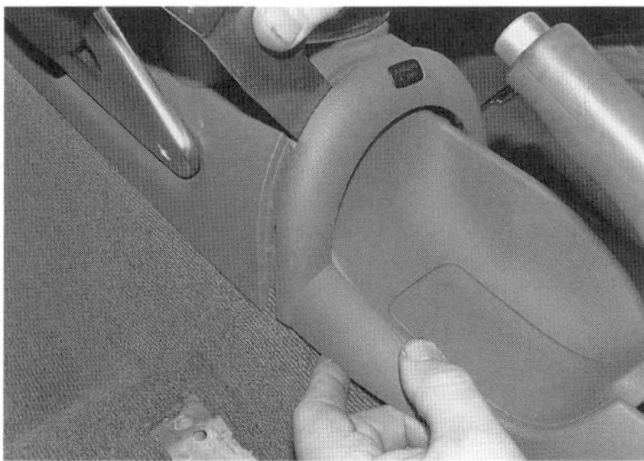

27.6a Entfernen Sie den Rahmen ...

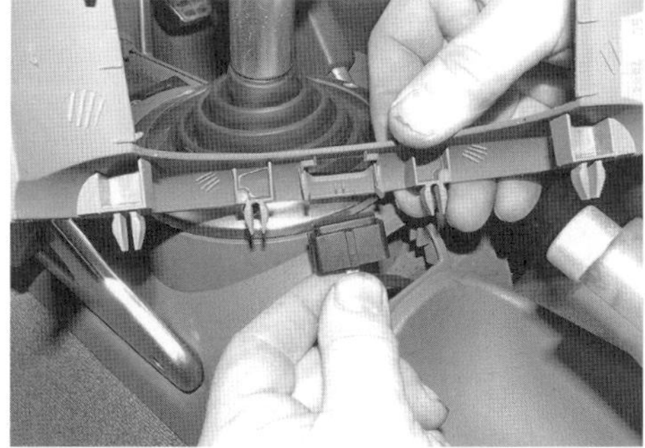

27.6b ... und befreien Sie die Airbag-Warnleuchte.

7 Öffnen Sie vorn in der Mittelkonsole das Fach, befreien Sie die Schalterblende, trennen Sie die Stecker und entnehmen Sie die Blende (siehe Abbildung). Verschließen Sie das Fach anschließend wieder.

27.7 Entfernen Sie die vordere Schalterblende.

8 Ziehen Sie die Mittelkonsole hinten über der Handbremse und dem Schalthebel hoch und befreien Sie dabei von unten den Kabel-Clip (siehe Abbildungen).

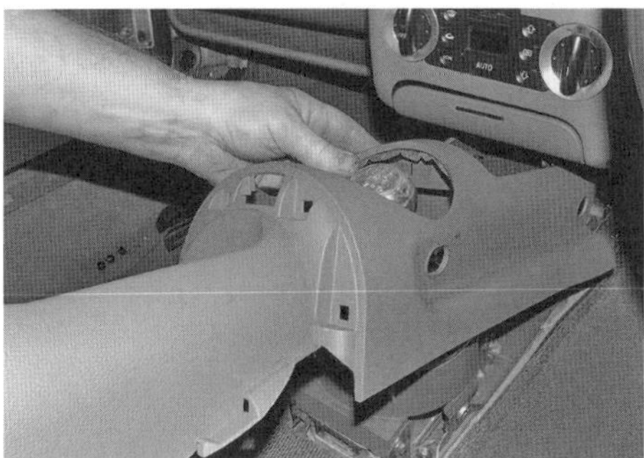

27.8a Heben Sie die Mittelkonsole über den Schalthebel ...

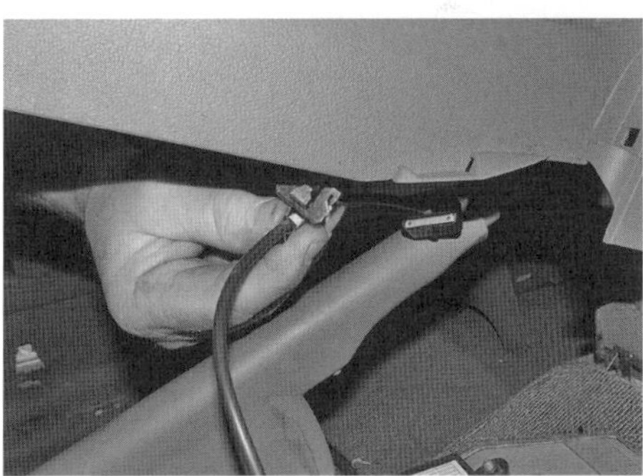

27.8b ... und befreien Sie von unten den Kabel-Clip.

9 Der Einbau entspricht der umgekehrten Ausbaureihenfolge – alle Befestigungen müssen sorgfältig angezogen werden.

28 Armaturenbrett-Komponenten – Ausbau und Einbau

Anmerkung: *Beachten Sie zu den Airbags die Warnhinweise in Kapitel 12, Sektion 24.*

Praxis-Tipp	***Markieren Sie alle getrennten Stecker, um sie später wieder korrekt verlegen, sichern und anschließen zu können.***

1 Trennen Sie zunächst den Masseanschluss (–) der Batterie – beachten Sie dabei die Hinweise auf Seite 366.
2 Demontieren Sie die Mittelkonsole (siehe Sektion 27).
3 Demontieren Sie das Lenkrad und die Lenksäulen-Verkleidungen (siehe Kapitel 10, Sektion 18).
4 Demontieren Sie die Instrumenten-Baugruppe (siehe Kapitel 12, Sektion 10).
5 Lösen Sie in der Instrumentenöffnung die Kabelbinder (siehe Abbildung).

28.5 Öffnen Sie die Kabelbinder.

6 Demontieren Sie das Handschuhfach (siehe Sektion 26).
7 Hebeln Sie links am Armaturenbrett die Abdeckung ab und lösen Sie die drei unteren Schrauben (siehe Abbildungen).

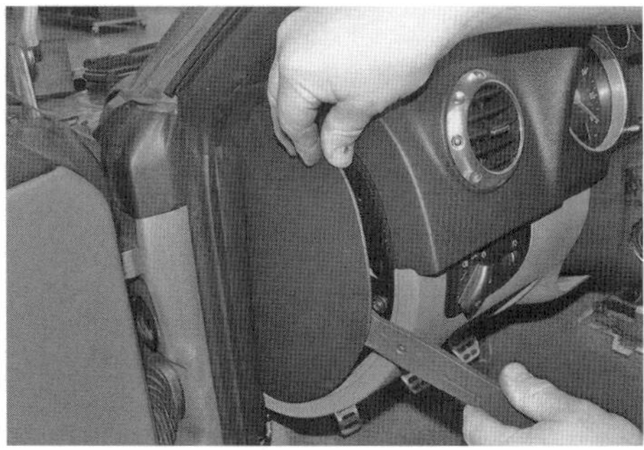

28.7a Hebeln Sie die Abdeckung ab …

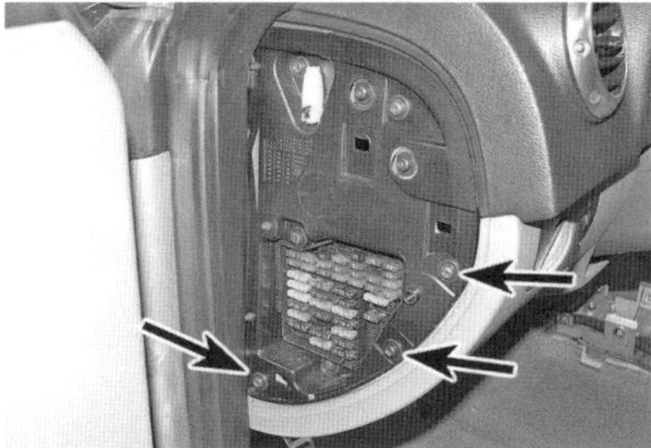

28.7b … und lösen Sie die drei Schrauben.

8 Entfernen Sie den Motorhauben-Öffnerhebel und die seitliche Fußraum-Blende (siehe Sektion 9).
9 Demontieren Sie den Lichtschalter (siehe Kapitel 12, Sektion 4).
10 Lösen Sie auf der Fahrerseite die drei Schrauben der unteren Armaturenbrett-Verkleidung und befreien Sie diese – trennen Sie dabei links unten den Diagnosestecker (siehe Abbildungen).

28.10a Lösen Sie die drei Schrauben, …

28.10b … befreien Sie die untere Armaturenbrett-Verkleidung …

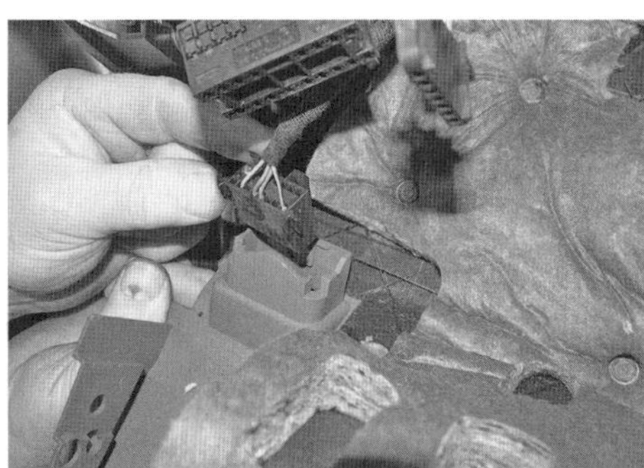

28.10c und ziehen Sie dabei links unten den Diagnosestecker heraus.

11 Entfernen Sie in der Mitte des Armaturenbretts die Heizungsregler (siehe Kapitel 3, Sektion 9).
12 Demontieren Sie die Audio-Einheit aus dem Armaturenbrett (siehe Kapitel 12, Sektion 20).
13 Demontieren Sie die Lenksäulen-Schalter (siehe Kapitel 12, Sektion 4).
14 Ziehen Sie an beiden Seiten des Armaturenbretts die Türdichtungen ab, lösen Sie die Schrauben und entnehmen Sie die Abdeckungen – links samt Sicherungsbox (siehe Abbildungen).

28.14a Ziehen Sie die Türdichtung ab, ...

28.14b ... lösen sie die zwei Schrauben ...

28.14c ... und entfernen Sie die linke Abdeckung samt Sicherungsbox.

28.14d Lösen Sie rechts die zwei Schrauben ...

28.14e ... und entnehmen Sie die Abdeckung.

15 Lösen Sie oben im Armaturenbrett die zwei Lüftungsdüsen (siehe Kapitel 3, Sektion 10). Lösen Sie dann die Schraube des Sonnenlicht-Sensors und befreien Sie ihn. Trennen Sie seinen Stecker und binden Sie ein Stück Draht daran, um ihn beim Einbau besser durch die Öffnung führen zu können (siehe Abbildungen). Demontieren Sie ggf. vorhandene Lautsprecher oben aus dem Armaturenbrett und sichern Sie deren Kabel auf die gleiche Weise.

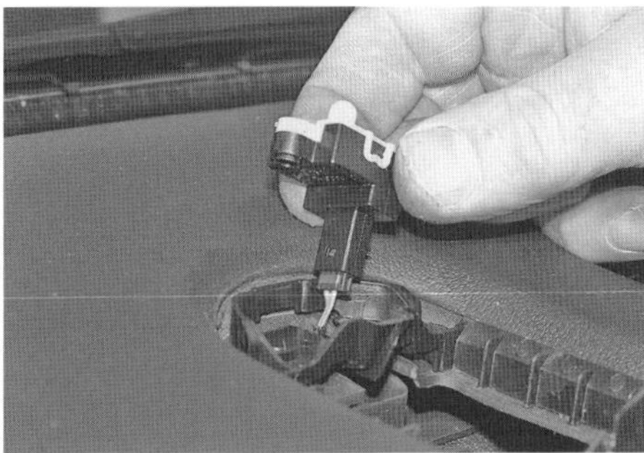

28.15a Befreien Sie den Sonnenlicht-Sensor ...

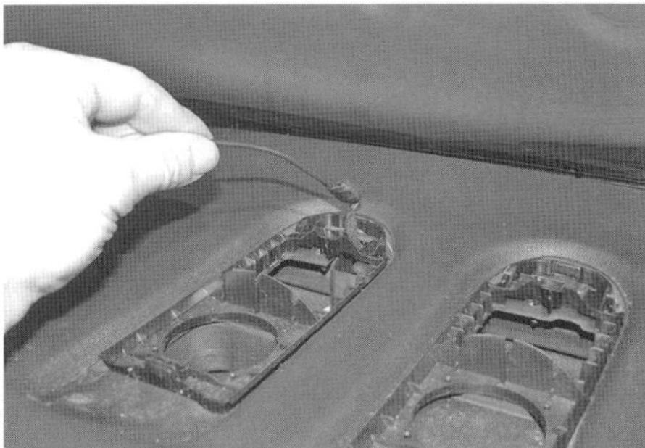

28.15b ... und sichern Sie sein Kabel mit Draht.

16 Lösen Sie die Schrauben des am Querträger gesicherten Armaturenbrett-Halters und entnehmen Sie diese (siehe Abbildung).

28.16 Entfernen Sie den Armaturenbrett-Halter.

17 Trennen Sie die Stecker der Armaturenbrett-Schalter (siehe Abbildung) – beachten Sie dazu den Praxis-Tipp oben.

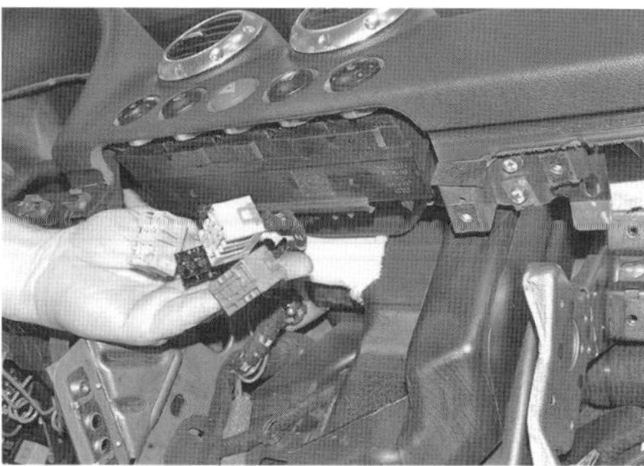

28.17 Trennen Sie die Stecker der Armaturenbrett-Schalter.

18 Lösen Sie an der Fahrerseite die Schraube des Fußraum-Lüftungskanals und befreien Sie diesen vom Heizungsblock (siehe Abbildung).

28.18 Schraube des Fußraum-Lüftungskanals

19 Demontieren Sie den Beifahrer-Airbag (siehe Kapitel 12, Sektion 25).
20 Lösen Sie an beiden Seiten des Armaturenbretts die Schraube (siehe Abbildungen).

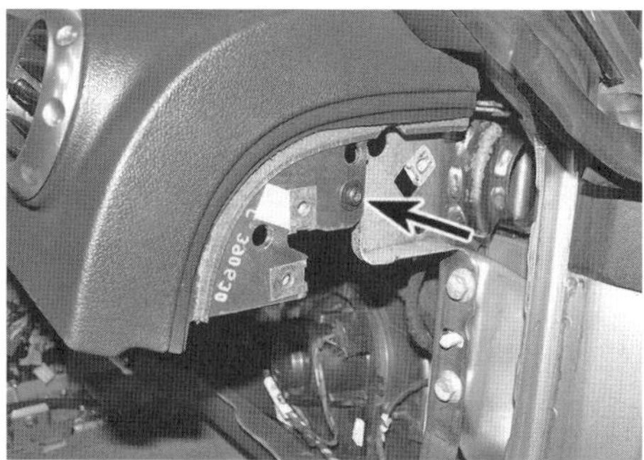

28.20a Linke seitliche Armaturenbrett-Schraube

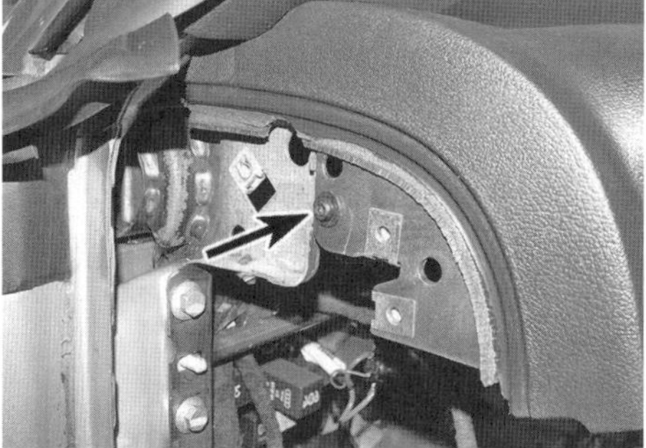

28.20b Rechte seitliche Armaturenbrett-Schraube

21 Lösen Sie an beiden Seiten der mittleren Schalterblenden die unteren Armaturenbrett-Schrauben (siehe Abbildungen).

28.21a Linke untere Armaturenbrett-Schrauben

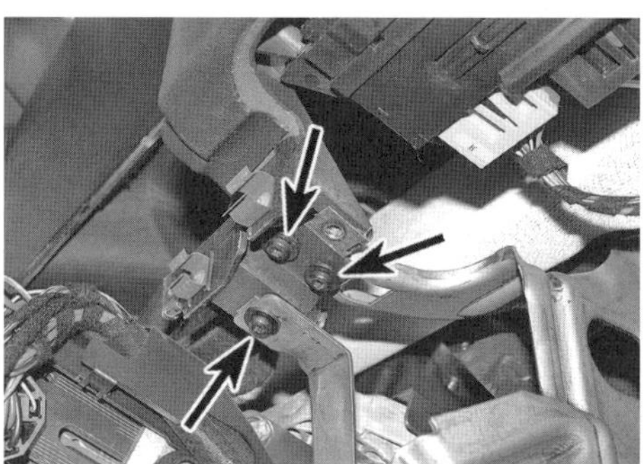

28.21b Rechte untere Armaturenbrett-Schrauben

22 Befreien Sie mithilfe eines Assistenten das Armaturenbrett vom Querträger und den Clips an der Spritzwand. Prüfen Sie, ob alle Stecker getrennt sind, und heben Sie das Armaturenbrett heraus – beschädigen Sie dabei nicht den Lack in der Türöffnung.
23 Der Einbau entspricht der umgekehrten Ausbaureihenfolge – beachten Sie dabei folgende Punkte:

a) Führen Sie alle Kabel durch ihre Öffnungen, lassen Sie das korrekt positionierte Armaturenbrett an allen Aufnahmen einrasten, installieren Sie die Schrauben und ziehen Sie sie sorgfältig an.
b) Schließen Sie zum Schluss die Batterie an und prüfen Sie die Funktionen aller Instrumente, Schalter und anderer elektrischer Komponenten.

Kapitel 12

Fahrzeug-Elektrik

Inhalt — Sektion

Schwierigkeitsgrade

Leicht. Geeignet für Anfänger mit wenig Erfahrung. 	**Relativ leicht.** Geeignet faür Anfänger mit etwas Erfahrung. 	**Relativ schwierig.** Geeignet für geübte Selbstschrauber. 	**Schwer.** Geeignet für Selbstschrauber mit viel Erfahrung. 	**Sehr schwer.** Geeignet für Experten und Profis. 

Technische Daten

System-Typ .... 12 Volt, Minus an Masse
Sicherungen .... siehe Schaltpläne

Lampen	**Leistung (Watt)**	**Typ**
Blinker	21	Bajonett (H21W)
Bremslicht/Rücklicht	21/5	Bajonett (P21/5W)
Innenbeleuchtung	3	Soffitte
Nebelscheinwerfer	55	H3 (Halogen)
Nebelschlusslicht (links)	21	Bajonett (P21W)
Rückfahrleuchte (rechts)	21	Bajonett (P21W)
Scheinwerfer		
Fernlicht	55	H7 (Halogen)
Halogen-Abblendlicht	55	H1 (Halogen)
Xenon-Abblendlicht	35	D2S (80 bis 117 Volt)
Standlicht	6	H6W

1 Allgemeine Informationen

Bevor an der Elektrik gearbeitet wird, müssen die Hinweise in der Sektion ‚Sicherheit geht vor!' am Anfang dieses Handbuchs sowie in Kapitel 5A, Sektion 1 durchgelesen werden.

1 Die Fahrzeug-Elektrik wird mit 12 Volt Spannung versorgt, Minus geht an Masse. Die Stromversorgung übernimmt ein Blei-Säure-Akkumulator, der von der Lichtmaschine geladen wird.
2 Dieses Kapitel beinhaltet Reparaturen und Wartungsarbeiten an den verschiedenen elektrischen Systemen, die nicht mit dem Ladesystem und der Anlasser zu tun haben – diese finden sich in den Kapitel 5A; das Zündsystem ist in Kapitel 5B beschrieben.
3 Bei manchen Modellen sind die Scheinwerfer mit Xenon-Lampen ausgerüstet. Diese Fahrzeuge verfügen auch über eine automatische Leuchtweiten-Regulierung, um den Gegenverkehr nicht zu blenden. Beachten Sie hierzu die speziellen Hinweise in Sektion 5.

Warnhinweise

Bevor an der Elektrik gearbeitet wird, muss das Massekabel (–) der Batterie getrennt werden, um Kurzschlüsse und möglicherweise entstehende Brände zu verhindern – beachten Sie dazu die Hinweise in Kapitel 5A. Weitere Informationen zum Trennen der Batterie finden sich auf Seite 366.

Airbags und Gurtstraffer werden durch Pyrotechnik ausgelöst – seien Sie daher bei Arbeiten an diesen Komponenten sehr vorsichtig, um die Systeme nicht auszulösen und kein Verletzungsrisiko einzugehen.

2 Elektrik-Fehlersuche – Allgemeine Informationen

Anmerkung: *Beachten Sie vor Arbeitsbeginn die Warnhinweise in Kapitel 5, Sektion 1. Die folgenden Tests beziehen sich auf Kontrollen der Hauptstromkreise und dürfen nicht bei empfindlichen Elektronik-Bauteilen wie dem ABS- oder anderen Steuergeräten durchgeführt werden.*

Allgemeines

1 Ein typischer Stromkreis besteht aus einem Verbraucher, entsprechenden Schaltern, Relais und Motoren sowie Kabeln und Steckern, die das Bauteil mit der Batterie und der Karosserie (Masse) verbinden. Zur Lokalisierung eines Problems und als Hilfe bei den Kabelfarben können die Schaltpläne am Ende des Kapitels beachtet werden.
2 Bevor Sie einen defekten Stromkreis untersuchen, müssen Sie den Schaltplan studieren, um ein vollständiges Bild über die Bestandteile des Stromkreises zu erhalten. Probleme können beispielsweise dadurch eingekreist werden, indem man andere zum Stromkreis gehörende Komponenten auf ihre Funktion überprüft. Wenn mehrere Komponenten eines Stromkreises gleichzeitig ausfallen, ist es sehr wahrscheinlich, dass der Fehler in der Sicherung oder einem defekten Masseanschluss liegt, da mehrere Stromkreise oftmals an derselben Sicherung oder Masse angeschlossen sind.
3 Elektrikprobleme sind oftmals auf Kleinigkeiten wie lockere oder korrodierte Stecker, eine durchgebrannte Sicherung oder ein defektes Relais zurückzuführen. Bevor Komponenten getestet werden, sollten stets die Sicherungen, Kabel und Stecker des betroffenen Stromkreises einer Sichtkontrolle unterzogen worden sein. Damit das Problem lokalisiert werden kann, müssen mithilfe der Schaltpläne die richtigen Anschlüsse überprüft werden.
4 Für Kontrollen am elektrischen System empfiehlt sich ein Multimeter – ein Mehrfachmessgerät, mit dem sich Spannungs-, Stromstärken- und Widerstandsmessungen durchführen lassen. Leicht ablesbare digitale Ausführungen sind nicht teuer. Für einfache Prüfungen reicht auch ein Durchgangstester oder eine Prüflampe, doch können hiermit keine Messungen vorgenommen werden. Für manche Messungen werden zudem Überbrückungskabel benötigt, mit denen Verbraucher direkt an die Batterie geklemmt werden können. Bevor versucht wird, ein Problem mit Prüfgeräten zu lokalisieren, muss mithilfe der Schaltpläne herausgefunden werden, wo diese angeschlossen werden müssen.
5 Um die Ursache einer unterbrochenen Leitung zu entdecken (üblicherweise eine korrodierte oder verschmutzte Steckverbindung oder eine beschädigte Kabelisolierung), kann ein »Wackeltest« hilfreich sein; hierbei wird von Hand an Kabeln gewackelt, um festzustellen, ob dabei der Fehler auftritt oder kurzzeitig behoben wird. Hierbei sollte es möglich sein, die Fehlerquelle auf eine begrenzte Sektion des Kabels einzugrenzen. Diese Prüfmethode kann zusammen mit den in den folgenden Untersektionen beschriebenen Tests verwendet werden.
6 Abgesehen von Problemen aufgrund schlechter Verbindungen können in einem elektrischen Stromkreis zwei grundlegende Fehlertypen auftreten: eine Stromkreisunterbrechung und ein Kurzschluss.
7 Stromkreisunterbrechungen können durch Kabelbrüche, abgerissene oder abgezogene Stecker irgendwo im Stromkreis hervorgerufen werden, sodass der Strom nicht mehr fließt. Eine Stromkreisunterbrechung hindert eine Komponente an der Funktion, sorgt aber nicht dafür, dass eine Sicherung durchbrennt.
8 Bei Kurzschlüssen findet der Strom eine Abkürzung, um nicht durch die elektrische Komponente, sondern direkt zu Masse zu fließen. Kurzschluss-Fehler entstehen üblicherweise durch eine defekte Kabelisolierung, sodass ein Stromkabel direkt mit einer mit Masse verbundenen Komponente oder der Karosserie in Kontakt kommt. Ein Kurzschluss-Fehler sorgt normalerweise dafür, dass die entsprechende Stromkreis-Sicherung durchbrennt.

Durchgangsprüfungen

9 Bei diesem Test wird ermittelt, ob der Strom durch einen Stromkreis fließen kann. Zum Testen eignen sich ein Durchgangsprüfer (der bei geschlossenem Stromkreis piept) oder das auf den Ohm-Messbereich geschaltete Multimeter. Beide Geräte arbeiten mit einer eigenen Stromversorgung, sodass die Zündung abgeschaltet sein muss. Zur Sicherheit sollte auch der Masseanschluss (–) der Batterie getrennt werden – ganz besonders, wenn das Zündsystem überprüft wird.
10 Schalten Sie das Multimeter auf die Durchgangsfunktion (falls vorhanden) oder den Ohm-Messbereich. Halten Sie die beiden Spitzen der Prüfkabel zusammen – das Gerät sollte jetzt durch Piepen oder eine angezeigte Null Durchgang erkennen lassen. Schalten Sie nach dem Prüfen das Gerät aus, damit sich die Batterie nicht entlädt.
11 Ein Durchgangsprüfer kann auf die gleiche Weise benutzt werden – entweder piept er oder eine Lampe leuchtet auf, wenn Durchgang besteht.

12 Bei normalen Durchgangsprüfungen ist die Polarität des Messgerätes egal, allerdings muss beim Prüfen von Dioden oder Magnetschaltern darauf geachtet werden, den genauen Hinweisen über das Verbinden des Plus- und des Minus-Kabels zu folgen.

Durchgangsprüfung am Schalter

13 Scheint ein Schalter defekt zu sein, müssen seine Kabel bis zum Stecker verfolgt werden. Trennen Sie den Stecker und überprüfen Sie, ob seine Kontakte in Ordnung sind. Verschmutzte oder korrodierte Kontakte können Gründe für das Problem sein – reinigen Sie sie und versehen Sie sie mit etwas wasserverdrängendem Lösungsmittel wie WD40 oder Kontaktreiniger und geeignetem Schutzspray.
14 Wird ein Multimeter verwendet, muss es entweder auf die Durchgangsfunktion (falls vorhanden) oder den Ohm-Messbereich geschaltet werden, dann werden die Prüfkabel-Spitzen mit den Steckerkontakten verbunden. Einfache An/Aus-Schalter wie Bremslichtschalter haben nur zwei Kontakte, während kombinierte Schalter wie diejenigen am Armaturenbrett oft über mehrere Kabelkontakte verfügen. Studieren Sie den entsprechenden Schaltplan (am Ende dieses Kapitels), um sicherzustellen, dass an den korrekten Kabelkontakten geprüft wird. Bei eingeschaltetem Schalter muss Durchgang bestehen, bei ausgeschaltetem Schalter darf kein Durchgang bestehen.

Durchgangsprüfung bei Kabeln

15 Viele elektrische Probleme sind auf beschädigte Kabel zurückzuführen, was oft an einer falschen Verlegung, Quetschung bei falscher Montage von Teilen sowie lockeren oder korrodierten Steckern liegt.
16 Eine Durchgangsprüfung kann an einem einzelnen Kabel durchgeführt werden, nachdem man es an beiden Enden getrennt und hier die Prüfklemmen angeschlossen hat. Ist ein Kabel in Ordnung, wird Durchgang angezeigt – besteht dieser nicht, wird das Kabel irgendwo gebrochen sein.
17 Um den Durchgang eines Massekabels zu Masse zu prüfen, wird eine Prüfklemme an den Massekontakt des Steckers und die andere an die Karosserie, den Motor oder (bei angeschlossenem Massekabel) an den Minuspol der Batterie gehalten. Sind das Kabel und sein Massekontakt in Ordnung, wird Durchgang angezeigt. Wird kein Durchgang festgestellt, wird ein Kabel gebrochen sein oder einen schlechten Massekontakt haben (siehe unten).

Spannungsprüfungen

18 Eine Spannungsprüfung kann belegen, ob der Strom einen Verbraucher erreicht. Schalten Sie das Multimeter auf den Volt-Messbereich für Gleichstrom (DC), um die Spannung des Gleichrichters oder hinter der Batterie zu prüfen, schalten sie es auf AC (Wechselstrom), um die Spannung der Lichtmaschine zu messen. Für den Gleichstrombereich kann auch eine einfache Prüflampe verwendet werden, doch das Messgerät hat den Vorteil, den Wert der Spannung anzuzeigen.
19 Verbinden Sie die Prüfklemmen parallel zur vorhandenen Verkabelung.
20 Identifizieren Sie zuerst den entsprechenden Stromkreis mithilfe des Schaltplans am Ende dieses Kapitels.
21 Wird ein Messgerät eingesetzt, muss zunächst sichergestellt sein, dass die Prüfklemmen korrekt daran angeschlossen sind – rot an Plus (+), schwarz an Minus (–). Schalten Sie das Messgerät auf den gewünschten Bereich (z. B. 0 bis 20 Volt DC). Verbinden Sie die rote Plusklemme mit dem stromführenden Kabel und die schwarze Minusklemme mit Masse am Motor oder der Karosserie oder dem Minuspol der Batterie. Bei eingeschalteten Schaltern muss beispielsweise Batteriespannung oder ein anderer in den technischen Daten angegebener Wert angezeigt werden.
22 Wird eine Prüflampe eingesetzt, muss die Plusklemme mit dem stromführenden Kabel und die Minusklemme mit Masse an Motor oder Karosserie oder dem Minuspol der Batterie verbunden werden – bei eingeschaltetem Stromkreis muss die Lampe leuchten.
23 Liegt keine Spannung an, muss man sich zur Stromquelle (z. B. der Batterie) vorarbeiten, um herauszufinden, wo das Problem liegt.

Masseprüfung

24 Masseverbindungen gibt es entweder direkt zur Befestigung an der Karosserie oder dem Motor (wie z. B. den Anlasser oder Zündspulen, die nur einen Steckerkontakt für Plus haben) oder über Kabel zum Massekabel an der Batterie. Auch kann ein kurzes Kabel vom Verbraucher direkt zur Karosserie verlegt sein. Das Bauteil und/oder die Karosserie ist also Teil des Stromkreises, sodass lockere oder korrodierte Verbindungen auch für elektrische Defekte – vom Totalausfall eines Stromkreises bis zu einem kniffligen Teilausfall – verantwortlich sind. Lampen können schwächer leuchten (vor allem, wenn andere Verbraucher in Betrieb sind, die den gleichen Massepunkt nutzen), Motoren (Scheibenwischer, Kühlventilator) langsamer laufen und der Betrieb eines Stromkreises kann eine scheinbar unzusammenhängende Wirkung auf einen anderen haben. Isolierte Komponenten wie die elastisch aufgehängte Motor/Getriebe-Einheit werden mithilfe von Massebändern mit der Karosserie verbunden.
25 Korrosion ist genauso ein verbreiteter Grund für eine schlechte Masseverbindung, wie es lockere Anschlüsse sind.
26 Fallen alle oder mehrere Verbraucher gleichzeitig aus, muss die Festigkeit des Haupt-Massekabels (–) an der Batterie überprüft werden, außerdem sind das an den Motor geschraubte Massekabel sowie die Massepunkte an der Karosserie zu kontrollieren. Bei Korrosion muss der Anschluss freigelegt und gereinigt werden, bis wieder blankes Metall zum Vorschein kommt. Verbinden Sie den Anschluss und tragen Sie etwas Polfett auf, um weiterem Rost vorzubeugen.
27 Um einen Verbraucher auf guten Masseschluss zu prüfen, muss sein Massekontakt oder sein Gehäuse übergangsweise mithilfe eines Überbrückungskabels mit der Karosserie verbunden werden – arbeitet der Verbraucher jetzt, ist sein Masseschluss defekt.
28 Prüfen Sie bei einem Massekabel zunächst seine Anschlüsse auf Korrosion und lockere Kontakte, kontrollieren Sie dann das Kabel auf Durchgang (siehe Schritt 13).

Bedenken Sie immer: Ein elektrischer Stromkreis soll Strom von der Quelle (der Batterie) durch Kabel, Schalter, Relais usw. zum Verbraucher (Lampe, Anlasser etc.) leiten, von dort aus geht es über die Masseverbindung zurück zur Batterie. Elektrische Probleme sind im wesentlichen Unterbrechungen dieses Stromflusses.

3 Sicherungen und Relais – Allgemeine Informationen

Sicherungen und Schmelzbandleitungen

1 Sicherungen sollen beim Überschreiten einer vorgegebenen Stromstärke einen Stromkreis unterbrechen, damit die Verbraucher und Leitungen geschützt werden. Übermäßiger Stromfluss entsteht durch einen Defekt im Stromkreis - üblicherweise einen Kurzschluss (siehe Sektion 2).
2 Die Haupt-Sicherungen finden sich unter der linken Armaturenbrett-Abdeckung. Öffnen Sie die Fahrertür und hebeln Sie die Abdeckung ab (siehe Abbildung). Die Positionen der jeweiligen Sicherungen sind auf der Rückseite der Abdeckung angegeben.

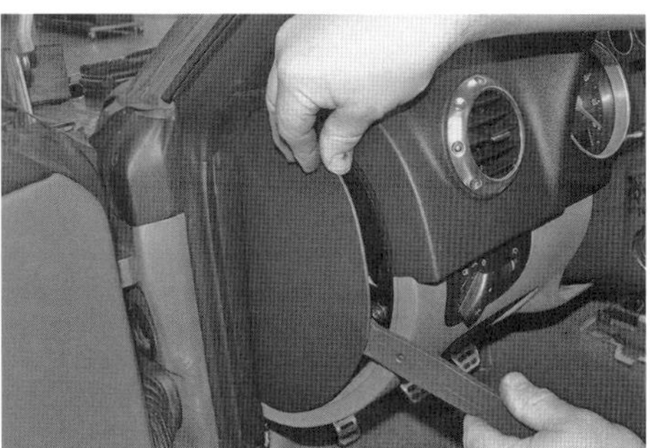

3.2 Hebeln Sie die linke Armaturenbrett-Abdeckung ab.

3 Bevor eine Sicherung ausgebaut wird, muss der entsprechende Stromkreis (oder die Zündung) abgeschaltet werden. Ziehen Sie die Sicherung mit dem beigefügten Werkzeug heraus (siehe Abbildung).

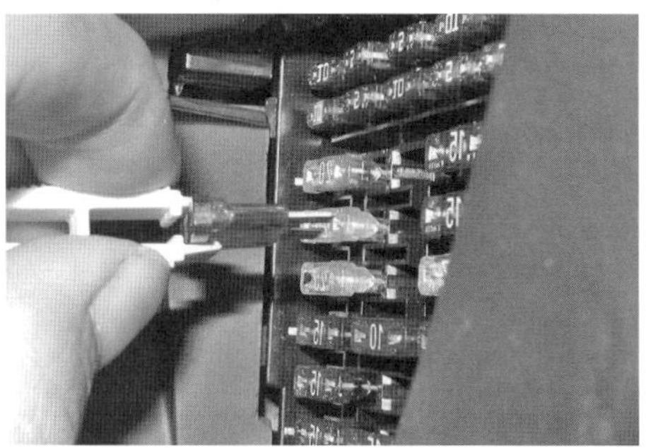

3.3 Ziehen Sie die Sicherung mit dem beigefügten Werkzeug heraus.

4 Eine durchgebrannte Sicherung kann an ihrem unterbrochenen Draht erkannt werden (siehe Abbildung).

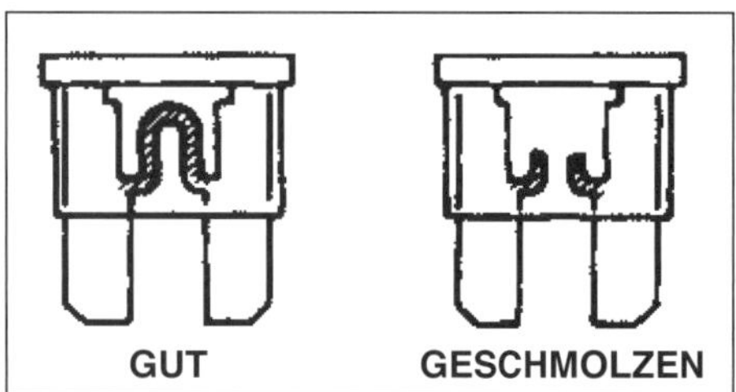

3.4 Kontrollieren Sie die Sicherung auf eine unterbrochene Verbindung.

5 Verwenden Sie nur Ersatzsicherungen der gleichen Absicherungsrate. Auch eine kurzzeitig eingesetzte ‚stärkere' Sicherung oder Notreparaturen mit einem Stück Draht können größere Schäden bis hin zum Brand nach sich ziehen.
6 Sicherungen sind mit der Absicherungsrate markiert, zudem sind sie mit unterschiedlichen Farben durchgefärbt, die auf die Absicherungsrate hinweisen.

Farbe	*Absicherungsrate*
hellbraun	*5 Ampere*
rotbraun	*7,5 Ampere*
rot	*10 Ampere*
blau	*15 Ampere*
gelb	*20 Ampere*
weiß	*25 Ampere*
grün	*30 Ampere*

7 Falls eine neue Sicherung sofort wieder durchbrennt, muss vor einem erneuten Austausch die Ursache dafür gefunden werden. Übermäßig viel Strom fließt normalerweise aufgrund einer defekten Komponente oder eines Kurzschlusses (siehe Sektion 2). Führen Sie stets Ersatzsicherungen der entsprechenden Absicherungsraten mit – je eine von jeder Rate muss in der Sicherungsbox sitzen.
8 Weitere Schmelzbandleitungen (für sehr hohe Stromstärken) und 30 A-Sicherungen finden sich im Sicherungshalter oben auf der Batterie (siehe Abbildung) – öffnen Sie dessen Abdeckung, um Zugang zu erhalten.

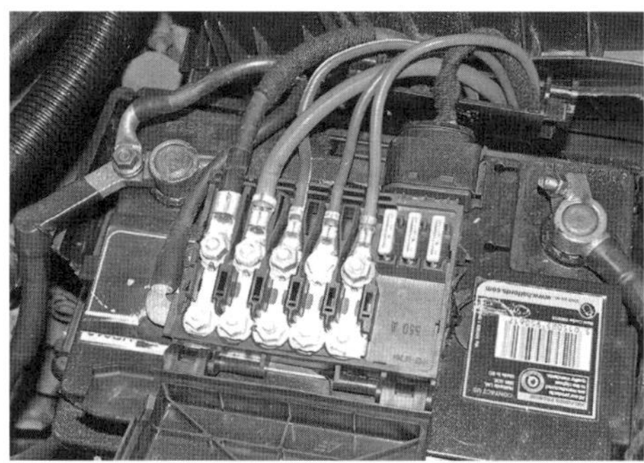

3.8 Sicherungen und Schmelzbandleitungen auf der Batterie

9 Um eine Schmelzbandleitung zu ersetzen, muss zunächst der Masseanschluss (–) der Batterie getrennt werden. Lösen Sie die Anschlussmuttern und befreien Sie die geschmolzene Schmelzbandleitungen vom Halter. Montieren Sie eine neue Schmelzbandleitungen und ziehen Sie seine Muttern sorgfältig an. Setzen Sie die Abdeckung auf und verbinden Sie anschließend den Masseanschluss mit der Batterie.

Relais

10 Ein Relais ist ein elektrisch betätigter Schalter, der aus folgenden Gründen eingesetzt wird:

a) Ein Relais kann hohe Stromstärken in entfernt liegenden Stromkreis schalten und erlaubt so den Einsatz kleiner manueller Schalter und dünner Kabel bis zum Relais.
b) Ein Relais kann anders als ein mechanischer Schalter unterschiedliche Impulse empfangen.
c) Relais können Zeitfunktionen haben – beispielsweise das Blinkrelais oder das Intervall-Relais für Scheibenwischer.

11 Die meisten Relais befinden sich auf der Relais-Platte unter dem Armaturenbrett (Fahrerseite).
12 Demontieren Sie die untere Armaturenbrett-Verkleidung (siehe Kapitel 11, Sektion 28) (siehe Abbildung). Details zu den Relais finden sich am Anfang der Stromlaufpläne.

3.12 Relais-Platte unter dem Armaturenbrett

13 Falls ein von einem Relais kontrollierter Stromkreis einen Fehler aufweist, der dem Relais zugeschrieben werden kann, muss er eingeschaltet werden – bei einem funktionsfähigen Relais sollte ein Klicken zu hören sein, sodass der Fehler in den Bauteilen oder der Verkabelung zu suchen ist. Falls das Relais nicht klickt, ist es entweder von der Stromversorgung getrennt oder weist einen internen Defekt auf. Ein Test erfolgt durch den Austausch gegen ein erwiesenermaßen funktionsfähiges Relais gleicher Bauart – andere Relais können genauso aussehen, aber unterschiedliche Kontaktbelegungen aufweisen.
14 Um ein Relais zu ersetzen, muss zunächst sichergestellt sein, dass die Zündung abgeschaltet ist. Ziehen Sie dann das Relais aus seinem Sockel und drücken Sie das neue Relais sorgfältig hinein.
15 Das Blink-/Warnblinker-Relais ist in den Warnblinkschalter integriert (siehe Sektion 4)

4 Schalter – Ausbau und Einbau

Anmerkung: *Bevor ein Schalter demontiert wird, muss das Massekabel (–) der Batterie getrennt werden, um Kurzschlüsse und dadurch entstehende Brände zu verhindern – beachten Sie zuvor die Hinweise auf Seite 366.*

Zündschloss/Lenkschloss

1 Beachten Sie hierzu die Hinweise in Kapitel 10, Sektion 20.

Lenksäulenschalter

Anmerkung: *Trennen Sie zunächst den Masseanschluss (–) der Batterie – beachten Sie dabei die Hinweise auf Seite 366.*

2 Demontieren Sie das Lenkrad (siehe Kapitel 10, Sektion 18).
3 Entfernen Sie die obere und untere Lenksäulenverkleidung (siehe Kapitel 10, Sektion 19).
4 Trennen Sie die Kabelstecker vom Rückstellring samt Gleitring. Stellen Sie vorn am Rückstellring die Hülsen aus den Schrauben-Vertiefungen sicher und ziehen Sie ihn von der Lenksäule ab (siehe Abbildungen). Drehen Sie beim ausgebauten Schalter nicht den Rückstellring, da er wieder in seiner Grundposition montiert werden muss.

4.4a Trennen Sie die zwei Stecker, ...

4.4b ... stellen Sie die Hülse sicher ...

4.4c ... und heben Sie den Rückstellring samt Gleitring ab.

5 Lösen Sie rechts an der Lenksäule die Lasche des Scheibenwischer-Schalters und ziehen Sie diesen ab; trennen Sie den Stecker und entnehmen Sie den Schalter (siehe Abbildungen).

4.5a Lösen Sie die Lasche des Scheibenwischer-Schalters ...

4.5b … und trennen Sie seinen Stecker.

6 Trennen Sie links den Stecker des Blinkerschalters, lockern Sie die Klemmschraube und ziehen Sie den Schalter von der Lenksäule (siehe Abbildungen).

4.6a Trennen Sie den Stecker, …

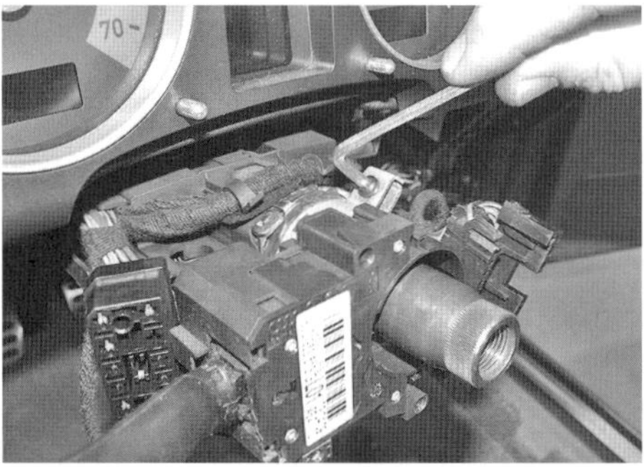

4.6b … lockern Sie die Klemmschraube …

4.6c … und entfernen Sie den Blinkerschalter.

7 Der Einbau entspricht der umgekehrten Ausbaureihenfolge – die Schalter und der Rückstellring samt Gleitring müssen wie folgt positioniert werden:

a) Setzen Sie den Blinkerschalter an die Lenksäule, aber ziehen Sie die Klemmschraube nur leicht an.

b) Montieren Sie den Scheibenwischer-Schalter, sodass seine Lasche einrastet.
c) Setzen Sie den Rückstellring samt Gleitring auf. Im Schauglas oben rechts muss ein gelber Punkt zu sehen sein; weiter unten sind Ausricht-Linien angebracht (siehe Abbildungen).

4.7a Richten Sie den gelben Punkt zum Schauglas aus.

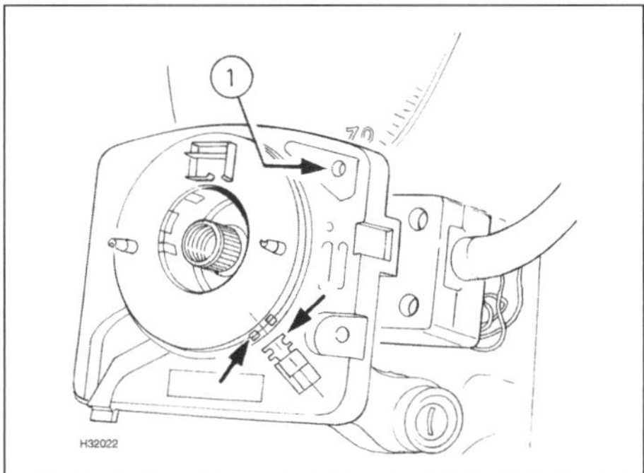

4.7b Der gelbe Punkt muss im Schauglas stehen (1) und die Markierungen (Pfeile) müssen fluchten.

d) Setzen Sie übergangsweise das Lenkrad auf und messen Sie das Spiel zwischen ihm und dem Rückstellring samt Schleifring – es müssen ca. 3 mm festgestellt werden.
e) Sobald das korrekte Spiel eingestellt ist, muss die Blinkerschalter-Klemmschraube sorgfältig angezogen werden.

Lichtschalter

Anmerkung: *Trennen Sie zunächst den Masseanschluss (–) der Batterie – beachten Sie dabei die Hinweise auf Seite 366.*

8 Drücken Sie den auf 0 stehenden Lichtschalter ein und drehen Sie ihn leicht nach rechts. Halten Sie ihn so und ziehen Sie die Schalter-Baugruppe aus dem Armaturenbrett (siehe Abbildung).

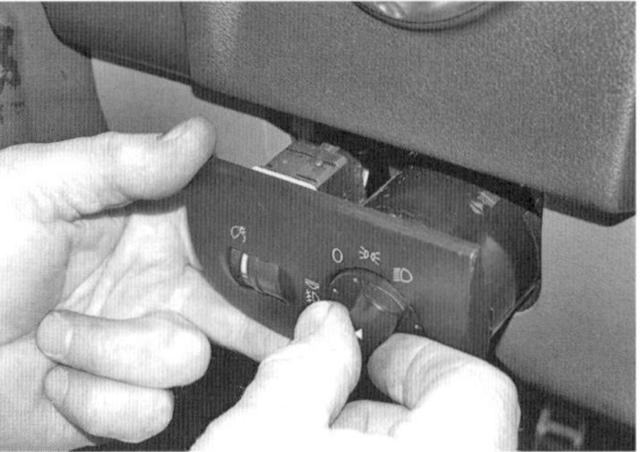

4.8 Ziehen Sie bei korrekt positioniertem Schalter dessen Gehäuse aus dem Armaturenbrett – gezeigt beim Rechtslenker-Modell

9 Trennen Sie vom herausgezogenen Schaltergehäuse den Lichtschalter-Stecker (siehe Abbildung).

4.9 Trennen Sie den Lichtschalter-Stecker.

10 Verbinden Sie den Stecker, schieben Sie das Schaltergehäuse ins Armaturenbrett, drehen Sie den Lichtschalter wieder auf 0 und lassen Sie ihn los. Prüfen Sie die Funktion des Schalters.

Leuchtweitenschalter

Anmerkung: *Schalten Sie die Zündung und alle elektrischen Verbraucher ab, bevor Sie mit der Arbeit beginnen.*

11 Befreien Sie das Lichtschaltergehäuse (Schritt 8).
12 Trennen Sie den Stecker des Leuchtweitenschalters (siehe Abbildung), lösen Sie die Lasche hinten an der Schalter-Aufnahme und ziehen Sie den Schalter nach hinten aus dem Gehäuse.

4.12 Trennen Sie den Stecker des Leuchtweitenschalters.

13 Der Einbau entspricht der umgekehrten Ausbaureihenfolge – prüfen Sie die Funktion des Schalters.

Warnblinker-, Heckscheibenheizungs-, Sitzheizungs- und ESP-Schalter

Anmerkung: *Trennen Sie zunächst den Masseanschluss (–) der Batterie – beachten Sie dabei die Hinweise auf Seite 366.*

14 Befreien Sie die Audio-Einheit aus dem Armaturenbrett (siehe Sektion 20).
15 Demontieren Sie die Heizungsregler-Blende (siehe Kapitel 3, Sektion 9).
Anmerkung: *Die Schalter können durch den Audio-Schacht von innen entfernt werden, ohne diese Blende entfernen zu müssen.*
16 Lösen Sie an beiden Seiten der Audiogerät-Blende die Laschen und befreien Sie sie vom Armaturenbrett (siehe Abbildungen).

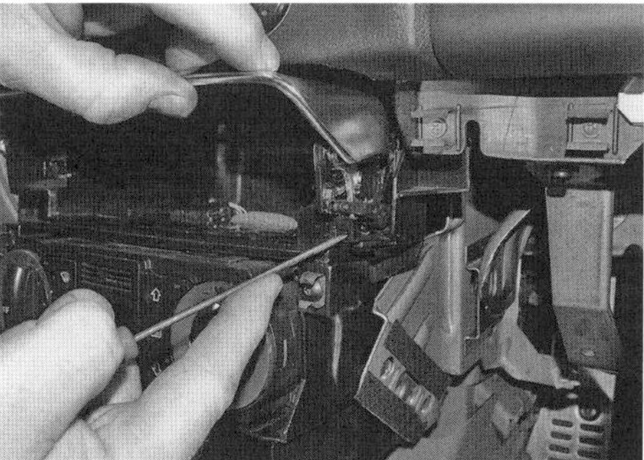

4.16a Lösen Sie die Laschen …

4.16b … und entfernen Sie die Audiogerät-Blende.

17 Entfernen Sie die über dem Audioschacht liegende Kunststoffabdeckung (siehe Abbildung).

4.17 Entfernen Sie die Kunststoffabdeckung.

18 Greifen Sie in den Audioschacht und ziehen Sie die unter den Schaltern liegende Sicherungsplatte herunter (siehe Abbildungen).

4.18a Ziehen Sie die Sicherungsplatte herunter.

4.18b Sicherungsplatte – gezeigt ohne mittlere Armaturenbrett-Abdeckung

19 Drücken Sie den entsprechenden Schalter ins Armaturenbrett, befreien Sie ihn durch den Audioschacht und trennen Sie seinen Stecker (siehe Abbildungen).

4.19a Drücken Sie den Schalter durchs Armaturenbrett nach unten, ...

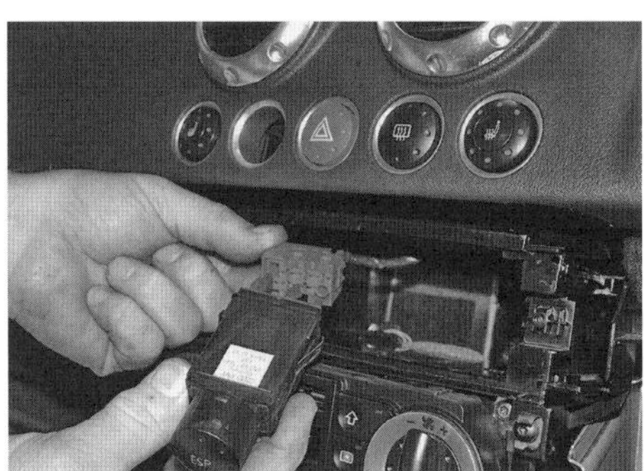

4.19b ... befreien Sie ihn durch den Audioschacht und trennen Sie seinen Stecker.

20 Verbinden Sie beim Einbau zuerst den Stecker, führen Sie den Schalter durch den Schacht von hinten fest in seinen Sitz. Der Rest des Einbaus entspricht der umgekehrten Ausbaureihenfolge – prüfen Sie die Funktion des Schalters.

Fensterheber-Schalter

21 Die Fensterheber-Schalter werden zusammen mit den Fensterhebern behandelt (siehe Kapitel 11, Sektion 18).

Außenspiegel-Schalter

22 Die Außenspiegel-Schalter werden zusammen mit den Außenspiegeln behandelt (siehe Kapitel 11, Sektion 19).

Klimaanlagen-Schalter

23 Die Klimaanlagen-Schalter sitzen in der Heizungsregler-Blende – deren Aus- und Einbau ist in Kapitel 3, Sektion 9 beschrieben.

Gebläsemotor-Schalter

24 Die Gebläsemotor-Schalter sitzen in der Heizungsregler-Blende – deren Aus- und Einbau ist in Kapitel 3, Sektion 9 beschrieben.

Handbremsen-Warnleuchtenschalter

25 Beachten Sie die Hinweise in Kapitel 9, Sektion 16.

Bremslichtschalter

26 Beachten Sie die Hinweise in Kapitel 9, Sektion 17.

Rückfahrlichtschalter

27 Beachten Sie die Hinweise in Kapitel 7A, Sektion 5.

Innenbeleuchtungs-Schalter

28 Der Schalter ist in den Türschloss-Mechanismus integriert und kann nicht separat ersetzt werden. Falls der Schalter defekt ist, muss die gesamte Baugruppe ersetzt werden (siehe Kapitel 11, Sektion 12).

Gepäckraum-Lichtschalter

29 Der Schalter ist in den Gepäckraumschloss-Mechanismus integriert und kann nicht separat ersetzt werden. Falls der Schalter defekt ist, muss die gesamte Baugruppe ersetzt werden (siehe Kapitel 11, Sektion 16).

Handschuhfachbeleuchtungs-Schalter

30 Der Schalter ist in das Scharnier des Handschuhfachdeckels integriert (siehe Kapitel 11, Sektion 26).

Schalter in der Abdeckung vor dem Schalt-/Wählhebel

Anmerkung: *Je nach Modell können sich vorn in der Mittelkonsole verschiedene Schalter befinden – unter anderem die Tankklappen-Entriegelung, die Gepäckraum-Entriegelung und die Deaktivierung der Innenraum-Überwachung.*

Anmerkung: *Schalten Sie die Zündung und alle elektrischen Verbraucher ab, bevor Sie mit der Arbeit beginnen.*

31 Öffnen Sie die Abdeckung vorn in der Mittelkonsole und befreien Sie die Schalterblende – trennen Sie dabei die Stecker (siehe Abbildung).

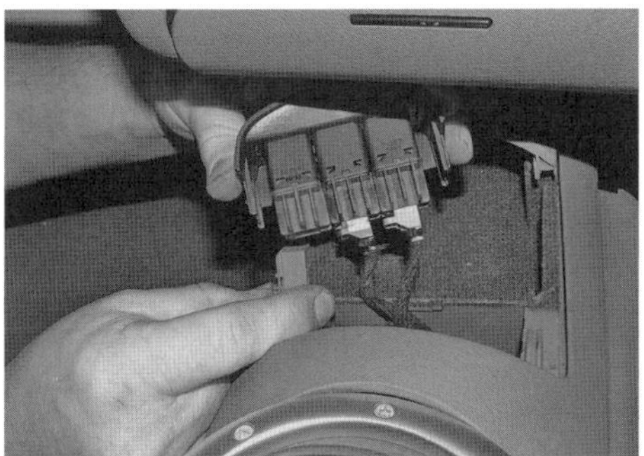

4.31 Befreien Sie die Schalterblende aus der Mittelkonsole und trennen Sie dabei die Stecker.

32 Lösen Sie die Laschen hinten am Schalter und ziehen Sie ihn nach vorn aus der Blende.
33 Der Einbau entspricht der umgekehrten Ausbaureihenfolge. Prüfen Sie die Funktion aller Schalter.
34 Die Tankklappe kann bei einem Ausfall des Schalters oder Stromkreises auch mechanisch geöffnet werden: Öffnen Sie die Wartungsklappe rechts im Gepäckraum und ziehen Sie am Seilzug (siehe Abbildungen).

4.34a Öffnen Sie die Wartungsklappe rechts im Gepäckraum ...

4.34b ... und ziehen Sie am Seilzug, um die Tankklappe zu öffnen.

Mittelkonsolen-Schalter

Anmerkung: *Je nach Modell können sich neben der Handbremse verschiedene Schalter befinden – unter anderem der Zentralverriegelungs-Schalter, der Navigationssystem-Schalter, der Windschott-Schalter sowie der Schalter für das automatische Verdeck.*

Anmerkung: *Schalten Sie die Zündung und alle elektrischen Verbraucher ab, bevor Sie mit der Arbeit beginnen.*

35 Entfernen Sie hinten in der Mittelkonsole die Abdeckung und ggf. den Becherhalter (siehe Kapitel 11, Abb. 27.1a bis c).

36 Greifen Sie in die Mittelkonsole und drücken Sie die Schalterblende hoch, um sie zu befreien – trennen Sie dabei die Stecker (siehe Abbildungen).

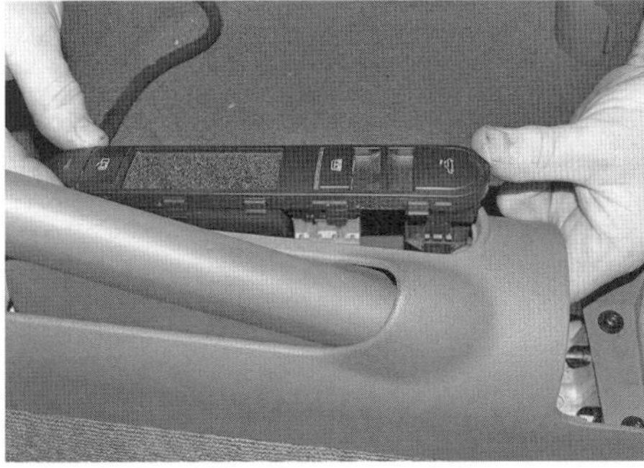

4.36a Befreien Sie die Schalterblende ...

4.36b ... und trennen Sie ihre Stecker.

37 Lösen Sie innerhalb der Blende die Laschen und befreien Sie den entsprechenden Schalter aus der Blende.
38 Der Einbau entspricht der umgekehrten Ausbaureihenfolge. Prüfen Sie die Funktion aller Schalter.

5 Lampen (außen) – Ersetzen

Allgemeines

Anmerkung: *Die Illustrationen in dieser Sektion zeigen den ausgebauten Scheinwerfer, um Details besser sichtbar zu machen.*

1 Beachten Sie beim Austauschen von Lampen die folgenden Punkte:

a) Der Stromkreis der entsprechenden Lampe muss abgeschaltet sein. Trennen Sie bei Modellen mit Xenon-Lampen auch den Masseanschluss (–) der Batterie – beachten Sie dabei die Hinweise auf Seite 366.
b) Bedenken Sie, dass Lampen im Betrieb sehr heiß werden und etwas Zeit zum Abkühlen brauchen.
c) Kontrollieren Sie stets die Kontakte der Lampe und des Sockels. Entfernen Sie Korrosion und Schmutz, damit guter Kontakt sichergestellt werden kann.
d) Achten Sie bei Lampen mit Bajonettverriegelung darauf, dass die Kontaktplatte im Sockel mit Federkraft gegen die Lampe drücken kann.
e) Achten Sie auf die korrekte Watt-Stärke der neuen Lampe.
f) Entfernen Sie für den Zugang zu den Scheinwerferlampen die Abdeckung der Batterie (links) und/oder des Kühlmittel-Ausgleichsbehälters (rechts).
g) Fassen Sie das Glas nicht direkt mit den Fingern an bzw. reinigen Sie das Glas nach dem Einbau.

Scheinwerfer – Fernlichtlampe

2 Schwenken Sie hinten am Scheinwerfer den Drahtbügel beiseite und entnehmen Sie die Abdeckung (siehe Abbildung).

5.2 Entfernen Sie die hintere Scheinwerfer-Abdeckung.

3 Lösen Sie den Federdraht und ziehen Sie den Lampenhalter aus dem Scheinwerfer (siehe Abbildungen).

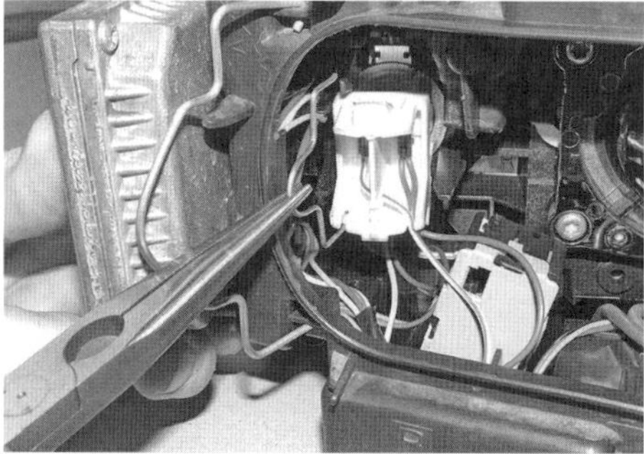

5.3a Lösen Sie den Federdraht …

5.3b … und ziehen Sie den Lampenhalter aus dem Scheinwerfer.

4 Ziehen Sie die Lampe aus dem Halter (siehe Abbildung).

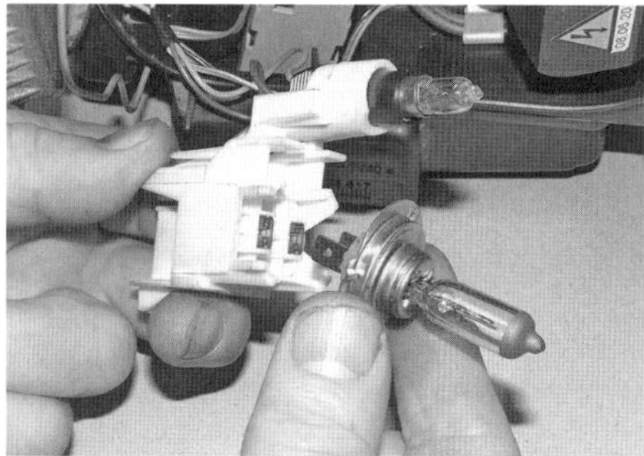

5.4 Ziehen Sie die Lampe aus dem Halter.

5 Berühren Sie das Glas der neuen Lampe nicht mit den Fingern, sondern halten Sie sie mit einem sauberen Tuch (Fett und Schmutz wird Brandflecken hinterlassen und den Verschleiß der Lampe beschleunigen) – wischen Sie Fingerabdrücke ggf. mit einem mit Spiritus getränktem Tuch ab.
6 Drücken Sie die neue Lampe vorsichtig in den Halter, positionieren Sie diesen im Reflektor und sichern Sie ihn mit dem Federdraht (siehe Abbildung).

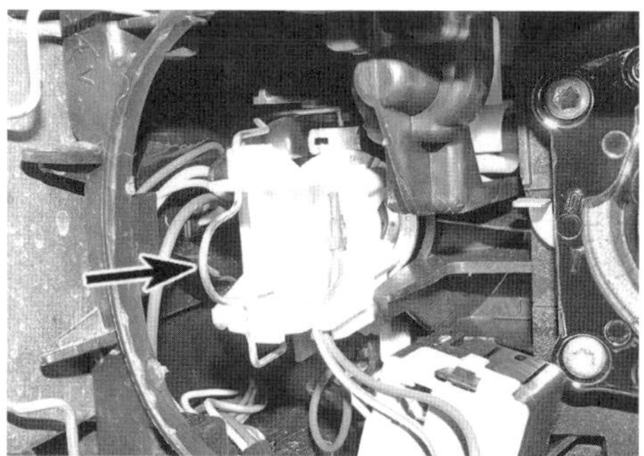

5.6 Der Federdraht muss korrekt am Lampenhalter einrasten.

7 Setzen Sie die Abdeckung korrekt auf und sichern Sie sie mit dem Drahtbügel.

Scheinwerfer – Abblendlichtlampe

Modelle mit Halogenlampen

8 Schwenken Sie hinten am Scheinwerfer den Drahtbügel beiseite und entnehmen Sie die Abdeckung (Abb. 5.2).
9 Trennen Sie hinten an der Lampe den Stecker. Hängen Sie den Drahtbügel aus und befreien Sie die Lampe aus dem Scheinwerfer (siehe Abbildungen).

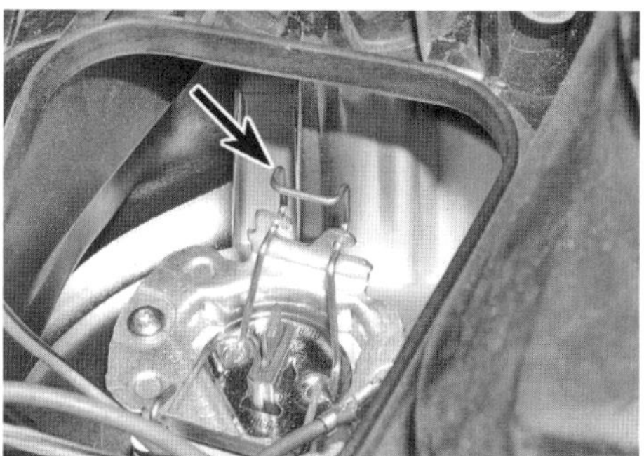

5.9a Hängen Sie den Drahtbügel aus …

5.9b … und befreien Sie die Lampe.

10 Berühren Sie das Glas der neuen Lampe nicht mit den Fingern, sondern halten Sie sie mit einem sauberen Tuch (Fett und Schmutz wird Brandflecken hinterlassen und den Ver-

schleiß der Lampe beschleunigen) – wischen Sie Fingerabdrücke ggf. mit einem mit Spiritus getränktem Tuch ab.
11 Installieren Sie die neue Lampe in den Scheinwerfer, richten Sie sie zu den Ausschnitten aus und sichern Sie sie mit dem Drahtbügel.
12 Verbinden Sie den Kabelstecker, setzen Sie die Abdeckung korrekt auf und sichern Sie sie mit dem Drahtbügel.

Modelle mit Xenonlampen

Achtung: *Trennen Sie bei Modellen mit Xenon-Lampen unbedingt zuvor den Masseanschluss (–) der Batterie – beachten Sie dabei die Hinweise auf Seite 366. Schalten Sie dann mehrmals das Abblendlicht an und ein, um Restspannungen abzubauen. Tragen Sie bei der Arbeit an Xenonlampen eine Schutzbrille, da diese unter hohem Druck (über 10 bar) stehen!*

13 Schwenken Sie hinten am Scheinwerfer den Drahtbügel beiseite und entnehmen Sie die Abdeckung (Abb. 5.2).
14 Drehen Sie den Lampenstecker um 90° nach links und ziehen Sie ihn ab (siehe Abbildung).

5.14 Drehen Sie den Lampenstecker um 90° nach links und ziehen Sie ihn ab.

15 Drehen Sie den Lampen-Sicherungsring nach links und entfernen Sie ihn (siehe Abbildung).

5.15 Drehen Sie den Lampen-Sicherungsring nach linksm um ihn zu entfernen.

16 Ziehen Sie die Lampe vorsichtig aus dem Scheinwerfer (siehe Abbildung).

5.16 Ziehen Sie die Lampe vorsichtig aus dem Scheinwerfer.

17 Installieren Sie die neue Lampe so, dass ihr Ausschnitt oben liegt und um die Lasche am Scheinwerfer greift (siehe Abbildung). Sichern Sie die Lampe mit dem nach rechts verdrehten Sicherungsring. Berühren Sie das Glas der neuen Lampe nicht mit den Fingern, sondern halten Sie sie mit einem sauberen Tuch (Fett und Schmutz wird Brandflecken hinterlassen und den Verschleiß der Lampe beschleunigen) – wischen Sie Fingerabdrücke ggf. mit einem mit Spiritus getränktem Tuch ab.

5.17 Richten Sie die Lampe zur Lasche am Scheinwerfer aus.

18 Verbinden Sie den Stecker und drehen Sie ihn 90° nach rechts. Setzen Sie die Abdeckung korrekt auf und sichern Sie sie mit dem Drahtbügel.

Achtung: Nach dem Einbau einer Xenon-Lampe muss die Grundeinstellung der automatischen Leuchtweitenverstellung kontrolliert werden – weil hierfür Spezialausrüstung benötigt wird, sollte die Arbeit einer Fachwerkstatt überlassen werden.

Standlichtlampe

19 Die Standlichtlampe sitzt im gleichen Lampenhalter wie die Fernlichtlampe. Schwenken Sie hinten am Scheinwerfer den Drahtbügel beiseite und entnehmen Sie die Abdeckung (Abb. 5.2).
20 Lösen Sie den Federdraht und ziehen Sie den Lampenhalter aus dem Scheinwerfer (Abb. 5.3a und b).
21 Die mit einem Bajonettsockel ausgerüstete Lampe muss heruntergedrückt und nach links verdreht werden, um sie aus dem Halter herausziehen zu können (siehe Abbildung).

5.21 Ausbau der Standlichtlampe

22 Der Einbau entspricht der umgekehrten Ausbaureihenfolge. Setzen Sie die Abdeckung korrekt auf und sichern Sie sie mit dem Drahtbügel.

Blinkerlampe vorn

23 Lösen Sie unten am Scheinwerfer die Lasche des Steckers und trennen Sie diesen (siehe Abbildung).

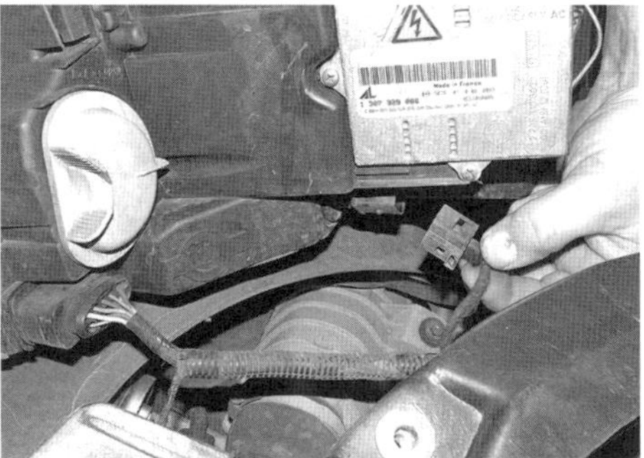

5.23 Trennen Sie den Blinkerstecker.

24 Drehen Sie den Lampenhalter nach links und befreien Sie ihn aus dem Scheinwerfer (siehe Abbildung).

5.24 Entfernen Sie den Blinkerlampenhalter.

25 Die mit einem Bajonettsockel ausgerüstete Lampe muss heruntergedrückt und nach links verdreht werden, um sie aus dem Halter herausziehen zu können (siehe Abbildung).

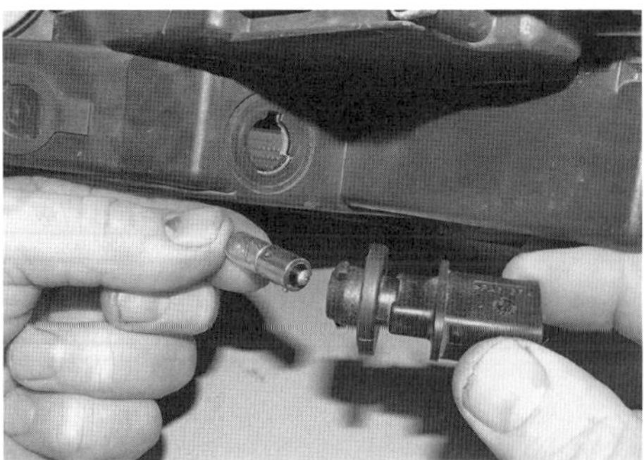

5.25 Befreien Sie die Blinkerlampe aus dem Halter.

26 Installieren Sie die neue Lampe in der umgekehrten Ausbaureihenfolge.

Nebelscheinwerfer

Anmerkung: *Um Zugang zur linken Nebelleuchte zu erhalten, muss die Batterie ausgebaut werden (siehe Kapitel 5A, Sektion 3 – beachten Sie zuvor die Hinweise auf Seite 366).*

27 Verdrehen Sie innen am Scheinwerfer die Kappe, um Zugang zur Nebellampe zu erhalten (siehe Abbildungen).
Anmerkung: *Die Kappe muss beim linken Scheinwerfer nach links und am rechten Scheinwerfer nach rechts verdreht werden.*

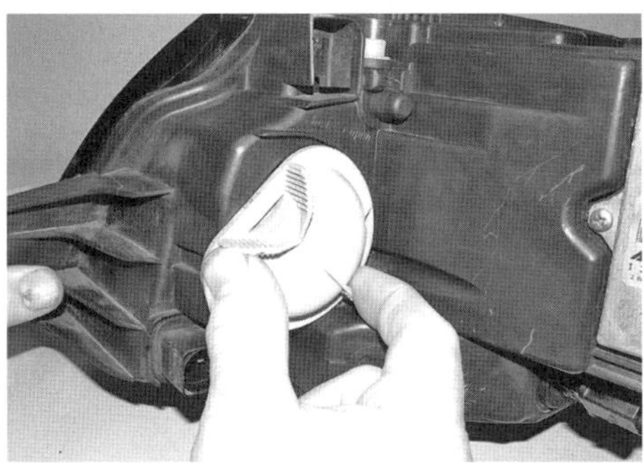

5.27a Verdrehen Sie die Kappe – hier am rechten Scheinwerfer im Uhrzeigersinn …

5.27b … und ziehen Sie sie ab, um Zugang zur Nebellampe zu erhalten.

28 Trennen Sie das von der Nebellampe kommende Kabel am Stecker (siehe Abbildung).

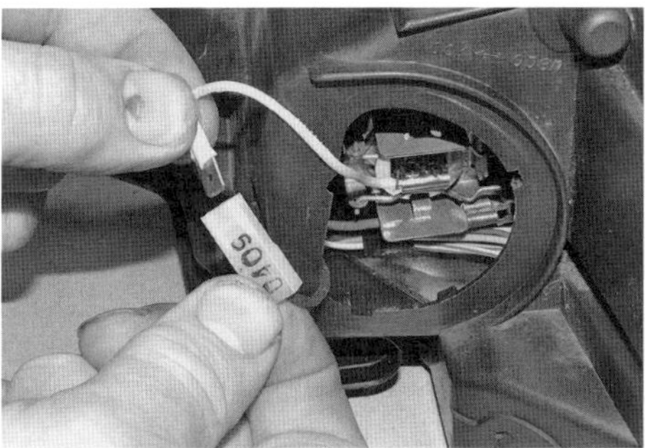

5.28 Trennen Sie den Nebellampen-Stecker.

29 Befreien Sie den Sicherungsdraht und ziehen Sie die Lampe heraus (siehe Abbildungen).

5.29a Hängen Sie den Drahtbügel aus ...

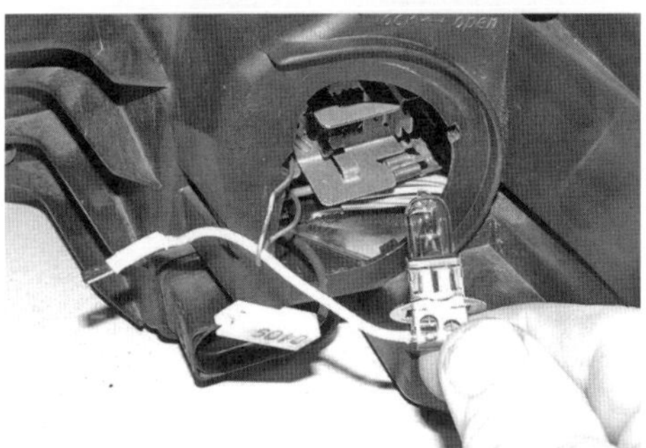

5.29b ... und ziehen Sie die Lampe heraus.

30 Sichern Sie die Lampe mit dem nach rechts verdrehten Sicherungsring. Berühren Sie das Glas der neuen Lampe nicht mit den Fingern, sondern halten Sie sie mit einem sauberen Tuch (Fett und Schmutz wird Brandflecken hinterlassen und den Verschleiß der Lampe beschleunigen) – wischen Sie Fingerabdrücke ggf. mit einem mit Spiritus getränktem Tuch ab.
31 Installieren Sie die neue Lampe so, dass ihre Laschen korrekt in die Ausschnitte des Scheinwerfers greifen, und sichern Sie sie mit dem Drahtbügel (siehe Abbildung).

5.31 Der Drahtbügel muss die Nebellampe korrekt sichern.

32 Verbinden Sie den Kabelstecker, setzen Sie die Kappe auf und verdrehen Sie sie – am linken Scheinwerfer nach rechts und am rechten Scheinwerfer nach links.

Seitliche Blinkerlampe

33 Seien Sie beim Aus- und Einbau der seitlichen Blinkerlampe sehr vorsichtig, um nicht den Lack des Kotflügels zu zerkratzen.
34 Schieben Sie das Lampengehäuse vorsichtig nach vorn gegen den Federclip, um seine hintere Ecke aus dem Kotflügel zu befreien und das Gehäuse aus der Öffnung zu ziehen (siehe Abbildung).

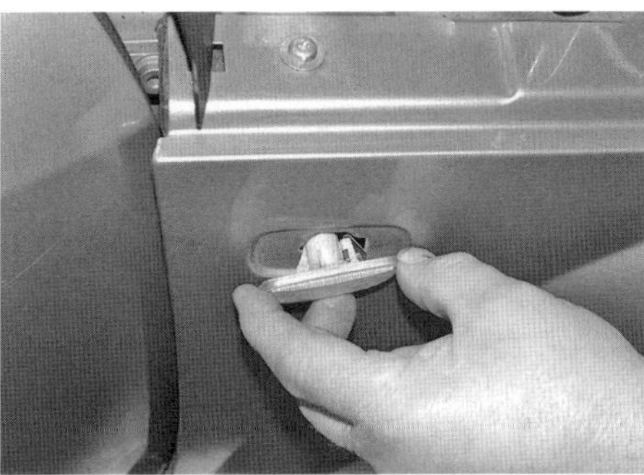

5.34 Befreien Sie das Lampengehäuse aus dem Kotflügel.

35 Ziehen Sie das Lampenhalter-Gummi aus der Lampe und befreien Sie die sockellose Lampe aus dem Halter (siehe Abbildungen).

5.35a Ziehen Sie den Lampenhalter heraus ...

5.35b ... und befreien Sie die Lampe.

36 Der Einbau entspricht der umgekehrten Ausbaureihenfolge.

Lampen der Rücklichteinheit(en)

37 Demontieren Sie die Rücklichteinheit (siehe Sektion 7).
38 Lösen Sie mit einem Schraubendreher (aus dem Bordwerkzeug) die Schraube des Lampenhalters und befreien Sie ihn aus der Rücklichteinheit (siehe Abbildungen).

5.38a Lösen Sie die Schraube ...

5.38b ... und befreien Sie den Lampenhalter.

39 Die mit Bajonettsockeln ausgerüsteten Lampen müssen heruntergedrückt und nach links verdreht werden, um sie aus dem Halter herausziehen zu können (siehe Abbildung).

5.39 Befreien Sie die Lampe aus dem Halter der Rücklichteinheit.

40 Der Einbau entspricht der umgekehrten Ausbaureihenfolge – achten Sie darauf, die Brems-/Rücklichtlampe richtig herum zu installieren, da ihre Arretierstifte versetzt angeordnet sind, um nicht die Funktion der Glühfäden zu vertauschen.

Zusatzbremslichter

Roadster

41 Befreien Sie die Blende der Zusatzbremsleuchte (siehe Abbildung).

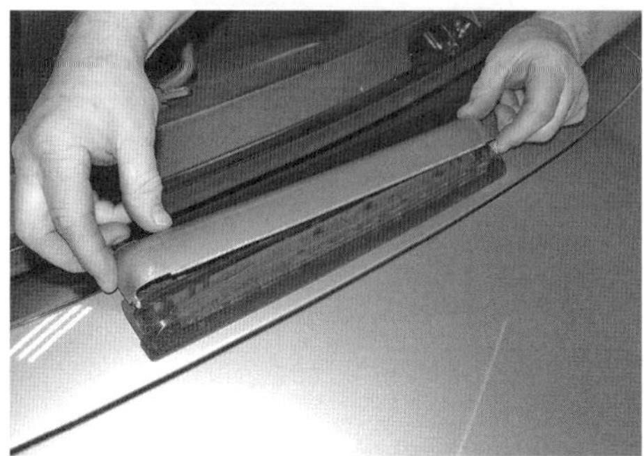

5.41 Befreien Sie die Blende.

42 Lösen Sie die zwei Schrauben und befreien Sie die Zusatzbremsleuchte aus der Heckverkleidung (siehe Abbildungen).

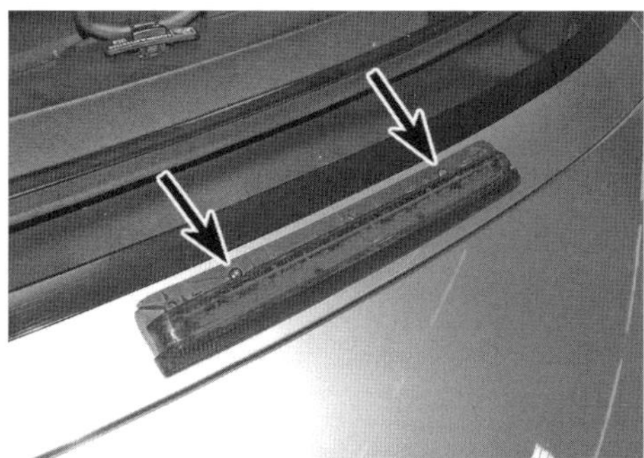

5.42a Lösen Sie die zwei Schrauben ...

5.42b ... und befreien Sie die Zusatzbremsleuchte.

43 Befreien Sie den Kabelstopfen aus dem Langloch der Karosserie (siehe Abbildung). Öffnen Sie die Heckklappe und befreien Sie die Gepäckraumbeleuchtung (Abb. 6.12a). Trennen Sie den dahinter liegenden Stecker der Zusatzbremsleuchte und ziehen Sie das Kabel heraus.

5.43 Befreien Sie den Kabelstopfen aus dem Langloch der Karosserie.

44 Die Zusatzbremsleuchte ist mit LEDs bestückt, die nicht ausgetauscht werden können, sodass beim Ausfall mehrerer LEDs die gesamte Baugruppe ersetzt werden muss.
45 Der Einbau entspricht der umgekehrten Ausbaureihenfolge.

Coupé

46 Öffnen Sie die Heckklappe und hängen Sie die Gepäckraum-Abdeckung aus (siehe Abbildung).

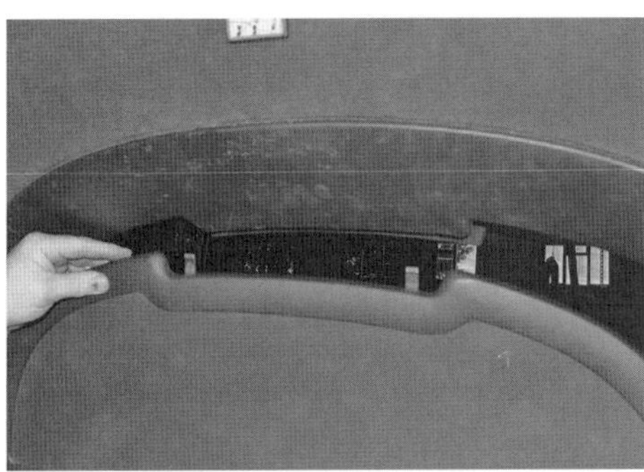

5.46 Hängen Sie an der geöffneten Heckklappe die Gepäckraum-Abdeckung aus.

47 Ziehen Sie die Zusatzbremsleuchte nach vorn (unten) aus der Heckklappe (siehe Abbildung) und trennen Sie ihren Stecker.

5.47 Ziehen Sie die Zusatzbremsleuchte aus der Heckklappe.

48 Lösen Sie die Clips und befreien Sie die Lampen-Baugruppe aus der Abdeckung.
49 Die Zusatzbremsleuchte ist mit LEDs bestückt, die nicht ausgetauscht werden können, sodass beim Ausfall mehrerer LEDs die gesamte Baugruppe ersetzt werden muss.
50 Der Einbau entspricht der umgekehrten Ausbaureihenfolge.

Kennzeichenbeleuchtung

51 Drücken Sie das Lampengehäuse vorsichtig gegen die Feder zur Fahrzeug-Außenseite, um seine innere Ecke aus der Heckklappe zu befreien und das Gehäuse aus der Öffnung zu ziehen (siehe Abbildungen).

5.51a Drücken Sie das Kennzeichenbeleuchtungs-Gehäuse nach außen …

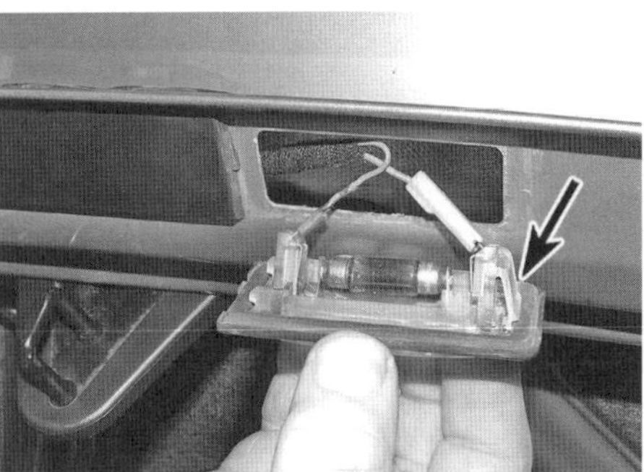

5.51b … gegen den Federclip (Pfeil), um es zu befreien.

52 Befreien Sie die Soffitte aus ihren Kontakten (siehe Abbildung).

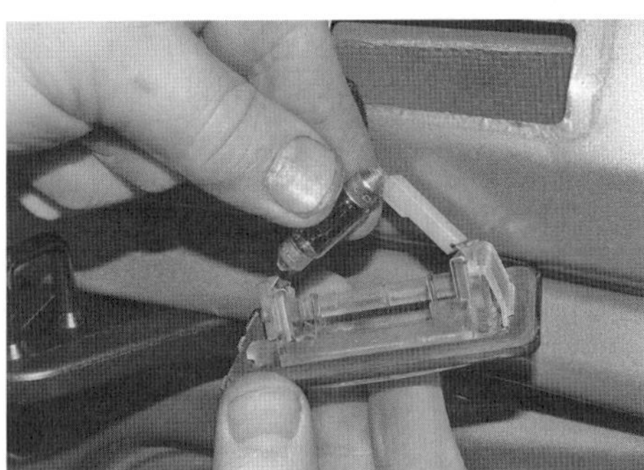

5.52 Befreien Sie die Soffitte.

53 Der Einbau entspricht der umgekehrten Ausbaureihenfolge.

6 Lampen (innen) – Ersetzen

Allgemeines

1 Beachten Sie beim Austauschen von Lampen die folgenden Punkte:

a) Der Stromkreis der entsprechenden Lampe muss abgeschaltet sein.
b) Bedenken Sie, dass Lampen im Betrieb sehr heiß werden und etwas Zeit zum Abkühlen brauchen.
c) Kontrollieren Sie stets die Kontakte der Lampe und des Sockels. Entfernen Sie Korrosion und Schmutz, damit guter Kontakt sichergestellt werden kann.
d) Achten Sie bei Lampen mit Bajonettverriegelung darauf, dass die Kontaktplatte im Sockel mit Federkraft gegen die Lampe drücken kann.
e) Achten Sie auf die korrekte Watt-Stärke der neuen Lampe.

Innenbeleuchtung/Leselampe vorn

Coupé

2 Hebeln Sie mit einem kleinen Schraubendreher vorsichtig das Lampenglas aus der Lampe (siehe Abbildung).

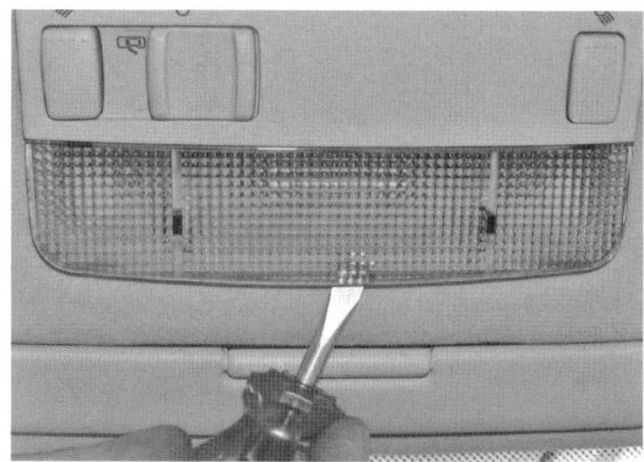

6.2 Hebeln Sie das Lampenglas ab.

3 Die für die Innenbeleuchtung zuständige Soffitte in der Mitte muss aus ihren zwei Feder-Kontakten befreit werden. Die sockellosen Leselampen werden aus ihren Kontakten gezogen (siehe Abbildung).

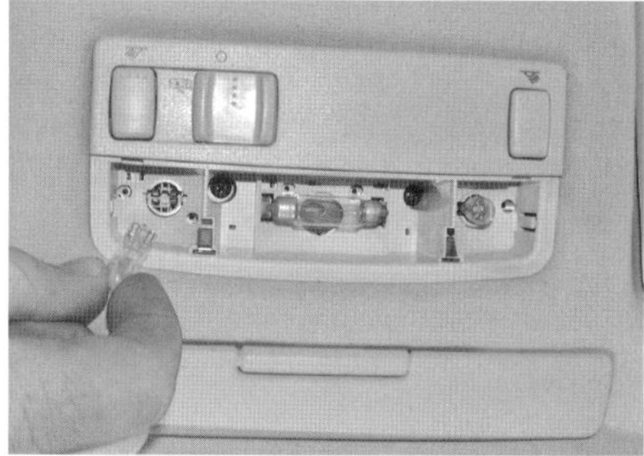

6.3 Die sockellosen Leselampen werden aus ihren Kontakten gezogen.

4 Installieren Sie die neue Lampe und drücken Sie das Lampenglas ein, bis es einrastet.

Roadster

5 Hebeln Sie die Innenbeleuchtungs-Baugruppe vorsichtig aus dem Windschutzscheiben-Rahmen und trennen Sie ihren Stecker (siehe Abbildungen).

6.5a Hebeln Sie die Innenbeleuchtungs-Baugruppe heraus ...

6.5b ... und trennen Sie ihren Stecker.

6 Die mit einem Bajonett-Sockel versehenen Leselampen müssen sanft in den Halter gedrückt und nach links gedreht werden, um herausgezogen werden zu können (siehe Abbildung).

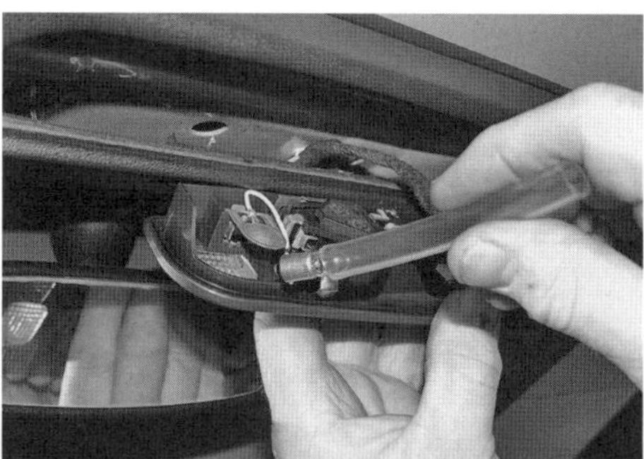

6.6 Beim Ausbau der Bajonettlampen kann ein aufgeschobener Schlauch hilfreich sein.

7 Der Einbau entspricht der umgekehrten Ausbaureihenfolge.

Schminkspiegel-Lampe – Coupé

8 Schwenken Sie die Sonnenblende herunter und hebeln sie vorsichtig die Lampe aus dem Himmel.
9 Trennen Sie den Stecker und lösen Sie die Kunststoffabdeckung an der Rückseite der Lampe.
10 Ziehen Sie die sockellose Lampe aus den Kontakten.
11 Der Einbau entspricht der umgekehrten Ausbaureihenfolge.

Gepäckraumlampe

12 Hebeln Sie vorsichtig die Leuchte aus ihrem Sitz im Gepäckraum. Ziehen Sie die sockellose Lampe aus den Kontakten (siehe Abbildungen).

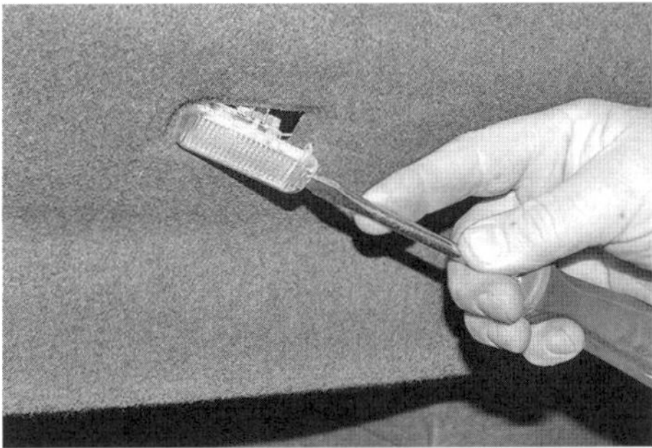

6.12a Hebeln Sie die Leuchte aus ihrem Sitz im Gepäckraum.

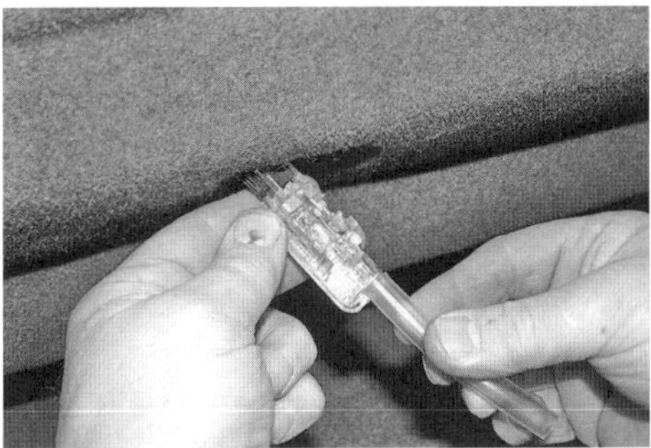

6.12b Ziehen Sie die sockellose Lampe aus den Kontakten.

13 Der Einbau entspricht der umgekehrten Ausbaureihenfolge.

Handschuhfachlampe

14 Öffnen Sie das Handschuhfach, hebeln Sie die Leuchte aus ihrem Sitz und trennen Sie ihren Stecke (siehe Abbildungen).

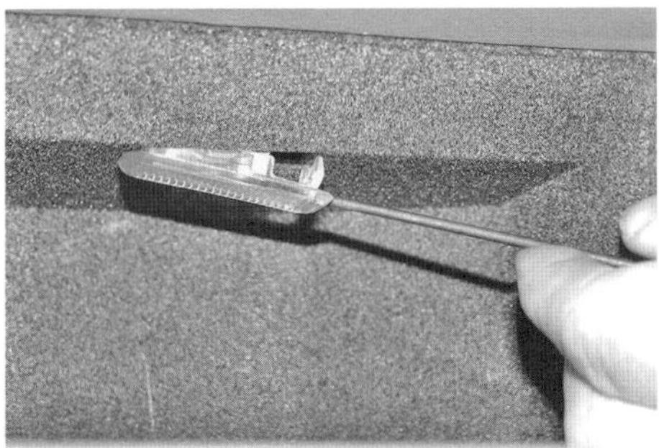

6.14a Hebeln Sie die Leuchte heraus ...

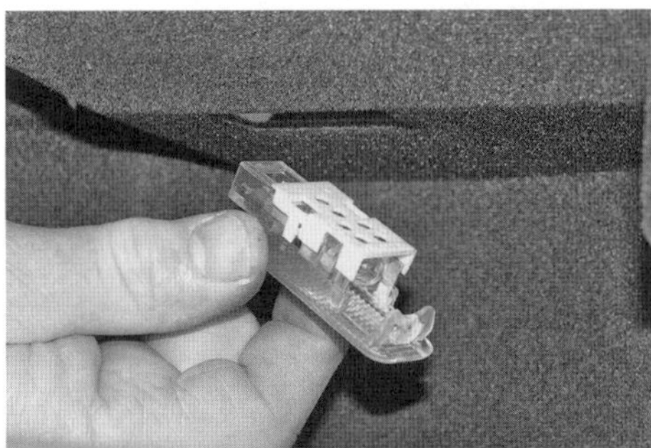

6.14b ... und trennen Sie ihren Stecker.

15 Befreien Sie an der Rückseite der Leuchte die Kunststoffabdeckung. Ziehen Sie die sockellose Lampe aus den Kontakten (siehe Abbildungen) – hierbei kann ein kleiner Schraubendreher hilfreich sein.

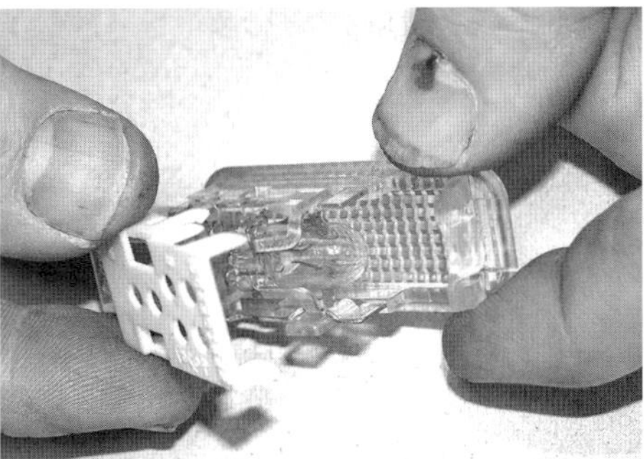

6.15a Befreien Sie die Kunststoffabdeckung ...

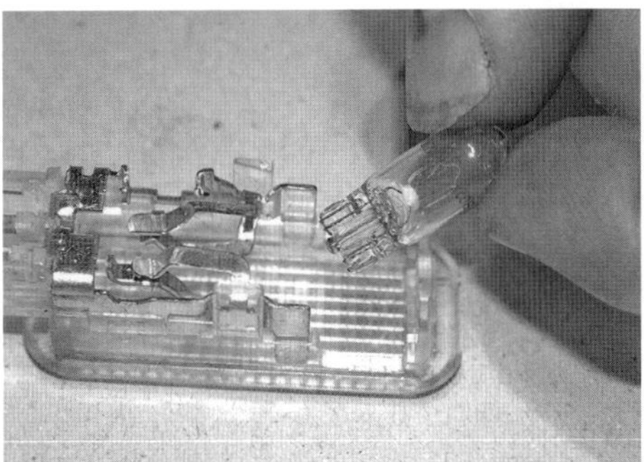

6.15b ... und ziehen Sie die sockellose Lampe heraus.

16 Der Einbau entspricht der umgekehrten Ausbaureihenfolge.

Instrumentenbeleuchtung und Warnleuchten

17 Die Instrumentenbeleuchtung und alle Warnleuchten sind als LEDs ausgeführt, die nicht erneuert werden können. Beachten Sie für den Ausbau und Einbau der Instrumenten-Baugruppe die Hinweise in Sektion 10.

Heizungs-/Lüftungsregler-Beleuchtung

18 Die Heizungs- und Lüftungsregler werden von in die Blende integrierten LEDs beleuchtet – beachten Sie für den Ausbau die Hinweise in Kapitel 3, Sektion 9.

Schalterbeleuchtung

19 Die Schalter werden von integrierten LEDs beleuchtet – falls eine LED ausfällt, muss der Schalter erneuert werden.

7 Lampen-Baugruppen (außen) – Ausbau und Einbau

Scheinwerfergehäuse

Xenon-Scheinwerfer arbeiten mit einer sehr hohen Stromspannung. Berühren Sie bei eingeschalteten Scheinwerferlampen niemals deren Kabel!

1 Demontieren Sie die Frontschürze (siehe Kapitel 11, Sektion 6).
2 Lösen Sie die drei Schrauben und drücken Sie das Scheinwerfergehäuse leicht nach innen, um außen den Zapfen zu befreien (siehe Abbildungen).

7.2a Lösen Sie die zwei oberen …

7.2b … sowie die vordere Scheinwerfer-Schraube …

7.2c und befreien Sie den Zapfen.

3 Ziehen Sie das Scheinwerfergehäuse heraus und trennen Sie dabei den Blinkerstecker sowie den Scheinwerfer-Mehrfachstecker (siehe Abbildungen).

7.3a Trennen Sie den Blinkerstecker …

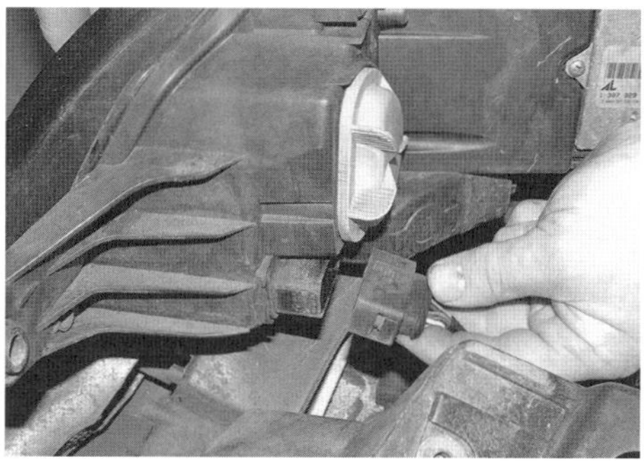

7.3b … und den Scheinwerfer-Mehrfachstecker.

4 Entnehmen Sie das Scheinwerfergehäuse.
5 Der Einbau entspricht der umgekehrten Ausbaureihenfolge – lassen Sie bei nächster Gelegenheit die Scheinwerfer-Ausrichtung kontrollieren. Um das Scheinwerfergehäuse zur Frontschürze auszurichten, muss nach deren Montage ein Schraubendreher durch den Kühlergrill geführt und die vordere Scheinwerfer-Schraube gelockert werden (Abb. 7.2b); lockern Sie auch die oberen Scheinwerfer-Schrauben, richten Sie den Scheinwerfer wie gewünscht aus und ziehen Sie die Schrauben wieder an.

Xenonlampen-Vorschaltgerät

6 Das Xenonlampen-Vorschaltgerät sitzt hinten am Scheinwerfergehäuse (siehe Abbildung). Um an das Vorschaltgerät des linken Scheinwerfers zu gelangen, müssen die Batterie und ihr Träger demontiert werden (siehe Kapitel 5A, Sektion 3).

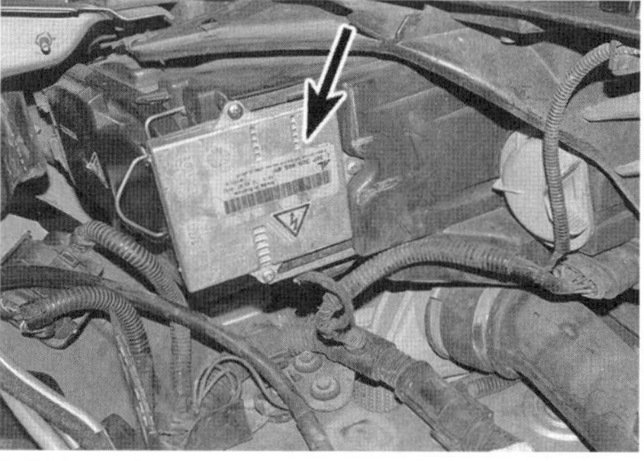

7.6 Xenonlampen-Vorschaltgerät

7 Trennen Sie den Lampenstecker (Abb. 5.14). Lösen Sie die drei Schrauben des Vorschaltgeräts und entnehmen Sie es (siehe Abbildungen).

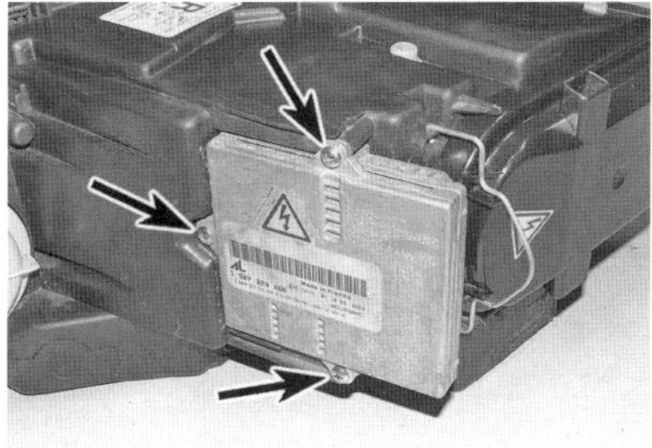

7.7a Lösen Sie die drei Schrauben ...

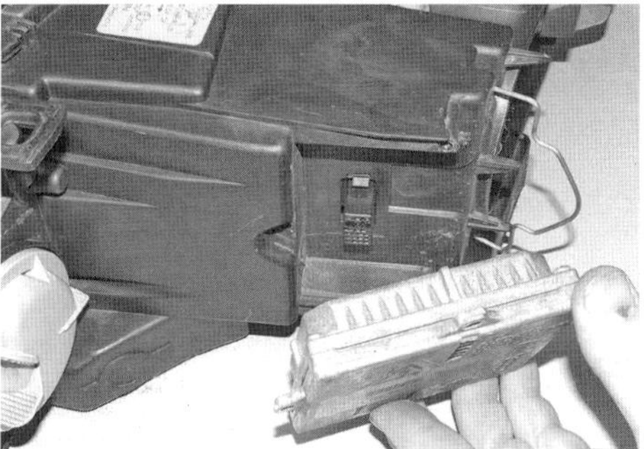

7.7b ... und entnehmen Sie das Vorschaltgerät

8 Der Einbau entspricht der umgekehrten Ausbaureihenfolge.

Seitliche Blinker

9 Die Prozedur ist in Sektion 5 (Schritte 33 bis 36) beschrieben.

Rücklichteinheit

10 Öffnen Sie im Gepäckraum die jeweilige Zugangsklappe (siehe Abbildung).

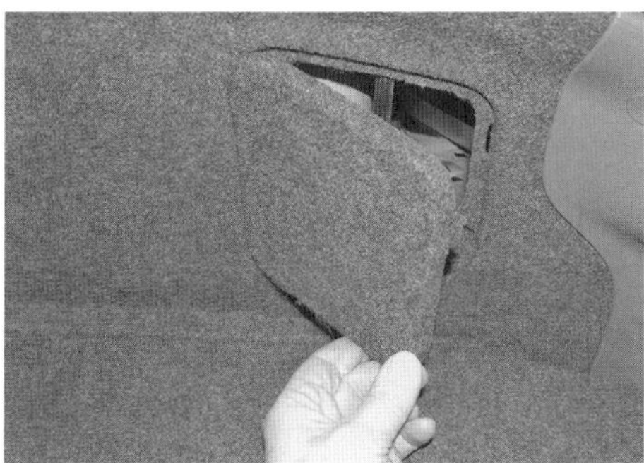

7.10 Öffnen Sie im Gepäckraum die jeweilige Zugangsklappe.

11 Greifen Sie in die Gepäckraumverkleidung und lösen Sie die zwei Rändelschrauben der Rücklichteinheit (siehe Abbildungen).

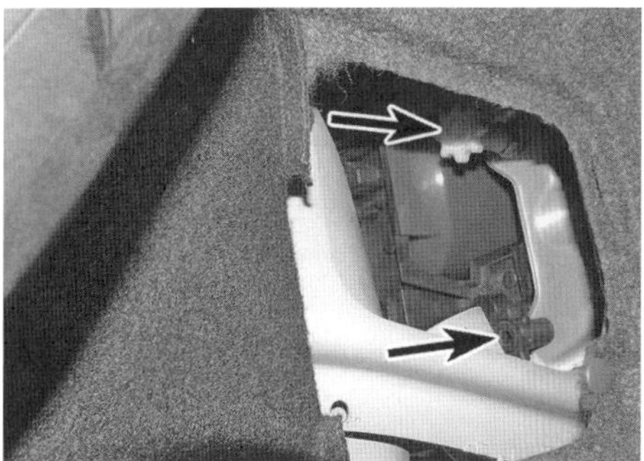

7.11a Die Rändelschrauben der Rücklichteinheit sind weiß und schwarz, ...

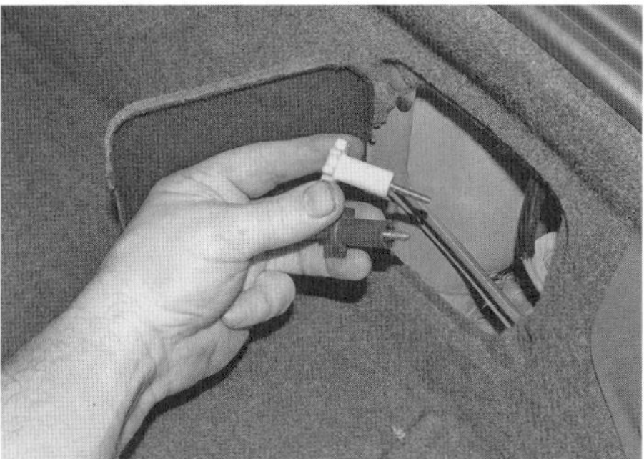

7.11b ... weil sie unterschiedlich lange Gewinde haben.

12 Befreien Sie die Rücklichteinheit aus ihrem Sitz und trennen Sie dabei den Mehrfachstecker (siehe Abbildungen).

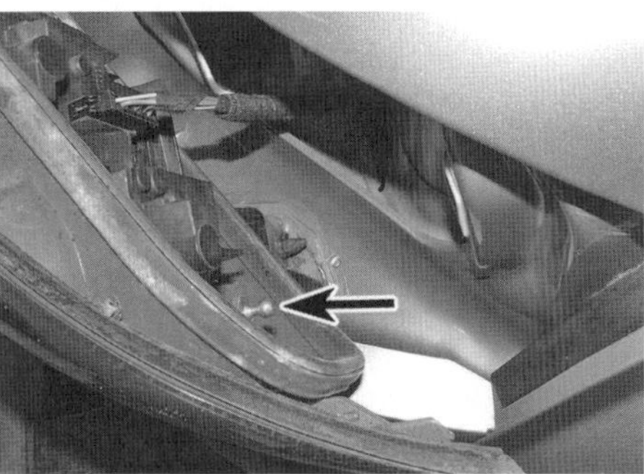

7.12a Ziehen Sie die Rücklichteinheit vom Kugelkopf ...

7.12b ... und trennen Sie den Mehrfachstecker.

13 Der Einbau entspricht der umgekehrten Ausbaureihenfolge – die Baugruppe muss korrekt auf dem Kugelkopf einrasten.

Zusatzbremsleuchte

14 Die Prozedur ist in Sektion 5 (Schritte 41 bis 50) beschrieben.

Kennzeichenbeleuchtung

15 Die Prozedur ist in Sektion 5 (Schritte 51 bis 53) beschrieben.

8 Scheinwerferausrichtungs-Komponenten – Ausbau und Einbau

Leuchtweitenregulierungs-Schalter

1 Der Schalter ist in die Lichtschalter-Blende integriert. Der Aus- und Einbau ist in Sektion 4 beschrieben.

Leuchtweitenregulierungs-Motor

2 Der Motor ist in die Scheinwerfer-Baugruppe integriert. Über den Aus- und Einbau konnten bei Audi keine Informationen beschafft werden – wenden Sie sich bezüglich der Ersatzteilbeschaffung an Ihren Audi-Händler.

Steuermodul für Leuchtweiten-Verstellautomatik

Anmerkung: *Obwohl es möglich ist, das Steuermodul aus- und einzubauen, muss ein Neuteil »kodiert« werden, bevor es korrekt funktioniert – diese Aufgabe muss einer mit Spezialgeräten ausgerüsteten Fachwerkstatt überlassen werden.*
3 Das Steuermodul sitzt hinten im Fahrzeug am Unterboden. Beim Coupé befindet es sich links unter dem Rücksitzpolster; beim Roadster sitzt es hinter dem Mittellautsprecher (siehe Abbildungen) – entfernen Sie für den Zugang entsprechende Komponenten.

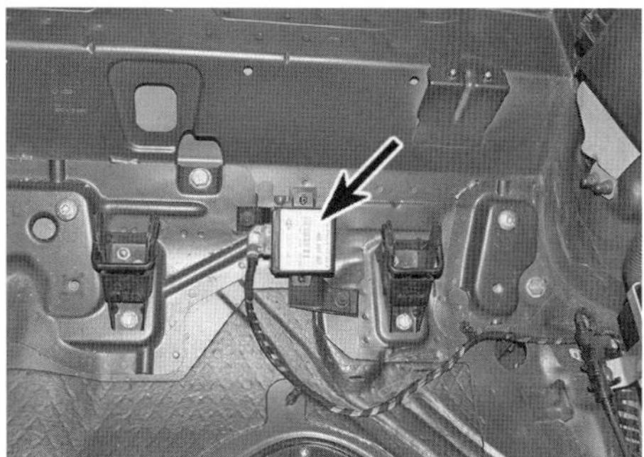

8.3a Steuermodul für Leuchtweiten-Verstellautomatik beim Coupé

8.3b Steuermodul für Leuchtweiten-Verstellautomatik beim Roadster

4 Lösen Sie die Befestigungen des Steuermoduls und entnehmen Sie es vom Unterboden; trennen Sie dann seinen Stecker.
5 Der Einbau entspricht der umgekehrten Ausbaureihenfolge.

Fahrzeug-Niveausensor

6 Am Querlenker des linken Vorderrads und am Quer- oder Längslenker des linken Hinterrads ermittelt jeweils ein Sensor den Abstand zwischen der Radaufhängung und der Karosserie. Beachten Sie die Hinweise in Kapitel 10, Sektion 17.

9 Scheinwerferausrichtung – Allgemeine Informationen

1 Eine akkurate Einstellung der Scheinwerfer erfordert spezielle optische Messgeräte und muss daher einer entsprechend ausgerüsteten Fachwerkstatt überlassen werden.
2 Die Grundeinstellung erfolgt durch Drehen der Einstellschrauben oben am Scheinwerfergehäuse (siehe Abbildung).

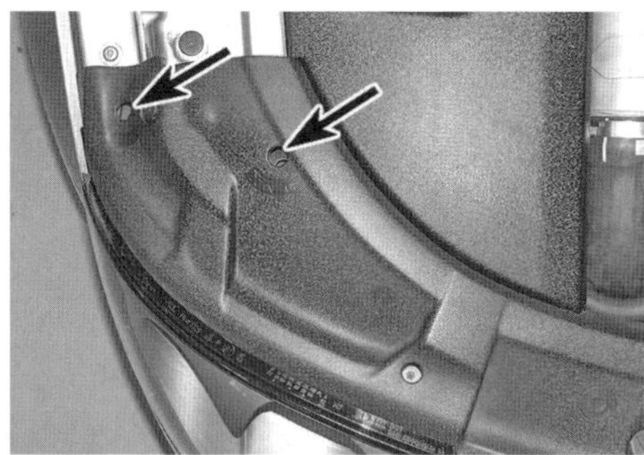

9.2 Scheinwerfer-Einstellschrauben

3 Der innere Einsteller dient der Höhenverstellung; der äußere Einsteller ändert die horizontale Ausrichtung (siehe Abbildungen).

9.3a Einsteller zur Höhenverstellung

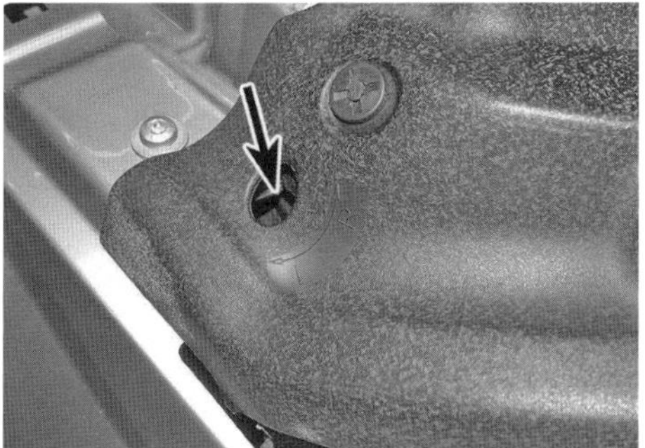

9.3b Einsteller zur seitlichen Verstellung

10 Instrumenten-Baugruppe – Ausbau und Einbau

1 Trennen Sie zunächst den Masseanschluss (–) der Batterie – beachten Sie dabei die Hinweise auf Seite 366.
2 Lösen Sie die Lenkradverstellung unter der Lenksäule, positionieren Sie das Lenkrad ganz unten und ziehen Sie bis zum Anschlag heraus.
Anmerkung: *In den folgenden Abbildungen sind sowohl das Lenkrad als auch die Lenksäulen-Schalter demontiert – dies ist nicht nötig und dient ausschließlich der Klarheit.*
3 Entfernen Sie unter der Lenksäule die untere Armaturenbrettverkleidung (siehe Kapitel 11, Sektion 28).
4 Lösen Sie unten an den Instrumenten die zwei Befestigungsschrauben, heben Sie die Baugruppe unten heraus und lösen Sie dabei seine oberen Laschen. Sobald die Stecker zugänglich sind, werden ihre Laschen gelöst, um sie zu trennen (siehe Abbildungen).

10.4a Instrumenten-Befestigungsschrauben

10.4b Ziehen Sie die Instrumente unten heraus, ...

10.4c ... um ihre oberen Laschen zu befreien, ...

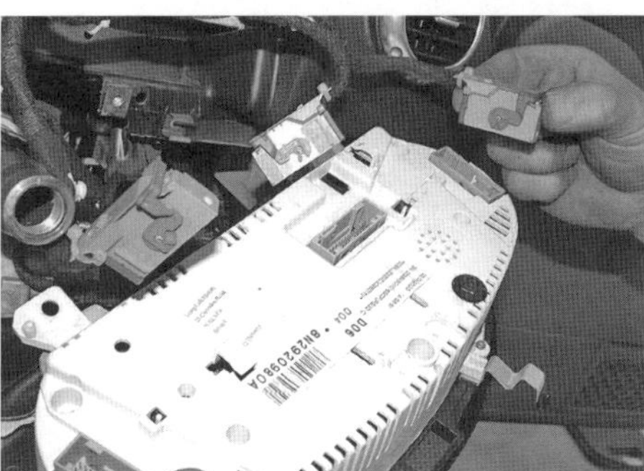

10.4d ... und trennen Sie die Instrumentenstecker.

5 Befreien Sie die Instrumenten-Baugruppe aus dem Armaturenbrett.
6 Der Einbau entspricht der umgekehrten Ausbaureihenfolge – alle Instrumentenstecker müssen sicher verbunden sein.

11 Instrumenten-Komponenten – Ausbau und Einbau

1 Aus der Instrumenten-Baugruppe können keine Uhren oder Anzeigen separat entfernt werden – bei einem Defekt muss die gesamte Baugruppe von einem Fachbetrieb überprüft und ggf. ausgetauscht werden.

12 Serviceintervall-Anzeige – Allgemeine Informationen und Zurücksetzung

1 Die Service-Intervall-Anzeige im Display der Instrumente muss nach einer Inspektion zurückgesetzt werden. Falls mehr als ein Wartungspunkt durchgeführt wurde, können die relevanten Display-Intervalle separat zurückgesetzt werden.
2 Die Anzeige wird mit dem Knopf unter dem Tachometer und dem Uhren-Verstellknopf unter dem Drehzahlmesser zurückgesetzt. Die Prozedur ist in Kapitel 1, Sektion 5 beschrieben.

13 Uhr – Ausbau und Einbau

1 Die in die Instrumenten-Baugruppe integrierte Uhr kann nicht separat entfernt werden – bei einem Defekt muss die gesamte Baugruppe ausgebaut (siehe Sektion 10) und von einem Fachbetrieb überprüft oder ggf. ausgetauscht werden.

14 Zigarettenanzünder – Ausbau und Einbau

1 Trennen Sie zunächst den Masseanschluss (–) der Batterie – beachten Sie dabei die Hinweise auf Seite 366.
2 Öffnen Sie den Aschenbecher und lösen Sie oben die Schraube (siehe Abbildung).

14.2 Lösen Sie die Schraube, ...

3 Ziehen Sie die Aschenbecher-Baugruppe heraus, um dabei alle vorhandenen Stecker zu trennen (siehe Abbildungen).

14.3a ... ziehen Sie die Aschenbecher-Baugruppe heraus ...

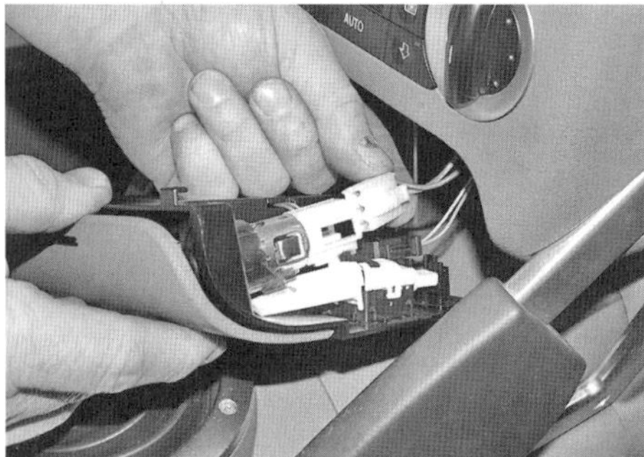

14.3b ... und trennen Sie alle Kabelstecker.

4 Lösen Sie die äußeren Kunststoff-Laschen und drücken Sie das Metall-Element aus dem Aschenbecher heraus – die farbige Kunststoffhülse kann dann entfernt werden (siehe Abbildungen).

14.4a Lösen Sie die Laschen, ...

14.4b ... drücken Sie das Metallelement heraus ...

14.4c ... und entfernen Sie die Kunststoffhülse.

5 Die Kabel und Lampen der Aschenbecher/Zigarettenanzünder-Baugruppe bilden eine gemeinsame Baugruppe und können als solche entfernt werden (siehe Abbildung).

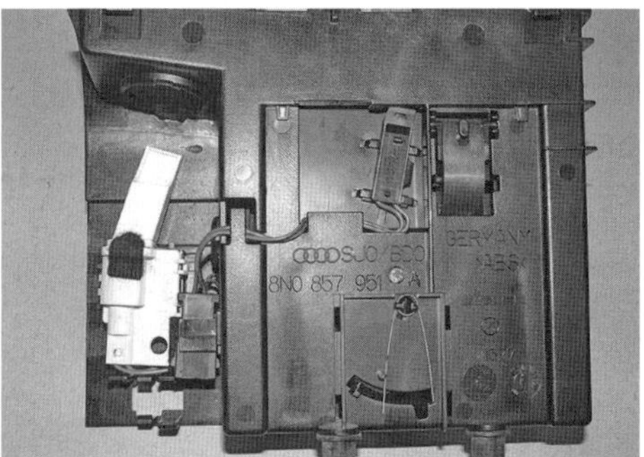

14.5 Die am Gehäuse sitzenden Kabel und Lampen der Aschenbecher/Zigarettenanzünder-Baugruppe

6 Der Einbau entspricht der umgekehrten Ausbaureihenfolge.

15 Hupe – Ausbau und Einbau

1 Trennen Sie zunächst den Masseanschluss (–) der Batterie – beachten Sie dabei die Hinweise auf Seite 366.
2 Das Fahrzeug ist mit zwei Hupen ausgestattet – sie sitzen links und rechts unter dem Kühlergehäuse (siehe Abbildungen). Entfernen Sie den Motor-Unterschutz und die entsprechende Radkasten-Innenverkleidung, um Zugang zu erhalten.

15.2a Position der linken Hupe

15.2b Position der rechten Hupe

3 Trennen Sie den Hupenstecker, lösen Sie die Schraube und befreien Sie die Hupe von ihrem Halter
4 Der Einbau entspricht der umgekehrten Ausbaureihenfolge.

16 Tachometer-Sensor – Allgemeine Informationenbau

1 Der Sensor ermittelt die Drehzahl am Getriebe-Ausgang und wandelt diese Informationen in elektronische Signale um, mit denen der Tachometer im Cockpit ‚angetrieben' wird. Das Signal wird außerdem im Motorsteuergerät und im Kilometerzähler genutzt.
2 Details zum Aus- und Einbau des Sensors finden sich in Kapitel 7A, Sektion 6.

17 Scheibenwischerarme – Ausbau und Einbau

1 Schalten Sie die Scheibenwischer ein und wieder aus, sodass diese in ihre Ruheposition gelangen.
2 Kleben Sie Kreppband auf die Windschutzscheibe oder die Heckscheibe und markieren Sie die Position des Wischerblatts, um es beim Einbau wieder korrekt ausrichten zu können.
3 Hebeln Sie die Kappe von der Scheibenwischer-Mutter (siehe Abbildung) und lösen Sie diese. Heben Sie das Wischerblatt von der Windschutzscheibe und ziehen Sie den Arm von der Welle.

17.3 Entfernen Sie die Kappe und lösen Sie die darunter sitzende Mutter.

4 Falls sich der Arm nicht lösen lässt, muss die Mutter wieder einige Umdrehungen aufgedreht werden, dann wird ein Abzieher angesetzt, um den Arm zu befreien (siehe Abbildung).
Anmerkung: *Falls beide Scheibenwischerarm zur gleichen Zeit demontiert werden sollen, müssen sie entsprechend ihrer Positionen markiert werden – sie sind nicht austauschbar.*

17.4 Ziehen Sie den Scheibenwischerarm nötigenfalls mit einem Abzieher ab.

5 Stellen Sie beim Einbau sicher, dass die Kerbverzahnungen des Wischerarms und der Welle sauber und trocken sind. Richten Sie das Wischerblatt zur Markierung an der Scheibe aus und stecken Sie den Wischerarm auf die Welle. Drehen Sie die Wellenmutter auf und ziehen Sie sie sorgfältig an. Drücken Sie die Kappe auf.

18 Windschutzscheibenwischermotor und Gestänge – Ausbau und Einbau

1 Demontieren Sie beide Wischerarme (siehe Sektion 17).
2 Entfernen Sie oben an der Spritzwand den Dichtstreifen (siehe Abbildung).

18.2 Entfernen Sie das Dichtgummi.

3 Das Lüftungsgitter kann jetzt befreit und beiseite verlagert werden (siehe Abbildung).

18.3 Entfernen Sie das Lüftungsgitter.

4 Um das Lüftungsgitter vollständig entfernen zu können, müssen der Wischwasser-Schlauch und die Stecker der Düsen-Heizungen getrennt werden (siehe Abbildungen).

Achtung: Arbeiten Sie hier nicht mit scharfkantigen Werkzeugen wie Schraubendrehern, um die Windschutzscheibe nicht zu zerkratzen!

18.4a Ziehen Sie den Wischwasser-Schlauch ab …

18.4b … und trennen Sie die Stecker der Düsen-Heizungen.

5 Ziehen Sie ggf. die Abdeckung über der Scheibenwischerwelle ab (siehe Abbildung).

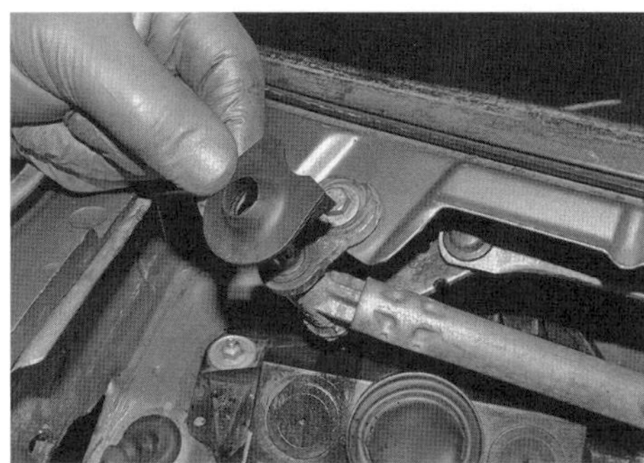

18.5 Ziehen Sie die Abdeckung über der Scheibenwischerwelle ab.

6 Lösen Sie die drei Schrauben und befreien Sie den Scheibenwischermotor samt Gestänge aus dem Windlauf – beschädigen Sie dabei nicht die Lackierung. Trennen Sie den Kabelstecker vom Motor (siehe Abbildungen).

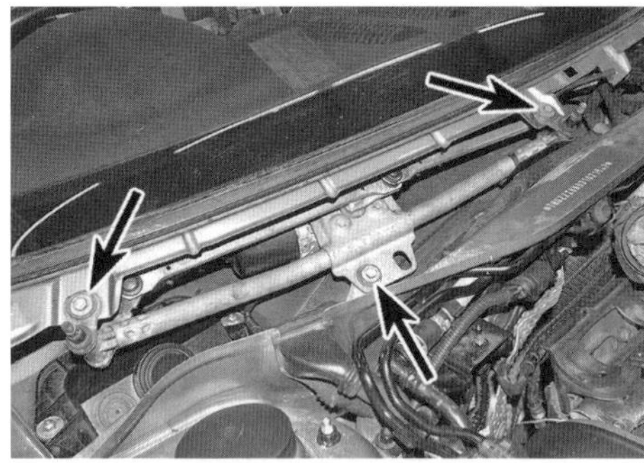

18.6a Lösen Sie die drei Schrauben …

18.6b … und befreien Sie den Scheibenwischermotor samt Gestänge aus dem Windlauf.

18.6c Trennen Sie den Stecker des Scheibenwischermotors.

7 Kontrollieren Sie die Gummiösen auf Schäden und Alterungserscheinungen und ersetzen Sie sie nötigenfalls.
8 Falls der Motor vom Gestänge getrennt werden soll, geschieht dies folgendermaßen:

a) Hebeln Sie zuerst die zwei zu den Wellen führenden Gestängehebel vom Kugelkopf der Motor-Kurbel.
b) Kontrollieren Sie die Position der Kurbel auf der Motorwelle – sie muss parallel zum Rahmenrohr liegen (siehe Abbildung).
c) Lösen Sie die Mutter, mit der die Kurbel auf der Motorwelle gesichert ist, und befreien Sie die Kurbel.
d) Lösen Sie die drei Schrauben, die den Motor an der Halteplatte sichern, und ziehen Sie den Motor ab.

18.8 Die Kurbel muss parallel zum Rahmenrohr liegen.

9 Der Einbau entspricht der umgekehrten Ausbaureihenfolge – beachten Sie dabei folgende Punkte:

a) Falls der Motor vom Gestänge getrennt war, muss nach der Montage die Kurbel parallel zum Rahmenrohr ausgerichtet werden (Abb. 18.8).
b) Alle Gummiösen und Distanzbuchsen müssen korrekt positioniert sein.
c) Reinigen Sie die Einbauschlitze des Lüftungsgitters und sprühen Sie sie mit Silikonspray ein, um den Einbau zu erleichtern (das Einklopfen des Lüftungsgitters könnte die Windschutzscheibe beschädigen).
d) Montieren Sie die Scheibenwischerarme (siehe Sektion 17).

19 Waschsystem-Komponenten – Ausbau und Einbau

Wischwasserbehälter

1 Schalten Sie die Zündung und alle elektrischen Verbraucher ab.
2 Ziehen Sie die Handbremse an, heben Sie das Fahrzeug vorn an, und stützen Sie es sicher ab (siehe Seite REF 5). Demontieren Sie das linke Vorderrad und die Verkleidung hinten im Radkasten.
3 Öffnen Sie den Einfülldeckel des Wischwasserbehälters, befreien Sie seinen Kunststoffring vom Behälterstutzen und entnehmen Sie den Deckel (siehe Abbildung).

19.3 Entfernen Sie den Einfülldeckel des Wischwasserbehälters

4 Lösen Sie im Radkasten die zwei Schrauben des Behälters (siehe Abbildung).

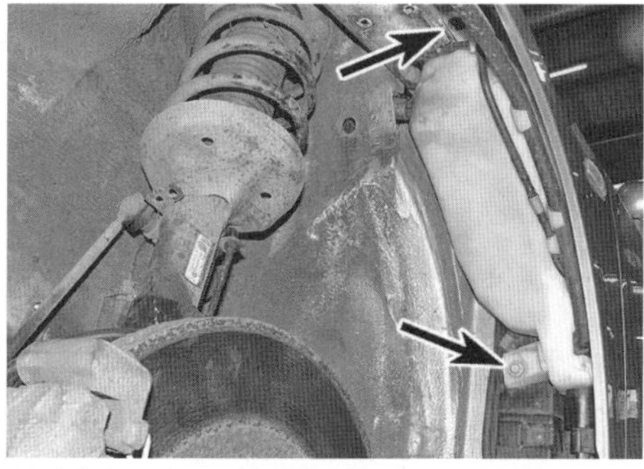
19.4 Schrauben des Wischwasserbehälters

5 Stellen Sie einen Behälter unter den Behälter und ziehen Sie den Schlauch der Scheinwerferreinigung von der unteren Pumpe (siehe Abbildung).

19.5 Trennen Sie den Schlauch der Scheinwerferreinigung.

6 Trennen Sie den Stecker der Scheinwerferreinigungs-Pumpe (siehe Abbildung).

19.6 Stecker der Scheinwerferreinigungs-Pumpe

7 Befreien Sie den Schlauch der Windschutzscheibenreinigung von den Aufnahmen am Behälter und ziehen Sie an der oberen Pumpe ab. Trennen Sie den Pumpenstecker und den Pegelsensor-Stecker (siehe Abbildung).

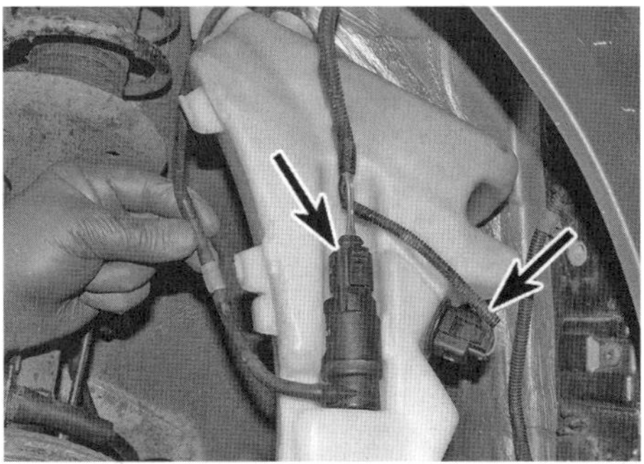

19.7 Trennen Sie den Schlauch der Windschutzscheibenreinigung sowie die zwei Stecker (Pfeile)

8 Der Wischwasserbehälters kann jetzt samt der Pumpen aus dem Radkasten befreit werden.
9 Der Einbau entspricht der umgekehrten Ausbaureihenfolge – der Zapfen oben am Behälter muss in das Loch der Karosserie greifen (siehe Abbildung). Alle Schläuche und Kabelstecker müssen korrekt angeschlossen sein. Prüfen Sie die Funktion beider Waschsysteme, bevor Sie die Radkastenverkleidung und das Vorderrad montieren.

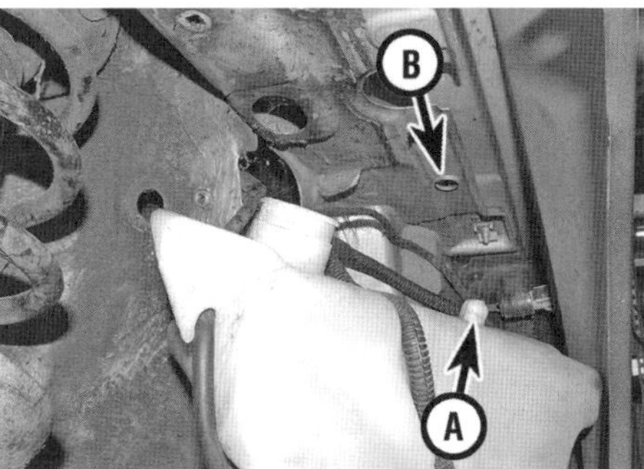

19.9 Richten Sie den Zapfen (A) zum Loch der Karosserie (B) aus.

Wischwasserpumpen und Pegel-Sensor

10 Schalten Sie die Zündung und alle elektrischen Verbraucher ab.

11 Demontieren Sie den Wischwasserbehälter (siehe oben).
12 Ziehen Sie die Pumpe vorsichtig aus dem Gummistopfen des Behälters (siehe Abbildungen). Falls noch nicht erledigt, müssen der Schlauch und der Kabelstecker von der Pumpe getrennt werden.

19.12a Ziehen Sie die Scheinwerferreinigungs-Pumpe nach unten aus ihrem Stopfen.

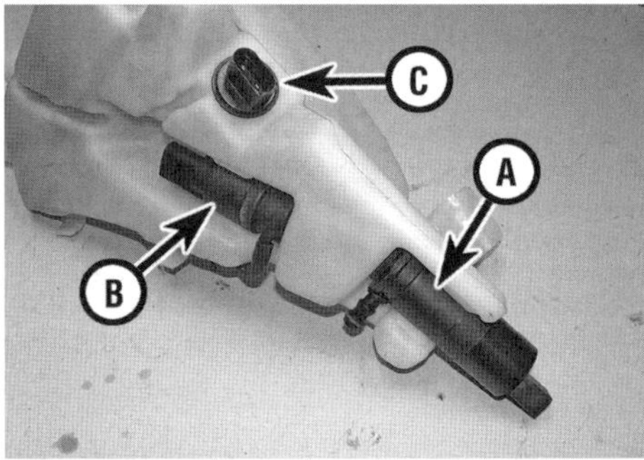

19.12b Wischwasserpumpen und Pegel-Sensor
(A) Scheinwerferreinigungs-Pumpe
(B) Windschutzscheibenreinigungs-Pumpe
(C) Wischwasserpegel-Sensor

13 Der Einbau entspricht der umgekehrten Ausbaureihenfolge – schmieren Sie die Stutzen der Pumpen mit Seifenwasser, um nicht versehentlich den Gummistopfen in den Behälter zu drücken.

Windschutzscheiben-Düsen

14 Öffnen Sie die Motorhaube und entfernen Sie das Lüftungsgitter (siehe Sektion 18).
15 Befreien Sie die Düse nach oben aus dem Lüftungsgitter und ziehen Sie sie samt Kabel und Schlauch heraus (siehe Abbildung). Lösen Sie das Kabel und den Schlauch aus den Befestigungen am Lüftungsgitter.

19.15 Befreien Sie die Düse samt Schlauch und Kabel nach

16 Der Einbau entspricht der umgekehrten Ausbaureihenfolge – die Ausrichtung der Düse kann mit einem an der Exzenterwelle angesetzten Schraubendreher eingestellt werden (siehe Abbildung).
Anmerkung: *Der Wasserstrahl muss knapp über der Mittellinie auf die Windschutzscheibe treffen.*

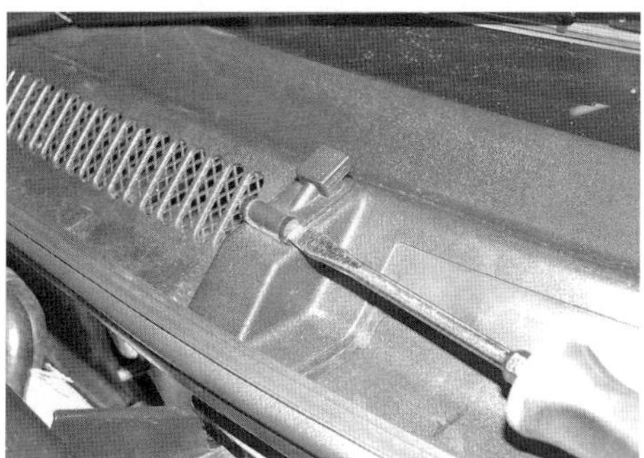

19.16 Verdrehen Sie den Exzenter, um die Windschutzscheiben-Düse auszurichten.

Scheinwerfer-Düsen

17 Demontieren Sie die Frontschürze (siehe Kapitel 11, Sektion 6).
18 Lösen Sie an der Rückseite der Frontschürze die fünf Schrauben der Düsen-Baugruppe und entfernen Sie sie (siehe Abbildungen).

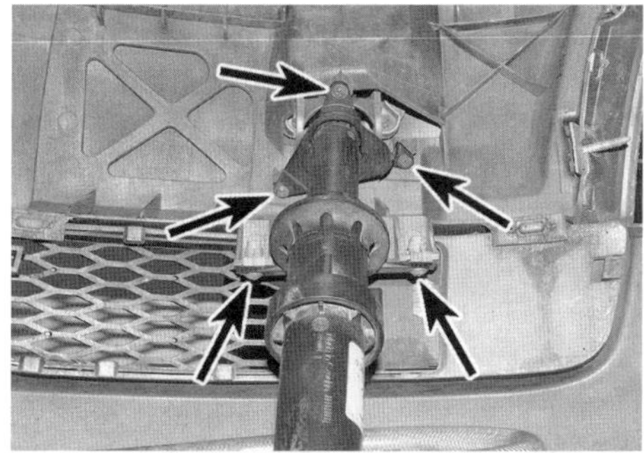

19.18a Lösen Sie die fünf Schrauben ...

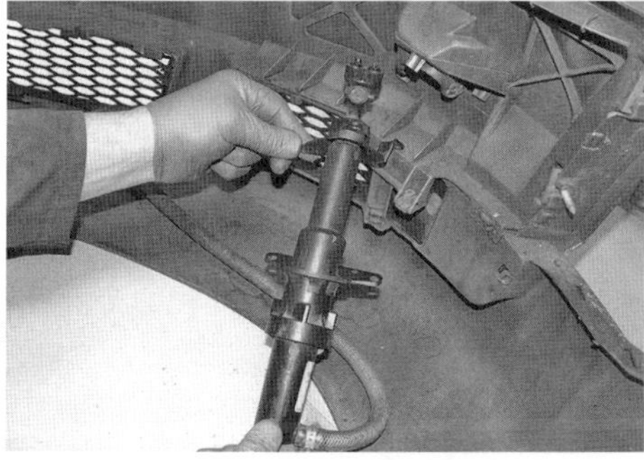

19.18b ... und befreien Sie die Scheinwerferdüsen-Baugruppe aus der Frontschürze.

19 Lösen Sie die Schelle des Wischwasserschlauchs und ziehen Sie ihn von der Düse ab (siehe Abbildung).

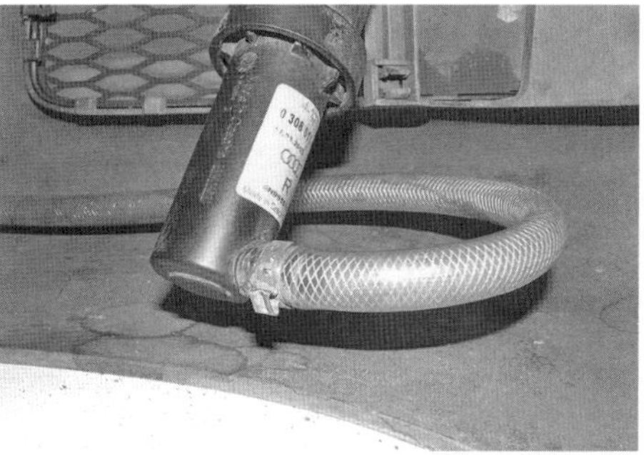

19.19 Schlauchanschluss an der Scheinwerfer-Düse

20 Der Einbau entspricht der umgekehrten Ausbaureihenfolge.

20 Audiosystem – Ausbau und Einbau

Anmerkung: *In dieser Sektion wird nur die Standard-Ausstattung behandelt.*

Radio/CD-Player

1 Die Audio-Einheit ist mit speziellen Laschen in ihrem Schacht gesichert, sodass geeignete Ausbauwerkzeuge benötigt werden. Diese werden dem Neufahrzeug beigefügt oder sind beim Fachhändler erhältlich.
2 Schalten Sie die Zündung und alle elektrischen Verbraucher ab.
3 Schieben Sie die Spezialwerkzeuge in die Schlitze an den unteren Ecken ein und lassen Sie sie einrasten. Ziehen Sie die Audio-Einheit mithilfe der Werkzeuge heraus und trennen Sie dabei das Antennenkabel und alle Stecker (siehe Abbildungen).

20.3a Ziehen Sie die Audio-Einheit mithilfe der Werkzeuge heraus ...

20.3b ... und trennen Sie dabei das Antennenkabel ...

20.3c ... sowie die Mehrfachstecker.

4 Der Einbau entspricht der umgekehrten Ausbaureihenfolge – verbinden Sie alle Stecker und schieben Sie die Audio-Einheit ohne die Werkzeuge ein, bis sie einrastet.

CD-Wechsler

Roadster

5 Schalten Sie die Zündung und alle elektrischen Verbraucher ab.
6 Entfernen Sie die Blenden hinter dem Fahrersitz (siehe Kapitel 11, Sektion 26).
7 Der in der Ablage hinter der Verkleidung sitzende CD-Wechsler ist an jeder Seite mit einer Schraube in seinem Halter gesichert (siehe Abbildung). Lösen Sie die Schrauben, ziehen Sie den CD-Wechsler heraus und trennen Sie dabei seinen Stecker.

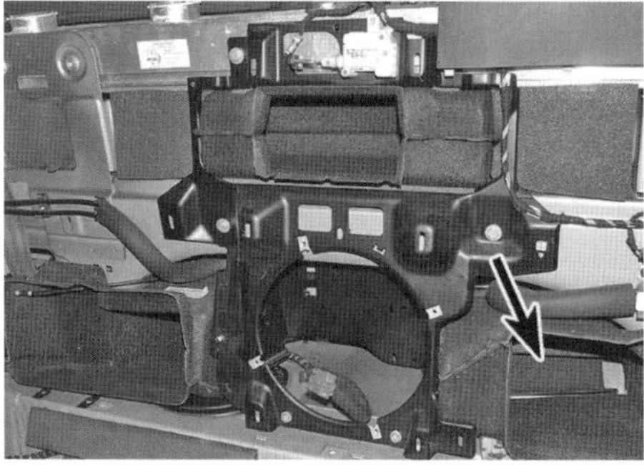

20.7 Position des CD-Wechslers im Roadster hinter dem Fahrersitz – gezeigt bei demontierter Verkleidung.

8 Der Einbau entspricht der umgekehrten Ausbaureihenfolge – verbinden Sie den Stecker, drücken Sie den CD-Wechsler in seine Halterung und sichern Sie ihn mit den Schrauben.

Coupé

9 Schalten Sie die Zündung und alle elektrischen Verbraucher ab.
10 Entfernen Sie die linke Seitenverkleidung (siehe Kapitel 11, Sektion 26).
11 Der links der Rücksitzbank sitzende CD-Wechsler ist vorn mit einer Schraube in seinem Halter gesichert (siehe Abbildung). Trennen Sie den Stecker, lösen Sie die Schraube und ziehen Sie den CD-Wechsler heraus.

20.11 Position des CD-Wechslers im Coupé links der Rückbank – gezeigt bei demontierter Verkleidung.

12 Der Einbau entspricht der umgekehrten Ausbaureihenfolge – drücken Sie den CD-Wechsler in seine Halterung, sichern Sie ihn mit der Schraube und verbinden Sie den Stecker.

21 Lautsprecher – Ausbau und Einbau

Mittelfrequenz-Türlautsprecher

1 Schalten Sie die Zündung und alle elektrischen Verbraucher ab.
2 Entfernen Sie die Türverkleidung (siehe Kapitel 11, Sektion 11).
3 Lösen Sie die drei Muttern des um den Kunststoffring des unten in der Türverkleidung sitzenden Lautsprecher, heben Sie diesen ab und ziehen Sie die Isolierung ab (siehe Abbildungen).

21.3a Entfernen Sie den Kunststoffring ...

21.3b ... und ziehen Sie die Isolierung ab.

4 Lösen Sie die Muttern des Lautsprechers, trennen Sie den Stecker und befreien Sie den Lautsprecher aus der Türverkleidung (siehe Abbildung).

21.4 Muttern und Stecker des Mittelfrequenz-Türlautsprechers

5 Der Einbau entspricht der umgekehrten Ausbaureihenfolge.

Hochton-Türlautsprecher

6 Schalten Sie die Zündung und alle elektrischen Verbraucher ab.
7 Entfernen Sie die Türverkleidung (siehe Kapitel 11, Sektion 11).
8 Lösen Sie die drei Muttern des um den Kunststoffring des unten in der Türverkleidung sitzenden Lautsprecher, heben Sie diesen ab und ziehen Sie die Isolierung ab (21.3a und b).
9 Lösen Sie die drei Schrauben des mittig sitzenden Hochtöners, trennen Sie seinen Stecker und befreien Sie den Lautsprecher aus der Türverkleidung (siehe Abbildung).

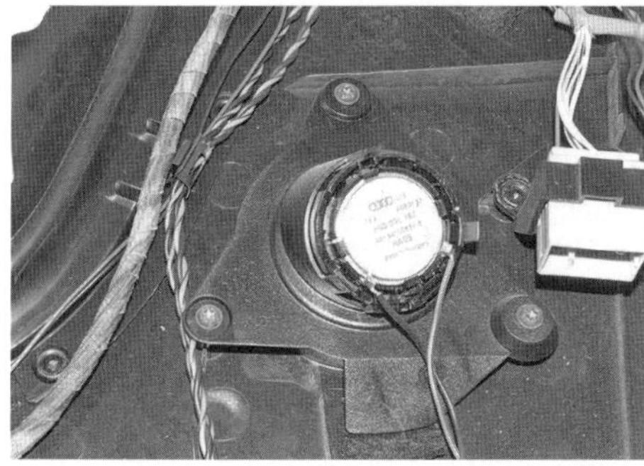

21.9 Schrauben des Hochton-Türlautsprechers

10 Der Einbau entspricht der umgekehrten Ausbaureihenfolge.

Heck-Basslautsprecher – Roadster

11 Schalten Sie die Zündung und alle elektrischen Verbraucher ab.
12 Links und rechts hinter den Sitzen befindet sich in jeder Ecke ein Basslautsprecher. Entfernen Sie die Verkleidungen hinter den Sitzen (siehe Kapitel 11, Sektion 26).
13 Lösen Sie die Schrauben, befreien Sie den Lautsprecher aus seiner Halterung und trennen Sie den Stecker (siehe Abbildung).

21.13 Der linke Heck-Basslautsprecher ohne die Verkleidung

14 Der Einbau entspricht der umgekehrten Ausbaureihenfolge.

Heck-Basslautsprecher – Coupé

15 Schalten Sie die Zündung und alle elektrischen Verbraucher ab.
16 Links und rechts der Rückbank befindet sich in jeder Ecke ein Basslautsprecher. Entfernen Sie die Seitenverkleidungen (siehe Kapitel 11, Sektion 26).
17 Lösen Sie die Schrauben, befreien Sie den Lautsprecher aus der Karosserie und trennen Sie den Stecker (siehe Abbildung).

21.17 Der linke Heck-Basslautsprecher ohne die Verkleidung

18 Der Einbau entspricht der umgekehrten Ausbaureihenfolge.

Heck-Subwoofer – Roadster

19 Schalten Sie die Zündung und alle elektrischen Verbraucher ab.
20 Der Subwoofer sitzt mittig hinter den Sitzen – entfernen Sie die Verkleidungen (siehe Abbildung) (siehe Kapitel 11, Sektion 26).

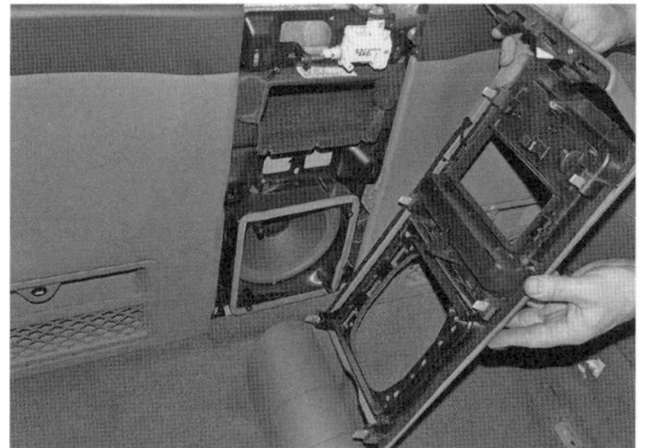

21.20 ES die Abdeckung des Subwoofers.

21 Lösen Sie die Schrauben des Lautsprechers, befreien Sie ihn aus dem Halter und trennen Sie den Stecker (siehe Abbildungen).

21.21a Lösen Sie die Schrauben des Subwoofers, ...

21.21b ... befreien Sie ihn aus dem Halter ...

21.21c ... und trennen Sie den Stecker.

22 Der Einbau entspricht der umgekehrten Ausbaureihenfolge.

Armaturenbrett-Lautsprecher

23 Je nach Ausstattung kann hinter dem Sonnenlichtsensor oben im Armaturenbrett ein Lautsprecher montiert sein. Entfernen Sie die Lüftungsdüse (siehe Kapitel 3, Sektion 10) lösen Sie die Schrauben des Lautsprechers, heben Sie ihn aus dem Armaturenbrett und trennen Sie seinen Stecker. Sichern Sie das Kabel mit Klebeband vor dem Verschwinden im Armaturenbrett.

22 Radio-Antenne – Ausbau und Einbau

Roadster

1 Die auf dem linken hinteren Kotflügel sitzende Antenne kann aus ihrem Sockel geschraubt werden.
2 Falls der Antennensockel entfernt werden soll, muss für den Zugang zum Antennenkabel die Wartungsklappe links im Gepäckfach geöffnet werden. Befreien Sie oben am Sockel die Kunststoffkappe und lösen Sie die Mutter. Die Verkabelung kann nun innerhalb des Kotflügels befreit werden.
3 Der Einbau entspricht der umgekehrten Ausbaureihenfolge.

Coupé

4 Die Antenne ist in die Heckscheibe integriert und links innerhalb der Heckscheibe sitzt ein Antennenverstärker (siehe Abbildung).

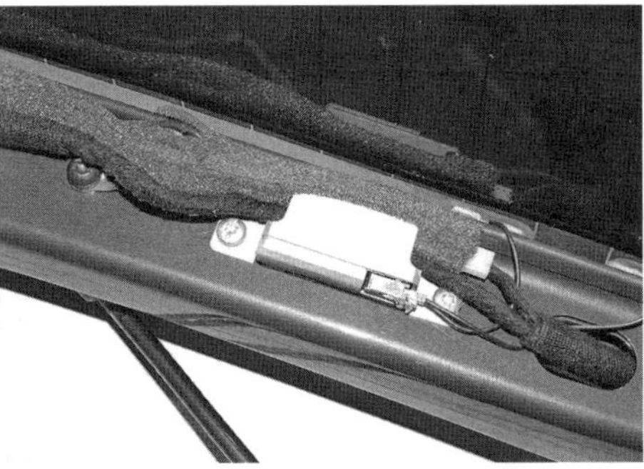

22.4 Antennenverstärker innerhalb der Coupé-Heckscheibe

5 Entfernen Sie die Heckklappenverkleidung (siehe Kapitel 11, Sektion 14).
6 Lösen Sie die Schrauben des Antennenverstärkers, ziehen Sie diesen ab und trennen Sie seine Stecker.
7 Der Einbau entspricht der umgekehrten Ausbaureihenfolge.

23 Alarmanlage und Wegfahrsperre – Allgemeine Informationen

Anmerkung: *Diese Informationen gelten nur für die serienmäßig installierten Systeme.*

1 Alle Modelle sind serienmäßig mit einer Alarmanlage ausgerüstet, die über Schalter an beiden Türen, der Heckklappe, der Motorhaube und dem Zündschloss verfügt. Falls bei aktivierter Alarmanlage eine der Türen geöffnet oder die Zündung eingeschaltet wird, werden die Alarmhupe und die Warnblinkanlage aktiviert. Manche Modelle sind mit einem Überwachungssystem ausgerüstet, das bei Bewegungen im Fahrgastraum die Alarmanlage aktiviert.
2 Die Alarmanlage wird mithilfe eines Türschlosses oder der Zentralverriegelungs-Fernbedienung aktiviert und schaltet ca. 30 Sekunden später ‚scharf'.
3 Falls bei aktivierter Alarmanlage des Schloss des Gepäckraums entriegelt wird, schaltet sich deren Sensor automatisch ab, aber die Türschlösser und die Motorhaubenverriegelung bleiben aktiv. Sobald der Gepäckraum wieder verschlossen wird, schaltet sich deren Sensor wieder ein.

4 Manche Modelle sind mit einer über das Zündschloss aktivierten Wegfahrsperre ausgerüstet, bei dem ein Modul im Zündschloss einen Code im Zündschlüssel erkennen muss, bevor es ein Signal an das Motorsteuergerät sendet, das den Motorstart erlaubt. Bei Verwendung eines falschen Zündschlüssels lässt sich der Motor nicht starten.
5 Falls an der Alarmanlage oder der Wegfahrsperre ein Fehler auftritt, muss das Fahrzeug von einer Audi-Werkstatt überprüft werden.

24 Airbag-System – Allgemeine Informationen und Warnhinweise

Allgemeine Informationen

1 Alle Modelle sind serienmäßig mit einem Fahrer-Airbag (im Lenkrad), einem Beifahrer-Airbag (oberhalb des Handschuhfachs) und Seiten-Airbags (in den Vordersitzen) ausgerüstet. Das System beinhaltet neben den mit Gas-Generatoren ausgerüsteten Airbags außerdem einen Aufprallsensor, ein Steuergerät und eine Warnleuchte im Cockpit.
2 Bei einem schweren Frontal- oder Seitenaufprall, der über einer vorher festgelegten Kraft liegt, lösen ein oder mehrere Airbags aus und werden die Airbags binnen Millisekunden aufgepumpt, um den Insassen ein Polster zum Lenkrad bzw. dem Armaturenbrett oder zur Seite zu bieten und das Risiko von Verletzungen zu reduzieren. Der Airbag entleert sich anschließend fast genauso schnell. Das Steuergerät aktiviert ggf. auch die Gurtstraffer der Vordersitze (siehe Kapitel 11).
3 Bei jedem Einschalten der Zündung führt das Airbag-System eine Selbstkontrolle durch – diese dauert etwa drei Sekunden und während dieser Zeit leuchtet die Airbag-Warnleuchte im Cockpit auf. Falls die Leuchte nicht wieder erlischt oder während der Fahrt aufleuchtet, liegt im Airbag-System ein Defekt vor, der unverzüglich von einer Audi-Werkstatt behoben werden muss.

Warnhinweise

Die folgenden Vorsichtsmaßnahmen müssen bei der Arbeit am Airbag-System UNBEDINGT beachtet werden, um Gesundheitsrisiken zu minimieren.

Allgemeine Vorkehrungen

4 Die folgenden Vorsichtsmaßnahmen müssen bei der Arbeit am Fahrzeug beachtet werden:

a) Trennen Sie niemals die Batterie bei laufendem Motor.
b) Demontieren Sie alle Airbag-Komponenten, bevor irgendwelche Arbeiten in der Umgebung von Airbags durchgeführt werden.
c) Testen Sie niemals Stromkreise des Airbag-Systems mit irgendwelchen Messgeräten.
d) Versuchen Sie beim Aufleuchten der Airbag-Warnlampe niemals selbst, eine Fehlerdiagnose durchzuführen oder Teile des Airbag-Systems zu zerlegen – bringen Sie das Fahrzeug unbedingt in eine Audi-Werkstatt.
e) Deaktivieren Sie das Airbag-System, bevor Schweißarbeiten am Fahrzeug vorgenommen werden.

Umgang mit dem Airbag

a) Transportieren Sie einen Airbag immer mit dem Luftsack nach oben.
b) Legen Sie niemals Ihre Arme um den Airbag.
c) Halten Sie den Airbag stets dicht am Körper – mit dem Luftsack nach außen.
d) Lassen Sie einen Airbag niemals fallen; setzen Sie ihn keinen Schlägen aus.
e) Versuchen Sie niemals, einen Airbag zu zerlegen.
f) Verbinden Sie niemals irgendwelche elektrischen Komponenten mit Teilen des Airbag-Stromkreises.

Lagern eines Airbags

a) Lagern Sie einen Airbag mit dem Luftsack nach oben in einem geschlossenen Schrank.
b) Setzen Sie einen Airbag niemals Temperaturen über 90 °C aus.
c) Setzen Sie einen Airbag niemals offenen Flammen aus.
d) Entsorgen Sie einen Airbag nur über eine Audi-Werkstatt.
e) Bauen Sie niemals einen Airbag ins Auto ein, der erwiesenermaßen defekt oder beschädigt ist.

Deaktivieren des Airbag-Systems

5 Bevor Arbeiten an Airbag-Komponenten oder umliegenden Bereichen erledigt werden, muss der Airbag folgendermaßen deaktiviert werden:

a) Schalten Sie die Zündung ein und prüfen Sie die Funktion der Airbag-Warnlampe – sie muss aufleuchten und dann erlöschen.
b) Schalten Sie die Zündung ab.
c) Ziehen Sie den Zündschlüssel ab.
d) Schalten Sie alle elektrischen Verbraucher ab.
e) Trennen Sie das Massekabel (–) der Batterie (siehe Kapitel 5A, Sektion 4).
f) Isolieren Sie den Minuspol der Batterie und das Ende des Massekabels, um alle Risiken auszuschließen.
g) Warten Sie mindestens zwei Minuten, bevor Sie fortfahren. Falls die Airbag-Warnlampe nicht korrekt funktionierte, müssen mindestens 10 Minuten verstreichen.

Aktivieren des Airbag-Systems

6 Nachdem die Arbeiten an Airbag-Komponenten oder umliegenden Bereichen erledigt sind, muss der Airbag folgendermaßen aktiviert werden:

a) Im Fahrzeug darf sich niemand aufhalten und in der Nähe des Lenkrads dürfen sich keine losen Objekte befinden. Schließen Sie alle Fenster und Türen des Fahrzeugs.
b) Wenn sichergestellt ist, dass die Zündung abgeschaltet ist, wird die Batterie wieder angeschlossen.
c) Öffnen Sie die Fahrertür und schalten Sie die Zündung ein, ohne dabei direkt über das Lenkrad zu greifen. Prüfen Sie, ob die Airbag-Warnlampe kurz aufleuchtet und dann erlischt.
d) Schalten Sie die Zündung ab.
e) Falls die Airbag-Warnlampe nicht kurz aufleuchtet und dann erlischt, muss Rat bei einer Audi-Werkstatt gesucht werden, bevor mit dem Fahrzeug gefahren wird.

25 Airbag-Systemkomponenten – Ausbau und Einbau

Beachten Sie die Warnhinweise in Sektion 24, bevor Sie diese Arbeiten durchführen.

1 Trennen Sie zunächst den Masseanschluss (–) der Batterie – beachten Sie dabei die Hinweise auf Seite 366.

Fahrer-Airbag

2 Entriegeln Sie mit dem Zündschlüssel das Lenkschloss und stellen Sie die Vorderräder geradeaus.
3 Lockern Sie den Einstellhebel und stellen Sie das Lenkrad in die niedrigste Position, ziehen Sie es vollständig heraus und sichern Sie es in dieser Position.
4 Lösen Sie an der Rückseite der senkrecht stehenden Lenkradspeiche die Torxschrauben des Airbags; drehen Sie das Lenkrad eine halbe Umdrehung, sodass die andere Lenkradspeiche senkrecht steht und auch hier die Schraube gelöst werden kann (A) – die Schrauben verbleiben im Lenkrad und müssen nicht vollständig entfernt werden.

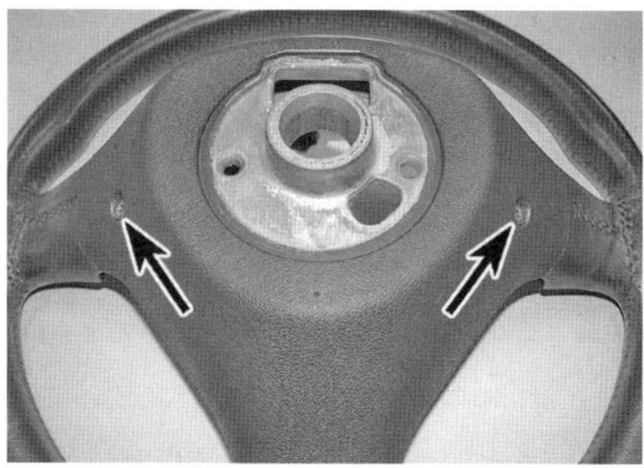

25.4 Der Airbag ist an der Rückseite des Lenkrads mit zwei Torx-Schrauben gesichert.

5 Ziehen Sie den Airbag vorsichtig aus dem Lenkrad, lösen Sie die Lasche des Steckers und trennen Sie ihn (siehe Abbildungen) – beachten Sie die Warnhinweise in Sektion 24.

25.5a Ziehen Sie den Airbag vorsichtig aus dem Lenkrad, …

25.5b … lösen Sie die Lasche des Steckers und trennen Sie ihn …

25.5c … und entnehmen Sie das Airbag-Modul.

6 Verbinden Sie beim Einbau den Stecker mit der zentralen Kontakteinheit und der Rückseite des Airbags. Halten Sie den Airbag vorsichtig in Position und ziehen Sie die zwei Schrauben an der Rückseite des Lenkrads sorgfältig an. Verbinden Sie das Massekabel mit der Batterie – hierbei darf sich niemand im Fahrzeug befinden!

Beifahrer-Airbag

7 Demontieren Sie das Handschuhfach (siehe Kapitel 11, Sektion 26).
8 Trennen Sie – bei zuvor getrennter Batterie (Schritt 1) – unten am Airbag den Stecker (siehe Abbildung).

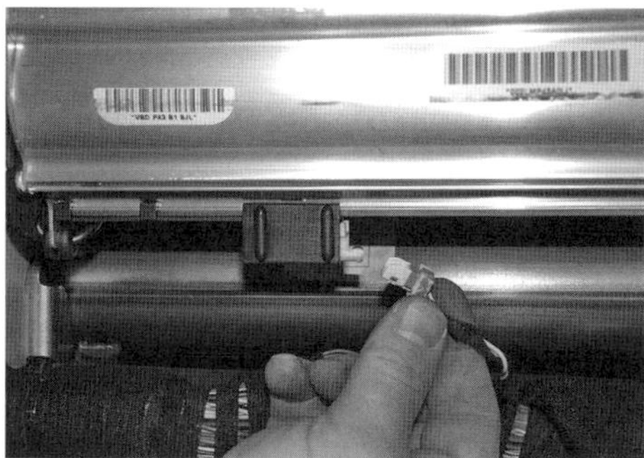

25.8 Trennen Sie den Stecker des Beifahrer-Airbags.

9 Lösen Sie die vier Torxschrauben, die den Airbag-Träger an der Armaturenbrett-Querstrebe sichert; lösen Sie außerdem die zwei Torxschrauben, die den Airbag an der oberen Armaturenbrett-Verkleidung sichern (siehe Abbildung).

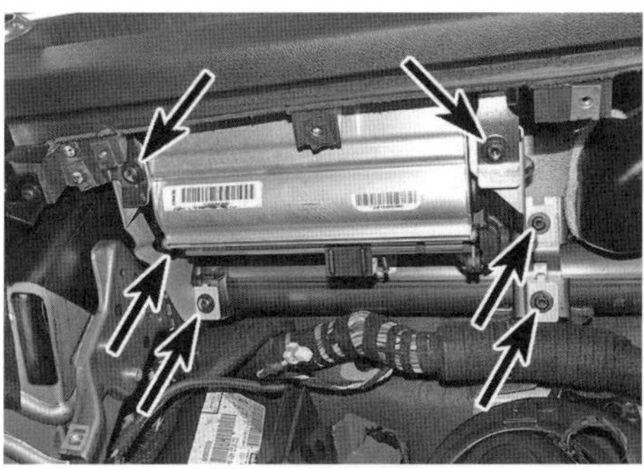

25.9 Beifahrerairbag-Befestigungsschrauben

10 Befreien Sie den Airbag vorsichtig unter dem Armaturenbrett heraus (siehe Abbildung) – beachten Sie die Warnhinweise in Sektion 24.

25.10 Befreien Sie den Airbag vorsichtig unter dem Armaturenbrett heraus.

11 Beim Einbau wird der Airbag in Position gebracht und mit den sorgfältig angezogenen Schrauben gesichert. Verbinden Sie den Airbag-Stecker.
12 Installieren Sie das Handschuhfach. Verbinden Sie das Massekabel mit der Batterie – hierbei darf sich niemand im Fahrzeug befinden!

Seiten-Airbag

13 Der Aus- und Einbau des Seiten-Airbags erfordert das Zerlegen des entsprechenden Sitzes – dies sollte einer Audi-Werkstatt überlassen werden.

Airbag-Steuermodul

14 Das Steuermodul befindet sich unterhalb des Heizungsblocks (siehe Abbildung).

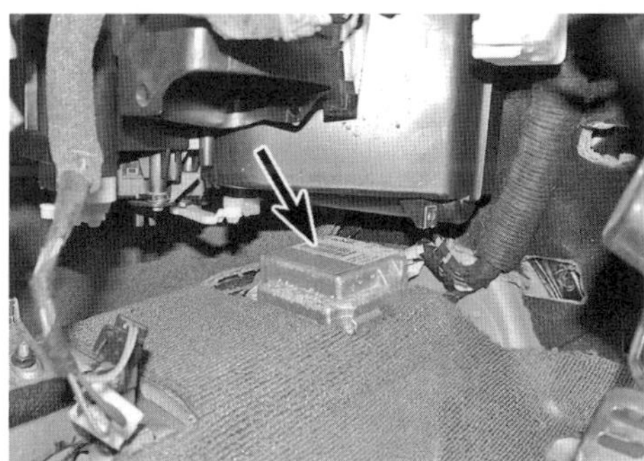

25.14 Position des Airbag-Steuermoduls unterhalb des Heizungsblocks

15 Trennen Sie zunächst den Masseanschluss (–) der Batterie – beachten Sie dabei die Hinweise auf Seite 366.
16 Lösen Sie rechts an der Mittelkonsole die Schrauben des Trägergestells und entnehmen Sie dies – beachten Sie die an den vorderen Befestigungen die Distanzhülsen (siehe Abbildungen).

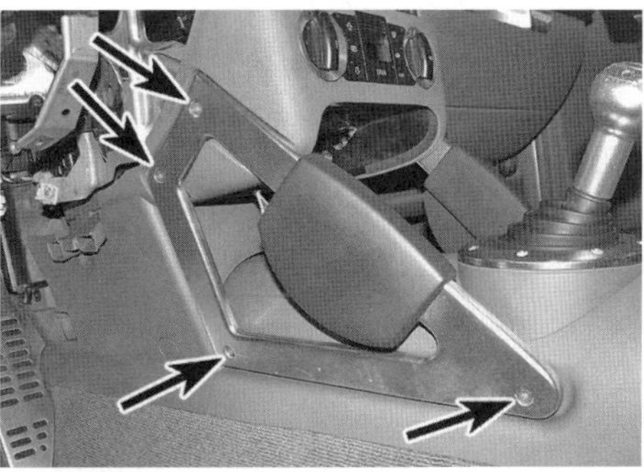

25.16a Lösen Sie die vier Schrauben jedes Trägergestells, ...

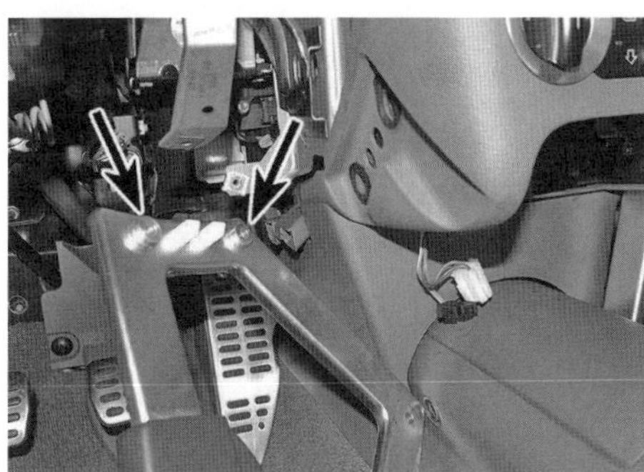

25.16b ... beachten Sie vorn die Distanzhülsen.

17 Lösen Sie die Kappe aus den vorderen Belüftungs-Verkleidungen und lösen Sie die zwei Schrauben, um das Lüftergehäuse unter dem Armaturenbrett heraus vom Heizungsblock zu befreien (siehe Abbildungen).

25.17a Lösen Sie die Schrauben, ...

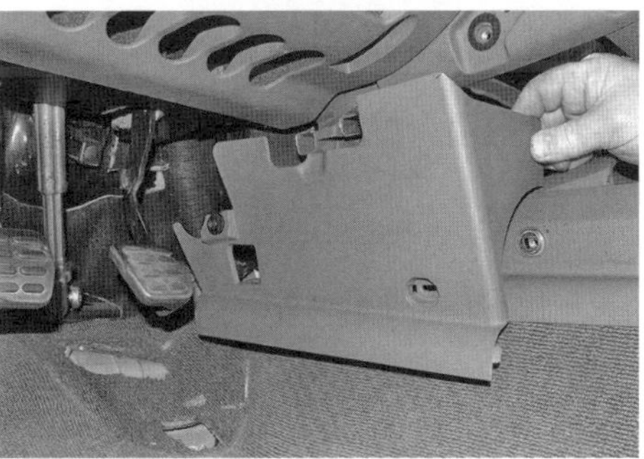

25.17b ... ziehen Sie die Blende ab ...

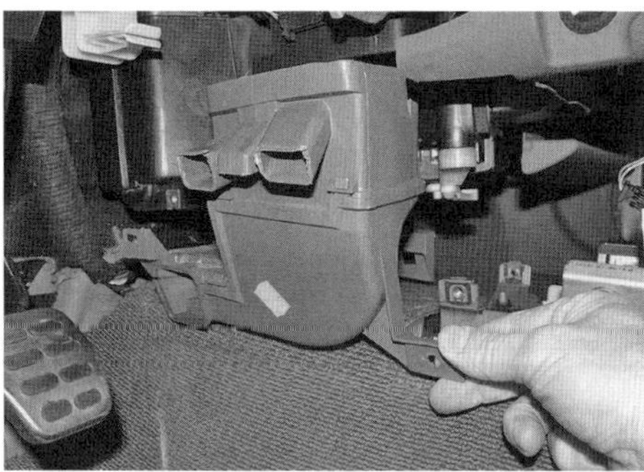

25.17c ... und befreien Sie das Lüftergehäuse.

18 Lösen Sie unter dem Heizungsblock die Arretierung des Steckers und ziehen Sie diesen vom Steuermodul ab. Lösen Sie die Muttern, die das Modul am Unterboden sichern, und ziehen Sie es unter dem Heizungsblock heraus.

19 Der Einbau entspricht der umgekehrten Ausbaureihenfolge – ziehen Sie die Schrauben sorgfältig an. Verbinden Sie das Massekabel mit der Batterie – hierbei darf sich niemand im Fahrzeug befinden!

Airbag-Rotationskontakt

20 Der Rotationskontakt (Rückstellring samt Schleifring) muss entfernt werden, bevor die Lenksäulen-Schalter demontiert werden können – beachten Sie hierfür die Hinweise in Sektion 4.

Querbeschleunigungs-Sensor

21 An jeder Seite des Fahrzeugs sitzt unter den Vordersitzen ein Querbeschleunigungs-Sensor (siehe Abbildungen).

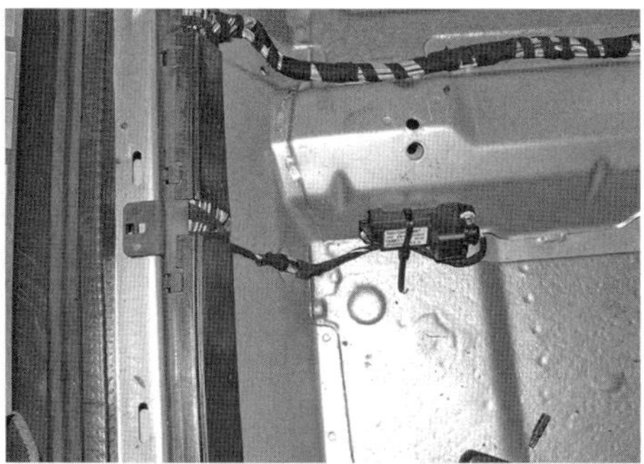

25.21a Querbeschleunigungs-Sensor unter dem Beifahrersitz

25.21b Querbeschleunigungs-Sensor unter dem Fahrersitz

22 Entfernen Sie zunächst den entsprechenden Sitz (siehe Kapitel 11, Sektion 23), ziehen Sie dann den Teppich aus der Schwellerverkleidung und trennen Sie den Sensorstecker. Lösen Sie die Schrauben des Sensors, um ihn vom Unterboden zu befreien.

23 Der Einbau entspricht der umgekehrten Ausbaureihenfolge – die Sensoren unterscheiden sich im Aufbau und sind vorn mit einem Pfeil versehen, der zur Außenseite des Fahrzeugs zeigen muss (siehe Abbildung).

25.23 Der Pfeil auf dem Aufkleber des Querbeschleunigungs-Sensors muss zur Außenseite des Fahrzeugs zeigen.

Stromlaufpläne

Sicherungsbox links am Armaturenbrett*

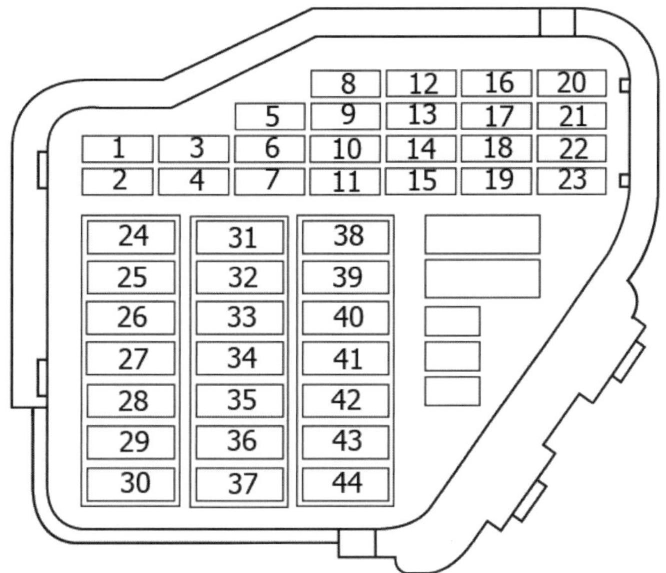

SICHERUNG	AMPERE	VERBRAUCHER
1	10 A	Spiegel-Heizung, Scheibenwaschdüsen-Heizung
2	10 A	Blinkleuchten
3	5 A	Nebelscheinwerfer-Relais, Handschuhfach-Beleuchtung, Klimaanlagen-Regler-Beleuchtung
4	5 A	Kennzeichenbeleuchtung
5	7,5 A	Komfort-Elektrik (Sitzheizungsregler, Lampenkontrolle, Spiegel-Schalter/Motoren, Außentemp.-Anzeige, Klimaanlage
6	5 A	Zentralverriegelung-Steuermodul
7	10 A	Rückfahrlicht-Schalter
8	5 A	Mobiltelefon-Steuerung
9	5 A	ABS-Steuermodul
10	10 A	bis 10/2001: Motorsteuergerät, Motronic-Leistungsrelais (auch mit 15 A) / ab 11/2001: S-Kontakt (Radio, Zentralverriegelung)
11	5 A	Kombi-Instrument, autom. Leuchtweitenregulierung
12	7,5	Spannungsversorgung, Diagnosestecker, Telefon
13	10 A	Bremslichtschalter
14	10 A	Innenbeleuchtung, Leselampen, Zentralverriegelung
15	5 A	Kombigerät, Automatikgetriebe-Steuermodul
16	10 A	Magnetkupplung elektr. Wasserpumpe
17	–	nicht belegt
18	10 A	Fernlicht rechts
19	10 A	Fernlicht links
20	15 A	Abblendlicht rechts, Leuchtweitenregulierung
21	15 A	Abblendlicht links
22	5 A	Rücklicht/Standlicht rechts
23	5 A	Rücklicht/Standlicht links
24	20 A	Scheibenwischer, Wischwaschsystem

SICHERUNG	AMPERE	VERBRAUCHER
25	25 A	Heizungslüfter, Klimaanlage
26	25 A	Heckscheibenheizung
27	30 A	Windschott (Roadster)
28	20 A	Kraftstoffpumpe
29	15 A	Motorsteuerung
30	–	nicht belegt
31	5/20 A	Haldex-Kupplung, Automatikgetriebe-Steuermodul
32	10 A	Einspritzdüsen
33	20 A	Scheinwerferreinigungsanlage

* *Als Beispiel dient ein Roadster des Modeljahrs 2004. Generell gelten die Hinweise auf dem Aufkleber innerhalb des Sicherungsdeckels.*

Anmerkung: *Die Sicherungen der elektrischen Fensterheber und der Sitzheizungen können als »Automaten« ausgeführt sein, die sich einige Sekunden nach dem Beheben der Überlastung (z. B. durch festgefrorene Fenster) selbstständig wieder einschalten.*

Relaisbox unter Armaturenbrett

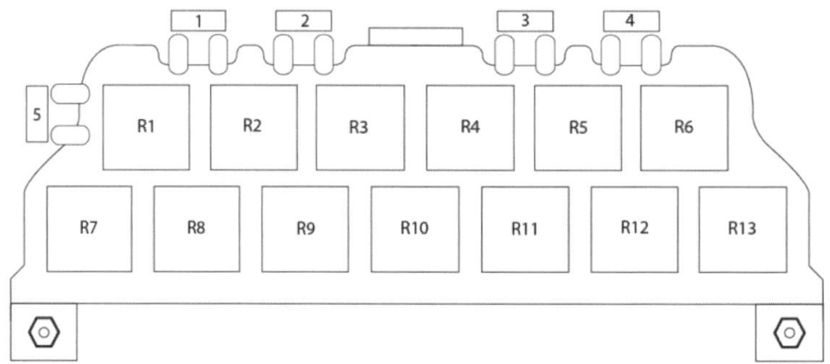

RELAIS	VALUE	VERBRAUCHER
R1	–	nicht belegt
R2	–	Lampenkontrollen-Steuermodul
R3	–	Lampenkontrollen-Steuermodul
R4	–	Nebelleuchten-Relais
R5	–	Anlasser-Sperrrelais
R6	–	nicht belegt
R7	–	Bremslicht-Sperrrelais
R8	–	nicht belegt
R9	–	nicht belegt
R10	–	Heckscheibenheizungs-Relais
R11	–	Anlasser-Sperrrelais
R12	–	Windschott-Steuermodul (Roadster)
R13	–	Relais f. elektr. Wasserpumpe / Rückfahrlicht-Relais
1	–	keine Informationen verfügbar
2	–	keine Informationen verfügbar
3	–	keine Informationen verfügbar
4	–	keine Informationen verfügbar
5	–	keine Informationen verfügbar

Relaisbox in Motorraum

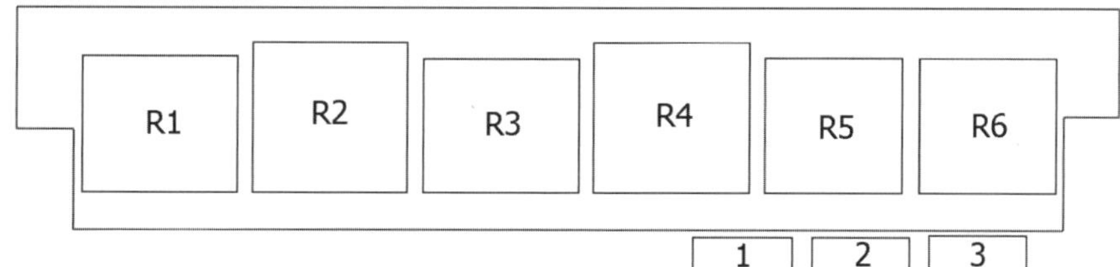

RELAIS	VALUE	VERBRAUCHER
R1	–	Hupenrelais
R2	–	X-Kontakt-Entlastungsrelais
R3	–	nicht belegt
R4	–	Benzinpumpe
R5	–	Scheibenwasch/Scheibenwischer-System
R6	–	Scheibenwasch/Scheibenwischer-System
1	–	Verdeckbetätigungs-Sicherung (Roadster)
2	–	Hydraulikpumpen-Relais
3	–	nicht belegt

Hauptsicherungen/Relais auf Batterie

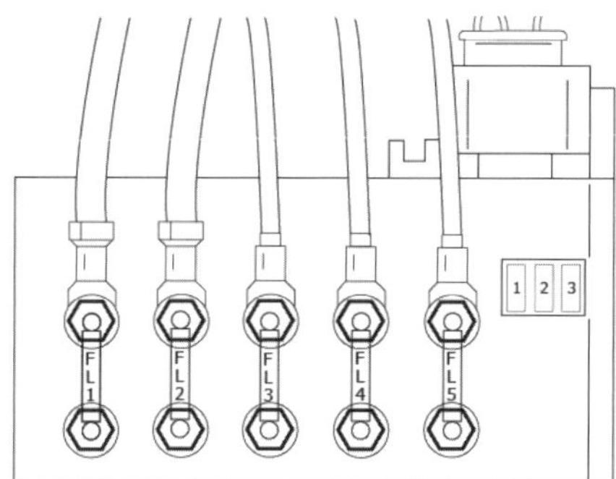

SICHERUNG/ RELAIS	AMPERE	VERBRAUCHER
FL1	–	keine Informationen verfügbar
FL2	–	keine Informationen verfügbar
FL3	–	keine Informationen verfügbar
FL4	–	keine Informationen verfügbar
FL5	–	keine Informationen verfügbar
1	–	keine Informationen verfügbar
2	–	keine Informationen verfügbar

Kabelfarben-Index

BE – Beige	LB – Hellblau
BK – Schwarz	LG – Hellgrün
BN – Braun	OG – Orange
BU – Blau	PK – Pink
DB – Dunkelblau	RD – Rot
DG – Dunkelgrün	VT – Violett
GN – Grün	WH – Weiß
GY – Grau	YE – Gelb

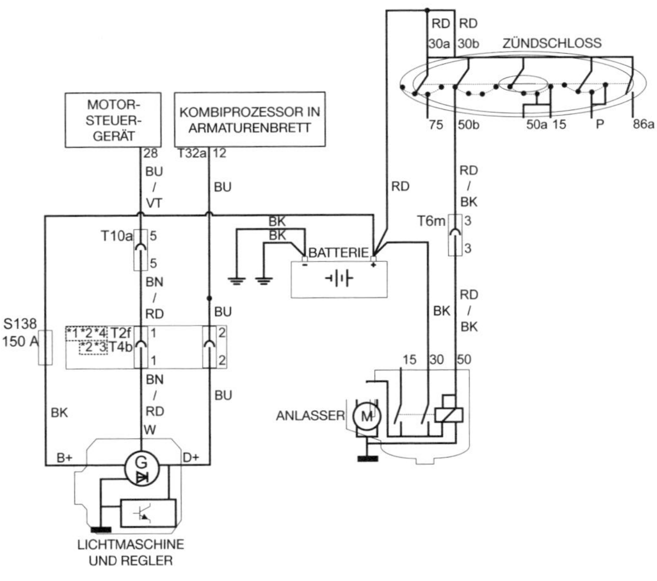

*1 Bis Mj. 2000
*2 Mj. 2001 bis 2002
*3 Mit Klimaanlage
*4 Ohne Klimaanlage
*5 Motorcode BAM

Anlasser- und Ladesystem

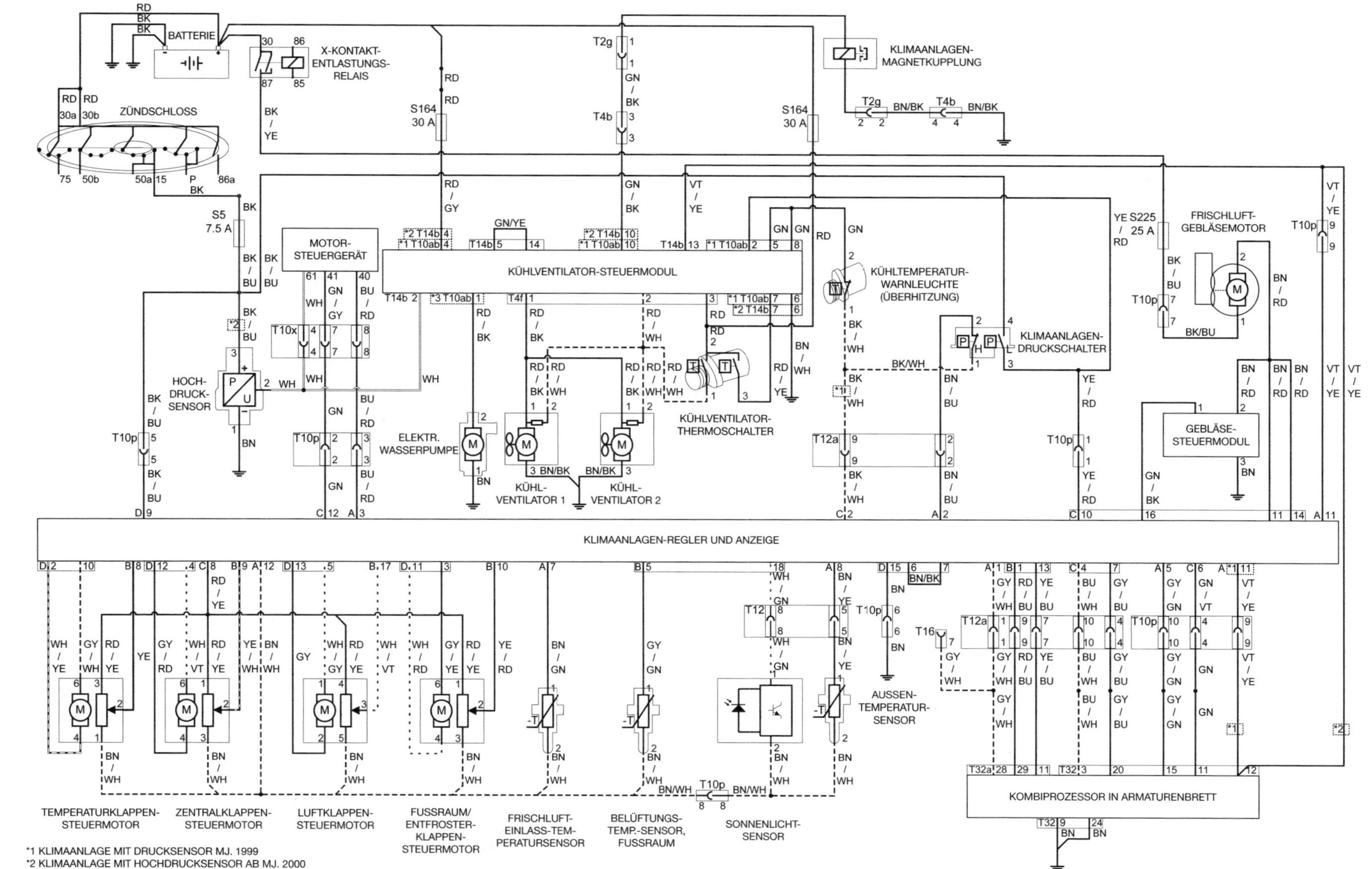

*1 KLIMAANLAGE MIT DRUCKSENSOR MJ. 1999
*2 KLIMAANLAGE MIT HOCHDRUCKSENSOR AB MJ. 2000
*3 NUR MODELLE MIT 165 KW-MOTOR

Klimaanlage und Heizung

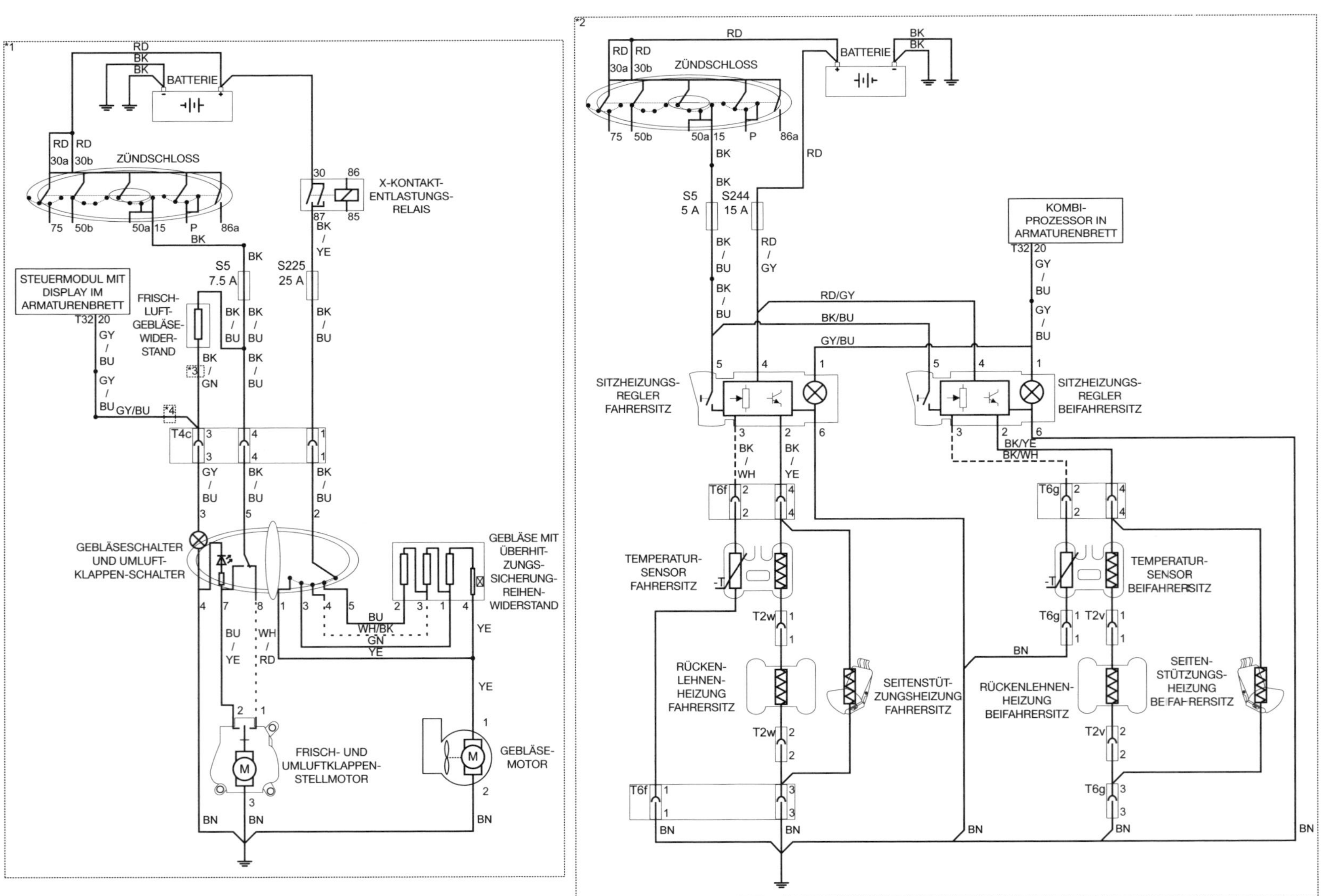

*1 Gebläsemotor
*2 Sitzheizungen
*3 Mj. 1999 bis 2001
*4 Ab Mj. 2002

Sitzheizung und Gebläse

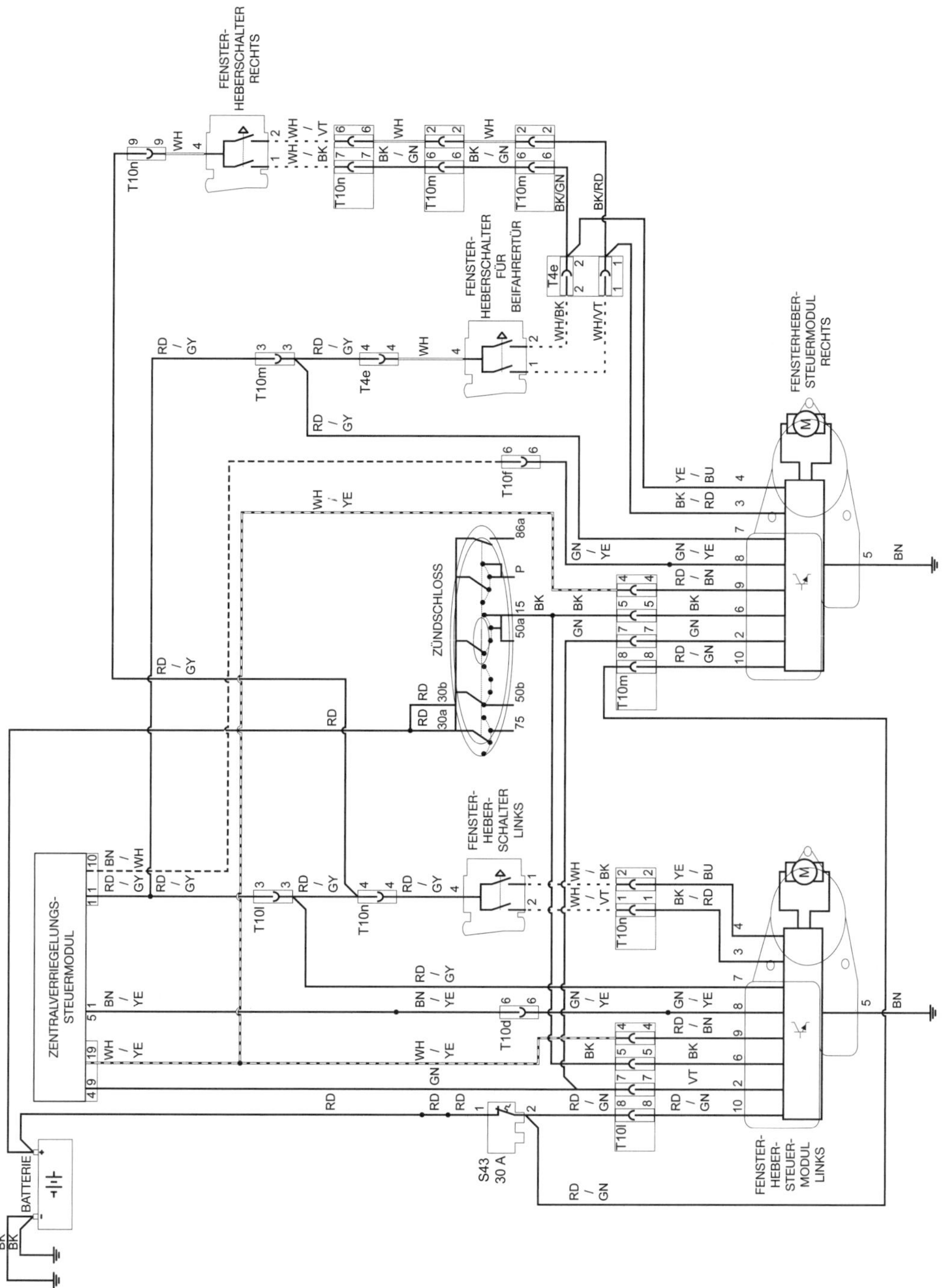

Elektrische Fensterheber

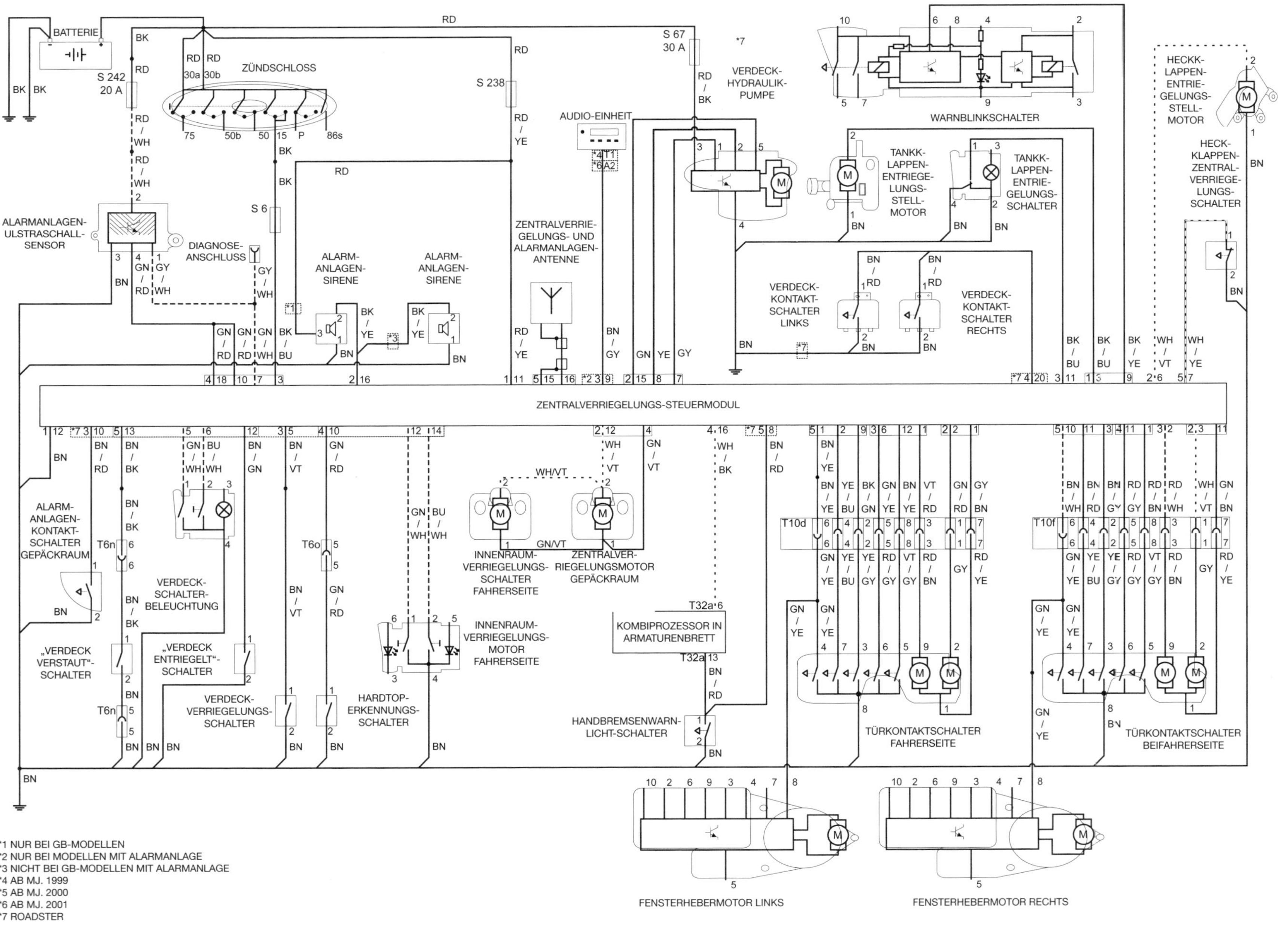

Zentralverriegelung

Scheibenwischer und Wischwaschsystem

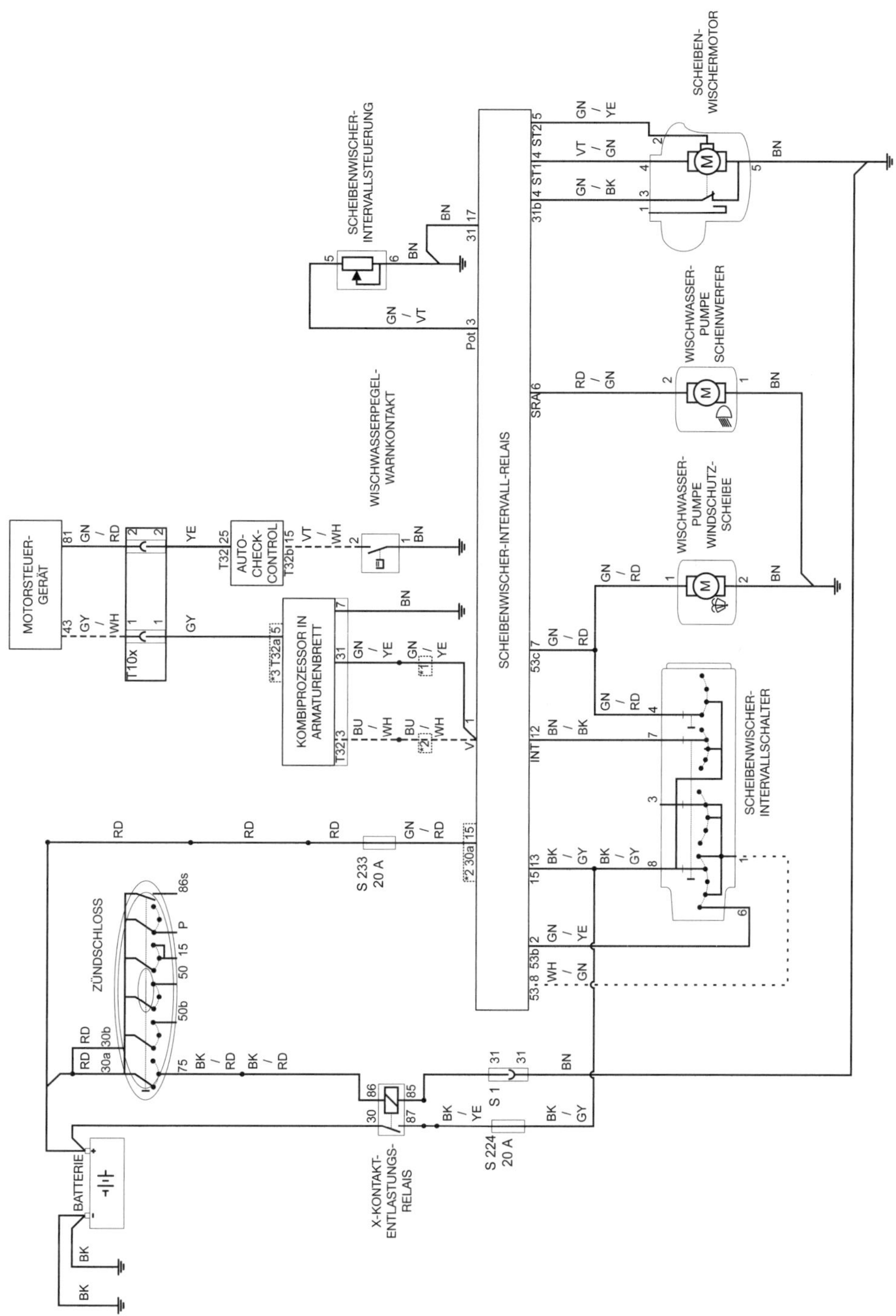

*1 MJ. 1999 UND 2000
*2 MJ. 1999 BIS 2001
*3 AB MJ. 2000

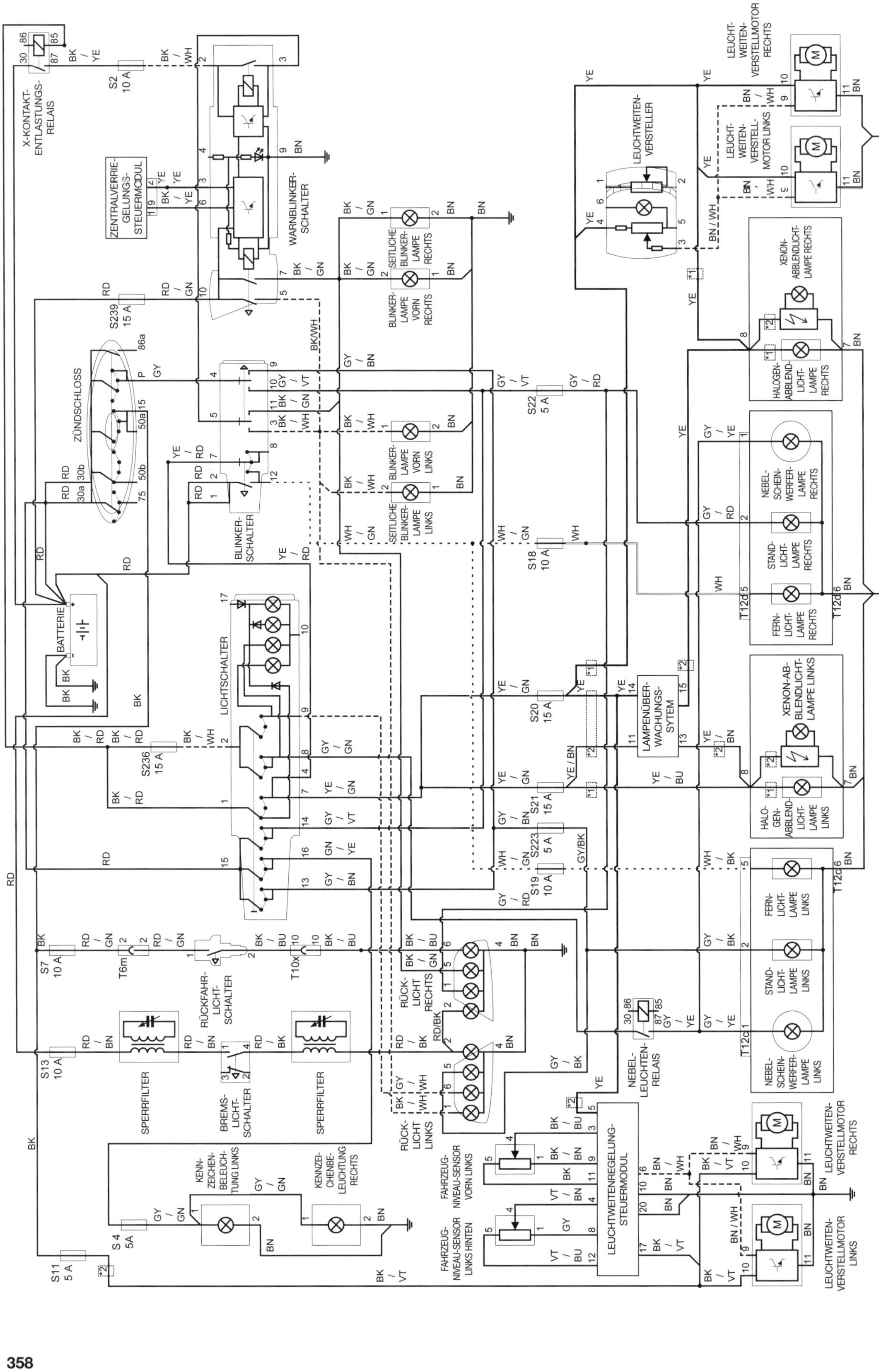

Lampen (außen)

*1 MIT HALOGEN-LICHT
*2 MIT XENON-LICHT

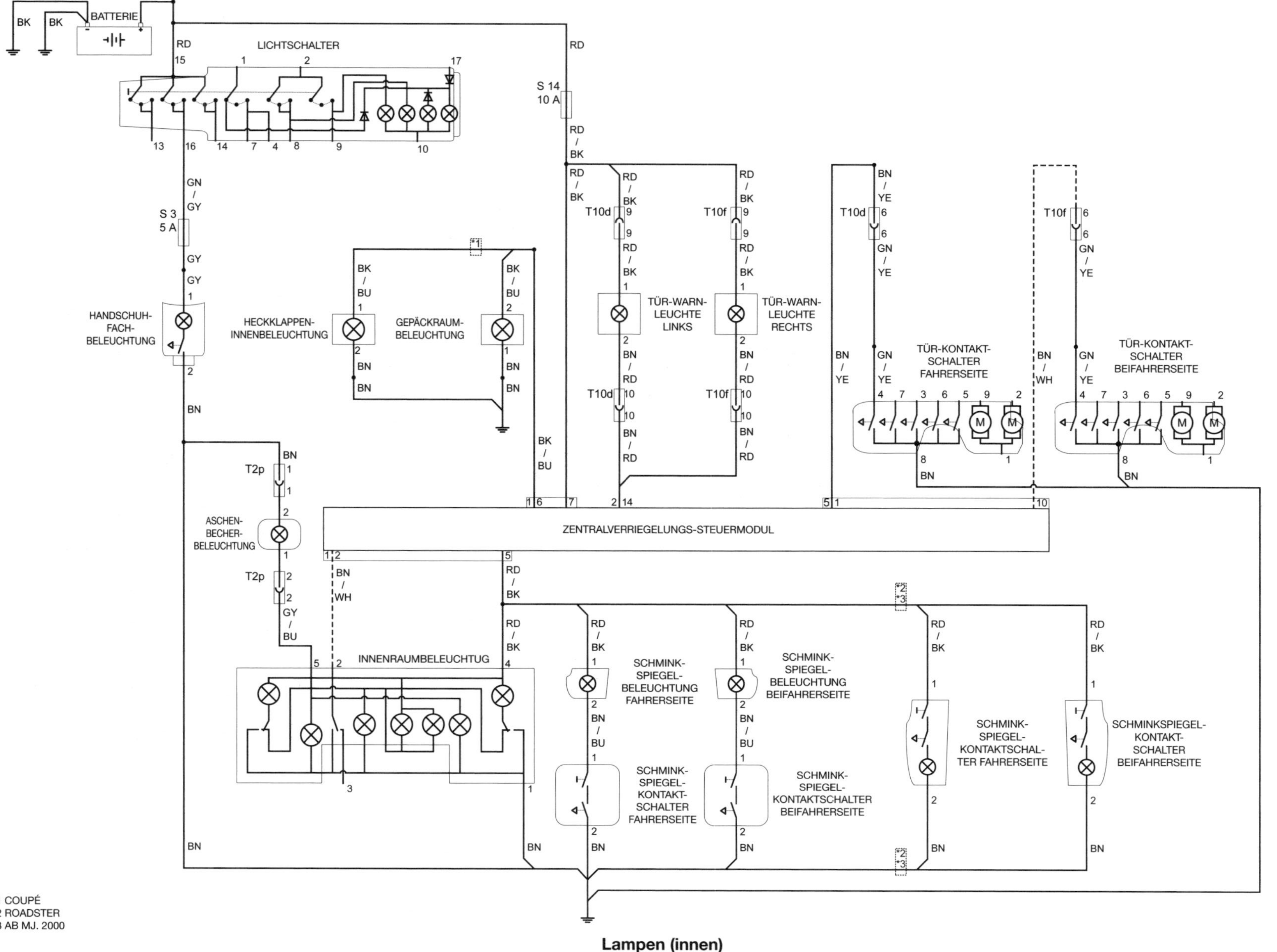

Lampen (innen)

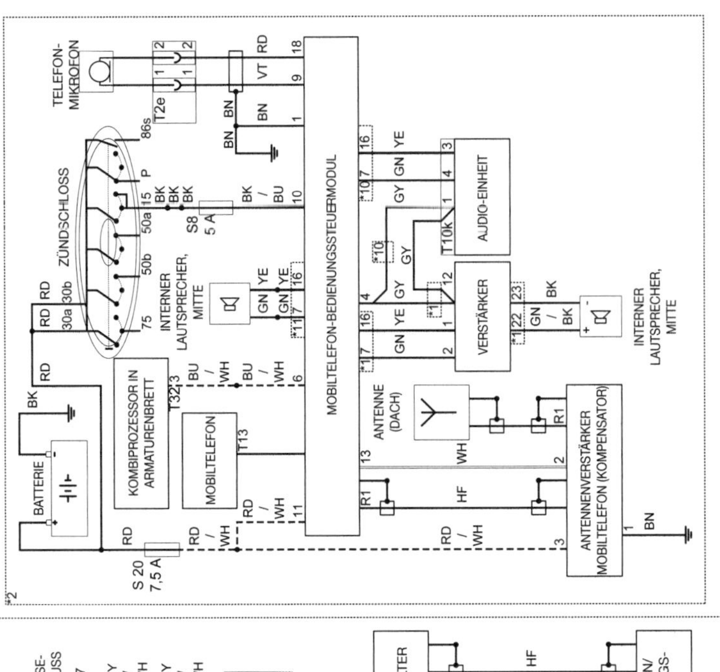

Bose-Soundsystem und Telefon

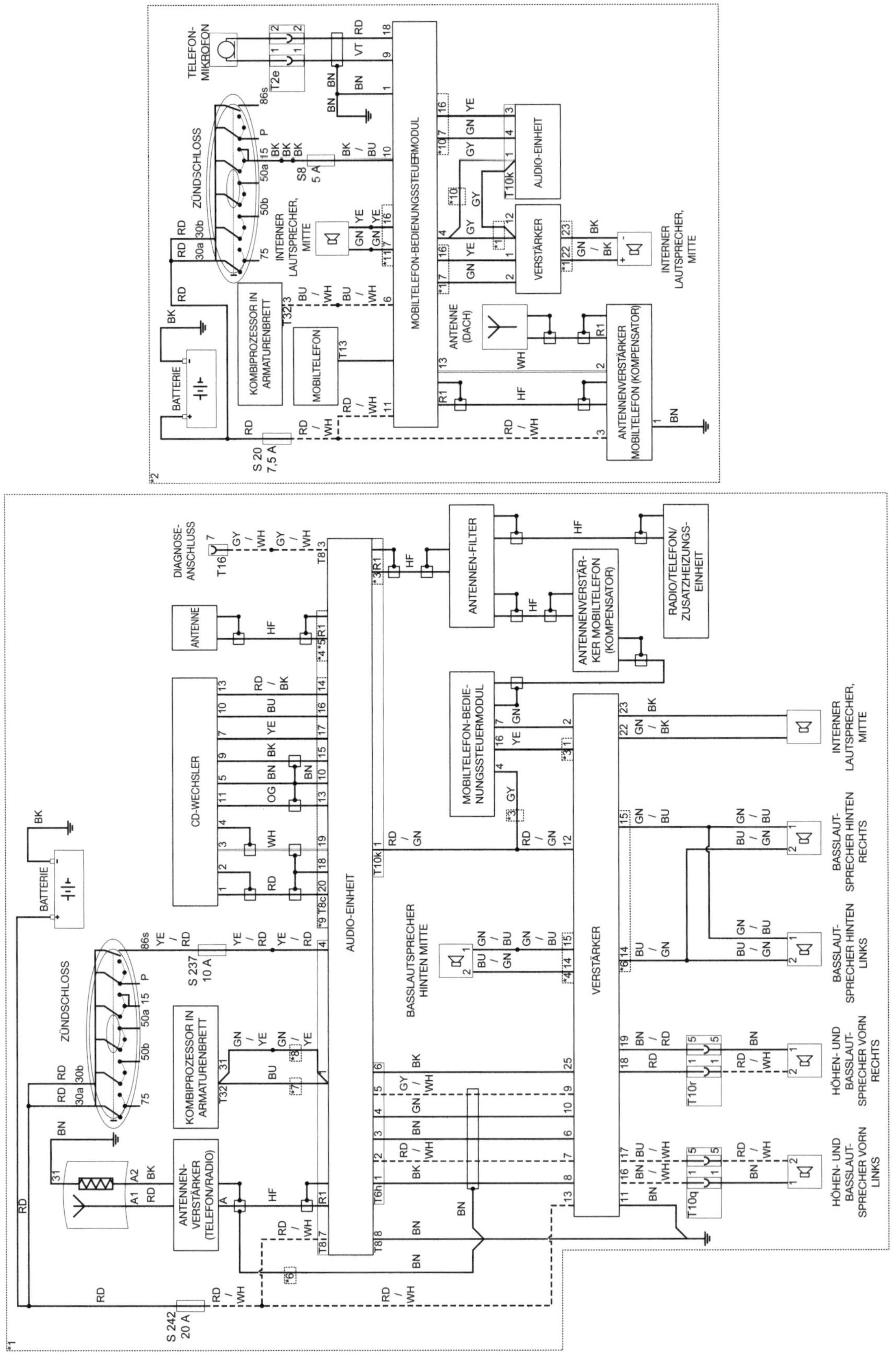

*1 BOSE-RADIO
*2 TELEFON
*3 MODELLE MIT MOBILTELEFON
*4 FÜR ROADSTER
*5 OHNE TELEFON
*6 FÜR COUPÉ
*7 MJ. 1999 UND 2000
*8 AB MJ. 1001
*9 MODELLE MIT CD-WECHSLER
*10 CHORUS- ODER CONCERT-RADIO

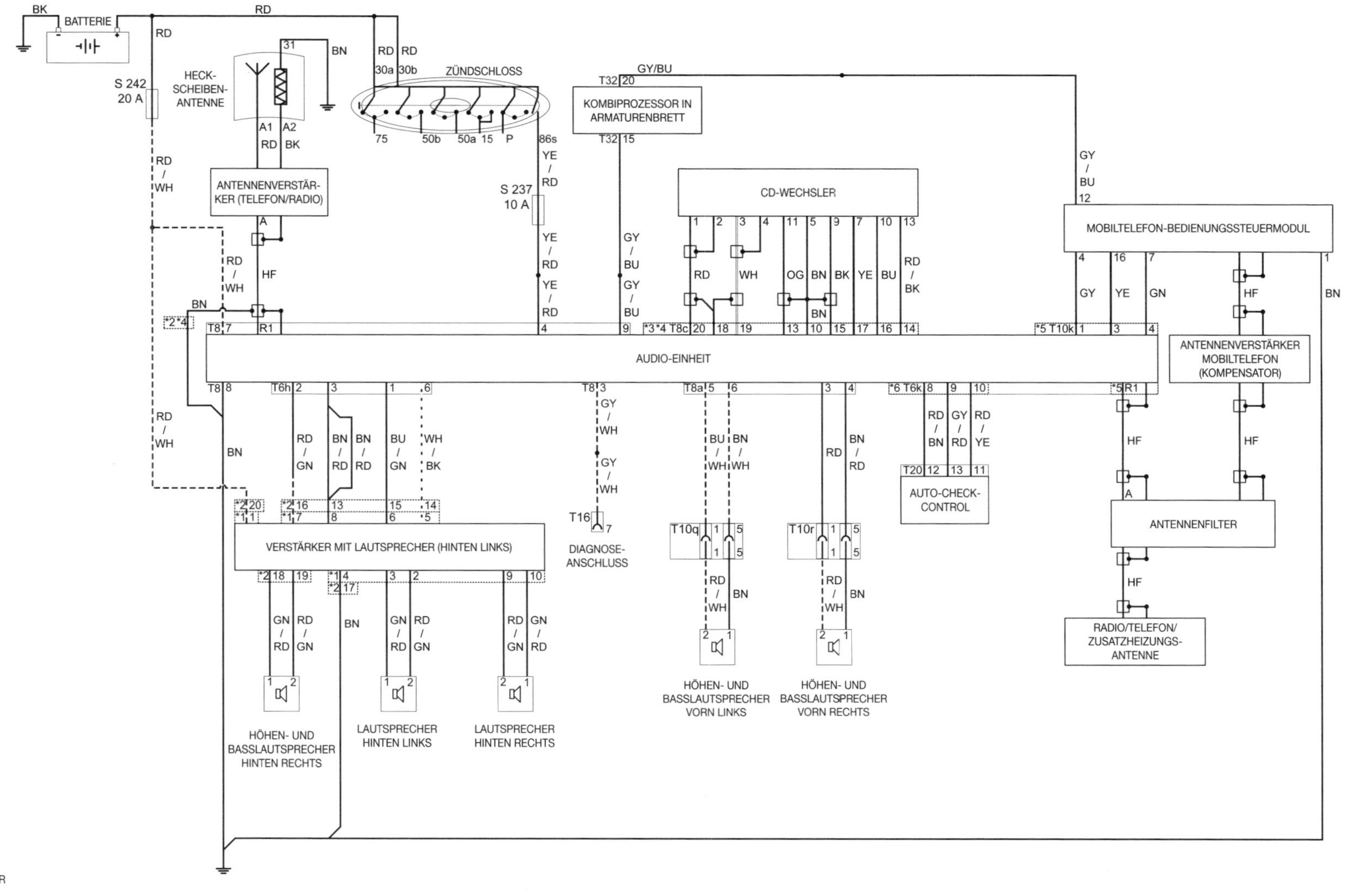

*1 ROADSTER
*2 COUPÉ
*3 MODELLE MIT CD-WECHSLER
*4 AB MJ. 2000
*5 NUR MODELLE MIT MOBILTELEFON
*6 NUR MODELLE MIT AUTO-CHECK-CONTROL

Chorus- und Concert-Soundsystem

Kraftstoffpumpe

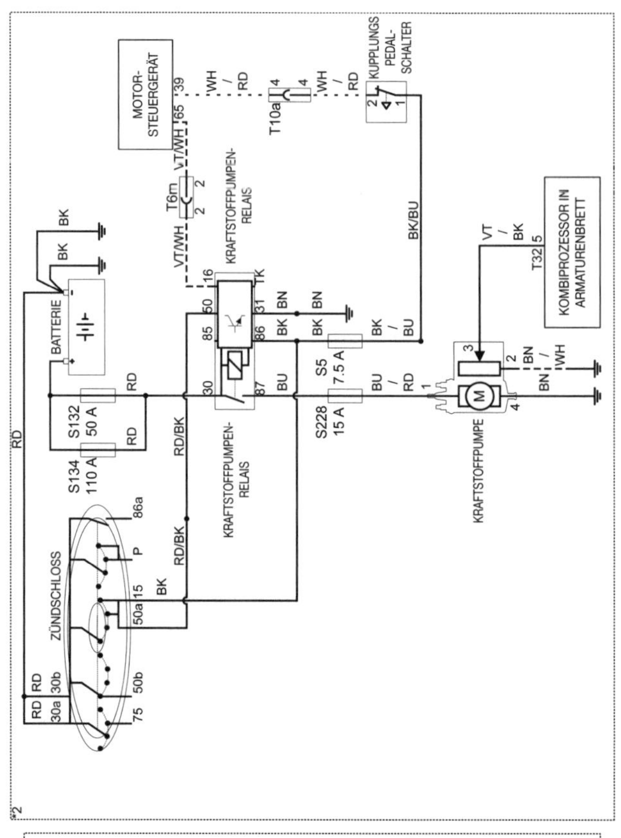

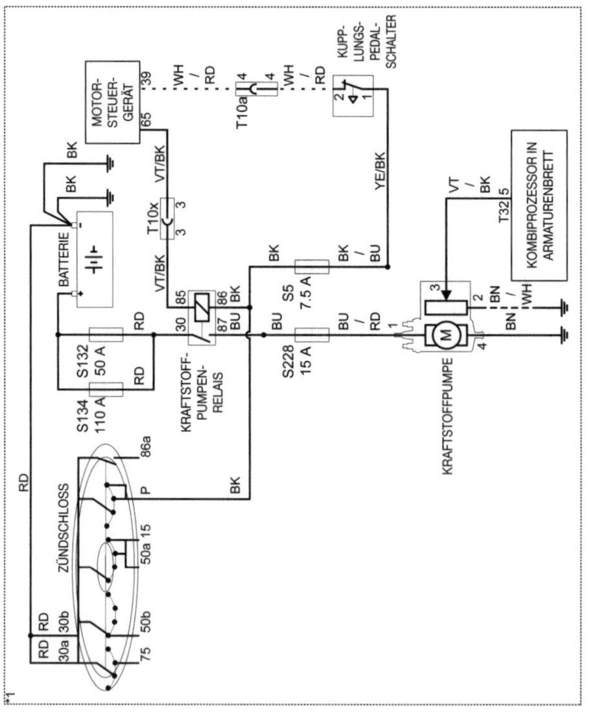

*1 BIS MJ. 2001
*2 AB MJ. 2002

Anhang

Maße und Gewicht

Anmerkung: *Alle Angaben sind grobe Richtwerte; die tatsächlichen Werte variieren je nach Modell und Ausstattung. Beachten Sie für exakte Werte die Hinweise des Fahrzeugherstellers.*

Maße

Länge (alle Modelle)....................................... 4041 mm
Höhe (unbeladen)
  Coupe... 1354 mm
  Roadster ....1348 mm
Breite
  ohne Spiegel...1764 mm
  über Spiegel...1856 mm
Radstand
  Modelle mit Frontantrieb.....................................2419 mm
  Quattro-Modelle..2427 mm
Spurweite
  vorn (alle Modelle)...1525 mm
  hinten
    Modelle mit Frontantrieb.................................1507 mm
    Quattro-Modelle...1503 mm
Bodenfreiheit (alle Modelle – unbeladen) ....120 mm
Wendekreis (alle Modelle)..10,5 m

Gewicht

Leergewicht*
  Modelle mit Frontantrieb
    Coupé.. ab 1240 kg
    Roadster... ab 1410 kg
  Quattro-Modelle
    Coupé.. ab 1340 kg
    Roadster... ab 1540 kg
Zulässiges Gesamtgewicht*...................................Siehe Angaben auf dem Typenschild (auf vorderem rechtem Innenkotflügel)

* *Das Gewicht hängt stark von der Ausstattung ab – beachten Sie hierzu die Hinweise auf dem Typenschild (auf vorderem rechtem Innenkotflügel)*

Maximale Dachlast (Coupé – inkl Träger) .... 75 kg

Ersatzteilkauf

Ersatzteile sind aus unterschiedlichen Quellen erhältlich: über den offiziellen Audi-Ersatzteilkatalog, aus dem Zubehörhandel, von Fachwerkstätten, vom Autoverwerter usw. Um sicherzugehen, das richtige Teil zu bekommen, sollten die Fahrzeug-Identifikations-, die FIN- und ggf. die Motornummer bereitgehalten werden; es kann auch hilfreich sein, das alte Teil zum Händler mitzunehmen. Dinge wie der Anlasser und die Lichtmaschine sind oft als Austauschteile erhältlich, sodass die Altteile gesäubert abgegeben werden müssen. Unsere Ratschläge zum Thema Ersatzteil-Quellen lauten:

Offizielle Vertragshändler
Hier bekommt man Original-Ersatzteile und muss nicht das Risiko eingehen, minderwertige Nachbauten zu erhalten. Dies hat zwar seinen Preis, doch bei sicherheitsrelevanten Bauteilen darf Geld keine Rolle spielen. Bei neueren Fahrzeugen gilt zudem, dass Nachbauteile die Garantie erlöschen lassen.

Zubehörhandel
Hier können Teile gekauft werden, die bei der Wartung benötigt werden: Öle, Kraftstoff- und Luftfilter, Zündkerzen, Lampen, Antriebsriemen, Schmierstoffe, Bremsbeläge, Reparaturlack usw. Achten Sie darauf, dass das Material qualitativ hochwertig ist.

Fachwerkstatt
Gute Werkstätten haben die wichtigsten Verschleißteile auf Lager und können Komponenten zum Überholen von Baugruppen beschaffen. Sie erledigen auch Arbeiten wie das Schleifen von Zylinderbohrungen, das Einpressen vom Bauteilen usw.

Reifen- und Auspuff-Spezialisten
Oft bieten Spezialbetriebe den Austausch entsprechender Dinge zu besonders günstigen Konditionen an. Allerdings muss genau auf das Angebot geachtet werden, da beispielsweise bei einem Reifenwechsel das Auswuchten oder ein neues Ventil zusätzlich bezahlt werden müssen.

Andere Quellen
Wer Ersatzteile günstig im Internet, auf dem Flohmarkt oder bei ähnlichen Gelegenheiten kaufen will, darf sich nicht wundern, wenn ein niedriger Preis auch minderwertige Qualität bedeutet. Bei allen sicherheitsrelevanten Bauteilen wie Bremsbelägen sollte hier kein Risiko eingegangen werden.

Fahrzeug-Identifikation

1 Während der Fahrzeugproduktion werden unabhängig von größeren Modelländerungen ständig Bauteile verbessert und verändert, ohne dass dies irgendwo publiziert wird. Ersatzteillisten und Handbücher wurden auf numerischer Basis erstellt und die individuellen Fahrzeug-Identifikationsnummern sind für die korrekte Identifikation der betreffenden Teile unerlässlich.
2 Beim Bestellen von Ersatzteilen müssen stets so viele Informationen wie möglich bereitgehalten werden: das Fahrzeug-Modell, das Modelljahr (nicht unbedingt identisch mit dem Baujahr und der Erstzulassung!) und ggf. die Fahrgestell- und Motornummer.
3 Die Fahrzeug-Identifikationsnummer (FIN) ist vor dem rechten Lüftungsgitter in das Spritzwand-Blech eingeschlagen (und mit Plexiglas geschützt); sie findet sich wieder auf dem Typenschild am rechten Innenkotflügel sowie auf einem Aufkleber im Gepäckraum (siehe Abbildungen). Hier sind auch Informationen über das zulässige Gesamtgewicht angegeben.

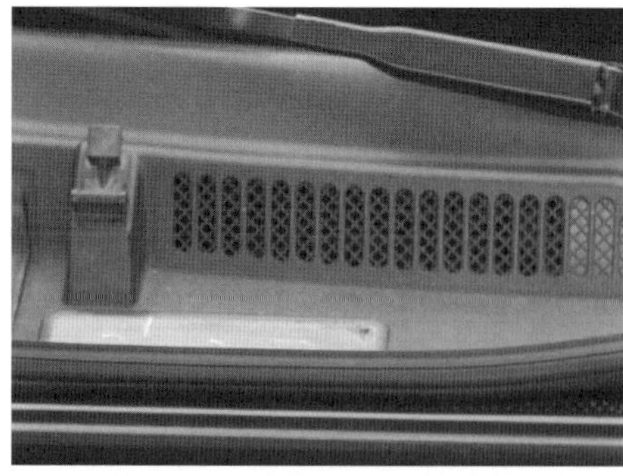

3.3a Position der Fahrzeug-Identifikationsnummer (FIN) auf dem Spritzwand-Blech

3.3b Auf dem Typenschild rechts auf dem Kotflügel finden sich neben der FIN auch Angaben über das zulässige Gesamtgewicht und die maximalen Achslasten.

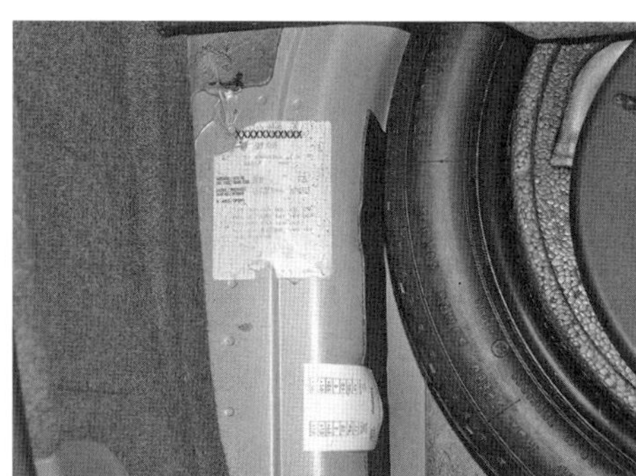

3.3c Weitere Angaben finden sich auf einem Aufkleber im Gepäckraum.

4 Die Motornummer ist rechts am Zylinderkopf eingeschlagen – der Motor-Code ist separat angegeben und auf einem Barcode-Aufkleber am oberen Zahnriemendeckel können alle Angaben abgelesen werden (siehe Abbildungen).

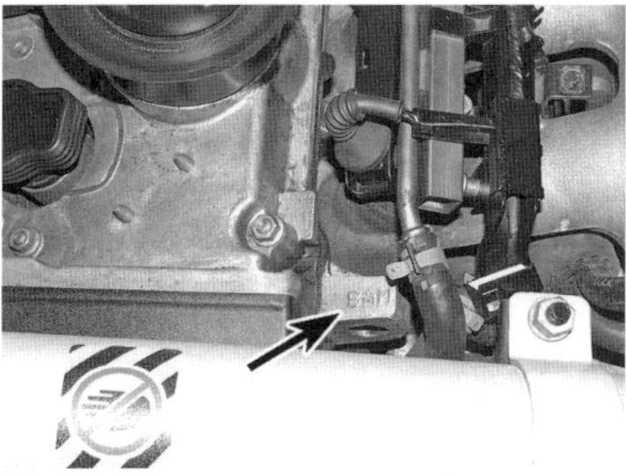

3.4a Motorcode-Angabe am Zylinderkopf

3.4b Barcode-Aufkleber am oberen Zahnriemendeckel

Allgemeine Reparaturarbeiten

Wenn am Fahrzeug Wartungs-, Überhol- oder Reparaturarbeiten erledigt werden müssen, sollten die folgenden Hinweise und Anleitungen beachtet werden, um sämtliche Prozeduren effizient und professionell durchführen zu können.

Dichtflächen und Dichtungen
Zum Trennen von Komponenten an ihren Dichtflächen dürfen diese niemals mit einem Schraubendreher oder anderen Hilfsmitteln an diesen Kontaktbereichen auseinander gehebelt werden, da hierbei schwere Schäden entstehen können, die zu austretenden Betriebsflüssigkeiten (Öl, Kühlmittel) führen können. Zum Trennen müssen die Teile im Bereich der Dichtflächen mit einem weichen Hammer abgeklopft werden, um sie voneinander zu lösen. Diese Methode ist jedoch an Verbindungen, die mit Passhülsen gesichert sind, nicht immer wirkungsvoll; bei solchen finden sich oft außerhalb der Dichtflächen spezielle Angüsse, an denen gehebelt werden darf.
Wo zwischen zwei Komponenten eine Dichtung (aus Papier, Metall oder anderen Materialien) vorhanden ist, muss diese generell ersetzt werden. Solange nicht anders erwähnt, müssen die Dichtflächen trocken und sauber sein und die Dichtungen trocken aufgelegt werden. Falls eine Dichtfläche von altem Dichtmaterial befreit werden muss, dürfen dazu nur mechanische Hilfsmittel verwendet werden, die kein Gehäusematerial abtragen oder ihm Riefen zufügen. Falls Kerben oder Grate vorhanden sind, müssen diese vorsichtig mit einem Abziehstein oder einer feinen Feile beseitigt werden.
Gewindebohrungen sollten mit einem Pfeifenreiniger von Dichtungsresten befreit werden; ein Gewindebohrer kann auch die Reste alter Gewinde-Sicherungspaste beseitigen.
Alle Bohrungen, Kanäle und Rohre müssen sauber sein und möglichst mit Druckluft ausgeblasen werden.

Wellendichtringe
Diese auch »Simmerringe« genannten Dichtringe können z. B. mit einem breiten Schlitzschraubendreher aus ihren Sitzen gehebelt werden. Alternativ können selbstschneidende Blechschrauben in vorgebohrte Löcher gedreht werden, um daran eine Zange anzusetzen und den Ring herauszuziehen.
Ein einmal ausgebauter Wellendichtring muss auf jeden Fall durch ein Neuteil ersetzt werden.
Die sehr feine Dichtlippe eines Wellendichtrings ist empfindlich und wird eine Welle, die nicht völlig frei von Kratzern oder Riefen ist, nicht lange abdichten können. Falls die originale Dichtfläche des Bauteils nicht wiederhergestellt werden kann und der Hersteller keine Angaben dazu macht, ob der Dichtring vielleicht etwas tiefer eingebaut werden darf, muss die Welle ersetzt werden.
Falls ein Dichtring z. B. über die Kerbverzahnung einer Welle geschoben werden muss, sollte diese mit Kreppband abgeklebt werden; an scharfen Kanten einer Welle sollte möglichst eine konische Hülse angesetzt werden. Schmieren Sie die Dichtlippe vor dem Einbau mit Öl; bei Doppel-Dichtlippen sollte der Bereich zwischen den beiden Lippen mit Fett gefüllt werden.
Soweit nicht anders erwähnt, müssen Wellendichtringe immer mit der Dichtlippe in Richtung der Flüssigkeit eingebaut werden.
Treiben Sie den Dichtring mit einem passenden Holzstück in seinen Sitz. Soweit der Sitz nicht in einer Vertiefung liegt und soweit nicht anders erwähnt, werden Dichtringe stets bündig zum Gehäuse installiert.

Schraubengewinde und Befestigungen
Festsitzende Muttern und Schrauben sind bei Korrosion ein unvermeidlicher Nebeneffekt. Kriechöl oder Rostlöser kann dieses Problem oft verringern, wenn ihm genügend Zeit zum Einwirken gegeben wird. Auch der Einsatz eines Schlagschraubers kann festsitzende Verbindungen lösen. Falls keine dieser Methoden Wirkung zeigt, muss das Glück mithilfe von Hitze und/oder einem Mutternsprenger gesucht werden; manchmal hilft nur noch eine Säge bzw. ein Winkelschleifer.
Stehbolzen werden üblicherweise mithilfe zweier gegeneinander verkonterter Muttern herausgeschraubt – der Schlüssel wird hierbei an der unteren Mutter angesetzt. Schrauben oder Stehbolzen, die bündig oder unterhalb der Kontaktfläche abgerissen sind, können manchmal mit einem Linksausdreher entfernt werden – hierzu gehört allerdings etwas Geschick.
Gewinde-Sacklöcher müssen frei von Öl, Wasser, Fett und Schmutz sein, bevor die Schraube oder der Stehbolzen wieder eingedreht wird – andernfalls kann der dabei entstehende hydraulische Druck Risse im Gehäuse erzeugen.
Eine Kronenmutter, die mit einem Splint gesichert wird, muss zunächst bis zum vorgeschriebenen Drehmoment und dann weitergedreht werden, bis die nächste Kerbe zur Bohrung ausgerichtet ist, um den Splint zu installieren.
Viele Befestigungen – z. B. bei Zylinderköpfen – werden in mehreren Schritten (und einer vorgeschriebenen Reihenfolge!) angezogen, bei der im letzten Schritt die Mutter oder Schraube in einem bestimmten Winkel per Gradscheibe weitergedreht werden muss.
Ob Schrauben oder Muttern mit dem korrekten Drehmoment angezogen sind, kann geprüft werden, indem man sie um eine Viertelumdrehung lockert und dann wieder mit dem korrekten Wert anzieht; dies gilt nicht für Befestigungen, die nach dem Anziehen per Drehmomentschlüssel in einem zweiten Schritt per Gradscheibe angezogen werden müssen.

Sicherungsmuttern, Sicherungsscheiben, Sicherungsbleche
Bei Befestigungen, die beim Anziehen gegen ein Gehäuse oder ein anderes Bauteil gedreht werden, muss stets eine Scheibe untergelegt werden.

Federringe oder Federscheiben müssen immer erneuert werden, wenn sie wichtige Komponenten wie z. B. Pleuelschrauben sichern. Auch Sicherungsbleche, bei denen Laschen gegen Muttern gebogen werden, müssen ersetzt werden.
Selbstsichernde Muttern können in unkritischen Bereichen wiederverwendet werden, solange beim Aufdrehen ein gewisser Widerstand fühlbar ist; die Nylon-Einsätze verlieren allerdings mit den Jahren ihre Spannkraft, sodass die Muttern hin und wieder ersetzt werden müssen.
Splinte, deren Enden umgebogen werden, müssen nach jedem Ausbau durch Neuteile ersetzt werden.
Falls eine Schraube mit Sicherungspaste (Loctite) versehen wurde, muss ihr Gewinde mit einer Drahtbürste und Lösungsmittel gereinigt werden (die Bohrung möglichst mit einem Gewindebohrer), bevor direkt vor dem Einsetzen frische Dichtmasse aufgetragen wird.

Spezialwerkzeuge
Manche Reparaturmethoden in diesem Handbuch erfordern spezielle Werkzeuge wie eine Hydraulik-Presse, einen Zwei- oder Dreiarmabzieher, Federpressen usw. Soweit möglich, werden Alternativen zu den Spezialwerkzeugen des Herstellers beschrieben und im Einsatz gezeigt. Manchmal ist jedoch aus Gründen der Sicherheit oder der Wirksamkeit keine Alternative möglich. Solange man nicht Profi ist und die durchzuführende Prozedur komplett verstanden hat, darf niemals versucht werden, ein Spezialwerkzeug zu umgehen, wenn dies verlangt ist; neben Gefahren für die Gesundheit besteht ansonsten auch das Risiko teurer Schäden.

Umweltschutz
Öle, Bremsflüssigkeit und Kühlmittel dürfen weder im Boden versickern noch in die Kanalisation gelangen. Füllen Sie alle Betriebsflüssigkeiten (separat!) in auslaufsichere Behälter. Jeder Händler, der technische Öle verkauft, ist auch dazu verpflichtet, entsprechende Mengen Altöl zurückzunehmen. Bringen Sie andere Flüssigkeiten zur fachgerechten Entsorgung oder zum Recyclinghof.

Anheben und Abstützen

Der dem Bordwerkzeug beigefügte Wagenheber sollte nur bei Reifenpannen am Straßenrand verwendet werden, um das Reserverad zu montieren – siehe Seite 0.9. Für andere Arbeiten sollte das Fahrzeug unter den vorgegebenen Punkten mit einer hydraulischen Vorrichtung angehoben und mit Böcken abgestützt werden. Falls die Räder nicht demontiert werden müssen, kommt auch eine Rampe in Betracht (die auch nach dem Anheben des Fahrzeugs unter die Räder geschoben werden kann).
Das Anheben darf nur auf einer festen und ebenen Oberfläche erfolgen. Selbst bei leichtem Gefälle muss sorgfältig darauf geachtet werden, dass sich das Fahrzeug nach dem Anheben nicht bewegen kann. Vom Anheben auf unebenem oder lockerem Untergrund wird abgeraten, da das Fahrzeuggewicht nicht gleichmäßig verteilt ist und die Hebevorrichtung abrutschen kann.
Belassen Sie ein angehobenes Fahrzeug möglichst niemals unbeaufsichtigt – besonders bei in der Nähe spielenden Kindern.
Aktivieren Sie vor dem Anheben der Fahrzeug-Front stets die Handbremse an und legen Sie den ersten Gang ein bzw. stellen Sie den Wahlhebel auf P.
Bei der Verwendung eines hydraulischen Rangierwagenhebers oder von Stützböcken müssen diese stets an den verstärkten Stellen unter den Schwellern angesetzt werden, die durch viereckige Vertiefungen gekennzeichnet sind (siehe Abbildung). Verwenden Sie beim Anheben stets zwischen den Heber und das Fahrzeug eingesetzte Hölzer mit eingeschnittenen Kerben für die Blechfalze – diese verteilen die Last so besser und schützen Lack oder Unterbodenschutz vor Schäden; notfalls kann stabile Pappe verwendet werden.
Heben Sie das Fahrzeug KEINESFALLS unter der Ölwanne oder an Lenkungs- oder Federungs-Komponenten an!
Warnung: Arbeiten Sie NIEMALS unter oder neben einem nur angehobenen, aber nicht abgestützten Fahrzeug!

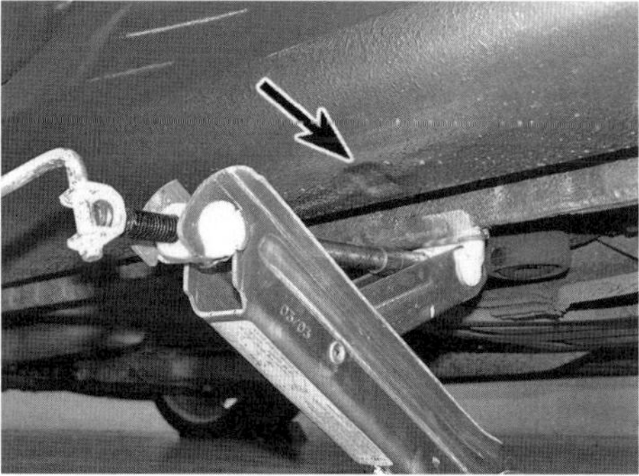

Verstärkter Aufnahmepunkt am Schweller

Trennen der Batterie

Achtung: Nachdem die Batterie getrennt wurde, gehen neben anderen Fahrzeugfunktionen auch die Sicherheits-Funktionen der elektrischen Fensterheber verloren und müssen wieder angelernt werden – ein sich erstmals wieder schließendes Fenster kann daher zu Quetschverletzungen führen!

1 Viele Fahrzeugkomponenten erfordern eine dauerhafte Stromversorgung – entweder für die direkte Funktion (Uhr oder Alarmanlage) oder zum Erhalt gespeicherter Informationen, die bei Stromausfall gelöscht würden. Wann immer die Batterie getrennt wird, müssen die folgenden Punkte beachtet werden, damit keine unvorhergesehen Probleme entstehen:

a) Zunächst ist es bei jedem Fahrzeug mit Zentralverriegelung ratsam, den Zündschlüssel abzuziehen und bei sich zu tragen, falls beim Anschließen der Batterie plötzlich sämtliche Türen verriegelt werden.
b) Ein Audiosystem mit Sicherheitscode wird nach dem Trennen der Batterie (oder des Audiosystems selbst) erst wieder nach der Eingabe des korrekten Codes funktionieren. Details hierzu unterscheiden sich je nach System und sollten in der Bedienungsanleitung angegeben sein. Bevor die Batterie getrennt wird, muss sichergestellt sein, dass der korrekte Code vorhanden ist – falls nicht, kann ein Audi-Händler weiterhelfen (vorausgesetzt, man kann die Besitzverhältnisse belegen).
c) Alle Fahrzeuge sind mit »selbstlernenden« Motorsteuergeräten ausgerüstet. Dies bedeutet, dass sie während des Betriebs diejenigen Einstellungen überwachen und speichern, die unter allen Betriebsbedingungen die optimale Motorleistung gewährleisten. Wenn die Batterie getrennt wird, gehen diese Einstellungen verloren, und das Steuergerät greift nach dem Verbinden auf die vom Werk mitgegebenen Grunddaten zurück. Beim ersten Motorstart kann dies zu einem kurzzeitigen rauen Motorlauf führen, bis das Steuergerät wieder optimale Einstellungen erlernt hat. Der Lernprozess lässt sich durch eine viertelstündige Probefahrt beschleunigen, bei der nach dem Erreichen der Betriebstemperatur alle Lastzustände und Drehzahlen – vor allem der Bereich zwischen 2000 und 4000/min – abgedeckt werden. Lassen Sie den Motor anschließend mindestens zehn Minuten im Standgas laufen; dabei wird gelegentlich am Lenkrad gedreht und starke Verbraucher eingeschaltet (Heizgebläse, Heckscheibenheizung). Falls der Motor dabei merklich die Drehzahl ändert, muss das Motorsteuergerät mithilfe eines geeigneten Diagnosegeräts überprüft werden.
d) Die serienmäßige Alarmanlage muss vor dem Trennen der Batterie deaktiviert werden, da sie sonst nach dem Anschließen Alarm auslöst.

e) Nachdem die Batterie wieder angeschlossen wurde, muss an den Fensterhebern die ‚Geschlossen'-Position neu einprogrammiert werden: Verschließen Sie bei geschlossenen Fenstern die Türen manuell mit dem Zündschlüssel. Schließen Sie die Türen wieder auf und verriegeln Sie sie erneut – halten Sie dabei den Zündschlüssel mindestens eine Sekunde in der Verschließ-Position. Die Fensterheber sind jetzt neu programmiert. Der elektrisch verstellbare Fahrersitz wird ähnlich programmiert: Öffnen Sie die Fahrertür und schalten Sie die Zündung ein. Verschieben Sie den Sitz jetzt ganz nach vorn und ganz nach oben. Verschieben Sie nun die Rücklehne bis zum Anschlag nach vorn und schalten Sie die Zündung wieder aus.
f) Nachdem die Batterie wieder angeschlossen wurde, muss vor dem ersten Motorstart die Zündung für ca. 30 Sekunden eingeschaltet und wieder abgeschaltet werden. Anschließend wird der Motor normal gestartet.

2 Geräte wie »Speicher-Schützer« oder »Code-Speicher« können einige der oben beschriebenen Probleme lösen – genaue Details hängen vom Gerät ab. Typischerweise ist es mit einer eigenen Stromversorgung ausgerüstet und wird in die Bordsteckdose gesteckt. Wenn dann die Fahrzeugbatterie getrennt wird, speist das Gerät genügend Strom ins Bordnetz ein, damit Audiosystem-Codes und andere gespeicherte Werte erhalten bleiben und permanent laufende Systeme wie die Uhr weiterlaufen.

Manche dieser Geräte versorgen das Bordnetz mit einer beträchtlichen Strommenge, sodass viele Systeme im Fahrzeug trotz getrennter Fahrzeugbatterie weiterhin einsatzbereit bleiben. Stellen Sie bei der Verwendung eines solchen Geräts sicher, dass der relevante Stromkreis tatsächlich »tot« ist, bevor Sie mit der Arbeit daran beginnen.

Werkzeug und Werkstatt-Ausrüstung

Einleitung

Ein gutes Werkzeugsortiment ist für jedermann, der Wartungs- und Reparaturarbeiten an seinem Fahrzeug durchführen möchte, eine grundlegende Voraussetzung. Wer kein oder nur sehr wenig Werkzeug zu Hause hat, muss zunächst in Werkzeug investieren, um durch Eigenleistung das Geld wieder einzusparen. Hochwertiges Werkzeug hält jahrzehntelang und macht sich bei regelmäßigem Gebrauch mehrfach bezahlt.
Um den Fahrzeugbesitzer besser entscheiden zu lassen, welche Werkzeuge er für die verschiedenen in diesem Buch beschriebenen Aufgaben benötigt, haben wir drei Listen erstellt: Wartung und kleinere Reparaturen; Reparaturen und Überholung sowie Spezialwerkzeug. Wer neu im Schrauber-Sektor ist, sollte mit dem Werkzeugsatz Wartung und kleinere Reparaturen beginnen und sich zunächst mit einfacheren Aufgaben am Fahrzeug vertraut machen. Sobald die Erfahrungen und das Vertrauen wachsen, können schwierigere Arbeiten verrichtet werden – mit den entsprechenden zusätzlichen Werkzeugen. Auf diese Weist kann ein Set für Wartungsarbeiten und kleinere Reparaturen mit der Zeit und ohne große Ausgaben zu einem Kit für umfangreiche Reparaturen und Überholungen ausgebaut werden. Der erfahrene Hobbyschrauber hat dann eine Werkzeug-Ausstattung für die meisten Reparaturen und Überholtätigkeiten und muss nur noch dann Werkzeuge aus der letzten Kategorie dazukaufen, wenn er der Meinung ist, dass sich der finanzielle Aufwand zur Häufigkeit des Einsatzes lohnt.

Wartungsarbeiten und kleinere Reparaturen

Die hier aufgelisteten Werkzeuge können als Minimalausstattung für routinemäßige Wartungsarbeiten, die Instandhaltung und kleine Reparaturen betrachtet werden. Wir empfehlen den Kauf von kombinierten Ring-/Maul-Schlüsseln – diese sind zwar teurer als reine Maulschlüssel, hinterlassen bei richtigem Gebrauch aber auch weniger Schäden an Muttern und Schrauben.

- ☐ Schraubenschlüssel-Set 8 bis 19 mm
- ☐ Rollgabelschlüssel bis ca. 35 mm
- ☐ Zündkerzenschlüssel (mit Gummieinsatz)
- ☐ Drahtlehre für Zündkerzen-Elektroden
- ☐ Fühlerlehren-Set
- ☐ Ringschlüssel für Entlüftungsnippel (falls kleiner als 8 mm)
- ☐ Schraubendreher: Schlitz – 100 mm lang, 6 mm breit
- ☐ Phillips (Kreuzschlitz) – 100 mm lang, 6 mm breit
- ☐ Inbus-Schlüssel, 4–10 mm Größe – je nach Fahrzeugtyp
- ☐ Torx-Schlüssel, verschiedene Größen – je nach Fahrzeugtyp
- ☐ Kombizange
- ☐ Metall-Bügelsäge
- ☐ Reifen-Luftpumpe
- ☐ Luftdruckprüfer
- ☐ Ölkanne
- ☐ Ölfilterschlüssel (Bandschlüssel)
- ☐ Feines Schleifpapier
- ☐ Drahtbürste (klein)
- ☐ Trichter (mittelgroß)
- ☐ Ablassschrauben-Schlüssel (je nach Fahrzeug)

Umfangreiche Reparaturen und Überholung

Diese Werkzeuge sind – zusammen mit denen für Wartung und kleinere Reparaturen – für Reparaturen und andere Arbeiten am Fahrzeug unerlässlich. Zu dieser Liste gehört ein umfangreicher Steckschlüsselsatz; auch wenn er relativ teuer ist, ist er aufgrund seiner Vielseitigkeit unbezahlbar – besonders, wenn darin verschiedene Antriebe enthalten sind. Wir empfehlen einen Knarrenkasten mit Halbzoll-Antrieb, weil diese Steckschlüssel auch auf die meisten Drehmomentschlüssel passen.
Die Werkzeuge aus dieser Liste müssen manchmal durch Teile aus der Spezialwerkzeug-Liste ergänzt werden:

- ☐ Steckschlüsselkasten mit
  Sechskantschlüsseln (6–24 mm)
  Inbus-Einsätze
  Torx-Einsätze
  Ratsche
  Verlängerung 250 mm
  Kreuzgelenk verstellbarem T-Griff

- ☐ Drehmomentschlüssel
- ☐ Gripzange
- ☐ Schlosserhammer mit Kugelkopf
- ☐ Kunststoff- oder Gummihammer
- ☐ Schlitzschraubendreher (verschiedene Größen)
- ☐ Phillips-Kreuzschlitzschraubendreher (verschiedene Größen)
- ☐ Zangen:
  Spitzzange
  Wasserpumpenzange
  Seitenschneider
  Seegerringzange (innen und außen)
- ☐ Flachmeißel
- ☐ Reißnadel
- ☐ Schaber
- ☐ Körner
- ☐ Treibdorn
- ☐ Metallsäge
- ☐ Bremsschlauch-Klemme
- ☐ Bremsen-/Kupplungshydraulik-Entlüftungskit
- ☐ Bohrer-Set
- ☐ Metall-Lineal/Richtwinkel
- ☐ Feilen-Sortiment

- ☐ Drahtbürsten
- ☐ Stützbock
- ☐ Hydraulischer Heber oder Rangierwagenheber
- ☐ Lampe mit Verlängerungskabel
- ☐ Multimeter (Volt AC/DC, Ohm, Ampere)

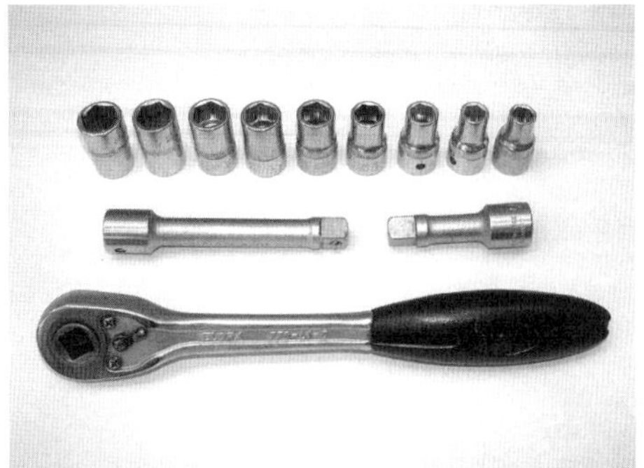

Steckschlüssel mit Ratsche und Verlängerungen

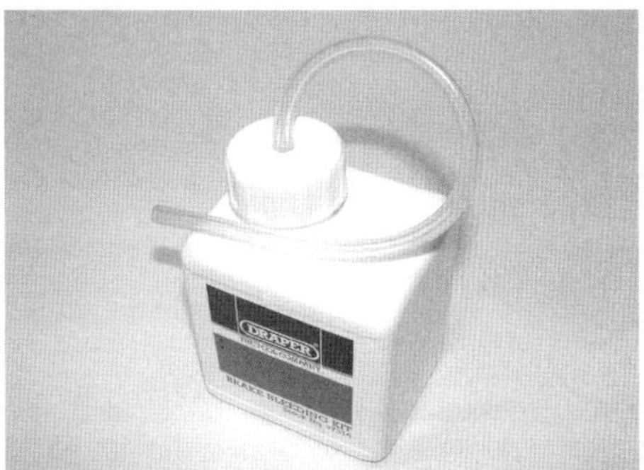

Bremsen-Entlüftungskit

Torx-Schlüssel, -Steckschlüssel und -Bit

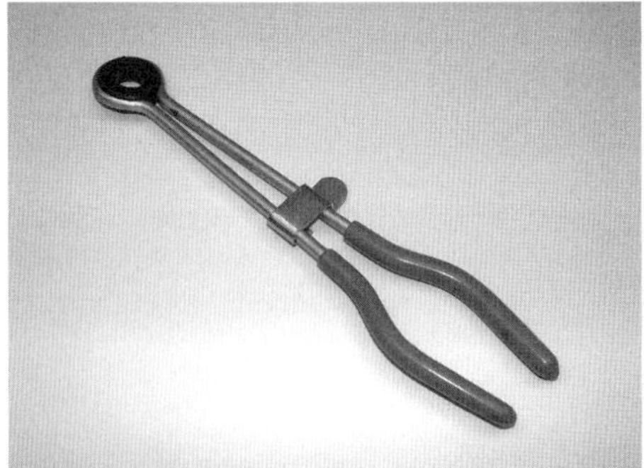

Schlauchklemme

Gradscheibe mit Vierkant für Steckschlüssel-Antrieb

Spezialwerkzeug

Die in dieser Liste aufgeführten Werkzeuge werden nicht regelmäßig benötigt, sind teuer oder müssen entsprechend der Anweisungen ihrer Hersteller eingesetzt werden. Solange nicht regelmäßig schwierige Reparaturarbeiten verrichtet werden, ist der Kauf vieler dieser Werkzeuge nicht wirtschaftlich. In solchen Fällen kann man das Werkzeug entweder mit Freunden zusammen kaufen, einem Klub beitreten oder das Teil bei einer Werkstatt oder einem Werkzeugverleiher mieten. Auch viele Baumärkte vermieten Werkzeug zu moderaten Konditionen.

Die folgende Liste enthält nur frei verkäufliche Werkzeuge und Instrumente, aber keine Spezialwerkzeuge, die vom Fahrzeughersteller für sein Händlernetz produziert werden. Im Handbuch wird gelegentlich auf solche Werkzeuge verwiesen und oft wird auch eine Alternative dazu angegeben, doch manchmal ist das Hersteller-Spezialwerkzeug unerlässlich, sodass es beim Hersteller gekauft oder der Fachwerkstatt des Vertrauens ausgeliehen werden muss.

- ☐ Gradscheibe
- ☐ Ventilfederpresse
- ☐ Ventil-Einschleif-Ausrüstung
- ☐ Kolbenringzange
- ☐ Zylinderbohrungs-Honwerkzeug
- ☐ Kolbenring-Aus- und Einbauwerkzeug
- ☐ Federpresse für Fahrwerk-Federn
- ☐ Kugelgelenk-Abzieher
- ☐ Zwei- und Dreiarmabzieher
- ☐ Schlagschrauber
- ☐ Messschieber und/oder Mikrometerschraube
- ☐ Messuhr
- ☐ Schließwinkelmesser / Drehzahlmesser
- ☐ Fehlercode-Auslesegerät
- ☐ Kompressionsprüfer
- ☐ Unterdruckpumpe und Druckprüfer
- ☐ Kupplungsscheiben-Zentrierwerkzeug
- ☐ Bremsbackenfeder-Ausbauwerkzeug
- ☐ Aus- und Einbauwerkzeug für Buchsen und Lager
- ☐ Stehbolzenausdreher
- ☐ Werkstattkran
- ☐ Rangierwagenheber

Werkzeug-Kauf

Im Autozubehör- und Werkzeugfachhandel wird oft hochwertiges Werkzeug zu günstigen Preisen angeboten, sodass sich der Preisvergleich lohnt.

Man muss nicht das teuerste Werkzeug kaufen, doch es ist auch ratsam, nicht das billigste zu nehmen. Vorsicht ist auf Flohmärkten und bei »Kofferraum«-Geschäften auf Automärkten geboten. Es gibt zahlreiche Marken, die hochwertiges Werkzeug produzieren, doch stets sollte vor allem darauf geachtet werden, dass das Material alle wichtigen Sicherheitsstandards erfüllt. Im Zweifelsfall sollten vor einer Kaufentscheidung Fachleute zurate gezogen werden.

Werkzeug – Sorgfalt und Pflege
Nachdem ein akzeptables Werkzeug-Sortiment erworben wurde, ist es wichtig, die Werkzeuge in einem sauberen und brauchbaren Zustand zu erhalten. Nach jedem Einsatz müssen Schmutz, Fett und Metallpartikel mit sauberen und trockenen Lappen abgewischt werden, bevor das Werkzeug weggepackt wird. Niemals sollte man Werkzeug herumliegen lassen. Ein einfaches Regal an der Garagen- oder Werkstattwand ist für die meisten Werkzeuge völlig ausreichend. Ein Knarrenkasten sollte stets vollständig sein und Messinstrumente, Messuhren und andere sensible Geräte müssen sorgfältig gelagert werden, sodass sie weder Stöße abbekommen noch rosten.
Werkzeuge verschleißen mit der Zeit: Ein Hammerkopf bekommt unweigerlich Riefen und Schraubendreher-Klingen werden mit der Zeit rund. Der gelegentliche Einsatz von Schleifleinen oder einer Feile kann solche Dinge wieder in einen guten Zustand versetzen.

Arbeitsplatz
Beim Thema Werkzeug darf die Werkstatt nicht vergessen werden. Sobald mehr als routinemäßige Wartungsarbeiten verrichtet werden sollen, kommt man um einen brauchbaren Arbeitsplatz nicht herum.
Viele Fahrzeugbesitzer sind gezwungen, Bauteile ihres Autos – bis hin zum Motor – im Freien auszubauen, doch dann sollten Reparaturen stets unter einem schützenden Dach stattfinden.
Sämtliche Zerlegungen sollten stets auf einer sauberen und ebenen Arbeitsfläche durchgeführt werden, die sich in einer angenehmen Arbeitshöhe befindet.
Jede Werkbank benötigt einen Schraubstock; mit einem Öffnungsbereich von 100 mm sollten sich die meisten Arbeiten erledigen lassen. Wie bereits erwähnt, werden auch saubere und trockene Lagerflächen für Werkzeug, aber auch für Schmiermittel, Reinigungsmittel, Lacke usw. benötigt.
Das wichtigste Elektrowerkzeug ist eine gute Bohrmaschine mit Drehzahl-Einstellung; in diese können außer Bohrern viele andere Werkzeuge eingespannt werden, die die Arbeit erleichtern.
Schließlich muss eine Sammlung alter Zeitungen und sauberer, nicht fusselnder Lappen bereitgehalten werden, um den Arbeitsplatz, das Werkzeug und die zu reparierenden Dinge möglichst sauber zu halten.

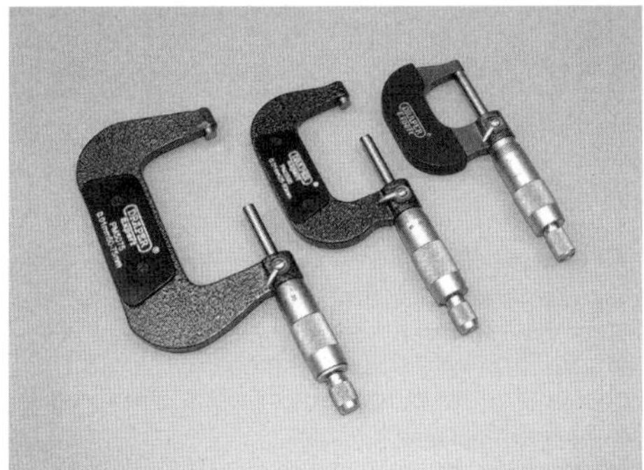
Mikrometerschraube (Bügelmessschraube)

Messuhr

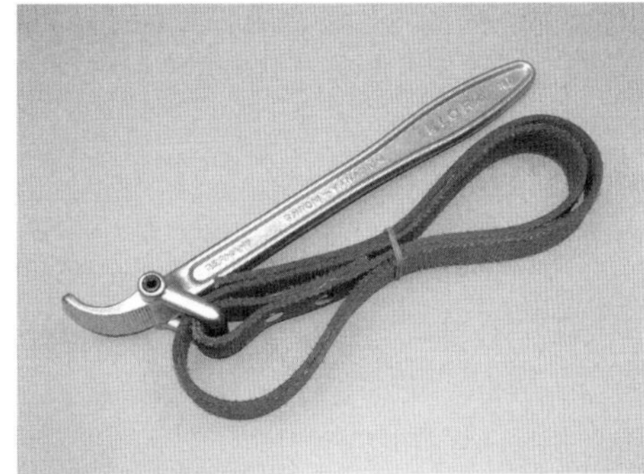
Bandschlüssel

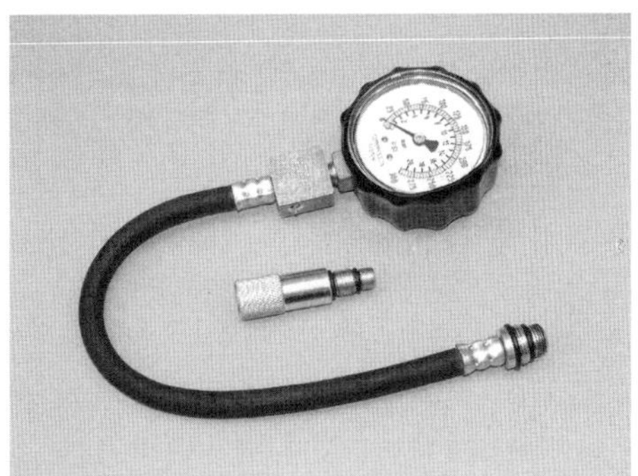
Kompressionsprüfer

Lagerabzieher

Hauptuntersuchungs-Vorbereitungen

Diese Hinweise sollen helfen, das Fahrzeug durch die alle zwei Jahre anstehende Hauptuntersuchung (HU) zu führen. Natürlich kann der Hobbyschrauber sein Auto nicht genauso kontrollieren wie der Prüfer beim TÜV, bei der DEKRA oder anderen Organisationen. Wer sich jedoch durch die folgenden Prüfpunkte arbeitet, sollte alle Probleme erkannt haben, bevor das Fahrzeug vorgeführt wird.

Wenn der Zustand einer zu prüfenden Komponente grenzwertig ist, liegt es im Ermessen des Prüfers, ob er sie beanstandet oder durchgehen lässt. Die Grundlage dieses Ermessens liegt darin, ob der Prüfer gut damit leben könnte, das Fahrzeug in diesem Zustand einem Freund oder Verwandten anzuvertrauen. Wenn das Auto sauber und offenbar gut gepflegt vorgestellt wird, wird der Prüfer vielleicht eher geneigt sein, eine grenzwertige Komponente durchgehen zu lassen, als dies bei einem ungepflegten und offensichtlich vernachlässigten Fahrzeug der Fall wäre.

Die hier beschriebenen Anforderungen können nur den aktuellen Stand beim Verfassen des Buchs wiedergeben. Prüfstandards werden immer strenger, doch für ältere Fahrzeuge gelten oft Ausnahmen.

Für einige Kontrollen wird ein Assistent benötigt.

Die Kontrollen wurden in vier Kategorien unterteilt:

1 Die Prüfung erfolgt: Im Innenraum
2 Die Prüfung erfolgt: Bei auf dem Boden stehendem Fahrzeug
3 Die Prüfung erfolgt: Bei angehobenem Fahrzeug mit freien Rädern
4 Die Prüfung erfolgt: Am Abgassystem

1 Die Prüfung erfolgt: Im Innenraum

Handbremse

☐ Prüfen Sie bei einer elektrischen Feststellbremse, ob sie ohne große Verzögerung anzieht und wieder löst. Falls die Warnleuchte nicht erlischt oder beim Lösen der Bremse eine Warnmeldung angezeigt wird, kann dies auf einen Fehler hinweisen, der umgehend behoben werden muss.

Fußbremse

☐ Treten Sie auf das Pedal und prüfen Sie, ob es sich nicht bis zum Boden durchdrücken lässt (was auf einen Defekt im Hauptbremszylinder hinweist). Lassen Sie das Pedal zurückkehren, warten Sie einige Sekunden, und treten Sie es erneut. Falls es sich fast durchtreten lässt, bevor Widerstand spürbar wird, sind Einstellungen oder Reparaturen erforderlich. Falls sich das Pedal schwammig anfühlt und/oder sich „aufpumpen" lässt, befindet sich Luft im System, die entleert werden muss.

☐ Prüfen Sie, ob das Bremspedal sicher befestigt und nicht ausgeschlagen ist. Kontrollieren Sie auch den Bereich um das Pedal herum auf ausgetretene Bremsflüssigkeit – dies weist auf einen defekten Dichtring im Hauptbremszylinder hin.

☐ Kontrollieren Sie den Bremskraftverstärker, indem Sie das Bremspedal mehrmals durchtreten, dann gedrückt halten und den Motor starten – hierbei muss es sich etwas weiter herunterdrücken lassen; andernfalls kann der Unterdruckschlauch oder der Bremskraftverstärker selbst defekt sein. Schalten Sie bei getretenem Bremspedal den Motor ab: Wird der Unterdruck nicht gehalten, so sind Bremskraftverstärker und/oder Schlauch defekt.

Lenkrad und Lenksäule

☐ Begutachten Sie das Lenkrad auf Brüche, lockeren Sitz oder lockere Teile.

☐ Drücken Sie das Lenkrad nach links und rechts sowie auf und ab – es darf kein Spiel aufweisen. Kontrollieren Sie ggf. das Lenksäulen-Lager und die Lenkradschraube.

☐ Drehen Sie das Lenkrad – es darf weder Spiel aufweisen noch rau laufen, ansonsten können Lager, Kreuzgelenke oder das Lenkgetriebe verschlissen sein.

☐ Bei abgezogenem Zündschlüssel muss beim Drehen des Lenkrads das Lenkschloss einrasten.

Windschutzscheibe, Rückspiegel und Sonnenblende

☐ Die Windschutzscheibe darf im Sichtbereich des Fahrers keine Kratzer, Risse oder Steinschlaglöcher aufweisen. Als grobe Einschätzung für das Sichtfeld kann behelfsmäßig ein hochkant vor die Scheibe gelegtes DIN-A4-Blatt genommen werden. Die Rückspiegel müssen funktionsfähig und einstellbar sein.

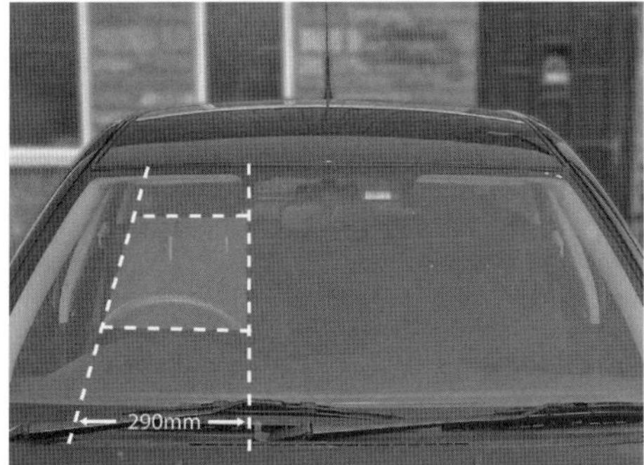

☐ Die Sonnenblende des Fahrers darf nicht von allein herunterklappen.

Sicherheitsgurte, Sitze und zusätzliche Rückhaltesysteme (SRS)

Anmerkung: *Die folgenden Kontrollen betreffen sowohl die Vordersitze als auch die Rücksitze.*

☐ Kontrollieren Sie das Gewebe aller Gurte auf Risse, Ausfransungen oder andere Beschädigungen. Prüfen Sie bei allen Gurten die Funktion der Gurtschlösser und – falls vorhanden – der Gurtrollen-Sperren. Prüfen Sie die Festigkeit aller von innen zugänglichen Gurt- und Gurtpeitschen-Befestigungen. Die Höhenverstellungen der oberen Aufhängungen müssen sicher einrasten.
☐ Wo ein Gurt am Sitz befestigt ist, muss dessen Rahmen und die Aufnahmen auf festen Sitz kontrolliert werden.
☐ Gurte mit Gurtstraffer-Vorrichtungen haben an der Gurtpeitsche eine Kennzeichnung – die Gurtstraffer selbst können nicht getestet werden.
☐ Alle Airbags dürfen keine sichtbaren Schäden aufweisen.
☐ Die Vordersitze müssen sicher befestigt sein und die Rückenlehne muss in jeder Position arretierbar sein.

Türen

☐ Die vorderen müssen sich von innen und außen öffnen und schließen lassen. Beim Zudrücken müssen sie sicher einrasten.
☐ Die hinteren müssen sich von außen öffnen und schließen lassen. Beim Zudrücken müssen sie sicher einrasten.
☐ Alle Türscharniere, Türfangbänder und Schließbolzen müssen fest angebracht und so beschaffen sein, dass sie das Öffnen und Schließen der Türen nicht behindern.

Motorhaube und Kofferraumdeckel oder Heckklappe

☐ Die Motorhaube und die Heckklappe müssen beim Zuschlagen sicher verriegelt werden.

Tachometer

☐ Der Tachometer muss funktionieren und mit entsprechender Beleuchtung auch Nachts ablesbar sein.

2 Die Prüfung erfolgt: Bei auf dem Boden stehendem Fahrzeug

Fahrzeug-Identifikation

☐ Die Kennzeichen müssen sich in einem guten Zustand befinden und in ihren Maßen den Vorschriften entsprechen.
☐ Das Typenschild und die eingeschlagene Fahrgestellnummer müssen lesbar sein.

Fahrzeug-Elektrik

☐ Schalten Sie die Zündung ein und prüfen Sie die Funktion der Hupe.
☐ Prüfen Sie die Funktion aller Scheibenwischer und der Scheibenwaschanlage. Ersetzen Sie beschädigte oder verschlissene Wischerblätter.

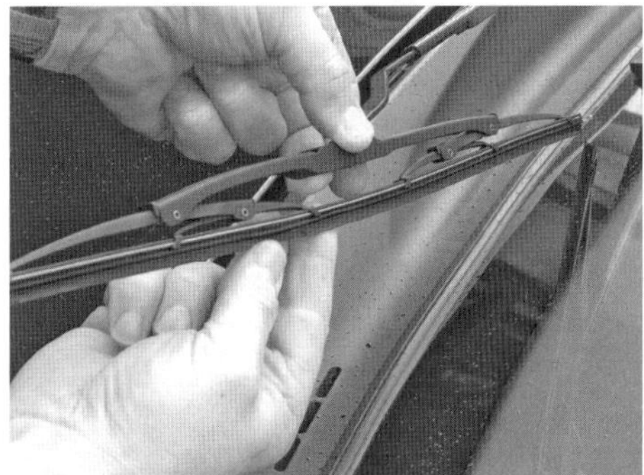

☐ Prüfen Sie die komplette Beleuchtungseinrichtung
☐ Prüfen Sie die Funktion der Bremsleuchten. Auch die Zusatzbremsleuchte muss funktionieren.
☐ Prüfen Sie die Funktion der Standleuchten und Rücklichter. Lampengläser und Reflektoren müssen fest sitzen, sauber sein und dürfen keine Risse aufweisen.
☐ Prüfen Sie bei eingeschalteter Zündung die Funktion und Ausrichtung der Scheinwerfer. Die Reflektoren dürfen nicht matt sein und die Lampengläser dürfen weder matt sein noch Risse aufweisen.
☐ Achten Sie bei der Kontrolle des Abblendlichts darauf, dass die ggf. vorhandene Leuchtweitenregelung funktioniert (Anpassung der Scheinwerfereinstellung an eventuelle Beladung). Die Einstellung des Abblendlichts ist für den Gegenverkehr von entscheidender Bedeutung und ist daher immer genau zu überprüfen (korrekte Asymmetrie und Höhe der Einstellung)
☐ Prüfen Sie bei eingeschalteter Zündung die Funktion aller Blinker einschließlich der Kontrollleuchten im Armaturenbrett. Prüfen Sie die Funktion des Warnblinkers. Die Blinker dürfen nicht die Standlicht- oder Rücklichtlampen beeinträchtigen – ansonsten liegt ein Massefehler vor. Falls die Blinkfrequenz ungewöhnlich schnell oder

langsam ist, kann das Blinkrelais defekt sein oder ebenfalls ein Massefehler vorliegen.
- ☐ Prüfen Sie die Funktion der Nebelschlussleuchte und ihrer Kontrollleuchte im Armaturenbrett oder im Schalter.
- ☐ Prüfen Sie die Funktion der Rückfahrleuchte – sie muss sich beim Einlegen des Rückwärtsgangs einschalten.
- ☐ Alle Kontrollleuchten müssen nach dem Einschalten der Zündung entsprechend der Herstellervorgaben aufleuchten. Nach dem Starten des Motors müssen die meisten Leuchten wieder erlöschen, die ABS-Warnleuchte muss nach wenigen Sekunden erlöschen.
- ☐ Alle sichtbaren Kabel müssen korrekt verlegt sein und dürfen keine Scheuerstellen aufweisen, die zu einem Kurzschluss führen können.

Bremsen
- ☐ Begutachten Sie den Hauptbremszylinder, den Bremskraftverstärker, den ABS-Modulator und alle Bremsleitungen auf korrekte Verlegung/Befestigung, Undichtigkeit, lockere Anschlüsse, Korrosion und andere Schäden.

- ☐ Der Ausgleichsbehälter am Hauptbremszylinder muss fest sitzen und der Pegel muss zwischen der MAX- (A) und MIN-Markierung (B) liegen (ein kurz vor Minimum stehender Bremsflüssigkeitsstand deutet auf verschlissene Scheibenbremsbeläge hin, eventuell auch auf eine Undichtigkeit).

- ☐ Kontrollieren Sie die Hydraulikflüssigkeit im Ausgleichsbehälter auf Verschmutzung und Ablagerungen.
- ☐ Kontrollieren Sie alle Bremsschläuche auf Risse und Alterungserscheinungen. Drehen Sie die Lenkung von Anschlag zu Anschlag, um zu prüfen, ob die vorderen Schläuche nicht die Räder, Reifen oder andere Teile der Lenkung oder der Radaufhängung berühren. Bei fest gedrücktem Bremspedal muss kontrolliert werden, ob die Schläuche ausbeulen oder Lecks aufweisen. Treten Sie bei laufendem Motor ohne Gasgeben (also aktivem Bremskraftverstärker) mehrfach schlagartig und kräftig auf das Pedal, um eine Extrembelastung zu simulieren, der eine intakte Bremsanlage gewachsen sein muss.

Lenkung und Radaufhängungen
- ☐ Lassen Sie einen Assistenten das Lenkrad leicht zwischen den Punkten, an denen die Bewegung auf die Räder übertragen wird, hin- und herdrehen, um sein Spiel zu ermitteln. Ein Standard-Lenkrad (380 mm Durchmesser) darf bei einer Zahnstangenlenkung außen nicht mehr als 13 mm Spiel aufweisen
- ☐ Lassen Sie den Assistenten das Lenkrad kräftig in beide Richtungen drehen, sodass sich die Vorderräder zu bewegen beginnen. Kontrollieren Sie hierbei alle Verbindungselemente, Befestigungen und Anschlüsse (also Spurstangenköpfe, Spurstangen, Lenkhebel, Lenkschubstangen, Trag- und Führungsgelenke etc.). Ersetzen Sie alle Bauteile, die Verschleiß (also unzulässiges Spiel) oder Schäden aufweisen.
- ☐ Prüfen Sie die Funktion und den Zustand aller Komponenten der Servo-Unterstützung (bei laufendem Motor).
- ☐ Prüfen Sie, ob das auf einer ebenen Fläche stehende Fahrzeug nicht an einer Seite oder vorn bzw. hinten herunterhängt.

Stoßdämpfer
- ☐ Drücken Sie das Fahrzeug nacheinander an jeder Ecke herunter und lassen Sie es wieder los – es muss wieder ausfedern und in seine Ruheposition zurückkehren. Falls es nachwippt, ist der Stoßdämpfer defekt; dieser Zustand kann zu gefährlichem Fahrverhalten führen. Zudem sind alle Stoßdämpfer auf Dichtigkeit zu überprüfen.

Auspuffanlage
- ☐ Starten Sie den Motor und lassen Sie einen Assistenten das Auspuffrohr mit einem Lappen verstopfen. Prüfen Sie jetzt die gesamte Auspuffanlage auf Undichtigkeit und reparieren oder ersetzen Sie entsprechende Bauteile.

3 Die Prüfung erfolgt: Bei angehobenem Fahrzeug mit freien Rädern

Heben Sie das Fahrzeug vorn und hinten an und stützen Sie es so auf Böcken ab, dass diese nicht die Federelemente behindern. Die Räder müssen frei drehbar und die Lenkung von Anschlag zu Anschlag zu drehen sein.

Lenkung

- ☐ Lassen Sie einen Assistenten das Lenkrad von Anschlag zu Anschlag drehen. Prüfen Sie, ob sich die Lenkung frei drehen lässt und keine Teile der Lenkung (einschließlich der Räder und Reifen) mit Bremsleitungen oder andere Bauteilen in Kontakt kommen.
- ☐ Kontrollieren Sie die Gummimanschetten des Lenkgestänges auf Beschädigungen oder lockere Schellen. Prüfen Sie, ob ggf. irgendwo Hydraulikflüssigkeit der Servolenkung austritt. Kontrollieren Sie, ob die Lenkung schwergängig ist, ob irgendwo Splinte fehlen oder Befestigungen locker sind und ob im Umkreis von 30 cm um irgendwelche Befestigungspunkte der Lenkung an der Karosserie starke Korrosion auftritt.

Vorder- und Hinterradfederung sowie Radlager

- ☐ Beginnen Sie an der vorderen rechten Ecke, greifen Sie das Vorderrad in der 3- und 9-Uhr-Position und versuchen Sie, daran zu wackeln. Prüfen Sie, ob Spiel in den Radlagern, an den Federungs-Kugelgelenken, den Aufhängungen, Gelenken und Befestigungen festzustellen ist.
- ☐ Greifen Sie jetzt das Rad in der 12- und 6-Uhr-Position und wiederholen Sie die Prüfung. Drehen Sie das Rad, um im Radlager Schwergängigkeit oder rauen Lauf festzustellen.

- ☐ Falls an einem Gelenk übermäßiges Spiel vermutet wird, kann dies mit einem zwischen der Halterung und dem angeschlossenen Teil als Hebel eingeführten großen Schraubendreher festgestellt werden; so lässt sich ermitteln, ob der Verschleiß in seiner Befestigung, den Lagerbuchsen oder in der Halterung selbst liegt (oft schlagen die Schraubenlöcher aus).

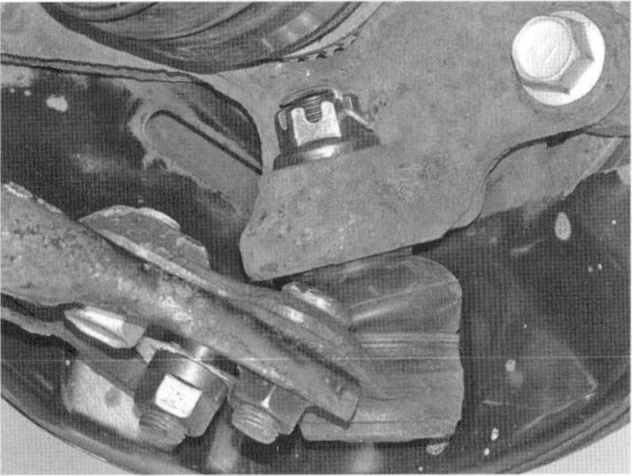

- ☐ Führen Sie alle beschriebenen Kontrollen am anderen Vorderrad und dann an den Hinterrädern durch.

Federn und Stoßdämpfer

- ☐ Begutachten Sie die Federbeine auf austretendes Öl, Korrosion oder ein beschädigtes Gehäuse. Prüfen Sie auch die Festigkeit aller Aufnahmen.
- ☐ Die Enden von Schraubenfedern müssen in ihren Sitzen liegen und die Feder selbst darf nicht korrodiert, gerissen oder gebrochen sein.
- ☐ Kontrollieren Sie die Stoßdämpfer auf Undichtigkeit. Anschlaggummis sowie Gummibuchsen in den Aufnahmen dürfen nicht spröde oder beschädigt sein.

Antriebswellen

- ☐ Drehen Sie die angetriebenen Räder und überprüfen Sie dabei die Manschetten der Gleichlaufgelenke auf Risse und Beschädigungen. Die Antriebswellen selbst dürfen nicht verbogen oder beschädigt sein.

Bremssystem

☐ Prüfen Sie die Bremsbelag-Stärke und den Zustand der Bremsscheiben möglichst im eingebauten Zustand. Das Belagmaterial (A) und die Bremsscheibe (B) dürfen nicht unter die in Kapitel 9 angegebenen Werte verschlissen sein. Die Bremsscheibe darf weder gebrochen noch gerissen sein oder starke Riefen oder Ausbrüche aufweisen.

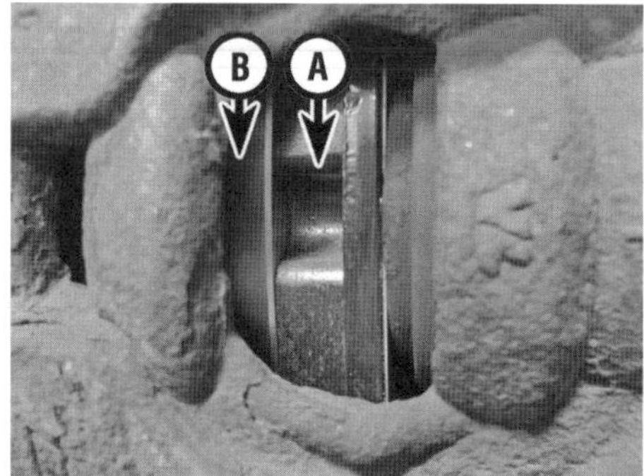

☐ Kontrollieren Sie alle Bremsleitungen und Bremsschläuche unter dem Fahrzeug auf Undichtigkeit und/oder andere Schäden. Die Leitungen dürfen nicht verrostet oder geknickt sein, die Schläuche dürfen keine Risse oder Blasen aufweisen.

☐ An den Bremssätteln und den Bremsankerplatten dürfen keine Flüssigkeiten austreten. Reparieren oder erneuern Sie undichte Bauteile.

☐ Drehen Sie jedes Rad langsam von Hand, während der Assistent das Bremspedal gleichmäßig herunterdrückt und wieder löst. Jede Bremse muss korrekt funktionieren und das Rad muss sich nach dem Lösen wieder frei drehen lassen.

☐ Kontrollieren Sie den Handbremsmechanismus auf ausgefranste oder gerissene Seilzüge, starke Korrosion oder Verschleiß und übermäßiges Spiel am Gestänge. Prüfen Sie, ob die Bremse auf beide Hinterräder wirkt und diese sich nach dem Lösen wieder frei drehen lassen.

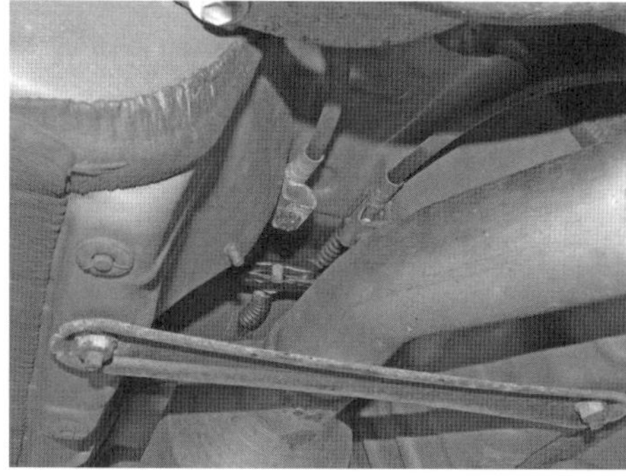

☐ Kontrollieren Sie die Kabel der ABS-Sensoren auf Beschädigungen, Scheuerstellen und Alterungserscheinungen.

☐ Die Bremswirkung ist ohne einen Prüfstand nicht kontrollierbar, aber bei einer Probefahrt kann später getestet werden, ob das Fahrzeug beim Bremsen nicht zu einer Seite zieht.

Kraftstoff- und Auspuffsystem

☐ Kontrollieren Sie den Tank (einschließlich Tankdeckel), alle Kraftstoffleitungen und ihre Anschlüsse. Alle Komponenten müssen sicher befestigt sein und dürfen nicht lecken.

☐ Begutachten Sie die Auspuffanlage von vorn bis hinten auf Beschädigungen, gerissene oder fehlende Befestigungen, fest sitzende Schellen und Durchrostungen.

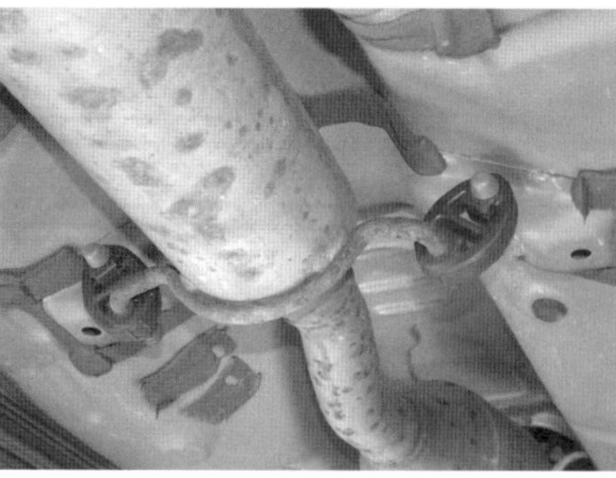

☐ Die Auspuffanlage muss mit allen serienmäßig vorgesehenen Katalysatoren und Lambdasonden ausgerüstet sein.

Räder und Reifen

☐ Kontrollieren Sie die Flanken und Laufflächen aller Reifen. Achten Sie auf Schnitte, Risse, Beulen, Auswölbungen, sich lösende Profilblöcke und durch Beschädigungen oder Verschleiß sichtbares Gewebe. Der Reifenwulst muss korrekt auf der Felge sitzen, das Ventil muss dicht sein und korrekt sitzen.

☐ Keine Felge darf verzogen, verbogen, gerissen oder stark korrodiert sein. Alle Radmuttern oder Bolzen müssen fest sitzen.

☐ Die Reifen müssen die in den Fahrzeugpapieren angegebene Größen haben. Reifen auf einer Achse sollten baugleich sein (empfehlenswert, aber nicht vorgeschrieben). Der Luftdruck aller Reifen muss in Ordnung sein.

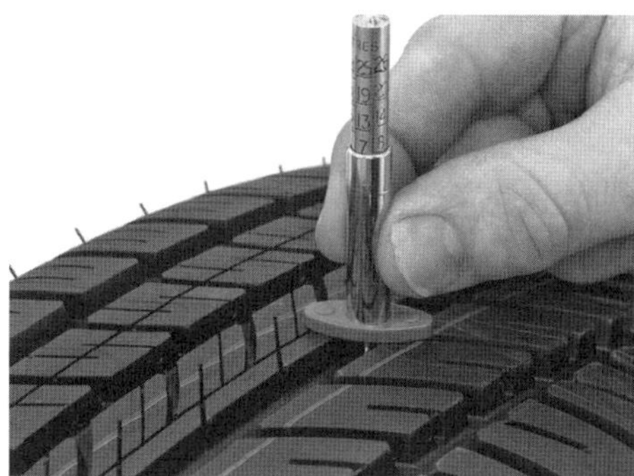

☐ Kontrollieren Sie die Profiltiefe. Aktuell darf an keiner Stelle weniger als 1,6 mm gemessen werden. Ungleichmäßig verschlissene Reifen weisen auf falsch eingestellte Radaufhängungen hin.

Korrosion

☐ Überprüfen Sie die gesamte Fahrzeugstruktur auf Korrosion an tragenden Teilen (Kastenprofile des Chassis, Schweller, Querträger, Säulen und sämtliche Radaufhängungen, Federelemente, Lenkungs- und Bremsenteile sowie Gurtbefestigungen und Verankerungen). Jede Korrosion, die die Materialstärke tragender Teile verringert, stellt eine ernsthafte Gefahr dar, sodass professionelle Reparaturmaßnahmen eingeleitet werden müssen. Bei einer selbsttragenden Karosserie (um solche Karosserien handelt es sich bei heutigen Autos in 99 % aller Fälle) sind alle Blechteile als tragend zu betrachten. Eine durchgerostete Tür kann also durchaus dafür sorgen, dass eine HU nicht positiv abgeschlossen wird.

- ☐ Beschädigungen oder Korrosion, die zu scharfkantigen Rändern führen, können dazu führen, dass die HU nicht bestanden wird.

Abschlepp-Vorrichtungen

- ☐ Überprüfen Sie die Abschleppösen oder deren Befestigungen auf Korrosion und Beschädigungen. Demontierbare Vorrichtungen dürfen kein übermäßiges Spiel aufweisen.

4 Die Prüfung erfolgt: Am Abgassystem

Benzinmotor

- ☐ Bringen Sie den gut gewarteten Motor (Zündsystem in Ordnung, Luftfilter sauber usw.) auf Betriebstemperatur.
- ☐ Lassen Sie den Motor zunächst rund 20 Sekunden mit etwa 2500/min drehen und dann auf Standgasdrehzahl abfallen; beobachten Sie dabei, ob aus dem Auspuff Rauch austritt. Falls das Standgas offensichtlich zu hoch ist oder länger als 5 Sekunden dichter blauer oder schwarzer Rauch austritt, kann dies dazu führen, dass die HU nicht bestanden wird. Als Faustregel gilt, dass blauer Rauch für verbranntes Öl und damit Motorverschleiß steht, während schwarzer Rauch auf unverbrannten Kraftstoff hinweist (verschmutzter Luftfilter oder Schäden bzw. Verschleiß im Kraftstoff- oder Zündsystem.
- ☐ Für weitere Kontrollen wird ein Abgas-Analysegerät benötigt, das den Gehalt an Kohlenmonoxid (CO) und Kohlenwasserstoff (CH) ermitteln kann. Falls dies nicht gemietet oder ausgeliehen werden kann, sollte die Prüfung gegen ein kleines Entgelt von einer Fachwerkstatt durchgeführt werden.

CO-Emissionen (Gemisch)

- ☐ Der HU-Prüfer hat Zugang zu den erlaubten CO-Abgaswerten aller Fahrzeuge. Der CO-Wert wird bei Standgas und ‚erhöhtem Standgas‘ (2500 bis 3000/min) gemessen. Die folgenden Werte sind nur Anhaltswerte:
- ☐ Bei Standgas – weniger als 0,5 % CO
- ☐ Bei erhöhtem Standgas – weniger als 0,3 % CO
- ☐ Lambda-Messung – 0,97 bis 1,03
- ☐ Falls der CO-Wert zu hoch ist, kann dies ein Hinweis auf schlechte Wartung, ein Problem in der Gemischaufbereitung (Einspritzanlage), eine defekte Lambdasonde oder einen schadhaften Katalysator sein. Probieren Sie eine Einspritzdüsen-Reinigung aus und lesen Sie ggf. das Steuergerät auf Fehlercodes aus.

CH-Emissionen

- ☐ Der HU-Prüfer hat Zugang zu den erlaubten CH-Abgaswerten aller Fahrzeuge. Der CH-Wert wird bei erhöhtem Standgas (2500 bis 3000/min) gemessen. Als Anhaltswerte gilt: weniger als 200 ppm.
- ☐ Zu hohe CH-Emissionen weisen auf verbranntes Motoröl hin. Der Grund hierfür kann ein verschlissener Motor, eine verstopfe Motorentlüftung oder zu altes und verdünntes Motoröl sein, sodass ein Ölwechsel hilft. Falls der Motor insgesamt schlecht läuft, sollte ggf. das Steuergerät auf Fehlercodes ausgelesen werden.

Im Normalfall sind die CH-Emissionen zwar ermittelbar, im Rahmen der Abgasuntersuchung gibt es jedoch derzeit keine Grenzwerte. Gemessen werden CO, CO2, O2, HC und Lambda, wobei es lediglich für CO und Lambda vom Gesetzgeber bzw. Fahrzeughersteller einzuhaltende Vorgaben gibt. Hohe CO-Werte haben aber für sich allein auch schon eine hohe Aussagekraft über die Funktion der Abgasreinigung.
Zudem gelten die groben Faustregeln: Lambda-Werte über 1 (bei intakter Gemischaufbereitung) deuten auf eine undichte Auspuffanlage hin, Lambda unter 1 (fettes Gemisch) lassen auf eine defekte Gemischaufbereitung schließen. Hohe CO-Werte bei Lambda 1 deuten auf einen verschlissenen Katalysator hin.

Fehlersuche

Motor
- ☐ Motor lässt sich nicht per Anlasser durchdrehen
- ☐ Motor dreht, springt aber nicht an
- ☐ Motor springt kalt schlecht an
- ☐ Motor springt warm schlecht an
- ☐ Anlasser macht laute Geräusche oder rückt übermäßig hart ein
- ☐ Motor startet und geht gleich wieder aus
- ☐ Motor läuft im Standgas ungleichmäßig
- ☐ Motor produziert im Standgas Fehlzündungen
- ☐ Motor produziert im Fahrbetrieb Fehlzündungen
- ☐ Motor beschleunigt schlecht
- ☐ Motor stirbt ab
- ☐ Motorleistung mangelhaft
- ☐ Motor erzeugt Auspuffknallen
- ☐ Öldrucklampe leuchtet bei laufendem Motor auf
- ☐ Motor läuft nach dem Abschalten weiter
- ☐ Motor macht ungewöhnliche Geräusche

Kühlsystem
- ☐ Kühlmittel überhitzt
- ☐ Kühltemperatur zu gering
- ☐ Kühlmittel läuft aus
- ☐ Kühlmittel gelangt in den Motor
- ☐ Korrosion

Kraftstoff- und Auspuffsystem
- ☐ Übermäßiger Kraftstoffverbrauch
- ☐ Kraftstoff läuft aus und/oder verursacht Gerüche
- ☐ Laute Geräusche aus dem Auspuff
- ☐ Rauch aus dem Auspuff

Kupplung
- ☐ Kupplungspedal lässt sich bis zum Boden durchtreten – kein Druck oder geringer Widerstand
- ☐ Kupplung trennt nicht (Gänge lassen sich nicht einlegen)
- ☐ Kupplung rutscht (Motordrehzahl steigt, Geschwindigkeit aber nicht)
- ☐ Kupplung vibriert beim Einrücken
- ☐ Geräusche beim Einrücken oder Ausrücken der Kupplung

Schaltgetriebe
- ☐ Geräusche im Leerlauf bei laufendem Motor
- ☐ Geräusche in einem bestimmten Gang
- ☐ Gänge lassen sich schwierig einlegen
- ☐ Gang springt heraus
- ☐ Vibrationen
- ☐ Getriebeöl tritt aus

Automatikgetriebe
- ☐ Getriebeöl tritt aus
- ☐ Getriebeöl ist braun oder riecht verbrannt
- ☐ Generelle Gangwahl-Probleme
- ☐ Getriebe schaltet bei Vollgas nicht herunter – kein Kick-down
- ☐ Motor lässt sich in keiner Getriebestufe starten oder startet außerhalb von P oder N
- ☐ Getriebe rutscht durch, schaltet rau, macht Geräusche oder überträgt keine Kraft

Antriebswellen
- ☐ Vibrationen beim Beschleunigen oder im Schiebebetrieb
- ☐ Geräusche (Klopfen oder Klicken) in Kurven (geringes Tempo bei eingeschlagener Lenkung)

Bremssystem
- ☐ Fahrzeug zieht beim Bremsen zu einer Seite
- ☐ Geräusche (Schleifen oder Quietschen) beim Bremsen
- ☐ Langer Bremspedalweg
- ☐ Bremspedal fühlt sich beim Treten schwammig an
- ☐ Zum Verzögern ist übermäßige Kraft beim Treten des Bremspedals nötig
- ☐ Beim Bremsen treten im Bremspedal oder im Lenkrad Vibrationen auf
- ☐ Bremsen schleifen
- ☐ Hinterräder blockieren beim normalen Bremsen

Radaufhängungen und Lenkung
- ☐ Fahrzeug zieht zu einer Seite
- ☐ Räder flattern oder vibrieren
- ☐ Starkes Einsinken und/oder Schlingern in Kurven oder beim Bremsen
- ☐ Fahrzeug bleibt nicht in der Spur oder ist generell instabil
- ☐ Schwergängige Lenkung
- ☐ Übermäßiges Spiel in der Lenkung
- ☐ Mangelnde Servo-Unterstützung
- ☐ Starker Reifenverschleiß

Elektrik
- ☐ Batterie entlädt nach wenigen Tagen
- ☐ Zündungs- oder Ladekontrollleuchte leuchtet nach dem Starten des Motors weiter
- ☐ Zündungs- oder Ladekontrollleuchte leuchtet beim Einschalten der Zündung nicht
- ☐ Licht funktioniert nicht
- ☐ Instrumente zeigen falsch oder ungleichmäßig an
- ☐ Hupe funktioniert nicht oder nur unzuverlässig
- ☐ Scheibenwischer funktionieren nicht oder nur unzuverlässig
- ☐ Scheibenwaschanlage funktioniert nicht oder nur unzuverlässig
- ☐ Elektrische Fensterheber funktionieren nicht oder nur unzuverlässig
- ☐ Zentralverriegelung funktioniert nicht oder nur unzuverlässig

Einleitung

Fahrzeugbesitzer, die alle Wartungsarbeiten entsprechend der Vorgaben erledigen, müssen in diese Sektion nicht allzu oft hineinschauen. Vorausgesetzt, dass Verschleiß und Alterung regelmäßig überprüft und entsprechende Teile erneuert werden, muss dank der Zuverlässigkeit moderner Komponenten heute kaum noch mit plötzlichen Ausfällen gerechnet werden; allerdings steigt die Wahrscheinlichkeit mit zunehmendem Alter und hoher Laufleistung immer mehr an. Störungen entstehen üblicherweise nicht als Ergebnis eines plötzlichen Ausfalls, sondern entwickeln sich mit der Zeit. Gerade größeren technischen Defekten gehen oft charakteristische Symptome über Hunderte oder gar Tausende von Kilometern voraus. Bauteile, die gelegentlich ohne Vorwarnung ausfallen, sind oft klein und können leicht repariert oder ausgetauscht werden.

Bei jeder Fehlersuche liegt der erste Schritt in der Entscheidung, wo mit der Untersuchung begonnen werden soll. Manchmal ist dies offensichtlich, doch hin und wieder ist auch etwas Detektivarbeit nötig. Besitzer, die ein halbes Dutzend planlose Einstellungen vornehmen oder willkürlich Teile tauschen, mögen beim Behandeln von Ausfällen (oder deren Symptomen) erfolgreich sein, sind aber nicht klüger, wenn der Defekt zurückkehrt; zudem haben sie am Ende mehr Geld und Zeit als nötig investiert. Eine ruhige und logische Herangehensweise ist langfristig gesehen deutlich zufriedenstellender. Stets müssen Warnsignale und Abnormalitäten aller Art berücksichtigt werden, die in der Zeit vor dem Ausfall bemerkt wurden: Leistungsmangel, hohe oder niedrige Anzeigewerte, ungewöhnliche Gerüche usw. Zudem muss bedacht werden, dass Ausfälle von Bauteilen wie Sicherungen oder Zündkerzen zumeist nur Hinweise auf tatsächliche Defekte sind.

Die folgenden Seiten stellen einen einfachen Leitfaden zu den üblichen Problemen dar, die im normalen Fahrbetrieb auftreten können. Diese Probleme und ihre möglichen Ursachen sind nach den verschiedenen Komponenten oder Systemen (Motor, Kühlung usw.) geordnet. Das Kapitel, in dem das Problem behandelt wird, ist in Klammern angegeben. Wo auch immer der Defekt liegt – es gelten stets gewisse Grundprinzipien:

- ☐ Überprüfen Sie den Defekt. Hier geht es einfach darum, vor Arbeitsbeginn die Symptome mit Sicherheit zu erkennen. Dies ist besonders wichtig, falls man einen Fehler für jemand anderes finden muss, der das Problem vielleicht nicht exakt beschreiben konnte.
- ☐ Übersehen Sie nicht das Wesentliche. Lässt sich das Fahrzeug beispielsweise nicht starten, sollte auch überprüft werden, ob Kraftstoff im Tank ist (Vertrauen Sie gerade hierbei nie den Worten anderer oder der Tankanzeige). Falls ein Elektrik-Ausfall festgestellt wird, muss zuerst auf getrennte Stecker oder lockere Kabel geachtet werden, bevor die Prüfausrüstung ausgepackt wird.
- ☐ ☒ Heilen Sie das Leiden, nicht die Symptome. Eine entladene Batterie durch eine vollständig geladene zu ersetzen, kann einen zunächst einmal wieder nach Hause bringen, doch wenn die zugrunde liegende Ursache nicht behandelt wird, ist die neue Batterie auch bald wieder leer. Genauso macht bei Benzinmotoren der Austausch verölter Zündkerzen durch Neuteile das Auto erst einmal wieder mobil, doch auch der Grund für diese Verschmutzung (solange es nicht ein falscher Wärmewert war) muss rasch gefunden und behoben werden.
- ☐ Nehmen Sie nichts als gegeben hin. Vergessen Sie vor allem niemals, dass auch eine »neue« Komponente defekt sein kann (besonders, wenn sie schon monatelang im Kofferraum durchgeschüttelt wurde). Schließen Sie auch keine Komponenten bei der Fehlerdiagnose aus, nur weil sie neu sind oder erst kürzlich installiert wurden. Wenn schließlich ein schwieriger Defekt diagnostiziert wurde, wird man möglicherweise feststellen, dass alle Beweise von Anfang an darauf hingewiesen haben.

Online-Hilfe

Im Internet wird eine Fülle von Informationen über Ihr Fahrzeug angeboten, darunter auch Reparaturtipps und Techniken. Spezielle Diagnosen sind jedoch bei immer umfangreicher und individueller konfigurierten Fahrzeugen sehr schwer. Wenn Sie Probleme haben, ein Problem zu diagnostizieren, kann es sinnvoll sein, Online-Untersuchungen anzustellen oder unterstützende Experten zu engagieren.

Die Quelle ist wichtig!

Wie wir alle wissen, sind Informationen aus dem Internet nur so zuverlässig, wie die sie zur Verfügung stellenden Personen oder Organisationen. Wir empfehlen bei der Suche nach der folgenden Reihenfolge vorzugehen:

a) Der Hersteller oder eine direkt damit zusammenhängende Quelle: Idealerweise stammen die Informationen direkt vom Fahrzeug- oder Komponenten-Hersteller. Diese sind sehr wahrscheinlich verbindlich und haben ein generelles Interesse daran, dass Diagnosen und Reparaturen korrekt und sicher durchgeführt werden.

b) Gebührenpflichtige Hilfe: Manche Seiten beschäftigen Experten, die Fahrzeugbesitzern bei der Diagnose unterstützen. Die Gebühren sind im Vergleich mit denen in einer Fachwerkstatt günstig. Suchen Sie nach beliebten Seiten mit vielen positiven Kritiken.

c) Experten-Empfehlungen: Werkstätten, die sich auf Ihren Fahrzeugtyp spezialisiert haben, werden wahrscheinlich auch entsprechende Onlinequellen kennen. Werkstätten möchten ihre Quellen eventuell nicht gerne preisgeben, weil sie selbst die Arbeit erledigen wollen. Doch sie wollen positive Beziehungen zu potenziellen Kunden aufbauen und wahrscheinlich keine falschen Informationen herausgeben.

d) Besitzer-Foren: Informationen aus Onlineforen können erstklassig bis völlig falsch sein. Die Qualität der Informationen ist nicht immer offensichtlich. Beschäftigen Sie sich ausgiebig mit dem Forum, bevor Sie Hilfe anfordern – so wissen Sie besser, wem Sie vertrauen können. Suchen Sie nach bestätigten Korrekturen. Wenn jemand vertrauenswürdig die Lösung eines ähnlichen Problem teilt, könnte es auch Ihre Lösung sein.

Motor

Motor lässt sich nicht per Anlasser durchdrehen

- ☐ Batterieanschlüsse locker oder korrodiert (Wöchentliche Kontrollen)
- ☐ Batterie entladen oder defekt (Kapitel 5A)
- ☐ Verkabelung im Anlasserstromkreis gebrochen, locker oder getrennt (Kapitel 5A)
- ☐ Anlasser-Magnetschalter oder Zündschloss defekt (Kapitel 5A oder 12)
- ☐ Anlasser defekt (Kapitel 5A)
- ☐ Zähne am Anlasser-Zahnrad oder Schwungscheiben-Zahnkranz gebrochen (Kapitel 2A oder 5A)
- ☐ Massekabel des Motors gebrochen oder getrennt (Kapitel 5A)
- ☐ »Hydraulische Blockade« durch eingedrungenes Wasser (größeres internes Leck im Kühlsystem oder angesaugt beim Waten) – konsultieren Sie eine Fachwerkstatt.
- ☐ Modell mit Schaltgetriebe: Kupplungs- und Bremspedal sind nicht vollständig durchgetreten.
- ☐ Automatikgetriebe nicht in Position P oder N oder Park-/Neutral-Schalter defekt (Kapitel 7B)

Motor dreht, springt aber nicht an

- ☐ Tank leer
- ☐ Batterie entladen (Anlasser dreht langsam) (Kapitel 5A)
- ☐ Batterieanschlüsse locker oder korrodiert (Wöchentliche Kontrollen)
- ☐ Wegfahrsperre defekt oder nicht codierter Zündschlüssel (Kapitel 12 oder Straßenrand-Reparaturen)
- ☐ Zündungskomponenten feucht oder beschädigt (Kapitel 1 und 5B)
- ☐ Gebrochene, lockere oder getrennte Kabel im Zündungs-Stromkreis (Kapitel 1 und 5B)
- ☐ Zündkerzen verschlissen, defekt oder mit falschem Elektrodenabstand (Kapitel 1)
- ☐ Einspritzung/Motorsteuerung defekt (Kapitel 4A)
- ☐ Größerer technischer Defekt (z. B. Zahnriemen übergesprungen) (Kapitel 2A)
- ☐ Motorkompression niedrig (Kapitel 2A)
- ☐ Einspritzung/Motorsteuerung defekt (Kapitel 4A)

Motor springt kalt schlecht an

- ☐ Batterie entladen (Kapitel 5A)
- ☐ Batterieanschlüsse locker oder korrodiert (Wöchentliche Kontrollen)
- ☐ Zündkerzen verschlissen, defekt oder mit falschem Elektrodenabstand (Kapitel 1)
- ☐ Anderer Zündsystem-Defekt (Kapitel 1 oder 5B)
- ☐ Einspritzung/Motorsteuerung defekt (Kapitel 4A)
- ☐ Motoröl mit falscher Viskosität (zu »zäh«) (Wöchentliche Kontrollen, Kapitel 1)
- ☐ Motorkompression niedrig (Kapitel 2A)

Motor springt warm schlecht an

- ☐ Luftfilterelement verschmutzt oder verstopft (Kapitel 1)
- ☐ Einspritzung/Motorsteuerung defekt (Kapitel 4A)
- ☐ Zündungskomponenten feucht oder beschädigt (Kapitel 1 und 5B)
- ☐ Motorkompression niedrig (Kapitel 2A)

Anlasser macht laute Geräusche oder rückt übermäßig hart ein
- ☐ Zähne am Anlasser-Zahnrad oder Schwungscheiben-Zahnkranz gebrochen (Kapitel 2A oder 5A)
- ☐ Anlasser-Befestigungsschrauben locker oder verloren gegangen (Kapitel 5A)
- ☐ Interne Anlasser-Komponenten verschlissen oder defekt (Kapitel 5A)

Motor startet und geht gleich wieder aus
- ☐ Lockere oder defekte Anschlüsse im Zündungs-Stromkreis (Kapitel 1 und 5B)
- ☐ Unterdruck-Leck im Drosselklappengehäuse oder Einlassstutzen (Kapitel 4A)
- ☐ Einspritzung/Motorsteuerung defekt (Kapitel 4A)
- ☐ Einspritzdüse(n) verstopft (Kapitel 4A)

Motor läuft im Standgas ungleichmäßig
- ☐ Luftfilterelement verstopft (Kapitel 1)
- ☐ Unterdruck-Leck im Drosselklappengehäuse, Einlassstutzen oder Verbindungsschläuchen (Kapitel 4A)
- ☐ Zündkerzen verschlissen, defekt oder mit falschem Elektrodenabstand (Kapitel 1)
- ☐ Motorkompression ungleichmäßig oder niedrig (Kapitel 2A)
- ☐ Nockenwellen-Nocken stark verschlissen (Kapitel 2A)
- ☐ Einspritzdüse verstopft, Einspritzung/Motorsteuerung defekt (Kapitel 4A)
- ☐ Steuerzeiten unkorrekt – Zahnriemen falsch montiert (Kapitel 2A)

Motor produziert im Standgas Fehlzündungen
- ☐ Unterdruck-Leck im Drosselklappengehäuse, Einlassstutzen oder Verbindungsschläuchen (Kapitel 4A)
- ☐ Zündkerzen verschlissen, defekt oder mit falschem Elektrodenabstand (Kapitel 1)
- ☐ Einspritzung/Motorsteuerung defekt (Kapitel 4A)
- ☐ Motorkompression ungleichmäßig oder niedrig (Kapitel 2A)
- ☐ Steuerzeiten unkorrekt – Zahnriemen falsch montiert (Kapitel 2A)

Motor produziert im Fahrbetrieb Fehlzündungen
- ☐ Kraftstofffilter verstopft (Kapitel 1)
- ☐ Kraftstoffpumpe defekt oder Druck zu gering (Kapitel 4A)
- ☐ Tankentlüftung oder Kraftstoffleitungen verstopft (Kapitel 4A)
- ☐ Unterdruck-Leck im Drosselklappengehäuse, Einlassstutzen oder Verbindungsschläuchen (Kapitel 4A)
- ☐ Zündkerzen verschlissen, defekt oder mit falschem Elektrodenabstand (Kapitel 1)
- ☐ Zündspulen defekt (Kapitel 5B)
- ☐ Motorkompression ungleichmäßig oder niedrig (Kapitel 2A)
- ☐ Motor überhitzt (Kapitel 3)

Motor beschleunigt schlecht
- ☐ Zündkerzen verschlissen, defekt oder mit falschem Elektrodenabstand (Kapitel 1)
- ☐ Unterdruck-Leck im Drosselklappengehäuse, Einlassstutzen oder Verbindungsschläuchen (Kapitel 4A)
- ☐ Einspritzdüse(n) verstopft oder defekt, Einspritzung/Motorsteuerung defekt (Kapitel 4A)

Motor stirbt ab
- ☐ Kraftstofffilter verstopft (Kapitel 1)
- ☐ Kraftstoffpumpe defekt oder Druck zu gering (Kapitel 4A)
- ☐ Tankentlüftung oder Kraftstoffleitungen verstopft (Kapitel 4A)
- ☐ Unterdruck-Leck im Drosselklappengehäuse, Einlassstutzen oder Verbindungsschläuchen (Kapitel 4A)
- ☐ Einspritzdüse(n) verstopft oder defekt, Einspritzung/Motorsteuerung defekt (Kapitel 4A)

Motorleistung mangelhaft
- ☐ Steuerzeiten unkorrekt – Zahnriemen falsch montiert (Kapitel 2A)
- ☐ Luftfilter verstopft (Kapitel 1)
- ☐ Kraftstofffilter verstopft (Kapitel 1)
- ☐ Kraftstoffleitungen verstopft oder gequetscht (Kapitel 4A)
- ☐ Motor überhitzt (Kapitel 3)
- ☐ Zündkerzen verschlissen, defekt oder mit falschem Elektrodenabstand (Kapitel 1)
- ☐ Gaspedalsensor defekt (Kapitel 4A)
- ☐ Unterdruck-Leck im Drosselklappengehäuse, Einlassstutzen oder Verbindungsschläuchen (Kapitel 4A)
- ☐ Einspritzdüse(n) verstopft oder defekt, Einspritzung/Motorsteuerung defekt (Kapitel 4A)
- ☐ Kraftstoffpumpe defekt oder Druck zu gering (Kapitel 4A)
- ☐ Motorkompression ungleichmäßig oder niedrig (Kapitel 2A)
- ☐ Bremsen schleifen (Kapitel 1 und 9)
- ☐ Kupplung rutscht durch (Kapitel 6)
- ☐ Motor erzeugt Auspuffknallen
- ☐ Steuerzeiten unkorrekt – Zahnriemen falsch montiert (Kapitel 2A)
- ☐ Unterdruck-Leck im Drosselklappengehäuse, Einlassstutzen oder Verbindungsschläuchen (Kapitel 4A)
- ☐ Einspritzdüse(n) verstopft oder defekt, Einspritzung/Motorsteuerung defekt (Kapitel 4A)

Öldrucklampe leuchtet bei laufendem Motor auf
- ☐ Ölpegel niedrig, Viskosität gering oder Ölsorte falsch (Wöchentliche Kontrollen)
- ☐ Öldruckschalter oder Kabel defekt (Kapitel 5A)
- ☐ Ölpumpe und/oder Gleitlager im Motor verschlissen (Kapitel 2B)
- ☐ Motor-Betriebstemperatur zu hoch (Kapitel 3)
- ☐ Öl-Überdruckventil defekt (Kapitel 2A)
- ☐ Öl-Ansaugsieb verstopft (Kapitel 2A)

Motor läuft nach dem Abschalten weiter
- ☐ Erhebliche Kohleablagerungen im Motor (Kapitel 2B)
- ☐ Motortemperatur zu hoch (Kapitel 3)
- ☐ Einspritzung/Motorsteuerung defekt (Kapitel 4A)

Motor macht ungewöhnliche Geräusche
Klingeln oder Klopfen beim Beschleunigen oder unter Last
- ☐ Zündzeitpunkt unkorrekt/Motorsteuerung defekt (Kapitel 1 oder 5B)
- ☐ Zündkerzen mit falschem Wärmewert (Kapitel 1)
- ☐ Kraftstoffsorte falsch (Kapitel 4A)
- ☐ Klopfsensor defekt (Kapitel 4A oder 5B)
- ☐ Unterdruck-Leck im Drosselklappengehäuse, Einlassstutzen oder Verbindungsschläuchen (Kapitel 4A)
- ☐ Erhebliche Kohleablagerungen im Motor (Kapitel 2B)
- ☐ Einspritzdüse(n) verstopft oder defekt, Einspritzung/Motorsteuerung defekt (Kapitel 4A oder 4B)
- ☐ Pfeifen oder Zischen
- ☐ Einlassstutzen- oder Drosselklappengehäuse-Dichtung undicht (Kapitel 4A)
- ☐ Auspuffstutzen-Dichtung oder Rohranschluss undicht (Kapitel 4A)
- ☐ Bremskraftverstärker-Vakuumschlauch undicht (Kapitel 4A und 9)
- ☐ Zylinderkopfdichtung defekt (Kapitel 2A)
- ☐ Motorentlüftung teilweise blockiert oder undicht (Kapitel 4B)
- ☐ Pochen oder Klappern
- ☐ Ventiltrieb oder Nockenwelle(n) verschlissen (Kapitel 2A)
- ☐ Nebenaggregate (Wasserpumpe, Lichtmaschine usw.) defekt (Kapitel 3, 5A usw.)

- ☐ Klopfen oder Schlagen
- ☐ Pleuelfußlager verschlissen (gleichmäßiges starkes Klopfen, unter Last eventuell leiser) (Kapitel 2B)
- ☐ Kurbelwellen-Hauptlager verschlissen (Rumpeln und Klopfen, unter Last eventuell stärker) (Kapitel 2B)
- ☐ Kolben-Kippen (bei kaltem Motor am lautesten) (Kapitel 2B)
- ☐ Nebenaggregate (Wasserpumpe, Lichtmaschine usw.) defekt (Kapitel 3, 5A usw.)
- ☐ Motorhalterungen verschlissen oder defekt (Kapitel 2A)
- ☐ Vorderradaufhängung oder Lenkungs-Komponenten verschlissen (Kapitel 10)

Kühlsystem

Kühlmittel überhitzt
- ☐ Kühlmittel-Pegel zu niedrig (Wöchentliche Kontrollen)
- ☐ Thermostat defekt (klemmt geschlossen) (Kapitel 3)
- ☐ Wasserkühler verstopft oder Rippen stark verschmutzt (Kapitel 3)
- ☐ Kühlerventilator oder Kühlmodul defekt (Kapitel 3)
- ☐ Kühltemperatursensor defekt (Kapitel 3)
- ☐ Kühltemperaturanzeige defekt (Kapitel 3)
- ☐ Überdruckventil defekt (Kapitel 3)
- ☐ Motorsteuerung defekt (Kapitel 4A)
- ☐ Lufteinschlüsse im Kühlsystem (Kapitel 1)

Kühltemperatur zu gering
- ☐ Thermostat defekt (klemmt offen) (Kapitel 3)
- ☐ Kühltemperatur-Geber sendet falsche Werte (Kapitel 3)
- ☐ Kühlerventilator-Steuerung defekt (Kapitel 3)

Kühlmittel läuft aus
- ☐ Schläuche porös oder beschädigt, Schellen defekt (Kapitel 1)
- ☐ Wasserkühler oder Heizungs-Wärmetauscher undicht (Kapitel 3)
- ☐ Überdruckventil defekt (Kapitel 3)
- ☐ Wasserpumpendichtung defekt (Kapitel 3)
- ☐ Kühlmittel kocht bei Überhitzung auf (Kapitel 3)
- ☐ Froststopfen undicht (Kapitel 2B)

Kühlmittel gelangt in den Motor
- ☐ Zylinderkopfdichtung defekt (Kapitel 2A)
- ☐ Zylinderkopf oder Motorblock gerissen (Kapitel 2A)

Korrosion
- ☐ Kühlmittel wurde nicht regelmäßig ersetzt (Kapitel 1)
- ☐ Falsches Frostschutz-Gemisch oder falscher Frostschutzmittel-Typ (Wöchentliche Kontrollen)

Kraftstoff- und Auspuffsystem

Übermäßiger Kraftstoffverbrauch
- ☐ Unökonomischer Fahrstil oder ungünstige Bedingungen (Kälte, starker Gegenwind usw.)
- ☐ Luftfilter verschmutzt oder verstopft (Kapitel 1)
- ☐ Einspritzung/Motorsteuerung defekt (Kapitel 4A)
- ☐ Kraftstoffsystem undicht (vorgetäuschter hoher Verbrauch) (Kapitel 1 oder 4A)
- ☐ Reifendruck zu gering (Wöchentliche Kontrollen)
- ☐ Bremsen schleifen (Kapitel 1 oder 9)

Kraftstoff läuft aus und/oder verursacht Gerüche
- ☐ Tank, Kraftstoffleitungen oder Anschlüsse verrostet oder beschädigt (Kapitel 4A)
- ☐ Verdunstungsregelung defekt (Kapitel 4B)

Laute Geräusche aus dem Auspuff
- ☐ Auspuffanlagen-Verbindungen oder Auspuffstutzen undicht (Kapitel 1 oder 4A)
- ☐ Schalldämpfer innerlich verrostet oder Rohre durchgerostet (Kapitel 1 oder 4A)
- ☐ Halterungen gebrochen oder gerissen, sodass Kontakt zu Karosserie oder Fahrgestell entsteht (Kapitel 1 und 4A)

Kupplung

Kupplungspedal lässt sich bis zum Boden durchtreten – kein Druck oder geringer Widerstand
- ☐ Kupplungshydraulik enthält Luft (Kapitel 6)
- ☐ Ausrückzylinder defekt (Kapitel 6)
- ☐ Kupplungspedal-Rückholfeder ausgehängt oder gebrochen (Kapitel 6)
- ☐ Geberzylinder defekt (Kapitel 6)
- ☐ Tellerfeder in Druckplatte gebrochen (Kapitel 6)

Kupplung trennt nicht (Gänge lassen sich nicht einlegen)
- ☐ Kupplungshydraulik enthält Luft (Kapitel 6)
- ☐ Ausrückzylinder defekt (Kapitel 6)
- ☐ Geberzylinder defekt (Kapitel 6)
- ☐ Mitnehmerscheibe klemmt auf Getriebewellen-Kerbverzahnung (Kapitel 6)
- ☐ Mitnehmerscheibe klemmt in Schwungscheibe oder an Druckscheibe (Kapitel 6)
- ☐ Druckscheiben-Baugruppe defekt (Kapitel 6)
- ☐ Ausrückmechanismus verschlissen oder falsch montiert (Kapitel 6)

Kupplung rutscht (Motordrehzahl steigt, Geschwindigkeit aber nicht)
- ☐ Kupplungshydraulik defekt (Kapitel 6)
- ☐ Druckscheiben-Beläge extrem verschlissen (Kapitel 6)
- ☐ Druckscheiben-Beläge verölt (Kapitel 6)
- ☐ Druckscheiben-Baugruppe defekt oder Tellerfeder ermüdet (Kapitel 6)

Kupplung vibriert beim Einrücken
- ☐ Druckscheiben-Beläge verölt (Kapitel 6)
- ☐ Druckscheiben-Beläge extrem verschlissen (Kapitel 6)
- ☐ Druckscheibe oder Tellerfeder defekt oder verzogen (Kapitel 6)
- ☐ Motor/Getriebe-Aufnahmen verschlissen oder locker (Kapitel 2A)
- ☐ Druckscheiben-Nabe oder Getriebewellen-Kerbverzahnung verschlissen (Kapitel 6)

Geräusche beim Einrücken oder Ausrücken der Kupplung
- ☐ Ausrückzylinder verschlissen (Kapitel 6)
- ☐ Kupplungspedal-Buchsen verschlissen oder trocken (Kapitel 6)
- ☐ Druckscheiben-Baugruppe defekt (Kapitel 6)
- ☐ Tellerfeder gebrochen (Kapitel 6)
- ☐ Druckscheiben-Dämpferfedern gebrochen (Kapitel 6)

Schaltgetriebe

Geräusche im Leerlauf bei laufendem Motor
- ☐ Getriebeölpegel zu niedrig (Kapitel 7A)
- ☐ Eingangswellen-Lager verschlissen (wird beim Treten der Kupplung leiser) (Kapitel 7A)*
- ☐ Kupplungs-Ausrücklager verschlissen (wird beim Treten der Kupplung lauter) (Kapitel 6)

Geräusche in einem bestimmten Gang
- ☐ Zahnrad-Zähne verschlissen oder ausgebrochen (Kapitel 7A)*
- ☐ Getriebelager verschlissen (Kapitel 7A)*

Gänge lassen sich schwierig einlegen
- ☐ Kupplung defekt (Kapitel 6)
- ☐ Schaltgestänge und Anlenkungen verschlissen, beschädigt oder schlecht eingestellt (Kapitel 7A)
- ☐ Getriebeölpegel zu niedrig (Kapitel 7A)
- ☐ Synchronringe verschlissen (Kapitel 7A)*

Gang springt heraus
- ☐ Schaltgestänge verschlissen, beschädigt oder schlecht eingestellt (Kapitel 7A)
- ☐ Synchronringe verschlissen (Kapitel 7A)*
- ☐ Schaltgabeln verschlissen (Kapitel 7A)*

Vibrationen
- ☐ Getriebeöl-Mangel (Kapitel 7A)
- ☐ Getriebelager verschlissen (Kapitel A)*

Getriebeöl tritt aus
- ☐ Antriebs- oder Schaltwellendichtring undicht (Kapitel 7A)
- ☐ Getriebegehäuse-Dichtfläche undicht (Kapitel 7A)*
- ☐ Eingangswellen-Dichtring defekt (Kapitel 7A)*

** Obwohl die notwendigen Arbeitsschritte zur Beseitigung der beschriebenen Symptome außerhalb der Fähigkeiten eines Hobbyschraubers liegen, helfen die Informationen, die Ursache zu isolieren, sodass bei einer Fachwerkstatt klare Aussagen gemacht werden können.*

Automatikgetriebe

Anmerkung: *Weil die Fehlerdiagnose und die notwendigen Arbeitsschritte zur Beseitigung der beschriebenen Symptome außerhalb der Fähigkeiten eines Hobbyschraubers liegen, sollte das Fahrzeug in einer Fachwerkstatt überprüft werden. Viele Kontrollen müssen bei eingebautem Getriebe durchgeführt werden, sodass dessen vorzeitiger Ausbau eher kontraproduktiv wäre. Beachten Sie, dass abgesehen von den speziellen Getriebe-Sensoren auch viele der in Kapitel 4A beschriebenen Motorsensoren für die korrekte Funktion des Getriebes unerlässlich sind.*

Getriebeöl tritt aus
- ☐ Die rötliche Einfärbung des Automatikgetriebeöls (ATF-Öl) sollte dafür sorgen, dass es nicht mit Motoröl verwechselt werden kann, welches durch den Luftstrom ans Getriebe gelangt ist.
- ☐ Um die Ursache der Undichtigkeit zu finden, müssen zunächst das Getriebegehäuse und umliegende Komponenten gereinigt und entfettet werden – nötigenfalls mithilfe eines Dampfstrahlers. Führen Sie dann eine Probefahrt mit geringem Tempo durch, damit der Fahrtwind das Öl nicht allzu weit verteilen kann. Heben Sie das Fahrzeug dann an und stützen Sie es ab, um die »Ölquelle« zu entdecken.

Getriebeöl ist braun oder riecht verbrannt
- ☐ Ölpegel zu niedrig oder Ölwechsel ist überfällig (Kapitel 7B)

Generelle Gangwahl-Probleme
- ☐ In Kapitel 7B ist die Kontrolle und Einstellung des Wahlhebel-Seilzugs beschrieben. Folgende Probleme können bei einem schlecht eingestellten Zug auftreten:
  a) Motor lässt sich nicht nur in Position P oder N starten.
  b) Ganganzeige zeigt andere Fahrstufe an als tatsächlich eingelegt ist.
  c) Fahrzeug bewegt sich in Position P oder N.
  d) Schlechte oder ungleichmäßige Gangwechsel

Getriebe schaltet bei Vollgas nicht herunter – kein Kickdown
- ☐ Ölpegel zu niedrig (Kapitel 7B)
- ☐ Steuergerät defekt (Kapitel 7B)
- ☐ Falsch eingestellter Wahlhebel-Seilzug (Kapitel 7B)
- ☐ Getriebesensor oder Verkabelung defekt (Kapitel 7B)

Motor lässt sich in keiner Getriebestufe starten oder startet außerhalb von P oder N
- ☐ Getriebesensor oder Verkabelung defekt (Kapitel 7B)
- ☐ Steuergerät defekt (Kapitel 7B)
- ☐ Falsch eingestellter Wahlhebel-Seilzug (Kapitel 7B)

Getriebe rutscht durch, schaltet rau, macht Geräusche oder überträgt keine Kraft
- ☐ Ölpegel zu niedrig (Kapitel 7B)
- ☐ Getriebesensor oder Verkabelung defekt (Kapitel 7B)
- ☐ Steuergerät defekt (Kapitel 7B)

Anmerkung: *Für diese Probleme gibt es zahlreiche mögliche Ursachen, doch der Hobbyschrauber kann sich lediglich um einen korrekten Ölpegel und funktionsfähige Sensorkabel kümmern. Falls weiterhin Probleme bestehen, muss Rat in einer Fachwerkstatt gesucht werden.*

Antriebswellen

Geräusche (Klopfen oder Klicken) in Kurven (geringes Tempo bei eingeschlagener Lenkung)
- ☐ Äußere Gleichlaufgelenke verschlissen (Kapitel 8A)
- ☐ Schmierstoffmangel an Gleichlaufgelenk (eventuell wegen beschädigter Manschette) (Kapitel 8A)

Vibrationen beim Beschleunigen oder im Schiebebetrieb
- ☐ Innere Gleichlaufgelenke verschlissen (Kapitel 8A)
- ☐ Antriebswelle verbogen oder verdreht (Kapitel 8A)
- ☐ Zwischenwellenlager verschlissen (Kapitel 8A)

Bremssystem

Anmerkung: *Bevor von einem Bremsenproblem ausgegangen wird, muss überprüft werden, ob die Reifen in Ordnung und korrekt aufgepumpt sind, die Spur der Vorderräder korrekt eingestellt ist und das Fahrzeug nicht ungleichmäßig beladen ist. Abgesehen von der Überprüfung aller Bremsleitungen sollten alle Mängel am ABS von einer Fachwerkstatt diagnostiziert und behoben werden.*

Fahrzeug zieht beim Bremsen zu einer Seite
- ☐ Bremsbeläge einer Seite sind verschlissen, beschädigt oder verölt (Kapitel 9)
- ☐ Bremssattelkolben schwergängig oder fest (Kapitel 9)
- ☐ Bremsbelag-Material unterscheidet sich zwischen beiden Seiten (Kapitel 9)
- ☐ Bremssattel- oder Bremsankerplatten-Befestigung locker (Kapitel 9)
- ☐ Lenkungs- oder Radaufhängungs-Komponenten verschlissen oder beschädigt (Kapitel 10)

Geräusche (Schleifen oder Quietschen) beim Bremsen
- ☐ Bremsbeläge bis auf Trägerplatte verschlissen (Kapitel 1 oder 9)
- ☐ Bremsscheiben stark korrodiert (z. B. nach langer Standzeit) (Kapitel 9)
- ☐ Fremdkörper (Steine, Äste usw.) zwischen Bremsscheibe und Spritzschutz eingeklemmt (Kapitel 9)

Langer Bremspedalweg
- ☐ Hauptbremszylinder defekt (Kapitel 9)
- ☐ Luft in Bremshydraulik (Kapitel 9)
- ☐ Bremskraftverstärker defekt (Kapitel 9)

Bremspedal fühlt sich beim Treten schwammig an
- ☐ Luft in Bremshydraulik (Kapitel 9)
- ☐ Bremsschläuche stark gealtert (Kapitel 1 oder 9)
- ☐ Hauptbremszylinder-Muttern locker (Kapitel 9)
- ☐ Hauptbremszylinder defekt (Kapitel 9)

Zum Verzögern ist übermäßige Kraft beim Treten des Bremspedals nötig
- ☐ Bremskraftverstärker defekt (Kapitel 9)
- ☐ Vakuumpumpe defekt (Kapitel 9)
- ☐ Bremskraftverstärker-Unterdruckschlauch getrennt, beschädigt oder schlecht gesichert (Kapitel 9)
- ☐ Primär- oder Sekundär-Bremskreis defekt (Kapitel 9)
- ☐ Bremssattelkolben schwergängig oder fest (Kapitel 9)
- ☐ Bremsbeläge falsch montiert (Kapitel 9)
- ☐ Bremsbelag-Material falsch (Kapitel 9)
- ☐ Bremsbeläge verölt (Kapitel 9)

Beim Bremsen treten im Bremspedal oder im Lenkrad Vibrationen auf

Anmerkung: *Durch das ABS können beim starken Bremsen im Bremspedal Vibrationen fühlbar sein – dies ist normal und beeinträchtigt nicht die Funktion.*

- ☐ Bremsscheibe(n) stark verzogen (Kapitel 9)
- ☐ Bremsbeläge verschlissen (Kapitel 9)
- ☐ Bremssattel-Befestigung locker (Kapitel 9)
- ☐ Lenkungs- oder Radaufhängungs-Komponenten verschlissen (Kapitel 1 oder 10)
- ☐ Vorderräder sind nicht korrekt gewuchtet (Wöchentliche Kontrollen)

Bremsen schleifen
- ☐ Bremssattelkolben schwergängig oder fest (Kapitel 9)
- ☐ Handbremse falsch eingestellt (Kapitel 9)
- ☐ Hauptbremszylinder defekt (Kapitel 9)

Hinterräder blockieren beim normalen Bremsen
- ☐ Hinterradbremsbeläge verschmutzt oder beschädigt (Kapitel 1 oder 9)
- ☐ Hinterradbremsscheibe(n) verzogen (Kapitel 1 oder 9)
- ☐ ABS defekt (Kapitel 9)

Radaufhängungen und Lenkung

Anmerkung: *Bevor von einem Problem an den Radaufhängungen oder der Lenkung ausgegangen wird, muss überprüft werden, ob das Problem nicht durch falschen Reifendruck, falsche Reifen oder eine schleifende Bremse entstanden ist.*

Fahrzeug zieht zu einer Seite
- ☐ Reifen defekt (Wöchentliche Kontrollen)
- ☐ Lenkungs- oder Radaufhängungs-Komponenten stark verschlissen (Kapitel 10)
- ☐ Spur und Sturz nicht korrekt eingestellt (Kapitel 10)
- ☐ Unfallschaden an Lenkungs- oder Radaufhängungs-Komponenten (Kapitel 1)

Räder flattern oder vibrieren
- ☐ Vorderräder nicht gewuchtet (Vibrationen vor allem im Lenkrad spürbar) (Kapitel 1 und 10)
- ☐ Hinterräder nicht gewuchtet (Vibrationen im Fahrzeug spürbar) (Kapitel 1 und 10)
- ☐ Räder beschädigt oder verzogen (Kapitel 1 und 10)
- ☐ Reifen beschädigt oder defekt(Kapitel 1 und 10)
- ☐ Lenkungs- oder Radaufhängungs-Gelenke, Buchsen und Komponenten verschlissen (Kapitel 1 und 10)
- ☐ Radmuttern locker (Kapitel 1 und 10)

Starkes Einsinken und/oder Schlingern in Kurven oder beim Bremsen
- ☐ Stoßdämpfer defekt (Kapitel 1 und 10)
- ☐ Federn und/oder Federelemente ermüdet oder gebrochen (Kapitel 1 und 10)
- ☐ Stabilisator oder Befestigungen verschlissen oder beschädigt (Kapitel 1 und 10)

Fahrzeug bleibt nicht in der Spur oder ist generell instabil
- ☐ Spur und Sturz nicht korrekt eingestellt (Kapitel 10)
- ☐ Lenkungs- oder Radaufhängungs-Gelenke, Buchsen und Komponenten verschlissen (Kapitel 1 und 10)
- ☐ Räder nicht gewuchtet (Kapitel 1 und 10)
- ☐ Reifen beschädigt oder defekt (Wöchentliche Kontrollen)
- ☐ Radmuttern locker (Kapitel 1 und 10)
- ☐ Stoßdämpfer defekt (Kapitel 1 und 10)
- ☐ Servolenkungs-System defekt (Kapitel 10)

Schwergängige Lenkung
- ☐ Spurstangenkopf- oder Federbein-Kugelgelenk klemmt (Kapitel 10)
- ☐ Spur und Sturz der Vorderräder nicht korrekt eingestellt (Kapitel 10)
- ☐ Lenkgestänge oder Lenksäule verbogen oder beschädigt (Kapitel 10)
- ☐ Servolenkungs-System defekt (Kapitel 10)

Übermäßiges Spiel in der Lenkung
- ☐ Lenksäulen-Kreuzgelenk verschlissen (Kapitel 10)
- ☐ Lenk-Zahnstange verschlissen (Kapitel 10)
- ☐ Spurstangenköpfe verschlissen (Kapitel 1 und 10)
- ☐ Lenkungs- oder Radaufhängungs-Gelenke, Buchsen und Komponenten verschlissen (Kapitel 1 und 10)

Mangelnde Servo-Unterstützung
- ☐ Servolenkungs-Ölpegel zu niedrig (Wöchentliche Kontrollen)
- ☐ Servolenkungs-Schläuche verstopft (Kapitel 1)
- ☐ Servolenkungs-Pumpe defekt (Kapitel 10)
- ☐ Lenk-Zahnstange verschlissen (Kapitel 10)

Starker Reifenverschleiß
Reifenprofil bildet »Sägezähne«
- ☐ Spur nicht korrekt eingestellt (Kapitel 10)
- ☐ Reifenverschleiß in der Profilmitte
- ☐ Luftdruck zu hoch (Wöchentliche Kontrollen)
- ☐ Verschleiß an den Innen- und Außenrädern
- ☐ Luftdruck zu gering (Wöchentliche Kontrollen)
- ☐ Verschleiß an den Innen- oder Außenrädern
- ☐ Luftdruck zu gering (Wöchentliche Kontrollen)
- ☐ Spur und Sturz nicht korrekt eingestellt (Verschleiß nur an einer Seite) (Kapitel 10)
- ☐ Lenkungs- oder Radaufhängungs-Gelenke, Buchsen und Komponenten verschlissen (Kapitel 1 oder 10)
- ☐ Sportliche Fahrweise
- ☐ Unfallschaden
- ☐ Ungleichmäßiger Verschleiß
- ☐ Reifen schlecht oder nicht gewuchtet (Wöchentliche Kontrollen)
- ☐ Reifen oder Felge stark verschlissen (Wöchentliche Kontrollen)
- ☐ Stoßdämpfer verschlissen (Kapitel 1 oder 10)
- ☐ Reifen defekt (Wöchentliche Kontrollen)

Elektrik

Anmerkung: *Probleme mit dem Anlasser werden unter dem Stichpunkt »Motor« behandelt.*

Anmerkung: *Manche der hier beschriebenen Probleme können mit Steuermodulen zusammenhängen. Falls die Ursachen nicht mit den beschriebenen Methoden beseitigt werden können, muss das Steuermodul mithilfe eines geeigneten Diagnosetesters ausgelesen und der Fehler gelöscht werden.*

Batterie entlädt nach wenigen Tagen
- ☐ Batterie hat internen Defekt (Kapitel 5A)
- ☐ Batterie stark verschmutzt, sodass Kriechströme entstehen (Wöchentliche Kontrollen)
- ☐ Keilrippenriemen locker oder verschlissen, Riemenspanner defekt (Kapitel 1)
- ☐ Batterieanschlüsse locker oder korrodiert (Wöchentliche Kontrollen)
- ☐ Lichtmaschine lädt nicht mit korrekter Leistung (Kapitel 5A)
- ☐ Lichtmaschine oder Spannungsregler defekt (Kapitel 5A)
- ☐ Kurzschluss verursacht dauerhafte Entladung (Kapitel 5A und 12)

Ladekontrollleuchte leuchtet nach dem Starten des Motors weiter
- ☐ Keilrippenriemen locker oder verschlissen (Kapitel 1)
- ☐ Lichtmaschine oder Spannungsregler defekt (Kapitel 5A)
- ☐ Kabel des Ladestromkreises getrennt, locker oder gebrochen (Kapitel 5A oder 12)

Ladekontrollleuchte leuchtet beim Einschalten der Zündung nicht
- ☐ Kontrollleuchte defekt (Kapitel 12)
- ☐ Kabel des Kontrollleuchten-Stromkreises getrennt, locker oder gebrochen (Kapitel 5A oder 12)
- ☐ Lichtmaschine defekt (Kapitel 5A)

Licht funktioniert nicht
- ☐ Lampe durchgebrannt (Kapitel 12)
- ☐ Lampen- oder Sockel-Kontakt korrodiert (Kapitel 12)
- ☐ Sicherung durchgebrannt (Kapitel 12)
- ☐ Relais defekt (Kapitel 12)
- ☐ Kabel getrennt, locker oder gebrochen (Kapitel 12)
- ☐ Schalter defekt (Kapitel 12)

Instrumente zeigen falsch oder ungleichmäßig an
Tankuhr oder Temperaturanzeige zeigt nichts an
- ☐ Geber defekt (Kapitel 3 oder 4A)
- ☐ Stromkreis unterbrochen (Kapitel 12)
- ☐ Anzeige defekt (Kapitel 12)
- ☐ Tankuhr oder Temperaturanzeige zeigen ständig Maximalwerte an
- ☐ Geber defekt (Kapitel 3 oder 4A)
- ☐ Kurzschluss im Stromkreis (Kapitel 12)
- ☐ Anzeige defekt (Kapitel 12)

Hupe funktioniert nicht oder nur unzuverlässig
Hupe arbeitet ständig
- ☐ Hupenknopf klemmt oder hat Dauer-Massekontakt (Kapitel 12)
- ☐ Lenkrad-Kabelstecker hat Massekontakt (Kapitel 12)
- ☐ Hupe funktioniert nicht
- ☐ Sicherung durchgebrannt (Kapitel 12)
- ☐ Lenkrad-Kabelstecker getrennt, locker oder gebrochen (Kapitel 12)
- ☐ Hupe defekt (Kapitel 12)
- ☐ Hupe arbeitet unzuverlässig oder erzeugt krächzende Töne
- ☐ Kabelstecker locker (Kapitel 12)
- ☐ Hupen-Befestigung locker (Kapitel 12)
- ☐ Hupe defekt (Kapitel 12)

Scheibenwischer funktionieren nicht oder nur unzuverlässig
Scheibenwischer funktioniert gar nicht oder nur sehr langsam
- ☐ Wischerblätter kleben auf Scheibe (Pollen, Baumharz, Blattläuse)
- ☐ Wischergestänge klemmt, Gelenke stark verrostet (Kapitel 12)
- ☐ Sicherung durchgebrannt (Kapitel 12)
- ☐ Batterie entladen (Kapitel 5A)
- ☐ Kabel getrennt, locker oder gebrochen (Kapitel 12)
- ☐ Relais defekt (Kapitel 12)
- ☐ Scheibenwischermotor defekt (Kapitel 12)

Wischerblätter wischen über zu großen oder zu kleinen Bereich der Glasscheibe
- ☐ Wischerblätter falsch montiert oder falsche Größe (Wöchentliche Kontrollen)
- ☐ Wischerarm falsch auf Welle positioniert (Kapitel 12)
- ☐ Wischergestänge stark verschlissen (Kapitel 12)
- ☐ Scheibenwischermotor- oder Wischerarm-Befestigungen locker (Kapitel 12)
- ☐ Wischerblätter können Glasscheibe nicht wirkungsvoll reinigen
- ☐ Wischerblätter stark verschmutzt, verschlissen oder eingerissen (Wöchentliche Kontrollen)
- ☐ Wischerblätter falsch montiert oder falsche Größe (Wöchentliche Kontrollen)
- ☐ Wischerarm-Feder gebrochen oder Scharniere verrostet (Kapitel 12)
- ☐ Waschwasser-Zusatz zu gering, fehlt oder falsch (Wöchentliche Kontrollen)

Scheibenwaschanlage funktioniert nicht oder nur unzuverlässig
Eine oder mehrere Düsen funktionieren nicht
- ☐ Düse verstopft – mit Nadel reinigen
- ☐ Schlauch abgezogen, abgeknickt oder verstopft (Kapitel 12)
- ☐ Wischwasserbehälter leer (Wöchentliche Kontrollen)
- ☐ Wischsystem-Pumpe arbeitet nicht
- ☐ Kabel getrennt, locker oder gebrochen (Kapitel 12)
- ☐ Sicherung durchgebrannt (Kapitel 12)
- ☐ Schalter defekt (Kapitel 12)
- ☐ Pumpe defekt (Kapitel 12)

Elektrische Fensterheber funktionieren nicht oder nur unzuverlässig
Fensterheber arbeitet nur in eine Richtung
- ☐ Schalter defekt (Kapitel 12)

Fensterheber arbeitet sehr langsam
- ☐ Batterie entladen (Kapitel 5A)
- ☐ Fensterheber-Mechanismus festgegangen, Schmiermangel (Kapitel 11)
- ☐ Türverkleidung oder andere Komponenten behindern Fensterheber-Mechanismus (Kapitel 11)
- ☐ Motor defekt (Kapitel 11)

Fensterheber arbeitet nicht
- ☐ Sicherung durchgebrannt (Kapitel 12)
- ☐ Kabel getrennt, locker oder gebrochen (Kapitel 12)
- ☐ Motor defekt (Kapitel 11)
- ☐ Relais defekt (Kapitel 12)

Zentralverriegelung funktioniert nicht oder nur unzuverlässig
Zentralverriegelung komplett ausgefallen
- ☐ Sicherung durchgebrannt (Kapitel 12)
- ☐ Relais defekt (Kapitel 12)
- ☐ Kabel getrennt, locker oder gebrochen (Kapitel 12)
- ☐ Aktuator defekt (Kapitel 11)

Türverriegelung schließt, aber öffnet nicht oder umgekehrt
- ☐ Hauptschalter defekt (Kapitel 12)
- ☐ Gestänge oder Hebel ausgehängt oder gebrochen (Kapitel 11)
- ☐ Relais defekt (Kapitel 12)
- ☐ Aktuator defekt (Kapitel 11)

Einzelnes Türschloss funktioniert nicht
- ☐ Kabel getrennt, locker oder gebrochen (Kapitel 12)
- ☐ Betätigung defekt (Kapitel 11)
- ☐ Gestänge oder Hebel ausgehängt oder gebrochen (Kapitel 11)
- ☐ Türverriegelung defekt (Kapitel 11)